普通高等教育"十一五"国家级规划教材

"十二五"普通高等教育本科国家级规划教材

大学化学

第三版

胡常伟 周 歌 主编

U0390025

化学工业出版社

·北京·

本书为"十二五"普通高等教育本科国家级规划教材，是针对生命科学、材料、医学、药学类等理工科四年制及七年制本科生对化学知识的需求，整合了原无机化学、分析化学和物理化学的相关知识编写而成的。本书在保证化学基本原理、基本技术和基本方法的前提下，注意化学与生命科学、医学、药学、材料的紧密联系，介绍化学在这些学科中的应用。本教材主要内容包括物质的聚集态、分散体系、化学反应的基本规律、溶液中的四大平衡及相关分析方法、物质结构、元素化合物、仪器分析方法。

本书可作为高等学校化学近源专业本科生的教材，也可供化学相关专业的工作者参考使用。

图书在版编目（CIP）数据

大学化学/胡常伟，周歌主编. —3 版. —北京：化学工业出版社，2015.9（2023.9重印）
"十二五"普通高等教育本科国家级规划教材
ISBN 978-7-122-24308-9

Ⅰ.①大⋯　Ⅱ.①胡⋯②周⋯　Ⅲ.①化学-高等学校-教材　Ⅳ.①O6

中国版本图书馆 CIP 数据核字（2015）第 129911 号

责任编辑：宋林青　李　琰　　　　　　　　　装帧设计：王晓宇
责任校对：王素芹

出版发行：化学工业出版社（北京市东城区青年湖南街 13 号　邮政编码 100011）
印　　装：北京天宇星印刷厂
787mm×1092mm　1/16　印张 31¾　彩插 1　字数 818 千字　2023 年 9 月北京第 3 版第 7 次印刷

购书咨询：010-64518888　　　　　　　　　售后服务：010-64518899
网　　址：http://www.cip.com.cn
凡购买本书，如有缺损质量问题，本社销售中心负责调换。

定　　价：69.00 元

前　言

本书于 2004 年出版第一版，承蒙读者厚爱，入选普通高等教育"十一五"国家级规划教材，于 2009 年修订出版了第二版，第二版也已使用 5 年多，并且再次入选"十二五"普通高等教育本科国家级规划教材。在使用过程中，广大师生对教材提出了许多宝贵的、中肯的意见和建议，编者在此表示衷心的感谢。

进入新世纪以来，随着国家经济社会的不断发展，尤其是国家创新驱动发展战略的实施，国家对大学教育的要求、对各学科人才的要求均在不断提高；另一方面，我国化学学科的发展也非常迅速，根据"汤姆森·路透"公司关于发表论文引用情况的统计结果，我国从事化学研究的高校和科研机构已有 10 余家进入了全球前 1‰ 的行列。这些发展情况均对大学化学教学提出了更高的要求。

根据这些新形势和任务的变化，我们对第二版再次进行了修订。全书由胡常伟教授和周歌副教授任主编。各章节修订工作承担情况是：胡常伟教授（第 1 章、第 5 章）、周歌副教授（第 4 章、第 11 章、第 12 章）、王欣副教授（第 6 章、第 7 章）、李平副教授（第 3 章、第 8 章）、杜娟副教授（第 9 章、第 15 章）、曾红梅老师（第 13 章、第 14 章）和田之悦老师（第 2 章、第 10 章）。

限于编者的水平，本书难免有不当和疏漏之处，恳请专家和相关师生提出宝贵意见，以便订正。

changweihu@scu.edu.cn

编　者
2015 年 4 月

第二版前言

化学是一门中心的、实用的、创造性的学科，是生命科学、医学、药学、材料科学、信息科学、能源科学及相关技术等的重要基础。大学化学是生命类、医学、药学类本科学生的一门必修基础课程。本书根据教育部 2000 年以来规定的总学时数，针对生命类、医学类七年制本科学生对化学基本知识、基本技术和基本方法的需求和学时分配，整合了原无机化学、分析化学和物理化学的相关知识编写而成，力求让学生在较少的学时内对化学知识体系和化学的近代进展有一个较为全面地了解。对于生命类、医学类七年制学生及相关学科的学生而言，大学化学是其以后学习后续课程及从事生命、医学、药学等相关研究必备的基础，要在分子层次上研究生命现象、医学、药学等问题，大学化学基础就显得尤其重要。为了适应新世纪对具有全面素质的创新型生命、医学、药学类人才的要求，本书在编写过程中力求达到内容在先进性、基础性、科学性及针对性等各方面的统一，在保证化学基本原理、基本技术和基本方法的前提下，注意化学与生命科学和技术、医学、药学的紧密联系，介绍化学在这些学科中的应用。在内容的选择上，结合基本理论的讲述，适当补充了部分较为成熟的新知识及化学在生命、医药中渗透的知识点；在材料组织上，力求做到循序渐进地认识规律，注意各章内容的相互依托与交叉，逐步深入；本书对基本概念强调其准确性和严密性。既注重基础又关注学科发展，既考虑理论体系的严密，又注重实际应用，既考虑各部分内容本身的科学体系，又注重交叉与相互依托。本书可作为高等学校生命类、医学类、药学类及相关专业本科七年制学生的教材，也可作为相关教师的参考资料。

在使用本书作教材时，教师可以根据学生的实际，在保证课程基本要求的前提下，对内容进行取舍，对相关知识的讲授顺序进行调整。

本书自 2004 年出版使用以来，一方面大学教育在不断进步，另一方面化学学科又有了很多新的发展，同时教材通过使用后也需要不断完善。根据这些新的形势变化，我们对原书进行了修订。参加原书编写的何玉萼教授、张华丽副教授、万家义教授、宋德镇副教授、骆鑫副教授均已退休，曹红梅老师工作另有安排，没有参加这次修订工作。修订工作由胡常伟教授（第 1 章、第 5 章）、周歌副教授（第 2 章部分、第 3 章、第 10 章、第 13 章、第 14章、第 15 章、第 18 章）、张文华教授（第 4 章）、王欣教授（第 6 章、第 7 章）、李平副教授（第 8 章）、杜娟教授（第 9 章、第 11 章）、夏传琴教授（第 12 章）、曾红梅老师（第 16章、第 17 章）和田之悦老师（第 2 章部分）完成。整个修订工作由胡常伟教授任主编，周歌副教授任副主编。

限于编者的水平，本书难免有不当之处，恳请专家和相关师生提出宝贵意见，以便订正。

gchem@scu.edu.cn

编者
2009 年 5 月

目 录

第1章 绪 论

（Introduction）

1.1 化学推动了人类和社会的进步和发展

化学是在原子、分子或分子以上层次（包括纳米及以上层次）研究物质的组成、相互作用、结构、性质及其变化规律的科学。化学不仅致力于根据已有物质的特性，设计合成新物质以取代已有物质或者实现对已有物质的改性，而且还致力于根据人类社会发展不断提出的新需要，设计合成全新的化合物和材料，以实现人类能想象到的全新功能。可以说，正是化学运动造就了整个自然界和人类社会。宇宙由其大爆炸前的混沌状态，发展到今天丰富多彩的有序状态，包括人类自身的进化和发展、人类生存环境的进化和发展，其根本基础之一就是化学变化。

人类对化学运动规律的认识水平、对化学知识运用的程度和水平，均与人类自身和人类社会的发展水平密切相关，可以说，人类对化学原理、技术和方法的认识水平越高，对化学知识和技术的掌握和利用水平越高，人类自身和人类社会的发展水平就越高。由猿进化到人，是由于人类祖先学会了使用燃烧反应（氧化反应）、学会了使用火为自身服务；由于人类发现了还原反应，掌握了还原反应的规律和利用还原反应技术，学会了利用矿石炼铜、炼铁、炼钢、冶炼金属合金；人类学会和掌握了利用低分子化合物的聚合反应，开创性地合成了自然界原本没有的聚合物。人类社会由此经历了石器时代、铜器时代、铁器时代和聚合物时代。当前，能源、信息和生命等科学对我们这个时代十分重要，而这些学科已得到的发展及将来的进一步发展均与化学学科的发展密切相关。因此，可以说，化学学科的每一次重大进步都会促成人类自身和人类社会的划时代的巨大进步。

化学是一门中心学科，也是一门基础学科，它不仅是认识世界、改造世界，而且也是创新知识尤其是创新物质的基础科学，在自然科学中处于中心地位，对世界科学技术和经济的发展起着至关重要的作用。从世界科学技术发展的历史看，在某一阶段，世界上化学学科发展得好、处于领先地位的国家或地区必然是当时世界科学技术的中心。第一次世界大战以前英国的兴旺，其基础是其化学学科的发达、化学科技的先进，尤其是依赖于化学学科的进步发展起来的、以制碱法为核心的化学工业的巨大发展，因此，当时世界科学的中心在英国；第一次世界大战以后，德国大力发展了化学科技，在以炼钢和煤化学化工为代表的化学工业技术方面处于领先地位，使世界科学的中心由英国转移到了德国；第二次世界大战后，美国积极进行化学科技创新，发展化学科学和技术，依靠以石油化工为代表的技术创新，使科学中心由德国转移到了美国。由此可见，化学学科的发达与否与世界科技中心密切相关。同时，化学的发展状态与经济的发展密切相关，第二次世界大战后，日本经济完全陷于瘫痪，几千万人处于失业状态，大批工厂倒闭，可是，仅仅过了三十多年，这个自然资源贫乏的岛国一跃成为当时世界第二经济大国，其奥秘何在？这是因为日本政府大力发展化学工业，在如下几个方面开展了卓有成效的工作：①大力发展化学联合企业，促进化学创新，从美国引进尿素生产技术，消化吸收，加以创新，从而使其相关技术水平超过美国，进一步向 20 多个国家输出成套设备；②用化学方法强化钢铁工业，强大的钢铁工业支撑了其他工业；③大力发展高技术材料化学研究和应用，如半导体材料、光电材料、电声材料、光学材料、信息调制材料、磁性材料、显示材料等的研究和应用，促成其相关产品向世界各地出口。所有这些均与化学的发展密切相关。

化学是一门实用的学科。人类的衣、食、住、行、用和保持身体健康等无一项可以离开化学。化学利用天然资源生产大量的化肥、农药、农膜、塑料、纤维、橡胶、钢铁、水泥等用以满足人类社会的各种需要，可以说，没有化学的发展，目前世界上将有一半的人会饿死。如果没有化学合成的各种抗生素和大量的新药物，人类不能控制各种传染病，人类的平均寿命就要缩短 25 年。化学工业生产出各种产品以弥补天然资源的不足，如氨的合成对当代农业和其他产业极为重要；化学工业还创造出自然界没有的产品（如我们日常生活中使用的各种聚合物）以满足人类社会的需要。化学学科还发展各种分析测试技术，满足我们在食品安全和其他安全检测等方面的需要。

化学是一门创造性的学科。人们利用化学知识和化学技术创造新分子、新物质、新材料，人们利用化学知识和化学技术开发利用新资源。在创造新分子、新物质、新材料、开发利用新资源的过程中，化学家需要创造性地发展新理论、新方法、新技术和新工艺，利用他们发现和发展的理论和方法设计并合成自然界已有的物质和没有的物质，利用所发展的新技术和新工艺、采用新资源大规模生产设计合成的新物质、新材料，以满足人类社会不断增长的物质文化需要。

1.2　化学与生命科学、医学及药学的紧密联系

化学与生命科学、医学和药学均有十分密切的关系。例如，"分子生物学"正是"生物化学"的发展，在这个交叉领域里，化学家与生物学家团结合作，并肩作战，共同把人类特别需要的科学推向前进，但有人会因"分子生物学"中没有了"化学"字眼，而认为"分子生物学"与化学无关。化学在疾病预防和治疗中起着重要作用，早在 16 世纪，欧洲化学家就提出了化学要为医治疾病制造药物，1800 年，英国化学家 Davy H 发现一氧化二氮具有麻醉作用，后来新的麻醉剂乙醚被发现，大大减轻了外科手术、牙科手术等的痛苦。化学已为治疗疾病研究制备了无数的药物，现在西医使用的大部分药物都是通过化学方法制造的。当前，我们仍然面临一些医学上的不治之症，需要利用化学知识和化学技术来合成新药，以针对性治疗这些原来的不治之症。我们目前使用的一些药物虽有较好疗效，但也有一些副作用，需要利用化学的知识和技术来改造这些药物，以增强药效、减少直到消除副作用。人体对经常服用的某些药物会产生抗性（耐药性），我们需要利用化学来研究制备新的药物来取代已产生抗性的药物。要治疗疾病，首先必须诊断，利用化学方法和化学仪器分析方法来快速、灵敏、准确地分析检测人的血液、大小便、细胞等，可为疾病的确诊提供科学有效的依据。例如，成年突发性糖尿病，身体体重过重或伏案工作的人易得此病，并且，该病还会引发心脏病、肾病、神经系统疾病、血管病变和失明等。研究发现，该病在分子层次的表现是：细胞不能从血液中吸收葡萄糖。其原因有两个：细胞对胰岛素没有反应（胰岛素是通知细胞吸收和储存葡萄糖的荷尔蒙）；胰腺中的特殊细胞检测不到葡萄糖。而上述两个问题可能源于一个蛋白质分子，该蛋白质分子对于检测细胞中的营养物水平至关重要。而一个叫做雷伯酶素（Rapamycin，用于器官移植病人的免疫抑制剂）的小分子就会影响这一蛋白质分

子，使其造成细胞既对胰岛素无应答，又不能检测到细胞中的营养物。再如，协助诊断"非典（SARS）"的 SARS Coronavirus 核酸扩增（PCR）荧光检测试剂盒，就综合应用了核酸扩增、TaqMan 荧光等技术，对血清/血浆标本中的 SARS Coronavirus 核酸进行检测。近几十年来，化学取得了长足的进步，其重大进展之一就是对生物高分子（主要是核酸和蛋白质）的研究取得了重大突破，由此形成了一门新兴的学科——分子生物学。分子生物学的发展，使人们对生命现象的认识深入到了分子水平，对医学和其他相关生命学科产生了重大影响。例如，化学家成功实现了核酸的合成和发展了色谱分离技术，而正是这两项进展促成了关于 DNA 的研究。化学家证明了作为生物遗传因子的基因（Gene）就是脱氧核糖核酸（DNA）。人们用新的化学方法来测定基因的分子结构，通过改变这些结构以制造不同的基因。

1.3 21 世纪化学可能的活跃领域

(1) 化学反应理论的研究

化学反应理论研究的目的是建立精确有效而又普遍适用的化学反应的含时多体量子理论（Time-dependent Multibody Quantum Theory）和统计理论（Statistical Theory）。化学的重要任务之一就是研究化学变化，也就是化学反应。19 世纪，C. M. 古尔德贝格和 P. 瓦格提出了质量作用定律，是最重要的化学定律之一，但它是经验的、宏观的定律。H. 艾林的绝对反应速率理论是建立在过渡态、活化能和统计力学基础上的半经验理论，这一理论和由此提出的新概念十分有用，但仍然不能成为彻底脱离半经验理论的有用工具。因此，迫切需要建立严格彻底的微观化学反应理论，既要从严格的、初始的第一原理出发（From First Principle），又要巧妙合理地利用近似方法，使新的理论能解决实际问题，比如，某几个分子之间能否进行化学反应？如能，会生成什么产物分子？如何控制反应条件以定向生成预期的分子等。

(2) 分子结构与其性能的关系研究

这种研究指详细研究分子的结构，包括构型、构象、手性、聚集的粒度、形状和行貌等与分子及其构成的聚集体的广义性能，如物理性能、化学性能、生物活性、生理活性等的定量关系。通过构效关系的研究，设计具有特定功能的分子，比如能大量吸收转化太阳能的分子、室温超导物质、航天特种材料、特种药品等。

(3) 生命现象的化学机理研究

生命活动的化学解释对生命科学、医学、药学研究的意义是不言而喻的。虽然，生命过程不能简单地还原为化学过程和物理过程的加和，但研究生命过程的化学机理，从分子层次上来了解生命问题的本质，无疑可以为从细胞、组织、器官等层次来整体了解和认识生命提供基础，为人类的健康发展提供更为有用的信息。细胞内的问题本质上完全是化学问题，那么，记忆、思考等重要生命活动的化学本质是什么呢？

(4) 纳米尺度问题研究

纳米粒子体系的热力学性质，包括相变和集体行为如铁磁性、铁电性、超导性、熔点等均与宏观聚集状态有很大区别，纳米粒子在某些特定化学反应中的行为也与非纳米状态时有很大区别。研究清楚这些现象的根本原因，对进一步开发利用纳米物质，发展新的材料有十分重要的意义。

(5) 能源化学

人类的生存和发展离不开能源。可以说，没有能源，我们就无法生存，更谈不上发展。

本世纪，我们将受到更大的能源挑战，一方面，我们必须优化传统能源（石油、天然气、煤和核能）的使用，在尽可能延长这些传统能源的使用寿命的同时，减少直至消除环境污染；另一方面，我们还必须积极研究如何开发利用可循环使用的或者可再生的新的能源材料（如高效太阳能转化、生物质能源高效开发利用等）。这些均需要化学进一步发展、进一步与其他学科相互渗透和融合。

1.4　怎样学好大学化学

转变角色，学好大学化学。同学们结束高中的学习后，在严格的高考中取得优秀成绩，进入大学学习，大学学习与中学学习有很大的不同，需要根据大学学习的特点，尽快完成角色转变，适应大学的学习。大学化学有与初等化学不相同的特点，我们要从原来习惯的、利用决定论的牛顿力学思想体系观察分析认识问题，改变为利用概率论的统计的思想来观察分析认识化学问题，我们不仅要注意观察分析我们习惯的、看得见摸得着的宏观现象，而且要采用理论的方法，从微观上认识和解释这些现象。这就决定了我们在学习高等化学时，要采用与中学学习不一样的方法。

课堂教学是教学工作中不可取代的重要教学过程。大学学习十分注重自学，且我们现在甚至可以通过网络等获取世界上一些著名大学的名师的教案、通过 MOOC 方式聆听名师讲授，但这些无法取代同学们与老师面对面的、及时的交流与互助，因此，课堂教学这一种面授方式仍然是大学教学过程中的一个十分重要的、必不可少的环节，具有不可取代的作用，所以一定要重视课堂学习。在课堂学习中，教师授课包含有其自身的学习和教学经验、科学研究中对相关问题的体会等多年的积累，相关知识的最新进展等，这些是不能从书本上或者教案中获得的；在 MOOC 中也无法实现与老师及时的互动。教授内容经过主讲教师精心组织，以利突出重点和化解难点，易于接受。有些讲授内容、比拟、分析推理和归纳会很生动和深刻，对理解吸收很有帮助。听课时要紧跟教师的思路，积极思考，产生共鸣。特别要注意教师提出问题、分析问题和解决问题的思路和方法，从中受到启发。听课时还应适当做些笔记，重点地记下讲课内容，以备复习、回味和深入思考。大学化学的学习与其他知识的学习类似，需要循序渐进，反复回味，能用自己的语言将所学知识讲述给他人，是已经学懂、掌握了相关知识的标志，因此，与同学共同学习是提升学习水平的有效方法之一。

预习和复习是大学学习中必不可少的学习环节。要学好大学化学，必须做好预习。在学习每一章之前，最好通览一下整章内容，以求对全章的概貌有一个全面的认识，对内容的重点和知识的难点有一定了解，以便听课时有的放矢，重点学习。从一开始就要争取主动，安排好学习计划，提高学习效率。课后的复习是消化和掌握所学知识的重要过程。本门课程的特点是理论性强，且有一个全新的理论体系，有的概念比较抽象，与日常我们所见不能类比，故不能企图一听就懂、一看就会。要经过反复的思考和体会，并应用一些原理去说明或解决一些问题，才能逐渐加深对基本理论和基本要领的理解和掌握。做练习有利于深入理解、掌握和运用课程内容。要重视书本例题和解习题过程中的分析方法和技巧，努力培养独立思考、发现问题、分析问题和解决问题的能力。

自学扩展视野。提倡学生进行自主学习，培养自学能力，是大学学习的重要环节之一。除预习、复习和做练习外，阅读课外参考书刊，尤其是有时阅读一些原版外文书刊，进行研究性学习，是自学的重要内容之一，也是培养学生综合能力和创造精神的极好方法。只读教材课本，思路难免受到限制，如能查阅参考文献和书刊，不但可以加深理解课程内容，还可以扩大知识面，活跃思想，提高学习兴趣。大学阶段一定要养成学习探索未知的良好习惯。

实验训练动手能力、培养科学方法。必须提及，实验是化学学科的重要特点，因此实验教学是化学教学的重要组成部分，是理解和掌握课程内容，学习科学实验方法，培养动手能力的重要环节；另一方面，鉴于化学学科的特点及其实用性，基础知识与工程知识的结合十分重要，学生在学习时若能了解相关工程知识，则可能会更有收获。学生在实验前要预习实验内容，做到对实验中的原理清楚，目的性强、步骤明确。实验完毕要认真处理实验的数据、分析实验现象和问题，进行归纳总结，得出正确结论，做好实验报告。通过实验，培养严谨求实的科学态度，锻炼科学研究的基本技能，训练探索未知的基本技巧。鼓励学生在本课程学习中，努力实践研究性学习，进行创新性探索，竭力提高全面素质。

第2章 物质的聚集态及相变化

(The States of Substances and Phase Transition)

物质在一定温度、压力下所处的相对稳定的状态就是物质的聚集态，常温下，气态、液态和固态是物质存在的三种物理状态，它们都是由大量分子聚集而成，其中，气态因密度很小，我们往往感觉不到它的存在，但气体分子间作用力十分微弱甚至可以忽略，其特征易于描述，人们对气体性质的研究最早，也最为成熟。客观世界中，我们最直观感觉到的是液体和固体，但液体和固体内分子间相互作用复杂，对其研究，不仅要依赖于近代实验技术，还要依赖于物质结构理论的发展，因此对其认识还有待深入。随着人们对自然界认识的不断提高，还发现了等离子态和超高密度态。

图 2-1 物质的三态及相互变化

当物质处于不同聚集状态时，会呈现出不同的物理化学性质，在一定条件下，不同的聚集状态可发生相互转化（见图 2-1）。认识物质聚集状态的特征及变化规律，是化学学科从宏观到微观深入的重要环节，它有助于我们了解物质的性质，以及这些性质在化学反应中的应用，这就是学习本章的目的。

2.1 低压气体

(Normal Gases)

许多化学反应涉及气体：金属氧化物或盐类的热分解，释放出氧气、二氧化碳或其他气体，氢气和氮气在催化剂作用下合成氨气，有机化合物燃烧生成二氧化碳和水，动物吸进氧气，呼出二氧化碳以维持生命等。因此，认识气体的行为特征，对于研究有气体参与的化学反应，十分必要。

2.1.1 低压气体的通性

实践和理论都证明，低压气体是由独立并处于剧烈运动的分子组成，分子间相距很远，分子间作用力很弱而可以忽略；分子本身占有的体积与气体所占有的整体空间相比很小，也可以忽略。因此，常温下气体分子的扩散速度快，可均匀充满容器空间，几种不同气体置于同一容器中，可无限混合；气体易于压缩和膨胀；当与器壁碰撞，气体分子的无规则运动速度发生改变时，可产生压力，其大小可由实验测定。在 SI 制中，压力的单位为帕斯卡 Pa（Pascal，即 $N \cdot m^{-2}$）或千帕斯卡 $kPa(10^3 N \cdot m^{-2})$。习惯上使用的大气压（atm）或毫米汞柱（mmHg）为非 SI 单位，现不提倡使用。

严格具有以上特征的气体为理想气体（Ideal Gas），常温下的低压气体可近似作为理想气体处理。

2.1.2 低压气体的实验定律和状态方程

通过大量的实验研究得出，一定量的气体，低压下遵从：

$$Boyle（波义尔）定律：即恒温下 \qquad pV=常数$$

$$Gay\text{-}Lussac（盖·吕莎克）定律：即恒压下 \quad \frac{V}{T}=常数 \qquad\qquad (2\text{-}1)$$

$$Avogadro（阿伏加德罗）定律：即恒温恒压下：V \propto n$$

式(2-1) 中 T、p、V、n 分别为气体的温度（热力学温度 K）、压力（Pa）、气体在 T、p 下占有的体积（m^3）和气体的物质的量（mol）。合并以上三式，可得到描述一定物质的量的低压气体，其温度、压力和体积间关系的关系式，即理想气体状态方程（Ideal Gas Equation）：

$$pV=nRT \qquad\qquad (2\text{-}2)$$

若 $n=1mol$，则

$$pV_m=RT \qquad\qquad (2\text{-}3)$$

式中，V_m 为气体的摩尔体积（Molar Volume），即在温度 T 和压力 p 下，1mol 气体占有的体积，其单位为 $m^3 \cdot mol^{-1}$。

R 为摩尔气体常数（Universal Gas Constant），其值可由气体实验测定。恒温下（如水的三相点 273.16K 处）测不同气体在不同压力下的摩尔体积，作 pV_m-p 曲线，外推到压力为零处，得极限值 $(pV_m)_{p\to0}$，该值为一常数（2271.10Pa·m^3·mol^{-1}），代入状态方程式(2-3)中，可求出气体常数 R 的值：

$$R=\frac{1}{T}(pV_m)_{p\to0}=\frac{2271.10Pa \cdot m^3 \cdot mol^{-1}}{273.16K}=8.314J \cdot K^{-1} \cdot mol^{-1}$$

为什么测定 R 值时要用极限值 $(pV_m)_{p\to0}$ 呢？这是因为精确的实验结果表明，气体在实验温度压力下，并不严格遵从理想气体状态方程式(2-2) 或式(2-3)，只有当气体的温度足够高、压力足够低时，实际气体才可视为理想气体，较好符合式(2-2) 和式(2-3)，因此应用式(2-2) 或式(2-3)计算 R 值时，应采用外推值 $(pV_m)_{p\to0}$。

当气体的温度为 273.15K（即 0℃），压力为标准大气压 $p=101.325kPa$ 时，我们称气体处于标准状况，用 STP(Standard Temperature and Pressure) 表示，此时气体的摩尔体积为一定值：

$$V_m=\frac{RT}{p}=\frac{8.314J \cdot K^{-1} \cdot mol^{-1} \times 273.15K}{101325Pa}=2.241\times10^{-2}m^3 \cdot mol^{-1}$$

若温度、压力改变，摩尔体积也会改变，如 298.15K（即 25℃），标准大气压下，摩尔体积为 $2.446\times10^{-2}m^3 \cdot mol^{-1}$。

2.1.3　低压混合气体的分压定律

实际工作中，我们接触更多的气体是混合气体，如包围地球的大气层是由多种气体组成的混合气体，实验室内常用排水取气法收集新制备的气体，这时收集的气体是饱和了水蒸气的混合气体。

低压下的混合气体，气体的微观和宏观特征与纯气体相同，仍近似遵从理想气体状态方程式，但式中的压力、体积和物质的量应为混合气体的总压、总体积和总的物质的量，即均为各组分气体贡献的总和：

$$p_{总} V_{总}=n_{总} RT$$

若混合气体由 i 个组分组成，且 $n_{总}=n_1+n_2+\cdots+n_i$，代入上式得

$$p_{总}=\frac{n_1}{V_{总}}RT+\frac{n_2}{V_{总}}RT+\cdots+\frac{n_i}{V_{总}}RT$$

$$设\ p_1=\frac{n_1}{V_总}RT,\ p_2=\frac{n_2}{V_总}RT,\ \cdots,\ p_i=\frac{n_i}{V_总}RT \tag{2-4}$$

式中各项为混合气中任一组分，在同温度下单独占有混合气体总体积时所具有的压力，为该组分的分压（Partial Pressure），则

$$p_总=p_1+p_2+\cdots+p_i=\sum_i p_i \tag{2-5}$$

式(2-5)表明，混合气体的总压为各组分分压之和，这就是混合气体的 Dalton（道尔顿）分压定律。因式(2-5)由理想气体状态方程导出，故式(2-5)仍只适用于低压下的混合气体。

改写式(2-4)可得：

$$\frac{p_i}{p_总}=\frac{n_i}{n_总}=x_i$$

x_i 为 i 组分的摩尔分数（又称物质的量分数），可得分压定律的另一种形式，即

$$p_i=x_i p_总 \tag{2-6}$$

类似的方法我们可以得到

$$V_总=V_1+V_2+\cdots+V_i=\sum_i V_i \tag{2-7}$$

即混合气体的总体积为各组分分体积之和，其中分体积（Partial Volume）

$$V_1=\frac{n_1}{p_总}RT,\ V_2=\frac{n_2}{p_总}RT,\ \cdots,\ V_i=\frac{n_i}{p_总}RT \tag{2-8}$$

为混合气中任一组分在相同温度下单独具有混合气体总压时所占有的体积。同时还可得出

$$V_i=x_i V_总 \tag{2-9}$$

比较式(2-6)和式(2-9)得出，混合气体中任一组分的压力分数和体积分数，均等于其摩尔分数，即

$$\frac{V_i}{V_总}=\frac{p_i}{p_总}=\frac{n_i}{n_总}=x_i \tag{2-10}$$

2.1.4 状态方程的其他形式

将气体的物质的量 $n=\frac{m}{M}$ 代入式(2-2)中得

$$pM=\frac{m}{V}RT=\rho RT \tag{2-11}$$

式中，ρ 为气体的密度，$kg\cdot m^{-3}$；M 为气体的摩尔质量，$kg\cdot mol^{-1}$。对于混合气体，ρ 为混合气体的密度，可由实验测定，M 为混合气体的平均摩尔质量，在式(2-11)中表示为 $\overline{M}$，即 $p\overline{M}=\rho RT$，平均摩尔质量可由气体的组成计算：

$$\overline{M}=x_1M_1+x_2M_2+\cdots+x_iM_i \tag{2-12}$$

2.1.5 状态方程的应用

① 由低压气体状态方程的各种形式，可对已知物质的量的气体进行涉及 p、V、T、ρ 变量的相关计算。

② 测算气体的摩尔质量。

由式(2-11)，为了得到气体摩尔质量的准确值，同样采用外推法，即

$$M = \left(\frac{\rho}{p} \right)_{p \to 0} RT \tag{2-13}$$

恒温下测定不同压力下气体的密度，作 $\frac{\rho}{p}$ -p 曲线，外推到 $p \to 0$ 处得到极限值 $\left(\frac{\rho}{p} \right)_{p \to 0}$，代入式(2-13)中，可计算出摩尔质量 M。

③ 涉及气体参与的化学反应，利用化学计量关系，还可进行与反应有关的计算。

以下举几个例子加以实际应用。

【例 2-1】　用二维图形表示出以下条件下，指定变量间满足的函数关系。

(1) T、n 一定时，p 与 V 关系；

(2) p、n 一定时，V 与 T 关系；

(3) T、p 一定时，V 与 n 关系；

(4) p、V 一定时，T 与 n 关系。

解： 由 $p = \frac{nRT}{V}$，可得 T、n 一定时，$p = $ 常数 $\cdot \frac{1}{V}$，

$$p、n \text{ 一定时，} V = \text{常数} \cdot T,$$
$$T、p \text{ 一定时，} V = \text{常数} \cdot n,$$
$$p、V \text{ 一定时，} T = \text{常数} \cdot \frac{1}{n}。$$

各函数关系如图 2-2 所示。

图 2-2　各函数之间的关系

【例 2-2】　313K 将 152g 氧气装入钢瓶中，压力为 900kPa。经一段时间后，因气体泄漏且钢瓶温度降到 303K，压力降低到 300kPa，求这段时间内泄漏的气体总量。

解： 设钢瓶的容积为 V 并保持不变，由状态方程得

$$V = \frac{nRT}{p} = \frac{152\text{g} \times 8.314\text{J} \cdot \text{K}^{-1} \cdot \text{mol}^{-1} \times 313\text{K}}{32\text{g} \cdot \text{mol}^{-1} \times 900 \times 10^3 \text{Pa}} = 1.373 \times 10^{-2} \text{m}^3$$

且

$$\frac{n_1 RT_1}{p_1} = \frac{n_2 RT_2}{p_2} \text{ 或 } \frac{m_1 T_1}{p_1} = \frac{m_2 T_2}{p_2}$$

$$m_2 = \frac{m_1 p_2 T_1}{p_1 T_2} = \frac{152\text{g} \times 300\text{kPa} \times 313\text{K}}{900\text{kPa} \times 303\text{K}} = 52.34\text{g}$$

泄漏气体的质量

$$\Delta m = m_1 - m_2 = 152\text{g} - 52.34\text{g} = 99.66\text{g}$$

【例 2-3】　57℃ 下用排水取气法收集 CH_4 气体，在 101.3kPa 压力下，气体体积为 1.0L，计算

(1) 保持温度不变，压力降为 50.65kPa，气体的体积为多少？

(2) 保持温度不变，压力增加为 202.6kPa，气体的体积为多少？

(3) 保持压力不变，温度升到 100℃，气体的体积为多少？

(4) 保持压力不变，温度降到 10℃，气体的体积为多少？

(5) 除去水分，干燥 CH_4 气在标准状况下体积为多少？

已知 57℃ 时，水的饱和蒸气压为 $p_{H_2O}^* = 17kPa$，10℃ 时为 $p_{H_2O}^* = 1.2kPa$。

解： 收集的气体为 CH_4 和水蒸气的混合气体，混合气体中水的分压 p_{H_2O}，应等于同温度下水的饱和蒸气压 $p_{H_2O}^*$。计算中应注意，条件变化，水蒸气是否会发生凝结，如凝结，混合气中 n_{H_2O} 将会改变。

(1) 恒温下气体总压力降低，水的分压 p_{H_2O} 随之降低，因小于水的饱和蒸气压，故不会发生凝结作用。因 $n_总$、T 不变，由式(2-1) 得

$$p_1 V_1 = p_2 V_2, \quad V_2 = \frac{p_1 V_1}{p_2} = \frac{101.3kPa \times 1.0L}{50.65kPa} = 2.0L$$

(2) 恒温下加压，p_{H_2O} 升高且大于 57℃ 水的饱和蒸气压 $p_{H_2O}^*$，部分水蒸气会发生凝结，使混合气中 n_{H_2O} 改变，但 n_{CH_4} 不变。对 CH_4 气，由分压的定义式(2-4)

$$p_{CH_4} V_总 = p'_{CH_4} V'_总$$

$$V'_总 = \frac{p_{CH_4} V_总}{p'_{CH_4}} = \frac{(101.3-17)kPa \times 1.0L}{(202.6-17)kPa} = 0.454L$$

(3) 恒压下升温，水蒸气不会凝结，$n_总$ 不变，由式(2-1)

$$\frac{V_1}{T_1} = \frac{V_2}{T_2}, \quad V_2 = \frac{V_1 T_2}{T_1} = \frac{1.0L \times (100+273)K}{(57+273)K} = 1.13L$$

(4) 恒压下温度降低，因 $p_{H_2O}^*$ 降低，使 $p_{H_2O} > p_{H_2O}^*$，部分水蒸气凝结，因 n_{CH_4} 一定，同样以 CH_4 气计算。由式(2-4)

$$\frac{V_总 p_{CH_4}}{T_1} = \frac{V'_总 p'_{CH_4}}{T_2}$$

$$V'_总 = \frac{V_总 p_{CH_4} T_2}{p'_{CH_4} T_1} = \frac{1.0L \times (101.3-17)kPa \times (10+273)K}{(101.3-1.2)kPa \times (57+273)K} = 0.722L$$

(5) 除去水分后，n_{CH_4} 不变，但在 STP 下 p、V、T 均改变了。设标准状况下干燥气体的温度、压力和体积分别为 T_0、p_0 和 $V_{总0}$，由式(2-2)

$$\frac{p_{CH_4} V_总}{T_1} = \frac{p_0 V_{总0}}{T_0}$$

$$V_{总,0} = \frac{p_{CH_4} V_总 T_0}{p_0 T_1} = \frac{(101.3-17)kPa \times 1.0L \times 273K}{101.3kPa \times (273+57)K} = 0.688L$$

【例 2-4】 实验室采用在 MnO_2 催化下加热分解 $KClO_3$ 制备氧气，若在 20℃，99.5kPa 下，用排水取气法收集 1.5L 纯净氧气，至少需要多少克 $KClO_3$ 分解？已知 20℃ 下 $p_{H_2O}^* = 2.34kPa$。

解： 需要收集的氧气的物质的量为

$$n_{O_2} = \frac{V_总 p_{O_2}}{RT} = \frac{1.5L \times (99.5-2.34)kPa}{8.314J \cdot K^{-1} \cdot mol^{-1} \times 293K} = 0.0598mol$$

分解反应为 $\qquad$ $2KClO_3 \Longrightarrow 2KCl + 3O_2$

发生反应的物质的量（mol） $\qquad$ 2 $\qquad$ 3

$$n_{KClO_3} \qquad n_{O_2}$$

$$n_{KClO_3} = \frac{2}{3} n_{O_2} = \frac{2}{3} \times 0.0598 \text{mol} = 0.0399 \text{mol}$$

需要的 $KClO_3$ 为 $0.0399 \text{mol} \times 122.55 \text{g} \cdot \text{mol}^{-1} = 4.890 \text{g}$

2.2 实际气体
（Real Gases）

具有一定压力的气体为实际气体，当压力较高时，实际气体的行为将偏离理想气体，不再遵从理想气体状态方程式。偏差的大小除与气体的特性有关外，还与气体的温度、压力有关。

2.2.1 实验现象

恒温下，在较大的压力范围测定气体的摩尔体积，作 $pV_m\text{-}p$ 曲线，结果如图 2-3 所示。由图可见，恒温下绝大多数气体的 pV_m 值随压力变化而改变，不同气体，$pV_m\text{-}p$ 曲线的形状也不相同，表明随压力升高，气体的行为与理想气体不同，且不同气体，表现出不同的偏差特征。

图 2-3 实际气体的 $pV_m\text{-}p$ 曲线

2.2.2 实际气体的状态方程

与理想气体相比，实际气体仍由剧烈运动的分子组成。因此，与液体和固体相比，仍具有密度小、易扩散、可无限混合、易膨胀或压缩等特点。但因压力较高，气体的体积减小，分子间距离降低，从而分子间相互作用力不可忽略。分子间相互吸引作用产生的内聚力（Cohesion Force），使分子对器壁的碰撞作用减弱，实验测定的气体压力比按理想气体处理的偏低，即 $p_实 < p_理$。同时，分子本身占有的体积，与气体拥有的整体空间相比，也不可忽略，因分子占有的体积不可压缩，使气体的体积比理想气体可无限压缩的空间增大，即 $V_实 > V_理$。不同气体，分子间相互作用力不同，分子占有体积不同，因此出现的偏差也不相同。

按以上分析，若将实际气体的压力和体积各引入一个校正项，则理想气体状态方程式的形式便可适用于实际气体。荷兰物理学家 J. D. Van der Waals（J. D. 范德华）对理想气体状态方程进行了如下修正：

对 1mol 气体： $\qquad \left(p + \dfrac{a}{V_m^2}\right)(V_m - b) = RT$

对 n mol 气体： $\qquad \left(p + \dfrac{an^2}{V^2}\right)(V - nb) = nRT$

(2-14)

式(2-14) 称为 Van der Waals 方程，式中 a、b 为 Van der Waals 常数，$\dfrac{a}{V_m^2}$ 或 $\dfrac{an^2}{V^2}$ 为压力校正项，与分子间相互作用力大小有关，b 为体积校正项，与分子本身体积大小有关。常见气体的 a、b 值列于表 2-1 中。由表列数据可见，不同气体的 a 值相差较大，且沸点越高

11

的物质，a 值越大，表明气体分子间相互作用越大。b 值差异较小，因 b 值约为分子体积大小的 4 倍，表明不同分子体积的差异不大。

在对实际气体进行 p、V、T 计算时，只需查出 a、b 值，代入式（2-14）中就可以了。Van der Waals 方程因物理意义明确，是实际中最常用的状态方程。

表 2-1　常见气体的正常沸点 T_b 和 Van der Waals 常数

气体	正常沸点 T_b/K	a/Pa·m^6·mol^{-2}	$b/10^{-3}$·m^3·mol^{-1}
He	4.22	0.00346	0.0238
H_2	20.28	0.02452	0.0265
N_2	77.35	0.1370	0.0387
Ar	87.30	0.1355	0.0320
CO	81.7	0.1472	0.0395
O_2	90.2	0.1382	0.0319
CH_4	111.67	0.2303	0.0431
CO_2	194.6	0.3658	0.0429
Cl_2	239.11	0.6343	0.0542
NH_3	239.82	0.4225	0.0371
C_6H_6	353.24	1.882	0.1193
H_2O	373.2	0.5537	0.0305

摘自《CRC-Handbook of Chemistry and Physics》90th edition，2010

2.2.3　压缩因子

实际工作中常需用更简便的校正方法，在理想气体状态方程式中直接引入一校正因子 Z，校正后使状态方程式适用于实际气体，即

$$pV_m = ZRT \tag{2-15}$$

式中，p 和 V_m 为 1mol 实际气体在温度为 T 下的压力和体积。改写式（2-15）得

$$Z = \frac{V_m}{\dfrac{RT}{p}} = \frac{V_m^{re}}{V_m^{id}} \tag{2-16}$$

式中，V_m^{re} 为实际气体在 T、p 下的摩尔体积；V_m^{id} 为气体在 T、p 下按理想气体处理的摩尔体积。由式（2-16），若

$Z>1$，表明 $V_m^{re}>V_m^{id}$，即在同温同压下，实际气体体积大于理想气体，与理想气体相比，实际气体不易压缩，分子本身占有体积起主要作用；

$Z<1$，表明 $V_m^{re}<V_m^{id}$，与 $Z>1$ 相反，实际气体比理想气体易于压缩，分子间内聚作用占主导地位；

若 $Z=1$，表明 $V_m^{re}=V_m^{id}$，实际气体与理想气体压缩性相同，即实际气体因分子本身占有体积和分子间内聚作用，产生的非理想性偏差均衡，大致可抵消。

因 Z 的大小表现了实际气体和理想气体压缩性的差异，故 Z 称为压缩因子（Compressibility Factor）。压缩因子可由实验测定的 V_m^{re} 值及计算的 V_m^{id} 值，按式（2-16）求出。实验表明，由少数常见气体测定的结果可绘制出普遍化压缩因子图，它适用于结构相似的其他气体，使用起来十分方便，有关内容请看专著。

【例 2-5】　0℃ 时 1mol CO_2 气体占有体积（1）22.4L（2）0.05L，利用式（2-2）和式（2-14）计算气体的压力并比较计算的结果。

解：按式（2-2）计算

(1) $p_1 = \dfrac{nRT}{V_1} = \dfrac{1mol \times 8.314J \cdot K^{-1} \cdot mol^{-1} \times 273.2K}{22.4 \times 10^{-3}m^3} = 101.4kPa$

(2) $p_2 = \dfrac{nRT}{V_2} = \dfrac{1mol \times 8.314J \cdot K^{-1} \cdot mol^{-1} \times 273.2K}{0.05 \times 10^{-3}m^3} = 4.543 \times 10^4 kPa$

按式(2-14)计算,查 $a = 0.366Pa \cdot m^6 \cdot mol^{-2}$, $b = 0.04286 \times 10^{-3}m^3 \cdot mol^{-1}$,代入数据:

(1) $\left[p_1 + \dfrac{0.366Pa \cdot m^6 \cdot mol^{-2}}{(22.4 \times 10^{-3})^2 m^6 \cdot mol^{-2}} \right] (22.4 \times 10^{-3} - 0.04286 \times 10^{-3})m^3 \cdot mol^{-1}$

$= 8.314J \cdot K^{-1} \cdot mol^{-1} \times 273.2K$

解出 $p_1 = 100.87kPa$

(2) 同法解出 $p_2 = 1.717 \times 10^5 kPa$

可见,低压下两种处理方法结果近似相同,但高压下两种处理差异较大,其偏差主要来于 CO_2 较大的分子占有体积。

2.3 气体的液化
（Liquefying of Gases）

当气体的温度足够低而压力足够高,气体的行为不仅偏离理想气体,而且还会因分子间距离减少,分子间作用力增强完全抑制了气体分子的热运动,导致气体的聚集状态发生变化而液化。

2.3.1 实际气体的等温线

我们以 CO_2 为例讨论实际气体等温压缩时所表现的特征。将一定量 CO_2 气体置于带活塞的容器中,恒温下向下推动活塞,使体系压缩,同时测定在此温度、压力下 CO_2 的体积,以压力为纵轴,摩尔体积为横轴,作出一系列温度下的 $p\text{-}V_m$ 曲线,其结果见图 2-4。按曲线形状,可分为三类。

图 2-4 实际气体 CO_2 气的等温线

304.1K 以上:呈低压气体的 $p\text{-}V_m$ 曲线特征,随压力升高,V_m 减小,变化趋势与理想气体的等温线相似。

304.1K 以下:随压力升高,V_m 减小,但 $p\text{-}V_m$ 曲线上出现一水平段。即当压力达相应温度下 CO_2 的饱和蒸气压时,CO_2 气体开始发生液化,体系内汽液两相共存。因气相 CO_2 的量不断减少,体系的 V_m 不断减小,但压力仍保持在 CO_2 的饱和蒸气压数值上。当 CO_2 气体全部液化后,再增加压力,因液体的压缩性很小,故 V_m 仅微弱减小,$p\text{-}V_m$ 曲线呈陡峭上升趋势。

随温度升高,水平段缩短,表明随温度升高,汽液两相的摩尔体积逐渐接近。

304.1K 线:水平段缩短为一点,成为 $p\text{-}V_m$ 曲线上的一个拐点 c,c 点处气体和液体 CO_2 的摩尔体积（或密度）相同,汽-液两相不再分层,汽液界面消失,体系呈现混沌状态。

2.3.2 临界点

304.1K 等温线上的拐点 c 称为临界点（Critical Point），c 点的温度为临界温度 T_c，压力为临界压力 p_c，1mol 气体在临界温度和临界压力下的体积为临界摩尔体积 $V_{m,c}$。

对图 2-4 的分析可以得出：临界温度是气体可以被加压液化的最高温度，高于临界温度，因气体分子热运动剧烈，不论加多大压力也不能使气体液化。临界压力为临界温度下，气体加压液化的最低压力，因气体处于临界温度，若压力在临界压力 p_c 以上，该物质就以液态形式存在。

临界参数是气态物质的重要参数，表 2-2 列出一些物质的临界参数。由表可见，一些气体如 H_2、He、N_2、O_2 和 CH_4 等，沸点低且临界温度远低于室温，因常温下不能加压使之液化，故称为永久性气体。一些气体如 CO_2、NH_3、丙烷、丁烷等，沸点低于室温，而临界温度高于室温，故可加压液化，如家用液化气主要成分为丙烷和丁烷。而一些沸点和临界温度均高于室温的物质，如戊烷、己烷、庚烷、水、苯等，常温常压下通常以液态形式存在。

表 2-2　一些物质的正常沸点 T_b 和临界参数

物　质		T_b/K	T_c/K	p_c/MPa	$V_{m,c}/mL \cdot mol^{-1}$
永久性气体	He	4.22	5.19	0.227	57
	H_2	20.28	32.97	1.293	65
	N_2	77.35	126.21	3.39	90
	O_2	90.20	154.59	5.043	73
	CH_4	111.67	190.56	4.599	98.60
可液化气体	CO_2	194.6	304.13	7.375	94
	C_3H_8	231.1	369.83	4.248	200
	Cl_2	239.11	416.9	7.991	123
	NH_3	239.82	405.56	11.357	69.8
	$n\text{-}C_4H_{10}$	272.7	425.16	3.787	255
液体	$n\text{-}C_5H_{12}$	309.21	469.7	3.370	311
	$n\text{-}C_6H_{14}$	341.88	507.6	3.025	368
	$n\text{-}C_7H_{16}$	371.6	540.2	2.74	428
	C_6H_6	353.24	562.05	4.895	256
	H_2O	373.2	647.14	22.06	56

摘自《CRC-Handbook of Chemistry and Physics》，90th edition，2010。

2.3.3 超临界流体

高于临界温度和临界压力，但又接近临界点的状态，称为超临界状态，物质处于超临界状态，气液性质十分接近，以至于无法分辨。处于超临界状态下的流体称为超临界流体（Super Critical Fluid，简称 SCF），为避免与通常的气体、液体混淆，特别称为流体。

超临界流体具有特殊的传递性质，表 2-3 列出了气体、液体及 SCF 的主要物理特征比较。由表可见，SCF 的扩散系数比气体小，但比一般液体高一个数量级，黏度接近气体，密度类似于液体，但压力的细微变化可导致其密度显著变化。因此，SCF 兼备气体和液体的双重特性：扩散系数大，黏度小，渗透性好。它既能像气体那样扩散，充满整个容器，渗透进入其他物体内，又能像液体那样溶解盐类等固体物质，与液体萃取剂相比，可更快完成传质达到平衡，促进高效分离过程实现。

表 2-3　气体、液体和 SCF 主要物理特征比较

物质状态	密度/kg·m^{-3}	黏度/Pa·s	扩散系数/m^2·s^{-1}
气态	0.6～2.0	$(1\sim3)\times10^{-5}$	$(0.1\sim0.4)\times10^{-4}$
液态	$(0.6\sim1.6)\times10^3$	$(0.2\sim3)\times10^{-3}$	$(0.2\sim2)\times10^{-9}$
SCF	$(0.2\sim0.9)\times10^3$	$(1\sim9)\times10^{-5}$	$(2\sim7)\times10^{-8}$

可作为 SCF 的物质较多，如 CO_2、CO、H_2O、C_2H_6、NH_3、SF_6 等，其中 CO_2 的临界温度（304.1K）接近室温，临界压力（$p_c=7.37MPa$）也不太高，且无毒、无色、无味、不可燃、化学惰性，价格便宜，易制成高纯气体，故应用最多。下面我们介绍 SCF 的主要用途。

(1) SCF 萃取

利用 SCF 密度随温度和压力变化，导致其溶解参数也随之变化的特征，将 SCF 与待分离物质接触溶解，然后控制减压或升温以获得所需的溶解度，使溶解的组分或按极性大小，或按沸点高低，或按摩尔质量大小，依次析出，从而达到分离提纯的目的，而 SCF 变为普通气体后可重复循环使用。

因 SCF CO_2 可在接近室温下进行萃取操作，分离过程在高压密闭容器内进行，既不可能有细菌存活，也不可能有外来污染，有效防止了热敏性物质的氧化或逸散，完整保留生物活性，特别适用于天然产物中有效成分，如药物、香科、色素、维生素等的提取。

SCF 萃取过程取消了传统的有机溶剂，极大地减小了对环境的污染，是典型的绿色分离技术。

(2) SCF 介质反应

一些受扩散控制的化学反应，因在 SCF 环境中的扩散系数远比普通液体中大，而黏度更小，使扩散传质速率加快，同时在 SCF 中，反应物的溶解度增大，这将使反应速率加快。

如 H_2 在一般液体中的溶解度很低，这对传统的加氢反应很不利，反应所需的 H_2 要通过汽-液界面传递到液相中。但 H_2 和有机物都可以同时溶于 SCF CO_2 中，反应物浓度提高并消除了汽-液间传质阻力，反应速率大为提高。在 SCF 中进行均相反应的典型例子是 SCF CO_2 加氢生成甲酸及其衍生物甲酸烷基酯和甲酸胺类化合物的反应，反应中 SCF CO_2 既是反应物，又是溶剂：

$$CO_2(SCF)+H_2 \xrightarrow[50℃,18.5MPa]{Ru(PMe_3)_4H_2} HCOOH$$

在 SCF CO_2 中，H_2 的溶解度比在一般有机溶剂中提高了约 10 倍，催化剂为钌的三烷基膦配合物，在此条件下同时具有可溶性和催化活性。

又如在湿式空气氧化法（Wet Air Oxidation，WAO）处理污水的过程中，先将空气通入污水中，使其中的有机污染物氧化，因氧在水中的溶解度有限，使供氧速率成为速率控制步骤。但在 SCF 水氧化法（Supercritical Water Oxidation，SCWO）中，氧与超临界水完全互溶，可以实现高浓度氧下的氧化，大大加快了氧化过程，提高了水处理速度。酶能在非水环境中保持活性，在非水 SCF 溶剂中，一些酶催化反应的活性会更高。

(3) SCF 在材料科学中的应用

在生产薄膜和精细粉的工业中，利用调节压力和温度，使 SCF 流体快速膨胀，因溶解度降低而形成精细粉末。

利用 SCF 扩散系数大并溶解某些溶质的能力，流体中溶解的溶质可以很容易地扩散到多微孔固体中，降压后，SCF 成为气体逸出，溶质残留在微孔中，完成多微孔固体的插嵌

以实现固体表面改性。同样 SCF 使高分子材料膨胀，形成微孔，若加入不同的添加剂，添加剂的插嵌，也可实现高分子材料的改性等。

另外，SCF 技术很少或不造成污染，同时还可用于环境治理。如可以从稻壳、废纸、酒糟、废木料中提出低聚糖、蚁酸、醋酸、木质素等医药品和高分子材料。用 SCF 取代氯氟烃作为洗涤剂，以脱脂、分离油分等。含硫多的低品位碳，在 SCF 水中燃烧，不会产生污染环境的 SO_2 和 N_xO 等，因而不需脱硫、脱氮、除尘装置，生成的 CO_2 易于回收，这就是人们关注的 SCF 水发电技术。因 SCF 可以穿透细菌的细胞壁，在其内部引起氧化，从而杀灭细菌，这就是 SCF 消毒技术。

使用超临界流体技术的唯一缺点是涉及高压系统，在大规模使用时，对其工艺流程和技术的要求高，设备费用也较昂贵。由于它优点很多，这预示着超临界流体的广阔应用前景。

2.4 液体
（Liquids）

液态是常见的物质聚集状态，如人们生活中必不可少的水，实验室使用的各种溶剂，如乙醇、苯、丙酮等，生产中使用的各种燃油如汽油、柴油和润滑油等，这些物质通常都以液态存在。一定条件下，液体可汽化为气体，也可凝结为固体。

2.4.1 液体的通性

液体分子处于不断的热运动中，但因分子间距离比气体分子小得多，使分子间存在较强的相互作用力，因而表现出与气体不同的特征。

(1) 液体具有确定的体积和可变的形状

液体分子间的作用力，使液体分子只限定在一定范围内运动，故液体有确定的体积，但作用力还不足以限定液体分子具有确定的位置，因而液体呈现出流动性，并随容器的形状不同改变其形状。

(2) 液体的膨胀性和压缩性

液体分子间距离较小，使其自由运动的空间比气体小得多。一定温度下增加压力，呈现极小的压缩性，其恒温压缩系数（恒温下增加单位压力体积减小的分数）为 $10^{-9}\,Pa^{-1}$，比低压气体约小四个数量级。恒压下升温，分子热运动虽然加剧，但分子间作用力限制了由此引起的分子间距离增大的趋势，因此液体的膨胀性也很小，恒压膨胀系数（恒压下温度升高 1K 引起体积增加的分数）在 $10^{-3.5} \sim 10^{-3}\,K^{-1}$ 范围内。

(3) 液体的互溶性

结构相似的液体，因分子间作用力相似，可以完全互溶。如含有氢键的水和乙醇，非极性的苯和四氯化碳等。多数液体有一定溶解度限制，如水和丁醇，混合振荡后静置，最终仍分为两个液层，其中一层为水在丁醇中的饱和溶液，另一层为丁醇在水中的饱和溶液。水和四氯化碳，因极性相差悬殊，几乎完全不互溶，振荡后静置，分离为两液层，几乎仍为纯水和纯四氯化碳。

(4) 液体的表面张力

液体内部的分子，受到来自相邻分子的引力作用，因合力为零而处于受力平衡的稳定状态。液体表面分子，同时受到来自液相和气相分子的吸引力作用，但气相密度小，分子间作用力远小于液相分子间作用力，因而受到一个净的指向液体内部的拉力作用，因此，液体有自动缩小表面的趋势。如自由液滴总趋于成球形，因相同体积的液体，球形的表面积最小。

实际生活中，我们也感觉到液体表面总体有自动缩小表面的趋势。如自由液滴总趋于成球形，因相同体积的液体，球形的表面积最小。

实际生活中，我们也感觉到液体表面总有一种收缩力在作用：挂在滴管口的水滴可不滴下，小心加水，水可超过杯缘而不溢出等，我们称这种收缩力为表面张力（Surface Tension），用 γ 表示，SI 制中单位为 $N \cdot m^{-1}$，即作用在单位边界上的收缩力。图 2-5 示出几种情况下表面张力作用的方向，由图可见，当外力作用使液体形状改变、表面积增加时，表面张力作用的方向总是与外力相反，其效果力图使表面缩小。

图 2-5　几种情况下表面张力作用的方向

表面张力与液体分子间的作用力大小有关，通常极性越强的液体，表面张力也越大。温度升高，液体分子的热运动加剧，削弱了分子间作用力，故表面张力降低。纯水中加入极性有机物，如醇类、脂肪酸等，因可在水-空气界面上发生定向吸附（即极性基伸入水，非极性基指向空气，使表面浓度大于水相浓度），故可降低水的表面张力。一类具有特殊结构的表面活性剂，除可显著降低水的表面张力外，还可在水相形成"胶束"（Micelle），因此具有增溶、去污、调节润湿等作用，在生产和生活中具有广泛的应用。纯水中加入无机盐类，因电离产生的正、负离子在水相中有更多的相互作用机会，故表面浓度比水相低，使水的表面张力升高，如矿泉水具有比水更高的表面张力。

2.4.2　液体的汽化　蒸气压

（1）液体的汽化现象

涂在玻片上的酒精消失，置于开口容器中的水，放置一段时间后水量减少，这些都是因常温下液体发生汽化，由液态转化为气态而逸散。液体分子有一定平均运动速率或运动能，其值随温度升高而增大，液体表面一些具有较高动能的分子，可克服表面和内部相邻分子对它的吸引作用，进入汽相即发生汽化（Vaporization）。液体发生汽化时，因较高能量的分子逸出，液体分子平均动能降低，液体的温度将降低，若要保持温度不变，则必须吸收热量。

（2）蒸气压

若汽化在开口容器中进行，液相分子进入汽相并逸入大气。若汽化在一抽空的密闭容器中进行，开始进入汽相的分子较多，与此同时，蒸汽分子在相互碰撞过程中，可能再返回液相，发生凝结（Condensation）作用。凝结的趋势随进入汽相的分子增多而渐增强，最终，单位表面单位时间内，汽化与凝结的分子数相差无几，达汽化-凝结的动态平衡，我们称体系达汽-液平衡。宏观上看，液体的体积和汽相的压力不再改变，这时，汽相的压力称为该液体在此温度下的饱和蒸气压，简称蒸气压（Vapor Pressure）。若液体

图 2-6　几种液体的蒸气压-温度曲线

上方有惰性气体存在，达汽-液平衡时汽相中该液体物质的分压为其蒸气压。

相同温度下不同液体的蒸气压不同，表明不同液体分子间作用力不同，挥发能力也不

同，蒸气压越高，挥发能力越强。同种液体，温度升高，分子的热运动加剧，逸出能力增强，蒸气压增大。不同温度下，液体的蒸气压可由实验测定，图 2-6 示出几种液体的蒸气压-温度曲线。由图可见，随温度升高，蒸气压呈指数升高。

当蒸气压 $p^* = p_外$ 时，汽-液平衡的温度为沸点（Boiling Point），当 $p^* = p_外 = p^{\ominus}$（101.33kPa）时，液体的沸点称为正常沸点（Normal Boiling Point），用 T_b 表示。在沸点温度下，液体的汽化同时在表面和内部进行，因内部不断产生气泡，表现为剧烈的汽化即沸腾。

(3) 汽化热

在指定温度压力下，液体汽化所吸收的热量为汽化热（Heat of Vaporization）。液态物质的恒压汽化热在热力学中称为汽化焓（Enthalpy of Vaporization），1mol 液态物质的汽化焓为摩尔汽化焓，用 $\Delta_{vap}H_m$ 表示，单位为 $kJ \cdot mol^{-1}$。常见液体的正常沸点和在正常沸点时的摩尔汽化焓列于表 2-4 中。由表可见，极性强的液体，沸点高且摩尔汽化焓较大，这是因为液体分子汽化时需更多的能量来克服相邻分子间较大的吸引力，水和醇类分子间因存在氢键，故摩尔汽化焓较大。

表 2-4 常见液体的正常沸点和正常沸点时的摩尔汽化焓

物　质	正常沸点 T_b/K	摩尔汽化焓 $\Delta_{vap}H_m/kJ \cdot mol^{-1}$
CH_3OCH_3	248.4	21.51
CS_2	319	26.74
CH_3COCH_3	329.20	29.10
$CHCl_3$	334.32	29.24
CH_3OH	337.8	35.21
CCl_4	350.0	30.79
CH_3CH_2OH	351.44	38.56
C_6H_6	353.24	30.72
H_2O	373.2	40.65
$C_6H_5CH_3$	383.78	33.18

摘自《CRC-Handbook of Chemistry and Physics》，90th edition，2010。

(4) Clapeyron（克拉伯龙)-Clausius（克劳修斯）方程

对大量液体的蒸气压随温度变化的实验数据分析得出，纯液体的蒸气压 p 随温度 T 升高而呈指数升高，即 $\lg p$ 与 $\dfrac{1}{T}$ 为一直线关系，直线斜率为负且与汽化焓有关。表 2-5 列出不同温度下水的饱和蒸气压数据，由此数据作图，可得典型的 p-T 指数曲线和 $\lg p$-$\dfrac{1}{T}$ 直线（见图 2-7）。若视 $\Delta_{vap}H_m$ 为常数，直线关系式可表示为

表 2-5 不同温度下水的饱和蒸气压数据

T/K	$p^*_{H_2O}/kPa$	$T^{-1}/10^{-3}K^{-1}$	$\lg p^*_{H_2O}/kPa$
273.15	0.613	3.661	−0.208
283.15	1.227	3.532	0.089
293.15	2.333	3.411	0.368
303.15	4.240	3.299	0.627
313.15	7.373	3.193	0.868
323.15	12.332	3.095	1.091
333.15	19.918	3.00	1.299
343.15	31.157	2.914	1.493
353.15	47.343	2.832	1.675
363.15	70.101	2.754	1.845
373.15	101.33	2.680	2.005

(a) p-T曲线　　(b) lg$p$-$\dfrac{1}{T}$直线

图 2-7　水的蒸气压随温度变化曲线

$$\lg p=-\frac{\Delta_{vap}H_m}{2.303R}\frac{1}{T}+\text{常数 }C \tag{2-17}$$

代入两个不同温度下的蒸气压，消去常数 C，式(2-17) 改写为

$$\lg \frac{p_2}{p_1}=\frac{\Delta_{vap}H_m}{2.303R}\left(\frac{1}{T_1}-\frac{1}{T_2}\right) \tag{2-18}$$

式(2-17) 和式(2-18) 称为 Clapeyron-Clausius 方程，两式也可由理论上导出。由式可见：若测定了不同温度下的蒸气压，作 lg$p$-$\dfrac{1}{T}$直线，由直线的斜率可求出摩尔汽化焓；若已知不同温度 T_1、T_2 下的蒸气压 p_1、p_2，代入式(2-18) 中，也可求出摩尔汽化焓；若已知摩尔汽化焓及正常沸点即 $T_1=T_b$，$p_1=p^{\ominus}$，就可求出其他任意温度 T_2 下的蒸气压 p_2，或任意外压下液体的沸点。

式(2-17)、式(2-18) 也适用于固-汽平衡即升华（Sublimation），应用于升华平衡时，用摩尔升华焓 $\Delta_{sub}H_m$ 取代 $\Delta_{vap}H_m$

即
$$\lg \frac{p_2}{p_1}=\frac{\Delta_{sub}H_m}{2.303R}\left(\frac{1}{T_1}-\frac{1}{T_2}\right) \tag{2-19}$$

【例 2-6】　在 4500m 的西藏高原上，大气压约为 57.3kPa，试由水的蒸气压与温度的关系式

$$\ln(p/\text{Pa})=-\frac{5232}{T/\text{K}}+25.55 \quad (270\sim373\text{K})$$

计算西藏高原上水的沸点及在此温度范围内水的摩尔汽化焓。

解：代入 $p=57.3$kPa，解出沸点 $T=358.5$K 或 85.3℃。将上式与 Clapeyron-Clausius 方程相比

$$-\frac{\Delta_{vap}H_m}{R}=-5232$$

故　　　　$\Delta_{vap}H_m=8.314\times10^{-3}\times5232\text{kJ}\cdot\text{mol}^{-1}=43.50\text{kJ}\cdot\text{mol}^{-1}$

【例 2-7】　已知固体苯在 273.2K 时蒸气压为 3.27kPa，293.2K 时为 12.303kPa，液体苯的摩尔汽化焓为 34.17kJ·mol^{-1}，293.2K 时的蒸气压为 10.021kPa，求

(1) 303.2K 时液体苯的蒸气压；

(2) 苯的摩尔升华焓；

(3) 固体苯的摩尔熔化焓。

解：(1) 将 $T_1=293.2$K，$p_1=10.021$kPa，$\Delta_{vap}H_m=34.17$kJ·mol^{-1}，$T_2=303.2$K

19

代入式(2-18)中，解出 $p_2 = 15.91\text{kPa}$。

（2）将 $T_1 = 273.2\text{K}$，$p_1 = 3.27\text{kPa}$，$T_2 = 293.2\text{K}$，$p_2 = 12.303\text{kPa}$ 代入式(2-19)中，得到 $\Delta_{sub}H_m = 44.12\text{kJ} \cdot \text{mol}^{-1}$。

（3）由图 2-1 的物相变化关系式和能量守恒原理可以得出：

$$\Delta_{fus}H_m = \Delta_{sub}H_m - \Delta_{vap}H_m = (44.12 - 34.17)\text{kJ} \cdot \text{mol}^{-1} = 9.95\text{kJ} \cdot \text{mol}^{-1}$$

【例 2-8】 1.82g 水注入 30.0℃、2.55L 的真空容器中，计算说明，达平衡时水将以什么形态存在？

解： 设水全部汽化为水蒸气，则压力为

$$p = \frac{nRT}{V} = \frac{1.82\text{g} \times 8.314\text{J} \cdot \text{K}^{-1} \cdot \text{mol}^{-1} \times (273.2 + 30.0)\text{K}}{18.0\text{g} \cdot \text{mol}^{-1} \times 2.55 \times 10^{-3}\text{m}^3} = 99.95\text{kPa}$$

计算表明，$p \gg p_{H_2O}^*$（30℃）$= 4.24\text{kPa}$，故水蒸气会发生凝结作用，容器内应为液态水与水蒸气共存，水的蒸气压为 4.24kPa，水蒸气的质量约为

$$m = \frac{pVM}{RT} = \frac{4240\text{Pa} \times 2.55 \times 10^{-3}\text{m}^3 \times 18.0\text{g} \cdot \text{mol}^{-1}}{8.314\text{J} \cdot \text{K}^{-1} \cdot \text{mol}^{-1} \times 303.2\text{K}} = 0.077\text{g}$$

液体水的质量约为 $(1.82 - 0.077)\text{g} = 1.74\text{g}$

2.4.3 液体的凝固

常压下纯液体冷却到一定温度，会凝结为固体，固-液平衡共存的温度称为液体的凝固点（Freezing Point），用 T_f 表示。液体的凝固点可由步冷曲线上的水平段确定。步冷曲线即恒压下将液体冷却，记录温度随时间变化的数据所作的曲线，图 2-8 是典型的纯液体的步冷曲线。

图 2-8 典型的纯液体的步冷曲线

图中 AB 段为液体冷却降温，到达 B 点开始析出固体。因固相析出放出热量，可补偿向环境的散热，故在固相析出的过程中，体系的温度将不再变化，但是液相的量不断减少，固相的量不断增加，到达 C 点，全部液体凝结为固体。因温度不变，BC 段为水平段，水平段对应的温度为固-液共存温度，即液体的凝固点。CD 段为固相冷却降温。若冷却较快，实验中往往出现过冷现象（Supercooling），即低于凝固点才析出固体的现象，步冷曲线呈现如图 2-8 中的虚线部分。这是因为在凝固开始阶段，微小的"结晶中心"难以形成。为克服过冷，可加入"晶种"或擦壁搅拌，以减小结晶中心形成的阻力。一旦固体析出，放出的热量使体系温度回升到凝固点并保持不变直到固相全部析出。

液体的凝固点随压力变化很小，对大多数液体，凝固点随压力增大略有升高，但水的凝固点随压力升高而降低，表现出特殊的反常行为。表 2-6 示出水的凝固点随压力变化的数据。

表 2-6 不同压力下的水的凝固点

$p/10^5\text{Pa}$	T_f/K
1.01	273.15
330	270.65
604	268.15
902	265.65
1135	263.15

表 2-7 不同温度下冰的蒸气压

T/K	$p_{冰}/\text{Pa}$
273.15	610
268.15	402
263.15	260
258.15	165

2.4.4 固体的升华和熔化

类似于液体，固体分子也不停地进行热运动，但剧烈程度远不及液体分子，固体表面热运动能较高的分子仍可能逸出进入气相，因此固体也有蒸气压，并随温度升高而增加，因值很小，实验测定更为困难。表 2-7 列出不同温度下冰的蒸气压数据。

恒压下加热固体，当固体发生熔化时达固-液平衡，此时的温度为固体的熔点（Melting Point）。类似于液体的步冷曲线，固体的加热曲线上会出现一水平段。这时因环境提供的热量用于固体熔化破坏原有晶格结构所需吸收的热量，故体系温度不变。对于同一纯物质，在大气压下，液体的凝固点与固体的熔点是相同的，但因发生物相变化的主体不同，因此习惯上用不同的物理量加以表示。

恒温恒压下，液体凝固过程放出的热量为凝固热，热力学中称为凝固焓（Enthalpy of Freezing），固体熔化过程吸收的热量为熔化热，热力学中称为熔化焓（Enthalpy of Fuse），数值上两者是相同的，但符号相反。

2.5 水的相图
（Phase Diagram of Water）

水是最常见的液体，在常温常压下就可实现从固态→液态→气态的物态变化，与其他物质不同，对三种不同的聚集状态，人们通常分别称之为冰、水、水蒸气，在什么温度压力条件下水的各种物态能稳定？什么条件下不同物态间可实现平衡转化？这就是本节要讨论的内容。

2.5.1 水的通性

由于水分子结构的特殊性，分子间可形成如图 2-9(a) 所示的氢键，使水具有异常的特性：因氢键的作用，简单的水分子可缔合为复杂分子 $(H_2O)_n$，缔合过程为一放热过程，因此缔合度随温度降低而增加，在标准大气压 0℃附近，因缔合为大分子并形成刚性结构，将失去流动性——形成冰。随温度升高，缔合度减小，单体分子增多，100℃附近，单体分子汽化形成气态水分子。由于氢键存在，水有较大的摩尔热容，为 $75.3J \cdot K^{-1} \cdot mol^{-1}$，

(a) 水分子的氢键结构　　　　　　　　　(b) 冰的氢键结构

图 2-9　水和冰分子间氢键结构示意图

因升温的同时还需吸收热量破坏缔合结构。水有较高的沸点，标准大气压下为 373.15K。水有较大的摩尔汽化焓，正常沸点附近为 40.67kJ·mol^{-1}。水有异常的密度，277K 时密度最大为 1000kg·m^{-3}。因高于 277K，随温度升高，缔合度减小，单体分子的热运动使分子间距离增加，密度减小。低于 277K，随温度降低，形成较多氢键，使体系内存在更多的空隙，体积增加而密度降低。在 273K 以下，随冰的形成，结构中出现更多的如图 2-9(b) 所示的孔洞（Holes），使冰的结构变得更为疏松，密度更低。寒冷的冬天，水结冰并浮在水面上，冰层阻止了下层水的散热，使深层水保持液态而不结冰，这就为水生动植物提供了生存空间。

水有特别大的表面张力，25℃时为 0.072N·m^{-1}，这也是因为液态水分子间的氢键相互作用，大大高于气相分子间的作用力，使表面上的水分子受到来自液相内部分子较强的拉力作用。

2.5.2 水的相图

(1) 相和相变

相（Phase）是指体系内物理化学性质均匀的部分，如密闭容器内放置的水，在一定温度下达水-水蒸气平衡。相和相之间存在宏观界面，一些物理性质，如密度、热容、热导率等在界面上出现突变。一定温度、压力下，水以某种相态稳定存在。如 25℃、标准大气压下，液态水可稳定存在，而 102℃和标准大气压下的水蒸气则是稳定存在的相态。温度、压力变化，相态可以变化。如标准大气压下，加热 25℃的水，水先由液态升温到沸点 100℃，并开始发生平衡汽化，待全部水汽化为水蒸气后，水蒸气再升温。通过实验，可以确定水的各种聚集态存在的温度、压力范围。

(2) 水的相图

当体系中有几个相存在时，把平衡存在的相态随温度、压力及组成变化的规律用几何图形表达出来，就得到相图（Phase Diagram）。纯物质的相图是最简单的相图，图 2-10 示出常温常压下水的相图，它可由表 2-5、表 2-6 和表 2-7 的数据绘制。

图 2-10 中，OA 线由表 2-5 的数据画出，它是水的蒸气压随温度变化的曲线，也即水的沸点随外压变化曲线，线上每一点代表在此温度压力下，水和水蒸气平衡共存。

A 点坐标为水的临界点坐标（$T_c = 647.4$K，$p_c = 2.21 \times 10^7$Pa），A 点是水和水蒸气共存的最高温度和压力，A 点以上的阴影部分为水的超临界流体。OA 线上方为液态区，OA 线下方为气态区，因恒温下加压，水汽可凝结为水，而恒压下加热水，超过沸点就汽化为水蒸气。

图 2-10 水的相图

临界点：$T_c = 647.4$K　$p_c = 2.21 \times 10^7$Pa

正常沸点：$T_b = 373.15$K　$p^{\ominus} = 1.013 \times 10^5$Pa

三相点：$T_t = 273.16$K　$p_t = 6.105 \times 10^2$Pa

OB 线为水的凝固点随压力变化的曲线，由表 2-6 的数据画出。曲线陡峭且斜率为负，表明加压水的凝固点略有降低。水的凝固点随压力升高而降低，是水的另一特殊性质，因为绝大多数物质，压力增加时凝固点均呈升高趋势。恒压下当水温降低到凝固点以下，水会结成冰，故 OB 线左侧为固相冰稳定存在的相区。

OC 为冰的升华曲线，即冰的蒸气压随温度变化的曲线，它由表 2-7 的数据画出。曲线斜率为正，表明随温度升高，固体分子热运动加剧，逃逸表面进入汽相的分子数增多，即冰的蒸气压升高。

OC' 为过冷水的蒸气压曲线，为保持水在凝固点以下仍不凝固，体系必须十分纯净且实验必须十分仔细。

三条曲线的交点 O 为三相点（Triple Point），是纯净水-冰-水蒸气三相共存点，温度为 273.16K，压力为 611.3Pa。应注意，三相点并不是水的凝固点，通常水的凝固点是指饱和了空气的水，在标准压力 $p^{\ominus}$ 下与冰平衡共存在温度即 273.15K(0℃)。因水中溶有空气，凝固点降低了 0.0024K，因压力增加为 $p^{\ominus}$，凝固点又降低了 0.0075K，两个因素使水的凝固点比三相点温度降低了约 0.01K。

图 2-11　CO_2 的相图

图 2-12　HgI_2 的相图

由以上分析可以得出，水的相图由三个单相区，三条两相平衡线和一个三相点组成。由相图我们可以确定，一定温度、压力下，水以什么样的相态稳定存在，改变温度、压力，相态又会出现什么变化。

不同的物质，有大致相同的相图，如图 2-11 为 CO_2 的相图，图 2-12 为 HgI_2 的相图。与图 2-10 比较，仍可以发现它们有不同之处，由这些差异我们可以解释，为什么常温常压下可以观察到固体 CO_2 即干冰的升华，但观察不到冰的升华，为什么常压下加热红色 HgI_2 固体到 127℃，部分 HgI_2 会变为黄色等现象。

【例 2-9】　参照表 2-5、表 2-6 和表 2-7 的数据，在图中粗略表示出下列状态点，指出在此条件下水稳定存在的相态。

例 2-9 图

A：363K、98kPa

B：298K、3.17kPa

C：273K、0.55kPa

D：263K、10kPa

解：各点位置如图所示。A 点为液态水，B 为水-水蒸气平衡共存，C 点为水蒸气，D 为冰。

【例 2-10】　已知 CCl_4 的正常熔点为 -23℃，正常沸点为 77℃，正常沸点下蒸气密度为 $1.598 \times 10^3 kg \cdot m^{-3}$，摩尔熔化焓为 $3.28 kJ \cdot mol^{-1}$，25℃时的蒸气压为 14.67kPa。求

(1) -23℃下，10g CCl_4(s) 熔化为液体，吸热多少？

(2) 77℃时，1mol CCl_4(g) 的体积为多少？

(3) 3.5g CCl_4(g) 置于 25℃、8.21L 的容器中，CCl_4 以什么物态存在？

解：(1) 10g CCl_4 的物质的量　$n = \dfrac{10g}{154g \cdot mol^{-1}} = 0.065mol$

熔化时吸热为 $0.065mol \times 3.28kJ \cdot mol^{-1} = 0.213kJ$

（2）77℃、$p^{\ominus}$ 下，$CCl_4(g)$ 的摩尔体积为

$$V_m = \frac{M}{\rho} = \frac{0.154kg \cdot mol^{-1}}{1.598 \times 10^3 kg \cdot m^{-3}} = 9.64 \times 10^{-5} m^3 \cdot mol^{-1}$$

（3）设为气态，其压力为

$$p = \frac{nRT}{V} = \frac{3.5g \times 8.314J \cdot K^{-1} \cdot mol^{-1} \times 298K}{154g \cdot mol^{-1} \times 8.21 \times 10^{-3} m^3} = 6.859kPa$$

因压力小于同温度下 CCl_4 的蒸气压，故以汽态存在。

【例 2-11】 由以下数据粗略画出锡的相图：大气压下灰锡（α）在低于 19℃ 下可稳定存在，白锡（β）在 19～161℃ 间存在，易碎锡（γ）在 161℃～熔点 232℃ 间存在，锡的正常沸点为 2623℃。给出液态锡从 300℃ 缓慢冷却到 0℃ 的步冷曲线。

解：如图示

例 2-11 图

2.6 物相变化中的介稳现象

（Metastable Phenomenon in Phase Transition）

2.6.1 什么是介稳现象

恒压下加热液体，达到沸点却不沸腾，超过沸点才沸腾的现象为过热（Super Heating）；恒温下对某物质的蒸气加压，达到其液相的饱和蒸气压但不发生凝结，恒温下，溶液浓度已大于某物质的饱和溶解度，但晶体不析出，称为过饱和现象（Supersaturation）；恒压下冷却液体，达凝固点而液体不凝固的现象为过冷现象（Supercooling）；这些违反平衡条件出现的反常现象均称为介稳现象。介稳现象不多见，但在实际工作中经常会带来麻烦，如过热液体容易产生暴沸，过饱和现象不利于结晶分离提纯。因此，了解为什么会产生介稳现象，如何消除介稳现象很有必要。

2.6.2 弯曲表面的物理化学特征

研究表明，介稳现象的产生与表（界）面张力有关，表（界）面张力的存在使新生相的产生存在较大阻力。物相变化中的新生相，如沸腾时刚生成的微小气泡，晶体开始析出时产生的微小晶粒，气体凝结时形成的微小液滴等，这些新生相的表（界）面均为弯曲的，它们的物理化学特征不同于通常的平表面。下面我们以液-汽表面为例对此加以说明。

（1）弯曲表面的附加压力

气相中的微小液滴，表面为凸面（Convex Meniscus），由于表面张力的收缩作用，会产生一个指向液相内部的附加压力（Additional Pressure）p_a，因此，液滴表面附近所承受的压力 p 为来自气相的压力 p_0 与附加压力 p_a 之和：

$$p = p_0 + p_a$$

对于液体中的气泡，表面为凹面（Concave Meniscus），由于表面张力的作用，将产生一指向气相的附加压力，因此，凹形液面附近的压力为气相压力与附加压力之差：

$$p = p_0 - p_a$$

对于平液面（Plate Meniscus），表面张力的作用相互抵消，不产生附加压力，液面承受的压力等于来自气相的压力：

$$p = p_0$$

由力学的角度加以证明可得出，附加压力的大小与液体的表面张力 γ 和弯曲液面的曲率半径 r 有关（对于球形表面，曲率半径就是球半径），关系式为

$$p_a = \frac{2\gamma}{r} \tag{2-20}$$

由式(2-20) 可见，液体的表面张力越大，曲率半径越小，附加压力就越大。对于水，室温下（298K）水的表面张力为 $0.072\text{N} \cdot \text{m}^{-1}$，若曲率半径 $r = 10^{-6}\text{m}$，附加压力 $p_a \geq \frac{2 \times 0.072\text{N} \cdot \text{m}^{-1}}{10^{-6}\text{m}} = 1.44 \times 10^5 \text{Pa}$，已十分显著了。因弯曲液面受力情况不同于平液面，弯曲液面会出现一系列特殊的物理化学性质。

(2) 毛细管升高（下降）现象

当把毛细管插入液体中，若液体在管中形成凹液面，则液体会在毛细管中上升一段高度，这就是毛细管上升现象（Capillary Rise）。这是因为凹液面受到一指向气相的附加压力作用，毛细管内液面附近压力小于气相压力，故液体将在管内上升一定高度，使液柱产生的静压差与之平衡。若液体的密度为 ρ，液体在毛细管中上升的高度 h 与附加压力关系式为

$$p_a = \frac{2\gamma}{r} = \rho g h \tag{2-21}$$

若液体在管内形成凸面，受指向液相的附加压力作用，液面会在管内下降一定高度，关系式同式(2-21)，计算时因 r 取负，所求 h 为负，即毛细管中液面比平液面低高度 h。

(3) 弯曲液面的蒸气压

对于呈平液面的纯液体，恒温下达汽-液平衡，气相压力即液体的蒸气压为确定值。对于弯曲液体表面，因受附加压力作用，承受的压力与平液面不同，同样温度下，弯曲液面的平衡蒸气压也不同于平液面。由热力学原理可以导出，曲率半径为 r 的弯曲液面，其平衡蒸气压 p_r 与平液面的蒸气压 p^* 间关系式为

$$\ln \frac{p_r}{p^*} = \frac{2\gamma M}{RTr\rho} \tag{2-22}$$

式中，M 和 ρ 为液体物质的摩尔质量和温度为 T K 时的密度。由式(2-22) 可见，对于凸液面，r 取正，同样温度下 $p_r > p^*$；对于凹液面，r 取负，则 $p_r < p^*$。对于所析出的微小晶粒，同样因附加压力的存在，使其溶解度 c_r 与同温度下大块晶体的溶解度 c_s 不同，两者之间存在类似的关系式：

$$\ln \frac{c_r}{c_s} = \frac{2\gamma_{s/l} M_s}{RTr\rho_s} \tag{2-23}$$

式中，M_s、ρ_s 为晶体物质的摩尔质量和 T K 时的密度，$\gamma_{s/l}$ 为固-液界面张力。因微小晶粒总是凸面，即 $r > 0$，故总有 $c_r > c_s$，即微小晶粒的溶解度总比同温度下大块晶体的要大。

2.6.3 介稳现象的解释及消除

(1) 过热液体

液体沸腾时，首先形成微小气泡并作为汽化中心不断长大，最后逸出即发生沸腾。液相中的气泡，承受着来自气相的压力 p_0，指向气泡内的附加压力 p_a 以及所处位置的液柱产生静压差 p_h，受力情况如图 2-13 所示：

图 2-13 沸腾时新生气泡受力情况

$$p_泡 = p_0 + p_a + p_h$$

p_h 通常较小可忽略。设加热的液体为水，新生气泡半径为 10^{-6} m，水沸点附近表面张力为 0.058N·m^{-1}，大气压为 101.3kPa，气泡内气体的压力约为：

$$p_泡 = 101.3\text{kPa} + \frac{2 \times 0.058\text{N} \cdot \text{m}^{-1}}{10^{-6}\text{m}} \times 10^{-3} = 217\text{kPa}$$

只有当水的蒸气压 $p_w \geqslant p_泡$ 时，气泡才会长大，最后逸出。设蒸气压为 p_w 的水的温度为 T_2，由 Clapeyron-Clausius 方程可以求出 T_2 的值。由式(2-18)：

$$\ln \frac{p_w}{p^*} = \frac{\Delta_{vap}H_m}{2.303R}\left(\frac{1}{T_1} - \frac{1}{T_2}\right)$$

代入 $T_1 = 373.15$K，$p^* = p^\ominus = 101.3$kPa，$p_w = 217$kPa，$\Delta_{vap}H_m = 40.67$kJ·mol^{-1}，可求出 $T_2 = 396.3$K，即过热 23K。

过热产生的暴沸会使沸腾液冲出，引起事故，应加以避免。若事先在液体中加入沸石或毛细管，加热过程中，沸石或毛细管中空气逸出，形成较大半径的气泡，当 $r > 10^{-3}$ m 时，过热就可基本避免了。

(2) 过饱和蒸气

蒸气凝结为液体时，首先形成的微小液滴作为凝结中心，气相不断在其表面凝结，使液滴不断长大。因新生相为微小液滴，由式(2-22)可得出，$r > 0$，$p_r > p^*$，即同样温度下，对于平液面已达饱和的蒸气，但对于微小液滴却未达饱和，故微小液滴不能形成。只有当 p_r/p^* 达到大于1的某个值时，才会有凝结中心形成。飞机增雨作业，就是人工播撒 AgI 晶粒，在云层中制造若干个凝结中心，以促进液滴形成。疏松土地的保水作用正好相反，因水在土地中的毛细管内凝结形成凹液面，$p_r < p^*$，故对于平液面未达饱和的水蒸气，对于凹液面已达饱和，故发生水蒸气的毛细管凝结作用。

对于晶体析出的过饱和现象，可由式(2-23)自行进行解释。

【例 2-12】 25℃时水的表面张力为 0.072N·m^{-1}，密度为 10^3kg·m^{-3}，饱和蒸气压 $p^* = 3.167$kPa，求 1×10^{-7} m 球形水滴的饱和蒸气压、过饱和度与水滴承受的附加压力。

解： 由式(2-22) $\ln \dfrac{p_r}{p^*} = \dfrac{2\gamma M}{RTr\rho}$

$$= \frac{2 \times 0.072\text{N} \cdot \text{m}^{-1} \times 0.018\text{kg} \cdot \text{mol}^{-1}}{8.314\text{J} \cdot \text{K}^{-1} \cdot \text{mol}^{-1} \times 298.2\text{K} \times 1 \times 10^{-7}\text{m} \times 10^3\text{kg} \cdot \text{m}^{-3}}$$

$$= 0.0105$$

过饱和度 $\dfrac{p_r}{p^*} = 1.0105$，球形水滴的蒸气压 $p_r = 1.0105 \times 3.167 = 3.20$kPa

附加压力 $p_a = \dfrac{2\gamma}{r} = \dfrac{2 \times 0.072\text{N} \cdot \text{m}^{-1}}{1 \times 10^{-7}\text{m}} = 1.44 \times 10^3$kPa

【例 2-13】 一种细分散的 $CaSO_4$ 颗粒，经测定半径 $r = 3 \times 10^{-7}$m，298K 时的溶解度

为 $18.22mmol \cdot L^{-1}$，若大块 $CaSO_4$ 的溶解度为 $15.35mmol \cdot L^{-1}$，密度为 $2.96 \times 10^3 kg \cdot m^{-3}$，求 $CaSO_4\text{-}H_2O$ 间的界面张力 $\gamma_{s/1}$。

解： 由式（2-23） $\ln \dfrac{c_r}{c_s} = \dfrac{2\gamma_{s/1}M}{RTr\rho}$，得

$$\gamma_{s/1} = \frac{RTr\rho\ln(c_r/c_s)}{2M}$$

$$= \frac{8.314 J \cdot K^{-1} \cdot mol^{-1} \times 298.2 K \times 3 \times 10^{-7} m \times 2.96 \times 10^3 kg \cdot m^{-3} \times \ln \dfrac{18.22}{15.35}}{2 \times 0.136 kg \cdot mol^{-1}}$$

$$= 1.387 N \cdot m^{-1}$$

2.7　固体
（Solids）

固体最显著的特点是它具有一定体积和形状，且不随容器变化而变化，固体还具有刚性和不可压缩性，受不太大的外力作用，其体积和形状变化极小。这是因为组成固体的物质微粒间有较强的作用力，微粒只能在某一平衡位置附近作振动运动，要使固体发生形变，如拉伸、扭曲、延展等，必须施加很大的外力，以克服微粒间的相互作用力，使其同时发生移动。

2.7.1　晶体与非晶体的物理特征

自然界任何固体物质可按其内部结构分为晶体和非晶体两类。晶体的结构特征是构成晶体的分子、原子或离子，在内部呈有规则的排列，如合金金属、金刚石、石英等，而在非晶体中它们则呈无规分布，如玻璃、沥青、石蜡等。因结构不同，两类固体物质具有显著不同的宏观性质。

（1）外形

晶体可形成有规则的三维结构或多面体的外形，即具有固定的几何形状并遵从面角守恒规则。晶体内部有规则的平面为晶面，对同种晶体，晶面与晶面之间的夹角保持不变，这种夹角称为晶面角（Interfacial Angle），是特定的。对确定物质的晶体，不论是完整的晶体，还是外形不规则的晶体，其晶面角总是不变的，如果把晶体破坏或碾成细粉，最后所得的颗粒仍具有相同的晶面角，这就是晶体的晶面角守恒规则。非晶体内部的微粒只是短程内（几个埃）结构有序，在较大距离上结构无周期性，因而无一定几何形状。

（2）熔点

晶体加热到熔点时熔化，在整个熔化过程中，外界提供的热量全部用于破坏晶格结构，因此体系的温度不变，这就使晶体具有确定的熔点。对非晶体加热，从软化开始，流动性增加，最后变为液体，整个过程体系的温度逐步升高，因此，非晶体无固定的熔点，开始软化的温度为软化点。

（3）物理性质的各向异性

晶体的某些性质，如导电性、导热性、光学性质、解理力等，在各个方向上不相同，即具有各向异性。如石墨晶体纵向电导率比横向方向小 1 万倍，云母横向解理力小而纵向大，即易层层剥离为片状，而非晶体不具有这些特性，是各向同性的。应该注意，晶体和非晶体间并无严格的界线，在一定条件下可相互转化。同种物质，因制备条件不同，可以形成晶

体，也可能形成非晶体，如 SiO_2 在一定条件下可形成晶体石英，也可在另外的条件下，形成非晶体玻璃。

2.7.2 纳米材料

2.7.2.1 什么是纳米材料

纳米（nm）是一个长度单位，$1nm = 10^{-9} m$，略等于 4～5 个原子排列的长度，组成相或晶粒结构尺寸在 1～100nm 的材料称为纳米材料，又称超细颗粒材料。物理学家诺贝尔奖获得者理查德·费曼（Richard Feyneman）在 20 世纪 60 年代首次提出合成纳米粒子的设想。纳米材料的基本单元中至少有一维的尺寸在 1～100nm 范围内，这些基本单元按维数可以分为四类：零维、一维、二维和三维。典型的零维纳米材料是纳米颗粒，如染料、涂料和催化剂均属颗粒型材料，利用纳米颗粒巨大的表面积可显著提高催化效率，在化学纤维制造过程中掺入铜、镍等超细金属颗粒，可得到导电性的纤维；一维的纳米纤维是指直径为纳米尺度，而长度较大的管状或线状的纳米材料，碳纳米管是典型的一维纳米材料，一维材料可用作微导线及微光纤材料；二维纳米材料指纳米膜，可分为颗粒膜和致密膜，通过改变颗粒的组分及其在膜中的大小与形态，可控制膜的性能。如金颗粒膜从可见光到红外光的范围内，光的吸收效率与波的依赖性甚小，可作为红外传感元件；三维纳米材料是纳米块体，是将纳米粉末高压成形而得到的纳米单元聚集体材料，可用作超高强度材料、保温隔热材料等。总之纳米结构是将纳米尺度的物质为基础单元，按一定规律构筑的一种新体系，介于宏观物质和微观原子、分子之间，也有人把它叫做介观体系。图 2-14 示出纳米材料的四种基本单元。

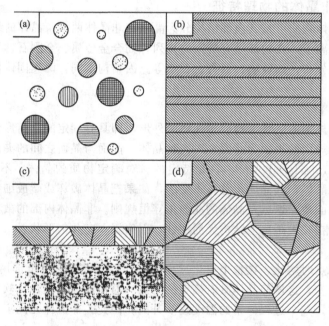

图 2-14 纳米材料的基本单元

（a）零维纳米颗粒；（b）一维纳米纤维；（c）二维纳米膜；（d）三维纳米块体

2.7.2.2 纳米材料的特性

当常态物质被加工到纳米尺寸时，其具有特殊的结构和处于热力学上极不稳定的状态，表现出独特的效应。

（1）小尺寸效应

纳米材料的晶粒尺寸与光波波长、传导电子的德布罗依波长、超导态的相干长度或透射深度等物理特征尺寸相当或比它们更小时，一般固体材料赖以成立的周期性边界条件被破坏，声、光、热和电磁等特征会出现小尺寸效应。如纳米银熔点为 373K，而银块则为 1234K，纳米铁的抗断裂能力比普通铁高 12 倍。因决定纳米材料性质的正是这些由有限分子组装起来的集合体，而不是传统观念上的原子和分子。介于物质的宏观结构与微观原子、分子结构之间的层次所产生的小尺寸效应，对材料的物性起了决定性作用。

（2）表面与界面效应

纳米粒子的尺寸小，比表面积大，位于表面的原子所占有的体积分数很大，表面能很高，并随纳米粒子尺寸减小，比表面积增加，表面原子数及比例迅速增大。如粒径为 5nm 时，比表面积为 $180m^2 \cdot g^{-1}$，表面原子比例约为 50%，当粒径为 2nm 时，比表面积为 $450m^2 \cdot g^{-1}$，表面原子比例为 80%。表面原子数增多，原子配位数不足，存在不饱和键，导致了纳米粒子表面存在许多缺陷，使这些表面具有很高的活性，特别容易吸附其他原子或与其他原子发生化学反应，使纳米体系的化学反应特性不同于通常的化学反应体系。

（3）量子尺寸效应

当粒子尺寸减小到一定程度时，金属费米能级附近的电子能级由准连续变为分立能级。对于纳米颗粒，电子被局限在体积十分微小的纳米空间，电子的运输受到限制，平均自由程很短，电子的局限性和相干性增加，由于纳米粒子所含电子数少，能级间隔不再趋于零，从而形成分立的能级。

一旦粒子尺寸小到使分立的能级间隔大于热能、磁能、电能和光子能量等特征值时，则引起能级改变，能隙变宽，使纳米体系表现出异常的光、热、电磁等特性，如直观上表现为样品颜色变化，电阻降低，对红外、微波有很好的吸收等。

2.7.2.3　纳米颗粒的制备

自然界中广泛存在着天然形成的纳米材料，如动物的骨骼、牙齿、贝壳、珊瑚等，天然材料也是由某种有机黏合剂连接的有序排列的纳米碳酸钙颗粒构成的。用人工方法获得纳米材料始于 20 世纪 60 年代。纳米材料的产生是非常复杂的物理、化学的过程，目前已经发展了多种方法制备各类纳米颗粒，可根据不同的颗粒范围，选择适当的方法。纳米颗粒的制备主要分为两种途径：Top-down（自上而下）和 Bottom-up（自下而上），前者是采用大块晶体通过刻蚀、研磨的方式获得纳米微粒，而后者是从原子或分子出发来控制、组装、反应生成各种纳米微粒，其制备方法一般可分为物理法和化学法。

（1）物理法

物理法包括机械粉碎和气相沉积，气相沉积是制备纳米颗粒的一种最基本的方法，主要包括热蒸发法和离子溅射，用热蒸发法可获得金属蒸气从而得到金属纳米颗粒结晶，利用该方法可制备大多数的金属纳米颗粒。

热蒸法的基本过程和原理如下：制备物质的蒸气与惰性气体混合，在压差作用下加速流动，当通过某一直径的喷嘴时绝热膨胀，蒸气骤冷达到过饱和状态，凝聚形成原子簇，控制气流速率或喷嘴直径，可控制形成纳米粒子的尺寸。

图 2-15 示出电加热蒸发法制备碳化硅 SiC 纳米微粒装置示意图。蒸发室内充有 Ar 或 He 气，压力为 $1\sim10kPa$，棒状碳棒与 Si 板相接触，其间通以几百安培的交流电，Si 板下方的加热器加热，随温度升高，电阻下降，电路接通。当碳棒温度达白热程度时，Si 板与碳棒接触的部位熔化，碳棒温度高达 2473K 时，电极周围形成了 SiC 的超微粒子的"烟"，

收集可得纳米粒子。调节电流大小、惰性气体成分和压力，可获得尺寸大小不同的微粒。此法还应用于制备 Cr、Ti、V、Zr、Hf、M_O、Nb、Ta 和 W 等的碳化物微粒。

（2）化学法

化学法主要包括液相反应制备和气相化学沉积制备，其中液相反应法包括沉淀法、水热法、雾化水解法和溶胶-凝胶法等；气相化学沉积法是在加热、激光和等离子体的作用下使反应气体发生化学反应析出微小颗粒的方法。如图 2-16 所示，由高纯载气携带金属有机物，如 $[(CH_3)_3Si]_2$ 等，进入 1400～1700K 的钼丝高温炉，在低压（100～1000Pa）下原料热解并形成原子簇，进而凝结为纳米粒子，最后凝结在内部充满液氮的转动衬底上，经刮刀刮下进入纳米粉收集器。

图 2-15 电加热蒸发法制 SiC 粒子

图 2-16 化学气相凝聚法制备纳米粒子装置示意图

近年来，为满足生产技术与高科技研究领域中的特殊需要，产生了多种制备理想纳米微粒的方法，多数属于物理、化学等多学科交叉性质的综合方法，如激光诱导化学气相沉积法、电弧电流法、射线辐照法等。

（3）利用自组装制备纳米粒子

以纳米尺度的物质单元为基础，按一定规律构筑形成的具有一种新的结构体系的材料就是纳米材料，一般根据纳米结构体系构筑过程中的驱动力是靠外因，还是靠内因来划分，大致可分为两类：一是人工纳米结构材料组装体系；二是纳米结构自组装体系。人工纳米结构组装体系是利用物理和化学的方法人为地将纳米尺度的物质单元组装、排列构成一维、二维和三维的纳米结构材料，前面叙述的各种制备方法即为人工纳米结构材料组装。而纳米结构组装体系主要通过外场实现纳米尺度的物质单元的构筑形成一维、二维和三维纳米结构材料，外场通常是弱的分子间作用力，如氢键和范德华力，通过一种整体的、复杂的协同作用将原子、分子连接起来构筑成具有纳米结构的材料。纳米结构的自组装目前主要有胶体的自组装、金属微粒的自组装和量子点阵列的自组装。

近年还发展了 LB(Langmuir-blodgett) 膜技术，利用分子间相互作用人为构筑起具有分子级水平膜厚的纳米结构材料，LB 膜是目前人们所能制备的最致密、缺陷最少的超分子薄膜，具有特殊的物理和化学性质，在作为绝缘膜、润滑剂、传感器的敏感元件和非线性光学材料等方面有很广阔的应用前景。LB 膜的制备利用具有特殊结构的分子：一端为极性的亲水端，另一端为含 8 个以上碳原子的非极性疏水端，这些两亲分子在汽-液界面（一般为

水溶液）定向排列，在侧向施加一定压力可形成分子紧密定向排列的单分子膜，定向排列的
膜可通过一定的挂膜方式有序地、均匀地转移到固定载片上。

此外可利用具有孔隙或通道的分子，如沸石、多孔玻璃、胶束、多肽、聚合物等，与纳
米粒子组装，可形成呈现新性能的组装体。半导体纳米粒子，如 CdS、CdSe、Zn_4S 可包覆
在胶束（Micelle）、反胶束（Reverse Micelle）或泡囊中，因无法团聚可稳定存在。图 2-17
为几种胶束自组装结构的示意图。

图 2-17　几种胶束自组装结构示意图

2.7.2.4　纳米材料的主要应用

纳米材料具有常规材料不具有的特异性能，使其在电子、通信、国防、核技术、冶金、
航空、材料、轻工化工、医药等领域有重要的应用，应用不仅局限于单一学科和单一研究方
法，而是多学科和多种研究方法的综合应用。这里我们仅介绍纳米材料在化学及生物医药方
面的一些应用。

因纳米微粒的表面效应，可作为优良的催化剂，目前国际上已将纳米催化剂作为新一代
催化剂进行研究和开发。如纳米 Pt 负载于 TiO_2 上，加入甲酸水溶液中，经光照可成功制
取 H_2 气，产率比通常的 Pt 催化剂提高数十倍。在火箭固体燃烧中掺入 1％ 的铝纳米颗粒，
燃烧效率可提高若干倍。氟石结构的纳米 CeO_{2-x} 与 Cu 组成的纳米复合催化剂，可用于汽
车尾气排放出的 SO_2 和 CO 的消除。超细 Ag 粉可作为乙烯氧化生成环氧乙烷的催化剂。纳
米 TiO_2 是半导体光催化材料，在光照条件下会产生具有非常强氧化能力的"空穴"，在陶
瓷、玻璃、瓷砖表面上涂上纳米 TiO_2，任何粘污物，如油污、细菌等，均可经光催化氧化
为气体或易于擦掉的物质，因此，纳米 TiO_2 光催化为城市保洁带来福音。

碳纳米管是非常细的中空管状的纳米材料，它可大量地吸附氢气，变成"氢气钢瓶"，
在常温常压下，2/3 的氢气可从碳纳米管中释放出来。利用碳纳米管的储氢特性，可制备以
氢为能源的绿色汽车，它以氢、氧燃料电池产生的电能作为动力，燃烧的产物是水，从而从
源头上解决了尾气污染的问题。

Fe_2O_3、TiO_2、Cr_2O_3、ZnO 等具有半导体特征的纳米氧化物粒子，比常规的氧化物有
更高的导电特性，可制成良好的静电屏蔽涂料，用于家电和其他电器的静电屏蔽。金属纳米
微粒加入化纤制品中，会降低静电效应，减少吸尘作用，如加入 Ag 纳米微粒，还有杀菌、
消毒作用。

在生物医学上，因纳米微粒尺寸比一般生物体细胞、红细胞小得多，可在人体内畅通无
阻，因而可利用实施了各种分子设计的纳米微粒，进行细胞分离、细胞染色，或制成特殊药
物和新型抗体进行局部定向治疗，在临床上已有广泛应用。$15\sim20nm$ 的 SiO_2 纳米颗粒，

表面包覆有特定的单分子层，对目标细胞有很好的亲和力，将此功能化的纳米颗粒加入含有待分离细胞的母液中，利用离心技术，即可将目标细胞分离出来。利用此法从孕妇血液中分离出胎儿细胞，以检查胎儿是否有遗传性缺陷，或在肿瘤早期患者血液中检查出癌细胞，实现癌症早期诊断和治疗。

利用特殊制备的 Au 纳米粒子-抗体复合体，与细胞内各种器官或骨骼结合，相当于给各种组织贴上标签，利用它们在光学显微镜或电子显微镜下衬度的差别，便于观察分辨，这就是纳米细胞染色技术。

在 Fe_3O_4 磁性纳米粒子表面涂复一层携带有蛋白质、抗体或药物的高分子生物活性剂，静脉注射到生物体内，在外加磁场的磁性导航下，到达病变部分，实现定向治疗的目的。若所选择的生物活性剂只与癌细胞有亲和力，就可以达到效果好、副作用小的治癌效果。

以上提及的仅是纳米材料应用的一隅，随着对其研究的深入，必将有更为广阔的应用前景，纳米材料的大规模生产和商业应用也将成为可能。

我们能获得的最低温度是多少？

按 Gay Lussac（盖·吕莎克）定律，恒压下，气体的体积与温度成正比，若以体积对绝对温度作图得一直线，该直线外推至坐标原点处就是绝对零度，0K。事实上我们无法达到这个绝对零度，目前可以达到几个纳开尔文（NanoKelvins）的低温。气体的温度与气体分子的动能成正比，因此要使原子冷却必须移走它们的动能，这就要使运动中的原子突然停止下来，而这一过程可通过激光冷却技术来完成。将激光对准一束原子并与原子发生正面碰撞而使原子慢下来，一旦原子冷却后，六束激光持续降低原子的动能，之后，冷原子在约一秒内被磁场捕获。1995年，美国科罗拉多大学的科研小组使用这种方法成功地将铷（Rb）原子冷却到了180nK的低温，法国的研究小组将铯原子冷却到了2.8nK的最低温度。

思 考 题

2-1 理想气体的两个主要微观特征是什么？什么条件下实际气体可以按理想气体处理？

2-2 讨论实验测定摩尔气体常数的计算式 $R=\frac{1}{T}\lim\limits_{p\to 0}(pV_m)$ 或气体的摩尔质量计算式 $M=RT\lim\limits_{p\to 0}\left(\frac{\rho}{p}\right)$ 的合理性。

2-3 在体积为 V 的容器中盛有物质的量为 n_A 和 n_B 的 A、B 混合气体，其中

A 组分的分压是 $p_A=\frac{n_ART}{V_A}$ 或是 $p_A=\frac{n_ART}{V_总}$? 为什么？

A 组分的分体积是 $V_A=\frac{n_ART}{p_A}$ 或是 $V_A=\frac{n_ART}{p_总}$? 为什么？

2-4 一个容器内盛氧气，体积为 200mL，25℃时压力为 26.7kPa，另一容器盛氮气，体积为 300mL，压力为 13.3kPa。若将连接两容器的考克打开，气体在 25℃下充分混合，求混合后各气体的分压和混合气的总压。

2-5 山顶上温度为 10℃，压力为 90.3kPa，山下温度为 25℃，压力为 100kPa，请由此数据计算得出山顶空气更"稀薄"的结论。

2-6 什么是临界温度？它与沸点有什么不同？

2-7 沸点以上，液体能否存在？在临界温度以上，液体又能否存在？

2-8 液体的沸腾和汽化有什么区别和联系？液体的沸点和正常沸点又有什么区别和联系？

2-9　摩尔质量相同的液体，为什么极性分子的正常沸点比非极性分子的要高？

2-10　25℃水和水蒸气达汽-液平衡，若（1）加压气相（2）降低温度（3）改变液相或气相体积（4）改变汽-液接触面积水的蒸气压是否会改变？

2-11　水的三相点温度、压力为多少？水的三相点和水的凝固点有什么不同？

2-12　常温下可以看到干冰（CO_2）的升华，但不易看到冰的升华，为什么？

2-13　在水的相图中，线上、线线间的区域内，或线线的交点处，可稳定存在的相数分别是多少？

2-14　查阅文献，对纳米材料的小尺寸效应（选1～2种）产生的原因及应用作简要的论述。

习　题

2-1　当汽车发生碰撞时，安全气囊系统会立即启动，发生如下化学反应：

$$2NaN_3(s) \Longrightarrow 2Na(l) + 3N_2(g)$$

反应产生的氮气在 20～60ms 内充满气囊。如果在 101325Pa、298K 下，气囊的体积为 40.0L，计算需要多少克叠氮化钠（NaN_3）？

(71.07g)

2-2　25℃下一车手给轮胎充气至压力为 $2p^\ominus$，行驶了很长一段时间后，轮胎的气压上升到 $2.25p^\ominus$，试估计轮胎内气体的温度。

(62.2℃)

2-3　一个 5L 充满 CO_2 气的钢罐，已知温度为 27℃时压力为 2200kPa，使用一段时间后且钢罐温度升高到 38℃，罐内压力为 1250kPa，近似按理想气体处理，估计已使用了多少千克 CO_2 气体？

(0.0877kg)

2-4　在 20℃和 99.98kPa 的压力下进行基本新陈代谢的测量实验，设 6min 内病人消耗空气 52.5L。以干燥气体为基准，呼出气体中氧气 $V\% = 16.75\%$，吸入气体中氧气 $V\% = 20.32\%$，忽略气体在水中溶解及呼出和吸入气体体积变化，计算每分钟病人消耗的氧体积（STP 状态）。已知 20℃时 $p^*_{H_2O} = 2333Pa$。

(0.280L)

2-5　氢气作为汽车燃料的重要指标是它的致密性。试比较下列情况下每立方米物质所含氢的原子数：

(1) 14.0MPa、300K 的氢气；

(2) 20K 密度为 $70.0kg \cdot m^{-3}$ 的液态氢；

(3) 300K、密度为 $8200kg \cdot m^{-3}$ 的固态化合物 $DyCo_3H_5$（其中所有氢原子均可燃烧）。

[(1) 6.80×10^{27} 个；(2) 4.2×10^{28} 个；(3) 7.2×10^{28} 个]

2-6　一实验人员欲测定某液体化合物的摩尔质量，为防止该物质加热分解，故将 0.436g 液态该物质注入 17℃、5L 已充有氩气的烧瓶内完全恒温汽化，通过与烧瓶连接的 U 形压力计，观察到压力计的液面差由起始的 16.7mm 升高到 52.4mm，计算该物质的摩尔质量。

(0.044kg · mol^{-1})

2-7　25℃下实验测定某气态有机卤化物在不同压力下的密度，数据如下：

p/kPa	101.3	67.54	50.65	33.76	25.33
ρ/g · L^{-1}	2.307	1.526	1.140	0.7571	0.5666

用外推法求该化合物准确的摩尔质量。

(0.055kg · mol^{-1})

2-8　某有机化合物经元素分析得其组成 w_t 为：C=54.08%，H=6.75%，O=39.2%。将 1.500g 该化合物汽化，在 100℃，98.89kPa 下占有体积 0.53L，求该化合物的化学式。

($C_4H_6O_2$)

2-9　由 $KClO_3(s)$ 分解反应制备 O_2 气：

$$2KClO_3(s) \xrightarrow{\quad MnO_2 \quad} 2KCl(s) + 3O_2(g)$$

将 100g $KClO_3$ 完全分解，在 20℃、95.0kPa 的水面上用排水取气法收集产生的氧气。已知 20℃ 水的饱和蒸气压为 2.333kPa，求

(1) 收集气体的体积；

(2) 将此气体干燥，求干燥氧气的体积。

$$[(1)\ 0.0322m^3;\ (2)\ 0.0314m^3]$$

2-10　在 900℃ 的高温下，$CO_2(g)$ 与 $C(s)$ 反应生成 $CO(g)$：

$$CO_2(g) + C(s) \rightleftharpoons 2CO(g)$$

25℃、101.3kPa 下将 $1m^3$ $CO_2(g)$ 通过灼热的碳层，求完全反应后生成 CO 的体积。

$$(7.87m^3)$$

2-11　在 18℃ 和 $p^\ominus$ 下，将 50mL H_2 和 O_2 的混合气置于量气管中，通过电火花引发 H_2 和 O_2 反应，生成 $H_2O(l)$，若在恒温恒压下反应剩余气体为

(1) 纯 H_2 10mL　　(2) 纯 O_2 10mL

分别求原混合气的组成（用物质的量分数表示）。

$$[(1)\ x_{O_2}=0.267;\ x_{H_2}=0.733;\ (2)\ x_{O_2}=0.467;\ x_{H_2}=0.533]$$

2-12　将 50g Al 放入过量 10% 的稀硫酸中，反应如下：

$$2Al + 3H_2SO_4 \rightleftharpoons Al_2(SO_4)_3 + 3H_2(g)$$

(1) 为使 Al 完全反应，需消耗多少体积的浓硫酸？已知浓硫酸密度 $\rho = 1.80\ g \cdot mL^{-1}$，$w_t = 96.5\%$；

(2) 在 20℃、95.8kPa 下可收集到多少升纯净 H_2 气？

$$[(1)\ 172.4mL;\ (2)\ 70.7L]$$

2-13　0.0396g Zn-Al 合金片与过量的稀硫酸作用放出 H_2 气。若在 24.3℃、101.3kPa 水面上收集到气体的体积为 27.10mL，求该合金的组成。

$$(m_{Zn}=0.0281g,\ m_{Al}=0.0115g)$$

2-14　将 0.75g 固体苯甲酸（C_6H_5COOH）置于 0.5L 耐压容器内，容器内充以 25℃、$10p^\ominus$ 的氧气，经点火后苯甲酸完全燃烧，生成 $CO_2(g)$ 和水，其中大部分水凝结为液态，少量以饱和蒸气形式存在。已知 25℃ 时 $p_{H_2O}^* = 3170Pa$，若忽略液体水的体积及 CO_2 在水中的溶解，求反应后气态混合物的组成。

$$(x_{O_2}=0.784;\ x_{CO_2}=0.213;\ x_{H_2O}=0.003)$$

2-15　40.0℃ 时将 1mol $CO_2(g)$ 置于 1.20L 的容器中，实验测定其压力为 1.97MPa。分别用理想气体状态方程和 Van der Waals 方程计算其压力，与实验值比较并加以讨论。

$$(设为理想气体：p=2.17\times10^6 Pa，设为实际气体：p=1.996\times10^6 Pa)$$

2-16　已知丙烯的蒸气压数据如下：

温度 T/K	150	200	225	250
蒸气压 p/kPa	0.509	26.4	98.6	276.5

试用作图法求丙烯的正常沸点及在此温度范围的平均摩尔汽化焓。

$$(224.7K,\ \Delta_{vap}H_m^\ominus=19.54kJ \cdot mol^{-1})$$

2-17　已知丙酮的正常沸点为 56.5℃，摩尔汽化焓为 30.3kJ·mol^{-1}，试求 25℃ 时丙酮的蒸气压。

$$(31.52kPa)$$

2-18　利用表 2-5 的数据计算水的摩尔汽化焓。某高山上水的沸点为 93℃，求此高山的海拔。已知大气压按高度分布的公式为

$$p = p^\ominus \exp\left(-\frac{\overline{M}gh}{RT}\right)$$

设空气的平均摩尔质量 $\overline{M}$ 为 $0.029\text{kg} \cdot \text{mol}^{-1}$，温度为 25℃。

$$(2.31 \times 10^3 \text{m})$$

2-19　100℃、101.3kPa 下，将 300mL H_2 和 100mL O_2 混合点燃后反应：

(1) 若保持温度压力不变，是否有液体出现？反应后气相混合物各组分分压为多少？

$$(\text{无液体出现，} p_{H_2} = 33.37\text{kPa}, p_{H_2O} = 67.53\text{kPa})$$

(2) 若保持压力不变，温度降到 88℃，是否有液体出现？各气体分压为多少？

$$(\text{有液体出现，} p_{H_2} = 36.36\text{kPa}, p_{H_2O} = 64.94\text{kPa})$$

(3) 若保持温度为 100℃，加压到 110kPa，是否有液体出现？气相各组分分压为多少？

$$(\text{无液体出现，} p_{H_2} = 36.67\text{kPa}, p_{H_2O} = 73.33\text{kPa})$$

(4) 若起始为 200mL H_2 和 100mL O_2，反应后，在 100℃、101.3kPa 下是否有液体出现？

$$[\text{应为 } H_2O(l) \text{ 和 } H_2O(g) \text{ 两相平衡共存}]$$

2-20　已知苯的如下数据：临界点：289℃、4.86MPa；正常沸点：80℃；三相点为：5℃，2.84kPa；三相点处液态苯的密度是 $0.894\text{g} \cdot \text{mL}^{-1}$，固态苯的密度是 $1.005\text{g} \cdot \text{mL}^{-1}$。由此数据粗略画出 0～300℃ 苯的相图。

2-21　右图为碳的相图，由相图回答：

(1) 曲线 AO、BO 和 CO 分别代表什么？

(2) O 点为什么点？

(3) 碳在 $p^{\ominus}$、2000K 下以什么形态稳定存在？$p^{\ominus}$ 下若升温到 6000K，碳又以什么形态稳定存在？

(4) 2000K 下将石墨转化为金刚石，大至需要多大的压力？

习题 2-21 图

2-22　$UF_6(s)$ 的蒸气压与温度的关系式为：

$$\ln(p/\text{kPa}) = 22.503 - \frac{5893.5}{T/K}$$

$UF_6(l)$ 的蒸气压与温度的关系式为：

$$\ln(p/\text{kPa}) = 15.346 - \frac{3479.9}{T/K}$$

(1) 求 UF_6 三相点的温度和压力；

$$(T_t = 337.2K; \quad p_t = 152.2\text{kPa})$$

(2) 求 $UF_6(l)$ 的摩尔汽化焓，$UF_6(s)$ 的摩尔升华焓和摩尔熔化焓；

$$(\Delta_{vap}H_m = 28.9\text{kJ} \cdot \text{mol}^{-1}, \Delta_{sub}H_m = 49.0\text{kJ} \cdot \text{mol}^{-1}, \Delta_{fus}H_m = 20.1\text{kJ} \cdot \text{mol}^{-1})$$

(3) 在什么温度下 UF_6 与蒸气压为 $p^{\ominus}$ 的蒸气平衡，此时 UF_6 为固态或是液态？

$$(\text{固态，} T = 262K)$$

2-23　将半径为 0.55mm 的毛细管插入 25℃、密度为 $875.5\text{kg} \cdot \text{m}^{-3}$ 的液体中，液体在毛细管中上升了 1.20cm。设液体完全润湿毛细管壁（毛细管内液面呈凹半球形），求该液体的表面张力。

$$(0.0283\text{N} \cdot \text{m}^{-1})$$

习题 2-24 图

2-24　将正丁醇的蒸气骤冷至 273K，发现当过饱和度 $\frac{p_r}{p^*}$ 为 1.25 时可自行凝结为液滴。已知 273K 时正丁醇的表面张力 $\gamma = 0.026\text{N} \cdot \text{m}^{-1}$，密度 $\rho = 1 \times 10^3 \text{kg} \cdot \text{m}^{-3}$，求

(1) 开始凝结为液滴的半径；　　　$(7.6 \times 10^{-9} \text{m})$

(2) 微小液滴承受的附加压力；　　$(6.84 \times 10^6 \text{Pa})$

(3) 每一液滴所含的分子数。　　　$(1.5 \times 10^4 \text{ 个})$

2-25　炼钢厂钢炉底部安装有多孔透气砖供吹氩气净化钢液用。已知透气孔半径 r' 为 $1 \times 10^{-5} \text{m}$，钢液密度为 $7 \times 10^3 \text{kg} \cdot \text{m}^{-3}$，表

面张力为 $1.3N \cdot m^{-1}$，钢液在透气孔内呈图示形状。试问应控制钢液高度为多少才不会发生渗漏？

(3.28m)

2-26 25℃，$p^{\ominus}$ 下，氧在水中的溶解度为 $5mL \cdot m^{-3}$。

(1) 求压力为 $p^{\ominus}$ 时空气中的氧在水中的溶解度；   ($1.05mL \cdot m^{-3}$ 或 $1.05 \times 10^{-6} kg/kg$ 水)

(2) 若水中含有半径为 $10^{-7}m$ 的大量空气泡，求氧在此水中的溶解度。已知 25℃ 水的表面张力为 $0.072N \cdot m^{-1}$，氧在水中的溶解度与气相分压成正比。   ($c_r = 1.06mL \cdot m^{-3}$)

第3章 分 散 体 系

（Dispersed System）

日常工作和生活中，我们处处会碰到一种或几种物质分散在另一种物质中形成的混合体系，如化学实验室中使用的各种溶液、我们喝的牛奶和各种饮料、呼吸的空气、血管中流淌的血液等，这些体系统称为分散体系（Dispersed System）。混合体系中，物质的尺度将影响整个体系的物理化学性质。如纯物质以分子和离子形态溶于溶剂中，被分散粒子和分散粒子都是分子或离子，其尺度小，容易形成均匀、无相界面的混合溶液，称为均相分散体系（Homogeneous Dispersed System）。而沉淀有不溶于水的特性，在水中形成较大的颗粒，其扩散速度慢，不易形成均匀的混合溶液，颗粒表面与水相间始终存在相界面，称为多相分散体系（Heterogeneous Dispersed System）。相互混合的物质种类很多，可以是液态，也可以是固态和气态，得到的分散体系也各异，如云雾是水汽在空气中分散的一种分散体系，泥浆是黏土在水中分散的分散体系等，因分散物质的尺度不同，整个体系的物理化学性质不同。胶体粒子的尺寸与纳米尺度接近，具有比表面大、吸附作用强的特点，胶体科学也应用于纳米材料的制备，在石油的有效开采、排污治理等领域也有重要作用。本章将介绍分散体系所表现的主要物化性质及相关应用。

3.1 分散体系简介
（Introduction of Dispersed System）

3.1.1 分散体系的分类及基本特征

分散是指一些物质作为分散粒子在某一物相介质中的扩散和混合过程，所形成的体系就称为分散体系。做扩散运动从而被分散的粒子为分散质（Dispersate），分散粒子所处的物相介质为分散介质（Dispersing Medium）或分散剂（Dispersing Agent）。如空气质量检测中的 PM2.5，是指空气动力学当量直径小于或等于 $2.5\mu m$ 的悬浮颗粒，在大气中弥散形成分散体系，悬浮颗粒称为分散质，大气称为分散介质。

按分散质粒子的大小，分散体系可分为分子分散体系、胶体分散体系和粗分散体系。分散粒子的尺度对整个分散体系的物理化学性质有很大的影响，主要特征性质见表 3-1。其中高分子和一些生物大分子的尺度与胶体粒子相当，也具有胶体分散体系的特征，如粒子扩散较慢，不能通过半透膜。但它们属于均相溶液，没有相界面，光散射也较弱，是热力学稳定体系。故本质上不属于胶体分散体系。对于胶体分散体系和粗分散体系，因分散质粒子与分

表 3-1 按分散质粒子大小分类

分散质粒子大小	体系名称	主要特征性质	实例
$r<10^{-9}$ m	分子分散体系	粒子扩散快，能透过半透膜，光散射弱	氯化钠水溶液,蔗糖水溶液
10^{-9} m$<r<10^{-7}$ m	胶体分散体系	粒子扩散较慢，不能通过半透膜，光散射强	溶胶
	高分子溶液	粒子扩散较慢，不能通过半透膜，光散射弱	蛋白质,明胶
$r>10^{-7}$ m	粗分散体系	粒子扩散慢,不能通过半透膜,光散射弱	乳状液,悬浊液,泡沫。

散介质间存在较大的宏观相界面，属于多相分散体系，是热力学不稳定体系，放置过程中，有自动缩小相界面的趋势，分散质粒子易聚结变大并最终聚沉，与分散介质分层从而被破坏。加入稳定剂，可减缓聚沉，使体系相对稳定，但终究不会改变多相体系不稳定的本性。

分散介质的聚集态可以是气态、液态和固态，最常见的是液态，如盐水、蔗糖水溶液。大气污染中提及的分散介质则是空气，如油雾、烟雾、大气悬浮物。工业应用中常遇到多相分散体系，分散介质有的是固态，如泡沫塑料是气体分散在塑料中。多相分散体系中，分散质又称为分散相（Dispersed Phase），以强调体系的多相特点。对于多相分散体系，按分散相和分散介质所处的聚集状态不同进行分类，主要类别见表 3-2。

表 3-2　多相分散体系按分散相、分散介质的聚集状态不同分类

分散介质的状态	分散相的状态	体系名称	实例
气	液	雾	水雾,油雾
	固	烟	尘,烟
液	气	泡沫	灭火泡沫,肥皂泡沫
	液	乳状液	牛奶,原油
	固	溶胶	金溶胶,硫磺溶胶
固	气	固态泡沫	泡沫塑料
	液	固态乳状液	珍珠
	固	固溶胶	有色玻璃

3.1.2　均相分散体系组成的表示法

溶液是均相分散体系之一，分散质就是溶质，分散介质就是溶剂，二者存在一个量的相对大小，量较大的组分定为溶剂，量小的组分都定为溶质。对于溶液体系，固体、液体、气体溶质在溶剂中的溶解过程就是溶质分子在溶剂中扩散，并与溶剂分子混合的过程。溶质和溶剂分子的尺度相当，所以没有相界面，因是完全混合均匀的，任意空间范围内没有物理性质差异，所以具有热力学稳定性。

溶液的性质与溶质的浓度有定量关系，经常会遇到不同量纲表示的浓度，下面介绍几种表达溶质含量的浓度单位，表达中用 A 代表溶剂，B 代表溶质。

(1) 物质的量

物质的量是物质所含微粒数 N_B 与阿伏伽德罗常数 N_0 之比，单位为摩尔（mol），微粒包括分子、原子、离子等，表达式为：

$$n_B = \frac{N_B}{N_0}$$

例如，标准状态下，22.4L 氧气中含 1mol O_2 分子。

(2) 物质的量分数 x_B

物质的量分数也称为摩尔分数（Mole Fraction），设溶液中存在多种溶质，已知某一溶质 B 和溶剂 A 的摩尔数分别为 n_B 和 n_A，则该溶质 B 的摩尔分数 x_B 表示为：

$$x_B = \frac{n_B}{n_{总}} = \frac{n_B}{n_A + \sum_B n_B} \tag{3-1}$$

x_B 为无量纲的纯数，通过准确称量定量，它不受温度的影响。溶剂和各溶质组分的物质的量分数总和为 1，即

$$x_A + \sum_B x_B = 1 \tag{3-2}$$

(3) 物质的量浓度 c_B

物质的量浓度指单位体积溶液中所含溶质 B 的物质的量，简称摩尔浓度（Molarity），用 c_B 表示，定义式为：

$$c_B = \frac{n_B}{V} \tag{3-3}$$

在 SI 制中，c_B 的单位为 $mol \cdot m^{-3}$，也可用 $mol \cdot L^{-1}$。若溶液的密度为 $\rho(kg \cdot m^{-3})$，体积为 $V(m^3)$，溶液的质量则为 $m = V\rho$。可导出 c_B 和 x_B 的关系：

$$x_B = \frac{n_B}{n_A + \sum_B n_B} = \frac{n_B M_A}{n_A M_A + M_A \sum_B n_B} = \frac{c_B M_A}{(\rho - \sum_B c_B M_B) + M_A \sum_B c_B}$$

$$= \frac{c_B M_A}{\rho - \sum_B c_B (M_B - M_A)} \tag{3-4}$$

式(3-4) 中先是分子分母同乘了 M_A，后是分子分母同除以了体积 V，并进行了 $\dfrac{n_B M_A}{V} = \rho - \sum_B \dfrac{n_B M_B}{V} = \rho - \sum_B c_B M_B$ 代换。

若溶液很稀，$\rho \approx \rho_A$，$\sum_B c_B (M_B - M_A) \ll \rho$，式(3-4) 简化为

$$x_B \approx \frac{c_B M_A}{\rho_A} \tag{3-5}$$

因为体积受温度影响，故组成一定的溶液，c_B 会受温度的变化而不同。

(4) 质量摩尔浓度 b_B

若溶质的浓度用一定质量溶剂中溶解溶质 B 的量表示，就称为溶质的质量摩尔浓度（Molality），用 b_B 表示，定义为：

$$b_B = \frac{n_B}{m_A} \tag{3-6}$$

在 SI 制中，b_B 的单位为 $mol \cdot kg^{-1}$，即 1kg 溶剂中所含溶质 B 的物质的量，同样 b_B 与温度无关，其值可由称量法准确定量，也可导出 x_B 与 b_B 的关系：

$$x_B = \frac{n_B}{n_A + \sum_B n_B} = \frac{b_B}{\dfrac{1}{M_A} + \sum_B b_B} = \frac{b_B M_A}{1 + M_A \sum_B b_B} \tag{3-7}$$

式中先是分子分母同除以了 m_A，后是分子分母同乘了 M_A。

若为稀溶液，$M_A \sum_B b_B \ll 1$，式(3-7) 可近似写为：

$$x_B \approx b_B M_A \tag{3-8}$$

比较式(3-5) 和式(3-8) 可得：

$$c_B \approx b_B \rho_A \tag{3-9}$$

(5) 质量分数 $w_{B'}$（Mass Fraction）

在描述物质的毒性、溶液中所含杂质、病毒的浓度、仪器的检测限量时，溶质的物质的量是很小的，物质的量浓度和质量摩尔浓度使用起来就没有那么方便，而常用的是质量分数，其定义为溶质 B 的质量与溶液各组分总质量之比：

$$w_B = \frac{m_B}{m_A + \sum_B m_B} \tag{3-10}$$

质量分数也常放大为质量百分数，量纲为1，与温度无关。就极稀的溶液，以前还曾采用百万分之一（parts per million，缩写为 ppm）、十亿分之一（parts per billion，缩写为 ppb）、万亿分之一（parts per trillion，缩写为 ppt）等表示，但现在已不建议使用。

对于混合气体，以体积或分压表示分散质和分散介质的量，如空气中含 2ppm CO，即指 $1m^3$ 空气中含 2mL CO。对于溶液，常以质量表示溶质和溶剂的量，如含 5ppm F^- 的水，即 1kg 水中溶解有 5mg 的 F^-。

【例 3-1】 1L NaBr 水溶液中含 NaBr 321.9g，20℃时该溶液的密度为 1238kg·m^{-3}。求该溶液中溶质 NaBr 的浓度，分别用 c_B、b_B、x_B 和 w_B 表示。若温度升到 30℃，以上哪些量会改变，哪些不变，为什么？

解： 1L 溶液中，溶质质量 $m_B = 321.9g$，物质的量 $n_B = \dfrac{0.3219kg}{0.103kg \cdot mol^{-1}} = 3.125mol$

溶剂的质量为 $m_A = m_{总} - m_B = 1238kg \cdot m^{-3} \times 10^{-3}m^3 - 0.3219kg = 0.9161kg$

溶剂的物质的量 $n_A = \dfrac{0.9161kg}{0.018kg \cdot mol^{-1}} = 50.894mol$

则

$$c_B = \frac{n_B}{V} = \frac{3.125mol}{1 \times 10^{-3}m^3} = 3125mol \cdot m^{-3} = 3.125mol \cdot L^{-1}$$

$$b_B = \frac{n_B}{m_A} = \frac{3.125mol}{0.9161kg} = 3.411mol \cdot kg^{-1}$$

$$x_B = \frac{n_B}{n_A + n_B} = \frac{3.125}{50.894 + 3.125} = 0.0579$$

$$w_B = \frac{m_B}{m_{总}} = \frac{0.3219}{1.238} \times 100\% = 26.0\%$$

因 m、n 是不随温度变化的，故温度升到 30℃仅 c_B 改变，若要确定 c_B，则还需知道 30℃时溶液的体积或密度。

3.1.3 溶解度

(1) 溶解和溶解平衡

透明溶液是一种最常见的均相分散体系，是溶质分子均匀分散于溶剂中形成的，溶质的分散过程称为溶解（Solute），溶解过程包括分子或离子脱离溶质晶格进入溶剂并在溶剂中扩散，以及溶质分子或离子溶剂化等，前者为吸收能量的物理过程，后者为放出能量的化学过程，溶解过程的能量变化为以上两步过程能量效应的总和。

固体物质放入溶剂后，固体表面分子或离子的热运动及溶剂化作用，可以使之脱离固体表面进入溶剂中。当溶质的量达到饱和时，与固体表面的分子或离子发生相互作用，可能再重新回到固体表面，这是结晶（Crystallize）过程。一定温度、压力下，若这两种趋势均衡，即达溶解-结晶平衡，此时，固体的溶解量不再增加，溶液的组成不再变化，形成该条件下溶质的饱和溶液（Saturated Solution）。

(2) 溶解度

一定温度、压力下，一定质量的溶剂中，溶质溶解并达到溶解-结晶平衡时，所溶解的溶质质量为一定值，称为溶解度（Solubility），用 S 表示

$$S = \frac{m_B}{m_A} \tag{3-11}$$

在 SI 制中溶解度的单位为 $kg \cdot kg^{-1}$。若溶质为气态，常将溶解度定义为一定体积的溶剂中溶解气体溶质的体积，气体的溶解度 S 为：

$$S = \frac{V_B}{V_A} \tag{3-12}$$

在 SI 制中，量纲为 $m^3 \cdot m^{-3}$ 因气体的溶解度很小，实际工作中还同时使用 $mL \cdot m^{-3}$ 单位，以及 $mg \cdot m^{-3}$ 或 $mmol \cdot m^{-3}$ 等定义。

（3）影响溶解度的因素

① 分子极性　溶质、溶剂分子若结构相似或极性相似，其相互作用力远大于溶剂分子间或溶质分子间的相互作用力，则溶解度较大，这就是"相似相溶"原理（Principle of Like Dissolves Like）。

② 温度　温度对溶解度的影响十分显著，图 3-1 是几种盐在水中的溶解度曲线。由图可见，固体物质在水中的溶解度呈现随温度升高而增大的规律。对大多数物质，随温度升高，溶解度增加，表明溶解过程吸热。不同物质的差异很大，对 KNO_3，温度的影响显著，对 NaCl 的影响则很小，这种差异常用于盐的分离提纯。少数物质如 Li_2SO_4，随温度升高，溶解度反而略有下降，表明在溶解过程中，离子半径很小的 Li^+ 有强的溶剂化作用，致使溶解过程为放热。气体在水中的溶解度通常随温度升高而降低，这是因为气体的溶解过程类似于凝结过程，为放热过程，表 3-3 列出了不同温度下几种气体在水中的溶解度数据。

图 3-1　几种盐在水中的溶解度曲线

表 3-3　不同温度下几种气体在水中的溶解度变化（$mol \cdot m^{-3}$）

气体	288.15K	293.15K	298.15K	303.15K
H_2	0.841	0.812	0.783	0.758
O_2	1.525	1.385	1.264	1.164
N_2	0.752	0.690	0.640	0.590
CO_2	45.49	39.20	33.88	29.69
He	0.407(283.15K)	0.384	—	0.375

③ 压力　固体的溶解度受压力的影响很小，通常可以忽略。英国科学家 Henry 经过实验发现在常温（20℃）、常压下，一些气体溶质的溶解度随压力升高而增加，见图 3-2。由此提出 Herry 定律，即在一定温度下，一种挥发性溶质的平衡分压与溶质在溶液中的物质的量分数成正比，表示为 $p_B = k x_B$，等式两端乘以常数 $\frac{M_B}{k M_B}$，由式（3-11）和稀溶液中 $n_{A+} \sum_B n_B \approx n_A$，得：

$$S_B \approx \frac{x_B M_B}{M_A} = \frac{M_B}{k M_A} p_B$$
$$S_B = K_H p_B \tag{3-13}$$

其中，p_B 为与溶液平衡的溶质的蒸气压（或溶解气体的分压）；S_B 为挥发性溶质（或气体）在溶液中的浓度；比例系数 K_H 为 Henry 常数，其值随溶质、溶剂不同而异，这是亨利定律的另外一种表述，即在一定温度下，气体的溶解度随压力升高，近似成比例增加。对指定的溶质和溶剂，Henry 常数随温度略有变化。使用亨利定律时应注意：气态溶质不与溶剂发生化学反应、在溶液中也不发生电离或缔合，不过在扣除电离、缔合或参与反应的部分后，气态溶质的溶解度仍可用亨利定律处理。

图 3-2　20℃时不同压力下几种气体在水中的溶解度

气体的溶解度随温度、压力的变化在日常生活中十分常见。如饮用瓶装碳酸饮料时，打开瓶盖，因压力降低，气体的溶解度降低，放出部分被溶解的 CO_2 气体，直至达到新的溶解平衡。通常鱼不能生活在温度过高的热水中，否则水中溶解的氧气将大幅减少，致使鱼类缺氧。

氦空气是供潜水员使用的一种气体。一般空气中含氮约为 78%，氧为 21%，人吸入空气后，其中的氧溶于血液中参加生命代谢过程，而氮气随其他废气 CO_2 等排出体外。深海中潜水员呼吸的压缩空气，压力较大，约为 $5\sim10$ 个大气压，当回到海面时，因压力降低为常压，血液中溶解的氮气因溶解度降低呈气泡逸出。这些氮气泡可能形成血栓，影响血液循环，妨碍神经活动，出现"氮昏迷"（Nitrogen Narcosis），这就是会使人致命的"减压病"（Decompression Sickness）。若用氦气代替氮气即使用氦空气，因氦气在水中的溶解度比氮气小得多，减压时逸出的气体也少得多，就可避免深海潜水员发生昏迷危险。

【例 3-2】　参考图 3-1 计算后判断

（1）25℃时在 0.035kg K_2CrO_4 和 0.035kg 水的混合物中，加入多少千克水才会使溶质刚好溶解？

（2）加热 0.050kg KNO_3 和 0.075kg 水的混合物，到什么温度 KNO_3 才会完全溶解？

解：（1）25℃时 K_2CrO_4 在水的溶解度约为 $0.625kg \cdot kg^{-1}$，设加入水为 x kg，则由关系式：

$$1:0.625=(0.035+x):0.035$$

解出

$$x=0.021kg$$

（2）设全部溶解，形成溶液的浓度为

$$S=\frac{0.050kg \ KNO_3}{0.075kg \ 水}=0.667kg \cdot kg^{-1}$$

查图 3-1，与此溶解度一致的温度约为 44℃。

【例 3-3】 20℃标准大气压下，$O_2(g)$ 在水中的溶解度为 44.3mg·kg^{-1}，求

(1) 该饱和溶液的量浓度；

(2) 若 20℃下要得到 $c_B=0.01mol·L^{-1}$ 的含 $O_2(g)$ 水溶液，应控制 O_2 的压力为多大？

解： (1) 查 20℃时水的密度为 0.9982kg·L^{-3}，对于极稀的溶液，溶液体积 V 近似为溶剂体积 V_A，20℃、$p^\ominus$ 下，该饱和溶液的量浓度为：

$$c_B=\frac{n_{O_2}}{V_A}=\frac{n_{O_2}\rho_A}{m_A}=\frac{44.3\times10^{-3}g\times0.9882kg·L^{-1}}{32g·mol^{-1}\times1kg}=1.38\times10^{-3}mol·L^{-1}$$

(2) 由式(3-13)，视 K_H 不随压力变化，则

$$S_1=K_H p_1$$
$$S_2=K_H p_2$$

两式相除、消去 K_H 溶解度 S 用 $mol·L^{-1}$ 表示，可得

$$p_2=\frac{S_2 p_1}{S_1}=\frac{0.01mol·L^{-1}\times p^\ominus}{1.38\times10^{-3}mol·L^{-1}}=7.25p^\ominus$$

3.2　非电解质稀溶液的依数性

(Colligative Properties of Dilute Solution Nonelectrolyte)

在溶剂中加入不挥发性溶质形成稀溶液时，溶液处于两相平衡的物理性质将发生变化，将出现蒸气压下降、沸点升高、凝固点降低；其次，溶质分子或离子会阻碍溶剂分子穿透半透膜，形成渗透压。稀溶液的这些性质，取决于所含溶质粒子的浓度，而与溶质的种类（即本性）关系较小，称为依数性（Colligative Properties）。之所以必须是稀溶液，是因为稀溶液中溶质的物质的量很小，溶液中既没有缔合分子，溶质分子间作用力可以忽略；若是电解质，既没有离子对，也没有静电作用力，此种稀溶液的依数性与溶质粒子的浓度近似存在定量关系。而浓溶液的依数性与溶质粒子的浓度存在的定量关系还有待研究。日常生活中的许多现象都可以用依数性来解释，如盐水因凝固点比纯水低，可作为制冷系统中的冷冻剂；海鱼不能生活在河水中，而河鱼也不能生活在海水中；临床输液用的生理盐水及葡萄糖溶液的浓度不能随意改变等。非电解质稀溶液的依数性有明显的规律性，可用数学关系式定量化。依数性关系式反映的是极限定律，即溶液越稀，定量关系式越准确。对浓溶液和电解质溶液则需做校正。本节我们将讨论非电解质稀溶液的依数性。

3.2.1　溶剂的蒸气压降低

一定温度下，纯溶剂的蒸气压为确定值。当在溶剂中加入少量不挥发性的非电解质溶质后，溶液上方溶剂的蒸气压将小于纯溶剂的蒸气压，称为稀溶液的蒸气压降低。这是因为加入的溶质分子会占据部分液体表面，使单位时间内从液面进入气相的溶剂分子数减少，汽化和凝结作用将在较低的溶剂蒸气压下达到平衡。对于稀溶液，溶剂行为服从 Raoult 定律，蒸气压降低值便可从 Raoult 定律导出。

一定温度下，稀溶液上方溶剂的蒸气压 p_A，与溶剂浓度成正比：

$$p_A=p_A^* x_A \tag{3-14}$$

上式即为 Raoult 定律表达式，式中，比例系数 p_A^* 是纯溶剂的蒸气压，x_A 为溶剂的摩尔分数。由 $x_A=1-x_B$，溶剂的蒸气压降低值 Δp_A 等于：

$$\Delta p_A=p_A^*-p_A=p_A^* x_B \tag{3-15}$$

由上式可见，溶剂的蒸气压降低值与溶质的摩尔分数成正比，与溶质的种类无关。

若溶质也是易挥发的，而且溶质和溶剂分子结构相似，如相邻同系物的混合物，光学异构体或立体异构体的混合物，同位素化合物的混合物等，因分子大小相似，分子间作用力相似，这些溶液在形成时无热效应产生，也不发生体积变化，这类溶液称为理想溶液（Ideal Solution）。实验发现，理想溶液中的两个组分在全部浓度范围内均遵从 Raoult 定律，即：

$$p_A = p_A^* x_A$$
$$p_B = p_B^* x_B$$

p_A^* 和 p_B^* 分别为 A 和 B 的纯物质的饱和蒸气压；溶液上方的总压 p_T 为两组分蒸气压之和：

$$p_T = p_A + p_B \tag{3-16}$$

【例 3-4】 甲醇（A）和乙醇（B）可形成理想溶液，已知 20℃ 时 $p_A^* = 11.83\text{kPa}$，$p_B^* = 5.93\text{kPa}$，求（1）20℃时等质量的甲醇和乙醇混合物上方的蒸气总压；（2）平衡气相的组成。

解：（1）设为 100g 溶液，其中

$$n_A = \frac{50\text{g}}{32\text{g} \cdot \text{mol}^{-1}} = 1.56\text{mol}, \quad n_B = \frac{50\text{g}}{46\text{g} \cdot \text{mol}^{-1}} = 1.09\text{mol}$$

$$x_A = \frac{1.56}{1.56 + 1.09} = 0.589, \quad x_B = \frac{1.09}{1.09 + 1.56} = 0.411$$

由式(3-14) $p_A = p_A^* x_A = 11.83\text{kPa} \times 0.589 = 6.97\text{kPa}$

$$p_B = p_B^* x_B = 5.93 \times 0.411 = 2.44\text{kPa}$$

由式(3-16) $p_总 = p_A + p_B = (6.97 + 2.44)\text{kPa} = 9.41\text{kPa}$

（2）设气相中物质的量分数为 y：

$$y_A = \frac{p_A}{p_总} = \frac{6.97}{9.41} = 0.74$$

$$y_B = 1 - y_A = 1 - 0.74 = 0.26$$

3.2.2 溶剂的沸点升高（Boiling Point Elevation）

液体的沸点是指液体上方蒸气的蒸气压等于外压时的温度。根据 Raoult 定律，在相同温度下，含有少量不挥发性溶质的溶液的蒸气压总是比纯溶剂的低，因此，加热溶液使蒸气压等于外压时所需热量一定比纯溶剂多，也就比纯溶剂的沸点高。图 3-3 给出两种情况下溶剂水的相图，其中实线为纯水的相图，虚线为加入少量不挥发溶质（即形成稀溶液）后，引起水的相图的变化，此时固相不析出。由图可见，因加入不挥发溶质，溶剂的蒸气压降低（$O'A'$ 线低于 OA 线）。当溶液上方蒸气压等于外压时，外压线 $p^\ominus = 101.325\text{kPa}$ 与 $O'A'$ 和 OA 汽-液平衡线的交点分别代表稀溶液沸点 T_b 和纯溶剂的沸点 T_b^*，二者相比，T_b 较 T_b^* 升高，显然溶剂的沸点升高为 $\Delta T_b = T_b - T_b^*$，实验发现，稀溶液中 ΔT_b 与溶质的质量摩尔浓度成正比：

图 3-3 两种情况下溶剂水的相图

$$\Delta T_b = K_b b_B \tag{3-17}$$

式中，K_b 为溶剂的摩尔沸点升高常数，它只与溶剂有关。通过测定不同浓度下的沸点升高值 ΔT_b 并按式(3-17)可得到实验 K_b。由热力学原理可以导出：

$$K_b = \frac{R(T_b^*)^2 M(A)}{\Delta_{vap} H_m(A)}$$

根据纯溶剂的正常沸点和摩尔汽化焓，理论上可计算出 K_b。常用溶剂的 K_b 和 K_f 值列于表 3-4。

表 3-4　常见溶剂的 K_b 和 K_f 值

溶剂	T_b^*/K	K_b/K·kg·mol^{-1}	T_f^*/K	K_f/K·kg·mol^{-1}
水	373.15	0.512	273.15	1.86
乙酸	391.05	3.07	289.78	3.90
苯	353.25	2.52	278.68	5.12
环己烷	354.89	2.79	279.65	20.2
三氯甲烷	334.35	3.85	209.65	4.68
樟脑	481.15	5.95	446.15	40.0
苯酚	454.95	3.04	314.15	7.3
硬脂酸			342.15	4.5
棕榈酸			337.15	5.8
肉豆蔻酸			328.25	8.5
月桂酸			319.15	13.5

3.2.3　溶剂的凝固点降低 （Freezing Point Depression）

在一定压力下，溶液中溶剂结晶的温度称为溶液的凝固点，在凝固点，液态和固态两相达平衡。对水溶液，由图 3-3，凝固点称为冰点，纯水的冰点在 T_f^* 点，稀溶液的冰点在 T_f 点。稀溶液中溶剂的蒸气压降低，液固平衡线 OB 即溶剂的熔化曲线向左位移至 $O'B'$，因溶质在液相不析出，溶剂的升华曲线将不受溶液中溶质存在的影响，汽-固平衡线 $O'C$ 与 OC 线重合。外压为 101.325kPa 时，从纯溶剂的液固平衡线 OB 与 $p^\ominus = 101.325$kPa 的交点读出凝固点 T_f^*；同样，从稀溶液中溶剂的液固平衡线 $O'B'$ 与 $p^\ominus = 101.325$kPa 的交点读出凝固点 T_f。显然，与纯溶剂相比，稀溶液中溶剂的凝固点降低了，降低值 $\Delta T_f = T_f^* - T_f$，并与溶质的质量摩尔浓度成正比：

$$\Delta T_f = K_f b_B \tag{3-18}$$

式中，K_f 为溶剂的摩尔凝固点降低常数，由热力学也可导出：

$$K_f = \frac{R(T_f^*)^2 M(A)}{\Delta_{fus} H_m(A)}$$

随溶剂不同 K_f 值不同，常用溶剂的 K_f 见表 3-4。

应该注意的是，在实验测定 ΔT_f 和 ΔT_b 值时，因随溶剂汽化逸出或凝固析出，溶液的浓度会逐渐增加，因此沸点和凝固点并不像纯溶剂一样保持为恒定值。因而稀溶液中溶剂的沸点是指刚开始沸腾时的温度，而凝固点是指刚开始析出固体时的温度。

应用水溶液的凝固点降低可以对抗气候变化对机器运行带来的影响。例如，燃气发动机的冷却系统常使用水降温，若使用洁净水，夏天冷却水会过热而沸腾，而冬天冷却水会结冰。在水中加入一定比例的乙二醇（$HOCH_2CH_2OH$）作抗凝剂，可使发动机冷却水的沸点提高到 113℃，而凝固点降到 -48℃。又如寒冬中路面和飞机跑道结冰容易出现事故，如果在结冰的路面和飞机跑道上喷洒 23% 的氯化钠水溶液，可使冰熔化，此时盐水的冰点可降到 -21℃。

3.2.4　渗透压及渗透现象

借助半透膜 （Semipermeable Membrane），在半透膜两侧注入不同浓度的溶液，浓度差使溶剂分子穿透半透膜，形成渗透。实验装置如图 3-4(a) 所示，将稀溶液和纯溶剂置于半透膜的两侧，半透膜所起的作用是仅让溶剂分子通过，而溶质分子不能通过，如羊皮纸、醋酸纤维、硝酸纤维等。经过一段时间后，可以观察到溶液一侧液面上升，而纯溶剂一侧液面下降，表明溶剂分子透过半透膜扩散进入稀溶液一侧，这种现象称为渗透现象（Osmosis）。因纯溶剂一侧单位时间内所有到达膜的水分子都实现了穿透，而稀溶液一侧单位时间内到达膜的除了水分子还有溶质分子或离子，因溶质不能穿透膜，所以穿透膜的水分子数要少，这样两侧穿透膜的水分子数不相等，结果是由纯溶剂一侧向溶液一侧扩散的溶剂分子数，净高于由溶液一侧向纯溶剂一侧扩散的溶剂分子数，最终溶液一侧进一步被稀释，静水压升高。溶液一侧较高的静水压将增大扩散的溶剂分子数，最终使膜两侧溶剂分子扩散的速率相等，达到渗透平衡。达到渗透平衡时液面不再变化，稀溶液一侧溶剂分子数增多，浓度降低。若在稀溶液一侧加压，使两侧液面等高，表面上渗透作用似乎停止，但实际上两侧的溶剂分子仍在不停地渗透，只不过单位时间内穿透膜的溶剂分子数相等，所以渗透平衡是一种动态平衡，如图 3-4(b) 所示。达到渗透平衡时，对稀溶液一侧所施加的压力，被称为某浓度稀溶液的渗透压（Osmotic Pressure）。

图 3-4　渗透现象和稀溶液的渗透压

稀溶液的渗透压最先由荷兰化学家 J. H. Van't Hoff 发现，并提出了渗透压 Π 与稀溶液浓度的正比关系式：

$$\Pi = c_B RT \tag{3-19}$$

式中，Π 为渗透压，Pa；R 为摩尔气体常数，$8.314\ \text{J} \cdot \text{K}^{-1} \cdot \text{mol}^{-1}$；$c_B$ 是溶质的浓度，$\text{mol} \cdot \text{m}^{-3}$；温度 T 的单位为 K。对于稀溶液，由式(3-9)代换后可得：

$$\Pi = b_B \rho_A RT \tag{3-20}$$

式(3-19)形式上与理想气体状态方程有相似之处，但表达的是完全不同的体系和作用机制。实验表明，按所配制的电解质溶液浓度代入式(3-19)、式(3-20)计算，得到的渗透压比实验测定的渗透压低。对于一定浓度的电解质溶液，溶液中存在正、负离子和离子对，每个离子和每一对离子都会阻碍溶剂分子的渗透。式(3-19)、式(3-20)式的浓度应该等于电解质溶液中所有离子和离子对（弱电解质为分子）的总浓度，上述关系式经校正后变为：

$$\Pi = c_{os} RT \tag{3-21}$$

式中，c_{os} 为溶液中阻碍溶剂分子渗透的所有粒子的浓度总和，称为渗透浓度（Osmolarity）。对于无限稀的电解质溶液，可视为完全电离，不形成离子对，c_{os} 为溶液中正、负离子的总浓度；对于弱电解质溶液，c_{os} 为未电离的分子浓度以及电离产生的正、负离子浓度总和；对于非电解质稀溶液，c_{os} 就是分子浓度，其数值等于配制浓度。按式(3-21)计算所得的渗透压与实验值非常接近。

3.2.5 依数性的应用

(1) 测定溶质的摩尔质量

应用依数性测定溶质的摩尔质量是根据依数性与溶质浓度的定量关系式，即稀溶液的依数性与溶质的浓度成正比，溶质的浓度与摩尔质量相关联，由此可通过依数性的实验测定，间接地得到溶质的摩尔质量。

【例 3-5】 以 9.052g 硬脂酸作为溶剂，放入特制试管，现向试管中准确加入 1.005g 月桂酸，将试管放入温度为 360K 的水浴，待熔化后，将试管移至绝热套中，让其慢慢冷却，每 30s 记录一次温度，在温度-时间曲线的拐点读出混合物的凝固点为 339.65K，根据试验数据计算月桂酸的摩尔质量。已知硬脂酸的凝固点为 342.1K，凝固点降低常数为 4.5K·kg·mol^{-1}。

解： 改写式(3-6)并代入式(3-18)中

$$\Delta T_f = K_f b_B = K_f \frac{m_B}{M_B m_A}$$

$$M_B = \frac{K_f m_B}{\Delta T_f m_A}$$

代入数据：

$$M_B = \frac{4.5K \cdot kg \cdot mol^{-1} \times 1.005g}{(342.15 - 339.66) \times 9.052g} = 0.2006 kg \cdot mol^{-1}$$

这一方法所采用的硬脂酸溶剂对环境是无害的，被称为绿色化学测量法。它还可用于测定类似的肉豆蔻酸、棕榈酸、亚油酸、亚麻酸等植物脂肪酸的摩尔质量，并确定碳原子数，此方法的相对误差小于 3.5%，不影响碳链的确定。水的凝固点降低常数较小，用其作溶剂测得的凝固点降低值较小，误差较大，但其他芳香烃有机溶剂，如常用的对二氯苯，又是有毒性的试剂。

【例 3-6】 将 1.00g 血红素溶于适量的水中，配制为 100mL 溶液，在 20℃下测得溶液的渗透压为 366Pa，求此液的凝固点降低值和血红素的摩尔质量，设溶液密度为 10^3kg·m^{-3}。

解： 由式(3-20)得 $b_B = \dfrac{\Pi}{RT\rho_A}$，代入式(3-18)中

$$\Delta T_f = K_f b_B = K_f \frac{\Pi}{RT\rho_A}$$

$$\Delta T_f = 1.86K \cdot kg \cdot mol^{-1} \times \frac{366Pa}{8.314J \cdot K^{-1} mol^{-1} \times 293.2K \times 10^3 kg \cdot m^{-3}}$$

$$= 2.79 \times 10^{-4} K$$

将 $c_B = \dfrac{m_B}{M_B V}$ 代入 $\Pi = c_B RT$ 中，并改写为 $M_B = \dfrac{m_B RT}{\Pi V}$

$$M_B = \frac{m_B RT}{\Pi V} = \frac{1.00 \times 10^{-3} kg \times 8.314J \cdot K^{-1} \cdot mol^{-1} \times 293.2K}{366Pa \times 100 \times 10^{-6} m^3}$$

$$= 66.60 kg \cdot mol^{-1}$$

理论上测定稀溶液的沸点升高、凝固点降低和渗透压，都可以算出溶质的摩尔质量，但实际测定时存在误差问题。当浓度较小时，由式(3-17)和式(3-18)，凝固点降低值和沸点升高值都较小，会引起较大误差。比较表 3-4 中同一种溶剂的 K_b 和 K_f 值，K_b 比 K_f 值大，意味同一稀溶液的 ΔT_f 比 ΔT_b 值大，采用凝固点降低的误差较小，而且实验测定易于操作。对于摩尔质量较大的大分子溶液，多用渗透压法。因为溶质的质量较大时，大分子溶液的质

量摩尔浓度却较小，ΔT_f 和 ΔT_b 自然很小，不利于实验测定，相比之下渗透压相对较大。大分子溶液的质量摩尔浓度较小，却更符合稀溶液的性质，测定结果更符合式（3-19）。由【例 3-6】的计算结果看出，凝固降低仅 2.79×10^{-4} K，无法准确测定；而渗透压为 366Pa，约为 3.7cm 水柱，实验测定误差较小。

（2）等渗、低渗和高渗溶液

临床上为病人补液必须保持体液的渗透压，需用 $9.0g \cdot L^{-1}$ 的 NaCl 溶液或 $50g \cdot L^{-1}$ 的葡萄糖溶液。比较补液的渗透压与人体血液的渗透压，二者相等时的补液称为等渗溶液；补液的渗透压相对较低的为低渗溶液，而相对较高的为高渗溶液。在医学上，溶液的等渗、低渗和高渗以血浆的总渗透压或渗透浓度为衡量标准。表 3-5 列出了正常人血浆中能产生渗透效应物质的平均渗透浓度。正常人血浆的渗透浓度约 $300 \, mmol \cdot L^{-1}$。医学上规定，渗透浓度在 $280 \sim 320 \, mmol \cdot L^{-1}$ 的溶液为等渗溶液（Isotonic Solution），如生理盐水、$12.5g \cdot L^{-1}$ $NaHCO_3$ 溶液等；渗透浓度小于 $280 \, mmol \cdot L^{-1}$ 的溶液为低渗溶液（Hypotonic Solution）；渗透浓度大于 $320 \, mmol \cdot L^{-1}$ 的溶液为高渗溶液（Hypertonic Solution）。

表 3-5 正常人血浆中能产生渗透效应的物质的平均渗透浓度

血浆中的粒子	c_{os}/mmol $\cdot$ L^{-1}	血浆中的粒子	c_{os}/mmol $\cdot$ L^{-1}
Na^+	144	SO_4^{2-}	0.5
K^+	5	氨基酸	2
Ca^{2+}	2.5	肌酸	0.2
Mg^{2+}	1.5	乳酸盐	1.2
Cl^-	107	葡萄糖	5.6
HCO_3^-	27	蛋白质	1.2
HPO_4^{2-}、$H_2PO_4^-$	2	尿素	4

掌握等渗、低渗和高渗的概念在临床上很重要，这可通过从显微镜下观察红细胞在不同渗透浓度的氯化钠溶液中的形态变化来说明。

① 将红细胞置于渗透浓度小于 $280 \, mmol \cdot L^{-1}$ 的低渗氯化钠（如 $w_t = 0.004$）溶液或纯水中，红细胞膜是一种生物半透膜，由于红细胞膜内侧溶液的渗透压大，而红细胞膜外侧溶液的渗透压小，因此氯化钠溶液或纯水中的水分子透过细胞膜进入红细胞内，红细胞会逐渐膨胀，甚至最后破裂，释出红细胞内的血红蛋白，使溶液呈浅红色，此现象医学上称之为溶血（Hemolysis）。

② 将红细胞置于渗透浓度大于 $320 \, mmol \cdot L^{-1}$ 的高渗氯化钠溶液（如 $w_t = 0.015$）中，由于红细胞膜内侧溶液的渗透压小于高渗氯化钠溶液的渗透压，因此，红细胞内侧溶液中的水分子透过细胞膜逃出到外侧氯化钠溶液中，使红细胞膜皱缩，互相聚结成团，此现象医学上称之为质壁分离，若发生在血管内，可能产生"栓塞"。

③ 将红细胞置于渗透浓度为 $280 \sim 320 \, mmol \cdot L^{-1}$ 的等渗氯化钠溶液（如 $w_t = 0.009$）中，由于红细胞内液与等渗氯化钠溶液的渗透压相等，红细胞既不膨胀也不皱缩，仍保持原来的形态。$w_t = 0.009$ 的氯化钠溶液能维持红细胞的正常生理机能，故称之为生理盐水。

临床上根据治疗需要给病人大量补液时，需使用与血浆等渗的溶液，但有时也使用少量高渗溶液，如急需提高血糖时静脉注射用的 $w_t = 0.50$ 的葡萄糖溶液，治疗脑水肿用的甘露醇等。使用这些高渗溶液时，剂量不宜过大，注射速率不能太快，使血液和组织有足够的容量和时间去稀释和利用它，否则将造成局部高渗，使红细胞皱缩而互相聚结成团，形成血栓。

(3) 牛奶依数性测定的应用

鲜牛奶作为动物体液含约 3.5% 的蛋白质、3.6% 的脂肪、4.6% 的乳糖，少量维生素 A、C、D，0.7% 的无机盐，尽管牛奶的组成与血液、脑脊髓不同，但其渗透浓度和凝固点都是接近的，盒装全脂牛奶的配比要高于此含量，才能达到相应的活性成分。配制一定浓度的全脂牛奶，使平均渗透浓度和凝固点降低值分别为 278mmol·L^{-1} 和 −0.515K。若除去其中的脂肪，将脂肪含量降到 0.5%，制得脱脂奶，平均渗透浓度和凝固点降低值基本不变，分别为 285mmol·L^{-1} 和 −0.531K。因为脂肪主要悬浮于牛奶的液面上，并不贡献于渗透浓度和凝固点，蛋白质已处于胶粒的尺寸，也不贡献于渗透浓度和凝固点，平均渗透浓度和凝固点则主要来自乳糖、维生素和无机盐等粒子。

将牛奶杀菌后在室温下进行乳酸发酵制得发酵牛奶，测得平均渗透浓度和凝固点降低值分别为 344mmol·L^{-1} 和 −0.639K。发酵过程使奶中 20% 左右的乳糖被分解为半乳糖、乳酸，部分蛋白质也被分解成小的肽链和氨基酸等，使得平均渗透浓度升高。测定奶中脂肪含量升高为 7.5% 左右，发酵牛奶的脂肪酸含量比全脂奶增加 2 倍。因脂肪悬浮于液面，并不贡献于渗透浓度和凝固点。发酵过程中，一个乳糖分解成 4 个乳酸分子，其次部分蛋白质分解的肽链和氨基酸产物，是平均渗透浓度和凝固点降低值增加的原因。

牛奶掺假（通常掺水）容易通过渗透浓度和凝固点的检测予以揭露，从 Mercedes Novo 提供的实验数据，掺水 5% 的牛奶，渗透浓度和凝固点降低值分别为 262mmol·L^{-1} 和 −0.487K；掺水 10% 的牛奶，渗透浓度和凝固点降低值分别为 249mmol·L^{-1} 和 −0.463K，两种情况下的依数性减少是明显的。

(4) 反渗透技术

在半透膜两侧分别注入溶液与纯水，因为溶液的渗透压，在溶液一侧最终有净的水分子渗入，溶液被稀释。若在溶液一侧施加一个大于渗透压的压力时，水将从溶液一侧向纯水一侧扩散，这种现象称反渗透（Reverse Osmosis），如图 3-5 所示。利用反渗透可以从海水中提取淡水，也可以用于处理被可溶物污染的废水。研究表明，用反渗透技术淡化海水所需的能量，仅为蒸馏法所需能量的 30% 左右，所以这种方法很有实用价值。

图 3-5　反渗透法净化水（a）、正常渗透系统（b）

反渗透技术的主要问题在于寻找一种高强度的耐压半透膜，因为绝大多数植物或动物中的生物膜都是易碎的，经受不住很高的压力。为了解决这一问题，近年来研制了由尼龙或醋酸纤维制成的合成薄膜用于反渗透装置，使用这种装置的脱盐工厂每天可生产达数千吨的淡水。

3.3 电解质溶液

（Electrolyte Solution）

在熔融状态或水溶液中有导电能力的化合物称为电解质，其中在稀水溶液中可完全电离为离子的电解质为强电解质（Strong Electrolyte），如 NaCl，$CaCl_2$、HCl、NaOH 等，仅部分电离的为弱电解质（Weak Electrolyte），如 HAc、$NH_3 \cdot H_2O$ 等。对大量电解质溶液进行依数性实验的结果表明，在相同低浓度条件下，和非电解质稀溶液的结果相比，会出现偏差，本节我们将讨论产生偏差的原因以及如何对此进行校正。

3.3.1 电解质溶液的依数性

在稀溶液的范围内，非电解质溶液的依数性，按式(3-17)～式(3-20)计算的结果与实验值基本相符，而电解质溶液，特别是强电解质溶液，计算结果与实验值间存在较大差异。如表 3-6 列出的几种强电解质溶液的凝固点降低实验值。式(3-18)中的浓度用电解质浓度作计算，得到的 ΔT_f 计算值大约是实验值的一半；若用电离后离子总浓度作计算，ΔT_f 计算值与实验值接近。如 $0.05 mol \cdot L^{-1}$ 的 NaCl 溶液，将 $0.05 mol \cdot L^{-1}$ 的浓度代入公式(3-18)计算凝固点降低值，是表 3-6 的实验值的一半。若式(3-18)中的浓度用全部电离时溶液中 Na^+、Cl^- 的总浓度 $0.10 mol \cdot L^{-1}$ 代入，所得凝固点降低值与表 3-6 的实验值接近。由此可见，溶液的依数性是与溶液中所有形态的离子和离子对的总浓度成正比，理解为电解质与溶剂分子的作用，是所有离子和离子对与溶剂分子的作用。

表 3-6 的数据有如下规律：对同种电解质溶液，随浓度增加，ΔT_f 也增加，但 ΔT_f 增加的幅度与浓度增加的幅度并不一致；浓度相同且价型相同的电解质溶液，ΔT_f 较接近，但价型不同的电解质，ΔT_f 相差较大，价型越高，ΔT_f 值偏低；溶液越稀，计算值越接近实验值，随浓度的增加，计算值偏离实验值的程度增大。由此可以看出，电解质溶液的依数性虽然与浓度有关，但并不完全遵从式(3-15)～式(3-20)，随电解质价型不同或浓度增加，产生的偏差也不相同，表明电解质溶液的电离程度随浓度的增加而变得较为复杂。

表 3-6 一些强电解质溶液的 ΔT_f

$b_B/mol \cdot kg^{-1}$	ΔT_f(实验值)/K			ΔT_f(计算值)/K
	KNO_3	NaCl	$MgSO_4$	
0.01	0.03587	0.03606	0.03000	0.0372
0.05	0.1718	0.1758	0.1292	0.1860
0.10	0.3331	0.3470	0.2420	0.3720
0.50	1.414	1.692	1.018	1.8600

3.3.2 电离度

1887 年，Arrhenius（阿伦尼乌斯）根据电解质溶液可以导电的特征及依数性"异常"的现象认为，电解质在水溶液中电离为带正、负电荷的离子，溶液中粒子数目增加，粒子的相互作用增强。由实验可知，电解质浓度不同，粒子相互作用大小也不相同；电解质类型不同，粒子相互作用大小也不相同。电解质溶液中粒子的总浓度对粒子相互作用大小至关重要。粒子包括正离子、负离子、未电离的离子对以及溶剂分子。按电离程度将电解质定性地分为强电解质和弱电解质。在水溶液中，电解质的强弱用电离度（Degree of Ionization）标度，其含义是电解质在水溶液中已电离的量与电离前加入的量的比值。电离度（通常用 α 表示）的定义式表达为：

$$\alpha = \frac{\text{已电离的电解质的物质的量}}{\text{电离前加入电解质的物质的量}} \qquad (3\text{-}22)$$

若设电解质为 MA，配制浓度为 c_B，按电离度的定义式，电离平衡时溶液中相关粒子的浓度分别为

$$\text{MA} \rightleftharpoons \text{M}^{z+} + \text{A}^{z-}$$

$$c_B(1-\alpha) \qquad c_B\alpha \qquad c_B\alpha$$

平衡时溶液中粒子的总浓度为 $c_B(1+\alpha)$，电解质的依数性与此粒子的总浓度成正比。

电离度可间接地通过实验测定得到，对于电解质稀溶液，可测定溶液的渗透压、凝固点降低、电导等，这些物理量都与电解质中粒子的总浓度 $c_B(1+\alpha)$ 成正比，即计算所用浓度为溶液中粒子的总浓度，并由此可算出电离度 α。对弱酸、弱碱稀溶液，还可由溶液的 pH 值测定求出。表 3-7 列出了几种实验方法测得的电离度。

表 3-7　不同方法测定的电离度 α

电解质	$b_B/\text{mol} \cdot \text{kg}^{-1}$	α		
		渗透压法	凝固点法	电导法
KCl	0.14	0.81	0.93	0.86
LiCl	0.13	0.92	0.94	0.84
SnCl$_2$	0.18	0.85	0.76	0.76
Ca(NO$_3$)$_2$	0.18	0.74	0.73	0.73

通常认为，强电解质在溶液中是完全电离的，溶液中只有正离子和负离子，没有电解质分子或离子对。如 $0.01\,\text{mol} \cdot \text{L}^{-1}$ 的 NaCl 溶液，全部电离时电离度 $\alpha=1$，溶液中 Na$^+$、Cl$^-$ 离子的总浓度等于 $0.02\,\text{mol} \cdot \text{L}^{-1}$，按式（3-18）计算凝固点降低值，与表 3-6 的实验值接近。但随浓度的增加，计算值与实验值的偏差却增大，见表 3-6，其他依数性也有同样的结果。反之，测定溶液的渗透压、凝固点降低、电导等，得到的电离度实验数据表明，即使在较稀的溶液中，强电解质的电离度仍小于 1，见表 3-7。如何解释这一现象呢？下面我们从溶液中粒子的相互作用来讨论这个问题。

3.3.3　离子互吸理论　离子强度

(1) 离子氛结构

1923 年 P. Debye（P. 德拜）和 E. Hückel（E. 休克尔）提出了强电解质溶液的离子互吸理论（Ion-ion Interaction Theory）。他们认为，强电解质稀溶液中，电解质分子完全电离为离子，离子与溶剂分子的作用和离子的静电引力必导致电解质溶液偏离理想溶液。一方面因静电引力作用，异号离子会互吸靠近，另一方面，离子的热运动又有使它们扩散进入介质的趋势，当两种作用均衡时，离子会呈现出一种平衡分布，选定任一离子作为中心离子，由于静电吸引作用，其周围分布了反号离子，并呈球形扩散态势，此种分布称为离子氛（Ion Atmosphere）。每个离子都如此，既作为中心离子，又是离子氛中的一员。因此球形扩散的离子氛结构中并不只是反号离子，同时也交叉地布满了同号离子，但离子氛所带的电荷，数值上等于中心离子的电荷，只是符号相反，整个体系仍然是电中性的。电解质溶液中，正、负离子间的相互作用就相当于中心离子与离子氛间的相互作用。图 3-6 表示某一瞬间中心离子周围离子氛的示意图。离子氛是一种动态结构，随时形成又随时分离。当溶液无限稀时，离子间距离无限远，离子氛的结构变得很稀疏，离子间的静电作用很小，可在溶液中自由运动，此溶液称为理想稀溶液（Ideal Dilute Solution）。

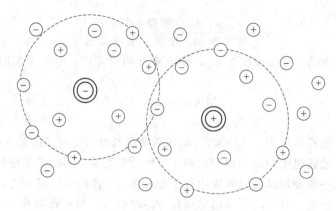

图 3-6 离子氛模型示意图

（2）溶剂化离子与离子对

对一定浓度的强电解质溶液，离子的溶剂化作用对电离度、溶液的依数性有很大的影响，溶解是溶质与溶剂分子作用，溶质分子被溶剂分子包围，根据相似相容原理，电解质与水分子都是极性分子，电离所产生的正、负离子被溶剂分子包围，正离子靠近水的氧原子，负离子靠近水的氢原子。在理想稀溶液中，所有正、负离子都是溶剂化离子，正、负离子的静电吸引作用被溶剂分子隔断，电离度接近 1，溶液依数性与离子总浓度成正比，即符合公式(3-15)～式(3-20)确立的定量关系。当浓度超过一定数值，即使强电解质溶液全部电离，因电离所生成的离子周围的溶剂分子较少，正、负离子的静电吸引作用不能忽略，将形成离子氛。对于浓溶液，电离所生成的离子不能全部被溶剂分子包围，就有部分正、负离子因静电吸引作用而结合为离子对（Ion Pair），对存在有效静电作用的离子对，其中心距离小于 r_c:

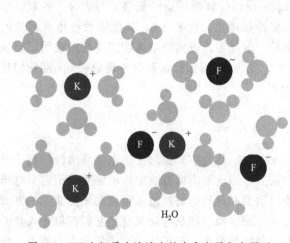

图 3-7 KF 电解质水溶液中的水合离子和离子对

$$r_c(nm) = \frac{8.36 \times 10^3 z_+ z_-}{\varepsilon_r T}$$

式中，ε_r 是相对介电常数（Relative Dielectric Constant），如 NaCl 的 $\varepsilon_r = 7.5$。当然，形成的离子对又会电离，最终达到电离平衡。溶剂化离子和形成的离子对如图 3-7 所示，除电荷引起的离子相互作用外，其他涉及离子的相互作用，如离子与溶剂分子的作用等称为特殊离子效应（Specific Ion Effect）。显然，电解质浓度越高，形成离子对的趋势越大，电离度偏离 1 越多；离子的电荷越高，静电吸引作用越强，形成离子对的趋势越大，电离度偏离 1 越多。所以，当电解质是强电解质时，实验测得的浓溶液的电离度总小于 1。这就解释了表 3-7 的结果。

（3）离子强度

为表征强电解质溶液中离子间作用力的强弱，1921 年，美国物理化学家 Lewis 引入了离子强度，带电离子间相互作用力属于静电相互作用力，其大小与离子浓度和离子电荷两个因素有关。为了反映离子间相互作用的强弱，定义离子强度 I（Ionic Strength）：

$$I = \frac{1}{2}\sum_{B} b_B z_B^2 \tag{3-23}$$

式中，z_B、b_B 为溶液中任一离子 B 的电荷数和质量摩尔浓度。显然，离子间相互作用不限于同种离子，而是溶液中所有离子，任一离子都会受到溶液中所有其他离子的作用，溶液的离子强度是溶液中所有离子的离子强度的总和，I 的量纲为 $\mathrm{mol \cdot kg^{-1}}$。由式(3-23) 可见，溶液中离子浓度越大，离子电荷越高，离子间相互作用越强，则离子强度越大，这就解释了相同浓度的电解质和非电解质稀溶液的依数性的实验结果偏差。

3.3.4　电解质溶液的活度校正

少量不挥发性的非电解质稀溶液的依数性与溶质粒子浓度之间存在定量关系，溶剂行为服从拉乌尔定律，近似作为理想溶液，但随浓度升高，溶剂行为将偏离拉乌尔定律，依数性偏离计算值；而少量强电解质的依数性在稀溶液时就偏离定量关系式的计算值，即使浓度很小，离子间距离很大，粒子之间的静电作用力仍不能忽略，这些偏离理想溶液的行为统称为非理想性偏差，出现偏差的溶液称为真实溶液（Real Solution）。产生偏差的原因，除离子间静电作用外，还包括溶质分子或离子的溶剂化作用、溶质分子的缔合等多种复杂因素，目前还没有令人满意的理论模型和数学表达式进行描述。美国物理化学家 Lewis 采用校正的办法，引入了活度的概念，以活度代替浓度，对溶液的非理想性进行校正，使之适用于包括电解质和非电解质的非理想溶液体系。

（1）活度和活度系数

偏离理想溶液的行为体现在因浓度的增大导致的溶液中溶质粒子、溶剂分子之间的各种相互作用的改变。对于电解质溶液，溶质以离子形式存在，离子的电荷和浓度会改变离子之间、离子与溶剂分子之间的相互作用。为了使各种定量关系式的数学形式不变，以活度代替各种定量关系式中的浓度，即以溶质 B 的活度（Activity）作为相对校正浓度（用 a_B 表示），活度与浓度之间的偏差用一个校正系数来体现，称为活度系数 γ_B（Activity Coefficient），活度、活度系数和浓度之间的关系为：

$$a_{B,x} = \gamma_{B,x} x_B$$
$$a_{B,c} = \gamma_{B,c} \frac{c_B}{c^\ominus}$$
$$a_{B,b} = \gamma_{B,b} \frac{b_B}{b^\ominus} \tag{3-24}$$

因有各种浓度表达，对应的活度和活度系数也有相应的表达，对同一浓度下的溶液，三种活度系数在数字上是不同的。$c^\ominus$、$b^\ominus$ 是标准态浓度，标准状态下，$c^\ominus = 1\mathrm{mol \cdot L^{-1}}$，$b^\ominus = 1\mathrm{mol \cdot kg^{-1}}$。活度和活度系数与浓度不同，是无单位的量。根据所用浓度，可采取相应的活度和活度系数表达式。对于稀溶液依数性的定量关系式，以活度代替浓度后，就也适用于非理想溶液，由此计算的结果与实验值能较好吻合。

（2）溶剂活度的测定

在电解质溶液中溶剂作为易挥发组分，偏离拉乌尔定律，其蒸气压与液相溶剂的活度成正比关系，实验上可以通过间接方法测得活度，从而计算出活度系数。如蒸气压法，电动势法，凝固点降低法，渗透压法等。对挥发性组分，常用蒸气压法测活度。将活度代替式(3-14) 中物质的量分数，则得：

$$p_A = p_A^* a_A = p_A^* \gamma_A x_A$$

溶剂的活度：
$$a_A = \frac{p_A}{p_A^*}$$

溶剂的活度系数：
$$\gamma_A = \frac{p_A}{p_A^* x_A} \tag{3-25}$$

只要测得纯溶剂的蒸气压 p_A^* 以及溶液上方溶剂的蒸气分压 p_A，就可算出溶剂的活度，由式(3-25)算出溶剂的活度，并进一步得到活度系数。若溶质也是易挥发的，以上两式也可适用于溶质组分，只需将下标改为"B"即可。

用凝固点降低法测定活度和活度系数，则要求析出的纯固体溶剂不能是混有溶质的固溶体，将活度代替浓度就适合一般浓度下的凝固点降低公式：
$$\Delta T_f = T_f^* - T_f = -\frac{RT_f^{*2}}{\Delta_{fus}H_m(A)}\ln a_A \tag{3-26}$$

测得溶液的凝固点，已知纯溶剂的凝固点和摩尔熔化焓，由式(3-26)则可算得溶剂的活度。

【例3-7】 288.2K 1mol NaOH 溶于 4.55 mol 水中，溶液上方蒸气压为 596.5 Pa，同温度下纯水的饱和蒸气压为 1705 Pa，以纯水为标准态，求溶液中水的活度和活度系数。

解： NaOH 为不挥发溶质，溶液上方的蒸气压就是溶剂水的蒸气压。

溶液中水的物质的量分数：$x_{H_2O} = \frac{n_{H_2O}}{n_{总}} = \frac{4.55}{1+4.55} = 0.820$

$$a_{H_2O} = \frac{p_{H_2O}}{p_{H_2O}^*} = \frac{596.5}{1705} = 0.350$$

$$\gamma_{H_2O} = \frac{a_{H_2O}}{x_{H_2O}} = \frac{0.350}{0.820} = 0.427$$

(3) 电解质的平均活度和平均活度系数的计算

对于强电解质溶液，因正、负离子是成对出现的，因此实验无法单独测定正、负离子的活度 a_+ 和 a_-，也无法单独测定正、负离子的活度系数 γ_+ 和 γ_-，引入平均活度和平均活度系数。就组成为 $M_\mu A_\nu$ 的强电解质稀溶液，完全电离为 M^{z+} 和 A^{z-}，该电解质作为整体时的活度与正负离子的活度的关系为：
$$a_B = a_+^\mu a_-^\nu \tag{3-27}$$

设用质量摩尔浓度表示正负离子的活度：
$$a_+ = \gamma_+ \frac{b_+}{b^\ominus}, \quad a_- = \gamma_- \frac{b_-}{b^\ominus} \tag{3-28}$$

将以上表达式代入式(3-27)中，得：
$$a_B = \gamma_+^\mu \gamma_-^\nu \left(\frac{b_+}{b^\ominus}\right)^\mu \left(\frac{b_-}{b^\ominus}\right)^\nu \tag{3-29}$$

现分别定义电解质的离子平均活度系数，离子的平均质量摩尔浓度，离子的平均活度：
$$\gamma_\pm = \sqrt[\mu+\nu]{\gamma_+^\mu \gamma_-^\nu}$$
$$b_\pm = \sqrt[\mu+\nu]{b_+^\mu b_-^\nu}$$
$$a_\pm = \sqrt[\mu+\nu]{a_+^\mu a_-^\nu} \tag{3-30}$$

根据以上定义式，式(3-29)改写为

$$a_B = a_+^\mu a_-^\nu = a_\pm^{\mu+\nu} = \left(\gamma_\pm \frac{b_\pm}{b^\ominus}\right)^{\mu+\nu} \tag{3-31}$$

式中，$b_\pm$ 可由电解质的价型及计量浓度求出，$\gamma_\pm$ 可由实验测定，也可由 Debye-Hückel 极限公式计算，$a_\pm$ 及电解质的活度 a_B 就可以由式(3-31) 求出了。式(3-31) 可进一步简化为：

$$a_\pm = \gamma_\pm \frac{b_\pm}{b^\ominus} \tag{3-32}$$

对于对称型电解质 MA，$\mu = \nu = 1$，式(3-30) 和式(3-31) 可简化，式(3-31) 简化后与式(3-32) 相同。

离子的平均活度与平均浓度的偏差由平均活度系数体现，而偏差主要由离子浓度和离子电荷两个因素引起，即 Lewis 给出的离子强度，由此可建立起平均活度系数与离子强度的关系。实际上，溶液中除了 $M_\mu A_\nu$ 电解质外，其他各种电解质离子的存在都会增加溶液中指定电解质 $M_\mu A_\nu$ 的离子的静电相互作用，从而偏离理想溶液，所以，应以溶液的离子强度总和校正平均活度。

1923 年 Debye 和 Hückel 利用静电学的 Poisson 方程和统计力学方法，导出了强电解质稀溶液的平均活度系数 $\gamma_\pm$ 与离子强度 I 间的 Debye-Hückel 极限公式：

$$\lg\gamma_\pm = -0.509|z_+ z_-|\sqrt{I},\ I < 0.01\text{mol} \cdot \text{kg}^{-1} \tag{3-33}$$

式中，I 为离子强度；z_+、z_- 为电解质中正、负离子的电荷值；$0.509\ \text{kg}^{1/2} \cdot \text{mol}^{-1/2}$ 常数值只适用于 25℃的水溶液。由式可见，I 越大，$\gamma_\pm$ 偏离 1 的程度越大，表明溶液的非理想性越高，若溶液无限稀，$I \to 0$，$\gamma_\pm \to 1$，就转变为理想溶液。对于离子强度 $I < 0.1\text{mol} \cdot \text{kg}^{-1}$ 的溶液，式(3-33) 还应加以改进，使其更符合于实验值。

$$\lg\gamma_\pm = \frac{-0.509|z_+ z_-|\sqrt{I}}{1+\sqrt{I}},\ I < 0.1\text{mol} \cdot \text{kg}^{-1} \tag{3-34}$$

离子的平均活度系数可通过凝固点降低值、电池电动势、溶解度等实验测定获得。表 3-8 列出了由 Debye-Hückel 极限公式(3-34) 计算的 $\gamma_\pm$ 和实验值的结果。由表列数据可见，在稀溶液范围内，两者可较好吻合。实际使用中，用 $\gamma_\pm$ 代替 γ_+ 或 γ_-，就可求出电解质的活度，用活度代替浓度，就可将理想体系的关系式应用于非理想体系。

表 3-8　25℃一些电解质的离子平均活度系数

$b_B/\text{mol} \cdot \text{kg}^{-1}$		0.005	0.01	0.05	0.10	0.20	0.50
(1)$M^{+1}A^{-1}$ 型电解质的离子强度 $I/\text{mol} \cdot \text{kg}^{-1}$		0.005	0.01	0.05	0.10	0.20	0.50
$\gamma_\pm$(计算值)		0.926	0.900	0.819	0.756	0.698	0.618
$\gamma_\pm$(实验值)	HCl	0.928	0.904	0.830	0.795	0.766	0.757
	NaCl	0.928	0.904	0.829	0.789	0.742	0.683
	KCl	0.926	0.899	0.815	0.764	0.712	0.644
	KOH	0.927	0.901	0.810	0.759	0.710	0.671
	KNO₃	0.927	0.899	0.794	0.724	0.653	0.543
(2)$M^{+2}A^{-2}$ 型电解质的离子强度 $I/\text{mol} \cdot \text{kg}^{-1}$		0.02	0.04	0.20	0.40	0.80	2.00
$\gamma_\pm$(计算值)		0.562	0.460	0.238	0.165	0.101	0.066
$\gamma_\pm$(实验值)	MgSO₄	0.572	0.471	0.262	0.195	0.142	0.091
	CuSO₄	0.560	0.444	0.230	0.164	0.108	0.066

3.4 胶体分散体系
(Colloidal Dispersed System)

胶体分散体系具有以下三大基本特性。

① 特有的分散程度 胶体分散体系中的分散相粒子大小在 $10^{-9}\sim10^{-7}$ m 范围，这一特有的分散程度使得分散相不能被肉眼或普通显微镜所分辨，以至于许多溶胶被人们误认为是真溶液。但它并不是均相的真溶液，而是具有很大相界面的高分散性体系。

② 多相性 在胶体分散体系中，分散相粒子是由很大数目的分子或离子组成的集合体，其结构较为复杂，虽然用肉眼或普通显微镜观察时，这种体系是貌似真溶液的透明体系，但实际上分散相与分散介质之间具有明显的相界面。因此，胶体分散体系是多相体系，具有超微的不均匀性。

③聚结不稳定性 由于分散相的颗粒小，表面积大，表面能高，粒子有自动相互聚结降低表面积的趋势，即具有聚结不稳定性，这意味着胶体分散体系是一个热力学上的不稳定体系，处于不稳定状态的分散相粒子易于聚结成大粒子而聚沉。因此，胶体分散体系中除了分散相和分散介质以外，还需要第三种物质（通常是少量的电解质）作为稳定剂起着保护粒子的作用，胶体粒子才能够相对稳定地存在于分散介质中。

高分子溶液如蛋白质溶液，可溶性淀粉溶液等，溶质虽以分子形式存在于介质中，不存在相界面，但溶质分子尺寸较大，具有与胶体分散体系类似的物理化学性质，胶体化学的研究方法也适用于高分子溶液，故将其归入胶体分散体系内。胶体分散体系中最常见的是溶胶（Sol）、乳液（Emulsion）和气溶胶（Aerosol），本节我们将以溶胶为例，介绍胶体分散体系的基础知识。

3.4.1 溶胶的制备和净化

胶体粒子的大小介于粗分散系和真溶液分子之间，胶体的制备有两种方法：一是将粗颗粒细化为更小的颗粒，每次细化都使粒子的比表面增大，颗粒的体积减小至胶体粒子，称为分散法。分散法是将物质由大变小，实际操作是将大块难溶物质通过机械研磨、酸溶法、超声波法等细化颗粒分散于介质中，再加入稳定剂使体系稳定；二是将小分子或离子聚集为胶体，通过晶核生长至胶体粒子的尺寸，称为凝聚法。凝聚法是通过分子或离子聚集由小变大，实际操作是将介质中以分子或离子分散的溶质，通过物理或化学方法形成胶体。在此过程中，胶体粒子会不断长大，发生聚沉，因而必须加入稳定剂阻断沉降。如用极稀的 $AgNO_3$ 和 KI 溶液制备 AgI 溶胶：

$$AgNO_3+KI \Longrightarrow AgI(胶体)+KNO_3$$

$FeCl_3$ 稀溶液水解制备 Fe (OH)$_3$ 溶胶：

$$FeCl_3+3H_2O \xrightarrow{沸水} Fe(OH)_3(胶体)+3HCl$$

将硫黄或松香的乙醇溶液滴加到水中，因溶剂变成水，溶解度降低，形成硫黄或松香的水溶胶。

新制备的溶胶不稳定，易聚沉而破坏，可用渗析法或超滤法净化处理。参见图 3-8，渗析法（Dialysis）是将待净化的溶胶装在由半透膜制成的渗析袋内，并置于纯水中，利用小分子杂质和小离子可透过膜而溶胶粒子不可透过的特点，不断更换水或采用流动水，就可将溶胶中的杂质除去，达到净化的目的。在外加电场下渗析，可加快杂质离子的渗析扩散，为电渗析法。超滤法是用凝胶物质制成一定孔径的多孔膜，铺在布氏漏斗底部，漏斗内盛溶胶，采用加压或抽滤，可溶性杂质随溶剂透过凝胶膜除去，胶粒留在膜上并立即分散到新的介质中形成溶胶。

(a) 电渗析法　　　　　　　　　　　　(b) 超滤法

图 3-8　溶胶的净化

渗析和超滤技术也可应用于生物工程和医药等方面。如超滤法可测量蛋白质和酶分子或病毒的大小；渗析法可用于中草药中有效成分的分离，改善中草药注射液的纯度和透明度；利用半透膜制成的人工肾进行血液渗析，可在不排除血液中重要蛋白质和血细胞的情况下除去有害物质，为肾功能衰竭患者做临床渗析治疗。

3.4.2　溶胶的光学性质和动力性质

溶胶的光学性质是其具有高分散性和多相性的反映。通过溶胶的光学性质不仅可以帮助人们解释溶胶的一些光学性质，而且可以了解胶体粒子的运动状况，研究它们的大小和形状。

（1）溶胶的光学性质——Tyndall 现象

光经过透镜聚光后光强增强，当照射在胶体上时，在入射光垂直的方向上，可观察到明亮的散射光柱，近距离观察到闪烁胶粒发出的散射光，这一现象首先由英国科学家 J. Tyndall 发现，称为丁铎尔效应（Tyndall Effect）或光散射现象（Light Scattering Phenomenon）。J. C. Berg 改用单色激光做光源，在垂直光路方向用黑色背景衬托观察散射光，在透过方向用白纸做底板观察透过光的减弱，如图 3-9 所示。

丁铎尔效应可用光散射理论解释。当入射光波长大于分散相粒子的直径时 $[\lambda \geqslant (10 \sim 15)r]$，分散相粒子外层电子受到光波的作用产生瞬变电磁场，使分子极化为电偶极子，并以相同的频率振动，分散相粒子就成为二次光源，向各个方向辐射出相同频率的散射光。若介质具有光学均匀性，各个方向的散射光相互干涉抵消，就观察不到散射光，如大分子溶液。若是分散体系，分散相粒子和分散介质的尺寸差异较大，不同粒子引起的散射光就不能相互抵消，此时就能观察到散射光。空气

图 3-9　单色激光光源观察
Tyndall 效应示意图

中尘埃粒子和溶胶中分散相粒子的存在，可产生较为明显的光散射现象。对于悬浊液，因粒子远大于入射光波长，粒子表面对光的作用则表现为反射和吸收，因粒子形状不规则，反射面杂乱，形成漫反射，体系呈混浊。真溶液中溶质分子尺寸小于 1 nm，也观察不到散射光。因此，Tyndall 效应可区别真溶液（True Solution），悬浊液（Suspension Solution）和溶胶。

胶体粒子的散射光强与各种因素的关系用 Rayleigh 散射公式表示。当散射角为 90°时，与入射光垂直处的散射光强 I_{90} 为：

$$I_{90} = I_0 \cdot \frac{9\pi^2 N v^2}{2\lambda^4 l^2} \cdot \left(\frac{n_2^2 - n_1^2}{n_2^2 + 2n_1^2}\right)^2 \tag{3-35}$$

式中，I_0、λ 分别为入射光强和波长，n_1、n_2 分别为分散介质和分散相的折射率，N、v 分别为单位体积溶胶中的粒子数和单个粒子的体积，l 为观察点距散射光点的距离。

根据式(3-35)可得到以下结论：I_{90} 正比于 I_0，因此需采用聚光光源。I_{90} 与 λ^4 成反比，即入射光波长越短，经胶体粒子产生的散射光越强。因此，光散射实验所用光源应采用电弧或汞灯（紫外光）。如溴化银溶胶，以复合白光为光源，其透射方向观察是浅红色，在入射光垂直方向观察则是蓝色。两种颜色是由不同粒度大小的溴化银胶粒与光作用所致，照射在小颗粒上，表现为透过红光，照射到大颗粒上时则为散射蓝光。大气中常有水蒸气，当缔合水分子的尺寸在 $10\sim100nm$ 数量级时，缔合水分子与大气分子组成分散体系。太阳光是复合光，即白光，根据胶体粒子的 Rayleigh 散射公式，其中波长较短的蓝光、紫光会引起较强的散射，晴朗的天空呈蓝色，正是大气中水雾对日光散射的结果。早晨和傍晚，太阳斜射穿过很厚的大气层，又是离地表较近、水汽较重的部分，太阳呈现红色，即朝阳和晚霞，这是因为红光的散射较弱，透过强所致。雾天规定车灯用黄色等，也是缘于大气分散体系对波长较长的黄光散射弱而透过强的光散射原理。

I_{90} 与 n_1、n_2 的差值有关，当 $n_1 = n_2$ 时，散射光消失。因此，溶胶和真溶液、高分子溶液的 Tyndall 效应有非常明显的区别：真溶液和高分子溶液为均相体系，n_1 与 n_2 十分接近，故光散射弱，溶胶的散射光强。因此可利用 Tyndall 效应区分溶胶和真溶液、高分子溶液。

I_{90} 与粒子浓度 N 和粒子体积 V 的平方成正比，即与分散度有关。胶体粒子的体积越小，散射越弱，但粒子体积不能大于光的波长。如金溶胶的颜色，随粒子的体积增大，由红色变到蓝色。观察到蓝色时，粒子对光主要表现为散射。运用这一原理设计了浊度计，用已知粒子的浓度和体积的标准溶液作参比，通过比较散射光的强度测定未知溶液中粒子的浓度和体积大小。

利用光散射原理可制作超显微镜，其原理见图 3-10。与普通显微镜不同，超显微镜是在黑暗背景中、在入射光的垂直方向观察胶体粒子的散射光。因避免了光直射物体，消除了光的干涉。胶体粒子在黑暗背景中呈现出一个个闪光点，分辨率可提高到 $1\sim5nm$，比普通显微镜提高了

图 3-10　超显微镜光路示意

$50\sim100$ 倍。由光的散射方式和强度可判断胶体粒子的形态、大小、数目及分散度等。球形胶体粒子的散射光持续闪烁，棒形胶体粒子闪烁间断时间较长。$5\sim100nm$ 尺寸的粒子，随体积增大散射强度增强，但大于 $100nm$ 的粒子散射将逐渐变得很弱。

（2）溶胶的动力性质

在显微镜下，英国植物学家 Brown 观察了花粉质点悬浮在水面的不规则运动，包括平动和转动。在超显微镜下观察溶胶粒子的运动，也是一种类似的不规则的运动，为了纪念 Brown 的观察发现，称其为 Brown 运动。胶体粒子的 Brown 运动轨迹如图 3-11（a）所示。其运动强度随温度升高、粒子尺寸减小、介质黏度降低而增加，溶胶粒子的 Brown 运动是介质分子热运动的宏观体现。如图 3-11（b）所示，当溶胶粒子受到来自不同方向介质粒子

的随机碰撞时,所受撞击力是不平衡的,其合力决定了胶粒的运动方向,因来自介质粒子的撞击不停地变化,胶粒的运动方向也不停地发生改变,就产生不规则运动。对于体积较大的悬浮粒子,质量大,表面积大,受到一个介质分子的撞击,影响较小,各个方向受到介质分子的撞击力比较接近,相互抵消的机会远大于体积较小的粒子,因此,轻而细的粒子比重而粗的粒子有更强的 Brown 运动。

(a) 溶胶粒子的Brown运动轨迹　　　　(b) 胶粒的不规则运动受介质粒子撞击的影响

图 3-11　溶胶粒子的 Brown 运动

　　Brown 运动使溶胶粒子产生显著的扩散作用（Diffusion）,以至于体系具有动力稳定性而不会很快沉降。在溶胶体系中,溶胶粒子受到的力有重力、浮力和下沉时与溶剂介质之间的摩擦力,重力与浮力和摩擦力方向相反,胶体粒子的 Brown 运动产生的扩散是从高浓度区向低浓度区。对静置的胶体,重力使粒子下沉,浮力、摩擦力和扩散的动能使粒子上浮,二者达到沉降和扩散平衡,胶粒的浓度随容器高度呈梯度分布,即上方是小粒子,下方是大粒子,中间分布着各种质量和体积的粒子。若胶粒稍大,重力不可忽略。一方面粒子受重力作用会发生沉降,产生浓差;另一方面,胶粒的 Brown 运动,又将使粒子自发地从高浓度区向低浓度区扩散,使粒子在一定高度范围内趋于均匀分布。若粒子更大,重力作用更强,粒子的 Brown 运动已无法克服由此引起的沉降作用,粒子将以一定的速率沉降。

　　利用沉降平衡和沉降速率,可测粒子大小、粒子大小分布及粒子的摩尔质量。为加快达到沉降平衡,可采用超速离心机,用离心场代替重力场。超速离心技术也用于研究蛋白质、核酸和病毒,还用于分离提纯各种细胞等。

3.4.3　溶胶的电学性质

　　电动现象是胶体粒子表面带电的直接表现,胶粒带电不仅对胶体的动力学、光学、流变性质有影响,而且能增强胶体的稳定性,溶胶电学性质的研究为胶体稳定性理论的建立和发展奠定了基础,此外,溶胶的电学性质在实际生产与科研中也有很广泛的应用。

3.4.3.1　电动现象

　　将胶体置于电场中,出现胶体粒子和分散介质分别移向不同的电极,表明胶体粒子和分散介质带有相反符号的电荷。在电场作用下,胶体粒子向某一电极区移动的现象为电泳（Electrophoresis）。在图 3-12(a) 的装置中,从已盛有少量水的 U 型管下端小心注入棕红色的 $Fe(OH)_3$ 溶胶,关闭活塞,在上部注入蒸馏水,保持界面清晰,纯水层中插入惰性电极,电路通直流电一段时间后,观察到阴极部棕红色溶液界面上升,而阳极部下降,表明 $Fe(OH)_3$ 溶胶粒子带正电而介质水带负电。

　　确定介质的带电性,可通过固定分散相胶体粒子,在电场作用下,让分散介质相对于分散相胶体固体界面做相对运动,此种实验称为电渗（Electroosmosis）。参见图 3-12(b),U 型管底部放置黏土或难溶盐压制的多孔塞,两侧插入电极,施加直流电压,通电后可观察到阴极一侧水沿毛细管溢出，说明分散介质带正电。放大多孔塞可见毛细通道，亚硅酸离解为一氢根负离子，使分散相带负电，而分散介质必带正电。在电场作用下，扩散层中的正离子连同水合氢离子一起流向阴极。

图 3-12　电泳（a）和电渗（b）现象

与电渗相反，当在外力场作用下，液体分散介质流过毛细管或多孔塞时，在毛细管或多孔塞的两端会产生流动电势（Streaming Potential）。与电泳相反，带电粒子在重力场作用下，在介质中迅速沉降，在液体上、下层间将产生沉降电势（Sedimentation Potential）。

电泳、电渗、流动电势与沉降电势四种现象统称为电动现象（Electro-kinetic Phenomenon）。电动现象是因电场作用而产生的流动（电泳、电渗），或由于流动而产生电势（流动电势、沉降电势）。它说明分散介质和分散相粒子带有数量相等、符号相反的电荷，以保持溶胶的电中性。利用电动现象，不仅可以研究胶体粒子的结构、电学性质及胶体的稳定性，还可以进行广泛的应用。如在生物医学中，利用电泳可以分离血清中的各种蛋白质，为诊断提供依据。毛细管电泳是 20 世纪 80 年代末发展起来的分析分离技术，因用样少、高灵敏、高分辨、快速、应用广等特点，已在化学、生命科学、环境、法医、药物等领域发挥着重要作用。电泳除尘可回收有用成分，减小对环境污染。电泳镀漆是一种新的涂漆技术，将待处理的金属镀件作为电极，利用水溶性染料中带相反电荷的漆粒，在电场作用下移向镀件，同时在表面形成紧密镀层。

3.4.3.2　双电层与电动电势

（1）分散相粒子带电机理

在同等质量的前提下，纳米量级的分散相粒子与大颗粒粗相比，具有更大的表面积，可自发选择性吸附介质中的离子而带电，此种带电方式称为界面吸附。所谓选择性吸附是指优先吸附与组成胶核晶格相同或相似的离子，称为"相似相吸"原理。例如，由 $AgNO_3$ 与 KI 反应制备 AgI 溶胶，首先形成胶核 $(AgI)_m$，当 KI 过量，胶核表面优先吸附 I^- 带负电，而不优先选择吸附 NO_3^-。当 $AgNO_3$ 过量，胶核表面优先吸附 Ag^+ 带正电。

分散相粒子表面的分子可发生电离，电离后一种离子留在固相表面，另一种离子进入介质，此种带电方式称为界面电离。如黏土粒子 $(SiO_2)_m$ 表面的 SiO_2 分子与水作用生成硅酸溶胶，随溶液的 pH 值不同，H_2SiO_3 可发生电离，生成 H^+ 和 $HSiO_3^-$ 或 SiO_3^{2-} 离子，其中 H^+ 进入介质，而 $HSiO_3^-$ 或 SiO_3^{2-} 留在固相表面，使胶粒带负电。

（2）扩散双电层模型和 ζ 电势

1879 年，Helmholtz 首先提出双电层模型，后经 Gouy（1910）、Chapman（1913）、

Stern（1924）、Grahame（1947）等人修正，现在称为扩散双电层模型。以 KI 过量形成的负溶胶为例，优先吸附的 I^- 在胶核表面形成规则排列，带电离子的定向排列产生电势 φ_0，优先吸附的 I^- 决定了分散相粒子表面带负电，所以 I^- 称为电位离子（Potential Determining Ions）。由于静电吸引作用，外部会被介质中带相反电荷的 K^+ 包围，此处的 K^+ 也称为反离子（Counter Ions），同时正负电荷量抵消，也使外层电势随胶核表面到液相的距离增加而降低，被吸引的反离子同时还存在溶剂化作用，被溶剂分子包围。正负离子之间除了静电吸引，还有范德华作用力。因为溶液中的反离子，一方面受静电吸引和范德华力的作用，可吸附在固相表面，另一方面，离子的热运动又使它具有向液相扩散的趋势，使得反离子的排列随距离的增加而越无规则性。两种相反作用的结果，反离子在固-液相界面上形成扩散双电层，其中吸附在固相表面一侧的反离子，部分去溶剂化后紧贴在固相表面，形成较为紧密的、约为一个溶剂化离子厚度的紧密吸附层，称为切面或滑动面。在滑动面的内侧，反离子定向排列时形成 Stern 层，如图 3-13(a) 所示的虚线位置，此处的电势等于 φ_s。在滑动面的外侧，其他反离子因扩散作用，分布在介质中，其浓度随胶核表面到液体的距离 x 增加呈指数下降，电势 φ 随距离 x 增加也呈指数下降。

$$\varphi = \varphi_s e^{-\kappa x} \tag{3-36}$$

式中，φ_s 代表 Stern 层处的电势；κ^{-1} 具有扩散双电层厚度的意义。在电场作用下，分散相粒子连同紧密吸附层中的反离子移向正极，扩散层中的反离子则随介质一起移向负极，两者在滑动面处分离。扩散双电层的结构如图 3-13(a) 所示。

由此可见，在紧密吸附层与扩散层之间始终存在滑动面，胶核的大小决定了吸附的过量 I^- 的数量，从而决定了吸引的反离子的数量，滑动面处的电势称为 ζ（音：zata）电势。从分散相表面到液相体相，就存在 φ_0 和 ζ 两种电势：φ_0 为胶核表面与液相本体间的电位差，其值与胶核的大小和形状特征有关，也与液相中电位离子的活度有关。而 ζ 电势为滑动面处与液相本体相间电位差。只有在电场作用下，固—液相发生相对运动时，ζ 电势才会体现出来，故又称为电动电势（Electro Kinetic Potential）。AgI 负溶胶的 φ_0 和 ζ 电势如图 3-13(b) 所示。

图 3-13　扩散双电层结构及 ζ 电势

ζ 电势的存在，使同一胶体体系的胶粒带相同电荷，当胶粒因热运动有机会相互接近时，带电胶粒间的静电斥力作用会使之相互排斥而分开，避免了聚集长大，因此 ζ 电势对胶体粒子起稳定作用。ζ 电势与滑动面两侧的电荷分布有关。若加入与胶核成分不同的反离子

（也称惰性电解质），扩散层中反离子浓度增加，更多的反离子因静电吸引将进入紧密吸附层，形成正负电荷抵消作用，ζ 电势减小，扩散层变薄。若惰性电解质浓度增加到使紧密层的反离子总电荷与电位离子的总电荷相等，那么 ζ 电势就降为零，这时胶粒的净带电量等于零，处于等电点，扩散层不复存在。此时，胶粒与胶粒接触容易聚集长大，导致胶体体系被破坏而沉降。

电位离子与反离子之间除了静电引力之外，还存在一种强范德华力作用，即因强范德华力而形成紧密吸附层。有机电解质离子、表面活性剂离子等是胶体粒子易于吸附的反离子，是因很强的范德华力作用产生的特殊吸附，过量的吸附作用甚至会导致 ζ 电势反向。因强范德华力作用，在胶核表面也会出现同号离子的吸附，并使 ζ 电势大于 φ_0。

3.4.3.3 胶团的结构

胶体粒子和扩散层离子组成胶团，整个胶团的结构可描述为：分散相离子（或分子）聚集首先形成胶核 $(AgI)_m$，胶核表面吸附电位离子 I^- 带负电，表示为 $(AgI)_m \cdot nI^-$，电位离子吸引反离子 K^+，胶核、电位离子和紧密吸附的反离子形成带负电的胶粒，表示为 $\left[(AgI)_m \cdot nI^- \cdot (n-z)K^+\right]^{z-}$，带电的胶粒及扩散分布在分散介质中的反离子组成胶团，表示为 $\left[(AgI)_m \cdot nI^- \cdot (n-z)K^+\right]^{z-} \cdot zK^+$。通常我们说负溶胶或正溶胶，是指胶粒所带电性而言，而整个胶团是电中性的，胶团与分散介质即溶剂构成胶体体系。胶体的电性结构主要在紧密吸附的电位离子 I^- 和反离子 K^+。KI 溶液过量的情况下 AgI 负溶胶的结构见图 3-14。不难得出 $AgNO_3$ 过量形成的正溶胶体系中，电位离子 Ag^+ 和紧密吸附的反离子 NO_3^- 组成的带正电的胶粒结构：$\left[(AgI)_m \cdot nAg^+ \cdot (n-y)NO_3^-\right]^{y+}$。

(a) AgI负溶胶　　　　　　　　　　(b) AgI正溶胶

图 3-14　球形胶体粒子和胶团的结构

3.4.4　溶剂化作用

1947 年，Grahame 发展了双电层模型，对难溶盐型的胶体体系，在滑动面内的吸附离子实际是溶剂化离子，离子被水分子包围，形成水膜，而滑动面外的扩散离子也是溶剂化离子，但以溶剂分子水为主。在水膜与溶剂水分子之间构成滑动面，这样带电胶体粒子实际是溶剂化的。使胶体粒子之间除了排斥作用力，还存在因溶剂化导致的范德华作用力，如氢键、带电离子与水分子的相互作用力、偶极作用力、色散力等。排斥作用力与范德华作用力相反，最终各种作用力达到平衡。胶体粒子存在动能，容易碰撞在一起，但溶剂化效应隔断了碰撞在一起的路径空间，这也是胶体粒子能稳定存在的一种原因。

双电层模型是稀胶体稳定体系的电性结构，当胶体粒子浓度增大时，溶剂化作用减弱，胶体粒子周围溶剂水分子减少，胶体粒子失去水膜的保护，就容易碰撞在一起而聚沉，这也是制备胶体需在稀溶液中进行的原因。

3.4.5 溶胶的稳定性及聚沉

(1) 溶胶的稳定性

溶胶是高度分散的多相体系，本质上是热力学不稳定体系，因为溶胶体系中胶粒的比表面大，表面能高，有自动聚结的趋势。但是，由于胶粒尺寸小，存在 Brown 运动，又阻止了胶粒在重力场中的沉降，表现出动力稳定性。胶粒带电性质和 ζ 电势，形成排斥力，也将阻止胶粒碰撞聚结，表现出斥力稳定性。一方面，胶粒表面分布着带电离子和溶剂化分子，使得胶粒之间存在很强的范德华吸引力，并与粒子之间距离的六次方成反比，吸引力构成引力势能 V_A；另一方面，同一溶胶体系中，胶粒整体上带相似的净电荷，形成 ζ 电势，相同电荷粒子处于近距离时，产生很强的排斥力，又阻止了胶粒间碰撞聚结，排斥力构成斥力势能 V_R。胶粒之间的总势能等于引力和斥力势能之和 $V_T = V_A + V_R$。排斥力使胶粒远离，吸引力使胶粒靠近。通常吸引力在较远的距离总是小于排斥力，只在近距离处会大于排斥力，对胶粒的总势能构成影响。当两个胶粒靠近时，首先出现排斥力，并随二者间距缩短而增强；若胶粒在此距离的吸引力很强，则将克服排斥力而进一步靠近，表现在势能曲线上，翻越

图 3-15　胶体粒子相互
作用的势能曲线

了斥力势垒，见图 3-15。此后，近距离的吸引力将大于排斥力，并出现胶粒的吸附层的电荷抵消、结构破坏，出现沉降。反之，胶粒在较近距离时的吸引力，与排斥力相比，仍然较弱，表现为不能翻越势能曲线上的斥力势垒，胶体就处于稳定状态。此外，扩散双电层中的离子是溶剂化的，包围胶粒的溶剂膜也起着阻隔胶粒聚结的作用。一旦胶粒聚结长大，Brown 运动减弱，其动力稳定性也就消失了。升高温度有利于胶粒获得能量翻越斥力势垒，加速聚沉；增加溶胶中电解质浓度，将降低 ζ 电势，有利于降低斥力势垒高度，使胶粒产生的引力势能翻越斥力势垒，加速聚沉。

(2) 溶胶的聚沉

胶粒表面外的扩散双电层的结构和所带电量取决于体系中的电解质性质，即电解质离子的电荷和浓度。以 KI 过量形成的 AgI 负溶胶为例，胶粒的表面电位 φ_0 是由过量 I^- 的浓度决定，Stern 面外扩散层的 φ_s 和 ζ 电势由反离子 K^+ 的浓度决定，扩散层反离子 K^+ 等电解质的浓度越大，φ_s 和 ζ 电势越低，胶体中其他正离子的浓度也将加速电势的衰减，所以制备胶体时较高电解质浓度和外加电解质都必然降低胶粒之间的斥力，破坏胶粒的稳定性。从聚结开始，然后在介质中沉淀，胶体体系最终变为两个粗相而被破坏，这一过程称为溶胶的聚沉（Coagulation）。当加入电解质方式、观察聚沉时间、表面电位 φ_0、离子价态、溶胶性质接近时，斥力势能 V_R 随电解质浓度 c 的增加而呈指数降低，

$$V_R = K_1 \sqrt{c}\, e^{-K_2\sqrt{c}}$$

(3-37)

式中，K_1 和 K_2 为常数；此式表示扩散双电层厚度的 κ^{-1} 越大，势能曲线的斥力势垒高度

越高，胶粒越稳定。将斥力势垒高度为零时的状态，定义为溶胶由稳定转变为不稳定的转折点，此时的加入的电解质总浓度则为使胶体聚沉的理论临界浓度，与滑动面内反离子的价电荷的六次方成反比：

$$c = K \frac{\nu^4}{A^2 z^6} \tag{3-38}$$

式中，K 是常数；A 是与分散相和分散介质的化学性质相关的常数；ν 与温度成反比、与表面电位 φ_0 成正比；z 是电解质在正、负离子的价电荷相等时的价数。此式表明升高温度、提高浓度、介质 pH 值的改变、加入凝聚剂或惰性电解质等，均会引起溶胶的聚沉。温度一定，特定的胶体体系，ν、A 不变，加入电解质的聚沉浓度随离子的价数变化敏锐。

不同电解质对溶胶的聚沉能力可用聚沉值（Coagulation Value）表示，指一定条件下，使一定量溶胶在指定时间内完全聚沉所需外加电解质的最低临界浓度，单位为 $mmol \cdot L^{-1}$。电解质的聚沉能力越强，聚沉值越低。对溶胶聚沉起主要作用的是反离子，不同价数的反离子聚沉能力不同，反离子价数越高，聚沉值越低，即聚沉能力越强。聚沉浓度与反离子价数的近似关系可由胶体聚沉的理论临界浓度关系式得出：

$$c_1 : c_2 : c_3 = \left(\frac{1}{1}\right)^6 : \left(\frac{1}{2}\right)^6 : \left(\frac{1}{3}\right)^6 = 100 : 1.6 : 0.3$$

此比例关系与最初由实验数据归纳得到的 Schulze-Hardy 规则是一致的，表 3-9 列出了一些电解质的聚沉值实验数据。

实验表明，反离子的价态相同，聚沉能力也存在差异，如一价硝酸盐的阳离子对负溶胶的聚沉能力由大到小为：

$$H^+ > Cs^+ > Rb^+ > NH_4^+ > K^+ > Na^+ > Li^+$$

此顺序也称为感胶离子序（Lyotropic Series），一价阴离子的钾盐对正溶胶的感胶离子序为：

$$Ac^- > F^- > Cl^- > Br^- > NO_3^- > I^- > SCN^-$$

体积较大的有机反离子与胶粒间有特别强的范德华引力作用，易被胶粒吸附，也会大幅度降低 ζ 电势，其聚沉能力往往还大于无机反离子。

电性相反的溶胶混合，将发生互沉作用。如医学上利用血液互沉判定血型，明矾净水，是因含悬浮物的水通常为负溶胶，明矾水解生成 $Al(OH)_3$ 正溶胶，两种电性相反的溶胶粒子互相吸引聚沉，从而达到净水的目的。

表 3-9　电解质对一些溶胶的聚沉值（$mmol \cdot L^{-1}$）

As_2S_3 负溶胶		Au 负溶胶		$Fe(OH)_3$ 正溶胶		$Al(OH)_3$ 正溶胶	
LiCl	58	NaCl	24	NaCl	9.25	NaCl	43.5
NaCl	51	KNO_3	25	KCl	9.0	KCl	46
KCl	49.5	$1/2K_2SO_4$	23	KI	16	KNO_3	60
$MgCl_2$	0.72	$CaCl_2$	0.41	K_2SO_4	0.205	K_2SO_4	0.30
$CaCl_2$	0.65	$BaCl_2$	0.35	$K_2Cr_2O_7$	0.159	$K_2Cr_2O_7$	0.63
		$MgSO_4$	0.22	$K_2C_2O_4$	0.69	$K_2C_2O_4$	0.69
$AlCl_3$	0.093	$1/2Al_2(SO_4)_3$	0.009	$K_3[Fe(CN)_6]$	0.05	$K_3[Fe(CN)_6]$	0.080
$Ce(NO_3)_3$	0.080	$Ce(NO_3)_2$	0.003				

（3）高分子溶液对溶胶稳定性的影响

实验证明高分子化合物能增强溶胶的稳定性，如在溶胶中加入动物胶、阿拉伯胶或其他高分子溶液，能显著延长溶胶聚沉的时间，对溶胶起到了保护作用。这主要归功于高分子链上被称为停靠基团和稳定基团的两类基团。停靠基团与胶粒有较强的亲和力，可发生强烈的吸附作用；稳定基团与溶剂有良好的亲和力，可发生溶剂化作用，就像触角一样在溶剂中伸展，高分子链上周期性间断分布的停靠基团通过吸附作用固化胶粒，并被溶剂化的稳定基团所隔离。就胶粒整体而言，相当于在胶体粒子的外部形成了一层高分子保护膜，胶粒接近时吸引力就大大削弱，起到阻止胶粒碰撞聚集的作用。

但是若加入的高分子溶液浓度较低，即高分子化合物的量不足，而高分子链上相邻停靠基团的尺寸与胶粒的直径又相当，相邻停靠基团会出现同时吸附胶粒的情况，相当于胶粒以较远距离聚集，并使胶粒失去动力稳定性而下沉，最终形成疏松絮状沉淀，这种现象称为高分子物质对溶胶的絮凝作用（Flocculation）。

高分子溶液对溶胶的保护和絮凝作用在医药、环保等领域有广泛应用。血液中的碳酸钙、磷酸钙等难溶盐能以溶胶的形式存在，就是因为血液中蛋白质的保护作用。倘若血液中蛋白质减少，则难溶盐就会沉积在肝、肾等脏器中形成结石。用于胃肠道造影的硫酸钡合剂，其中加了西黄蓍胶，使硫酸钡胶粒可均匀黏附在胃肠道壁上形成薄膜，以利于 X 光造影。污水的处理与净化、矿泥中有用成分的回收等，都应用了高分子物质对溶胶的聚沉作用。

（4）蛋白质大分子与胶体的相似性

由于蛋白质大分子与胶体的尺寸相当，表现出某些性质的相似性，在过去一直被作为胶体分散体系处理。蛋白质（Protein）是由许多不同氨基酸以肽键聚合而成的一类大分子，肽链中周期性地分布着羧基（—COOH）和氨基（—NH$_2$）。在酸碱概念中，单体氨基酸属于两性物质，是弱电解质。蛋白质分子尺寸处于胶体分散体系的尺寸范围，在水溶液中也表现出胶体的某些性质，如电泳。但是，蛋白质与胶体分散体系本质上属于不同的分散体系，蛋白质在水溶液中是亲水性的，能很好地溶于水，并不存在固-液界面，是热力学稳定体系。而胶体在水溶液中是憎水性的，不溶于水，存在明显的固-液界面，是热力学不稳定体系。

在水溶液中蛋白质按下式离解：

$$H_2N \overset{P}{\diagdown}\diagup COOH$$

$$\rightleftharpoons$$

$$H_2N \overset{P}{\diagdown}\diagup COO^- \quad \overset{H^+}{\underset{OH^-}{\rightleftharpoons}} \quad H_3\overset{+}{N} \overset{P}{\diagdown}\diagup COO^- \quad \overset{H^+}{\underset{OH^-}{\rightleftharpoons}} \quad H_3\overset{+}{N} \overset{P}{\diagdown}\diagup COOH$$

负电蛋白　　　　　　　　等电蛋白　　　　　　　　正电蛋白
pH＞pI　　　　　　　　pH＝pI　　　　　　　　pH＜pI

在不同的 pH 值溶液中，蛋白质分子带电的符号和各离解组分的浓度不同。当蛋白质分子上的—$\overset{+}{N}H_3$ 与—COO$^-$ 数量相等时，蛋白质分子不带电，处于等电状态，这时溶液的 pH 值称为等电点（Isoelectric Point），用符号 pI 表示；酸度高于等电点（pH＜pI），蛋白质带正电；酸度低于等电点（pH＞pI），蛋白质带负电。三种情况下的蛋白质分别称为等电蛋白、正电蛋白和负电蛋白。在电泳实验中，带不同电性的蛋白质离解组分将泳向不同的电极。

由于各种蛋白质的结构不同，氨基、羧基的离解度就不相同，所以不同蛋白质有不同的等电点。加上含氨基、羧基数目也不同，各种蛋白质离解组分的质量不同，在相同的 pH 条件下，所带净电荷的符号和数量不同，决定了它们在电场中的电泳速率不同，在同一电解池中，到达电极的时间就不同。根据这些性质，可以分离、分析植物和动物提取液中的蛋白质混合物。

研究启迪

　　数学公式是最简捷的科学思想表达方式，化学中的数学公式有很多是一种极限表达，如理想气体满足理想气体状态方程，理想溶液满足拉乌尔定律和亨利定律表达式。对于实际化学体系，分子或离子的相互作用要复杂得多，如何从复杂的变化中找出主要因素，并进行校正，使其能符合于实验数据的变化规律，也是一种化学创新。Van de Waals 对理想气体状态方程进行校正，使其符合于实际气体就是一个经典范例。美国著名物理化学家 G. N. Lewis 也是这方面的行家，他善于冲破前人提出的概念和定义的局限性，从而拓展人们的化学视野。1907 年他在马萨诸塞州工业学院任教期间，在《美国科技学会杂志》上著文，提出活度概念，并用活度代替浓度，使描述理想溶液的数学公式适用于真实溶液。1916 年，提出共用电子对的共价键理论。1923 年他在加利福尼亚大学伯克利分校任化学系主任期间，将酸碱质子理论拓展为酸碱电子理论，使其适用于配位化学反应。

思 考 题

　　3-1　质量摩尔浓度，物质的量浓度，质量分数，体积分数，物质的量分数，这几种浓度量纲哪些与温度有关？哪些无关？为什么？

　　3-2　解释以下与溶液有关的概念：稀溶液、浓溶液、饱和溶液、过饱和溶液、不饱和溶液。饱和溶液是否就是浓溶液，不饱和溶液是否就一定是稀溶液？

　　3-3　为什么 $NaCl$ 易溶于水而不溶于苯，而 CCl_4 易溶于苯而不溶于水？

　　3-4　总结汽-液、液-液、固-液体系溶解度的规律。

　　3-5　稀溶液的依数性包括哪些内容？溶液的密度是否属于依数性？为什么？

　　3-6　为较准确测定大分子物质的平均摩尔质量，为什么常选择渗透压法？

　　3-7　气体总是从高压部分向低压部分扩散，但在渗透装置中，溶剂分子总是从低浓度一侧向较高浓度侧渗透，这两者是否相矛盾？为什么？

　　3-8　比较以下各组溶液在 25℃ 时的渗透压大小并作合理解释：

　　(1) $0.1mol \cdot L^{-1}$ $NaHCO_3$ 和 $0.05mol \cdot L^{-1}$ $NaHCO_3$ 溶液；

　　(2) $1mol \cdot L^{-1}$ $NaCl$ 和 $1mol \cdot L^{-1}$ 蔗糖溶液；

　　(3) $1mol \cdot L^{-1}$ $NaCl$ 和 $1mol \cdot L^{-1}$ $CaCl_2$ 溶液；

　　(4) $0.1mol \cdot L^{-1}$ $NaCl$ 和 $0.5mol \cdot L^{-1}$ 蔗糖溶液。

　　3-9　从以下几个方面比较真溶液与胶体溶液的差异：

　　(1) 溶质粒子的大小　　　(2) 溶质和溶剂粒子分布的特征

　　(3) 颜色和透明度　　　(4) 丁铎尔效应

　　3-10　渗透和渗析都是粒子选择性地通过半透膜，这两者有什么差异？

　　3-11　一种气体可以在另一种气体中形成胶体分散体系吗？为什么？

　　3-12　何谓反渗透？给出它在实际中应用的一个例子。

　　3-13　真空冶炼金属，出现"砂眼"的情况比常压下冶炼的情况多得多，为什么？

　　3-14　新鲜蔬菜或鱼、肉、食品加盐腌制后，总会产生一定量的卤水，为什么？

　　3-15　溶胶具有哪些基本特征和基本性质？叙述溶胶的稳定性因素和不稳定因素。

　　3-16　何为电动现象？由电动现象得出溶胶具有什么电学特征？何为电动电势 ζ？ζ 电势有什么意义？

习　　题

　　3-1　25℃，$p^{\ominus}$ 下某污染空气中 CO 的浓度为 10ppm（即 x_{CO}），试用下列方式表示其浓度：

(1) 摩尔百分数　　(2) 分压 p_{CO}　　(3) 物质的量浓度 (mol·L^{-1})

$$[\ (1) \ 1 \times 10^{-3}\% ; \ (2) \ 1.013Pa ; \ (3) \ 4.09 \times 10^{-7} mol \cdot L^{-1}]$$

3-2　现需 2.5L 浓度为 1.0mol·L^{-1} 的盐酸:

(1) 需取 20%, 密度为 1.10g·mL^{-1} 的浓盐酸多少 mL?

(2) 若已有 550mL 0.05mol·L^{-1} 的稀盐酸, 还需加入多少毫升 20% 的浓盐酸后再冲稀到 2.5L?

$$(414.8 \ mL; \ 410.2 \ mL)$$

3-3　25℃ $w_t = 9.47\%$ 的稀硫酸溶液, 密度为 1.06×10^3 kg·m^{-3}, 纯水的密度为 997 kg·m^{-3}, 计算该硫酸溶液的物质的量分数 x_B, 物质的量浓度 c_B 和质量摩尔浓度 b_B。

$$(0.0189; \ 1024 mol \cdot m^{-3}; \ 1.067 mol \cdot kg^{-1})$$

3-4　在 37℃, $p^{\ominus}$ 下, 氮气在血液中的溶解度为 6.28×10^{-4} mol·L^{-1}。若潜水员在深海中呼吸了 $10p^{\ominus}$ 的压缩空气, 当他返回地面时, 估计每毫升血液中将放出多少毫升氮气 (其中的氧气被溶于血液中参加代谢过程消耗)?

$$(0.147mL)$$

3-5　已知 25℃时纯水的饱和蒸气压为 3170Pa, 5.40g 不挥发物质和 90g 水配制成溶液, 溶液上方的蒸气压为 3108 Pa, 求该溶质的摩尔质量。

$$(0.0552 kg \cdot mol^{-1})$$

3-6　101mg 胰岛素溶于 10.0mL 水中, 25℃时该溶液的渗透压为 4.34kPa, 求

(1) 胰岛素的摩尔质量;

(2) 溶液的蒸气压降低。

$$[\ (1) \ 5.77 kg \cdot mol^{-1} ; \ (2) \ 0.10Pa]$$

3-7　将 2.168g 甘油溶于 154.8g 水中, 测得此溶液中水的凝固点为 272.87K, 求甘油的摩尔质量。

$$(0.093 kg \cdot mol^{-1})$$

3-8　乙醚的正常沸点为 34.5℃, 为会防止乙醚沸腾, 40℃时应在 100g 乙醚中加入多少克不挥发溶质 ($M = 74g \cdot mol^{-1}$)? 已知乙醚的 $K_b = 2.02K \cdot kg \cdot mol^{-1}$。

$$(20.15g)$$

3-9　1.684g 未知的烃含氧衍生物 A, 完全燃烧产生了 3.364g CO_2 和 1.377g 水, 0.605g 该化合物 A 溶于 34.89g 水中, 水的凝固点降低为 $-0.244℃$, 求该化合物的化学式。

$$(C_6H_{12}O_3)$$

3-10　试比较下列溶液的凝固点的高低; (苯的凝固点为 5.5℃, $K_f = 5.12K \cdot kg \cdot mol^{-1}$, 水的 $K_f = 1.86K \cdot kg \cdot mol^{-1}$)

0.1mol·L^{-1} 蔗糖的水溶液; 0.1mol·L^{-1} 甲醇的水溶液; 0.1mol·L^{-1} 甲醇的苯溶液; 0.1mol·L^{-1} 氯化钠的水溶液。

3-11　100℃时苯和甲苯的蒸气压分别为 180.1kPa 和 74.18kPa, 若苯-甲苯溶液在 100℃下沸腾, 求此汽-液平衡体系液相和气相的组成。

$$(x_{\pm} = 0.257, \ y_{\pm} = 0.457)$$

3-12　已知 37℃时人体血液的渗透压为 775kPa, 1L 静脉注射液中, 应加入多少克葡萄糖 ($C_6H_{12}O_6$) 才能保证其渗透压与血液相同?

$$(54.2g)$$

3-13　反渗透法是淡化海水制饮用水的一种方法。若 25℃从海水中提取淡水, 需在海水一侧加多大的压强? 设海水密度为 1021kg·m^{-3}, 盐的总浓度以 NaCl 计为 $w_t = 3\%$, 设溶液中 NaCl 完全离子化。

$$(大于 2.6 \times 10^6 \ Pa)$$

3-14　试写出

(1) 由 $FeCl_3$ 溶液水解制备的 $Fe(OH)_3$ 溶胶。

(2) 在 H_3AsO_3 溶液中通入 H_2S 气体制备的 As_2S_3 溶胶。

两种胶团的结构式。在电场作用下, 以上两种溶胶粒子会向什么电极运动? 将以上两种溶胶混合, 会

发生什么现象？

3-15　由等体积 0.08mol·L^{-1} 的 KI 和 0.1mol·L^{-1} 的 $AgNO_3$ 反应制得的 AgI 溶胶，用 $AlCl_3$，$MgSO_4$，$K_3[Fe(CN)_6]$ 三种电解质对其聚沉，排出聚沉能力由大到小的顺序并作解释。

$$(K_3[Fe(CN)_6] > MgSO_4 > AlCl_3)$$

3-16　将人血清蛋白（等电点为 4.64）和血红蛋白（等电点为 6.90）溶于 pH = 6.8 的缓冲溶液中，确定两种蛋白的电泳方向。

3-17　解释如下现象

(1) 雾天行车为什么规定要使用黄灯？

(2) 石油泵送过程中，为什么要控制流速不能超过 $1m·s^{-1}$？

(3) 为什么江河入海处常会形成三角洲？

(4) 加明矾为什么会净水？

(5) 混用不同型号的墨水，为什么常会堵塞钢笔？

(6) 不慎发生重金属离子中毒，为什么要服用大量牛奶以减轻病状？

(7) 肉食品加工厂排出的含血浆蛋白的污水，为什么加入高分子絮凝剂可起净化作用？

(8) 为保持照相乳剂中卤化银颗粒的稳定，为什么可采用以下方法：

① 控制 Ag^+ 或 Br^- 浓度；

② 渗析除去惰性电解质；

③ 加入适量明胶。

3-18　取三个试管，各盛有 20mL $Fe(OH)_3$ 溶胶：在第一试管中加入 2.1mL、1.0mol·L^{-1} 的 KCl 溶液，在第二试管中加入 12.5mL、0.01mol·L^{-1} 的 Na_2SO_4 溶液，在第三试管中加入 7.4mL、0.001mol·L^{-1} 的 Na_3PO_4 溶液。如它们均能分别使溶胶刚好聚沉，试计算各电解质的聚沉值，并确定溶胶的电荷符号。

$$[c(KCl) = 95.02\ mmol·L^{-1},\ c(Na_2SO_4) = 3.85mmol·L^{-1},\ c(Na_3PO_4) = 0.27mmol·L^{-1}]$$

第 4 章 化学热力学基础

（Foundation of Chemical Thermodynamics）

热力学是研究宏观体系的热与其他形式能量相互转换所遵循规律的学科，它的主要基础是热力学第一定律、第二定律和第三定律。热力学第一定律阐明了能量相互转化及转化过程中数量守恒原理，热力学第二定律则根据热功转化的特征，得出自然过程自发进行的方向和限度的判据，热力学第三定律解决了化学平衡的计算。应用热力学原理研究化学反应及相关物理现象的学科分支为化学热力学，它的研究成果对于新材料的合成、新产品开发、新的工艺路线设计等，有重要的指导作用。

化学热力学的知识可以告诉我们：在指定条件下，预期的化学反应能否发生？如果可以发生，最终有多少反应物转化为产物，即反应的限度是什么？改变反应条件，反应的方向和限度会如何变化？反应过程中体系的能量如何变化？我们应如何合理提供或有效利用这些能量等。如化学热力学分析表明，常温常压下，石墨碳不可能自动转变成金刚石碳，这一结论，使人们最终放弃了多年来梦寐以求的"点石成金"的梦想。化学热力学的研究还表明：常温下当压力升高到 1.5×10^9 Pa 以上时，有可能实现这一转变。化学热力学的研究还发现，常温常压下，汽车尾气中有害气体 NO 和 CO 可通过反应 $2NO + 2CO \rightleftharpoons N_2 + 2CO_2$ 除去，据此结论，当研发出能加快该反应的实用催化剂后，汽车尾气的无害化排放就能变为现实。

化学热力学在解决问题时用的是严格的数理逻辑的推理方法，具有以下几个特点。

① 热力学的研究对象是具有足够多质点的体系，在讨论物质变化时，着眼于宏观性质的变化，不涉及物质的微观结构和微观运动机理，即可得到许多有用结论。

② 运用化学热力学方法研究化学问题时，只需知道研究对象的起始状态和最终状态，以及过程进行的外界条件，就可以进行相应计算，它不需要知道物质结构的知识、过程、进行的机理等，即可对许多过程的变化趋势及一般规律加以探讨。

③ 应用化学热力学讨论变化过程，没有时间概念，不涉及过程进行的速率问题。它只能说明过程能不能自发进行，以及进行到什么程度为止。

这些特点既是热力学方法的特点，也使得化学热力学的应用有一定的局限性。

本章将介绍化学热力学中的一些基本概念，热力学第一定律和第二定律的基本内容，以及这些定律在化学反应中的重要应用。

4.1 热力学第一定律

（The First Law of Thermodynamics）

4.1.1 基本概念及术语

（1）体系与环境

热力学中，我们把研究的对象（物质或空间）称为体系（System），体系以外，与体系密切相关的周围部分称为环境（Surrounding）。体系与环境的划分，是人们为了研究问题的方便，因此是相对的。体系与环境的界面有时是客观存在的，但有时是假想的。如研究 Zn

片与稀盐酸溶液的反应，体系为 Zn 片与稀盐酸溶液，以及反应生成的 H_2 气和 $ZnCl_2$，环境则为烧杯、搅拌、溶液上方及周围的空气等，反应生成的 H_2 气，我们则假设并未逸入空气中扩散开，仍属于体系的一部分。

根据体系与环境间相互作用情况不同，可将体系分为三类。

孤立体系（Isolated System）：体系与环境间既无物质交换，也无能量交换；如以上反应在一绝热密闭的容器中进行。

封闭体系（Closed System）：体系与环境间，无物质交换，但有能量交换；如以上反应在烧杯中进行，反应放出的热量可传给周围环境，但设 H_2 不逸出扩散。

开放体系（Open System）：体系与环境间既有物质交换，也有能量交换；如以上反应在敞口烧杯中进行，H_2 可逸散到空气中。

事实上，绝对的孤立体系是不存在的，而敞开体系处理起来又比较复杂，因此，实际研究中，我们通常把体系作为封闭体系处理。

（2）状态和状态函数

体系的状态（State）是所有宏观性质的综合表现，这些宏观性质包括物理性质和化学性质，如温度、压力、体积、密度以及本章将要介绍的热力学能、焓、熵、Gibbs 函数等，热力学中把这些性质统称为热力学性质。当体系的状态一定时，这些宏观性质有确定值，反过来，这些性质一定时，体系的状态也是确定的，因这些性质是体系状态的单值函数，故也称为状态函数（State Function）。

按状态函数的值与体系内所含物质数量的关系不同，可分为两类。

广度性质：其值与体系内所含物质的量成正比，如体积、质量、物质的量和热容等，广度性质具有部分加和性，即体系的某广度性质是各个部分该性质的和，如体系的体积为各个部分体积之和。

强度性质：其值与体系内所含物质的量无关，均匀体系只有一确定值，如温度、压力、摩尔热容等。强度性质不具有部分加和性，如压力为 p、温度为 T 的两部分气体用隔板隔开，取掉隔板后气体混合，混合气体的温度仍为 T，压力仍为 p，而不是 $2T$ 和 $2p$。

状态函数的一个重要特征是：当体系的状态发生变化，若状态函数也发生相应变化，其改变值只与状态变化的始态和终态有关，而与变化的过程或方式无关，当状态复原时，状态函数的改变值为零，即状态函数也复原。如加热一杯水，温度从 298K 升到 313K，状态函数温度的改变值 ΔT 为 15K，若先加热到 313K，再冷却到 298K，ΔT 仍为 15K，并且与用电热丝加热或酒精灯加热方式不同无关。

（3）平衡与过程

在热力学平衡时，体系中各种宏观性质有确定值且不随时间变化，但只是热力学性质不随时间变化不一定是热力学平衡态。例如，处于无穷大的热源和冷源之间的一段金属棒中，热量以恒定的速率由高温区流向低温区，虽然金属棒中各点的温度不随时间发生变化，但这不是热力学平衡态，只能称作稳态。热力学平衡态简称平衡态（Equilibrium State）应同时包括下列几种平衡。

热平衡（Thermal Equilibrium）：体系各部分的温度相等，即体系内部不发生热量的传递。

力学平衡（Mechanical Equilibrium）：体系各部分之间及体系与环境之间没有不平衡的力存在。

相平衡（Phase Equilibrium）：当体系内存在几个相，相与相之间无净的物质的转移。

化学平衡（Chemical Equilibrium）：体系中各组分之间达到化学反应平衡，体系的物种组成不随时间变化。

经典热力学以热力学平衡态为研究对象。显然，平衡是有条件的，条件改变，平衡将不能保持，体系的状态就会发生变化，这时，我们称体系经历了热力学过程或简称为过程（Process）。若状态变化涉及化学组成改变，则为化学变化过程，其余的则为物理变化过程，如相变化过程，混合过程，温度、压力或体积的变化过程等。

体系状态变化过程中所经历的具体步骤为途径（Path），从始态到终态，可能有不同途径，但根据状态函数的特征，状态函数的改变值将不随途径不同而异。如298K，$p^{\ominus}$下的水，汽化为298K，$p^{\ominus}$下的水蒸气，可能有两种途径。其中，途径Ⅱ包括了水在恒压下升温，水在正常沸点下平衡汽化，以及水蒸气恒压冷却三个步骤，均为物理过程，每步的处理较为方便，故通常由途径Ⅱ代替途径Ⅰ进行状态函数改变值的计算。

$$298K，p^{\ominus}，1mol\quad H_2O\,(l)\xrightarrow{\quad I\quad}298K，p^{\ominus}，1mol\quad H_2O\,(g)$$

$$373K，p^{\ominus}，1mol\quad H_2O\,(l)\xrightarrow{\quad II\quad}373K，p^{\ominus}，1mol，H_2O\,(g)$$

(4) 热和功

当体系的状态发生变化，体系与环境间通常会发生能量传递，能量传递有两种形式，即热（Heat）和功（Work）。热是体系与环境间因存在温差而传递的能量形式，热与大量粒子的无规则运动有关，当两个温度不同的物体接触时，由于分子无规则运动的混乱程度不同，它们可以通过接触碰撞交换能量，这就是热。热力学中热用 Q 表示，并规定体系吸热 Q 为正值，体系放热 Q 为负值，SI 制中热量的单位为 kJ 或 J。

除热以外，其他各种能量形式在热力学中均称为功。功是体系受广义力作用并发生广义位移时所传递的能量形式，功与大量粒子的定向运动有关，是一种有序运动。如机械功是体系受外力作用并发生宏观位移，电功是在电场作用下电荷定向运动，体积功是在外压作用下体系的体积膨胀或压缩等情况下传递的能量。热力学中除体积功以外，其余形式的功统称为非体积功。

功用符号 W 表示，体系对外做功 W 为正，环境对体系做功 W 为负，单位仍为 kJ 或 J。

化学反应体系中通常只有体积功，因化学反应通常在外压作用下进行，当气态物质的物质的量变化，体系的体积将随之变化，这时就会出现体积功。体积功的定义为

$$W=\sum_{1}^{2}p_{外}\,dV \tag{4-1}$$

若外压恒定，体系的体积从 V_1 变化到 V_2，则该恒外压过程的体积功为

$$W=p_{外}(V_2-V_1)=p_{外}\,\Delta V \tag{4-2}$$

若体系的压力与外压始终相等且保持恒定，即 $p_1=p_2=p_{外}=p=$常数，这种过程称为恒压过程，恒压过程的体积功为

$$W=p(V_2-V_1)=p\,\Delta V \tag{4-3}$$

与状态函数不同，热和功是体系经历一过程时，体系与环境间传递的能量形式，其

值不仅与过程的始态、终态有关，还与过程进行的方式有关，一旦过程结束，体系从环境吸收的热或环境对体系所做的功，就转化成为体系内部的能量。热和功都是过程的函数，数学上称为泛函（Functional）。

例 4-1 图

【例 4-1】 在如图 4-1 所示的装置中充有 1mol 气体，温度为 300K，压力为 300kPa，保持气体温度恒定，气体按不同方式膨胀到压力为 100kPa、体积为 V_2 的终态，求各种情况下的体积功。

（1）反抗恒定 100kPa 的外压膨胀到终态；

（2）先反抗 200kPa 恒定外压膨胀到 V'，再反抗 100kPa 恒定的外压膨胀到 V_2；

（3）外压由一堆沙子产生，逐渐取走沙子，使体系逐步减压膨胀到终态 V_2。

解：（1）始态 $V_1 = \dfrac{nRT}{p_1} = \dfrac{1\text{mol} \times 8.314\text{J} \cdot \text{K}^{-1} \cdot \text{mol}^{-1} \times 300\text{K}}{300 \times 10^3\text{Pa}} = 8.314 \times 10^{-3}\text{m}^3$

终态 $V_2 = \dfrac{V_1 p_1}{p_2} = \dfrac{8.314 \times 10^{-3}\text{m}^3 \times 300\text{kPa}}{100\text{kPa}} = 2.494 \times 10^{-2}\text{m}^3$

按式(4-2) $W_1 = p_{外}(V_2 - V_1) = 100 \times 10^3\text{Pa} \times (2.494 - 0.8314) \times 10^{-2}\text{m}^3 = 1.663\text{kJ}$

（2）先求出 V'：$V' = \dfrac{V_1 p_1}{p'} = \dfrac{8.314 \times 10^{-3}\text{m}^3 \times 300 \times 10^3\text{Pa}}{200 \times 10^3\text{Pa}} = 1.247 \times 10^{-2}\text{m}^3$

$W_2 = p'_{外}(V' - V_1) + p_{外}(V_2 - V')$

$= 200 \times 10^3\text{Pa} \times (1.247 - 0.8314) \times 10^{-2}\text{m}^3 + 100 \times 10^3\text{Pa} \times (2.494 - 1.247) \times 10^{-2}\text{m}^3$

$= 2.078\text{kJ}$

（3）因体系与环境的压力差很小，可近似用体系的压力代替 $p_{外}$，因每一步体系状态变化很小，整个过程体系的状态可视为连续变化，可用积分代替式(4-1) 求和，即

$$W_3 = \sum_1^2 p_{外}\,\mathrm{d}V = \int_{V_1}^{V_2} p_{外}\,\mathrm{d}V = \int_{V_1}^{V_2} p\,\mathrm{d}V = \int_{V_1}^{V_2} \frac{nRT}{V}\,\mathrm{d}V = nRT\ln\frac{V_2}{V_1}$$

$$= 1\text{mol} \times 8.314\text{J} \cdot \text{K}^{-1} \cdot \text{mol}^{-1} \times 300\text{K} \times \ln\frac{2.494}{0.8314} = 2.740\text{kJ}$$

计算结果表明：始终态相同但过程方式不同，功也不同，表明功不是状态函数；体系膨胀，作系作功，W 为正；随膨胀次数增加，体系所做的功也增加，逆过程的计算还可表明，压缩次数越多，环境消耗的功则越小。

(5) 可逆过程

例 4-1 的三个过程中，过程 3 有几个显著的特点。

过程的推动力即体系与环境间压力相差无穷小，过程中的每一步，体系状态变化无穷小，因此，体系的状态无限接近平衡态。改变推动力的方向，即把取走的沙子一粒粒再放回来，体系被压缩，体系的状态将沿原路返回，在体系状态和能量复原的同时，环境也复原。膨胀过程，体系做最大功，压缩过程，环境耗最小功。

热力学中把具有这些特征的过程称为可逆过程（Reversible Process）。为什么要引入可逆过程？可逆过程可用热力学方法处理，因实际过程中体系状态的变化总是复杂的，但状态函数改变值的求算，可以通过在相同的始终态间设计的可逆过程来完成。可逆过程也是能量利用率最高的过程，研究可逆过程，就为我们提供了一个改善实际过程，提高能量利用率的理想标准，因此，可逆过程是热力学中非常重要的过程。

(6) 热力学能

热力学能（Thermodynamic Energy）又称内能（Internal Energy）是体系内所有微观粒子运动能和相互作用势能的总和，也就是体系内部的能量。当体系的宏观状态一定，热力学能就有确定值，因此热力学能是体系的状态函数。因热力学能与体系内所含微观粒子数成比例，故热力学能属广度性质。热力学中热力学能用 U 表示，具有能量单位 kJ 或 J。由于微观粒子运动的复杂性，我们无法确定体系热力学能的绝对值，但我们关心的是体系状态发生变化，体系热力学能的改变值 ΔU，而 ΔU 可以由热力学方法求算。应指出，热力学能不包括体系在力场中作整体运动时的动能和势能，因为热力学研究的是宏观静止的体系，如果所研究的体系发生移动，或处于电磁场的影响下，则要将动能和电磁能加上去。

4.1.2 热力学第一定律

人们在长期实践中，由能量利用和相互转换的正、反两方面的经验，总结得出了热力学第一定律（The First Law of Thermodynamics），其表述为"自然界一切物质具有能量，能量有不同的形式，可以从一种形式转化为另一种形式，但转化过程中总值不变。"热力学第一定律的核心就是能量转化及数量守恒。热力学第一定律是人类长期实践经验的总结，特别是 Joule（焦耳）关于热功转化定量关系的实验，得出了热功当量的准确值为

$$1cal = 4.184J$$

就为第一定律的建立提供了可靠的实验依据。热力学第一定律虽不能从理论上证明，但它的应用实践表明，它是科学界公认的真理。

设封闭体系内，体系从状态 1 变化到状态 2，在此过程中，体系从环境吸热 Q，并对环境作功 W，由第一定律可以得出，体系热力学能 U_1 和 U_2 间的关系为

$$U_2 = U_1 + Q - W$$

或

$$\Delta U = U_2 - U_1 = Q - W \tag{4-4}$$

若状态变化十分微小，热力学能发生微小变化 dU，数学上 dU 称为全微分，体系和环境间的热交换为 δQ，功交换为 δW，式(4-4) 可写为

$$dU = \delta Q - \delta W \tag{4-5}$$

式(4-4) 和式(4-5) 为热力学第一定律的数学表达式，即封闭体系内体系热力学能的变化，等于体系从环境吸收热所获得的能量，扣除对环境做功所消耗的能量。

【例 4-2】 373K，$p^{\ominus}$ 下，1mol $H_2O(l)$ 汽化为水蒸气吸热 40.70kJ，求此过程体系热力学能的改变。

解：373K、$p^{\ominus}$ 下

$$H_2O(l) \Longrightarrow H_2O(g)$$

$$Q = 40.70kJ$$

$$W = p_{外}\Delta V = p_{外}[V_{(g)} - V_{(l)}]$$

忽略液体体积且水蒸气压力与外压相等：

$$W \approx p_{外}V_{(g)} = nRT = 1mol \times 8.314J \cdot K^{-1} \cdot mol^{-1} \times 373K$$
$$= 3.10kJ$$

$$\Delta U = Q - W = 40.70 - 3.10 = 37.60kJ$$

利用第一定律，可由过程热效应和功的计算求体系热力学能的改变。

4.1.3 焓

封闭体系内，若不考虑非体积功，式(4-4) 中的功只包含体系功，即

$$Q = \Delta U + \sum_1^2 p_{外} \, dV$$

在特定条件下，上式还可改写为其他形式。

(1) 恒容过程

恒容过程，体系体积不变，故体积功为零，上式为

$$Q_V = \Delta U \tag{4-6}$$

即恒容过程的热效应，等于体系热力学能的改变。

(2) 恒压过程

恒压过程 $p_1 = p_2 = p_{外} = $ 常数 p，用 p 代替 $p_{外}$，

$$Q_p = \Delta U + p\Delta V = U_2 - U_1 + p_2 V_2 - p_1 V_1$$
$$= (U_2 + p_2 V_2) - (U_1 + p_1 V_1)$$

式中 $U + pV$ 为单位相同的状态函数的组合，仍为一状态函数，热力学中将它定义为焓（Enthalpy）H，即

$$H = U + pV \tag{4-7}$$

和

$$Q_p = H_2 - H_1 = \Delta H \tag{4-8}$$

即恒压过程的热效应等于体系的焓变。

(3) 焓

焓是体系的状态函数，由其定义可以得出，焓也是广度性质，焓具有能量单位 kJ 或 J，因热力学能的绝对值无法确定，故焓的绝对值也无法确定，但其改变 ΔH 可以求出。

式(4-6)和式(4-8)把状态函数的改变值与热效应联系起来，利用状态函数改变值只与始、终态有关而与过程无关的特点，若利用热力学方法解决了 ΔH 和 ΔU 的计算，则过程的热效应也就知道了，因此式(4-6)和式(4-8)为我们提供了从理论上计算过程热效应的方法。反过来，若实验测定了过程的热效应，也可以得出体系状态函数热力学能和焓的改变。因大多数化学反应是在恒压下进行的，所以式(4-8)在实际中应用更广。

4.1.4 热容 热效应的计算

(1) 热容

热容（Heat Capacity）是当体系不发生物相变化和化学变化时，温度升高 1℃所吸收的热量，若体系从环境吸热 Q，温度从 T_1 升高到 T_2，在 T_1 到 T_2 间的平均热容：

$$\overline{C} = \frac{Q}{T_2 - T_1} = \frac{Q}{\Delta T} \tag{4-9}$$

在某一温度附近，体系温度升高 1℃所吸收的热量为真热容，其定义为

$$C = \lim_{\Delta T \to 0} \frac{Q}{\Delta T} = \frac{\delta Q}{dT} \tag{4-10}$$

热容的单位为 $J \cdot K^{-1}$，其值与体系内物质的数量成正比，故为广度性质。若体系内所含物质的质量为单位值（g 或 kg），C 则称为比热容，单位为 $J \cdot K^{-1} \cdot g^{-1}$ 或 $J \cdot K^{-1} \cdot kg^{-1}$，若所含物质的量为单位值（1mol），则热容为摩尔热容 C_m，单位为 $J \cdot K^{-1} \cdot mol^{-1}$。

因热效应与过程有关，故热容也与过程有关，如：

摩尔恒容热容

$$C_{V,m} = \frac{\delta Q_V}{n\,dT} \ J \cdot K^{-1} \cdot mol^{-1} \tag{4-11}$$

摩尔恒压热容

$$C_{p,m} = \frac{\delta Q_p}{n\,dT} \ J \cdot K^{-1} \cdot mol^{-1} \tag{4-12}$$

在温度变化范围不大的情况下，热容可视为常数。热容是物质的一种性质，随体系所处的物态、温度不同而有不同的数值。

(2) 热效应的计算

若体系内无物相变化和化学变化，当吸收或放出热量后，体系的温度从 T_1 变化到 T_2，若知道了热容，就可计算过程的热效应。设热容为常数：

恒容过程
$$Q_V = \Delta U = \int_{T_1}^{T_2} n C_{V,\mathrm{m}} \mathrm{d}T = n C_{V,\mathrm{m}} (T_2 - T_1) \tag{4-13}$$

恒压过程
$$Q_p = \Delta H = \int_{T_1}^{T_2} n C_{p,\mathrm{m}} \mathrm{d}T = n C_{p,\mathrm{m}} (T_2 - T_1) \tag{4-14}$$

【例 4-3】 计算图 4-1 所示过程的热效应。已知在 $298 \sim 373\mathrm{K}$ 间水的比热容为 $4.184\mathrm{J} \cdot \mathrm{K}^{-1} \cdot \mathrm{g}^{-1}$，水蒸气的比热容为 $2.092\mathrm{J} \cdot \mathrm{K}^{-1} \cdot \mathrm{g}^{-1}$，正常沸点下的水的摩尔汽化焓为 $40.70\mathrm{kJ} \cdot \mathrm{mol}^{-1}$。

解： 298K，$p^{\ominus}$，1mol $H_2O(l)$ 298K，$p^{\ominus}$，1mol $H_2O(g)$

$$\downarrow \Delta H_1, Q_{p1} \quad \xrightarrow{\Delta H, Q_p} \quad \Delta H_3, Q_{p3} \uparrow$$

373K，$p^{\ominus}$，1mol $H_2O(l)$ $\xrightarrow{\Delta H_2, Q_{p2}}$ 373K，$p^{\ominus}$，1mol $H_2O(g)$

由式(4-8)
$$Q_p = \Delta H = \Delta H_1 + \Delta H_2 + \Delta H_3$$

其中
$$\Delta H_1 = Q_{p_1} = n C_{p,\mathrm{m}}(H_2O,l)(T_2 - T_1)$$
$$= 1\mathrm{mol} \times 4.184\mathrm{J} \cdot \mathrm{K}^{-1} \cdot \mathrm{g}^{-1} \times 18\mathrm{g} \cdot \mathrm{mol}^{-1} \times (373 - 298)\mathrm{K}$$
$$= 5648\mathrm{J}$$

$$\Delta H_2 = Q_{p2} = n \Delta_{\mathrm{vap}} H_{\mathrm{m}}(H_2O,l) = 40.70\mathrm{kJ}$$

$$\Delta H_3 = Q_{p3} = n C_{p,\mathrm{m}}(H_2O,g)(T_1 - T_2)$$
$$= 1\mathrm{mol} \times 2.092\mathrm{J} \cdot \mathrm{K}^{-1} \cdot \mathrm{g}^{-1} \times 18\mathrm{g} \cdot \mathrm{mol}^{-1} \times (298 - 373)\mathrm{K}$$
$$= -2824\mathrm{J}$$

$$\Delta H = (5.648 + 40.70 - 2.824)\mathrm{kJ} = 43.52\mathrm{kJ}$$

4.2 化学反应热效应
(The Heat of Chemical Reactions)

不同物质具有不同的能量，所以当化学反应中反应物转化为产物时往往发生能量的变化，在宏观上表现为反应放出或吸收热量，前者称为放热反应，后者称为吸热反应。研究化学反应与热效应关系的热力学分支为热化学（Thermochemistry），热化学将热力学第一定律原理应用于化学反应，解决了化学反应热效应的求算，其结果对于我们合理利用化学反应的热效应十分重要。例如在化工生产中，计算出反应的吸、放热值可以帮助我们选择合适的热浴，及时地排除和提供热量，甚至可以利用放热反应与吸热反应耦合，达到充分利用能量的目的。

4.2.1 恒容反应热效应和恒压反应热效应

当化学反应在恒温和不做非体积功的条件下进行，反应放出和吸收的热量为化学反应的热效应，若反应分别在恒容或恒压下进行，则反应的热效应分别为恒容反应热效应和恒压反应热效应，两者之间可以进行相互换算。下面以一例进行讨论。

【例 4-4】 298K，0.5mol 乙烷在密闭容器中完全燃烧生成 CO_2 和水：

$$C_2H_6(g) + \frac{7}{2}O_2(g) = 2CO_2(g) + 3H_2O(l)$$

实验测定反应热效应为 $Q_V = -7.8 \times 10^2 \, kJ$，计算恒压反应热 Q_p。

解：反应可按两种途径进行：

$$C_2H_6(g) + \frac{7}{2}O_2(g) \xrightarrow[\text{恒}\, T,\, p]{\text{I}} 2CO_2(g) + 3H_2O(l)$$

途径 I 为恒温恒压下反应，由第一定律可得出：

$$\Delta U(\text{I}) = Q(\text{I}) - W(\text{I})$$

其中 $Q(\text{I}) = Q_p$，即恒压反应热，$W(\text{I})$ 为气体组分物质的量变化或体积变化，反抗恒定外压所作的体积功（忽略凝聚相体积变化）：

$$W(\text{I}) = p_{\text{外}}(V_2 - V_1) = p_1V_2 - p_1V_1 = (n_2 - n_1)RT = \Delta n(g)RT$$

所以

$$\Delta U(\text{I}) = Q_p - \Delta n(g)RT$$

途径 II + 途径 III 为恒温恒容反应及恒温下产物的 p、V 变化过程，因凝聚相 $H_2O(l)$ 的体积随压力的变化可略，而 $CO_2(g)$ 可视为理想气体，恒温下热力学能不随 p、V 变化，即

$$\Delta U(\text{II}) + \Delta U(\text{III}) \approx \Delta U(\text{II}) = Q_V$$

由状态函数的特征，可以得出 $\Delta U(I) = \Delta U(\text{II}) + \Delta U(\text{III}) \approx \Delta U(\text{II}) = Q_V$

即

$$Q_p = Q_V + \Delta n(g)RT \tag{4-15}$$

其中 $\Delta n(g)$ 为 0.5mol 乙烷燃烧过程气态组分物质的量的变化。

恒压反应热

$$Q_p = (-7.8 \times 10^2) kJ + (2 - 1 - 3.5) \times 0.5mol \times 8.314 J \cdot K^{-1} \cdot mol^{-1} \times 298K \times 10^{-3}$$
$$= -7.83 \times 10^2 \, kJ$$

由例 4-4 可以看出：若反应中不涉及气相组分，或气相组分物质的量不变，即 $\Delta n(g) = 0$，则 $Q_p = Q_V$；应特别注意，Q_p 与 Q_V 还与实际发生反应的物质的量有关。

4.2.2 反应进度

化学反应热效应与实际发生反应的物质的量有关，即与反应进行的程度有关，反应进度（Extent of Reaction）就是描述反应进行程度的物理量。比较不同反应的热效应，应在反应进度相同的前提下进行。设恒温恒压下任一化学反应

$$aA + hH \Longrightarrow eE + dD$$

若改写为

$$0 = -aA - hH + eE + dD$$

即按国际标准，可以用通式表示任一化学反应

$$0 = \sum \nu_B B \tag{4-16}$$

式中，B 为任一反应物质组分；ν_B 为 B 的计量系数；ν_B 为代数值，对产物 ν_B 取正，反应物 ν_B 取负，且 ν_B 为纯数。

设反应起始时，任一组分的物质的量为 n_B^0，反应进行到某一程度时，任一组分的物质的量为 n_B，反应进度定义为：

$$\xi = \frac{n_B - n_B^0}{\nu_B} = \frac{\Delta n_B}{\nu_B} \tag{4-17}$$

对于正方向上的微小反应过程，反应进度的微小变化可用微分形式表示：

$$d\xi = \frac{dn_B}{\nu_B} \tag{4-18}$$

由反应进度的定义式我们可得出：反应进度的单位为"mol"；因式中包含 ν_B，故对指定反应，反应进度与反应计量式写法有关；对指定的反应，ν_B 一定，反应进度与 Δn_B 成正比，故反应进度可表示反应进行的程度；对指定的反应，反应进行到一定程度，各个组分物质的量的变化 Δn_B 可能不同，但 $\frac{\Delta n_B}{\nu_B}$ 为确定值，即按定义式，由任一组分计算的反应进度是相同的；对指定的反应，若完全不反应，$\Delta n_B = 0$，反应进度为 0mol；若按反应计量式完全反应，数值上 $\Delta n_B = \nu_B$，反应进度为 1mol；$\xi = 1$mol 的反应称为单位反应或摩尔反应。任何指定反应的特征总是通过单位反应来表征的。

【例 4-5】　1mol $N_2(g)$ 与 3mol $H_2(g)$ 混合，在一定条件下，反应进行到某一程度时经分析生成 0.5mol $NH_3(g)$，以两种反应计量式计算反应进度：

$$3H_2(g) + N_2(g) = 2NH_3(g) \tag{1}$$

$$H_2(g) + \frac{1}{3}N_2(g) = \frac{2}{3}NH_3(g) \tag{2}$$

解：不论对式(1)或式(2)，各组分物质的量变化值之比均为 $n_{H_2} : n_{N_2} : n_{NH_3} = 3 : 1 : 2$

对于式(1)：　$\xi_1 = \left(\frac{\Delta n_B}{\nu_B}\right)_1 = \frac{-0.5 \times \frac{3}{2}}{-3}\text{mol} = \frac{-0.5 \times \frac{1}{2}}{-1}\text{mol} = \frac{0.5}{2}\text{mol} = 0.25\text{mol}$

对于式(2)：　$\xi_2 = \left(\frac{\Delta n_B}{\nu_B}\right)_2 = \frac{-0.5 \times \frac{3}{2}}{-1}\text{mol} = \frac{-0.5 \times \frac{1}{2}}{-\frac{1}{3}}\text{mol} = \frac{0.5}{\frac{2}{3}}\text{mol} = 0.75\text{mol}$

计算表明，同一反应，ξ 与反应计量式写法有关，但对同一反应计量式，ξ 与选何种物质组分进行计算无关。

4.2.3　标准摩尔反应焓

(1) 摩尔反应焓

化学反应在恒温恒压（或恒容）下进行，由式(4-6)或式(4-8)，反应的热效应 Q_p 或 Q_V 分别为反应的焓变 $\Delta_r H$ 或反应的热力学能改变 $\Delta_r U$，左下标"r"代表"反应"（Reaction），若在恒压或恒容下按反应计量式完全反应，即完成 $\xi = 1$mol 的摩尔反应（Molar Reaction），反应的热效应分别称为摩尔反应焓 $\Delta_r H_m$ 和摩尔反应热力学能 $\Delta_r U_m$，右下标"m"代表摩尔反应，$\Delta_r H$ 与 $\Delta_r H_m$，$\Delta_r U$ 与 $\Delta_r H_m$ 间的关系为

$$\Delta_r H_m = \frac{\Delta_r H}{\xi} = \frac{Q_p}{\xi} \tag{4-19}$$

$$\Delta_r U_m = \frac{\Delta_r U}{\xi} = \frac{Q_V}{\xi} \tag{4-20}$$

$\Delta_r H_m$ 和 $\Delta_r U_m$ 的单位为 $kJ \cdot mol^{-1}$ 或 $J \cdot mol^{-1}$，因 ξ 与反应计量式写法有关，故 $\Delta_r H_m$ 和 $\Delta_r U_m$ 也与反应计量写法有关，与 $\Delta_r H$ 和 $\Delta_r U$ 不同，$\Delta_r H_m$ 和 $\Delta_r U_m$ 为强度量，均对应于一个摩尔反应的焓变和热力学能改变。

如例 4-4 中，乙烷燃烧反应的摩尔反应焓，可由式(4-19)和式(4-17)计算：

$$\Delta_r H_m = \frac{Q_p}{\xi} = \frac{Q_p}{\left(\dfrac{\Delta n_B}{\nu_B}\right)} = \frac{-7.83 \times 10^2}{\left(\dfrac{0-0.5}{-1}\right) \text{mol}} = -1.566 \times 10^3 \text{kJ} \cdot \text{mol}^{-1}$$

摩尔反应热力学能改变可由式(4-20)和式(4-17)计算：

$$\Delta_r U_m = \frac{Q_V}{\xi} = -\frac{7.8 \times 10^2 \text{kJ}}{0.5 \text{mol}} = -1.560 \times 10^3 \text{kJ} \cdot \text{mol}^{-1}$$

实际发生反应的物质的量不同，Q_p 或 $\Delta_r H$ 不同，但对指定的反应计量式，摩尔反应焓 $\Delta_r H_m$ 总是一定的。

(2) 标准摩尔反应焓

为了便于比较和收集不同反应的热效应数据，热力学中还规定了物质的标准态（Standard State）：

气体：指定温度和标准大气压 $p^{\ominus}$ 下的纯理想气体，或混合气体中，分压为 $p^{\ominus}$ 的理想气体组分的状态。

液体或固体：指定温度和标准大气压 $p^{\ominus}$ 下，纯液体和纯固体的状态。

溶液中溶质：指定温度和标准大气压 $p^{\ominus}$ 下，浓度为 $c^{\ominus} = 1\text{mol} \cdot \text{L}^{-1}$（或 $1\text{mol} \cdot \text{m}^{-3}$），或 $b^{\ominus} = 1\text{mol} \cdot \text{kg}^{-1}$ 且符合理想稀溶液定律的溶质状态。

当化学反应的各组分均处于指定温度和标准态下，摩尔反应的热效应为标准摩尔反应焓，用 $\Delta_r H_m^{\ominus}(TK)$ 表示，右上标"$\ominus$"代表"标准态"（Standard State），温度通常为 298.15K。

从对标准态的定义我们可以看出，标准态下的反应是理想状态下的反应，而实际反应不可避免会出现反应物间、反应物和产物间以及产物间的混合，实际反应中各组分也不一定是理想的，因此，实际反应不同于标准态下的反应，标准摩尔反应焓与摩尔反应焓也不相同。但实际工作中，若气相压力不是太高，溶液浓度较稀，各组分混合过程的焓变与反应的焓变相比较，可以忽略，这样，常压下实际反应的摩尔反应焓 $\Delta_r H_m$ 就可以近似用标准摩尔反应焓 $\Delta_r H_m^{\ominus}$ 代替。

标准摩尔反应焓为我们提供了在相同基准下，不同反应热效应大小比较的可能性。

(3) 热化学方程式

表示化学反应与反应热效应关系的反应式为热化学方程式，因化学反应的热效应总与状态函数的改变 ΔH 或 ΔU 联系在一起，因此书写热化学方程式时应注意，必须给出反应的始态和终态，即应注明反应的温度、压力，参与反应的物质种类、物态，如固态（s）、液态（l）或气态（g）、晶型或溶液的浓度等，以及反应参与物间转化的计量关系，还应注明摩尔反应的 $\Delta_r H_m$ 或 $\Delta_r U_m$ 值。如

298.15K、标准态下： $H_2(g) + \frac{1}{2}O_2(g) \xrightarrow{\quad} H_2O(l)$ $\Delta_r H_m^{\ominus} = -285.85\text{kJ} \cdot \text{mol}^{-1}$

$$C(s) + O_2(g) \xrightarrow{\quad} CO_2(g), \Delta_r H_m^{\ominus} = -393.5\text{kJ} \cdot \text{mol}^{-1}$$

还应注意，热化学方程式中的 $\Delta_r H_m$ 或 $\Delta_r H_m^{\ominus}$ 是在指定条件下按反应计量式完全反应，反应放出或吸收的热量，并不是把反应物放在一起就可以放出或吸收这些热量。

4.3 标准摩尔反应焓的求算
(Calculating of Standard Molecular Enthalpy)

摩尔反应焓可以通过量热实验直接测定，但化学反应数量庞大，条件各异，对所有化学

反应的反应焓都由实验测定是不现实的，也无此必要。热力学中利用状态函数的特征，可由少数已知反应的实验数据，从理论上解决众多反应的摩尔反应焓的计算。

4.3.1 Hess 定律

1840 年，瑞士籍俄国化学家 G. H. Hess（G. H. 盖斯）分析大量反应热效应的数据后提出了 Hess 定律："任一化学反应，不论是一步完成或分几步完成，其热效应的总值是相同的。"Hess 定律是热力学第一定律的必然结果。因在恒温、不做非体积功的条件下，化学反应的热效应 Q_p 或 Q_V 总是与状态函数的改变 $\Delta_r H_m$ 或 $\Delta_r U_m$ 联系，而 $\Delta_r H_m$ 或 $\Delta_r U_m$ 只与反应的始态、终态有关，而与反应一步完成或几步完成无关。Hess 定律是热化学计算的基础，它使热化学方程式可以像代数方程式那样进行运算。

利用 Hess 定律，可由已知反应的热效应，计算难以或不能由实验测定的那些反应的热效应。如 298K、$p^{\ominus}$ 下，碳和 CO(g) 可完全燃烧生成 CO_2(g)，其热效应易于由实验测定，但碳不完全氧化只生成 CO(g) 的反应难以控制，其热效应不易确定，利用 Hess 定律可解决这一问题。这几个反应的摩尔反应焓间关系可以由下面的热力学过程得出：

298K、$p^{\ominus}$ 下：

$$C(s)+\frac{1}{2}O_2(g)\xrightarrow{\text{①}}CO(g)$$
$$\frac{1}{2}O_2(g)\searrow^{\text{②}}\quad^{\text{③}}\swarrow\frac{1}{2}O_2(g)$$
$$CO_2(g)$$

反应①＝反应②－反应③，由 Hess 定律可得 $\Delta_r H_m^{\ominus}(1)=\Delta_r H_m^{\ominus}(2)-\Delta_r H_m^{\ominus}(3)$，代入实验数据，

$$\Delta_r H_m^{\ominus}(1)=[(-393.51)-(-282.98)]kJ\cdot mol^{-1}=-110.53kJ\cdot mol^{-1}$$

在此处理中，利用状态函数的特征，我们可以把热化学方程式当作代数方程式，进行相加相减运算，使摩尔反应焓的计算简便直观。

4.3.2 标准摩尔生成焓

指定温度、标准态下，由最稳定的单质生成 1mol 物质 B 的标准摩尔反应焓称为物质 B 的标准摩尔生成焓，用 $\Delta_f H_m^{\ominus}(B)$ 表示，下标"f"代表"生成"（Formation），温度通常为 298.15K，单位为 $kJ\cdot mol^{-1}$。

如 298.15K、$p^{\ominus}$ 下 $\quad H_2(g)+\frac{1}{2}O_2(g)\!=\!=\!=\!H_2O(l)$

$$\Delta_r H_m^{\ominus}=\Delta_f H_m^{\ominus}(H_2O,l)=-285.84kJ\cdot mol^{-1}$$
$$C(石墨)\!=\!=\!=\!C(金刚石)$$
$$\Delta_r H_m^{\ominus}=\Delta_f H_m^{\ominus}(C,金刚石)=1.89kJ\cdot mol^{-1}$$

因焓的绝对值无法确定，热力学中规定：298.15K 稳定单值的标准摩尔焓值为零，物质 B 的标准摩尔生成焓，就是以此为基准物质 B 的标准摩尔焓的相对值。由稳定单质生成稳定单质，状态不变，故稳定单值的 $\Delta_f H_m^{\ominus}$ 为零，非稳定态单质的 $\Delta_f H_m^{\ominus}$ 即为该单质的标准摩尔相变焓，如金刚石碳的标准摩尔生成焓，就是由石墨碳转化为金刚石碳的标准摩尔相变焓，气态碘的标准摩尔生成焓也就是固体碘的标准摩尔升华焓。

298.15K 若干物质的 $\Delta_f H_m^{\ominus}$ 已由实验或由热力学方法求出，列于热力学数据手册中，可直接查用。

如何由标准摩尔生成焓 $\Delta_f H_m^{\ominus}$（B，29815K）求算 298.15K 的标准摩尔反应焓 $\Delta_f H_m^{\ominus}$ 呢？下面由一个实例得出普遍适用的关系式。

【例 4-6】 由 $\Delta_f H_m^{\ominus}$（B）的数据计算 298.15K、$p^{\ominus}$ 下 Fe_2O_3 被 $CO(g)$ 还原反应的 $\Delta_r H_m^{\ominus}$。

解： 为利用 $\Delta_f H_m^{\ominus}$（B）数据，设计热力学过程：

$$3Fe_2O_3(s)+CO(g) \xrightarrow{\Delta_r H_m^{\ominus}} 2Fe_3O_4(s)+CO_2(g)$$

$$\Delta_r H_m^{\ominus}(1) \quad \Delta_r H_m^{\ominus}(2) \quad \Delta_r H_m^{\ominus}(3) \quad \Delta_r H_m^{\ominus}(4)$$

$$6Fe(s)+5O_2(g)+C(s)$$

由图可以得出：反应（1）、（2）、（3）、（4）的 $\Delta_r H_m^{\ominus}$ 分别为 $3Fe_2O_3(s)$、$CO(g)$、$2Fe_3O_4(s)$ 和 $CO_2(g)$ 的标准摩尔生成焓，它们与 $\Delta_r H_m^{\ominus}$ 的关系为

$$\Delta_r H_m^{\ominus}=[\Delta_r H_m^{\ominus}(3)+\Delta_r H_m^{\ominus}(4)]-[\Delta_r H_m^{\ominus}(1)+\Delta_r H_m^{\ominus}(2)]$$

$$=[2\Delta_f H_m^{\ominus}(Fe_3O_4,s)+\Delta_f H_m^{\ominus}(CO_2,g)]-[3\Delta_f H_m^{\ominus}(Fe_2O_3,s)+\Delta_f H_m^{\ominus}(CO,g)]$$

查相关数据代入得：

$$\Delta_r H_m^{\ominus}(298.15K)=[2\times(-1120.9)+(-393.51)]kJ\cdot mol^{-1}-[3\times(-824.2)+$$

$$(-110.5)]kJ\cdot mol^{-1}$$

$$=-52.21kJ\cdot mol^{-1}$$

由例 4-6 我们可以得出 298.15K，$p^{\ominus}$ 下任一化学反应，$0=\sum\nu_B B$，则

$$\Delta_r H_m^{\ominus}(298.15K)=\sum_B \nu_B \Delta_f H_m^{\ominus}(B,298.15K) \tag{4-21}$$

即反应的标准摩尔反应焓，为产物的标准摩尔生成焓总和，减去反应物的标准摩尔生成焓总和。

4.3.3 标准摩尔燃烧焓

多数有机化合物不易由稳定单质直接合成，但它们易于燃烧，燃烧反应的热效应可由实验测定。在指定温度和标准态下，1mol 物质 B 完全燃烧，其组成元素氧化为标准态下指定的稳定氧化产物，反应的焓变为物质 B 的标准摩尔燃烧焓，用 $\Delta_c H_m^{\ominus}$（B）表示，下标"c"代表"燃烧"（Combustion），单位为 $kJ\cdot mol^{-1}$，同样，温度通常指定为 298.15K。"完全燃烧"指物质 B 中的组成元素 C 氧化为 $CO_2(g)$，H 氧化为 $H_2O(l)$，S 氧化为 $SO_2(g)$，N 氧化为 $N_2(g)$，Cl 氧化为 $HCl(aq)$ 等。如

298.15K，$p^{\ominus}$ 下， $CH_4(g)+2O_2(g)\!=\!=\!CO_2(g)+2H_2O(l)$

$$\Delta_r H_m^{\ominus}=\Delta_c H_m^{\ominus}(CH_4,g)=-890.4kJ\cdot mol^{-1}$$

$$H_2(g)+\frac{1}{2}O_2(g)\!=\!=\!H_2O(l)$$

$$\Delta_r H_m^{\ominus}=\Delta_c H_m^{\ominus}(H_2,g)=\Delta_f H_m^{\ominus}(H_2O,l)=-285.81kJ\cdot mol^{-1}$$

可以看出，$H_2(g)$ 的标准摩尔燃烧焓，同时也是 $H_2O(l)$ 的标准摩尔生成焓。若干物质的 $\Delta_c H_m^{\ominus}$（B，298.15K）可在热力学数据表中查出。由 $\Delta_c H_m^{\ominus}$（B，298.15K）可以计算 298.15K 的标准摩尔反应焓 $\Delta_r H_m^{\ominus}$。举例如下：

【例 4-7】 由 298.15K 的 $\Delta_c H_m^{\ominus}$（B）数据计算 298.15K，$p^{\ominus}$ 下乙醇与乙酸反应生成乙酸乙酯的标准摩尔反应焓 $\Delta_r H_m^{\ominus}$。

解： 为利用 $\Delta_c H_m^{\ominus}$（B）的数据，先设计热力学过程。

$$C_2H_5OH(l)+CH_3COOH(l) \xrightarrow{\Delta_r H_m^{\ominus}} CH_3COOC_2H_5(l)+H_2O(l)$$

$$\Delta_r H_m^{\ominus}(1) \quad \Delta_r H_m^{\ominus}(2) \quad \Delta_r H_m^{\ominus}(3) \quad \Delta_r H_m^{\ominus}(4)=0$$

$$4CO_2(g)+5H_2O(l)$$

可以得出 $\Delta_r H_m^{\ominus}=\Delta_r H_m^{\ominus}(1)+\Delta_r H_m^{\ominus}(2)-\Delta_r H_m^{\ominus}(3)$

$$=\Delta_c H_m^{\ominus}(C_2H_5OH,l)+\Delta_c H_m^{\ominus}(CH_3COOH,l)-\Delta_c H_m^{\ominus}(CH_3COOC_2H_5,l)-$$

代入数据　$\Delta_r H_m^{\ominus}(298.15K)=[(-1366.8)+(-871.5)-(-2254.2)]kJ \cdot mol^{-1}$

$$=15.9kJ \cdot mol^{-1}$$

由例 4-7 我们可以得出由 $\Delta_c H_m^{\ominus}$ 计算 $\Delta_r H_m^{\ominus}$ 的一般表达式：

298.15K，$p^{\ominus}$ 下任一化学反应　　　$0=\sum \nu_B B$

$$\Delta_r H_m^{\ominus}=-\sum_B \nu_B \Delta_c H_m^{\ominus}(B) \tag{4-22}$$

$\Delta_r H_m^{\ominus}$ 即为反应物的标准摩尔燃烧焓总和，减去产物的标准摩尔燃烧焓总和。

式(4-21)、式(4-22) 也适用于相变化过程，但所求 $\Delta_r H_m^{\ominus}$ 为某物质的标准摩尔相变焓。

4.3.4　摩尔反应焓与温度的关系

实际研究中，化学反应并不一定都在 298.15K 下进行，我们如何计算其他温度下的反应热效应呢？同样，利用状态函数的特征可以解决这一问题。设某反应在 TK，标准态下进行，设计以下过程：

$$TK，p^{\ominus}下 \qquad aA+eE \xrightarrow{\Delta_r H_m^{\ominus}(TK)} dD+hH$$

$$\downarrow \Delta H_1 \qquad\qquad\qquad \uparrow \Delta H_2$$

$$298.15K，p^{\ominus}下 \qquad aA+eE \xrightarrow{\Delta_r H_m^{\ominus}(298.15K)} dD+hH$$

可以得出　　　　$\Delta_r H_m^{\ominus}(TK)=\Delta_r H_m^{\ominus}(298.15K)+\Delta H_1+\Delta H_2$

其中 ΔH_1 和 ΔH_2 分别为所有反应物和所有产物恒压温度变化过程的焓变，可由热容数据求出：

$$\Delta H_1=\int_T^{298.15K} [aC_{p,m}^{\ominus}(A)+eC_{p,m}^{\ominus}(E)]dT$$

$$\Delta H_2=\int_{298.15}^T [dC_{p,m}^{\ominus}(D)+hC_{p,m}^{\ominus}(H)]dT$$

若在 298.15～TK 间可视 $C_{p,m}^{\ominus}$ 为常数，合并 ΔH_1 和 ΔH_2。

$$\Delta H_1+\Delta H_2=\{[dC_{p,m}^{\ominus}(D)+hC_{p,m}^{\ominus}(H)]-[aC_{p,m}^{\ominus}(A)+eC_{p,m}^{\ominus}(E)]\}(T-298.15)$$

$$=\Delta_r C_p^{\ominus}(T-298.15)$$

$$\Delta_r H_m^{\ominus}(TK)=\Delta_r H_m^{\ominus}(298.15K)+\Delta_r C_p^{\ominus}(T-298.15) \tag{4-23}$$

式中 $\Delta_r C_p^{\ominus}$ 为产物的摩尔恒压热容总和，减去反应物的摩尔恒压热容总和，称为反应的热容差。

式(4-23) 也称为 Kirchhoff（基尔霍夫）定律。

若已知各组分 B 的平均热容及 298.15K 各组分的 $\Delta_f H_m^{\ominus}$（B）或 $\Delta_c H_m^{\ominus}$（B）等，就可求出任意温度 TK 时的标准摩尔反应焓。若在 298.15K～TK 间有物相变化，则应分段计算，物相不同，热容不同，并代入相变焓。

【例 4-8】 葡萄糖在细胞呼吸中的氧化作用可表示为：

$$C_6H_{12}O_6(s)+6O_2(g)=\!=\!=6H_2O(l)+6CO_2(g)$$

已知：

物　质	$CO_2(g)$	$H_2O(l)$	$O_2(g)$	$C_6H_{12}O_6(s)$
$\Delta_f H_m^{\ominus}(298.15K)/kJ \cdot mol^{-1}$	-393.51	-285.85	0	-1274.5
$\overline{C_{p,m}^{\ominus}}/J \cdot K^{-1} \cdot mol^{-1}$	37.13	75.30	29.36	218.9

求人体温度 310K 下以上反应的 $\Delta_r H_m^{\ominus}$。

解： 298.15K、$p^{\ominus}$ 下：

$$\Delta_r H_m^{\ominus}(298.15K)=6\Delta_f H_m^{\ominus}(H_2O,l)+6\Delta_f H_m^{\ominus}(CO_2,g)-\Delta_f H_m^{\ominus}(C_6H_{12}O_6,s)$$
$$=[6\times(-285.85)+6\times(-393.51)-(-1274.5)]kJ \cdot mol^{-1}$$
$$=-2801.7kJ \cdot mol^{-1}$$

$$\Delta_r C_p^{\ominus}=6C_{p,m}^{\ominus}(H_2O,l)+6C_{p,m}^{\ominus}(CO_2,g)-6C_{p,m}^{\ominus}(O_2,g)-C_{p,m}^{\ominus}(C_6H_{12}O_6,s)$$
$$=(6\times75.30+6\times37.13-6\times29.36-218.9)J \cdot K^{-1} \cdot mol^{-1}$$
$$=426.3J \cdot K^{-1} \cdot mol^{-1}$$

$$\Delta_r H_m^{\ominus}(310K)=\Delta_r H_m^{\ominus}(298.15K)+\Delta_r C_p^{\ominus}(310K-298.15K)$$
$$=[(-2801.7)+426.3\times10^{-3}\times(310-298.15)]J \cdot K^{-1} \cdot mol$$
$$=-2797J \cdot K^{-1} \cdot mol^{-1}$$

4.4　热力学第二定律
(The Second Law of Thermodynamics)

4.4.1　自发过程的共同特征

一定条件下，无需外力作用就可以自动发生的过程为自发过程（Spontaneous Process），自发过程形式各样，但它们具有如下共同特征。

(1) 自发过程有确定的方向和限度

凭常识我们都知道，温度不同的物体接触，热量可以自动从高温物体传向低温物体，直到达到热平衡，两物体温度相等；隔板隔开压力不同的气体，抽掉隔板，高压部分气体将自动向低压部分扩散，最终达到均匀混合，压力相等；$H_2(g)$ 和 $O_2(g)$ 的混合气，一经点燃，将自发反应生成 $H_2O(l)$ 等。可见，这些无需外力作用就可自动发生的过程有确定的方向和限度。

(2) 同样条件下自发过程的逆过程不能进行

凭常识我们也知道，已达热平衡的体系，热不能自动地从一部分传向另一部分，重新产生温差；压力均匀的气体体系，气体不会自动分离，重新产生压差；$H_2O(l)$ 不会自动分解为 $H_2(g)$ 和 $O_2(g)$。即在同样无需外力作用的条件下，自发过程的逆过程不会发生。

(3) 借助外力作用，自发过程的逆过程可以发生，但在体系复原的同时，环境中总会留下不可消除的后果

在以上几个实例中，借助外力做用，其逆过程均可以发生。如借助制冷机做功，可使热重新回到高温物体，产生温差；使用抽气泵做功，可使气体回到高压区，重新生产生压差；使用电解装置做电功，可使水电解生成 $H_2(g)$ 和 $O_2(g)$。但实验表明，在这些操作过程进行以后，体系的状态及能量复原了，但环境总会失去功而得到热量，即环境不能复原。与可逆过程的特征相比，我们可以得出，自发过程是不可逆过程（Irreversible Process）。

对于一些简单的自发过程，我们可以凭经验判定这些过程进行的方向和限度，但对于众多复杂的化学反应，我们又如何才能判定其自发进行的方向和限度呢？

大量的实践经验表明，各种自发过程的不可逆性是相关的。因借助外力作用，在自发过程的逆过程进行使体系复原的同时，环境总留下了功转变为热的后果，环境能否同时复原，就在于这些热能否自发转化为功并不再产生新的后果，即对自发过程不可逆性的论证，最终可归结为热功转化的不可逆性论证。这样，就有可能在各种热力学过程之间，建立一个统一的、普遍适用的判据，去判定各种复杂的实际过程自发进行的方向和限度。

4.4.2　热力学第二定律

19 世纪，为提高热机的效率，科学家进行了大量的科学实验，最后得出，热机的效率总小于 1。为了证明热机效率的极限取值，R.J.F.Clausius（克劳修斯）和 J.Kelvin（开尔文）在总结实践经验的基础上，建立了热力学第二定律，其经典表述分别为 Clausius 说法："热不可能自动地从低温热源传递到高温热源，而不引起其他任何变化。"——即热传递是不可逆的。

Kelvin 说法："不能从单一热源取出热量使之全部转变为功，而不产生其他任何变化。"——即摩擦生热是不可逆的。

两种说法是一致的，可以从一种说法导出另一种，否定一种说法，另一种说法也不成立（证明从略）。因自发过程的后果能否消除，最终都归结为热功转化的不可逆性证明，而热力学第二定律可给出明确的答案，因此，原则上可以从第二定律来判定自发过程的方向和限度。但在实际工作中，使用以上经典表述作为判据十分不便，人们希望能像热力学第一定律由状态函数的改变 ΔU 或 ΔH 解决过程能量变化的计算一样，寻找到一个新的状态函数，也能将其改变值作为过程自发进行方向和限度的判据，Clausius 从热功转化的规律入手，通过杰出的工作，在第二定律的基础上建立了这一状态函数——熵函数，继而又建立了 Gibbs 函数，成功解决了热力学判据的问题。

4.5　熵函数
（Entropy）

4.5.1　熵函数

在研究热机效率极限这一问题时，Clausius 把过程中吸收或放出的热，除以环境温度所得的商称为热温商，并证明了可逆过程的热温商总和 $\sum_1^2 \left(\dfrac{\delta Q}{T}\right)_R$ 或 $\int_1^2 \left(\dfrac{\delta Q}{T}\right)_R$ 只与体系的始、终态有关，而与过程途径无关，显然它对应于体系的一个状态函数的改变，Clausius 定义这一状态函数为熵函数（Entropy），用符号 S 表示。当体系从状态 1 变化到状态 2，状态函数熵的改变值为

$$\Delta S = S_2 - S_1 = \int_1^2 \left(\frac{\delta Q}{T}\right)_R \tag{4-24}$$

式中，δQ 为微小变化的热效应，下标 "R" 代表 "可逆"（Reversible）。因过程可逆，体系与环境处于热平衡，式中温度 $T = T_{体} = T_{环}$，

若为恒温过程，温度为常数，或式（4-24）可简化为

$$\Delta S = \frac{Q_R}{T} \tag{4-25}$$

式中，Q_R 为该恒温可逆过程总的热效应。

若状态变化十分微小，熵发生微小变化，式（4-25）又可写为：

$$dS = \frac{\delta Q_R}{T} \tag{4-26}$$

熵是体系的状态函数，因热效应与体系内所含物质的量成正比，故熵为广度性质，单位为 $J \cdot K^{-1}$。

4.5.2 熵与体系的混乱度

熵的物理意义是什么？由统计热力学可以证明，熵是体系混乱度的量度。混乱度（Randomness）是指组成体系的微观粒子无规或无序程度。无序度（Disorder Degree）越高，体系的混乱度也越高。熵是体系混乱度的量度，可以通过以下几个简单计算结果得出。

(1) 恒温恒压可逆相变

体系的熵变由式（4-25）可以得出

熔化：
$$\Delta_{fus}S_m = \frac{\Delta_{fus}H_m}{T_f} > 0 \tag{4-27}$$

汽化：
$$\Delta_{vap}S_m = \frac{\Delta_{vap}H_m}{T_b} > 0 \tag{4-28}$$

升华：
$$\Delta_{sub}S_m = \frac{\Delta_{sub}H_m}{T_s} > 0 \tag{4-29}$$

可见，同种物质的聚集状态不同，摩尔熵值也不同，且 $S_m(g) > S_m(l) > S_m(s)$，这与物质处于不同聚集状态，分子热运动的剧烈程度顺序一致。

(2) 恒容可逆升温或恒压可逆升温

若视热容为常数，过程的熵变为

$$\Delta S_V = \int_{T_1}^{T_2} \frac{\delta Q_V}{T} = \int_{T_1}^{T_2} \frac{nC_{V,m}}{T} dT = nC_{V,m} \ln \frac{T_2}{T_1} > 0 \tag{4-30}$$

$$\Delta S_p = \int_{T_2}^{T_2} \frac{\delta Q_p}{T} = \int_{T_1}^{T_2} \frac{nC_{p,m}dT}{T} = nC_{p,m} \ln \frac{T_2}{T_1} > 0 \tag{4-31}$$

以上结果表明，物质温度升高，因分子热运动加剧，体系的熵增加。

(3) 气体恒温减压膨胀

视气体为理想气体，因温度不变，气体热力学能不变，过程的熵变为

$$\Delta S_T = \frac{Q_R}{T} = \frac{W_R}{T} = \frac{1}{T}\int_{V_1}^{V_2} p\,dV = nR \ln \frac{V_2}{V_1} > 0 \tag{4-32}$$

$\Delta S_T > 0$ 是因为气体体积膨胀，分子运动的空间增加，无序度增加所致。我们还可以得出，恒温恒压下，不同组分的混合过程，物质的溶解过程等，体系的熵也是增加的。

(4) 化学反应的标准摩尔熵变 $\Delta_r S_m^{\ominus}$

同热力学能、焓一样，物质熵的绝对值无法求得，但若规定了一个相对基准，其相对值可以确定，热力学第三定律给出了这一基准。热力学第三定律总结了低温实验的结果指出："0K、标准态下，任何纯物质的完美晶体熵值为零，即 $S_m^{\ominus}(B, 0K) = 0$。"在此基准上，其他温度 TK 下物质 B 的标准摩尔熵 $S_m^{\ominus}(B, TK)$，称为第三定律熵或规定熵。$S_m^{\ominus}(B, TK)$

可由下式计算

$$S_m^{\ominus}(B, TK) = S_m^{\ominus}(B, TK) - S_m^{\ominus}(B, 0K) = \int_0^T \frac{C_{p,m}^{\ominus}(B)}{T} \mathrm{d}T \tag{4-33}$$

即 $S_m^{\ominus}(B, TK)$ 为标准态下，物质 B 从 0K 可逆升温到 TK 的热温商总和，可由此温度区间物质 B 的不同聚集状态的 $C_{p,m}^{\ominus}$、可逆相变温度和摩尔相变焓求出，若干物质 298.15K 的标准摩尔熵 $S_m^{\ominus}(B, 298.15K)$ 已求出并列于热力学数据表中，可直接查用。

由表可见，不同物质的 $S_m^{\ominus}(298.15K)$ 不同；摩尔质量越大，包含原子种类越多，分子构型越复杂，摩尔熵越大。由表列数据，我们可以计算 TK，标准态下化学反应的标准摩尔熵变。

如 298.15K，标准态下，任一化学反应　　$0 = \sum \nu_B B$

$$\Delta_r S_m^{\ominus}(298.15K) = \sum_B \nu_B S_m^{\ominus}(B, 298.15K) \tag{4-34}$$

即化学反应的标准摩尔熵变，为产物的标准摩尔熵总和减去反应物的标准摩尔熵总和。对大量化学反应 $\Delta_r S_m^{\ominus}(298.15K)$ 计算的结果表明，若化学反应的计量系数增加，较大摩尔质量的物质转化为较小摩尔质量的物质，以固态反应物开始，生成液态或气态产物，反应体系的熵总是增加的。

若反应温度不是 298.15K，类似于 4.3 节中 $\Delta_r H_m^{\ominus}(TK)$ 的求算方法，可以得出

$$\Delta_r S_m^{\ominus}(TK) = \Delta_r S_m^{\ominus}(298.15K) + \Delta_r C_p^{\ominus} \ln(T_2/298.15K) \tag{4-35}$$

处理中已视 $C_{p,m}^{\ominus}(B)$ 与温度无关，作为常数处理。

4.5.3　熵增加原理

对热机效率极限的研究还得出，若体系经历一不可逆过程，从状态 1 变化到状态 2，状态函数熵的改变是一定的，但一定大于该不可逆过程的热温商：

$$\Delta S = S_2 - S_1 > \sum_1^2 \left(\frac{\delta Q}{T_{环}}\right)_{IR} \tag{4-36}$$

式中下标"IR"代表过程是不可逆的（Irreversible）。因过程不可逆，体系状态变化不是连续的，因此热温商总和只能求和，不能用积分代替。

合并式(4-24)和式(4-36)得

$$\Delta S \geqslant \sum_1^2 \left(\frac{\delta Q}{T}\right) \tag{4-37}$$

"＞"表示体系经历了一不可逆过程；

"＝"表示体系经历了一可逆程；

"＜"是违反热力学第二定律、不可能发生的过程。

式(4-37)为 Clausius 不等式，也是热力学第二定律的数学表达式，可用于判定过程可逆与否。

若体系为一孤立体系，体系与环境间无热交换，式(4-37)就可改写为

$$\Delta S_{孤立} \geqslant 0 \tag{4-38}$$

同样，"＞"代表体系内发生一不可逆过程。因孤立体系环境无法作用，该不可逆过程一定是在无外力的作用下发生的过程，因此是一个自发过程。

"＝"表示孤立体系内发生了一个可逆过程。因体系的熵不变，体系的状态只能在某平衡态附近发生微小变化，因状态变化无限小，从宏观上看，体系始终处于该平衡态，即体系达平衡。

式(4-38)表明，孤立体系内自发过程总是沿熵增加的方向进行，直到熵值达一极大值，

不再变化，体系达平衡。孤立体系不可能自动发生熵减小的过程，因这是违反热力学第二定律的，即"孤立体系的熵永不减少"，这就是孤立体系的熵增原理（Principle of Entropy Increasing）。我们可以利用孤立体系的熵增加原理，判定过程自发进行的方向和限度，但大多数情况下，实际化学反应是在封闭体系内进行的，这时若要利用熵增原理，应把反应体系与环境作为一个整体，即作为一个大的孤立体系处理：

$$\Delta S_{总} = \Delta S_{体系} + \Delta S_{环境} \geq 0 \tag{4-39}$$

">"表示大的孤立体系内发生自发过程，"="表示该体系达平衡。

其中

$$\Delta S_{环境} = \frac{Q_{环境}}{T_{环境}} = -\frac{Q_{体系}}{T_{环境}} \tag{4-40}$$

在许多实际发生的过程中，环境常是一个大热源，体系在变化过程中与环境交换有限的热量 Q 时，环境的温度可以保持不变。

用总体熵变作判据，不仅要计算 $\Delta S_{体系}$，还得计算 $\Delta S_{环境}$，这样在处理实际问题时增加了麻烦，因此我们还将寻找更加方便的热力学判据，希望只由体系某一状态函数的改变，就能对化学反应过程自发进行的方向和限度进行判定。

【例 4-9】 298K，$p^{\ominus}$ 下，1mol $H_2O(l)$ 转化为 400K，$p^{\ominus}$ 下的 $H_2O(g)$，求此过程的熵变。已知 $C_{p,m}^{\ominus}(H_2O, l) = 75.31 J \cdot K^{-1} \cdot mol^{-1}$，$C_{p,m}^{\ominus}(H_2O, g) = 33.91 J \cdot K^{-1} \cdot mol^{-1}$，正常沸点 373K 处水的摩尔汽化焓 $\Delta_{vap}H_m^{\ominus}(H_2O, l) = 40.67 kJ \cdot mol^{-1}$。

解： 设计以下可逆过程计算 ΔS：

$$H_2O(l, 298, p^{\ominus}) \xrightarrow{\Delta S_1} H_2O(l, 373K, p^{\ominus}) \xrightarrow{\Delta S_2} H_2O(g, 373K, p^{\ominus}) \xrightarrow{\Delta S_3} H_2O(g, 400K, p^{\ominus})$$

$$\Delta S$$

$$\Delta S = \Delta S_1 + \Delta S_2 + \Delta S_3$$

其中

$$\Delta S_1 = nC_{p,m}^{\ominus}(H_2O, l) \ln \frac{T_2}{T_1} = 1mol \times 75.31 J \cdot K^{-1} \cdot mol^{-1} \times \ln \frac{373K}{298K} = 16.91 J \cdot K^{-1}$$

$$\Delta S_2 = \frac{n\Delta_{vap}H_m^{\ominus}(H_2O, l)}{T_b} = \frac{1mol \times 40670 J \cdot mol^{-1}}{373K} = 109.0 J \cdot K^{-1}$$

$$\Delta S_3 = nC_{p,m}^{\ominus}(H_2O, g) \ln \frac{T_3}{T_2} = 1mol \times 33.91 J \cdot K^{-1} \cdot mol^{-1} \ln \frac{400}{373} = 2.37 J \cdot K^{-1}$$

$$\Delta S = (16.91 + 109.0 + 2.37) J \cdot K^{-1} = 128.28 J \cdot K^{-1}$$

计算表明，以上三步过程的 ΔS 均大于零，即水温度升高、水汽化以及水蒸气升温，体系的熵增加，但因过程中体系与环境间有能量交换，不是孤立体系，故 ΔS 不能作为以上过程自发与否的判据。

【例 4-10】 计算 298K、$p^{\ominus}$ 下以下反应的 $\Delta_r S_m^{\ominus}$：

(1) $CH_4(g) + 2O_2(g) = CO_2(g) + 2H_2O(l)$

(2) $CaO(s) + SO_3(g) = CaSO_4(s)$

解： 利用附录数据计算

$$\Delta_r S_m^{\ominus}(1) = 2S_m^{\ominus}(H_2O, l) + S_m^{\ominus}(CO_2, g) - S_m^{\ominus}(CH_4, g) - 2S_m^{\ominus}(O_2, g)$$
$$= (2 \times 69.91 + 213.6 - 186.2 - 2 \times 205.0) J \cdot K^{-1} \cdot mol^{-1}$$
$$= -242.8 J \cdot K^{-1} \cdot mol^{-1}$$

$$\Delta_r S_m^{\ominus}(2) = S_m^{\ominus}(CaSO_4, s) - S_m^{\ominus}(CaO, s) - S_m^{\ominus}(SO_3, g)$$
$$= (106.5 - 38.1 - 256.6) J \cdot K^{-1} \cdot mol^{-1} = -188.2 J \cdot K^{-1} \cdot mol^{-1}$$

以上两反应中，气体组分的物质的量减少，因反应体系混乱度降低，故 $\Delta_r S_m^{\ominus}$ 为负。但同样因反应过程体系与环境间有能量交换，不能由 $\Delta_r S_m^{\ominus}$ 判定反应自发与否。

4.6　Gibbs 函数与化学反应的方向
（Gibbs Function and the Direction of Chemical Reactions）

为了得出便于实际使用的恒温恒压下化学反应自发进行方向和限度的判据，在第一、二定律的基础上，将导出另一新的状态函数-Gibbs（吉布斯）函数。

4.6.1　热力学一、二定律的联合表达式

在恒温恒压、不做非体积功的条件下，体系从状态 1 变化到状态 2，热力学第一定律可表示为

$$\Delta U = Q - p_外 \Delta V$$

其中的 Q 可由第二定律数学表达式（4-37）得到

$$Q \leqslant T \Delta S$$

联合以上两式

$$\Delta U - T \Delta S + p_外 \Delta V \leqslant 0 \tag{4-41}$$

"<" 表示过程是不可逆的；"=" 表示过程是可逆的。

式（4-41）为封闭体系内，恒温恒压、不做非体积功过程的一、二定律联合表达式。

4.6.2　Gibbs 函数和过程自发进行的方向与限度

将 $\Delta U = U_2 - U_1$，$\Delta V = V_2 - V_1$，$\Delta S = S_2 - S_1$，恒温过程 $T = T_1 = T_2 = T_环 =$ 常数，恒压过程 $p = p_1 = p_2 = p_外 =$ 常数，代入式（4-40）中，经整理可得

$$(U_2 + p_2 V_2 - T_2 S_2) - (U_1 + p_1 V_1 - T_1 S_1) \leqslant 0 \tag{4-42}$$

$U + pV - TS$ 或 $H - TS$ 为单位相同的状态函数组合，仍为一状态函数，美国科学家 J. W. Gibbs 定义它为 Gibbs 函数（或 Gibbs 自由能）：

$$G = U + pV - TS = H - TS \tag{4-43}$$

将此定义式代入式（4-42）中

$$\Delta G_{T,p,W'=0} \leqslant 0$$

对于微小变化过程，使用微分式

$$\mathrm{d}G_{T,p,\delta W'=0} \leqslant 0 \tag{4-44}$$

式中下标 "T、p、$W'=0$ 或 $\delta W'=0$" 表明恒温恒压和不做非体积功，在此条件下，"<" 代表过程自动进行，"=" 代表体系已达平衡。

式（4-44）表明，恒温恒压不做非体积功的封闭体系内，自发过程总是沿 Gibbs 函数减小的方向进行，直到达一极小值，不再变化，体系达平衡。

在此条件下，不可能自动发生 Gibbs 函数增加的过程，因为这是违反热力学第二定律的，这又称为 "Gibbs 自由能减少原理"。

Gibbs 函数是体系的状态函数，是广度性质，单位为 kJ 或 J。我们虽然是由恒温、恒压、不做非体积功的过程引出这一状态函数的，但作为状态函数，当体系的状态发生变化，Gibbs 函数就可能发生变化，且其改变值只与始、终态有关，与变化途径无关。应特别注意，只有在恒温恒压、不做非体积功的条件下，其改变值才可作为过程自发进行方向和限度的判据。因大多数化学反应和相变化是在恒温恒压和不做非体积功的条件下进行的，因此，Gibbs 函数作判据更为实用和重要。在使用 Gibbs 函数作判据时，只考虑体系 Gibbs 函数的

改变而不必考虑环境，因此比熵判据更方便。

4.6.3 化学反应摩尔 Gibbs 函数的计算

大多数化学反应是在恒温恒压、不做非体积功的条件下进行的，为了判定在此条件下反应能否自发进行，首先必须计算化学反应的 Gibbs 函数并以此作判据。

4.6.3.1 TK、标准态下化学反应 $\Delta_r G_m^\ominus$ 的计算

(1) 由 $\Delta_r H_m^\ominus$ 和 $\Delta_r S_m^\ominus$ 求算

对于 TK、标准态下的化学反应：$0 = \sum \nu_B B$，由定义式（4-43）可得

$$\Delta_r G_m^\ominus = \Delta_r H_m^\ominus - T\Delta_r S_m^\ominus \tag{4-45}$$

若温度为 298.15K，可直接利用 298.15K 的热力学数据，先计算出 $\Delta_r H_m^\ominus$（298.15K）和 $\Delta_r S_m^\ominus$（298.15K），再代入式（4-45）计算出 $\Delta_r G_m^\ominus$（298.15K）。若温度不是 298.15K，则利用式（4-23）和式（4-35），先计算出 $\Delta_r H_m^\ominus(TK)$ 和 $\Delta_r S_m^\ominus(TK)$，再由式（4-45）求出 $\Delta_r G_m^\ominus(TK)$。

(2) 温度对 $\Delta_r G_m^\ominus$ 的影响

利用式（4-45），不仅可由 $\Delta_r H_m^\ominus$ 和 $\Delta_r S_m^\ominus$ 计算 $\Delta_r G_m^\ominus$，由 $\Delta_r G_m^\ominus$ 的符号判定标准态下反应能否自发进行，若设 $\Delta_r H_m^\ominus$ 和 $\Delta_r S_m^\ominus$ 与 T 无关，还可近似讨论温度变化对标准态下反应自发进行方向的影响，几种情况归纳列于表 4-1 中。

表 4-1　温度对标准态下反应自发进行方向的影响

类型	$\Delta_r H_m^\ominus$	$\Delta_r S_m^\ominus$	$\Delta_r G_m^\ominus$	讨　　论
Ⅰ	−	−	低温可为负，高温可为正	低温可能自发进行
Ⅱ	−	+	始终为负	任何温度可自发进行
Ⅲ	+	−	始终为正	任何温度不能自发进行
Ⅳ	+	+	低温可为正，高温可为负	高温可能自发进行

由表 4-1 可见，类型Ⅰ和Ⅳ的反应存在一转换温度，随温度变化（升高或降低），$\Delta_r G_m^\ominus$ 变化，在温度 $T_{转换}$ 处 $\Delta_r G_m^\ominus$ 的符号将改变，在低于（或高于）$T_{转换}$ 温度的条件下，反应可在标准态下自发进行。$T_{转换}$ 可由式 $\Delta_r G_m^\ominus = \Delta_r H_m^\ominus - T_{转换}\Delta_r S_m^\ominus = 0$ 求出，设 $\Delta_r H_m^\ominus$ 和 $\Delta_r S_m^\ominus$ 与温度无关，得

$$T_{转换} \approx \frac{\Delta_r H_m^\ominus(298.15K)}{\Delta_r S_m^\ominus(298.15K)} \tag{4-46}$$

(3) 由标准摩尔生成 Gibbs 函数求算

与标准摩尔生成焓的定义类似，物质 B 的标准摩尔生成 Gibbs 自由能定义为 TK、标准态下，由最稳定的单质生成 TK、标准态下的 1mol 物质 B，摩尔反应的 Gibbs 函数改变，为物质 B 的标准摩尔生成 Gibbs 函数，用符号 $\Delta_f G_m^\ominus$（B）表示。如

298.15K，标准态下：$\qquad H_2(g) + \dfrac{1}{2} O_2(g) \Longrightarrow H_2O(l)$

$$\Delta_r G_m^\ominus = \Delta_f G_m^\ominus(H_2O, l)$$

若知道了 298.15K 以上反应的 $\Delta_r H_m^\ominus$ 即 $\Delta_f H_m^\ominus(H_2O, l)$，由各个组分在 298.15K 的标准摩尔熵即 $S_m^\ominus(H_2O, l)$、$S_m^\ominus(O_2, g)$ 和 $S_m^\ominus(H_2, g)$，按式（4-34）就可以计算出反应的 $\Delta_r S_m^\ominus$，由式（4-45）就可以求出 298.15K $H_2O(l)$ 的标准摩尔生成 Gibbs 函数 $\Delta_f G_m^\ominus(H_2O, l)$。若干物质 298.15K 的 $\Delta_f G_m^\ominus$ 已经算出并列于热力学数据表中，可直接查用。需要指出的是，

$\Delta_f G_m^{\ominus}$ 是一个相对值，即相对于最稳定单质的 $G^{\ominus}$ 为零而言。显然，稳定单质的 $\Delta_f G_m^{\ominus}=0$。

类似于式（4-21）由 $\Delta_f H_m^{\ominus}$（B）求反应的 $\Delta_r H_m^{\ominus}$，也可以由 $\Delta_f G_m^{\ominus}$（B）求反应的 $\Delta_r G_m^{\ominus}$：

298.15K，标准态下任一化学反应：$0=\sum\limits_B \nu_B B$

$$\Delta_r G_m^{\ominus}(298.15K)=\sum \nu_B \Delta_f G_m^{\ominus}(B,298.15K) \tag{4-47}$$

即反应的标准摩尔 Gibbs 函数，为产物的标准摩尔生成 Gibbs 函数总和，减去反应物的标准摩尔生成 Gibbs 函数总和。

【例 4-11】 利用附录数据，用两种方法计算 298.15K 以下反应的 $\Delta_r G_m^{\ominus}$，讨论反应在此条件下的自发性。

$$H_2O_2(l)\xrightarrow{\text{过氧化酶}}H_2O(l)+\frac{1}{2}O_2(g)$$

解： 查 298.15K 相关数据：

物　　质	$H_2O_2(l)$	$H_2O(l)$	$O_2(g)$
$\Delta_f H_m^{\ominus}/kJ \cdot mol^{-1}$	−187.6	−285.8	0
$S_m^{\ominus}/J \cdot K^{-1} \cdot mol^{-1}$	92.0	69.69	205.0
$\Delta_f G_m^{\ominus}/J \cdot K^{-1} \cdot mol^{-1}$	−113.97	−237.2	

方法一： 由式（4-45）求

$$\Delta_r H_m^{\ominus}=\Delta_f H_m^{\ominus}(H_2O,l)-\Delta_f H_m^{\ominus}(H_2O_2,l)$$
$$=[(-285.8)-(-187.6)]kJ \cdot mol^{-1}=-98.20kJ \cdot mol^{-1}$$

$$\Delta_r S_m^{\ominus}=S_m^{\ominus}(H_2O,l)+\frac{1}{2}S_m^{\ominus}(O_2.g)-S_m^{\ominus}(H_2O_2,l)$$

$$=(69.69+\frac{1}{2}\times205.0-92.0)J \cdot K^{-1} \cdot mol^{-1}=80.20J \cdot K^{-1} \cdot mol^{-1}$$

$$\Delta_r G_m^{\ominus}=\Delta_r H_m^{\ominus}-T\Delta_r S_m^{\ominus}=[(-98.20)-298.15\times10^{-3}\times80.21]kJ \cdot mol^{-1}=-122.2kJ \cdot mol^{-1}$$

方法二： 由式（4-47）求

$$\Delta_r G_m^{\ominus}=\Delta_f G_m^{\ominus}(H_2O,l)-\Delta_f G_m^{\ominus}(H_2O_2,l)$$
$$=(-237.9)-(-113.97)=-123.2kJ \cdot mol^{-1}$$

两种方法计算的结果基本相同。因 $\Delta_r G_m^{\ominus}<0$，表明反应在 298.15K、标准态下可自发进行，且因 $\Delta_r H_m^{\ominus}<0$，$\Delta_r S_m^{\ominus}>0$，该反应在任何温度、标准态下均可自发进行。

4.6.3.2　化学反应等温式

若反应不是在标准态下进行，如气体的压力不是 $p^{\ominus}$，溶液中溶质的浓度不是 $c^{\ominus}=1mol \cdot L$ 或 $b^{\ominus}=1mol \cdot kg^{-1}$ 等，这时不能使用 $\Delta_r G_m^{\ominus}$ 作为反应自发进行方向和限度的判据，而应使用实际反应条件下的 $\Delta_r G_m$ 作为判据。

298.15K 下任一化学反应　$0=\sum\limits_B \nu_B B$

由热力学可以导出反应的摩尔 Gibbs 函数 $\Delta_r G_m$ 与 $\Delta_r G_m^{\ominus}$ 关系为：

$$\Delta_r G_m=\Delta_r G_m^{\ominus}+RT\ln(\prod_B a_B^{\nu_B}) \tag{4-48}$$

式中，$\prod\limits_B a_B^{\nu_B}$ 为反应参与物的活度积。因 a_B 可由人为控制，故 $\prod\limits_B a_B^{\nu_B}$ 也称为任意指定态各个组分的活度积。由活度的定义，常压下的气体组分：$a_B=p_B/p^{\ominus}$，纯液体和纯固体：$a_B=1$，稀溶液中的溶质：$a_B=c_B/c^{\ominus}$ 或 $a_B=b_B/b^{\ominus}$，这里我们均不考虑活度系数即

取 $\gamma_B = 1$。

由式(4-48)，对于任意指定组成下的化学反应，决定反应自发进行方向的判据是 $\Delta_r G_m$，$\Delta_r G_m$ 不仅与 $\Delta_r G_m^{\ominus}$ 有关，还与 $RT\ln\left(\prod\limits_B a_B^{\nu_B}\right)$ 项有关，因此，标准态下不能自发进行的反应，可以通过人为调节 a_B 值，使 $\Delta_r G_m < 0$，反应即可自发进行。

【例 4-12】 298.15K 气相反应

$$CO_2 + H_2(g) \Longrightarrow CO(g) + H_2O(g)$$

若反应体系总压为 $1.5p^{\ominus}$，气体混合物组成 (x_B) 为：CO_2 55%，H_2 44.8%，CO 0.10%，H_2O 0.10%，判定在此条件下反应能否自发进行？

解： 查热力学数据，先计算 298.15K 反应的 $\Delta_r G_m^{\ominus}$：

$$\Delta_r G_m^{\ominus} = \Delta_f G_m^{\ominus}(CO,g) + \Delta_f G_m^{\ominus}(H_2O,g) - \Delta_f G_m^{\ominus}(CO_2,g)$$

$$= (-137.27) + (-228.59) - (-394.38) = 28.52 \text{kJ·mol}^{-1}$$

$$\Delta_r G_m = \Delta_r G_m^{\ominus} + RT\ln\frac{a_{CO}a_{H_2O}}{a_{CO_2}a_{H_2}}$$

$$= \left(28.52 + 8.314 \times 298.15 \times 10^{-3} \times \ln\frac{0.10 \times 0.10}{55 \times 44.8}\right)\text{kJ·mol}^{-1}$$

$$= -2.25 \text{kJ·mol}^{-1}$$

计算表明，反应在 298.15K、标准态下不能自发进行，但在给定反应体系组成的条件下，反应可自发进行。若反应的 $\Delta_r G_m^{\ominus}$ 为一很大的正（或负）值，实际工作中很难通过调整 $\prod\limits_B a_B^{\nu_B}$ 项，使 $\Delta_r G_m$ 的符号改变，这时才可由 $\Delta_r G_m^{\ominus}$ 近似判定实际反应自发进行的方向，这种情况下 $\Delta_r G_m^{\ominus}$ 的值通常在大于 40kJ·mol^{-1}（或小于 -40kJ·mol^{-1}）范围内。

4.7 化学反应的限度——化学反应的平衡态

（The Limit of Chemical Reaction——Equilibrium）

实际工作中，利用化学反应获得预期产物，首先要考虑在指定条件下反应能否按预期的方向进行，即反应自发进行的方向问题。若反应能自发进行，它有无利用价值，还应考虑在此条件下有多少反应物可以转化为产物，即反应能达到怎样的限度，改变反应条件，反应的限度又会如何变化？这就是化学反应的平衡问题。这一节中我们将介绍化学平衡的概念，已达平衡的体系，各组分浓度间所满足的关系式——平衡常数的表达，平衡常数的计算以及影响平衡的因素等。

4.7.1 化学反应的平衡态

由热力学第二定律，在恒温恒压、不做非体积功的条件下，化学反应总是沿着 Gibbs 函数降低的方向自动进行。随反应的进行，反应体系组成改变和各组分间的混合，使 Gibbs 函数降低到一极小值，反应体系达最稳定的平衡态，即达到反应的极限。宏观上，平衡体系的组成不再随时间变化，微观上，由反应物生成产物或由产物生成反应物的速率相等，体系处于正逆反应的动态平衡。

对于不同反应，热力学上自发进行的趋势不同，因此反应的平衡态也不同。一些热力学趋势很大的反应，反应的极限接近产物的终态，如有机物的燃烧反应，强酸强碱的中和反应等，我们可以认为反应物几乎完全转化为产物，也就是反应可以认为能进行到底。与此相反，一些热力学趋势很小的反应，反应的极限十分接近反应物的始态，如常温下金属盐的分

解、元素的化合等，我们可以认为反应物几乎不转化为产物，即反应基本不发生。而一些反

图 4-2　自发反应的方向和限度

应，有一定自发进行的趋势，反应达平衡时，部分反应物转化为产物。三种情况下 Gibbs 函数随反应进度变化的曲线如图 4-2 所示，图中 R、P 分别代表反应物和产物，E 点代表反应的平衡态。

4.7.2　平衡常数的表示法

一定条件下，化学反应达平衡态，体系的组成不随时间变化，平衡体系各组分的浓度满足一定关系，这种关系可用平衡常数表示。根据平衡常数的定义，可以分为标准（或热力学）平衡常数和实验平衡常数两类，两类平衡常数间可以进行相互换算。

4.7.2.1　标准平衡常数 $K^{\ominus}$

恒温恒压、不做非体积功体系内，摩尔化学反应

$$0 = \sum_{B} \nu_{B} B$$

达平衡，由热力学第二定律原理，反应的摩尔 Gibbs 函数和各组分的活度

$$\Delta_{r} G_{m} = 0 \qquad a_{B} = a_{B, eq}$$

代入化学反应等温式式(4-48)，得

$$\Delta_{r} G_{m}^{\ominus} = -RT \ln(\prod a_{B, eq}^{\nu_{B}}) \tag{4-49}$$

式中，$(\prod a_{B, eq}^{\nu_{B}})$ 为反应达平衡时各组分的活度积，下标 "eq" 代表 "平衡"（Equillibrium）。

定义：标准平衡常数

$$K^{\ominus} = \prod_{B} a_{B, eq}^{\nu_{B}} \tag{4-50}$$

则

$$\Delta_{r} G_{m}^{\ominus} = -RT \ln K^{\ominus} \tag{4-51}$$

和

$$K^{\ominus} = \exp\left(-\frac{\Delta_{r} G_{m}^{\ominus}}{RT}\right) \tag{4-52}$$

关于标准平衡常数 $K^{\ominus}$，由式(4-50) 或式(4-52) 可以得出：因活度无单位，标准平衡常数 $K^{\ominus}$ 是一个无单位量；因 $K^{\ominus}$ 与化学反应计量式中计量系数 ν_{B} 有关，故对于指定反应，$K^{\ominus}$ 与反应计量式写法有关，在给出 $K^{\ominus}$ 的同时，还应给出反应计量式；因反应的标准摩尔 Gibbs 函数 $\Delta_{r} G_{m}^{\ominus}$ 只与温度和标准态有关，故 $K^{\ominus}$ 也只是温度的函数，并与标准态的规定有关。因此，在给出 $K^{\ominus}$ 的同时，还应给出温度，指出各个组分的标准态。

由热力学方法计算出 $\Delta_{r} G_{m}^{\ominus}$，就可由式(4-52) 从理论上计算 $K^{\ominus}$。

如　298.15K　$SO_2(g)$ 氧化为 $SO_3(g)$ 的反应计量式或有两种写法：

①　　　　　　　　$SO_2(g) + \dfrac{1}{2} O_2(g) \Longrightarrow SO_3(g)$

② $$2SO_2(g) + O_2(g) \Longrightarrow 2SO_3(g)$$

由定义式(4-50)，得出两个反应的 $K^\ominus$ 分别为：

$$K_1^\ominus = \left[\frac{(p_{SO_3}/p^\ominus)}{(p_{SO_2}/p^\ominus)(p_{O_2}/p^\ominus)^{\frac{1}{2}}} \right]_{eq}$$

$$K_2^\ominus = \left[\frac{(p_{SO_3}/p^\ominus)^2}{(p_{SO_2}/p^\ominus)^2(p_{O_2}/p^\ominus)} \right]_{eq}$$

可见 $$K_2^\ominus = (K_1^\ominus)^2$$

由反应②＝2×反应①，可得 $\Delta_r G_m(2) = 2\Delta_r G_m(1)$，由式(4-52)同样可得 $K_2^\ominus = (K_1^\ominus)^2$。各气态组分的标准态为 298.15K、$p^\ominus$ 下纯理想气体状态。

若设式(4-48)中任意指定态下各组分的活度积

$$\prod_B a_B^{\nu_B} = Q_a \tag{4-53}$$

式(4-48)可改写为

$$\left. \begin{aligned} \Delta_r G_m &= -RT\ln K^\ominus + RT\ln Q_a \\ \Delta_r G_m &= -RT\ln \frac{K^\ominus}{Q_a} \end{aligned} \right\} \tag{4-54}$$

或

由 $K^\ominus$ 与 Q_a 大小的比较，也可判定指定条件下反应自发进行的方向和限度：

若 $K^\ominus > Q_a$，则 $\Delta_r G_m < 0$，反应可自发进行；

$K^\ominus = Q_a$，则 $\Delta_r G_m = 0$，反应达平衡； $\tag{4-55}$

$K^\ominus < Q_a$，则 $\Delta_r G_m > 0$，反应不能自发进行，实际发生其逆过程。

式(4-54)也称为化学反应等温式。

4.7.2.2 实验平衡常数

由实验测定平衡体系的组成计算的平衡常数为实验平衡常数，因组成可用不同的浓度单位表示，因此也有不同的实验平衡常数。

(1) 低压下的气相反应

$$0 = \sum_B \nu_B B(g)$$

将各组分的平衡活度 $a_B = p_{B,eq}/p^\ominus$ 代入式(4-50)中

$$K^\ominus = \prod_B (p_{B,eq}/p^\ominus)^{\nu_B} = (\prod_B p_{B,eq}^{\nu_B}) \cdot p^{\ominus - \Sigma\nu_B}$$

定义压力平衡常数为 $$K_p = (\prod_B p_{B,eq}^{\nu_B}) \tag{4-56}$$

则有 $$K^\ominus = K_p p^{\ominus - \Sigma\nu_B} \tag{4-57}$$

将低压下混合气体的关系式 $p_B = c_B RT$ 和 $p_B = x_B p_{总}$ 代入式(4-56)中，整理后得

$$K_p = (\prod_B c_{B,eq}^{\nu_B})(RT)^{\Sigma\nu_B} = (\prod_B x_{B,eq}^{\nu_B}) p_{总}^{\Sigma\nu_B}$$

设平衡时各组分的物质的量浓度平衡常数为

$$K_c = \prod_B c_{B,eq}^{\nu_B} \tag{4-58}$$

设平衡时各组分的物质的量分数平衡常数为

$$K_x = \prod_B x_{B,eq}^{\nu_B} \tag{4-59}$$

则有 $$K_p = K_c(RT)^{\Sigma\nu_B} = K_x p_{总}^{\Sigma\nu_B} \tag{4-60}$$

将式(4-60) 代入式(4-57) 中，就可得到标准平衡常数与各实验平衡常数间关系：

$$K^{\ominus}=K_p p^{\ominus^{-\Sigma\nu_B}}=K_c\left(\frac{RT}{p^{\ominus}}\right)^{\Sigma\nu_B}=K_x\left(\frac{p_{总}}{p^{\ominus}}\right)^{\Sigma\nu_B} \tag{4-61}$$

利用式(4-61)，可以进行 $K^{\ominus}$、K_p、K_c 和 K_x 间的相互换算，由式(4-61)，我们还可以得出 K_p、K_c 也只与温度有关，而 K_x 与温度、压力同时有关；通常情况下若$\Sigma\nu_B\neq0$，K_p、K_c 应有单位，但若$\Sigma\nu_B=0$，$K^{\ominus}$、K_p、K_c 和 K_x 数值上相等且 K_p、K_c 也无单位。

(2) 稀溶液中溶质间反应

$$0=\sum_B \nu_B B(aq)$$

各组分的平衡活度为 $a_{B,eq}=c_{B,eq}/c^{\ominus}$ 或 $a_{B,eq}=b_{B,eq}/b^{\ominus}$，标准平衡常数

$$K^{\ominus}=(\prod c_{B,eq}^{\nu_B})\cdot c^{\ominus^{-\Sigma\nu_B}} 或 K^{\ominus}=(\prod b_{B,eq}^{\nu_B})\cdot b^{\ominus^{-\Sigma\nu_B}}$$

设平衡时各溶质组分的物质的量浓度积或质量摩尔浓度积，分别为物质的量浓度平衡常数和质量摩尔浓度平衡常数，即

$$K_c=\prod_B c_{B,eq}^{\nu_B} 和 K_b=\prod_B b_{B,eq}^{\nu_B} \tag{4-62}$$

则
$$K^{\ominus}=K_c c^{\ominus^{-\Sigma\nu_B}}=K_b b^{\ominus^{-\Sigma\nu_B}} \tag{4-63}$$

同样 K_c、K_b 也只与温度有关，若$\Sigma\nu_B\neq0$，K_c 和 K_b 应有单位。

(3) 复相反应

包括两个以上相的反应，若其中固、液相为纯相，这种反应为复相反应，如金属盐或金属氧化物的热分解反应就属于复相反应。因纯固相和纯液相的活度为 1，故 $K^{\ominus}$ 中只含气相组分的平衡活度，表达式同式（4-57）

$$K^{\ominus}=(\prod_B p_{B,eq}^{\nu_B})p^{\ominus^{-\Sigma\nu_B}}=K_p p^{\ominus^{-\Sigma\nu_B}}$$

如 298K 下的反应 $CuSO_4\cdot5H_2O(s)\!=\!=\!CuSO_4\cdot3H_2O(s)+2H_2O(g)$
$$K^{\ominus}=(p_{H_2O}/p^{\ominus})^2$$

$$Ag_2O(s)\!=\!=\!2Ag(s)+\frac{1}{2}O_2(g)$$

$$K^{\ominus}=(p_{O_2}/p^{\ominus})^{\frac{1}{2}}$$

对于复相反应，某一温度下反应达平衡，体系的总压为离解压或分解压，而当离解压为 $p^{\ominus}$ 时的平衡温度为分解温度。

4.7.3 各种平衡常数的计算

(1) 由热力学方法计算

由热力学数据先计算出反应的 $\Delta_r G_m^{\ominus}$，再由式(4-52)、式(4-61) 或式(4-63) 求 $K^{\ominus}$ 和各实验平衡常数。

(2) 由实验数据计算

由实验测定平衡体系的组成或平衡转化率等，可以计算出各个实验平衡常数。反过来，若已知平衡常数，也可由平衡常数的关系式计算出体系的平衡组成。

(3) 多重平衡规则

平衡体系中几个化学反应同时达平衡，称之为多重平衡。多重平衡体系中，某一组分只有一个平衡分压（或浓度），它同时满足该组分所参与反应的平衡常数表达式。如高温下用碳还原 ZnO 制取金属 Zn，指定温度下，存在以下几个平衡：

① $C(s) + ZnO(s) = Zn(g) + CO(g)$　　　$K_1^{\ominus} = p_{Zn} p_{CO} p^{\ominus -2}$

② $CO(g) + ZnO(s) = Zn(g) + CO_2(g)$　　　$K_2^{\ominus} = \dfrac{p_{Zn} p_{CO_2}}{p_{CO}} p^{\ominus -1}$

③ $C(s) + CO_2(g) = 2CO(g)$　　　$K_3^{\ominus} = \dfrac{p_{CO}^2}{p_{CO_2}} p^{\ominus -1}$

且反应③＝反应①－反应②，$\Delta_r G_m^{\ominus}(3) = \Delta_r G_m^{\ominus}(1) - \Delta_r G_m^{\ominus}(2)$

代入 $\Delta_r G_m^{\ominus}$ 与 $K^{\ominus}$ 的关系，或由 $K^{\ominus}$ 与各组分平衡分压的关系均可得

$$K_3^{\ominus} = K_1^{\ominus}/K_2^{\ominus} \quad 或 \quad K_{p,3} = K_{p,1}/K_{p,2}$$

这样就可由已知反应的平衡常数，求未知反应的平衡常数。

以下举几个例子对上述方法加以应用。

【例 4-13】 利用附录数据计算 298.15K $CaF_2(s)$ 的溶解平衡常数 $K_{sp}^{\ominus}$。当等体积、等浓度的 $1 \times 10^{-2} mol \cdot L^{-1}$ 的 $CaCl_2$ 和 NaF 溶液混合，判定有无沉淀生成。

解： 298.15K 溶解平衡时　　　$CaF_2(s) = Ca^{2+}(aq) + 2F^-(aq)$

$$\Delta_r G_m^{\ominus} = \Delta_f G_m^{\ominus}(Ca^{2+}) + 2\Delta_f G_m^{\ominus}(F^-) - \Delta_f G_m^{\ominus}(CaF_2, s)$$

$$= [(-553.54) + 2 \times (-276.48) - (-1161.9)] kJ \cdot mol^{-1}$$

$$= 55.4 kJ \cdot mol^{-1}$$

$$K^{\ominus} = K_{sp}^{\ominus} = \exp\left(-\frac{\Delta_r G_m^{\ominus}}{RT}\right) = \exp\left(-\frac{55400}{8.314 \times 298.15}\right) = 1.97 \times 10^{-10}$$

设溶液中离子的标准态浓度为 $c^{\ominus} = 1 mol \cdot L^{-1}$，$CaCl_2$ 和 NaF 混合后

$$[Ca^{2+}] = 0.5 \times 10^{-2} mol \cdot L^{-1} \qquad [F^-] = 0.5 \times 10^{-2} mol \cdot L^{-1}$$

$$Q_a = \frac{[Ca^{2+}][F^-]^2}{c^{\ominus 3}} = \frac{0.5 \times 10^{-2} \times (0.5 \times 10^{-2})^2 (mol \cdot L^{-1})^3}{1(mol \cdot L^{-1})^3}$$

$$= 1.25 \times 10^{-7}$$

可见 $Q_a > K_{sp}^{\ominus}$，故有沉淀生成。

【例 4-14】 929K $FeSO_4(s)$ 的分解反应为：

$$2FeSO_4(s) = Fe_2O_3(s) + SO_2(g) + SO_3(g)$$

实验测定反应达平衡时体系的离解压为 91.19kPa。求

(1) 929K 分解反应的 K_p 和 $K^{\ominus}$；

(2) 若开始时体系内除 $FeSO_4(s)$ 外，还充有压力为 60.795kPa 的 SO_2，求 $FeSO_4(s)$ 分解达平衡时体系的总压。

解： (1) 平衡时 $p_{离} = p_{SO_2} + p_{SO_3}$ 且两气相组分的分压相等。

$$K_p = p_{SO_2} \cdot p_{SO_3} = \left(\frac{p_{离}}{2}\right)^2 = \left(\frac{91.19}{2}\right)^2 kPa^2 = 2.079 \times 10^3 kPa^2$$

$$K^{\ominus} = K_p \cdot p^{\ominus -2} = 2.079 \times 10^3 kPa^2 \times 101.3^{-2} kPa^{-2} = 0.2025$$

(2) 　$2FeSO_4(s) = Fe_2O_3(s) + SO_2(g) + SO_3(g)$

平衡时 p_B/kPa 　　　　　　　　　　　$60.795 + x$　　x

温度不变，K_p 和 $K^{\ominus}$ 均不变　　$K_p = x(x + 60.79) kPa^2 = 2.079 \times 10^{-3} kPa^2$

解出 $x = 24.40 kPa$，$p_{总} = 24.40 + (24.40 + 60.795) = 109.6 kPa$

【例 4-15】 在 1L 的容器中放入 2.695g $PCl_5(g)$，523K 下分解达平衡后，容器内的压力为 $p^{\ominus}$，求 $PCl_5(g)$ 分解为 $PCl_3(g)$ 和 $Cl_2(g)$ 反应的 $K^{\ominus}$、K_p、K_c 和 K_x。

解：起始时 PCl_5 的物质的量 $n_0 = \dfrac{2.695g}{208.5g \cdot mol^{-1}} = 0.0129mol$，设平衡转化率为 a：

$$PCl_5(g) \Longrightarrow PCl_3(g) + Cl_2(g)$$

起始 n_B^0/mol	n_0	0	0
平衡时 n_B/mol	$n_0(1-\alpha)$	$n_0\alpha$	$n_0\alpha \qquad n_总 = n_0(1+\alpha)$
平衡时 x_B	$\dfrac{1-\alpha}{1+\alpha}$	$\dfrac{\alpha}{1+\alpha}$	$\dfrac{\alpha}{1+\alpha}$

由混合气体的状态方程 $p_总 V = n_总 RT$ 代入数据

$$101325Pa \times 1 \times 10^{-3} m^3 = 0.0129(1+\alpha)mol \times 8.314J \cdot K^{-1} \cdot mol^{-1} \times 523K$$

解出
$$\alpha = 0.806$$

$$K_x = \frac{x_{PCl_3} x_{Cl_2}}{x_{PCl_5}} = \frac{\left(\dfrac{\alpha}{1+\alpha}\right)^2}{\dfrac{1-\alpha}{1+\alpha}} = \frac{\alpha^2}{1-\alpha^2} = \frac{0.806^2}{1-0.806^2} = 1.854$$

由式(4-60)，$p_总 = p^\ominus$，故 $K_x = K^\ominus = 1.854$

$$K_p = K^\ominus \cdot p^\ominus = 1.854 \times 101325Pa = 1.88 \times 10^5 Pa$$

$$K_c = K^\ominus \left(\frac{p^\ominus}{RT}\right) = 1.854 \times \frac{101325Pa}{8.314J \cdot K^{-1} \cdot mol^{-1} \times 523K} = 43.20mol \cdot m^{-3}$$

【例 4-16】 已知 298.15K 如下数据：

物质	$CuSO_4 \cdot 5H_2O(s)$	$CuSO_4 \cdot 3H_2O(s)$	$CuSO_4 \cdot H_2O(s)$	$CuSO_4(s)$	$H_2O(g)$
$\Delta_f G_m^\ominus/kJ \cdot mol^{-1}$	-1880.0	-1400.4	-918.4	-661.9	-228.6

(1) 写出五水合硫酸铜可能发生的风化反应；

(2) 计算各个复相分解反应的分解压；

(3) 在相对湿度为 60% 在空气中，$CuSO_4 \cdot 5H_2O(s)$ 是否会风化为 $CuSO_4(s)$？

解：(1) 逐级风化失水反应：

$$① \quad CuSO_4 \cdot 5H_2O(s) = CuSO_4 \cdot 3H_2O(s) + 2H_2O(g)$$

$$② \quad CuSO_4 \cdot 3H_2O(s) = CuSO_4 \cdot H_2O(s) + 2H_2O(g)$$

$$③ \quad CuSO_4 \cdot H_2O(s) = CuSO_4(s) + H_2O(g)$$

(2) 由热力学数据计算每一风化反应的 $K^\ominus$ 及平衡时的 p_{H_2O}：

$$\Delta_r G_m^\ominus(1) = (-228.6) \times 2 + (-1400.4) - (-1880.0) = 22.4kJ \cdot mol^{-1}$$

$$K_1^\ominus = \exp\left(-\frac{22400}{8.314 \times 298.15}\right) = 1.19 \times 10^{-4}$$

$$p_{H_2O,1} = p^\ominus \sqrt{K_1^\ominus} = 101.3kPa \times \sqrt{1.19 \times 10^{-4}} = 1.105kPa$$

同法计算
$$\Delta_r G_m^\ominus(2) = 24.8kJ \cdot mol^{-1}$$

$$K_2^\ominus = 4.52 \times 10^{-5} \qquad p_{H_2O,2} = 0.681kPa$$

$$\Delta_r G_m^\ominus(3) = 27.89kJ \cdot mol^{-1}$$

$$K_3^\ominus = 1.30 \times 10^{-5} \qquad p_{H_2O,3} = 0.365kPa$$

(3) 在相对湿度为 60% 的空气中，水蒸气的分压为

$$p_{H_2O} = 0.60 \times p_{H_2O}^* = 0.6 \times 3.167kPa = 1.900kPa$$

可见，p_{H_2O} 大于 $p_{H_2O,1}$、$p_{H_2O,2}$ 和 $p_{H_2O,3}$

即 $Q_a > K_1^{\ominus}$，或风化反应的 $\Delta_r G_m(1) > 0$，故以上风化反应均不会发生，$CuSO_4 \cdot 5H_2O(s)$ 可稳定存在。

4.7.4 一些因素对平衡的影响

某种作用（温度、压力或浓度的变化等）施加于已达平衡的体系，平衡将发生变化，向着减小这种作用的方向移动，这就是 Le Chatelier（勒夏特列）原理。由 Le Chatelier 原理，可以判定平衡移动的方向，同时，由平衡常数的热力学关系式，还可对这些作用的影响进行定量的讨论和计算。

（1）温度的影响

温度的变化将直接改变反应的平衡常数 $K^{\ominus}$，使平衡发生显著的变化。联系式（4-45）和式（4-51）可得

$$-RT\ln K^{\ominus} = \Delta_r H_m^{\ominus} - T\Delta_r S_m^{\ominus} \qquad (4-64)$$

若反应的热容差 $\Delta_r C_p^{\ominus} \approx 0$，$\Delta_r H_m^{\ominus}$ 和 $\Delta_r S_m^{\ominus}$ 则近似与温度无关，设 $K_1^{\ominus}$、$K_2^{\ominus}$ 分别为温度 T_1 和 T_2 时的平衡常数代入式（4-64）中经整理可得

$$\ln\frac{K_2^{\ominus}}{K_1^{\ominus}} = \frac{\Delta_r H_m^{\ominus}}{R}\left(\frac{1}{T_1} - \frac{1}{T_2}\right) \qquad (4-65)$$

由式（4-65）可以看出，若 $\Delta_r H_m^{\ominus} > 0$ 即反应吸热（如 SO_2 氧化为 SO_3 的反应），保持压力一定，升高温度，$K^{\ominus}$ 增大，即平衡正向移动，有利于产物生成；若 $\Delta_r H_m^{\ominus} < 0$，即反应放热（如合成氨反应），$K^{\ominus}$ 随温度升高而减小，平衡将逆向移动，不利于产物生成。利用式（4-64），还可由不同温度下的平衡常数计算 $\Delta_r H_m^{\ominus}$，若已知 $\Delta_r H_m^{\ominus}$，则可由 T_1、$K_1^{\ominus}$ 求出 T_2 温度下的 $K_2^{\ominus}$。

（2）压力的影响

对于凝聚相反应，压力对平衡的影响可以忽略，但对有气相组分参加的反应，应考虑压力的影响，影响的情况视反应不同而异。对低压下的气相反应，因 $K^{\ominus}$、K_p、K_c 只与温度有关而与压力无关，保持温度恒定，压力对平衡的影响可由 K_x 讨论。由式（4-61）

$$K^{\ominus} = K_x\left(\frac{p_总}{p^{\ominus}}\right)^{\Sigma\nu_B} \qquad (4-66)$$

若 $\sum\limits_g \nu_B > 0$，即气态组分计量系数增加的反应，如 $CH_3OH(g) \Longrightarrow HCHO(g) + H_2(g)$，恒温下 $p_总$ 增加，K_x 则减小，平衡将逆向移动，不利于产物生成；

若 $\sum\limits_g \nu_B < 0$，即气态组分计量系数减小的反应，如 $3H_2 + N_2 \Longrightarrow 2NH_3$，恒温下 $p_总$ 增加，K_x 则增大，平衡将正向移动，有利于产物的生成；

若 $\sum\limits_g \nu_B = 0$，即气态组分计量系数不变的反应，如 $H_2(g) + I_2(g) \Longrightarrow 2HI(g)$，因数值上 $K^{\ominus} = K_p = K_c = K_x$，故压力变化对反应无影响。

（3）通入惰性气体的影响

对于有气相组分参加的反应，恒温下反应体系中通入惰性气体（即不参与反应的气体），也会对平衡产生影响。将 $x_{B,eq} = n_{B,eq}/n_总$ 代入式（4-59）和式（4-66）中

$$K^{\ominus} = (\prod_B n_{B,eq}^{\nu_B})\left(\frac{p_总}{n_总 p^{\ominus}}\right)^{\Sigma\nu_B} \qquad (4-67)$$

式中，$\prod\limits_B n_{B,eq}^{\nu_B}$ 为平衡时各组分物质的量乘积。

恒定温度和压力下通入惰性气体，因 $K^{\ominus}$、$p_{总}$ 不变，但 $n_{总}$ 增加，若 $\sum\nu_B>0$，则 $(\prod\limits_B n_{B,eq}^{\nu_B})$ 项增大，重新达平衡时，产物的量增加，即平衡正向移动。如乙苯（g）脱氢制苯乙烯（g）的反应，通入惰性气体水蒸气，一方面可以使原料气预热，同时使各组分稀释，类似于体系减压，有利于正向反应进行。

若 $\sum\nu_B<0$，则平衡左移，不利于产物生成。如合成氨反应，原料气中的 N_2 气是由空气分离产生的，在循环使用中微量惰性气体 Ar 等气体积累，将使合成氨反应的转化率降低，故应及时排放。

若 $\sum\nu_B=0$，惰性气体的加入，对反应无影响。

在恒温恒容下通入惰性气体，因 $p_{总}$ 随 $n_{总}$ 成比例变化，$\left(\dfrac{p_{总}}{n_{总}}\dfrac{1}{p^{\ominus}}\right)^{\sum\nu_B}$ 不变，$(\prod\limits_B n_{B,eq}^{\nu_B})$ 项也不变，故对平衡无影响。

另外，若在平衡体系中加入反应物（或取出产物），由 Le Chatelier 原理，反应将向消耗反应物（或生成产物）的方向移动，即平衡正向移动。

(4) 反应的耦合

若一个反应的产物为另一反应的反应物（或反应物之一），我们称这两个反应是耦合的。利用反应的耦合，可以用一个自发趋势很大的反应，带动另一个自发趋势较小或不能自发进行的反应。如 298.15K，标准态下，热力学计算得出：

反应①：$CH_3OH(g)\!=\!=\!HCHO(g)+H_2(g)$　　$\Delta_rG_m^{\ominus}(1)=52.01kJ\cdot mol^{-1}$

反应②：$H_2(g)+\dfrac{1}{2}O_2(g)\!=\!=\!H_2O(g)$　　$\Delta_rG_m^{\ominus}(2)=-228.6kJ\cdot mol^{-1}$

把这两个反应耦合起来：反应③＝反应①＋反应②

反应③$CH_3OH(g)+\dfrac{1}{2}O_2(g)\!=\!=\!HCHO(g)+H_2O(g)$

$$\Delta_rG_m^{\ominus}(3)=\Delta_rG_m^{\ominus}(1)+\Delta_rG_m^{\ominus}(2)=-176.6kJ\cdot mol^{-1}$$

反应③的 $\Delta_rG_m^{\ominus}(3)\ll0$，故 $K_3^{\ominus}$ 很大，即 298.15K，标准态下，反应的热力学趋势很大，转化率接近100%，这就是甲醇部分氧化制甲醛工艺。进一步的计算还表明，即使在700℃的高温下，反应③仍可达较高的转化率，但要使这一反应有实际利用的价值，还要使用合适的催化剂并控制产物的深度氧化。

【例 4-17】 常压 $p^{\ominus}$ 下乙苯脱氢制苯乙烯的反应：

$$C_6H_5C_2H_5(g)\!=\!=\!C_6H_5C_2H_3(g)+H_2(g)$$

已知 298.15K 时下列数据：

物质	$C_6H_5C_2H_5(g)$	$C_6H_5C_2H_3(g)$	$H_2(g)$
$\Delta_fH_m^{\ominus}/kJ\cdot mol^{-1}$	29.79	147.4	0
$S_m^{\ominus}/J\cdot K^{-1}\cdot mol^{-1}$	360.45	345.0	130.6

(1) 求 298.15K 反应的 $K^{\ominus}$ 及平衡转化率 α_1；

(2) 设 $\Delta_rH_m^{\ominus}$、$\Delta_rS_m^{\ominus}$ 与温度无关，求 873K 时反应的 $K^{\ominus}$ 及 $p^{\ominus}$ 下的转化率 α_2；

(3) 保持温度为 873K，若压力降低到 $0.1p^{\ominus}$，求转化率 α_3；

(4) 保持温度为 873K，压力为 $p^{\ominus}$，通入水蒸气，控制乙苯∶水蒸气＝1∶9，求此条件下的转化率 α_4。

解：(1) 298.15K 下，反应的 $\Delta_r H_m^{\ominus}=(147.4-29.79)\ kJ\cdot mol^{-1}=117.61kJ\cdot mol^{-1}$

$$\Delta_r S_m^{\ominus}=(345.0+130.6-360.45)J\cdot K^{-1}\cdot mol^{-1}=115.15J\cdot K^{-1}\cdot mol^{-1}$$

$$\Delta_r G_m^{\ominus}=(117.61-298.15\times115.15\times10^{-3})kJ\cdot mol^{-1}=83.28kJ\cdot mol^{-1}$$

$$K^{\ominus}=\exp\left(-\frac{83280}{8.314\times298.15}\right)=2.57\times10^{-15}$$

$$C_6H_5C_2H_5(g)=\!=\!=C_6H_5C_2H_3(g)+H_2(g)$$

起始 n_B/mol	1	0	0
平衡 $n_{B,eq}$/mol	$1-\alpha_1$	α_1	α_1 $\quad n_{总}=(1+\alpha)$mol

$$K^{\ominus}=\frac{\left(\dfrac{\alpha_1}{1+\alpha_1}\right)p^2}{\left(\dfrac{1-\alpha_1}{1+\alpha_1}\right)p}\cdot p^{\ominus-1}=\frac{\alpha^2}{1-\alpha^2}p/p^{\ominus}$$

代入 $K^{\ominus}$，$p=p^{\ominus}$，解出 $\alpha_1=5.10\times10^{-6}\%\approx0$。可见，在此条件下基本无产物生成。

(2) 873K 下反应

$$\Delta_r G_m^{\ominus}(873K)=(117.61-873\times10^{-3}\times115.5)kJ\cdot mol^{-1}=17.08kJ\cdot mol^{-1}$$

$$K^{\ominus}(873K)=\exp\left(-\frac{17080}{8.314\times873}\right)=0.095$$

将 $K^{\ominus}(873K)$ 和 $p=p^{\ominus}$ 代入 (1) 中所得 $K^{\ominus}$ 与 α 的关系式中，解出 $\alpha_2=29.5\%$。可见，吸热反应，温度升高，$K^{\ominus}$ 增加，转化率大大提高。

(3) 将 $K^{\ominus}=0.095$，$p=0.1p^{\ominus}$ 代入同上 $K^{\ominus}$ 与 α 的关系式中，解出 $\alpha_3=69.8\%$。可见，对气体组分计量系数增加的反应，减压有利于产物的生成。

(4) $\qquad\qquad C_6H_5C_2H_5(g)=\!=\!=C_6H_5C_2H_3(g)+H_2(g),H_2O(g)$

起始 n_B/mol	1	0	0	9
平衡 $n_{B,eq}$/mol	$1-\alpha_4$	α_4	α_4	9 $\quad n_{总}=(10+\alpha_4)$mol

$$K^{\ominus}=\frac{\left(\dfrac{\alpha_4}{10+\alpha_4}\right)^2\cdot p^2}{\left(\dfrac{1-\alpha_4}{10+\alpha_4}\right)p}\cdot p^{\ominus-1}=\frac{\alpha_4^2}{(10+\alpha_4)(1-\alpha_4)}\cdot\frac{p}{p^{\ominus}}$$

代入 $K^{\ominus}(873K)$ 和 $p=p^{\ominus}$，解出 $\alpha_4=0.620$。可见恒温恒压下，通入惰性气体的作用与减压相同，但更安全，实用，这也是工业上生产苯乙烯所采用的操作工艺。

思 考 题

4-1 什么情况下，热力学第一定律可以写为如下形式：

(1) $\Delta U=Q-W$

(2) $\Delta U=0$

(3) $\Delta U=Q-p_{外}\Delta V$

(4) $\Delta U=Q-P\Delta V$

4-2 关系式 $\Delta U=Q_V$，$\Delta H=Q_p$ 成立的条件分别是什么？什么样的化学反应 $Q_p=Q_V$？什么样的化学反应 $Q_p>Q_V$？举例说明。

4-3 标准大气压下，以下变化过程的焓变是否相等？若不等，两者有什么关系？

(1) $H_2O(l,25℃)\longrightarrow H_2O(l,100℃)\qquad \Delta_r H_m^{\ominus}(1)$

(2) $H_2O(l,25℃)\longrightarrow H_2O(g,100℃)\qquad \Delta_r H_m^{\ominus}(2)$

4-4 $25℃$、$p^{\ominus}$ 下石墨碳和金刚石碳的标准摩尔燃烧焓是否相同？为什么？

4-5　25℃以下反应

(1)　$C(s) + \frac{1}{2}O_2(g) \!=\!\!=\! CO(g)$　$\Delta_r H_m^{\ominus}(1)$

(2)　$CO(g) + \frac{1}{2}O_2(g) \!=\!\!=\! CO_2(g)$　$\Delta_r H_m^{\ominus}(2)$

(3)　$2H_2(g) + O_2(g) \!=\!\!=\! 2H_2O(l)$　$\Delta_r H_m^{\ominus}(3)$

$\Delta_r H_m^{\ominus}(1)$、$\Delta_r H_m^{\ominus}(2)$ 和 $\Delta_r H_m^{\ominus}(3)$ 是否分别为 $CO(g)$、$CO_2(g)$ 和 $H_2O(l)$ 的标准摩尔生成焓 $\Delta_f H_m^{\ominus}$？为什么？$\Delta_r H_m^{\ominus}(1)$、$\Delta_r H_m^{\ominus}(2)$ 和 $\Delta_r H_m^{\ominus}(3)$ 是否分别为 $C(s)$、$CO(g)$ 和 $H_2(g)$ 的标准摩尔燃烧焓 $\Delta_c H_m^{\ominus}$？为什么？

4-6　含等物质的量的盐酸稀水溶液，分别与过量不等的 NaOH 水溶液发生中和反应，反应的热效应是否相等？若分别与含相同物质的量的 NaOH 溶液和 $NH_3 \cdot H_2O$ 溶液反应，反应的热效应是否相等？为什么？

4-7　根据自发过程的定义，从自然现象中举出一两个实例说明其特征。

4-8　孤立体系中，自发过程进行的方向和限度的判据是什么？恒温恒压不做非体积功的封闭体系内，自发过程进行方向和限度的判据又是什么？

4-9　已知 25℃ $HgO(s) \!=\!\!=\! Hg(l) + \frac{1}{2}O_2(g)$

$$\Delta_r G_m^{\ominus} = 58.53 kJ \cdot mol^{-1}　\Delta_r H_m^{\ominus} = 90.71 kJ \cdot mol^{-1}$$

25℃ $HgO(s)$ 的 $\Delta_f G_m^{\ominus}$ 和 $\Delta_f H_m^{\ominus}$ 分别为多少？

4-10　25℃、$p^{\ominus}$ 下，$H_2O(l) \longrightarrow H_2(g) + \frac{1}{2}O_2(g)$　$\Delta_r G_m^{\ominus} = 236.2 kJ \cdot mol^{-1} > 0$，反应不能自发进行。但在 25℃、$p^{\ominus}$ 下可由电解水得到 H_2 和 O_2 气，这是否矛盾？

4-11　估计以下反应 $\Delta_r S_m^{\ominus}$ 的符号：

(1)　NH_4NO_3 爆炸　$2NH_4NO_3(s) \!=\!\!=\! 2N_2(g) + 4H_2O(g) + O_2(g)$

(2)　水煤气转化　$CO(g) + H_2O(g) \!=\!\!=\! CO_2(g) + H_2(g)$

(3)　臭氧生成　$3O_2(g) \!=\!\!=\! 2O_3(g)$

4-12　2000K 时以下反应

(1)　$CO(g) + \frac{1}{2}O_2(g) \!=\!\!=\! CO_2(g)$　$K_1^{\ominus}$

(2)　$2CO(g) + O_2(g) \!=\!\!=\! 2CO_2(g)$　$K_2^{\ominus}$

(3)　$2CO_2(g) \!=\!\!=\! 2CO(g) + O_2(g)$　$K_3^{\ominus}$

已知 $K_1^{\ominus} = 6.443$，求 $K_2^{\ominus}$ 和 $K_3^{\ominus}$。

4-13　25℃反应 $C(s) + H_2O(g) \!=\!\!=\! CO(g) + H_2(g)$ 的 $\Delta_r H_m^{\ominus} = 131.31 kJ \cdot mol^{-1}$，按如下改变反应条件，平衡如何变化？

(1)　提高反应温度；

(2)　提高 $H_2O(g)$ 分压；

(3)　提高体系总压；

(4)　增加碳数量；

(5)　恒 T、p 下加入惰性气体 N_2 气。

4-14　以下各种说法是否确切？若不确切，请给出正确的判定。

(1)　放热反应都能自发进行；

(2)　恒 T、p 下，$\Delta_r G_m^{\ominus} < 0$ 的反应均可自发进行；

(3)　物质的温度越高，熵值越大；

(4)　$I_2(s)$ 和 $I_2(g)$ 都是单质，它们的 $\Delta_f G_m^{\ominus}$ 和 $S_m^{\ominus}$ 均为零；

(5)　（＋，＋）型反应，温度越高，越易正方向进行。

习　题

4-1　25℃ 1mol $N_2(g)$ 从 $10p^{\ominus}$ 经下列过程恒温膨胀为 $p^{\ominus}$，求体系所做的体积功，并比较其结果。

(1) 恒温可逆膨胀；

(2) 反抗恒定为 $p^{\ominus}$ 的外压膨胀；

(3) 向真空膨胀后到终态。

[(1) 5.71kJ；(2) 2.23kJ；(3) 0]

4-2 已知乙醇（l）的正常沸点为 78.8℃，正常沸点处的摩尔汽化焓为 39.45kJ·mol^{-1}，求 2mol 乙醇（l）在正常沸点汽化为乙醇（g）的 Q、W、ΔH 和 ΔU。

(78.9kJ，5.85kJ，78.9kJ，73.05kJ)

4-3 20g 100℃的水蒸气凝结为水并冷却到 20℃，可放出多少热量？已知正常沸点处水的 $\Delta_{vap}H_m^{\ominus} = 40.67$kJ·mol^{-1}，常温附近的比热容为 4.184J·K^{-1}·g^{-1}。

(放热 51.9kJ)

4-4 $p^{\ominus}$ 下向置于保温瓶中的 100g，-5℃过冷水中加入少量冰屑，过冷水立即部分凝结为冰，形成 0℃的冰水混合物。已知冰的熔化热为 333.46J·g^{-1}，0～-5℃间水的平均比热容为 4.238J·K^{-1}·g^{-1}，求过程的 ΔH 及析出冰的量。

($\Delta H = 0$，析出 6.35g 冰)

4-5 25℃下 0.500g 正庚烷 [C_7H_{16}(l)] 在弹型容器中完全燃烧，生成 CO_2(g) 和 H_2O(l) 后，量热计温度升高了 2.94K，若量热计本身及附件的总热容量为 8.177kJ·K^{-1}，计算 25℃下，正庚烷（l）的摩尔恒容燃烧热和摩尔恒压燃烧热。

($\Delta_r U_m = -4808$kJ·mol^{-1}，$\Delta_r H_m = -4818$kJ·mol^{-1})

4-6 (1) 已知 298K、$p^{\ominus}$ 下，反应

① Cu_2O(s)$+\frac{1}{2}O_2$(g)$=\!=\!=2CuO$(s) $\Delta_r H_m^{\ominus}$(1)$=-143.7$kJ·mol^{-1}

② CuO(s)$+Cu$(s)$=\!=\!=Cu_2O$(s) $\Delta_r H_m^{\ominus}$(2)$=-11.5$kJ·mol^{-1}

求 CuO(s) 的标准摩尔生成焓 $\Delta_f H_m^{\ominus}$（CuO，s）   (-155.2kJ·mol^{-1})

(2) 已知 298.15K、$p^{\ominus}$ 下反应：

① Fe_2O_3(s)$+3CO$(g)$=\!=\!=2Fe$(s)$+3CO_2$(g) $\Delta_r H_m^{\ominus}$(1)$=-26.77$kJ·mol^{-1}

② $3Fe_2O_3$(s)$+CO$(g)$=\!=\!=2Fe_3O_4$(s)$+CO_2$(g) $\Delta_r H_m^{\ominus}$(2)$=-54.45$kJ·mol^{-1}

③ Fe_3O_4(s)$+CO$(g)$=\!=\!=3FeO$(s)$+CO_2$(g) $\Delta_r H_m^{\ominus}$(3)$=43.68$kJ·mol^{-1}

求反应④FeO(s)$+CO$(g)$=\!=\!=Fe$(s)$+CO_2$(g)的 $\Delta_r H_m^{\ominus}$(4)$=$？

[提示：反应④$=\frac{1}{6}\times$（①$\times 3$-③$\times 2$-②），-19.0kJ·mol^{-1}]

4-7 (1) 用标准摩尔生成焓数据求以下反应的 $\Delta_r H_m^{\ominus}$（298K）：

$$4NH_3(g)+5O_2(g)=\!=\!=4NO(g)+6H_2O(l)$$

(2) 用标准摩尔燃烧数据求以下反应的 $\Delta_r H_m^{\ominus}$（298K）

$$C_2H_5OH(l)=\!=\!=CH_3CHO(l)+H_2(g)$$

[(1) -1166kJ·mol^{-1}；(2) 85.41kJ·mol^{-1}]

4-8 肼 N_2H_4(l) 是火箭的燃料，N_2O_4 作氧化剂，其燃烧反应的产物为 N_2(g) 和 H_2O(l)，若 $\Delta_f H_m^{\ominus}$（N_2H_4，l）$=50.63$kJ·mol^{-1}，$\Delta_f H_m^{\ominus}$（N_2O_4，g）$=9.16$kJ·mol^{-1} 写出燃烧反应，并计算此反应的反应热 $\Delta_r H_m^{\ominus}$。

(-1254kJ·mol^{-1})

4-9 已知 298.15K 环丙烷（g）、石墨和氢气的标准摩尔燃烧 $\Delta_c H_m^{\ominus}$ 分别为 -2092、-393.51 和 -285.84kJ·mol^{-1}，丙烯（g）的标准摩尔生成焓为 $\Delta_f H_m^{\ominus}=20.5$kJ·mol^{-1}，求

(1) 298.15K 环丙烷（g）的 $\Delta_f H_m^{\ominus}$；

(2) 298.15K 时异构反应的 $\Delta_r H_m^{\ominus}$。

$$\begin{array}{c} CH_2 \\ CH_2\!-\!CH_2(g) \end{array} \longrightarrow CH_2\!=\!CHCH_3(g)$$

[(1) 53.95kJ·mol^{-1}；(2) -33.45kJ·mol^{-1}]

4-10　已知 298K、$p^{\ominus}$ 下反应 $H_2(g)+\dfrac{1}{2}O_2(g)\!\!=\!\!=\!\!H_2O(l)$ 的 $\Delta_r H_m^{\ominus}=-285.83kJ\cdot mol^{-1}$，判定下列说法是否正确并加以说明：

(1) $\dfrac{Q_V}{\xi}=\Delta_r U_m=-285.8kJ\cdot mol^{-1}$

(2) $\dfrac{Q_p}{\xi}=\Delta_r H_m=-285.8kJ\cdot mol^{-1}$

(3) $\Delta_c H_m^{\ominus}(H_2,\ g)=\Delta_f H_m^{\ominus}(H_2O,\ l)=-285.8kJ\cdot mol^{-1}$

(4) $\Delta_c H_m^{\ominus}(O_2,\ g)=2\times(-285.8)\ kJ\cdot mol^{-1}$

(5) $\Delta_f H_m^{\ominus}(H_2O,\ g)=\Delta_c H_m^{\ominus}(H_2,\ g)+\Delta_{vap} H_m^{\ominus}(H_2O,\ l)$

（错；对；对；错；对）

4-11　不查附录，判定下列恒温过程 $\Delta_r S_m$ 的符号并加以解析

(1) $O_2(g)\!\!=\!\!=\!\!2O(g)$ 　　　　　　(2) $N_2(g)+3H_2(g)\!\!=\!\!=\!\!2NH_3(g)$

(3) $C(s)+H_2O(g)\!\!=\!\!=\!\!CO(g)+H_2(g)$ 　(4) $Br_2(l)\!\!=\!\!=\!\!Br_2(g)$

(5) $N_2(g,10p^{\ominus})\!\!=\!\!=\!\!N_2(g,p^{\ominus})$ 　　(6) $C_{(石墨)}\!\!=\!\!=\!\!C_{(金刚石)}$

(7) 海水脱盐 　　　　　　　　(8) 玻璃析晶

（正；负；正；正；正；负；负；负）

4-12　用两种方法（由 $\Delta_r H_m^{\ominus}$ 和 $\Delta_r S_m^{\ominus}$ 或由 $\Delta_f G_m^{\ominus}$）计算以下反应在 25℃ 的 $\Delta_r G_m^{\ominus}$ 和 $K^{\ominus}$，判定反应在 25℃ 和标准态下自发进行的方向，所需数据可查附录或其他热力学数据手册。

(1) $H_2(g)+\dfrac{1}{2}O_2(g)\!\!=\!\!=\!\!H_2O(g)$

(2) $N_2(g)+O_2(g)\!\!=\!\!=\!\!2NO(g)$

(3) $CO(g)+NO(g)\!\!=\!\!=\!\!CO_2(g)+\dfrac{1}{2}N_2(g)$（可用于汽车尾气的无害化）

$[\ (1)\ 1.1\times10^{40};\ (2)\ 4.7\times10^{-31};\ (3)\ 1.7\times10^{60}]$

4-13　由热力学数据推荐 25℃、标准态下实现以下工艺过程的化学反应：

(1) 汽车尾气净化反应　$CO(g)+NO(g)\!\!=\!\!=\!\!CO_2(g)+\dfrac{1}{2}N_2(g)$

(2) 由锡石（SnO_2）炼制金属锡（Sn）：

① $SnO_2(s)\!\!=\!\!=\!\!Sn(s)+O_2(g)$

② $SnO_2(s)+C(s)\!\!=\!\!=\!\!Sn(s)+CO_2(g)$

③ $SnO_2(s)+2H_2(g)\!\!=\!\!=\!\!Sn(s)+2H_2O(g)$

(3) 焦炭还原 Al_2O_3 炼制金属铝：

① $2Al_2O_3(s)+3C(s)\!\!=\!\!=\!\!4Al(s)+3CO_2(g)$

② $Al_2O_3(s)+3CO(s)\!\!=\!\!=\!\!2Al(s)+3CO_2(g)$

(4) 由丙烯制丙烯腈：

① $CH_2\!\!=\!\!CHCH_3(g)+NH_3(g)\longrightarrow CH_2\!\!=\!\!CH-CN(g)+3H_2(g)$

② $CH_2\!\!=\!\!CHCH_3(g)+N(g)\longrightarrow CH_2\!\!=\!\!CH-CN(g)+H_2$

③ $CH_2\!\!=\!\!CHCH_3(g)+NH_3(g)+\dfrac{3}{2}O_2(g)\longrightarrow CH_2\!\!=\!\!CH-CN(g)+3H_2O(g)$

4-14　设低压气相反应 $A(g)+2B(g)\!\!=\!\!=\!\!2C(g)$，在 25℃，$p^{\ominus}$ 下分别按以下两种方式完成：

(1) 直接化学反应，放热 41.8kJ；

(2) 在可逆电池中进行，做电功 $W_{电,R}$，放热 1.64kJ；

求反应过程的 $W_{总}$、Q、$\Delta_r U_m^{\ominus}$、$\Delta_r H_m^{\ominus}$、$\Delta_r S_m^{\ominus}$ 和 $\Delta_r G_m^{\ominus}$。

（两过程的 $\Delta_r U_m^{\ominus}=-39.32kJ\cdot mol^{-1}$，$\Delta_r H_m^{\ominus}=-41.8kJ\cdot mol^{-1}$，$\Delta_r S_m^{\ominus}=-5.5J\cdot K^{-1}\cdot mol^{-1}$，$\Delta_r G_m^{\ominus}=-40.16kJ\cdot mol^{-1}$，$W_1=-2.48kJ$，$Q_1=41.8kJ$，$W_2=37.7kJ$，$Q_2=-1.64kJ$）

4-15　如果保存不当，大气压下白锡可以转变为脆性的灰锡：

$$Sn(白) \Longrightarrow Sn(灰)$$

由 298.15K 以下数据估算反应的转化温度。

物质	$\Delta_f H_m^{\ominus}/kJ \cdot mol^{-1}$	$S_m^{\ominus}/J \cdot K^{-1} \cdot mol^{-1}$
Sn(白)	0	51.55
Sn(灰)	−2.100	44.14

$$(T_{转}=283.0K)$$

4-16　$Ag_2CO_3(s)$ 的分解反应：$Ag_2CO_3(s) \Longrightarrow Ag_2O(s)+CO_2(g)$

已知 298.15K 以下数据：

物质	$\Delta_f H_m^{\ominus}/kJ \cdot mol^{-1}$	$S_m^{\ominus}/J \cdot K^{-1} \cdot mol^{-1}$	$\overline{C}_{p,m}/J \cdot K^{-1} \cdot mol^{-1}$
$Ag_2CO_3(s)$	−501.66	167.36	109.62
$Ag_2O(s)$	−30.57	121.71	65.56
$CO_2(g)$	−393.51	213.64	37.13

(1) 计算 25℃时反应的 $K^{\ominus}$ 和离解压；

(2) 潮湿的 Ag_2CO_3 置于 110℃的空气流中干燥除去水分，由以下数据计算应控制空气中 CO_2 的分压为多大才会阻止 Ag_2CO_3 的分解？

$$[(1)\ K^{\ominus}=1.53\times10^{-5},\ p_{离}=1.55Pa;\ (2)\ p_{CO_2}>1563Pa]$$

4-17　已知反应 $N_2O_4(g) \Longrightarrow 2NO_2(g)$ 298.15K 的 $\Delta_r G_m^{\ominus}=4.78kJ \cdot mol^{-1}$，由化学反应等温式判定下列条件下反应自发进行的方向：

(1) 298.15K　$p_{N_2O_4}=p^{\ominus}$，$p_{NO_2}=10p^{\ominus}$；

(2) 298.15K　$p_{N_2O_4}=10p^{\ominus}$，$p_{NO_2}=p^{\ominus}$；

(3) 298.15K　$p_{N_2O_4}=3p^{\ominus}$，$p_{NO_2}=2p^{\ominus}$。

$$[(1)\ 逆向；(2)\ 正向；(3)\ 逆向]$$

4-18　已知 457K、$p^{\ominus}$ 下，NO_2 有 5%按下式分解：

$$2NO_2(g) \Longrightarrow 2NO(g)+O_2(g)$$

求反应的 K_x、K_c、K_p 和 $K^{\ominus}$。

$$(K^{\ominus}=K_x=6.76\times10^{-5},\ K_p=6.85Pa,\ K_c=1.80\times10^{-3}mol \cdot m^{-3})$$

4-19　实验测定 523K 反应：$PCl_5(g) \Longrightarrow PCl_3(g)+Cl_2(g)$ 的 $K_c=0.04mol \cdot L^{-1}$：

(1) 求 523K 反应的 $K^{\ominus}$ 和 K_p；

$$(K^{\ominus}=1.717,\ K_p=1.74\times10^5Pa)$$

(2) 以 $0.1mol \cdot L^{-1}$ 的 $PCl_5(g)$ 初始浓度开始，求平衡时各组分浓度；

$$(PCl_5：0.054mol \cdot L^{-1}，PCl_3 和 Cl_2：0.0463mol \cdot L^{-1})$$

(3) 以纯的 PCl_5 开始，523K，$2p^{\ominus}$ 下达平衡，平衡混合气中 $V_{Cl_2}\%=40.7\%$，求 PCl_5 的初始压力，各组分的平衡分压及 PCl_5 的转化率；

$(PCl_5$ 初始压力：1.22×10^5Pa，平衡分压：$PCl_3\ 3.9\times10^4Pa$，$PCl_3\ 8.25\times10^4Pa$，$Cl_2\ 8.25\times10^4Pa$，$\alpha=67.8\%)$

(4) 若 (3) 中气体混合物恒温膨胀到压力为 $0.2p^{\ominus}$，求平衡混合物组成及 PCl_5 的转化率。

$$(平衡分压：PCl_5\ 540.95Pa，PCl_3 和 Cl_2\ 9.86\times10^3Pa，\alpha=94.8\%)$$

4-20　已知 1273K 时反应 $FeO(s)+CO(g) \Longrightarrow Fe(s)+CO_2(g)$ 的 $K^{\ominus}=0.5$

(1) 以 $FeO(s)$ 和 10.2kPa 的 $CO(g)$ 开始，1273K 下反应达平衡，求平衡气相组成和 CO 的转化率；

$$(平衡分压：CO\ 6.8kPa，CO_2\ 3.4kPa，\alpha=33.3\%)$$

(2) 若起始体系含有 10.2kPa 的 $CO(g)$ 和 2.5kPa 的 $CO_2(g)$，求反应达平衡时气相组成和 CO 的转化率。

(平衡分压：CO 8.467kPa，CO_2 4.233kPa，$\alpha=17.0\%$)

(3) 增加 FeO(s) 的量，对平衡有无影响？

(无)

4-21　理想液体混合物中反应：

$$C_5H_{10}(l)+CCl_3COOH(l)=\!\!=\!\!CCl_3COOC_5H_{11}(l)$$

100℃下，2.15mol C_5H_{10}(l) 和 1mol CCl_3COOH(l) 反应，达平衡后生成 0.762mol 酯

(1) 求 100℃下反应的 K_x；

(2) 若以 7.13mol C_5H_{10}(l) 和 1mol CCl_3COOH(l) 在相同条件下反应，反应达平衡后，酯的物质的量又为多少？

[(1) 5.51；(2) 0.825mol]

4-22　已知 298.15K

反应①Na_2SO_4(s)$+10H_2O$(l)$=\!\!=\!\!Na_2SO_4\cdot10H_2O$(s)的 $\Delta_rG_m^\ominus(1)=-4.56$kJ·$mol^{-1}$

反应②H_2O(l)$=\!\!=\!\!H_2O$(g)的 $\Delta_rG_m^\ominus(2)=8.588$kJ·$mol^{-1}$

(1) 求反应③Na_2SO_4(s)$+10H_2O$(g)$=\!\!=\!\!Na_2SO_4\cdot10H_2O$(s)的 $K^\ominus(3)$ 及水蒸气的平衡分压；

(2) 通过计算说明，将 Na_2SO_4(s) 放在相对湿度为 60% 的空气中，能否稳定存在？

[提示：所求反应③$=$①$-$②$\times10$。(1) $K^\ominus(3)=7.0\times10^{15}$，$p_{H_2O}=2637$Pa；(2) 能]

4-23　(1) 已知 298.15K 时下列数据：

物质	C(s)	H_2(g)	N_2(g)	O_2(g)	$CO(NH_2)_2$(s)
$\Delta_cH_m^\ominus$/kJ·mol^{-1}	−393.51	−285.83	0	0	−631.66
$S_m^\ominus$/J·K^{-1}·mol^{-1}	5.74	130.57	191.5	205.03	104.6

求 298.15K $CO(NH_2)_2$(s) 的 $\Delta_fG_m^\ominus$；

(2) 已知 298.15K 下列数据

物质	CO_2(g)	NH_3(g)	H_2O(g)
$\Delta_fG_m^\ominus$/kJ·mol^{-1}	−394.36	−16.5	−228.59

求 298.15K、$p^\ominus$ 下反应 CO_2(g)$+2NH_3$(g)$=\!\!=\!\!CO(NH_2)_2$(s)$+H_2O$(g)的 $K^\ominus$、K_p、K_c 和 K_x。

[(1) $\Delta_fG_m^\ominus=-177.47$kJ·$mol^{-1}$；(2) $K^\ominus=K_x=1.85\times10^{-4}$，$K_p=1.8\times10^{-16}$Pa^{-2}，$K_c=2.88\times10^{-23}$m^6·$mol^{-2}$)]

4-24　晶型转化反应　HgS(s，红)$=\!\!=\!\!$HgS(S，黑)的 $\Delta_rG_m^\ominus$ 与 T 的关系式为

$\Delta_rG_m^\ominus$/J·$mol^{-1}=17154-25.48$(T/K)

(1) 求反应在 298.15K 时的 $\Delta_rH_m^\ominus$ 和 $\Delta_rS_m^\ominus$；

(2) 3737K、$p^\ominus$ 下，哪一种晶形更稳定？

(3) 估算反应的转换温度。

[(1) 17.15kJ·mol^{-1}，25.48J·K^{-1}·mol^{-1}；(2) HgS (黑)；(3) $T_{转}=673.2$K]

4-25　由石灰石制备生石灰　$CaCO_3$(s)$=\!\!=\!\!CaO$(s)$+CO_2$(g)

在 500~950℃间得到如下关系式：

$$\lg K^\ominus=7.282-8500/(T/K)$$

(1) 求 $CaCO_3$(s) 在空气中开始分解的温度（空气中 CO_2 分压为 $p_{CO_2}=30.4$kPa）；

(2) 求 $CaCO_3$(s) 在平稳空气流中完全分解的温度（此时 $p_{CO_2}=p^\ominus$）。

[(1) 1089.1K；(2) 1167.3K]

4-26　已知 $2NO$(g)$+Br_2$(g)$=\!\!=\!\!2NOBr$(g)的 $\Delta_rH_m^\ominus<0$，298K 的 $K^\ominus=1.18\times10^2$，判断在下列条件

下反应自发进行的方向：

状态	温度 T/K	起始分压/kPa		
		p_{NO}	p_{Br_2}	p_{NOBr}
Ⅰ	298	1.0	1.0	4.5
Ⅱ	298	10	1.0	4.5
Ⅲ	273	10	1.0	10.8

（Ⅰ：逆向，Ⅱ：正向，Ⅲ：正向）

4-27 实验测定不同温度下反应 $2SO_2(g)+O_2(g)\Longrightarrow 2SO_3(g)$ 的 $K^{\ominus}$ 数据如下：

T/K	800	900	1000	1100	1170
$K^{\ominus}$	910	42	3.2	0.39	0.12

由作图法确定反应在此温度区间的 $\Delta_r H_m^{\ominus}$ 和 $\Delta_r S_m^{\ominus}$。

$(\Delta_r H_m^{\ominus}=-190.8kJ\cdot mol^{-1}$，$\Delta_r S_m^{\ominus}=-182J\cdot K^{-1}\cdot mol^{-1})$

4-28 说明以下反应在（1）恒压下提高反应温度（2）恒温下增加压力，平衡会怎样变化？

① $CO(g)+H_2O(g)\Longrightarrow CO_2(g)+H_2(g)$

② $2SO_2(g)+O_2(g)\Longrightarrow 2SO_3(g)$

③ $2O_3(g)\Longrightarrow 3O_2(g)$

④ $CaCO_3(s)\Longrightarrow CaO(s)+CO_2(g)$

⑤ $C(s)+H_2O(g)\Longrightarrow H_2(g)+CO(g)$

⑥ $C_{(石墨)}\Longrightarrow C_{(金刚石)}$ 密度：石墨 $2300kg\cdot m^{-3}$，金刚石 $3500kg\cdot m^{-3}$。

*4-29 丁烯脱氢制丁二烯的反应 $C_4H_8(g)\Longrightarrow C_4H_6(g)+H_2(g)$

为增加丁烯的转化率，加入惰性气体水蒸气，原料气的组成为丁烯：$H_2O=1:15$，操作压力为 $2p^{\ominus}$，已知下列数据

物质	$C_4H_8(g)$	$C_4H_6(g)$	$H_2(g)$
$\Delta_f H_m^{\ominus}/kJ\cdot mol^{-1}$	1.172	111.92	0
$\Delta_f G_m^{\ominus}/kJ\cdot mol^{-1}$	72.05	153.68	0

(1) 求 298K 时反应的 $\Delta_r S_m^{\ominus}$；

(2) 设反应的 $\Delta_r H_m^{\ominus}$ 和 $\Delta_r S_m^{\ominus}$ 不随温度变化，什么温度下丁烯的转化率可以达到 40%？

$[(1)\ 97.8J\cdot K^{-1}\cdot mol^{-1}；(2)\ 878K]$

*4-30 抽空容器中足量的 $NH_4I(s)$ 在 402.5℃分解达平衡：

$$NH_4I(s)\Longrightarrow NH_3(g)+HI(g)$$

其离解压为 $0.928p^{\ominus}$。若分解产生的 $HI(g)$ 可进一步缓慢离解：

$$2HI(g)\Longrightarrow H_2(g)+I_2(g)$$

402.5℃时 HI 的平衡转化率为 21.5%。

(1) 求 402.5℃两反应的 K_p；

(2) 考虑同时平衡，该体系最终平衡总压为多少？

$[(1)\ 反应1：2.21\times10^9 Pa^2，反应2：0.0188；(2)\ 1.06\times10^5 Pa]$

*4-31 血红蛋白（Hb）的氧化反应：

$$Hb(aq)+O_2(g)\Longrightarrow HbO_2(aq)$$

18℃时的 $K_1^{\ominus}=85.5$，当空气中氧的分压为 20.2kPa 时，氧气在水中的溶解度为 $2.3\times10^{-4} mol\cdot L$，试求 18℃时以下水溶液中反应的 $\Delta_r G_m^{\ominus}$ 和 $K_2^{\ominus}$。

$$Hb(aq)+O_2(aq)\Longrightarrow HbO_2(aq)$$

$(\Delta_r G_m^{\ominus}=-21.13kJ\cdot mol^{-1}$，$K_2^{\ominus}=7.4\times10^4)$

第5章 化学动力学基础

(Fundamentals of Chemical Kinetics)

要在生产实际中应用化学反应，首先必须考虑在指定条件下，化学反应自发进行的方向和限度，同时还必须考虑，在此条件下化学反应进行得有多快，即化学反应的速率有多大？改变反应条件，如温度、压力、催化剂的使用等，反应速率会如何变化？反应经历了怎样的历程，即反应的机理是怎样的？研究化学反应速率及化学反应机理的学科为化学动力学。即是说，上述问题将由化学动力学研究予以解决。化学反应速率的测定及控制在实际工作中十分重要，如利用以下反应净化汽车尾气：

$$2CO(g)+2NO(g)\!=\!=\!=\!2CO_2(g)+N_2(g)$$

298.15K，$p^{\ominus}$下反应的 $\Delta_r G_m^{\ominus}=-687.6kJ \cdot mol^{-1}$，反应的热力学趋势很大，但在此条件下反应的速率很小，并无实际利用价值。事实上，汽车尾气中就同时含有上述两种反应物，但它们在无催化剂存在时不会发生反应。开展化学动力学研究，研制出可加快此反应的催化剂，就可将其应用于汽车尾气的净化，同时消除汽车尾气中一氧化碳和一氧化氮污染物的排放。蛋白质、核酸、糖类等物质，原则上均可以发生水解反应，但在一般情况下反应速率很小，而在生物酶催化作用下，这些反应可在人体内快速进行，将反应物转化为人体自身的一部分，以维持人体的生命活动。金属的腐蚀、塑料的老化、药物的分解等反应则需要缓慢进行，添加什么物质可有效阻止这些反应进行或者降低反应的速率，也是化学动力学研究的内容。

本章将介绍有关化学反应速率的基本概念，反应速率的测定方法，影响反应速率的因素及有关反应机理的初步知识。化学反应动力学的研究成果，将使热力学上可以进行的反应变为现实。

5.1 化学反应的速率方程

(Equation of Chemical Reaction Rate)

5.1.1 反应速率的表示法

化学反应的快慢由反应速率定量表征。通常，在反应过程中，反应物浓度不断降低，产物浓度不断增加，因此，反应速率会随时间变化，为了表示反应在某一时刻的速率，我们采用瞬时速率。按国际单位制，对任一化学反应

$$0=\Sigma\nu_B B$$

反应速率定义为单位体积内反应进度随时间的变化率，即反应速率

$$r=\frac{1}{V}\frac{d\xi}{dt} \tag{5-1}$$

对于恒容反应，将式(4-18)引入式(5-1)中

$$r=\frac{d(n_B/V)}{\nu_B dt}=\frac{1}{\nu_B}\frac{d[B]}{dt} \tag{5-2}$$

即，反应速率可由反应计量式中任一组分 B 的量浓度随时间的变化率按式(5-2) 来表示，对于指定反应，其值不因所选物质 B 不同而不同，是确定的，单位为浓度·时间$^{-1}$。如恒容反应：

$$3H_2(g) + N_2(g) \Longrightarrow 2NH_3(g)$$

反应速率可表示为

$$r = -\frac{1}{3}\frac{d[H_2]}{dt} = -\frac{d[N_2]}{dt} = \frac{1}{2}\frac{d[NH_3]}{dt}$$

实际工作中也用 $r_{H_2} = -\dfrac{d[H_2]}{dt}$ 和 $r_{N_2} = -\dfrac{d[N_2]}{dt}$ 分别代表反应物 H_2 和 N_2 的消耗速率，$r_{NH_3} = \dfrac{d[NH_3]}{dt}$ 代表产物 NH_3 的生成速率，r_{H_2}、r_{N_2} 和 r_{NH_3} 均为正值。应注意的是，因反应计量式中各组分的计量系数不同，r_{H_2}、r_{N_2} 和 r_{NH_3} 的数值并不相同，r_{H_2}、r_{N_2} 和 r_{NH_3} 的比例关系为 $r_{H_2} : r_{N_2} : r_{NH_3} = 3 : 1 : 2$，因此它们与 r 之间的数量关系为

$$r = \frac{1}{3}r_{H_2} = r_{N_2} = \frac{1}{2}r_{NH_3}$$

可见，对指定的反应，按式(5-2) 定义的反应速率，其值只有一个，不因跟踪物质组分不同而异，是国际标准推荐使用的反应速率定义式。

图 5-1 反应速率的实验测定

反应速率可由实验测定。用化学分析法或物理分析法监测反应物 R 或产物 P 的浓度随时间的变化情况，作浓度-时间曲线（见图 5-1），由任一时刻 t 处曲线的切线斜率，可以得到 $\dfrac{d[R]}{dt}$ 或 $\dfrac{d[P]}{dt}$，代入式(5-2) 中即可得 t 时刻的反应速率。

若采用化学分析法，一经取样，应立即采用骤冷、稀释、去催化剂等方法使反应停止，再分析反应混合物的组成，因此，操作复杂费时。使用物理分析法时，只需测量与浓度线性相关的物理量，如压力、体积、电导，吸光度等，由这些物理量的变化来表征浓度的变化。物理分析法无需中断反应，便于实现连续快速测定，自动记录，甚至可原位记录浓度随时间的变化。

5.1.2 基元反应和复杂反应

(1) 基元反应

由反应物分子经一步过程直接生成产物分子的反应称为基元反应（Elementary Reaction），基元反应的计量式代表了反应的实际历程。基元反应中，同时发生作用的物质微粒数目为反应分子数（Molecularity），这些物质微粒可以是分子、原子、离子或自由基等，反应分子数是一个与微观机理相关的物理量。如

气相单分子反应 $\qquad\qquad$ $Cl_2 \longrightarrow 2Cl$

气相双分子反应 $\qquad\qquad$ $H_2 + Cl \longrightarrow HCl + H$

溶液中双分子反应 $\qquad\qquad$ $H^+ + OH^- \longrightarrow H_2O(l)$ ……

反应分子数大于三的气相反应尚未发现，这是因为三个以上的分子同时发生作用的几率很小。

(2) 复杂反应

反应物分子经若干基元步骤，最终生成产物分子的反应称为复杂反应（Complex Reaction）

或非基元反应。如气相反应 $H_2 + I_2 \Longrightarrow 2HI$ 经研究，是通过以下两个基元步骤实现的：

$$I_2 \longrightarrow 2I$$

$$2I + H_2 \longrightarrow 2HI$$

因此，复杂反应的计量式只代表反应的始态和终态，以及物质相互转化的计量关系，并不代表反应所经历的真实历程。以上所列的基元步骤，才是反应经过的历程即机理。动力学中称复杂反应的计量式为总包反应式，复杂反应也不存在反应分子数这一概念。

5.1.3　化学反应的速率方程

(1) 反应速率方程

恒温下，由实验测定的反应速率与浓度间的关系式为反应速率方程（Rate Equation）。由大量的实验结果我们得出：基元反应的反应速率与反应物浓度的幂乘积成正比，幂指数即该反应物的计量系数，基元反应的速率与产物的浓度无关。这一实验规律称为基元反应速率的质量作用定律（Law of Mass Reaction）。如基元反应

$$Cl_2 \longrightarrow 2Cl \qquad r = -\frac{d[Cl_2]}{dt} = \frac{1}{2}\frac{d[Cl]}{dt} = k[Cl_2]$$

$$H_2 + 2I \longrightarrow 2HI \qquad r = -\frac{d[H_2]}{dt} = -\frac{1}{2}\frac{d[I]}{dt} = \frac{1}{2}\frac{d[HI]}{dt} = k[H_2][I]^2$$

对于基元反应，可由质量作用定律按反应计量式直接给出速率方程。复杂反应的速率方程则应由实验测定，其形式可能与质量作用定律给出的形式相同，也可能不同。如实验测得以下复杂反应的速率方程：

气相合成 HI：

$$H_2 + I_2 \longrightarrow 2HI \qquad r = -\frac{d[H_2]}{dt} = -\frac{d[I_2]}{dt} = \frac{1}{2}\frac{d[HI]}{dt} = k[H_2][I_2]$$

H_2O_2 分解反应：

$$2H_2O_2(aq) \xrightarrow{I^-} O_2(g) + 2H_2O(l) \qquad r = -\frac{1}{2}\frac{d[H_2O_2]}{dt} = \frac{d[O_2]}{dt} = k[H_2O_2]$$

臭氧的破坏：

$$2O_3(g) \longrightarrow 3O_2(g) \qquad r = -\frac{1}{2}\frac{d[O_3]}{dt} = \frac{1}{3}\frac{d[O_2]}{dt} = k\frac{[O_3]}{[O_2]}$$

其中，HI 合成反应的速率方程形式同质量作用定律，但这仅是一种巧合，不能因此得出该反应为基元反应这一错误的结论。

(2) 反应级数

实验得到的速率方程中各组分浓度项的指数为该组分的反应级数（Order of Reaction），浓度项的指数总和为反应的总级数（Total Orders）。反应级数是由实验确定的参数，可为正、为负或为零，可为整数或为分数，它表征反应物的浓度对反应速率影响的程度，是一个宏观物理量。对于基元反应，通常反应级数与反应分子数数值上相等；对于复杂反应，反应级数与各反应物的计量系数间没有必然联系。

(3) 速率常数

实验得到的速率方程式中的比例系数 k 为速率常数（Rate Constant），k 数值上等于单位浓度时的反应速率，故又称为比速率。k 值的大小与温度、催化剂、溶剂等因素有关，但与浓度无关。k 有单位，单位随反应级数不同而不同。指定条件下 k 的大小可以表示反应速率的大小。

5.2 简单级数反应的动力学特征

(Kinetic Characteristics of Reactions With Simple Orders)

实验发现，一些反应的级数为简单的整数，如 0、1、2 等，因此类反应的动力学处理较为简便，我们称之为简单级数的反应，从机理上看，这些反应可能为基元反应，也可能为复杂反应。

5.2.1 一级反应

反应速率与反应物浓度一次方成正比的反应为一级反应。如

同位素蜕变反应

$$^{238}\text{U} \longrightarrow {}^{206}\text{Pb} + 8\,{}^4\text{He} \qquad r = -\frac{\text{d}[^{238}\text{U}]}{\text{d}t} = k[^{238}\text{U}]$$

过氧化氢分解

$$2\text{H}_2\text{O}_2(\text{l}) \longrightarrow \text{O}_2(\text{g}) + 2\text{H}_2\text{O}(\text{l}) \qquad r = -\frac{1}{2}\frac{\text{d}[\text{H}_2\text{O}_2]}{\text{d}t} = k[\text{H}_2\text{O}_2]$$

偶氮甲烷热分解

$$\text{CH}_3\text{N}_2\text{CH}_3(\text{g}) \longrightarrow \text{N}_2(\text{g}) + \text{C}_2\text{H}_6(\text{g}) \qquad r = -\frac{\text{d}[\text{CH}_3\text{N}_2\text{CH}_3]}{\text{d}t} = k[\text{CH}_3\text{N}_2\text{CH}_3]$$

设反应的总包反应形式为 $a\text{A} \longrightarrow$ 产物

速率方程
$$r = -\frac{1}{a}\frac{\text{d}[\text{A}]}{\text{d}t} = k[\text{A}] \tag{5-3}$$

式中，a 为反应物 A 的计量系数，若 $a=1$ 可以不表示出来。实际工作中，常需要知道反应经一段时间后各组分的浓度，因此使用时应对式(5-3)求积分。先分离变量：

$$-\frac{\text{d}[\text{A}]}{[\text{A}]} = ak\,\text{d}t$$

从 $t=0$、$[\text{A}]=[\text{A}]_0$ 到 $t=t$、$[\text{A}]=[\text{A}]$ 求定积分，得：

$$\ln\frac{[\text{A}]_0}{[\text{A}]} = akt \tag{5-4}$$

或
$$[\text{A}] = [\text{A}]_0 \exp(-akt) \tag{5-5}$$

由式可见，一级反应 $\ln[\text{A}]$-t 为一直线关系，或 $[\text{A}]$ 随时间呈指数衰减，由直线的斜率可求出速率常数 k，k 的单位为时间$^{-1}$，且与浓度单位无关。

反应物浓度降为起始浓度一半所需的时间称为反应的半衰期（Half-life），用 $t_{\frac{1}{2}}$ 表示。

将 $[\text{A}]=\frac{1}{2}[\text{A}]_0$，$t=t_{\frac{1}{2}}$ 代入式(5-4) 中，得到

$$t_{\frac{1}{2}} = \frac{\ln 2}{ak} \tag{5-6}$$

式(5-6) 中不含初始浓度 $[\text{A}]_0$，表明一级反应的半衰期与反应物初浓度无关。

若反应经一段时间后，反应物浓度由 $[\text{A}]_0$ 降低为 $[\text{A}]$，它们与反应物转化率 α 间的关系为

$$[\text{A}] = [\text{A}]_0(1-\alpha)$$

将此式代入式(5-4) 中，得

$$\ln\frac{1}{1-\alpha} = akt \tag{5-7}$$

式(5-7) 表明，一级反应达一定转化率所需的时间也与反应物初始浓度无关。如叔丁基溴水解生成叔丁醇的反应为一级反应：

$$(CH_3)_3CBr + H_2O \longrightarrow (CH_3)_3C(OH) + HBr$$

25℃的动力学数据列于表 5-1 中。由表列数据作 $\lg[A]$ 对 t 图为直线，由直线斜率得出 $k = 5.18 \times 10^{-2} h^{-1}$。$[A]$-$t$ 曲线符合式(5-5) 和式(5-6)，即 $t_{\frac{1}{2}}$ 与 $[A]_0$ 无关。反应的动力学特征见图 5-2(a) 和图 5-2(b)。

表 5-1　叔丁基溴浓度[A]随时间 t 变化的数据 [25℃, 溶剂为丙酮-水(10%)的混合溶液]

t/h	0	3.15	6.20	10.0	13.5	18.3	26.0	30.8	37.3	43.8
$[A]/10^{-3} mol \cdot L^{-1}$	103.9	89.6	77.6	63.9	52.9	35.8	27.0	20.7	14.2	10.1

(a) $\lg[A]$-t 呈直线关系

(b) $[A]$ 随 t 呈指数衰减

图 5-2　叔丁基溴水解反应的动力学特征

【例 5-1】　蔗糖在酸催化下水解为葡萄糖和果糖：

$$\underset{(A)}{C_{12}H_{22}O_{12}} + H_2O \xrightarrow{H^+} \underset{(B)}{C_6H_{12}O_6} + \underset{(C)}{C_6H_{12}O_6}$$

当蔗糖浓度较低时，反应物水大大过量，反应中水的浓度可近似视为常数，反应为表观一级反应。以 $0.25 mol \cdot L^{-1}$ 蔗糖初浓度开始，308K 测得反应的速率常数为 $6.27 \times 10^{-5} s^{-1}$。求

(1) 反应的初始速率和反应到 30min 时的反应速率；

(2) 反应到 30min 时反应的转化率和产物的浓度；

(3) 反应的半衰期 $t_{\frac{1}{2}}$。

解：(1)　　　$r_0 = k[C_{12}H_{22}O_{12}]_0 = 6.27 \times 10^{-5} s^{-1} \times 0.25 mol \cdot L^{-1}$

$$= 1.57 \times 10^{-5} mol \cdot L^{-1} \cdot s^{-1}$$

30min 时　　　$[C_{12}H_{22}O_{12}] = [C_{12}H_{22}O_{12}]_0 \exp(-kt)$

$$= 0.25 mol \cdot L^{-1} \exp(-6.27 \times 10^{-5} s^{-1} \times 60 \times 30 s)$$

$$= 0.223 mol \cdot L^{-1}$$

$r = k[C_{12}H_{22}O_{12}] = 6.27 \times 10^{-5} s^{-1} \times 0.223 mol \cdot L^{-1} = 1.40 \times 10^{-5} mol \cdot L^{-1} \cdot s^{-1}$

(2) 反应到 30min 时

由 $\ln \dfrac{1}{1-\alpha} = kt$，得 $\alpha = 1 - \exp(-kt)$

$$\alpha = 1 - \exp(-6.27 \times 10^{-5} s^{-1} \times 30 \times 60 s) = 0.107$$

产物浓度 $= [C_{12}H_{22}O_{12}]_0 \alpha = 0.25 \times 0.107 mol \cdot L^{-1} = 0.0268 mol \cdot L^{-1}$

(3) $t_{\frac{1}{2}}=\dfrac{\ln2}{k}=\dfrac{0.693}{6.27\times10^{-5}\,\mathrm{s}^{-1}}=1.105\times10^4\,\mathrm{s}=3.07\mathrm{h}$

5.2.2 二级反应

反应速率与反应物浓度二次方成正比的反应为二级反应。如

气相反应：

$$2N_2O(g)\longrightarrow2N_2(g)+O_2(g)\qquad r=-\frac{1}{2}\frac{d[N_2O]}{dt}=k[N_2O]^2$$

溶液中反应

$$CH_3COOC_2H_5(aq)+OH^-(aq)\longrightarrow CH_3COO^-(aq)+C_2H_5OH(aq)$$

$$r=-\frac{d[OH^-]}{dt}=k[CH_3COOC_2H_5][OH^-]$$

二级反应的反应计量式可能有两种形式：

$$aA\longrightarrow 产物 \tag{1}$$

$$aA+bB\longrightarrow 产物 \tag{2}$$

先讨论第（1）种形式的动力学处理方法和结果。

$$速率方程为\quad -\frac{1}{a}\frac{d[A]}{dt}=k[A]^2 \tag{5-8}$$

类似于一级反应的处理方法，对式(5-8)求定积分，得

$$-\int_{[A]_0}^{[A]}\frac{d[A]}{[A]^2}=ak\int_0^t dt$$

$$\frac{1}{[A]}-\frac{1}{[A]_0}=akt \tag{5-9}$$

反应的半衰期 $\qquad t_{\frac{1}{2}}=\dfrac{1}{ak[A]_0} \tag{5-10}$

反应的转化率 α 与时间的关系式

$$\frac{\alpha}{1-\alpha}=a[A]_0kt \tag{5-11}$$

以上各式给出二级反应的动力学特征：

对二级反应，$\dfrac{1}{[A]}$-t 为直线关系，由直线的斜率可求出速率常数 k，速率常数 k 的单位为浓度$^{-1}$·时间$^{-1}$，反应的半衰期或达任意转化率所需的时间与初浓度成反比。如氰酸铵在水溶液中异构化为尿素的反应：

$$NH_4CNO(A)\longrightarrow(NH_2)_2CO(B)$$

65℃的实验数据列于表 5-2 中，由表列数据作 $\dfrac{1}{[A]}$-t 图为一直线，表明反应为二级反应，由此直线可以得出

$$k=5.88\times10^{-2}\mathrm{L\cdot mol^{-1}\cdot min^{-1}}$$

和 $\qquad t_{\frac{1}{2}}=44.6\mathrm{min}$

表 5-2　65℃氰酸铵水溶液中[A]随时间变化的数据

t/min	0	20	50	65	150
[A]/mol·L^{-1}	0.381	0.265	0.180	0.156	0.086

$\dfrac{1}{[A]}$-t 直线和 [A]-t 曲线示于图 5-3(a) 和图 5-3(b) 中。

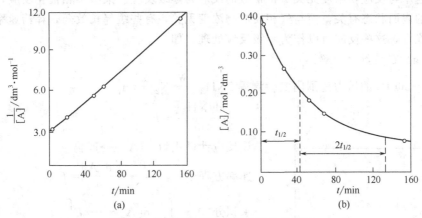

图 5-3　氰酸铵异构化反应的动力学特征

对于第 （2） 种类型反应，速率方程的形式为

$$r = -\frac{1}{a}\frac{d[A]}{dt} = -\frac{1}{b}\frac{d[B]}{dt} = k[A][B] \qquad (5\text{-}12)$$

若反应物 A 和 B 的计量系数 a 和 b 相等，反应物的初浓度也相等，则任意时刻有 [A]＝[B]，式(5-12) 实际上与式(5-8) 相同，动力学处理的结果也同式(5-9)～式(5-11)。若反应物初浓度不等，但有比例关系 $\dfrac{[A]_0}{[B]_0} = \dfrac{a}{b}$，任意时刻反应物的浓度也满足 $\dfrac{[A]}{[B]} = \dfrac{a}{b}$，将 $[B] = \dfrac{b}{a}[A]$ 代入式(5-12) 中：

$$r = -\frac{1}{a}\frac{d[A]}{dt} = k \cdot \frac{b}{a}[A]^2 \qquad (5\text{-}13)$$

积分上式，可得

$$\frac{1}{[A]} - \frac{1}{[A]_0} = bkt \qquad (5\text{-}14)$$

和

$$t_{\frac{1}{2}} = \frac{1}{b[A]_0 k} \qquad (5\text{-}15)$$

这些结果与反应类型 （1） 的结果相似，只是用计量系数 b 代替式(5-9)～式(5-11) 中的计量系数 a。

【例 5-2】 乙酸乙酯皂化反应：
$$CH_3COOC_2H_5(aq) + OH^-(aq) \longrightarrow CH_3COO^-(aq) + C_2H_5OH(aq)$$
反应以相同的反应物初浓度 $0.01 \text{mol} \cdot L^{-1}$ 开始，$25.0℃$ 下反应 10min 后，经分析碱浓度为 $6.25 \times 10^{-3} \text{mol} \cdot L^{-1}$，求该二级反应的速率常数和半衰期。

解：设 NaOH 为反应物 A，由式(5-10)

$$k = \frac{1}{t}\left[\frac{1}{[A]} - \frac{1}{[A]_0}\right] = \frac{1}{10 \times 60 \text{s}} \times \left(\frac{1}{6.25 \times 10^{-3}} - \frac{1}{1 \times 10^{-2}}\right) \text{mol}^{-1} \cdot L$$

$$= 0.10 \text{L} \cdot \text{mol}^{-1} \cdot \text{s}^{-1}$$

$$t_{\frac{1}{2}} = \frac{1}{[A]_0 k} = \frac{1}{1.0 \times 10^{-2} \text{mol} \cdot L^{-1} \times 0.10 \text{L} \cdot \text{mol}^{-1} \cdot \text{s}^{-1}}$$

$$= 1000 \text{s}$$

5.2.3 零级反应

反应速率与反应物浓度无关保持常数的反应为零级反应。某些多相催化反应，反应速率与催化剂的表面状态有关，而与气相反应物浓度无关，有些缓释长效药，释药速率在很长时间内十分稳定，这些反应可以作为零级反应处理。如

$NH_3(g)$ 在钨丝上分解：

在 30～260Pa 的压力范围内实验测得 $2NH_3 \xrightarrow{W} N_2 + 3H_2$

$$r = -\frac{1}{2}\frac{d[NH_3]}{dt} = k$$

设反应计量式为 $aA \longrightarrow 产物$

速率方程
$$r = -\frac{1}{a}\frac{d[A]}{dt} = k \tag{5-16}$$

求积分
$$\int_{[A]}^{[A]} d[A] = -ak\int_0^t dt$$

可得
$$[A]_0 - [A] = akt \tag{5-17}$$

$$t_{\frac{1}{2}} = \frac{[A]_0}{2ak} \tag{5-18}$$

和
$$[A]_0\alpha = akt \tag{5-19}$$

以上结果表明，零级反应 $[A]$-t 为直线关系，由直线斜率可求速率常数 k，k 的单位为浓度·时间$^{-1}$，达一定转化率所需时间与反应物初浓度成正比。

图 5-4 零级反应的动力学特征

这些特征示于图 5-4 中。

5.2.4 几点讨论

在处理动力学问题时，还会遇到以下几种情况：

对于气相反应，可用分压代替浓度，反应速率的定义式(5-2)可改写为

$$r_p = \frac{1}{\nu_B}\frac{dp_B}{dt}$$

式中，p_B 为任一气体组分的分压；r_p 为压力表示的反应速率；速率方程式中的速率常数为 k_p，对于 n 级反应可以导出，k_c 与 k_p 间关系为

$$k_c = k_p(RT)^{n-1} \tag{5-20}$$

对于气相反应，实验测得的是任意时刻反应混合气的总压，应根据反应计量式由总压求出反应物的分压，再代入反应的动力学关系式中进行相关计算。如何由总压求分压呢？以下举一例进行分析。

气相一级反应 $2N_2O_5 \longrightarrow 2N_2O_4 + O_2$

设 $t=0$ 时 p_0 0 0 $p_{总0} = p_0$

$t=t$ 时 p p_0-p $\frac{1}{2}(p_0-p)$ $p_{总t} = \frac{3}{2}p_0 - \frac{1}{2}p$

$t=\infty$ 时 0 p_0 $\frac{1}{2}p_0$ $p_{总\infty} = \frac{3}{2}p_0$

由反应最终的总压可求出反应物的初始压力：

$$p_0 = \frac{2}{3}p_{总\infty}$$

由任意时刻的总压可求出反应物的分压：

$$p = 3p_0 - 2p_{\text{总}t}$$

再代入一级反应的动力学关系式中

$$\ln \frac{p_0}{p} = 2kt$$

就可以计算出速率常数 k 及半衰期等，且对于一级反应，k_c 和 k_p 是相同的，因 k 与浓度单位无关。

实验中可由化学分析法监测反应物或产物的浓度，但因操作复杂，通常并不采用，常用的是物理分析法，即监测与浓度线性相关的物理量，由该物理量的变化代换浓度的变化。如过氧化氢催化分解反应为一级反应

$$2H_2O_2(aq) \xrightarrow{I^-} 2H_2O(l) + O_2(g)$$

在恒定温度 T 恒定压力 p 下，收集反应产物 O_2 气并进行体积计量，因

$$V_t(O_2) = \frac{[H_2O_2]_0 - [H_2O_2]_t}{2} V(溶液) \frac{RT}{p}$$

反应完成后

$$V_\infty(O_2) = \frac{[H_2O_2]_0}{2} V(溶液) \frac{RT}{p}$$

忽略溶液体积变化，可见 $[H_2O_2]_0 \propto V_\infty(O_2)$，$[H_2O_2]_t \propto [V_\infty(O_2) - V_t(O_2)]$ 且比例系数相同，这样可用氧气体积代替反应物浓度，将 $\ln \dfrac{[H_2O_2]_0}{[H_2O_2]_t} = kt$ 改写为

$\ln \dfrac{V_\infty(O_2)}{V_\infty(O_2) - V_t(O_2)} = kt$，再进行动力学计算。

5.3　速率方程式的建立
（Establishing of Rate Equation）

5.2 节的结论适用于处理已知速率方程的反应，但在研究化学反应速率时，往往并不知道反应的速率方程，为了进行动力学计算，应首先由实验建立速率方程，确定反应级数和速率常数。实际工作中常采用以下几种数据处理方法。

5.3.1　微分法

设反应的计量式为 $\qquad a A \longrightarrow （产物）$

速率方程形式为 $\qquad r = -\dfrac{1}{a} \dfrac{d[A]}{dt} = k[A]^n$

两边取对数 $\qquad \lg r = \lg k + n \lg [A]$ $\hfill$ (5-21)

可见 $\lg r$-$\lg[A]$ 为一直线，由直线的斜率可求出反应级数 n，由截距可求出速率常数 k。为此，先由实验测定不同时刻反应物的浓度 $[A]$，作 $[A]$-t 曲线，再在曲线上选点作切线，由切线斜率求出反应物浓度 $[A]$ 为某一值时反应的瞬时速率 r，再作 $\lg r$-$\lg[A]$ 直线，就可求出反应级数和速率常数。此法利用了速率方程的微分形式，故称为微分法，适用于反应过程中反应级数不变的反应。为避免产物对反应速率的干扰，通常采用初始速率和初始浓度值。因数据处理过程需两次作图，其结果会有一定误差，两次作图的结果见图 5-5。

5.3.2　积分法

利用简单级数反应速率方程的积分形式，按不同级数反应速率方程函数关系的直线形

图 5-5 微分法建立速率方程

式，代入实验数据作尝试处理，由函数关系作图是否为一直线，或计算 k 是否为一常数等来判定该反应是什么级数的反应。

5.3.3 半衰期法

若反应计量式为

$$a\,A \longrightarrow 产物$$

速率方程为

$$r = -\frac{1}{a}\frac{d[A]}{dt} = k[A]^n$$

求定积分

$$-\int_{[A]_0}^{[A]} \frac{d[A]}{[A]^n} = ak\int_0^t dt$$

若 $n \neq 1$，得

$$\frac{1}{n-1}\left(\frac{1}{[A]^{n-1}} - \frac{1}{[A]_0^{n-1}}\right) = akt$$

当 $[A] = \frac{1}{2}[A]_0$ 时，$t = t_{\frac{1}{2}}$ $t_{\frac{1}{2}} = \frac{2^{n-1}-1}{ak(n-1)[A]_0^{n-1}}$

恒 T 下对指定的反应，k 和 n 为定值，即 $\frac{2^{n-1}-1}{a(n-1)k}$＝常数，故

$$t_{\frac{1}{2}} = \frac{常数}{[A]_0^{n-1}}$$

若以反应物 A 两个不同初浓度开始，测得反应的两个半衰期，则

$$n = 1 - \frac{\lg\left(\dfrac{t_{1/2}}{t'_{1/2}}\right)}{\lg\left(\dfrac{[A]_0}{[A]'_0}\right)} \tag{5-22}$$

5.3.4 改变初浓度法

若有两种反应物参加反应，反应计量为 $a\,A + b\,B \longrightarrow 产物$，速率方程式为 $r = -\frac{1}{a}\frac{d[A]}{dt} = -\frac{1}{b}\frac{d[B]}{dt} = k[A]^\alpha[B]^\beta$，分别作两次实验，实验中先保持 $[A]_0$ 不变，按比例改变 $[B]_0$，测反应的初始速率 r_{01} 和 r_{02}，代入速率方程：

$$r_{01} = k[A]_0^\alpha[B]_{01}^\beta \qquad r_{02} = k[A]_0^\alpha[B]_{02}^\beta$$

则反应级数

$$\beta = \frac{\lg\left(\dfrac{r_{01}}{r_{02}}\right)}{\lg\left(\dfrac{[B]_{01}}{[B]_{02}}\right)} \tag{5-23}$$

再保持 $[B]_0$ 一定，按比例改变 $[A]_0$，类似地可以求出反应级数 α

$$\alpha = \frac{\lg\left(\dfrac{r_{01}}{r_{02}}\right)}{\lg\left(\dfrac{[A]_{01}}{[A]_{02}}\right)} \tag{5-24}$$

下面通过几个例子应用以上几种方法。

【例 5-3】 环戊二烯气相二聚反应：

$$2C_5H_6(g) \longrightarrow C_{10}H_{12}(g)$$

130℃下测得体系总压随时间变化的数据为：

t/min	0	20	40	60	∞
$p_{\text{总}}/\text{kPa}$	20.37	16.62	14.87	13.88	10.19

(1) 确定反应级数和 130℃时的速率常数；

(2) 求反应的半衰期；

(3) 求反应转化率达 80% 时所需时间。

解： (1) 首先由 $p_{\text{总}}$ 计算出反应物的分压

$$2C_5H_6(g) \longrightarrow C_{10}H_{12}(g)$$

$t=0$ 　　　 p_0 　　　　　 0 　　　　 $p_{\text{总}0}=p_0$

$t=t$ 　　　 p 　　 $\frac{1}{2}(p_0-p)$ 　　 $p_{\text{总}t}=\frac{1}{2}(p_0+p)$, $p=2p_{\text{总}t}-p_0$

$t=\infty$ 　　 0 　　　 $\frac{1}{2}p_0$ 　　　 $p_{\text{总}\infty}=\frac{1}{2}p_0$ 或 $p_0=2p_{\text{总}\infty}$

计算不同时刻反应物环戊二烯的分压 p 列于表中：

t/min	0	20	40	60	∞
p/kPa	20.37	12.87	9.37	7.39	0

用积分法处理，设为一级反应，将数据代入 $k_1 = \dfrac{1}{2t}\ln\dfrac{p_0}{p}$ 中，得：

$$k_1 = 1.15\times10^{-2}\,\text{min}^{-1}, \quad k_1' = 9.71\times10^{-3}\,\text{min}^{-1}, \quad k_1'' = 8.45\times10^{-3}\,\text{min}^{-1}$$

k_1 不为常数，故不是一级反应。

设为二级反应，将数据代入 $k_2 = \dfrac{1}{2t}\left(\dfrac{1}{p}-\dfrac{1}{p_0}\right)$ 中，得：

$$k_2 = 7.15\times10^{-4}\,\text{kPa}^{-1}\cdot\text{min}^{-1}, \quad k_2' = 7.20\times10^{-4}\,\text{kPa}^{-1}\cdot\text{min}^{-1},$$

$$k_2'' = 7.19\times10^{-4}\,\text{kPa}^{-1}\cdot\text{min}^{-1}$$

k_2 可视为常数，故反应为二级，对 k_2 取平均值：$\bar{k}_2 = 7.18\times10^{-4}\,\text{kPa}^{-1}\cdot\text{min}^{-1}$

(2) 由式(5-10)：$t_{\frac{1}{2}} = \dfrac{1}{2p_0k_2} = \dfrac{1}{2\times20.37\,\text{kPa}\times7.18\times10^{-4}\,\text{kPa}^{-1}\cdot\text{min}^{-1}} = 34.19\,\text{min}$

(3) 由式(5-11)：$\dfrac{\alpha}{1-\alpha} = 2p_0k_2t$

$$t = \frac{\alpha}{2(1-\alpha)p_0k_2} = \frac{0.80}{2\times(1-0.8)\times20.37\,\text{kPa}\times7.18\times10^{-4}\,\text{kPa}^{-1}\cdot\text{min}^{-1}} = 136.7\,\text{min}$$

【例 5-4】 氰酸铵在水溶液中可转化为尿素

$$NH_4OCN \longrightarrow CO(NH_2)_2$$

300K 下实验测定了不同反应物初始浓度时反应的半衰期，数据如下：

$[NH_4OCN]_0/mol \cdot L^{-1}$	0.05	0.10	0.20
$t_{\frac{1}{2}}/h$	37.03	19.15	9.45

确定反应级数和 300K 时的速率常数。

解： 将数据代入式(5-22) 中，得

$$n_1 = 1 - \frac{\lg(37.03/19.15)}{\lg(0.05/0.10)} = 1.95$$

$$n_2 = 1 - \frac{\lg(19.15/9.45)}{\lg(0.10/0.20)} = 2.02$$

$$n_3 = 1 - \frac{\lg(37.03/9.45)}{\lg(0.05/0.20)} = 1.99$$

取平均值 $\bar{n} = 2.0$，即为二级反应。

将第三组数据代入式(5-10) 可求出：

$$k_2 = \frac{1}{0.20mol \cdot L^{-1} \times 9.45h} = 0.530mol \cdot L^{-1} \cdot h^{-1}$$

【例 5-5】 气相反应 $\qquad H_2 + Br_2 \longrightarrow 2HBr$

反应初期的速率方程式可表示为 $r = -\dfrac{d[H_2]}{dt} = k[H_2]^\alpha [Br_2]^\beta [HBr]^\gamma$

实验测得不同初始浓度下反应的初速率为

No.	1	2	3	4
$[H_2]_0/mol \cdot L^{-1}$	0.1	0.1	0.2	0.1
$[Br_2]_0/mol \cdot L^{-1}$	0.1	0.4	0.4	0.2
$[HBr]_0/mol \cdot L^{-1}$	2	2	2	3
r_0	r_0	$8r_0$	$16r_0$	$1.88r_0$

求反应级数 α、β 和 γ。

解： 由数据得 $\dfrac{r_1}{r_2} = \dfrac{1}{8} = \left(\dfrac{[Br_2]_1}{[Br_2]_2}\right)^\beta = \left(\dfrac{1}{4}\right)^\beta$，解出 $\beta = 1.50$

$$\frac{r_2}{r_3} = \frac{1}{2} = \left(\frac{[H_2]_2}{[H_2]_3}\right)^\alpha = \left(\frac{1}{2}\right)^\alpha，解出 \alpha = 1.00$$

$$\frac{r_1}{r_4} = \frac{1}{1.88} = \left(\frac{[Br_2]_1}{[Br_2]_4}\right)^\beta \left(\frac{[HBr]_1}{[HBr]_2}\right)^\gamma = \left(\frac{1}{2}\right)^{1.5} \left(\frac{2}{3}\right)^\gamma，解出 \gamma = -1.00$$

速率方程式为 $\qquad r = -\dfrac{d[H_2]}{dt} = k[H_2][Br_2]^{1.5}[HBr]^{-1}$

5.3.5 复杂反应机理的近似处理

一些复杂反应，若经研究确定了其反应机理，一定条件下，我们可以利用反应机理在速率方程推求中作近似处理，得到最后的速率方程，只要机理正确，近似合理，所得速率方程应与动力学实验的规律一致。常用两种近似处理方法。

(1) 稳定态近似

若在反应机理中存在活泼的中间体 X（自由基、激发态分子、激发态原子等），因其反应活性高，一旦形成即可参与下一步反应而立刻消耗。因此，反应达稳态后，活泼中间体的

浓度始终维持在一较低数值上，且不随时间明显变化，即满足 $\dfrac{d[X]}{dt}=0$，解此方程，可得出 $[X]$ 与稳定物质组分浓度间关系式，从而导出速率方程。如气相反应：

$$NO_2+CO \longrightarrow NO+CO_2$$

经研究其机理为

$$NO_2+NO_2 \xrightarrow{k_1} NO_3+NO$$

$$NO_3+CO \xrightarrow{k_2} NO_2+CO_2$$

其中第一步，两个 NO_2 分子因碰撞活化，生成了中间体 NO_3 和 NO 分子，NO_3 为活泼中间体，反应物 CO 仅在第二步过程中消耗，故总反应速率可表示为

$$r=-\frac{d[CO]}{dt}=k_2[NO_3][CO]$$

因活泼中间体 NO_3 的浓度不易由实验直接测得，可采用稳定态近似处理：

$$\frac{d[NO_3]}{dt}=k_1[NO_2][NO_2]-k_2[NO_3][CO]=0$$

解此方程得出　$[NO_3]=\dfrac{k_1[NO_2][NO_2]}{k_2[CO]}$，代入速率方程式中，

$$r=k_2 \cdot \frac{k_1[NO_2][NO_2]}{k_2[CO]}[CO]=k_1[NO_2]^2$$

故反应对 NO_2 为二级，对 CO 为零级，反应为二级反应。

（2）平衡态近似

复杂反应经系列基元反应完成，其中速率最慢的一步，控制了整个复杂反应的速率，我们称为速率控制步骤或决速步骤（Rate Determining Step）。若在反应机理中，速控步骤前有一快速平衡，速控步骤中反应物种的浓度可由快速平衡的平衡常数表示。如

气相反应　　　　　　　$H_2+I_2 \longrightarrow 2HI$

经研究机理为　　　　　$I_2 \underset{k_{-1}}{\overset{k_1}{\rightleftharpoons}} 2I \cdot$　　快平衡

$$2I \cdot + H_2 \xrightarrow{k_2} 2HI　　慢反应$$

第一步为快速平衡，第二步为速控步，整个反应的速率由第二步决定

$$r=r_2=k_2[I \cdot]^2[H_2]$$

其中 I 的浓度满足快速平衡常数关系式：$K_c=\dfrac{[I \cdot]^2}{[I_2]}$

或由平衡条件 $r_+=r_-$ 即 $k_1[I_2]=k_{-1}[I \cdot]^2$ 得出　$[I \cdot]^2=\dfrac{k_1}{k_{-1}}[I_2]$，相比可得：

$$K_c=\frac{k_1}{k_{-1}}$$

即正、逆反应速率常数之比，等于浓度（或压力）平衡常数。将以上结果代入速率方程中，

$$r=\frac{k_1 k_2}{k_{-1}}[I_2][H_2]=K_c k_2[I_2][H_2]=k_表[I_2][H_2]$$

恒温下，基元步骤速率常数 k_1、k_2、k_{-1} 均为常数，可合并在一起，合并后用 $k_表$ 表示，即表观速率常数 $k_表$ 也为一常数，反应为表观二级反应，但因经历了复杂机理，故不是

双分子反应，即不是基元反应。

这种处理复杂反应方法的原则是：在合理近似的条件下，将中间物种的浓度用实验可测的稳定物种的浓度来表示，避免了动力学数据的采集和复杂处理过程，简便适用。因不同反应机理不同，选择哪一种近似处理方法应视具体反应的特点而定。

5.4 温度对反应速率的影响
（Effect of Temperature on Reaction Rate）

实验表明，温度对反应速率的影响十分显著，如何解释并表征这种影响？如何利用这种影响控制反应速率？这就是本节要讨论的内容。

5.4.1 温度影响反应速率的几种类型

反应物浓度一定时温度对反应速率的影响，可以用温度对速率常数 k 的影响来表示。对大量反应进行实验研究的结果发现，温度对 k 的影响主要有如图 5-6 所示几种类型，其中以第一种类型最为常见。

图 5-6　温度对反应速率影响的几种类型

由图可见，类型（a）中 k 随温度升高呈指数增加。类型（b）为一些具有爆炸极限的反应，当温度超过 T' 时，反应速率急剧增加，反应将以爆炸的形式进行。类型（c）为一些多相催化反应或酶催化反应，在温度 T_m 处反应速率达极大值，超过 T_m，因反应物种在催化剂表面的吸附减弱，或酶失去活性，反应速率呈下降趋势。类型（d）是极少数反应遵从的规律，随温度升高，k 反而降低，研究发现，这些反应的机理中，总存在着一强放热的可逆反应，如反应 $2NO + O_2 \longrightarrow 2NO_2$ 就属于这种类型，其机理为

$$2NO \underset{k_{-1}}{\overset{k_1}{\rightleftharpoons}} (NO)_2$$

$$(NO)_2 + O_2 \overset{k_2}{\longrightarrow} 2NO_2$$

其中 NO 的二聚为一强放热反应。

5.4.2 温度与速率常数间的经验关系式

（1）Van't Hoff 近似规则

Van't Hoff（范特荷夫）首先提出：反应物浓度一定时，温度每升高 10K，速率常数约增大 2～4 倍，即：

$$\frac{k_{T+10}}{k_T} = 2 \sim 4 \quad 或 \frac{k_{T+10n}}{k_T} = (2 \sim 4)^n \tag{5-25}$$

式中 k_T、k_{T+10} 和 k_{T+10n} 分别为温度为 T K、$T+10$ K 和 $T+10n$ K 时的速率常数，由式(5-25)可近似估计温度对反应速率的影响。

（2）Arrhenius 经验公式

1889 年瑞典化学家 Arrhenius（阿累尼乌斯）在大量实验基础上，提出了 k 与 T 间的经验公式为：

$$k = A \exp\left(-\frac{E_a}{RT}\right) \tag{5-26}$$

上式两边取对数得

$$\ln k = -\frac{E_a}{RT} + \ln A \tag{5-27}$$

式（5-27）两边对 T 求微分：

$$\frac{\mathrm{d}\ln k}{\mathrm{d}T} = \frac{E_a}{RT^2} \tag{5-28}$$

以上三个式子均为 Arrhenius 公式，式中，k 为速率常数；A 为指前因子（Pre-exponential Factor）或频率因子（Frequency Factor）；E_a 为反应的实验活化能（Activation Energy）；A 和 E_a 是表征指定反应动力学特征的两个重要物理量，在温度变化范围不大时，A 和 E_a 均可作常数处理。R 为气体常数；T 为绝对温度。

由式（5-26）～式（5-28）我们可以得出：

① 速率常数 k 随温度呈指数变化；

② $\ln k$-$\frac{1}{T}$ 为一直线，由直线斜率和截距可求出动力学参数 E_a 和 A；

③ 式（5-28）可改写为 $\frac{1}{k}\frac{\mathrm{d}k}{\mathrm{d}T} = \frac{E_a}{RT^2}$，等式左端表示：在 T K 附近，温度升高 1K 速率常数增加的分数，也称为反应速率常数的温度系数，常温附近，E_a 越大，其值越大，表明温度对 k 的影响越显著；

④ 同一反应，A、E_a 一定，T 越高，k 值越大，即反应速率越快；不同反应，E_a 不同，若忽略 A 值差异，相同温度下，E_a 越小的反应，k 值越小，即反应速率越快；

⑤ 不同反应，若温度变化相同，引起 k 值改变的程度并不相同；在式（5-28）中代入两个反应的物理量后再相减，可得

$$\frac{\mathrm{d}\ln(k_1/k_2)}{\mathrm{d}T} = \frac{E_{a1} - E_{a2}}{RT^2} \tag{5-29}$$

若 $E_{a1} > E_{a2}$，等式两端均为正值，因此，随温度升高，比值 k_1/k_2 也增加。表明温度升高，虽然 k_1、k_2 均增加，但 k_1 增加更为显著，即活化能越大的反应，温度对速率的影响更为显著。

5.4.3　指前因子和活化能的意义

（1）指前因子 A

指前因子 A 与单位时间、单位体积内反应物分子间发生碰撞的次数即分子的碰撞频率有关，故又称为频率因子。对于同类型的反应，如气相反应、稀溶液中反应等，在相同条件下，A 值可近似相等，A 受温度的影响通常可忽略。

（2）活化能 E_a

反应物分子间发生碰撞，并不一定就会引起反应物分子内化学键改组，导致反应进行并生成产物，只有那些能量较大的分子间的碰撞，对反应才是有效的，我们称这些分子为活化

分子。对于基元反应，活化能有明确的物理意义，即活化分子平均能量 $\overline{E}^{*}$ 比普通反应物分子平均能量 $\overline{E}(R)$ 高出的值，即

$$E_a = \overline{E}^{*} - \overline{E}(R) \tag{5-30}$$

上标"*"代表活化态分子，"R"代表一般反应物（Reactant）分子。

为什么反应会存在活化能呢？因反应物分子必须首先获得能量，达到能量较高的活化态，处于活化态的分子间的碰撞，才足以克服分子间电子的斥力，核间的斥力，并使旧键减弱或断裂，形成产物分子的新键。对于由产物分子生成反应物分子的逆过程，产物分子也须先经历同样的活化状态。基元反应体系能量随反应进程变化如图 5-7 所示，图中 E_{a+} 为正反应的活化能，E_{a-} 为逆反应的活化能。由图可见，正、逆反应活化能之差，为摩尔反应中产物分子与反应物分子平均能量之差，即反应的摩尔热力学能改变

图 5-7　活化能的物理意义

$$\Delta_r U_m = E_{a+} - E_{a-} \tag{5-31}$$

通常，因 $\Delta_r U_m$ 与 $\Delta_r H_m$ 相差很小，近似取 $\Delta_r U_m^{\ominus} \approx \Delta_r H_m$。对指定的反应，活化能一定，随温度升高，分子平均能量升高，具有较高能量的活化分子分数增加，对反应有效的分子间碰撞数也增加，故反应速率加快。

对于复杂反应，因机理涉及多个基元反应，实验测定的活化能并不具有图 5-7 所示的明确的物理意义，称为实验活化能或表观活化能 $E_{a表}$（Apparent Active Energy）。

5.4.4　活化能的测算

（1）活化能的实验测定

不论基元反应或复杂反应，反应的活化能均可根据不同温度下实验测定的速率常数，或按式（5-27）作 $\ln k$-$1/T$ 直线，由直线的斜率求出，或代入式（5-27）中，消去 $\ln A$ 得

$$\ln \frac{k_2}{k_1} = \frac{E_a}{R}\left(\frac{1}{T_1} - \frac{1}{T_2}\right) \tag{5-32}$$

再按式（5-32）求出。

（2）基元反应活化能的估算

基元反应的活化能可由键焓数据估算。键焓为某种键键能的平均值。恒温恒压下，1mol 气态物质解离为两个气态原子或原子团所需的能量为该解离键的键能（Bond Energy）。严格而言，同一种键，在不同的分子中或在同一分子中的不同位置键上，键能的值是不同的。如 C—H 键，在 CH_4 和 C_2H_6 分子中是不同的，在 CH_4、CH_3、CH_2、CH 中也是不同的，我们把同一种键键能的平均值称为该键的键焓（Bond Enthalpy），记为 $\Delta_b H_m^{\ominus}$。298.15K 若干键的键焓数据已由光谱实验测出，列于数据表中可查用，表 5-3 列出一些常见键键焓数据。

由键焓可以估算基元反应的活化能，一些经验规律如下。

① 分子间反应：反应向放热方向进行，其活化能为所破坏键键焓总和的 30%。

② 分子与自由基间反应：反应向放热方向进行，其活化能为所破坏键键焓的 5%。

③ 自由基复合反应：活化能为零。

表 5-3　某些化学键在 25℃、$p^\ominus$ 下的平均键焓 $\Delta_b H_m^\ominus$ 值

键	$\Delta_b H_m^\ominus/kJ \cdot mol^{-1}$	键	$\Delta_b H_m^\ominus/kJ \cdot mol^{-1}$	键	$\Delta_b H_m^\ominus/kJ \cdot mol^{-1}$
H—H	435.9	S—H	339	Ag—Cl	301
C—C	342	Si—H	326	Sn—Cl	318
C=C	613	Li—H	481	Sb—Cl	310
C≡C	845	Na—H	197	F—Cl	253
N—N	85	K—H	180	Br—Cl	218
N≡N(N₂ 中)	945.4	Cu—H	276	I—Cl	209
O—O	139	As—H	247	Rb—Cl	427
O=O(O₂ 中)	498.3	Se—H	276	C—N	293
F—F(F₂ 中)	158.0	Rb—H	163	C≡N	879
Cl—Cl(Cl₂ 中)	243.3	Ag—H	243	C—O	343
Br—Br(Br₂ 中)	192.9	Te—H	238	C=O	707
I—I(I₂ 中)	151.2	Cs—H	176	C—F	443
Cl—F	251	C—Cl	328	C—S	272
C—H	416	N—Cl	192	C=S	536
N—H	354	O—Cl	218	S=O	498
O—H	463	Na—Cl	410	Cu—Cl	368
F—H(HF 中)	568.2	Si—Cl	381	As—Cl	293
Cl—H(HCl 中)	432.0	P—Cl	326	Se—Cl	243
Br—H(HBr 中)	366.1	S—Cl	255		
I—H(HI 中)	298.3	K—Cl	423		

④ 分子解离为自由基的反应；活化能为所破坏键的键焓。

若正向反应为吸热反应，可先估算逆反应（放热）的活化能 E_{a-}，再由式(5-31) 计算 E_{a+}，$E_{a+} = \Delta_r H_m^\ominus + E_{a-}$。如 295.15K、$p^\ominus$ 下气相反应：

① $Cl_2 + H \longrightarrow HCl + Cl$　　　$\Delta_r H_m^\ominus = -188.7 kJ \cdot mol^{-1}$

　　　$E_a \approx \Delta_b H_m^\ominus(Cl—Cl) \times 5\% = 243.3 \times 0.05 = 12.2 kJ \cdot mol^{-1}$

② $Cl + Cl \longrightarrow Cl_2$　　　$E_a = 0 kJ \cdot mol^{-1}$

③ $Cl_2 \longrightarrow 2Cl$　　　$E_a = \Delta_b H_m^\ominus(Cl—Cl) = 243.3 kJ \cdot mol^{-1}$

④ $CH_2=CH_2 + H_2 \longrightarrow C_2H_6$　　　$\Delta_r H_m^\ominus = -137.0 kJ \cdot mol^{-1}$

　　　$E_a = [\Delta_b H_m^\ominus(C—C) + \Delta_b H_m^\ominus(H—H)] \times 30\%$
　　　$= (342 + 436) \times 0.30 kJ \cdot mol^{-1} = 233.4 kJ \cdot mol^{-1}$

(3) 由基元反应的活化能估算复杂反应的活化能

【例 5-6】 估算 298K，$p^\ominus$ 下反应 $H_2(g) + I_2(g) \longrightarrow 2HI(g)$ 的 $E_{a表}$。

已知其机理为：

$$I_2(g) \underset{k_{-1}}{\overset{k_1}{\rightleftharpoons}} 2I \cdot (g)$$

$$2I(g) + H_2(g) \longrightarrow 2HI(g)(放热)$$

解： 先由表 5-3 的数据估算每一步基元反应的活化能：

$$E_{a+1} = \Delta_b H_m^\ominus(I—I,g) = 151.2 kJ \cdot mol^{-1}, \ E_{a-1} = 0$$

$$E_{a2} = \Delta_b H_m^\ominus(H—H,g) \times 5\% = 436 \times 0.05 = 21.8 kJ \cdot mol^{-1}$$

再导出 $E_{a表}$ 与以上各基元反应活化能间的关系。由 5.3.5 节中平衡态近似的实例，已经得出 $k_表 = \dfrac{k_1 k_2}{k_{-1}}$，两边取对数后再对温度求导：

$$\frac{d\ln k_表}{dT} = \frac{d\ln k_1}{dT} + \frac{d\ln k_2}{dT} - \frac{d\ln k_{-1}}{dT}$$

代入 Arrhenius 公式，得

$$\frac{E_{a\text{表}}}{RT^2} = \frac{E_{a+1}}{RT^2} + \frac{E_{a2}}{RT^2} - \frac{E_{a-1}}{RT^2}$$

故

$$E_{a\text{表}} = E_{a+1} + E_{a2} - E_{a-1}$$

代入数据，得

$$E_{a\text{表}} = 21.8 + 150.2 = 172\text{kJ} \cdot \text{mol}^{-1}$$

实验值为 $167\text{kJ} \cdot \text{mol}^{-1}$，与估算值十分接近。由此例可以看出，当 $k_{\text{表}}$ 与基元反应的速率常数间存在相乘相除的解析关系时，$E_{a\text{表}}$ 与基元反应的活化能间有对应的相加相减关系，这样，就可以由基元反应的活化能估算复杂反应的表观活化能。

【例 5-7】 溴乙烷分解反应的活化能 $E_a = 229.3\text{kJ} \cdot \text{mol}^{-1}$，650K 测得速率常数 $k_1 = 7.14 \times 10^{-4}\text{s}^{-1}$，若需要反应在 10min 转化 90%，求反应的温度应控制为多少？650K 时反应速率常数的温度系数又为多少？

解： 由速率常数 k 的单位可见，该反应为一级反应，10min 转化率为 90%，速率常数应为：

$$k_2 = \frac{1}{t} \ln \frac{1}{1-\alpha} = \frac{1}{10 \times 60\text{s}} \ln \frac{1}{1-0.9} = 3.84 \times 10^{-3}\text{s}^{-1}$$

由 Arrhenius 公式得

$$\frac{1}{T_2} = \frac{1}{T_1} - \frac{R \ln \frac{k_2}{k_1}}{E_a} = \frac{1}{650\text{K}} - \frac{8.314\text{J} \cdot \text{K}^{-1} \cdot \text{mol}^{-1} \ln \frac{3.84}{0.714}}{229300\text{J} \cdot \text{mol}^{-1}} = 1.48 \times 10^{-3}\text{K}^{-1}$$

$$T_2 = 676.8\text{K}$$

650K 时速率常数的温度系数：

$$\frac{1}{k}\frac{\text{d}k}{\text{d}T} = \frac{E_a}{RT^2} = \frac{229300\text{J} \cdot \text{mol}^{-1}}{8.314\text{J} \cdot \text{K}^{-1} \cdot \text{mol}^{-1} \times 650^2 \text{K}^2} = 6.5\%\text{K}^{-1}$$

【例 5-8】 实验测定硝基异丙烷在水溶液中被碱中和的反应速率常数 k 与温度的关系为：

$$\lg k = -\frac{3163.0}{T/\text{K}} + 11.890$$

(1) 求反应的活化能 E_a；

(2) 求 283K，当反应物浓度均为 $0.008\text{mol} \cdot \text{L}^{-1}$ 时反应的半衰期。

解： (1) 将已知关系式与 Arrhenius 公式相比

$$\lg k = -\frac{E_a}{2.303RT} + 常数$$

可得

$$E_a = 2.303R \times 3163.0 = 60.56\text{kJ} \cdot \text{mol}^{-1}$$

(2) 由 k 的单位可见，该反应为二级反应，283K 时

$$\lg k = \frac{-3163.0}{283\text{K}/\text{K}} + 11.89$$

得出

$$k = 5.168\text{L} \cdot \text{mol}^{-1} \cdot \text{min}^{-1}$$

两反应物初浓度相等的二级反应，由式(5-10)

$$t_{\frac{1}{2}} = \frac{1}{[\text{硝基异丙烷}]_0 k}$$

$$= \frac{1}{0.008\text{mol} \cdot \text{L}^{-1} \times 5.168\text{L} \cdot \text{mol}^{-1} \cdot \text{min}^{-1}} = 24.18\text{min}$$

5.5　基元反应的速率理论

（Rate Theories of Elementary Reactions）

为了从分子水平上了解认识基元反应的速率规律，预测反应速率，进一步理解指前因子和活化能的物理意义，本节将介绍基元反应的两个速率理论。

5.5.1　简单碰撞理论

1918 年，Lewis 等从气体分子运动论出发，提出了基元反应速率的简单碰撞理论（Simple Collision Theory，简称为 SCT）。

该理论首先假设：反应物分子要发生反应，首先必须发生碰撞，但并非所有的碰撞都会引发反应。其中，只有那些在分子连心线方向上，相对移动能高于某一能量值的分子间碰撞，才会引发反应，该能值为反应的临界能，称为阈能，用 ε_c 表示。阈能是克服分子中电子之间和原子核间排斥作用，以及破坏反应物分子内化学键等所需的最低能量值，不同反应的 ε_c 值不同，它是与分子结构有关的一个微观物理量。

（1）碰撞数　有效碰撞数

双分子基元反应　　　　　　　　　　$A + B \xrightarrow{k_c^{AB}} 产物$

设 A、B 分子的摩尔质量为 M_A 和 M_B（$\text{kg} \cdot \text{mol}^{-1}$），若分子可作为一刚球，半径分别为 r_A 和 r_B（m）、单位体积（1m^3）内的分子数，即体积分子浓度为 N_A 和 N_B（m^{-3}），由气体分子运动论可以导出，单位时间（s）、单位体积（m^3）内，A、B 分子间发生碰撞的总次数为

$$Z_{AB} = \pi(r_A + r_B)^2 \sqrt{\frac{8RT}{\pi}\left(\frac{M_A + M_B}{M_A \cdot M_B}\right)} N_A \cdot N_B \tag{5-33}$$

因只有分子连心线方向上相对移动能超过 ε_c 的分子间碰撞，才能引起反应，这些碰撞为有效碰撞，用 Z_{AB}^* 表示，这些分子在分子总数中占的比例为 q，则应有 $Z_{AB}^* = qZ_{AB}$。

由 Boltzmann 分布定律：

$$q = \exp\left(-\frac{\varepsilon_c}{k_B T}\right) = \exp\left(-\frac{E_c}{RT}\right) \tag{5-34}$$

式中，k_B 为 Boltzmann 常数，其值为 $1.38 \times 10^{-23} \text{J} \cdot \text{K}^{-1}$。因一次有效碰撞，可使一个 A 分子和 B 分子反应生成产物，即消耗一个 A 分子和 B 分子，所以单位时间、单位体积内发生有效碰撞的 A 分子数（或 B 分子数）Z_{AB}^* 即反应速率，因浓度单位不同于式（5-2）中的物质的量浓度，该反应速率用 r_N 表示，下标"N"代表浓度单位为单位体积内的分子数，即体积分子浓度。

$$r_N = -\frac{dN_A}{dt} = -\frac{dN_B}{dt} = Z_{AB}^* = qZ_{AB}$$

$$= \pi(r_A + r_B)^2 \sqrt{\frac{8RT}{\pi}\left(\frac{M_A + M_B}{M_A \cdot M_B}\right)} N_A \cdot N_B \cdot \exp\left(-\frac{E_c}{RT}\right) \tag{5-35}$$

r_N 的单位为 $\text{m}^{-3} \cdot \text{s}^{-1}$。

（2）双分子基元反应的速率常数

由基元反应的质量作用定律：

$$r_c = -\frac{d[A]}{dt} = -\frac{d[B]}{dt} = k_c[A][B] \tag{5-36}$$

这里 [A] 和 [B] 的单位为 $mol \cdot m^{-3}$，r_c 的单位为 $mol \cdot m^{-3} \cdot s^{-1}$，$k_c$ 单位为 $m^3 \cdot mol^{-1} \cdot s^{-1}$，由浓度换算关系可以得出

$$N_A = \frac{n_B}{V} \cdot L = [A] \cdot L, N_B = [B] \cdot L \tag{5-37}$$

和

$$r_N = r_c \cdot L \tag{5-38}$$

将式(5-37)代入式(5-35)中并结合式(5-36)和式(5-38)，可得双分子反应的速率常数表达式为

$$k_c^{AB} = \pi L (r_A + r_B)^2 \sqrt{\frac{8RT}{\pi}\left(\frac{M_A + M_B}{M_A \cdot M_B}\right)} \exp\left(-\frac{E_c}{RT}\right) \tag{5-39}$$

对于同种分子间的反应 $2A \xrightarrow{k_c^{AA}}$ 产物，用类似的方法可以导出：

$$k_c^{AA} = 2\pi L d_A^2 \sqrt{\frac{RT}{\pi M_A}} \exp\left(-\frac{E_c}{RT}\right) \tag{5-40}$$

若 Arrhenius 公式中的活化能 E_a 与临界阈能 E_c 相当，则指前因子 $A_{计}$ 与式(5-39)、式(5-40)中的指数前关系式一致。

(3) 方位因子

式(5-39)和式(5-40)把 k_c^{AB} 和 k_c^{AA} 与分子结构参数 r_A、r_B、d_A 以及 E_c 联系起来，提供了从理论上计算或预测速率常数的关系式，但实际处理中，式(5-39)和式(5-40)的应用却遇到麻烦。因碰撞理论视分子为一刚球，即无内部结构，故无法提供与分子结构有关的 E_c 值。按式(5-39)、式(5-40)计算的指前因子 $A_{计}$，与实验测定值 $A_{实}$ 有时存在差异，特别是一些结构较为复杂的分子间反应，差异更大。这是因为简单碰撞理论中，只考虑了能量因素，对于一些复杂分子间反应，碰撞的能量可能是足够的，但碰撞的部位不一定正好在反应部位上，也不会导致反应发生。如基元反应 $CO + O \longrightarrow CO_2$，只有氧原子碰撞在碳原子端才会发生反应，即除考虑能量因素外，还应考虑空间因素。为了取得与实验值较为一致的结果，我们对式(5-39)和式(5-40)加以修正，引入一方位因子 P (Position Factor)：

$$\left.\begin{array}{l} k_c^{AB} = P\pi L (r_A + r_B)^2 \sqrt{\frac{8RT}{\pi}\left(\frac{M_A + M_B}{M_A \cdot A_B}\right)} \exp\left(-\frac{E_c}{RT}\right) \\ \\ k_c^{AA} = 2P\pi L d_A^2 \sqrt{\frac{RT}{\pi M_A}} \exp\left(-\frac{E_c}{RT}\right) \end{array}\right\} \tag{5-41}$$

即

$$A_{实} = A_{计} P \tag{5-42}$$

方位因子 P 也与分子空间构型有关，视反应不同，取值在 $1 \sim 10^{-9}$ 范围内，但碰撞理论无法预测方位因子。鉴于以上原因，还不能由式(5-41)和式(5-42)计算 k 和指前因子的准确值，这也是碰撞理论的局限性所在。

5.5.2 过渡态理论

基元反应的过渡态理论（Transition State Theory，简称为 TST）是在量子力学的基础上发展起来的，该理论把反应体系作为一个量子力学体系，由反应体系的势能随原子间距离变化的趋势，确定了反应先经历一过渡态（或活化络合物状态），然后再转化为产物。

(1) 位能面（Potential Energy Surface）

设双分子基元反应 $\qquad\qquad A + BC \longrightarrow$ 产物

A 从 B—C 分子化学键的方向上接近，体系的能量将随核间距离 r_{AB} 和 r_{BC} 而变，经量子力学计算，可以得出体系能量随 r_{AB} 和 r_{BC} 变化的三维图形，称之为位能面图，该图形似如一个马鞍形，典型的位能面图如图 5-8(a) 所示。

根据反应最低能量途径原理，反应将从能量较低的反应物 A＋BC 开始，沿 MXN 到达能量较低的产物 AB＋C 的终态，但中间将经过一个鞍点 X（Saddle Point）。若沿反应进程画出体系位能变化的曲线，将如图 5-8（b）所示，鞍点 X 正好位于位能曲线的峰顶，即反应须越过一能垒，设能垒高为 ε_b，对摩尔反应为 E_b，$E_b = L\varepsilon_b$。

(a) 位能面图   (b) 体系能量沿反应进程变化

图 5-8 反应体系的位能

(2) 过渡态（Transition State）

能垒处对应的分子构型为过渡态或活化络合物，用（A⋯B⋯C）或用"≠"表示，因其能量较高，不稳定，可以分解为产物，也可能恢复为反应物，过渡态理论将以上双分子基元反应的模式表示为

$$A + BC \xrightleftharpoons{K^{\neq}} (A\cdots B\cdots C) \xrightarrow{k} 产物 \tag{5-43}$$

设反应物和过渡态始终处于热力学平衡，以体积分子浓度表示的平衡常数为 $K_N^{\neq}$，第二步机理中，过渡态分解为产物是反应的决速步骤。

(3) 双分子基元反应的速率常数

设过渡态（A⋯B⋯C）中分解的键（即 B—C 键），沿反应轴方向上的振动（即不对称伸张振动）频率为 $\nu(s^{-1})$，因 B⋯C 键已削弱，一次振动将导致一个过渡态分子分解生成产物，同时也就消耗一个 A 分子和 BC 分子，故单位时间、单位体积内消耗的 A 分子数或 BC 分子数即反应速率为

$$r_N = -\frac{dN_A}{dt} = -\frac{dN_{BC}}{dt} = \nu N^{\neq} \tag{5-44}$$

式中，N_A、N_{BC}、$N^{\neq}$ 分别为单位体积中 A、BC 和过渡态的分子数。又 $N^{\neq}$ 满足平衡常数关系式

$$K_N^{\neq} = \frac{N^{\neq}}{N_A N_{BC}} \quad 或 \quad N^{\neq} = K_N^{\neq} N_A N_{BC}$$

故
$$r_N = \nu K_N^{\neq} N_A N_{BC} \tag{5-45}$$

由量子力学已知 $\nu = \varepsilon/h$，ε 为一个振动自由度的能量，按能量均分原理 $\varepsilon = k_B T$，h 为 Plank 常数（6.626×10^{-34} J·s），代入式(5-45)中

$$r_N = \frac{k_B T}{h} K_N^{\neq} N_A N_{BC} \tag{5-46}$$

对于双分子基元反应，由质量作用定律，可得到以物质的量浓度（mol·m^{-3}）表示的反应速率

$$r_c = k_c[\text{A}][\text{BC}]$$

将类似于式(5-37)和式(5-38)的浓度换算关系代入式(5-46)中并与上式相比得

$$k_c = \frac{k_B T L}{h} K_N^{\neq} \qquad (5\text{-}47)$$

利用平衡常数的热力学关系式，式(5-47)还可改写为：
对气相双分子基元反应：

$$k_c = \frac{k_B T}{h}\left(\frac{p^{\ominus}}{RT}\right)^{-1} \exp\left(-\frac{\Delta_r G_m^{\ominus \neq}}{RT}\right) \qquad (5\text{-}48)$$

对溶液中双分子基元反应：

$$k_c = \frac{k_B T}{h} c^{\ominus -1} \exp\left(-\frac{\Delta_r G_m^{\ominus \neq}}{RT}\right) \qquad (5\text{-}49)$$

(4) 活化热力学函数

式(5-48)和式(5-49)中，$\Delta_r G_m^{\ominus \neq}$ 为反应物分子形成过渡态这一反应的标准摩尔 Gibbs 函数改变，称为反应的活化 Gibbs 函数，可由统计热力学方法计算。类似于 $\Delta_r G_m^{\ominus}$ 与 $\Delta_r H_m^{\ominus}$ 和 $\Delta_r S_m^{\ominus}$ 的关系，对于反应物分子形成过渡态的这一反应，活化热力学函数间同样存在关系式：

$$\Delta_r G_m^{\ominus \neq} = \Delta_r H_m^{\ominus \neq} - T\Delta_r S_m^{\ominus \neq} \qquad (5\text{-}50)$$

$\Delta_r H_m^{\ominus \neq}$ 和 $\Delta_r S_m^{\ominus \neq}$ 为反应的活化焓和活化熵，也可由统计热力学方法计算，将式(5-50)代入式(5-48)和式(5-49)中，得

$$k_c = \frac{k_B T}{h}\left(\frac{p^{\ominus}}{RT}\right)^{-1} \exp\left(-\frac{\Delta_r H_m^{\ominus \neq}}{RT}\right) \exp\left(\frac{\Delta_r S_m^{\ominus \neq}}{R}\right) \qquad (5\text{-}51)$$

$$k_c = \frac{k_B T}{h} c^{\ominus -1} \exp\left(-\frac{\Delta_r H_m^{\ominus \neq}}{RT}\right) \exp\left(\frac{\Delta_r S_m^{\ominus \neq}}{R}\right) \qquad (5\text{-}52)$$

进一步的处理还可以导出 $\Delta_r H_m^{\ominus \neq}$ 与活化能的关系式：

气相双分子反应 $\qquad\qquad E_a = \Delta_r H_m^{\ominus \neq} + 2RT \qquad (5\text{-}53)$

溶液中反应 $\qquad\qquad E_a = \Delta_r H_m^{\ominus \neq} + RT \qquad (5\text{-}54)$

反应的方位因子与 $\Delta_r S_m^{\ominus \neq}$ 的关系式：

$$P \approx \exp\left(\frac{\Delta_r S_m^{\ominus \neq}}{R}\right) \qquad (5\text{-}55)$$

由以上的处理我们可以得出：

原则上可以由 $\Delta_r H_m^{\ominus \neq}$ 计算反应的活化能，由 $\Delta_r S_m^{\ominus \neq}$ 估算反应的方位因子，因此，过渡态理论正好弥补了碰撞理论的缺陷。

$\Delta_r H_m^{\ominus \neq}$ 与反应的能量因素有关，而 $\Delta_r S_m^{\ominus \neq}$ 与反应的空间因素有关。由反应物分子形成过渡态，大多数情况下是熵减过程，即 $\Delta_r S_m^{\ominus \neq} < 0$，因此方位因子 $P < 1$，越是结构复杂的反应物分子，形成过渡态 $\Delta_r S_m^{\ominus \neq}$ 越负，故 P 越小于1。

事实上，只有对简单反应体系，才能由统计热力学方法从理论上计算 $\Delta_r G_m^{\ominus \neq}$、$\Delta_r H_m^{\ominus \neq}$ 和 $\Delta_r S_m^{\ominus \neq}$，因此，过渡态理论现也仅能对这些简单反应体系作动力学处理，对于复杂分子间的反应，仍只能通过实验测定速率常数。

在两种反应速率理论中，虽然基元反应的微观模型不同，但反应需克服一定的能量障碍是共同的，这与反应存在一实验活化能是对应的。

5.6　催化作用
(Catalysis)

将热力学上可能进行的反应应用于实际生产时，往往因反应速率十分小，实际上并不能得到产品，升高温度虽然可以提高反应速率，但一方面会增大过程能耗，同时又不可避免会引发一些副反应，使产物复杂化，这不仅使反应物的有效利用率降低，同时使产品的分离提纯困难，甚至可能会得不到预期产物。实际工作中行之有效的方法是使用催化剂，催化剂可显著选择性地加快反应速率。若催化剂与反应组分处于同一相中，我们称之为均相催化反应（Homegeneous Catalysis），如溶液中的酸、碱催化反应，酶催化反应等。若催化剂与反应组分处于不同相，称之为多相催化反应（Heterogeneous Catalysis），如在钒催化剂作用下 SO_2 氧化为 SO_3，在铁催化剂作用下，由 H_2 和 N_2 气合成 NH_3 等。本节我们介绍催化反应的基本特征及原理。

5.6.1　催化作用及基本特征

催化剂（Catalyst）是一种可以改变反应速率但本身化学组成不变，也不明显消耗的物质，其用量与化学反应计量式没有定量关系。其中使反应速率加快的催化剂为正催化剂，其催化作用为正催化作用，反之为负催化剂和负催化作用，如为防止塑料老化在高分子材料中加入的添加剂就属于负催化剂。催化作用的主要特征如下。

(1) 催化剂改变反应机理，降低反应的活化能，但不改变反应的热力学平衡

如图 5-9 所示，对于气固催化反应 $R(g) \xrightarrow{\text{催化剂 K}} P(g)$，首先反应物 R 在催化剂表面的活性部位发生吸附，吸附态的反应物分子 R(ad)中，一些化学键松弛，易于经表面活化络合物

图 5-9　催化剂改变反应途径示意

$\neq$(ad) 反应生成吸附态产物 P(ad)，产物再解吸扩散进入气相。催化反应的活化能 E_a' 比直接生成气态活化络合物 $\neq$(g) 的活化能 E_a 低得多，所以催化剂使反应沿更低能量途径进行。因活化能降低，使反应速率加快，表 5-4 示出一些反应的活化能，在催化剂存在下，反应的活化能均明显低于非催化反应的活化能。

表 5-4　一些反应在催化和非催化条件下的表观活化能

反　　应	$E_a/kJ \cdot mol^{-1}$		
	非催化反应	催化反应	催化剂
$2HI \longrightarrow H_2 + I_2$	184.1	104.6	Au
$2H_2O \longrightarrow 2H_2 + O_2$	244.8	136.0	Pt
$2SO_2 + O_2 \longrightarrow 2SO_3$	251.0	62.8	Pt
$2H_2 + N_2 \longrightarrow 2NH_3$	334.7	167.4	$Fe/Al_2O_3/K_2O$
蔗糖水解为果糖和葡萄糖	107.1	39.3	转化酶

由图 5-9 我们还可以看出，催化剂未改变反应的始终态，故不改变反应的 $\Delta_r G_m^{\ominus}$ 和 $K^{\ominus}$，即催化剂只能加快反应达到平衡的速度，而不能改变平衡。所以，能加快正反应的催化剂也可加快逆反应，热力学上不能进行的反应，同样不能通过使用催化剂来

实现。

（2）催化剂有特殊的选择性

催化剂在反应物存在多种热力学可能性的反应的情况下，仅加快指定反应速率的性质为催化剂的选择性（Selectivity of Catalyst）。催化剂的选择性包括产物物种选择性、产物结构的选择性、产物对映体选择性（手性产物的选择性）等。好的催化剂，不仅具有高的活性（即加快反应速率的特性），同时应具有高的选择性，才可能使我们得到较单一的预期产物。实验表明，不同的催化剂可以加快不同的反应，而同一反应，当使用不同的催化剂时，可以得到不同的产物。如乙醇分解反应：

473～523K $\qquad C_2H_5OH \xrightarrow{Cu} CH_3CHO + H_2$

623～633K $\qquad C_2H_5OH \xrightarrow{Al_2O_3} C_2H_4 + H_2O$

673～723K $\quad 2C_2H_5OH \xrightarrow{ZnO\text{-}Cr_2O_3} CH_2{=}CH{-}CH{=}CH_2 + 2H_2O + H_2$

413K $\qquad 2C_2H_5OH \xrightarrow{浓 H_2SO_4} CH_3CH_2OCH_2CH_3 + H_2O$

以上实例表明，催化反应具有复杂机理，同时也表明，要获得预期产物，使用高选择性的催化剂十分重要。

（3）自催化与交叉催化

如果反应的产物对反应的进行有催化作用，这一现象称为自催化；如果两个（多个）反应的产物对体系中其他反应有催化作用，这一现象称为交叉催化。大自然和生命体系常发生自催化和交叉催化过程，维持大自然和生命体系的有序发展。

（4）少量杂质可使催化剂失活

有害杂质的存在，可与催化剂的活性中心发生强烈的吸附，因活性中心被占据而失活。同时，催化剂在使用过程中，因晶型转化，粉尘沉积，孔隙阻塞，或金属的价态改变，均会引起活性降低，故应定期处理或更换。

5.6.2 催化作用原理简介

（1）酸碱催化中间产物学说

均相催化反应中，最常见的是酸碱催化反应，如酸催化淀粉的水解，碱催化 H_2O_2 分解等，这类催化反应的主要特征是质子的转移。

① 酸催化反应 催化剂把质子 H^+ 转移给反应物 S，反应物接收质子后形成不稳定中间物——质子化物 SH^+，中间物释放出 H^+ 并生成产物 P：

$$S + HA（酸催化剂）\longrightarrow SH^+ + A^-$$
$$SH^+ + A^- \longrightarrow P + HA$$

这里的酸指可以释放出质子 H^+ 的广义酸。如酸催化乙醛水合物脱水反应，催化机理为：

$$CH_3CH(OH)_2 + HA \longrightarrow CH_3CH(OH)_2H^+ + A^-$$
$$CH_3CH(OH)_2H^+ + A^- \longrightarrow CH_3CHO + H_2O + HA$$

总反应为 $\qquad CH_3CH(OH)_2 \xrightarrow{H^+} CH_3CHO + H_2O$

催化剂活性的高低与失去 H^+ 的能力有关，催化反应的速率常数与酸离解常数成正比。

② 碱催化反应 类似于酸催化反应，碱接收反应物 S 释放的质子，反应物形成不稳定中间产物并再进一步生成产物，同时使碱复原。机理可表示为

$$S + B（碱催化剂）\longrightarrow S^- + HB^+$$
$$S^- + HB^+ \longrightarrow P + B$$

这里的碱为可以接收质子的广义碱，如 OH^-、CH_3COO^- 等。如硝酰胺在水中分解是典型的碱催化反应，可用 OH^- 作催化剂。

$$NH_2NO_2 + OH^- \longrightarrow NHNO_2^- + H_2O$$

$$NHNO_2^- \longrightarrow N_2O + OH^-$$

总反应为
$$NH_2NO_2 \xrightarrow{OH^-} N_2O + H_2O$$

反应速率通常由第一步决定，故速率常数与碱离解常数成正比。生物体内有许多重要的酸碱催化反应，如蛋白质的水解脱聚反应，一些药物在一定 pH 值条件下能进行催化水解反应，因此配制成药液时应注意调节 pH 值，以保持稳定。

（2）多相催化反应——活性中心学说

多相催化反应中催化剂通常为固相，反应物为气相或液相。固体催化剂比表面积大且表面结构呈超微不均匀性，表面化学键不饱和程度高的部分为活性中心。化学键力的不饱和性主要来自于以下几个因素：过渡金属，如 Ni、Pt、Pd 等的未成对 d 电子的作用，半导体催化剂，如 ZnO，NiO、Fe_2O_3、V_2O_5 等的自由电子或电子空穴的授受电子作用，绝缘体催化剂，如 SiO_2、Al_2O_3、分子筛等表面的酸碱中心，可以接收电子对或给出电子对的作用等。催化剂表面化学键力的作用，可以选择性地吸附反应物分子，形成表面活化络合物，催化剂与反应物分子间新的化学键力作用，使反应物分子内电子分布发生变化，易于旧键削弱并逐渐断裂，原子重新组合，形成吸附态产物，产物最终解吸并扩散进入气相或液相。催化剂表面的活性中心仅占有总表面积的极小部分，但只要不失活，以上过程可以不断进行，使反应以较快速率进行。

（3）酶催化作用

酶（Enzyme）是一种具有催化作用的蛋白质，大多数含有微量元素，它存在于生物体内，如人体内许多对生命现象起重要作用的生化反应，就是通过酶催化作用实现的。酶具有非常高的催化活性，比一般催化剂效率高 $10^6 \sim 10^{10}$ 倍。酶具有非常高的催化选择性，一种酶只对某种物质或某类物质的反应起催化作用，对其他物质则完全无催化作用。这是因为酶具有复杂的结构，只有空间结构和化学结构同时与之匹配的反应物，才可能与它的活性部位作用，生成活化络合物。这种高度选择性可用图 5-10 所示的酶催化剂与反应物结构的锁钥关系表示。酶催化反应的条件温和，通常可在常温（37℃）、常压和中等酸碱度条件下进行，而一般多相催化反应要在催化剂具有活性的高温下进行。

图 5-10 酶催化作用的锁钥关系

外界条件变化对酶的活性影响十分敏感。温度升高引起酶蛋白变性，pH 值变化会引起蛋白质电荷状态及分子结构改变，这些均会引起酶失活，另外紫外线、重金属盐等也会使酶失活。

一般认为酶催化作用也是通过中间活化络合物实现的，酶（E）与底物（S）（酶催化反应中反应物称之为底物）生成中间络合物 ES，ES 再分解为产物 P 并释放出酶，其机理可表示为：

$$E+S \underset{k_{-1}}{\overset{k_1}{\rightleftharpoons}} ES \qquad ES \xrightarrow{k_2} E+P$$

中间化合物分解为产物为反应的决速步骤，即

$$r=\frac{d[P]}{dt}=k_2[ES]$$

对 [ES] 采用稳态处理：

$$\frac{d[ES]}{dt}=k_1[E][S]-k_{-1}[ES]-k_2[ES]=0$$

$$[ES]=\frac{k_1[E][S]}{k_{-1}+k_2}=\frac{[E][S]}{K_m} \tag{5-56}$$

式中 K_m 为米氏常数。因反应过程中游离酶 E 的浓度难以实验测定，而起始浓度 $[E]_0$ 易于准确测定，起始浓度应为游离酶和底物结合酶浓度的总和，即：

$$[E]_0=[E]+[ES] \quad 或 \quad [E]=[E]_0-[ES]$$

代入 [ES] 的表达式并整理得

$$[ES]=\frac{[E]_0[S]}{K_m+[S]} \tag{5-57}$$

所以

$$r=\frac{k_2[E]_0[S]}{K_m+[S]} \tag{5-58}$$

当 [S] 很高时，所有酶均以 ES 形式存在，$[E]_0=[ES]$，此时速率 r 达最大值 r_{max}：

$$r_{max}=k_2[E]_0 \quad 或 \quad [E]_0=r_{max}/k_2 \tag{5-59}$$

得

$$r=\frac{r_{max}[S]}{K_m+[S]} \tag{5-60}$$

这就是酶催化反应的 Michadis（米氏）方程。当 $r=\frac{1}{2}r_{max}$ 时，数值上 $[S]=K_m$，可见 K_m 代表酶与反应物的结合能力，K_m 越小，酶的活性越高。改写米氏方程为

$$\frac{1}{r}=\frac{K_m}{r_{max}}\frac{1}{[S]}+\frac{1}{r_{max}} \tag{5-61}$$

以 $\frac{1}{r}$ 对 $\frac{1}{[S]}$ 作图为一直线，由直线斜率和截距可得 K_m 和 r_{max}。若体系中存在使酶催化作用降低的物质即抑制剂，反应存在抑制机理，其动力学处理变得十分复杂，有关内容请参阅专著。

5.6.3 绿色催化

传统的催化反应注重用催化剂改变反应的机理，降低反应的活化能，加快反应进行的速率。催化剂的使用，对于化学反应研究和化学工业的发展起了巨大的推动作用，但不少催化反应，并未充分考虑反应物的科学利用，减少生产过程中污染物的排放，而一些废弃的含重金属的催化剂，同时带来了对环境的直接污染。在人类面临资源枯竭，环境逐步恶化等问题的严峻形势下，合理利用资源，从化学反应的源头上消除污染，实现经济的可持续发展，已成为当务之急。绿色化学这一全新的化学反应理念，应运而生，它涉及污染物零排放的化学反应过程开发，传统生产过程的绿色化学改造，用可再生资源代替不可再生的天然资源，无污染溶剂或试剂的开发等，在这些研究中，催化剂扮演着不可取代的加快反应速率和环境友

好的双重角色，这就是我们称之为绿色催化的新型催化反应。下面我们举几个典型的例子。

(1) 乙酸合成

乙酸合成经历了几个发展阶段

① 乙醛氧化法

$$CH_2=CH_2 + \frac{1}{2}O_2 \longrightarrow CH_3CHO$$

$$CH_3CHO + \frac{1}{2}O_2 \longrightarrow CH_3COOH$$

上个世纪以来，由于原料乙烯价格上升，反应中副产物的分离困难，生产成本高使该法已失去竞争力。

② 丁烷液相氧化法

$$C_4H_{10} + \frac{1}{2}O_2 \longrightarrow 2CH_3COOH + H_2O$$

因产物中同时含甲酸、乙醇、丙酸等，分离复杂，原料有效利用率不高，现已逐步被淘汰。

③ 低压甲醇羰基化法

$$CH_3OH + CO \longrightarrow CH_3COOH$$

原子利用率为 100%。反应中使用可溶性羰基铑和碘化钾催化体系，羰基化反应的选择性大于 99%，转化率也达 99%，且反应条件也较温和：175～200℃、6MPa 以下。因该反应不依赖石油和天然气，原料 CH_3OH 可由丰富的碳和水制取的 CO 和 H_2 反应得到，因而认为是典型的绿色催化反应。

(2) 丙烯氧化制环氧丙烷

环氧丙烷是一种重要的有机化工原料，主要用于制取聚氨酯所需用的丙二醇和其他多元醇，也用作溶剂或制取其他的精细化学品的原料，传统的生产工艺为氯醇法：

$$2CH_3CH=CH_2 + 2HOCl \longrightarrow CH_3-\underset{Cl}{CH}-\underset{OH}{CH_2} + CH_3-\underset{OH}{CH}-\underset{Cl}{CH_2}$$

$$CH_3-\underset{Cl}{CH}-\underset{OH}{CH_2} + CH_3-\underset{OH}{CH}-\underset{Cl}{CH_2} + Ca(OH)_2 \longrightarrow 2CH_3-\overset{O}{\overset{\frown}{CH-CH_2}} + CaCl_2 + 2H_2O$$

此法消耗大量的氯气和石灰，同时生成 $CaCl_2$，生产过程中设备腐蚀和环境污染严重，现采用钛硅分子筛（TS-1）作催化剂的生产新工艺：

$$CH_3CH=CH_2 + H_2O_2 \xrightarrow{TS-1} CH_3-\overset{O}{\overset{\frown}{CH-CH_2}} + H_2O$$

反应条件温和 40～50℃，0.1MPa，催化剂无腐蚀性，产物无环境污染，氧化剂为 30% 的过氧化氢水溶液，安全易得。

目标产物反应选择性为 97% 以上，以 H_2O_2 计的转化率为 93%，唯一副产物水是环境可接受的物质，该反应是一个典型的低能耗、无污染的绿色催化实例，具有很好的工业应用前景。

(3) 甲基化试剂碳酸二甲酯合成

碳酸二甲酯是重要的甲基化试剂，它可以取代剧毒和有致癌作用的硫酸二甲酯，长期以来，碳酸二甲酯是由光气合成：

$$COCl_2 + 2CH_3OH \longrightarrow (CH_3O)_2CO + 2HCl$$

光气同样剧毒，不仅对设备严重腐蚀，且一旦处理不当，造成泄漏事故，会产生灾害性后果。现已实现利用绿色催化反应取代以上反应：

$$2CH_3OH + CO + \frac{1}{2}O_2 \xrightarrow{PdCl_2\text{-}CuCl_2} (CH_3O)_2CO + H_2O$$

反应成本低、完全且无污染。

碳酸二甲酯可参与重要的甲基化反应，如

苯胺甲基化：$PhNH_2 + (CH_3O)_2CO \xrightarrow{\text{相转移催化剂}} PhNHCH_3 + CH_3OH + CO_2$

芳基乙腈甲基化：

反应在 $180\sim220℃$、碳酸钾存在下进行，2-芳基丙腈选择性在 99% 以上。

甲基化反应的产物 CH_3OH 可用于原料碳酸二甲酯的合成，CO_2 收集后可用于苯胺羰化合成异氰酸酯，因此，基本无废物排放。

绿色催化剂的设计和开发，涉及化学科学的各个领域，特别是结构化学、材料化学、生物化学和生物技术等交叉学科，绿色催化反应的工业化，还涉及化工工艺、化工设备等工程技术领域，因此，这一新兴领域的研究前景美好，但任重道远。

思 考 题

5-1　25℃时反应 $A + 2B \longrightarrow 3C$，若某时刻

$$r = 1 \times 10^{-3} \text{mol} \cdot L^{-1} \cdot min^{-1}，则 -\frac{d[A]}{dt} = ?　　-\frac{d[B]}{dt} = ?　　\frac{d[C]}{dt} = ?$$

5-2　某反应在相同温度下，以反应物的不同初始浓度开始，反应的初始速率和速率常数是否相同？若以反应物相同的初浓度开始，但反应温度不同，初始反应速率和速率常数是否相同？

5-3　某反应在恒温下进行，反应速率与时间无关，该反应为几级反应？

5-4　某反应在恒 T、p 下，$\Delta_r G_m > 0$，能否使用催化剂加快该反应进行，使反应物转化为产物？

5-5　某反应 $2A \longrightarrow P$，当反应物的初浓度增加一倍，但反应的半衰期不变，该反应为几级反应？

5-6　某反应 $A + B \longrightarrow P$，速率常数 $k = 0.1 L \cdot mol^{-1} \cdot s^{-1}$，$[A]_0 = 0.1 mol \cdot L^{-1}$，当反应速率降低为起始速率的 1/4 时，需多少时间？

5-7　Van't-Hoff 规则中，当温度升高 10 度，反应的速率常数增加 $2\sim4$ 倍，估算在室温附近，这类反应的活化能在什么范围内？

5-8　某反应在 200℃ 下进行，加催化剂后反应的活化能比不加催化剂时降低了 $25 kJ \cdot mol^{-1}$，反应速率增加多少倍？该反应的逆反应速率又会怎样变化？

5-9　某复杂反应 $2A + B \longrightarrow P$，其机理为

① $2A \underset{k_{-1}}{\overset{k_1}{\rightleftharpoons}} A_2$

② $A_2 + B \xrightarrow{k_2} P$

(1) 在什么条件下可以导出速率方程：$r = k_{\text{表}}[A]^2[B]$，其中 $k_{\text{表}} = k_2 \dfrac{k_1}{k_{-1}}$。

(2) 导出反应的表观活化能与基元步骤活化能间的关系式。

5-10　$H_2O(g)$ 与 $O(g)$ 经双分子反应得到 2 分子 OH 自由基，500K 时反应的 $\Delta_r H_m^{\ominus} = 72 kJ \cdot mol^{-1}$，$E_a = 77 kJ \cdot mol^{-1}$，2 个 OH 自由基重新形成 $H_2O(g)$ 和 $O(g)$ 的双分子反应的活化能为多少？

习　题

5-1　80℃在碱性溶液中，二级反应　$3BrO^- (aq) \longrightarrow 2Br^- (aq) + BrO_3^- (aq)$ 的速率常数为 $0.0187L \cdot mol^{-1} \cdot s^{-1}$。求 80℃当 $[BrO^-] = 0.05mol \cdot L^{-1}$ 时反应的速率 r、BrO^- 的消耗速率、Br^- 和 BrO_3^- 的生成速率。

$$(4.68 \times 10^{-5} mol \cdot L^{-1} \cdot s^{-1}, 14.04 \times 10^{-5} mol \cdot L^{-1} \cdot s^{-1}, 9.35 \times 10^{-5} mol \cdot L^{-1} \cdot s^{-1},$$
$$4.68 \times 10^{-5} mol \cdot L^{-1} \cdot s^{-1})$$

5-2　某人工放射性元素放出 α 粒子，半衰期为 $t_{\frac{1}{2}} = 15min$，求反应的速率常数 k 和试样分解 80% 所需的时间。

$$(k = 0.0462min^{-1}, \ t = 34.84min)$$

5-3　某药物分解反应为一级反应，25℃时速率常数为 $1.26 \times 10^{-4} h^{-1}$，当药物的有效成分损失 45% 时认为该药物失效，求药物在室温下的保存期。

$$(197.7d)$$

5-4　经分析某陨石每克含 ^{238}U $6.30 \times 10^{-8} g$，含 ^4He $20.77 \times 10^{-6} mL$（STP），已知 ^{238}U 原子的衰变反应为

$$^{238}U \longrightarrow 8^4He + ^{206}P_b$$

半衰期为 4.51×10^9 年，假设陨石形成时不含 ^4He，以后也不逸失，求陨石的年龄。

$$(2.36 \times 10^9 \text{ 年})$$

5-5　碱性介质中乙酸甲酯的水解反应为二级反应：

$$CH_3COOCH_3 + OH^- \longrightarrow CH_3COO^- + CH_3OH$$

25℃时 $k = 0.137L \cdot mol^{-1} \cdot s^{-1}$，以相同 $0.05mol \cdot L^{-1}$ 的反应物浓度开始，求反应 5min 后酯的浓度。

$$(0.0164mol \cdot L^{-1})$$

5-6　硝基乙酸 $(NO_2)CH_2COOH$ 在酸性溶液中的分解反应为一级反应

$$(NO_2)CH_2COOH(aq) \longrightarrow CH_3NO_2(aq) + CO_2(g)$$

25℃，$p^{\ominus}$ 下测定不同时刻逸出的 CO_2 体积如下：

t/min	2.28	3.92	5.92	8.42	11.92	∞
V_{CO_2}/mL	4.09	8.05	12.02	16.01	20.02	29.94

试用作图法求反应的速率常数和半衰期，当反应进行到 10min 时，硝基乙酸的分解率 α 为多少？

$$(k = 0.097min^{-1}, \ t_{\frac{1}{2}} = 7.14min, \ \alpha = 62\%)$$

5-7　偶氮甲烷分解反应为一级反应：

$$CH_3N_2CH_3(g) \longrightarrow C_2H_6(g) + N_2(g)$$

287℃在一密闭容器内充入一定量的 $CH_3N_2CH_3$ 气，反应 1000s 后容器内压力为 22.73kPa，反应无限长时间后压力为 42.66kPa，求 287℃时反应的 k 和 $t_{\frac{1}{2}}$。

$$(k = 6.8 \times 10^{-5} s^{-1}, \ t_{\frac{1}{2}} = 170min)$$

5-8　恒容二级反应 $2A \longrightarrow P$，25℃时测得如下数据：

t/s	0	100	200	400	∞
$p_{总}/kPa$	41.33	34.60	31.19	27.65	20.67

求反应的 k_p 和 k_c。

$$(k_p = 5.87 \times 10^{-5} kPa^{-1} \cdot s^{-1}, \ k_c = 1.46 \times 10^{-4} m^3 \cdot mol \cdot s^{-1})$$

5-9　高温下氯乙烷气体分解为乙烯及 HCl 气

$$CH_3CH_2Cl(g) \longrightarrow CH_2 = CH_2(g) + HCl(g)$$

恒温恒容下由光度法监测乙烯浓度的变化，实验结果如下：

t/h	1	3	5	10	20	30	>100
$[CH_2{=}CH_2]/10^{-3}\,mol\cdot L^{-1}$	0.83	2.3	3.6	6.1	9.0	10.5	11.9

由此数据确定反应的级数和此温度下的速率常数。

（一级，$k=0.072h^{-1}$）

5-10 25℃时在 0.1mol·L^{-1} 的吡啶-苯溶液中研究如下反应：

$$CH_3OH + (C_6H_5)_3CCl \longrightarrow CH_3OC(C_6H_5)_3 + HCl$$
$$A \qquad\qquad B \qquad\qquad\qquad C$$

改变反应物初始浓度，测得如下数据：

No.	初始浓度/mol·L^{-1}		初始反应速率 r_0 /mol·L^{-1}·min^{-1}
	$[A]_0$	$[B]_0$	
1	0.100	0.05	1.32×10^{-3}
2	0.100	0.100	2.62×10^{-3}
3	0.200	0.100	1.04×10^{-2}

若反应速率方程式的形式为 $r=k[A]^\alpha[B]^\beta$，确定 α、β 和 k。

（$\alpha=2$，$\beta=1$，$k=2.64L^2\cdot mol^{-2}\cdot min^{-1}$）

5-11 某有机化合物 A，在缓冲溶液中水解反应的速率方程可表示为 $r=-\dfrac{d[A]}{dt}=k[A]^\alpha[H^+]^\beta$，30℃时在 pH=5.0 和 pH=4.0 的缓冲溶液中，水解反应的半衰期 $t_{\frac12}$ 分别为 100min 和 10min，两次水解反应的半衰期均与 A 的初始浓度无关。试求 α 和 β。

（$\alpha=1$，$\beta=1$）

5-12 在 Ar(g) 气氛下，N_2O 分解为 N_2 和 O_2 为二级反应，速率常数与 T 的关系式为

$$(k/L\cdot mol^{-1}\cdot s^{-1})=5.0\times10^{11}\exp\left[-\frac{29000}{(T/K)}\right]$$

(1) 计算此反应的活化能 E_a；

(2) 求 800K 时反应的 k_c 和 k_p；

(3) 以 2.85kPa 的 N_2O 开始，求 600K 时反应的半衰期。

[(1) $E_a=241.1kJ\cdot mol^{-1}$；(2) $k_c=9.03\times10^{-6}L\cdot mol^{-1}\cdot s^{-1}$，$k_p=1.36\times10^{-11}Pa^{-1}\cdot s^{-1}$；(3) $t_{\frac12}=1.72\times10^{12}s$]

5-13 气相反应：$H_2+I_2\longrightarrow 2HI$ 在不同温度下的速率常数 k 为

T/K	556	629	666	700	781
$k/L\cdot mol^{-1}\cdot s^{-1}$	4.45×10^{-5}	2.52×10^{-3}	1.41×10^{-2}	6.43×10^{-2}	1.24

(1) 由作图法求反应的活化能；

(2) 求反应在 650K 时的速率常数和温度升高 1 度速率常数增加的百分率；

(3) 650K 以相同的 H_2 的 I_2 初始压力 p_0 开始，反应达任一时刻，体系总压 $p_总$ 与 p_0 间有何关系？为什么？

[(1) $160kJ\cdot mol^{-1}$；(2) 4.6%；(3) $p_总=2p_0$]

5-14 实验测得气相反应 $C_2H_6(g)\longrightarrow 2CH_3(g)$ 的速率常数与温度的关系式为

$$k/s^{-1}=2.0\times10^{17}\exp\left(-\frac{363800}{RT}\right)$$

(1) 求 1000K 下反应的半衰期；

(2) 要使反应在 15s 内转化 95%，反应的温度应控制为多少？

[(1) 34.94s；(2) 1056K]

5-15　乙醛分解反应　$CH_3CHO \longrightarrow CH_4 + CO$ 由以下机理完成：

$$CH_3CHO \xrightarrow{k_1} CH_3 \cdot + CHO \cdot$$

$$CH_3 \cdot + CH_3CHO \xrightarrow{k_2} CH_4 + CH_3CO \cdot$$

$$CH_3CO \cdot \xrightarrow{k_3} CH_3 + CO \cdot$$

$$2CH_3 \cdot \xrightarrow{k_4} C_2H_6$$

试用稳态近似导出速率方程 $r = \dfrac{d[CH_4]}{dt} = k_2 \left(\dfrac{k_1}{2k_4}\right)^{\frac{1}{2}} [CH_3CHO]^{\frac{3}{2}}$

5-16　反应 $2NO + O_2 \longrightarrow 2NO_2$，经研究其机理为：

$$2NO \underset{k_{-1}}{\overset{k_1}{\rightleftharpoons}} 2NO_2 \text{（快）}$$

$$N_2O_2 + O_2 \xrightarrow{k_2} 2NO_2 \text{（慢）}$$

(1) 由以上机理导出速率方程；

(2) 导出 $E_{a表}$ 与基元反应活化能间的关系。

$(E_{a表} = E_{a2} + E_{a1} - E_{a-1})$

5-17　HCl 的气相合成由直链反应机理实现，其中包括三个基本步骤

链引发——分子解离为自由基：$Cl_2 + M \xrightarrow{k_1} 2Cl \cdot + M$

直链传递——自由基交换：$Cl \cdot + H_2 \xrightarrow{k_2} HCl + H \cdot$

$$H \cdot + Cl_2 \xrightarrow{k_3} HCl + Cl \cdot$$

链中止——自由基复合为分子：$2Cl \cdot + M \xrightarrow{k_4} Cl_2 + M$

(1) 由稳态近似导出其速率方程为　$r = \dfrac{1}{2}\dfrac{d[HCl]}{dt} = k_2 \left(\dfrac{k_1}{k_4}\right)^{\frac{1}{2}} [H_2][Cl_2]^{\frac{1}{2}}$

(2) 由表 5-3 所列键焓数据估算反应的表观活化能。

$(143.5 kJ \cdot mol^{-1})$

5-18　某基元反应 $A(g) \longrightarrow 2B(g)$，活化能为 E_a，而 $2B(g) \to A(g)$ 的活化能为 E_a'

(1) 加入催化剂后 E_a 和 E_a' 如何变化？

(2) 加不同催化剂，对 E_a 影响是否相同？

(3) 改变起始浓度，E_a 有何变化？

5-19　某液相反应　$A_2 + B_2 \xrightarrow{k} 2AB$，实验测定其速率常数与 T 关系为

$$k/L \cdot mol^{-1} \cdot s^{-1} = 10^{12} \exp\left(-\dfrac{37000}{RT}\right)$$

反应机理为　$B_2 \underset{k_{-1}}{\overset{k_1}{\rightleftharpoons}} 2B \cdot \text{（快）}$　　$\Delta_r H_m = 14.85 kJ \cdot mol^{-1}$

$$2B \cdot + A_2 \underset{}{\overset{k_2}{\rightleftharpoons}} 2AB \text{（慢）}　　E_2 = 22.22 kJ \cdot mol^{-1}$$

由此机理导出与实验结果一致的速率方程和并估算表观活化能。

$(r = k_2 \dfrac{k_1}{k_{-1}} [A_2][B_2]，E_{a表} = 37.0 kJ \cdot mol^{-1})$

5-20　过氧化氢是一种重要的氧化剂，在医药上 3% 的 H_2O_2 水溶液可用作消毒杀菌剂，但 H_2O_2 不稳定，易分解：

$$H_2O_2(aq) \longrightarrow H_2O(l) + \frac{1}{2}O_2(g)$$

恒容下实验测定 25℃时，反应分解放出 $O_2(g)$ 的体积，数据如下：

t/min	0	5.0	10.0	15.0	30.0	∞
V_{O_2}/mL	0	113.1	205.2	280.2	432	610

(1) 判定反应级数及速率常数；

(2) 设同样实验在 30.0℃下进行，经 10min 反应，收集氧气为 300mL，求反应的活化能；

(3) 25℃时若用 I^- 催化，活化能降为 56.5kJ·mol^{-1}，若用过氧化氢酶催化，活化能降为 26kJ·mol^{-1}，求两种催化条件下反应速率提高的倍数。

〔(1) 一级，$k = 0.04min^{-1}$；(2) 79.0kJ·mol^{-1}；(3) I^- 催化：8.8×10^3 倍，酶催化：2.0×10^9 倍〕

5-21 $N_2O(g)$ 的热分解反应为

$$2N_2O(g) \longrightarrow 2N_2(g) + O_2(g)$$

实验测得不同温度和初始压力下反应的半衰期数据为：

T/K	967	967	1030	1030
p_0/kPa	166.8	41.20	7.07	48.00
$t_{\frac{1}{2}}$/s	380	1520	1440	212

(1) 确定反应级数及两个温度下的速率常数；

(2) 求反应的活化能；

(3) 若在 1030K 下反应，N_2O 的初始压力为 54.00kPa，求总压为 64.00kPa 时反应经历的时间。

〔(1) 二级，$k_{p,1} = 7.94 \times 10^{-6}kPa^{-1}·s^{-1}$，$k_{p,2} = 4.91 \times 10^{-5}kPa^{-1}·s^{-1}$；(2) 239.5kJ·$mol^{-1}$；(3) 110.9s〕

5-22 某酶催化反应的速率随底物浓度变化的数据如下：

[S]/mmol·L^{-1}	2.5	5.0	10.0	15.0	20.0
[r]/mmol·L^{-1}·s^{-1}	0.024	0.036	0.053	0.060	0.064

由此数据作图，求出反应的米氏常数 K_m 和最大反应速率 r_{max}。

($K_m = 0.66$mmol·L^{-1}；$r_{max} = 0.087$mmol·L^{-1}·s^{-1})

5-23 某酶催化反应，不同温度下的最大反应速率 r_{max}（相对值）如下：

T/K	293	301	308	315	323	326
r_{max}	1.0	1.88	3.13	5.15	4.22	2.12

求此反应的活化能并解释高温下的实验数据。

($E_a = 57.2$kJ·mol^{-1}，高温下酶失活)

第 6 章　原子结构及元素性质的周期性

（Atomic Structure and the Periodical Properties of the Elements）

物质由分子和原子构成。不同元素的原子按一定规律组成了性质千差万别的各种物质。物质不同性质的差异是由于物质内部结构的不同。物质发生化学反应则是因为原子的内部电子运动状态发生了变化。因此要研究物质的性质和变化规律必须了解原子的内部结构，探索微观世界粒子的运动规律。

电子、原子、分子和光子都是微观粒子，它们运动遵从的规律与我们日常见到的宏观物体运动遵从的规律不同。对宏观物体质点我们可用经典力学（Classic Mechanics，也称牛顿力学）来描述其运动规律，而微观粒子运动遵循的规律则是量子力学（Quantum Mechanics）。在本章中我们将学习原子结构的知识，了解微观粒子的运动特征，研究核外电子的运动状态及其排布规律。通过这些学习我们才能深入了解微观世界的规律，从本质上掌握原子结构及元素性质的周期性，用以解释物质千差万别的性质和化学变化规律。

6.1　微观粒子的特征
（The Character of the Micro-Particles）

微观粒子包括静止质量为 0 的光子和静止质量不为 0 的实物微粒如电子、中子、质子、原子、分子等。它具有与宏观物体不同的运动特征，人们对这些特征的深入认识始于 20 世纪初物理学的发展。在 19 世纪 80 年代物理学的经典物理学的大厦已基本建成，它由牛顿（Newton）经典力学、麦克斯韦（Maxwell）电磁场理论、吉布斯（Gibbs）热力学理论、玻尔兹曼（Boltzmann）统计物理学组成。但经典物理学在几个问题上始终不能给予较好地解释，这些著名的问题有黑体辐射问题、光电效应、原子光谱等问题。而随着科学家们对这些问题的深入研究，发现微观粒子与宏观物体有非常不同的特征。

6.1.1　量子化效应

在宏观世界里，很多物理变化都是连续的。当人们开始认识微观世界，仍使用看待宏观世界的思维方法去研究微观世界，其结果就是出现了理论与实验不一致的问题，其中非常著名的一个例子就是人们在黑体辐射的研究中所遇到的困境。

黑体是一种可将照射到它上面的任何频率的电磁波全部吸收的理想物体。一个带有微孔的金属球就非常接近于黑体（见图 6-1）。当电磁波进入金属球小孔后经过多次吸收和反射可使射入的辐射接近于全部被吸收。而当它受热时则会以电磁波形式通过小微孔向外辐射能量。黑体是一种理想的发射体，和其他的物体相比，当加热到同一温度，黑体放出的能量最多。

黑体辐射能量密度与波长的关系是 19 世纪物理学家们关心的一个重要问题，在解释该问题时经典物理学遇到了很大的困难。按经典热力学和统计力学理论，计算得到的黑体辐射能量密度随波长变化的分布曲线与实验所得曲线明显不符（见图 6-2）。维恩假定辐射波长的分布与 Maxwell 分子速度分布类似，计算得到的曲线在短波处与实验较接近。瑞利和金斯使用自由度均分原则公式计算所得结果则在长波处比较接近实验曲线。由于经典理论把粒子振动能量的变化作一个连续量变化，无论如何也得不到实验上这种有极大值的曲线。1900年德国著名物理学家普朗克（Planck）凭经验得到了一个能成功描述整个实验曲线的公式，他进一步从理论上推导出了这一公式，但为了能做到这一点，他不得不做出了一个与经典物理学"背道而驰"的大胆假设：黑体吸收或发射的能量必须是不连续的，它只能吸收或发射频率为 ν、数值为 $h\nu$ 的整数倍的电磁能，即吸收或发射的能量只能 $0h\nu$，$1h\nu$，$2h\nu$，…，$nh\nu$（n 为整数），这称之为能量量子化。由此假设可推导出频率为 ν 光子在单位时间和单位面积上辐射能量分布曲线公式为

$$E_{\nu} = \frac{2\pi h\nu^3}{c^2}(e^{\frac{h\nu}{kT}} - 1)^{-1} \tag{6-1}$$

式中，h 就是著名的普朗克常数，其最新测得数值为 $6.626 \times 10^{-34} \text{J} \cdot \text{s}$。普朗克能量量子化的假设标志着量子理论的诞生。此后期间能量量子化的概念被扩大到了几乎所有微观体系。

图 6-1　黑体模型：带孔金属球

图 6-2　黑体辐射在单位波长间隔的能量密度曲线

　　能量量子化的概念与经典物理学的概念是不相容的。这是因为经典物理学认为电磁能是由振幅决定的，而振幅是可连续变化的并不受限制，能量可以取任意数值，相反量子化则认为能量的变化是不连续的是受量子化限制的，只能为某一数值的整数倍。由此我们可以看出宏观物体和微观粒子运动特征的差别之一在于前者可连续变化而后者则是不连续的，是量子化的。如何来理解这所谓的"连续"和"不连续"的概念呢？它们实质上的差别就是有没有一个最小单位。有些物理量的变化没有最小单位，如长度、时间、速度可以是任意量，即是连续的变化。而一些物理量的变化则是有最小单位的，如电量目前的最小单位是 1 个电子的电量，电量的改变不能小于一个电子的电量，只能是这个数值的整数倍，这就是所谓的不连续的意思。对物理量的不连续性现象只有在微观世界里才有重要的意义。而宏观世界若以一个电子的电量为单位来看量的变化则是没有意义的。因此不连续性或者是量子化是微观粒子的重要特征之一。它是指微粒的组成和物理量的变化是不连续或者跳跃式的，是按某一整数倍地增减。例如 Na^+ 比 Na 少一个电子，Mg^{2+} 则比 Mg 少两个电子。又如原子、分子的电量是以电子电量 $e = -1.602 \times 10^{-19} \text{C}$ 的大小为单位一份一份地增减的。而氢原子的能量只能取基态能量 $-13.6 \text{eV} = -2.179 \times 10^{-18} \text{J}$ 的 1/4、1/9、1/16 等值。

　　大量实验事实证明存在量子化效应是一切微观粒子的基本特征。

6.1.2　微观粒子的波粒二象性

　　微观粒子的另一重要特征是具有波粒二象性，人们最开始是根据光的干涉、衍射和光电效应认识到光既有波动的性质又有粒子的性质。进一步的研究则发现实物的微观粒子也具有

波粒二象性。

（1）光的波粒二象性

经典物理学无法解释的一个现象是德国物理学家赫兹（Hertz）于 1888 年发现的光电效应（the Photoelectric Effect）现象。一定频率的光照射到金属表面上，金属表面有电子逸出的现象叫光电效应。逸出的电子称为光电子。实验装置示意图如图 6-3 所示。光电子定向移动产生的电流叫光电流。实验发现，只有入射光的频率 ν 大于金属的临阈频率 ν_0 时才有光电子产生（见图 6-4），若 $\nu \leqslant \nu_0$ 则无论入射光强度多大、照射时间多长都没有光电子产生。光电流的大小与入射光的强度成正比，光电子的初动能随入射光频率的增加而线性增加。使光电流为零的反向电位叫反向截止电位。

图 6-3　光电效应实验装置示意图

图 6-4　入射光频率与光电子初动能的关系

按经典理论，光电子的初动能取决于光的强度即振幅平方，而与频率无关，这与实验事实显然不符。

1905 年著名科学家爱因斯坦（Einstein）在普朗克能量量子化的基础上提出了光量子的概念：光子就是量子化的。由此提出的光子学说圆满地解释了光电效应，并说明了光也是具有粒子性的。

光子学说的内容如下：

光是一束以光速行进的光子流。

光子的能量　　　　　　　　　　$E = h\nu$　　　　　　　　　　　　　　　（6-2）

光子的动量　　　　　　　　　$P = mc = h\nu/c = h/\lambda$　　　　　　　　　（6-3）

光的强度与光子密度 $\rho = \mathrm{d}N/\mathrm{d}\tau$ 成正比（$\mathrm{d}N$ 为体积元 $\mathrm{d}\tau$ 内的光子数）

光子学说成功地解释了光电效应：当频率为 ν 的入射光照射到金属表面，光子能量 $h\nu$ 传递给金属表面的电子，电子克服金属的束缚需要的能量 $W = h\nu_0$，故光电子的初动能为：

$$E_k = mv^2/2 = h\nu - h\nu_0 \qquad\qquad\qquad (6\text{-}4)$$

W 是电子脱离金属表面所需要的最低能量（所做的功），称为金属的功函数（Work-Function of the Metal）或脱出功；ν_0 是金属的临阈频率。

光电效应的实验事实和光子学说都证明了光具有微粒性，光具有波动性是科学家们经过了近一个世纪的争论，并由许多实验事实证明才被认识并上升为理论。因此，我们不得不承认光具有波粒二象性。

光子学说不仅成功地解释了光电效应，并说明光具有波粒二象性，这为具有光电效应的材料——光探测器件、光发射器件、半导体激光器件等的开发应用提供了理论基础。例如用于测定固体材料表面性质的光电子能谱技术就是利用光电效应来测定分子轨道的能级。

（2）实物微粒的二象性

1924 年，法国青年物理学家德布罗意（de Broglie）大胆设想：对于光，人们先认识了其波动性，然后认识了其微粒性。对于实物微粒，人们是否会是先认识其微粒性，然后认识其波动性呢？他大胆提出一个新的概念：联系光的波粒二象性的关系式(6-2) 和式(6-3) 对实物微粒也适用——任何一个质量为 m、以速度 v 运动的实物微粒总是伴随有波动性而有相应的波长

$$\lambda = h/p = h/mv \tag{6-5}$$

式(6-5) 即是著名的 de Broglie 关系式，它在形式上与 Einstein 关系式(6-3) 看似一样，但它们的物理内涵却不同，它是一个新的假设，式中的 v 是粒子的运动速度。它将波粒二象性的概念扩大到了实物微粒，提示了微观粒子的又一运动特性：波粒二象性。代表实物微粒波动性的波长 λ 称为 de Broglie 波长。由式(6-5) 可以计算实物微粒的波长，例如速度为 2.0×10^{6} m·s^{-1} 的电子，其 de Broglie 波波长为

$$\lambda = \frac{6.6 \times 10^{-34}}{9.1 \times 10^{-31} \times 2.0 \times 10^{6}} = 3.6 \times 10^{-10} \text{ m}$$

这个波长与分子尺寸的大小相当，说明原子或分子中电子运动的波效应是重要的。而对宏观物体则其 de Broglie 波波长与它的尺寸相差非常远，波动效应完全可以忽略。如一个质量为 1kg

图 6-5　电子衍射实验示意图

的物体以 1m·s^{-1} 速度运动其波长仅 6.6×10^{-34} m。为什么实际微观粒子的波性会长期被我们忽略了，这是因为它的波长数量级与 X 射线相近，在 19 世纪当时的实验条件达不到这一点而观测不到它的波性如衍射现象。直到 1927 年戴维逊(Davisson)-革末 (Germer) 才发现电子束通过镍单晶体会产生衍射，同年汤姆逊 (Thomson) 也发现电子束经过一些金属多晶体会发生衍射 (见图 6-5)。并且由实验得到的金属的 de Broglie 波长与用 de Broglie 关系式计算得到的波长完全一致。在没有实验证据之前，德布罗意的假说并不为很多人所接受，正是有了上述这些实验才证实了德布罗意的大胆假设，德布罗意和这三位实验科学家也因此先后得到了诺贝尔奖。之后人们进一步发现中子、质子等实物微粒在一定条件下也能发生衍射。

大量的实验事实证明实物微粒也具有波动性，即与光一样实物微粒也具有波粒二象性。所以，波粒二象性是一切微观粒子的特征。但它的显示的形式取决于相应实验测定时的方法，最新的实验方法已可同时观测光的波粒二象性。

6.1.3　不确定原理

不确定原理（Uncertainty Principle）又称测不准原理或不确定关系，它反映了微观粒子不同于宏观物体的运动特性：微观粒子运动没有固定的轨迹。该原理是在 1927 年由海森堡（Heisenberg）所提出，具体内容是微观粒子的某些物理量（如位置和动量，或方位角与角动量，还有时间和能量等），不可能同时被精确测得，其中一个量测得越精确，另一个量的不确定程度就越大。测量一对共轭量的误差的乘积必然大于常数 $h/2\pi$。

例如在一定的条件下，微粒坐标的某一个分量（如 x）和动量在相应方向的分量（如 P_x）不可能同时有确定的取值，即 x 愈确定、P_x 则愈不确定，反之亦然。对任何一个测定微粒坐标和动量的实验结果进行分析，或由量子化学基本原理，通过算符运算都可以得出：微粒坐标某个分量（比如 x）的不确定程度（比如 Δx）与其动量在相应方向的分量（比如 P_x）的不确定程度（比如 ΔP_x）的乘积维持在 Planck 常数的数量级：

$$\Delta x \cdot \Delta P_x = h/2\pi$$
$$\Delta y \cdot \Delta P_y = h/2\pi \tag{6-6}$$
$$\Delta z \cdot \Delta P_z = h/2\pi$$

式(6-6) 是海森堡不确定原理的具体数学表达式，反映了如果我们用经典力学所用的物理

量位置和动量来描述微观粒子的运动时，只能达到一定的近似程度，在某一方向位置的不准确量和在此方向动量分量的不准确量必须大于等于一常数。换言之如果粒子位置测定准确度越高（Δx 越小），则相应的动量准确度就越低（ΔP_x 越大），因此微观粒子的位置和速度是不能同时准确测定的，说明了微观粒子的没有固定的运动轨迹，无法用经典力学描述它的运动。

微观粒子没有固定的运动轨迹，而宏观物体则可以同时准确地测定位置和速度。这一差别是由于微观粒子具有波粒二象性，从微观体系得到的信息会受到某些限制。我们也可以这样来理解这一原理：在经典力学中，宏观物体的波性可以忽略，我们可以谈论它处于某一位置时的动量，而对于微观粒子具有波的性质，它的动量总是总是通过 de Broglie 波长联系在一起，讨论某一位置的动量就等于讨论某一位置的波长，然而波长并不是位置的函数，说"某一位置的波长"毫无意义。

不确定原理很好地反映了微观粒子的运动特性，即没有固定轨迹，但对宏观物体测不准关系实际并不起作用。

例如 0.01kg 的子弹，速度 $v = 1500\text{m/s}$，若 $\Delta v = 1\% \, v$，按不确定关系则 $\Delta x = h/(m\Delta v) = 4.4 \times 10^{-33}\,\text{m}$，位置的不确定量与子弹的运动距离相差非常远，其测不准的情况微不足道，因此宏观物体动量和位置可同时确定，有固定的轨迹。而对于相同速度和速度不确定程度的电子，$\Delta x = h/(m\Delta v) = 4.8 \times 10^{-5}\,\text{m}$，远远超过原子中电子离核的距离。测不准的情况不能忽略。宏观物体可同时具有确定的坐标和动量，服从经典力学规律。微观粒子由于坐标和动量不能同时确定，没有固定的运动轨迹，服从的是量子力学规律。经典力学已不适用于该体系。

6.2　核外电子的运动状态
（the Motion State of Electron Outside Atomic Nucleus）

科学实验证明原子由带正电的原子核和带负电的核外电子组成，而原子核又由带正电的质子和不带电中子组成。对化学变化而言，其过程中原子核并不发生变化而是核外的电子状态发生了变化，因此研究核外电子的运动状态尤为重要。作为实物微观粒子的电子，具有波粒二象性，不确定原理说明它没有固定的运动轨迹，研究其运动规律不能使用经典力学而需使用量子力学的理论。本节将简要介绍一些关于量子力学处理电子运动的知识，主要介绍一些有关的结论和重要概念。

6.2.1　波函数及其物理意义

由于核外运动的电子不仅有粒子性还具有波性，它不再遵循经典力学规律，在量子力学中它的运动状态是用波函数来描述的，它满足的运动方程也不再是牛顿方程而是薛定谔方程（Schrödinger Equation）。

1926 年奥地利物理学家薛定谔（Schrödinger）根据德布罗意关于物质波的观点，建立了著名的微粒运动方程。这一方程是量子力学的基本方程，对物理学和化学有极其重要的作用。其具体形式如下：

$$\frac{\partial^2 \psi}{\partial x^2} + \frac{\partial^2 \psi}{\partial y^2} + \frac{\partial^2 \psi}{\partial z^2} + \frac{8\pi^2 m}{h^2}(E-V)\psi = 0 \tag{6-7}$$

式中，ψ（音"波赛"）是描述电子运动的波函数；E 和 V 分别是体系的能量和势能；m 为实物微粒的质量。薛定谔方程中同时包含着体现微粒性（如 m、E、V）和波动性（如 ψ），因而它能正确的反映微粒的运动状态。求解薛定谔方程的目的是求得微粒某一运动状

态波函数 ψ 的具体形式和该状态相对应的能量 E。薛定谔方程是一个偏微分方程,对它的求解需要较深的数学知识,我们只做简要的介绍,重点是定性讨论方程的解及其物理意义。

薛定谔方程可写为简要形式 $\hat{H}\Psi=E\Psi$,其中的 $\hat{H}$ 称为哈密度算符。具体形式如下:

$$\hat{H}=-\frac{h^2}{8\pi^2 m}\left(\frac{\partial^2}{\partial x^2}+\frac{\partial^2}{\partial y^2}+\frac{\partial^2}{\partial z^2}\right)+V \tag{6-8}$$

波函数是一个跟波动相关的函数,是量子力学中描述核外电子在空间运动状态的数学函数式。量子力学中借用了经典力学中描述物体运动的"轨道"概念,把波函数 ψ 也叫做原子轨道。这两者是同义词,但是原子轨道与宏观物体的固定轨道(轨迹)概念不同,前者满足薛定谔方程且位置和速度不能同时确定而后者则满足牛顿运动方程且位置和速度能同时确定。我们应将其严格区别开来。

波函数没有明确直观的物理意义,但它的绝对值的平方 $|\psi|^2$ 却有明确的意义,它表示核外空间某处出现的概率。波函数 $\psi(x,y,z,t)$ 是空间坐标 x、y、z 和时间 t 的函数,若不考虑时间因素的 $\psi(x,y,z)$ 相应的薛定谔方程称为定态薛定谔方程。在量子力学中要求具有品优性(好的合格条件),即单值、连续、有限(平方可积)。首先代表微观粒子运动状态的波函数 ψ 必须是单值函数,单值性是保证空间任何一点上概率密度有唯一确定值。其次代表微观粒子运动状态的波函数以及波函数分别对 x、y、z 的一阶偏导数还必须是连续函数。因为波函数必须满足定态 Schrönger 方程,定态 Schrönger 方程是二阶偏微分方程,波函数连续、其一阶偏导数才有物理意义,波函数的一阶偏导数连续、其二阶偏导数才有物理意义。波函数还必须是有限函数,这也是波函数物理意义的要求。在全部空间内发现粒子的几率必然为 1,这一性质称为归一化。波函数的平方可积是指 $\psi(x,y,z,t)$ 绝对值的平方在全空间的积分是有限值而不是无穷大。若 $|\psi|^2=\psi^*\times\psi$ 代表微粒在空间出现的概率密度,$|\psi(x,y,z,t)|^2 d\tau$ 代表微粒在体积元 $d\tau$ 内出现的概率。归一化条件可以写作下式

$$\int|\psi|^2 d\tau=1 \tag{6-9}$$

满足式(6-8)的波函数是已经归一化的波函数。若波函数 ψ 尚未归一化,只需乘以一个归一化系数 $\sqrt{k}$ 使

$$\int|\sqrt{k}\psi|^2 d\tau=1 \tag{6-10}$$

因为波函数实际上是微粒的位置概率分布函数,$|\psi|^2$ 代表微粒在空间各点出现的概率密度,波函数乘以一个常数,所代表的微粒在空间各点的几率密度的比值不会改变,即概率分布没有改变,所以波函数乘以一个常数 a 仍然代表微粒的同一个运动状态。

$$|\psi_1(X_1)|^2/|\psi(X_2)|^2=|a\psi_1(X_1)|^2/|a\psi(X_2)|^2 \tag{6-11}$$

波函数的合格条件并不要求其一定满足归一化条件、而只要求它是有限函数,即只需满足平方可积条件:

$$\int|\psi|^2 d\tau=k \qquad k\neq\pm\infty \tag{6-12}$$

若波函数 ψ 尚未归一化,$|\psi|^2$ 与微粒在空间出现的概率密度成正比,若波函数已经归一化,$|\psi|^2$ 等于概率密度。

6.2.2　一维势箱粒子的定态薛定谔方程及其解

薛定谔方程 $\hat{H}\Psi=E\Psi$ 就如牛顿定律一样,可视为公理,不需要通过演绎或归纳的方法来证明,它的正确性是通过实践来检验的(有的书上给出了它的得来线索,并不是证明)。

它在量子力学中的重要性就如牛顿定律在经典物理学中的地位一样。

用量子力学处理微观体系的步骤如下：

① 弄清楚体系的物理图像，在一定近似下建立合理的模型；

② 根据体系势能函数的具体表达式写出哈密度算符的表达式；

③ 建立薛定谔方程；

④ 求解薛定谔方程；

⑤ 对结果进行讨论并用于解决有关的化学问题。

下面将以一维势箱中的粒子这一量子力学模型为例来说明用量子力学处理微观体系的具体步骤。一维势箱中的粒子是一个假想的模型，没有真实的体系与之对应。既然它是一种理想模型，为什么要研究它呢？这是因为它的薛定谔方程较简单易求解，其求解结果给出了量子世界的大部分重要特征，可帮助我们理解微观粒子的运动特征。用量子力学处理一维势箱中的粒子的步骤也是用量子力学处理微观体系的一般步骤，得到的结果包含量子力学的许多基本概念。

(Ⅰ)$V=\infty$　(Ⅱ)$V=0$　(Ⅲ)$V=\infty$

图 6-6　一维势箱中的粒子模型

一维势箱中的粒子模型如图 6-6 所示，是指质量为 m 的粒子在一维 x 方向运动，其势能满足

当 $x\leqslant 0$ 和 $x\geqslant l$　　　　势能 $V=\infty$

当 $0<x<l$ (l 为箱长)　　　$V=0$

在势箱外 $x\leqslant 0$ 和 $x\geqslant l$，由于 $V=\infty$，方程的解 $\psi=0$

在箱内 $V=0$，$\hat{H}=-\dfrac{h^2}{8\pi^2 m}\dfrac{\mathrm{d}^2}{\mathrm{d}x^2}$，由此得薛定谔方程

$$-h^2/(8\pi^2 m)(\mathrm{d}^2\psi/\mathrm{d}^2 x)=E\psi \tag{6-13}$$

解得　　　$\psi=a\sin[(E8\pi^2 m/h^2)^{1/2}x]+b\cos[(E8\pi^2 m/h^2)^{1/2}x]$

由边界条件 $\psi(0)=0$ 知 $b=0$

故　　　　　　　　$\psi=a\sin[(E8\pi^2 m/h^2)^{1/2}x] \tag{6-14}$

由 $\psi(l)=0$ 得 $(E8\pi^2 m/h^2)^{1/2}l=n\pi$

$$E=n^2 h^2/(8ml^2)　　　n=0,\pm 1,\pm 2,\pm 3\cdots$$

将 $E=n^2 h^2/8ml^2$ 代回式(6-14) 得

$$\Psi=a\sin(n\pi x/l)　　　n=0,1,2,3\cdots$$

当 $n=+1$ 和 $n=-1$ 时，$\psi_{+1}=-\psi_{-1}$ 而 $E_{+1}=E_{-1}$

由于波函数乘以一个常数仍然代表微粒的同一个运动状态，又 $n=0$ 时 $\psi=0$，$E=0$，所以 $n\neq 0$，故 n 只取正整数 $n=1$，2，3…

由归一化条件来确定归一化系数 a

$$\int |\psi(x)|^2 \mathrm{d}\tau=1$$

$$\int_0^l a\sin^2(n\pi x/l)\mathrm{d}x=1$$

$$a=(2/l)^{1/2}$$

所以

$$\Psi=(2/l)^{1/2}\sin(n\pi x/l) \tag{6-15}$$

$$E_n=n^2 h^2/(8ml^2)$$

$$n=1, 2, 3\cdots$$

由上面的结果可以得出：

① 能量量子化是在解方程过程中，由边界条件自然得出的。能量量子化是受束缚微观粒子的特征。

$$\Delta E = E_{n+1} - E_n = (2n+1)h^2/(8ml^2)$$

当 m 很大（宏观物体），l 很大（不受束缚）时 ΔE 很小，即能量连续变化；而微观粒子（m 很小），受束缚（l 很小），ΔE 较大、不能视为 0，即有量子化效应。

② 微观粒子有零点能（Zero-Point Energy）效应。

一维势箱中粒子的势能为 0，其最低动能就是基态能量，即其零点能为 $h^2/8ml^2$、不为 0。宏观质点（最低动能则可以为 0）没有零点能效应。微粒的最低动能（不为零）称为零点能。

③ 微粒在箱中出现的概率密度是 x 的函数。

$$|\psi(x)|^2 = \frac{2}{l}\sin^2(n\pi x/l)$$

④ 波函数的节点数为 $n-1$，节点数增多，能量升高。

使波函数的值为零的自变量的值所决定的点（曲面）叫节点（节面）。

由一维势箱中粒子的量子力学处理结果可以了解到由于微观粒子质量尺寸较小且受到束缚，它的能量是量子化的且具有零点能。

6.2.3　单电子原子的定态薛定谔方程及其解

核电荷数为 Z，核外只有一个电子的原子称为单电子，如氢原子和 He^+、Li^{2+} 类氢离子。如图 6-7 所示，若把原子质量中心放在坐标原点上，电子离核距离为 r，电子电荷为 e，则它们的静电作用势能函数为 $V = -Ze^2/(4\pi\varepsilon r)$。

使用定核近似并用电子质量代替折合质量，则单电子原子的哈密顿算符：

$$\hat{H} = -\frac{h^2}{8m\pi^2}(\partial^2/\partial^2 x + \partial^2/\partial^2 y + \partial^2/\partial^2 z) - Ze^2/(4\pi\varepsilon_0 r) = -\frac{\hbar^2}{2m}\nabla^2 - \frac{Ze^2}{4\pi\varepsilon_0 r} \tag{6-16}$$

式中，∇^2 叫拉普拉斯（Laplace）算符，它等于 $\partial^2/\partial^2 x + \partial^2/\partial^2 y + \partial^2/\partial^2 z$。

相应的定态薛定谔方程（Schrödinger Equation）可简写为：

$$\hat{H}\psi = E\psi \tag{6-17}$$

此方程是一个二阶偏微分方程，首先需将直角坐标（x，y，z）转换为球坐标（r，θ，ϕ）后再用分离变量法求解，然后求解单变量方程。

球坐标如图 6-8 所示。

图 6-7　单电子原子的坐标

图 6-8　球坐标

直角坐标系与球坐标系的转换关系如下：

$$x = r\sin\theta\cos\phi$$
$$y = r\sin\theta\sin\phi$$
$$z = r\cos\theta$$
$$r = \sqrt{x^2 + y^2 + z^2}$$

由此得到球坐标系下的薛定谔方程：

$$\frac{\hbar^2}{2m}\left\{\frac{1}{r^2}\frac{\partial}{\partial r}\left(r^2\frac{\partial\psi}{\partial r}\right) + \frac{1}{r^2\sin\theta}\frac{\partial}{\partial\theta}\left(\sin\theta\frac{\partial\psi}{\partial\theta}\right) + \frac{1}{r^2\sin^2\theta}\frac{\partial^2\psi}{\partial\phi^2}\right\} + \left(\frac{e^2}{r} + E\right)\psi = 0$$

令 $\psi(r,\theta,\phi) = R(r)T(\theta)F(\phi)$，进行分离变量后可分别求得函数 R、T、F 的解析式，从而可得到 ψ 的解析表达式。所得到的波函数是一个包含 n、l、m 三个常数项和以 r、θ、ϕ 为变量的函数。可写为下面形式：

$$\psi_{n,l,m}(r,\theta,\phi) = R_{n,l}(r)T_{l,|m|}(\theta)F_{|m|}(\phi) \tag{6-18}$$
$$n = 1,2,3,\cdots$$
$$l = 0,1,2,3,\cdots,n-1$$
$$m = 0,\pm1,\pm2,\pm3,\cdots,\pm l$$

式中，n、l、m 也就是我们常说的量子数；而 $R_{n,l}(r)$ 是与 r 有关的径向分布部分，称径向波函数，它由量子数 n 和 l 决定；$T_{l|m|}(\theta)$ 和 $F_{|m|}(\phi)$ 合称角度波函数，它们的乘积可写为 $Y(\theta,\phi)$，是与 θ、ϕ 有关的角度分布部分，由量子数 l 和 m 决定。通过径向和角度分布函数可以了解原子轨道的形状和方向。由解出的波函数同时还得到了原子轨道能级 E_n：

$$E_n = -me^4Z^2/(8\varepsilon_0^2h^2n^2) = -13.6Z^2/n^2 \text{ eV} \tag{6-19}$$

由结果我们可以看出氢原子的能量也是量子化的，下面将通过解得薛定谔方程的结果来了解氢原子中电子的运动状态。

6.2.4　氢原子电子的运动状态

(1) 原子轨道和电子云

解单电子原子薛定谔方程得到的波函数 ψ 代表电子的运动状态，称为原子轨道。我们把描述原子中单个电子与核相对运动的状态函数 $\psi_{n,l,m}(r,\theta,\phi)$ 称为原子轨道（Atomic Orbital，AO），规定 $l = 0$，1，2，3，…的原子轨道分别叫 s，p，d，f，…轨道。这里轨道一词是借用经典力学的概念，丝毫没有固定轨道运动的意义。波函数的绝对值的平方 $|\psi_{n,l,m}(r,\theta,\phi)|^2$ 代表核外电子在原子中各点出现的概率密度，而 $|\psi_{n,l,m}(r,\theta,\phi)|^2\mathrm{d}\tau$ 则代表电子在体积元 $\mathrm{d}\tau$ 内出现的概率。我们通常说的1s，2s，2p 等就是代表原子中电子运动状态的原子轨道，它的名称是由其函数形式决定的。

$n=1$，$l=0$，$m=0$，$\psi_{1,0,0}$ 只是 r 的函数，称为1s 原子轨道，即 $\psi_{1,0,0} = \psi_{1\mathrm{s}}$

同样，$n=2$，$l=0$，$m=0$，$\psi_{2,0,0} = \psi_{2\mathrm{s}}$

$n=2$，$l=1$，$m=0$，$\psi_{2,1,0}$ 只是 z 的函数，称为 $\psi_{2\mathrm{p}_z}$，即 $\psi_{2,1,0} = \psi_{2\mathrm{p}_z}$

$\psi_{2,1,1}$（$n=2$，$l=1$，$m=1$）和 $\psi_{2,1,-1}$（$n=2$，$l=1$，$m=-1$）组合为 $\psi_{2\mathrm{p}_x}$ 和 $\psi_{2\mathrm{p}_y}$

$n=3$，$l=0$，$m=0$，$\psi_{3,0,0} = \psi_{3\mathrm{s}}$

$l=1$，$m=0$，$\psi_{3,1,0} = \psi_{3\mathrm{p}_z}$

$\psi_{3,1,1} + \psi_{3,1,-1} = \psi_{3\mathrm{p}_x}$　　$\psi_{3,1,1} - \psi_{3,1,-1} = \psi_{3\mathrm{p}_y}$

对应一个 l 值，m 有 $2l+1$ 个取值，所以有 $2l+1$ 个轨道、即1个 s，3个 p，5个 d 轨道。

能量相同的不同的原子轨道称为简并态（Degeneracy State）。对应于相同能量的不同原子轨道（简并态）的数目叫简并度。

原子轨道的简并度为 n^2，即

$$\sum_{l=0}^{n}(2l+1)=n^2 \qquad (l=0,1,2,\cdots,n-1)$$

电子具有波粒二象性而没有固定的轨迹，我们不能确切地了解电子某一瞬间在核外空间

所处的位置，但是我们可用统计的方法来确定电子在核外空间某一区域出现机会的多少。对氢原子核外的电子运动来说，假定我们用高速照相机摄取电子在某一瞬间的位置，拍摄千百万张的照片进行叠加我们可以发现电子会在某一区域出现较多，如图 6-9 所示，离核越近，代表电子的小黑点越密，表明在此区域出现电子的概率越大，而小黑点越稀疏而代表电子出现的概率越小。这些小黑点像一团带负电的云把原子核包围起来，我们可用一个形象化语言称它为电子云，它是从统计概念出发对核外电子出现概率密度的形象化图示。

图 6-9　1s 电子云图

在量子力学中，电子云是代表电子在核外空间单位体积内出现的概率即概率密度，在数值上它等于 $|\psi_{n,l,m}(r,\theta,\phi)|^2$。而概率密度乘上体积则是在此体积内出现电子的概率。

不同状态的电子有不同的电子云，其形状和特点各不相同。如图 6-10 所示 s 轨道的电子云是球形对称的，在核外空间半径相同的各方向上出现的概率相同。而 p 轨道的电子云有三种不同的取向，它沿 x、y、z 轴的其中一个方向上电子出现的概率最大，在其他空间电子出现的概率几乎为零，所以 p 电子云的形状是无柄哑铃形。d 电子云更为复杂，它在核外空间有五种不同的取向，形状类似花瓣。s、p、d 电子云之外还有 f 电子云，它在空间有七种不同的取向更加复杂，在这里就不作介绍了。

图 6-10　s、p、d 电子云图

（2）四个量子数

由解单电子原子薛定谔方程得到的一系列常数 n、l、m，我们称为量子数。量子数与波函数 ψ 的性质密切相关，由三个确定的量子数就组成了一套参数就可描述出一种波函数的特征，换而言之就是由三个量子数就可描绘出核外电子的运动状态。此外还有一个描述电子自旋运动特征的量子数 m_s，叫自旋量子数。这些量子数对于确定电子的能量，原子轨道，电子云的形状和伸展方向是非常重要的，下面我们将介绍这四个量子数的名称、取值要求和物理意义。

① 主量子数 n，为了保证薛定谔方程解的合理性，对量子数的取值有一定要求的。主量子数 n 的取值为 1，2，3，…，n 等正整数。由它决定轨道能量 $E_n = -Z^2/n^2 \times 13.6\text{eV}$，并决定电子云离核的距离。主量子数是用来描述原子中电子出现概率最大区域的远近或者是决定电子层数的。n 为 1 指离核平均距离最近的一层，为 2 则指第二层，以此类推。对单电子原子，主量子数决定电子能量的高低，n 值越大电子能量越高。但对多电子原子来说能量高低主要由 n 决定，但还与其他量子数有关。光谱学上也常用字母 K、L、M、N、O、P 来表示 $n=1$，2，3，4，5，6 的电子层数。

② 角量子数 l，它的取值为 0，1，2，…，$n-1$ 指它的取值 l 只能取 0 和小于 n 的正整数。电子绕核运动时不仅有一定的能量，还有一定的角动量 M。轨道角动量的大小为 $M = [l(l+1)]^{1/2} \hbar$（角动量在物理学上又称为动量矩。作直线运动的粒子具有线动量，线动量 $P = mv$。微粒运动不是直线运动，与之相联系的动量为角动量）。我们把电子与核的相对运动称为轨道运动，相应的角动量为轨道角动量。角量子数决定了轨道角动量的大小和电子云的形状。光谱学上常用符号 s、p、d、f、g 来分别表示 $l=0$，1，2，3，4 的原子轨道。l 的另一个重要物理意义是表示同一电子层中具有不同状态的分层。对于单电子体系当 n 不同，l 相同时，n 大者能量高，如 $E_{1s} < E_{2s} < E_{3s} < E_{4s}$。而 n 相同，l 不同时能量都相同，如 $E_{4s} = E_{4p} = E_{4d} = E_{4f}$。但对于多电子体系由于各电子之间的相互作用而使得当 n 相同时 l 越大能量越高，如 $E_{4s} < E_{4p} < E_{4d} < E_{4f}$。所以 l 与多电子原子电子的能量有关。

③ 磁量子数 m 的取值为 0，±1，±2，±3，…，$\pm l$，只能取 0 和不大于 l 的正负整数，取值数目为 $2l+1$ 个。实验表明电子的角动量 M 不但其大小是量子化的，它的在空间 z 轴上的分量 M_z 也是量子化的，其大小为 $M_z = m\hbar$。磁量子数的物理意义是它决定轨道角动量在磁场方向的分量和电子云在空间的伸展方向。磁量子数取值与 l 有关，l 为 0 时 m 只能为 0，表明电子云在空间的伸展方向只有一种。磁量子数大小与能量无关，但不同的磁量子数则表示了电子云的不同伸展方向，如 $l=1$ 时，m 可以取 0，$+1$，-1，则对应了 p 电子云的三种伸展方向。

④ 自旋量子数 m_s 的取值只能为 $\pm1/2$，表示电子的自旋只能取顺时针和逆时针两个方向，分别用向上和向下的箭头"↑"和"↓"来表示。实验证明电子除了轨道运动之外，还有自旋运动，自旋角动量的大小由自旋量子数决定，它的值 $M_s = m_s\hbar$。自旋量子数的物理意义是它决定了电子自旋的方向。m_s 的大小不影响电子的能量和在空间的伸展方向。但它可用于解释氢原子的精细结构。

综上所述，原子中电子的运动状态可用四个量子数 n、l、m、m_s 来描述。主量子数决定了原子轨道的大小（电子层）和电子的能量，而角量子数决定了原子轨道在空间的形状同时也影响多电子原子体系的电子能量。磁量子数决定了原子轨道在空间的伸展方向，自旋量子数则决定了电子自旋的方向，当四个量子数确定之后，电子在核外的运动状态也就确定下来了。

(3) 能量量子化及零点能

单电子原子的能级只由主量子数决定：$E_n = -Z^2/n^2 \times 13.6\text{eV}$，单电子原子的能量不能连续变化，其最低能量即基态能级为 $-Z^2 \times 13.6\text{eV}$。氢原子的基态能量为 $E_1 = -13.6\text{eV}$，可能的能级为基态能量的 1/4，1/9，1/16，…。说明单电子原子具有能量量子化效应。

依据量子力学的维里定理（Virial Theorem）：如果体系的势能与 $1/r$ 成比例，则可以用公式 $\langle E_k \rangle = -1/2 \langle V \rangle$ 把平均动能和平均总能量联系起来。对氢原子和类氢离子有

$$\langle E \rangle = \langle E_k \rangle + \langle V \rangle = \langle E_k \rangle - 2\langle E_k \rangle = -\langle E_k \rangle$$

即氢原子和类氢离子的动能与其总能量数值相等,符号相反。故单电子原子的最低动能为 $Z^2 \times 13.6\text{eV}$,不为零。其最低动能 $Z^2 \times 13.6\text{eV}$ 就是其零点能。氢原子和类氢离子有零点能效应,表明它们不能处于静止状态,这是宏观物体所不具备的特征。

(4) 波函数的空间图像

单电子原子的波函数可写为 $\psi_{n,l,m}(r,\theta,\phi)=R_{n,l}(r)Y_{l,|m|}(\theta,\phi)$,其中的 $R_{n,l}(r)$ 是原子轨道的径向部分,称为径向函数。$Y_{l,|m|}(\theta,\phi)$ 是原子轨道的角度部分,称为角度函数。

图 6-11 球壳薄层示意图

让我们来看一个假想模型,设有一离核距离为 r,厚度为 $\mathrm{d}r$ 的薄层球壳如图 6-11 所示。此球壳的体积为 $4\pi r^2 \mathrm{d}r$,则在此球壳内发现电子的概率为 $4\pi r^2 |R_{n,l}|^2 \mathrm{d}r$。令 $D(r)=4\pi r^2 |R_{n,l}|^2$,对在点 (r,θ,ϕ) 附近小体积元 $\mathrm{d}\tau$ 在 θ 和 ϕ 的全部区域积分则得到离核距离为 r、厚度为 $\mathrm{d}r$ 的薄层球壳内出现电子的概率 $D(r)\mathrm{d}r=r^2 |R_{n,l}(r)|^2 \mathrm{d}r$,则 $D(r)=r^2 |R_{n,l}(r)|^2$,它只是一个与 r 有关的函数,与 θ 和 ϕ 无关。我们称它为径向分布函数,它是指在半径为 r 单位厚度球壳内电子出现的概率。

而 $|R_{n,l}(r)|^2$ 则称为径向密度函数。以 $D(r)$ 为纵坐标,半径 r 为横坐标作图可以得到氢原子各种原子轨道的径向分布图如图 6-12 所示。D 的物理意义是它反映了电子云分布随半径的变化情况,它与 $|\psi|^2$ 的物理意义不同,前者是 r 处单位厚度球壳内电子出现的概率而后者则是指某点处单位体积发现电子的概率。

图 6-12 径向分布函数示意图

从坐标原点出发,引方向为 (θ,ϕ) 且长度为 $Y_{l,|m|}(\theta,\phi)$ 的值的直线,将这些直线端点连起来在空间形成曲面图,此图形就是我们常说的原子轨道的角度分布图,如图 6-13 所示。图中的白色和黑色代表 Y 的正负性质。$|Y_{l,|m|}(\theta,\phi)|^2$ 是电子云的角度部分,称为角度分布函数。而类似的我们也可以做出 $|Y|^2$ 随 θ,ϕ 变化的图形,我们称之为电子云角度分布图。如图 6-14 所示。比较原子轨道的角度分布图和电子云分布图可知,电子云的角度分布较原子轨道的角度分布要"瘦"一些。原子轨道的角度分布有正负之分而电子云的角度分布则均为正值。这是因为 Y 平方后没有正负的差别了。

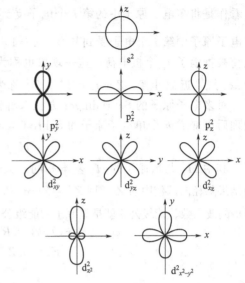

图 6-13　原子轨道的角度分布示意图　　　　图 6-14　电子云的角度分布示意图

6.3　核外电子的排布和元素性质的周期性

（the Configurations of the Electrons Outside Atomic Nucleus and the Periodic Properties of the Elements）

6.3.1　多电子原子核外电子的排布

对于多电子原子采用定核近似，并用电子质量代替折合质量，则多电子原子体系的哈密顿算符为

$$\hat{H} = -h^2/(8m\pi^2)\sum\nabla_i^2 - Ze^2/(4\pi\varepsilon_0)\sum\frac{1}{r_i} + e^2/(4\pi\varepsilon_0)\sum\sum\frac{1}{r_{ij}}$$

式中第一项代表电子的动能，第二项代表电子受核吸引的势能，第三项代表电子之间互相排斥的势能。由于第三项电子之间互相排斥势能的存在、不能分离成单变量，目前多电子原子体系的 Schrödinger 方程不能精确求解，只能近似求解。

在量子力学中，为了书写简洁，常采用原子单位。原子单位（Atom Unit，au）的规定如下：

角动量 1au$=\hbar=1$，电量 1au$=e$（电子电量大小）$=1$，质量 1au$=m$（电子质量）$=1$，$4\pi\varepsilon_0=1$，长度 1au$=a_0$（波尔半径）$=1$，能量 1au$=e^2/(4\pi\varepsilon_0 a_0)=$（两个电子相距 a_0 的势能）$=27.2116eV$。采用原子单位，多电子原子的 $\hat{H}$ 成为比较简捷的形式

$$\hat{H} = -\frac{\sum\nabla_i^2}{2} - \sum\frac{Z}{r_i} + \sum\sum\frac{1}{r_{ij}}$$

$$\hat{H} = -\frac{\sum\nabla_i^2}{2} - \sum\frac{Z}{r_i} + \sum\frac{\sigma_i}{r_i} = -\frac{\sum\nabla_i^2}{2} - \frac{\sum(Z-\sigma_i)}{r_i}$$

$$\hat{H}_i = -\frac{\nabla_i^2}{2} - \frac{Z-\sigma_i}{r_i}$$

将多电子原子的 $\hat{H} = -\dfrac{\nabla_i^2}{2} - \dfrac{Z-\sigma_i}{r_i}$ 与单电子原子的 $\hat{H} = -\dfrac{\nabla_i^2}{2} - \dfrac{Z}{r_i}$ 相比，两者很类似。

可看作是将多电子原子中的第 i 个电子受到其余电子的排斥作用平均化使 $\dfrac{1}{r_{ij}}$ 变成 $\dfrac{\sigma_i}{r_i}$。即将多电子原子中第 i 个电子受到其余 $(n-1)$ 个电子的排斥作用。等于是原子核中心 Z 个核电荷被抵消了 σ_i 个核电荷,这一现象也称为屏蔽效应,σ_i 称为屏蔽系数。屏蔽系数可以由 Slater 规则近似计算。$Z-\sigma_i=Z^*$,Z^* 称为有效核电荷数。

对多电子原子的 Schrödinger 方程求解较为复杂,这里就不详细介绍了。总之它经数学处理后可变成 n 个单电子原子的 Schrödinger 方程:

$$\hat{H}_i\psi_i=E_i\times\psi_i$$

其中 $\hat{H}_i$ 与氢原子的 $\hat{H}_i$ 基本相同,只是用有效核电荷 $Z^*=Z-\sigma_i$ 来代替 Z。解方程的结果除径向函数中的 Z 要用 $Z^*=Z-\sigma_i$ 来代替之外,其余均与氢原子的相同—波函数就是氢原子的波函数、能级公式就是氢原子的能级公式,其中核电荷数 Z 要用有效核电荷数 Z^* 代替:

$$\psi_{n,l,m}(r,\theta,\phi)=R_{n,l}(r)\,\Theta_{l,|m|}(\theta)\Phi_{|m|}(\phi)$$
$$E_n=-Z^{*2}/n^2\times13.6\text{eV}$$
$$n=1,2,3,\cdots$$
$$l=1,2,3,\cdots,n-1$$
$$m=0,\pm1,\pm2,\pm3,\cdots,\pm l$$

描写多电子原子中单个电子运动状态的波函数 $\psi_{n,l,m}(r,\theta,\phi)$ 仍然叫原子轨道,但与单电子原子不同的是它的原子轨道能级不仅由主量子数决定,而且还与角量子数有关。依据实验事实总结出来的计算屏蔽系数的 Slater 规则简单介绍如下。

(1)将电子按内外次序分组(n、l 均不同为不同组,$n+0.7l$ 值整数相同为同组):
$$1s\,|\,2s2p\,|\,3s3p\,|\quad3d\quad|\,4s4p\,|\quad4d\quad|\quad4f\quad|\quad5s5p$$
(2)外层电子对内层电子无屏蔽作用 $\sigma=0$
(3)同一组 $\sigma=0.35$(1s 组 $\sigma=0.30$)
(4)s,p 电子相邻内一组 $\sigma=0.85$;d,f 电子相邻内一组 $\sigma=1.0$
(5)更内层 $\sigma=1.0$

多电子原子的能级排布与单电子原子排布有所差别,鲍林(Pauling)根据光谱实验的结果,提出了多电子原子中原子轨道的近似能级示意图(见图 6-15)。

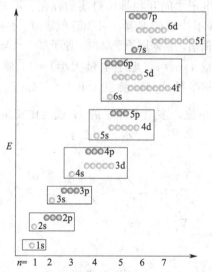

图 6-15　原子轨道的近似能级示意图

如图 6-15 所示，把能量相近的能级划为一组放在一个方框中称为能级组，共分为七个能级组，能级组之间再由低到高排列如下：

第一能级组：1s；

第二能级组：2s，2p；

第三能级组：3s，3p；

第四能级组：4s，3d，4p；

第五能级组：5s，4d，5p；

第六能级组：6s，4f，5d，6p；

第七能级组：7s，5f，6d，7p。

近似能级图反映多电子原子与单电子原子能级的不同，它具有以下几个特点。

（1）近似能级图是按原子轨道能量高低顺序排列而不是按原子轨道离核远近顺序排列。

（2）图中的每一个小圆圈代表一个原子轨道。s 亚层只有一个原子轨道，p 亚层中有三个能量相等的原子轨道。量子力学中把能量相同的状态叫做简并状态。所以 p 轨道是三重简并的，这 3 个原子轨道能量基本相同，只是空间取向不同，同样 d 亚层 d 轨道是五重简并的，f 亚层的 f 轨道是七重简并的。

（3）角量子数 l 相同的能级，其能量由主量子数 n 决定，n 越大则能量越高。如 $E_{2p}<E_{3p}<E_{4p}<E_{5p}$。主量子数 n 相同的能级，则角量子数 l 越大能量越高，如 $E_{4s}<E_{4p}<E_{4d}<E_{4f}$。

（4）主量子数 n 和角量子数 l 同时变化时情况较为复杂，如 $E_{4s}<E_{3d}<E_{4p}$。这种现象称之为"能级交错"现象。对此现象和能级能量随 l 增大而升高的现象可由屏蔽效应和钻穿效应来解释。屏蔽效应在前面已作介绍，我们这里需要了解的是屏蔽效应越大者其能量越高。对于相同 n 而不同 l 的能级，l 越大者屏蔽常数越大，其能量越高，故有 $E_{4s}<E_{4p}<E_{4d}<E_{4f}$。

图 6-16　4s，3d 电子云的径向分布图

而钻穿效应指外层电子可能钻到内层出现在离核较近地方的现象，由图 6-16 所示，对于 n 较大的电子（例如 4s 电子），出现概率最大的地方离核较远，但在离核较近的地方有小峰，表明在离核较近的地方电子也有出现的可能。也就是说外层电子可能钻到内层出现在离核较近的地方。对 4s 电子钻穿作用较 3d 电子更强，因为它受到内层电子的屏蔽更小，因此能量更低。

6.3.2　核外电子排布的原则

多电子原子相对单电子原子的能级更为复杂，而它的电子排布是按照核外电子排布的三个原则（能量最低原理、保利原理和洪特规则）进行填充到原子轨道的。

（1）能量最低原理

原子的电子要按照"能量最低越稳定"的原则进行排布以使得整个体系的能量为最低。电子按原子轨道近似能级示意图由低到高依次填入原子轨道。

（2）保利原理

同一原子中不存在 4 个量子数完全相同的两个电子，即占据同一轨道的两个电子自旋必须反平行，而每一个原子轨道最多只能空纳两个自旋相反的电子。

（3）洪特规则

电子分布到能量相同的等价轨道上时电子要尽量分占不同的轨道并且自旋平行。当等价

轨道处于电子半充满，全满和全空的的状态时是比较稳定的。

依据实验事实总结出近似的原子轨道能级高低顺序如下：

l 相同 n 愈大能级愈高，E：$1s<2s<3s\cdots$；$2p<3p<4p<5p\cdots$；$3d<4d<5d\cdots$；

n 相同 l 愈大能级愈高，E：$3s<3p<3d$；$4s<4p<4d<4f$；

n 和 l 均不同的情况下，对中性原子 $n+0.7l$ 值愈大能级愈高、对离子则按 $n+0.4l$ 值的大小排序。

按照核外电子排布原则排列得到的电子在各原子轨道的占据情况我们称之为电子组态。如氢 H 原子核外有 1 个电子，电子组态写为 $1s^1$。

下面以一些实例来介绍各元素原子电子排布的情况：

氦 He 原子核外有 2 个电子，电子组态为 $1s^2$，$n=1$ 的第一壳层（K 壳层）填满，第一周期结束。第一周期是特短周期，只有两个元素。锂 Li 原子核外有 3 个电子，电子组态为 $1s^2 2s^1$。铍 Be 原子核外有 4 个电子，电子组态为 $1s^2 2s^2$。硼 B 原子核外有 5 个电子，电子组态为 $1s^2 2s^2 2p^1$。碳 C 原子核外有 6 个电子，电子组态为 $1s^2 2s^2 2p^2$，依据洪特规则，p 轨道上的两个电子应分占两个 p 轨道，并且自旋平行，其电子组态为 $1s^2 2s^2 2p_x^1 2p_y^1$ 或 $1s^2 2s^2 2p_x^1 2p_z^1$ 或 $1s^2 2s^2 2p_y^1 2p_z^1$。氖 Ne 原子核外有 10 个电子，电子组态为 $1s^2 2s^2 2p^6$ 第 2 壳层（L 壳层）填充毕、二周期结束。第二周期是短周期，只有 8 个元素。按能级高低顺序电子先填充 4s 轨道后填充 3d 轨道，故三周期也是短周期，只有 8 个元素，电子填满 3s 和 3p 轨道。当电子开始填充 4s 轨道，四周期便开始了。氩 Ar 原子核外有 18 个电子，电子组态为 $1s^2 2s^2 2p^6 3s^2 3p^6$ 即 $[Ne]3s^2 3p^6$。第四周期元素的原子在填满 4s 后开始填充 3d 轨道，5 个 d 轨道可容纳 10 个电子，故四周期是长周期，共 18 个元素。钾 K 原子核外有 19 个电子，电子组态为 $[Ar]4s^1$。钙 Ca 原子核外有 20 个电子，电子组态为 $[Ar]4s^2$。中性原子先填 4s 后填 3d，因为前者 $n+0.7l=4$，后者 $n+0.7l=4.4$。钪原子核外有 21 个电子，电子组态为 $[Ar]4s^2 3d^1$。铬原子核外有 24 个电子，电子组态为 $[Ar]3d^5 4s^1$ 而不是 $[Ar]4s^2 3d^4$。这是由于轨道全空、半充满和全充满能级最低。表 6-1 列出第一过渡系列元素原子的价电子组态。

表 6-1　第一过渡系列元素原子的价电子组态

元素		3d					4s	组态
Sc	[Ar]	↑					↑↓	$[Ar]3d^1 4s^2$
Ti	[Ar]	↑	↑				↑↓	$[Ar]3d^2 4s^2$
V	[Ar]	↑	↑	↑			↑↓	$[Ar]3d^3 4s^2$
Cr	[Ar]	↑	↑	↑	↑	↑	↑	$[Ar]3d^5 4s^1$
Mn	[Ar]	↑	↑	↑	↑	↑	↑↓	$[Ar]3d^5 4s^2$
Fe	[Ar]	↑↓	↑	↑	↑	↑	↑↓	$[Ar]3d^6 4s^2$
Co	[Ar]	↑↓	↑↓	↑	↑	↑	↑↓	$[Ar]3d^7 4s^2$
Ni	[Ar]	↑↓	↑↓	↑↓	↑	↑	↑↓	$[Ar]3d^8 4s^2$
Cu	[Ar]	↑↓	↑↓	↑↓	↑↓	↑↓	↑	$[Ar]3d^{10} 4s^1$
Zn	[Ar]	↑↓	↑↓	↑↓	↑↓	↑↓	↑↓	$[Ar]3d^{10} 4s^2$

由表 6-1 可见，第一过渡系列元素原子的电子组态除 Cr 和 Cu 外，4s 轨道都是填满了 2

个电子的。Cu 的电子组态为 $3d^{10}4s^1$，而不是 $3d^94s^2$，其原因和 Cr 的一样：电子全满半满全空半空能级较低。

6.3.3 元素性质的周期性

由上可知，原子电子结构（电子组态）的周期性决定了元素性质的周期性。化学元素周期表则是元素周期律的具体体现。元素在周期表中的位置决定于原子核外电子的构型（电子组态）、特别是原子最外层电子的排布。在 1869 年，门捷列夫（Mendeleev）将当时已发现的 63 种元素按其原子量、化学和物理性质的周期性及相似性排列成表，称为元素周期表，发现元素性质随原子量的递增呈周期性变化。现在使用最多的长周期表包含 114 种元素，分为 7 个周期、18 个列。一个周期对应于一个能级组，它所包含的元素的数目等于相应能级组所能容纳的最多电子数。第 1～2、13～18 列（ⅠA～ⅧA 族）为主族元素，第 3～12 列（ⅢB～ⅧB、Ⅰ～ⅡB）为副族元素。主族元素的族数等于原子最外层电子的数目，也等于主族元素原子的最高化合价。

从周期表可获得大量信息，如元素的名称、符号、原子序数、相对原子质量、电子组态、族数、周期数等。结构参数周期表还列出了原子的第一电离能、电子亲和能、元素的电负性、同位素丰度、原子的范德华半径、离子价态、离子半径、金属半径、金属结构类型、原子光谱基项等。由原子的电子组态，可以判断相应元素的性质如是金属还是非金属等。下面我们学习一些原子性质的周期性变化。

(1) 原子半径（Atomic Radii）

原子总是以键合形式存在于单质或化合物中，我们把同元素的两个原子以共价键连接时核间距离的一半称作为共价半径；金属晶体中金属原子核距离的一半叫做金属半径。稀有气体原子之间不形成共价键，我们将其两个原子之间没有形成化学键只靠分子间作用力联系在一起的两个原子核间距离的一半称为范德华半径。一般来说从距离来讲，共价半径<金属半径<范德华半径。

原子半径的周期性变化规律是：同一主族，从上到下半径增大；同一周期，从左到右半径逐渐减小，到稀有气体突然增大。

(2) 原子的电离能（Ionization Energy of The Atom）

气态原子失去一个电子成为一价正离子所需要的最低能量称为原子的第一电离能 I_1。

$$A(g) - e + I_1 \Longrightarrow A^+(g)$$

同一周期第一电离能 I_1 基本上随原子序数增大而增大；同一主族 I_1 基本上随原子序数增大而减小。

(3) 电子亲和能（Electron Affinity）

气态原子 A 获得一个电子成为一价负离子 A^- 所放出的能量称为电子亲和能。

$$A(g) + e^- \Longrightarrow A^-(g) + Y$$

电子亲和能 Y 涉及核对电子的吸引和电子之间的排斥两个因素。核的吸引能力随原子半径减小而增大；原子半径小、电子离核近、电子出现的概率密度大，电子之间的排斥作用大。一般而言，电子亲和能随原子半径减小而增大，但是对同一周期（族）电子亲和能没有单调变化规律。

(4) 电负性（Electronegativity）

电负性与电离能和电子亲和能有关，它代表分子中的原子吸引成键电子的能力。

① 金属元素的电负性较小，非金属元素的电负性较大。HCl 分子中，H 的电负性小，Cl 的电负性大。按 Pauling 电负性标度，Cl 的电负性为 3.0，H 的电负性为 2.1。HCl 分子

中化学键是极性共价键，共用电子对偏近于 Cl。电负性 $\chi=2$ 可以作为判断元素是金属还是非金属的近似标准。周期表中，右上角元素原子的电负性大；左下角元素原子的电负性小。大多数金属元素原子的电负性约等于 1.0 或小于 1；典型非金属 F 原子的电负性很大为 4.0。

② 同一周期随原子序数增大元素的电负性增大；同一族随原子序数增大电负性减小。

③ 电负性差别大的原子形成的化合物以离子键为主；电负性相近的非金属形成的化合物以共价键为主；电负性相近的金属以金属键形成金属晶体。

④ 稀有气体在同一周期电负性最大、碱金属元素的电负性最小。

趣味量子力学知识

薛定谔的猫（Erwin Schrodinger's Cat）是奥地利物理学家埃尔温·薛定谔于 1935 年提出用于试图证明量子力学在宏观条件下的不完备性的一个思想实验。这个思想实验是个假想实验，类似原理已被研究与运用在实际应用领域。具体内容是：把一只猫放进一个封闭的盒子里，然后把这个盒子连接到一个包含一个放射性原子核和一个装有有毒气体的容器的实验装置。设想这个放射性原子核在一个小时内有 50% 的可能性发生衰变。如果发生衰变，它将会发射出一个粒子，而发射出的这个粒子将会触发这个实验装置，打开装有毒气的容器，从而杀死这只猫。根据量子力学，未进行观察时，这个原子核处于已衰变和未衰变的叠加态，但是，如果在一个小时后把盒子打开，实验者只能看到"衰变的原子核和死猫"或者"未衰变的原子核和活猫"两种情况。现在的问题是：这个系统从什么时候开始不再处于两种不同状态的叠加态而成为其中的一种？在打开盒子观察以前，这只猫是死了还是活着抑或半死半活？更详细内容见网址：www.zh.wikipedia.org/zh-cn/薛定谔猫。

思 考 题

6-1 光子和实物微粒的差别和共性是什么？

6-2 玻尔模型是丹麦物理学家尼尔斯·玻尔于 1913 年提出的关于氢原子结构的模型，玻尔模型引入了量子化的条件，但为什么说它仍然是一个"半经典半量子"的模型？为什么玻尔模型无法揭示氢原子光谱的强度和精细结构？

6-3 爱因斯坦终身反对玻恩的概率波理论，他提出了一个又一个的思想实验，企图证明量子论的不完备性和荒谬性，你怎么看待这两位科学大师之间的学术之争？

6-4 为什么微粒运动没有固定轨道，只有一定的概率分布？你怎样理解原子中电子运动没有固定轨道？

6-5 说明原子轨道的定义、物理意义及简并度。

6-6 什么叫 s 轨道，p 轨道，d 轨道？ 确定 $n=3$ 各原子轨道的名称。

6-7 什么叫电子云？怎样确定基态氢原子电子云取最大值时电子离核的距离？

习 题

6-1 金属钠 Na 的功函数为 2.3eV，入射光的波长为 253nm。求 Na 的临阈频率；判断能否产生光电效应，如能、光电子的初动能为多少？ （$5.56\times10^{14}S^{-1}$，$4.13\times10^{-19}J$）

6-2 判断下列说法正误并说明理由。

(1) 光电效应的反向截止电位取决于入射光的强度和照射时间。

(2) 由于微观粒子具有波粒二象性，要受测不准关系的制约，所以其动量和能量不能同时确定。

(3) 原子是化学变化中的最小微粒，它由原子核和核外电子组成。

(4) 原子量即一个原子的质量。

(5) 0.5mol 铁和 0.5mol 铜所含的原子数相同。

6-3　设子弹的质量为 10g，速度为 1000m·s^{-1}。试根据 de Broglie 式和测不准关系式，用计算说明宏观物质主要表现为粒子性，它们的运动服从经典力学规律（设子弹的不确定程度为 $\Delta v_x = 10^{-3}$）。

6-4　计算下列粒子的 de Broglie 波长：

(1) 动能为 1eV 的质子；　　　　　　　　　　　　　　　　　　　　　　(286nm)

(2) 质量为 0.1kg 以 40m·s^{-1} 速度运动的棒球；　　　　　　(1.656×10^{-25} nm)

(3) 由 100V 电场加速的电子；　　　　　　　　　　　　　　　　　　(0.1226nm)

(4) 基态氢原子中的电子；　　　　　　　　　　　　　　　　　　　　(0.333nm)

(5) 以上的计算结果说明什么问题？

6-5　计算在长 $l=1$nm 的一维势箱中运动的 He 原子的零点能。

6-6　在下列电子构型中，哪种属于原子的基态？哪种属于原子的激发态？哪种纯属错误？

(1) $1s^2 2s^2 2p^1$　　　　　　　　(2) $1s^2 2p^2$

(3) $1s^2 2s^3$　　　　　　　　　　(4) $1s^2 2s^2 2p^6 3s^1 3d^1$

(5) $1s^2 2s^2 2p^5 4f^1$　　　　　　(6) $1s^2 2s^1 2p^1$

6-7　假定有下列电子的各套量子数，指出哪几套不可能存在，并说明理由。

(1) 4,2,2,1　　(2) 2,0,−1,1/2　　(3) 2,4,3,1/2

(4) 0,0,0,0　　(5) 2,−1,0,1/2　　(6) 3,0,−2,1/2

6-8　某元素的气态氢化物 $H_x R$ 在某温度下完全分解为氢气和固体物质，在相同条件下体积为原来的 1.5 倍，分解前后气体密度的比为 17∶1，该元素原子核内中子数与质子数之差为 1。试确定 R 的

(1) 元素符号、中文名称；(2) 原子中的电子数、中子数和质子数；

(3) 电子组态；(4) 在周期表的位置；(5) 相对于 O，电负性及氧化性的相对大小。

6-9　写出 1～20 号元素原子的电子组态及 Lewis 结构式，确定各原子中的自旋未成对电子数，说明为什么 Si、S 的电子亲和能比 P 的大。

6-10　不用查表，依次排列顺序并解释理由：

(1) Mg^{2+}，Ar，Br，Ca^{2+}，按半径从小到大的次序排列；

(2) Na，Na^+，O，Ne，按电离能从小到大的次序排列；

(3) H，F，Al，O，按电负性增加的次序排列。

6-11　比较下列各对元素中，哪一个的第一电离能高？

(1) Li 和 Cs　　(2) Li 和 F　　(3) Cs 和 F　　(4) F 和 I

6-12　判断原子序数分别为 24，28，38，47，67 五个元素在哪一周期，哪一族？

6-13　今有原子序数为 21 的元素：

① 排出它的电子结构式；

② 指出它所在的周期、族、最高正化合价；

③ 用四个量子数分别表示它的每个价电子的运动状态。

6-14　已知原子序数 12，24，46，53，82 等几个元素，它们各在第几周期第几族？如不看周期表，用 s，p，d，f 等符号写出它们的电子结构式

6-15　有 A，B，C，D 四个元素，其最外层电子数依次为 1，2，2，7；其原子序数按 B，C，D，A 次序依次增大。已知 A 与 B 的次层电子数为 8，而 C 与 D 的为 18。试问：

(1) 哪些是金属元素？

(2) D 与 A 的简单离子是什么？

(3) 哪一元素的氢氧化物的碱性最强？

(4) B 与 D 两元素间能形成何种化合物？写出化学式？

第 7 章　分子的结构与性质

（Molecular Structures and Properties）

大多数的物质由分子组成，物质的性质与分子的结构密切相关。因此探索分子的结构与性质具有非常重要的意义。本章研究的主要问题是：什么是分子结构？原子为什么能结合成分子？原子是怎样结合成分子的？

关于分子结构要讨论的问题是：分子是由哪些更小的微粒组成的？这些更小微粒的运动状态如何？原子能结合成分子是由于分子中原子之间存在强烈的相互作用，这一强烈的相互作用通常被称为化学键。典型的化学键包括共价键（非极性键，极性键，配位键）、离子键和金属键。此外，分子的相互作用力还有分子内和分子间氢键及分子间作用力。随着科学技术的发展，分子的概念已发展成为泛分子（Pan-molecule），它泛指新世纪化学的研究对象：包括分子片、结构单元、高分子、生物大分子、超分子、分子和原子不同维数、不同尺度和不同复杂程度的聚集体、组装体，直至分子材料、分子器件和分子机器。化学键的含义也相应地扩展到泛化学键。原子怎样结合成分子这个问题则涉及化学键的类型、数目，分子中键长、键角，分子形状及分子的对称性等。在本章中我们将学习与分子结构有关的共价键理论。主要学习共价键理论中的价键理论（Valence Bonding Theory，VB）和分子轨道理论（Molecular Orbital Theory，MOT）以及杂化轨道理论（Hybrid Orbital Theory）和价层电子对互斥理论（Valence-Shell Electron-Pair Repulsion theory，VSEPR）。

7.1　价键理论简介

（Simple Introduction of Valence Bonding Theory）

价键理论是一种获得分子薛定谔方程近似解的处理方法，又称为电子配对法，是用线性变分法处理 H_2 体系结果的推广。1916 年美国的化学家路易斯就提出了化学键和路易斯结构式的概念用于解释简单分子的结构。1923 年他进一步将分子中两个原子共享电子对的作用称为共价键，从而建立了路易斯共价键理论。1927 年德国化学家海特勒和伦敦使用量子力学处理氢分子结构成功地解释了共价键的本质，建立起了近代价键理论的基础。美国化学家鲍林（Pauling）通过引入共振结构式、轨道杂化等概念，将海特勒-伦敦理论成功推广到更大的分子中，形成了现代价键理论。

价键理论的基本思想是电子自旋反平行配对成键，如 A 原子有一个自旋成单电子、B 原子也有一个自旋成单电子，二者以电子自旋反平行配对形成共价单键而结合成 AB 分子。若 A 原子有两个自旋成单电子，B 原子有一个自旋成单电子，则它们以电子自旋反平行配对形成两个共价单键而形成 AB_2 分子；A 原子还可以电子自旋反平行配对形成共价双键而形成 A_2 分子。

海特勒和伦敦处理氢分子时发现两个氢原子成单电子自旋方向相同氢原子发生排斥，核间几率为零，能量升高，分子处于排斥态。而两个氢原子成单电子自旋方向相反时，氢原子发生轨道重叠，核间几率很大，能量降低，分子处于基态，氢原子和氢原子形成共价键。他们得到的两种配对方式的势能曲线如图 7-1 所示。而共价键的本质实际是原子自旋相反的电子发生配对形成负电区与原子核之间形成静电引力，如图 7-2 所示。

共价键理论的基本要点主要有三点：①自旋相反单电子相互接近，波函数符号相同，核间电子云密集，能量降低，符合能量最低原理形成共价键；②未成对电子两两配对可以形成一个或多个共价键。两原子没有成单电子不能形成共价键如氦原子不能形成氦分子；③原子轨道叠加，轨道重叠愈多，电子在核间出现概率越大，共价键越强。共价键形成应尽可能沿原子轨道最大重叠方向形成。

　　　　　　　　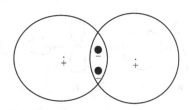

图 7-1　氢分子势能曲线　　　　　　　图 7-2　氢分子共价键本质示意图

与离子键相比，共价键具有饱和性和方向性的特征。共价键的饱和性是指一般每个原子形成共价键的总数或与单键相连的原子数目是一定的，原子的共价键数是由其价轨道数和价电子数决定的。共价键的方向性则指共价键的形成总是有一定的方向，这是由于原子的 p、d、f 轨道具有一定方向，只有沿着它固有的方向才能满足最大重叠条件，形成的共价键才会最强。

共价键有很多类型。根据电子的共用情况可以分为正常共价键（共用电子由两个原子共同提供）和配位键（共用电子和空轨道由两个原子分别提供）。根据原子轨道重叠方向的不同可以分为 σ 和 π 键。前者沿键轴方向"头碰头"重叠，重叠程度大、键能大且不易参加反应。后者则沿键轴方向"肩并肩"重叠，重叠程度小、键能小且活泼易反应。

7.2　分子轨道理论

（Molecular Orbital Theory）

分子轨道理论是用线性变分法处理 H_2^+ 体系结果向更大分子体系的推广。它的基本要点有以下几点：

① 分子轨道是分子体系的单电子波函数。将分子中的一个电子视为在其余电子及分子骨架组成的平均势场中运动。描写分子中一个电子与分子骨架相对运动的状态函数 Ψ 称为分子轨道。$|\Psi|^2$ 代表电子在分子中单位体积内出现的几率即几率密度，$|\Psi|^2 d\tau$ 代表电子在分子中体积元 $d\tau$ 内出现的几率。

② 分子轨道由原子轨道线性组合（LCAO-MO）而来，原子轨道线性组合成分子轨道要满足对称性匹配、能级接近、轨道最大重叠等成键三原则。对称性匹配是指参与组合成分子轨道的原子轨道对称性必须一致。对双原子分子而言，对称性匹配可以用参与组合成分子轨道的原子轨道彼此可能达到同号重叠来认定，若以 x 轴为键轴（核连线方向为键轴方向）s-s，s-p_x，p_x-p_x，p_x-d_{xz} 等轨道之间对称性是匹配的；s-p_y，s-p_z，p_x-p_y，d_{z^2}-d_{xz} 等 AO 对称性是不匹配的。参与组合成分子轨道的原子轨道要达到轨道最大重叠，原子轨道重叠程

度愈大，成键效应愈大。参与组合成分子轨道的原子轨道能级要接近，原子轨道能级愈接近成键效应愈大。一些线性组合成分子轨道的对称性匹配原子轨道和不匹配原子轨道分别示于图 7-3 和图 7-4。

图 7-3　对称性匹配的原子轨道

图 7-4　对称性不匹配的原子轨道

③ 分子轨道理论中，成键电子数与反键电子数之差的一半称为键级。键级的大小可用于表示键的强弱：键级越大，键就越强，分子也就越稳定。

分子轨道具有不同的类型，主要有以下几种。

① 按原子轨道组合成分子轨道后能量变化可分为成键、反键和非键 MO 其中比原来原子轨道能级低的叫成键分子轨道；比原来原子轨道能级高的叫反键分子轨道。多个原子轨道线性组合成的分子轨道中，能级与原子轨道一样高的叫非键分子轨道。成键 MO 能级比 AO 能级低，原子轨道同号重叠区域＞异号重叠区域；反键 MO 能级比 AO 能级高，原子轨道同号重叠区域＜异号重叠区域；非键 MO 能级与 AO 能级相同，原子轨道同号重叠区域＝异号重叠区域。

② 按重叠方式不同可分为 σ、π、δ 型　AO 头碰头重叠形成的，通过键轴没有节面的分子轨道叫 σ 型 MO；AO 肩并肩重叠形成的，通过键轴有一个节面的分子轨道叫 π 型 MO；AO 面对面重叠形成的，通过键轴有两个节面的分子轨道叫 δ 型 MO。具体示意图见图 7-5。

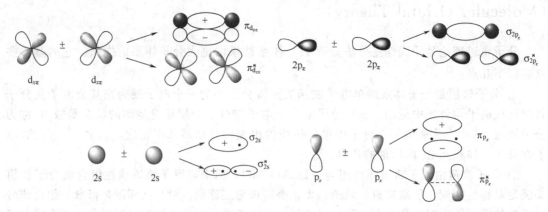

图 7-5　原子轨道线性组合成分子轨道示意图

③ 按分子轨道对称性分为 g、u MO　将分子轨道图形中的任意一点 p 和分子轨道图形的几何中心相连并延长等远得到 q 点，若 p、q 两点波函数的值大小相等、符号也相同，即

$\Psi_p = \Psi_q$，这样的分子轨道叫中心对称 MO，即 g 对称分子轨道；若 p、q 两点波函数的值大小相等、符号相反，即 $\Psi_p = -\Psi_q$，这样的分子轨道叫中心反对称 MO、即 u 对称分子轨道，分子的几何中心也就是 MO 函数图形的对称中心。若 $\Psi_p \neq \Psi_q$，这样的分子轨道叫非中心对称 MO，并且 MO 函数图形没有对称中心。

对于同核双原子分子，成键 σ 型 MO 是中心对称（g）的，反键 σ 型 MO 是中心反对称（u）的；成键 π 型 MO 是中心反对称（u）的，反键 π 型 MO 是中心对称（g）的（图 7-5）。

分子轨道电子填充原则和多电子原子类似，具体就是将分子中的电子按保利原理、能级最低原理和洪特规则往分子轨道上填充最终形成分子的电子结构，也称分子的电子组态。因此，掌握双原子分子的电子组态，首先要掌握其分子轨道能级次序。而分子轨道能级次序是由成键三原则决定的。

按 MO 理论，原来在原子轨道中运动（运动状态由原子轨道描述）的电子，进入分子轨道并且成键（分子轨道中的）的电子数大于反键电子数，体系能级降低，同时核间电子云密度增大，受原子核吸引，原子便形成了分子。

一般而言：MO 理论认为分子中的电子是离域化的（电子在整个分子的范围内运动），VB 则认为电子是定域化的（电子在成键的两个原子的附近运动）。二者各有千秋、都是重要的共价键理论，都有广泛应用。

7.3　双原子分子
（Diatomic Molecules）

下面以 H_2^+、He_2^+、H_2、O_2 和 N_2 等最简单的同核双原子分子为例来学习分子轨道理论的应用。

H_2^+ 只有一个电子，故其电子组态为 σ_{1s}^1，键级 $= 1/2$，形成一个单电子 σ 键，这是价键理论所中没有的。分子中有 1 个自旋未配对电子，其自旋量子数 $S = n/2 = 1/2$（n 是分子中的成单电子数），自旋多重度 $= 2S + 1 = 2$，我们称此分子处于二重态（Doublet）。He_2^+ 分子有三个电子，按二原理一规则由低到高填充分子轨道后得到的电子组态为 $\sigma_{1s}^2 \sigma_{1s}^{*1}$。这形成的是一个特殊的三电子，其键级为 1/2，自旋多重度为 2。由于存在成单电子，这两个分子磁性均为顺磁。H_2 分子电子组态为 $(\sigma_{1s})^2$，键级为 1，形成一个 σ 键，自旋量子数 $S = 0$，自旋多重度为 1，我们称此分子处于单重态（Singlet）。由于无成单电子，氢分子具有抗磁性。

O_2 和 N_2 分子属同一周期但其分子的电子组态有明显的不同，主要区别在于氮分子中的分子轨道存在组合原子轨道 s 与 p 的强相互作用，而氧分子中这一相互作用很弱完全可以忽略。

根据氧分子的分子轨道能级高低和填充规则我们可以得到 O_2 分子的电子组态：

$$O_2 \quad \sigma_{1s}^2 \sigma_{1s}^{*2} \sigma_{2s}^2 \sigma_{2s}^{*2} \sigma_{2p_z}^2 (\pi_{2p_x}^2, \pi_{2p_y}^2)(\pi_{2p_x}^{*1}, \pi_{2p_y}^{*1}) \tag{7-1}$$

如用标明 MO 轨道的 g、u 对称性，就得到另一套 O_2 分子的电子组态：

$$O_2 \quad (1\sigma_g)^2 (1\sigma_u)^2 (2\sigma_g)^2 (2\sigma_u)^2 (3\sigma_g)^2 (1\pi_u)^4 (1\pi_g)^2 \tag{7-2}$$

而类似的一些氧物种的电子组态如下：

$$O_2^+ \quad \sigma_{1s}^2 \sigma_{1s}^{*2} \sigma_{2s}^2 \sigma_{2s}^{*2} \sigma_{2p_z}^2 (\pi_{2p_x}^2 \pi_{2p_y}^2)(\pi_{2p_x}^{*1}) \tag{7-3}$$

$$O_2^- \quad \sigma_{1s}^2 \sigma_{1s}^{*2} \sigma_{2s}^2 \sigma_{2s}^{*2} \sigma_{2p_z}^2 (\pi_{2p_x}^2 \pi_{2p_y}^2)(\pi_{2p_x}^{*2})(\pi_{2p_y}^{*1}) \tag{7-4}$$

$$O_2^{2-} \quad \sigma_{1s}^2 \sigma_{1s}^{*2} \sigma_{2s}^2 \sigma_{2s}^{*2} \sigma_{2p}^2 (\pi_{2p_x}^2 \pi_{2p_y}^2)(\pi_{2p_x}^{*2} \pi_{2p_y}^{*2}) \tag{7-5}$$

将它们的电子组态相关的一些性质列于表 7-1。

表 7-1　氧物种的电子结构与相关性质

分子	键级	化学键	自旋量子数	自旋多重度	HOMO	LUMO
O_2^+	5/2	σ,3 电子 π,π	1/2	2	$\pi_{2p_x}^*$	$\pi_{2p_x}^*$
O_2	2	σ,2 个 3 电子 π	1	3	$\pi_{2p_x}^*$	$\pi_{2p_x}^*$
O_2^-	3/2	σ,1 个 3 电子 π	1/2	2	$\pi_{2p_y}^*$	$\pi_{2p_y}^*$
O_2^{2-}	1	σ	0	1	$\pi_{2p_x}^*$	$\sigma_{2p_z}^*$

按此能级次序写出与 O_2 分子类似的 N_2 的电子组态，结果为：

$$N_2 \quad (1\sigma_g)^2 (1\sigma_u)^2 (2\sigma_g)^2 (2\sigma_u)^2 (3\sigma_g)^2 (1\pi_u)^4$$

这与实验事实不符，由 N_2 的光电子能谱得到其 HOMO 是 σ_g，而不是 π 型 MO；当形成配合物时，作为配体 N_2 主要趋向于端基配位，而不是侧基配位。因此 N_2 的电子组态应为：

$$N_2 \quad (1\sigma_g)^2 (1\sigma_u)^2 (2\sigma_g)^2 (2\sigma_u)^2 (1\pi_u)^4 (3\sigma_g)^2 \tag{7-6}$$

或

$$N_2 \quad \sigma_{1s}^2 \sigma_{1s}^{*2} \sigma_{2s}^2 \sigma_{2s}^{*2} (\pi_{2p_x}^2, \pi_{2p_y}^2) \sigma_{2p_z}^2 \tag{7-7}$$

N_2 的电子组态与 O_2 不同的原因在于前者有较强的 s-p 相互作用，而后者这一作用可以忽略。N_2 的键级为 3，化学键有 1 个 σ 键，2 个 π 键；自旋量子数为 0；自旋多重度为 1；HOMO 是 $3\sigma_g$，LUMO 是 $2\pi_g$。

图 7-6 和图 7-7 分别是 O_2 和 N_2 分子轨道能级示意图，分别代表没有 2s-2p 轨道相互作用和有 2s-2p 轨道相互作用的同核双原子的分子轨道能级次序，前者对 O_2、F_2 等分子适用，后者对 B_2、C_2、N_2 等分子适用。

图 7-6　O_2 分子轨道能级示意图　　　　图 7-7　N_2 分子轨道能级示意图
（未考虑 s-p 相互作用）　　　　　　　（考虑了 s-p 相互作用）

B_2、C_2、N_2 分子的电子组态与 O_2、F_2 等的不同之处仅在于 $1\pi_u$ 与 $3\sigma_g$ 分子轨道的能级高低次序不同，B_2、C_2、N_2 的 $1\pi_u$ 低于 $3\sigma_g$，O_2、F_2 等的 $1\pi_u$ 高于 $3\sigma_g$。原因是 B、C、N 的原子轨道 2s 与 2p 能级接近、小于 13.6eV，而 O、F 等原子的 2s 原子轨道与 2p 能级不接

近，大于 13.6 eV。对 O_2、F_2 等分子，2s 与 $2p_z$ 对称性匹配，但是能级不接近，只需将一个原子的 2s 与另一个原子的 2s、一个原子的 $2p_z$ 与另一个原子的 $2p_z$ 分别组合即可。出现这一能级次序的原因主要是由于它们轨道之间的 s-p 轨道相互作用不同，O_2、F_2 等分子 s-p 相互作用可忽略，而 B_2、C_2、N_2 等分子则 s-p 相互作用强烈，导致能级次序发生变化，具体线性组合分子轨道的过程和 s-p 相互作用可参阅其他参考书。

对异核双原子分子 AB，将 N_2 的分子轨道能级次序中 MO 类型符号的下标 g 或 u 去掉，并且成键分子轨道和相应的反键分子轨道用同一个序号，简并轨道用同一序号，便得到 A B 两原子的原子系数比较接近的异核双原子分子 MO 能级次序：

$$(1\sigma)(2\sigma)(3\sigma)(4\sigma)(1\pi)(5\sigma)(2\pi)(6\sigma)$$

CO 的电子组态为：$CO(1\sigma)^2(2\sigma)^2(3\sigma)^2(4\sigma)^2(1\pi)^4(5\sigma)^2$

CO 的键级有 3，化学键有 1 个 σ 和 2 个 π 键，自旋成单电子数是 0，自旋多重度为 1，HOMO 为 5σ、LUMO 是 2π。CO 与 N_2 是等电子体——原子数相同，价电子总数相同的分子。等电子体的结构类似、性质类似。

HF 是 AB 两原子的原子序数不接近的双原子分子的例子，HF 分子中 H 1s 与 F 1s 能级不接近，也不能达到轨道最大重叠，只有 H 1s-F 2p 能级才接近，才能按对称性匹配的方式线性组合成分子轨道，H 1s 与 F $2p_z$ 组合成 1 个成键分子轨道和一个反键分子轨道，F 1s、F 2s、F $2p_x$ 和 F $2p_y$ 未参与组合，在分子中与在原子中能级一样，是非键分子轨道，依次记为 K，(σ_{2s}) 和 (π_{2p})（$n=1$ 的原子轨道叫 K 壳层，$n=2$ 的原子轨道叫 L 壳层…）。HF 的电子组态为：HF K$(\sigma_{2s})^2(\sigma)^2(\pi_{2p})^4$，HF 键级为 1，化学键只有一个 σ，自旋成单电子数是 0、自旋多重度为 1，HOMO 为 π_{2p}、LUMO 是 σ^*。异核双原子分子的能级次序示于图 7-8，其中（a）代表像 CO 那样的两原子原子序数比较接近的异核双原子分子的 MO 能级次序；（b）则代表像 HF 那样的两原子原子序数相差大的异核双原子分子的 MO 能级次序。

(a) CO (NO)　　　(b) HF

图 7-8　异核双原子分子的能级次序示意图

双原子分子 MO 能级次序及其适用范围归纳如下：

$KK\sigma_{2s}\sigma_{2s}^*\sigma_{2p_z}\pi_{2p_x}\pi_{2p_y}\pi_{2p_x}^*\pi_{2p_y}^*\sigma_{2p_z}^*$，适用于无 s-p 作用的同核双原子分子，如 O_2、F_2。

$KK2\sigma_g2\sigma_u3\sigma_g1\pi_u1\pi_g3\sigma_u$，同样适用于无 s-p 作用的同核双原子分子 O_2、F_2。

$KK2\sigma_g2\sigma_u1\pi_u3\sigma_g1\pi_g3\sigma_u$，适用于有 s-p 作用的同核双原子分子，如 B_2、C_2、N_2。

$KK3\sigma4\sigma1\pi5\sigma2\pi6\sigma$，适用于两原子原子序数接近的异核双原子分子，如 CO，NO 等。

双原子分子的电子结构就是将其中所有的电子按电子填充三原则往分子轨道能级次序适合它的分子轨道上填充，从而得到其电子组态，然后由电子组态分析讨论相关性质。

大学化学

扩展阅读

NO 是一种非常有趣和特别的分子，它结构极其简单又引人瞩目，声名狼藉却又声誉卓著。它很早就被科学家们发现是大气中的一种有害气体，能破坏臭氧层、造成酸雨、污染环境等。然而却有科学家发现它在人体中能穿过生物膜，氧化外来物质，在受控小剂量下却是一种有益成分。1992 年，美国《科学》杂志把它选为明星分子。三位美国药理学家弗奇戈特（Furchgott）、伊格纳罗（Ignarro）及穆拉德（Murad）因发现硝酸甘油及其他有机硝酸酯能通过释放 NO 气体而舒张血管平滑肌，从而扩张血管而获得 1998 年诺贝尔生理/医学奖。1977 年，穆拉德发现硝酸甘油等有机硝酸酯代谢为 NO 后才能扩张血管，认为 NO 可能是对血流具有调节作用的信使分子。而弗奇戈特在研究乙酰胆碱等物质对血管的影响时则发现，在相近的实验条件下，同一种物质有时使血管扩张，有时没有明显作用，有时甚至使血管收缩。

7.4 杂化轨道理论和价层电子对互斥理论

（Hybrid orbital and valence-shell Electron-Pair Repulsion Theory）

7.4.1 杂化轨道理论

（1）什么是杂化轨道（Hybrid Orbital）？原子轨道为什么要杂化？原子轨道为什么能杂化？

同一原子能级接近的原子轨道按对称性匹配的方式重新线性组合成的新的原子轨道叫杂化原子轨道。杂化轨道属 σ 型原子轨道，在分子中填充成键电子或孤对电子，一般不会是空轨道。杂化轨道理论属于 VB 理论。杂化轨道满足正交归一化条件，并与共价键的方向性和饱和性一致。通常原子轨道杂化以后可以提高成键能力，可以形成更多共价键。当电子激发所需要的能量可以因为形成更多共价键而得到补偿时，原子轨道便可以进行杂化。例如 CH_4 分子是正四面体几何构型，4 个 C—H 键等长，4 个 HCH 键角均为 109.5°，其一元和二元取代产物没有异构体，三元取代产物有光学异构体。按 VB 理论，C 原子的电子组态为 $1s^2 2s^2 2p^2$，有两个未配对电子，只能形成两个共价单键。在形成分子的瞬间，C 的电子发生激发而成为 $2s^1 2p_x^1 2p_y^1 2p_z^1$，并且 1 个 s、3 个 p 轨道重新线性组合成 4 个 sp^3 杂化原子轨道，4 个 sp^3 杂化轨道呈正四面体几何构型，每个杂化轨道各有 1 个电子，分别与 H 的 1s 轨道以电子自旋反平行配对成键。C 原子电子的激发需要能量，由多形成两个共价键所放出的能量补偿还有剩余。所以，电子的激发便成为可能。因此，要能级接近的同一原子的原子轨道才能按对称性匹配的方式重新线性组合成新的杂化原子轨道。

（2）杂化轨道类型与分子几何形状

① sp^3 杂化　sp^3 杂化轨道及 CH_4 分子的成键情况见图 7-9。

一般一个原子与另外 4 个原子以单键结合时，中心原子采取 sp^3 杂化，4 个 sp^3 杂化轨道呈正四面体排布。分子间键角为 109°28′。

② sp^2 杂化　C_2H_4 分子中 C 原子的 s、p_x 和 p_y 3 个原子轨道线性组合成三个 sp^2 杂化轨道，3 个 sp^2 杂化轨道呈正三角形排布，每个 sp^2 杂化轨道各有 1 个电子，分别与 2 个 H 原子和另 1 个 C 原子的 1 个 sp^2 杂化轨道以电子自旋反平行配对成键，C_2H_4 为平面型分

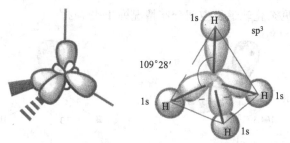

图 7-9　sp^3 杂化轨道及 CH_4 分子的成键情况

子。一般一个原子与另外 3 个原子以双键结合时，中心原子采取 sp^2 杂化。sp^2 杂化轨道的取向、乙烯及 BH_3 的成键情况见图 7-10。

图 7-10　sp^2 杂化轨道和 BH_3 分子的成键情况

③ sp 杂化　一个原子与另外两个原子以三键结合的情况下，中心原子采取 sp 杂化（图 7-11），两个 sp 杂化轨道呈直线形。

sp^3d（dsp^3）杂化轨道由 s、p_x、p_y、p_z 和 $d_{x^2-y^2}$ 线性组合而成，以 sp^3d 杂化轨道成键的 PH_5 见图 7-12。此外还有 5 个 sp^3d（dsp^3）杂化轨道呈三角锥几何构型如 SH_6 分子。sp^3d^2（d^2sp^3）杂化轨道及 SH_6 的成键情况见图 7-13。

图 7-11　sp 杂化轨道

图 7-12　PH_5 的成键情况

（4）不等性杂化　同一原子的不同类型的原子轨道组合成的 s-p 型杂化轨道、各杂化轨道的 s 成分相同的叫等性杂化，若各杂化轨道的 s 成分不相同，则称为不等性杂化。CH_4 及 BH_3 分子中 C 的 sp^3、B 原子的 sp^2 杂化属等性杂化；H_2O 和 NH_3 分子中 O 原子 sp^3 杂化属不等性杂化。O 原子的电子组态为 $2s^2 2p^2$，在形成 H_2O 分子的瞬间，O 的 2s，$2p_x$，$2p_y$ 和 $2p_z$ 线性组合成 4 个 sp^3 杂化轨道，其中 2 个 sp^3 杂化轨道填充两对孤对电子，另 2 个 sp^3 杂化轨道各有 1 个电子，分别与 H 原子成键，填充孤对电子的 sp^3 杂化轨道比另 2 个 sp^3 杂化轨道离 C 原子近、s 成分较多，所以 H_2O 中的氧采取不等性 sp^3 杂化。类似的道理 N 中填充一对孤对电子的 sp^3 杂化轨道比另 3 个 sp^3 杂化轨道相比离 N 原子近、s 成分较多，所以 N 也采取不等性 sp^3 杂化。不等性杂化的一个结果是分子的键角偏离了等性 sp^3 杂化的标准键角，它们的分子构型分别为角型和三角锥型。H_2O 和 NH_3 分子的不等性杂化轨道见图 7-13，一些常见杂化轨道及空间分布情况列于表 7-2。

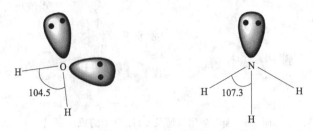

图 7-13　H_2O 和 NH_3 分子的不等性杂化轨道

表 7-2　一些常见杂化轨道及空间分布情况

杂化轨道（AO）	参加杂化的原子轨道	成键能力	夹角	几何形状	例
sp	s　p_x	1.932	180°	线形	C_2H_2，BeH_2
sp^2	s　p_x　p_y	1.992	120°	平面正三角形	C_2H_4，BF_3，SO_3
sp^3	s　p_x　p_y　p_z	2	109.5°	正四面体	NH_4^+，CCl_4，CH_4
dsp^2	s　p_x　p_y　$d_{x^2-y^2}$	—	90°，180°	平面正方形	$Ni(CN)_4^{2-}$
sp^3d dsp^3	s　p_x　p_y　p_z　d_{xy}	—	90°，120°，180°	三角双锥	PCl_5，$Fe(CO)_5$
sp^3d^2 d^2sp^3	s　p_x p_y p_z d_{z^2} $d_{x^2-y^2}$	—	90°，180°	正八面体	SF_6，$Mn(H_2O)_6^{2+}$

7.4.2　价层电子对互斥理论（VSEPR）

VSEPR 理论的中心思想是：非共轭多原子分子中中心原子（只有一个的原子）周围的成键电子对和孤对电子叫价（层）电子对。价电子对按照八隅律排布在以中心原子为球心的球面上，并且尽可能远以减小彼此之间的排斥。价电子对之间的斥力 F 包括库仑斥力 F_c 和保利斥力 F_p。库仑斥力 F_c 和电子之间距离的平方成反比，保利斥力 F_p 和电子之间距离的高次方成反比

$$F = F_c + F_p = 1/r^2 + 1/r^n \quad (n>6)$$

因此，价层电子对之间的距离稍微远一点，彼此之间的斥力就大大减小。价层电子对之间的斥力大小顺序为：

$$LP\text{-}LP > LP\text{-}BP > BP\text{-}BP \qquad (LP = 孤对电子 \quad BP = 成键电子对)$$

三键-三键 > 三键-双键 > 双键-双键 > 双键-单键 > 单键-单键

当分子中只有成键电子对而没有孤对电子时，分子几何形状与价电子对的几何形状一样；分子中有孤对电子时，分子几何形状与价电子对的几何形状不一样，分子的几何形状是价电子对之间斥力最小的排布方式。例如有 5 对价电子的情况，5 对价电子成三角双锥排布，价电子对之间的夹角有 90°、120° 和 180° 三种情况，因为价电子对之间的距离稍微远一点，彼此之间的斥力就大大减小，所以在分析分子几何形状时，只考虑价电子对之间距离最近的夹角为 90° 的情况，得到 AX_4E 型分子的几何形状为图 7-14（b）即变形四面体，AX_3E_2 型分子为图 7-14 中的（e）即 T 形（A 代表中心原子，X 代表与中心原子成键的原子，E 代表孤对电子）。同样地分析可以得到 AX_4E_2 型分子为平面正方形，AX_5E 型分子为四方锥形。用 VSEPR 理论确定分子几何形状的部分结果列于表 7-3。

	(a)	(b)		(c)	(d)	(e)
LP-LP	0	0		0	1	0
LP-BP	3	2		6	3	4
BP-BP	3	4		0	2	2

AX₄E 型分子为变形四面体　　　　　　AX₃E₂ 型分子为 T 形

图 7-14　AX$_4$E 和 AX$_3$E$_2$ 型分子几何形状的确定

表 7-3　用 VSEPR 理论确定分子几何形状的部分结果

分子	价电子总数	分子类型	价电子对几何形状	分子几何形状
N_2O	$5\times2+6$	AX_2	线形	线形
CO_2	$4+2\times6$	AX_2	线形	线形
BCl_3	$3+3\times7$	AX_3	平面正三角形	平面正三角形
CO_3^{2-}	$4+3\times6+2$	AX_3	平面正三角形	平面正三角形
CBr_4	$4+4\times7$	AX_4	正四面体	正四面体
NH_4^+	$5+4\times6+1\times4-1$	AX_4	正四面体	正四面体
H_2O	$1\times2+2\times6+6$	AX_2E_2	四面体	角形
NH_3	$5+3\times1+6\times3$	AX_3E	四面体	三角锥
XeO_3	$8+3\times6$	AX_3E	四面体	三角锥
PCl_5	$5+7\times5$	AX_5	三角双锥	三角双锥
SF_4	$6+7\times4$	AX_4E	三角双锥	变形四面体
$XeOF_2$	$8+6+2\times7$	AX_3E_2	三角双锥	T 形
XeF_2	$8+7\times2$	AX_2E_3	三角双锥	直线形
SF_6	$6+7\times6$	AX_6	正八面体	正八面体
IF_5	7×6	AX_5E	八面体	四方锥
XeF_4	$8+4\times7$	AX_4E_2	八面体	平面正方形

注：按八隅律，每个 H 补充 6 个电子。

分子的几何形状与分子的性质关系密切，是重要的结构信息。共轭分子以及当分子的价电子总数为奇数，分子中的原子过大、中心原子的价电子排布远离球形对称等情况下，分子的几何形状主要不是由价电子对的排布决定。这些情况下就不能用 VSEPR 理论来确定分子的几何形状。

思　考　题

7-1　为什么说价键理论和分子轨道理论是从不同角度去看同一问题？为什么现在主要使用分子轨道理论？

7-2　为什么 NH_3 的键角是 107°，NF_3 的键角是 102.5°，而 PH_3 的键角是 93.6°，PF_3 的键角是 96.3°？

7-3　为什么 PF_3 可以与过渡金属形成许多配合物，而 NF_3 几乎不具有这样的性质？

7-4　氟化氢分子之间的氢键键能比水分子之间的键能强，为什么水的熔、沸点反而比氟化氢的熔沸点低？

7-5　NF_3 和 NH_3 的偶极矩相差很大，试从它们的组成和结构的差异分析原因。

习　题

7-1　下列说法中哪些是不正确的，并说明理由。

（1）键能越大，键越牢固，分子也越稳定。（不一定，对双原子分子是正确的。）

（2）共价键的键长等于成键原子共价半径之和。（不一定，对双原子分子是正确的。）

（3）sp^2 杂化轨道是由某个原子的 1s 轨道和 2p 轨道混合形成的。（×，由一个 ns 轨道和两个 np 轨道杂化而成。）

（4）中心原子中的几个原子轨道杂化时，必形成数目相同的杂化轨道。（√）

（5）在 CCl_4、$CHCl_3$ 和 CH_2Cl_2 分子中，碳原子都采用 sp^2 杂化，因此这些分子都呈四面体形。（×，sp^3，CCl_4 呈正四面体形；$CHCl_2$ 和 CH_2Cl_2 呈变形四面体形。）

（6）原子在基态时没有未成对电子，就一定不能形成共价键。（×，成对的电子可以被激发成单电子而参与成键。）

（7）杂化轨道的几何构型决定了分子的几何构型。（×，不等性的杂化轨道的几何构型与分子的几何构型不一致。）

7-2　用价键理论和分子轨道理论解释 HeH，HeH^+，He_2^+ 粒子存在的可能性。氦能否以双原子分子存在？为什么？

7-3　写出 Li_2、B_2、C_2 分子轨道排布式并计算键级，自旋多重度和判断其磁性。

7-4　如从 F_2 分子中移去一个电子形成 F_2^+。

（1）写出两个物种的分子轨道排布式；

（2）计算它们的键级；

（3）哪一个是顺磁性；

（4）哪一个具有较大的键离解能。

7-5　写出氧分子正离子、单线态氧分子、基态氧分子、超氧离子及过氧离子的电子组态，并比较它们键长、键能、氧化性及稳定性的相对大小。

7-6　解释下列实验事实：

（1）O_2^+ 的键长比 O_2 短而 N_2^+ 的键长则比 N_2 的长；

（2）NO 容易氧化成 NO^+；

（3）BF、CO 及 N_2 是等电子体，结构类似，但它们的第一电离能分别为 11.06eV，14.01eV 及 15.57eV，依次增大；

（4）CO 是抗磁性分子而 NO 是顺磁性分子；

（5）S_2 是顺磁性分子；

（6）合成氨反应必须加催化剂。

7-7　在地球的电离层中，可能存在下列离子：$ArCl^+$、OF^+、NO^+，PS^+ 和 SCl^+。分别写出它们的等电子体，推测它们的中心原子及其杂化类型，指出何者最稳定？何者最不稳定？

7-8　试用杂化轨道理论，说明下列分子的中心原子可能采取的杂化类型，并预测其分子或粒子的几何构型。

BBr_3，PH_3，H_2S，$SiCl_4$，CO_2，NH_4^+

7-9　确定下列分子中中心原子的杂化类型，并确定分子的几何形状：CH_4，NH_3，H_2O，CO_2，N_2O，NO_2^-，SeF_6，SiF_4，AlF_6^{3-}，PF_4^+，IF_6^+，NO_2^+，NO_3^-。

7-10　确定 NO_2^-，NO_2 及 NO_2^+ 分子中 N 的杂化类型，并比较它们 N—O 键长的相对大小。

7-11　用价层电子对互斥理论推测下列分子或离子的空间构型。

$BeCl_2$，$SnCl_3^-$，ICl_2^+，XeO_4，BrF_3，$SnCl_2$，SF_4，ICl_2^-，SF_6。

7-12　预测下列分子的空间构型，指出偶极矩是否为零，并判断分子的极性。

（1）NF_3　　　　（2）BCl_3　　　　（3）H_2O　　　　（4）SiF_4

第 8 章　晶体结构及其 X 射线衍射法

（Structure of Crystal and X-ray Diffraction）

晶体是固态物质最具规则结构的物态，很多热动力学稳定的分子晶态仍保持着气态或液态的结构，当原子冷凝为固体时，其结构与其他状态相比会有很大的变化，甚至会产生不同结构，离子键型化合物的固相结构更是与其他状态不同。物质的固态既有晶态，也有非晶态，如纳米数量级的原子簇或离子簇就不属于晶态，广泛应用的高分子液晶，也不属于晶态。组成相同的物质，晶体和非晶体就微粒的化学作用是相似的，不同的是微粒在空间的排列方式，晶体更具有周期性。因而即使二者的化学性质相同，在宏观物理性质方面可能是截然不同的，如导电性，磁性，光学性质等。晶体的另一现象是同质异像现象，同种物质的晶态很多，表现为晶体内微粒的排列方式、化学键的多样性。研究晶体的目的是要更明确化学合成的所得，使得诸如催化、光电磁材料的结构和性能的关系更为明确，从而有目的地指导合成。随着晶体结构测定方法的日臻完善，通过制备晶体，也可以获得化合物晶态内部原子的连接方式和化学键等很重要的结构信息。目前晶体结构测定已成为最为有效的获取分子结构的途径。晶体中微粒排列的单位向量与 X 射线波长是同一数量级，能形成干涉和衍射，通过特定的 X 射线衍射图纹反映出晶体的规则性，从而可通过解析 X 射线衍射谱图获得晶体中微粒排列的周期性结构。不同的化学物质，其微粒的排列方式不同，但都有共同的特点，本章将讨论晶体结构的理论和方法，即如何描述晶体结构，如何获得晶体结构以及如何从晶体结构获取有用的化学信息。

8.1　晶体结构的周期性
（Periodicity of Crystal Structure）

晶体具有对 X 射线的衍射特性、物理性质的各向异性、生长的自范性等不同于玻璃体、液晶、准晶体等非晶态的特殊性质。物理性质的各向异性指在晶体的不同晶轴方向，像导电率、磁化率、热导率、折射率等物理性质的数值不等；晶体生长的自范性，指晶体能生长成与内部结构一致的规则多面体外形。晶体中微粒的排列结构不是杂乱无章的，微粒在某些方向存在周期性重复的排列规律。通常化解为三维向量空间处理，其三个单位向量可能是完全正交、部分正交和完全不正交。首先找到微粒的三个周期性排列方向及其重复排列的单位结构，前者可确定三维向量空间的属性，后者可确定单位向量。具有周期性排列的最简单微粒称为结构基元，它可以是原子、分子、离子对或原子基团。当结构基元比较复杂时，整个晶体结构的规律性就难于观察。若将结构基元抽象成一个几何点，晶体的图像就转变为点阵。从点阵观察晶体结构中微粒的排列规律性就简单多了。因为点阵结构的三维向量空间的单位向量的方向就是它们的交角，其大小就是指定方向上两近邻点阵点的距离。而且晶体结构与点阵结构在三维向量空间中具有一致性，从点阵结构的规律性就可以得到晶体结构的规律性。

8.1.1　点阵结构 （Lattice Structure）

抽象点阵结构就是要找到晶体中作周期性重复排列的结构基元，所谓重复，指包含了相同的微粒（原子、分子、离子或者是它们的集合），微粒在空间的取向相同，化学环境相同，即周围连接的其他微粒和连接方式要相同。所谓周期性就是结构基元沿指定的方向按相同距离作平移时，整个晶体结构的空间取向和原来平移前相比，没有区别，称为复原。包含大小和方向的平移符合向量的概念，自然就纳入三维向量空间描述，因而只要找到最小的平移向量，即单位向量即可，任意平移必然是单位向量的整数倍。如石墨层结构的结构基元划分，包含方框内的原子和化学键（即化学环境），一起作为结构基元，由此抽象出平面点阵，见图8-1。晶体中划分结构基元的方式很多，但抽象出的点阵结构却是唯一的。

(a) 石墨层结构中结构基元的抽象　　　　(b) 石墨中平面点阵

图 8-1　石墨层结构中的平面点阵

倘若是一维直线的平移，对应一维点阵结构，确定单位向量 a，周期性重复的操作就是平移 $T=m\vec{a}$。倘若是二维平面上的平移，对应二维点阵结构，需确定 2 个直线点阵，分别对应 2 个单位向量 a，b，周期性重复的操作就是平移 $T=m\vec{a}+n\vec{b}$。三维空间的平移，对应三维点阵结构，需确定 3 个单位向量 $\vec{a}$，$\vec{b}$，$\vec{c}$，周期性重复的操作就是平移 $T=m\vec{a}+n\vec{b}+p\vec{c}$。要强调的是既然选定了非正交三维向量空间描述，必然只有三个线性无关的单位向量，就不用再作更多的寻找了。因为晶体中的周期性重复排列很多，方向不同，单位向量不同，重要的是选取哪一组组成向量空间，这就存在点阵单位的选择标准。所谓点阵单位，是指直线、平面、空间点阵结构中，由单位向量构成的单位结构，包括单位向量的长度和交角。直线点阵结构中对应两个点阵点，平面点阵结构中对应 4 个点阵点构成的平行四边形，空间点阵结构中对应 8 个点阵点构成的平行六面体。点阵单位集中反映了以上所讨论的所有问题，若点阵单位选定，由晶体抽象出来的点阵结构就可以由点阵单位沿 $\vec{a}$，$\vec{b}$，$\vec{c}$ 三个方向重复平移复制而得。

8.1.2　点阵单位 （Lattice Unit）

由最小单位得到的点阵单位称为素单位，即将该单位放入无限延伸的点阵结构中时，其周围均连接着相同的点阵单位，其点阵点是彼此共用的，属于该点阵单位的点阵点只有 1 个。直线点阵中任一点阵点被前后点阵单位共用，每个点阵点按 1/2 计算；平面点阵被周围 4 个点阵单位共用，每个点阵点按 1/4 计算；空间点阵被周围 8 个点阵单位共用，每个点阵点按 1/8 计算，见图8-2。事实上，各种物质的晶体，微粒排列的规律性是不同的，有的很规则，有的不那么规则。若满足点阵单位最小，本身很规则的晶体排列就反映不出规则性，而且这样的选取可能是很多的。因而必须按照某种约定，将晶体中的规则性排列体现出来。一般划分空间点阵单位，必须包含三个向量大小和方向，这样的空间点阵单位必然是一个平行六面体，其次采取先满足晶胞选择中反映排列规则性的对称性约定，再满足点阵单位最小的条件，这样抽象出来的点阵单位就称为正当单位。

(a) 直线点阵　　　(b) 平面点阵

(c) 空间点阵

图 8-2　点阵单位中点阵点的计算

晶体微粒排列的规则性往往表现在多个方向，将出现多种单位向量和交角的选取方案，约定优先满足排列结构的对称性要求，对称性越高越好，单位向量的交角以尽可能多的 90° 为好，这一约定使得对每一晶体限制到只有一种选择，这就出现了带心平面格子和带心空间格子。当点阵点被包围在点阵单位中时，该点阵点按 1 计算，属于此种点阵单位的点阵点数就会大于 1，单位向量的长度也就不再是最小。由满足对称性得到的点阵点数大于 1 的点阵单位称为复单位，属于正当单位。正当单位可能是素单位，也可能是复单位。如食盐 NaCl 晶体，见图 8-3(a)，Na^+ 和 Cl^- 的配位多面体均为正八面体，两种八面体的几何尺寸相同，Na—Cl—Na 和 Cl—Na—Cl 键角都为 90.0° 或 180.0°，化合物表现出很高的规则排列。结构基元选取为一对 Na^+ 和 Cl^-，存在一个体积最小的空间格子，即三方素格子，但不能反映出离子排列的这种高的规则性。因而要以面心立方格子作为最终选取的正当格子，$a=b=c=562.8pm$，$\alpha=\beta=\gamma=90.0°$。根据计算，面心格子中包含 4 个点阵点，属于复格子，是正当格子，见图 8-3(b)。

(a) NaCl晶体局部排列结构　　　(b) NaCl的三方素格子和立方面心复格子

图 8-3　NaCl 的晶体结构和空间格子

8.1.3　晶胞（Crystal Cell）

根据确定点阵结构的空间格子得到的单位向量 $\vec{a}$，$\vec{b}$，$\vec{c}$，以及单位向量的交角 α、β、γ，再回到晶体结构中找到一个平行六面体包围的微粒排列最小单位，使得按平移群复制该最小单位时，能重复得到晶体结构，该最小单位称为晶胞。由衍射数据直接得到的、符合体积最小的平行六面体的晶胞是初基胞。经过对衍射数据进行反射统计分析，寻找对称中心、螺旋轴和滑移面，最后得到的符合对称性条件的晶胞才是正当晶胞，并对应一个 Bravias 格子和一套晶胞参数。从晶体中分割晶胞的平行六面体与点阵的空间正当格子的大小和形状相同，但可分割不同取向的微粒作为晶胞，如 CsCl 晶体的结构基元选取为一对 Cs$^+$ 和 Cl$^-$，抽象出的点阵单位（空间格子）是简单立方素格子，$a=b=c=412.3$pm，$\alpha=\beta=\gamma=90.0°$，将立方素格子放入晶体，框入的最小排列单位可以是 CsCl$_8$ 立方体，也可以是 ClCs$_8$ 立方体。两个立方体的几何尺寸相同，按平移群操作都可得到一个完整晶体，两个立方体均可作为单胞，见图 8-4。空间点阵单位与晶胞相比，晶胞包含了微粒组成和周期性排列的单位。

(a) CsCl晶体的 (100)晶面投影   (b) CsCl立方晶胞 (Ⅰ)   (c) CsCl立方晶胞 (Ⅱ)

图 8-4　CsCl 的晶体结构和晶胞

因为点阵单位必须选取正当格子，框入的晶胞就可能包含更多的微粒。以其包含的结构基元数或分子数等于 1 和大于 1，分别称为素晶胞和复晶胞。复格子得到复晶胞，由正当格子得到的晶胞称为正当晶胞。由正当格子划分晶胞时，微粒可能在格顶点、格边线上、格面上和格子内等位置，它们分别被周围 8、4、2 和 1 个晶胞所共有，对晶胞的贡献分别为1/8、1/4、1/2 和 1。根据该计算方法可得到一个晶胞所包含的微粒数或结构基元数。如 NaCl 晶体被尺寸较大的面心立方格子框入，得到的晶胞包含 4 对 Na$^+$ 和 Cl$^-$，属于复晶胞。

8.1.4　原子的分数坐标（Fractional Coordinations of Atoms）

晶胞被选定后，晶胞中原子或离子的位置对应于三维向量空间任意点的坐标，由三维向量空间坐标系得到，并通过基向量表示为坐标。设三维向量空间的原点为 O 点，基向量为 $\vec{a}$，$\vec{b}$，$\vec{c}$，坐标为 (x,y,z) 的任意 P 点的位置，由向量 $\overrightarrow{OP}$ 的长度确定：

$$\overrightarrow{OP}=x\vec{a}+y\vec{b}+z\vec{c}$$

将原点定在晶胞的某顶点，晶胞置入第一象限，晶胞参数 $\vec{a}$，$\vec{b}$，$\vec{c}$ 作为基向量，α、β、γ 确定基向量的方向，也就是晶轴的方向。晶胞中任意原子的位置就可由基向量表示出来，因为晶胞是一个正当格子划分的晶体单位，所以晶胞内各原子的 $\overrightarrow{OP}$ 向量长度，均不超过 $\vec{a}+\vec{b}+\vec{c}$，相当于一个单位向量空间。对应的坐标 (x,y,z) 是小于 1 的分数，最多等于 1，称为分数坐标。如 ZnS 有闪锌矿和纤锌矿结构，二者的空间格子和单胞不同，见图 8-5。选择单胞下方、左侧、后端的顶点为原点，各原子的分数坐标分别表示为：

闪锌矿 ZnS：Zn^{2+}：$(0,0,0),(1/2,1/2,0),(1/2,0,1/2),(0,1/2,1/2)$；
　　　　　　S^{2-}：$(3/4,1/4,1/4),(1/4,3/4,1/4),(1/4,1/4,3/4),(3/4,3/4,3/4)$。

纤锌矿 ZnS：Zn^{2+}：$(0,0,0),(2/3,1/3,1/2)$；S^{2-}：$(0,0,3/8),(2/3,1/3,7/8)$。

注意晶胞周围还存在晶体的其他部分，三维向量空间是整个晶体的向量空间。单胞边沿上的原子的分数坐标不用全部写出，只要它们能由某个原子的坐标，经平移操作得到，就不用重复表示，如 8 个顶点只写原点，12 条棱上的原子只写包含原点的三条棱，6 个面心上的原子

(a) 闪锌矿 ZnS 的单胞　　　　　　　　(b) 纤锌矿 ZnS 的单胞

图 8-5　闪锌矿和纤锌矿 ZnS 的晶胞

只写包含原点的三个面的面心，底心只写包含原点的面心，其他都可平移得到。但单胞内的不同位置是需要全部写出，只需表示出坐标值小于 1 的微粒位置。

只有空间格子划分得到的单位向量交角 α、β、γ 全等于 $90°$ 时，才对应于正交三维向量空间，即直角坐标系。由此可见，每一种物质的晶态的微粒排列对应自身的三维向量空间，有时不同的晶体物质的基向量长度不同，但基向量交角有可能相同，这就使得它们在空间几何结构上有共同性，如 MgO 与 NaCl 的离子排列是相似的，抽象出的正当空间格子都是面心立方复格子，只是它们的尺寸不同，即 $\vec{a}$，$\vec{b}$，$\vec{c}$ 不同。需强调的是晶体在几何结构方面的相似并不意味性质相似，MgO 与 NaCl 的离子电荷不同，离子间的作用力不同，物理和化学性质都不同，前者的熔点比后者高很多。

8.1.5　原子间距（Atomic Distance）

非正交三维向量空间的晶体，在测出晶胞参数和原子位置的前提下，任意两原子的间距由下式计算得到：

$$D_{12}=\sqrt{(\Delta xa)^2+(\Delta yb)^2+(\Delta zc)^2+2ab\,\Delta x\,\Delta y\cos\gamma+2bc\,\Delta y\,\Delta z\cos\alpha+2ca\,\Delta z\,\Delta x\cos\beta}$$

$$(8-1)$$

其中 $\Delta x=x_1-x_2$，$\Delta y=y_1-y_2$，$\Delta z=z_1-z_2$。当晶体的交角 α，β，γ 全等于 $90°$，则属于正交晶体，计算公式简化为直角坐标系下的两点间距公式：

$$D_{12}=\sqrt{(\Delta xa)^2+(\Delta yb)^2+(\Delta zc)^2}$$

8.1.6　类质同像和同质异像（Isomorphism and Allomerism）

晶体结构在组成和微粒作用上的结构相似，则可能形成性质相似。当两种物质的原子分布相似或有相同的空间排列，两个化合物的原子可不断地通过互换，而不改变两个化合物的晶体结构排列形状，其晶轴交角、相对晶格尺寸近似相等，但晶格尺寸和原子间距的绝对值不同，坐标也可能有微小变化，在晶体学中将此现象称为类质同像（isomorphism）。如 Sr-TiO$_3$、CaTiO$_3$、BaTiO$_3$、KNbO$_3$ 互为类质同像体，同类离子的连接相似，点阵结构相似，晶胞也相似，空间格子相同，因而物理性质也很相似。

化学组成即使相同的物质，也可能形成完全不同的晶体结构，此种现象称为同质异像。晶体结构的差异更主要地引起物质的物理性质不同。如 α-Al$_2$O$_3$、β-Al$_2$O$_3$、γ-Al$_2$O$_3$ 互为同质异像体，它们的硬度有很大的差别，刚玉 α-Al$_2$O$_3$ 的硬度高得多，这是其独特的晶体结构所致。

8.1.7　晶面指标（Indices of Plane）

晶体结构又可看成是那些平行的、等间距的晶面构成，称为晶面族。在测定晶体结构时，一组平行晶面上的原子对次生 X 射线产生干涉和衍射，衍射线的强度和位置是和晶体中原子所在晶面相关联的。在分析晶体结构时，面对杂乱的微粒排列，首先是从特征晶面着手，晶面上的原子总是有相同的排列，最能观察出排列的规则性，从不同方向的晶面定出平面格子是得到空间格子的前提。晶体分割

图 8-6　晶面指标的推引

为晶面族的方式很多，但与空间格子和晶胞相联系才是最关键的。晶体学上用晶面指标标记晶面，由晶面指标就可知道其取向。晶面指标（$h^*k^*l^*$）定义为晶面在三个晶轴上倒易截数的互质整数比。所谓倒易截数，就是晶面在三个晶轴上的截数的倒数，截数就是截距相对于基向量 $\vec{a}$、$\vec{b}$、$\vec{c}$ 的倍数。

图 8-6 中晶面 ABC 在三个晶轴上的截距分别为 2a、3b、4c，截数分别是 2、3、4，倒易截数分别为 1/2、1/3、1/4，倒易截数比为 1/2：1/3：1/4，而互质的整数比为 6：4：3，晶面 ABC 的晶面指标就是（643）。

当晶面平行于晶轴（基向量）时，截距为无穷大，取倒数则变为 0，因而晶面指标中存在 0 的晶面是特征晶面，即是平面格子选取的晶面。而互质整数比则暗示：晶面指标代表离向量空间原点最近的一个晶面，同时代表与此平行的一组晶面族的任意一个，而不只代表离原点最近的那个晶面。这组平行的晶面族就是截距被成倍地扩大或缩小，而由定义的晶面指标却相等。如果在三维向量空间中的截距是负值，表示在该基向量的反方向，其指标的上方加上负号。需要注意的是：晶面与平面点阵相对应，平行晶面族对应于平行的平面点阵组，这就意味着晶面指标代表的平行晶面族不是任意的，要求晶面上的微粒排列方式相同并平行。反之，对不同晶体的相同晶面指标，可能晶面上微粒排列就不同，因而根据晶面指标是不能区分晶体结构的，即晶面指标相同，不等于代表完全等同的晶面。

正交晶体的简单格子中的（100）晶面族，可由离原点最近的一个晶面按 ma 平移所有原子得到，对于体心格子中的（100）晶面族，晶面上所有原子按 $T/2$ 平移得到，面心格子中的（100）晶面族，晶面上所有原子按 $T/2$ 平移得到，其中 $T = m\vec{a} + n\vec{b} + p\vec{c}$。表现出不同的微粒排列结构。图 8-7 列出了立方晶体中常见晶面的晶面指标。

图 8-7　立方晶体中常见晶面的晶面指标

8.1.8　晶面间距（Inter-Plane Space）

晶面间距的大小体现晶面的疏密程度，晶面间距与晶面指标直接相关。从广义的角度，将一组互相平行的晶面族看成是几何面族，只要晶面指标相同即可，晶面间距定义为相邻两个几何面之间的距离。从包含微粒内容的角度，定义晶面间距 $d_{h^*k^*l^*}$ 指一组互相平行的晶面族，对应于一组互相平行的平面点阵组，最邻近的两个平面点阵所对应的晶面之间的距离见图 8-8（a）。与抽象的平面点阵不同，晶面上必须有微粒占据，因而晶面不同于几何面，常选择处于某些有代表性的微粒上。这些平行的晶面很显然是同类型的，排列结构相同，有沿

晶面法线平移复原的特点。

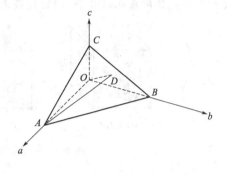

(a) Cu晶体的(100)晶面间距　　　　　　　　(b) 正交晶系面间距公式的推引

图 8-8　正交晶系的晶面间距

由图 8-8(b)，设晶面 ABC 是晶面指标为 $(h^* k^* l^*)$ 的晶面族中离原点最近的一个晶面，OD 是晶面法线，与 ABC 晶面垂直，也是 O 点所在晶面与 ABC 晶面的间距。该晶面在三个晶轴上截距分别为 OA、OB 和 OC，以单位向量 a、b 和 c 为单位，截距均分为 h、k 和 l 等份，根据晶面间距和晶面指标的定义有：

$$OD = d_{h^* k^* l^*}$$

$$OA = ah = a/h^*, \quad OB = bk = b/k^*, \quad OC = ck = c/l^*$$

设 α、β、γ 分别是 OD 与晶轴 a、b、c 的夹角，所以

$$\cos\alpha = OD/OA = d_{h^* k^* l^*}/(a/h^*)$$

$$\cos\beta = OD/OB = d_{h^* k^* l^*}/(b/k^*)$$

$$\cos\gamma = OD/OC = d_{h^* k^* l^*}/(c/l^*)$$

对于正交晶系：$\cos^2\alpha + \cos^2\beta + \cos^2\gamma = 1$，将上式代入：

$$d_{h^* k^* l^*}^2/(a/h^*)^2 + d_{hkl}^2/(b/k^*)^2 + d_{hkl}^2/(c/l^*)^2 = 1$$

经整理得
$$d_{h^* k^* l^*} = 1/[(h^*/a)^2 + (k^*/b)^2 + (l^*/c)^2]^{1/2} \tag{8-2}$$

上式是正交晶系的面间距公式，当 $a = b = c$ 时，即得立方晶系的面间距公式：

$$d_{h^* k^* l^*} = a/[h^{*2} + k^{*2} + l^{*2}]^{1/2} \tag{8-3}$$

由上式可知，晶面指标越高，晶面间距越短，晶体生长过程中出现的几率越小，晶体中微粒的排布主要以晶面指标较小的那些晶面构成，而晶面指标大于 5 的很少出现。

只有简单格子，面间距计算公式与晶面间距定义才是符合的。如按定义，简单格子的相邻 (100) 晶面间距是 a，Cu 晶体的面心格子则为 $a/2$，体心格子也为 $a/2$。其他晶面指标的晶面间距也不相同，如立方晶系，简单格子的相邻 (110) 晶面间距是 $0.707a$，体心格子的相邻 (110) 晶面间距同为 $0.707a$，而面心格子则为一半 $0.3535a$。由此可见，由定义得到的带心格子晶体的相邻晶面间距与简单格子是不完全相同的，顶点、体心和面心原子分别所在的晶面的指标可能相同，但它们在晶胞中的位置是有区别的，对 X 射线的衍射不同。如具有立方体心格子的金属晶体，顶点与体心原子构成的 (100) 晶面是平行的，相错一个位置，二者对 X 射线的衍射是消光的。

【例 8-1】　按定义计算立方金属晶体的 (111) 晶面的晶面间距。

立方晶胞的体对角线 OC 与 (111) 晶面垂直，即是晶面的法线，OC 之间有两个平行

的（111）晶面，其中 O 点和 C 点也分别在（111）晶面上，见图 8-9。4 个（111）晶面的间距是相等的，体对角线被 2 个（111）晶面等分为 3 等份，根据 $OC=1.732a$，则：

(a) 立方P (b) 立方I (c) 立方F

图 8-9　立方金属晶体的（111）晶面

简单立方格子 P：$d_{111}=1.732a/3=0.577a$。

体心立方格子 I：沿 OC 方向，O 点与第 l 个（111）晶面之间存在一个邻近晶胞的体心和顶点构成的（111）晶面；晶胞体心原子与邻近晶胞的体心和顶点构成（111）晶面。同样，C 点与第 k 个（111）晶面之间存在一个邻近晶胞的体心和顶点所构成的（111）晶面。OC 之间一共 5 个，体对角线被等分为 6 等份，$d_{111}=1.732a/6=0.289a$。

面心立方格子 F：面心上的原子均在（111）晶面上，其间无（111）晶面，$d_{111}=1.732a/3=0.577a$。

8.2　晶体的对称性
（Symmetry of Crystal）

晶体微粒空间排列的规则性可在结晶过程中反映出来，在缓慢生长条件下，晶核自发地生长出晶面、晶棱，使得晶体成为具有特定外形的多面体，微粒在晶体中的排列越规则，结晶晶体越规则，这称为晶体的自范性。晶体的规则多面体外形的面即代表了晶体内部结构中的晶面族，与平面点阵对应。而晶棱代表了相交晶面的直线排列，与直线点阵对应。排列方式不同的晶体，生成的多面体外形也不同。理想晶体的外形是恒定的，实际结晶体的外形却是多种多样的，但一定能切割成同一标准的多面体外形，其原因是任意晶面之间的交角守恒，并作为鉴定晶体类型的主要指标，由光与晶面的反射原理测定，等于晶面法线交角的补角。晶体的规则多面体外形与对称物体的几何图形极为相似，即无论内部构成是何种微粒，只看它们排列所表现出来的对称性，就知晶体物质表现出某些类型，所以按对称性将晶体分类，集中地体现了晶体中微粒排列的周期性，本节将阐述各种晶体的对称性。

8.2.1　对称图形（Sysmetric Diagram）

通过某种操作，两个能相互重合的图形称为彼此对称图形。一个图形能等分成彼此重合的相等部分，称为自对称图形。对称图形是抽象的几何图形，如将化学分子的多面体结构抽象为自对称图形，晶体的多面体外形抽象为自对称图形，并都是有限图形。不过，晶体中的微粒排列从 nm 数量级到 cm 数量级的全部图形不能看成有限图形，因为晶体还可无限生长成更大的图形，排列结构在整个晶体中应看成是无限图形，也就是不考虑边界。晶体的多面体外形的对称性称为宏观对称性，而晶体中微粒排列结构的对称性称为微观对称性，从微观角度研究对称性是不考虑晶体的边界的。

能使图形相互重合并不改变图形中任意两点之间的距离的操作，称为对称操作，如将图形分割移动的操作是不符合对称操作定义的，图形的相互重合也称为图形复原，指图形的整

体形状和在空间的位置与操作前比较没有任
何差别。如正方形的两条对角线，将其等分
为 4 块，见图 8-10（a），沿垂直于正方形、
并通过对角线交点的轴线旋转 90°，记忆的
角度 A→B 发生了移位，实际上整个图形都
发生了位置变化，但整体图形的形状和位置
与旋转前并无区别，即复原了，称此图形存
在旋转对称性，旋转操作就是一种对称操

图 8-10　有限图形的对称性

作，旋转依赖的旋转轴称为对称元素。对称操作还包含反映、反演、旋转反演和旋转反映
等，而对应的对称元素分别为反映面、反演中心、反轴和像转轴。对称图形中是否存在所提
及的对称元素，要加以观察和分析。如正六边形的对称元素的寻找，图形的中心位置定位在
3 条对角线的交点，图形被等分为六等份，每份为正三角形，见图 8-10（b）。不难看出有如
下对称操作：垂直于六边形并通过六边形中心的旋转轴，旋转 60°，图形复原，沿垂直于六
边形并通过对角线的镜面反映，图形复原，经位于六边形中心的对称中心反演，由 A→B，
同时 B→A，图形复原。

8.2.2　对称操作和对称元素（Operations of Symmetry and Elements of Symmetry）

（1）旋转操作和旋转轴

旋转操作的对称元素是旋转轴（Rotation Axis），旋转轴不动，图形绕轴旋转一定
的角度后图形复原。任何图形旋转 360° 总是会回到原来的位置。而旋转后图形复原的
最小角度 α 是最特征的，称为基转角，能被 360° 整除，所得值称为旋转轴的轴次，
$n = 360/\alpha$，记为 n（晶体学中的符号）或 C_n（分子点群中的符号）。如正方形存在 4 重
旋转轴，正六边形存在 6 重旋转轴。有时图形中不止一条旋转轴，如与正六边形的 6 重
轴垂直的方向存在 6 条 2 重轴。3 条对角线是另一种 2 重轴，翻转式旋转 180°，图形也
复原。

分子结构的对称性可抽象为几何图形，加以观察和分析，可找出旋转轴，但应注意复原
包涵了不同种类原子的复原。如正四面体的 CH_4 分子，C 原子在四面体的中心，H 原子在
四面体的顶点，之所以可抽象为正四面体几何图形处理，是因为对称元素必通过或包含 C
原子所在的中心点。存在 4 个 C_3，位于每个 H 原子顶点与 C 原子的连线，并穿过每个三角
形面的中心。若为 CH_2Cl_2 分子，此四面体按上述 C_3 操作就不复原了，因为三角形顶点有
Cl 原子，不是正三角形，当旋转 120°，H 原子和 Cl 原子的位置交换，原子的位置与旋转前
不一样。

三角锥结构的 NH_3 分子，因 N 原子不在四面体中心，而在顶点，其抽象的几何图形不
是正四面体，而是对称性较低的一般四面体，其对称元素就大为减少。有趣的是 $CHCl_3$ 和
CH_3Cl 分子，所包含的对称元素均与 NH_3 分子相同，只要将 $CHCl_3$ 的 CH 和 CH_3Cl 的
CCl 部分视为一顶点，就与 NH_3 分子的几何图形相似，其共同特点是：三顶点相同，一顶
点不同。$CHCl_3$ 的 C—H 和 CH_3Cl 的 C—Cl 键刚好在 C_3
上，并在通过 C_3 的 3 个反映面上，见图 8-11。苯分子的
每个 CH 部分抽象为一点，其几何图形则是正六边形，有
C_6 和 C_2。

图 8-11　具有相似几何图形的分子

分子的对称性应按原子类别分析，实施对称操作时，

各类原子分别对同一对称操作复原，同类原子对于对称操作彼此相互重合时，称为对称等价原子。往往因它们的键长、键角相等，而表现出对称性，如 CH_4 分子的 4 个 H 原子互为等价原子；CH_3Cl 分子的 3 个 H 原子互为等价原子；$CHCl_3$ 分子的 3 个 Cl 原子互为等价原子。

旋转操作有如下特征：绕旋转轴旋转基转角的整数倍总是复原的。若旋转轴为 C_n，旋转操作 $n-1$ 次，第 n 次等于恒等复原。如正六边形的 C_6 旋转轴，旋转操作分别为旋转 $60°$、$120°$、$180°$、$240°$、$300°$、$360°$，结构图形都复原。其中旋转 $120°$ 与按 C_3 的基转角旋转等效，旋转 $180°$ 与按 C_2 的基转角旋转等效。在 C_6 的旋转操作中，已包含了 C_3 和 C_2 的全部操作，称 C_3 和 C_2 在 C_6 存在的条件下，为非独立对称元素，就不重复考虑。但要注意，在其他方向的旋转轴却是独立的，如通过对角线并垂直于 C_6 的 C_2。

晶体中旋转轴在垂直于平面点阵的方向，而平面点阵满足平移群，就不可能包含 5 及高于 6 次的旋转轴，只有 1，2，3，4，6。对非晶态的准晶体除外，近年来，对准晶体的结构测定发现有 5 次旋转轴。分子的旋转轴则没有此限制。图形如有多条旋转轴，其中轴次最高的称为主轴，其余旋转轴称为副轴。

（2）反映操作和反映面

反映就是对着镜子成像，图形与其镜像的关系是左右手的关系。当图形被分割为 2 等份，此两部分刚好是原像与镜像的关系时，就存在反映面（Mirror Plane），经反映操作后图形复原。由此可见，反映面一定在图形中最对称的位置。对称图形的反映面是极为普遍的，如垂直于正方形并通过对角线的反映面，垂直并等分一对边长的反映面，正方形平面本身的反映面。记为 m（晶体学中的符号）或 σ（分子点群中的符号），反映操作记为 $M(\sigma)$。反映操作只有一次，反映两次等于恒等复原 $M^2=E$。

当图形有多个反映面时，反映面的交线是旋转轴，两个反映面交角的倍角就是旋转轴的旋转基角。反之，一个反映面上的旋转轴将产生至少第二个反映面，旋转基转角的平分角就是反映面的交角，轴次等于反映面的个数。如 H_2S，有一个 C_2，必有 2 个反映面，C_2 就是两个反映面的交线，这 2 个反映面的交角等于 $90°$，见图 8-12 左图。

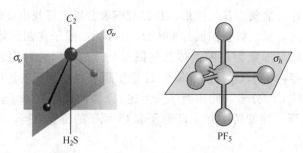

图 8-12　分子结构中不同类型的反映面

不同的是，反映面与旋转轴垂直时，上述定理则不成立，而将产生对称中心和像转轴。因而在寻找对称图形的对称元素时，有必要将其分类，与主轴垂直的反映面记为 σ_h，包含主轴的反映面为 σ_v。包含主轴并平分两条 C_2 副轴的反映面为 σ_d。如平面正六边形的苯，分子所在平面是 σ_h，它与 C_6 主轴垂直，对角平分面和对边平分面均是包含主轴的 σ_v 或 σ_d，共 6 个。图 8-12 右图中，PF_5 分子的中间三角形所在平面是 σ_h。联苯和丙二烯分子的抽象图形相似，两个等同的部分相互垂直，并交于一点。当中有 3 个 C_2，一个为主轴，另两个为副轴，2 个 σ_d 交叉平分了 2 个 C_2 副轴的交角，见图 8-13。

(a) 联苯　　　　　　　(b) 丙二烯　　　　　　　(c) 对称元素

图 8-13　联苯和丙二烯分子中的对称元素 σ_d

(3) 反演和反演中心

图形存在一中心点，图形中任意一点与该中心点的连线等距离的延长线处存在相同点，两个对应点互为对称，当图形可划分为多个这样的对应部分时，图形的中心就是一个反演中心 (Centre of Inversion)，经与对称中心连线，并相互交换位置，得到的图形与原图形相同，见图 8-14(a)。对应的操作称为反演操作。反演操作两次与恒等操作的效果是等同的，表示为 $I^2 = E$。偶次旋转轴和与之垂直的反映面的交点是反演中心，因为二次旋转后沿与之垂直的反映面进行反映操作，等效于按它们的交点反演操作，表示为：$C_2 M = I$。在一个平面上的图形是很容易观察定理的正确性，非平面图形则要从多个角度观察。如图逗号图形经反演操作，和经 C_2 旋转后又反映的复合操作是等效的，不过逗号图形本身没有反演中心。见图 8-14(a)。很多分子图形内部包含一个反演中心，如反式二氯乙烯、苯、SF_6 分子等，见图 8-14(b)、(c)。要注意的是 CH_4 和 PF_5 分子有很高的对称性，却没有反演中心。四面体 CH_4 分子反演后结构不变，但相对位置变了。三角双锥 PF_5 分子的腰部三角形结构不具备反演复原的特性。

(a)　　　　　　　　　(b)　　　　　　　　　(c)

图 8-14　具有反演中心的分子反式二氯乙烯和 SF_6

(4) 旋转反演操作和反轴

图形绕旋转轴旋转一定角度后，再沿一个几何中心反演，图形复原，若转角为 $\alpha = 360°/n$，此旋转轴和反演的几何中心合并称为反轴 (Inversion Axis)。当同位置的旋转不复原，反演也不复原，但经旋转再反演后就复原，即此图形不存在 n 重旋转轴和反演中心，则该反轴被称为独立对称元素，记为 $\bar{n}$（晶体学中的符号）或 I_n（分子点群中的符号）。注意先旋转后反演，与先反演后旋转是等效的。晶体学定理证明晶体微粒满足平移群使旋转轴没有 5 和 7 及以上的轴次，对应的反轴也一样，即只有 $\bar{1}$、$\bar{2}$、$\bar{3}$、$\bar{4}$、$\bar{6}$ 次反轴。分子图形和一般几何图形则没有此限制。如完全交错式乙烷构象，一组 H^* 在后面，另一组 H 在前面，沿 C—C 键的透视图见图 8-15。沿 C—C 键旋转 60° 不复原，氢原子到中间图的位置，再沿 C—C 键中心点反演，中间图的 H^* 与 H 交换位置，前后 C 原子交换位置，分子结构复原，

图 8-15　乙烷的完全交错构象中存在的 6 重反轴

分子图形存在 6 重反轴 I_6。

甲烷的 4 个氢原子放入立方体的 4 个顶点，碳原子处于中心，只需将 4 个氢连线，就构成一个正四面体结构。通过立方体观察，可找出对称操作。如甲烷中的 4 重反轴，绕立方体的一对面心的连线旋转 90°，氢原子的位置发生了变化，见图 8-16 （b）。进一步按 C 原子所在的几何中心反演，氢原子所处的位置就与操作前相同，即图形复原，见最后图。甲烷的四重反轴是独立的，结构中并不真正存在 4 重旋转和反演中心，只有复合在一起操作，才能使分子结构复原。

图 8-16　甲烷中的 I_4 反轴和对应的对称操作

可以证明，I_1 反轴等效于反演中心 i，I_2 反轴等效于与之垂直的反映面。

（5）旋转反映操作和像转轴

图形绕旋转轴旋转一定角度后，再沿垂直于该旋转轴的反映面反映，图形复原，若转角为 $\alpha = 360°/n$，此旋转轴和反映面合并称为像转轴，记为 S_n。当同一位置处的旋转不复原，反映也不复原，但经旋转后，再反映，就复原，即此图形在此位置不存在 n 重旋转轴和反映面，则该像转轴被称为独立对称元素。同样，先旋转后反映，与先反映后旋转是等效的。像转轴和反轴是相对应的，即任一像转轴都可以找到唯一反轴与之对应，因而对一个对称图形，只需找到像转轴或反轴中的任意一类即可。通常分子和一般几何图形用像转轴，而晶体对称性用反轴。

如完全交错式乙烷构象，见图 8-15，沿 C—C 键旋转 60° 不复原，再沿 C—C 键中心点并垂直于 C—C 键的反映面反映，分子结构复原，分子图形存在 S_6 像转轴。再如甲烷中的 4 重像转轴 S_4，见图 8-17，绕立方体的一对面心的连线旋转 90°，氢原子的位置变化到（b）图。进一步按与像转轴垂直的反映面反映，氢原子所处的位置复原，见（c）图。甲烷的 S_4 像转轴是独立的，结构中并不真正存在 4 重旋转轴和 σ_h 反映面，只有复合在一起操作，才能使分子结构复原。S_4 像转轴和 I_4 反轴是对应等效的，$S_4 = I_4^-$，$I_4 = S_4^-$。类似的关系还有，$I_3 = S_6^- = C_3 + i$，$I_6 = S_3^- = C_3 + \sigma$。这些对应等效关系使得两类操作不必重复考虑。

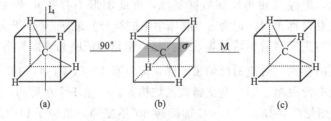

图 8-17　甲烷中的 S_4 像转轴和对应的对称操作

此外，这些对应关系隐含一些对称性定理：①当像转轴 S_n 的轴次是一奇数 m 的 2 倍时，则一定存在对称中心。②当像转轴 S_n 的轴次是偶数时，若存在与之垂直的 C_2 轴，二者组合将产生 $2m$ 个反映面，而且像转轴就在反映面上。

8.2.3　对称群 （Symmetric Group）

一个有限图形同时有多种对称元素，而每个对称元素对应一系列的对称操作，如 C_3 旋转轴，对应旋转基转角 $120°$，记为 C_3^1；旋转基转角的二倍 $240°$，记为 C_3^2；旋转基转角的三倍 $360°$，当然最后一个相当于恒等操作 $C_3^3 = E$。这一系列对称操作还对应逆操作，如顺时针旋转 $120°$，记为 C_3^{-1}；逆时针旋转 $240°$ 等效于顺时针旋转 $120°$，即 $C_3^2 = C_3^{-1}$。对称操作的集合构成群，因而一个对称操作对应一个群元素，满足：①封闭性，群元素的乘积等于对称操作的复合，并对应于群中的另一群元素，而不会变为群以外的元素；②缔合性；③群中有一个且仅有一个恒等元素 E；④群中任一元素 R 都有逆元素 R^{-1}，并且也是群元素。如 C_3 旋转轴下的操作构成 C_3 群，包括 3 个群元素 $\{C_3^1, C_3^2, E\}$。群元素的数目成为群的阶。有趣的是有限对称图形包含若干个对称元素，对应的系列对称操作只构成常见的几类群。分子的对称元素和对称操作是按分子质心所在的几何中心点展开的，因而称为点群。即分子的对称性要保持分子质心位置在操作过程中不变。

按照群的运算规则，若群元素的子集合形成一个较小的群，则称其为原来群的一个子群。子群与原来群的乘法相似，子群的阶 g 是群的阶 h 的整数因子（拉格朗日定理）。如 NH_3 分子有 C_3 和 σ_v 两种对称元素，其对称操作构成的群元素集合为 $\{C_3^1, C_3^2, \sigma_v^1, \sigma_v^2, \sigma_v^3, E\}$，记为 C_{3v}。其中 3 个群元素 $\{C_3^1, C_3^2, E\}$ 独立构成群，即是原来群的一个子群。若 A 和 X 是同一群的元素，则 $X^{-1}AX$ 也是群中的一个元素，记为 B，则 $B = X^{-1}AX$，称 A 与 B 共轭。相互共轭的元素之间存在相似变换的关系，并构成集合，称为共轭类。

根据有限对称图形的对称元素，即旋转轴、反映面、反演中心、像转轴或反轴等四类对称元素的组合，可以得到相应图形的对称点群。按高次旋转轴的数目只有 1 个分为一类，存在多个高次旋转轴的分为一类，将对称元素进行组合推导，所产生的对称点群分为：只有一个旋转轴的单轴群类，包含 C_n、C_{nv}、C_{nh}；只有一个高次轴 C_n 和 n 个与之垂直的 C_2 副轴构成的双面群类，包含 D_n、D_{nh}、D_{nd}；仅有像转轴的非真旋转群 S_n；存在多个高次旋转轴的立方群类，包含 T、T_h、T_d、O、O_h、I_h。一般分子的对称性不超过此类别。各种点群的对称元素和群元素列于表 8-1。

表 8-1　各种点群的对称元素和群元素

点群	对称元素	群阶	群元素
C_n	C_n	n	$C_n, C_n^2, \cdots, C_n^{n-1}, E$
C_{nv}	C_n, σ_v	$2n$	$C_n, C_n^2, \cdots, C_n^{n-1}, n\sigma_v, E$
C_{nh}	C_n, σ_h	$2n$	$C_n, C_n^2, C_n^{n-1}, \sigma_h, \sigma_h C_n, \sigma_h C_n^2, \sigma_h C_n^{n-1}, E$
D_n	C_n, C_2	$2n$	$C_n, C_n^2, \cdots, C_n^{n-1}, nC_2, E$
D_{nh}	C_n, C_2, σ_h	$4n$	$C_n, C_n^2, \cdots, C_n^{n-1}, nC_2, n\sigma_v, \sigma_h, \sigma_h C_n, \sigma_h C_n^2, \sigma_h C_n^{n-1}, E$
D_{nd}	C_n, C_2, σ_d	$4n$	$C_n, C_n^2, \cdots, C_n^{n-1}, nC_2, n\sigma_d, S_{2n}, S_{2n}^3, S_{2n}^5, \cdots, S_{2n}^{2n-1}, E$
T_d	C_3, C_2, S_4, σ_d	24	$8C_3, 3C_2, 6S_4, 6\sigma_d, E$
O_h	$C_4, C_3, C_2, i, S_4, S_6, \sigma_h, \sigma_d$	48	$8C_3, 6C_2, 6C_4, 3C_2(=C_4^2), i, 6S_4, 8S_6, 3\sigma_h, 6\sigma_d, E$
I_h	$C_5, S_{10}, C_3, S_6, C_2, \sigma, i$	120	$12C_5, 12C_5^2, 12S_{10}, 12S_{10}^3, 10C_3, 20S_6, 15C_2, 15\sigma, i, E$

正确得到分子点群，要学会抽象分子结构为对称图形，仔细地观察图形的特征，找出高次旋转轴的数目，和与之垂直的副轴，从而确定其对称群类别。根据对称元素的组合定理，找出必然存在的其他对称元素，最后定出点群和点群符号。对于一般常见对称性的化学分子，经过分析已抽象为特定对称图形，并已找出了对称元素，确定了点群。对一些未知对称性的化学分子，只要测定出空间立体结构，与它们对比，就一定能确定它们的对称点群。

如正多边形结构的分子，属于 D_{nh} 群，其中 n 是边数。正三角形分子 BCl_3 属于 D_{3h} 群，正方形分子 $PtCl_4^{2-}$ 属于 D_{4h} 群。同一类型的正多边形分子的对称性也属于 D_{nh} 群，如将 C_6H_6 分子的═CH 抽象为一点，得到的几何图形则是正六边形，属于 D_{6h} 群。三角锥结构分子 NH_3 属于 C_{3v} 群，四角锥结构分子 BrF_5 属于 C_{4v} 群。正四面体结构分子属于 T_d 群，如 CH_4，正八面体结构分子属于 O_h 群，如 SF_6，少见的立方体类分子也属于 O_h 群。如将立方烷分子的每个顶点上—CH 基团抽象为一点，则构成立方体，其对称性是 O_h 群，其结构通过晶体结构测定证实。正二十面体分子及其类似结构属于 I_h 群，如 C_{60}，可看成 12 个正五边形分布在正二十面体的 12 个顶点，而 20 个 D_{3h} 对称性的六边形是其正二十面体的 20 个面，全部对称元素构成 I_h 群。见图 8-18。

(a) D_{3h}—三角形 BF_3 (b) T_d—正四面体 SiH_4 (c) D_{3h}—三角双锥 PF_5

(d) O_h—正八面体 SF_6 (e) O_h—立方体 C_8H_8 (f) I_h—正二十面体 C_{60}

图 8-18　几种特殊构型的分子的点群

对一个未知对称性的分子，首先应弄清分子结构，再确定其分子点群，其步骤如下。

① 是否是线形分子，有无反演中心，有则属于 $D_{\infty h}$ 点群，无则属于 $C_{\infty v}$ 点群。

② 是否存在多个高次轴，有 4 个 C_3，3 个 C_2，属于点群 T；有 3 个 C_4，4 个 C_3，6 个 C_2，属于点群 O；若在此基础上存在反映面，就属于 T_h、T_d 或 O_h。有 12 个 C_5，10 个 C_3，12 个 C_2，若再找出 σ 和 i，就属于点群 I_h。

③ 只有一个高次轴，是否有与之垂直的 C_2，没有则属于点群 C_n，有则属于点群 D_n。在点群 C_n 所拥有的对称元素基础上，若还有反映面，则属于 C_{nv} 或 C_{nh}。而在点群 D_n 所拥有的对称元素基础上，若还有反映面，则属于点群 D_{nd} 或 D_{nh}。

8.2.4　对称群与分子的性质（Sysmetric Groups and Molecular Properties）

（1）偶极矩

分子始终存在正负电荷中心，分子正负电荷中心所带电荷的总数相等，设等于 q。当分子正负电荷中心相距 a 时，产生偶极矩（Dipole Moment），作为矢量，其大小定义为 $\mu = aq$，方向规定为由正到负。分子的偶极矩可看成是各个化学键的偶极矩的矢量和，当长度相同的矢量围绕同一球体对称分布，并由圆心指向球面时，矢量和必等于零。若分子中有两个对称元素交于一点，该点位于球心，各偶极矩的矢量起点平移至交点，其和必等于零。对称操作过程可能改变分子结构，使偶极矩发生变化，但对称操作后分子结构复原，分子的偶极矩将不发生改变。

根据这一原理，有反演中心对称元素的分子，偶极矩 $\mu = 0$。含多个旋转轴的分子的偶极矩 $\mu = 0$，包括 D_n、D_{nh}、D_{nd}、T_d、O_h 和 I_h。只有点群属于 C_n 和 C_{nv}（包括 C_s）的分子才可能有偶极矩。也可以由实验测定分子的偶极矩，来推断一个分子的结构类型。如二氯乙烯分子 ClHC=CHCl 有顺、反异构体，顺式异构体属于点群 C_{2v}，偶极矩不等于零；反式异构体属于点群 C_{2h}，偶极矩等于零。根据实测偶极矩，就可判断所属的异构体类型。偶极矩矢量与分子极性大小密切相关，当偶极矩 $\mu = 0$ 时，分子属非极性分子；否则是极性分子。

（2）旋光性

偏振光与旋光性物质相互作用时，左、右圆偏振光传播的速度不同，设右旋圆偏振光速度 v_d 大于左旋圆偏振光速度 v_1，当到达介质深度 l 的某点时，其位相 ϕ_d 超前于 ϕ_1，合成的平面偏振光向右转过一个角度 α，这就是旋光度。当分子与其镜像分子不能重合时，就像左右手关系，这种分子称为手性分子，手性分子存在旋光性，其旋光度的大小由构成分子的物质和结构确定，不过是否具有旋光性则是由对称性来确定的。

分子图形内存在像转轴，分子经反映后转变为其分子镜像，再通过旋转操作就能将分子镜像变为分子原像，即分子和其镜像分子重合，属于非手性分子，其旋光度恒等于零。因为 $S_1 = \sigma$，$S_2 = i$，S_4 是独立对称元素，分子是否是手性分子的判据就为：分子具有 σ、i 和 S_4 对称元素中的任一个，可通过实际操作与其镜像完全重合，必为非手性分子。所以属于 C_n、D_n、T、O 等点群的分子才可能有旋光性。反之，从旋光性也可推断分子构型的对称类型。大部分生物分子都是手性分子，而手性分子的药物和生物活性功能也越来越引起科学研究的关注。如维生素 C 是 L 型抗坏血酸，合成也要用光学活性物质 L 型山梨醇作原料，并应用生物酶——假单胞菌作催化剂，这种由一种光学活性物质合成另一种光学活性物质的方法称为不对称手性合成。

8.2.5　32 个结晶学点群（32 Crystallographic Point Groups）

晶体外形作为三维空间上的有限图形，或将晶体看作是一个巨型分子，同样可以确定所属的点群，对于晶体，因旋转轴和反轴的数目有限，而使得组合出的对称点群数目有限，晶体中全部不等效的对称操作，按 $A.B.$ 加多林推导法得到的总数仅有 32 个。32 个点群的对称操作同时也应使晶体微粒排列结构复原，晶体的内部结构与外形的对称性是一致的。

晶体外形只有一个旋转轴 n，晶体点群为 C_n，包括 C_1、C_2、C_3、C_4 和 C_6。

只有一条 n 次反轴 I_n，其中 $I_1 = i$，晶体点群为 C_i；$I_2 = C_2 i = \sigma_h$，即 2 次反轴等效于与之垂直的对称面，晶体点群为 C_s；$I_3 = C_3 + i$，3 次反轴等效于 3 次旋转轴加反演中心，晶体点群为 C_{3i}；$I_4 = S_4$，晶体点群为 S_4；$I_6 = C_3 + \sigma_h$，6 次反轴等效于 3 次旋转轴加上

与之垂直的对称面，晶体点群为 C_{3h}。由此可见，只有 S_4 是独立存在的。

有一个 C_n，同时存在一个与之垂直的反映面 σ_h，晶体点群为 C_{nh}，包括 C_{2h}、C_{3h}、C_{4h} 和 C_{6h}。

有一个 C_n，同时存在 n 个与之平行的反映面 σ_v，晶体点群为 C_{nv}，包括 C_{2v}、C_{3v}、C_{4v} 和 C_{6v}。

有一个 C_n，同时存在一个与之垂直的 n 个 C_2，晶体点群为 D_n，包括 D_2、D_3、D_4 和 D_6。

在 D_n 群对称元素的基础上，另有 n 个 m_d 时，晶体点群为 D_{nd}，包括 D_{2d} 和 D_{3d}。因 D_{4d} 和 D_{6d} 分别产生 8 次和 12 次反轴，与晶体中微观结构不可能有 7 次及以上的高次旋转轴或反轴的结论相矛盾，故不存在。

在 D_n 群对称元素的基础上，另有一个与主轴垂直的反映面 σ_h，晶体点群为 D_{nh}，包括 D_{2h}、D_{3h}、D_{4h} 和 D_{6h}。

晶体外形有多个高次旋转轴，有以下几种情形。

有 4 个 3 重轴，3 个 2 重轴，晶体点群为 T；在 T 群的对称元素基础上，增加垂直于 C_2 轴的反映面 σ_h，晶体点群为 T_h；在 T 群的对称元素基础上，增加平分任意两个 C_2 轴夹角的反映面 σ_d，其中 C_3 轴也在该反映面上，晶体点群为 T_d。

有 3 个 4 重轴，4 个 3 重轴，6 个 2 重轴，晶体点群为 O；在 O 群的对称元素基础上，增加平分任意两个 C_2 轴夹角的反映面 σ_d，其中 C_4 轴也在该反映面上，晶体点群为 O_h。

以上讨论的晶体对称点群的表示符号是 Schönflies 记号，同时也应注意使用国际记号。晶体的对称点群存在于晶体外形，同时也对应内部微粒的规则排列，当某些重要的对称元素存在时，无疑就指明了晶体微粒结构的正当单位——晶胞所具有的构成。如当晶体存在 4 个 C_3 旋转轴时，晶体的微粒组成结构将从空间 4 个方向观察均具有 C_3 轴对称性，显然其正当单胞必为立方体，才符合此对称性质，即 $a=b=c$，$\alpha=\beta=\gamma=90°$。同样当 4 个 C_3 旋转轴消失，而出现 C_4 旋转轴或反轴时，其正当单胞变为四方棱柱，并有关系 $a=b\neq c$，$\alpha=\beta=\gamma=90°$。由此可见，晶胞的形状和晶体的对称性是相关联，这些重要的、能决定晶胞形状的对称元素称为特征对称元素，晶胞的形状主要由晶胞参数表达，因而根据晶胞对应的平行六面体的形状将晶体划分为 7 个晶系（Crystal Systems），同时具有特定的晶胞参数关系和所具有的特征对称元素。不同的物质可能有相同的晶胞参数关系和所具有的特征对称元素，但具体的数值大小和组成不同，称为属于同一晶系。事实上任何物质的晶体结构都不超出这 7 个晶系类别。表 8-2 列出了所有 7 个晶系的特征对称元素和晶胞参数的对应关系。

表 8-2　7 个晶系的特征对称元素和晶胞参数的对应关系

晶系	特征对称元素	所有空间点阵	晶胞参数	
立方	4 个 C_3	P,I,F	$a=b=c$	$\alpha=\beta=\gamma=90°$
四方	C_4 或 I_4 或 4_m	P,I	$a=b\neq c$	$\alpha=\beta=\gamma=90°$
正交	3 个 C_2 或 2 个 m	P,I,F,C	$a\neq b\neq c$	$\alpha=\beta=\gamma=90°$
六方	C_6 或 I_6 或 6_m	P(H)	$a=b\neq c$	$\alpha=\beta=90°,\gamma=120°$
三方	C_3 或 I_3 或 3_m	P(R)	$a=b=c$	$\alpha=\beta=\gamma\neq90°$
单斜	C_2 或 m	P,C	$a\neq b\neq c$	$\alpha=\gamma=90°,\beta\neq90°$
三斜	C_1 或 i	P	$a\neq b\neq c$	$\alpha\neq\beta\neq\gamma\neq90°$

根据晶体所具有的对称点群，得出具有的特征对称元素，就可以将其插入相应的晶系中，即根据特定的晶体外形就可以判断所属的晶系，这就是早期确定晶体结构的经典方法。随 X 射线衍射技术的发展，从衍射点就可得到微粒排列结构，并从微粒排列规律就可得到

对称点群和所属的晶系，当然这与早期的外形对称性对晶体所属对称点群和晶系的判断并不矛盾，但要比经典方法可靠、准确、快速得多。

8.2.6　结晶学的 14 种空间点阵（14 Types of Crystallographic Space Lattices）

在回到空间格子的抽象问题，在空间点阵中，取三条共顶点不共面的矢量 **a**、**b**、**c**（按右手螺旋取向）确定一个体积最小的平行六面体，通常为素格子。若已符合选取规则，称为简单格子（Primitive Lattice），记为 P。若按选取规则，可找到更具规则性的空间格子，这种规则性实质上就是对称性。如晶轴要与高次对称轴平行，与反映面垂直。符合特征对称元素的选取，其正当格子可能是复格子。不同的晶系有不同的特征对称元素，就有不同的空间格子。作为平行六面体，是由六个平面格子组成，平面格子也符合相同的规则，根据平面格子的类型，组合出的空间格子形状有立方体、四方棱柱、长方体、六方棱柱、菱形六面体、平行四边形棱柱和一般平行六面体，它们分别对应于立方晶系、四方晶系、正交晶系、六方晶系、三方晶系、单斜晶系和三斜晶系。将物质晶体各自的正当格子去晶体结构中划出一个最小晶胞单位，也就是符合选取规则，即是正当晶胞。

1855 年，A.Bravias 结合特征对称元素，推导了各晶系所应有的空间格子类型，一共 14 种，又称为 14 种 Bravias 格子（Bravais Lattices），见图 8-19。对每个晶系都应有简单格子（记为 P）、面心格子（记为 F）、底心格子（记为 C）、侧心格子（记为 A 或 B）、体心格子（记为 I）。F、I、C 都是复格子，它们含有的点阵点数分别为 4、2、2。但将简单格子作平移，并满足对称性条件时，有些空间格子就不会出现。如立方晶系没有底心格子，因为底心格子没有 C_3 旋转轴；再如四方晶系没有面心和底心格子，若有面心格子，一定存在一个体积更小的体心格子，若有底心格子，一定存在一个体积更小的简单格子，见图 8-20。单斜晶系没有面心和体心。三方、六方和三斜晶系都只存在简单格子。

图 8-19　晶体的 14 种 Bravias 空间格子

图 8-20 四方晶系没有底心 C 和面心 F 格子

由空间格子得到的晶胞有相同的形状和尺寸，顶点上的微粒被 8 个单位共有，贡献 1/8，晶棱上的微粒被 4 个单位共有，贡献 1/4；晶面上的微粒被 2 个单位共有，贡献 1/2。胞内微粒被 1 个单位独有，贡献 1。按此方法计算就可确定一个单胞中微粒数 Z。素格子对应素晶胞，复格子对应复晶胞。如 NaCl 晶胞含有 4 个 Na^+ 和 4 个 Cl^-，或称含有 4 个 NaCl 结构基元，是复晶胞。再如 CsCl 晶胞只含有 1 个 Cs^+ 和 1 个 Cl^-，或称含有 1 个 CsCl 结构基元，是素晶胞。又如立方 ZnS 晶胞含有 4 个 Zn^{2+} 和 4 个 S^{2-}，或称含有 4 个 ZnS 结构基元，也是复晶胞。

8.2.7 结晶学的 230 个空间群 （230 Crystallographic Space Groups）

随 X 射线衍射实验技术的推进，已实现将衍射点图像转变为微粒在空间的排列图像，对晶体结构的研究深入到微粒的排列规律性，而无需制备较大颗粒的晶体。直接从微观角度对晶体结构进行分析，得到所属晶系、空间格子类型、对称性和晶胞。晶体的微粒结构是一无限图形，在不考虑边界的条件下，将三个基矢方向相交的原点放到对平移是等效的任一位置都可以，大多数情况下放到微粒上。无限图形的对称性与有限图形的对称性相比，有很大的变化，晶体内部微粒的排列对称性更为细致复杂。除了有限图形的对称元素外，对晶体微观结构的研究发现，晶体微粒堆积还存在平移、旋转平移和反映平移等 3 种对称操作，分别对应空间格子、螺旋轴和滑移面等 3 种对称元素。平移、旋转平移和反映平移等对称操作分别记为 T、LT、MT。

(1) 平移

空间格子按三个基矢或组合方向移动时，结构复原，称为平移对称（Translational Symmetry），记为 $T = ma + nb + pc$，m，n，$p = 0$，± 1，± 2，…，构成平移群。

(2) 旋转平移

微粒排列经旋转发生位置变化，紧接着沿旋转轴方向作平移，与原位置图形无区别，结构复原，此称为旋转平移复合操作，旋转轴和平移合并称为螺旋轴（Screw Axis），记为 n_m。平移量 $mt = mT/n$，T 为沿螺旋轴平移的素向量，即不旋转时，为平移复原的最小向量长度。如与 a 轴方向的直线点阵平行的螺旋轴 3_1，$m = 1$，旋转 $120°$ 后，平移 $a/3$ 长度，结构回到与原来图形相同。见图 8-21。任何螺旋轴必与一组直线点阵平行，其轴次也只有 2_m、3_m、4_m 和 6_m，其中 2_m 只有 2_1；3_m 包括 3_1、3_2；4_m 包括 4_1、4_2 和 4_3；6_m 包括 6_1、6_2、6_3、6_4 和 6_5。

(3) 反映平移

微粒排列经反映成像发生位置变化，紧接着沿该反映面平行的方向作平移，与原位置图形无区别，产生复原，此称为反映平移复合操作，反映面和平移合并称为滑移面（Glide Plane），根据平移的向量长度和方向

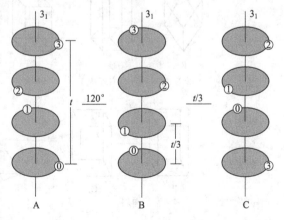

图 8-21 3_1 螺旋轴的旋转平移操作过程

有不同的记号，共有 a、b、c、n、d 五类滑移面，其中 a、b、c 滑移面的平移量分别为 $a/2$、$b/2$、$c/2$；n 滑移面的平移量为 $(a+b)/2$ 或 $(b+c)/2$ 或 $(c+a)/2$；d 滑移面的平移量为 $(a\pm b)/4$ 或 $(b\pm c)/4$ 或 $(c\pm a)/4$。

由于晶体内部出现微粒按不同取向排列，见图 8-22，在滑移面 c 的位置，按前面的宏观对称元素操作，图形无法复原，但实施反映后，再进行平移 $c/2$ 操作，图形就能复原。螺旋轴并入旋转轴，滑移面并入反映面，成为晶体的特征对称元素，作为划分晶系的依据。如六方 ZnS 晶体存在 6_3 螺旋轴，作为六方晶系；而金红石 TiO_2 晶体存在 4_2 螺旋轴时，作为四方晶系。

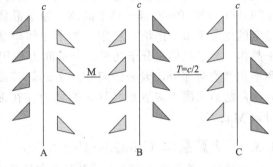

图 8-22 c 滑移面的反映平移操作过程（c 滑移面的左右两侧的微粒相同，取向不同）

严格来讲，只有微观对称性才能准确地把不同排列的晶体结构表达出来，32 个点群的宏观对称性是较粗糙的分类描述，属于相同的宏观点群并不意味着晶体内微粒的排列就相同，甚至差别还可能很大，这种差别也只有单晶体的 X 射线衍射法才能获得。如金刚石 C 和萤石 CaF_2 都属于 O_h 点群，立方面心格子，但二者的微粒在空间的排列是不同的，它们所属的空间群对应于国际记号分别为 O_h^7-$Fd3m$ 和 O_h^5-$Fm3m$，见图 8-23。按照七种对称元素的组合，E.C. 费多洛夫推出 230 个空间群，其中立方晶系 36 个，四方晶系 68 个，正交晶系 59 个，六方晶系 27 个，三方晶系 25 个，单斜晶系 13 个，三斜晶系 2 个。

(a) 金刚石C晶体的单胞　　　　　　(b) 萤石CaF2晶体的单胞

图 8-23 金刚石 C 和萤石 CaF_2 晶体的单胞

晶体物质的物理性质与晶体的对称性是密切相关的，如压电性是晶体受到外力作用，被压缩引起的结构移位，导致对称性的瞬间变化，产生偶极电场，一般没有反演中心（包括 O 群）的晶体都能产生压电性。铁电性和热电性是晶体分别受外电场和温度升高产生的热效应的作用，引起偶极矩取向发生变化而生成的性质，一般晶体的对称元素交于一点时，将不产生铁电性和热电性；光通过晶体时产生的倍频效应也出现在没有反演中心的晶体中。

8.3　晶体结构类型
（Classes of Crystal Structures）

化学键是构造晶体结构的核心，事实上很多物质的晶态所表现出的物理性质都与微粒之间的化学键有关。如某些金属晶体由金属键结合，形成高配位的紧密结构，具有很高的键能，产生硬度和弹性等性能，晶体对称性高。正、负离子以离子键结合生成的离子晶体，为了达到电荷平衡，产生特定的配位关系，特殊的电子结构，形成了光学和导电性能。如闪烁晶体锗酸铋（BGO）、激光晶体氟化钇锂和铝酸钇、高效激光倍频材料 $KTiOPO_4$（KTP）都属于离子晶体。原子晶体是原子以共价键方式结合，原子之间没有特定的配位关系，但结构稳定。如半导体单晶硅、超硬材料金刚石和碳化硼等都属于原子晶体。分子晶体是分子之间按分子间力作用在空间堆积而成，晶体结构包括分子结构和堆积结构两部分，因分子间作用力弱，其晶体对称性低，多为单斜和三斜晶系。而部分物质的晶态属于多键型晶体，晶体内存在多种化学键。如电极材料石墨、工业固体润滑剂 MoS_2 等。

8.3.1 金属晶体（Metallic Crystal）

金属晶体最常见的有立方晶系和六方晶系两种。抽象的空间格子，有简单立方 P、面心立方 F 和体心立方 I、简单六方 H。晶体中的金属原子排列可视为等半径的球相互堆积，金属原子以最大的配位数组成晶体，即原子堆积属于最紧密堆积，称为等径圆球密堆，而晶面上金属原子的排列称为密置层。球堆积出各种多面体结构，H. B. 别洛夫根据最紧密堆积原理，推出了金属晶体构造中的多面体结构，金属晶体也可能不采取最密堆积方式，如体心立方格子和简单立方格子对应的球堆积。大部分金属都有多种堆积方式，如 Ca 金属的晶态有 α-Ca，β-Ca，γ-Ca，分别对应立方最密堆积，六方最密堆积和一般立方密堆积，在不同的结晶条件下得到。晶体的性能与原子的堆积方式关系密切，如金属的机械性能，与空间占有率有关。所谓空间占有率是指原子的体积与整个空间体积的比值，其值越大，原子堆积越紧密，机械性能越好。其计算公式为：

$$\eta = \frac{n \times \frac{4}{3}\pi R^3}{V} \times 100\% \tag{8-4}$$

式中，n 是晶胞中的原子数；$\frac{4}{3}\pi R^3$ 是球的体积；R 是球的半径；V 是晶胞体积。

(1) 等径圆球 A_1 和 A_3 最密堆积

选择一密置层 A，等径圆球周围的等径圆球数最多时，称为最密堆积。根据几何学原理，平面上尺寸相同的球排列中，一个球周围最多可排列 6 个球。见图 8-24（a）。三个球围成一个空位，标为 B 和 C 两组，同样每个球周围有六个空位。晶体按平行晶面族在空间作定向排列时，相当于密置层 A 向法线方向作平行堆积。金属原子除了与晶面内原子配位，

(a) 等径圆球最密堆积　　　(b) C(ABC)A 最密堆积　　　(c) B(AB)A 最密堆积

图 8-24　两种密堆积方式，面心立方堆积和六方堆积

显然还会与上下晶面的原子配位。为了满足与上下晶面原子的最大配位，球在密置层上的堆积首先占据空位位置，这时球之间的距离最近而且配位数最大，但周围六个空位中只能容纳 3 个球，并呈相间占据状态，如占据 B 的位置，而不能同时占据 B 和 C 位置。这样，三个球围成的空位刚好就在一个球的上方，生成的密堆层仍与 A 层相同，只是相错一个位置，称为密置层 B。A、B 组成密置双层。

密置双层中的 A 层下方，球占据的方式有两种。第一种方式，占据上方未占据的一半空位位置 C，配位 3 个球，配位的球总数也是 12 个，形成密置层 C，堆积方式 BAC，见图 8-24(b)。第二种方式，占据与上方密置层 B 相同的空位，形成密置层 B，又配位 3 个球，配位的球总数达到 12 个，堆积方式 BAB，见图 8-24(c)。注意层内堆积的方式仍是相同的最密堆积。

层堆积的第一种方式是（CABCABCAB…）或（ABCABCABC…），可看成按 ABC 三层重复地堆积下去，称为 A_1 密堆。沿密置层所在的晶面法线方向，在 ABCA 四层中，A 层的一个原子，B 和 C 层的各 6 个原子，共 14 个原子构成立方单胞，晶胞参数 $a=b=c$，$\alpha=\beta=\gamma=90°$。因 ABCA 法线方向正是立方体的体对角线方向，存在 3 重旋转轴，其中晶胞含有的独立原子数为 4，是复晶胞。为方便观察，将原子缩小，原子间距增加，得到图 8-25(a)。一个原子抽象为一个点阵点，组成立方面心格子，称为立方最密堆积（Cubic Closest Packing）。单胞的每个面的对角线上的三个原子相切，晶胞参数与原子半径存在关系：$0.707a=2R$，由此可计算出原子的空间利用率为 74.05%。

(a) A_1 型金属的立方晶胞　　　　　　　　　(b) A_3 型金属的六方晶胞

图 8-25　两种最密堆积 A_1 型和 A_3 型的晶胞

层堆积的第二种方式是（BABABA…）或（ABABAB…），可看成按 AB 双层重复地堆积下去，称为 A_3 密堆。沿密置层所在的晶面法线方向，在 ABA 三层中，A 层的每个原子周围的 6 个原子形成的六角形和 B 层的 3 个正对空位的三角形，重复 A 层，六角形顶点连接成组成六棱柱，也可看成是由三个平行六面体拼合而成，这就是六方晶胞，晶胞参数为 $a=b\neq c$，$\alpha=\beta=90°$，$\gamma=120°$，ABA 法线方向存在 σ_3 螺旋轴。A 层 4 个原子，B 层 1 个原子，共 9 个原子构成六方单胞，其中晶胞的独立原子数为 2。AB 相邻两层各选择一个原子作为结构基元，通常选相连的原子，并使所有结构基元的取向一致，AB 双层得到一层平面点阵，另一个 AB 双层再得到第二个与之平行的平面点阵，两个平面点阵是重合式的排列，可抽象出六方格子，称为六方最密堆积（Hexagonal Closest Packing），见图 8-25(b)。所以尽管晶胞的独立原子数为 2，其结构基元数却是 1，也属于素晶胞。A 层内 3 个球相切地围成的正三角形，B 原子刚好处于此三角形的上下方空位，相切地形成正四面体。根据正四面体的几何关系，晶胞参数与原子半径存在关系：$a=2R$，$c=3.266R$，由此可计算出原子的空间利用率为 74.05%。

（2） 等径圆球的 A_2 密堆积

选择 （110） 晶面上的原子堆积层 A，等径圆球沿两个方向堆积，晶面上每个金属球结合四个金属原子，四个原子围成一个空位，每个空位的上下方被邻近层原子所占据，上、下方邻近层原子所占据的空位位置是相同的，即只有两层原子在空间位置不同，构成 BAB 层堆积。见图 8-26(a)。往外延伸，则是重复层，即形成…(AB)(AB)(AB)…的堆积，称为 A_2 密堆积。空位和球的排列是相同的，当空位的上方被 B 占据时，AB 两层的堆积是相同的，只是相错一个位置，此种立方紧密堆积的空间格子是体心立方，单个原子构成结构基元，沿 （110） 或 （011） 或 （101） 晶面的法线方向，A 层中以任一原子为中心，包括周围配位的 4 个相邻原子，共 5 个，以及上下 B 层中的各 2 个相邻原子，共 9 个，构成立方单胞，单胞中共 2 个原子，或称包含 2 个结构基元。见图 8-26(b)。每个金属原子的配位数为 8。（110） 晶面上原子，沿立方晶胞的体对角线方向，原子处于配位结合，金属球相切，晶胞参数与原子半径存在关系：$0.866a = 2R$，由此可计算出原子的空间利用率为 68.02%。

(a) 等径圆球的 A_2 型紧密堆积　　　　　　　　(b) A_2 型金属的立方晶胞

图 8-26　A_2 型的紧密堆积和晶胞

（3） 金属晶体的填隙

空位排列是晶体结构的另一特征，金属晶体中金属键强，空位的总体积较小，这可从空间利用率得出。空位周围有不同数目的原子，并与原子的配位多面体相似，如正四面体空位，正八面体空位和立方体空位等，都是金属晶体中常见的空位类型。弄清空位的分布和空间体积大小，对改善金属材料的性能是很重要的。对于体积较小的非金属原子，它们与金属的各种空位有着几何上的匹配关系，当填入金属空位中时，同时增加了金属中共价化学键，形成很大的键能，使金属的硬度、抗冲击强度和弹性等机械性能提高。如碳的质量分数为 0.8% 时，在 γ-Fe 相区淬火得到的马氏体是四方晶系，四方体心格子，其受力强度可达到 $850\text{kg} \cdot \text{mm}^{-2}$。相当于碳原子填充了 A_2 型铁金属的八面体空位，增加了 Fe-C 共价键和空间利用率。B 和 N 的金属填隙材料也有很大的应用前景。

在密置层 A 中，三个球围成一个空位，密置层 B 的原子占据空位的上方时，就形成一个正四面体空位，A_1 和 A_3 型金属晶体均有正四面体空位，见图 8-27(a)。在密置双层 AB 中，围绕 C 空位的 A 层和 B 层的各 3 个原子，是沿 C_3 轴方向透视的正八面体，见图 8-27

(a) 正四面体空位　　　　　　(b) 正八面体空位

图 8-27　A_1 和 A_3 型金属晶体中的正四面体和正八面体空位

(b)。C 空位在 A_3 型最密堆积结构中未被占据，因而 A_3 型金属晶体存在正八面体空位。而在 A_1 型最密堆积结构中 C 空位交替地被占据，同时，在密置双层 AC 中，围绕 B 空位的 A 层和 C 层的各 3 个原子，也形成正八面体空位，B 空位交替地被占据，因而 A_1 型金属晶体同样存在正八面体空位。

在 A_1 和 A_3 型金属晶体 n 个球排列成的密置双层有 $2n$ 个正四面体空位、n 个正八面体空位，球数：正四面体空隙数：正八面体空隙数＝1：2：1。

A_2 型密堆积层中，B 空位的上下均是相同的密堆积层，与 A 层中的原子围成正八面体空位，而 A 层中球相切的体对角线取向，与空位的上方或下方对应的密堆积层的 B 内，相互垂直的体对角线取向 A 层任意 2 个相切的金属原子，与 B 层中相邻位置 2 个相切的金属原子，交叉构成正四面体空位，见图 8-27(b)。在 A_2 型金属晶体 n 个球排列成的密置双层有 $6n$ 个正四面体空位、$3n$ 个正八面体空位，球数：正四面体空隙数：正八面体空隙数＝1：6：3。

氢气作为清洁能源，有很高的危险性，使其应用受到很大的限制。高压条件下，若将体积很小的氢原子压入到金属晶体的空位中，结果晶体中氢原子的密度比液氢的密度 $0.070\mathrm{g} \cdot \mathrm{cm}^{-3}$ 还大，如 Mg 金属中氢原子密度为 $0.101\mathrm{g} \cdot \mathrm{cm}^{-3}$，组成为 MgH_2；$LaNi_5$ 合金中氢原子密度为 $0.111\mathrm{g} \cdot \mathrm{cm}^{-3}$，组成为 $LaNi_5H_6$，这样氢气可以安全地存储在金属中，减压又可将氢气释放出来，这种能存储氢气的金属和合金称为储氢材料。

8.3.2　离子晶体 (Ionic Crystal)

离子化合物是电负性相差较大的原子形成的化合物，化学键实质是一对正、负离子之间的静电作用力。但离子化合物凝固为晶体时，正、负离子对作用的构造发生了变化，离子晶体中，正、负离子按各自的配位关系，结合一定数量的异号离子，形成各自的配位多面体，其排列向空间作规则的延伸。离子晶体中任一离子周围先排列了异号离子，较远的距离又排列了同号离子，并交替地排列下去。距离越远，周围离子数越多。因为正离子是失去了电子，离子半径较小，而负离子得到了电子，离子半径较大。在大多数离子晶体中，负离子的离子半径大于正离子，只有重金属或稀土金属的离子化合物中的金属离子半径较大，因而常见离子晶体可看成负离子按排斥力最小的方式堆积后，形成的多面体空位由正离子填充。只有正、负离子的尺寸相互匹配时，达成的多面体空位填充才是最稳定的。

(1) 晶格能

晶格能是 1mol 离子化合物中的气态正、负离子，相互接近结合成 1mol 离子晶体所放出的能量。其大小反映了离子键的强弱。理论上根据离子晶体的结构类型及离子之间的静电作用力进行计算，实验测定则是通过 Born-Haber 热化学循环，测得各过程的热焓变化量，最后得到晶格能 (Lattice Energy)。

对离子化合物 M_yN_x，按晶格能定义，热化学方程式可表示为：

$$y\mathrm{M}^{Z+}(\mathrm{g}) + x\mathrm{N}^{Z-}(\mathrm{g}) = \mathrm{M}_y\mathrm{N}_x(\mathrm{s}) \qquad \Delta H_\mathrm{m} = U$$

设一对正、负离子之间的吸引势能 V_A 为：

$$V_A = -\frac{Z_+ Z_- e^2}{4\pi\varepsilon_0 R} \tag{8-5}$$

当两个原子靠近时，离子外部的电子会形成短程排斥力，其排斥势 V_R 的大小等于：

$$V_R = \frac{B}{R^m} \tag{8-6}$$

m 是正、负离子的平均 Born 指数，Born 指数是反映离子外层电子结构的参数。如电子结构是惰性气体元素 He、Ne、Ar(Cu^+)、Kr(Ag^+)、Xe(Au^+) 的电子结构时，Born 指数 m 分别等于 5、7、9、10、12，B 是 Born 系数。总的势能 V 等于：

$$V = V_A + V_R = -\frac{Z_+ Z_- e^2}{4\pi\varepsilon_0 R} + \frac{B}{R^m} \tag{8-7}$$

V 是离子间距 R 的函数，势能出现极小值时，一阶导数等于零。则：

$$\left(\frac{dV}{dR}\right)_{R=R_0} = -\frac{Z_+ Z_- e^2}{4\pi\varepsilon_0 R_0^2} + \frac{mB}{R_0^{m+1}}$$

上式解得 $B = Z_+ Z_- e^2 R_0{}^{m-1}/4\pi\varepsilon_0 m$，代入到式(8-7)，总势能为：

$$V_{R=R_0} = -\frac{Z_+ Z_- e^2}{4\pi\varepsilon_0 R_0}\left(1 - \frac{1}{m}\right) \tag{8-8}$$

上式就是一对正、负离子间的静电作用势能，而对晶体中正、负离子间的势能则没有那么简单，一个正离子周围是多个负离子，在外围又是多个正离子，距离越远，离子数越多。所以加和起来，1mol 正、负离子间的晶格能 U 应等于：

$$U = \sum_i (V_i)_{R=R_0} = -\frac{(y+x)N_A}{2}\frac{Z_+ Z_- e^2}{4\pi\varepsilon_0 R_0}\left(1 - \frac{1}{m}\right)A \tag{8-9}$$

其中，A 是反映晶体结构类型的 Madelung 常数；N_A 为阿伏伽德罗常数。

【例 8-2】 计算 NaCl 晶体的晶格能。

解：NaCl 晶体中 Na^+、Cl^- 的 Z_+、Z_- 等于 1，Born 指数分别为 7 和 9，取平均值 $m=8$，NaCl 晶体的 Madelung 常数 $A = 1.7476$，Na^+、Cl^- 的平衡核间距 $R_0 = 282.0\text{pm}$。则晶格能的理论计算值等于：

$$U = -\frac{(1+1)\times 6.022\times 10^{23}}{2}\times\frac{1\times 1\times(1.602\times 10^{-19}\text{C})^2}{4\times 3.14\times 8.854\times 10^{-12}\text{F}\cdot\text{m}\times 282.0\times 10^{-12}\text{m}}$$

$$\times\left(1 - \frac{1}{8}\right)\times 1.7476$$

$$= -7.536\times 10^5\text{J}\cdot\text{mol}^{-1}$$

$$= -753.6\text{kJ}\cdot\text{mol}^{-1}$$

通过设计 Born-Haber 热化学循环，可从实验测定得到 NaCl 晶体的晶格能：

$$Na(s) + \frac{1}{2}Cl_2(g) \xrightarrow{\Delta_m H_f^\ominus} NaCl(s)$$

$$\downarrow S \qquad \downarrow D/2 \qquad\qquad \uparrow \Delta H_2$$

$$Na(g) \qquad Cl(g)$$

$$\downarrow I \qquad \downarrow E$$

$$Na^+(g) + Cl^-(g) \xrightarrow{\Delta H_1} NaCl(g)$$

其中，S 为 Na 单质的升华热，I 为 Na 原子的电离能，D 为 Cl_2 分子离解能，E 为 Cl 原子的电子亲和能，$\Delta_f H_m^\ominus$ 为 NaCl 固体的摩尔生成热。分别查得各项的实验测定值，由热焓的状态函数性质，间接计算得到晶格能。

因 $\Delta_f H_m^\ominus = \Delta H_1 + \Delta H_2 + S + I + \frac{D}{2} + E$，故

$$U = \Delta H_1 + \Delta H_2 = \Delta_f H_m^\ominus - \left(S + I + \frac{D}{2} + E\right)$$

$$= -410.9 - (495.0 + 108.4 + 119.6 - 348.3)\text{kJ}\cdot\text{mol}^{-1}$$

$$=-785.6 \mathrm{kJ} \cdot \mathrm{mol}^{-1}$$

Cl 原子的电子亲和能的实验测定误差较大，对晶格能实验值也形成误差。

（2）Pauling 结晶化学规则

正离子周围形成一个由负离子围成的配位多面体，正、负离子间距取决于离子半径和，离子半径比与正离子配位数和正离子配位多面体结构之间存在几何关系，此称为 Pauling 第一规则。不同配位多面体与正、负离子半径比的对应关系列于表 8-3。

表 8-3　正负离子半径比 r_+/r_- 与配位多面体结构的关系

配位多面体	CN	r_m	r_+/r_-	实例
三角形	3	0.155	0.155~0.225	
四面体	4	0.225	0.225~0.414	ZnS
八面体	6	0.414	0.414~0.732	NaCl
立方体	8	0.732	0.732~1.000	CsCl
立方八面体	12	1.000	>1.000	

根据主族元素离子化合物的正、负离子具有惰性气体元素原子的电子结构特点，将其正、负离子视为球形。根据结晶几何学，正、负离子的堆积近似地视为不同半径圆球的密堆积，以半径较大的负离子作密堆积，半径较小的正离子填充其空位。理论上，负离子球与负离子球相切，正离子球与负离子球也相切时，正、负离子半径的比值 r_m 称为半径比临界值，即 $r_m=r_+/r_-$，见图 8-28(a)。低于此临界值 r_m，正离子球比负离子球小，意味着正离子球与负离子球不相切，负离子球与负离子球相切，负离子之间的距离最小，负离子之间的排斥作用较大，见图 8-28(b)。当此值偏差较大时，其配位方式就不匹配，正离子容易采取更小的配位多面体。相反，高于此临界值 r_m，负离子球与负离子球不相切，负离子之间的排斥作用减小，正离子较易采取此配位多面体，见图 8-28(c)。高于此值较多时，空位体积增加，不利于局部电荷平衡，影响结构稳定性，正离子容易采取更大的配位多面体。

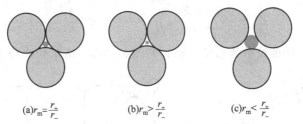

(a)$r_m=\dfrac{r_+}{r_-}$　　(b)$r_m>\dfrac{r_+}{r_-}$　　(c)$r_m<\dfrac{r_+}{r_-}$

图 8-28　三角形配位的正、负离子圆球的三种堆积形式

【例 8-3】　当负离子围成正八面体时，求正、负离子半径比的临界值。

解： 正八面体的四重轴垂直的面上，4 个负离子和与之相切的正离子的堆积如图 8-29，中心为正离子小球，周围 4 个负离子为大球。

图 8-29　正八面体配位的正、负离子圆球的堆积形式

$$AB=1.414AC, \quad 2(r_++r_-)=1.414\times(2r_-)$$

$$r_+ + r_- = 1.414r_-$$

$$\frac{r_+}{r_-} + 1 = 1.414, \quad \frac{r_+}{r_-} = 0.414$$

由此得到正八面体中正、负离子半径比的临界值为 0.414。

同样的方法也可得到立方体中的正、负离子半径比的临界值，正、负离子相切的位置在体对角线上。按前面对称性的图示，将正四面体放入到立方体中，立方体面对角线上 2 个负离子相切，体对角线上正离子和负离子相切。根据立体几何关系，不难得出表中的临界值 r_m。实际上离子化合物的晶体结构并不完全是圆球的堆积。离子化合物中较易极化的正、负离子，外层电子密度的变形性是很大的，往往会引起多面体变形，由圆球堆积得到的临界值只能作为参考。

稳定离子晶体的局部正、负电荷是平衡的，设正离子电价为 Z_+，配位数为 CN_+，正离子与每一配位负离子的静电键强度 $S = Z_+/CN_+$，由局部正、负电荷平衡的原则，负离子电价 Z_- 应等于该负离子与邻近各正离子的静电键强度之和，即：

$$Z_- = -\sum_i S_i = -\sum_i \left(\frac{Z_+}{CN_+}\right)_i \tag{8-10}$$

此规则称为离子静电键规则。根据离子静电键规则，可以推测晶体中离子的配位关系，解释晶体的实验结构。

例如金红石 TiO_2 晶体属四方晶系，Ti^{4+} 的配位数 $CN_+ = 6$，O^{2-} 的配位数 $CN_- = 3$，金红石晶体的单胞见图 8-30(a)，$c = 0$ 和 $c = 1/2$ 两个面上，Ti^{4+} 和 O^{2-} 的排列分布见图 8-30(b)。Ti^{4+} 的分数坐标为：$(0,0,0)$，$(1/2,1/2,1/2)$；O^{2-} 的分数坐标为：$(u,u,0)$，$(\bar{u},\bar{u},0)$，$(1/2+u,1/2-u,1/2)$，$(1/2-u,1/2+u,1/2)$，其中 $u = 0.3048$。

根据 Ti^{4+} 的离子静电键强度：$s = \dfrac{4}{6}$，可得 O^{2-} 的电荷等于：

$$Z_- = -\sum_i \left(\frac{Z_+}{CN_+}\right)_i = -CN_- \times \frac{4}{6} = -2$$

由此可解得 O^{2-} 的配位数为 $CN_- = 3$，与图 8-30(a) 所示的实验结构相符。

(a) 金红石TiO₂晶体单胞

$c=0$

$c=1/2$

(b) $c=0$和$0=1/2$两个面上的Ti^{4+}和O^{2-}排列

图 8-30　金红石 TiO_2 的晶体结构

从配位多面体的角度，离子晶体又可以看成是正、负离子配位多面体之间连接，连接的方式有共用顶点、共用棱或共用面三种方式。并根据两个连接的多面体的中心正离子的静电排斥力的大小确定其稳定性，间距越小，斥力越大，晶体的稳定性越低，共用顶点、棱、面的间距大小顺序为：共用顶点＞共用棱＞共用面，静电排斥力的大小顺序与此相反，晶体的稳定性顺序为：共用顶点＞共用棱＞共用面。应注意的是，共用顶点势必引起晶体结构中较大的空位，不符合晶体生长规律。一般来说，正离子电荷较高、体积较小的配位多面体多采取共顶点和棱的方式，正离子电荷较低、体积较大的配位多面体可能共面。此称为配位多面体连接规则。如硅酸盐中，$r(Si^{4+})/r(O^{2-})=40pm/135pm=0.296$，基本结构单位是硅氧四面体，$CN^+$ 理论值为 4，符合 Pauling 第一规则。由于 Si^{4+} 电价高、半径小，键长 160pm 略短于离子半径之和 175pm，说明 Si—O 键是极化键，并且极化效应使 Si—O 键带有共价键成分，因而硅酸盐中的硅氧四面体都采取共顶点连接。导致其排列的规则性降低，形成较大的空位，使得硅酸盐容易形成玻璃体。共用顶点氧的电价为 -2，称为桥氧；只与一个硅连结的氧称为端氧，电价为 -1，有较高的活性，较易结合氢，形成 —OH。

晶体结构取决于组成晶体的构造单位的多少，即组成，构造单位的半径比以及构造单位的极化性质，这称为 B. M. 哥西密特结晶化学定律。一般物质的化学成分愈简单，物质的对称程度愈高。从以下几类常见的离子晶体结构可见这一定律的正确性。

(3) 常见离子化合物晶体

NaCl 的晶体结构：NaCl 是石盐矿的主要成分，属立方晶系，空间格子为面心立方，空间群 O_h^5-$Fm3m$。晶胞参数 $a=b=c=562.8pm$，单胞中的离子对数 $Z=4$，见图 8-3。Na^+ 和 Cl^- 的离子半径分别为 102pm 和 181pm，半径比为 0.564，处于 0.414～0.732 之间，Na^+ 和 Cl^- 的配位多面体都是正八面体，且几何尺寸相同，Na^+ 和 Cl^- 的位置可以互换。整个晶体可看成是正八面体共顶点连接。Cl^- 采取 …ABCABC… 的堆积方式，Na—Cl 键长 281.26pm，近似等于正、负离子半径之和。大部分碱金属卤化物和部分碱土金属氧化物、硫化物、硒化物等的晶体结构都属于 NaCl 结构类型。

闪锌矿的晶体结构：闪锌矿 ZnS 属立方晶系，空间格子为面心立方，空间群 T_d^2-$F43m$。晶胞参数 $a=b=c=540.93pm$，单胞中的离子对数 $Z=4$，见图 8-5。Zn^{2+} 和 S^{2-} 的离子半径分别为 74pm 和 184pm，半径比为 0.402，处于 0.225～0.414 之间，Zn^{2+} 和 S^{2-} 的配位多面体均为正四面体，而且几何尺寸相同，Zn^{2+} 和 S^{2-} 的位置可以互换。将金刚石立方单胞分割成八个小立方体，S^{2-} 替代 4 个小立方体体心 C 原子，Zn^{2+} 替代其余顶点和面心的 C 原子，即为闪锌矿单胞。整个晶体可看成是正四面体共顶点联结，S^{2-} 的堆积方式…ABCABC…，Zn—S 键长 234.23pm，Zn—S—Zn 和 S—Zn—Zn 键角都为 109.47°。

纤锌矿的晶体结构：纤锌矿 ZnS 属六方晶系，具有简单六方空间格子，空间群 C_{6v}^4-$P6_3mc$。晶胞参数 $a=b=381.13pm$，$c=622.38pm$，轴率 $c/a=1.633$，单胞中的离子对数 $Z=2$，见图 8-5。Zn^{2+} 和 S^{2-} 的配位多面体均为正四面体，而且几何尺寸相同，Zn^{2+} 和 S^{2-} 的位置也可以互换。整个晶体也可看成是正四面体共顶点联结。S^{2-} 的堆积方式与立方闪锌矿不同，为 …ABAB…，Zn—S 键长 233.39pm，Zn—S—Zn 和 S—Zn—Zn 键角都为 109.47°。

NaCl 晶体中的离子间距都近似地等于正、负离子的半径之和，晶体中的离子的外层电子密度基本上是球形对称的，负离子按"等径球密堆模型"处理是正确的。但应注意到 ZnS 的两种晶形中，Zn^{2+} 和 S^{2-} 的离子半径分别为 74pm 和 184pm，二者之和远长于 Zn—S 键长 234pm，这说明 Zn^{2+} 对 S^{2-} 形成的极化作用是较强的，Zn—S 键有很大的共价成分，S^{2-} 外层的电子密度分布将出现变形，这时 S^{2-} 不能完全按"等径球密堆模型"处理。

8.3.3　原子晶体（Atomic Crystal）

原子晶体中的化学键是共价键，共价键能量高，通常原子晶体也很稳定。如金刚石的硬度大，熔点较高。一部分元素形成的单质属于原子晶体，如紫磷、单晶硅和单晶锗。要注意的是有些单质的晶体不属于原子晶体，如正交硫，是 S_8 分子堆积成的分子晶体。

有些化合物的晶体也能形成原子晶体，如 SiO_2 和 SiC 晶体。共价键广泛存在于各种晶体结构中，一些化合物的晶体结构中可能有多种化学键，若主要以共价键为主，也可当作原子晶体。

（1）金刚石的晶体结构

碳的同素异形体之一金刚石，属立方晶系，A_4 堆积结构，空间群 O_h^7-$Fd3m$。晶胞参数 $a=b=c=356.68pm$，晶胞中碳原子数 $Z=8$，见图 8-23（a）。任一碳原子的配位多面体都是正四面体，将立方单胞分割成八个小立方体，一半的体心位置由碳原子占据，另一半的体心位置是空位。C—C 键长 154.45pm，C—C—C 键角值 109.47°。金刚石晶体结构的小立方体空位，使原子的空间占有率仅 34.01％，金刚石晶体是超硬材料，莫氏硬度最高，除碳原子的 sp^3 杂化成键的 C—C 键能大外，晶体构造是最突出因素。

（2）硅的晶体结构

硅晶体是金刚石的异质同像体，空间群 O_h^7-$Fd3m$。晶胞参数 $a=b=c=543.07pm$，晶胞中硅原子数 $Z=8$。任一硅原子的配位多面体都是正四面体，将立方单胞分割成八个小立方体，硅原子占据其中一半的体心位置，另一半的体心位置是空位。顶点和面心位置的硅原子与小立方体体心位置的硅原子组合为结构基元，结构基元数为 4，是复晶胞，见图 8-31（a）。Si—Si 键长 235.2pm，Si—Si—Si 键角值 109.47°。硅单晶是很好的半导体材料，Si—Si 键能小，结合减弱，能隙小于 3eV，在受热的条件下，电子激发至导带，使导电率增大。

(a) Si的晶体结构　　　　(b) GaAs的晶体结构

图 8-31　单质硅和 GaAs 的晶体结构

（3）砷化镓的晶体结构

立方 ZnS 的结构是金刚石晶体结构的演变结构，立方 SiC 和立方 AlN 的结构属于立方 ZnS 型，离子极化强，共价键长短，键能大，硬度高。其力学性能与类金刚石晶体结构的构造存在某种联系。半导体材料 GaAs 的晶体结构是硅晶体的演变结构，将硅晶体立方单胞分割成八个小立方体，As 原子替代 4 个小立方体体心 Si 原子，Ga 原子替代其余顶点和面心的 Si 原子，即为 GaAs 晶体的单胞，见图 8-31（b）。GaAs 晶体的开关速度为 10^{-12}s，而 Si 为 10^{-9}s，可以预料用 GaAs 芯片制造的计算机，其运算速度将是单晶硅的一千倍。其晶体构造与半导性能的联系与单晶硅相似。

8.3.4　分子晶体（Molecular Crystal）

分子晶体是指晶体微粒是由独立稳定的分子构成，惰性气体单质的晶体是最简单的分子晶体，如 He 为 A_3 型结构，Ne、Ar、Kr 和 Xe 是 A_1 型结构，分子靠较弱的色散力结合在一起。一般分子晶体的结构基元通常就是一个或几个分子，分子在晶体中的排列取向与分子的极性有关，分子之间的作用力只是较弱的氢键或更弱的范德华作用力等，虽个别分子之间的作用能很低，结合能 40kJ·mol⁻¹ 以下，但就分子晶体整体而言，其能量仍可能较大。当分子晶体有若干种分子存在时，会表现出选择排列的组合，而有利于分子作用力增强的排列好比分子集合体的组装。分子晶体的对称性随着分子的对称性而变，常见的有机分子总是对称性较低的单斜晶系，手性生物分子的对称性较低，其晶体的对称性也较低，是晶体结构测定领域的难题，是认识生命构造的必经之地。

SiF_4 分子晶体属立方晶系，体心格子，空间群 $I43m$，晶胞参数 $a = 541pm$，晶胞中 SiF_4 分子数 $Z = 2$，见图 8-32(a)。Si—F 键长 154.61pm，键角 109.47°。SiF_4 本身是正四面体分子，Si—F 为极性键但分子整体无极性，整个分子作为一个点阵点，抽象出立方体心格子。Si^{4+} 占据立方单胞的顶点和体心，F^- 分布于体对角线上，任意两分子间的 Si—F 键的 F^- 端都是相互回避，而倾向于取向一致，以使 F^- 间有较大距离，即不形成共用氟离子关系，见图 8-32(b)。从分子堆积的定向性可判断分子间排列以 Si—F 极性键之间的作用力最小。

(a) SiF_4分子晶体的晶胞　　　　　(b) 晶胞及周围的SiF_4分子排列

图 8-32　SiF_4 的晶体结构

8.3.5　多种键晶体（Multiply Bonds Crystal）

当晶体中存在多种化学键时，按化学键分类晶体，就出现了疑问。如 NiAs 晶体，晶体 Ni—Ni 键是金属键，而 Ni—As 键是离子极化键，统称为多种键晶体。随着合成手段的提高，多种键化合物越来越多，多种键晶体也越来越普遍，尤其是材料领域，如碳钢，凝聚相材料，在石墨层间掺入金属 Li 和 K 生成的 LiC_6 和 KC_8，也存在化学多种键。

（1）红砷镍矿结构

红砷镍矿的成分是 NiAs，属六方晶系，空间群 D_{6h}^4-$P6_3mc$。晶胞参数 $a = b = 360.2pm$，$c = 500.9pm$。轴率 $c/a = 1.391$，单胞内 NiAs 微粒数 $Z = 2$，见图 8-33。Ni 离子的配位多面体为变形八面体，3 个 Ni—As 键在 $c = 1/2$ 平面上方，构成三角锥，另 3 个 Ni—As 键在 $c = 1/2$ 平面下方，构成完全等同的三角锥，两个三角锥的位置相错 60°，As—Ni—As 键角为 95.79°和 84.21°。As 离子的配位多面体为三棱柱，As 位于三棱柱的中心，Ni—As—Ni 键角为 95.79°和 62.11°。Ni—Ni 键是金属键，而 Ni—As 键是离子极化键，NiAs 有金属性质。

图 8-33　多种键晶体 NiAs 的晶体结构

（2）石墨的晶体结构

碳的同素异形体之一石墨有两种结晶态，其中最常见的是 α-石墨，属六方晶系，空间群 D_{6h}^4-$6_3/mmc$。晶胞参数 $a = b = 245.6pm$，$c = 669.6pm$ 晶胞中碳原子数 $Z = 4$。石墨是层结构堆积，每层碳原子以 sp^2 杂化生成共价键，形成正六边形蜂窝状平面结构，见图 8-34(a)。层堆积时两层错位，下层 B 的碳原子准直上层 A 的正六边形空位。层间距 334.8pm，属于范德华作用力，堆积方式为…ABABAB…。C—C 键长 141.80pm，C—C—C 键角值 120.0°。A 层一个取向的 C—C 基团与 B 层一个取向的 C—C 基团相邻构成结构基元，石墨晶体中共有一个结构基元，可抽象出简单六方格子和六方素晶胞，见图 8-34(b)。石墨的导电性具有显著的各向异性，沿石墨平面层的导电率远高于层间，常用作电极。石墨的导电性是由于石墨层的碳原子能形成 π_n^n 大 π 键。石墨层间的大空位能容纳像 Li^+、K^+ 等金属离子，与石墨平面层的负电作用形成稳定的离子导电层 KC_8，其导电性能优于石墨，见图 8-34(c)。近年来，掺入无机盐作为固体电解质，应用于固体电池等领域。Li^+、K^+ 等金属离子与石墨层间的作用是一种特殊的离子键。

(a) 石墨层结构　　　　　(b) 石墨单胞　　　　　(c) KC_8 中 K^+ 的分布

图 8-34　石墨及离子化合物 KC_8 的结构

8.4　晶体结构的测定
（Measurement of Crystal Structure）

晶体结构的测定是通过 X 射线衍射实现的。1912 年，Laue 发现 X 射线在晶体中产生衍射，1913 年，Bragg 通过晶体的 X 射线衍射测定了物质的晶态结构。当 X 射线照射到晶体时，大部分透过，部分转变为热能和电子动能，部分形成 X 荧光，但有一部分与电子碰撞发生散射，形成次生 X 射线，次生 X 射线与入射 X 射线的波长和相位相同，但强度减弱，传播方向不同。与原子作用后的次生 X 射线是一球面波。由于晶体结构中原子或离子的周期性排列结构，相邻原子产生的次生 X 射线球面波会相互干涉，当光程差是波长的整数倍时，相互加强形成衍射。不同排列结构的原子之间的衍射不同，根据这一原理，就可解析物质的晶体结构。

8.4.1　X 射线产生的原理 （Principle of Producing X-ray）
在高压条件下，由 X 光管的阴极发射出来的高速热电子，撞击到金属阳极靶，形成能量转换。高速电子的能量激发阳极靶金属内层电子，使其脱离原子，形成低能空轨道，而外层高能级上的电子填充低能空轨道，跃迁到内层，并以 X 光辐射能量。见图 8-35(a)。若阳极由纯金属制成，金属原子的电子结构具有特征性，同人的指纹一样，辐射 X 光子的原子轨道能级差就是特定的，辐射生成的 X 光波长也就是特征的。如 Cu 金属作为阳极靶，产生的 K_α 射线波长为 154.18pm，Mo 金属作为阳极靶，产生的 K_α 射线波长为 71.07pm。其中 K_α 射线是电子由 $n=2$ 的能级跃迁至 $n=1$ 的能级辐射能量产生的 X 射线，见图 8-35(b)。

此外电子由 $n=3$ 的能级跃迁至 $n=1$ 的能级辐射能量产生 K_β 射线，对结构测定产生干扰，将用电子结构相近的金属吸收过滤除去。

由此可见，不同金属产生的 X 射线的波长不同。大部分金属的 K_α 射线波长在 50～250pm 范围，可作为晶体结构分析的光源，部分特征 X 射线光源以及光源滤波片列于表 8-4。

(a) X射线管结构图　　　　　　(b) 金属的特征X射线产生原理

图 8-35　特征 X 射线的产生原理

表 8-4　部分特征 X 射线光源以及光源滤波片

阳极金属	核电荷数 Z	$\lambda/\text{Å}$ K_α	$\lambda/\text{Å}$ K_β	滤波片 filter				
				金属	Z	$\lambda_K/\text{Å}$	厚度/mm	$I/I_0(K_\alpha)$
Cr	24	2.2909	2.0848	V	23	2.2690	0.016	0.50
Fe	26	1.9373	1.7565	Mn	25	1.8964	0.016	0.46
Co	27	1.7902	1.5207	Fe	26	1.7429	0.018	0.44
Ni	28	1.6591	1.5001	Co	27	1.6072	0.013	0.53
Cu	29	1.5418	1.3922	Ni	28	1.4869	0.021	0.40
Mo	42	0.7107	0.6323	Zr	40	0.6888	0.108	0.31
Ag	47	0.5609	0.4970	Rh	45	0.5338	0.079	0.29

注：$\lambda(K_\alpha)=(2/3)\lambda(K_{\alpha1})+(1/3)\lambda(K_{\alpha2})$。

8.4.2　衍射方向（Diffraction Direction）

入射 X 射线经原子的电子散射产生次生 X 射线，当此过程的光程差是 X 射线波长的整数倍时，发生相干加强，形成衍射。若光程差 Δ 为 0、λ、2λ、…，分别称为零级衍射、一级衍射、二级衍射、…，见图 8-36。将晶体看成沿三个基矢，并相互平行的直线点阵组构成。则沿直线点阵上的原子或离子的入射和散射 X 射线光程差 Δ 必须等于波长 λ 的整数倍，才发生衍射。

图 8-36　X 射线的衍射

(1) Laue 方程

直线点阵上两个相邻原子的 X 射线光程差等于波长 λ 的整数倍时，发生衍射。在图 8-37 中，设 A、B 是直线点阵上两个相邻原子，直线点阵的单位平移量为 a。$\vec{S}_0$、$\vec{S}$ 分别是 X 射线入射和衍射方向的单位向量，作 $AC \perp \vec{S}_0$，$BD \perp \vec{S}$，X 射线经过 A、B 两原子产生的光程差为：

$$\Delta = AD - BC = a(\cos\alpha - \cos\alpha_0) = h\lambda \qquad h = 0, \pm1, \pm2, \cdots \tag{8-11}$$

式中，h 是衍射级数，入射方向用入射线与直线点阵的交角 α_0 表示，衍射方向用衍射线与直线点阵的交角 α 表示，实际上衍射方向围绕直线点阵的锥面母线方向都满足衍射条件的方程式（8-11）。

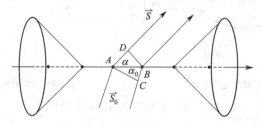

图 8-37　直线点阵上两个相邻原子的 X 射线光程差

随 h 取正负值，锥面沿直线点阵的两侧取向，当 $\alpha_0 = 90°$ 时，呈对称分布。衍射同样会发生于 b 方向和 c 方向的直线点阵，设它们的单位平移量分别为 b 和 c，入射线和衍射线与直线点阵 b 的交角分别为 β_0 和 β，与直线点阵 c 的交角分别为 γ_0 和 γ，则有：

$$b(\cos\beta - \cos\beta_0) = k\lambda \qquad k = 0, \pm1, \pm2, \cdots$$
$$c(\cos\gamma - \cos\gamma_0) = l\lambda \qquad l = 0, \pm1, \pm2, \cdots \tag{8-12}$$

以上三个关系式称为 Laue 方程组，a，b，c 是晶体的晶胞参数，h、k 是沿 b，c 方向的衍射级数。整个晶体的衍射条件是必须同时满足三个方向的 Laue 方程，衍射的最终方向由 Laue 方程得到的一组 (α, β, γ) 解确定。根据平移群的概念，任一原子都同时在三个方向的直线点阵上，由该原子形成的衍射的总方向应是三个圆锥的交线，只要解出其共同解，即一组 (α, β, γ)，就得到了衍射总方向。若波长 λ 已知，给定一组 (hkl) 取值，解出一组 (α, β, γ)，衍射方向就得到确定，所以方程组的三个关系式中的衍射级数 (hkl) 合并称为衍射指标，需要注意的是衍射指标 (hkl) 与晶面指标 $(h^*k^*l^*)$ 不同。

Laue 方程组还可表示为向量的标量积形式：

$$\vec{a} \cdot (\vec{S} - \vec{S}_0) = h\lambda$$
$$\vec{b} \cdot (\vec{S} - \vec{S}_0) = k\lambda$$
$$\vec{c} \cdot (\vec{S} - \vec{S}_0) = l\lambda$$
$$h, k, l = 0, \pm1, \pm2, \cdots \tag{8-13}$$

上式是通过相邻两点阵点处原子的光程差得到的衍射条件，晶体中任意点阵点处的原子对 X 射线衍射是起加强作用还是抵消作用至关重要，若是抵消则得不到衍射。将 Laue 方程组（8-13）各式分别乘整数 m、n、p，则得：

$$m\vec{a} \cdot (\vec{S} - \vec{S}_0) = mh\lambda$$
$$n\vec{b} \cdot (\vec{S} - \vec{S}_0) = nk\lambda$$
$$p\vec{c} \cdot (\vec{S} - \vec{S}_0) = pl\lambda$$

$$h,k,l=0,\pm1,\pm2,\cdots;\quad m,n,p=0,\pm1,\pm2,\cdots \tag{8-14}$$

式 (8-14) 表示符合平移群 $T=m\vec{a}$、$T=n\vec{b}$、$T=p\vec{c}$ 的点阵点对应原子的光程差都是波长 λ 的整数倍，起加强作用。对晶体中任意点阵点 O 和 P 处的原子，根据所满足的平移群 $T=m\vec{a}+n\vec{b}+p\vec{c}$，其光程差 Δ 为：

$$\Delta=\overrightarrow{OP}\cdot(\vec{S}-\vec{S}_0)=(m\vec{a}+n\vec{b}+p\vec{c})\cdot(\vec{S}-\vec{S}_0)$$

$$=m\vec{a}\cdot(\vec{S}-\vec{S}_0)+n\vec{b}\cdot(\vec{S}-\vec{S}_0)+p\vec{c}\cdot(\vec{S}-\vec{S}_0)$$

$$=(mh+nk+pl)\lambda \tag{8-15}$$

由此可见，任意点阵点 O 和 P 处的原子的光程差，仍是波长 λ 的整数倍，起加强作用。

　　Laue 方程组的三个变量 α、β、γ 并不是独立的，它们之间存在某种数学关系，如当三个直线点阵相互垂直时，α、β、γ 共同满足关系式：

$$\cos^2\alpha+\cos^2\beta+\cos^2\gamma=1$$

这一限制性条件使 Laue 方程组没有确定的唯一解，解决的办法是增加变量。一是让晶体不动，入射线与各直线点阵的交角 (α_0, β_0, γ_0) 恒定，改变波长 λ，采用各种波长混合的"白色 X 射线"作为入射线，此方法就是 Laue 摄谱法。二是固定入射 X 射线的波长，旋转晶体，让入射线与各直线点阵的交角 (α_0, β_0, γ_0) 之一变化，此方法就是回转晶体法。

　　X 射线衍射技术发展很快，特别是衍射点解析的程序化，已通过分子图形软件得到广泛应用。而早期的 Laue 摄谱法和回转晶体法都采取胶片记录的办法，前者得到的是衍射点的分布，主要用于解析单晶体的对称性；后者得到的是不同强度的衍射线，由此能计算晶体的晶胞参数；与现有的多晶和单晶 X 射线衍射技术相比，Laue 摄谱法和回转晶体法都存在一定的局限性。

（2）晶面上原子的衍射方向

　　根据晶体的构造原理，晶体是由晶面指标较低的单位面，经对称操作得到其晶体单形，所以晶体也可看成是平行的晶面族构成的。在图 8-38 中，设三维向量空间确定的晶体坐标系的单位向量为 a、b、c，任意晶面 ABC 在 a、b、c 轴上的截距分别为 kla、hlb、hkc，则截数分别为 kl、hl、hk，晶面指标为 $h^*:k^*:l^*=(1/kl):(1/hl):(1/hk)=h:k:l$，因晶面指标 $(h^*k^*l^*)$ 是一组互质整数比，衍射指标必为其整数倍，即 $h^*:k^*:l^*=h/n:k/n:l/n$。

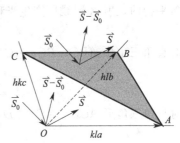

图 8-38　晶面上的衍射

　　由 Laue 方程组的向量的标量积形式 [式(8-13)]，第一式两端乘 kl，第二式两端乘 hl，第三式两端乘 hk，得：

$$kl\vec{a}\cdot(\vec{S}-\vec{S}_0)=\overrightarrow{OA}\cdot(\vec{S}-\vec{S}_0)=hkl\lambda$$

$$hl\vec{b}\cdot(\vec{S}-\vec{S}_0)=\overrightarrow{OB}\cdot(\vec{S}-\vec{S}_0)=hkl\lambda$$

$$hk\vec{c}\cdot(\vec{S}-\vec{S}_0)=\overrightarrow{OC}\cdot(\vec{S}-\vec{S}_0)=hkl\lambda$$

$$h,k,l=0,\pm1,\pm2,\cdots \tag{8-16}$$

式 (8-16) 的第二式减去第一式，第三式减去第二式，第一式减去第三式，分别得到：

$$(\overrightarrow{OB}-\overrightarrow{OA})\cdot(\vec{S}-\vec{S}_0)=\overrightarrow{AB}\cdot(\vec{S}-\vec{S}_0)=0$$

$$(\overrightarrow{OC}-\overrightarrow{OB})\cdot(\vec{S}-\vec{S}_0)=\overrightarrow{BC}\cdot(\vec{S}-\vec{S}_0)=0$$

$$(\overrightarrow{OA}-\overrightarrow{OC})\cdot(\vec{S}-\vec{S}_0)=\overrightarrow{CA}\cdot(\vec{S}-\vec{S}_0)=0 \tag{8-17}$$

其中（$\vec{S}-\vec{S_0}$）表示入射和衍射 X 射线的单位向量的差向量，$\overrightarrow{AB}$、$\overrightarrow{BC}$、$\overrightarrow{CA}$ 是同一晶面上的三个向量。式（8-17）表示 ABC 晶面与（$\vec{S}-\vec{S_0}$）差向量垂直，指标为（$h^* k^* l^*$）的晶面相对于指标为（hkl）的衍射是等程面。因入射和衍射 X 射线方向的单位向量的长度相等，只是方向不同，则 $\vec{S_0}$ 与（$\vec{S}-\vec{S_0}$）的交角和 $\vec{S}$ 与（$\vec{S}-\vec{S_0}$）的交角相等。这就是说，将 ABC 晶面比作镜面，X 射线经晶面原子散射后的衍射方向 $\vec{S}$，在入射方向 $\vec{S_0}$ 的反射方向。

入射 X 射线经晶面原子散射后的衍射方向就是在该晶面的反射方向，但不等于光学反射，因为入射和反射线的强度不同。并不是来自任意方向的 X 射线照射在该晶面原子上都会发生衍射，只有衍射指标与晶面指标之间存在整数倍关系时，即 $h^* : k^* : l^* = h/n : k/n : l/n$，衍射才会发生。现定义入射角 θ 为 $\vec{S_0}$ 与 ABC 晶面的交角，也称斜角，以确定衍射方向。下面的问题是入射角 θ 等于多少，将产生如前所述的反射式的衍射。

（3）Bragg 方程

图 8-39　Bragg 方程的推导

设一组等间距、互相平行的晶面族，其晶面指标为（$h^* k^* l^*$），对于满足 $h^* : k^* : l^* = h/n : k/n : l/n$ 条件的衍射，其方向必在以该晶面作为镜面的入射线的反射方向。若相邻两个晶面之间形成的光程差满足衍射条件，则必等于波长的整数倍。设入射线与晶面（$h^* k^* l^*$）的交角为 θ，衍射方向就是反射角 θ 确定的方向，其大小等于入射角，见图 8-39。

设图中平行晶面族为 N，$N+1$，$N+2$，…，入射 X 射线与晶面的交角为 θ，作 $AB \perp BC$、$CD \perp AD$，经过相邻晶面原子 A、C 后，1、2 两条平行的入射 X 射线所产生光程差为 Δ：

$$\Delta = AC - BC$$

对直角三角形 ABC，$BC = AC\cos2\theta$，则

$$\Delta = AC - AC\cos2\theta = AC(1-\cos2\theta)$$
$$= 2AC\sin^2\theta$$

对直角三角形 ACD，$AC = CD/\sin\theta$，并有 $CD = d$，则

$$\Delta = 2\frac{CD}{\sin\theta}\sin^2\theta = 2d\sin\theta$$

根据衍射条件，相邻两个晶面之间形成的光程差必等于波长的整数倍，则有：

$$\Delta = 2d\sin\theta = n\lambda \qquad n = 1,2,3,\cdots \tag{8-18}$$

式（8-18）就是 Bragg 方程，其中 n 为衍射级数，根据 $h^* : k^* : l^* = h/n : k/n : l/n$ 关系，不能取 0 和负整数，d 为特定晶面指标的、最相邻平行晶面的面间距。反射角 θ 是衍射方向，对应于衍射指标，故 Bragg 方程加注释地表达为：

$$2d_{h^* k^* l^*}\sin\theta_{hkl} = n\lambda \qquad n = 1,2,3,\cdots \tag{8-19}$$

从 Bragg 方程可见，并不是所有的入射角 θ 都能产生衍射，因为 n 是分立取值。当 X 射线的波长确定后，n 取不同的值对应不同的衍射角 θ。当 $0° < \theta < 180°$，$0 < \sin\theta_{hkl} < 1$，衍射角 θ 是有限的数目，衍射点就是有限的数目。Laue 方程与 Bragg 方程本质上是相同的，之间存在固有的联系，将共面的直线点阵上的原子的衍射线搜集起来，并满足 $h^* : k^* : l^* = h/n : k/n : l/n$ 关系，就是 Bragg 方程中晶面上原子的衍射线。

8.4.3　衍射强度（Diffraction Intensity）

X 射线衍射测定晶体结构是跟踪衍射线方向，即衍射角 θ 而实现的，并从 Bragg 方程得到晶体结构参数。次衍射线的强度是原子次生 X 射线经叠加形成，不同原子核外电子数不同，原子散射的次生 X 射线源的强度有所不同，重原子的电子密集，衍射线较强，所以，衍射线强度是区分原子类别的重要依据；而衍射线在相互叠加过程中，与晶体中原子的排列有关，不同位置的原子的次生 X 射线光程差可能是波长的半整数而相互抵消。这就有必要弄清衍射强度与原子的电子结构以及占位的关系。因而衍射线强度是 X 射线衍射测定的另一指标，衍射线由光电转换元件，将信号放大、储存，最后得到用于结构分析的衍射图。

（1）原子散射因子 f

设电子的质量为 m，电荷为 e，入射 X 射线的强度为 I_0，则电子散射 X 射线的强度 I_e 表示为：

$$I_e = \frac{e^4 I_0}{R^2 m^2 c^4} \cdot \frac{1+\cos^2 2\theta}{2} \tag{8-20}$$

θ 是入射 X 射线与散射 X 射线的夹角，R 是散射方向某点与电子的距离。散射 X 射线的强度与带电粒子的质量的平方成反比，由于原子核的质量是电子质量的 1840 倍，其散射强度比电子的散射强度低得多，通常可忽略。对于核电荷数为 Z 的原子，核外 Z 个电子的总散射强度就是整个原子的散射强度。即

$$I_a = I_e Z^2$$

实际上 Z 个电子在原子核外的位置是不同的，散射 X 射线之间一定存在相位差，因而整个原子的散射强度应小于 Z^2 倍，设为 f^2 倍，f 称为原子散射因子（scattering factor of atom）。

$$I_a = I_e f^2 \tag{8-21}$$

原子散射因子 f 是一个与散射方向 θ 有关的函数。而原子核外的电子越多，散射强度越强。对分子中离子化或部分离子化了的氢原子，是不能观测到其散射的，需用中子衍射方法才能测定晶体中氢原子的位置，这也是 X 射线衍射法的局限性。

（2）结构因子 F_{hkl}

原子的散射 X 射线就是次生 X 射线源，其强度比入射 X 射线弱很多。现讨论在晶体局部，一个晶胞大小的范围内形成的光程差和产生的衍射情况。晶体是由晶胞并置而成，可以想象，若干晶胞的衍射线应是相互加强的。设晶胞有 n 个原子，各原子的散射因子分别为 f_1、f_2、$\cdots$、f_N。晶胞原点 O 到晶胞中第 j 个原子 P 的向量为 $\vec{r}_j$，则

$$\vec{r}_j = x_j \vec{a} + y_j \vec{b} + z_j \vec{c}$$

OP 之间的光程差 Δ_j 为：

$$\Delta_j = \overrightarrow{OP} \cdot (\vec{S}-\vec{S}_0) = \vec{r}_j \cdot (\vec{S}-\vec{S}_0)$$

产生的相位差为 Φ_j 为：

$$\Phi_j = \frac{2\pi}{\lambda}\Delta_j = \frac{2\pi}{\lambda}\vec{r}_j \cdot (\vec{S}-\vec{S}_0)$$

$$= \frac{2\pi}{\lambda}(x_j\vec{a} + y_j\vec{b} + z_j\vec{c}) \cdot (\vec{S}-\vec{S}_0)$$

$$= \frac{2\pi}{\lambda}[x_j\vec{a} \cdot (\vec{S}-\vec{S}_0) + y_j\vec{b} \cdot (\vec{S}-\vec{S}_0) + z_j\vec{c} \cdot (\vec{S}-\vec{S}_0)]$$

$$= 2\pi(hx_j + ky_j + lz_j) \tag{8-22}$$

用散射波的振幅 A 表达晶胞中 N 个原子的总散射强度：

$$A_{cry} = A_e(f_1 e^{i\Phi_1} + f_2 e^{i\Phi_2} + \cdots\cdots + f_N e^{i\Phi_N}) = A_e \sum_{j=1}^{N} f_j e^{i\Phi_j}$$

令 $F_{hkl} = \dfrac{A_{cry}}{A_e}$，得到：

$$F_{hkl} = \sum_{j=1}^{N} f_j e^{i\Phi_j} = \sum_{j=1}^{N} f_j e^{2\pi i(hx_j + ky_j + lz_j)} \tag{8-23}$$

F_{hkl} 决定晶胞中所有原子产生的衍射线的总强度，称为结构因子（Structure Factor），其值大小与晶胞中原子的位置（x_j，y_j，z_j）有关，根据尤拉公式，可展开为三角函数关系式：

$$F_{hkl} = \sum_{j=1}^{N} f_j [\cos 2\pi(hx_j + ky_j + lz_j) + i\sin 2\pi(hx_j + ky_j + lz_j)] \tag{8-24}$$

晶胞中某衍射线（hkl）的强度 I_{hkl} 是各原子产生的固有散射 X 射线强度，以及各原子的散射 X 射线的衍射强度的总贡献：

$$I_{hkl} = N^2 |F_{hkl}|^2 I_e = N^2 |F_{hkl}|^2 \cdot \frac{e^4 I_0}{R^2 m^2 c^4} \cdot \frac{1 + \cos^2 2\theta}{2} \tag{8-25}$$

N 是晶胞中的原子或离子数，式(8-25)就是理论上晶体对 X 射线的衍射强度公式。实际测定中，衍射强度还将受其他因素的影响而发生变化，如晶体中原子会吸收散射 X 射线，使其强度减弱，需进行吸收因子（Absorption Factor）校正；原子的热振动引起的原子偏离平衡位置，产生的强度变化，需经温度因子（Temperature Factor）校正；单色 X 射线本身具有自然宽度，使晶体转动时，同一晶面上不同方位的原子接触 X 射线的时间差，引起波叠加偏离等波长间距，使衍射强度减弱，需进行罗伦兹因子（Lorentz Factor）校正；入射 X 射线的发散性，形成非平行光束，影响反射角不等，使衍射线的强度发生变化，需进行偏振因子（Polarization Factor）校正；此外，晶体中不同镶嵌块结构对衍射强度也会产生的影响。

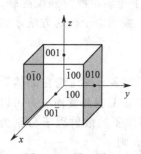

图 8-40　属于同一单形的晶面族

晶体中某些晶面族通过对称操作而重合，属于同一单形，这些晶面族的面间距相等，因而当衍射角相等时，会使衍射强度加强。如立方晶系的（100）单位面，经对称操作产生（100）、（010）、（001）、（$\bar{1}$00）、（0$\bar{1}$0）、（00$\bar{1}$）共 6 个晶面，分别代表 6 个晶面族，属于同一单形，面间距都等于 a，使衍射强度加强，对此需进行多重度因子（Multiplicity Factor）校正，见图 8-40。以上几个因素，会使相同物质的晶相，因不同条件下结晶和不同的测定条件，而出现衍射线的相对强度不同的现象。不过最重要的是衍射线的分布，这与结构因子有很大的关系，从结构因子的关系式可以预料，当原子的分数坐标处于某些位置时，由式(8-25)可知，会出现结构因子等于零的情况，使得衍射的总强度等于零，即因原子的某种分布导致衍射线消失，使衍射图谱的衍射点减少，此现象称为系统消光。它使得晶体的结构分析变得简化，由此可导出晶体的某些对称性。

（3）消光规律

根据结构因子表达式(8-23)或式(8-24)，由晶胞中原子的分数坐标计算出 F_{hkl}，就可判断晶胞中某衍射线（hkl）的总强度，相对于原子固有散射线的强度，有些加强，有些等于零。通过找出不同空间格子的系统消光规律（Regularity of Sysmatic Absence），就可分析晶体的基本构造。

金属钨的其中一种晶相是 A$_2$ 型晶体，体心立方格子，晶胞中 2 个钨原子的分数坐标分

别为顶点（0，0，0），体心（1/2，1/2，1/2），根据结构因子表达式(8-24)，将两个原子的
分数坐标代入，计算结构因子 F_{hkl}：

$$F_{hkl} = \sum_{j=1}^{N} f_j \left[\cos 2\pi (hx_j + ky_j + lz_j) + i \sin 2\pi (hx_j + ky_j + lz_j) \right]$$
$$= f_1 + f_2 \left[\cos(h+k+l)\pi + i \sin(h+k+l)\pi \right]$$
$$= f_1 + f_2 \cos(h+k+l)\pi$$

纯金属晶胞中为同种原子，$f_1 = f_2 = f$，则

$$F_{hkl} = f \left[1 + \cos(h+k+l)\pi \right]$$

当 $h+k+l$＝偶数时，$F_{hkl} = 2f$；当 $h+k+l$＝奇数时，$F_{hkl} = 0$。即衍射指标（hkl）组合
出现求和值为奇数时，衍射线相互抵消，是系统消光的。其他空间格子和晶胞的系统消光规
律可根据类似的计算求出，列于表 8-5。

表 8-5　点阵型式与系统消光规律

点阵型式	消光规律	点阵型式	消光规律
简单(P)	无	侧心(A)	$(k+l)$＝奇数
体心(I)	$(h+k+l)$＝奇数	侧心(B)	$(h+l)$＝奇数
面心(F)	h,k,l 奇偶混杂	底心(C)	$(h+k)$＝奇数

　　螺旋轴和滑移面等微观对称性同样会引起系统消光，反之，实测晶体时可根据消光特
点，确定晶体的点阵型式和空间群。

8.4.4　多晶 X 射线衍射（X-ray Diffraction of Crystal Powder）

　　由 X 射线衍射测定晶体结构，需明确如何才能完整地描述物质的晶态结构，实际上从前面的
讨论已非常明确，是一个收集、分析 X 射线衍射图的复杂过程，从中应得到所属晶系、空间点
阵、反映对称性的空间群；其次是晶胞的形状大小和晶胞中原子的数目，种类和位置等结构数
据；最后从晶体结构分析得到化学键和微粒的空间结构。这里不再阐述实验测定细节，因现代技
术已使相当多的分析程序化，重点是物质晶体结构与衍射的关系，即如何从衍射方向 θ 和强度 I，
去确定产生衍射点的晶面指标、衍射指标和微粒的空间位置等，此过程也称为指标化。

　　用于晶体结构测定的物质结晶，必须是纯净的结晶体，否则测定就没有意义。如复杂的
混合物固体、玻璃物质和液晶分子，得到的衍射图将是复杂的而没有结果的。在结晶体中分
为微晶、多晶和单晶，微晶和多晶是迅速结晶的小颗粒，随机地包含了各种晶面以及晶面的
各种取向，其 X 射线衍射图的衍射线分布密集，难于确定是何晶面的衍射。但多晶较易获
得，对于物质新的晶态的鉴定、高对称性立方
晶系的晶体结构测定是有帮助的。

(1) 多晶粉末衍射法

　　将粒度为 250～300 目的晶体粉末放在衍射
仪的测角仪圆心，探测器对准中心，样品转过 θ
角时，探测器以倍速转过 2θ。测角仪是 X 射线
衍射仪的核心部件，入射线 F、晶体粉末 S、衍
射接受狭缝 RS1 处于聚焦圆上；而衍射线、石
墨弯晶单色器 C、第二接受狭缝 RS2 在第二聚
焦圆上。晶体粉末 S、探测器分别处在 θ、2θ 驱
动电机转动盘上，见图 8-41。探测器是一闪烁

图 8-41　粉末衍射法示意

晶体连接的光电转换元件，衍射 X 射线照射到闪烁晶体 NaI（Tl）晶体上，激发出 410nm 的可见光光子，经光电倍增管转换为电子，经阳极输出电脉冲，由计数器积分为相对衍射强度 I。当在某 θ 角发生衍射时，探测器收集记录下强度 I，最后得到横坐标为 2θ、纵坐标为衍射线强度 I 的粉末衍射图谱。

图 8-42 是实验测得石盐的 X 射线粉末衍射谱图，石盐的晶体结构将通过分析 I-2θ 关系得出。

图 8-42　石盐的 XRD 谱图 I-2θ

（2）立方晶系衍射线的指标化

由立方晶系晶面（$h^* k^* l^*$）间距与晶胞参数的关系：

$$d_{h^* k^* l^*} = \frac{a}{\sqrt{h^{*2} + k^{*2} + l^{*2}}}$$

将其代入布拉格方程：$2d_{h^* k^* l^*} \sin\theta_{hkl} = n\lambda$，得：

$$\frac{2a}{\sqrt{h^{*2} + k^{*2} + l^{*2}}} \sin\theta_{hkl} = n\lambda$$

两端平方移项后：

$$\sin^2\theta_{hkl} = \frac{n^2\lambda^2}{4a^2}(h^{*2} + k^{*2} + l^{*2})$$

将 $n^2(h^{*2} + k^{*2} + l^{*2}) = h^2 + k^2 + l^2$ 代入上式得到立方晶系的衍射公式：

$$\sin^2\theta_{hkl} = \frac{\lambda^2}{4a^2}(h^2 + k^2 + l^2) \tag{8-26}$$

其中，a 为晶胞参数；λ 是 X 射线波长。设衍射角度 θ_1、θ_2、…对应的衍射线的衍射指标分别为（$h_1 k_1 l_1$）、（$h_2 k_2 l_2$）、…，由式（8-26）可得衍射角的正弦平方比等于衍射指标的平方和之比：

$$\sin^2\theta_1 : \sin^2\theta_2 : \cdots = (h_1^2 + k_1^2 + l_1^2) : (h_2^2 + k_2^2 + l_2^2) : \cdots$$

从最小的衍射角度开始，根据衍射指标的整数特点，可得到以上比值的整数比，进而组合出各个衍射角下的衍射指标，（$h_1 k_1 l_1$），（$h_2 k_2 l_2$），…。结合不同空间格子的消光规律，就可将立方晶系的衍射线进行指标化。所谓衍射指标化是将类似于图 8-42 衍射谱图中各个衍射峰的衍射指标确定出来。表 8-6 列出了立方晶系各空间格子 P、I、F 的各衍射线的衍射指标（hkl）归属。

表 8-6　立方晶系粉末线的指标化

$\sin^2\theta$	$h^2+k^2+l^2$	(hkl)	空间格子 P	空间格子 I	空间格子 F	$\sin^2\theta$	$h^2+k^2+l^2$	(hkl)	空间格子 P	空间格子 I	空间格子 F
1	1	100	100			14	14	321	321	321	
2	2	110	110	110		15	15				
3	3	111	111		111	16	16	400	400	400	400
4	4	200	200	200	200	17	17	410,322			
5	5	210	210			18	18	411,330	411,330	411	
6	6	211	211	211		19	19	331	331		
7	7					20	20	420	420	420	420
8	8	220	220	220	220	21	21	421	421		
9	9	300,221	300,221			22	22	332	332	332	
10	10	310	310	310		23	23				
11	11	311	311		311	24	24	422	422	422	422
12	12	222	222	222	222	25	25	500,430	500,430		
13	13	320	320			…	…	…			

其中立方 P 的比值为：$\sin^2\theta_1 : \sin^2\theta_2 : \cdots = 1:2:3:4:5:6:8:\cdots$，其特点是缺 7，15，23，$\cdots$；立方 I 的比值为：$\sin^2\theta_1 : \sin^2\theta_2 : \cdots = 2:4:6:8:10:12:14:16\cdots$，最简比为 $1:2:3:4:5:6:7:8:\cdots$，其特点是不缺 7，15，23，$\cdots$；立方 F 的比值为：$\sin^2\theta_1 : \sin^2\theta_2 : \cdots$，其特点是双线（3，4，$\cdots$）单线（8，$\cdots$）交替出现。依靠前 6 个峰不能区别简单格子 P 和体心格子 I，必须要用第 7、8 个峰作比较，才能得出最简整数比是否缺 7，所以 X 射线粉末衍射测定至少需要测到 8 个衍射峰。若衍射峰较少时，可采用波长较短的 X 射线靶源，能增加衍射峰的数目，但衍射角的精度也随之降低。

由式（8-26）还可计算出立方晶系的晶胞参数，进一步计算出晶体的密度。晶体的密度由晶胞体积中所含原子的质量计算，其计算公式为：

$$\rho = \frac{ZM}{N_A V} \tag{8-27}$$

其中 $V=a^3$，Z 是晶胞中的微粒数，M 是微粒的摩尔质量，N_A 是阿伏伽德罗常数，计算公式可进一步表达为：

$$\rho = \frac{ZM}{N_A a^3}$$

【例 8-4】　用波长为 154.18pm 的 CuK_α 线作光源，测得金属钨的粉末衍射图，前八个峰的衍射 2θ 角分别为 41.3°，59.3°，74.7°，88.2°，101.4°，115.2°，131.4° 和 153.8°，晶体外形有 4 个 3 重轴，钨的原子量 $M_W=183.85$，（1）将各条衍射峰指标化。（2）确定晶体点阵型式。（3）计算晶胞参数及金属原子半径。（4）计算晶体密度。

解：（1）计算各衍射角的 $\sin^2\theta$ 比值，并根据消光规律对照表确定空间点阵型式。对每一条衍射线（峰）作出衍射指标归属，列于表 8-7。

表 8-7　金属钨的粉末衍射线的指标化

衍射峰序号	2θ	θ	$\sin\theta$	$\sin^2\theta$	$h^2+k^2+l^2$	(hkl)	a/pm
1	41.3°	20.7°	0.353	0.124	2	110	308.84
2	59.3°	29.7°	0.495	0.245	4	200	311.48
3	74.7°	37.4°	0.607	0.368	6	211	311.09
4	88.2°	44.1°	0.696	0.484	8	220	313.28

续表

衍射峰序号	2θ	θ	$\sin\theta$	$\sin^2\theta$	$h^2+k^2+l^2$	(hkl)	a/pm
5	101.4°	50.7°	0.774	0.600	10	310	314.96
6	115.2°	57.6°	0.844	0.712	12	222	316.41
7	131.4°	65.7°	0.911	0.830	14	321	316.62
8	153.8°	76.9°	0.974	0.948	16	400	316.59

（2）$\sin^2\theta_1 : \sin^2\theta_2 : \cdots$的最简整数比不缺 7，应为立方体心格子 I。故 $(h_1^2+k_1^2+l_1^2) :$ $(h_2^2+k_2^2+l_2^2) : \cdots$比值应为 $2:4:6:8:10:12:14:16, \cdots$，各衍射峰的指标化 (hkl) 列于表的一列。

（3）按下式计算晶胞参数，取衍射角较大的，计算出晶胞参数计算示例如下：

$$a=\frac{\lambda}{2\sin\theta_{hkl}}\sqrt{h^2+k^2+l^2}=\frac{154.18}{2\times0.911}\sqrt{14}=316.62\text{pm}$$

（4）金属钨晶体晶胞中含 2 个钨原子，其密度：

$$\rho=\frac{ZM}{N_A a^3}=\frac{2\times183.85}{6.02\times10^{23}\times(313.66\times10^{-10})^3}=19.24\text{g}\cdot\text{cm}^{-3}$$

8.4.5 单晶 X 射线衍射（X-ray Diffraction of Single Crystal）

X 射线多晶粉末衍射的缺点是对低对称性的晶体结构解析变得异常复杂，而早期的单晶结构衍射测定采用的摄谱法需要很长的时间才能解出晶体结构。快速和准确地收集衍射线的方向和强度，同时将晶体中更为丰富的晶面结构反映出来，需获得更多的衍射数据。构成晶体的晶面除了相互平行的晶面族外，还有相互垂直和互成一定交角的晶面。根据布拉格方程，只有单晶体的晶面与入射线成一定交角，而且与反射线同在一个衍射圆平面时，才能被探测器收集。要使晶体的所有独立的晶面族的衍射都被测定，就必须旋转晶体，使其反射线进入反射球，并再被旋转至探测器转动所在的衍射圆平面，这就是四圆单晶衍射仪测定晶体结构的基本原理。

点阵结构中的两个原子的散射 X 射线的相干，将一个原子定为坐标原点，另一原子 A 的坐标为 (p, q, r)，向量 $\overrightarrow{OA}=p\vec{a}+q\vec{b}+r\vec{c}$。在图 8-43 中，设 $\vec{S_0}$、$\vec{S}$ 分别是 X 射线入射和衍射方向的单位向量，X 射线的波长为 λ，则 X 射线经过 O、A 两点的光程差 Δ 为：

$$\Delta=ON-MA=\overrightarrow{OA}\cdot\vec{S}-\overrightarrow{OA}\cdot\vec{S_0}=\overrightarrow{OA}\cdot(\vec{S}-\vec{S_0})$$

位相差为：

$$\Phi=\frac{2\pi}{\lambda}\Delta=2\pi\overrightarrow{OA}\cdot\frac{(\vec{S}-\vec{S_0})}{\lambda} \tag{8-28}$$

图 8-43　X 射线经过 O、A 两原子产生的光程差示意

引入空间倒易点阵（Reciprocal Lattice），单位向量为 $\overrightarrow{a^*}$、$\overrightarrow{b^*}$、$\overrightarrow{c^*}$，交角为 α^*、β^*、γ^*。在倒易点阵中，倒易点阵点 $A^*[hkl]$ 与原点 O^* 的向量 $\overrightarrow{O^*A^*}=\overrightarrow{H_{hkl}}=h\overrightarrow{a^*}+k\overrightarrow{b^*}+l\overrightarrow{c^*}$，该向量长度定义为：

$$H = \sqrt{\vec{H}_{hkl} \cdot \vec{H}_{hkl}} = \frac{\lambda}{d_{hkl}} \tag{8-29}$$

其中 d_{hkl} 是正点阵中指标为（hkl）对应相邻晶面的间距，倒易点阵的向量 $\vec{H}_{hkl}$ 都与此间距成反比。现将原有正点阵的一个点阵点作为倒易点阵的原点 O^*，向正点阵的某一点阵平面引垂线，取向量 λ/d_{hkl}，得到倒易点阵的一个点阵点。向与该点阵平面组平行的各平面引垂线，得到倒易点阵的一组直线点阵点，点阵点间的向量长度为 λ/d_{hkl}。这样就可得到正点阵所对应的一个完整的倒易点阵。单位向量 $\vec{a^*}$、$\vec{b^*}$、$\vec{c^*}$ 以及交角 α^*、β^*、γ^*，与正点阵的单位向量 $\vec{a}$、$\vec{b}$、$\vec{c}$ 以及交角 α、β、γ，存在相互变换的关系。

图 8-44　单晶的四圆衍射测定原理之一

在图 8-44 中，以仪器的各转轴的中心点 C 为球心，$1/\lambda$ 为半径作一圆球，该圆球实际上是被测晶体外部的一个大球。入射 X 射线照射到晶体时，到达晶体的倒易点阵原点 O^* 和另一倒易点阵点 A^*，产生衍射，注意 A^* 点处的入射线未画出，应与图中入射线平行，衍射线的方向为平行于 $\vec{CA_1^*}$ 方向。根据 O^*、A^* 两处原子的位相差 Φ，见表达式（8-28），$\frac{(\vec{S} - \vec{S}_0)}{\lambda}$ 是衍射线单位向量与入射线单位向量的差向量：

$$\vec{CA_1^*} - \vec{CO^*} = \vec{O^*A_1^*} = \vec{H_{hkl}} = \frac{(\vec{S} - \vec{S}_0)}{\lambda}$$

令该差向量等于 $\vec{H}_{hkl}$，其方向满足向量加和规则，由 O^* 点指向 A_1^* 点，即 $\triangle O^*CA_1^*$ 的第三边 $\vec{O^*A_1^*}$。由正点阵空间的向量 $\vec{OA} = p\vec{a} + q\vec{b} + r\vec{c}$ 代入相位表达式（8-28），得：

$$\Phi = 2\pi \vec{OA} \cdot \frac{(\vec{S} - \vec{S}_0)}{\lambda} = 2\pi (p\vec{a} + q\vec{b} + r\vec{c}) \cdot \vec{H}_{hkl} \tag{8-30}$$

当 $\vec{OA}$ 向量对应的倒易点阵空间的向量 $\vec{O^*A^*}$ 绕 ω 轴旋转，端点 A^* 点撞击到 C 心球面（即反射球球面），交于 A_1^* 点时，衍射方向与 $\vec{S}/\lambda$ 向量重合：

$$\vec{O^*A^*} = \vec{O^*A_1^*} = \vec{H}_{hkl} = h\vec{a^*} + k\vec{b^*} + l\vec{c^*}$$

代入式（8-30），得：

$$\begin{aligned} \Phi &= 2\pi (p\vec{a} + q\vec{b} + r\vec{c}) \cdot \vec{H}_{hkl} \\ &= 2\pi (p\vec{a} + q\vec{b} + r\vec{c}) \cdot (h\vec{a^*} + k\vec{b^*} + l\vec{c^*}) \\ &= 2\pi (ph + qk + rl) \end{aligned} \tag{8-31}$$

发生衍射的条件是：$\Phi = 2\pi n$，其中 n 为整数，式（8-31）中一组 hkl 必为整数。所以半径为 $1/\lambda$ 的大圆球也称为反射球，球心为 C。而对其他平面点阵上的原子，其衍射方向不同，旋转不同的角度撞击到反射球表面，只要 hkl 是整数，必出现衍射线。

在测定过程中探测器很难在一个球面的外围收集衍射线，因为并不知道各晶面的衍射线会出现在何处，与多晶粉末衍射类似，仪器的设计将探测器设置在一个圆周上转动收集衍射线，就更易于控制和操作，这也是与早期的回转摄谱法最大的区别。其原理见图 8-45。具

图 8-45　四圆测角仪将 H_{hkl} 向量转动到探测器所在 2θ 圆的原理

体作法是通过转动晶体 ϕ 圆，先将广义表示的 $\vec{H}_{hkl} = (\vec{S} - \vec{S}_0)/\lambda$ 向量的端点——倒易点阵点 A^* 转动到 χ 圆的圆周上 A_1^*，再将 $\vec{H}_{hkl}$ 向量绕 χ 圆旋转，使其到达与反射圆共面的平面上，即 O 点的切线方向 A_2^* 点，此时还不能与探测器的窗口准直，整个 χ 圆必须再沿 ω 轴转动，使向量的端点到达反射圆周上，即 $\overrightarrow{O^*A_3^*}$，此时满足衍射条件，其衍射方向就是：

$$\overrightarrow{CA_3^*} = \frac{\vec{S}}{\lambda} \tag{8-32}$$

即衍射线是从圆心 C 发出。将探测器设置在一个半径较大、与反射圆心 C 同心的圆周上，显然反射圆的圆周也在反射球上，并与晶体的 ω 轴垂直，与 χ 圆垂直。探测器旋转轴与晶体的 ω 轴同轴，将探测器围绕反射圆平面的圆周旋转的角速度设置为 ω 转轴的 2 倍。

由此可见，测定单晶体的衍射图谱，需转动四个圆实现，它们分别是晶体旋转轴的 ϕ 圆，将倒易点阵空间向量 $\vec{H}_{hkl}$ 端点旋转至 χ 圆上；将倒易点阵空间向量 $\vec{H}_{hkl}$ 端点旋转至反射圆平面上的 χ 圆，将倒易点阵空间向量 $\vec{H}_{hkl}$ 进一步绕 ω 轴旋转至反射圆周上的 ω 圆，探测器转动的圆周 2θ 圆。见图 8-46(a)，A、B 环之间是分离的，环 B 相对于环 A 可沿圆周转动，χ 圆旋转就是通过转动环 B 得以实现，固定晶体的 ϕ 圆则在环 B 内侧，随 χ 圆转动；而 A 环上有两轴 D 和 E，保持垂直方向不变；各旋转轴的交点始终处于中心点 C。

(a) 四圆测角仪的构造　　　　　　　(b) 四圆衍射的Bragg方程图解

图 8-46　四圆衍射仪的测定原理之二

从表面上看，四圆衍射仪的测定原理较为抽象，若干次转动才使倒易点阵空间向量 $\vec{H}_{hkl}$ 端点变动到探测器所在的反射圆平面。实际上从 Bragg 方程理解就更为简单，因为转动的是晶体，每个轴转动时，都相当于倒易点阵发生了转动。根据 Bragg 方程，当转动到位置 (ϕ, θ, χ) 时，即晶体转动到入射线与某晶面 $(h^* k^* l^*)$ 的交角为 θ 时，形成反射 OS，见图 8-46(b)。此时，$\vec{H}_{hkl} = (\vec{S} - \vec{S}_0)/\lambda$ 向量必出现在入射线和衍射线的交角 $\angle COS$ 的角平分线方向，且垂直于晶面族，所以也是晶面的法线方向，大小等于 $H = \lambda/d_{hkl}$，向量端点位于反射圆球上，$\overrightarrow{CA_3^*}$ 衍射方向与晶面的反射线 OS 平行，被称为平分定位，这样探测器的转动就不是漫无目标了。因而在测定时，只要给定初始转角 θ 和 χ，在 $0°\sim180°$ 范围内扫描 ϕ 角，再依次给定 θ 和 χ 的增量，再扫描 ϕ 角，就可找到各个晶面的衍射线，每条衍射线对应一组 (ϕ, θ, χ) 角和强度值。以各旋转轴交点 C 为坐标原点，入射 X 射线为 X 轴，ω 圆的转轴为 Z 轴，由右手坐标系，垂直 XZ 平面必为 Y 轴，各坐标轴相互垂直，此直角坐标系称为仪器的机械坐标系。倒易点阵点 A^* 在机械坐标系的坐标 (x, y, z)，可按下列关系式求出：

$$x = 2\sin\theta\cos\chi\sin\phi$$
$$y = 2\sin\theta\cos\chi\cos\phi$$
$$z = -2\sin\theta\sin\chi \tag{8-33}$$

晶体的正点阵结构对应一个倒易点阵结构，所有独立的倒易点阵点的坐标 (x, y, z) 都可由收集的独立衍射点得到，并组成倒易点阵结构。通过计算倒易点阵的向量长度，可得到单位向量 a^*、b^*、c^*，交角 α^*、β^*、γ^*，再变换为正点阵空间的单位向量 a、b、c，交角为 α、β、γ，最后划出晶胞，这样得到的是初基胞，并不一定符合划分规则。下一步就是对称性分析，确定出正当晶胞和对应的晶胞参数，并进行测定时的各种校正，最后得到晶体结构。

8.5　晶体结构测定的应用
（Application for Crystal Structure Determination）

X 射线衍射测定是物理、化学、生物的重要研究手段，对晶体材料制备、基础医学工程蛋白质结构测定、生物工程中生物活性物质结构的获得等多个应用领域都有一定的作用。弄清物质结构去分析物质的性能或性质是科学研究的基本思想，从 X 射线晶体结构测定部分金属晶体、原子晶体和离子晶体开始，已逐步认识到物质结构的多样性和规律性，是化学键理论的实验基础，是众多研究的开端。如胰岛素中氨基酸序列的测定，在此基础上获得了 DNA 双螺旋模型。溶菌酶和羧肽酶三维结构的测定，辅酶维生素 B_{12} 分子结构的测定，富勒烯 C_{60} 分子结构的测定，都是通过 X 射线衍射测定其晶体结构而得到。

（1）新物相的鉴定
任何物质的晶态结构都是特征的，其 X 射线多晶粉末衍射图都不可能完全相同，就像指纹一样而具有可区分性，据此可鉴定物质晶态，尤其是新材料晶体的结构鉴定。国际粉末衍射标准联合会（JCPDS）已收集全世界出版的有关物质晶态的 X 射线多晶粉末衍射图，及其晶体结构和物理性质，并汇编成数据库，制订了各种索引，如 Alphabetic 索引、分子式索引、Fink 索引和 Hanawalt 索引。检索分析步骤为：①测定至少有 8 个衍射峰的粉末衍射图 $2\theta\sim I$；②按强度 I 顺序对 2θ 依次编号；③由布拉格方程将 2θ 换算成面间距 d_{hkl}/n；

④选择前三个峰的 d_{hkl}/n 对照 Fink 或 Hanawalt 索引，或运用 JCPDS 建立的数据库进行网络检索，对比检出谱的异同，确定是否为已知物相。

(2) 晶体结构的解析和信息化

在单晶 X 射线衍射测定中，采集到的衍射点，经过还原和前面提及的各种吸收校正，得到一套包含衍射角和衍射强度的完整数据。应用 SHELXTL、MULTAN、SAPI 等软件包，进行分析、检验和评估，确定晶体的 Bravais 格子，通过选择晶胞产生的反射统计，定出空间群，确定晶胞是否为中心对称。由直接法或帕特森法解出衍射线的位相，确定原子的初始坐标——初始结构。此时解出的结构往往是不准确的，需根据已知的分子式和密度等实验数据，进行统计校正和检查评估，如是否有足够的独立衍射点，分辨率是否达到要求等，重新给出能应用于得出准确结构的独立衍射点的数据，建立起与所测物质相关信息匹配的结构模型 (Structure Model)。最后对结构进行最小二乘精修，得出全部原子坐标和位移参数。

在结构精修之前，所获得的数据包括晶胞参数、衍射指标和由衍射线强度得出的结构振幅、原子种类和空间群，但还没有准确的结构信息——原子坐标。经过反复校正、检查得到独立衍射点的准确相位 (Initial Phase) 之后，由校正后的结构振幅，经傅里叶变换解出原子的电子密度。不同原子因坐标不同，衍射强度不同，电子密度不同，这样由电子密度就定位出原子的空间位置。由于测定误差，上述由结构模型得出的结构参数与实验数据存在偏差。在一定误差限制标准下，对结构数据进行统计分析和校正，方可得到比较正确的晶体结构，此称为结构精修。最后所得结构，包括晶体学参数、结构参数和分子或晶体结构图，连同精修误差，经过化学键、波谱分析和分子式测定等综合评估和讨论后，写出报告。现在单晶结构测定还发展了通过互联网进行远程控制衍射仪和远程解析结构的方法，所获得的新物质的单晶结构数据也被收录入剑桥晶体学数据库，研究人员只要提供化合物晶体的 CCDC 号，就可通过网站检索和获取结构数据。

(3) 晶体材料的性能与结构

晶体材料的应用特别广泛，如非线性光学晶体，能产生激光倍频。当温度高于120℃时，$BaTiO_3$ 属立方晶系，没有非线性光学性能，当温度低于120℃时，$BaTiO_3$ 转变为四方晶系，为非线性光学晶体。这种结构与性能的关联被认为是立方晶系中正八面体 TiO_6 结构单元的变形所引起的，即在四方晶系中 TiO_6 结构单元是畸变八面体。此外，$CaTiO_3$、$LiNbO_3$ 和 $KTiOPO_4$ (KTP) 晶体也属同一类型的晶体材料。

高温超导体材料是一种陶瓷氧化物组成的晶体，当温度低于临界温度 T_c 时，能产生零电阻效应和抗磁性 (Meissner 效应)。如 $YBa_2Cu_3O_7$ 高温超导体属于缺氧钙钛矿型结构，正交晶系，临界温度 95K，其超导性能被认为是由 CuO_2 平面层的堆积所产生。根据这一思路，合成了 CuO_2 平面层更多、临界温度更高 ($T_c = 125K$) 的 $Tl_2Ba_2Ca_2Cu_3O_{10}$ 高温超导体。

由固体离子导体制成的固体电池是最具推广应用的器件，它具有不发生电解液泄露、使用寿命长等优点。由 α-AgI 晶体掺 RbI 制备的固体银离子导体 $RbAg_4I_5$，其室温电导率达到 $0.27S \cdot cm^{-1}$，可制成固体电池 $Ag | RbAg_4I_5 | RbI_3$，开路电压 0.66V。晶体中的 Ag^+ 能像液体电解质中的正离子一样迁移，被认为是立方体心格子的 α-AgI 晶体中存在较多的、彼此相连的四面体和八面体空位所致，这些空位连接成 Ag^+ 迁移的通道。

形状记忆合金是一类由材料晶体相变引起的功能材料。将一条镍钛合金丝弯曲成圆圈，加热到150℃后冷却，再拉成线状，再一次加热该条线状镍钛合金丝到95℃，它就回到原来的圆圈形状，称为形状记忆合金。形状记忆合金的这种现象实际上是合金的晶体结构发生了位移相变，冷却时转变为延展性较好的晶相，在外力作用下，晶体中原子发生位移，原子在受力方向堆积，转变为线状。当再一次加热到 95℃ 时，再发生相变，逆转为原来的母相，线状镍钛合金丝又恢复了圆圈形状。形状记忆合金的应用越来越广泛，如用形状记忆合金制成的卫星天线，形状记忆合金管套，形状记忆合金开关，形状记忆合金眼镜架等。

晶体的性能与结构的关联性逐渐被人们认识，所以通过改进结构而获得更优的性能的方式也逐渐被认可，如晶体中晶格缺陷引起的导电，晶体中掺杂形成的半导体等等，都是很成功的范例。但也应注意到实验测定物质结构的方式是很多的，X 射线衍射也不是万能工具，比如纳米尺度范围内的结构，就是 X 射线衍射所不能及的，需要扫描隧道电子显微镜（STM）等相关测定技术，才能对其构造作出判断。

习　题

8-1　找出 CsCl 晶体结构中的结构基元，并根据单胞抽象出空间格子。

8-2　比较金刚石和石墨的单胞、空间格子和晶系，指出它们的结构基元构成。

8-3　石墨的层结构中，C—C 键长为 142pm，画出平面格子，并指出是素格子还是复格子。

8-4　某晶体的晶面在坐标轴上的截距分别为 a、$-2b$ 和 $-3c$，试标明该晶面的晶面指标。

$$(6\,\bar{3}\,\bar{2})$$

8-5　画出正交晶系各种格子的（111）晶面位置图，并与立方晶系比较。

8-6　某金属属立方晶系，简单格子，晶胞参数 $a=404.9$pm。（110）和（220）属同一晶面族，试求（110）晶面族的两个相邻晶面的间距。

$$(286.31\text{pm})$$

8-7　某金属属立方晶系，面心格子，晶胞参数 $a=540.5$pm。试求（110）晶面族的两个相邻晶面的间距。

$$(191.10\text{pm})$$

8-8　已知 $CaSO_4 \cdot 2H_2O$ 晶体的点阵常数 $a=567$pm，$b=1515$pm，$c=651$pm，$\beta=118.38°$，问该晶体属什么晶系？

$$(单斜)$$

8-9　某立方晶系晶体由 ABC 三种原子组成，其全部单胞顶点被 A 原子占据，全部面心被 B 原子占据，体心被 C 原子占据，写出各原子分数坐标，确定晶体的化学式。

$$(AB_3C)$$

8-10　某晶体有六棱柱结构特点，但只有 3 重对称轴和 m_h，属何晶系？

$$(三方)$$

8-11　半径为 R 的圆球堆积成正四面体空隙和正八面体空隙，计算空隙能容纳多大半径的球。

$$(0.225R，0.414R)$$

8-12　计算 A_2 型金属的等径圆球密堆积的堆积系数。

$$(68.02\%)$$

8-13　计算 A_3 型金属的等径圆球密堆积的堆积系数。

$$(74.05\%)$$

8-14　金属铂为 A_1 型结构，$a=392.3$pm，原子量 Pt=195.0，求 Pt 的密度及原子半径。

$$(21.46\text{g} \cdot \text{cm}^{-3}，138.7\text{pm})$$

8-15　已知 A_1 型金属镍的密度为 $8.91\text{kg} \cdot \text{dm}^{-3}$，计算镍原子的半径，并画出（110）和（111）晶面上原子的排列。

$$(124.6\text{pm})$$

8-16　已知 A_2 型金属钽 Ta 晶体的晶胞参数 $a=330.0$pm，求原子半径、密度和（110）晶面族的面间距 d_{110}，其中 Ta 的原子量为 181.0。

$(142.9pm, 16.7g \cdot cm^{-3}, 233.4pm)$

8-17 根据下列分子的几何构型，确定所属分子点群。

①HCl；②N_2；③CH_4；④NH_3；⑤CO_2；⑥联苯的各种构象；⑦二氯乙烯的各种异构体；⑧乙烷的各种构象。

8-18 立方金属铝晶体用CuK_α光源测得其（333）衍射峰时的衍射角为81.28°，计算晶体的晶胞参数a。其中X射线波长$\lambda = 154.18pm$。

$(405.3pm)$

8-19 A_2型金属钒晶体中有四面体和八面体空隙，原子与空隙数之比为1:9，若单胞中2个空隙被H原子填充，已知晶胞参数$a = 327.0pm$，计算晶体中氢的密度，并与液氢的密度比较。

$(0.095g \cdot cm^{-3})$

8-20 已知氯化钠晶体的晶胞参数$a = 564.0pm$，（111）衍射线的衍射角为5.10°，计算所用X射线的波长。

$(57.89pm)$

8-21 硅是金刚石型结构，晶体密度为$2.33g \cdot cm^{-3}$，计算晶胞参数a。

$(543.07pm)$

8-22 MgO晶体属于NaCl晶体类型，Mg—O键长为210pm，玻恩指数$m = 7$，计算晶格能U。

$(3946kJ \cdot mol^{-1})$

8-23 立方CaF_2晶体中Ca^{2+}半径为102pm，F^-半径为128pm，回答下列问题。

(1) Ca^{2+}和F^-的配位多面体及配位数。

(2) Ca^{2+}和F^-的离子配位比。

(3) 单胞中Ca^{2+}配位多面体数。

(4) CeO_2晶体属于CaF_2晶体结构类型，试解释CeO_2晶体的储氧性能。

8-24 某金属盐晶体属立方晶系，其中金属离子M位于晶胞顶点和面心，负离子X位于小立方体心(1/4，1/4，3/4，1/4，3/4，1/4)，3/4，1/4，1/4)，3/4，3/4，3/4)。回答下列问题：

(1) 该金属盐的组成。

(2) 正负离子的配位多面体。

(3) 晶体的点阵型式。

(4) 若晶体的晶胞参数$a = 540.93pm$，计算M—X键长。　$(234.23pm)$

8-25 用CuK_α射线测得立方金属钼的粉末衍射图，图中前8个衍射峰的衍射角2θ依次为：40.50°，58.60°，73.64°，87.62°，101.38°，116.00°，132.60°，154.75°。

(1) 将各衍射峰指标化。

(2) 确定点阵型式。

(3) 计算晶胞参数及Mo的原子半径。

$(316.0pm；136.83pm)$

(4) 计算晶体的理论密度。

$(10.10g \cdot cm^{-3})$

8-26 用CuK_α射线测得金属铜的粉末衍射图，图中前8个衍射峰的衍射角2θ依次为：44.0°，51.4°，75.4°，90.4°，95.6°，117.4°，137.0°，145.6°。

(1) 将各衍射峰指标化。

(2) 确定点阵型式。

(3) 计算晶胞参数及Cu的原子半径。

$(360.8pm；127.5pm)$

(4) 计算晶体密度。

$(8.16g \cdot cm^{-3})$

第 9 章　酸碱平衡与酸碱滴定法

（Acid-Base Equilibrium and Acid-Base Titrimetry）

水溶液中的酸碱平衡、沉淀溶解平衡、氧化还原平衡和配位平衡在化学、生物学、医药学研究领域中及化工生产中都起着十分重要的作用。从本章开始将依次讨论它们。

9.1　酸碱理论概述
（Outlines of Acid-Base Theory）

人们从物质的表面现象开始认识酸和碱。最初人们认为有酸味，能使蓝色石蕊变红的物质是酸；有涩味，使红色石蕊变蓝的物质是碱。到 18 世纪后期，人们通过化学研究认为酸中都含有氧元素。19 世纪初，进一步的分析又使人们认为氢元素是酸的基本元素。

9.1.1　酸碱电离理论

1887 年，瑞典化学家阿伦尼乌斯（S. Arrhenius）提出了酸碱电离理论（Arrhenius Acid-Base Concept），他认为：凡是在水溶液中能电离产生 H^+ 的物质是酸；能电离产生 OH^- 的物质是碱。酸碱电离理论对化学学科的发展起到了很大的推动作用，而且沿用至今。但实际上并不只是有含 OH^- 的物质才具有碱性，如 Na_2CO_3、Na_3PO_4 等盐类水溶液也显碱性，但它们的化学式中并不含有 OH^-。此外，酸碱电离理论也不能解释某些化合物在非水溶液中的酸碱性。

9.1.2　酸碱质子理论

1923 年丹麦化学家布朗斯特（Brönsted）和英国化学家劳莱（Lowry）分别提出了酸碱质子理论（Proton Theory of Acid and Base），也称为 Brönsted-Lowry 质子理论。它包括以下基本要点。

9.1.2.1　酸碱定义

（1）酸碱定义及共轭酸碱对

酸碱质子理论认为，凡是能给出质子 H^+ 的物质为酸（Acid），凡是能与质子 H^+ 结合的物质是碱（Base）。用反应式可表示为：

$$酸 \Longrightarrow H^+ + 碱$$
$$HCl \longrightarrow H^+ + Cl^-$$
$$HAc \Longrightarrow H^+ + Ac^-$$
$$NH_4^+ \Longrightarrow H^+ + NH_3$$
$$HSO_4^- \Longrightarrow H^+ + SO_4^{2-}$$
$$[Al(H_2O)_6]^{3+} \Longrightarrow H^+ + [Al(OH)(H_2O)_5]^{2+}$$

上述反应式中左边的物质 HCl、HAc、NH_4^+、HSO_4^- 和 $[Al(H_2O)_6]^{3+}$ 都能给出质子，都是酸；右边的物质 Ac^-、NH_3、SO_4^{2-} 和 $[Al(OH)(H_2O)_5]^{2+}$ 都能接受质子，都是碱。酸给出质子 H^+ 后余下的那部分就是碱，碱接受质子 H^+ 后就成为相应的酸。酸与碱的这种相互依存关系称为共轭关系。左边的酸是右边碱的共轭酸（Conjugate Acid），而右边碱则是左边酸的共轭碱（Conjugate Base），它们共同构成一个共轭酸碱对。把它们联系在一起的上述反应称为共轭酸碱对半反应。其中的酸或碱可以是分子，也可以是阴离子或阳离子。根据质子论的酸碱定义，可以把酸碱的共轭关系归纳为：酸中有碱，碱可变酸，知酸便知碱，知碱便知酸。这种酸碱关系正好体现了酸碱这对矛盾的相互依存和相互转化的辩证关系。

在不同条件下，有些物质既能给出质子作为酸，也能接受质子作为碱，这种物质称为两性物质或两性电解质（Ampholyte）。例如 $H_2PO_4^-$ 就是一种两性物质；

$$H_2PO_4^- \rightleftharpoons H^+ + HPO_4^{2-}$$
$$H_2PO_4^- + H^+ \rightleftharpoons H_3PO_4$$

（2）酸碱反应

共轭酸碱对半反应是不能单独存在的，因为游离质子在水溶液只能瞬时存在，必须同时存在能接受质子的另一种碱。也就是说，溶液中必须同时存在两个共轭酸碱对半反应，才能形成一个酸碱反应。如下列反应：

$$HAc + H_2O \rightleftharpoons H_3O^+ + Ac^- \tag{9-1}$$
酸(1)　　碱(2)　　酸(2)　　碱(1)

$$NH_4^+ + H_2O \rightleftharpoons H_3O^+ + NH_3 \tag{9-2}$$
酸(1)　　碱(2)　　酸(2)　　碱(1)

$$HCl + H_2O \longrightarrow H_3O^+ + Cl^- \tag{9-3}$$
酸(1)　　碱(2)　　酸(2)　　碱(1)

$$NH_3 + H_2O \rightleftharpoons NH_4^+ + OH^- \tag{9-4}$$
碱(1)　　酸(2)　　酸(1)　　碱(2)

$$Ac^- + H_2O \rightleftharpoons HAc + OH^- \tag{9-5}$$
碱(1)　　酸(2)　　酸(1)　　碱(2)

上述反应中 H_2O 作为溶剂，但它是一种两性物质。它既可以接受质子成为酸，起碱的作用；也可以失去质子成为碱，起酸的作用。故这些反应中分别包含了两个共轭酸碱对半反应。显然，在两个共轭酸碱对之间发生了质子的传递平衡，质子理论把类似式(9-1)、式(9-2)、式(9-4)、式(9-5)反应式中的平衡分别称为弱酸、弱碱的电离平衡。这种弱酸、弱碱的电离平衡包括了 Arrhenius 电离理论中的盐类水解反应，即式(9-2)～式(9-5)所示的平衡，质子理论认为 NH_4Cl 中的 NH_4^+ 是弱酸，而 NaAc 中的 Ac^- 是弱碱。

此外，酸碱中和生成水的反应也由两个共轭酸碱对半反应所组成。如：

$$H_3O^+ + OH^- \rightleftharpoons H_2O + H_2O \tag{9-6}$$
酸(1)　　碱(2)　　酸(2)　　碱(1)

214

$$\overbrace{\text{HAc} + \text{OH}^-}^{\text{H}^+} \rightleftharpoons \text{Ac}^- + \text{H}_2\text{O} \tag{9-7}$$

酸(1)　　碱(2)　　碱(1)　酸(2)

$$\overbrace{\text{NH}_4^+ + \text{OH}^-}^{\text{H}^+} \rightleftharpoons \text{NH}_3 + \text{H}_2\text{O} \tag{9-8}$$

酸(1)　　碱(2)　　碱(1)　酸(2)

因此，由两个共轭酸碱对半反应才能形成一个酸碱反应。酸碱反应的实质是质子的传递。

酸碱质子理论不仅适用于水溶液，也适用于所有含质子的非水溶液，例如以液态 NH_3、HAc 和 HF 作溶剂的体系。

综上所述，酸碱质子理论的酸碱反应包括了电离理论中的电离、水解及中和反应，扩大了酸碱反应的范围，从而使水溶液中酸碱平衡的处理变得更加简便。

9.1.2.2 酸碱的强弱

酸碱的强弱取决于酸碱本身释放质子和接受质子的能力，以及溶剂接受和释放质子能力的相对大小。

(1) 水溶液中不同酸碱的强弱

在同一溶剂中，酸碱的强弱取决于各酸碱的本性。它是常用的溶剂，它接受和释放质子的能力都很小。$HClO_4$、HCl、H_2SO_4 和 HNO_3 等酸在水中释放质子的能力很强，几乎不能以分子形式存在，接近 100% 电离，故它们是强酸。而 O^{2-}（如 Na_2O），H^-（如 NaH）等，在水中不能独立稳定存在，是 100% 质子化，接受质子的能力很强，因此是强碱。

水溶液中弱酸弱碱只有部分电离，故它们的强弱由弱酸弱碱的标准电离平衡常数（Ionization Equilibrium Constants）决定。弱酸的标准电离平衡常数用 $K_a^{\ominus}$ 表示，其共轭碱的标准电离平衡常数用 $K_b^{\ominus}$ 表示。标准电离平衡常数无单位，只是温度的函数。当温度相同时，标准电离平衡常数较大者，相应的酸、碱性较强。如 HAc 的 $K_a^{\ominus} = 1.8 \times 10^{-5}$，$H_3BO_3$ 的 $K_a^{\ominus} = 5.8 \times 10^{-10}$，故 H_3BO_3 是比 HAc 较弱的酸。酸性越强的酸，其共轭碱的碱性越弱，反之亦然。

(2) 同一酸碱在不同溶剂中的相对强弱

同一酸碱在不同溶剂中的相对强弱与溶剂的性质有关。如 HAc 在水中是一弱酸，而在液氨和液态 HF 两种不同溶剂中，就分别是较强酸和弱碱。其离解平衡反应分别为：

$$\text{HAc} + \text{NH}_3(\text{Liq.}) \rightleftharpoons \text{NH}_4^+ + \text{Ac}^- \tag{9-9}$$

$$\text{HAc} + \text{HF}(\text{Liq.}) \rightleftharpoons \text{H}_2\text{Ac}^+ + \text{F}^- \tag{9-10}$$

式(9-9) 中因为液氨接受质子的能力（碱性）比水强，使 HAc 失去质子的能力增大，故 HAc 显较强酸性。由式(9-10) 知液态 HF 失去质子（酸性）的能力比 HAc 更强，故 HAc 更易接受质子成为弱碱。可见，酸碱的相对强弱与溶剂的酸碱性密切相关。

综上所述，质子理论成功解释了水溶液中酸碱反应的本质，有效扩大了酸碱的物种范围，使酸碱理论的适用范围扩展到非水体系乃至无溶剂体系。

9.1.3 酸碱电子论与硬软酸碱规则

1923 年美国物理化学家路易斯（Lewis）提出酸碱电子论（The Electronic Theory of Acid and Alkali）：凡是能给出电子对的分子、离子或原子团都称为碱，凡是能接受电子对的分子、离子或原子团都称为酸。Lewis 电子论认为酸碱反应的实质是电子的转移，酸碱物质之间生成配位共价键。

如：

$$HCl + H\text{—}\ddot{\underset{\cdot\cdot}{O}}\text{—}H \longrightarrow \left[\begin{array}{c} H \\ | \\ H\text{—}\overset{..}{O}\text{—}H \\ \end{array} \right]^+ + Cl^-$$

$$HCl + H\text{—}\overset{..}{N}\text{—}H \rightleftharpoons \left[\begin{array}{c} H \\ \uparrow \\ H\text{—}N\text{—}N \\ | \\ H \end{array} \right]^+ + Cl^-$$

$$Cu^{2+} + 4(:NH_3) \rightleftharpoons \left[\begin{array}{c} NH_3 \\ | \\ H_3N\text{→}Cu\text{←}NH_3 \\ | \\ NH_3 \end{array} \right]^{2+}$$

$$\begin{array}{c} F \\ | \\ F\text{—}B \\ | \\ F \end{array} + :NH_3 \rightleftharpoons \left[\begin{array}{c} F \\ | \\ F\text{—}B\text{←}NH_3 \\ | \\ F \end{array} \right]$$

由上述反应可知 H_2O 分子中的 O 原子和 NH_3 分子中的 N 原子都能提供一对电子（一般称为 Lewis 碱），而能接受电子对的是质子 H^+、金属离子 Cu^{2+} 及缺电子的分子 BF_3（一般称为 Lewis 酸）。

酸碱电子论定义的酸碱物质种类极为广泛，有时不易掌握酸碱的特征。因此，20 世纪 60 年代，人们根据 Lewis 酸碱授受电子的难易程度将酸分为软、硬酸，碱分为软、硬碱，总结出硬软酸碱（HSAB）规则："硬亲硬，软亲软"。硬酸正电荷高，体积小，极化性低；软酸正电荷低或等于零，体积大，极化性高。硬碱电负性高，极化性低，难氧化；软碱与硬碱相反。硬酸和硬碱，可形成稳定的配合物，而硬酸与软碱，或软酸与硬碱形成的配合物就比较不稳定。

显而易见，上述酸碱理论各有其优缺点。一般处理水溶液中的酸碱平衡时，可采用 Arrhenius 电离理论和质子理论；处理非水溶液中的酸碱问题时，只有采用质子理论；在处理有机化学及无机化学中配位化合物的形成机理等问题时，Lewis 酸碱电子论和硬软酸碱规则就非常有用。因此，了解各酸碱理论及概念，对处理不同类型的化学问题，深入学习各种化学知识十分有益。

9.2 水的自耦电离平衡
（Self-Ionization Equilibrium of Water）

水是重要的也是常用的溶剂。实验证明，纯水能微弱导电，说明水是极弱的电解质，水中存在极少量的 H_3O^+ 和 OH^-。也就是说，水能发生如下的自耦电离平衡（即质子自递平衡）：

$$H_2O + H_2O \rightleftharpoons H_3O^+ + OH^- \tag{9-11}$$

9.2.1 水的标准离子积常数

根据化学平衡原理，由式(9-11) 可得

$$K_w^{\ominus} = [H_3O^+] \cdot [OH^-] \cdot (c^{\ominus})^{-2} \tag{9-12}$$

式(9-12) 中 $[H_3O^+]$、$[OH^-]$ 分别表示 H_3O^+，OH^- 的平衡浓度。$c^{\ominus}$ 为标准态浓度，单位为 $1mol \cdot L^{-1}$ 或 $1mol \cdot m^{-3}$。

精确实验（24℃）测得纯水中的 $[H_3O^+]=[OH^-]=1.0 \times 10^{-7}mol \cdot L^{-1}$，所以由式 (9-12) 可得：

$$K_w^{\ominus}=[H_3O^+] \cdot [OH^-](c^{\ominus})^{-2}=1.0 \times 10^{-14} \tag{9-13}$$

$K_w^{\ominus}$ 称为水的标准离子积常数，$K_w^{\ominus}$ 的大小只与温度有关，因水的电离是吸热反应，温度越高，$K_w^{\ominus}$ 值越大。例如 10℃时，$K_w^{\ominus}=2.920 \times 10^{-15}$；50℃时，$K_w^{\ominus}=5.474 \times 10^{-14}$。但 $K_w^{\ominus}$ 随温度变化并不明显，故一般在室温下工作时，采用：

$$K_w^{\ominus}=1.0 \times 10^{-14} \tag{9-14}$$

不论是酸性还是碱性溶液，H_3O^+ 和 OH^- 都同时存在，它们平衡浓度的乘积服从式 (9-13)。如于纯水中加酸至 $[H_3O^+]=0.10mol \cdot L^{-1}$，根据式 (9-13) 可得：

$$[OH^-]=\frac{K_w^{\ominus} \cdot (c^{\ominus})^{-2}}{[H_3O^+]}=\frac{1.0 \times 10^{-14}}{0.10}mol \cdot L^{-1}=1.0 \times 10^{-13}mol \cdot L^{-1}$$

9.2.2　溶液酸碱性的表示

溶液的酸碱性可用酸度和碱度来描述。

酸度用 $pH=-\lg a_{H_3O^+}$（即 H_3O^+ 活度的负对数值）表示，碱度用 $pOH=-\lg a_{OH^-}$ 表示。稀溶液中，一般忽略离子强度的影响，故可用浓度代替活度，即 $pH=-\lg[H_3O^+]$，$pOH=-\lg[OH^-]$。由式(9-13) 可得

$$pK_w^{\ominus}=pH+pOH=14.0 \qquad (pK_w^{\ominus}=-\lg K_w^{\ominus})$$

当 $[H_3O^+]=[OH^-]=1.0 \times 10^{-7}mol \cdot L^{-1}$，$pH=pOH=7.0$，溶液显中性；

当 $[H_3O^+]>1.0 \times 10^{-7}mol \cdot L^{-1}$，$[H_3O^+]>[OH^-]$，$pH<7.0$，溶液显酸性，pH 值越小，酸性越强；

当 $[H_3O^+]<1.0 \times 10^{-7}mol \cdot L^{-1}$，$[H_3O^+]<[OH^-]$，$pH>7.0$ 溶液显碱性，pH 值越大，碱性越强。

pH 值和 pOH 值一般使用范围在 0～14 之间，用 pH 值和 pOH 值的大小可表示溶液的酸（碱）度。对于此范围之外的强酸性或强碱性溶液，其酸度和碱度可用物质的量浓度表示，如溶液的酸度为 $1mol \cdot L^{-1}$ H_2SO_4 等。

9.3　弱酸弱碱电离平衡

（Ionization Equilibrium of Weak Acid and Base）

在水溶液中能电离出一个或多个 H_3O^+（或 OH^-）的弱酸（碱）分别称为一元弱酸弱碱或多元弱酸弱碱。

9.3.1　一元弱酸、弱碱的电离平衡

根据近代的电解质理论，电解质一般可以分为强电解质和弱电解质。在水中完全电离的电解质称为强电解质，在水中部分电离的称为弱电解质。

弱酸、弱碱是弱电解质，在水中部分分子发生电离，存在着未电离的分子和已电离的离子之间的平衡。

(1) 一元弱酸弱碱的标准电离平衡常数

以醋酸（HAc）在水溶液中的电离平衡为例：

$$HAc + H_2O \rightleftharpoons H_3O^+ + Ac^-$$

可简写为

$$HAc \rightleftharpoons H^+ + Ac^- \tag{9-15}$$

式（9-15）达平衡时的标准电离平衡常数 $K_a^\ominus$ 可用各组分的活度表示为

$$K_a^\ominus = \frac{a_{H^+} a_{Ac^-}}{a_{HAc}} \tag{9-16}$$

当溶液浓度不大并且研究目的不是为了说明化学反应速率或反应能力时，一般忽略离子强度的影响。因此，式（9-15）达平衡时可表示为：

$$K_a^\ominus = \frac{[H^+][Ac^-]}{[HAc]} \cdot (c^\ominus)^{-1} \tag{9-17}$$

弱酸的标准电离平衡常数 $K_a^\ominus$ 简称为酸的解离常数；弱碱的标准电离平衡常数 $K_b^\ominus$ 简称为碱的解离常数。

（2）共轭酸碱解离常数之间的关系

由弱酸的解离常数，可计算其共轭碱的解离常数。如 NaAc 在水中完全离解为 Na^+ 和 Ac^-，Ac^- 与 H_2O 之间存在如下的电离平衡：

$$Ac^- + H_2O \rightleftharpoons HAc + OH^- \tag{9-18}$$

可见 Ac^- 是 HAc 的共轭碱，根据式（9-18），可得共轭碱 Ac^- 的解离常数 $K_b^\ominus$ 表达式为：

$$K_b^\ominus = \frac{[HAc] \cdot [OH^-]}{[Ac^-]c^\ominus} \tag{9-19}$$

将式（9-19）右端的分子分母同乘以 $[H^+]$，可得：

$$K_b^\ominus = \frac{[HAc] \cdot [OH^-]}{[Ac^-]c^\ominus} \cdot \frac{[H^+]}{[H^+]} = \frac{K_w^\ominus}{K_a^\ominus} \tag{9-20}$$

由式（9-20）可计算得共轭碱 Ac^- 的解离常数 $K_b^\ominus$ 值：

$$K_b^\ominus(Ac^-) = \frac{K_w^\ominus}{K_a^\ominus(HAc)} = \frac{1.0 \times 10^{-14}}{1.8 \times 10^{-5}} = 5.6 \times 10^{-10}$$

根据式（9-20）可得一元弱酸（碱）及其共轭碱（酸）的解离常数关系式：

$$K_a^\ominus \cdot K_b^\ominus = K_w^\ominus \tag{9-21}$$

如计算弱碱 NH_3 的共轭酸 NH_4^+ 的解离常数，由式（9-21）可得：

$$K_a^\ominus(NH_4^+) = \frac{K_w^\ominus}{K_b^\ominus(NH_3)} = \frac{1.0 \times 10^{-14}}{1.8 \times 10^{-5}} = 5.6 \times 10^{-10}$$

由实验测得的弱酸及其共轭碱在水中的解离常数见附录表 9。

$K_a^\ominus$ 或 $K_b^\ominus$ 越大，相应的酸或碱越强。由于弱电解质电离的热效应不大，所以 $K_a^\ominus$ 和 $K_b^\ominus$ 随温度的变化不大。

（3）电离度 α

电离平衡中常用电离度 α 表示弱电解质在水溶液中的电离程度。电离度 α 可以表示为：

$$\alpha = \frac{n(已电离的电解质)}{n(已电离和未电离的电解质之和)} \times 100\% \tag{9-22}$$

式中，n 为电解质的物质的量，mol。电离度 α 越大，则该电解质离解程度越大。故电离度又称离解度。弱酸（碱）解离常数与电离度 α 的关系可推导如下（以弱酸 HB 的电离平衡为例）：

$$HB + H_2O \Longrightarrow H_3O^+ + B^-$$

起始浓度　　c　　　　　　　　0　　　0

平衡浓度　$c - c\alpha$　　　　　　　$c\alpha$　　$c\alpha$

可得　　　　$K_a^{\ominus} = \dfrac{[H_3O^+][B^-]}{[HB]c^{\ominus}} = \dfrac{(c\alpha)^2}{(c - c\alpha)c^{\ominus}} = \dfrac{c\alpha^2}{(1-\alpha)c^{\ominus}}$　　　　　(9-23)

因为弱酸的 α 一般较小，$1 - \alpha \approx 1$

由式（9-23）可得　　　　　　　$\alpha = \sqrt{\dfrac{K_a^{\ominus} \cdot c^{\ominus}}{c}}$　　　　　　　　　(9-24)

式（9-24）称为稀释定律。它表示弱电解质的电离度 α 与其浓度的平方根成反比，浓度越稀，电离度越大。

式（9-24）表明了弱酸（碱）解离常数与电离度的关系。如知道溶液中弱酸（碱）的浓度及其解离常数，就可求得电离度。

9.3.2　多元弱酸、弱碱电离平衡

（1）标准电离平衡常数

多元弱酸、弱碱在水溶液中的电离是分步进行的。如二元弱酸 H_2S 分子在水溶液中能发生如下的两步电离，溶液中同时存在两个电离平衡：

$$H_2S + H_2O \Longrightarrow H_3O^+ + HS^- \tag{9-25}$$

$$HS^- + H_2O \Longrightarrow H_3O^+ + S^{2-} \tag{9-26}$$

式（9-25）的标准电离平衡常数用 $K_{a_1}^{\ominus}$ 表示，简称为第一步解离常数。它与各组分的平衡浓度的关系式为：

$$K_{a_1}^{\ominus} = \frac{[H_3O^+][HS^-]}{[H_2S]c^{\ominus}} = \frac{[H^+][HS^-]}{[H_2S]c^{\ominus}} = 1.3 \times 10^{-7}$$

同理，式（9-26）的解离常数 $K_{a_2}^{\ominus}$ 可表示为：

$$K_{a_2}^{\ominus} = \frac{[H^+][S^{2-}]}{[HS^-]c^{\ominus}} = 7.1 \times 10^{-15}$$

由于式（9-25）和式（9-26）所示的两步电离平衡同时存在。因此 $K_{a_1}^{\ominus}$ 和 $K_{a_2}^{\ominus}$ 式中 $[H^+]$ 和 $[HS^-]$ 是同一个值。

三元弱酸 H_3PO_4 的电离分三步进行，相应的三步电离平衡常数为

$$K_{a_1}^{\ominus} = 7.6 \times 10^{-3}, \qquad K_{a_2}^{\ominus} = 6.3 \times 10^{-8}, \qquad K_{a_3}^{\ominus} = 4.4 \times 10^{-13}$$

可见，多元弱酸的各步解离常数大小的规律为 $K_{a_1}^{\ominus} \gg K_{a_2}^{\ominus} \gg K_{a_3}^{\ominus}$。说明多元弱酸的第二步电离远比第一步困难，而第三步更比第二步困难。原因之一：第二步电离是从负离子（如 HS^-、$H_2PO_4^-$ 等）中再电离出一个正离子 H^+，当然比从中性分子（如 H_2S、H_3PO_4）中电离出一个 H^+ 困难。同理，第三步电离就更加困难。原因之二：从浓度对电离平衡的影响可知，第一步电离出的 H_3O^+ 能抑制第二、第三步的电离，因此，第二、第三步的电离远远小于第一步电离。

硫酸是二元强酸，但它也是分步电离的，第一步完全电离，第二步不完全电离。因此溶液中存在第二步电离平衡，描述第二步电离平衡的解离常数为 $K_{a_2}^{\ominus}$：

$$H_2SO_4 + H_2O \longrightarrow H_3O^+ + HSO_4^-$$

$$HSO_4^- + H_2O \Longrightarrow H_3O^+ + SO_4^{2-}$$

$$K_{a_2}^{\ominus}=\frac{[H^+][SO_4^{2-}]}{[HSO_4^-]c^{\ominus}}=1.0\times10^{-2}$$

高价金属水合阳离子也是一种多元离子酸，如 $[Al(H_2O)_6]^{3+}$、$[Fe(H_2O)_6]^{3+}$、$[Cu(H_2O)_4]^{2+}$ 以及 $[Zn(H_2O)_4]^{2+}$ 等金属水合阳离子，它们在水溶液中也能分步电离（以前称水解）显酸性。现以硫酸铝为例，SO_4^{2-} 不参与酸碱电离，而 $[Al(H_2O)_6]^{3+}$ 则发生分步电离：

$$[Al(H_2O)_6]^{3+}+H_2O\Longleftrightarrow[Al(OH)(H_2O)_5]^{2+}+H_3O^+$$
$$[Al(OH)(H_2O)_5]^{2+}+H_2O\Longleftrightarrow[Al(OH)_2(H_2O)_4]^++H_3O^+$$
$$[Al(OH)_2(H_2O)_4]^++H_2O\Longleftrightarrow[Al(OH)_3(H_2O)_3]+H_3O^+$$

最后以 $[Al(OH)_3(H_2O)_3]$ 的形式沉淀析出。多价阳离子电离产生的 H_3O^+ 也主要来自第一步。各种高价金属阳离子的离子电势（金属离子的电荷数/金属离子半径）越高，越易吸引水分子的负端、产生氢氧化物沉淀并释放出氢离子，使溶液酸性增强。因此，为防止沉淀析出，配制这些金属离子的溶液时，必须在溶液中先加入适量强酸。

多元弱碱（如 Na_2S、Na_2CO_3、Na_3PO_4 等），在水中分步电离情况与多元弱酸相似，各步标准电离平衡常数为 $K_{b_1}^{\ominus}$、$K_{b_2}^{\ominus}$、$K_{b_3}^{\ominus}$ 等。

根据弱酸弱碱的解离常数和电离平衡，如已知弱酸弱碱的总浓度，可计算溶液中酸碱组分的平衡浓度。

【例 9-1】 计算 $0.10mol\cdot L^{-1}$ H_2S 水溶液中 $[HS^-]$ 和 $[S^{2-}]$ 浓度以及 H_2S 的电离度。

解：（1）求 $[HS^-]$：因为 H_2S 两步解离平衡常数 $K_{a_1}^{\ominus}\gg K_{a_2}^{\ominus}$，且 $K_{a_2}^{\ominus}$ 很小，故 HS^- 电离而减小的 $[HS^-]$ 及增加的 $[H^+]$ 忽略不计，溶液中的 $[HS^-]$ 浓度只需按第一步电离平衡简化计算。设 $[HS^-]=x$，则 $[HS^-]\approx[H^+]$，

$$H_2S+H_2O\Longleftrightarrow H_3O^++HS^-$$

平衡浓度 $\qquad\qquad 0.10-x\qquad\qquad x\qquad x$

根据 $\qquad K_{a_1}^{\ominus}=\dfrac{[H^+][HS^-]}{[H_2S]c^{\ominus}}=\dfrac{x^2}{(0.10-x)c^{\ominus}}=1.3\times10^{-7}$

得 $x=[HS^-]=1.1\times10^{-4}mol\cdot L^{-1}$

（2）求 $[S^{2-}]$：需按第二步电离平衡计算

$$HS^-+H_2O\Longleftrightarrow H_3O+S^{2-}$$

$$K_{a_2}^{\ominus}=\frac{[H^+][S^{2-}]}{[HS^-]c^{\ominus}}=7.1\times10^{-15}$$

因为 $[H^+]\approx[HS^-]$
所以 $[S^{2-}]=K_{a_2}^{\ominus}c^{\ominus}=7.1\times10^{-15}mol\cdot L^{-1}$

（3）电离度 α
由以上计算可知
$[HS^-]\gg[S^{2-}]$，说明 H_2S 的第一步电离是主要的，故可忽略第二步的电离。

$$\alpha=\sqrt{\frac{K_{a_1}^{\ominus}c^{\ominus}}{c}}=\sqrt{\frac{1.3\times10^{-7}}{0.10}}=1.1\times10^{-3}$$

可见，$0.10mol\cdot L^{-1}$ H_2S 溶液中，H_2S 的电离度约为 0.11%，溶液中绝大部分是未电离的 H_2S 分子。

在金属离子的分离中，需控制 H_2S 溶液的 $[S^{2-}]$ 浓度。如果将 H_2S 的 $K_{a_1}^{\ominus}$ 和 $K_{a_2}^{\ominus}$ 表达式相乘，可得

$$K_{a_1}^{\ominus} \cdot K_{a_2}^{\ominus} = K_{\text{总}}^{\ominus} = \frac{[\text{H}^+]^2[\text{S}^{2-}]}{[\text{H}_2\text{S}](c^{\ominus})^2} = 1.3 \times 10^{-7} \times 7.1 \times 10^{-15} = 9.2 \times 10^{-22}$$

H_2S 饱和溶液的浓度在室温，压强为 $1.01 \times 10^5 \text{Pa}$ 时近似等于 $0.10 \text{mol} \cdot \text{L}^{-1}$，故

$$\frac{[\text{H}^+]^2 \cdot [\text{S}^{2-}]}{(c^{\ominus})^2} = K_{\text{总}}^{\ominus}[\text{H}_2\text{S}] = 9.2 \times 10^{-23}$$

说明一定浓度的 H_2S 溶液中，$[\text{S}^{2-}]$ 与 $[\text{H}^+]$ 浓度的平方成反比，控制溶液中 $[\text{H}^+]$ 浓度，即可控制溶液中的 $[\text{S}^{2-}]$ 浓度，从而达到分离某些金属离子的目的。

（2）多元弱酸（碱）水溶液中的共轭酸碱对

多元弱酸（碱）与其共轭碱（酸）的解离常数之间具有和一元弱酸（碱）类似的关系。如二元弱碱 Na_2CO_3 在水溶液中发生如下两步碱式电离：

$$\text{CO}_3^{2-} + \text{H}_2\text{O} \Longleftrightarrow \text{HCO}_3^- + \text{OH}^- \tag{9-27}$$

$$\text{HCO}_3^- + \text{H}_2\text{O} \Longleftrightarrow \text{H}_2\text{CO}_3(\text{CO}_2 + \text{H}_2\text{O}) + \text{OH}^- \tag{9-28}$$

式(9-27) 为 CO_3^{2-} 的第一步碱式电离平衡，它表明 HCO_3^- 与 CO_3^{2-} 互为共轭酸碱。第一步碱解离常数 $K_{b_1}^{\ominus}$ 可表示为：

$$K_{b_1}^{\ominus}(\text{CO}_3^{2-}) = \frac{[\text{HCO}_3^-][\text{OH}^-]}{c^{\ominus}[\text{CO}_3^{2-}]} = \frac{[\text{HCO}_3^-][\text{OH}^-]}{c^{\ominus}[\text{CO}_3^{2-}]} \cdot \frac{[\text{H}^+]}{[\text{H}^+]} = \frac{K_w^{\ominus}}{K_{a_2}^{\ominus}(\text{H}_2\text{CO}_3)} \tag{9-29}$$

即
$$K_{b_1}^{\ominus}(\text{CO}_3^{2-}) \cdot K_{a_2}^{\ominus}(\text{H}_2\text{CO}_3) = K_w^{\ominus} \tag{9-30}$$

由式(9-30) 可计算得

$$K_{b_1}^{\ominus}(\text{CO}_3^{2-}) = \frac{K_w^{\ominus}}{K_{a_2}^{\ominus}(\text{H}_2\text{CO}_3)} = \frac{1.0 \times 10^{-14}}{5.6 \times 10^{-11}} = 1.8 \times 10^{-4}$$

式(9-28) 为 CO_3^{2-} 的第二步碱式电离平衡，它表明 H_2CO_3 与 HCO_3^- 互为共轭酸碱。第二步碱解离常数 $K_{b_2}^{\ominus}$ 为

$$K_{b_2}^{\ominus}(\text{CO}_3^{2-}) = \frac{[\text{H}_2\text{CO}_3][\text{OH}^-]}{[\text{HCO}_3^-]c^{\ominus}} = \frac{[\text{H}_2\text{CO}_3][\text{OH}^-]}{[\text{HCO}_3^-]c^{\ominus}} \cdot \frac{[\text{H}^+]}{[\text{H}^+]} = \frac{K_w^{\ominus}}{K_{a_1}^{\ominus}(\text{H}_2\text{CO}_3)} \tag{9-31}$$

即
$$K_{b_2}^{\ominus}(\text{CO}_3^{2-}) \cdot K_{a_1}^{\ominus}(\text{H}_2\text{CO}_3) = K_w^{\ominus} \tag{9-32}$$

由式(9-32) 可计算得

$$K_{b_2}^{\ominus}(\text{CO}_3^{2-}) = \frac{K_w^{\ominus}}{K_{a_1}^{\ominus}(\text{H}_2\text{CO}_3)} = \frac{1.0 \times 10^{-14}}{4.2 \times 10^{-7}} = 2.4 \times 10^{-8}$$

同理，可得三元弱碱 Na_3PO_4 的各步碱解离常数：

$$K_{b_1}^{\ominus}(\text{Na}_3\text{PO}_4) = \frac{K_w^{\ominus}}{K_{a_3}^{\ominus}(\text{H}_3\text{PO}_4)} \tag{9-33}$$

$$K_{b_2}^{\ominus}(\text{Na}_3\text{PO}_4) = \frac{K_w^{\ominus}}{K_{a_2}^{\ominus}(\text{H}_3\text{PO}_4)} \tag{9-34}$$

$$K_{b_3}^{\ominus}(\text{Na}_3\text{PO}_4) = \frac{K_w^{\ominus}}{K_{a_1}^{\ominus}(\text{H}_3\text{PO}_4)} \tag{9-35}$$

9.3.3　弱酸弱碱电离平衡的移动

电离平衡是一种相对的暂时的动态平衡。外界条件一旦改变，旧的平衡被破坏，将在新的条件下建立新的平衡。温度变化能使化学平衡发生移动，这种移动是通过解离常数的改变

来实现的。由于溶液中电解质的电离一般是在常温下进行，所以下面只讨论离子浓度变化对电离平衡的影响。

(1) 同离子效应

当往 HAc 溶液中加入强酸或 NaAc，溶液中的 H_3O^+ 或 Ac^- 浓度就会增加，使 HAc 的电离平衡

$$HAc + H_2O \rightleftharpoons H_3O^+ + Ac^-$$

向左移动，从而降低 HAc 的电离度。例如在 $0.10 \text{mol} \cdot \text{L}^{-1}$ 的 HAc 溶液中加入固体 NaAc，使溶液中的 Ac^- 浓度为 $0.10 \text{mol} \cdot \text{L}^{-1}$。可分别计算出加入 NaAc 前后 HAc 溶液的电离度。HAc 的电离度由未加 NaAc 时的 1.3％降低到 1.8×10^{-2}％，大约降低 70 倍，说明由于电离平衡右端离子浓度的增加，使平衡向左移动。同样，当往氨水中加入强碱或 NH_4Cl 时，溶液中的 OH^- 或 NH_4^+ 浓度会大大增加，氨水的电离平衡

$$NH_3 + H_2O \rightleftharpoons NH_4^+ + OH^-$$

就会向左移动而达到新的平衡，使其电离度降低。

这种由于在弱电解质溶液中加入一种含有相同离子的强电解质而使电离平衡向左移动，降低弱电解质电离度的作用，称为同离子效应（Common Ion Effect）。反之，若减小电离平衡的产物，则平衡会向右移动达新的平衡。

(2) 盐效应

若在弱电解质溶液中加入不含相同离子的强电解质（如 NaCl、$NaNO_3$ 等），使溶液中正、负离子大大增加，由于大量离子的相互作用，使弱电解质的电离度略有增加的作用称为盐效应（Salt Effect）。盐效应的原因应归结为强电解质的加入，降低了溶液中离子的活度，使离子不易结合成分子。要重新达到平衡，只有增加弱电解质的电离度。

有时，在发生同离子效应的同时，亦伴随着盐效应的发生。如在 HAc 溶液中加入 NaAc，NaAc 电离出 Ac^-，产生同离子效应使 HAc 的电离度减小，同时 Na^+ 和 Ac^- 对 HAc 的电离平衡又起盐效应的作用，使 HAc 的电离度略有增大。相比之下，同离子效应的影响远远大于盐效应的影响。因此，一般情况下，在讨论同离子效应时，忽略盐效应。

9.4 酸碱溶液的 pH 值计算
(pH Calculation of Acid and Base Solution)

酸碱平衡体系中，通常同时存在多种酸碱组分，这些组分的浓度，随溶液中 H^+ 浓度的改变而变化。溶液的 pH 值可用实验方法测定，也可通过代数方法计算得到。了解酸碱溶液中 pH 值的计算方法，对分离、分析测定等实际工作及理论研究都具有十分重要的意义。

9.4.1 酸碱组分的分布分数

酸碱平衡体系中，酸碱组分的浓度与溶液的 H^+ 浓度具有一定的关系，这种关系可用分布分数表示。

(1) 酸的浓度和酸度

酸的总浓度和酸度在概念上是不同的。酸度是指溶液中 H^+ 的浓度，准确地说是 H^+ 的活度，常用 pH 表示。酸的浓度又称酸的分析浓度，它是指溶液中所含某种酸的物质的量浓度，即酸的总浓度，包括未离解的酸的浓度和已离解的酸的浓度。

同样，碱的浓度和碱度在概念上也是不同的。

本书采用 c 表示酸或碱的分析浓度，而用 $[H^+]$ 和 $[OH^-]$ 表示溶液中 H^+ 和 OH^- 的平衡浓度。

(2) 分布分数的含义

酸碱溶液达平衡时，酸碱组分的平衡浓度占其总浓度的分数，称为分布分数，以 δ 表示。分布分数可定量描述溶液中的各种酸碱组分的分布情况。由分布分数以及酸或碱的总浓度可计算得到溶液中酸碱组分的平衡浓度。

(3) 分布分数计算公式

下面以弱酸为例，推导各酸碱组分的分布分数计算公式。

① 一元酸溶液

以浓度为 $c(\text{mol} \cdot \text{L}^{-1})$ 的 HAc 溶液为例：

总浓度 $c = [HAc] + [Ac^-]$，解离平衡常数 $K_a^{\ominus} = \dfrac{[H^+][Ac^-]}{c^{\ominus}[HAc]}$，

根据分布分数的意义，溶液中两种存在组分的分布分数计算公式推导如下：

$$\delta_{HAc} = \frac{[HAc]}{c} = \frac{[HAc]}{[HAc]+[Ac^-]} = \frac{\dfrac{[HAc]}{[HAc]}}{\dfrac{[HAc]}{[HAc]}+\dfrac{[Ac^-]}{[HAc]}} = \frac{1}{1+\dfrac{K_a^{\ominus}c^{\ominus}}{[H^+]}}$$

整理得：

$$\delta_{HAc} = \frac{[HAc]}{c} = \frac{[H^+]}{[H^+]+K_a^{\ominus}c^{\ominus}} \tag{9-36}$$

同理，可推导得：

$$\delta_{Ac^-} = \frac{[Ac^-]}{c} = \frac{K_a^{\ominus}c^{\ominus}}{[H^+]+K_a^{\ominus}c^{\ominus}} \tag{9-37}$$

由式(9-36) 和式(9-37) 可计算出

$$[HAc] = \delta_{HAc}c \qquad [Ac^-] = \delta_{Ac^-}c$$

两种组分的分布分数之间存在如下关系，即

$$\delta_{Ac^-} + \delta_{HAc} = 1$$

上述公式适合于任何一元弱酸（包括共轭酸）。

另外，只要将式(9-36) 和式(9-37) 中的 H^+ 换成 OH^-，$K_a^{\ominus}$ 换成 $K_b^{\ominus}$，就是计算任何一元弱碱溶液中各存在组分的分布分数计算公式。

【例 9-2】 计算 pH = 5.00 时，HAc 溶液中未离解的 HAc 和离解产生的 Ac^- 的分布分数。

解：
$$\delta_{HAc} = \frac{[HAc]}{c} = \frac{[H^+]}{[H^+]+K_a^{\ominus}c^{\ominus}} = \frac{1.0 \times 10^{-5}}{1.0 \times 10^{-5}+1.8 \times 10^{-5}} = 0.36$$
$$\delta_{Ac^-} = 1.00 - 0.36 = 0.64$$

可见，分布分数只与溶液的 H^+ 浓度有关。

② 多元酸溶液

以二元弱酸 $H_2C_2O_4$ 为例，设草酸的总浓度为 $c(\text{mol} \cdot \text{L}^{-1})$，则

$$c = [H_2C_2O_4] + [HC_2O_4^-] + [C_2O_4^{2-}]$$

根据分布分数的含义和草酸的解离平衡常数 $K_{a_1}^{\ominus}$ 和 $K_{a_2}^{\ominus}$ 可推导得计算公式为：

$$\delta_0 = \frac{[H_2C_2O_4]}{c} = \frac{[H^+]^2}{[H^+]^2+[H^+]K_{a_1}^{\ominus}c^{\ominus}+K_{a_1}^{\ominus}K_{a_2}^{\ominus}(c^{\ominus})^2} \tag{9-38}$$

$$\delta_1 = \frac{[HC_2O_4^-]}{c} = \frac{[H^+]K_{a_1}^{\ominus}c^{\ominus}}{[H^+]^2 + [H^+]K_{a_1}^{\ominus}c^{\ominus} + K_{a_1}^{\ominus}K_{a_2}^{\ominus}(c^{\ominus})^2} \qquad (9-39)$$

$$\delta_2 = \frac{[C_2O_4^{2-}]}{c} = \frac{K_{a_1}^{\ominus}K_{a_2}^{\ominus}(c^{\ominus})^2}{[H^+]^2 + [H^+]K_{a_1}^{\ominus}c^{\ominus} + K_{a_1}^{\ominus}K_{a_2}^{\ominus}(c^{\ominus})^2} \qquad (9-40)$$

由上三式可知： $\delta_0 + \delta_1 + \delta_2 = 1$

其他三元酸如 H_3PO_4 的情况可照此类推。

【例 9-3】 计算 pH＝5.00 时，$0.10\ mol \cdot L^{-1}$ 草酸溶液中 $C_2O_4^{2-}$ 的平衡浓度。

解： 根据式(9-40)

$$\delta_2 = \frac{[C_2O_4^{2-}]}{c} = \frac{K_{a_1}^{\ominus}K_{a_2}^{\ominus}(c^{\ominus})^2}{[H^+]^2 + [H^+]K_{a_1}^{\ominus}c^{\ominus} + K_{a_1}^{\ominus}K_{a_2}^{\ominus}(c^{\ominus})^2}$$

$$= \frac{5.9 \times^{-2} \times 6.4 \times 10^{-5}}{(10^{-5.0})^2 + 5.9 \times 10^{-2} \times 10^{-5.0} + 5.9 \times 10^{-2} \times 6.4 \times 10^{-5}} = 0.86$$

$$[C_2O_4^{2-}] = \delta_2 c = 0.86 \times 0.10 = 0.086\ mol \cdot L^{-1}$$

9.4.2 物料平衡、电荷平衡和质子平衡

进行酸碱平衡计算的基本关系式是酸碱平衡常数表达式，但在很多情况下，无法仅凭这一关系式处理酸碱平衡问题，而是需要结合溶液中存在的其它平衡关系。

(1) 物料平衡方程

物料平衡方程（Material Balance Equation），简称物料平衡，用 MBE 表示。它是指在一个化学平衡体系中，某一给定物质的总浓度，等于各有关组分平衡浓度之和。如浓度为 c 的 H_2CO_3 溶液的物料平衡为

$$[H_2CO_3] + [HCO_3^-] + [CO_3^{2-}] = c$$

浓度为 c 的 Na_2SO_3 溶液，根据需要，可列出与 Na^+ 和 SO_3^{2-} 有关的两个物料平衡方程

$$[Na^+] = 2c \qquad [SO_3^{2-}] + [HSO_3^-] + [H_2SO_3] = c$$

(2) 电荷平衡方程

电荷平衡方程（Charge Balance Equation），简称电荷平衡，用 CBE 表示。根据电中性原则，溶液中阳离子的总电荷数与阴离子的总电荷数恰好相等。根据这一原则，考虑各离子的电荷和浓度，可列出电荷平衡方程。如浓度为 c 的 NaCN 溶液，有下列反应

$$NaCN \Longrightarrow Na^+ + CN^-$$

$$CN^- + H_2O \Longrightarrow HCN + OH^-$$

$$H_2O \Longrightarrow H^+ + OH^-$$

因此，溶液中阳离子所带正电荷的量为 $([H^+] + [Na^+])V$，阴离子所带负电荷的量为 $([CN^-] + [OH^-])V$。为了保持溶液的电中性，阴阳离子的总浓度应相等，即

$$([H^+] + [Na^+])V = ([CN^-] + [OH^-])V$$

$$[H^+] + [Na^+] = [CN^-] + [OH^-]$$

因为是在同一溶液中，体积相同，所以可直接用平衡浓度表示离子荷电量之间的关系。如浓度为 c 的 $MgCl_2$ 溶液，有下列反应

$$MgCl_2 \Longrightarrow Mg^{2+} + 2Cl^- \qquad H_2O \Longrightarrow H^+ + OH^-$$

溶液中的阳离子有 Mg^{2+} 和 H^+，阴离子有 Cl^- 和 OH^-。其中 Mg^{2+} 带两个正电荷，列电荷平衡方程时应在 $[Mg^{2+}]$ 上乘以 2，以保证阴阳离子物质的量浓度的等衡关系。因此，其电荷平衡方程式为

$$[H^+]+2[Mg^{2+}]=[Cl^-]+[OH^-]$$

再如对于浓度为 c 的 H_3PO_4 溶液，根据在水溶液中的逐级离解平衡，考虑各离子的电荷，得到下列电荷平衡方程

$$[H^+]=[OH^-]+[H_2PO_4^-]+2[HPO_3^{2-}]+3[PO_4^{3-}]$$

一般说来，对于电解质 M_mX_n 的溶液，其电荷平衡方程为

$$[H^+]+n[M^{n+}]=[OH^-]+m[X^{m-}]$$

（3）质子平衡方程

酸碱溶液中 $[H_3O^+]$ 的计算可通过列出该溶液的质子平衡方程（Proton Balance Equation）后推导得出公式，因此质子平衡方程又称质子条件，用 PBE 表示。

根据酸碱质子理论，酸碱反应的实质是质子的转移。酸碱反应的结果，有的物质失去质子，有的物质得到质子。得质子产物得质子的量和失质子产物失去质子的量应该是相等的。由此，可列出酸碱水溶液中用浓度表示的质子平衡方程，即质子条件。

为列出质子条件，通常选择一些酸碱组分作为质子参考水准。以此衡量溶液中其他组分是得质子还是失质子。一般选择溶液中大量存在的与质子转移直接有关的原始酸碱组分作为质子参考水准。值得注意的是，对于同一物质，只能选择其中一种型体作为参考水准。

例如在浓度为 $c(\text{mol} \cdot \text{L}^{-1})$ 的弱酸 HAc 溶液中存在如下的质子转移反应：

$$HAc+H_2O \Longrightarrow H_3O^+ +Ac^-$$
$$H_2O+H_2O \Longrightarrow H_3O^+ +OH^-$$

溶液中大量存在并与质子转移直接有关的原始的酸碱组分是 HAc 和水，故选择 HAc 和 H_2O 作为质子参考水准。将溶液中其他存在组分 H_3O^+、Ac^- 和 OH^- 分别与参考水准作比较，把所有得质子产物的浓度的总和列在等式一端，把所有失质子产物的浓度的总和列在等式另一端，即得到质子条件：

$$[H_3^+O]=[OH^-]+[Ac^-]$$

可简写为
$$[H^+]=[OH^-]+[Ac^-] \tag{9-41}$$

上例中质子转移数都为 1，当质子转移数不都为 1 时，如涉及多级离解关系的物质时，要注意在浓度项前添加系数，使浓度等衡。

如要列出 NaH_2PO_4 溶液的质子条件式，根据溶液中的质子转移情况，可选择 $H_2PO_4^-$ 和 H_2O 作为质子参考水准，从而可列出 PBE 为：

$$[H^+]+[H_3PO_4]=[OH^-]+[HPO_4^{2-}]+2[PO_4^{3-}] \tag{9-42}$$

因为 PO_4^{3-} 是 $H_2PO_4^-$ 失去 2mol 质子 H^+ 后的产物，故在 PO_4^{3-} 的浓度项前要添加系数 2。

9.4.3　pH 值的计算

酸碱溶液中 H_3O^+ 浓度的计算公式可由质子条件式推导得出。

（1）强酸（碱）溶液

以浓度为 $c(\text{mol} \cdot \text{L}^{-1})$ 的强酸 HB 溶液为例，该溶液的质子条件式为：

$$[H^+]=[B^-]+[OH^-] \tag{9-43}$$

根据水的离子积 $K_w^\ominus=[H^+][OH^-](c^\ominus)^{-2}$ 和 $[B^-]=c$，由式(9-43) 得：

$$[H^+]=c+[OH^-]=c+\frac{K_w^\ominus(c^\ominus)^2}{[H^+]} \tag{9-44}$$

整理得 $$[H^+]^2 - c[H^+] - K_w^\ominus (c^\ominus)^2 = 0 \qquad (9\text{-}45)$$

式(9-45)为计算强酸溶液 H^+ 浓度的精确式。计算溶液酸度时的允许相对误差约为 5%，即当主要组分的浓度大于次要组分浓度 20 倍以上时，次要组分可忽略。因此，式(9-44)中，当 $c = 20[OH^-]$ 时，$[OH^-]$ 项可忽略，从而可得计算强酸溶液 $[H^+]$ 的最简式：

$$[H^+] \approx c \qquad (9\text{-}46)$$

强碱溶液可照此方法处理。

【例 9-4】 计算 $2.0 \times 10^{-8} mol \cdot L^{-1}$ HCl 溶液的 pH 值。

解： 浓度 $c < 10^{-6} mol \cdot L^{-1}$，水的电离不能忽略，用式(9-45)进行计算

$$[H^+]^2 - 2.0 \times 10^{-8}[H^+] - 1.0 \times 10^{-14}(c^\ominus)^2 = 0$$

解方程得：$[H^+] = 1.1 \times 10^{-7} mol \cdot L^{-1}$

$$pH = 6.96$$

(2) 一元弱酸弱碱溶液

以浓度为 $c(mol \cdot L^{-1})$ 的弱酸 HA 为例，该溶液的质子条件（PBE）为：

$$[H^+] = [A^-] + [OH^-] \qquad (9\text{-}47)$$

根据 PBE 和弱酸 HA 的解离平衡常数 $K_a^\ominus = \dfrac{[H^+][A^-]}{[HA]} \dfrac{1}{c^\ominus}$ 及水的离子积 $K_w^\ominus = [H^+]$ $[OH^-](c^\ominus)^{-2}$，式(9-47)可表示为：

$$[H^+] = \frac{K_a^\ominus [HA] c^\ominus}{[H^+]} + \frac{K_w^\ominus (c^\ominus)^2}{[H^+]}$$

整理得： $$[H^+] = \sqrt{K_a^\ominus [HA] c^\ominus + K_w^\ominus (c^\ominus)^2} \qquad (9\text{-}48)$$

因为 $[HA] = \delta_{HA} \cdot c = \dfrac{[H^+]}{c^\ominus K_a^\ominus + [H^+]} \cdot c$，将其代入式(9-48)，即得计算一元弱酸溶液 $[H^+]$ 浓度的精确式：

$$[H^+]^3 + K_a^\ominus [H^+]^2 c^\ominus - [K_a^\ominus c (c^\ominus)^{-1} + K_w^\ominus][H^+](c^\ominus)^2 - K_a^\ominus K_w^\ominus (c^\ominus)^3 = 0$$
$$\qquad (9\text{-}49)$$

精确式为一元三次方程，计算较麻烦，并且实际工作中必要性不大。根据计算 H^+ 浓度的允许相对误差 5%，当 $K_a^\ominus [HA] \geqslant 20 K_w^\ominus c^\ominus$ 时，$K_w^\ominus$ 可忽略。一般弱酸的电离度不大，为简便起见，就以 $K_a^\ominus [HA] \approx K_a^\ominus c \geqslant 20 K_w^\ominus c^\ominus$ 来进行判断。因此，当 $K_a^\ominus c \geqslant 20 K_w^\ominus c^\ominus$ 时，式(9-48)可表示为：

$$[H^+] = \sqrt{K_a^\ominus [HA] c^\ominus} \qquad (9\text{-}50)$$

由于忽略了水的离解，根据 HA 的电离平衡，可得 $[HA] = c - [H^+]$，将其代入式(9-50)，整理即得计算一元弱酸溶液中 $[H^+]$ 的近似式：

$$[H^+]^2 + K_a^\ominus [H^+] c^\ominus - K_a^\ominus c c^\ominus = 0 \qquad (9\text{-}51)$$

或 $$[H^+] = \frac{-K_a^\ominus c^\ominus + \sqrt{K_a^{\ominus 2}(c^\ominus)^2 + 4 K_a^\ominus c c^\ominus}}{2} \qquad (9\text{-}52)$$

若弱酸的原始浓度较大，且电离度不大，即 $K_a^\ominus c \geqslant 20 K_w^\ominus c^\ominus$ 且 $\dfrac{c}{K_a^\ominus c^\ominus} \geqslant 500$ 时，$[HA] = c - [H^+] \approx c$，将其代入式(9-50)，可得计算一元弱酸溶液 H^+ 平衡浓度的最简式：

$$[H^+] = \sqrt{K_a^\ominus c c^\ominus} \qquad (9\text{-}53)$$

若弱酸极弱或溶液极稀，水的电离不能忽略，即当 $K_a^{\ominus}c < 20K_w^{\ominus}c^{\ominus}$ 且 $\dfrac{c}{K_a^{\ominus}c^{\ominus}} = 500$ 时，由式(9-48) 可得极弱或极稀弱酸溶液的 H^+ 平衡浓度近似计算式：

$$[H^+] = \sqrt{K_a^{\ominus}cc^{\ominus} + K_w^{\ominus}(c^{\ominus})^2} \tag{9-54}$$

上述计算公式适合于任何一元弱酸溶液，包括共轭酸溶液。

对于一元弱碱溶液，可同样根据 PBE 推出类似于弱酸溶液的计算公式。上述弱酸溶液的 H^+ 浓度计算公式中，只要把 $K_a^{\ominus}$ 换成 $K_b^{\ominus}$，$[H^+]$ 换成 $[OH^-]$，就可用于计算一元弱碱溶液中的 OH^- 浓度，同样适用于共轭碱溶液。

【例 9-5】　计算 $0.010 \text{mol} \cdot \text{L}^{-1}$ HAc 溶液的 pH 值。

解： 已知 $K_a^{\ominus} = 1.8 \times 10^{-5}$，$c_{HAc} = 0.010 \text{mol} \cdot \text{L}^{-1}$，$cK_a^{\ominus} > 20K_w^{\ominus}c^{\ominus}$，又因 $\dfrac{c}{K_a^{\ominus}c^{\ominus}} > 500$，故采用最简式计算：

$$[H^+] = \sqrt{K_a^{\ominus}cc^{\ominus}} = \sqrt{1.8 \times 10^{-5} \times 0.010} = 4.2 \times 10^{-4} \text{mol} \cdot \text{L}^{-1}$$
$$pH = 3.38$$

【例 9-6】　计算 $0.10 \text{mol} \cdot \text{L}^{-1}$ 一氯乙酸 $(CH_2ClCOOH)$ 溶液的 pH 值。

解： 已知 $c = 0.10 \text{mol} \cdot \text{L}^{-1}$，$K_a^{\ominus} = 1.40 \times 10^{-3}$，$cK_a^{\ominus} > 20K_w^{\ominus}c^{\ominus}$ 但 $\dfrac{c}{K_a^{\ominus}c^{\ominus}} < 500$，故采用近似式计算：

$$[H^+] = \frac{-K_a^{\ominus}c^{\ominus} + \sqrt{K_a^{\ominus 2}(c^{\ominus})^2 + 4K_a^{\ominus}cc^{\ominus}}}{2}$$
$$= \frac{-1.40 \times 10^{-3} + \sqrt{(1.40 \times 10^{-3})^2 + 4 \times 1.40 \times 10^{-3} \times 0.10}}{2}$$
$$= 1.1 \times 10^{-2} \text{mol} \cdot \text{L}^{-1}$$
$$pH = 1.96$$

【例 9-7】　计算 $1.0 \times 10^{-4} \text{mol} \cdot \text{L}^{-1}$ HCN 溶液的 pH 值。

解： 已知 $K_a^{\ominus} = 6.2 \times 10^{-10}$，$cK_a^{\ominus} < 20K_a^{\ominus}c^{\ominus}$ 但 $\dfrac{c}{K_a^{\ominus}c^{\ominus}} > 500$，HCN 为极弱酸，又是极稀溶液，故采用式(9-53)进行计算。

$$[H^+] = \sqrt{K_a^{\ominus}cc^{\ominus} + K_w^{\ominus}(c^{\ominus})^2}$$
$$= \sqrt{6.2 \times 10^{-10} \times 1.0 \times 10^{-4} + 1.0 \times 10^{-14}} = 2.7 \times 10^{-7} \text{mol} \cdot \text{L}^{-1}$$
$$pH = 6.57$$

【例 9-8】　计算 $0.10 \text{mol} \cdot \text{L}^{-1}$ NH_3 溶液的 pH 值。

解： 已知 $K_b^{\ominus} = 1.8 \times 10^{-5}$，$cK_b^{\ominus} > 20K_w^{\ominus}c^{\ominus}$ 且 $\dfrac{c}{K_b^{\ominus}c^{\ominus}} > 500$ 采用最简式进行计算：

$$[OH^-] = \sqrt{K_b^{\ominus}cc^{\ominus}} = \sqrt{1.8 \times 10^{-5} \times 0.10} = 1.3 \times 10^{-3} \text{mol} \cdot \text{L}^{-1}$$
$$pOH = 2.89$$
$$pH = 14.00 - 2.89 = 11.11$$

【例 9-9】　计算 $1.0 \times 10^{-4} \text{mol} \cdot \text{L}^{-1}$ NaCN 溶液的 pH 值。

解： CN^- 为 HCN 的共轭碱，故 $K_b^{\ominus} = \dfrac{K_w^{\ominus}}{K_a^{\ominus}} = \dfrac{1.0 \times 10^{-14}}{6.2 \times 10^{-10}} = 1.6 \times 10^{-5}$

$cK_b^\ominus > 20K_w^\ominus c^\ominus$，但 $\dfrac{c}{K_b^\ominus c^\ominus} > 500$，故采用近似公式计算：

$$[OH^-] = \dfrac{-K_b^\ominus c^\ominus + \sqrt{K_b^\ominus (c^\ominus)^2 + 4K_b^\ominus cc^\ominus}}{2}$$

$$[OH^-] = \dfrac{1.6\times10^{-5} + \sqrt{(1.6\times10^{-5})^2 + 4\times1.6\times10^{-5}\times1.0\times10^{-4}}}{2} = 3.3\times10^{-5}\,mol\cdot L^{-1}$$

$$pOH = 4.48$$
$$pH = 14.00 - 4.48 = 9.52$$

(3) 多元酸（碱）溶液

多元酸在水溶液中逐级电离出 H^+，如前所述，一般第二步电离比第一步困难，而第三步电离又比第二步更难，因此只有第一步电离平衡是主要的。在符合误差要求的前提下，通常可只考虑多元酸（碱）的第一步电离，而忽略次要的第二、三步电离。这样多元酸（碱）可当作一元弱酸（碱）进行近似处理，H^+ 浓度的近似计算公式同一元弱酸（碱）。只是把公式中的 $K_a^\ominus$（$K_b^\ominus$）换成 $K_{a_1}^\ominus$（$K_{b_1}^\ominus$）即可。

【例 9-10】 计算 $0.10\,mol\cdot L^{-1}$ $H_2C_2O_4$ 溶液的 pH 值。

解： 已知 $H_2C_2O_4$ 的 $K_{a_1}^\ominus = 5.9\times10^{-2}$，$K_{a_2}^\ominus = 6.4\times10^{-5}$，$K_{a_1}^\ominus \gg K_{a_2}^\ominus$

$cK_{a_1}^\ominus \gg 20K_w^\ominus c^\ominus$，可忽略经二级离解和水的离解，但 $\dfrac{c}{c^\ominus K_{a_1}^\ominus} < 500$，故采用近似式进行计算：

$$[H^+] = \dfrac{-K_{a_1}^\ominus c^\ominus + \sqrt{K_{a_1}^{\ominus 2}\cdot (c^\ominus)^2 + 4K_{a_1}^\ominus cc^\ominus}}{2}$$

$$= \dfrac{-5.9\times10^{-2} + \sqrt{(5.9\times10^{-2})^2 + 4\times5.9\times10^{-2}\times0.10}}{2}$$

$$= 5.3\times10^{-2}\,mol\cdot L^{-1}$$

$$pH = 1.28$$

【例 9-11】 计算 $0.10\,mol\cdot L^{-1}$ H_2S 水溶液的 pH 值以及 H_2S 的电离度。

解： 已知 H_2S 的 $K_{a_1}^\ominus = 1.3\times10^{-7}$，$K_{a_2}^\ominus = 7.1\times10^{-15}$，

$K_{a_1}^\ominus \gg K_{a_2}^\ominus$，可忽略第二级电离，$cK_{a_1}^\ominus \gg 20K_w^\ominus c^\ominus$ 且 $\dfrac{c}{c^\ominus K_{a_1}^\ominus} > 500$，可采用最简式计算：

$$[H^+] = \sqrt{K_{a_1}^\ominus cc^\ominus} = \sqrt{1.3\times10^{-7}\times0.10} = 1.1\times10^{-4}\,mol\cdot L^{-1}$$

$$pH = 3.94$$

由于忽略第二步电离，所以电离度 $\alpha = \sqrt{\dfrac{K_{a_1}^\ominus c^\ominus}{c}}$，又因为 $[H^+] = \sqrt{K_{a_1}^\ominus cc^\ominus}$，从而得电离度 α 另一计算公式：$\alpha = \dfrac{[H^+]}{c}$ 因此 $\alpha = \dfrac{1.1\times10^{-4}}{0.10} = 1.1\times10^{-3}$ 或 0.11%。

【例 9-12】 计算 $0.10\,mol\cdot L^{-1}$ Na_2CO_3 溶液的 pH 值。

解： 已知 $CO_3^{2-} + H_2O \rightleftharpoons HCO_3^- + OH^-$ $\quad K_{b_1}^\ominus = \dfrac{K_w^\ominus}{K_{a_2}^\ominus} = \dfrac{10^{-14.00}}{5.6\times10^{-11}} = 1.8\times10^{-4}$

$$HCO_3^- + H_2O \rightleftharpoons H_2CO_3 + OH^- \quad K_{b_2}^\ominus = \dfrac{K_w^\ominus}{K_{a_1}^\ominus} = \dfrac{10^{-14.00}}{4.2\times10^{-7}} = 2.4\times10^{-8}$$

$$cK_{b_1}^{\ominus} > 20K_w^{\ominus} \cdot c^{\ominus}, \quad K_{b_1}^{\ominus} \gg K_{b_2}^{\ominus} \text{ 且 } \frac{c}{K_{b_1}^{\ominus} c^{\ominus}} > 500, \text{ 故采用最简式计算}$$

$$[OH^-] = \sqrt{cK_{b_1}^{\ominus} c^{\ominus}} = \sqrt{0.100 \times 1.8 \times 10^{-4}} = 4.2 \times 10^{-3} \text{ mol} \cdot L^{-1}$$
$$pOH = 2.38 \quad pH = 14.00 - 2.38 = 11.62$$

(4) 两性物质溶液

在水溶液中既能释放出质子起酸的作用，又能获得质子起碱的作用的物质称为两性物质。如多元酸的酸式盐（$H_2PO_4^-$）、弱酸弱碱盐（NH_4Ac）和氨基酸（氨基乙酸）等。两性物质的酸碱性决定于相应酸式解离常数或碱式解离常数的相对大小。两性物质溶液中的酸碱平衡较复杂，一般用近似方法计算溶液的 pH 值。

① 酸式盐　以二元弱酸 H_2A 的酸式盐 NaHA 为例，推导溶液 H^+ 浓度计算公式。设 NaHA 溶液的浓度为 $c(\text{mol} \cdot L^{-1})$ 它在水中的电离平衡为：

$$HA^- + H_2O \Longrightarrow H_3O^+ + A^{2-} \text{ 解离常数为 } K_{a_2}^{\ominus}, \text{ 起酸的作用；}$$

$$HA^- + H_2O \Longrightarrow H_2A + OH^- \text{ 解离常数 } K_{b_2}^{\ominus} = \frac{K_w^{\ominus}}{K_{a_1}^{\ominus}}, \text{ 起碱的作用；}$$

如 $K_{a_2}^{\ominus} > K_{b_2}^{\ominus}$，则溶液显酸性，反之，显碱性。

根据上述电离平衡，选择 HA^- 和 H_2O 作为质子参考水准，可列出 NaHA 溶液的 PBE 为：

$$[H^+] + [H_2A] = [A^{2-}] + [OH^-] \tag{9-55}$$

根据 H_2A 的两级解离平衡常数表达式和水的离子积常数，式(9-55) 可表示为

$$[H^+] = \frac{K_{a_2}^{\ominus}[HA^-]c^{\ominus}}{[H^+]} + \frac{K_w^{\ominus} c^{\ominus 2}}{[H^+]} - \frac{[H^+][HA^-]}{K_{a_1}^{\ominus} c^{\ominus}} \tag{9-56}$$

一般情况下，HA^- 的酸式电离和碱式电离的倾向都很小，故 $[HA^-] \approx c \text{ mol} \cdot L^{-1}$，将其代入式(9-56)，整理即得计算酸式盐溶液中 $[H^+]$ 的近似式：

$$[H^+] = c^{\ominus} \sqrt{\frac{K_{a_1}^{\ominus}(K_{a_2}^{\ominus} c + c^{\ominus} K_w^{\ominus})}{c^{\ominus} K_{a_1}^{\ominus} + c}} \tag{9-57}$$

当 $K_{a_2}^{\ominus} \cdot c > 20 K_w^{\ominus} c^{\ominus}$ 时，式(9-57) 中的 $K_w^{\ominus}$ 可忽略，故可得

$$[H^+] = c^{\ominus} \sqrt{\frac{K_{a_1}^{\ominus} K_{a_2}^{\ominus} c}{c^{\ominus} K_{a_1}^{\ominus} + c}} \tag{9-58}$$

如 $K_{a_2}^{\ominus} c > 20 K_w^{\ominus} c^{\ominus}$ 且 $c > 20 K_{a_1}^{\ominus} c^{\ominus}$，则由式(9-58) 可得计算酸式盐溶液 H^+ 平衡浓度的最简式：

$$[H^+] = c^{\ominus} \sqrt{K_{a_1}^{\ominus} K_{a_2}^{\ominus}} \tag{9-59}$$

同理，其他酸式盐溶液中 H^+ 平衡浓度的计算公式与上述类似。

【例 9-13】 计算 $5.0 \times 10^{-3} \text{ mol} \cdot L^{-1}$ 酒石酸氢钾溶液的 pH 值。

解： 已知酒石酸的 $K_{a_1}^{\ominus} = 9.1 \times 10^{-4}$，$K_{a_2}^{\ominus} = 4.3 \times 10^{-5}$，因为 $cK_{a_2}^{\ominus} > 20K_w^{\ominus} c^{\ominus}$，$c$ 与 $K_{a_1}^{\ominus} c^{\ominus}$ 接近，所以采用近似式计算：

$$[H^+] = c^{\ominus} \sqrt{\frac{K_{a_1}^{\ominus} K_{a_2}^{\ominus} c}{K_{a_1}^{\ominus} c^{\ominus} + c}} = \sqrt{\frac{9.1 \times 10^{-4} \times 4.3 \times 10^{-5} \times 5.0 \times 10^{-3}}{9.1 \times 10^{-4} + 5.0 \times 10^{-3}}}$$
$$= 1.8 \times 10^{-4} \text{ mol} \cdot L^{-1}$$

pH=3.75

【例 9-14】 计算 $0.10\text{mol} \cdot \text{L}^{-1}$ NaHCO$_3$ 溶液的 pH 值。

解： 已知 H$_2$CO$_3$ 的 $K_{a_1}^{\ominus}=4.2\times10^{-7}$，$K_{a_2}^{\ominus}=5.6\times10^{-11}$，由于 $c \gg K_{a_1}^{\ominus}c^{\ominus}$，$cK_{a_2}^{\ominus} \gg 20K_w^{\ominus}c^{\ominus}$ 故采用最简式计算：

$$[\text{H}^+]=c^{\ominus}\sqrt{K_{a_1}^{\ominus}K_{a_2}^{\ominus}}=\sqrt{4.2\times10^{-7}\times5.6\times10^{-11}}=4.9\times10^{-9}\text{mol}\cdot\text{L}^{-1}$$

$$pH=8.31$$

② **弱酸弱碱盐** 弱酸弱碱盐溶液中浓度的计算方法与酸式盐溶液相似。如浓度为 c 的 CH$_2$ClCOONH$_4$ 溶液，其中 NH$_4^+$ 起酸的作用，CH$_2$ClCOO$^-$ 起碱的作用，其质子条件式为

$$[\text{H}^+]+[\text{CH}_2\text{ClCOOH}]=[\text{NH}_3]+[\text{OH}^-]$$

设 CH$_2$ClCOONH$_4$ 的解离常数为 K_{a_1}（常写作 K_a），NH$_4^+$ 的解离常数为 K_{a_2}（常写作 K_a'），则上述讨论酸式盐溶液 H$^+$ 浓度的计算式均适用于它的计算。

【例 9-15】 计算 $0.10\text{mol} \cdot \text{L}^{-1}$ HCOONH$_4$ 溶液的 pH 值。

解： HCOO$^-$ 是 HCOOH 的共轭碱，在溶液中起碱的作用。

HCOOH 的解离常数 $K_a^{\ominus}=1.8\times10^{-4}$；NH$_4^+$ 是 NH$_3$ 的共轭酸。NH$_4^+$ 的共轭酸解离常数 $K_a^{\ominus}{}'=\dfrac{K_w^{\ominus}}{K_b^{\ominus}}=\dfrac{10^{-14.00}}{1.8\times10^{-5}}=5.6\times10^{-10}$ 因为 $c^{\ominus}K_a^{\ominus}{}'>20K_w^{\ominus}c^{\ominus}$，$c \gg K_a^{\ominus}c^{\ominus}$，所以采用最简式计算：

$$[\text{H}^+]=c^{\ominus}\sqrt{K_a^{\ominus}K_a^{\ominus}{}'}=\sqrt{1.8\times10^{-4}\times5.6\times10^{-10}}=3.2\times10^{-7}\text{mol}\cdot\text{L}^{-1}$$

$$pH=6.50$$

【例 9-16】 计算 $0.10\text{mol} \cdot \text{L}^{-1}$ 氨基乙酸溶液的 pH 值。

解： 氨基乙酸（NH$_2$CH$_2$COOH）在溶液中以双极离子 $^+$H$_3$NCH$_2$COO$^-$ 形式存在，它既能起酸的作用：

$$^+\text{H}_3\text{NCH}_2\text{COO}^- \Longrightarrow \text{H}_2\text{NCH}_2\text{COO}^- + \text{H}^+ \quad K_{a_2}^{\ominus}=2.5\times10^{-10}$$

又能起碱的作用（再结合一个质子成为二元酸）：

$$^+\text{H}_3\text{NCH}_2\text{COO}^- + \text{H}_3\text{O}^+ \Longrightarrow \ ^+\text{H}_3\text{NCH}_2\text{COOH} + \text{H}_2\text{O}$$

$$K_{b_2}^{\ominus}=\frac{K_w^{\ominus}}{K_{a_1}^{\ominus}}=\frac{1.0\times10^{-14}}{4.5\times10^{-3}}=2.2\times10^{-12}$$

由于浓度 c 较大，故采用最简式计算：

$$[\text{H}^+]=c^{\ominus}\sqrt{K_{a_1}^{\ominus}K_{a_2}^{\ominus}}=\sqrt{4.5\times10^{-3}\times2.5\times10^{-10}}=1.1\times10^{-6}\text{mol}\cdot\text{L}^{-1}$$

$$pH=5.9$$

对于酸碱组成比不为 1:1 的弱酸弱碱盐溶液，如 (NH$_4$)$_2$CO$_3$、(NH$_4$)$_2$S 等可根据具体情况，采用近似方法处理。

除两性物质溶液之外，两种弱酸（或两种弱碱）的混合溶液的 H$^+$ 浓度计算，可依上述方法列出 PBE 后，根据溶液中的主要平衡进行近似处理。

综上所述，计算溶液中的 H$^+$ 浓度一般遵循如下几个步骤：首先写出相应的质子条件，再根据溶液的酸碱性，判断其中哪些为明显的次要组分，并将其合理地忽略掉；然后根据解离平衡关系，将质子条件式中的酸碱组分浓度用溶液中大量存在的原始组分和 H$^+$ 的平衡浓度表示；最后在此基础上，通过采用分析浓度代替平衡浓度、忽略次要项等，进行简化处理和计算。

9.5 缓冲溶液
（Buffer Solution）

当溶液中存在浓度较大的共轭酸碱对（如 HAc 和 Ac^-，NH_4^+ 和 NH_3）时，向该溶液中加入少量的酸或碱，或者反应中产生了少量的酸或碱，或将溶液稍加稀释，溶液的 pH 值基本上稳定不变。这种使溶液酸度基本稳定的作用称为缓冲作用。具有这种缓冲作用的溶液称为缓冲溶液。

9.5.1 缓冲溶液的组成

缓冲溶液一般由浓度较大的弱酸及其共轭碱，或弱碱及其共轭酸所组成。此外，高浓度的强酸（pH<2）和强碱（pH>12）也是缓冲溶液，具有抵抗外加少量酸和碱的缓冲作用，但不具有抗稀释的作用。

酸碱缓冲作用广泛存在于自然界。例如土壤中由于有硅酸、磷酸和腐殖酸等及其共轭碱的缓冲作用，使土壤 pH 值稳定在 5～8 之间，而有利于微生物的正常活动和农作物的生长发育。在动植物体内，也存在复杂的缓冲体系，以维持体液的 pH 值而保证生命的正常活动。如人体血液中就含有 $HCO_3^- \text{-} H_2CO_3$ 和 $HPO_4^{2-} \text{-} H_2PO_4^-$ 等最重要的缓冲体系，它们可使血液的 pH 值始终保持在 7.40 ± 0.03 范围内，这一弱碱性范围是健康人体的特征之一，可用以维持体内代谢平衡。相比之下，酸性体质的人更易患病，这也是目前人们积极研究食品的酸碱性的意义所在。

9.5.2 缓冲溶液 pH 值的计算

以弱酸 HA 及其共轭碱 NaA 组成的缓冲溶液为例。设其浓度分别为 $c_{HA}(\text{mol} \cdot L^{-1})$ 和 $c_{A^-}(\text{mol} \cdot L^{-1})$，溶液中存在下述的简化电离平衡：

$$HA \Longrightarrow H^+ + A^- \tag{9-60}$$

由式(9-60) 得

$$K_a^\ominus = \frac{[H^+][A^-]}{c^\ominus[HA]}$$

可变化为

$$[H^+] = K_a^\ominus \frac{[HA]}{[A^-]} c^\ominus \tag{9-61}$$

对于控制溶液酸度用的一般缓冲溶液，由于缓冲组分的浓度较大，故通常根据具体情况，采用近似方法计算其 H^+ 浓度。一般水的电离可忽略。

由式(9-61) 可得

$$[H^+] = K_a^\ominus c^\ominus \frac{c_{HA} - [H^+]}{c_{A^-} + [H^+]} \tag{9-62}$$

式(9-62) 是计算缓冲溶液中 H^+ 浓度的近似式。

若 $c_{HA} > 20[H^+]$ 和 $c_{A^-} > 20[H^+]$，式(9-62) 可简化为

$$[H^+] \approx K_a^\ominus \frac{c_{HA}}{c_{A^-}} c^\ominus \tag{9-63}$$

将式(9-63) 两端取负对数得

$$pH = pK_a^\ominus + \lg \frac{c_{A^-}}{c_{HA}} \tag{9-64}$$

式(9-63) 和式(9-64) 都是计算缓冲溶液 H^+ 浓度的最简式。按照酸碱质子理论，式

（9-63）和式（9-64）还可表示为

$$[H^+]=K_a^{\ominus}\frac{c_{酸}}{c_{碱}}c^{\ominus} \tag{9-65}$$

$$pH=pK_a^{\ominus}+lg\frac{c_{碱}}{c_{酸}} \tag{9-66}$$

因此，式（9-65）和式（9-66）也适合于弱碱及其共轭酸组成的缓冲溶液的 H^+ 浓度的计算。缓冲溶液 pH 值计算示例如下。

【例 9-17】 计算 $0.20\,mol\cdot L^{-1}$ HAc 和 $4.0\times10^{-3}\,mol\cdot L^{-1}$ NaAc 溶液的 pH 值。

解： 已知 HAc 的 $K_a^{\ominus}=1.8\times10^{-5}$，先采用最简式求近似 H^+ 浓度

$$[H^+]\approx1.8\times10^{-5}\times\frac{0.20}{4.0\times10^{-3}}=9.0\times10^{-4}\,mol\cdot L^{-1}$$

由于 $c_{Ac^-}=4.0\times10^{-3}\,mol\cdot L^{-1}$，$c_{Ac^-}<20[H^+]$，故应用式（9-62）近似式计算：

$$[H^+]=1.8\times10^{-5}\times\frac{0.20-[H^+]}{4.0\times10^{-3}+[H^+]}$$

解方程得　　$[H^+]=7.6\times10^{-4}\,mol\cdot L^{-1}$

$$pH=3.12$$

【例 9-18】 $0.30\,mol\cdot L^{-1}$ 吡啶和 $0.10\,mol\cdot L^{-1}$ HCl 等体积混合，是否为缓冲溶液？计算溶液的 pH 值。

解： 吡啶与 HCl 会发生如下反应：

碱（吡啶）　　　　　共轭酸

生成的共轭酸的量与加入 HCl 的量相等，即

$$c_{共轭酸}=\frac{0.10}{2}=0.050\,mol\cdot L^{-1}$$

溶液中剩余的吡啶（弱碱）的浓度为：

$$c_{碱}=\frac{0.30-0.10}{2}=0.10\,mol\cdot L^{-1}$$

因此，溶液中同时存在浓度较大的共轭酸及碱，该溶液是吡啶（$C_5H_5N_5$）和吡啶盐（$C_5H_5NH^+$）组成的缓冲溶液。

已知吡啶的 $K_b^{\ominus}=1.7\times10^{-9}$，故共轭酸（吡啶盐）的 $K_a^{\ominus}=\dfrac{K_w^{\ominus}}{K_b^{\ominus}}=\dfrac{1.0\times10^{-14}}{1.7\times10^{-9}}=5.9\times10^{-6}$，由于共轭酸及其碱浓度都较大，故用式（9-66）进行计算。

$$pH=pK_a^{\ominus}+lg\frac{c_{碱}}{c_{共轭酸}}=-lg(5.9\times10^{-6})+lg\frac{0.10}{0.05}=5.53$$

9.5.3 标准缓冲溶液

测量溶液 pH 值时作为参照标准用的缓冲溶液称为 pH 标准缓冲溶液。标准缓冲溶液的 pH 值是由非常精确的实验测得。国际纯粹与应用化学联合会（IUPAC）规定，测定溶液 pH 值时作为参照的标准缓冲溶液的具体浓度及 pH 标准值见表 9-1。

表 9-1　pH 标准溶液

pH 标准溶液	pH 标准值(25℃)
饱和酒石酸氢钾(0.034mol·L^{-1})	3.56
0.05mol·L^{-1} 邻苯二甲酸氢钾	4.01
0.025mol·L^{-1} KH$_2$PO$_4$-0.025mol·L^{-1} Na$_2$HPO$_4$	6.86
0.01mol·L^{-1} 硼砂	9.18

如果要理论计算标准缓冲溶液的 pH 值，必须考虑离子强度的影响，用活度进行计算，即

$$a_{H^+} = K_a^{\ominus} \frac{a_{酸}}{a_{碱}} \tag{9-67}$$

$$pH = -\lg a_{H^+}$$

标准值应该是实测的 H$^+$ 活度，否则理论计算值和标准值之间将产生较大误差。

9.5.4　缓冲指数

缓冲溶液的缓冲作用是有一定限度的，只有在加入有限量的酸或碱时，才能保持溶液的 pH 值基本不变。

衡量缓冲溶液缓冲作用能力大小的尺度称缓冲指数，用 β 表示，其数学定义式为：

$$\beta = \frac{da}{c^{\ominus} dpH} = \frac{db}{c^{\ominus} dpH} \tag{9-68}$$

其中，a 或 b 分别为使 1L 缓冲溶液的 pH 值减小或增加 dpH 单位时，需要外加 da mol 强酸或 db mol 强碱。显然 β 值愈大，溶液的缓冲能力也愈大。

缓冲指数的大小与缓冲组分的浓度和缓冲剂总浓度有关。现以弱酸 HA 及其共轭碱 A$^-$ 的缓冲溶液为例。

设缓冲剂总浓度为 c(mol·L^{-1})，即

$$c = c_{HA} + c_{A^-} = [HA] + [A^-] \tag{9-69}$$

外加的强酸或强碱会影响缓冲体系的总浓度 c，因此，结合式(9-68)，可推导（略）得：

$$\beta = 2.3 d_{HA} \cdot \delta_{A^-} \cdot c = 2.3 \cdot \frac{K_a^{\ominus}[H^+]c^{\ominus}}{(K_a^{\ominus}c^{\ominus} + [H^+])^2} \cdot c \tag{9-70}$$

该式即为计算缓冲溶液的缓冲指数 β 的近似计算式。

对式(9-70) 求导，并令导数等于零，可求得当 $K_a^{\ominus}c^{\ominus} = [H^+]$ 时，β 有极大值，

$$\beta_{max} = \frac{2.3c}{4c^{\ominus}} = 0.58c/c^{\ominus} \tag{9-71}$$

由式(9-71) 可知，缓冲剂的总浓度 c 越大，缓冲指数 β 也愈大。

由于缓冲指数最大时，$K_a^{\ominus}c^{\ominus} = [H^+]$，将其代入式(9-65)，可得缓冲组分的浓度比 $c_{酸}/c_{碱}$ 为 1：1，因此获得最大缓冲指数的条件是：缓冲组分的浓度比值应为 1：1；此外缓冲剂总浓度应较大，一般应在 0.10～1mol·L^{-1} 范围内。

当缓冲组分的浓度比值即 $c_{酸}/c_{碱} = \frac{1}{10}$ 或 $\frac{10}{1}$ 时，可由式(9-65) 和式(9-70) 计算缓冲指数 $\beta = 0.19c/c^{\ominus}$，与 β_{max} 比较减小约 2 倍。实验已证明，如果 β 再小，缓冲溶液就没有缓冲能力了。因此，把 $c_{酸}/c_{碱} = \frac{1}{10} \sim \frac{10}{1}$ 时，所对应的 pH 值区间称为缓冲溶液的有效缓冲范围，由式(9-65) 可计算得该范围为：pH = p$K_a^{\ominus} \pm 1$。各缓冲溶液的相应缓冲范围取决于它

们的 $K_a^\ominus$ 值。

9.5.5 缓冲溶液的应用及配制原则

缓冲溶液在生物化学和临床医学中十分重要。因为很多有意义的生物化学反应大多发生在 pH 6～8 或更大的范围内，因此，常用一种三（羟甲基）氨基甲烷 $[(HOCH_2)_3CNH_2]$ 与其共轭酸所组成的缓冲溶液，它在生理液中有较高的溶解度且和生物体液相溶。此外，缓冲溶液在分析化学和化学分离方面应用也十分广泛。

在实际工作中，配制缓冲溶液时，应注意选择不会对所研究体系产生干扰的酸、碱组分，并且应价廉易得，不污染环境。

为配制缓冲能力较大的缓冲溶液，①如果缓冲溶液是由弱酸及其共轭碱组成的，则弱酸的 $pK_a^\ominus$ 应尽量与所需控制的 pH 值一致；②配制溶液时，应使缓冲组分的浓度比值为 1：1；③缓冲组分的浓度应在 0.01～1mol·L^{-1} 之间。这样，才能使所需控制的 pH 值在缓冲溶液的有效缓冲范围之内，并得到缓冲指数较大的缓冲溶液。

常用控制溶液酸度的缓冲溶液可参见附录表 10。

【例 9-19】 欲配制一定体积 pH＝3.20 的缓冲溶液，选用 HCOOH-HCOONa、HAc-NaAc 和 H_3BO_3-NaH_2BO_3 中的哪一对为好？

解： 查表得 $pK_a^\ominus(HCOOH)＝3.74$ $\qquad pK_a^\ominus(HAc)＝4.74$

$$pK_a^\ominus(H_3BO_3)＝9.24$$

需配制溶液的 pH＝3.20，通过比较，$pK_a^\ominus(HCOOH)$ 与 pH＝3.20 最接近。

故选用 HCOOH-HCOONa 共轭酸碱对配制缓冲溶液。

【例 9-20】 欲配制 pH＝9.20，缓冲组分 $c_{NH_3}＝1.0mol·L^{-1}$ 的缓冲溶液 500mL，问需浓 $NH_3·H_2O$ 多少毫升和固体 NH_4Cl 多少克？

解： 配制此缓冲溶液的共轭酸碱对为 NH_4^+-NH_3。共轭酸 NH_4^+ 的 $K_a^\ominus＝\dfrac{K_w^\ominus}{K_b^\ominus}＝$

$\dfrac{1.00\times10^{-14}}{1.8\times10^{-5}}＝5.6\times10^{-10}$，$pK_a^\ominus＝9.26$

根据 $pH＝pK_a^\ominus+lg\dfrac{c_{NH_3}}{c_{NH_4^+}}$，即 $9.20＝9.26+lg\dfrac{c_{NH_3}}{c_{NH_4^+}}$，得

$$\frac{c_{NH_3}}{c_{NH_4^+}}＝0.87$$

已知 $c_{NH_3}＝1.0mol·L^{-1}$，所以 $c_{NH_4^+}＝1.1mol·L^{-1}$。

因此，配制 500mL 溶液，应称取固体 NH_4Cl：

$$m_{NH_4Cl}＝1.1\times0.500\times53.5＝29g$$

若浓 $NH_3·H_2O$ 浓度为 15mol·L^{-1}，所需体积为：

$$V_{NH_3·H_2O}＝\frac{1.0\times500}{15}＝33mL$$

【例 9-21】 欲配 pH＝4.70 的缓冲溶液 500mL，需用 5mL 1.0mol·L^{-1} NaOH 和多少 mL 1.0mol·L^{-1} HAc 溶液混合，并需加多少水？

解： 该缓冲溶液的共轭酸碱对为 HAc-Ac$^-$。Ac$^-$ 由 NaOH 和 HAc 反应产生，因此 Ac$^-$ 的浓度由 NaOH 的量决定，而 HAc 的浓度由 1.0mol·L^{-1} 的 HAc 和 NaOH 用量的差值决定。已知 $pK_a^\ominus(HAc)＝4.74$

根据
$$pH = pK_a^\ominus + \lg \frac{c_{Ac^-}}{c_{HAc}}$$

得：
$$4.70 = 4.74 + \lg \frac{c_{Ac^-}}{c_{HAc}}$$

$$\frac{c_{Ac^-}}{c_{HAc}} = 0.91$$

因为
$$c_{Ac^-} = \frac{1.0 \times 50}{500} = 0.10 \, mol \cdot L^{-1}$$

得
$$c_{HAc} = 0.11 \, mol \cdot L^{-1}$$

又
$$c_{HAc} = \frac{1.0 \times V_{HCl} - 1.0 \times 50}{500} = 0.11$$

得
$$V_{HCl} = 105 mL$$

混合溶液中需加水：
$$V_{H_2O} = 500 - 105 = 395 mL$$

9.6 酸碱指示剂
（Acid-Base Indicator）

分析化学的酸碱滴定分析中必须使用酸碱指示剂。它是进行准确滴定分析的重要因素。

9.6.1 酸碱指示剂的变色原因

酸碱指示剂通常是一种弱酸或弱碱，当溶液的 pH 值，发生改变时，将引起指示剂的结构发生相应变化，即从酸式结构变为碱式结构，或从碱式结构变为酸式结构。由于指示剂的酸与其共轭碱式结构具有明显不同的颜色。

在酸碱滴定过程中，指示剂颜色将随其结构的变化而发生突变，从而指示滴定终点的到达。

例如，甲基橙（Methyl Orange, MO）是有机弱碱，它是一种偶氮类酸碱指示剂，它随溶液 pH 值变化发生如下变化：

又例如酚酞（Phenolphthalein, PP）是有机弱酸。它是在弱碱性范围内变色的指示例。溶液 pH 值变化时，结构和颜色变化为：

9.6.2 酸碱指示剂的变色范围和变色点

酸碱指示剂的酸式结构用 HIn 表示，碱式结构用 In⁻ 表示。它在溶液中的电离平衡为：

$$HIn \rightleftharpoons H^+ + In^-$$
(9-72)

用 $K_{HIn}^{\ominus}$ 表示指示剂的解离平衡常数

$$K_{HIn}^{\ominus}=\frac{[H^+][In^-]}{[HIn]c^{\ominus}} \tag{9-73}$$

可得

$$\frac{[In^-]}{[HIn]}=\frac{K_{HIn}^{\ominus}c^{\ominus}}{[H^+]} \tag{9-74}$$

根据人眼辨色能力，

当 $\dfrac{[In^-]}{[HIn]} \geqslant 10$ 时   溶液呈碱式色

当 $\dfrac{[In^-]}{[HIn]} \leqslant 0.1$ 时   溶液呈酸式色

当 $0.1 < \dfrac{[In^-]}{[HIn]} < 10$ 时   溶液呈混合色

通常把溶液呈现混合色（即从一种颜色变到另一种颜色）时所对应的 pH 区间，称为变色范围。酸碱指示剂的理论变色范围为

$$pH=pK_{HIn}^{\ominus} \pm 1 \tag{9-75}$$

通常把 $\dfrac{[In^-]}{[HIn]}=1$ 时的混合色中间点所对应的 pH 值称为指示剂的变色点。故指示剂的理论变色点：

$$pH=pK_{HIn}^{\ominus} \tag{9-76}$$

可见，酸碱指示剂的理论变色范围相差两个 pH 单位。

实际上，指示剂随溶液 pH 值的变化而呈现的颜色变化范围与上述理论变色范围有所差别。通过实验用人眼观察颜色变化而得到的指示剂的变色范围，称为指示剂的实际变色范围，由于人眼对各种颜色的敏感程度不同，故实际观察得到的指示剂的变色范围大多数相差 1.6~1.8 个 pH 单位。附录表 11 中列出了几种常用的酸碱指示剂。

双色指示剂的变色点不受指示剂用量多少的影响，但指示剂用量的多少会影响单色指示剂的变色范围。指示剂的变色点的改变还受离子强度、温度及胶体存在等因素的影响。

9.6.3 混合指示剂

在酸碱滴定中，有时需要将滴定终点限制在很窄的 pH 范围内。为此可使用变色范围窄，变色敏锐的混合指示剂。混合指示剂有两类，一类是将两种 $K_{HIn}^{\ominus}$ 值相近的指示剂混合，利用彼此颜色的互补作用，使变色更加敏锐。例如，甲基红（$pK_{HIn}^{\ominus}=5.2$）与溴甲酚绿（$pK_{HIn}^{\ominus}=4.9$）的混合指示剂。在 pH<5.1 时，显橙色（红+黄），在 pH>5.1 时，显绿色（黄+蓝）。在 pH≈5.1 时，甲基红的酸式成分较多，呈橙红色，溴甲酚绿的碱式成分较多，呈绿色，两种颜色互补近乎无色。另一类混合指示剂是由一种指示剂与一种惰性染料（其颜色不随溶液 pH 值的变化而变化）混合而成，其作用原理也是利用两种颜色的互补作用使指示剂的变色敏锐。

应当指出，由于人眼辨色能力的限制，当使用单一指示剂判别"滴定终点"时，终点颜色变化有 ±0.3pH 单位的不确定性。若使用混合指示剂，则会有 ±0.2pH 单位的不确定性。一般来说，目测法判别"滴定终点"的不确定性为 ΔpH=±0.3pH。

在滴定过程中，当滴入的滴定剂（已知准确浓度的标准溶液）与被滴定物质定量反应完全时，称反应到达了"化学计量点"（Stoichionmetric Point，简称计量点，以 SP 表示）。一般依据指示剂的变色来确定化学计量点，在滴定中指示剂改变颜色的那一点称为"滴定终

点"(End Point,简称终点,以 EP 表示)。滴定终点与化学计量点不一定恰好吻合,由此造成的分析误差称为"终点误差"(以 E_t 表示)。

9.6.4 酸碱指示剂的用量

根据酸碱指示剂的解离平衡

$$HIn \rightleftharpoons H^+ + In^-$$

可以看出,对于甲基橙等双色指示剂,其变色点仅与 $[In^-]/[HIn]$ 比有关,而与指示剂的用量无关。因此对指示剂的用量没有严格要求。但应该注意的是,指示剂的用量不宜太多,否则可能造成滴定终点的颜色变化不明显以及由于指示剂本身会消耗一些滴定剂而带来误差等不利后果。对于酚酞等单色指示剂,指示剂用量的多少对变色点有一定影响。如酚酞的酸式无色,碱式红色。要使人眼能观察到红色,指示剂的用量必须达到一个最低限度。设最低碱式酚酞浓度为 a,这是一个确定的值。今假设指示剂的总浓度为 c,由指示剂的解离平衡可知

$$\frac{K_a}{[H^+]} = \frac{[In^-]}{[HIn]} = \frac{a}{c-a}$$

其中 K_a、a 都是定值,当 c 增大时,H^+ 浓度就会相应增大,即指示剂会在较低的 pH 值时变色。

指示剂的变色点除了受指示剂用量的影响以外,其他如离子强度、溶液温度以及胶体的存在等因素也会影响到指示剂的变色点。

9.7 酸碱滴定曲线

(Acid-Base Titrations Curve)

酸碱滴定法是以酸碱中和反应为基础的滴定分析方法。滴定剂一般是强酸或强碱,如 HCl、H_2SO_4,$NaOH$ 和 KOH 等;被滴定物质是具有适当强度的酸和碱,如 $NaOH$、Na_2CO_3、NH_3、HCl、HAc、H_3PO_4 等。

酸碱滴定曲线是描述滴定过程中,溶液的 pH 值变化的曲线。酸碱滴定曲线的绘制是以溶液的 pH 值为纵坐标,以滴定剂加入的体积或滴定分数为横坐标,逐点描绘而成。绘制和研究滴定曲线的目的是为选择在化学计量点附近变色的适宜指示剂;了解影响滴定曲线上突跃范围大小的主要因素;从而得出弱酸、弱碱准确进行滴定的界限以及多元酸(碱)准确地进行分步滴定的界限。

滴定过程中溶液 pH 值的得到可通过两个途径:一是用仪器测定;二是通过计算。下面以强碱滴定强酸,强碱滴定弱酸和强碱滴定多元酸为例来说明溶液 pH 值的计算及滴定曲线的绘制。

9.7.1 强碱滴定强酸

强碱和强酸之间的滴定反应为

$$H^+ + OH^- \Longrightarrow H_2O$$

滴定反应的平衡常数 $\quad K_t^\ominus = \dfrac{(c^\ominus)^2}{[H^+][OH^-]} = \dfrac{1}{K_w^\ominus} = 10^{14.00}$

滴定过程中的中和百分数又称滴定分数 α,用来衡量滴定进行的程度,如用 $NaOH$ 标准溶液滴定 HCl,滴定分数 α 可表示为:

$$\alpha = \frac{c_{NaOH} \cdot V_{NaOH}(\text{加入})}{c_{HCl} \cdot V_{HCl}(\text{起始})},$$

若 $c_{NaOH} = c_{HCl}$，则

$$\alpha = \frac{V_{NaOH}(\text{加入})}{V_{HCl}(\text{起始})}$$

现以 $0.1000 mol \cdot L^{-1}$ NaOH 标准溶液滴定 20.00mL $0.1000 mol \cdot L^{-1}$ 的 HCl 为例，计算滴定过程中溶液的 pH 值。

(1) 滴定前

溶液的酸度等于 HCl 的原始浓度。

$$[H^+] = c_{HCl}(\text{起始}) = 0.1000 mol \cdot L^{-1}$$

即滴定分数 $\alpha = 0.000$ 时，pH = 1.00

(2) 滴定开始至化学计量点前

溶液的酸度取决于剩余 HCl 的浓度。例如，当滴入 NaOH 溶液 18.00mL，即滴定分数 $\alpha = \frac{18.00}{20.00} = 0.900$ 时，

$$[H^+] = \frac{20.00 - 18.00}{20.00 + 18.00} \times 0.1000 = 5.26 \times 10^{-3} mol \cdot L^{-1}$$

$$pH = 2.28$$

如此计算滴入 NaOH 溶液 19.80mL、19.96mL、19.98mL 时溶液的 pH 值。

(3) 化学计算点时

当滴入 NaOH 溶液 20.00mL（$\alpha = 1.000$）时，到达化学计量点。HCl 全部被中和，溶液呈中性。

$$[H^+] = [OH^-] = 1.00 \times 10^{-7} mol \cdot L^{-1}$$

$$pH = 7.00$$

(4) 化学计量点后

图 9-1 $0.1000 mol \cdot L^{-1}$ NaOH 滴定 $0.1000 mol \cdot L^{-1}$ HCl 的滴定曲线

溶液中有过量的 NaOH，溶液呈碱性。溶液的碱度取决于过量 NaOH 的浓度。例如，滴入 NaOH 溶液 20.02mL（过量 NaOH 0.02mL）时（$\alpha = 1.001$）

$$[OH^-] = \frac{20.02 - 20.00}{20.00 + 20.02} \times 0.1000 = 5.0 \times 10^{-5} mol \cdot L^{-1}$$

$$pOH = 4.30 \qquad pH = 14.00 - 4.30 = 9.70$$

如此再计算滴入 NaOH 溶液 20.04mL、20.20mL、22.00mL、40.00mL 时溶液的 pH 值。将上述计算结果列于表 9-2 中。以 NaOH 的加入量或滴定分数为横坐标，以 pH 值为纵坐标，可得到强碱滴定强酸的滴定曲线（图 9-1）。

如果用强酸滴定强碱，则滴定曲线的形状和图 9-1 中的曲线相同，但变化趋势相反。

表 9-2 用 $0.1000 mol \cdot L^{-1}$ NaOH 滴定 20.00mL 相同浓度的 HCl

加入标准 NaOH 体积/mL	滴定分数 α	剩余 HCl 或过量 NaOH 体积/mL	pH 值
0.00	0.000	20.00	1.00
18.00	0.900	2.00	2.28

续表

加入标准 NaOH 体积/mL	滴定分数 α	剩余 HCl 或过量 NaOH 体积/mL	pH 值
19.80	0.990	0.20	3.30
19.96	0.998	0.04	4.00
19.98	0.999	0.02	4.30
20.00	1.000	0.00	计量点 7.00
20.02	1.001	0.02	9.70
20.04	1.002	0.04	10.00
20.20	1.010	0.20	10.70
22.00	1.100	2.00	11.70
40.00	2.000	20.00	12.52

（pH 值 4.30、计量点 7.00、9.70 为突跃范围）

由表 9-2 中数据和图 9-1 中的滴定曲线可以看出，从滴定开始到加入 19.80mL NaOH 溶液，溶液的 pH 值只改变 2.3 个单位，再滴入 0.18mL（共滴入 19.98mL）NaOH 溶液，pH 值为 4.30，变化速度明显加快。再滴入 0.02mL（共滴入 20.00mL）NaOH 溶液，达到化学计量点。继续滴入 0.02mL NaOH 溶液，pH 值迅速增至 9.70。可见，在化学计量点前后，当滴定分数从 0.999 至 1.001，即滴定由不足 0.1% 到过量 0.1%，溶液的 pH 值从 4.30 剧增到 9.70，增大了 5.4 个 pH 单位。这种 pH 值的突变形成了滴定曲线中的"突跃"部分，突跃所对应的 pH 范围称为滴定突跃范围。此后，再继续加入 NaOH 溶液，则溶液的 pH 变化又愈来愈小，和开始滴定时类似。

滴定曲线上的滴定突跃是选择指示剂的依据。凡是变色范围全部或一部分在滴定突跃范围内的指示剂都可用以指示滴定终点，并保证测定有足够的准确度，即滴定误差＝0.1%。上述强碱滴定强酸的实例中，滴定突跃范围为 pH 4.30～9.70。因此，甲基橙（pH 3.1～4.4），甲基红（pH 4.4～6.2），酚酞（pH 8.0～9.6）都可用作这一类型滴定的指示剂。但当有 CO_2 干扰测定时，因 CO_2 在溶液 pH＞5 时会参与滴定反应，故滴定最好在 pH＜5 时结束。即可选择甲基橙作指示剂，滴定到甲基橙完全显碱式色（黄色）时为滴定终点，此时溶液的 pH～4.4。

图 9-2　不同浓度 NaOH 滴定不同浓度 HCl 时的滴定曲线

如图 9-2 所示。用 1mol·L^{-1} NaOH 滴定 1mol·L^{-1} HCl 溶液时，滴定突跃范围为 pH 3.3～10.7，即当酸碱浓度增大 10 倍时，滴定突跃范围增大两个 pH 单位。当用 0.01mol·L^{-1} 的 NaOH 滴定 0.01mol·L^{-1} HCl 溶液时，滴定突跃范围为 pH 5.30～8.70。可见，滴定突跃范围的大小与酸碱的浓度有关。用浓溶液滴定时选用的指示剂，在稀溶液时就不一定适用。

如果改用 1mol·L^{-1} HCl 滴定 1mol·L^{-1} NaOH 溶液，滴定曲线的形状与图 9-1 相同，但方向相反。此时酚酞和甲基红都可用作指示剂，而如果用甲基橙作指示剂，则需要进行相关校正以减小终点误差。

9.7.2　强碱滴定一元弱酸

强碱滴定一元弱酸时的基本反应为

$$HB+OH^- \rightleftharpoons B^- + H_2O$$

滴定常数
$$K_t^\ominus = \frac{[B^-]c^\ominus}{[HB][OH^-]} = \frac{K_a^\ominus}{K_w^\ominus}$$

现以 $0.1000 \text{mol} \cdot \text{L}^{-1}$ NaOH 滴定 20.00mL $0.1000 \text{mol} \cdot \text{L}^{-1}$ HAc 为例，讨论滴定曲线和指示剂的选择，滴定分数 $\alpha = \dfrac{V_{NaOH}（加入）}{V_{HAC}（起始）} = \dfrac{V_{NaOH}（加入）}{20.00}$

（1）滴定前

溶液的 pH 值取决于 HAc 的起始浓度。

$$[H^+] = \sqrt{K_a^\ominus \cdot cc^\ominus} = \sqrt{1.8 \times 10^{-5} \times 0.1000} = 1.34 \times 10^{-3} \text{mol} \cdot \text{L}^{-1}$$
$$pH = 2.87 \quad 滴定分数\ \alpha = 0.000$$

（2）滴定开始至化学计量点前

此阶段溶液中未反应的 HAc 和反应产物 Ac⁻ 同时存在，组成缓冲体系。一般情况下可按式（9-64）计算 pH 值：

$$pH = pK_a^\ominus + \lg\frac{c_{Ac^-}}{c_{HAc}}$$

例如，当滴入 NaOH 溶液 18.00mL 时，$\alpha = \dfrac{18.00}{20.00} = 0.900$

$$c_{HAc} = \frac{20.00 - 18.00}{20.00 + 18.00} \times 0.1000 \text{mol} \cdot \text{L}^{-1}$$

$$c_{Ac^-} = \frac{18.00}{20.00 + 18.00} \times 0.1000 \text{mol} \cdot \text{L}^{-1}$$

所以，$pH = 4.74 + \lg\dfrac{18.00}{2.00} = 5.70$

如此计算加入 NaOH 19.80mL、19.98mL 时溶液的 pH 值，列入表 9-3 中。

（3）化学计量点时

溶液的 pH 值取决于反应产物 NaAc 的电离平衡。此时 NaOH 的加入量为 20.00mL，滴定分数 $\alpha = 1.000$。溶液中的 OH⁻ 浓度为

$$[OH^-] = \sqrt{K_b^\ominus \cdot cc^\ominus} = \sqrt{\frac{K_w^\ominus}{K_a^\ominus} \cdot cc^\ominus}$$
$$= \sqrt{\frac{10^{-14}}{1.8 \times 10^{-5}} \times 0.0500}$$
$$= 5.27 \times 10^{-6} \text{mol} \cdot \text{L}^{-1}$$

$$pOH = 5.28 \qquad pH = 14.00 - 5.28 = 8.72$$

溶液显弱碱性。

（4）化学计量点后

由于滴入过量的 NaOH，抑制了 NaAc 的解离，故此时溶液的 pH 值主要取决于过量的 NaOH 浓度。计算方法同强碱滴定强酸。这一阶段可计算加入 NaOH 20.02mL、20.20mL、22.00mL 和 40.00mL 时溶液的 pH 值。将上述计算结果列于表 9-3 中，以表中数据绘制滴定曲线如图 9-3。从表 9-3 和图 9-3 可

图 9-3 用强碱滴定 $0.1000 \text{mol} \cdot \text{L}^{-1}$ 各种强度酸的滴定曲线，其中虚线为 HAc

以看出，当滴定分数在 0.999～1.001 之间变化时，滴定曲线有一突跃，此滴定突跃对应的 pH 值为 7.74～9.70。因此，可选择酚酞（pH 8.0～9.6）和百里酚蓝（第二次变色 pH8.0～9.6）作指示剂。

用 $0.1000 mol \cdot L^{-1}$ 的 NaOH 滴定同浓度各种强度酸的滴定曲线如图 9-3 所示。可以看出，当酸的浓度一定时，酸愈强，即酸的 $K_a^{\ominus}$ 值越大滴定突跃范围也愈大。当 $K_a^{\ominus} = 10^{-9}$ 时，已经没有明显的突跃。另外，当酸的 $K_a^{\ominus}$ 值一定时，酸的浓度愈大，滴定突跃范围也愈大。因此，酸碱滴定突跃范围的大小和酸的强弱及浓度有关。当酸太弱或浓度太小时，由于滴定突跃范围太小，无法利用一般的酸碱指示剂确定滴定终点而不能准确进行滴定。

表 9-3　用 $0.100 mol \cdot L^{-1}$ NaOH 滴定 20.00mL $0.100 mol \cdot L^{-1}$ HAc

加入 NaOH 体积/mL	中和百分数	过量 NaOH 体积/mL	pH 值
0.00	0.00		2.87
18.00	90.00		5.70
19.80	99.00		6.73
19.98	99.90		7.74
20.00	100.0		8.72
20.02	100.1	0.02	9.70
20.20	101.0	0.20	10.70
22.00	110.0	2.00	11.70
40.00	200.0	20.00	12.50

突跃范围对应 19.98、20.00、20.02 三行（7.74、8.72、9.70）

目测法检测终点（$\Delta pH = 0.3$）的终点误差一般要求小于 0.2%，故弱酸能否准确进行滴定的界限为 $cK_a^{\ominus} \geqslant 10^{-8}$（弱碱：$cK_b^{\ominus} \geqslant 10^{-8}$）。

9.7.3　强碱滴定多元酸

多元酸滴定过程中的 pH 值计算较复杂，用 $0.10 mol \cdot L^{-1}$ NaOH 滴定等浓度的 H_3PO_4 溶液的滴定曲线如图 9-4 所示。由图可见，滴定曲线上有两个滴定突跃。说明，H_3PO_4 溶液中 H^+ 的滴定是一个一个被滴定的。根据弱酸准确进行滴定的界限可说明 H_3PO_4 中三个 H^+ 的滴定情况。

$$H_3PO_4 \Longrightarrow H^+ + H_2PO_4^- \qquad K_{a_1}^{\ominus} = 7.6 \times 10^{-3}$$

$$H_2PO_4^- \Longrightarrow H^+ + HPO_4^{2-} \qquad K_{a_2}^{\ominus} = 6.3 \times 10^{-8}$$

$$HPO_4^{2-} \Longrightarrow H^+ + PO_4^{3-} \qquad K_{a_3}^{\ominus} = 4.4 \times 10^{-13}$$

因为，H_3PO_4 的 $K_{a_1}^{\ominus}$ 和 $K_{a_2}^{\ominus}$ 较大，而 $K_{a_3}^{\ominus} \cdot c < 10^{-8}$，故第三个 H^+ 不能按常规方法准确滴定。

从 H_3PO_4 滴定曲线上可以看出，用 NaOH 滴定 H_3PO_4 的第一个 H^+ 时，得到第一个突跃，说明第二个 H^+ 没有参加反应；当滴定第二个 H^+ 时，得到第二个突跃，说明第三个 H^+ 没有参加反应。两个突跃都比较明显且分开。多元酸的 H^+ 能否准确分步滴定与相邻两级离解常数的大小有关。根据强碱滴定多元酸，目测法检测终点的误差要求约为 0.5%，因此相邻两级离解常数的比值 $K_{a_1}^{\ominus}/K_{a_2}^{\ominus}$ 必须大于或等于 10^5。这样当滴定第一个 H^+ 至化学计量点时，第二个 H^+ 才不会产生干扰。

因此，对于多元酸的滴定，应首先根据 $cK_{a_1}^{\ominus} \geqslant 10^{-8}$

图 9-4　H_3PO_4 溶液的滴定曲线

与否，判断能否对第一级解离的 H^+ 进行准确滴定。然后再看相邻两级的 $K_a^{\ominus}$ 比值是否大于或等于 10^5，判断是否能准确的进行分步滴定。如果 $K_{a_1}^{\ominus}/K_{a_2}^{\ominus}<10^5$，说明滴定时两个突跃将混在一起，形成一个突跃，由于第二个 H^+ 的干扰，将不能进行分步滴定。

例如草酸的 $K_{a_1}^{\ominus}=5.9\times10^{-2}$，$K_{a_2}^{\ominus}=6.4\times10^5$，虽然 $K_{a_1}^{\ominus}$ 和 $K_{a_2}^{\ominus}$ 都较大，但 $K_{a_1}^{\ominus}/K_{a_2}^{\ominus}\approx10^3$，故滴定曲线上只有一个较大的突跃，两个 H^+ 不能准确进行分步滴定。但只要草酸浓度不很稀，可按二元酸一次被滴定。

强碱分步准确滴定多元酸时指示剂的选择可分别计算各个化学计量点的 pH 值，并选择在此 pH 值附近变色的指示剂。以上述 NaOH 滴定 H_3PO_4 为例。

第一个化学计量点：用 NaOH 滴定 H_3PO_4 至第一化学计量点时，产物是 $H_2PO_4^-$，其浓度为 $0.050 mol\cdot L^{-1}$。由于它是两性物质，且 $K_{a_2}^{\ominus}\cdot c\gg K_w^{\ominus}$，所以溶液的 pH 值按下式计算：

$$[H^+]=c^{\ominus}\sqrt{\frac{K_{a_1}^{\ominus}K_{a_2}^{\ominus}\cdot c}{c^{\ominus}K_{a_1}^{\ominus}+c}}=\sqrt{\frac{7.5\times10^{-3}\times6.3\times10^{-8}\times0.050}{7.5\times10^{-3}+5.0\times10^{-2}}}$$
$$=2.0\times10^{-5} mol\cdot L^{-1}$$
$$pH=4.70$$

因此，可选用甲基橙为指示剂，测定结果的误差约为 -0.5%。

第二个化学计量点：第二个化学计量点的滴定产物为 HPO_4^{2-}，浓度为 $0.033 mol\cdot L^{-1}$，溶液的 pH 值应按下式计算：

$$[H^+]=c^{\ominus}\sqrt{\frac{K_{a_2}^{\ominus}(K_{a_3}^{\ominus}c+K_w^{\ominus}c^{\ominus})}{c^{\ominus}K_{a_2}^{\ominus}+c}}$$
$$=\sqrt{\frac{6.3\times10^{-8}(4.4\times10^{-13}\times0.033+1.0\times10^{-14})}{6.3\times10^{-8}+0.033}}=2.2\times10^{-10} mol\cdot L^{-1}$$
$$pH=9.66$$

可选用百里酚酞（变色点 pH≈10）作指示剂，终点颜色由无色变为浅蓝，误差约为 $+0.3\%$。

混合酸滴定的情况和多元酸相似。当用强碱滴定弱酸 HA（解离常数 $K_{a_1}^{\ominus}$，浓度 c_1）和弱酸 HB（解离常数 $K_{a_2}^{\ominus}$，浓度 c_2）的混合溶液时，若要判断是否能准确滴定酸性相对较强的弱酸（此处假定为 HA），首先用 $c_1K_{a_1}^{\ominus}/c_2K_{a_2}^{\ominus}\geqslant10^5$ 判断。指示剂的选择可通过计算第一化学计量点的 pH 值来进行。

9.8 酸碱滴定法的应用
(Applications of Acid-Base Titrations)

酸碱滴定法的应用非常广泛，许多工业产品如烧碱、纯碱主成分含量的测定，钢铁及某些原材料中碳、硫、磷、硼、硅和氢等元素的测量，以及有机合成工业和医药工业中的原料和成品的分析等一般都采用酸碱滴定法，下面是几个酸碱滴定法的应用实例。

9.8.1 乙酰水杨酸（阿司匹林）的测定

乙酰水杨酸是解热镇痛药。分子结构中含有羧基，在水溶液中可离解出 H^+，故可用标准碱溶液直接滴定。其滴定反应为：

乙酰水杨酸含有酯的结构，为了防止酯在水溶液中滴定时水解而使结果偏高，滴定时应控制两个条件：一是在中性乙醇溶液中滴定；二是保持滴定时的温度在 10℃ 以下。此外，滴定时应在不断振摇下稍快地进行，以防止局部碱度过大而促使其水解。其水解反应如下：

$$\underset{\text{OCOCH}_3}{\overset{\text{COOH}}{\bigcirc}} + 2NaOH \longrightarrow \underset{\text{OH}}{\overset{\text{COONa}}{\bigcirc}} + CH_3COONa + H_2O$$

9.8.2　药用 NaOH 的测定——双指示剂法

NaOH 易吸收空气中的 CO_2，使部分 NaOH 变成 Na_2CO_3，形成 NaOH 和 Na_2CO_3 的混合物。为了分别测定 NaOH 和 Na_2CO_3 的含量，根据碳酸盐被滴定时有二个化学计量点的原理，可采用双指示剂法。准确称取一定量试样，溶解后，加入酚酞指示剂，用 HCl 标准溶液滴定至红色刚消失，此时，NaOH 全部被 HCl 中和，而 Na_2CO_3 只被中和到 $NaHCO_3$，共消耗 HCl 体积为 V_1 mL。再加入甲基橙指示剂，继续用 HCl 标准溶液滴定至溶液显橙红色时停止滴定，$NaHCO_3$ 被中和为 H_2CO_3，用去 HCl 的体积为 V_2 mL。

根据化学计量关系可知，Na_2CO_3 被中和到 $NaHCO_3$ 和 $NaHCO_3$ 被中和到 H_2CO_3 所消耗的 HCl 体积是相等的，即 Na_2CO_3 消耗的 HCl 体积为 $2V_2$ mL，而 NaOH 消耗的 HCl 体积为 (V_1-V_2) mL。所以

$$w_{Na_2CO_3}=\frac{\frac{1}{2}\times c_{HCl}\times 2V_2\times M_{Na_2CO_3}}{m_s\times 1000}$$

$$w_{NaOH}=\frac{c_{HCl}\times (V_1-V_2)\times M_{NaOH}}{m_s\times 1000}$$

9.8.3　硼酸的测定

硼酸为极弱的酸，它在水溶液中按下式离解：

$$B(OH)_3+2H_2O \Longrightarrow B(OH)_4^-+H_3O^+ \qquad K_a^\ominus=5.8\times 10^{-10}$$

一般简写为

$$H_3BO_3 \Longrightarrow H^++H_2BO_3^-$$

由于 $K_a^\ominus$ 值太小，不能用 NaOH 直接滴定。但如果于硼酸溶液中加入大量甘油或甘露醇，它们能与硼酸形成稳定的络合物，而增强了硼酸在水溶液中的酸式离解，使酸的强度增加。从而可用酚酞作指示剂，用 NaOH 标准溶液进行准确滴定。例如甘露醇与硼酸生成络合物的反应式如下：

$$2\ \underset{\text{CH}}{\overset{\text{H}}{\underset{|}{\overset{|}{R-C-H}}}}\ \begin{matrix}H\\|\\R-C-H\\|\\R-C-OH\\|\\H\end{matrix} + H_3BO_3 \Longrightarrow \left[\begin{matrix}H&&H\\|&&|\\R-C-O&&O-C-R\\&\diagdown\ B\ \diagup&\\|&&|\\R-C-O&&O-C-R\\|&&|\\H&&H\end{matrix}\right]^- H^++3H_2O$$

该络合物的酸性很强，$pK_a^\ominus=4.26$。

对于极弱酸的滴定，除了上述利用生成络合物的方法使弱酸强化，从而可以准确进行滴定以外，在某些情况下利用沉淀反应也可以使弱酸强化。如 H_3PO_4，由于其第三级酸式解离常数 $K_{a_3}^\ominus$ 很小，故通常只能按二元酸被滴定。为了准确滴定出 H_3PO_4 中所有的 H^+，可向溶液中加入钙盐。由于体系中生成了 $Ca_3(PO_4)_2$ 沉淀，因此可继续滴定 HPO_4^{2-} 中的 H^+，即此时 H_3PO_4 可按三元酸被准确滴定。

此外，利用氧化还原反应也可以使弱酸转变为强酸，再进行滴定。如用碘、过氧化氢或

溴水等作为氧化剂，将 H_2SO_3 氧化为 H_2SO_4，即使弱酸转化为强酸，再用碱标液滴定。

9.8.4 氮的测定

(1) 无机铵盐中氮的测定

一般可用两种方法测定其含氮量。

其一是蒸馏法，在试样中加入过量的碱，加热把 NH_3 蒸馏出来，用已知量过量的酸标准溶液吸收。过量的酸用 NaOH 标准溶液返滴，以甲基红为指示剂。也可把蒸出的 NH_3 用硼酸溶液吸收。用甲基红和溴甲酚绿混合指示剂，然后用酸标准溶液直接滴定。H_3BO_3 的酸性极弱，它可以吸收氨，但不影响滴定，不必定量加入。

其二是甲醛法，利用铵盐与甲醛作用，生成等物质量的酸（质子化的六亚甲基四胺和 H^+）：

$$4NH_4^+ + 6HCHO =\!=\!= (CH_2)_6N_4H^+ + 3H^+ + 6H_2O$$

然后采用酚酞作指示剂，用 NaOH 标准溶液直接滴定。

(2) 含氮有机物中氮的测定

上述蒸馏法也可用于有机物中氮的测定（称作 Kjeldahl 定氮法）。于有机试样中加入浓 H_2SO_4、硫酸钾和硒或铜盐进行煮解。浓 H_2SO_4 可破坏有机物，硫酸钾可阻止高温下浓 H_2SO_4 的分解，硒或铜盐是催化剂。煮解中，有机物中的氮定量转化为 NH_4HSO_4 或 $(NH_4)_2SO_4$，然后将浓 NaOH 加入煮解液至溶液呈强碱性，析出的 NH_3 随水蒸气蒸馏出来，用已知量过量的盐酸标准溶液吸收，最后用标准 NaOH 溶液返滴定剩余的盐酸。也可将蒸馏出来的 NH_3 导入饱和硼酸溶液中，然后用标准盐酸溶液直接滴定所产生的硼酸盐，后者更加简便、快速。

对于含硝基、亚硝基或偶氮基等有机化合物，煮解前必须用亚铁盐、硫代硫酸盐和葡萄糖等还原剂处理，再按上述方法进行煮解，使氮定量转化为铵离子。

9.9 酸碱标准溶液的配制与标定

(Preparation and Standardization of Acid and Base Solution)

常用酸碱一般不是基准物质，通常先配制近似所需浓度的溶液，然后用基准物质进行标定。基准物质是指能用于直接配制标准溶液或标定溶液准确浓度，组成恒定且稳定的纯物质。标定是指用近似浓度溶液去滴定一定量的基准物质溶液，然后计算出准确浓度的过程。

9.9.1 标准酸溶液的配制与标定

标准酸溶液常用 HCl 配制，有时也用 H_2SO_4 或 HNO_3 配制。这里介绍 HCl 标准溶液的配制与标定方法。

(1) 配制

一般用化学纯（C.P.）或分析纯（A.R.）级 HCl，按所需配制的浓度，计算并量取适当体积的浓 HCl，稀释至一定体积、摇匀，按下述方法标定。

(2) 标定

① 用无水 Na_2CO_3 标定 无水 Na_2CO_3 系将 $Na_2CO_3 \cdot 10H_2O$ 于 270～300℃烘 1h 制得，在干燥器中冷却，备用。

称取一定量无水 Na_2CO_3，溶于一定体积的水中，以甲基红或甲基橙作指示剂，用待标定的 HCl 溶液滴定至终点。然后由下式计算出 HCl 溶液的准确浓度。

$$c_{HCl} = \frac{2m_{Na_2CO_3 \cdot 10H_2O}}{M_{Na_2CO_3 \cdot 10H_2O} \cdot V_{HCl}}$$

② 用硼砂（$Na_2B_4O_7 \cdot 10H_2O$）标定　滴定的基本反应是 $B_4O_7^{2-} + 2H^+ + 5H_2O =$ $4H_3BO_3$，称取一定量的硼砂溶于水中，以甲基红为指示剂，用待标定的 HCl 溶液滴定至终点，由下式计算 HCl 溶液的准确浓度。

$$c_{HCl} = \frac{2m_{Na_2B_4O_7 \cdot 10H_2O}}{M_{Na_2B_4O_7 \cdot 10H_2O} \cdot V_{HCl}}$$

9.9.2　标准碱溶液的配制与标定

标准碱溶液常用 NaOH，有时也用 KOH 配制。由于 NaOH 易吸收空气中的 CO_2 形成 Na_2CO_3，故需配制无 CO_3^{2-} 的溶液。一般用少量（5～10mL）煮沸并冷却后的蒸馏水快速漂洗固体 NaOH2～3 次即可除去 NaOH 表面上少量的 Na_2CO_3，水中的 CO_2 可用煮沸法除去。

标定碱溶液的基准物质常用邻苯二甲酸氢钾和草酸（$H_2C_2O_4 \cdot 2H_2O$）。

(1) 用邻苯二甲酸氢钾标定

邻苯二甲酸氢钾在 100～125℃干燥。

滴定反应为

因终点产物显弱碱性，可用酚酞作指示剂。

用下式计算 NaOH 溶液的准确浓度。

$$c_{NaOH} = \frac{m_{KHC_8H_4O_4}}{M_{KHC_8H_4O_4} \cdot V_{NaOH}}$$

(2) 用 $H_2C_2O_4 \cdot 2H_2O$ 标定

滴定反应　　　　　　$H_2C_2O_4 + 2NaOH = Na_2C_2O_4 + H_2O$

用酚酞作指示剂，记下滴定消耗的 NaOH 体积，用下式计算 NaOH 溶液的准确浓度。

$$c_{NaOH} = \frac{2m_{H_2C_2O_4 \cdot 2H_2O}}{M_{H_2C_2O_4 \cdot 2H_2O} \cdot V_{NaOH}}$$

斯万特·奥古斯特·阿伦尼乌斯（S A Arrhenius，1859～1927），瑞典物理化学家，电离理论的创立者。1884 年 5 月，在乌普萨拉大学博士学位论文答辩会上，阿伦尼乌斯提出了自己关于电解质溶液电导性质的大胆设想，即"氯化钠溶解在水里就电离成为氯离子和钠离子"，而这一设想违背了戴维和达拉第所建立的经典电化学理论，即"只有电离才能产生离子"这一当时的"金科玉律"。他宣读完论文后，教授们"个个怒不可遏"，难以容忍这种"荒谬绝伦"甚至"纯粹是空想"的理论。然而阿伦尼乌斯并未因此而退缩，他在著名化学家奥斯特瓦尔德的支持下继续自己的科学研究。最终，这个在化学家帕尔美看来"特别好斗又温厚的"

瑞典人笑到了最后。1901 年他当选为瑞典皇家科学院院士，1902 年获英国皇家学会戴维奖章，1903 年又因其电离理论对化学的发展所做的特殊贡献而荣获诺贝尔化学奖。阿伦尼乌斯是一位多才多艺的学者，除了化学外，在物理学方面他致力于电学研究，在天文学方面，他从事天体物理学和气象学研究。此外，他还研究过太阳系的成因，北极壳冰川的成因，并最先对血清疗法的机理做出化学上的解释。

布朗斯特（J N Brönsted，1879～1947），丹麦物理化学家，研究催化性质和酸碱强度的权威，因其酸碱质子理论而闻名于世。著有无机和物理化学教科书。1929 年成为耶鲁大学访问教授，1947 年被选为丹麦国会议员。

吉尔伯特·牛顿·路易斯（G N Lewis，1875～1946）美国物理化学家，1899 年获哈佛大学哲学博士学位。1904～1905 年任菲律宾计量局局长；1905～1911 年任教于麻省理工学院，致力于物理化学研究；1912 年起任加利福利亚大学伯克利分校化学系主任。他曾获得英国皇家学会戴维奖章，瑞典科学院阿伦尼乌斯奖章，美国吉布斯奖章和里查兹奖章等，还是苏联科学院的外籍院士。路易斯具有很强的开辟化学研究新领域的能力，研究过许多化学基础理论。1901 年和 1907 年，他先后提出"逸度"和"活度"概念；1916 年提出共价键的电子理论；1921 年将离子强度的概念引入热力学，发现了稀溶液中盐的活度系数由离子强度决定的经验定律；1923 年提出新的广义酸碱概念，被称为路易斯酸碱理论。这一理论是化学反应理论的一个重大突破，在有机反应和催化反应中得到了广泛应用。同年，与兰德尔（Randall M.）合著《化学物质的热力学和自由能》，该书深入探讨了化学平衡，对自由能、活度等概念作出了新的解释。

思 考 题

9-1 （1）写出下列各酸的共轭碱：

NH_4^+，H_2S，HSO_4^-，$H_2PO_4^-$，H_2CO_3，$Zn(H_2O)_6^{2+}$

（2）写出下列各碱的共轭酸：

S^{2-}，PO_4^{3-}，NH_3，CN^-，ClO^-，OH^-

9-2 相同浓度的 HCl 和 HAc 溶液的 pH 值是否相同？pH 值相同的 HCl 溶液和 HAc 溶液其浓度是否相同？若用 NaOH 中和 pH 值相同的 HCl 和 HAc 溶液，哪个用量大？原因何在？

9-3 对于下列溶液：$0.1mol \cdot L^{-1}$ HCl，$0.01mol \cdot L^{-1}$ HCl，$0.1mol \cdot L^{-1}$ HF，$0.01mol \cdot L^{-1}$ HF，问：

(1) 哪一种具有最高的 $[H^+]$；

(2) 哪一种具有最低的 $[H^+]$；

(3) 哪一种具有最低的电离度；

(4) 哪两种具有相似的电离度。

9-4 描述下列过程中溶液 pH 值的变化，并解释之。

(1) 将 $NaNO_2$ 溶液加到 HNO_2 中；

(2) 将 $NaNO_3$ 溶液加到 HNO_3；

(3) 将 NH_4Cl 溶液加到氨水中。

9-5 用解离常数定性说明 HSO_3^-、HS^-、$HC_2O_4^-$ 各离子在水溶液中显酸性还是显碱性？

9-6 氨基酸是重要的生物化学物质，最简单的为甘氨酸 $H_2N—CH_2—\overset{\displaystyle O}{\overset{\|}{C}}—OH$ ，每个甘氨酸中有一个弱酸基—COOH 和一个弱碱基—NH_2，且 $K_a^\ominus$ 和 $K_b^\ominus$ 几乎相等。试用酸碱质子论判断在强酸性溶液中甘氨酸将变成哪种离子？在强碱性溶液中它将变成什么离子？在纯水溶液中将存在怎样的两性离子？（用化学式表示）

9-7 在 NH_3-NH_4Cl 混合溶液中加入少量强酸或强碱，为什么溶液 pH 值基本上不变？试写出反应方程式说明之。如此共轭酸碱对浓度比值接近于 1，溶液能保持的 pH 值是多少？如果要配制 pH＝3.0 或 pH＝10.0 左右的缓冲溶液，应分别选择①甲酸和甲酸钠②氨水和氯化铵③醋酸和醋酸钠中的哪一组共轭酸碱对？

9-8 写出下列酸碱组分的质子平衡方程：

NH_4HCO_3 　　　　　　NH_4F 　　　　　　$NaNH_4HPO_4$ 　　　　$NH_4H_2PO_4$

NH_3＋NaOH 　　　　　HAc＋H_3BO_3 　　　H_3PO_4＋HCOOH 　　NaH_2PO_4＋HCl

9-9 下列溶液以 NaOH 溶液或 HCl 溶液滴定时，在滴定曲线上会出现几个突跃？

a. H_2SO_4＋H_3PO_4 　　　　　　　　b. HCl＋H_3BO_3

c. HF＋HAc 　　　　　　　　　　　d. NaOH＋Na_3PO_4

e. Na_2CO_3＋Na_2HPO_4 　　　　　　f. Na_2HPO_4＋NaH_2PO_4

9-10 有人试图用酸碱滴定法来测定 NaAc 的含量，先加入一定量过量标准 HCl 溶液，然后用 NaOH 标准溶液返滴定过量的 HCl。上述设计是否正确？试述其理由。

9-11 有一碱液，可能含有 NaOH，Na_2CO_3 或 $NaHCO_3$，也可能是其中两者的混合物。今用 HCl 溶液滴定，以酚酞为指示剂时，消耗 HCl 体积为 V_1；又加入甲基橙指示剂，继续用 HCl 溶液滴定，又消耗 HCl 体积为 V_2。当出现下列情况时，溶液各由哪些物质组成？

a. $V_1 > V_2$，$V_2 > 0$ 　　　　　　　b. $V_2 > V_1$，$V_1 > 0$

c. $V_1 = V_2$ 　　　　　　　　　　　d. $V_1 = 0$，$V_2 > 0$

e. $V_1 > 0$，$V_2 = 0$

9-12 设计测定下列混合物中各组分含量的方法，并简述其理由。

a. HCl＋H_3BO_3 　　　　　　　　　b. H_2SO_4＋H_3PO_4

c. HCl＋NH_4Cl 　　　　　　　　　d. Na_3PO_4＋Na_2HPO_4

e. Na_3PO_4＋NaOH 　　　　　　　　f. $NaHSO_4$＋NaH_2PO_4

习　题

9-1 已知 298K 时某一元弱酸的浓度为 $0.05mol \cdot L^{-1}$，测得其 pH 值为 4.0，求 $K_a^\ominus$ 和电离度 α。

$(2.0×10^{-7}, 0.2\%)$

9-2 若使 0.1L 的 $8mol \cdot L^{-1}$ 氨水中 NH_3 的电离度增大为 2 倍，需加水多少升？

$(0.3L)$

9-3 奶油腐败后的分解产物之一为丁酸（C_3H_7COOH），有恶臭。今有一含 0.20mol 丁酸的 0.40L 溶液，pH 值为 2.50，求丁酸的 $K_a^{\ominus}$。

(2.0×10^{-5})

9-4 浓度为 0.20mol·L^{-1} 氨水的 pH 值是多少？若向 100mL 浓度为 0.20mol·L^{-1} 的氨水中加入 7.0g 固体 NH_4Cl（设体积不变），溶液的 pH 值改变为多少？

$(11.28，8.43)$

9-5 在 250mL 浓度为 0.20mol·L^{-1} 氨水中，需要加几克固体 $(NH_4)_2SO_4$ 才能使其中的 OH$^-$ 浓度降低 100 倍？

$(3.1g)$

9-6 计算下列溶液中的 H_3O^+ 和 Ac^- 浓度。

(1) 0.050mol·L^{-1} HAc。

(2) 0.10mol·L^{-1} HAc 加等体积的 0.050mol·L^{-1} KAc。

(3) 0.10mol·L^{-1} HAc 加等体积的 0.050mol·L^{-1} HCl。

[(1) 9.5×10^{-4} mol·L^{-1}；(2) 3.6×10^{-5} mol·L^{-1}，0.025mol·L^{-1}；

(3) 0.025mol·L^{-1}，3.6×10^{-5} mol·L^{-1}]

9-7 10.0mL 0.20mol·L^{-1} 的 HCl 溶液与 10.0mL 0.50mol·L^{-1} 的 NaAc 溶液混合后，计算

(1) 溶液的 pH 值是多少？

(2) 在混合溶液中加入 1.0mL 0.50mol·L^{-1} 的 NaOH，溶液的 pH 值变为多少？

(3) 在混合溶液中加入 1.0mL 0.50mol·L^{-1} 的 HCl，溶液的 pH 值变为多少？

(4) 将最初的混合溶液用水稀释一倍，溶液的 pH 值又是多少？

以上计算结果说明什么问题？

[(1) 4.92；(2) 5.11；(3) 4；(4) 4.74]

9-8 每 100mL 纯碱溶液中含 $Na_2CO_3 \cdot 10H_2O$ 的质量为 5.7g 时，溶液的 $[CO_3^{2-}]$ 和 pH 值是多少？

$(0.199\text{mol·L}^{-1}；11.78)$

9-9 0.10mol·L^{-1} Na_3PO_4 溶液中，$[PO_4^{3-}]$ 和 pH 值各是多少？

$(0.062\text{mol·L}^{-1}；12.58)$

9-10 在 pH 值分别为 9.0 和 13.0 的两溶液中，CO_2 各以何种形态为主？为什么？

(pH9.0，以 HCO_3^- 为主；pH13.0，以 CO_3^{2-} 为主)

9-11 在 101kPa，20℃ 时，H_2S 气在水中的溶解度是 2.61 体积 H_2S/1 体积 H_2O（H_2S 密度 $\rho = 0.00141$kg·L^{-1}），求饱和 H_2S 水溶液的物质量浓度；计算饱和 H_2S 水溶液的 $[H_3O^+]$ 和 $[S^{2-}]$；如用 HCl 调节溶液的酸度到 pH=2.00 时，溶液中的 $[S^{2-}]$ 浓度又是多少？

(0.108mol·L^{-1}，1.18×10^{-4} mol·L^{-1}，7.1×10^{-15} mol·L^{-1}，9.97×10^{-19} mol·L^{-1})

9-12 计算下列各溶液的 pH 值。

(1) 0.20mol·L^{-1} NaAc   (2) 0.20mol·L^{-1} NH_4Cl

(3) 0.20mol·L^{-1} H_3PO_4 (4) 0.10mol·L^{-1} H_2SO_4

(5) 0.10mol·L^{-1} 三乙醇胺（$HOCH_2CH_2)_3N$

(6) 0.10mol·L^{-1} H_3BO_3；   (7) 5×10^{-8} mol·L^{-1} HCl

(8) 0.10mol·L^{-1} NH_4CN；   (9) 0.050mol·L^{-1} K_2HPO_4

(10) 0.050mol·L^{-1} 氨基乙酸

[(1) 9.03；(2) 4.98；(3) 1.45；(4) 0.96；(5) 10.38；(6) 5.12；(7) 6.89；

(8) 9.23；(9) 9.70；(10) 5.97]

9-13 将 0.12mol·L^{-1} HCl 和 0.10mol·L^{-1} 氯乙酸钠（$ClCH_2COONa$）溶液等体积混合，计算 pH 值。

(1.84)

9-14 计算 pH 值为 8.0 和 12.0 时 0.10mol·L^{-1} KCN 溶液中的 $[CN^-]$ 浓度。

$(5.8 \times 10^{-3} \text{mol} \cdot \text{L}^{-1}, 0.10 \text{mol} \cdot \text{L}^{-1})$

9-15　根据 HAc、$NH_3 \cdot H_2O$、$H_2C_2O_4$，H_3PO_4 4 种酸碱的解离常数，选取适当的酸及其共轭碱来配制 pH＝7.51 的缓冲溶液，其共轭酸碱的浓度比应是多少？

(2.04)

9-16　欲配制 1.0L HAc 浓度为 $1.0 \text{mol} \cdot \text{L}^{-1}$ pH＝4.5 的缓冲溶液，需用固体 $NaAc \cdot 3H_2O$ 多少克？需要浓盐酸（$12 \text{mol} \cdot \text{L}^{-1}$）多少毫升？

(214g，83mL)

9-17　欲配制 0.50L pH＝9.0，其中 $[NH_4^+] = 1.0 \text{mol} \cdot \text{L}^{-1}$ 的缓冲溶液，需密度为 $0.904 \text{g} \cdot \text{mL}^{-1}$，含氨质量分数为 26％的浓氨水多少升？固体 NH_4Cl 多少克？

(0.0198L；26.75g)

9-18　将 100.0mL 的 NaH_2PO_4 溶液（$0.030 \text{mol} \cdot \text{L}^{-1}$）与 50.0mL 的 Na_3PO_4 溶液（$0.020 \text{mol} \cdot \text{L}^{-1}$）相混合，求溶液的 pH 值。这混合溶液是一种什么溶液？

(7.21，缓冲溶液)

9-19　某人称取 CCl_3COOH 16.34g 和 NaOH 2.0g，溶解于 1L 水中，欲以此液配制 pH＝0.64 的缓冲溶液。

问（1）实际所配制的缓冲溶液的 pH 值为多少？

（2）要配制 pH＝0.64 的缓冲溶液，需加入多少摩尔强酸？

$[(1)\ 1.44；(2)\ 0.18 \text{mol} \cdot \text{L}^{-1}\ \text{HCl}]$

9-20　25.0mL $0.40 \text{mol} \cdot \text{L}^{-1}$ H_3PO_4 与 30.0mL $0.50 \text{mol} \cdot \text{L}^{-1}$ Na_3PO_4 溶液相混合，然后稀释至 100.0mL，计算此缓冲溶液的 pH 值。

(7.80)

9-21　20g 六亚甲基四胺 $[(CH_2)_6N_4]$，加浓 HCl（按 $12 \text{mol} \cdot \text{L}^{-1}$ 计）4.0mL，稀释至 100mL，溶液的 pH 值是多少？此溶液是否是缓冲溶液？

(5.45；是缓冲溶液)

9-22　在血液中，H_2CO_3-$NaHCO_3$ 缓冲对的功能之一是从细胞中迅速地除去运动以后所产生的乳酸（HLac），（乳酸 $K_a^\ominus = 8.4 \times 10^{-4}$）。

（1）求 $HLac + HCO_3^- \Longrightarrow H_2CO_3 + Lac^-$ 的平衡常数 K；

（2）在正常血液中，$[H_2CO_3] = 0.0014 \text{mol} \cdot \text{L}^{-1}$，$[HCO_3^-] = 0.027 \text{mol} \cdot \text{L}^{-1}$，求 pH 值；

（3）若 1L 血液中加入 0.0050mol HLac 后，pH 值为多少？

$[(1)\ 2.0 \times 10^3；(2)\ \text{pH}\ 7.6；(3)\ 6.91]$

9-23　酚红是一种常用的酸碱指示剂，其 $K_{HIn}^\ominus = 1 \times 10^{-8}$。它的酸型是黄色的，而它的共轭碱是红色的。问这种指示剂在 pH 6，7，8，9，12 的溶液中分别显什么颜色？

(黄，黄，橙，红，红)

9-24　百里酚蓝是二元弱酸（$K_{a_1}^\ominus = 2.24 \times 10^{-2}$，$K_{a_2}^\ominus = 6.31 \times 10^{-10}$）指示剂：$H_2In$ 是红色，HIn^- 是黄色，In^{2-} 是蓝色。为什么它有 2 个 pH 值变色范围？该指示剂分别在 pH 1，5，11 的溶液中显什么颜色？

(红，黄，蓝)

9-25　称取纯一元弱酸 HB 0.8150g，溶于适量水中。以酚酞为指示剂，用 $0.1100 \text{mol} \cdot \text{L}^{-1}$ NaOH 溶液滴定至终点时，消耗 24.60mL，在滴定过程中，当加入 NaOH 溶液 11.00mL 时，溶液的 pH＝4.80，计算该弱酸 HB 的 $pK_a^\ominus$ 值。

(4.89)

9-26　用 $0.2000 \text{mol} \cdot \text{L}^{-1}$ $Ba(OH)_2$ 滴定 $0.1000 \text{mol} \cdot \text{L}^{-1}$ HAc 至化学计量点时，溶液的 pH 值等于多少？

(8.82)

9-27　二元弱酸 H_2B，已知 pH＝1.92 时，$\delta_{H_2B} = \delta_{HB^-}$；pH＝6.22 时，$\delta_{HB^-} = \delta_{B^{2-}}$。计算

(1) H_2B 的 $K_{a_1}^{\ominus}$ 和 $K_{a_2}^{\ominus}$;

(2) 若用 $0.100mol \cdot L^{-1}$ NaOH 溶液滴定 $0.100mol \cdot L^{-1}$ H_2B;滴定至第一和第二化学计量点时,溶液的 pH 值各为多少?各选用何种指示剂。

[(1) 1.2×10^{-2}, 6.02×10^{-7};(2) 4.12,9.37,甲基橙,百里酚酞]

9-28 称取一元弱酸 HA 试样 1.000g,溶于 60.00mL 水中,用 $0.2500mol \cdot L^{-1}$ NaOH 溶液滴定。已知中和 HA 至 50% 时,溶液的 pH=5.00;当滴定至化学计量点时,pH=9.00。计算试样中 HA 的质量分数为多少?(假设 HA 的摩尔质量为 $82.00g \cdot mol^{-1}$)

(82.00%)

9-29 某试样含有 Na_2CO_3 和 $NaHCO_3$,称取 0.3010g,用酚酞作指示剂,滴定时用去 $0.1060mol \cdot L^{-1}$ HCl 20.10mL;继用甲基橙作指示剂,共用去 HCl 47.70mL。计算试样中 Na_2CO_3 和 $NaHCO_3$ 的质量分数。

(75.03%;22.19%)

第10章 沉淀溶解平衡与有关分析方法

(Dissolution Equilibrium of Precipitation and Relative Analysis Methods)

沉淀溶解平衡是一类常见而实用的化学平衡，是难溶电解质（固相）在水溶液中的电离平衡。习惯上，把溶解度小于 $0.01g/100g\ H_2O$ 的物质称为难溶电解质或沉淀。因此，难溶电解质与其饱和水溶液中的水合离子之间的沉淀溶解平衡属于多相离子平衡。本章讨论沉淀溶解平衡及重量分析法和沉淀滴定分析方法。

10.1 活度积与溶度积
(Activity Product and Solubility Product)

在一定温度下，如将某难溶电解质晶体 MA 放入水中，在水分子偶极子的作用下，MA 表面上组成晶体的部分构晶离子 M^+ 和 A^- 将离开晶体表面形成水合离子进入溶液，这一过程称为溶解（Dissolution）；同时，随着溶液中 M^+ 及 A^- 浓度逐渐增加，它们将受晶体表面正、负离子的吸引，重新回到晶体 MA 表面，这一过程称为沉淀（Precipitation）。溶解和沉淀这两个过程各自不断地进行，当溶解和沉淀速率相等，形成饱和溶液时，就达到如下所示的沉淀溶解平衡。

$$MA(s) \underset{沉淀}{\overset{溶解}{\rightleftharpoons}} M^+(aq) + A^-(aq)$$

描述难溶电解质沉淀溶解平衡的标准平衡常数用符号 $K_{sp}^{\ominus}$ 表示，其表达式为：

$$K_{sp}^{\ominus} = a_{M^+} \cdot a_{A^-} \tag{10-1}$$

a_{M^+}，a_{A^-} 分别表示 M^+ 和 A^- 的活度。由式(10-1) 可推广到非 $1:1$ 型的难溶电解质 A_mB_n 在水中的沉淀溶解平衡的表达式为：

$$A_mB_n(s) \rightleftharpoons mA^{n+}(aq) + nB^{m-}(aq)$$

$$K_{sp}^{\ominus} = (a_{A^{n+}})^m \cdot (a_{B^{m-}})^n \tag{10-2}$$

式(10-1) 和式(10-2) 表示，在一定温度下，难溶电解质达溶解平衡时，其饱和溶液中各离子活度幂的乘积是一个常数，就是沉淀溶解平衡的标准平衡常数。此常数称为该难溶电解质的活度积。

活度积常数的值可用热力学的方法，根据 $\lg K^{\ominus} = \dfrac{-\Delta G_T^{\ominus}}{2.303RT}$ 计算得到。因此，$K_{sp}^{\ominus}$ 只与难溶电解质的本性和温度有关，而与沉淀的量和溶液中离子浓度的变化无关。书后附录表 15 中是常见难溶电解质的活度积数据。某些难溶电解质的活度积，也可通过直接测定饱和溶液中相应离子的活度，利用式(10-2) 计算得到。

由于难溶电解质的溶解度一般都很小，溶液中的离子强度不大，故通常忽略离子强度的影响。因此，把溶液中离子平衡浓度幂的乘积称为溶度积常数，简称溶度积。用符号 K_{sp} 表示：

$$K_{sp} = [A^{n+}]^m [B^{m-}]^n \tag{10-3}$$

本章在以后的讨论中，忽略离子强度的影响，附录表 13 中的活度积常数，应用时作为溶度积，不加区别。

如溶液中的离子强度较大，活度积 $K_{sp}^{\ominus}$ 和溶度积 K_{sp} 之间有较大差别，可通过下列计算式计算溶度积 K_{sp}。如对于 MA 型难溶电解质，活度积和溶度积的关系为：

$$K_{sp}^{\ominus} = a_{M^+} \cdot a_{A^-} = \gamma_{M^+} [M^+] \cdot \gamma_{A^-} [A^-] = \gamma_{M^+} \cdot \gamma_{A^-} \cdot K_{sp}$$

所以

$$K_{sp} = \frac{K_{sp}^{\ominus}}{\gamma_{M^+} \cdot \gamma_{A^-}} \tag{10-4}$$

可见溶度积不仅与温度有关，还与离子强度有关。

10.2 溶解度
（Solubility）

如难溶电解质 MA 在纯水中一步完全离解达平衡时，构晶离子 M^+ 或 A^- 的平衡浓度等于溶解度。用符号 S 表示溶解度，溶解度可由溶度积计算得到。

例如设 MA 的溶解度为 S，在纯水中溶解达平衡时，

$$MA(s) \Longleftrightarrow M^+(aq) + A^-(aq)$$

溶解度 $\qquad\qquad S = [M^+] = [A^-]$

因为 $\qquad\qquad K_{sp(MA)}^{\ominus} = [M^+][A^-] = S^2$

所以 $\qquad\qquad S = \sqrt{K_{sp}^{\ominus}} \tag{10-5}$

对于 MA_2 型或 M_2A 型难溶电解质在纯水中达溶解平衡时，设其溶解度为 S，同样可得到：

$$S = \sqrt[3]{\frac{K_{sp}^{\ominus}}{4}} \tag{10-6}$$

因此，已知溶度积 $K_{sp}^{\ominus}$，可求难溶电解质在纯水中的溶解度；若已知溶解度 S，也可求溶度积 $K_{sp}^{\ominus}$。

【例 10-1】 已知室温时，AgBr 的溶度积为 5.35×10^{-13}，求其在纯水中的溶解度 S。

解：

$$AgBr(s) \Longleftrightarrow Ag^+(aq) + Br^-(aq)$$
$$\qquad\qquad\qquad S \qquad\qquad S$$
$$K_{sp}^{\ominus} = [Ag^+][Br^-] = S^2 = 5.35 \times 10^{-13}$$
$$S = \sqrt{5.35 \times 10^{-13}} = 7.31 \times 10^{-7} \, mol \cdot L^{-1}$$

【例 10-2】 在 25℃ 时，Ag_2CrO_4 的溶解度为 $1.3 \times 10^{-4} \, mol \cdot L^{-1}$，求其溶度积。

解：溶解达平衡时

$$Ag_2CrO_4 \Longleftrightarrow 2Ag^+ + CrO_4^{2-}$$
$$\qquad\qquad\qquad 2S \qquad S$$
$$[Ag^+] = 2 \times 1.3 \times 10^{-4} = 2.6 \times 10^{-4} \, mol \cdot L^{-1}$$
$$[CrO_4^{2-}] = 1.3 \times 10^{-4} \, mol \cdot L^{-1}$$

溶度积 $\quad K_{sp}^{\ominus} = [Ag^+]^2 [CrO_4^{2-}] = (2.6 \times 10^{-4})^2 \times 1.3 \times 10^{-4} = 9 \times 10^{-12}$

此外，有些难溶电解质溶解时，不是一步完全离解成离子，而是先以分子或离子对的形

式存在，然后再离解为离子。如 MA 型难溶电解质溶解达饱和状态后，有下列平衡关系：

$$MA(s) \rightleftharpoons MA(aq) \rightleftharpoons M^+(aq) + A^-(aq) \tag{10-7}$$

例如：

$$AgCl(s) \rightleftharpoons AgCl(aq) \rightleftharpoons Ag^+(aq) + Cl^-(aq)$$

$$CaSO_4(s) \rightleftharpoons Ca^{2+}SO_4^{2-}(aq) \rightleftharpoons Ca^{2+}(aq) + SO_4^{2-}(aq)$$

式(10-7) 中 MA(s) 和 MA(aq) 达平衡时的标准平衡常数称为该难溶电解质的固有溶解度或分子溶解度，用 $S°$ 表示。即

$$S° = \frac{a_{MA(aq)}}{a_{MA(s)}}$$

因为纯固态物质的活度等于 1，故

$$S° = a_{MA(aq)} \tag{10-8}$$

如忽略离子强度的影响，则

$$S° = [MA(aq)] \tag{10-9}$$

可见，当忽略离子强度的影响时，固有溶解度等于分子或离子对形态的平衡浓度。

因此，对于此类型的难溶电解质的溶解度，应该是所有溶解出来的组分的浓度的总和，即

$$S = S° + [M^+] = S° + [A^-]$$

例如 $HgCl_2$ 具有较大的固有溶解度，因此它的溶解度

$$S = [Hg^{2+}] + [HgCl^+] + [HgCl_2] \approx [Hg^{2+}] + S°$$

对于固有溶解度较小的难溶电解质，在计算其溶解度时，$S°$ 可以忽略不计。

10.3　沉淀的生成与溶解

（Formation and Dissolution of Precipitates）

10.3.1　沉淀的生成

在难溶电解质的水溶液中，其离子浓度幂的乘积称为离子积（Ion Product），用 Q 表示。

$$Q = c_{A^{n+}}^m \cdot c_{B^{m-}}^n$$

Q 与溶度积 $K_{sp}^\ominus$ 之间可能有如下的关系：

① $Q < K_{sp}^\ominus$　体系暂时处于非平衡状态，溶液为不饱和溶液，无沉淀生成。若已有沉淀存在，则沉淀将溶解，直至达新的平衡为止。

② $Q = K_{sp}^\ominus$　溶液恰好饱和，无沉淀生成，沉淀与溶解处于平衡状态。

③ $Q > K_{sp}^\ominus$　体系暂时处于非平衡状态，溶液为过饱和溶液。溶液中将有沉淀生成，直至达新的平衡为止。

以上三条关系称为溶度积规则。利用这三条规则，可判断沉淀是否生成。

【例 10-3】　取 20mL 0.002mol·L^{-1} Na_2SO_4，加入 10mL 0.02mol·L^{-1} $BaCl_2$ 溶液中，有无沉淀生成？

解：

$$[BaCl_2] = 0.02 \times \frac{10}{20+10} = 0.0067 mol·L^{-1}$$

$$[Ba^{2+}] = 0.0067 mol·L^{-1}$$

$$[Na_2SO_4] = 0.002 \times \frac{20}{20+10} = 0.0013 mol·L^{-1}$$

$$[SO_4^{2-}] = 0.0013 mol \cdot L^{-1}$$

$$Q = [Ba^{2+}][SO_4^{2-}] = 0.0067 \times 0.0013 = 8.7 \times 10^{-6}$$

已知 $$K_{sp}^{\ominus}(BaSO_4) = 1.1 \times 10^{-10}$$

$Q > K_{sp}^{\ominus}(BaSO_4)$，有 $BaSO_4$ 沉淀生成。

【例 10-4】 $4 \times 10^{-5} mol \cdot L^{-1}$ 的 $AgNO_3$ 和同浓度的 K_2CrO_4 等体积混合，问有无沉淀析出？

解：两溶液等体积相混合，浓度减小一半：

$$[Ag^+] = [CrO_4^{2-}] = \frac{4 \times 10^{-5}}{2} = 2 \times 10^{-5} mol \cdot L^{-1}$$

$$Q = [Ag^+]^2 \cdot [CrO_4^{2-}] = (2 \times 10^{-5})^2 \times (2 \times 10^{-5}) = 8 \times 10^{-15}$$

已知 $$K_{sp}^{\ominus}(Ag_2CrO_4) = 9 \times 10^{-12}$$

$Q < K_{sp}^{\ominus}(Ag_2CrO_4)$，故无 Ag_2CrO_4 沉淀析出。

其实，没有一个沉淀反应是绝对完全的。因为溶液中总是存在着沉淀溶解平衡，总会有极少量的构晶离子残留在溶液中。在定量分析化学的常量分析中，通常分析天平只能称准到 $10^{-4} g$，只要溶液中剩余的离子浓度低于 $10^{-6} mol \cdot L^{-1}$，就可以认为沉淀已经完全了。难溶电解质沉淀的完全度主要决定于沉淀物的本质（即 $K_{sp}^{\ominus}$ 的大小）。

10.3.2 影响沉淀溶解度的因素

一般溶液中沉淀物的溶解度越小，沉淀越易完全。然而溶液中沉淀的溶解度会受到一些因素的影响。主要的影响因素有同离子效应、盐效应、络合效应和酸效应。下面分别进行讨论。

(1) 同离子效应（Common-Ion Effect）

当沉淀反应达到平衡后，如果向溶液中加入含有某一构晶离子的试剂或溶液，则平衡向生成沉淀的方向移动，使沉淀的溶解度减小。这种现象称为沉淀溶解平衡中的同离子效应。

【例 10-5】 计算 $25℃$ 时，PbI_2 在 $0.010 mol \cdot L^{-1}$ KI 溶液中的溶解度。（已知 PbI_2 在纯水中的溶解度为 $1.9 \times 10^{-3} mol \cdot L^{-1}$）

解：设 PbI_2 在 $0.010 mol \cdot L^{-1}$ KI 中的溶解度为 S，由于存在同离子 I^-，根据溶解平衡

$$PbI_2 \Longleftrightarrow Pb^{2+} + 2I^-$$
$$S \quad\quad 2S+0.010$$

$$[Pb^{2+}] = S, [I^-] = 2S + 0.010 \approx 0.010$$

$$K_{sp}^{\ominus}(PbI_2) = [Pb^{2+}][I^-]^2 = S \times (0.010)^2 = 1.39 \times 10^{-8}$$

所以 $$S = \frac{1.39 \times 10^{-8}}{(0.010)^2} = 1.39 \times 10^{-4} mol \cdot L^{-1}$$

很明显，PbI_2 在 $0.010 mol \cdot L^{-1}$ KI 溶液中的溶解度小于其在纯水中的溶解度，这就是由于同离子效应的结果。

(2) 盐效应（Salt Effect）

实验结果表明，在沉淀的饱和溶液中若含有强电解质 KNO_3、$NaNO_3$ 时，沉淀的溶解度比在纯水中大，且溶解度随强电解质浓度的增大而增大。这种因加入强电解质而使沉淀溶解度增大的现象称为盐效应。

盐效应产生的原因可定性解释为：强电解质加入后，溶液中正、负离子数目增加，离子强度增大。由于离子间静电吸引力增大，束缚了构晶离子的自由行动，使单位时间内离子与沉淀结晶表面的碰撞次数减少，致使溶解的速度暂时超过离子回到结晶表面的速度，所以，沉淀溶解度增大。一般构晶离子电荷越高，影响也越大。如在 $BaSO_4$ 和 $AgCl$ 的饱和溶液中，分别加入强电解质 KNO_3，当 KNO_3 的浓度由 0 增至 $0.01mol \cdot L^{-1}$ 时，$AgCl$ 的溶解度只增大 12%，而 $BaSO_4$ 的溶解度却增大 70%。

利用同离子效应降低沉淀溶解度时，应考虑到盐效应的影响。即沉淀剂不能过量太多，否则增大溶液中电解质总浓度，由于盐效应使沉淀的溶解度反而增大。特别当沉淀本身溶解度较大时，更需要考虑盐效应的影响。

因此，计算盐效应存在时沉淀的溶解度，应考虑离子强度的影响。

【例 10-6】 计算在 $0.0080mol \cdot L^{-1}$ $MgCl_2$ 溶液中的 $BaSO_4$ 的溶解度。

解： 离子强度 $I = \frac{1}{2}c_i Z_i^2$

$$I = \frac{1}{2}(c_{Mg^+} \times 2^2 + c_{Cl^-} \times 1^2 + c_{Ba^{2+}} \times 2^2 + c_{SO_4^{2-}} \times 2^2)$$

$$\approx \frac{1}{2}(0.0080 \times 2^2 + 0.0160 \times 1^2) = 0.024$$

此情况下活度系数为

$$\gamma_{Ba^{2+}} \approx 0.56, \ \gamma_{SO_4^{2-}} \approx 0.55$$

设 $BaSO_4$ 在 $MgCl_2$ 溶液中的溶解度为 S，则

$$S = [Ba^{2+}] = [SO_4^{2-}] = \sqrt{K_{sp}} = \sqrt{\frac{K_{sp}^\ominus}{\gamma_{Ba^{2+}} \cdot \gamma_{SO_4^{2-}}}}$$

$$= \sqrt{\frac{1.1 \times 10^{-10}}{0.56 \times 0.55}} = 1.9 \times 10^{-5} mol \cdot L^{-1}$$

计算结果表明比 $BaSO_4$ 在纯水中的溶解度（$1.05 \times 10^{-5} mol \cdot L^{-1}$）大 1.8 倍。

(3) 配位效应（Coordination Effect）

进行沉淀反应时，若溶液中存在能与构晶离子生成可溶性配合物的配位剂，则沉淀的溶解度会增大。从而影响沉淀的完全程度，或使沉淀全部溶解。这种影响称为配位效应。

若沉淀剂本身就是配位剂，那么，反应中既有同离子效应，又有配位效应。如沉淀剂适当过量，同离子效应起主导作用，沉淀的溶解度降低；如果沉淀剂过量太多，则配位效应起主导作用，沉淀的溶解度反而增大。因此，一般情况下，沉淀剂过量 50%～100% 较合适。如沉淀剂不是易挥发的，则以过量 20%～30% 为宜。

配位效应存在下，沉淀的溶解度可计算得到。

【例 10-7】 计算 AgI 在 $0.010mol \cdot L^{-1}$ NH_3 中的溶解度。

解： 已知 $K_{sp}^\ominus = 9.0 \times 10^{-17}$，$Ag^+$ 可与 NH_3 形成 2 级配合物，$[Ag(NH_3)_2]^+$ 的 $\lg K_1^\ominus = 3.2$，$\lg K_2^\ominus = 3.8$，由于生成 $[Ag(NH_3)]^+$ 及 $[Ag(NH_3)_2]^+$，使 AgI 溶解度增大。设其溶解度为 S，则

$$[I^-] = S$$
$$[Ag^+] + [Ag(NH_3)^+] + [Ag(NH_3)_2^+] = c_{Ag^+} = S$$

根据副反应系数 $\alpha_{Ag(NH_3)}$ 值的计算公式求得

$$\alpha_{Ag(NH_3)}=\frac{c_{Ag^+}}{[Ag^+]}, \qquad [Ag^+]=\frac{c_{Ag^+}}{\alpha_{Ag(NH_3)}}=\frac{S}{\alpha_{Ag(NH_3)}}$$

因为
$$K_{sp}^{\ominus}(AgI)=[Ag^+][I^-]=\frac{S}{\alpha_{Ag(NH_3)}}\cdot S$$

所以
$$S=\sqrt{K_{sp}^{\ominus}(AgI)\cdot\alpha_{Ag(NH_3)}}$$

$$\alpha_{Ag(NH_3)}=1+K_1^{\ominus}[NH_3]+K_1^{\ominus}K_2^{\ominus}[NH_3]^2, \quad [NH_3]\approx0.010\,mol\cdot L^{-1}$$

$$\alpha_{Ag(NH_3)}=1+10^{3.2}\times0.010+10^{3.2}\times10^{3.8}\times(0.010)^2=1.0\times10^3$$

$$S=\sqrt{9.0\times10^{-17}\times1.0\times10^3}=3.0\times10^{-7}\,mol\cdot L^{-1}$$

AgI 在纯水中的溶解度为 $9.5\times10^{-9}\,mol\cdot L^{-1}$，可见配位效应使 AgI 在 NH_3 水中的溶解度增大。

(4) 酸效应（Acid Effect）

以弱酸根形成的沉淀为例，说明酸度对溶解度的影响。这里不考虑阳离子的水解。

例如，二元弱酸 H_2A 形成的难溶盐沉淀 MA 在水中的沉淀溶解平衡反应为：

$$MA(s)\rightleftharpoons M^{2+}+A^{2-}$$

$$K_{a_2}^{\ominus}\Updownarrow H^+$$

$$HA^-\underset{K_{a_1}^{\ominus}}{\overset{H^+}{\rightleftharpoons}}H_2A$$

当溶液的酸度增大时，弱酸根 A^{2-} 与 H^+ 结合生成 HA^- 和 H_2A 的趋势增大，使 A^{2-} 的平衡浓度降低，故平衡向溶解的方向移动。结果，沉淀的溶解度增大，甚至导致沉淀 MA 全部溶解。

这种由于酸度的影响，而使沉淀溶解度增大的现象，称为酸效应。

【例 10-8】 比较 CaC_2O_4 在 pH 4.0 和 2.0 的溶液中的溶解度。

解：设 CaC_2O_4 在 pH=4.0 的溶液中的溶解度为 S，已知 $K_{sp}^{\ominus}=2.0\times10^{-9}$，$H_2C_2O_4$ 的 $K_{a_1}^{\ominus}=5.9\times10^{-2}$，$K_{a_2}^{\ominus}=6.4\times10^{-5}$

因为 $[Ca^{2+}]=S$，则

$$[C_2O_4^{2-}]+[HC_2O_4^-]+[H_2C_2O_4]=c_{C_2O_4^{2-}}=S$$

$$[C_2O_4^{2-}]=\delta_2 c_{C_2O_4^{2-}}=\delta_2 S(\delta_2\text{ 为 }C_2O_4^{2-}\text{ 的分布分数})$$

$$K_{sp}^{\ominus}(CaC_2O_4)=[Ca^{2+}][C_2O_4^{2-}]=S\cdot\delta_2\cdot S=\delta_2\cdot S^2$$

故
$$S=\sqrt{\frac{K_{sp}^{\ominus}}{\delta_2}}$$

分布分数
$$\delta_2=\frac{K_{a_1}^{\ominus}K_{a_2}^{\ominus}(c^{\ominus})^2}{[H^+]^2+K_{a_1}^{\ominus}[H^+]c^{\ominus}+K_{a_1}^{\ominus}K_{a_2}^{\ominus}(c^{\ominus})^2}$$

$$=\frac{5.9\times10^{-2}\times6.4\times10^{-5}}{(10^{-4.0})^2+5.9\times10^{-2}\times10^{-4}+5.9\times10^{-2}\times6.4\times10^{-5}}=0.39$$

$$S=\sqrt{\frac{2.0\times10^{-9}}{0.39}}=7.2\times10^{-5}\,mol\cdot L^{-1}$$

同理，可计算得 CaC_2O_4 在 pH=2.0 的溶液中的溶解度 S'，计算得 $C_2O_4^{2-}$ 的分布分数 $\delta_2'=0.0054$

所以 $$S'=\sqrt{\frac{2.0\times10^{-9}}{0.0054}}=6.1\times10^{-4}\,mol\cdot L^{-1}$$

可见，CaC_2O_4 在 pH=2.0 的溶液中的溶解度比在 pH=4.0 的溶液中的溶解度约大 10 倍。

10.3.3　沉淀的溶解

酸效应对于不同类型的弱酸盐沉淀的影响情况不一样。溶液的酸度增大而使弱酸盐沉淀完全溶解的反应又称为酸溶反应，相应的平衡常数称为酸溶平衡常数 K，根据酸溶平衡常数的大小可判断弱酸盐沉淀的酸溶反应是否自发进行。

如实验得知 MnS 能溶于 HCl，而 CuS 则不能，可分别计算它们的酸溶常数 K 来解释这一现象。酸溶反应

$$MnS + 2H_3O^+ \rightleftharpoons Mn^{2+} + H_2S + 2H_2O$$

$$K=\frac{[Mn^{2+}][H_2S]}{[H_3O^+]^2}=\frac{[Mn^{2+}][H_2S]}{[H_3O^+]^2}\cdot\frac{[S^{2-}]}{[S^{2-}]}=\frac{K_{sp}^{\ominus}(MnS)}{K_{a_1}^{\ominus}K_{a_2}^{\ominus}}$$

$$=\frac{4.65\times10^{-14}}{1.0\times10^{-19}}=4.65\times10^{5}$$

$$CuS+2H_3O^+\rightleftharpoons Cu^{2+}+H_2S+2H_2O$$

同理 $$K=\frac{K_{sp}^{\ominus}(CuS)}{K_{a_1}^{\ominus}K_{a_2}^{\ominus}}=\frac{1.27\times10^{-36}}{1.0\times10^{-19}}=1.27\times10^{-17}$$

MnS 的酸溶平衡常数 $K>10^5$（相当于 $\Delta G^{\ominus}<-30kJ\cdot mol^{-1}$），所以 MnS 的酸溶反应不仅能自发进行，而且进行得较完全。而 CuS 的酸溶平衡常数 $K\ll10^{-6}$（相当于 $\Delta G^{\ominus}>40kJ\cdot mol^{-1}$），故反应几乎不能进行。在这两个酸溶平衡常数表达式中，分母 $K_{a_1}^{\ominus}\cdot K_{a_2}^{\ominus}$ 是相同的，但 MnS 和 CuS 沉淀的 $K_{sp}^{\ominus}$ 不相同。故同种弱酸盐沉淀的 $K_{sp}^{\ominus}$ 越大者，越易溶于酸。

此外，酸溶反应进行的程度还取决于弱酸盐沉淀溶解时生成弱酸的强弱。

如 $CaCO_3$ 能溶于 HAc，而 CaC_2O_4 不溶。

$$CaCO_3 + 2HAc \rightleftharpoons Ca^{2+} + H_2CO_3 + 2Ac^-$$
$$\longrightarrow H_2O + CO_2\uparrow$$

酸溶常数 $$K=\frac{K_{sp}^{\ominus}[K_a^{\ominus}(HAc)]^2}{K_{a_1}^{\ominus}K_{a_2}^{\ominus}}=\frac{4.96\times10^{-9}\times3.1\times10^{-10}}{2.4\times10^{-17}}=0.064$$

$$CaC_2O_4+HAc\rightleftharpoons Ca^{2+}+HC_2O_4^-+Ac^-$$

酸溶常数 $$K=\frac{K_{sp}^{\ominus}K_a^{\ominus}(HAc)}{K_{a_2}^{\ominus}}=\frac{2.34\times10^{-9}\times1.76\times10^{-5}}{6.4\times10^{-5}}=6.4\times10^{-10}$$

以上两种沉淀的 $K_{sp}^{\ominus}$ 很相近（4.96×10^{-9} 和 2.34×10^{-9}），而反应生成的酸的强弱不同。显然，生成的酸的 $K_a^{\ominus}$ 越小，沉淀越易溶于酸。并且 $CaCO_3$ 沉淀在与 HAc 反应过程中不断放出 CO_2 气体，而降低了 H_2CO_3 的浓度。若增加 HAc 的浓度。则 $CaCO_3$ 会完全溶于 HAc。同理，可知 CaC_2O_4 虽不溶于 HAc，但可溶于 HCl。

因此，酸溶平衡常数 K 的大小是由 $K_{sp}^{\ominus}$ 和 $K_a^{\ominus}$ 两个因素决定的，沉淀的 $K_{sp}^{\ominus}$ 越大或生成的弱酸的 $K_a^{\ominus}$ 越小，则酸溶反应就进行得越彻底。

【例 10-9】 溶解 0.010mol MnS，需要 1.0L 多大浓度的 HAc？

解： $$MnS + 2HAc \rightleftharpoons Mn^{2+} + H_2S + 2Ac^-$$

溶解平衡时：$\quad\quad\quad\quad\quad\quad x\quad\quad\quad 0.010\quad\quad 0.010\quad\quad 0.020$

因为
$$K = \frac{K_{sp}^{\ominus}(MnS)\left[K_a^{\ominus}(HAc)\right]^2}{K_{a_1}^{\ominus}K_{a_2}^{\ominus}(H_2S)}$$

$$K = \frac{K_{sp}^{\ominus}(MnS)\left[K_a^{\ominus}(HAc)\right]^2}{K_{a_1}^{\ominus}K_{a_2}^{\ominus}(H_2S)} = \frac{4.65\times10^{-14}\times(1.76\times10^{-5})^2}{1.0\times10^{-19}} = 1.4\times10^{-4}$$

所以
$$K = \frac{[Mn^{2+}][H_2S][Ac^-]^2}{[HAc]^2} = \frac{0.010\times0.010\times(0.020)^2}{x^2} = 1.4\times10^{-4}$$

$$x = [HAc] = 0.017\,mol \cdot L^{-1}$$

溶解 $0.010\,mol \cdot L^{-1}$ MnS 所需 HAc 的浓度为
$$c_{HAc} = 0.020 + 0.017 \approx 0.037\,mol \cdot L^{-1}$$

10.4 沉淀的转化与分步沉淀
(Transformation of Precipitates and Fractional Precipitation)

10.4.1 沉淀的转化

实验表明，在黄色的 $PbCrO_4$ 沉淀中加入 $(NH_4)_2S$ 溶液后，黄色沉淀转变为黑色的 PbS 沉淀。这种由一种沉淀转化为另一种沉淀的过程称为沉淀的转化。转化的反应方程式为：
$$PbCrO_4(s) + S^{2-}(aq) \rightleftharpoons PbS(s) + CrO_4^{2-}(aq)$$
沉淀转化的可能性可用沉淀转化平衡常数的大小来判断。上述沉淀转化的平衡常数 K 为：
$$K = \frac{[CrO_4^{2-}]}{[S^{2-}]} = \frac{[CrO_4^{2-}][Pb^{2+}]}{[S^{2-}][Pb^{2+}]} = \frac{K_{sp}^{\ominus}(PbCrO_4)}{K_{sp}^{\ominus}(PbS)}$$
$$= \frac{1.77\times10^{-14}}{9.04\times10^{-29}} = 1.96\times10^{14}$$

因为 PbS 的 $K_{sp}^{\ominus}$ 远小于 $PbCrO_4$ 的 $K_{sp}^{\ominus}$，所以转化平衡常数很大，$PbCrO_4$ 沉淀在加入 $(NH_4)_2S$ 以后，不仅能发生沉淀的转化，而且转化反应进行得很彻底。

在分析化学中溶解试样时，常将难溶强酸盐转化为难溶弱酸盐，然后再用酸溶解使阳离子进入溶液。如 $BaSO_4$ 沉淀不溶于酸，若用 Na_2CO_3 溶液处理，可将其先转化为易溶于酸的弱酸盐沉淀 $BaCO_3$。
$$BaSO_4(s) + CO_3^{2-}(aq) \rightleftharpoons BaCO_3(s) + SO_4^{2-}(aq)$$
$$K = \frac{[SO_4^{2-}]}{[CO_3^{2-}]} = \frac{K_{sp}^{\ominus}(BaSO_4)}{K_{sp}^{\ominus}(BaCO_3)} = \frac{1.07\times10^{-10}}{2.58\times10^{-9}} = \frac{1}{24}$$

该沉淀转化平衡常数 K 不大，转化不会彻底。此时，可增加反应物 Na_2CO_3 的浓度，使 $[CO_3^{2-}]$ 超过 $[SO_4^{2-}]$ 过量 24 倍以上。而加大平衡常数 K 的值，促使上述平衡向右移动，转化反应将会进行彻底。

【例 10-10】 有 $0.20\,mol$ 的 $BaSO_4$ 沉淀，每次用 $1.0L$ 饱和 Na_2CO_3 溶液（浓度为 $1.6\,mol \cdot L^{-1}$）处理。若使 $BaSO_4$ 沉淀全部转化到溶液中，需要反复处理几次？

解： $\qquad BaSO_4(s) + CO_3^{2-}(aq) \rightleftharpoons BaCO_3(s) + SO_4^{2-}(aq)$

平衡浓度 $\qquad\qquad\qquad\qquad 1.6 - x \qquad\qquad\qquad\qquad\qquad x$

$$K = \frac{[SO_4^{2-}]}{[CO_3^{2-}]} = \frac{x}{1.6-x} = \frac{1}{24}$$

$$x = 0.064\,mol$$

处理一次，转化的 $BaSO_4$ 的量等于产生的 SO_4^{2-} 的量，因此，用新鲜饱和 Na_2CO_3 溶液按上法重复处理该量 $BaSO_4$ 沉淀时，至少需要：

$$0.20mol/0.064mol \approx 3（次）$$

10.4.2　分步沉淀（Fractional Precipitation）

在化工生产和化学实验中经常碰到另一类问题：溶液中常有多种离子，如何控制一定条件，使一种离子先沉淀而与其他几种离子分离。

在一定条件下，使一种离子先沉淀，而其他离子在另一条件下沉淀的现象称为分步沉淀或选择性沉淀。

如何判断分步沉淀的次序，可用下面实验来说明。向含有 Cl^- 和 I^- 浓度均为 $0.010mol \cdot L^{-1}$ 的溶液中，逐滴加入 $AgNO_3$ 溶液，哪一种离子先沉淀？第一种离子沉淀到什么程度，第二种离子才开始沉淀？可以通过计算 AgCl 和 AgI 开始沉淀所需的 $[Ag^+]$ 来回答上述问题。

$$[Ag^+] = \frac{K_{sp}^{\ominus}(AgCl)}{[Cl^-]} = \frac{1.77 \times 10^{-10}}{0.010} = 1.77 \times 10^{-8} mol \cdot L^{-1}$$

$$[Ag^+] = \frac{K_{sp}^{\ominus}(AgI)}{[I^-]} = \frac{8.51 \times 10^{-17}}{0.010} = 8.51 \times 10^{-15} mol \cdot L^{-1}$$

可见，I^- 开始沉淀时所需要的 Ag^+ 浓度远小于沉淀 Cl^- 所需的 Ag^+ 浓度。显然，I^- 先沉淀。当 Cl^- 开始沉淀时，Ag^+ 浓度同时满足这两个沉淀溶解平衡，故

$$[Ag^+] = \frac{K_{sp}^{\ominus}(AgCl)}{[Cl^-]} = \frac{K_{sp}^{\ominus}(AgI)}{[I^-]}$$

$$\frac{[I^-]}{[Cl^-]} = \frac{K_{sp}^{\ominus}(AgI)}{K_{sp}^{\ominus}(AgCl)} = 4.81 \times 10^{-7}$$

$$[I^-] = \frac{K_{sp}^{\ominus}(AgI)}{K_{sp}^{\ominus}(AgCl)} \times [Cl^-] = 4.81 \times 10^{-7} \times 0.010 = 4.8 \times 10^{-9} mol \cdot L^{-1}$$

因此，当 Cl^- 开始沉淀时，I^- 浓度远小于 $10^{-6} mol \cdot L^{-1}$，早已沉淀完全。上述计算结果与实验结果也是相符的。

AgCl 和 AgI 是同类型（MA 型）的沉淀，并且 $K_{sp}^{\ominus}(AgI)$ 远小于 $K_{sp}^{\ominus}(AgCl)$，故可认为，同类型沉淀中 $K_{sp}^{\ominus}$ 较小者先沉淀。$K_{sp}^{\ominus}$ 较小者，其溶解度也较小，所需试剂离子浓度也较小。因此，也可以认为溶解度较小者先沉淀。

对于不同类型（如 M_2A 和 MA 型）的沉淀，如何判断分步沉淀的次序。可用下例说明。用 $AgNO_3$ 沉淀 Cl^- 和 CrO_4^{2-}（浓度均为 $0.010mol \cdot L^{-1}$），它们开始沉淀时所需的 Ag^+ 浓度分别是：

$$[Ag^+] = \frac{K_{sp}^{\ominus}(AgCl)}{[Cl^-]} = \frac{1.77 \times 10^{-10}}{0.010} = 1.77 \times 10^{-8} mol \cdot L^{-1}$$

$$[Ag^+] = \sqrt{\frac{K_{sp}^{\ominus}(Ag_2CrO_4)}{[CrO_4^{2-}]}} = \sqrt{\frac{1.12 \times 10^{-12}}{0.010}} = 1.1 \times 10^{-5} mol \cdot L^{-1}$$

显然，沉淀 CrO_4^{2-} 所需的 Ag^+ 浓度远大于沉淀 Cl^- 时，故 Cl^- 先沉淀 。

AgCl 和 Ag_2CrO_4 是不同类型的沉淀。虽然，溶度积 $K_{sp}^{\ominus}(Ag_2CrO_4)$ 小于 $K_{sp}^{\ominus}(AgCl)$，但并不是 CrO_4^{2-} 先沉淀。因此，不能用 $K_{sp}^{\ominus}$ 的大小来判断沉淀的先后次序。必须

计算出这两种离子生成沉淀所需试剂离子浓度，然后比较所需试剂离子浓度的大小来进行判断。

由此可知分步沉淀的原理是：当一种试剂能沉淀溶液中几种离子时，生成沉淀所需试剂离子浓度越小的越先沉淀；如果生成各个沉淀所需试剂离子的浓度相差较大，就能分步沉淀，从而达到分离的目的。

利用分步沉淀原理可以计算得到两种硫化物或两种氢氧化物分离的适宜 pH 值范围。

【例 10-11】 在浓度均为 $0.10 \text{mol} \cdot \text{L}^{-1}$ 的 Zn^{2+}、Mn^{2+} 混合液中，通入 H_2S 气体达饱和，哪种离子先沉淀？溶液 pH 值应控制在什么范围可使这两种离子完全分离？

解： 通入 H_2S 气体后，将生成 MnS 和 ZnS 沉淀。

因为是同类型沉淀，$K_{sp}^{\ominus}(ZnS)=2.93\times10^{-25}<K_{sp}^{\ominus}(MnS)=4.65\times10^{-14}$，所以 Zn^{2+} 先沉淀。

设 Zn^{2+} 沉淀完全时的浓度为 $1.0\times10^{-6}\text{mol}\cdot\text{L}^{-1}$，此时，溶液中 S^{2-} 浓度为

$$[S^{2-}]=\frac{K_{sp}^{\ominus}(ZnS)}{[Zn^{2+}]}=\frac{2.93\times10^{-25}}{1.0\times10^{-6}}=2.9\times10^{-19}\text{mol}\cdot\text{L}^{-1}$$

因为溶液中 S^{2-} 的浓度与溶液的酸度有关，在饱和 H_2S 水溶液中，$[H_2S]=0.10\text{mol}\cdot\text{L}^{-1}$。根据 H_2S 离解的总反应式

$$H_2S+2H_2O \Longleftrightarrow 2H_3O^++S^{2-}, \quad K_{a_1}^{\ominus}\times K_{a_2}^{\ominus}=1.0\times10^{-19}$$

可得此时溶液的 H^+ 浓度，即 Zn^{2+} 沉淀完全时的酸度：

$$[H^+]=\sqrt{\frac{K_{a_1}^{\ominus}K_{a_2}^{\ominus}[H_2S](c^{\ominus})^2}{[S^{2-}]}}=\sqrt{\frac{1.0\times10^{-19}\times0.10}{2.9\times10^{-19}}}=1.9\times10^{-1}\text{mol}\cdot\text{L}^{-1}$$
$$pH=0.73$$

Mn^{2+} 开始沉淀的 S^{2-} 浓度为：

$$[S^{2-}]=\frac{K_{sp}^{\ominus}(MnS)}{[Mn^{2+}]}=\frac{4.65\times10^{-14}}{0.10}=4.7\times10^{-13}\text{mol}\cdot\text{L}^{-1}$$

Mn^{2+} 开始沉淀的酸度为：

$$[H_3O^+]=\sqrt{\frac{K_{a_1}^{\ominus}K_{a_2}^{\ominus}[H_2S](c^{\ominus})^2}{[S^{2-}]}}=\sqrt{\frac{1.0\times10^{-19}\times0.10}{4.7\times10^{-13}}}=1.5\times10^{-4}\text{mol}\cdot\text{L}^{-1}$$
$$pH=3.82$$

因此，只要将溶液 pH 控制在 0.73～3.82 之间，就能保证 ZnS 沉淀完全。而 MnS 又不致析出，实际中使用 pH=3.5 左右进行 Zn^{2+}、Mn^{2+} 的分离。

【例 10-12】 某酸性溶液中，Fe^{3+} 和 Mg^{2+} 浓度都是 $0.010\text{mol}\cdot\text{L}^{-1}$，根据它们的 $K_{sp}^{\ominus}$，计算二者分离的 pH 值范围。

解： 根据 $K_{sp}^{\ominus}[Fe(OH)_3]=[Fe^{3+}][OH^-]^3=2.64\times10^{-39}$，$Fe(OH)_3$ 开始沉淀的 pH 值：

$$[OH^-]=\sqrt[3]{\frac{2.64\times10^{-39}}{1.0\times10^{-2}}}=6.4\times10^{-13}\text{mol}\cdot\text{L}^{-1}$$
$$pH=1.81$$

当 $[Fe^{3+}]=1.0\times10^{-6}\text{mol}\cdot\text{L}^{-1}$ 时可认为 Fe 沉淀完全。
$Fe(OH)_3$ 沉淀完全的 pH 值：

$$[OH^-]=\sqrt[3]{\frac{2.64\times10^{-39}}{1.0\times10^{-6}}}=1.4\times10^{-11}\text{mol}\cdot\text{L}^{-1}$$

$$pH=3.15$$

根据 $K_{sp}^{\ominus}\{Mg(OH)_2\}=[Mg^{2+}][OH^-]^2=5.61\times10^{-12}$，$Mg(OH)_2$ 开始沉淀的 pH 值：

$$[OH^-]=\sqrt{\frac{5.6\times10^{-12}}{1.0\times10^{-2}}}=2.4\times10^{-5}\ mol\cdot L^{-1}$$

$$pH=9.38$$

$Mg(OH)_2$ 沉淀完全的 pH 值：

$$[OH^-]=\sqrt{\frac{5.6\times10^{-12}}{1.0\times10^{-6}}}=2.4\times10^{-3}\ mol\cdot L^{-1}$$

$$pH=11.38$$

因此，只要控制 pH 值在 3.15～9.38 之间，就可使 Fe^{3+} 沉淀完全，而 Mg^{2+} 不沉淀。

10.5　重量分析法
（Gravimetric Analysis）

10.5.1　重量分析法概述

重量分析法是经典的化学分析方法之一。它的分析过程是先用分析天平称取一定量的试样，然后用分离的方法将待测组分从试样中分离出来，转化为易于用天平称量的形式。最后根据称量形式的质量计算出待测组分的含量。

按照分离方法的不同，重量法可分成三类。

① 沉淀法　其过程是在试液中加入沉淀剂把待测组分从溶液中沉淀出来，得到被测组分的"沉淀形式"。沉淀经过滤、洗涤、烘干或灼烧后得到其"称量形式"，进行称重，最后计算其结果。

② 汽化法或挥发法　是用加热或化学法将待测组分从试样中挥发出来，根据试样质量的减少或吸收了挥发性物质后吸收剂质量的增加来计算待测组分的含量。

③ 萃取重量法　利用被测成分在两种互不相溶的溶剂中溶解度的不同，将其从原来的溶剂中定量地转入作为萃取剂的另一种溶剂中。然后将萃取剂蒸干，称量干燥萃取物的质量而计算被测成分含量的方法。

可见重量法是用分析天平直接称量来得到分析结果的，不需配制标准溶液，准确度较高，但操作较繁琐费时。

10.5.2　沉淀法

上述三种方法中，以沉淀法应用范围最广。因此，将沉淀法中有关问题叙述如下。

(1) 沉淀法对沉淀形式和称量形式的要求

① 沉淀的溶解度要小。沉淀反应必须定量完成，这样待测组分才能沉淀完全。

② 沉淀应易于过滤和洗涤。最好是形成颗粒较大的晶形沉淀。

③ 沉淀的纯度要高。这样才能获得准确的分析结果。

④ 称量形式的化学组成必须确定。沉淀法中称量形式是将沉淀过滤、洗涤、干燥或灼烧后而形成的。它的化学式可能与沉淀形式相同，也可能不同。例如用 $BaSO_4$ 重量法测定 Ba^{2+} 时，沉淀形式和称量形式都是 $BaSO_4$，两者相同；而用草酸钙重量法测定 Ca^{2+} 时，沉淀形式是 $CaC_2O_4\cdot H_2O$，灼烧后转化为 CaO 形式称重，两者不同。但上述两方法中的称量形式 $BaSO_4$ 和 CaO 都有确定的化学组成，并且十分稳定，不受空气中水分、CO_2 和 O_2

等的影响。因此，根据称量形式的质量和组成可准确的计算出分析结果。

(2) 沉淀剂的选择及用量

① 沉淀剂最好具有挥发性　为使沉淀反应进行完全，常加过量沉淀剂，可能使沉淀不纯。若沉淀剂具有挥发性，则可在烘干或灼烧时挥发除去，而获得较纯净的沉淀。如沉淀 Fe^{3+} 时，常用 NH_3 水作沉淀剂，而不选用 $NaOH$ 作沉淀剂。

② 沉淀剂的用量　为降低沉淀的溶解度和使沉淀反应完全，当用其挥发性的沉淀剂时，一般过量 50% 即可。如沉淀剂无挥发性，一般以过量 20%～30% 为宜。因为沉淀剂过量太多，反而会因生成配合物或增大溶液中的离子强度产生盐效应而使沉淀溶解度增大。

例如，$AgCl$ 沉淀在过量的 $NaCl$ 溶液中溶解度增大，甚至得不到沉淀。就是因为发生了如下的配位反应：

$$AgCl + Cl^- \rightleftharpoons [AgCl_2]^-$$
$$AgCl_2^- + Cl^- \rightleftharpoons [AgCl_3]^{2-}$$

又如 $PbSO_4$ 在含有强电解质（如 Na_2SO_4、$NaNO_3$ 等）的溶液中溶解度比在纯水中大，而且随强电解质的浓度增大而增大，就是因为盐效应的影响。因此，沉淀剂的用量不能太多。

③ 沉淀剂应具有选择性　沉淀剂只与被测组分生成沉淀，而不与其他共存组分形成沉淀，则该沉淀剂的选择性就较好。从而不必想办法消除其他共存组分。一般有机沉淀剂的选择性较高，且生成的沉淀的摩尔质量较大；沉淀的溶解度一般很小，易生成大颗粒的晶形沉淀，便于过滤和洗涤；沉淀组成恒定，烘干后可直接称重。因此，有机沉淀剂在沉淀法中得到广泛的应用。

如丁二酮肟是选择性较高的沉淀剂。在金属离子中，只有 Ni^{2+}、Pd^{2+}、Pt^{2+}、Fe^{2+} 能与它生成沉淀，因此，常用它在弱酸性（pH>5）或氨性溶液中定量沉淀镍，与 Ni^{2+} 生成鲜红色的螯合物沉淀。烘干后可直接称重。反应如下：

又如四苯硼酸钠 $[NaB(C_6H_5)_4]$ 试剂能与 K^+、NH_4^+、Rb^+、Cs^+、Ti^+、Ag^+ 等生成离子缔合物沉淀。一般试样中 Rb^+、Cs^+、Ti^+、Ag^+ 的含量极微，因此，四苯硼酸钠是测定 K^+ 的良好沉淀剂，选择性较高，沉淀组成恒定，烘干后可直接称重。

$$K^+ + B(C_6H_5)_4^- \rightleftharpoons KB(C_6H_5)_4 \downarrow$$

(3) 影响沉淀纯度的主要因素

沉淀法中，当把待测组分从溶液中沉淀出来时，总是希望得到纯度较高的沉淀。但不可避免地有其他组分被夹带而随沉淀析出。为了获得尽可能纯净的沉淀，应了解影响沉淀纯度的主要因素。

① 共沉淀　当某种沉淀从溶液中析出时，溶液中的其他组分本来是可溶而不应沉淀的，也被该沉淀带下来而混杂于沉淀之中，这种现象称为共沉淀。

产生共沉淀现象的原因有以下三种。

　　a. 表面吸附引起的共沉淀：生成沉淀的离子称为构晶离子。在沉淀内部的构晶离子的电荷是平衡的，而在沉淀表面的构晶离子的电荷是不平衡的。因此，沉淀表面的构晶离子由于静电引力作用将吸附带相反电荷的离子在沉淀表面形成吸附层。吸附层中的离子的电荷未达到平衡时，通过静电引力又将吸附带相反电荷的离子而形成扩散层。吸附层和扩散层中的离子和沉淀一起沉降下来而成为杂质。图 10-1 为表面吸附作用示意图。

图 10-1　表面吸附作用示意图

　　沉淀表面的构晶离子一般优先吸附溶液中过量的构晶离子。例如，用过量的 SO_4^{2-} 与 Ba^{2+} 形成 $BaSO_4$ 沉淀时，沉淀表面的 Ba^{2+} 首先吸附过量的 SO_4^{2-}。此外，能与构晶离子生成离解度越小的化合物的离子，越容易被吸附；电荷数越高的离子，也越容易被吸附。

　　沉淀的总表面积越大，吸附杂质的量越多。当溶液的浓度较大时，杂质的量也较大，被吸附的量也越多。但溶液的温度增高时，吸附杂质的量减少，因吸附作用是放热过程。

　　b. 生成混晶而引起的共沉淀：当杂质离子与构晶离子半径相近，晶体结构相同时，杂质离子可进入晶格形成混晶或异形混晶。有时杂质离子与构晶离子的晶体结构不同，但在一定条件下也能形成一种异型混晶。例如 $MnSO_4 \cdot 5H_2O$ 和 $FeSO_4 \cdot 7H_2O$ 属于不同的晶系，但可形成异型混晶。混晶的生成，使沉淀严重不纯，要避免较困难。

　　c. 吸留或包夹引起的共沉淀：在沉淀过程中，如果沉淀迅速地析出和成长，在沉淀表面吸附的杂质离子或母液来不及离开沉淀表面，就被沉积下来的离子所覆盖而包藏在沉淀内部被共沉淀。这种现象称为吸留或包夹。

　　沉淀表面构晶离子吸附杂质离子是一个可逆过程，通过洗涤可以减少吸附的杂质，但对生成混晶、吸留或包夹而引起的污染，由于杂质离子被包在沉淀内部，难以用洗涤的方法纯化沉淀。可选用适当的沉淀条件及进行再沉淀等方法，以得到尽量纯净的沉淀。

　　② 继沉淀　又称后沉淀。是在沉淀反应之后，其他杂质离子在沉淀表面上继续析出沉淀的现象。例如，在含有 Ca^{2+} 和 Mg^{2+} 的混合液中，加入 $C_2O_4^{2-}$ 时，由于 CaC_2O_4 的溶解度比 MgC_2O_4 小，因此，首先析出 CaC_2O_4 沉淀，此时无 MgC_2O_4 沉淀析出。由于沉淀表面的吸附作用，CaC_2O_4 沉淀表面上的 $C_2O_4^{2-}$ 浓度增大，将其放置一段时间之后，MgC_2O_4 沉淀就在 CaC_2O_4 沉淀表面慢慢析出而使沉淀不纯。

　　继沉淀引入杂质的量随沉淀在试液中放置时间的增长而增多。若温度升高，继沉淀更为严重。继沉淀引入杂质的程度有时比共沉淀严重得多。因此，沉淀时，应事先分离杂质离子，减小和避免继沉淀的发生。

(4) 沉淀的类型与沉淀条件

　　沉淀按其物理性质可粗略地分为晶形沉淀和无定形沉淀。晶形沉淀可分为粗晶与细晶两类。如 $MgNH_4PO_4$ 沉淀为粗晶形，而 $BaSO_4$ 沉淀为细晶形。无定形沉淀可分为凝乳状沉淀如 $AgCl$ 沉淀和胶状沉淀如 $Fe(OH)_3 \cdot xH_2O$ 沉淀两类。晶形沉淀和无定形沉淀的最大区别是沉淀颗粒大小不同。晶形沉淀颗粒直径约 $0.1 \sim 1\mu m$；无定形沉淀颗粒直径一般小于 $0.1\mu m$，胶状沉淀颗粒甚至小于 $0.02\mu m$。

　　在进行沉淀反应时，构晶离子在过饱和溶液中，通过离子的缔合作用形成晶核。同时，

263

溶液中不可避免地混有不同数量的固体微粒，这些固体微粒成为晶种，诱导构晶离子也生成晶核。前者称为均相成核作用，后者称为异相成核作用。晶核形成后，溶液中的构晶离子向晶核表面扩散，并沉积在晶核上，使晶核逐渐长大而成为沉淀微粒。沉淀微粒将聚集为更大的沉淀颗粒，同时沉淀微粒中的构晶离子在静电引力的作用下，又在按一定的晶格顺序排列。前者是聚集过程，后者是定向过程。如聚集速度小于定向速度，生成晶形沉淀，如果定向速度小于聚集速度，则生成无定形沉淀。

定向速度与物质的性质有关。极性较强的盐类，如 $BaSO_4$、$MgNH_4SO_4$ 等具有较大的定向速度，故为晶形沉淀。金属水合氧化物沉淀的定向速度与金属离子的价数有关。两价金属离子的水合氧化物沉淀的定向速度一般大于聚集速度。而高价金属离子的水合氧化物沉淀的聚集速度大于定向速度。

聚集速度与溶液的相对过饱和度有关。冯氏（Von Weimarn）经验公式指出，分散度（说明沉淀颗粒大小）与溶液的相对过饱和程度有关系：

$$分散度 = K \times \frac{c_Q - S}{S}$$

式中，c_Q 为加入沉淀剂瞬间沉淀物质的浓度；S 为开始沉淀时沉淀物质的溶解度；$c_Q - S$ 为沉淀开始瞬间的过饱和度，它是引起沉淀作用的动力；$\frac{c_Q - S}{S}$ 为沉淀开始瞬间的相对过饱和度；K 为常数，它与沉淀的性质，介质及温度等因素有关。当溶液的相对过饱和度较大时，沉淀微粒的聚集速度大。如相对过饱和度较小，沉淀微粒的聚集速度较小，分散度也较小，而易于得到大颗粒的晶形沉淀。例如一般认为 $BaSO_4$ 是晶形沉淀，如在很浓的溶液中进行沉淀，却可以得到凝乳状的 $BaSO_4$ 沉淀。因此，沉淀条件的选择是获得符合重量分析要求的沉淀的关键。

① 晶形沉淀的沉淀条件

a. 沉淀作用应在适当稀的溶液中进行　稀溶液的相对过饱和度小，有利于得到大颗粒的晶形沉淀。大颗粒的晶形沉淀比表面积小，吸附杂质的量小，易过滤、洗涤，有利于得到纯净的沉淀。

b. 应在不断搅拌下，缓慢加入沉淀剂　这样可减小沉淀时沉淀剂的局部过浓现象。如沉淀剂局部过浓，造成局部的相对过饱和度增大，生成细小微晶，不利于得到大颗粒的晶形沉淀。

c. 沉淀作用应当在热溶液中进行　热溶液中沉淀的溶解度增大，可降低溶液的相对过饱和度，以获得较大颗粒的晶体。另一方面，热溶液中，沉淀吸附杂质的量减小，有利于得到纯净的沉淀。同时温度较高，可加快构晶离子的扩散速度，有利于晶体的长大。但对于在热溶液中溶解度较大的沉淀，为减少沉淀的溶解损失，可在沉淀作用完成后，将溶液冷却至室温，使溶解的少量沉淀重新析出，然后再进行过滤。

d. 陈化　沉淀完全后，让沉淀和母液一起放置一段时间的过程，称为陈化。陈化可使细小结晶溶解而使粗大结晶更加长大；还可使不完整的晶粒转化为较为完整的晶粒，随着小晶粒的溶解，吸附和包夹的杂质可重新进入溶液。

加热和搅拌可以加快沉淀溶解的速度，缩短陈化时间。一般在室温陈化需要数小时，而在加热和搅拌的情况下，则仅需数十分钟或至多 1～2h。陈化过程和效果如图 10-2 和图 10-3 所示。

② 无定形沉淀的沉淀条件

264

图 10-2　陈化过程　　　　　　　　　　图 10-3　$BaSO_4$ 沉淀的陈化效果
1—大晶粒；2—小晶粒；3—溶液

a. 沉淀作用应当在较浓的溶液中进行　在较浓的溶液中，离子的水化程度小，沉淀微粒容易凝聚。因此，得到沉淀的含水量少，结构较紧密。但是，浓溶液中杂质的含量也相应较高，从而增大了吸附在沉淀表面的可能性。因此，在沉淀作用完毕后，应立即加入热水稀释，充分搅拌，使杂质离子离开沉淀表面。

b. 沉淀作用应在热溶液中进行　热溶液中离子的水化程度减少，可得含水量少、结构紧密的沉淀。同时，可促进沉淀微粒的凝聚，防止沉淀转化为胶体溶液而发生胶溶。此外，还可减少沉淀表面对杂质的吸附，有利于得到纯净的沉淀。

c. 沉淀时加入适当电解质　电解质可防止胶体溶液的形成，并加速沉淀微粒的凝聚，使沉淀较完全。原因在于电解质能中和沉淀微粒表面的电荷，从而有利于沉淀微粒的凝聚。电解质一般常用在高温灼烧时可挥发的铵盐。

d. 不必陈化　沉淀反应完毕后，立即趁热过滤，不陈化。因无定形沉淀在放置后将逐渐失去水分而聚集得更为紧密，使吸附的杂质难以洗去。同时，使过滤速度缓慢，延长操作时间。

③ 均匀沉淀法　进行沉淀反应时，尽管沉淀剂是在不断搅拌下缓慢加入溶液，但局部过浓现象只能减小而不能避免。因此，为完全避免和消除局部过浓现象，可采用均匀沉淀法。均匀沉淀法是在试液中加入一些试剂，通过化学反应使沉淀剂构晶离子缓慢地均匀地从溶液内部产生出来，从而使沉淀在溶液中缓慢均匀地析出，而获得颗粒较大的晶形沉淀。均匀沉淀法的应用参见表 10-1。

表 10-1　均匀沉淀法的应用

沉淀剂	加入试剂	反　　　　应	被 测 组 分
OH^-	尿素	$CO(NH_2)_2 + H_2O \Longrightarrow CO_2 + 2NH_3$	Al^{3+}，Fe^{3+}，Th(Ⅳ) 等
OH^-	六亚甲基四胺	$(CH_2)_6N_4 + 6H_2O \Longrightarrow 6HCHO + 4NH_3$	Th(Ⅳ)
PO_4^{3-}	磷酸三甲酯	$(CH_3)_3PO_4 + 3H_2O \Longrightarrow 3CH_3OH + H_3PO_4$	Zr(Ⅳ)，Hf(Ⅳ)
PO_4^{3-}	尿素＋磷酸盐		Be^{2+}，Mg^{2+}
$C_2O_4^{2-}$	草酸二甲酯	$(CH_3)_2C_2O_4 + 2H_2O \Longrightarrow 2CH_3OH + H_2C_2O_4$	Ca^{2+}，Th(Ⅳ)，稀土
$C_2O_4^{2-}$	尿素＋草酸盐		Ca^{2+}
SO_4^{2-}	硫酸二甲酯	$(CH_3)_2SO_4 + 2H_2O \Longrightarrow 2CH_3OH + SO_4^{2-} + 2H^+$	Ba^{2+}，Sr^{2+}，Pb^{2+}
S^{2-}	硫代乙酰胺	$CH_3CSNH_2 + H_2O \Longrightarrow CH_3CONH_2 + H_2S$	各种硫化物

均匀沉淀法中产生沉淀剂的化学反应主要有以下几类。

a. 利用有机酯类化合物或其他化合物水解而获得　例如，欲沉淀 Ca^{2+}，在含 Ca^{2+} 的酸性溶液中加入草酸，由于酸效应的影响，并无 CaC_2O_4 沉淀析出。然后加入尿素，加热至 90℃左右，尿素发生水解：

$$CO(NH_2)_2 + H_2O \Longrightarrow 2NH_3 + CO_2 \uparrow$$

水解产生的 NH_3 均匀地分布在溶液的各个部分，中和了溶液的酸度，使溶液的 pH 值逐渐升高。$C_2O_4^{2-}$ 的浓度渐渐增大，CaC_2O_4 沉淀缓慢析出。由于沉淀过程中，溶液的相对过饱和度始终较小，从而获得粗大晶粒的 CaC_2O_4 沉淀。

b. 利用配合物分解反应　例如先用 EDTA 和 Ba^{2+} 配合，将其加入含 SO_4^{2-} 的试液中。然后加氧化剂破坏 EDTA，使配合物逐渐分解，Ba^{2+} 逐渐均匀地在溶液中产生而与 SO_4^{2-} 生成 $BaSO_4$ 晶形沉淀。

c. 利用氧化还原反应　如测定 ZrO^{2+} 时，于含 ZrO^{2+} 和 AsO_3^{3-} 的 H_2SO_4 溶液中，加入 HNO_3，将 AsO_3^{3-} 氧化为 AsO_4^{3-}。在溶液内部产生的 AsO_4^{3-} 与 ZrO^{2+} 可形成大颗粒的 $(ZrO)_3(AsO_4)_2$ 晶形沉淀。

10.5.3　重量分析法应用

利用重量法可测定某些无机化合物和有机化合物的含量。

(1) 盐酸黄连素含量的测定

在一定量样品的水溶液中加入过量的苦味酸溶液，使盐酸黄连素沉淀为难溶的苦味酸黄连素，将其沉淀过滤、洗净、烘干、称重。根据苦味酸黄连素的质量计算盐酸黄连素的含量。

(2) 二盐酸奎宁注射液的含量测定

取一定量样品，加氨水，使试液成碱性。奎宁生物碱游离，用氯仿分次萃取，直至生物碱提尽为止，合并氯仿液，过滤，将滤液在水浴上蒸干、干燥、称重。然后计算出样品中二盐酸奎宁的含量。

此外，药典规定的药物纯度检查项目，如干燥失重、灰分、炽灼残渣及不挥发物等项目也常应用重量分析法进行测定。

(3) 葡萄糖的干燥失重测定

取混合均匀的葡萄糖（$C_6H_{12}O_6 \cdot H_2O$）样品置于已恒重的称量瓶中，准确称量后，将其置于烘箱中，于 105℃进行干燥。葡萄糖干燥后失去结晶水，质量减轻。由干燥前后两次质量之差和样品质量即可求得葡萄糖的干燥失重百分数。

(4) 中草药灰分测定

中草药经高温灼烧后，残留的无机杂质称为灰分。将一定量的中草药样品，置于已灼烧至恒重的坩埚中，准确称量。然后，将盛有样品的坩埚，先低温缓缓灼烧，样品完全炭化后，逐渐升高温度，继续灼烧至暗红色，使样品完全灰化，称重残渣至恒重。根据残渣的质量计算样品中灰分的含量。药典对不同药物灰分含量的要求不同，一般原生药（如植物的叶、皮、根等）的灰分限量要求较宽，可高达 10% 左右，而对中草药的分泌物，浸取物等一般要求灰分在 5% 以下。

注：“恒重”指物品连续两次干燥或灼烧后称得的质量相差不超过规定量，则可认为已达恒重。

10.6　沉淀滴定法

（Precipitation Titrations）

沉淀滴定法是以沉淀反应为基础的滴定分析方法。虽然沉淀反应很多，但由于很多沉淀的组成不恒定，或溶解度较大，或反应速度缓慢，或共沉淀现象严重等，真正能用于沉淀滴定的沉淀反应并不多。只有生成微溶性银盐的沉淀反应才具有实际意义。因此，基于这类反应的沉淀滴定法称为银量法（Argentometric Method）。银量法主要用于测定 Cl^-、Br^-、I^-、Ag^+ 和 SCN^-。根据所用指示剂的不同，按建立方法者名字命名，银量法包括莫尔法、佛尔哈德法和法扬司法。

10.6.1　莫尔法（Mohr Method）

用铬酸钾（K_2CrO_4）作指示剂的银量法称为莫尔法。莫尔法可用 $AgNO_3$ 标准溶液直接滴定 Cl^- 或 Br^-。

以滴定中性溶液中的 Cl^- 为例，说明滴定时的滴定反应和指示剂反应：

$$Ag^+ + Cl^- \Longrightarrow AgCl \downarrow （白色） \qquad K_{sp}^{\ominus} = 1.8 \times 10^{-10}$$

$$2Ag^+ + CrO_4^{2-} \Longrightarrow Ag_2CrO_4 \downarrow （砖红色） \qquad K_{sp}^{\ominus} = 2.0 \times 10^{-12}$$

由于 AgCl 的溶解度比 Ag_2CrO_4 的溶解度小，根据分步沉淀的原理，Cl^- 首先被沉淀下来。当 Cl^- 被沉淀完全后，过量一滴 $AgNO_3$ 溶液与 CrO_4^{2-} 生成砖红色的沉淀而指示到达滴定终点。

指示剂 K_2CrO_4 的用量根据溶度积原理计算，理论上滴定终点时溶液中的 CrO_4^{2-} 浓度应为 $1.2 \times 10^{-2} mol \cdot L^{-1}$。但由于 K_2CrO_4 本身为黄色，在此浓度下影响滴定终点砖红色的观察，并且浓度过高，终点会提前到达。如 K_2CrO_4 浓度过低。将多消耗 Ag^+ 的量而影响准确度。经实验证明，K_2CrO_4 的实际使用浓度应为 $5 \times 10^{-3} mol \cdot L^{-1}$。

莫尔法滴定的适宜酸度范围，一般为 pH 6.5～10.5。若酸度过高，CrO_4^{2-} 将转化为 $Cr_2O_7^{2-}$，降低了溶液中 CrO_4^{2-} 的浓度，使终点过迟到达而影响准确度或难以生成 Ag_2CrO_4 的砖红色沉淀。若酸度过低，Ag^+ 将生成 Ag_2O 灰黑色沉淀，影响滴定的准确度。若溶液中有铵盐存在，则滴定的适宜范围应为 pH 6.5～7.2。因为当 pH 值更高时，溶液中将有 NH_3 释出，与 Ag^+ 生成 $[Ag(NH_3)]^+$ 及 $[Ag(NH_3)_2]^+$，使 AgCl 与 Ag_2CrO_4 的溶解度增大，而影响准确度。

如用此法测定 Ag^+，应在试样中加入一定量过量的 NaCl 标准溶液，然后再用 $AgNO_3$ 标准溶液返滴定过量的 Cl^-。

干扰莫尔法滴定的阴离子有 PO_4^{3-}、AsO_4^{3-}、SO_3^{2-}、S^{2-}、CO_3^{2-}、$C_2O_4^{2-}$ 等。因为它们能与 Ag^+ 生成微溶性化合物或配合物。干扰滴定的阳离子是有色离子 Cu^{2+}、Co^{2+}、Ni^{2+}，当它们大量存在时，会影响终点颜色的观察。Ba^{2+} 和 Pb^{2+} 因为能与 CrO_4^{2-} 生成 $BaCrO_4$ 和 $PbCrO_4$ 沉淀而干扰滴定。此外，高价金属离子 Fe^{3+}、Bi^{3+}、Sn^{4+} 在中性或弱碱性溶液中发生水解也干扰滴定。

10.6.2　佛尔哈德法（Volhard Method）

用铁铵矾 $[NH_4Fe(SO_4)_2]$ 作指示剂的银量法称为佛尔哈德法。根据测定的物质不同，可分别采用直接滴定法和返滴定法。

（1）直接滴定法测定 Ag^+

本法用 NH_4SCN（或 KSCN，NaSCN）标准溶液直接滴定酸性溶液中的 Ag^+，而测得 Ag^+ 的含量。滴定反应和指示剂反应分别为：

$$Ag^+ + SCN^- \Longrightarrow AgSCN \downarrow （白色） \qquad K_{sp}^{\ominus} = 1.0 \times 10^{-12}$$

$$Fe^{3+} + SCN^- \Longrightarrow [FeSCN]^{2+} （红色） \qquad K_1^{\ominus} = 138$$

滴定时，溶液中首先生成 AgSCN 白色沉淀。当 Ag^+ 定量沉淀完全后，过量的 SCN^- 与指示

剂中的 Fe^{3+} 生成红色配合物到达滴定终点。

溶液的滴定酸度一般控制在 $0.1\sim1mol\cdot L^{-1}$ 之间,若酸度较低,Fe^{3+} 易水解,生成颜色较深的棕色 $[Fe(H_2O)_5(OH)]^{2+}$ 或 $[Fe_2(H_2O)_4(OH)_2]^{4+}$ 而影响终点颜色的观察。

指示剂 $NH_4Fe(SO_4)_2$ 的用量应能维持一定浓度的 $FeSCN^{2+}$ 生成,在终点时能观察到明显的红色。理论计算的 Fe^{3+} 浓度较高,Fe^{3+} 溶液的橙黄色将影响终点的观察。实际上,根据实验和误差要求,终点时,Fe^{3+} 的浓度为 $0.015mol\cdot L^{-1}$ 较适宜。

滴定时,应充分摇动溶液,以便被 AgSCN 沉淀表面吸附的 Ag^+ 释放出来。

(2) 返滴定法测定 Cl^-、Br^- 和 I^-

一般在 HNO_3 介质中测定卤素离子 X^-(Cl^-、Br^- 和 I^-)。测定时,可先加入一定量过量的 $AgNO_3$ 标准溶液,然后以 $NH_4Fe(SO_4)_2$ 作指示剂,用 NH_4SCN 标准溶液返滴定剩余的 $AgNO_3$。

应指出,测定 Cl^- 时,由于 AgCl 的溶解度大于 AgSCN 的溶解度,当剩余的 Ag^+ 被滴定完毕后,在过量的 SCN^- 存在下,AgCl 沉淀将转化为 AgSCN 沉淀而干扰测定。在滴定终点时,溶液出现的红色随着不断地摇动而消失,造成较大的滴定误差。为了避免上述误差,可采取措施如下:

① 在加入 $AgNO_3$ 标准溶液生成 AgCl 沉淀之后,煮沸溶液,使 AgCl 沉淀凝聚。然后滤去 AgCl 沉淀,并用稀 HNO_3 洗涤沉淀,将洗涤液并入滤液中,加入指示剂,用 NH_4SCN 标准溶液滴定。

② 在生成 AgCl 沉淀之后,加入有机溶剂如硝基苯或 1,2-二氯乙烷 $1\sim2mL$。用力摇动溶液,使有机溶剂在 AgCl 沉淀的表面上,形成有机试剂膜,避免沉淀与 SCN^- 的接触,而防止了 AgCl 沉淀的转化。

由于佛尔哈德法是在酸性介质中进行,因此许多弱酸根离子 PO_4^{3-}、AsO_4^{3-}、CrO_4^{2-}、$C_2O_4^{2-}$、CO_3^{2-} 等都不干扰滴定。干扰滴定的有强氧化剂、氮的低价氧化物以及铜盐、汞盐等,因它们能与 SCN^- 起作用,故必须预先除去。

10.6.3 法扬司法 (Fajans Method)

用吸附指示剂指示滴定终点的银量法,称为法扬司法。

吸附指示剂是一些酸性染料和碱性染料。酸性染料是有机弱酸,在溶液里可离解出指示剂阴离子,如荧光黄及其衍生物。碱性染料可离解出指示剂阳离子,如甲基紫、罗丹明 6G 等。当指示剂阴离子和阳离子被吸附在胶状沉淀表面之后,可能是与沉淀微粒形成了一种化合物而改变了指示剂的分子结构,导致发生颜色的变化,指示滴定终点到达。

例如荧光黄(Fluorenscein)是一种有机弱酸,用 HFl 表示。在溶液中离解为黄绿色的阴离子 Fl^-。当用 $AgNO_3$ 滴定 Cl^- 时,用荧光黄作指示剂。从滴定开始至化学计量点前,溶液中有过量的 Cl^-,生成的 AgCl 胶状沉淀颗粒优先吸附溶液中的构晶离子 Cl^-,而使沉淀表面带负电荷,不吸附 Fl^- 阴离子,溶液颜色仍为黄绿色,没有发生颜色的变化。化学计量点后,溶液中有过量的 Ag^+。这时,AgCl 沉淀表面颗粒吸附 Ag^+ 而带正电荷。由于静电引力,带正电荷的 AgCl 沉淀就强烈吸附 Fl^-。此时,可能由于形成荧光黄化合物,而使沉淀表面呈淡红色,指示到达滴定终点。

为了使终点颜色变化明显,使用吸附指示剂应注意以下条件。

① 卤化银对吸附指示剂的吸附能力要适当。应略小于被测离子。如对指示剂的吸附力大于被测离子,则在化学计量点之前,指示剂就被吸附变色。如对指示剂的吸附力太小,则

在化学计量点之后，指示剂不能立即被吸附，变色不敏锐。因此，不论吸附力过大或过小，都将影响滴定的准确度。卤化银对卤化物和几种常用吸附指示剂的吸附能力的大小次序为：

$$I^- > 二甲基二碘荧光黄 > Br^- > 曙红 > Cl^- > 荧光黄。$$

可见，测定 Cl^- 时，不能选曙红作指示剂，而应选用荧光黄。

② 因为变色是在沉淀的表面发生，因此应防止卤化银沉淀凝聚，使沉淀具有较大的比表面。为此，在滴定前应加入能保护胶粒的亲水性高分子化合物，如糊精，淀粉等。另外，应避免大量中性盐存在，因为它能使胶状沉淀凝聚。此外，溶液的浓度不能太稀。如浓度太稀，沉淀很少，观察终点较困难。

③ 避免在强的阳光照射下进行滴定，因卤化银沉淀对光线极敏感，遇光易分解而转变为灰黑色，影响终点观察。

④ 溶液的 pH 值要适当，应有利于指示剂离解出阴离子或阳离子。若吸附指示剂是有机弱酸，则应根据其离解常数（$K_a^{\ominus}$）来调节溶液的滴定酸度。如荧光黄，离解常数 $K_a^{\ominus} \approx 10^{-7}$，当溶液的 pH<7 时，荧光黄阴离子浓度太低，使终点变色不明显。因此，应使溶液的酸度在 pH7～10 之间，离解出足够浓度的荧光黄阴离子。

常用吸附指示剂的应用示例列于表 10-2 中。

其中几个是其他沉淀滴定法的应用。

表 10-2　常用吸附指示剂的应用示例

指 示 剂	被测定离子	滴 定 剂	测定条件
荧光黄	Cl^-	Ag^+	pH7～10(一般为 7～8)
二氯荧光黄	Cl^-	Ag^+	pH4～10(一般为 5～8)
曙红	Br^-, I^-, SCN^-	Ag^+	pH2～10(一般为 3～8)
溴甲酚绿	SCN^-	Ag^+	pH4～5
甲基紫	Ag^+	Cl^-	酸性溶液
罗丹明 6G	Ag^+	Br^-	酸性溶液
钍试剂	SO_4^{2-}	Ba^{2+}	pH1.5～3.5

10.6.4　沉淀滴定法应用示例

(1) 法扬司法测定盐酸麻黄碱（$C_{10}H_{15}ON \cdot HCl$）片的含量

准确称取适当量研细的盐酸麻黄碱样品，置于锥形瓶中加水溶解。加溴酚蓝（HBs）指示剂 2 滴，滴加醋酸使溶液由紫色变为黄绿色，再加溴酚蓝指示剂 10 滴和适量糊精。然后用 $AgNO_3$ 标准溶液滴定至 AgCl 沉淀的乳浊液呈灰紫色即达终点。滴定反应为：

$$\left[CH-CH-N^+-CH_3 \right] Cl^- + AgNO_3 \longrightarrow \left[CH-CH-N^+-CH_3 \right] NO_3^- + AgCl\downarrow$$

(2) 佛尔哈德法测定有机卤化物溴米那（$C_6H_{11}O_2N_2Br$）的含量

溴米那为 α-溴异戊酰脲，经 NaOH 水解，可将有机溴转变为溴离子。水解反应为：

$$\underset{CH_3}{\overset{CH_3}{}}CH-CH-CONH-CONH_2 + NaOH \xrightarrow{水解} \underset{CH_3}{\overset{CH_3}{}}CH-CH-CONH-CONH_2 + NaBr$$

测定过程为，准确称取溴米那样品置于锥形瓶中，加一定量 NaOH 溶液和沸石 2～3 块，微微加热至沸，维持 20min 后冷却至室温。加入一定量 HNO_3 酸化，准确加入过量 $AgNO_3$

标液、铁铵矾指示剂。用 NH_4SCN 标液滴定至出现淡棕红色为滴定终点。

(3) 莫尔法测定生理盐水中 NaCl 的含量

准确量取生理盐水一定体积，加入 K_2CrO_4 指示剂，用 $AgNO_3$ 标准溶液直接滴定至出现砖红色为终点。根据 $AgNO_3$ 标准溶液的用量即可计算出生理盐水中 NaCl 的含量。

贝壳，牙齿和化石

地球上绝大多数的矿物是由岩浆冷却形成的，少数是由沉淀过程产生的。例如温暖的海水几乎被 Ca^{2+} 和 HCO_3^- 离子饱和，可沉淀得到矿物方解石（$CaCO_3$）方程式为 $Ca^{2+}(aq)+2HCO_3^-(aq)\longrightarrow CaCO_3(s)+H_2O(l)+CO_2(g)$。然而，化学沉淀并不是方解石在海洋中的主要沉积方式，大部分方解石和碳酸盐沉积来自生物沉淀方式，形成某些海洋生物坚硬的外壳。这类生物能从海水中富集 Ca^{2+} 和 HCO_3^- 并在特殊的细胞内浓缩，再这些细胞分泌 $CaCO_3$ 晶体形成贝壳。

人类的骨和牙釉质主要由羟基磷灰石 $Ca_5(PO_4)_3OH$ 组成，羟基磷灰石可极少量的溶解于酸溶液中，细菌能作用于残留在牙缝间的食物产生酸，并导致牙釉质的溶解：$Ca_5(PO_4)_3OH(s)+H_3O^+\longrightarrow 5Ca^{2+}(aq)+3HPO_4^{2-}(aq)+5H_2O(l)$，这称为去矿化，持续去矿化会使牙产生空洞并逐渐腐蚀（龋齿），刷牙是防止牙腐蚀的有效方法。此外，使用含氟牙膏，F^- 会取代 OH^-，羟基磷灰石转变为氟磷灰石：$Ca_5(PO_4)_3OH(s)+F^-(aq)\rightleftharpoons Ca_5(PO_4)_3F(s)+OH^-(aq)$，氟磷灰石形成的晶体比羟基磷灰石更紧密，且 F^- 的碱性比 OH^- 弱，这使得氟磷灰石比羟基磷灰石有更强的抗酸蚀能力，从而保护牙釉质。

自然界中骨的石化和羟基磷灰石的沉积同样会发生 F^- 取代 OH^- 的过程，地下水中的 F^- 促使上述取代的发生。用于磷及含磷肥料制造生产的磷酸盐矿石往往是羟基磷灰石和氟磷灰石的混合物，并产生大量的 CaF_2 副产物。考古学家发现的远古动物化石也几乎由氟磷灰石组成，这些石化了的骨不仅保持了骨类原有的形态，还可保存部分史前动物的生存记录。

思 考 题

10-1 写出下列平衡的 $K_{sp}^{\ominus}$ 表达式。

(1) $Ag_2SO_4(s)\rightleftharpoons 2Ag^+(aq)+SO_4^{2-}(aq)$

(2) $Hg_2C_2O_4(s)\rightleftharpoons Hg_2^{2+}(aq)+C_2O_4^{2-}(aq)$

(3) $Ni_3(PO_4)_2(s)\rightleftharpoons 3Ni^{2+}(aq)+2PO_4^{3-}(aq)$

10-2 根据 $[Ag^+]$ 逐渐增加的次序，排列下列饱和溶液（不用计算，粗略估计）。

(1) Ag_2SO_4 $K_{sp}^{\ominus}=1.4\times10^{-5}$ (2) Ag_2CO_3 $K_{sp}^{\ominus}=8.1\times10^{-12}$

(3) $AgCl$ $K_{sp}^{\ominus}=1.8\times10^{-10}$ (4) AgI $K_{sp}^{\ominus}=9.3\times10^{-17}$

(5) $AgNO_3$

10-3 请解释下列事实：

(1) $CaSO_4$ 在水中比在 $1mol\cdot L^{-1}$ H_2SO_4 中溶解得更多。

(2) $CaSO_4$ 在 KNO_3 溶液中比在纯水中溶解得更多。

(3) $CaSO_4$ 在 $Ca(NO_3)_2$ 溶液中比在纯水中溶解得少。

10-4 向含有大量固体 AgI 的饱和水溶液中，(1) 加入 $AgNO_3$，(2) 加入 NaI，(3) 加入更多的固体 AgI，(4) 再加入一些水，(5) 升高温度。在上述各种情况下，沉淀溶解平衡向什么方向移动？溶液中

$[Ag^+]$ 和 $[I^-]$ 是增加或是减少？Ag^+ 和 I^- 浓度的乘积是否变化？

10-5　何谓"沉淀完全"，沉淀完全时溶液中被沉淀离子的浓度是否等于零？怎样才算达到沉淀完全的标准？

10-6　试举例说明要使沉淀溶解，可采取哪些措施？为什么？有些难溶弱酸盐为什么不能溶于强酸？

10-7　Ag_2CrO_4 沉淀很容易转化成 AgCl 沉淀；而 AgI 沉淀一步直接转化成 AgCl 几乎不可能，这是为什么？

10-8　分步沉淀在什么情况下才可以实现？(1) 用通入 H_2S 生成硫化物沉淀的办法能否将混合溶液中的 Cu^{2+} 和 Pb^{2+} 分离；(2) 将氨水加入含有杂质 Fe^{3+} 的 $MgCl_2$ 溶液中，为什么 pH 值需调到 2~4 并加热溶液方能除去杂质 Fe^{3+}，pH 值太高或太低时各有什么影响？

10-9　用过量的 H_2SO_4 沉淀 Ba^{2+} 时，K^+、Na^+ 均会引起共沉淀。问何者共沉淀严重？此时沉淀组成可能是什么？已知离子半径：$r_{K^+}=133pm$，$r_{Na^+}=95pm$，$r_{Ba^{2+}}=135pm$。

10-10　将 $0.5mol \cdot L^{-1}$ $BaCl_2$ 和 $0.1mol \cdot L^{-1}$ Na_2SO_4 溶液混合时，因浓度较高，需加入动物胶凝聚，使其沉淀。动物胶是含氨基酸的高分子化合物（$pK_{a_1}^{\ominus}=2$，$pK_{a_2}^{\ominus}=9$），其凝聚作用应在什么酸度条件下进行为好？

10-11　解释下列现象：
(1) CaF_2 在 pH＝3 溶液中的溶解度较在 pH＝5 的溶液中的溶解度大；
(2) $BaSO_4$ 沉淀要用水洗涤，而 AgCl 沉淀要用稀 HNO_3 洗涤；
(3) $BaSO_4$ 沉淀要陈化，而 AgCl 或 $Fe_2O_3 \cdot nH_2O$ 沉淀不要陈化；
(4) ZnS 在 HgS 沉淀表面上而不在 $BaSO_4$ 沉淀表面上继续沉淀。

10-12　用银量法测定下列试样中的 Cl^- 时，选用什么指示剂指示滴定终点比较合适？
(1) $CaCl_2$　(2) $BaCl_2$　(3) $FeCl_2$　　　(4) NH_4Cl
(5) $NaCl+Na_3PO_4$　(6) $NaCl+Na_2SO_4$　(7) $Pb(NO_3)_2+NaCl$

10-13　在下列各种情况下，分析结果是准确的，还是偏低或偏高，为什么？
(1) pH≈4 时用莫尔法滴定 Cl^-；
(2) 若试液中含有铵盐，在 pH≈10 时，用莫尔法滴定 Cl^-；
(3) 用法扬司法滴定 Cl^- 时，用曙红作指示剂；
(4) 用佛尔哈德法测定 Cl^- 时，未将沉淀过滤也未加 1,2-二氯乙烷；
(5) 用佛尔哈德法测定 I^- 时，先加铁铵矾指示剂然后加入过量 $AgNO_3$ 标准溶液。

10-14　何谓均匀沉淀法？其有何优点？试举一均匀沉淀法的实例。

习　题

10-1　根据下列各物质的 $K_{sp}^{\ominus}$ 数据，求溶解度 S（S 用 $mol \cdot L^{-1}$ 表示；不考虑阴阳离子的副反应）。
(1) $BaCO_3$　$K_{sp}^{\ominus}=2.58\times10^{-9}$　　(2) PbF_2　$K_{sp}^{\ominus}=7.12\times10^{-7}$
(3) $Ag_3[Fe(CN)_6]$　$K_{sp}^{\ominus}=9.8\times10^{-26}$ ［沉淀物电离生成 Ag^+ 和 $Fe(CN)_6^{3-}$］
　　　　　$[(1)\ 5.1\times10^{-5}mol \cdot L^{-1}；(2)\ 5.6\times10^{-3}mol \cdot L^{-1}；(3)\ 2.5\times10^{-7}mol \cdot L^{-1}]$

10-2　30.0mL $0.20mol \cdot L^{-1}$ $AgNO_3$ 溶液与 50.0mL $0.20mol \cdot L^{-1}$ NaAc 溶液混合，产生 AgAc 沉淀。平衡后，测得溶液中的 Ag^+ 浓度为 $0.050mol \cdot L^{-1}$，求 AgAc 的溶度积。
　　　　　　　　　　　　　　　　　　　　　　　　　　　　　　(5.0×10^{-3})

10-3　室温下 $Mg(OH)_2$ 的溶度积是 5.61×10^{-12}，若 $Mg(OH)_2$ 在饱和溶液中完全电离，试计算：
(1) $Mg(OH)_2$ 在水中溶解度及 Mg^{2+}、OH^- 的浓度。
(2) 在 $0.010mol \cdot L^{-1}$ NaOH 溶液中 Mg^{2+} 的浓度。
(3) $Mg(OH)_2$ 在 $0.010mol \cdot L^{-1}$ $MgCl_2$ 溶液中的溶解度。
　　　$[(1)\ 1.1\times10^{-4}mol \cdot L^{-1}，2.2\times10^{-4}mol \cdot L^{-1}；(2)\ 5.6\times10^{-8}mol \cdot L^{-1}；(3)\ 1.2\times10^{-5}mol \cdot L^{-1}]$

10-4　已知 $\beta=\dfrac{[CaSO_4]_{(aq)}}{[Ca^{2+}][SO_4^{2-}]}=200$，忽略离子强度的影响，计算 $CaSO_4$ 的固有溶解度，并计算饱和

$CaSO_4$ 溶液中，非离解形式 Ca^{2+} 的百分数。

$$(1.8 \times 10^{-3} mol \cdot L^{-1}, \ 37.6\%)$$

10-5 计算 CaC_2O_4 在下列溶液中的溶解度：

(1) pH=4.0 的 HCl 溶液中；

(2) pH=3.0 含有草酸总浓度为 $0.010 mol \cdot L^{-1}$ 的溶液中。

$$[(1) \ 7.2 \times 10^{-5} mol \cdot L^{-1}; \ (2) \ 3.4 \times 10^{-6} mol \cdot L^{-1}]$$

10-6 于 100mL 含有 0.1000g Ba^{2+} 的溶液中，加入 50mL $0.010 mol \cdot L^{-1}$ H_2SO_4 溶液。问溶液中还剩留多少克的 Ba^{2+}？如沉淀用 100mL 纯水或 100mL $0.010 mol \cdot L^{-1}$ H_2SO_4 洗涤，假设洗涤时达到了沉淀平衡，问各损失 $BaSO_4$ 多少毫克？

$$(33mg, \ 0.245mg, \ 6.2 \times 10^{-4} mg)$$

10-7 下列情况下有无沉淀生成？

(1) $0.001 mol \cdot L^{-1}$ $Ca(NO_3)_2$ 溶液与 $0.010 mol \cdot L^{-1}$ NH_4HF_2 溶液等体积混合；

(2) $0.1 mol \cdot L^{-1}$ $Ag(NH_3)_2^+$ 的 $1 mol \cdot L^{-1}$ NH_3 溶液与 $1 mol \cdot L^{-1}$ KCl 溶液等体积相混合；

(3) $0.010 mol \cdot L^{-1}$ $MgCl_2$ 溶液与 $0.1 mol \cdot L^{-1}$ NH_3-$1 mol \cdot L^{-1}$ NH_4Cl 溶液等体积相混合。

$$[(1) \ 1.53 \times 10^{-8} > K_{sp}^{\ominus}; \ (2) \ 8.9 \times 10^{-9} > K_{sp}^{\ominus}; \ (3) \ 1.66 \times 10^{-14} < K_{sp}^{\ominus}]$$

10-8 将 Cl^- 慢慢加入到 $0.20 mol \cdot L^{-1}$ Pb^{2+} 溶液中，问：

(1) 当 $[Cl^-] = 5 \times 10^{-3} mol \cdot L^{-1}$ 时，是否有沉淀生成？

(2) Cl^- 浓度多大时开始生成沉淀？

(3) 当 $[Cl^-] = 6.0 \times 10^{-2} mol \cdot L^{-1}$ 时，残留的 Pb^{2+} 的百分数是多少？

$$[(1) \ 无沉淀；(2) \ 7.6 \times 10^{-3} mol \cdot L^{-1}; \ (3) \ 1.65\%]$$

10-9 水样中含 $CaSO_4$ 的浓度为 131ppm（每 10^6 克水中含 $CaSO_4$ 131g），加热该水样并使之沸腾，问要使 $CaSO_4$ 固体开始沉淀，水被蒸发的百分数是多少？假设在整个温度变化范围内，$CaSO_4$ 的溶解度变化可忽略。

$$(68\%)$$

10-10 往含有浓度为 $0.10 mol \cdot L^{-1}$ 的 $MnSO_4$ 溶液中滴加 Na_2S 溶液，试问是先生成 MnS 沉淀，还是先生成 $Mn(OH)_2$ 沉淀？

$$(先生成 MnS 沉淀)$$

10-11 往 $Cd(NO_3)_2$ 溶液中通入 H_2S 生成 CdS 沉淀，要使溶液中所剩 Cd^{2+} 浓度不超过 $2.0 \times 10^{-6} mol \cdot L^{-1}$，计算溶液允许的最大酸度。

$$(38 mol \cdot L^{-1})$$

10-12 分别计算下列各反应的平衡常数，并讨论反应的方向。

(1) $PbS + 2HAc \rightleftharpoons Pb^{2+} + H_2S + 2Ac^-$

(2) $Mg(OH)_2 + 2NH_4^+ \rightleftharpoons Mg^{2+} + 2NH_3 \cdot H_2O$

(3) $Cu^{2+} + H_2S + 2H_2O \rightleftharpoons CuS + 2H_3O^+$

$$[(1) \ 2.8 \times 10^{-19}; \ (2) \ 1.8 \times 10^{-2}; \ (3) \ 7.9 \times 10^{16}]$$

10-13 已知 CdS 的 $K_{sp}^{\ominus} = 1.4 \times 10^{-29}$，求：

(1) CdS 酸溶反应的平衡常数 K 值。

(2) 某溶液中 H_2S 的起始浓度是 $0.10 mol \cdot L^{-1}$，H_3O^+ 浓度为 $0.30 mol \cdot L^{-1}$，求 CdS 在该溶液中的溶解度。

$$[(1) \ 1.4 \times 10^{-10}; \ (2) \ 1.3 \times 10^{-10} mol \cdot L^{-1}]$$

10-14 $CaCO_3$ 能溶解于 HAc 中，设沉淀溶解达平衡时，[HAc] 为 $1.0 mol \cdot L^{-1}$。已知在室温下，反应产物 H_2CO_3 的饱和浓度为 $0.040 mol \cdot L^{-1}$。求在 1.0 升溶液中能溶解多少 $CaCO_3$？共需多大浓度的 HAc？

$$(0.74 mol \ CaCO_3; \ 2.5 mol \cdot L^{-1})$$

10-15 向 $0.250 mol \cdot L^{-1}$ NaCl 和 $0.0022 mol \cdot L^{-1}$ KBr 的混合溶液中慢慢加入 $AgNO_3$ 溶液。

(1) 哪种化合物先沉淀出来？

(2) Cl^- 和 Br^- 能否有效分步沉淀从而得到分离？

[(1) AgBr 先沉淀；(2) 不能有效分离]

10-16　向含有 Cd^{2+} 和 Fe^{2+} 的溶液（离子浓度均为 $0.020mol \cdot L^{-1}$）中通入 H_2S 至饱和以分离 Cd^{2+} 和 Fe^{2+}，应控制 pH 值在什么范围？

(pH<1.45)

10-17　将 $BaCO_3$ 沉淀加入至 K_2CrO_4 溶液中，能否使 $BaCO_3$ 沉淀转化为 $BaCrO_4$ 沉淀？如能转化，需要些什么条件？

$$\left(\frac{[CO_3^{2-}]}{[CrO_4^{2-}]} = 4.25 \times 10^3 \right)$$

10-18　称取含硫的纯有机化合物 1.0000g。首先用 Na_2O_2 熔融，使其中的硫定量转化为 Na_2SO_4，然后溶解于水，用 $BaCl_2$ 溶液处理，定量转化为 $BaSO_4$ 1.0890 克。计算 (1) 有机化合物中硫的质量分数；(2) 若有机化合物的摩尔质量为 $214.33g \cdot mol^{-1}$，求该有机化合物中硫原子个数。

[(1) 14.96%；(2) 1 个]

10-19　有 0.5000g 的纯 KIO_x，将它还原为 I^- 后，用 $0.1000mol \cdot L^{-1}$ $AgNO_3$ 溶液滴定，用去 23.36mL，求该化合物的分子式。

(KIO_3)

10-20　称取含砷试样 0.5000g，溶解后在弱碱性介质中将砷处理为 AsO_4^{3-}，然后沉淀为 Ag_3AsO_4。将沉淀过滤、洗涤，最后将沉淀溶于酸中。以 $0.1000mol \cdot L^{-1}$ NH_4SCN 溶液滴定其中的 Ag^+ 至终点、消耗 45.45mL。计算试样中砷的质量分数。

(0.2270)

10-21　称取含有 NaCl 和 NaBr 的试样 0.6280g，溶解后用 $AgNO_3$ 溶液处理，得到干燥的 AgCl 和 AgBr 沉淀共 0.5064g。另称取相同质量的试样 1 份，用 $0.1050mol \cdot L^{-1}$ $AgNO_3$ 溶液滴定至终点，消耗 28.34mL。计算试样中 NaCl 和 NaBr 的质量分数。

(10.95%；29.46%)

第11章 氧化还原平衡与氧化还原滴定分析

（Oxidation-Reduction Equilibrium & Titrimetry）

11.1 氧化数与氧化还原方程式的配平
（Oxidation Number and Balancing of Oxidation-Reduction Equation）

氧化还原反应是一类常见而且有实用价值的反应。比如，从金属矿中提炼金属就是利用氧化还原的原理。又如生命现象涉及大量复杂的化学反应，人体获得能量的代谢过程就是营养物质在一系列酶的催化下，循序发生的氧化和还原的许多连续反应的组合。因此，氧化还原反应是化学研究的重要内容。

11.1.1 氧化还原反应与氧化数

人们最初把与氧化合的反应叫氧化反应，而把从氧化物中夺取氧的反应叫还原反应。随着化合价概念的建立，人们把化合价升高的过程叫氧化，把化合价降低的过程叫还原。当化合价电子理论建立后，人们又把失电子的过程叫氧化，得电子的过程叫还原。如 Zn 的氧化和 Cu^{2+} 的还原：

氧化 $\qquad\qquad Zn(s) \longrightarrow Zn^{2+}(aq) + 2e^-$ $\qquad\qquad$ (11-1)

还原 $\qquad\qquad Cu^{2+}(aq) + 2e^- \longrightarrow Cu(s)$ $\qquad\qquad$ (11-2)

式(11-1) 和式(11-2) 表示的是半反应，也表示了物质的氧化态和还原态之间的共轭关系。因此，氧化还原反应的半反应可用通式表示为：

$$氧化态 + ne^- \Longrightarrow 还原态 \qquad\qquad (11-3)$$

两个半反应才组成一个氧化还原反应。如式(11-1) 和式(11-2) 可组成如下氧化还原反应：

$$Zn + Cu^{2+} \Longrightarrow Zn^{2+} + Cu$$

根据化合价电子理论，氧化还原反应中，得电子者为氧化剂，氧化剂自身被还原；失电子者为还原剂，还原剂自身被氧化。因此，凡涉及有电子得失的反应就是氧化还原反应。

随着化学研究的深入，人们发现在 H_2 和 Cl_2 的反应里，电子的得失关系不那么明显。

$$H_2 + Cl_2 \Longrightarrow 2HCl$$

在 HCl 分子中，氢并未失去电子，氯也未得电子。由于氯的电负性大于氢，氯与氢之间的共用成键电子对发生偏移而靠近氯原子。因此，可人为地认为氢原子失去一个电子，"形式电荷"为 +1，而氯原子得到一个电子，"形式电荷"为 −1。因此，这类发生电子偏移的反应也是氧化还原反应。

用电子的得失或偏移来判断氧化还原反应有时较难。因此，人们根据实验事实，引入氧化数概念。

元素的氧化数可通过如下原则进行确定。

(1) 单质中元素的氧化数等于零（如 O_2、Zn 等）。

(2) 由于分子为电中性，故化合物中各元素氧化数的代数和等于零。

(3) 复杂离子中所有元素的氧化数的代数和等于该离子的电荷数；单原子离子的氧化数

等于其所带电荷数。

（4）常见元素在化合物中的氧化数为定值：氢元素的氧化数为 $+1$，氧元素的氧化数为 -2，卤素元素在卤化物中为 -1，硫元素在硫化物中为 -2。但也有少数例外，如在活泼金属氢化物如 NaH，CaH_2 中氢元素氧化数为 -1；在过氧化物如 Na_2O_2 中氧元素的氧化数为 -1。

根据上述原则，可确定化合物中其他元素的氧化数。如 H_2SO_4 分子中 S 的氧化数为 $+6$；MnO_2 中 Mn 的氧化数为 $+4$；而在 $Na_2S_4O_6$ 分子中，S 的氧化数则为 $+2.5$。

因此，氧化数是指化合物中各元素按一定原则确定的一个数值。氧化数可以是整数，也可以是分数。而化合价总是整数。元素的氧化数在数值上与化合价往往相同，但在一些共价化合物中，它们却不相同。如在 CH_4 和 CH_3Cl 中，C 的氧化数依次为 -4 和 -2，但 C 的化合价都为 4。此外，大多数元素的最高氧化数都等于它们在周期表中的族数，而化合价则是指元素相互结合时原子数目之比，因此，氧化数和化合价是互不相同的两个概念。

根据氧化数的概念，氧化数升高的过程叫氧化，氧化数降低的过程叫还原。氧化数升高的物质是还原剂，氧化数降低的物质是氧化剂。因此，凡原子或离子，在反应前后有氧化数改变的反应就是氧化还原反应。例如反应：

$$I_2 + 2Na_2S_2O_3 =\!=\!= Na_2S_4O_6 + 2NaI$$

反应中 $Na_2S_2O_3$ 中 S 的氧化数从 $+2$ 升到 $+2.5$（$Na_2S_4O_6$ 中 S），这个过程为氧化，I_2 中 I 的氧化数从 0 降到 -1（NaI 中 I），这个过程为还原。因此，I_2 是氧化剂，而 $Na_2S_2O_3$ 是还原剂。

氧化还原反应通常要在一定的环境条件下进行，这种环境条件称为介质，即酸、碱或水等。介质在反应过程中无氧化数的变化。

11.1.2　氧化还原方程式的配平

（1）氧化数法

用氧化数升降的方法来配平氧化还原方程式的方法称氧化数法。氧化数法除遵从物质守恒定律之外，还应遵从下列原则：

① 根据事实，将反应物写在箭头左侧，生成物写在右侧，标出有关原子的氧化数，根据氧化数的升降，确定还原剂、氧化剂和介质。如：

$$\overset{+7}{K}MnO_4 + \overset{+2}{Fe}SO_4 + H_2SO_4 \longrightarrow \overset{+2}{Mn}SO_4 + \overset{+3}{Fe}_2(SO_4)_3 + K_2SO_4 + H_2O \quad (11\text{-}4)$$
（氧化剂）（还原剂）（介质）

② 根据氧化剂中原子氧化数的降低总值和还原剂中原子氧化数的升高总值必须相等的原则，确定氧化剂、还原剂及氧化还原产物等化学式前的最简系数。如式（11-4）成为：

$$2KMnO_4 + 10FeSO_4 + H_2SO_4 \longrightarrow 2MnSO_4 + 5Fe_2(SO_4)_3 + K_2SO_4 + H_2O \quad (11\text{-}5)$$

③ 根据反应前后各元素原子总数相等的原则，确定介质及其产物化学式前的系数。一般先确定 O，H 元素以外的元素原子数，其次确定 H 原子数，最后核对 O 原子数，配平后，将反应式中箭头改写为等号，如式（11-5）成为：

$$2KMnO_4 + 10FeSO_4 + 8H_2SO_4 =\!=\!= 2MnSO_4 + 5Fe_2(SO_4)_3 + K_2SO_4 + 8H_2O$$

【例 11-1】 配平 $KClO_3 \longrightarrow KClO_4 + KCl$ 反应式。

解：标出产物和反应物中 Cl 元素的氧化数：

$$\overset{+5}{K}ClO_3 \longrightarrow \overset{+7}{K}ClO_4 + \overset{-1}{K}Cl$$

根据 Cl 元素氧化数的变化可知反应物 $KClO_3$ 中 Cl 的氧化数在反应过程中一部分升高为 $+7$，一部分降低为 -1；因此，$KClO_3$ 既是氧化剂又是还原剂。根据氧化数的升降数和原子数目可配平该反应式为：

$$4KClO_3 = 3KClO_4 + KCl$$

此反应中，Cl 原子由一种氧化态变成了氧化数 +5 和 -1 的两种不同氧化态，这类氧化还原反应称为歧化反应。其逆反应称为反（逆）歧化反应。这是一类常见的氧化还原反应。

【例 11-2】 配平重铬酸钾和浓盐酸起反应放出氯气，溶液颜色变绿的离子反应方程式。

解： 根据实验事实，Cr^{3+} 的特征颜色是绿色，故可列出产物为 Cr^{3+} 和 Cl_2 的未配平的离子式，并标明氧化数的变化如下（H^+ 为酸性介质）

$$\overset{+6}{Cr_2}O_7^{2-} + \overset{-1}{Cl^-} + H^+ \longrightarrow \overset{+3}{Cr^{3+}} + \overset{0}{Cl_2} + H_2O$$

由上式可知，Cr 的氧化数由 +6 降为 +3，但每个 $Cr_2O_7^{2-}$ 中含有 2 个 Cr 原子，因此，氧化数降低总值为 6，Cl 的氧化数由 -1 升高为 0，但 Cl_2 中有两个 Cl 原子，因此，升高总数为 2。根据升高氧化数和降低氧化数及原子个数相等的原则，得配平的离子方程式如下：

$$Cr_2O_7^{2-} + 6Cl^- + 14H^+ = 2Cr^{3+} + 3Cl_2 + 7H_2O$$

(2) 离子电子法

根据氧化剂和还原剂得失电子数相等的原则进行配平的方法称为离子电子法。

以反应

$$KMnO_4 + NaCl + H_2SO_4 \longrightarrow Cl_2 + MnSO_4 + K_2SO_4 + Na_2SO_4$$

为例，说明离子电子法配平氧化还原方程式的具体步骤。

① 先将包括发生氧化还原反应的物质在内的反应物和产物写成没有配平的离子方程式：

$$MnO_4^- + Cl^- \longrightarrow Mn^{2+} + Cl_2$$

② 将以上离子方程式分成氧化和还原两个未配平的半反应式：

还原半反应　　　　　　　$$MnO_4^- \longrightarrow Mn^{2+}$$

氧化半反应　　　　　　　$$2Cl^- \longrightarrow Cl_2$$

③ 配平半反应式，使半反应两边的原子数和电荷数相等：

还原半反应　　　　$$MnO_4^- + 8H^+ + 5e^- \Longleftrightarrow Mn^{2+} + 4H_2O$$

式中产物 Mn^{2+} 比反应物 MnO_4^- 少 4 个氧原子，因该反应在酸性介质中进行，所以加 8 个 H^+，生成 4 个 H_2O。反应物 MnO_4^- 和 $8H^+$ 的总电荷数为 +7，而产物 Mn^{2+} 的总电荷数只有 +2，所以反应物中应加上 5 个电子，使半反应两边的原子数和电荷数都相等。

氧化半反应　　　　　　　$$2Cl^- \Longleftrightarrow Cl_2 + 2e^-$$

两个氯原子结合成一个 Cl_2 分子，反应物电荷数为 -2，故应在产物中加 2 个电子，使半反应配平。

④ 根据氧化剂获得的电子数正好等于还原剂失去的电子数的原则，把这两个半反应式合并成一个配平的离子方程式：

$$2MnO_4^- + 10Cl^- + 16H^+ = 2Mn^{2+} + 5Cl_2 + 8H_2O$$

⑤ 由于该反应是 $KMnO_4$ 和 NaCl 在 H_2SO_4 介质中进行的，故这个配平的离子方程式亦可改成分子反应式：

$$2KMnO_4 + 10NaCl + 8H_2SO_4 = 2MnSO_4 + 5Cl_2 + K_2SO_4 + 5Na_2SO_4 + 8H_2O$$

离子电子法突出了化学计量数的变化是电子得失的结果，因此更能反映氧化还原反应的真实情况。值得注意的是无论在配平的离子方程式或分子方程式中，都不应出现游离电子。

11.1.3　氧化还原电对

在氧化还原反应中，氧化剂经过反应以后生成了相应具有弱还原性的还原剂，与此同时，还原剂经过反应以后生成了相应具有弱氧化性的氧化剂。如氧化还原反应

$$Cu^{2+}+Zn \Longrightarrow Zn^{2+}+Cu$$

与氧化剂 Cu^{2+} 对应的是弱还原剂 Cu，而与还原剂 Zn 对应的是弱氧化剂 Zn^{2+}。这两对物质就构成了下面两个氧化还原电对

$$Cu^{2+}/Cu \qquad Zn^{2+}/Zn$$

在这样的氧化还原电对中，氧化数高的物质叫氧化型物质，氧化数低的物质叫还原型物质。习惯上总是把氧化型物质写在前面，而把还原型物质写在后面。在一个氧化还原电对中，氧化型物质的氧化性越强，则它对应的还原型物质的还原性越弱；相反，氧化型物质的氧化性越弱，则它对应的还原型物质的还原性越强。一个氧化还原反应是由两个（或两个以上）氧化还原电对共同作用的结果，每一个氧化还原电对对应着一个氧化还原半反应。

11.2 原电池和电极电势
(Daniel Cell and Electrode Potential)

11.2.1 原电池及其电动势

有些氧化还原反应是电子转移的反应，如果能使反应在一定装置内进行，让这些电子沿一定方向流动，就会产生电流。

例如反应 $\quad Zn+Cu^{2+} \Longrightarrow Cu+Zn^{2+}$

其实质就是 Zn 失去电子变成 Zn^{2+}，Cu^{2+} 得到电子变为 Cu，是一个自发的氧化还原反应。若按图 11-1 所示，在一个烧杯内盛 $CuSO_4$ 溶液，其中插入 Cu 片作电极；在另一烧杯内盛 $ZnSO_4$ 溶液，其中插入 Zn 片作另一电极。两烧杯的溶液之间用"盐桥"连结（盐桥是盛有饱和 KCl 琼脂溶液冻胶的 U 形管）；两电极之间用导线连结，其间串联一个电流表。这样，就构成了一个原电池。此时，可以看到 Zn 片逐渐溶解，而 Cu 片上有沉积的 Cu，电流表的指针发生了偏转，证明导线上有电流通过。根据指针偏转的方向说明电流由铜极流向锌极。即电子由锌极流向铜极，锌电极上发生了氧化反应为负极，铜电极上发生了还原反应为正极。两电极反应为：

正极 $\qquad\qquad\qquad\qquad Cu^{2+}+2e^- \longrightarrow Cu$

负极 $\qquad\qquad\qquad\qquad Zn \longrightarrow Zn^{2+}+2e^-$

电池总反应为 $\qquad\qquad Zn+Cu^{2+} \Longrightarrow Zn^{2+}+Cu$

可见，锌电极（Zn-$ZnSO_4$）和铜电极（Cu-$CuSO_4$）通过图 11-1 所示装置组成了一个原电池。简称 Zn-Cu 原电池，也叫丹聂耳（Daniel）电池，很显然，原电池能自发地把化学能转变为电能。

为简明起见，常用下列符号代表锌铜电池

$$(-)Zn|Zn^{2+}(c_1)\|Cu^{2+}(c_2)|Cu(+)$$

习惯把负极写在左边，正极写在右边，正负两极电解质溶液之间的符号"‖"表示盐桥。金属 Zn 和 Zn^{2+} 溶液之间及金属 Cu 和 Cu^{2+} 溶液之间的符号"｜"表示固-液相界面。必要时，应注明溶液的浓度。若使用惰性电极（如 Pt 电极），并且溶液中含有两种离子参与电极反应时，应用逗号"，"将两种离子分开，再加上惰性电极；若使用惰性电极和

图 11-1 锌-铜电池

气体电极物质，则应注明气体的压力 $p^{\ominus}$，并用逗号将惰性电极和气体分开。如由氢电极和 Fe^{3+}/Fe^{2+} 电极组成的电池中使用了惰性电极铂电极，用电池符号可表示为：

$$(-)Pt(s),H_2(p^{\ominus})|H^+(1mol \cdot L^{-1}) \parallel Fe^{3+}(1mol \cdot L^{-1}),Fe^{2+}(1mol \cdot L^{-1})|Pt(s)(+)$$

可逆电池电动势是指电池正负电极之间的平衡电极电势差。若将图 11-1 装置中的普通电流表换为高阻抗的晶体管伏特计或电位差计则可直接测出电池的电动势。如测定下列锌铜电池的电流由铜极流向锌极，电池的电动势等于 1.10 伏（V），表示铜电极的电势比锌电极高出 1.10V。

$$(-)Zn(s)|Zn^{2+}(1mol \cdot L^{-1}) \parallel Cu^{2+}(1mol \cdot L^{-1})|Cu(s)(+)$$

如用同样的装置测量铜银电池的电动势，测量结果表明电流由银电极流向铜电极，银电极为正极，铜电极为负极，该电池电动势为 0.46V，表示银电极的电势比铜电极高 0.46V。该电池可表示为：

$$(-)Cu(s)|Cu^{2+}(1mol \cdot L^{-1}) \parallel Ag^+(1mol \cdot L^{-1})|Ag(s)(+)$$

因此，电动势的可测说明单个电极具有电势，即电极电势。

11.2.2　电极电势（Electrode Potential）

（1）电极电势的产生

在上述的铜锌原电池中，电子的流向始终是从 Zn 传递给 Cu^{2+}，而不会反向传递，其原因与电极构成物质的本性有关。

当把金属锌棒插入其盐溶液中时，由于极性大的水分子与构成晶格的金属离子互相吸引，使得金属锌具有一种以水合锌离子的形式进入溶液的倾向。此时，由于水合锌离子的形成而在锌棒上留下了过剩电子，故锌棒带有负电荷，而电极表面附近的溶液中由于有过多的 Zn^{2+} 而带正电荷。开始时，溶液中的 Zn^{2+} 浓度较小，故锌棒溶解速度较快。随着锌的不断溶解，溶液中 Zn^{2+} 浓度不断增大，从而减慢了锌的溶解速度。另一方面，溶液中的水合锌离子由于同时受到其他锌离子的排斥作用和锌棒上电子的吸引作用而具有从金属锌表面获得电子而沉积在金属表面的倾向。随着水合锌离子浓度和锌棒上电子数目的增加，沉积速度不断增大。当溶解速度和沉积速度相等时，达到了沉淀-溶解动态平衡：

$$Zn(s) \Longleftrightarrow Zn^{2+}(aq) + 2e^-$$

这时，金属锌棒带负电荷，靠近金属棒附近的溶液带正电荷。因此，在金属和盐溶液之间产生了电位差，这种产生在金属和它的盐溶液之间的电位差就叫做金属的电极电势。

图 11-2　标准氢电极

电极电势的大小除与电极的本性有关外，还与温度、介质及离子浓度等因素有关。当外界条件一定时，电极电势的大小只取决于电极的本性。

（2）标准电极电势（Standard Electrode Potential）

单个电极的电势至今还无法直接测定，但可用比较的方法来确定。也就是选定一个标准电极，把它的电极电势定义为零，然后将标准电极和其他电极组成电池，测定该电池的电动势，便可确定其他电极的电势相对值。按 IUPAC（International Union of Pure and Applied Chemistry 国际纯粹化学和应用化学联合会）惯例，已选择"标准氢电极"作为理想的标准电极。标准氢电极的组成和装置如图 11-2 所示。将镀铂黑（疏松的铂，具有很强的吸附 H_2 的能力）的铂片插入 H^+ 活度为 1 的 H_2SO_4

溶液中，在温度 298K 时，不断地通入压力为 100kPa 的纯净氢气流冲击铂片，使它吸附氢气达饱和。吸附在铂黑上的氢气和溶液中 H^+ 建立如下平衡：

$$2H^+(a=1)+2e^- \rightleftharpoons H_2(g, p^{\ominus})$$

这就是标准氢电极的电极反应，国际上统一规定，任何温度下标准氢电极的电极电势为零，并表示为 $E_{H^+/H_2}^{\ominus}=0$，E 的右下角注明了参加电极反应的物质的氧化态和还原态（氧化态/还原态简称电对）。右上角的 $\ominus$ 代表标准态（即温度为 298K，溶液活度为 1 或气体压力为标准压力 $p^{\ominus}=101.325$kPa）。有了标准氢电极作相对标准，就可测定其他电极的电极电势。

　　下面以测定金属的标准电极电势为例来说明电极电势的测定。当电极反应的各组分均处于标准态（活度为 1 且为理想的）的电极电势称为该金属电极的标准电极电势。电对半反应即电极反应为

$$298K, \quad p^{\ominus} \qquad M_{(a=1)}^{n+}+ne^- \!=\!=\! M(s)$$

标准电极电势用符号 $E^{\ominus}$ 表示。如欲测定金属锌电极的标准电极电势 $E_{Zn^{2+}/Zn}^{\ominus}$，只要将 Zn 片插在 $1mol \cdot L^{-1}$ 的 $ZnSO_4$ 溶液中，把它作为标准锌电极，然后将它和标准氢电极按图 11-1 所示装置组成一个原电池，在 298K（25℃）实验测量该电池的电动势。测定结果表明，氢电极为正极，锌电极为负极，电池的电动势为 0.763V。因此，该电池可表示为：

$$(-)Zn(s)\,|\,Zn^{2+}(1mol \cdot L^{-1})\,\|\,H^+(1mol \cdot L^{-1})\,\|\,H_2(p^{\ominus}),Pt(s)(+)$$

根据国际惯例规定，电池的电动势（$E_{池}$）等于正电极电势和负电极电势之差即：

$$E_{池}=E_{正}-E_{负} \tag{11-6}$$

当正极和负极都处于标准状态时，则测得的电动势为标准电动势 $E_{池}^{\ominus}$：

$$E_{池}^{\ominus}=E_{正}^{\ominus}-E_{负}^{\ominus} \tag{11-7}$$

因此，可由锌氢电池的标准电动势求得锌电极的标准电极电势：

正极 $\qquad\qquad 2H^++2e^- \!=\!=\! H_2 \qquad\qquad E_{H^+/H_2}^{\ominus}=0$

负极 $\qquad\qquad Zn \!=\!=\! Zn^{2+}+2e^- \qquad\qquad E_{Zn^{2+}/Zn}^{\ominus}=?$

电池反应： $\qquad\qquad 2H^++Zn \!=\!=\! H_2+Zn^{2+}$

　　因 $\qquad\qquad E_{池}^{\ominus}=0.763V=E_{H^+/H_2}^{\ominus}-E_{Zn^{2+}/Zn}^{\ominus}$

　　所以 $\qquad\qquad E_{Zn^{2+}/Zn}^{\ominus}=-0.763V$

同理可求铜电极的标准电极电势，实验结果表明，氢铜电池为：

$$(-)Pt(s),H_2(p^{\ominus})\,|\,H^+(1mol \cdot L^{-1})\,\|\,Cu^{2+}(1mol \cdot L^{-1})\,|\,Cu(s)(+)$$

$$E_{池}^{\ominus}=E_{Cu^{2+}/Cu}^{\ominus}-E_{H^+/H_2}^{\ominus}=0.34V$$

　　因此，$E_{Cu^{2+}/Cu}^{\ominus}=0.34V$

用类似的方法可测定各种电极的电势，有些不能直接测定的，则可以间接求算。

　　间接求算的方法是利用电池电动势和自由能的关系来进行的。

　　恒温恒压下，体系自由能的降低等于体系所做的最大非体积功。可逆电池反应发生过程中，自由能的降低就等于电池所做的可逆电功 $W_{电R}$：

$$-\Delta_r G_m=W_{电R} \tag{11-8}$$

$W_{电R}$ 等于可逆电池电动势和电量 Q 的乘积，即

$$W_{电R}=Q \cdot E_{池}$$

已知一个电子的电量等于 1.602×10^{-19}C(库仑)，所以 1mol 电子的电量等于 $6.022 \times$

$10^{23} \times 1.602 \times 10^{-19} = 9.645 \times 10^4 C = 1F$（Faraday 常数）。

电池反应过程中若有 $n \, mol$ 电子转移，其电量

$$Q = nF$$

所以电功

$$W_{电R} = nFE_{池} \qquad (11-9)$$

将式(11-9) 代入式(11-8) 得

$$-\Delta_r G_m = nFE_{池} \qquad (11-10)$$

若反应物和产物都处于标准态，则得

$$-\Delta_r G_m^{\ominus} = nFE_{池}^{\ominus} \qquad (11-11)$$

利用式(11-11) 可计算原电池的标准电动势，然后求得电极的标准电极电势 $E^{\ominus}$。

【例 11-3】 已知下列反应

$$Zn + 2H^+ \longrightarrow Zn^{2+} + H_2 \qquad \Delta_r G_m^{\ominus} = -147 kJ \cdot mol^{-1}$$

求电极反应 $Zn^{2+} + 2e^- \Longrightarrow Zn$ 的 $E_{Zn^{2+}/Zn}^{\ominus}$

解：

$$E_{池}^{\ominus} = \frac{-\Delta_r G_m^{\ominus}}{nF} = \frac{-(-147000)}{2 \times 96500} = +0.76V$$

又

$$E_{池}^{\ominus} = E_{正}^{\ominus} - E_{负}^{\ominus} = E_{H^+/H_2}^{\ominus} - E_{Zn^{2+}/Zn}^{\ominus}$$

得

$$E_{Zn^{2+}/Zn}^{\ominus} = E_{H^+/H_2}^{\ominus} - E_{池}^{\ominus} = 0 - 0.76V = -0.76V$$

(3) 电极的类型

不同的电极根据其组成电对的种类不同可以划分为以下四个基本类型：

① 金属-金属离子电极 这类电极是将金属置于其离子的盐溶液中而形成的，如 Zn^{2+}/Zn 电对、Cu^{2+}/Cu 电对等组成的电极。相应的电极反应及电极符号表示为：

$$Zn^{2+} + 2e^- \longrightarrow Zn \qquad Zn(s) | Zn^{2+} (aq)$$
$$Cu^{2+} + 2e^- \longrightarrow Cu \qquad Cu(s) | Cu^{2+} (aq)$$

② 气体-离子电极 这类电极是由气体及其与之接触的能催化气体电极反应，但不与气体及溶液起作用的固体导电体组成，常用的导电固体主要是金属铂和石墨。如氢电极和氯电极，相应的电极反应及电极符号为：

$$2H^+ + 2e^- \longrightarrow H_2 \qquad Pt(s), H_2(p_1) | H^+(c_1)$$
$$Cl_2 + 2e^- \longrightarrow 2Cl^- \qquad Pt(s), Cl_2(p_2) | Cl^-(c_2)$$

③ 金属-金属难溶盐电极 这类电极是将表面涂覆有相应金属难溶盐的金属浸泡于和该难溶盐具有相同阴离子的溶液中形成的。如氯化银电极就是将表面涂有 AgCl 的银丝插在 HCl 溶液而得到的，其电极反应及电极符号为：

$$AgCl + e^- \longrightarrow Ag + Cl^- \qquad Ag\text{-}AgCl(s) | Cl^-(c)$$

④ 氧化还原电极 这类电极是将铂或石墨等惰性导电材料插入一种含有同一元素不同氧化数的两种离子的溶液中形成的，如将铂插在含有 Fe^{3+}、Fe^{2+} 的溶液中就可得到 Fe^{3+}/Fe^{2+} 电极：

$$Fe^{3+} + e^- \longrightarrow Fe^{2+} \qquad Pt(s) | Fe^{3+}(c_1), Fe^{2+}(c_2)$$

(4) 标准电极电势与氧化还原

有关化学手册上记载着一系列标准电极电势数据。表 11-1 中列举了一些常用的标准电极电势 $E^{\ominus}$ 值。表 11-1 中的数据是按照标准电极电势由低到高的顺序排列的。在标准氢电极以上各标准电极的电势都是负值。当它们和标准氢电极组成电池时为负极；而在氢电极以下各电极电势都是正值，它们和氢电极组成电池时为正极。电极电势的高低表明电子得失的

难易。$E^{\ominus}$ 值越小，表明该电极反应中的还原态物质越易失去电子，是越强的还原剂，如表 11-1 上端的 Li，K，Na 等。$E^{\ominus}$ 值越大，表明电极反应中的氧化态物质越易得到电子，该氧化态是越强的氧化剂，如表 11-1 下端的 F_2、MnO_4^-、$S_2O_8^{2-}$、ClO_3^- 等。因此，表 11-1 中各电极的氧化态物质的氧化能力从上到下逐渐增强，而还原态物质的还原能力从下到上逐渐增强。

表 11-1　水溶液中的标准电极电势 $E^{\ominus}$（298K）

电　　极	电对平衡式	$E^{\ominus}$/V
氧化态/还原态	氧化态＋e^- $\rightleftharpoons$ 还原态	
Li^+/Li	$Li^+ + e^- \rightleftharpoons Li$	−3.04
K^+/K	$K^+ + e^- \rightleftharpoons K$	−2.93
Ba^{2+}/Ba	$Ba^{2+} + 2e^- \rightleftharpoons Ba$	−2.90
Sr^{2+}/Sr	$Sr^{2+} + 2e^- \rightleftharpoons Sr$	−2.89
Ca^{2+}/Ca	$Ca^{2+} + 2e^- \rightleftharpoons Ca$	−2.87
Na^+/Na	$Na^+ + e^- \rightleftharpoons Na$	−2.71
Mg^{2+}/Mg	$Mg^{2+} + 2e^- \rightleftharpoons Mg$	−2.37
Al^{3+}/Al	$Al^{3+} + 3e^- \rightleftharpoons Al$	−1.66
Zn^{2+}/Zn	$Zn^{2+} + 2e^- \rightleftharpoons Zn$	−0.76
Cr^{3+}/Cr	$Cr^{3+} + 3e^- \rightleftharpoons Cr$	−0.74
Fe^{2+}/Fe	$Fe^{2+} + 2e^- \rightleftharpoons Fe$	−0.45
Ni^{2+}/Ni	$Ni^{2+} + 2e^- \rightleftharpoons Ni$	−0.26
Sn^{2+}/Sn	$Sn^{2+} + 2e^- \rightleftharpoons Sn$	−0.15
Pb^{2+}/Pb	$Pb^{2+} + 2e^- \rightleftharpoons Pb$	−0.13
H^+/H_2	$2H^+ + 2e^- \rightleftharpoons H_2$	0.00
S/S^{2-}	$S + 2H^+ + 2e^- \rightleftharpoons H_2S$	+0.14
Sn^{4+}/Sn^{2+}	$Sn^{4+} + 2e^- \rightleftharpoons Sn^{2+}$	+0.15
Cu^{2+}/Cu	$Cu^{2+} + 2e^- \rightleftharpoons Cu$	+0.34
O_2/OH^-	$O_2 + 2H_2O + 4e^- \rightleftharpoons 4OH^-$	+0.40
I_2/I^-	$I_2 + 2e^- \rightleftharpoons 2I^-$	+0.54
$Mn(Ⅶ)/Mn(Ⅵ)$	$MnO_4^- + e^- \rightleftharpoons MnO_4^{2-}$	+0.56
$As(Ⅴ)/As(Ⅲ)$	$H_3AsO_4 + 2H^+ + 2e^- \rightleftharpoons H_3AsO_3 + H_2O$	+0.56
$Mn(Ⅶ)/Mn(Ⅳ)$	$MnO_4^- + 2H_2O + 3e^- \rightleftharpoons MnO_2 + 4OH^-$	+0.60
O/O_2^{2-}	$O_2 + 2H^+ + 2e^- \rightleftharpoons H_2O_2$	+0.70
Fe^{3+}/Fe^{2+}	$Fe^{3+} + e^- \rightleftharpoons Fe^{2+}$	+0.77
Ag^+/Ag	$Ag^+ + e^- \rightleftharpoons Ag$	+0.80
$N(Ⅴ)/N(Ⅳ)$	$2NO_2^- + 4H^+ + 2e^- \rightleftharpoons N_2O_4 + H_2O$	+0.80
Hg^{2+}/Hg	$Hg^{2+} + 2e^- \rightleftharpoons Hg$	+0.85
Pd^{2+}/Pd	$Pd^{2+} + 2e^- \rightleftharpoons Pd$	+0.95
Br_2/Br^-	$Br_2 + 2e^- \rightleftharpoons 2Br^-$	+1.07
$Cr(Ⅵ)/Cr^{3+}$	$HCrO_4^- + 7H^+ + 3e^- \rightleftharpoons Cr^{3+} + 4H_2O$	+1.35
$Cr(Ⅵ)/Cr^{3+}$	$Cr_2O_7^{2-} + 14H^+ + 6e^- \rightleftharpoons 2Cr^{3+} + 7H_2O$	+1.23
Cl_2/Cl^-	$Cl_2 + 2e^- \rightleftharpoons 2Cl^-$	+1.36
$Cl(Ⅶ)/Cl^-$	$ClO_4^- + 8H^+ + 8e^- \rightleftharpoons Cl^- + 4H_2O$	+1.39
$Br(Ⅴ)/Br^-$	$BrO_3^- + 6H^+ + 6e^- \rightleftharpoons Br^- + 3H_2O$	+1.42
Ce^{4+}/Ce^{3+}	$Ce^{4+} + e^- \rightleftharpoons Ce^{3+}$	+1.61
$Cl(Ⅴ)/Cl^-$	$ClO_3^- + 6H^+ + 6e^- \rightleftharpoons Cl^- + 3H_2O$	+1.45
$Cl(Ⅴ)/Cl_2$	$ClO_3^- + 6H^+ + 5e^- \rightleftharpoons \frac{1}{2}Cl_2 + 3H_2O$	+1.47
$Cl(Ⅰ)/Cl^-$	$HClO + H^+ + 2e^- \rightleftharpoons Cl^- + H_2O$	+1.48
$Mn(Ⅶ)/Mn^{2+}$	$MnO_4^- + 8H^+ + 5e^- \rightleftharpoons Mn^{2+} + 4H_2O$	+1.51

续表

电　　极	电对平衡式	$E^{\ominus}/V$
O_2^{2-}/O^{2-}	$H_2O_2+2H^++2e^- \rule[0.5ex]{2em}{0.4pt} 2H_2O$	+1.78
S(Ⅶ)/S(Ⅵ)	$S_2O_8^{2-}+2e^- \rule[0.5ex]{2em}{0.4pt} 2SO_4^{2-}$	+2.01
Mn(Ⅶ)/Mn(Ⅳ)	$MnO_4^-+4H^++2e^- \rule[0.5ex]{2em}{0.4pt} MnO_2+2H_2O$	+2.24
F_2/F^-	$F_2+2e^- \rule[0.5ex]{2em}{0.4pt} 2F^-$	+2.87

注：有的书刊把电极反应写成氧化半反应，如 $2F^-\!=\!F_2+2e^-$，$E^{\ominus}$ 值的排列也可以由 $(+)\rightarrow 0 \rightarrow (-)$。还有些书把 $E^{\ominus}$ 值叫标准氧化还原电势，并随电极反应写法不同分为氧化电势和还原电势，如

$$Zn^{2+}+2e^- \longrightarrow Zn \qquad E^{\ominus}_{还原}=-0.76V$$

而

$$Zn \longrightarrow Zn^{2+}+2e^- \qquad E^{\ominus}_{氧化}=+0.76V$$

这些表达方法各有利弊，目前还不很统一，阅读参考书时，务请注意。

　　与酸碱反应中的既能作酸又能作碱的两性物质类似，在氧化还原反应中，有一些物质既能起氧化剂的作用，又能起还原剂的作用，如亚铁离子 Fe^{2+}。在表 11-1 中，Fe^{2+} 既能出现在半反应的还原剂一侧

$$Fe^{3+}(aq)+e^- \rule[0.5ex]{2em}{0.4pt} Fe^{2+}(aq)$$

又能出现在半反应的氧化剂一侧

$$Fe^{2+}(aq)+2e^- \rule[0.5ex]{2em}{0.4pt} Fe(s)$$

11.3　浓度对电极电势的影响
(Effect of Concentration upon Electrode Potential)

　　电极电势的大小与温度和活（浓）度有关，如果温度和活（浓）度发生变化，电极电势也会发生改变，成为任意状态下的电极电势。

11.3.1　Nernst 方程式
　　用 Nernst 方程式可描述可逆氧化还原电对在任意状态下的电极电势 E 与温度、活（浓）度及标准电极电势之间的定量关系。

　　用 Ox 代表氧化态（Oxidation State），用 Red 代表还原态（Reducing State），对于均相氧化还原电对的电极反应

$$m\,Ox+n\,e^- \rule[0.5ex]{2em}{0.4pt} q\,Red$$

其电极电势 E 可由 Nernst 方程表示：

$$E=E^{\ominus}+\frac{2.30RT}{nF}\lg\frac{a_{Ox}^m}{a_{Red}^q} \tag{11-12}$$

式中，a_{Ox} 和 a_{Red} 分别为氧化态和还原态的活度。

如电极反应进行时，忽略活度系数，则物质的氧化态和还原态的活度可用相对平衡浓度 $\dfrac{c}{c^{\ominus}}$ 表示：

$$E=E^{\ominus}+\frac{2.30RT}{nF}\lg\frac{\left(\dfrac{[Ox]}{c^{\ominus}}\right)^m}{\left(\dfrac{[Red]}{c^{\ominus}}\right)^q} \tag{11-13}$$

　　式(11-12) 和式(11-13) 中的 n 为电极反应中电对的电子转移数，R 为气体常数，等于 $8.314 J\cdot K^{-1}\cdot mol^{-1}$；$T$ 为热力学温度，K；F 为 Faraday 常数，等于 $96500 C\cdot mol^{-1}$。

若电极反应的还原态是固体，如金属 M 和金属离子 M^{n+} 电对的电极电势可表示为：

$$E = E^{\ominus} + \frac{2.30RT}{nF}\lg a^{n+} \text{ 或 } E = E^{\ominus} + \frac{2.30RT}{nF}\lg\left(\frac{[M^{n+}]}{c^{\ominus}}\right) \tag{11-14}$$

因纯固体或液体的活（浓）度为 1，可不表示出。利用 Nernst 方程式可计算不同活（浓）度时的电极电势。在氧化还原平衡的研究中，除必须精确计算之外，一般都忽略活度系数。此外，计算时要注意公式中的还原态 Red 指电极反应式右边所有的物质，氧化态 Ox 指电极反应式左边除电子以外的所有物质。当这些物质前面有系数时，则浓度项要加上相应的指数。

由于溶液里氧化还原反应大多数都在室温（298K 左右）进行，并且已知当浓度不变时，温度对 $E^{\ominus}$ 值的影响很小，然而室温下，浓度的变化对电极电势的影响却较大。因此，为研究浓度对电极电势的影响，一般将温度固定，即把 Nernst 方程式中的 T 用 298K 代入。同时，将其他常数 $R = 8.314\text{J} \cdot \text{mol}^{-1} \cdot \text{K}^{-1}$，$F = 9.65 \times 10^{4}\text{c} \cdot \text{mol}^{-1}$ 一并代入，从而可得 298K 时，表示浓度和电极电势定量关系的 Nernst 方程式：

$$E = E^{\ominus} + \frac{0.059}{n}\lg\frac{([Ox]/c^{\ominus})^m}{([Red]/c^{\ominus})^q} \tag{11-15}$$

用式(11-15) Nernst 方程式计算可逆电对物质电势时，计算值与实测值基本相符。对于不可逆电对物质的计算值与实测值差别较大，如作初步判断，仍具有实际意义。

11.3.2 浓度对电极电势的影响

物质的浓度对电极电势有显著的影响。浓度的变化包括电极物质本身浓度的变化，参与反应的 H^+ 浓度的变化，以及溶液中发生沉淀反应或配位反应而使电极物质浓度发生变化等。下面分别说明各种情况下浓度对电极电势的影响。

(1) 电极物质本身浓度变化的影响

当参加电极反应物质的氧化态或还原态浓度不是标准状态，即活度 $a \neq 1$，该电极的电势会发生改变。如例 11-4 所示。

【例 11-4】 已知电极反应为 $Fe^{3+} + e^- \Longleftrightarrow Fe^{2+}$ 的标准电极电势 $E^{\ominus}_{Fe^{3+}/Fe^{2+}} = 0.77V$，求 $[Fe^{3+}] = 1\text{mol} \cdot L^{-1}$，$[Fe^{2+}] = 0.0001\text{mol} \cdot L^{-1}$ 时的电极电势 $E_{Fe^{3+}/Fe^{2+}}$。

解：根据 Nernst 方程

$$E_{Fe^{3+}/Fe^{2+}} = E^{\ominus}_{Fe^{3+}/Fe^{2+}} + \frac{0.059}{1}\lg\frac{[Fe^{3+}]}{[Fe^{2+}]} = 0.77 + 0.059 \times \lg\frac{1}{0.0001} = 1.01(V)$$

可见，电极反应中氧化态的离子浓度越大，或还原态的离子浓度越小，则它的电极电势就越大，氧化态得电子的能力就越大。

(2) H^+ 浓度变化的影响

对于有 H^+ 参加的电对半反应，当 H^+ 浓度不是 $1\text{mol} \cdot L^{-1}$（标准状态）时，电极电势会随之变化。变化情况可由 Nernst 方程式计算。

【例 11-5】 已知 $Cr_2O_7^{2-} + 14H^+ + 6e^- \Longleftrightarrow 2Cr^{3+} + 7H_2O$，$E^{\ominus} = +1.23V$，求：$[Cr^{3+}] = 1\text{mol} \cdot L^{-1}$，$[Cr_2O_7^{2-}] = 1\text{mol} \cdot L^{-1}$，$[H^+] = 1 \times 10^{-3}\text{mol} \cdot L^{-1}$ 时的 E 值。

解：根据 Nernst 方程和电对半反应，

$$E = E^{\ominus} + \frac{0.059}{n}\lg\frac{[Cr_2O_7^{2-}] \cdot [H^+]^{14}}{(c^{\ominus})^{13}[Cr^{3+}]^2} = 1.23 + \frac{0.059}{6}\lg\frac{1 \times (1 \times 10^{-3})^{14}}{1^2}$$
$$= +0.82V$$

可见，H^+ 浓度的变化，即酸度的变化可改变电极电势的大小。通常为方便查阅，把电极反应在 H^+ 浓度为 $1mol \cdot L^{-1}$ 的酸性溶液中进行时的标准电极电势排成酸性表，把电极反应在 OH^- 浓度为 $1mol \cdot L^{-1}$ 的碱性溶液中进行时的标准电极电势排成碱性表。见附录表14。

(3) 电极物质生成沉淀后浓度变化的影响

如电极反应 $\qquad Cu^{2+}+e^- \Longrightarrow Cu^+ \qquad E^\ominus=+0.15V$

在发生此电极反应的溶液中，加入 KI 溶液，使 $[I^-]=1.0mol \cdot L^{-1}$。

则还原态 Cu^+ 会和 I^- 生成 CuI 沉淀，而使游离的 Cu^+ 的浓度降低。由溶度积 $K_{sp}^\ominus(CuI)$ 计算得 $[Cu^+]=\dfrac{K_{sp}^\ominus(CuI)(c^\ominus)^2}{[I^-]}$。

Cu^+ 浓度降低的电极电势可由 Nernst 方程计算得：

$$E=E_{Cu^{2+}/Cu^+}^\ominus+\frac{0.059}{n}\lg\frac{[Cu^{2+}]}{[Cu^+]}=E_{Cu^{2+}/Cu^+}^\ominus+\frac{0.059}{1}\lg\frac{[Cu^{2+}]}{\dfrac{K_{sp}^\ominus(CuI)(c^\ominus)^2}{[I^-]}}$$

$$=E_{Cu^{2+}/Cu^+}^\ominus+0.059\lg\frac{1}{K_{sp}^\ominus(CuI)}+0.059\lg\frac{[Cu^{2+}][I^-]}{(c^\ominus)^2}$$

已知 $K_{sp}^\ominus(CuI)=1.3\times10^{-12}$，$[Cu^{2+}]=1.0mol \cdot L^{-1}$，$[I^-]=1.0mol \cdot L^{-1}$ 代入上式得：

$$E=0.15-0.059\times\lg(1.3\times10^{-12})+0.059\lg(1.0\times1.0)$$

$$E=0.85V$$

可见，形成 CuI 沉淀后，Cu^+ 浓度发生变化，而导致电极电势发生改变。

(4) 电极物质生成配合物后浓度变化的影响

如电极反应 $\qquad Cu^{2+}+2e^- \Longrightarrow Cu \qquad E^\ominus=+0.34V$

在该电极反应的溶液中加入过量氨水，Cu^{2+} 几乎完全和 NH_3 形成铜氨配合物 $Cu(NH_3)_4^{2+}$，而使游离的 Cu^{2+} 浓度变得很小，根据配位反应平衡，可计算得游离的 Cu^{2+} 浓度：

$$[Cu^{2+}]=\frac{[Cu(NH_3)_4^{2+}](c^\ominus)^4}{K_稳^\ominus \cdot [NH_3]^4}$$

由 Nernst 方程式可计算得此时的电极电势：

$$E=E_{Cu^{2+}/Cu^+}^\ominus+\frac{0.059}{n}\lg\frac{[Cu^{2+}]}{c^\ominus}$$

$$=E_{Cu^{2+}/Cu}^\ominus+\frac{0.059}{2}\lg\frac{[Cu(NH_3)_4^{2+}](c^\ominus)^3}{K_稳^\ominus \cdot [NH_3]^4}$$

若 $[NH_3]=1mol \cdot L^{-1}$，$[Cu(NH_3)_4^{2+}]=1mol \cdot L^{-1}$，$K_稳^\ominus=2.1\times10^{13}$ 代入上式得：

$$E=0.34+\frac{0.059}{2}\lg\frac{1}{2.1\times10^{13}}=-0.05V$$

可见，上述电极物质发生配位反应后，由于氧化态 Cu^{2+} 浓度的变化而使电极电势从正值（0.34V）降为负值（-0.05V），发生了很大的变化。

上述浓度变化对电极电势的影响是用 Nernst 方程式计算得出的。实际上，还可将上述电极反应中物质和标准氢电极组成电池，通过测定电池的电动势而得出相同的结论。

（5）条件电势（Conditional Electrode Potential）

在化学中，把上述各种浓度变化后测得的电极电势称为条件电势，用符号 $E^{\ominus\prime}$ 表示。它是在特定条件下，即氧化态和还原态的分析浓度均为 $1.0\,mol\cdot L^{-1}$ 时的实际电势，即条件固定时为一常数。由于条件电势是根据实验直接测定得到，因此，$E^{\ominus\prime}$ 值反映了溶液中活度系数（电解质浓度）的影响，酸度的影响和各种副反应（配位反应、沉淀反应等）影响的总结果。

化学中，用条件电势来处理问题时，更加符合实际情况，但目前还缺乏各种条件下的条件电势值，书后附录表 15 中列出部分氧化还原电对在不同介质中的条件电势，均为实验测得值。本书处理氧化还原滴定反应时，尽量采用条件电势，当缺乏相同条件下的条件电势时，可采用相近的条件电势数据。对于没有相应条件电势数据的氧化还原电对，则采用标准电极电势。条件电势也可用 Nernst 方程式计算得到。

【例 11-6】 计算 $0.10\,mol\cdot L^{-1}$ HCl 中 As(V)/As(Ⅲ) 电对的条件电势。（忽略离子强度的影响，已知 $E^{\ominus}_{As(V)/As(Ⅲ)}=0.559V$）。

解： 在 $0.10\,mol\cdot L^{-1}$ HCl 溶液中，电极反应为：

$$H_3AsO_4+2H^++2e^-\Longrightarrow H_3AsO_3+H_2O$$

$$E=E^{\ominus}+\frac{0.059}{2}lg\frac{[H_3AsO_4][H^+]^2}{[H_3AsO_3](c^{\ominus})^2}$$

$$=E^{\ominus}+\frac{0.059}{2}lg\frac{[H^+]^2}{(c^{\ominus})^2}+\frac{0.059}{2}lg\frac{[H_3AsO_4]}{[H_3AsO_3]}$$

当 $[H_3AsO_4]=[H_3AsO_3]=1\,mol\cdot L^{-1}$ 时，$E=E^{\ominus\prime}$ 故

$$E^{\ominus\prime}=E^{\ominus}+\frac{0.059}{2}lg(0.10)^2=0.559+0.059lg0.10=0.500V$$

11.4　电极电势的应用
（Application of Electrode Potential）

11.4.1　计算原电池的电动势（Electro-Motive Force）

根据标准电极电势和 Nernst 方程式，可计算电极物质在任意浓度时的电极电势，然后根据 $E_{池}=E_{正极}-E_{负极}$，可算出原电池的电动势。

【例 11-7】 计算下列原电池在 25℃时的电动势，并标明正负极，写出电池反应式。

$$Cd(s)|Cd^{2+}(0.1\,mol\cdot L^{-1})\parallel Sn^{4+}(0.1\,mol\cdot L^{-1}),Sn^{2+}(0.001\,mol\cdot L^{-1})|Pt(s)$$

解： 与此原电池有关的电极反应及标准电极电势为：

$$Cd^{2+}+2e^-\Longrightarrow Cd \qquad E^{\ominus}_{Cd^{2+}/Cd}=-0.40V$$

$$Sn^{4+}+2e^-\Longrightarrow Sn^{2+} \qquad E^{\ominus}_{Sn^{4+}/Sn^{2+}}=0.15V$$

此原电池两电极的电极电势分别为：

$$E_{Cd^{2+}/Cd}=E^{\ominus}_{Cd^{2+}/Cd}+\frac{0.059}{2}lg\frac{[Cd^{2+}]}{c^{\ominus}}=-0.40+\frac{0.059}{2}lg0.1$$

$$=-0.43V$$

$$E_{Sn^{4+}/Sn^{2+}} = E_{Sn^{4+}/Sn^{2+}}^{\ominus} + \frac{0.059}{2}\lg\frac{[Sn^{4+}]}{[Sn^{2+}]} = 0.15 + \frac{0.059}{2}\lg\frac{0.1}{0.001}$$

$$= 0.21V$$

因为 $E_{Sn^{4+}/Sn^{2+}} > E_{Cd^{2+}/Cd}$，所以 Sn^{4+}/Sn^{2+} 电对为正极，Cd^{2+}/Cd 电对为负极，电动势 $E_{池}$ 为：

$$E_{池} = E_{正极} - E_{负极} = 0.21 - (-0.43) = 0.64V$$

正极发生还原反应：$Sn^{4+} + 2e^- \longrightarrow Sn^{2+}$

负极发生氧化反应：$Cd \longrightarrow Cd^{2+} + 2e^-$

电池反应是两电极反应之和，即

$$Sn^{4+} + Cd_{(s)} = Sn^{2+} + Cd^{2+}$$

【例 11-8】 计算下列电池的电动势 $E_{池}$

$$(-)Cu(s)|Cu^{2+}(1\times10^{-4} mol \cdot L^{-1}) \| Cu^{2+}(1mol \cdot L^{-1})|Cu(s)(+)$$

解：该电池的电池反应方程式

$$Cu(s) + Cu^{2+}(1mol \cdot L^{-1}) = Cu^{2+}(1\times10^{-4} mol \cdot L^{-1}) + Cu(s)$$

这两个电极都是 Cu 电极，但电池中两 Cu^{2+} 浓度有差别而产生电势差，这种电池叫浓差电池 (Concentration Cell)。组成浓差电池是两个浓度不同的同种电极，因此它的标准电动势 $E_{池}^{\ominus} = 0$。根据 Nernst 方程

$$E_{Cu^{2+}/Cu} = E_{Cu^{2+}/Cu}^{\ominus} + \frac{0.059}{2}\lg\left(\frac{[Cu^{2+}]}{c^{\ominus}}\right)$$

因 $$E_{池} = E_{正极} - E_{负极}$$

故 $$E_{池} = E_{Cu^{2+}/Cu(正极)} - E_{Cu^{2+}/Cu(负极)}$$

$$= E_{Cu^{2+}/Cu(正极)}^{\ominus} - E_{Cu^{2+}/Cu(负极)}^{\ominus} + \frac{0.059}{2}\lg\frac{[Cu^{2+}]_{正极}}{[Cu^{2+}]_{负极}}$$

$$= E_{池}^{\ominus} + \frac{0.059}{2}\lg\frac{[Cu^{2+}]_{正极}}{[Cu^{2+}]_{负极}}$$

$$= 0 + \frac{0.059}{2}\lg\frac{1}{1\times10^{-4}} = +0.118V$$

11.4.2 测定难溶化合物的 $K_{sp}^{\ominus}$ 值

难溶化合物在水中的沉淀溶解平衡反应不是氧化还原反应，然而可利用生成难溶化合物后，浓度变化使电极电势发生改变的事实将其设计成一个原电池，该电池的电动势可直接测得，从而可计算该难溶化合物的 $K_{sp}^{\ominus}$。

【例 11-9】 用电化学方法求算难溶化合物 AgCl 的 $K_{sp}^{\ominus}$ 值。

解：难溶化合物 AgCl，在水中的溶解平衡反应式为：

$$Ag^+ + Cl^- \rightleftharpoons AgCl(s)$$

在该反应式两边加上 Ag 得：

$$Ag + Ag^+ + Cl^- \rightleftharpoons AgCl(s) + Ag \tag{11-16}$$

式(11-16) 可拆为两个电极反应：

(1) $Ag^+ + e^- = Ag(s)$ $\qquad E_{Ag^+/Ag}^{\ominus} = 0.7996V$

(2) $Cl^- + Ag(s) = AgCl(s) + e^-$ $\qquad E_{AgCl/Ag}^{\ominus} = 0.2223V$

因为 $E_{Ag^+/Ag}^{\ominus} > E_{AgCl/Ag}^{\ominus}$，所以可设计成如下的电池（正极由金属银和 0.010mol $\cdot$ L^{-1} 的

$AgNO_3$ 溶液组成，负极由金属银、$AgCl$ 固体和 $0.010mol \cdot L^{-1}$ 的 KCl 溶液组成）：

$$(-)Ag(s)|AgCl(s)|Cl^-(0.010mol \cdot L^{-1})\|Ag^+(0.010mol \cdot L^{-1})|Ag(s)(+)$$

根据电极反应和 Nernst 方程式，分别计算该电池的正、负极电势：

$$E_{正极} = E_{Ag^+/Ag}^{\ominus} + \frac{0.059}{1}\lg(c_{Ag^+}/c^{\ominus})$$

$$E_{负极} = E_{AgCl/Ag}^{\ominus} + \frac{0.059}{1}\lg\frac{1}{(c_{Cl^-}/c^{\ominus})}$$

因为 $E_{AgCl/Ag}^{\ominus} = E_{Ag^+/Ag}^{\ominus} + 0.059\lg K_{sp}^{\ominus}(AgCl)$，代入 $E_{负极}$ 得：

$$E_{负极} = E_{Ag^+/Ag}^{\ominus} + 0.059\lg K_{sp}^{\ominus}(AgCl) + 0.059\lg\frac{1}{(c_{Cl^-}/c^{\ominus})}$$

$$E_{池} = E_{正极} - E_{负极} = 0.059\lg\left(\frac{c_{Ag^+} \cdot c_{Cl^-}}{(c^{\ominus})^2}\right) - 0.059\lg K_{sp}^{\ominus}(AgCl)$$

若实验测得：$E_{池} = 0.34V$

所以
$$\lg K_{sp}^{\ominus}(AgCl) = \frac{0.059\lg[c_{Ag^+} \cdot c_{Cl^-} \cdot (c^{\ominus})^{-2}] - E_{池}}{0.059}$$

$$= \lg(0.010 \times 0.01) - \frac{0.34}{0.059} = -9.76$$

$$K_{sp}^{\ominus}(AgCl) = 1.7 \times 10^{-10}$$

11.4.3　计算氧化还原反应的平衡常数

氧化还原反应进行的程度，由反应的平衡常数来衡量。

根据 $-\Delta_r G_m^{\ominus} = nFE_{池}^{\ominus}$ 和 $-\Delta_r G_m^{\ominus} = 2.30RT\lg K^{\ominus}$ 可得

$$\lg K^{\ominus} = \frac{nFE_{池}^{\ominus}}{2.30RT}$$

当 $T = 298K$，$R = 8.314J \cdot mol^{-1} \cdot K^{-1}$，$F = 9.65 \times 10^4 C \cdot mol^{-1}$ 时

$$\lg K^{\ominus} = \frac{nE_{池}^{\ominus}}{0.059} \tag{11-17}$$

将 $E_{池}^{\ominus} = E_{正极}^{\ominus} - E_{负极}^{\ominus}$ 代入式(11-17)，得：

$$\lg K^{\ominus} = \frac{n(E_{正极}^{\ominus} - E_{负极}^{\ominus})}{0.059} \tag{11-18}$$

式中 $K^{\ominus}$ 为标准平衡常数（Standard Equilibrium Constant）。

式(11-17) 和式(11-18) 中 n 为正极和负极上两个氧化还原电对电子转移数的最小公倍数。

当考虑溶液中各种副反应的影响，式(11-18) 中的标准电极电势应以相应的条件电势代入，计算所得平衡常数为条件平衡常数（Conditional Equilibrium Constant）。即：

$$\lg K^{\ominus\prime} = \frac{n(E_{正极}^{\ominus\prime} - E_{负极}^{\ominus\prime})}{0.059} \tag{11-19}$$

因此只要直接测得电池的标准电动势，或已知氧化还原电对的标准电极电势或条件电势，就可由式(11-17) 或式(11-18) 或式(11-19) 计算得氧化还原反应的标准平衡常数 $K^{\ominus}$ 和条件平衡常数 $K^{\ominus\prime}$。

根据平衡常数，可计算反应到达平衡时，反应物和产物的浓度之比，从而估计氧化还原

反应进行的程度。

【例 11-10】 在 $0.1\mathrm{mol\cdot L^{-1}}$ $CuSO_4$ 溶液中投入 Zn 粒，求反应达平衡后溶液中 Cu^{2+} 的浓度。

解： 把反应 $Cu^{2+}+Zn \Longrightarrow Zn^{2+}+Cu$ 排成原电池，正极的电极反应为

$$Cu^{2+}+2e^- \Longrightarrow Cu \qquad E^{\ominus}_{正极}=0.34V$$

负极的电极反应，

$$Zn \Longrightarrow Zn^{2+}+2e^- \qquad E^{\ominus}_{负极}=-0.76V$$

$$E^{\ominus}_{池}=E^{\ominus}_{正极}-E^{\ominus}_{负极}=0.34V-(-0.76V)=1.10V, \quad n=2$$

$$\lg K^{\ominus}=\frac{nE^{\ominus}_{池}}{0.059}=\frac{2\times1.10V}{0.059V}=37.3$$

$$K^{\ominus}=2\times10^{37}$$

因为 $K^{\ominus}$ 很大，说明反应进行得很完全，当反应达平衡，产物 $[Zn^{2+}]\approx0.1\mathrm{mol\cdot L^{-1}}$ 时，

$$K^{\ominus}=\frac{[Zn^{2+}]}{[Cu^{2+}]}=2\times10^{37}$$

$$[Cu^{2+}]=\frac{0.1}{2\times10^{37}}=5\times10^{-39}\mathrm{mol\cdot L^{-1}}$$

【例 11-11】 计算在 $1\mathrm{mol\cdot L^{-1}}$ HCl 介质中，Fe^{3+} 与 Sn^{2+} 反应的平衡常数及化学计量点时反应进行的程度。

解： 反应为 $2Fe^{3+}+Sn^{2+} \Longrightarrow 2Fe^{2+}+Sn^{4+}$

已知 $E^{\ominus\prime}_{Fe^{3+}/Fe^{2+}}=0.68V$，$E^{\ominus\prime}_{Sn^{4+}/Sn^{2+}}=0.14V$，两电对电子转移数 $n_1=1$，$n_2=2$，故 $n=2$

$$\lg K^{\ominus\prime}=\frac{n(E^{\ominus\prime}_{正}-E^{\ominus\prime}_{负})}{0.059}=\frac{2\times(0.68-0.14)V}{0.059V}=18.30$$

$$K^{\ominus\prime}=2.0\times10^{18}$$

$$K^{\ominus\prime}=\frac{(c_{Fe^{2+}})^2 c_{Sn^{4+}}}{(c_{Fe^{3+}})^2 c_{Sn^{2+}}}=\frac{(c_{Fe^{2+}})^3}{(c_{Fe^{3+}})^3}=2.0\times10^{18}$$

$$\frac{c_{Fe^{2+}}}{c_{Fe^{3+}}}=1.3\times10^6$$

可计算得溶液中的 Fe^{3+} 有 99.9999% 被还原为 Fe^{2+}，反应很完全。

11.4.4 判断氧化还原反应的方向

两种物质之间能否发生氧化还原反应，取决于它们电极电势的差别，因此，判断氧化还原反应能否自发进行，可利用有关电对的标准电极电势或条件电势。标准电极电势 $E^{\ominus}$ 和条件电势 $E^{\ominus\prime}$ 较高的氧化态物质能和 $E^{\ominus}$ 值或 $E^{\ominus\prime}$ 值较低的还原态物质发生氧化还原反应。因此，在表 11-1 下方电极反应式左边的氧化态物质能和上方电极反应式右边的还原态物质发生氧化还原反应。即在表中符合对角线关系的氧化态和还原态物质才能发生反应。

【例 11-12】 根据标准电极电势，判断下列反应能否进行。

$$I_2+2Fe^{2+} \Longrightarrow 2Fe^{3+}+2I^-$$

解： 从电势表上查出

$$I_2+2e^- \Longrightarrow 2I^- \qquad E^{\ominus}=0.54V$$

$$Fe^{3+} + e^- = Fe^{2+} \qquad\qquad E^{\ominus} = 0.77V$$

可见 I_2 和 Fe^{2+} 不符合对角线关系，故上述反应不能自发进行。但上例中 Fe^{3+} 和 I^- 符合对角线关系，说明 $2Fe^{3+} + 2I^- = 2Fe^{2+} + I_2$ 可自发进行。

　　由于 $E^{\ominus}$ 只适用于标准状态，然而，实际上大部分反应条件并非标准状态。当条件发生变化时，应该用条件电势 $E^{\ominus\prime}$ 来判断反应的方向。有些用标准电势 $E^{\ominus}$ 判断不能进行的反应，而在实际反应条件下，却可以进行。例如：

$$Cu^{2+} + e^- = Cu^+ \qquad\qquad E^{\ominus}_{Cu^{2+}/Cu^+} = 0.15V$$

$$I_2 + 2e^- = 2I^- \qquad\qquad E^{\ominus}_{I_2/I^-} = 0.54V$$

因为 $E^{\ominus}_{I_2/I^-} > E^{\ominus}_{Cu^{2+}/Cu}$，故 Cu^{2+} 和 I^- 不符合对角线关系，似乎 Cu^{2+} 不能使 I^- 氧化为 I_2。事实上，由于 Cu^+ 和 I^- 能够生成难溶的 CuI，因此 Cu^{2+} 和过量 KI 的反应很完全。这是因为还原态物质 Cu^+ 和 I^- 生成沉淀，相当于减少了电对中 Cu^+ 的浓度，而使 Cu^{2+}/Cu^+ 的电势升高，即条件电势 $E^{\ominus\prime}_{Cu^{2+}/Cu^+}$ 可变得大于 $E^{\ominus}_{I_2/I^-} = 0.54V$，因此，使 Cu^{2+} 氧化 I^- 的反应能自发进行。

$$2Cu^{2+} + 4I^- = 2CuI + I_2$$

这就是氧化还原滴定中间接碘量法测定铜时发生的反应。

　　上述间接碘量法测定铜时，如试样中存在 Fe^{3+}，因为 $E^{\ominus}_{Fe^{3+}/Fe^{2+}} = 0.771V$，大于 $E^{\ominus}_{I_2/I^-}$，因此，Fe^{3+} 也会和 I^- 起反应而干扰 Cu^{2+} 的测定。于是，测定时加入 F^-，Fe^{3+} 和 F^- 生成 $[FeF_6]^{3-}$ 配合物，由于 $[FeF_6]^{3-}$ 的生成而降低了 Fe^{3+} 的浓度，如平衡时游离 F^- 的浓度为 $0.0056mol \cdot L^{-1}$，可计算得到 Fe^{3+}/Fe^{2+} 电对的条件电势 $E^{\ominus}_{Fe^{3+}/Fe^{2+}} = 0.46V$，它小于 $E^{\ominus}_{I_2/I^-} = 0.54V$，因此，$Fe^{3+}$ 不会再和 I^- 发生氧化还原反应，从而消除了 Fe^{3+} 的干扰。

　　利用标准电极电势或条件电势的大小，还可选择氧化剂或还原剂等。

　　上述氧化还原反应进行方向的判断，都只考虑了化学平衡。其实大多数氧化还原反应速率较慢，有的氧化还原反应按上述方法判断后应能自发进行，但由于反应速率很慢，实际并未发生。有时，需加入催化剂，反应才能加速进行。

11.5　元素电势图
（Elemental Electrode Potential Diagram）

　　如果某种元素有多种氧化态，这些不同氧化态就可形成多个氧化还原电对，并具有相应的电极电势。为了比较某种元素不同氧化态的氧化还原性质，可用元素电势图。

　　元素电势图的画出方法是从左到右把元素的各种氧化态按氧化数由高到低的顺序排成横列，两个氧化态之间若能构成电对，就用一条线段把它们连接起来，线段的左端是电对的氧化态，右端是还原态，并在线段上方标出电对的标准电极电势。元素在酸性介质中的标准电极电势用 $E^{\ominus}_A$ 表示，在碱性介质中的标准电极电势用 $E^{\ominus}_B$ 表示，如元素铁有三种氧化态 Fe、Fe^{2+}、Fe^{3+}，它在酸性介质中的元素电势图可表示如下：

$$E^{\ominus}_A/V$$

$$Fe^{3+} \underline{\quad +0.771 \quad} Fe^{2+} \underline{\quad -0.447 \quad} Fe$$
$$\underline{\qquad\qquad -0.036 \qquad\qquad}$$

可见，元素电势图能直观地表明各种氧化态之间标准电极电势的关系。

　　利用元素电势图可判断元素各氧化态氧化还原性的强弱和稳定性，还可计算一些未知电对的电极电势。

以锰在酸性和碱性介质中的电势图为例：

酸性介质（$E_A^\ominus$/V）

$$MnO_4^- \xrightarrow{0.56} MnO_4^{2-} \xrightarrow{2.26} MnO_2 \xrightarrow{0.95} Mn^{3+} \xrightarrow{1.51} Mn^{2+} \xrightarrow{-1.18} Mn$$

（上部连线 1.51；下部连线 1.695、1.23）

碱性介质（$E_B^\ominus$/V）

$$MnO_4^- \xrightarrow{0.56} MnO_4^{2-} \xrightarrow{0.60} MnO_2 \xrightarrow{-0.2} Mn(OH)_3 \xrightarrow{0.1} Mn(OH)_2 \xrightarrow{-1.55} Mn$$

（下部连线 0.59、−0.05）

首先根据两电势图中的 $E_A^\ominus$ 值和 $E_B^\ominus$ 值可看出，酸性溶液中 MnO_4^-、MnO_4^{2-}、MnO_2、Mn^{3+}，作为电对的氧化态时，因 $E_A^\ominus$ 值较大，所以，它们在酸性溶液中都是强氧化剂。其中电对以 MnO_4^{2-} 为氧化态的 $E_A^\ominus$ 值（2.26V）最大，因此，MnO_4^{2-} 是最强的氧化剂。此外 $E_{MnO_4^-/Mn^{2+}}^\ominus$ 较大（1.51V），因此，当 MnO_4^- 作氧化剂时，在酸性溶液中可被还原为 Mn^{2+}。

在碱性介质中，上述氧化态的电对的 $E_B^\ominus$ 都较小，说明各个氧化态在碱性溶液中氧化能力很弱。

在酸性介质和碱性介质中，电对的还原态以 Mn 的 $E_A^\ominus$ 和 $E_B^\ominus$ 值最小（分别为−1.18V 和−1.55V），是最强的还原剂。

因此，根据元素电势图中各电对的标准电极电势的高低，可判断不同氧化态的氧化能力和还原能力的大小，及被还原或氧化后的产物形态。

其次，在元素电势图中，可将某个氧化态与左、右两个形态的物质组成两个电对，布置成原电池。假设与右边物质组成的电对为电池的正极，与左边物质组成的电对为电池的负极。根据 $E_{池}^\ominus = E_{正极(右)}^\ominus - E_{负极(左)}^\ominus$ 是否大于 0，即 $E_右^\ominus$ 是否大于 $E_左^\ominus$ 的原则，可判断该电池反应是否能发生，从而可得知该氧化态的稳定性情况及是否会发生歧化反应等。

在 Mn 的元素电势图中，如是酸性介质，当 MnO_4^{2-} 与右边的 MnO_2 组成一个电对，与左边的 MnO_4^- 组成另一个电对时，因为 $E_右^\ominus$（2.26V）$>E_左^\ominus$（0.56V），因此上述两电对组成的电池反应能够发生，即反应中 MnO_4^{2-} 本身既是氧化剂，又是还原剂，反应结果将形成 MnO_2 和 MnO_4^- 两种形态的物质，发生了歧化反应，表示 MnO_4^{2-} 在酸性溶液中不稳定。该反应为

$$3MnO_4^{2-} + 4H^+ = 2MnO_4^- + MnO_2 + 2H_2O$$

同理，可判断出酸性介质中 Mn^{3+} 与左、右物质组成两个电对时，$E_右^\ominus$（1.51V）$>E_左^\ominus$（0.95V），所以 Mn^{3+} 在酸性介质中也不稳定，易歧化为 MnO_2 和 Mn^{2+}。对于 Mn^{2+}，因为 $E_右^\ominus$（−1.18V）$<E_左^\ominus$（1.51V），故 Mn^{2+} 在酸性溶液中最稳定。

根据元素电势图中 $E_右^\ominus>E_左^\ominus$ 的原则，还可判断出碱性介质中 MnO_4^{2-} 和 $Mn(OH)_3$ 都不稳定，都会发生歧化反应。

此外，利用元素电势图中几个相邻已知电对的 $E^\ominus$ 值，还可求出两端物质组成的未知电对的 $E^\ominus$ 值。其计算公式可推导如下：

例如下面电势图中 A、B、C 为三个相邻物质氧化态。

$$A \xrightarrow{E_1^\ominus} B \xrightarrow{E_2^\ominus} C$$

（下部连线 $E_3^\ominus$）

如已知 $E_1^\ominus$ 和 $E_2^\ominus$ 都大于零，求两端物质 A 与 C 组成电对的 $E_3^\ominus$ 值。这三个电对的电极反应为：

$$
\begin{aligned}
&(1)\ \ A+n_1e^- = B &&E_1^\ominus>0\\
&(2)\ \ B+n_2e^- = C &&E_2^\ominus>0\\
&\quad+\\
\hline
&(3)\ \ A+(n_1+n_2)\,e^- = C &&E_3^\ominus=?
\end{aligned}
$$

将电对 A/B，B/C 和 A/C 分别和标准氢电极组成原电池，则这三个电池的 $E_{池}^\ominus$ 分别为：

$$E_{池(1)}^\ominus=E_1^\ominus-E_{H^+/H_2}^\ominus=E_1^\ominus \tag{11-20}$$

$$E_{池(2)}^\ominus=E_2^\ominus-E_{H^+/H_2}^\ominus=E_2^\ominus \tag{11-21}$$

$$E_{池(3)}^\ominus=E_3^\ominus-E_{H^+/H_2}^\ominus=E_3^\ominus \tag{11-22}$$

因为电极反应（3）=（1）+（2），因此，可推出三个电池反应的反应式也具有（3）=（1）+（2）的关系。若用 $\Delta_r G_m^\ominus(1)$、$\Delta_r G_m^\ominus(2)$、$\Delta_r G_m^\ominus(3)$ 代表这三个电池反应的标准自由能变化，n_1、n_2、n_3 分别为三个电对的电子转移数，则

$$\Delta_r G_m^\ominus(3)=\Delta_r G_m^\ominus(1)+\Delta_r G_m^\ominus(2)$$

即

$$-n_3FE_{池(3)}^\ominus=-n_1FE_{池(1)}^\ominus-n_2FE_{池(2)}^\ominus \tag{11-23}$$

因为 $E_{池(1)}^\ominus=E_1^\ominus$，$E_{池(2)}^\ominus=E_2^\ominus$，$E_{池(3)}^\ominus=E_3^\ominus$，$n_3=n_1+n_2$，代入式(11-23) 得：

$$E_3^\ominus=\frac{n_1E_1^\ominus+n_2E_2^\ominus}{n_1+n_2} \tag{11-24}$$

可将式(11-24) 推广至一般，得通式：

$$E^\ominus=\frac{n_1E_1^\ominus+n_2E_2^\ominus+n_3E_3^\ominus+\cdots}{n_1+n_2+n_3+\cdots} \tag{11-25}$$

$E_1^\ominus$、$E_2^\ominus$、$E_3^\ominus$…依次代表相邻电对的标准电极电势，n_1、n_2、n_3…依次代表相邻电对中的电子转移数，$E^\ominus$ 代表两端物质组成电对的标准电极电势。

【例 11-13】 已知 $E_A^\ominus$： $MnO_4^-\xrightarrow{0.56}MnO_4^{2-}\xrightarrow{2.26}MnO_2\xrightarrow{0.95}Mn^{3+}\xrightarrow{1.51}Mn^{2+}$ 求电对 MnO_4^-/Mn^{2+} 的 $E^\ominus$ 值。

解：
$$E^\ominus=\frac{n_1E_1^\ominus+n_2E_2^\ominus+n_3E_3^\ominus+n_4E_4^\ominus}{n_1+n_2+n_3+n_4}$$
$$=\frac{1\times0.56+2\times2.26+1\times0.95+1\times1.51}{1+2+1+1}=1.51V$$

11.6　氧化还原滴定曲线
（Oxidation-Reduction Titration Curves）

氧化还原滴定法是以氧化还原反应为基础的滴定分析方法，它适用于测定各种物质，是应用最广泛的滴定分析法之一。

11.6.1　氧化还原电对的分类和区别
氧化还原反应是由两个氧化还原电对半反应所组成。

氧化还原电对可粗略地分为可逆电对与不可逆电对两类。可逆电对在氧化还原反应的任一瞬间，都能迅速地建立起氧化还原平衡。其实际电势与按 Nernst 方程计算的理论电势基本相符。如 Fe^{3+}/Fe^{2+}、Ce^{4+}/Ce^{3+}、Sn^{4+}/Sn^{2+}、I_2/I^- 等可逆电对。不可逆电对在氧化还原反应的任一瞬间，都不能真正建立起按氧化还原半反应所示的平衡，其实际电势与理论电势相差较大。如 MnO_4^-/Mn^{2+}、$Cr_2O_7^{2-}/Cr^{3+}$、$CO_2/C_2O_4^{2-}$、$S_4O_6^{2-}/S_2O_3^{2-}$ 等不可逆电对。因此，Nernst 公式只适合于可逆电对电势的计算。然而用 Nernst 公式计算不可逆电对的电势可以作为某些问题的初步判断，仍然具有一定的实际意义。

此外，氧化还原电对还有对称电对和不对称电对的区别。对称电对是指在电对半反应中氧化态与还原态的系数都相同的电对。如 $Fe^{3+}+e^- \rightleftharpoons Fe^{2+}$，$Ce^{4+}+e^- \rightleftharpoons Ce^{3+}$，$MnO_4^-+8H^++5e^- \rightleftharpoons Mn^{2+}+4H_2O$ 等。

若在电对半反应中氧化态与还原态的系数不相同，则此电对是不对称电对；如 $I_2+2e^- \rightleftharpoons 2I^-$，$S_4O_6^{2-}+2e^- \rightleftharpoons 2S_2O_3^{2-}$，$Cr_2O_7^{2-}+14H^++6e^- \rightleftharpoons 2Cr^{3+}+7H_2O$ 等。

11.6.2 氧化还原滴定曲线

在氧化还原滴定过程中，随着滴定剂的加入，溶液中物质的氧化态和还原态的浓度会不断地发生变化，从而使电极电势也在发生不断的变化，描述这种变化规律的曲线就是氧化还原滴定曲线。滴定曲线可通过实验测定值绘制，也可用 Nernst 方程理论计算值绘制。本文只讨论对称型氧化还原滴定反应的滴定曲线。如氧化剂和还原剂电对都是对称电对的氧化还原滴定反应称为对称型氧化还原滴定反应。对称型氧化还原滴定反应又可分为可逆氧化还原滴定反应和不可逆氧化还原滴定反应。

(1) 可逆氧化还原滴定曲线

可逆氧化还原反应中的有关电对均是可逆的。现以 $0.1000 mol \cdot L^{-1}$ $Ce(SO_4)_2$ 标准溶液滴定 $20.00 mL$ $0.1000 mol \cdot L^{-1}$ Fe^{2+} 溶液（酸度为 $1 mol \cdot L^{-1}$ H_2SO_4）为例，计算滴定过程中电势的变化。有关电对的条件电势为 $E^{\ominus\prime}_{Fe^{3+}/Fe^{2+}}=0.68V$；$E^{\ominus\prime}_{Ce^{4+}/Ce^{3+}}=1.44V$。

滴定反应为：　　　　　　　　$Ce^{4+}+Fe^{2+} \rightleftharpoons Fe^{3+}+Ce^{3+}$

① 滴定前　溶液中少量的 Fe^{2+} 被空气中氧氧化为 Fe^{3+}，组成 Fe^{3+}/Fe^{2+} 电对，但 Fe^{3+} 的浓度难以计算，故滴定前 Fe^{2+} 溶液的电势无法计算。

② 滴定开始至化学计量点前　由于氧化还原反应的发生，溶液中有剩余的 Fe^{2+}，产生的 Fe^{3+} 和 Ce^{3+}，还有少量 Ce^{4+}，从而组成 Fe^{3+}/Fe^{2+} 和 Ce^{4+}/Ce^{3+} 两个电对。当滴定反应达平衡时，体系的平衡电势 $E=E_{Fe^{3+}/Fe^{2+}}=E_{Ce^{4+}/Ce^{3+}}$。此时，由于 Ce^{4+} 的浓度很小且计算较麻烦，故按 Fe^{3+}/Fe^{2+} 电对计算体系的电势较为方便。

例如，当滴入 Ce^{4+} 溶液 $18.00 mL$ 时，

生成的 $n_{Fe^{3+}}=18.00 \times 0.1000 = 1.800 mmol$

剩余的 $n_{Fe^{2+}}=(20.00-18.00) \times 0.1000 = 0.200 mmol$

$$E=E_{Fe^{3+}/Fe^{2+}}=E^{\ominus\prime}_{Fe^{3+}/Fe^{2+}}+0.059\lg \frac{c_{Fe^{3+}}}{c_{Fe^{2+}}}=0.68+0.059\lg \frac{1.800}{0.200}=0.74V$$

同样计算滴入 Ce^{4+} 溶液 $1.00 mL$，$2.00 mL$，$4.00 mL$，$8.00 mL$，$10.00 mL$，$18.00 mL$，$19.80 mL$，$19.98 mL$ 时的电势，并将结果列于表 11-2 中。

表 11-2　在 1mol · L^{-1}H$_2$SO$_4$ 溶液中,用 0.100 0mol · L^{-1} Ce(SO$_4$)$_2$
滴定 20.00mL 0.100 0mol · L^{-1}Fe^{2+} 溶液

滴入 Ce^{4+}溶液体积 V/mL	滴定分数	电势 E/V
1.00	0.050	0.60
2.00	0.100	0.62
4.00	0.200	0.64
8.00	0.400	0.67
10.00	0.500	0.68
12.00	0.600	0.69
18.00	0.900	0.74
19.80	0.990	0.80
19.98	0.999	0.86
20.00	1.000	1.06
20.02	1.001	1.26
22.00	1.100	1.38
30.00	1.500	1.42
40.00	2.000	1.44

③ 化学计量点时　当滴入 Ce^{4+} 溶液 20.00mL 时,反应到达化学计量点。此时,虽然溶液中存在 Fe^{3+}/Fe^{2+} 和 Ce^{4+}/Ce^{3+} 两个电对,但 Fe^{2+} 和 Ce^{4+} 的浓度都很小,不便于计算。然而体系在化学计量点的电势 $E_{sp}=E_{Fe^{3+}/Fe^{2+}}=E_{Ce^{4+}/Ce^{3+}}$,因此可利用此关系式推导出计算式。

$$E_{sp}=E_{Ce^{4+}/Ce^{3+}}^{\ominus\prime}+\frac{0.059}{n_1}\lg\frac{c_{Ce^{4+}}}{c_{Ce^{3+}}} \tag{11-26}$$

$$E_{sp}=E_{Fe^{3+}/Fe^{2+}}^{\ominus\prime}+\frac{0.059}{n_2}\lg\frac{c_{Fe^{3+}}}{c_{Fe^{2+}}} \tag{11-27}$$

将式(11-26)乘以 n_1,式(11-27)乘以 n_2,然后两式相加得:

$$(n_1+n_2)E_{sp}=n_1E_{Ce^{4+}/Ce^{3+}}^{\ominus\prime}+n_2E_{Fe^{3+}/Fe^{2+}}^{\ominus\prime}+0.059\lg\frac{c_{Ce^{4+}} \cdot c_{Ce^{3+}}}{c_{Ce^{3+}} \cdot c_{Fe^{2+}}} \tag{11-28}$$

化学计量点时:$c_{Ce^{4+}}=c_{Fe^{2+}}$,$c_{Ce^{3+}}=c_{Fe^{3+}}$

所以 $\lg\frac{c_{Ce^{4+}} \cdot c_{Fe^{3+}}}{c_{Ce^{3+}} \cdot c_{Fe^{2+}}}=0$,设 $E_1^{\ominus\prime}=E_{Ce^{4+}/Ce^{3+}}^{\ominus\prime}$,$E_2^{\ominus\prime}=E_{Fe^{3+}/Fe^{2+}}^{\ominus\prime}$,由式(11-28) 可得:

$$E_{sp}=\frac{n_1E_1^{\ominus\prime}+n_2E_2^{\ominus\prime}}{n_1+n_2} \tag{11-29}$$

因此,本例　　　　$E_{sp}=\frac{1\times1.44+1\times0.68}{1+1}=1.06(V)$

式(11-29)是对称型氧化还原滴定反应的化学计量点电势的计算式。其化学计量点电势仅与两电对的条件电势和电子转移数有关,而与滴定剂或被滴物质的浓度无关。

④ 化学计量点后　溶液中存在 Fe^{3+}/Fe^{2+} 和 Ce^{4+}/Ce^{3+} 两个电对,但 Fe^{3+} 浓度不易计算。故按 Ce^{4+}/Ce^{3+} 电对计算体系的电势。

如滴入 Ce^{4+} 溶液 22.00mL 时,

过量　　　　　$n_{Ce^{4+}}=(22.00-20.00)\times0.100=0.200$mmol

生成　　　　　$n_{Ce^{3+}}=20.00\times0.100=2.00$mmol

$$E = E_{Ce^{4+}/Ce^{3+}}^{\ominus\prime} + 0.059 \lg \frac{c_{Ce^{4+}}}{c_{Ce^{3+}}} = 1.44 + 0.059 \lg \frac{0.200}{2.00} = 1.38V$$

如此计算滴入 20.02mL，30.00mL，40.00mL 时的电势，并列于表 11-2 中。

图 11-3　0.1000mol·L^{-1} Ce^{4+} 滴定

0.1000mol·L^{-1} Fe^{2+} 的滴定

曲线（1mol·L^{-1} H_2SO_4）

以 E 作纵坐标，滴定分数 α 为横坐标，用表 11-2 中数据可绘出滴定曲线（图 11-3）。

由图可见，滴定曲线在化学计量点附近有一突跃，因两电对的电子转移数相等，$n_1 = n_2 = 1$，故化学计量点电势 E_{sp} 正好位于突跃范围（0.86～1.26V）的中点。若两电对的电子转移数不相等，则 E_{sp} 不处在突跃范围的中点，而是偏向 n 值较大的一方。

滴定突跃范围的计算可以根据 Nernst 方程导出（滴定分析误差≤0.1%）：

$$\left(E_2^{\ominus\prime} + \frac{0.059}{n_2}\lg 10^3\right) \sim \left(E_1^{\ominus\prime} + \frac{0.059}{n_1}\lg 10^{-3}\right)$$

其中 $E_1^{\ominus\prime}$、$E_2^{\ominus\prime}$ 分别为滴定剂和待测物的条件电势，n_1、n_2 为相应电极反应的电子转移数。从上式可以看出，滴定突跃范围仅取决于两电对的电子转移数，而与反应物浓度无关。

突跃范围的大小与氧化剂和还原剂电对的条件电势之差有关。两电对的条件电势相差越大，则电势突跃范围也越大。从而有利于选择指示剂判断滴定终点而减小滴定误差。

（2）不可逆氧化还原滴定曲线

当氧化还原滴定反应的电对中有一个为不可逆电对时，则该反应为不可逆氧化还原滴定反应。若用 Nernst 方程计算滴定过程中的电势并绘出滴定曲线，则实测的滴定曲线与之有差别。如在 H_2SO_4 溶液中，用 $KMnO_4$ 溶液滴定 Fe^{2+} 溶液的滴定曲线如图 11-4 所示。由于 MnO_4^-/Mn^{2+} 电对是不可逆氧化还原电对，而 Fe^{3+}/Fe^{2+} 是可逆氧化还原电对，在化学计量点前，电势主要由 Fe^{3+}/Fe^{2+} 电对控制，故实测滴定曲线与理论滴定曲线无明显差别。但在化学计量点后，电势主要由 MnO_4^-/Mn^{2+} 电对控制，故实测滴定曲线与理论滴定曲线有明显的差别。

图 11-4　0.100mol·L^{-1}　$KMnO_4$

溶液滴定 0.100mol·L^{-1} Fe^{2+}

时理论与实测滴定曲线的比较

由于在 1mol·L^{-1} H_2SO_4 溶液中，用 $KMnO_4$ 滴定 Fe^{2+} 的氧化还原反应也是对称型反应，故化学计量点电势为：（$E_{MnO_4^-/Mn^{2+}}^{\ominus\prime} = 1.45V$，$E_{Fe^{3+}/Fe^{2+}}^{\ominus\prime} = 0.68V$）。

$$E_{sp} = \frac{n_1 E_1^{\ominus\prime} + n_2 E_2^{\ominus\prime}}{n_1 + n_2} = \frac{5 \times 1.45 + 1 \times 0.68}{5 + 1} = 1.32V$$

当采用电化学分析法中的电势滴定法时，通常以滴定曲线上突跃范围中点作为滴定终点。显然，不一定与化学计量点相符。

若用指示剂确定滴定终点，终点时的电势取决于指示剂变色点时的电势，因此，与化学计量点电势也不一定相符。

11.7　氧化还原滴定指示剂

（Indicator for Oxidation-Reduction Titrations）

氧化还原滴定中常用的指示剂有以下几类。

11.7.1　自身指示剂

在氧化还原滴定中，如氧化剂或还原剂本身有颜色，而反应之后变为无色或浅色物质；同时与之反应的还原剂或氧化剂本身和反应之后也是无色或浅色，那么，滴定时就不必另外加指示剂。到达化学计量点之后，只要过量一点有颜色物质，就可指示滴定终点而停止滴定。这种有颜色的氧化剂或还原剂就称为自身指示剂。如用 $KMnO_4$ 滴定 $C_2O_4^{2-}$ 或 H_2O_2 时，MnO_4^- 为紫红色，反应后被还原为几乎无色的 Mn^{2+}，而 $C_2O_4^{2-}$ 或 H_2O_2 是无色或浅色，反应之后也是无色的物质。因此，在这种氧化还原滴定中，$KMnO_4$ 既是氧化剂，也是指示剂，一般不必另加指示剂，只要 $KMnO_4$ 过量 $2 \times 10^{-6} \, mol \cdot L^{-1}$ 时，溶液即显粉红色，表示到达滴定终点。

11.7.2　显色指示剂

有的物质本身不具有氧化还原性，但它与氧化剂或还原剂共存时，能产生特殊颜色，从而可以指示滴定终点。如碘量法中，用可溶性淀粉作指示剂，就是因为淀粉遇 I_2 变深蓝色，而当 I_2 被还原为 I^- 时，深蓝色又消失。在室温下，淀粉在 $10^{-5} \, mol \cdot L^{-1}$ 浓度的碘溶液中就可产生深蓝色。

11.7.3　氧化还原指示剂

氧化还原指示剂本身是弱氧化剂或还原剂，在氧化还原滴定过程中能发生氧化还原反应，并且氧化态和还原态具有不同的颜色，因而可以指示滴定终点。

这类指示剂的电对半反应为　$In(O) + n e^- \rightleftharpoons In(R)$

$In(O)$ 和 $In(R)$ 分别表示指示剂的氧化态和还原态，标准电极电势为 $E_{In}^{\ominus}$。随着滴定溶液电势的变化，指示剂氧化态和还原态的浓度之比 $\dfrac{[In(O)]}{[In(R)]}$ 亦按 Nernst 方程所示关系发生变化：

$$E_{In} = E_{In}^{\ominus} + \frac{0.059}{n} \lg \frac{[In(O)]}{[In(R)]}$$

当 $[In(O)]/[In(R)]$ 从 $\dfrac{10}{1}$ 变到 $\dfrac{1}{10}$ 时，能明显观察到指示剂从氧化态色变到还原态色。因此，氧化还原指示剂的变色电势范围为 $E_{In} = E_{In}^{\ominus} \pm \dfrac{0.059}{n}$（25℃）。

当 $[In(O)] = [In(R)]$ 时，可得变色点电势为 $E_{In} = E_{In}^{\ominus}$（25℃）

如用条件电势，则变色电势范围和变色点电势分别为

$$E_{In} = E_{In}^{\ominus\prime} \pm \frac{0.059}{n}（25℃）\text{和} \ E_{In} = E_{In}^{\ominus\prime}（25℃）$$

常用的氧化还原指示剂有二苯胺磺酸钠。它在酸性溶液中遇强氧化剂时，变色过程经历两个阶段。先由无色的还原态被不可逆地氧化为无色的二苯联苯胺磺酸，然后再可逆地进一步氧化为紫色的二苯联苯胺磺酸。因此，在滴定中，它消耗滴定剂，产生滴定误差，具体操

作时应想办法予以校正。

$$2 \quad \text{(无色)} \longrightarrow \text{(无色)} + 2H^+ + 2e^- \rightleftharpoons$$

$$\text{(紫色)} + 2e^-$$

此外，邻二氮菲-亚铁 [用 $Fe(phen)_3^{2+}$ 表示] 配合物也是常用的氧化还原反应指示剂。其氧化还原电对半反应为：

$$Fe(phen)_3^{3+} + e^- \rightleftharpoons Fe(phen)_3^{2+} \qquad E^{\ominus\prime} = 1.06V$$

（浅蓝色）　　　　　　　（深红色）

该反应是可逆的，由于其条件电势较高，故适用于强氧化剂作滴定剂时使用。

其他常用的氧化还原指示剂列于表 11-3 中。

表 11-3　一些氧化还原指示剂的 $E_{In}^{\ominus\prime}$ 及颜色变化

指　示　剂	$E_{In}^{\ominus\prime}/V$ ([H$^+$]=1mol·L^{-1})	颜　色　变　化	
		氧　化　态	还　原　态
亚甲基蓝	0.53	蓝	无色
二苯胺	0.76	紫	无色
二苯胺磺酸钠	0.84	紫红	无色
邻苯氨基苯甲酸	0.89	紫红	无色
邻二氮菲-亚铁	1.06	浅蓝	红
硝基邻二氮菲-亚铁	1.25	浅蓝	紫红

11.8　氧化还原滴定的预处理
(Preliminary Treatments of Oxidation-Reduction Titrations)

在氧化还原滴定中，当试样溶解后，有时需将待测组分从低价态氧化为高价态，用还原剂滴定；或者从高价态还原到低价态，用氧化剂滴定。这种在滴定前，根据需要使待测组分发生价态转变的过程，称为预先氧化或还原处理。预先处理时所用的氧化剂或还原剂应具有选择性；发生的氧化还原反应要速率快，反应完全；反应后过量的氧化剂或还原剂应易于除去。下面是几种常用的氧化剂和还原剂。

11.8.1　氧化剂

(1) $(NH_4)_2S_2O_8$

在酸性介质中，$S_2O_8^{2-}$ 可将 Ce^{3+} 氧化为 Ce^{4+}，VO^{2+} 氧化为 VO_3^-。在 H_2SO_4 或 H_3PO_4 介质中，在催化剂 Ag^+ 存在下，可将 Mn^{2+} 氧化为 MnO_4^-，还可将 Cr^{3+} 氧化为 $Cr_2O_7^{2-}$。

过量 $S_2O_8^{2-}$ 可煮沸溶液除去，其反应为

$$2S_2O_8^{2-} + 2H_2O \xrightarrow{\text{煮沸}} 4HSO_4^- + O_2$$

(2) $KMnO_4$

在冷的酸性溶液中，MnO_4^- 可在 Cr^{3+} 存在下将 VO^{2+} 氧化为 VO_3^-。在碱性溶液中，

MnO_4^- 很容易将 Cr^{3+} 氧化为 CrO_4^{2-}。当有 F^-、H_3PO_4 或 $H_2P_2O_7^{2-}$ 存在时，MnO_4^- 可将 Ce^{3+} 氧化为 Ce^{4+}，VO^{2+} 亦同时被氧化。

过量 MnO_4^- 可用 NO_2^- 除去，其反应为

$$2MnO_4^- + 5NO_2^- + 6H^+ \Longrightarrow 2Mn^{2+} + 5NO_3^- + 3H_2O$$

多余的 NO_2^- 会干扰测定，需加尿素使之分解，反应为

$$2NO_2^- + CO(NH_2)_2 + 2H^+ \longrightarrow 2N_2\uparrow + CO_2\uparrow + 3H_2O$$

为防止已氧化为高价状态的待测组分被过量的 NO_2^- 还原。一般是先加入尿素，再小心滴加 $NaNO_2$ 溶液至 MnO_4^- 的红色正好褪去。

(3) H_2O_2

通常用于在 NaOH 溶液中将 Cr^{3+} 氧化为 CrO_4^{2-}，在 HCO_3^- 溶液中将 Co(Ⅱ) 氧化为 Co(Ⅲ) 等。

煮沸溶液即可分解过量的 H_2O_2，加入少量 Ni^{2+} 或 I^- 作催化剂，可加速 H_2O_2 的分解。

(4) $HClO_4$

浓热的 $HClO_4$ 可将 Cr^{3+} 氧化为 $Cr_2O_7^{2-}$，VO^{2+} 氧化为 VO_3^-。当有 H_3PO_4 存在时，Mn^{2+} 可氧化为 Mn^{3+}，生成稳定的 $[Mn(H_2P_2O_7)_3]^{3-}$ 配离子。$HClO_4$ 还可直接将 I^- 氧化为 IO_3^-。

过量的 $HClO_4$ 经稀释后，即失去氧化能力。应注意，浓热的 $HClO_4$ 遇有机物会发生爆炸，故应先用 HNO_3 将有机物破坏。

(5) KIO_4

在热的酸性介质中，KIO_4 将 Mn^{2+} 氧化为 MnO_4^-，如用于光度法测定锰，因 KIO_4 无色，不必除去过量的 KIO_4。若需用 Fe^{2+} 滴定 MnO_4^-，可加入 Hg^{2+}，与过量的 KIO_4 生成 $Hg(IO_4)_2$ 沉淀，过滤除去。

11.8.2　还原剂

(1) $SnCl_2$

在 HCl 溶液中，可将 Fe(Ⅲ) 还原为 Fe(Ⅱ)。还可将 Mo(Ⅵ) 还原为 Mo(Ⅴ) 及 Mo(Ⅳ)，将 As(Ⅴ) 还原为 As(Ⅲ)；当加入 Fe(Ⅲ) 催化时，还可将 U(Ⅵ) 还原为 U(Ⅳ)。

可加入 $HgCl_2$ 使与过量的 Sn(Ⅱ) 反应生成 Hg_2Cl_2 沉淀而除去。如 $SnCl_2$ 过量太多，会进一步使 Hg_2Cl_2 还原为 Hg，而 Hg 能与氧化剂起反应并污染环境。

(2) $TiCl_3$

为保护环境的无汞测铁法中，通常用 $TiCl_3$ 或 $SnCl_2$-$TiCl_3$ 联合还原 Fe(Ⅲ) 为 Fe(Ⅱ)。用水稀释溶液后，加少量 Cu^{2+} 作催化剂，水中溶解的 O_2 可氧化少量过量的 $TiCl_3$。

(3) 金属还原剂

常用的有铝、锌、铁等金属还原剂。例如，在 HCl 溶液中，铝可将 Sn(Ⅳ) 还原为 Sn(Ⅱ)、Ti(Ⅳ) 还原为 Ti(Ⅲ)。金属还原剂可制备成汞齐，组装成还原柱使用。例如，将 Fe(Ⅲ)、Cr(Ⅲ)、Ti(Ⅳ)、V(Ⅴ) 溶液流经锌汞齐还原柱后，能分别还原为 Fe(Ⅱ)、Cr(Ⅱ)、Ti(Ⅲ)、V(Ⅱ)，用一定量过量的氧化剂标准溶液承接还原后的溶液，再用另一种还原剂标准溶液返滴定。

(4) SO_2

SO_2 可将 Fe(Ⅲ) 还原为 Fe(Ⅱ)，As(Ⅴ) 还原为 As(Ⅲ)，Sb(Ⅴ) 还原为 Sb(Ⅲ)，

V（V）还原为 V（Ⅳ）。在 SCN⁻ 存在下，还可将 Cu（Ⅱ）还原为 Cu（Ⅰ）。

过量的 SO_2 可煮沸除去，或通入 CO_2 赶出。

11.9 氧化还原滴定法的应用
（Application of Oxidation-Reduction Titrimetry）

氧化还原滴定法应用十分广泛，它可用于无机物和有机物含量的直接或间接测定。

氧化还原滴定分析中可根据待测物质的性质来选择合适的滴定剂。一般要求滴定剂在空气中保持稳定。因此，能用作滴定剂的还原剂不多，常用的仅有 $Na_2S_2O_3$ 和 $FeSO_4$ 等。用氧化剂作滴定剂的氧化还原滴定法较为普遍。常用于作滴定剂的氧化剂有：$KMnO_4$，$K_2Cr_2O_7$，I_2，$KBrO_3$，$Ce(SO_4)_2$ 等。一般根据滴定剂的名称来命名氧化还原滴定法。下面简要介绍高锰酸钾法、重铬酸钾法、碘量法和溴酸钾法。

11.9.1 高锰酸钾法
高锰酸钾法应用范围较广。高锰酸钾是强氧化剂，一般用作滴定剂。

(1) 高锰酸钾的氧化作用

在强酸性溶液中，MnO_4^- 的氧化还原半反应为：
$$MnO_4^- + 8H^+ + 5e^- \rightleftharpoons Mn^{2+} + 4H_2O \qquad E^{\ominus} = 1.51V$$
在中性，弱酸或弱碱性溶液中：
$$MnO_4^- + 2H_2O + 3e^- \rightleftharpoons MnO_2 + 4OH^- \qquad E^{\ominus} = 0.59V$$
在 NaOH 浓度大于 $2mol \cdot L^{-1}$ 的强碱性溶液中：
$$MnO_4^- + e^- \rightleftharpoons MnO_4^{2-} \qquad E^{\ominus} = 0.564V$$

(2) 高锰酸钾标准溶液的配制和标定

高锰酸钾试剂含有少量杂质，配制溶液时，蒸馏水也会带进还原性杂质，这些杂质能还原 MnO_4^-，生成 $MnO(OH)_2$ 和 MnO_2。此外，$KMnO_4$ 溶液在光、热、酸、碱等条件下容易分解。故不能直接用 $KMnO_4$ 试剂配制标准溶液，而要采用标定法获得 $KMnO_4$ 标准溶液，并且要现用现标定。

先配制一近似浓度的溶液，然后将溶液煮沸并保持微沸约一小时，待杂质充分氧化完全后，用微孔玻璃漏斗滤去 $MnO(OH)_2$ 沉淀，贮存于棕色试剂瓶中待标定。

用来标定高锰酸钾的基准物质较多。如 $Na_2C_2O_4$，$H_2C_2O_2 \cdot 2H_2O$，As_2O_3 和纯铁丝等。其中 $Na_2C_2O_4$ 最为常用。

在 H_2SO_4 溶液中，MnO_4^- 与 $C_2O_4^{2-}$ 的反应为：
$$2MnO_4^- + 5C_2O_4^{2-} + 16H^+ \rightleftharpoons 2Mn^{2+} + 10CO_2 + 8H_2O$$
反应条件如下。

温度：70～85℃；酸度：开始滴定时约为 0.5～$1mol \cdot L^{-1}$；滴定终点时，0.2～$0.5mol \cdot L^{-1}$；催化剂：Mn^{2+}（可由滴定中产生，也可于滴定前加入）；指示剂：MnO_4^- 可作自身指示剂，如 $KMnO_4$ 标准溶液浓度较稀（如 $0.002mol \cdot L^{-1}$），可采用二苯胺磺酸钠等作指示剂；此外滴定速度不宜太快，特别是开始滴定时。

(3) 滴定方式及应用

根据待测物质的性质可采用不同的滴定方式。

① 直接滴定法　用 $KMnO_4$ 做滴定剂，可直接在酸性溶液中测定一些还原性物质，如

Fe^{2+}、$As(Ⅲ)$、NO_2^-、H_2O_2 及 $C_2O_4^{2-}$ 等。

例　双氧水（H_2O_2）的测定

在酸性溶液中的滴定反应为：

$$2MnO_4^- + 5H_2O_2 + 6H^+ = 2Mn^{2+} + 5O_2 + 8H_2O$$

滴定开始时反应较慢，待有少量的 Mn^{2+} 生成后，反应速度加快。Mn^{2+} 起催化剂的作用，这种反应称为自动催化反应。

② 返滴定法　可测定某些氧化性物质（如 MnO_2）以及某些有机化合物。

某些有机化合物用返滴定法进行测定的原理是：在强碱性溶液中 $KMnO_4$ 与有机物质反应后，被还原为绿色的 MnO_4^{2-}。例如，将甘油加到一定量过量的碱性 $KMnO_4$ 标准溶液中：

$$\begin{matrix} H_2C—CH—CH_2 \\ |\quad\ |\quad\ | \\ OH\ OH\ \ OH \end{matrix} + 14MnO_4^- + 20OH^- \longrightarrow 3CO_3^{2-} + 14MnO_4^{2-} + 14H_2O$$

待反应完成后，将溶液酸化，MnO_4^{2-} 发生歧化反应生成 MnO_4^- 和 MnO_2。准确加入过量 $FeSO_4$ 标准溶液，将所有高价锰离子全部还原为 Mn^{2+}，再用 $KMnO_4$ 标准溶液滴定过量的 Fe^{2+}。由两次加入 $KMnO_4$ 的量及 $FeSO_4$ 的量，即可计算出该有机物质的含量。此法可用于测定甘醇酸、酒石酸、甲醛、葡萄糖等物质的含量。

③ 间接滴定法　可以测定一些非氧化还原性物质，如 Cu^{2+}、Ba^{2+}、Zn^{2+}、Cd^{2+} 等金属盐。

例　人体血清中 Ca^{2+} 含量的测定

先将 $(NH_4)_2C_2O_4$ 加入到含 Ca^{2+} 的试液中，使 Ca^{2+} 沉淀为 CaC_2O_4，然后将沉淀过滤、洗净，再用酸溶解沉淀，最后用 $KMnO_4$ 标准溶液滴定沉淀溶解后生成的 $H_2C_2O_4$。由于 Ca^{2+} 与 $C_2O_4^{2-}$ 是 1∶1 的结合，故计算出 $C_2O_4^{2-}$ 的量即为 Ca^{2+} 的量。

11.9.2　重铬酸钾法

(1) $K_2Cr_2O_7$ 的氧化作用

在酸性溶液中，$Cr_2O_7^{2-}$ 被还原成 Cr^{3+} 的电对半反应是

$$Cr_2O_7^{2-} + 14H^+ + 6e^- = 2Cr^{3+} + 7H_2O \qquad E^{\ominus} = 1.33V$$

因此，$K_2Cr_2O_7$ 是一种较强的氧化剂。在不同的介质中，$K_2Cr_2O_7$ 被还原的条件电势见附录表 14。

由于 $K_2Cr_2O_7$ 试剂容易提纯，通常条件下很稳定，因此可作基准物质直接配制标准溶液。并且配制好的标准溶液可以长期贮存使用。

(2) 滴定方式及应用

① 直接滴定法　$K_2Cr_2O_7$ 在酸性条件下可与 $Fe(Ⅱ)$ 发生氧化还原反应，如铁矿石中全铁含量的测定，试样用热的浓 HCl 分解，然后用预还原剂将 $Fe(Ⅲ)$ 还原为 $Fe(Ⅱ)$ 后，在 $1\sim2mol \cdot L^{-1}$ H_2SO_4-H_3PO_4 混合酸中，以二苯胺磺酸钠作指示剂，用 $K_2Cr_2O_7$ 标准溶液滴 $Fe(Ⅱ)$。滴定反应为：

$$Cr_2O_7^{2-} + 6Fe^{2+} + 14H^+ = 2Cr^{3+} + 6Fe^{3+} + 7H_2O$$

滴定中使用 H_3PO_4，可与 Fe^{3+} 生成无色的稳定的 $Fe(HPO_4)_2^-$，一方面消除了 Fe^{3+} 的黄色，有利于观察终点的颜色；另一方面降低了 Fe^{3+}/Fe^{2+} 电对的电势，使滴定突跃范围增大，而减小终点误差。

② 返滴定法　污水中化学需氧量（COD）的测定可在酸性介质中以重铬酸钾为氧化剂用返滴定法进行。首先于水样中加入 $HgSO_4$ 消除 Cl^- 的干扰，加入一定量过量的 $K_2Cr_2O_7$

标准溶液，在强酸介质中，以 Ag_2SO_4 作催化剂，回流加热，使其充分氧化。然后以邻二氢菲-亚铁作指示剂，用 Fe^{2+} 标准溶液滴定过量的 $K_2Cr_2O_7$。根据消耗的 Fe^{2+} 的量可计算出水中还原性物质所消耗的氧化剂 $K_2Cr_2O_7$ 的量，然后换算为氧的量（用 $mg \cdot L^{-1}$ 计）。化学需氧量（COD）是度量水体受还原性物质污染程度的综合性指标。

11.9.3 碘量法

(1) 碘的氧化还原半反应

碘量法是以 I_2 的氧化性和 I^- 的还原性为基础的滴定分析法。

由于 I_2 在水中的溶解度很小（25℃时，溶解度是 $1.33 \times 10^{-3} mol \cdot L^{-1}$），通常在配制时加入一定的 KI，$I_2$ 与 I^- 结合生成 I_3^- 络离子，而使溶解度增大。

$$I_2 + I^- \rightleftharpoons I_3^-$$

因此，碘的氧化还原半反应为：

$$I_3^- + 2e^- \rightleftharpoons 3I^- \qquad E^\ominus = 0.545V$$

可见，I_2 是较弱的氧化剂，而 I^- 是中等强度的还原剂。

电势比 $E^\ominus_{I_2/I^-}$ 低的还原性物质，可直接用 I_2 标准溶液滴定，这种方法称直接碘量法。电势比 $E^\ominus_{I_2/I^-}$ 高的氧化性物质，可在一定条件下，将 I^- 氧化成 I_2，然后用 $Na_2S_2O_3$ 溶液滴定生成的 I_2，而间接计算出被测氧化性物质的含量，这种方法称为间接碘量法。

(2) 标准溶液的配制和标定

① 碘溶液的配制和标定 I_2 由于具有挥发性和对天平的腐蚀性，故通常先配成近似浓度的溶液，然后进行标定。

配制时，先用托盘天平称取一定量的碘，放入玻璃乳钵中，加入过量 KI，加少许水研磨，使 I_2 充分溶解，然后将溶液稀释，并转移至棕色瓶中置暗处保存。

标定 I_2 溶液的浓度，可用已标定好的 $Na_2S_2O_3$ 标准溶液，也可用基准物质 As_2O_3。As_2O_3 难溶于水，但可溶于碱溶液中：

$$As_2O_3 + 6OH^- \rightleftharpoons 2AsO_3^{3-} + 3H_2O$$

标定反应为： $$AsO_3^{3-} + I_2 + H_2O \rightleftharpoons AsO_4^{3-} + 2I^- + 2H^+$$

为使反应向右进行，反应必须控制在中性或微碱性溶液中进行，故通常加入 $NaHCO_3$ 使溶液的 pH 值保持在 8 左右。

② $Na_2S_2O_3$ 溶液的配制和标定 硫代硫酸钠 $Na_2S_2O_3 \cdot 5H_2O$ 常含有微量杂质如 S、Na_2SO_3、Na_2SO_4 等；并且它能与空气中的 O_2 作用，产生不具还原性的 SO_4^{2-}；此外，蒸馏水中的 CO_2 和微生物等都能分解 $Na_2S_2O_3$，故直接用 $Na_2S_2O_3$ 试剂配制成的溶液只是近似浓度的溶液，须进行标定才能得到准确浓度。

配制溶液时，应将蒸馏水煮沸，驱除水中残留的 CO_2 和 O_2，并且杀死微生物；然后冷却，再加入少量 Na_2CO_3，使溶液保持在弱碱性，可抑制微生物再生长。配好的溶液应置于棕色瓶内。现用现标定，标定好的溶液不宜长期保存。

$Na_2S_2O_3$ 溶液的标定可用 $K_2Cr_2O_7$、KIO_3、$KBrO_3$ 等基准物质。通常多用 $K_2Cr_2O_7$ 和 KIO_3 进行标定，在酸性溶液中 $K_2Cr_2O_7$ 或 KIO_3 与过量 KI 作用析出 I_2，待反应完全后以淀粉为指示剂，用 $Na_2S_2O_3$ 溶液滴定至终点。根据基准物质 $K_2Cr_2O_7$ 或 KIO_3 的质量和化学计量关系，即可计算出 $Na_2S_2O_3$ 的准确浓度。滴定反应如下：

$$Cr_2O_7^{2-} + 6I^- + 14H^+ \rightleftharpoons 2Cr^{3+} + 3I_2 \downarrow + 7H_2O$$

或 $$IO_3^- + 5I^- + 6H^+ \rightleftharpoons 3I_2 \downarrow + 3H_2O$$

$$I_2 + 2S_2O_3^{2-} \rightleftharpoons 2I^- + S_4O_6^{2-}$$

反应条件为：滴定前酸度应在 $0.2\sim0.4\,mol\cdot L^{-1}$ 之间，KI 含量不低于 2%，滴定时使用碘瓶，不要剧烈摇动，减少 I_2 的挥发。$S_2O_3^{2-}$ 与 I_2 的滴定反应必须在中性或弱酸性溶液中进行，因为在强酸性溶液中，$Na_2S_2O_3$ 溶液会发生分解，I_2 在碱性溶液中会发生歧化反应。

（3）碘量法应用示例

① 直接碘量法　用 I_2 标准溶液可直接滴定硫化物、亚砷酸盐，亚硫酸盐、安乃近、维生素 C 等还原性物质。

例如维生素 C 的测定，维生素 C 分子（$C_6H_8O_6$）中的烯二醇基具有还原性，能被 I_2 定量氧化成二酮基：

本来上式在碱性条件下更有利于向右进行，但维生素 C 在碱性溶液中更易于被空气中的 O_2 氧化，因此，滴定时反而加入 HAc 使溶液保持一定的酸性，以减少维生素 C 被 I_2 以外的其他氧化剂所氧化。

利用卡尔费休（Karl Fischer）法测定有机物或无机物中微量水的基本原理是利用 I_2 氧化 SO_2 时，需要定量的 H_2O：

$$I_2 + SO_2 + 2H_2O \rightleftharpoons 2HI + H_2SO_4$$

值得注意的是，由于上述反应是一个可逆反应，因此需要加入适当的碱性物质（如吡啶）中和反应后生成的酸，以确保反应正向进行。

$$C_5H_5N\cdot I_2 + C_5H_5N\cdot SO_2 + C_5H_5N + H_2O \longrightarrow 2C_5H_5N \cdots + C_5H_5N \cdots$$

此外，一般还需加入甲醇以避免生成的 $C_5H_5NSO_3$ 与水发生反应而干扰滴定

$$C_5H_5NSO_3 + CH_3OH \longrightarrow C_5H_5NHOSO_3CH_3$$

从以上讨论可知，用于滴定微量水的标准溶液中应含有 I_2、SO_2、C_5H_5N 及 CH_3OH，这样的混合溶液就称为费休试剂。应该注意，卡尔费休法属于非水滴定法，因此所有容器都需保持干燥，且试剂在配制和保存过程中，也应做到无水，否则试剂很容易失效。

② 间接碘量法　既可用于测定如甘汞、甲醛、蛋氨酸、葡萄糖等还原性物质，又可测定如 $KMnO_4$、$K_2Cr_2O_7$、KIO_3、$KBrO_3$、Cl_2、Br_2、H_2O_2、$CuSO_4$ 以及漂白粉等强氧化剂的测定。

测定还原性物质时，先加入过量 I_2 液，使其与被测定物质充分作用完全，然后再用标准 $Na_2S_2O_3$ 返滴析出的 I_2。如葡萄糖含量的测定，葡萄糖分子中的醛基，能在碱性条件下被过量 I_2 氧化成羧基。反应过程为：首先 I_2 遇 NaOH 生成 NaIO 和 NaI

$$I_2 + 2OH^- \rightleftharpoons IO^- + I^- + H_2O$$

在碱性溶液中，NaIO 将葡萄糖氧化成葡萄糖酸盐

$$CH_2OH(CHOH)_4CHO + IO^- + OH^- \rightleftharpoons CH_2OH(CHOH)_4COO^- + I^- + H_2O$$

剩余的 NaIO 在碱性溶液中，转变为 $NaIO_3$ 及 NaI

$$3IO^- \rightleftharpoons IO_3^- + 2I^-$$

然后加酸使溶液酸化，发生如下的反应析出 I_2，最后用 $Na_2S_2O_3$ 标准溶液滴定 I_2。

$$IO_3^- + 5I^- + 6H^+ = 3I_2\downarrow + 3H_2O$$

测定试样的同时，一般要做空白试样的滴定，以消除系统误差。这样从空白试样滴定与试样滴定时消耗的 $Na_2S_2O_3$ 标准溶液的体积差数即可求出被测物质的含量。

测定氧化性物质时，先加入过量 KI，氧化性物质可定量地将 KI 氧化成 I_2，然后用标准 $Na_2S_2O_3$ 滴定生成的碘，而间接测出其含量。

如硫酸铜含量的测定，准确称取硫酸铜样品，用蒸馏水溶解，加 HAc 调节酸度在 $0.5 < pH < 4$ 范围内，如测定中有 Fe^{3+} 干扰可加入 NH_4HF_2 调节酸度，Fe^{3+} 与 F^- 形成配合物 FeF_6^{3-} 而消除干扰。然后加入过量 KI，发生反应为：

$$2Cu^{2+} + 4I^- = 2CuI\downarrow + I_2$$

为避免 CuI 沉淀吸附 I_2 而造成滴定误差，在用 $Na_2S_2O_3$ 标准溶液滴定析出的 I_2 时要充分振摇。因为淀粉表面牢固地吸附碘，使终点变色不敏锐，故在近终点时，才加入淀粉指示剂，滴定至蓝色消失且于 10min 内不再出现蓝色为止。根据消耗的 $Na_2S_2O_3$ 标准溶液的量和化学计量关系，即可计算出 $CuSO_4$ 的含量。

11.9.4　溴酸钾法

$KBrO_3$ 是强氧化剂，在酸性溶液中，$KBrO_3$ 与还原性物质作用时的电极半反应为：

$$BrO_3^- + 6H^+ + 6e^- = Br^- + 3H_2O \qquad E^\ominus = 1.44V$$

用 $KBrO_3$ 标准溶液可以直接测定亚砷酸盐、亚锑酸盐、亚铜盐、碘化物等的含量。

如抗阿米巴药物卡巴肿的测定：

卡巴肿经浓硫酸破坏后释出三价砷，三价砷可用 $KBrO_3$ 标准溶液、在酸性介质中用甲基橙做指示剂的条件下直接滴定。1mol 卡巴肿经破坏后产生 1mol 的亚砷酸，被 $KBrO_3$ 氧化后生成 1mol 的砷酸。终点时，过量一滴 $KBrO_3$ 溶液氧化指示剂，使甲基橙红色褪去，从而指示终点的到达。

$$(HO)_2OAs-\!\!\!\!\bigcirc\!\!\!\!-NHCONH_2$$

此外，溴酸钾法常与碘量法配合使用，用于测定苯酚。通常在 $KBrO_3$ 的标准溶液中加入过量的 KBr，在酸性条件下，BrO_3^- 与 Br^- 发生的反应为：

$$BrO_3^- + 5Br^- + 6H^+ = 3Br_2 + 2H_2O$$

生成的 Br_2，可取代苯酚中的氢而生成三溴苯酚：

测定苯酚试样时，先用 NaOH 溶解试样，然后用 HCl 调节酸度，在酸性条件下、加入一定量过量的 $KBrO_3$-KBr 标准溶液，使苯酚与过量的 Br_2 反应完全后，加入 KI 还原剩余的 Br_2：

$$Br_2 + 2I^- = 2Br^- + I_2$$

析出的 I_2 用 $Na_2S_2O_3$ 标准溶液滴定，以淀粉作指示剂。根据化学计量关系，即可求出苯酚的含量。

$KBrO_3$ 容易提纯，可以在 180℃ 烘干后，直接配制标准溶液。也可用二级试剂配成近似浓度，然后用间接碘量法标定。

11.9.5　硫酸铈法

在酸性溶液中，$Ce(SO_4)_2$ 是强氧化剂，其氧化还原半反应式为：

$$Ce^{4+} + e^- \rlap{=}= Ce^{3+} \qquad E^\ominus = 1.61V$$

与高锰酸钾法相比较，硫酸铈法的优点包括：$Ce(SO_4)_2$ 溶液稳定，经较长时间放置或加热煮沸也不易分解；其含水化合物 $Ce(SO_4)_2 \cdot 2(NH_4)_2SO_4 \cdot 2H_2O$ 可以作为基准物质直接配制标准溶液，因此浓度无须标定以及可以直接在 HCl 溶液中滴定还原性物质等。

硫酸铈法常用 1,10-邻二氮菲-Fe(Ⅱ) 作为指示剂。由于高价的 Ce^{4+} 易水解，因此硫酸铈法不适用于碱性或中性溶液。

思　考　题

11-1　什么是氧化数？指出下列化合物里各元素的氧化数：
$PbCl_2$，PbO_2，K_2O_2，NaH，$Na_2S_2O_3$，$K_2Cr_2O_7$

11-2　要使 Fe^{2+} 氧化为 Fe^{3+} 而又不引入其他金属元素，H_2O_2 是理想的氧化剂。求该反应的 $E^\ominus_{池}$。

11-3　实验事实告诉我们：当 pH=8 时，AsO_2^- 可以使 I_2 完全还原成 I^-；而当 $[H^+]=4mol \cdot L^{-1}$ 时，H_3AsO_4 却又能使 I^- 氧化为 I_2。试用 H^+ 浓度对电极电势的影响说明之。

11-4　参考 $E^\ominus$ 值，判断下列反应能否进行？
(1) I_2 能否使 Mn^{2+} 氧化为 MnO_2？
(2) 在酸性溶液中 $KMnO_4$ 能否使 Fe^{2+} 氧化为 Fe^{3+}？
(3) Sn^{2+} 能否使 Fe^{3+} 还原为 Fe^{2+}？
(4) Sn^{2+} 能否使 Fe^{2+} 还原为 Fe？

11-5　银不能置换 $1mol \cdot L^{-1}$ HCl 里的氢，但银可以和 $1mol \cdot L^{-1}$ HI 起置换反应产生氢气，试用电极电势解释上述现象。

11-6　举例说明什么是"歧化反应"。

11-7　现有下列物质：$KMnO_4$，$K_2Cr_2O_7$，H_2O_2，PbO_2，$FeCl_3$，$CuCl_2$，I_2，Br_2，Cl_2，F_2，在一定条件下它们都能作氧化剂。试根据标准电极电势，把这些物质按氧化能力的大小依次排列出来，并写出它们在酸性介质中的还原产物。

11-8　解释下列现象。
(1) 将氯水慢慢加入到含有 Br^- 和 I^- 的酸性溶液中，以 CCl_4 萃取，CCl_4 层变为紫色。
(2) $E^\ominus_{I_2/I^-}$ (0.534V) $> E^\ominus_{Cu^{2+}/Cu^+}$ (0.159V)，但是 Cu^{2+} 却能将 I^- 氧化为 I_2。
(3) 以 $KMnO_4$ 滴定 $C_2O_4^{2-}$ 时，滴入 $KMnO_4$ 的红色消失速度由慢到快。
(4) 于 $K_2Cr_2O_7$ 标准溶液中，加入过量 KI，以淀粉为指示剂，用 $Na_2S_2O_3$ 溶液滴定至终点时，溶液由蓝变为绿。
(5) 以纯铜标定 $Na_2S_2O_3$ 溶液时，滴定到达终点后（蓝色消失）又返回到蓝色。

11-9　根据标准电极电势数据，判断下列各论述是否正确：
(1) 在卤素离子中，除 F^- 外均能被 Fe^{3+} 氧化。
(2) 在卤素离子中，只有 I^- 能被 Fe^{3+} 氧化。
(3) 金属锌可以将 Ti(Ⅳ) 还原至 Ti(Ⅲ)，金属银却不能。
(4) 在酸性介质中，将金属铜置于 $AgNO_3$ 溶液里，可以将 Ag^+ 全部还原为金属银。

11-10　已知在 $1mol \cdot L^{-1}$ H_2SO_4 介质中，$E^{\ominus\prime}_{Fe^{3+}/Fe^{2+}}=0.68V$。

1,10-邻二氮菲与 Fe^{3+}、Fe^{2+} 均能形成配合物，加入 1,10-邻二氮菲后，体系的条件电势变为 1.06V。试问 Fe^{3+} 与 Fe^{2+} 和 1,10-邻二氮菲形成的配合物中，哪一种更稳定？

11-11　配制、标定和保存 I_2 及 $Na_2S_2O_3$ 标准溶液时，应注意哪些事项？

11-12　以 $K_2Cr_2O_7$ 标定 $Na_2S_2O_3$ 浓度时，是使用间接碘量法，能否采用 $K_2Cr_2O_7$ 直接滴定

$Na_2S_2O_3$？为什么？

11-13 怎样分别滴定混合液中的 Cr^{3+} 及 Fe^{3+}？

11-14 用间接碘量法滴定含 Fe^{3+} 的 H_2O_2 试液，应注意哪些问题？

11-15 在 $1.0mol \cdot L^{-1}$ H_2SO_4 介质中，用 Ce^{4+} 滴定 Fe^{2+} 时，使用二苯胺磺酸钠为指示剂，误差超过 0.1%，而加入 $0.5mol \cdot L^{-1}$ H_3PO_4 后，滴定的终点误差小于 0.1%，试说明原因。

习　题

11-1 配平下列各氧化还原反应方程式，并注明有关元素氧化数的变化。

(1) $SO_2 + MnO_4^- \longrightarrow Mn^{2+} + SO_4^{2-}$ （酸性溶液）

(2) $(NH_4)_2Cr_2O_7 \longrightarrow N_2 + Cr_2O_3$

(3) $HNO_3 + P \longrightarrow H_3PO_4 + NO$

(4) $H_2O_2 + PbS \longrightarrow PbSO_4$

(5) $I^- + IO_3^- \longrightarrow I_2$ （酸性溶液）

(6) $MnO_2 + KClO_3 + KOH \longrightarrow K_2MnO_4 + KCl$

11-2 写出下列电池的电极反应，电池反应，并计算它们的电池电动势（25℃）

(1) $Zn|Zn^{2+}(1 \times 10^{-6}mol \cdot L^{-1}) \| Cu^{2+}(0.01mol \cdot L^{-1})|Cu$

(2) $Cu|Cu^{2+}(0.01mol \cdot L^{-1}) \| Cu^{2+}(2.0mol \cdot L^{-1})|Cu$

(3) $Pt, H_2(p^{\ominus}) | HAc(0.1mol \cdot L^{-1}) \| KCl(饱和), Hg_2Cl_2 | Hg$

$$[(1) \ 1.22V; \ (2) \ 0.068V; \ (3) \ 0.41V]$$

11-3 根据 $E^{\ominus}$ 值计算下列反应的平衡常数，并比较反应进行的程度。

(1) $Fe^{3+} + Ag \Longrightarrow Fe^{2+} + Ag^+$

(2) $6Fe^{2+} + Cr_2O_7^{2-} + 14H^+ \Longrightarrow 6Fe^{3+} + 2Cr^{3+} + 7H_2O$

(3) $2Fe^{3+} + 2Br^- \Longrightarrow 2Fe^{2+} + Br_2$

$$[(1) \ 0.309; \ (2) \ 6.02 \times 10^{46}; \ (3) \ 6.3 \times 10^{-11}]$$

11-4 已知 $Cu^{2+} + e^- \Longrightarrow Cu^+$ $\quad E^{\ominus} = +0.15V$

$\qquad\qquad Cu^+ + e^- \Longrightarrow Cu$ $\quad E^{\ominus} = +0.52V$

求：$Cu^{2+} + 2e^- \Longrightarrow Cu$ $\quad E^{\ominus} = ?$ $\qquad\qquad$ (0.34V)

11-5 已知 $MnO_4^- + 8H^+ + 5e^- \Longrightarrow Mn^{2+} + 4H_2O$ $\quad E^{\ominus} = 1.51V$

$\qquad\qquad MnO_2 + 4H^+ + 2e^- \Longrightarrow Mn^{2+} + 4H_2O$ $\quad E^{\ominus} = 1.22V$

求 $\qquad MnO_4^- + 4H^+ + 3e^- \Longrightarrow MnO_2 + 2H_2O$ $\quad E^{\ominus} = ?$

$$(1.70V)$$

11-6 用 $S + 2e^- \Longrightarrow S^{2-}$ 的标准电极电势和 H_2S 的电离常数计算 $S + 2H^+ + 2e^- \Longrightarrow H_2S$ 的标准电极电势。

$$(0.11V)$$

11-7 已知 $Cl_2 + 2e^- \Longrightarrow 2Cl^-$ $\quad E^{\ominus} = +1.36V$

$\qquad\qquad MnO_2 + 4H^+ + 2e^- \Longrightarrow Mn^{2+} + 2H_2O$ $\quad E^{\ominus} = +1.22V$

按 $E^{\ominus}$ 值判断反应 $MnO_2 + 4HCl \Longrightarrow MnCl_2 + Cl_2 + 2H_2O$ 的自发性。这和实验室制 Cl_2 的方法是否矛盾？为什么？

11-8 实验测定下列电池 $E_{池} = 0.78V$，求该溶液的 $[H^+]$。

$$Pt, H_2(p^{\ominus})|H^+(x mol \cdot L^{-1}) \| Ag^+(1.0mol \cdot L^{-1})|Ag$$

$$(2.2mol \cdot L^{-1})$$

11-9 已知 $Hg_2Cl_2(s) + 2e^- \Longrightarrow 2Hg + 2Cl^-$ $\quad E^{\ominus} = +0.28V$

$\qquad\qquad Hg_2^{2+} + 2e^- \Longrightarrow 2Hg$ $\quad E^{\ominus} = +0.80V$

求：$Hg_2Cl_2(s) \Longrightarrow Hg_2^{2+} + 2Cl^-$ $\quad K_{sp} = ?$

$$(3 \times 10^{-18})$$

11-10　已知 $E^{\ominus}_{Fe^{3+}/Fe^{2+}}=+0.77V$，$E^{\ominus}_{Fe^{2+}/Fe}=-0.45V$。

(1) 试计算 $Fe^{3+}+3e^-\Longrightarrow Fe$　$E^{\ominus}=?$

(2) 设计两个电池分别计算 $Fe+2Fe^{3+}\Longrightarrow 3Fe^{2+}$ 的平衡常数。计算结果说明什么问题。

[(1) $-0.043V$；(2) 2×10^{41}]

11-11　根据下列各元素的电势图，判断处于中间氧化态离子的稳定性：

$$Tl^{3+}\xrightarrow{+1.25V}Tl^+\xrightarrow{-0.34V}Tl$$

$$Au^{3+}\xrightarrow{+1.42V}Au^+\xrightarrow{+1.68V}Au$$

$$Ag^{2+}\xrightarrow{+1.98V}Ag^+\xrightarrow{+0.799V}Ag$$

$$In^{3+}\xrightarrow{-0.43V}In^+\xrightarrow{-0.15V}In$$

11-12　已知溴在酸性介质中的元素电势图为

$$BrO_4^-\xrightarrow{+1.76V}BrO_3^-\xrightarrow{+1.49V}HBrO\xrightarrow{+1.59V}Br_2\xrightarrow{+1.07V}Br^-$$

(1) 溴的哪些氧化态不稳定，易发生歧化？(2) 计算电对 BrO_3^-/Br^- 的 $E^{\ominus}$ 值。

($1.41V$)

11-13　根据 $E^{\ominus}_{Hg_2^{2+}/Hg}$ 和 Hg_2Cl_2 的 K_{sp}，计算 $E^{\ominus}_{Hg_2Cl_2/Hg}$。如溶液中 Cl^- 浓度为 $0.010mol\cdot L^{-1}$，Hg_2Cl_2/Hg 电对的电势为多少？

($0.265V$，$0.383V$)

11-14　分别计算 $0.100mol\cdot L^{-1}$ $KMnO_4$ 和 $0.100mol\cdot L^{-1}$ $K_2Cr_2O_7$ 在 H^+ 浓度为 $1.0mol\cdot L^{-1}$ 介质中，还原一半时的电势。计算结果说明什么？（已知 $E^{\ominus'}_{MnO_4^-/Mn^{2+}}=1.45V$，$E^{\ominus'}_{Cr_2O_7^{2-}/Cr^{3+}}=1.00V$）

($1.45V$；$0.99V$)

11-15　计算在 $1mol\cdot L^{-1}$ HCl 溶液中，用 Fe^{3+} 滴定 Sn^{2+} 时，化学计量点的电势；并计算滴定至 99.9% 和 100.1% 时的电势。说明为什么化学计量点前后，同样改变 0.1%，电势的变化不相同。（$E^{\ominus}_{Fe^{3+}/Fe^{2+}}=0.68V$，$E^{\ominus}_{Sn^{4+}/Sn^{2+}}=0.14V$）

($0.32V$；$0.23V$；$0.50V$)

11-16　以 $K_2Cr_2O_7$ 标准溶液滴定 Fe^{2+}，计算 25℃ 时反应的平衡常数，若化学计量点时 Fe^{3+} 的浓度为 $0.0500mol\cdot L^{-1}$，要使反应定量进行，所需 H^+ 的最低浓度为多少？（$E^{\ominus}_{Cr_2O_7^{2-}/Cr^{3+}}=1.33V$，$E^{\ominus}_{Fe^{3+}/Fe^{2+}}=0.77V$，忽略离子强度的影响）

(8×10^{56}；$1.5\times10^{-2}mol\cdot L^{-1}$)

11-17　称取某试样 $1.000g$，将其中的铵盐在催化剂存在下氧化为 NO，NO 再氧化为 NO_2，NO_2 溶于水后形成 HNO_3。此 HNO_3 用 $0.01000mol\cdot L^{-1}$ NaOH 溶液滴定，用去 20.00mL。求试样中 NH_3 的质量分数。（提示：NO_2 溶于水时，发生歧化反应 $3NO_2+H_2O\Longrightarrow 2HNO_3+NO\uparrow$）

(0.51%)

11-18　测定某试样中锰和钒的含量，称取试样 $1.000g$ 溶解后，还原为 Mn^{2+} 和 V^{2+}，用 $0.02000mol\cdot L^{-1}$ $KMnO_4$ 标准溶液滴定，用去 2.50mL。加入焦磷酸（使 Mn^{3+} 形成稳定的焦磷酸配合物）继续用上述 $KMnO_4$ 标准溶液滴定生成的 Mn^{2+} 和原有的 Mn^{2+} 到 Mn^{3+}，用去 4.00mL。计算试样中锰和钒的质量分数。

(1.48%；1.27%)

11-19　称取制造油漆的填料红丹（Pb_3O_4）$0.1000g$，用盐酸溶解，在加热时加 $0.02mol\cdot L^{-1}$ $K_2Cr_2O_7$ 溶液 25mL，析出 $PbCrO_4$：

$$2Pb^{2+}+Cr_2O_7^{2-}+H_2O\Longrightarrow 2PbCrO_4\downarrow+2H^+$$

冷却后过滤，将 $PbCrO_4$ 沉淀用盐酸溶解，加入 KI 和淀粉溶液，用 $0.1000mol\cdot L^{-1}$ $Na_2S_2O_3$ 溶液滴定时，用去 12.00mL。求试样中 Pb_3O_4 的质量分数。

(0.9141)

11-20　Pb_2O_3 试样 $1.234g$，用 20.00mL $0.2500mol\cdot L^{-1}$ $H_2C_2O_4$ 溶液处理。这时 $Pb(Ⅳ)$ 被还原为 $Pb(Ⅱ)$。将溶液中和后，使 Pb^{2+} 定量沉淀为 PbC_2O_4。过滤，滤液酸化后，用 $0.04000mol\cdot L^{-1}$ $KMnO_4$

溶液滴定，用去 10.00mL。沉淀用酸溶解后，用同样的 $KMnO_4$ 溶液滴定，用去 30.00mL。计算试样中 PbO 及 PbO_2 的质量分数。

(0.3617；0.1938)

11-21 某硅酸盐试样 1.000g，用重量法测得（$Fe_2O_3 + Al_2O_3$）的总量为 0.5000g。将沉淀溶解在酸性溶液中，并将 Fe^{3+} 还原为 Fe^{2+}，然后用 0.0300mol·L^{-1} $K_2Cr_2O_7$ 溶液滴定，用去 25.00mL。计算试样中 FeO 和 Al_2O_3 的质量分数。

(0.3233；0.1407)

11-22 今有 25.00mL KI 溶液，用 10.00mL 0.05000mol·L^{-1} KIO_3 溶液处理后，煮沸溶液以除去 I_2。冷却后，加入过量 KI 溶液使之与剩余的 KIO_3 反应，然后将溶液调至中性。析出的 I_2 用 0.1008mol·L^{-1} $Na_2S_2O_3$ 溶液滴定，用去 21.14mL，计算 KI 溶液的浓度。

(0.02896mol·L^{-1})

11-23 在测定铬污染物中的铬时，用过硫酸铵或其他氧化剂将铬氧化为铬酸（CrO_4^{2-}），此时加过量标准 $FeSO_4$ 溶液，将 CrO_4^{2-} 还原为 Cr^{3+}，最后在酸性条件下用 $KMnO_4$ 标准溶液滴定剩余的 $FeSO_4$ 标准溶液。设试样质量为 1.035g，加入的 $FeSO_4$ 标准溶液体积为 25.00mL，$KMnO_4$ 标准溶液浓度为 0.02112moL·L^{-1}，滴定剩余的 $FeSO_4$ 用去 $KMnO_4$ 溶液体积 8.27mL，已知 25.00mL $FeSO_4$ 相当于 30.27mL $KMnO_4$，计算试样中铬（Cr）的质量分数。

(3.89%)

11-24 分析含有 60.00% Fe_2O_3 的某试样，称取试样 0.5000g，用 H_2SO_3 还原 Fe^{3+}，因未煮沸除去多余的 SO_2，以致滴定时需用 0.02000mol·L^{-1} $KMnO_4$ 溶液 38.60mL，计算滴定的相对误差是多少？溶液内含有 SO_2 多少克？

(2.7%；0.0033g)

第 12 章　配位化合物与配位滴定

（Coordination Compound and Coordination Titration）

配位化合物（Coordination Compound）简称配合物又称络合物（Complex Compound），是金属离子最普遍的存在形式，其中尤以过渡金属离子或原子作为中心原子的配合物最为常见。过渡金属离子或原子能形成多种类型的化学键及各种各样的配合物，这对化学键理论的产生及发展起过、起着、并将要起重要作用。配合物具有特殊的性质，广泛应用于许多领域。生命体中含有多种配位化合物，它们对生命活动起着不可缺少的作用，如：金属酶和金属蛋白的基因表达；通过基因表达合成新的金属酶；金属离子在蛋白质与 DNA、蛋白质与蛋白质相互识别、构象变化和缔合中的作用等。

12.1　配位化合物的基本概念
（Concept of the Coordination Compound）

12.1.1　配合物的定义

配合物由配位单元组成，配位单元由两个或两个以上具有孤对电子、π 电子、离域 π 电子的原子或离子与具有空的价轨道的中心原子或离子组成。具有孤对电子、π 电子、离域 π 电子的原子或离子称为配位体。电中性的配位单元以及带异号电荷的配位单元之间结合成的中性分子称为配合物，广义而言带电的配位单元也称为配合物。

12.1.2　配合物的组成

配合物中的配位体一般是卤素离子 X^- 或含有 C、N、O、S 等元素的分子或离子以及含有 π 电子、离域 π 电子的烯烃、炔烃、苯、环戊二烯基等。配位体中直接与中心原子结合的原子叫配位原子，如 $Ni(CO)_4$ 中 CO 是配位体、其中 C 是配位原子、配位数为 4。与中心原子直接配位的原子的数目或配位体的 π 电子数叫配位数。配位数一般为 4～12，尤以 4 和 6 居多。配位体中只有一个配位原子的叫单齿配体，如 X^-、NH_3、H_2O 等；有两个或两个以上配位原子的叫多齿配体，如乙二胺 $NH_2—CH_2—CH_2—NH_2$、乙二胺四乙酸根 $EDTA^{4-}$ 等。

配合物的中心金属原子或离子是 Lewis 酸。它接受配位体的孤对电子，形成配位键。配位体就是 Lewis 碱。配合物中只有一个中心原子的叫单核配合物，有两个或两个以上中心原子的叫多核配合物。三核及三核以上的多核配合物的中心原子之间有化学键结合的叫簇合物。中心原子与多齿配体形成的环状配合物叫螯合物，图 12-1 所示的络合物 M^{n+}（EDTA）$^{4-}$ 就是环状螯合物。图 12-2 所示为双核配合物 $Co_2(CO)_8$ 的成键情况。

一个配位体和多个金属原子结合时用符号 μ 表示。例如 $Co_2(CO)_6 \cdot (\mu_2\text{-}CO)_2$ 表示 $Co_2(CO)_8$ 中有 2 个 CO 分别同时和 2 个 Co 配位。当一个配体有多个配位点和金属结合时，在配体前用符号 η 表示。例如 $(\eta^5\text{-}C_5H_5)_2Fe$ 表示二茂铁中每个 C_5H_5 都有 5 个配位点与同一金属结合。

图 12-1 螯合物 $M^{n+}(EDTA)^{4-}$

图 12-2 双核配合物 $Co_2(CO)_8$ 的成键情况

12.1.3 配合物的命名

配合物的命名是按先简单基团然后复杂基团再有机酸根、先阴离子后中性分子的顺序称为某合某酸（金属），并指明中心粒子的氧化态。例如：配合物 $H_2[SiF_6]$ 称为六氟合硅（Ⅳ）酸。其中 H 为外界，SiF_6^{2-} 为内界，Si 是中心原子，F 是配位体，Si 的配位数为 6。$K_2[Co(SO_4)_2]$ 叫二硫酸根合钴（Ⅱ）酸钾；$[CrCl_2(NH_3)_4]\cdot Cl\cdot 2H_2O$ 叫二水合一氯化二氯四氨合铬（Ⅲ）；$cis-[PtCl_2(Ph_3P)_2]$ 叫顺式二氯二（三苯基磷）合铂（Ⅱ）；$[Pt(NO_2)(NH_3)(NH_2OH)Py]Cl$ 称为一氯化一硝基一氨一羟胺一吡啶合铂（Ⅱ）。

12.1.4 配合物的空间结构和异构现象

通过 X 射线对配合物晶体的衍射实验，发现配体在中心原子（离子）周围的排列不是任意的堆积，而是按一定的方式相结合，形成不同的空间结构。配体的数目不同，空间结构也不同。

如果知道了中心离子的配位数，则可以判断配合单元（即配合物）的空间结构。现举以下几种为例。

（1）配位数为 2 者空间结构为直线形 [图 12-3（a）]，例如 $[Ag(NH_3)_2]^+$、$[Cu(CN)_2]^+$、$[Cu(NH_3)_2]^+$、$[Ag(CN)_2]^-$ 等。

（2）配位数为 3 者空间结构为平面三角形 [图 12-3(b)]，如 $[Cu(CN)_3]^-$ 等。

（3）配位数为 4 者有两种结构形态：一种空间结构图平面正方形 [图 12-3(c)]，如 $[Pt(NH_3)_2Cl_2]$、$[Cu(NH_3)_4]^{2+}$、$[PtCl_4]^{2-}$、$[Ni(CN)_4]^{2-}$ 等；另一种空间结构为四面体 [图 12-3(d)]，如 $[ZnCl_4]^{2-}$、$[Ni(NH_3)_4]^{2+}$、$[Cd(CN)_4]^{2-}$ 等。

（4）配位数为 5 者也有两种结构形态：一种空间结构为三角双锥体 [图 12-3(e)]，如 $Fe(CN)_5$、$[CuCl_5]^{3-}$、$[Ni(CN)_5]^{2-}$ 等（此类较为少见）；另一种空间结构为正方锥体 [图 12-3(f)]，如 $[TiF_5]_2$、$[SbF_5]^{2-}$、$[Ni(CN)_5]^{3-}$ 等（此类很少见）。

（5）配位数为 6 者空间结构为正八面体 [图 12-3（g）]，例如 $[Fe(CN)_6]^{2-}$、$[AlF_6]^{3-}$、$[PtCl_6]^{2-}$、$[Co(NH_3)_6]^{3+}$、$[SiF_6]^{2-}$ 等（此类最多）。

图 12-3 不同配位数的配离子的空间结构示意图

12.1.5　配合物的异构现象

凡具有相同的化学式而分子中原子的排列不同的化合物，均称为异构体（Isomer）。在配合物中异构现象极为普遍。一般可分为结构异构（Structural Isomerism）和空间异构（Spatial Isomerism）。

（1）结构异构。例如 $[CoSO_4(NH_3)_5]Br$（红色）和 $[CoBr(NH_3)_5]SO_4$（紫色），在这两种配合物中，SO_4^{2-} 和 Br^- 在内界和外界的分配恰好相反。前者加 $AgNO_3$ 可得 AgBr 沉淀，后者加 $BaCl_2$ 可得 $BaSO_4$ 沉淀。又例如 $[Cr(H_2O)_6]Cl_3$（紫色）、$[CrCl(H_2O)_5]Cl_2 \cdot H_2O$（亮绿色）和 $[CrCl_2(H_2O)_4]Cl \cdot 2H_2O$（暗绿色），内界中的 H_2O 分子数依次减少。

（2）空间异构。这是由于中心离子外的配体在空间的排布不同而产生的异构现象。例如 $[PtCl_2(NH_3)_2]$ 是平面四边形，其空间构型有两种：顺式（cis）是指同种配位体处于相邻的位置，反式（$trans$）是指同种配体处于相反的位置。它们的性质不同。顺式 $[PtCl_2(NH_3)_2]$ 是橙黄色，反式 $[PtCl_2(NH_3)_2]$ 是亮黄色。前者的溶解度大于后者约 7 倍（298K 时）。前者稳定性差，当加热到 443K 时，顺式转变为反式，它们的偶极矩也不相同。

顺式异构体　　　　　反式异构体

又如 $[Pt(NH_3)_4Cl_2]$，其空间结构为

顺式　　　　　　　反式

顺式和反式 $[Pt(NH_3)_4Cl_2]$，有时简称为顺铂（cisplatin）和反铂（transplatin）。它们不但有不同的物理和化学性质，而且具有不同的生理活性。人们已经发现顺铂对癌症的治疗效果，而反铂则不具有此种性质。其原因很可能是它们与人体内的 DNA（脱氧核糖核酸，Deoxyribonucleic Acid 的缩写）的反应机理有所不同。前者能干扰 DNA 的复制，阻止癌细胞的再生。

以上都是从几何结构的角度来看配合物的空间构型。空间的异构除了几何异构体外，还有一种是旋光异构体（Rotatory Isomer），有左旋和右旋之分。它们是手性的（Chirality）。它们的结构就像人的左右手一样，互成镜像（即右手在镜子中的形象就是左手，左手在镜子中的形象就是右手，而左右手是不能叠合的，再好的医生也不能把右手接肢到左手的位置上）。两种分子具有镜像对称而不能叠合的这种性质称为手征性（Chiral）。分子的手征性是具有旋光的必要条件。例如 $[PtBr_2Cl(NH_3)_2H_2O]$ 的两个旋光异构体在镜面上互成镜像，却不能叠合。

镜面

具有旋光异构的配合物能使平面偏振光发生方向相反的偏转。向左偏转者称为左旋体，用 "*l*" 表示，向右偏转者称为右旋体，用 "*d*" 表示。等量左旋体和右旋体的混合物互相抵消，而不具有旋光性，称为外消旋混合物（Racemic Mixture）。

旋光异构现象与人类有密切的关系。多数天然产物具有旋光性。例如烟草中，天然尼古丁是左旋的，有很大的毒性。而人工合成的尼古丁毒性很小。显然它们的生理作用有很大的区别。又如二羟基苯基-1-丙氨酸其左旋体可作为药物，是治疗震颤性麻痹症的特效药，而其右旋体则毫无药效。许多细菌也只对某一化合物的某一种旋光异构发生作用。这种专一性的原因正是化学家研究的对象。化学家也正在寻求各种有效的方法，把 *d*-型、*l*-型旋光异构体分开，或者寻找 "不对称" 合成方法，只合成某一种指定的旋光异构体，以进一步研究它们的特性。

12.2 化学键理论
（Theory of the Chemical Bond）

配位化合物（Coordination Compound）与一般化合物（Compound）的主要区别在于配位化合物中存在配位键（共用电子对由成键的一个原子单方面提供）。关于配位化合物化学键的理论主要有价键理论（VB）、晶体场理论（CF）、分子轨道理论（MO）和配位场理论（LF）。价键理论是在 20 世纪初将离子键理论、价键理论（包括杂化轨道理论）应用于配合物而发展起来的关于配位键的电子配对理论。20 世纪 30 年代 Bethe 提出了晶体场理论，但直到 50 年代才广泛应用于化学领域。晶体场理论是静电离子键理论的引申，或者说是改进了的静电作用理论。对于基本上以静电作用结合的配合物，用它解释其结构和性质比较合理。但大多数情况下，化学键总是兼有离子性和共价性，单纯的静电晶体场理论就显得不足，用分子轨道理论处理其中的共价部分也能得到满意的结果，但应用分子轨道理论要作精确计算，数学处理较困难。因此，人们把电子间相互作用参量 A、B、C，轨道偶合参数 λ（或 ζ），晶体场参量 ∇ 等的数值进行适当修正后用于讨论配合物的结构和性质，这种将晶体场理论与分子轨道理论结合起来的处理配合物结构的方法称为配位场理论。

（1）价键理论（Valence Bond Theory）

按照价键理论，配合物分为电价配合物和共价配合物两类，如图 12-4 所示。电价配合物为高自旋，共价配合物为低自旋。络合物的中心原子与配位体之间以电价配键结合，此类化合物称为电价络合物。例如：$[Fe(H_2O)_6]^{2+}$ 中 Fe^{2+} 带正电荷，H_2O 为偶极矩不为 0 的分子，O 端带负正电荷，Fe^{2+} 与偶极分子 H_2O 以静电相互作用结合，$[Fe(H_2O)_6]^{2+}$ 中 Fe^{2+} 仍然保持孤立 Fe^{2+} 的自旋成单电子数 4，为电价高自旋配合物。$[Mn(H_2O)_6]^{2+}$ 中 Mn^{2+} 与偶极分子 H_2O 以静电相互作用结合，Mn^{2+} 仍然保持孤立 Mn^{2+} 的自旋成单电子数 5，也是电价高自旋配合物。H_2O、X^- 等强 Lewis 碱，给电子能力强为电价配体。一般而言电价配体与第一过渡系列金属低价离子形成的配合物为电价配合物。

络合物的中心原子与配位体之间以共价配键结合，此类络合物称为共价络合物。如：Fe^{2+} 的价电子组态为 $3d^6$，$[Fe(CN)_6]^{4-}$ 中 Fe^{2+} 的 6 个 3d 电子挤到 3 个 d 轨道，2 个 3d、1 个 4s 轨道、3 个 4p 轨道采取 d^2sp^3 杂化，6 个 d^2sp^3 杂化轨道呈正八面体几何构型，6 个 d^2sp^3 杂化轨道都没有电子，分别接受 CN^- 的一对电子形成 6 个共价配位键。$[Fe(CN)_6]^{4-}$ 中没有自旋成单电子，比孤立 Fe^{2+} 的自旋成单电子数少，因此 $[Fe(CN)_6]^{4-}$ 为共价低自旋配合物、正八面体几何构型、抗磁性。氰基 CN^-、羰基 CO、亚硝酸根 NO_2^- 等为共价配体。共价配体与中心原子一般形成共价配合物，共价配合物为低自旋配合物，其中心原子的自旋成单电子数比孤立中心原子的少。

　　氧化态较低的中心离子易形成电价配合物，氧化态较高的中心离子则易形成共价配合物。如 Mn^{2+} 易形成电价配合物，Mn^{3+} 则易形成共价配合物。

Fe^{2+}

$Fe(H_2O)_6^{2+}$　　　　Fe^{2+} 与 H_2O 以静电相互作用结合——电价配合物

d^2sp^3 杂化

$Fe(CN)_6^{4-}$　　　　以共价配键结合——共价配合物

图 12-4　电价配合物和共价配合物

(2) 晶体场理论（Crystal Field Theory）

　　晶体场理论认为络合物的中心原子与配位体之间的相互作用是一种静电作用，并认为配位原子是点电荷或点偶极子，在中心原子周围形成一种静电场，称为配位场。配位场对中心原子产生一种微扰作用，使中心原子价电子的运动状态发生改变，即使中心原子的价轨道在配位场作用下发生能级分裂，因此晶体场理论的基本思想是配合物的中心离子的价轨道在配位体场的作用下发生能级分裂，中心离子的价电子按弱场高自旋、强场低自旋排布在分裂了的价轨道上。

　　以第一过渡系列金属离子为中心原子的八面体场（六配位）配合物为例（见图 12-5）：6 个配位体位于直角坐标系 x、y、z 轴的正负方向，离坐标原点（中心粒子原子核的位置）等远，呈正八面体排布。中心原子的 d_{z^2} 和 $d_{x^2-y^2}$ 2 个轨道（波函数）图形的极大值与配位体迎头相碰，离配位体较近，受到配位体的排斥作用较大，能级升高。中心原子的 d_{xy}、d_{xz} 和 d_{yz} 3 个轨道图形的极大值则与配位体没有迎头相碰，离配位体较远，受到配位体的排斥

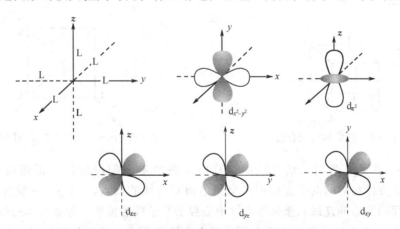

图 12-5　八面体场中心粒子 d 轨道与配位体的位置关系

$d_{x^2-y^2}$ 和 d_{z^2} 的极大值与配体迎头相碰、相互排斥作用较大，能级升高；

d_{xz}、d_{xy}、d_{yz} 则没有与配体迎头相碰、相互排斥作用较小，能级降低

作用较小，能级降低——配合物中心原子的 d 轨道发生能级分裂，分裂为 t_{2g} 和 e_g 两组，二重简并的 e_g 包括 d_{z^2} 和 $d_{x^2-y^2}$ 2 个轨道，三重简并的 t_{2g} 包括 d_{xy}、d_{xz} 和 d_{yz} 3 个轨道。t_{2g} 和 e_g 两组轨道之间的能级差叫八面体场分裂能 $\nabla_o = 10D_q$。依据能级重心不变原理，能级升高的总和与降低的总和相等。所以 $E(e_g) = 0.6\nabla_o = 6D_q$，而 $E(t_{2g}) = -0.4\nabla_o = -4D_q$。配合物中心原子的 d 电子按弱场高自旋、强场低自旋排布在分裂了的 d 轨道上。弱场分裂能 ∇ 较小，小于电子成对能 P（电子成对能 P 是电子由自旋平行变为反平行所升高的能量）。强场分裂能 ∇ 较大，大于电子成对能 P。由于电子成对能的数值不容易获得，一般情况下可以只考虑分裂能 ∇ 的大小。图 12-6 表示八面体场中心粒子 d 轨道的能级分裂情况。图 12-7 以中心粒子为 d^4 组态为例表明弱场高自旋（HS）和强场低自旋（LS）电子的排布情况。

图 12-6　八面体场中心粒子 d 轨道的能级分裂　　　图 12-7　弱场高自旋和强场低自旋电子的排布情况

例如：$[Mn(H_2O)_6]^{2+}$ 为弱场高自旋配合物，$[Fe(CN)_6]^{4-}$ 为强场低自旋配合物（图 12-8）。

$Fe(H_2O)_6^{2+}$
弱场高自旋

$Fe(CN)_6^{4-}$
强场低自旋

图 12-8　$[Mn(H_2O)_6]^{2+}$ 和 $[Fe(CN)_6]^{4-}$ 的电子排布式

四面体场（四配位）：

图 12-9　四面体场配合物

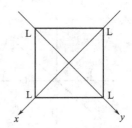

图 12-10　平面正方形场配合物

由图 12-9 可见，四面体场（四配位）配合物中 4 个配位体位于正四面体的 4 个角顶——参考立方体相对的两个面的两条交错的面对角线的顶点，x、y、z 轴分别为立方体相对的两个面的面心的连线，坐标原点（中心粒子原子核的位置）为立方体的体心。中心原子的 d_{z^2} 和 $d_{x^2-y^2}$ 2 个轨道图形的极大值指向立方体的面心，离配位体较远，受到配位体的排斥作用较小，能级降低。中心原子的 d_{xy}、d_{xz} 和 d_{yz} 3 个轨道图形的极大值指向立方体的棱心，离配位体较近，受到配位体的排斥作用较大，能级升高——配合物中心原子的 d 轨道发生能级分裂，分裂成 e 和 t_2 两组，各组包括的轨道及轨道数与八面体场的一样，与八面体场不同的是 t_2 轨道的能级较 e 轨道的高，并且各轨道都没有 g、u 之分。由于配体较少，并且四个配体都未与中心粒子 d 轨道的极大值迎头相碰，所以两组轨道之间的能级差（四面体场分裂能）较小，只有八面体场的 4/9。

此外，还有平面正方形场（图 12-10）、三角双锥场等。图 12-11 表示 $[NiCl_4]^{2-}$ 为四面体场、弱场高自旋型配合物；$[Ni(CN)_4]^{2-}$ 则为平面正方形场、强场低自旋型配合物。图 12-12 是几种配位体场条件下，中心粒子 d 轨道能级分裂的情况。

$[NiCl_4]^{2-}$　　　　　　　　　　　　　　　　　　$[Ni(CN)_4]^{2-}$

$[NiCl_4]^{2-}$ 为弱场高自旋配合物，四面体几何构型、顺磁性　　$[Ni(CN)_4]^{2-}$ 为强场低自旋配合物，正方形几何构型、抗磁性

图 12-11　　$[NiCl_4]^{2-}$ 和 $[Ni(CN)_4]^{2-}$ 的电子排布式

八面场体　　　　　四面场体　　　　平面正方形场　　　平面三角形场

图 12-12　几种配位体场条件下中心粒子 d 轨道能级的分裂情况

按照晶体场理论，分裂后的 d 轨道最高能级与最低能级之差称为晶体场分裂能。分裂能的大小是决定配合物为 HS 型还是 LS 的主要因素。影响分裂能大小的因素如下：

配体的影响：实验得到的配位体强弱顺序叫光谱化学序列：

$$I^- < Br^- < Cl^- \sim SCN \sim < F^- < OH^- \sim NO_2^- （硝基） \sim HCOO^- < C_2O_4^{2-} < H_2O \cdots < NH_3 < 乙二胺 \cdots CN^-$$

X^-、H_2O 等是弱场配位体，NH_3 居中，CN^-、CO 等是强场配位体。若只考虑配体中的中心原子，则随原子序数增大分裂能减小，配位场减弱。

中心原子的影响：中心原子的价态愈高，所在周期数愈大，分裂能愈大。

12.3　配位化合物的性质

（Properties of the Coordination Compounds）

12.3.1　颜色

配合物大多数都有颜色，这是因为其中心原子的价轨道在配位体场的作用下发生了能级

分裂，中心原子的价电子在不同能级之间跃迁，吸收的辐射能在可见光范围，配合物显示辐射光的补色。

$\nabla = 20400\text{cm}^{-1}$

图 12-13 $[Ti(H_2O)_6]^{3+}$ 的电子排布式

例如 $[Ti(H_2O)_6]^{3+}$ 显淡紫红色是因为 $[Ti(H_2O)_6]^{3+}$ 吸收蓝绿光（最大吸收为 20400cm^{-1}），应该显蓝绿光的补色紫红色，但 d-d 跃迁是对称性禁阻的，吸收较弱，所以 $[Ti(H_2O)_6]^{3+}$ 显淡紫红色。

由图 12-13 知，$[Ti(H_2O)_6]^{3+}$ 的分裂能为 20400cm^{-1}，可知由配合物的紫外可见光谱可以求得配位场分裂能，但是要注意当 d 电子不止一个时，配位场分裂能不是直接等于最大吸收辐射能。

12.3.2 磁性

和原子的情况类似，分子的磁矩也是由电子的轨道运动、自旋运动和原子核的运动产生的，相应的磁矩分别为电子的轨道磁矩 μ_1、自旋磁矩 μ_s 和核磁矩 μ_n。核磁矩比电子磁矩小 3 个数量级，所以分子磁矩主要是电子运动的贡献。

具有闭壳层电子结构的分子是分子中具有相同数目的 α 自旋和 β 自旋的电子，即所有电子都两两自旋反平行配对了，没有自旋成单电子，这样的分子自旋量子数 $S=0$，即处于自旋单重态，没有永久磁矩。在外磁场中，电子的自旋仍然两两偶合在一起，净的自旋磁矩仍为 0，但电子的轨道运动在外磁场的作用下会产生轨道磁矩，轨道磁矩的方向与外磁场的方向相反，故宏观上表现为抗磁性。抗磁性物质的磁矩是诱导磁矩，是在外磁场诱导下产生的，磁场撤除以后即消失。因为一切分子都包含闭壳层电子结构，所以一切分子都具有抗磁性。

具有开壳层电子结构的分子，分子中存在未成对电子，$S \neq 0$，具有净的自旋磁矩。在电子的轨道磁矩没有被"猝灭"并忽略由于核运动产生的磁矩的情况下，分子磁矩 μ_m 等于自旋磁矩 μ_s 和电子的轨道磁矩 μ_1 的加和

$$\mu_m = \mu_s + \mu_1 \tag{12-1}$$

具有开壳层电子结构的分子的磁矩在无外磁场时就存在，有外磁场时，μ_m 沿外磁场方向排列，使磁场加强。μ_m 是分子的永久磁矩，这样的分子顺磁性大于抗磁性，宏观上表现为顺磁性。当忽略电子的轨道运动与自旋运动的直接相互作用，且采用 L-S 偶合方式时

$$\mu_m = \sqrt{L(L+1) + 4S(S+1)}\,\beta \tag{12-2}$$

（β 是磁矩的单位波尔磁子）

当轨道磁矩被"猝灭"时 $\qquad \mu_m = 2\sqrt{S(S+1)}\,\beta \tag{12-3}$

其中 $S = n/2$，n 为分子中未成对电子数，所以

$$\mu_m = \sqrt{n(n+2)}\,\beta \tag{12-4}$$

因此，一般用分子中是否存在未成对电子来判断其是否具有顺磁性。分子中有自旋未配对电子的为顺磁性分子，没有自旋未配对电子的为抗磁性分子，而且分子磁矩的大小与其所具有的未成对电子数有关，即与分子是高自旋还是低自旋状态有关。分子磁矩 μ_m 不能直接测定，但可以通过测定物质的磁化率来计算。

12.3.3 几何形状

配合物分子的几何形状与其中心原子的配位数有关，配位数为 6 的一般为八面体，配位数为 4 的一般为四面体或平面正方形……当有 John-Teller 效应时，配合物的几何形状会偏

离正多面体，例如，$[CuCl_6]^{4-}$ 电子可能的排布方式有两种。

对图 12-14(a) 排布方式，中心原子的 $d_{x^2-y^2}$ 轨道占有 1 个电子，d_{z^2} 轨道占有 2 个电子。在 z 方向中心原子对配体的排斥作用较大，x、y 方向中心原子对配体的排斥作用较小，配体离中心原子较近，因此形成两长四短的键，分子几何构型为拉长的八面体，即发生了畸变。另一方面由于 z 方向配体离中心原子较远，配体对中心原子 d 轨道的排斥作用较小，因此 d_{z^2} 轨道能级较 $d_{x^2-y^2}$ 的低，使二重简并的 e_g 轨道消除简并。对图 12-14(b) 排布方式 $d_{x^2-y^2}$ 轨道占有 2 个电子，d_{z^2} 轨道占有 1 个电子。在 z 方向中心原子对配体的排斥作用较小，x、y 方向中心原子对配体的排斥作用较大，因此形成两短四长的键，分子几何构型为压扁的八面体，简并的 e_g 轨道也消除简并。这种由于在简并轨道上存在电子的不对称排布（或称电子存在简并的排布方式）而使分子的几何形状偏离正多面体，体系的能量有所降低的情况称为 John-Teller 效应。至于配合物几何形状究竟是拉长还是压扁的八面体则要由实验确定。$[Mn(CN)_6]^{4-}$（Mn^{2+} d^5 组态）是强场低自旋配合物，低能级 t_{2g} 轨道存在不对称排布，也有 John-Teller 效应，但分子几何形状偏离正八面体较小，即发生了小畸变。对于四面体场配合物，由于分裂能较小，如果发生畸变均是小畸变。

图 12-14　$[CuCl_6]^{4-}$ 的电子排布式

12.3.4　稳定性

第一过渡系列二价金属离子的水化热呈双峰曲线，这与配位场稳定化能（LFSE）呈双峰曲线有关。配合物分子中价电子进入能级分裂了的 d 轨道比排布在简并的 d 轨道体系降低的能量称为配位场稳定化能（LFSE）或晶体场稳定化能（CFSE）（见表 12-1）。

表 12-1　第一过渡系列二价金属离子 HS 配合物的 LFSE

离子 M^{2+}	Sc	Ti	V	Cr	Mn	Fe	Co	Ni	Cu	Zn
d 电子数	1	2	3	4	5	6	7	8	9	10
LFSE/Dq	4	8	12	6	0	4	8	12	6	0

随原子序数增大第一过渡系列二价金属离子的水化热应沿图 12-15 中虚线增大，加上 LFSE 应为双峰曲线，曲线的两个峰顶应为 d^3 和 d^8 的位置，但实验曲线上峰顶是在 d^4 和 d^9。这是由于 d^4 和 d^9 组态金属的八面体场高自旋配合物有 John-Teller 效应并且为大畸变所致。

图 12-15　第一过渡系列二价金属离子的水化热曲线

12.4 π配合物

(The π Coordination Compounds)

配体提供 π 电子或离域 π 电子而成键的配合物称为 π 配合物。其中配体是 CO 的称为羰基配合物。

12.4.1 π配合物一般满足"18电子规则"

中心原子周围的价电子数加上配体提供的电子数共 18 个，这样的配合物中心原子的价轨道 $[(n-1)d, ns, np]$ 全充满电子，因而很稳定。例如：$Cr(CO)_6$，$Fe(CO)_5$，$Ni(CO)_4$，$Mn_2(CO)_{10}$，$Fe_2(CO)_9$，$Co_2(CO)_8$，$[Fe(CN)_6]^{4-}$，$Cr(C_6H_6)_2$，$Fe(C_5H_5)_2$ 等。在多核配合物中，为了满足"18电子规则"，往往有金属原子与金属原子直接以共价键结合而成为簇合物。而过渡系列靠最左边的金属原子 d 电子数少，与电负性较大的配位体组成的配合物化学键的离子性较大，配合物的价电子数少于 18 也能稳定存在。如 $V(CO)_6$ 价电子总数为 17、VCl_4 的价电子总数为 9。对于八面体场配合物中心原子与配体之间无 π 键形成时，t_{2g} 为非键 MO，因而 t_{2g} 上有 1～6 个电子均不会使体系的能级升高。这种情况下配合物的价电子总数也可以少于 18，如 $[Cr(NH_3)_6]^{3+}$，$[Mn(H_2O)_6]^{2+}$，$[Fe(NH_3)_6]^{3+}$ 等。过渡系列靠最右边的金属原子核电荷多，吸引电子的能力强，若分裂能 ∇_o 较小时，能级高于 t_{2g} 不多的反键轨道 e_g^* 有少数电子配合物也能稳定存在。这种情况下配合物的价电子总数可以超过 18。如 $[Ni(H_2O)_6]^{2+}$、$[NiF_6]^{4-}$ 的价电子总数均是 20。d^8 离子形成的价电子总数为 18 的 LS 平面正方形场配合物，能级较低的 MO 全充满，只有能级最高的 $d_{x^2-y^2}$ 全空，LFSE 大，因而很稳定。

12.4.2 σ-π配键

在羰基配合物中羰基 CO 的 5σ 分子轨道向中心原子空的价轨道提供电子形成配键 M←CO。由于 CO 的 5σ 电子云在 C 端比较突出，所以是 C 端配位，即配位原子是 C，同时中心原子占有电子的 t_{2g} 轨道又向 CO 的反键空轨道 2π 提供电子形成反馈 π 键。σ 配键和反馈 π

图 12-16　σ-π 配键

键合称 σ-π 配键。如图 12-16 所示。由于 σ-π 配键的形成，配合物与配体之间的结合更牢固了，而 CO 中 C—O 键拉长，键强减小，C—O 被活化，这在配位催化方面意义很大。

此外，配体 CN^- 形成的配合物中也有 σ-π 配键生成：CN^- 的 5σ 电子给中心原子形成配键；CN^- 的 2π 空轨道接受中心原子的 d 电子形成反馈 π 配键。$[PtCl_3(C_2H_2)]^-$ 中 C_2H_2 与 Pt^{2+} 之间也是以 σ-π 配键结合，C_2H_2 的成键 πMO 与 Pt^{2+} 空的价轨道 dsp^2 轨道按对称性匹配的方式重叠，C_2H_2 的 π 成键电子对给 Pt^{2+} 形成 σ 配键，C_2H_2 空的反键 π^* MO 接受 Pt^{2+} 的 d 电子形成反馈 π 配键。C_2H_2 给出成键电子，反键 π^* MO 接受电子，使 C_2H_2 的 C—C 键被活化、IR 峰红移。

12.5 配位平衡常数

(Coordination Equilibrium Constant)

配位平衡可用稳定常数（形成常数）或不稳定常数（离解常数）来描述配离子或中性配

合物的生成或离解。

配合物 ML_n 型在溶液中是逐级形成的，描述逐级形成反应的平衡常数 $K_{稳_1}^{\ominus}$，$K_{稳_2}^{\ominus}$，… $K_{稳_n}^{\ominus}$ 称逐级稳定常数，如下所示（为书写简便，所有离子的电荷均略去）：

$$M+L \rightleftharpoons ML \qquad K_{稳_1}^{\ominus} = \frac{[ML]c^{\ominus}}{[M][L]}$$

$$ML+L \rightleftharpoons ML_2 \qquad K_{稳_2}^{\ominus} = \frac{[ML_2]c^{\ominus}}{[ML][L]}$$

$$\vdots \qquad\qquad \vdots$$

$$ML_{n-1}+L \rightleftharpoons ML_n \qquad K_{稳_n}^{\ominus} = \frac{[ML_n]c^{\ominus}}{[ML_{n-1}][L]}$$

若将逐级稳定常数相乘，即为 ML_n 型配合物的总稳定常数（Stability Constant），以 $K_{总稳}^{\ominus}$ 表示。

$$\frac{[ML_n](c^{\ominus})^n}{[M][L]^n} = K_{稳_1}^{\ominus} \times K_{稳_2}^{\ominus} \times \cdots \times K_{稳_n}^{\ominus} = K_{总稳}^{\ominus} \tag{12-5}$$

上述各步形成反应的逆反应，为各级配合物的解离平衡。描述各级解离平衡的常数 $K_{不稳_1}^{\ominus}$，$K_{不稳_2}^{\ominus}$，…，$K_{不稳_n}^{\ominus}$ 称为不稳定常数。例如 ML_n 型配合物的各级解离平衡：

$$ML_n \rightleftharpoons M+ML_{n-1} \qquad K_{不稳_1}^{\ominus} = \frac{[M][ML_{n-1}]}{[ML_n]c^{\ominus}}$$

$$ML_{n-1} \rightleftharpoons M+ML_{n-2} \qquad K_{不稳_2}^{\ominus} = \frac{[M][ML_{n-2}]}{[ML_{n-1}]c^{\ominus}}$$

$$\vdots \qquad\qquad \vdots$$

$$ML \rightleftharpoons M+L \qquad K_{不稳_n}^{\ominus} = \frac{[M][L]}{[ML]c^{\ominus}}$$

各级不稳定常数的乘积即为 ML_n 配合物的总不稳定常数（Instability Constant），以 $K_{总不稳}^{\ominus}$ 表示。

$$\frac{[M][L]^n}{(c^{\ominus})^n[ML_n]} = K_{不稳_1}^{\ominus} \times K_{不稳_2}^{\ominus} \times \cdots \times K_{不稳_n}^{\ominus} = K_{总不稳}^{\ominus} \tag{12-6}$$

由式(12-5) 和式(12-6) 可知：对于同一配合物，$K_{总稳}^{\ominus}$ 与 $K_{总不稳}^{\ominus}$ 互为倒数：

$$K_{总稳}^{\ominus} = \frac{1}{K_{总不稳}^{\ominus}} \tag{12-7}$$

在许多配位平衡的计算中，经常用到乘积 $K_{稳_1}^{\ominus} \times K_{稳_2}^{\ominus} \times K_{稳_3}^{\ominus} \cdots$，为方便起见，将这些乘积用 β_n 表示，β_n 称为逐级累积稳定常数，β_n 定义为：

第 1 级累积稳定常数 $\qquad\qquad \beta_1 = K_{稳_1}^{\ominus}$

第 2 级累积稳定常数 $\qquad\qquad \beta_2 = K_{稳_1}^{\ominus} \times K_{稳_2}^{\ominus}$

…… ……

第 n 级累积稳定常数 $\qquad \beta_n = K_{稳_1}^{\ominus} \times K_{稳_2}^{\ominus} \times \cdots \times K_{稳_n}^{\ominus} = K_{总稳}^{\ominus}$

显然，最后一级累积稳定常数等于总稳定常数。以同样方法可定义逐级累积不稳定常数，最后一级累积不稳定常数等于总不稳定常数。几种金属离子的氨配合物的逐级稳定常数值见表 12-2。

表 12-2　几种金属离子的氨配合物的逐级稳定常数值

配离子	$K_{稳_1}^{\ominus}$	$K_{稳_2}^{\ominus}$	$K_{稳_3}^{\ominus}$	$K_{稳_4}^{\ominus}$	$K_{稳_5}^{\ominus}$	$K_{稳_6}^{\ominus}$
$[Ag(NH_3)_2]^+$	2.2×10^3	5.1×10^3	—	—	—	—
$[Zn(NH_3)_4]^{2+}$	2.3×10^2	2.8×10^2	3.2×10^2	1.4×10^2	—	—
$[Cu(NH_3)_4]^{2+}$	2.0×10^4	4.7×10^3	1.1×10^3	2.0×10^2	0.35	—
$[Ni(NH_3)_6]^{2+}$	6.3×10^2	1.7×10^2	5.4×10^1	1.5×10^1	5.6	1.1

常见金属离子的各种配合物的逐级累积稳定常数值见附录表 16。

由表 12-2 所列数据可见，逐级稳定常数一般相差很近。因此，溶液中常有各级配合物同时存在，使平衡的计算变得复杂。但实际工作中，总是加入过量配位剂，有利于绝大部分金属离子形成最高配位数的配离子，因此，较低级配离子可忽略不计。因此求游离金属离子的平衡浓度时，就可按式(12-5)作近似计算，使计算大为简化。

【例 12-1】　（1）将 $AgNO_3$ 溶液（10.0mL，0.20mol·L^{-1}）与氨水（10.0mL，1.0mol·L^{-1}）混合，计算溶液中 $[Ag^+]$；（2）以 NaCN 溶液（10.0mL，1.0mol·L^{-1}）代替氨水，溶液中 $[Ag^+]$ 又是多少？

解：（1）两种溶液等体积混合后，溶液中银氨配合物的主要存在形式为 $Ag(NH_3)_2^+$（因为 NH_3 过量），每形成 1mol $Ag(NH_3)_2^+$ 要消耗 2mol NH_3，设平衡时 $[Ag^+]$ 为 x：

$$Ag^+ + 2NH_3 \rightleftharpoons [Ag(NH_3)_2]^+$$

起始浓度/mol·L^{-1}　　　　　　0.10　　0.50

平衡时/mol·L^{-1}　　　　　　　x　　　$0.50-2\times0.10$　　0.10

查表知，$[Ag(NH_3)_2]^+$ 的 $\beta_2=1.1\times10^7$ 比较大，反应进行较完全，故

$$\beta_2 = \frac{[Ag(NH_3)_2^+](c^{\ominus})^2}{[Ag^+][NH_3]^2}$$

$$x=[Ag^+]=\frac{[Ag(NH_3)_2^+](c^{\ominus})^2}{\beta_2[NH_3]^2}=\frac{0.10}{(0.30)^2\times1.1\times10^7}=1.0\times10^{-7}\,\text{mol}\cdot L^{-1}$$

（2）同样方法可以计算在含有过量 NaCN 溶液中的 Ag^+ 浓度：

$$y=[Ag^+]=\frac{(c^{\ominus})^2[Ag(CN)_2^-]}{[CN^-]^2\cdot\beta_2}=\frac{0.10}{(0.30)^2\times1.3\times10^{21}}=8.5\times10^{-22}\,\text{mol}\cdot L^{-1}$$

12.6　配位平衡的移动
(Shift of Coordination Equilibrium)

金属离子 M 和配位体 L 在水溶液中存在如下的配位平衡时：

$$M+nL \rightleftharpoons ML_n$$

向溶液中加入能与 M 或 L 发生各种化学反应的试剂，原溶液中 M 或 L 或 ML_n 的浓度将会发生变化，从而导致上述配位平衡发生移动。

12.6.1　酸度对配位平衡的影响

许多配位反应都需在一定的酸度下进行。酸度对配位平衡影响如下。

(1) 影响配位体的平衡浓度

许多配位体（如 CN^-、F^-、CO_3^{2-}、$C_2O_4^{2-}$、EDTA 等）是弱酸根或有机弱酸根。当向溶液中加酸时，它们将生成弱酸而降低本身参加配位反应的平衡浓度。使配位平衡向左移

动，不利于配合物的形成。

如

$$Fe^{3+} + 3F^- \rightleftharpoons FeF_3$$
$$+$$
$$3H^+ \rightleftharpoons 3HF$$

上述配位反应中，配位体 F^- 与 H^+ 形成弱酸 HF，降低了 F^- 的平衡浓度，使配位平衡向左移动。当 $[H^+] > 0.5 \text{mol} \cdot L^{-1}$ 时，配合物 FeF_3 将发生解离。

（2）影响金属离子的存在状态

大部分金属离子容易水解。当溶液的酸度降低时，金属离子可能形成一系列氢氧基配离子而使简单水合金属离子的平衡浓度降低，使配位平衡发生向左移动，不利于配合物的形成。如 Al^{3+} 与 EDTA（Y）的配位平衡中：

$$Al^{3+} + Y^{4-} \rightleftharpoons AlY^-$$

当 $pH \approx 4.0$ 时，简单水合的 Al^{3+} 将发生下列水解反应：

$$[Al(H_2O)_6]^{3+} \rightleftharpoons [Al(H_2O)_5(OH)]^{2+} + H^+$$
$$2[Al(H_2O)_5(OH)]^{2+} \rightleftharpoons [Al_2(H_2O)_6(OH)_3]^{3+} + H^+ + 3H_2O$$

与 EDTA 配位的简单水合 Al^{3+} 浓度降低，不利于 AlY^- 配合物的形成。

（3）影响配合物的组成和颜色

某些金属离子与配位体形成配合物时，酸度不同，形成的配合物组成和颜色不同。如 Fe^{3+} 与水杨酸（Salicylic Acid）⬡COO⁻/OH 的配位反应，在不同的酸度下，可生成组成为 1∶1、1∶2 和 1∶3 三种颜色不同的螯合物，发生不同的配位平衡：

$$Fe^{3+} + (Sal)^{2-} \rightleftharpoons [Fe(Sal)]^+ + H^+ \quad (pH=2.0 \sim 3.0)$$
$$（紫红色）$$
$$Fe^{3+} + 2(Sal)^{2-} \rightleftharpoons [Fe(Sal)_2]^- + 2H^+ \quad (pH=4.0 \sim 8.0)$$
$$（红褐色）$$
$$Fe^{3+} + 3(Sal)^{2-} \rightleftharpoons [Fe(Sal)_3]^{3-} + 3H^+ \quad (pH \approx 9.0)$$
$$（黄色）$$

12.6.2 配位平衡与沉淀平衡

如向 $[Ag(NH_3)_2]^+$ 配合物的溶液中滴加 Br^- 溶液至一定浓度时，可看到有 AgBr 的黄色沉淀生成，说明溶液中发生了如下的反应：

$$[Ag(NH_3)_2]^+ + Br^- \rightleftharpoons AgBr\downarrow + 2NH_3 \tag{12-8}$$

平衡常数 $K^\ominus$ 可表示为：

$$K^\ominus = \frac{[NH_3]^2}{[Ag(NH_3)_2^+] \cdot [Br^-]} = \frac{[NH_3]^2}{[Ag(NH_3)_2^+] \cdot [Br^-]} \cdot \frac{[Ag^+]}{[Ag^+]} = \frac{1}{K^\ominus_{稳,[Ag(NH_3)_2^+]} \cdot K^\ominus_{sp,AgBr}} \tag{12-9}$$

由式（12-9）可计算得

$$K^\ominus = \frac{1}{1.1 \times 10^7 \times 5.4 \times 10^{-13}} = 1.7 \times 10^5$$

因 $K^\ominus_{sp,AgBr}$ 较小，发生了 $[Ag(NH_3)_2]^+$ 配合物的解离和 AgBr 黄色沉淀的生成，则式（12-8）所示的反应向右进行。

如向上述 AgBr 黄色沉淀的溶液中，滴入 $Na_2S_2O_3$ 溶液，当 $Na_2S_2O_3$ 浓度达一定程度时，可看到黄色的 AgBr 沉淀在溶解，说明溶液中发生了如下的反应：

$$AgBr + 2S_2O_3^{2-} \rightleftharpoons [Ag(S_2O_3)_2]^{3-} + Br^- \quad (12\text{-}10)$$

平衡常数 $K^{\ominus}$ 可表示为：

$$K^{\ominus} = \frac{[Ag(S_2O_3)_2^{3-}] \cdot [Br^-]}{[S_2O_3^{2-}]^2} = \frac{[Ag(S_2O_3)_2^{3-}] \cdot [Br^-]}{[S_2O_3^{2-}]^2} \cdot \frac{[Ag^+]}{[Ag^+]} = K^{\ominus}_{稳,[Ag(S_2O_3)_2^{3-}]} \cdot K^{\ominus}_{sp,AgBr}$$

$$(12\text{-}11)$$

由式(12-11) 可计算得

$$K^{\ominus} = 2.9 \times 10^{13} \times 5.4 \times 10^{-13} = 15.7$$

因 $K^{\ominus}_{稳,[Ag(S_2O_3)_2^{3-}]}$ 较大，故 AgBr 黄色沉淀被溶解，形成了 $[Ag(S_2O_3)_2]^{3-}$ 配合物。式(12-10) 所示反应向右进行。

可见，决定式(12-8) 和式(12-10) 反应方向的是 $K^{\ominus}_{稳}$ 和 $K^{\ominus}_{sp}$ 的相对大小以及配位体和沉淀剂的浓度。利用此种双重平衡常数可计算溶解某种沉淀需配位剂的浓度。

【例 12-2】 (1) 欲使 0.10mmol 的 AgCl 完全溶解，生成 $[Ag(NH_3)_2]^+$，最少需要 1.0mL 多大浓度的氨水？(2) 欲使 0.10mmol 的 AgI 完全溶解，最少需要 1.0mL 多大浓度的氨水？需要 1.0mL 多大浓度的 KCN 溶液？

解：(1) 假设 0.10mmol AgCl 被 1.0mL 氨水恰好完全溶解，则 $[Ag(NH_3)_2^+] = [Cl^-] = 0.10 \text{mol} \cdot L^{-1}$。若氨水的平衡浓度为 x，则

$$AgCl + 2NH_3 \rightleftharpoons [Ag(NH_3)_2]^+ + Cl^-$$
$$x \qquad\qquad 0.10 \qquad 0.10$$

$$\frac{[Ag(NH_3)_2^+][Cl^-]}{[NH_3]^2} = \frac{0.10 \times 0.10}{x^2} = K^{\ominus}_{稳,[Ag(NH_3)_2^+]} \cdot K^{\ominus}_{sp,AgCl} = 2.0 \times 10^{-3}$$

$$x = [NH_3] = 2.2 \text{mol} \cdot L^{-1}$$

这一浓度是维持平衡所需的 $[NH_3]$。另外生成 0.10mmol $[Ag(NH_3)_2]^+$ 还需消耗 0.10×2mmol NH_3，故共需 NH_3 的量为：$2.2 + 0.2 = 2.4$mmol。即最少需要 1.0mL 浓度为 $2.4 \text{mol} \cdot L^{-1}$ 的氨水。

(2) 同样可计算出溶解 AgI 所需氨的浓度是 $3.3 \times 10^3 \text{mol} \cdot L^{-1}$，氨水实际上不可能达到这样大的浓度，所以 AgI 沉淀不可能被氨水溶解。若改用 KCN 溶液，同样可计算溶解沉淀所需的最低 KCN 浓度：

$$AgI + 2CN^- \rightleftharpoons Ag(CN)_2^- + I^-$$
$$x \qquad\qquad 0.10 \quad 0.10$$

$$\frac{[Ag(NH_3)_2^+][I^-]}{[CN^-]^2} = \frac{0.10 \times 0.10}{x^2} = K^{\ominus}_{稳,[Ag(CN)_2^-]} \cdot K^{\ominus}_{sp,AgI} = 1.1 \times 10^5$$

$$x = [CN^-] = 3.0 \times 10^{-4} \text{mol} \cdot L^{-1}$$

故共需 CN^- 的量为 $3.0 \times 10^{-4} + 0.20 \approx 0.20$mmol，即 1.0mL 浓度为 $0.20 \text{mol} \cdot L^{-1}$ 的 KCN。显然 AgI 沉淀可溶于 KCN。

12.6.3 配位平衡与氧化还原平衡

配位平衡可以影响氧化还原平衡。根据标准电极电势，$E^{\ominus}_{Cu^{2+}/Cu} = +0.34V$，$E^{\ominus}_{H^+/H_2} = 0.00V$，所以 H_2 可以还原 Cu^{2+}：

$$Cu^{2+}(1\text{mol} \cdot L^{-1}) + H_2(p^{\ominus}) + H_2O \rightleftharpoons 2H_3O^+(1\text{mol} \cdot L^{-1}) + Cu(s) \quad (12\text{-}12)$$

若向 Cu^{2+} 溶液中加入过量氨水，Cu^{2+} 与 NH_3 之间存在如式(12-13) 所示的配位平衡，当

$[NH_3]$ 过量达一定值时，平衡将向右移动，生成配合物 $[Cu(NH_3)_4]^{2+}$。此时，溶液中游离的 Cu^{2+} 浓度降低，$[Cu^{2+}]$ 可由配位平衡的 $K_{稳}^{\ominus}$ 表达式求出。

$$Cu^{2+} + 4NH_3 \rightleftharpoons [Cu(NH_3)_4]^{2+} \qquad K_{稳}^{\ominus} = 2.1 \times 10^{13} \qquad (12\text{-}13)$$

$$K_{稳}^{\ominus} = \frac{[Cu(NH_3)_4^{2+}](c^{\ominus})^4}{[Cu^{2+}][NH_3]^4}$$

$$[Cu^{2+}] = \frac{[Cu(NH_3)_4^{2+}](c^{\ominus})^4}{K_{稳}^{\ominus} \cdot [NH_3]^4}$$

由于 $[Cu^{2+}]$ 浓度的改变，将导致 $E_{Cu^{2+}/Cu}$ 电势的改变。

利用配位平衡的稳定常数值可以计算出改变后的 Cu^{2+}/Cu 电对的电极电势值（在分析化学中称条件电势）。根据 Nernst 方程：

$$E_{Cu^{2+}/Cu} = E_{Cu^{2+}/Cu}^{\ominus} + \frac{0.059}{2}\lg\frac{[Cu^{2+}]}{c^{\ominus}} = E_{Cu^{2+}/Cu}^{\ominus} + \frac{0.059}{2}\lg\frac{[Cu(NH_3)_4^{2+}](c^{\ominus})^3}{K_{稳}^{\ominus}[NH_3]^4}$$

$$= E_{Cu^{2+}/Cu}^{\ominus} + \frac{0.059}{2}\lg\frac{1}{K_{稳}^{\ominus}} + \frac{0.059}{2}\lg\frac{[Cu(NH_3)_4^{2+}](c^{\ominus})^3}{[NH_3]^4}$$

设平衡时，$[NH_3] = 1\,mol \cdot L^{-1}$，$[Cu(NH_3)_4^{2+}] = 1\,mol \cdot L^{-1}$ 代入上式得：

$$E_{Cu^{2+}/Cu}^{\ominus\prime} = E_{Cu^{2+}/Cu}^{\ominus} + \frac{0.059}{2}\lg\frac{1}{K_{稳}^{\ominus}} = 0.34 + \frac{0.059}{2}\lg\frac{1}{2.1 \times 10^{13}}$$

$$= -0.05V$$

可见，由于式（12-13）配位平衡向右移动，使 $E_{Cu^{2+}/Cu}^{\ominus\prime} < E_{H_3O^+/H_2O}^{\ominus}$，所以反应式（12-12）所示的氧化还原平衡将向左移动。

12.6.4　配合物之间的转化和平衡

多数过渡金属离子的配合物都有颜色，因此，可以利用这些特征颜色来鉴定离子的存在。如要鉴定某试样中是否存在 Co^{2+}，可以使用 NH_4SCN 试剂，因为 SCN^- 与 Co^{2+} 生成蓝紫色的配合物 $[Co(NCS)_4]^{2-}$ 非常明显。然而，如试样中含有少量杂质 Fe^{3+} 时，Fe^{3+} 将会发生下述配位平衡而生成血红色的 $[Fe(NCS)]^{2+}$ 配合物而干扰 Co^{2+} 的鉴定：

$$Fe^{3+} + SCN^- \rightleftharpoons [Fe(NCS)]^{2+}（血红色） \qquad (12\text{-}14)$$

因此，为消除 Fe^{3+} 的干扰，可加入 NH_4F 使 Fe^{3+} 与 F^- 生成更稳定的无色 FeF_3 配合物。两个配合物之间的转化平衡为：

$$[Fe(NCS)]^{2+} + 3F^- \rightleftharpoons FeF_3 + SCN^- \qquad (12\text{-}15)$$

平衡常数

$$K^{\ominus} = \frac{[FeF_3][SCN^-](c^{\ominus})^2}{[Fe(NCS)^{2+}][F^-]^3} = \frac{[FeF_3][SCN^-](c^{\ominus})^2}{[Fe(NCS)^{2+}][F^-]^3} \cdot \frac{[Fe^{3+}]}{[Fe^{3+}]}$$

$$= \frac{K_{稳,FeF_3}^{\ominus}}{K_{稳,[Fe(NCS)^{2+}]}^{\ominus}} = \frac{1.1 \times 10^{12}}{2.2 \times 10^3} = 5.0 \times 10^8$$

平衡常数 $K^{\ominus}$ 的大小取决于两个配合物各自稳定常数的相对大小。上述计算中，因为 $K_{稳,FeF_3}^{\ominus}$ 远大于 $K_{稳,[Fe(NCS)^{2+}]}^{\ominus}$，平衡常数 $K^{\ominus} = 5.0 \times 10^8$ 比较大。故 $[Fe(NCS)]^{2+}$ 配合物在过量 F^- 存在下，能够转化为 FeF_3。

12.7 配位滴定剂乙二胺四乙酸

(Coordination Titrant-Ethylenediamine Tetraacetic Acid)

配位滴定法是在滴定过程中以形成配位化合物为基础的滴定分析法。

配位滴定法中最广泛使用的滴定剂是多齿配位体乙二胺四乙酸。简称 EDTA（Ethylenediamine Tetraacetic Acid）。由于它能与几十种金属离子形成稳定的配位化合物，并且配位反应能定量完全地进行，故用 EDTA 标准溶液滴定金属离子的分析方法是配位滴定法的主要分析方法。

由于配位化合物也称络合物，故配位滴定法又称络合滴定法，配位滴定剂亦可称络合滴定剂。

12.7.1 EDTA 的解离平衡

EDTA 是多基配位体中的一种，它以氨基（ —N ）中的氮原子和羧基（ $-\overset{O}{\overset{\|}{C}}-O-$ ）中的氧原子与金属离子 M 配位，因此，也称为氨羧配位体。它的结构式为

$$^-OOCH_2C \underset{HOOCH_2C}{\overset{H^+}{>}} N-CH_2-CH_2-\overset{+H}{N} \underset{CH_2COOH}{\overset{CH_2COO^-}{<}}$$

两个羧酸基上的 H^+ 转移到两个 N 原子上，形成双极离子，因此 EDTA 是四元酸，通常可表示为 H_4Y，也称为 EDTA 酸。

由于 EDTA 酸的溶解度小，故通常把它制成 EDTA 二钠盐，用 $Na_2H_2Y \cdot 2H_2O$ 表示，也简称为 EDTA。EDTA 二钠盐的溶解度较大，22℃时，100mL 水中可溶解 11.1g，此溶液的浓度约为 $0.3mol \cdot L^{-1}$。

在强酸性溶液中，双极离子可再接受两个 H^+，而形成 H_6Y^{2+}，相当于六元酸，用 H_6Y 表示。因此，有六级解离平衡：

$$H_6Y^{2+} \Longrightarrow H^+ + H_5Y^+ \qquad K_{a_1}^{\ominus} = \frac{[H^+][H_5Y^+]}{c^{\ominus}[H_6Y^{2+}]} = 1.26 \times 10^{-1}$$

$$H_5Y^+ \Longrightarrow H^+ + H_4Y \qquad K_{a_2}^{\ominus} = \frac{[H^+][H_4Y]}{c^{\ominus}[H_5Y^+]} = 2.51 \times 10^{-2}$$

$$H_4Y \Longrightarrow H^+ + H_3Y^- \qquad K_{a_3}^{\ominus} = \frac{[H^+][H_3Y^-]}{c^{\ominus}[H_4Y]} = 1.00 \times 10^{-2}$$

$$H_3Y^- \Longrightarrow H^+ + H_2Y^{2-} \qquad K_{a_4}^{\ominus} = \frac{[H^+][H_2Y^{2-}]}{c^{\ominus}[H_3Y^-]} = 2.16 \times 10^{-3}$$

$$H_2Y^{2-} \Longrightarrow H^+ + HY^{3-} \qquad K_{a_5}^{\ominus} = \frac{[H^+][HY^{3-}]}{c^{\ominus}[H_2Y^{2-}]} = 6.92 \times 10^{-7}$$

$$HY^{3-} \Longrightarrow H^+ + Y^{4-} \qquad K_{a_6}^{\ominus} = \frac{[H^+][Y^{4-}]}{c^{\ominus}[HY^{3-}]} = 5.50 \times 10^{-11}$$

因此，由 EDTA 的六个解离平衡式可知，它在水溶液中有 7 种存在形式。但哪种存在形式占主要地位，则和溶液的酸度有关。EDTA 各种存在形式分布图见图 12-17。

由图可知，在 pH<1 的强酸性溶液中，主要以 H_6Y^{2+} 形式存在；在 pH 值为 2.67～6.16

时，主要以 H_2Y^{2-} 存在；当 pH＞10.26 时，主要以 Y^{4-} 形式存在。

12.7.2　EDTA 标准溶液的配制和标定

一般用 EDTA 二钠盐配制成近似浓度的 EDTA 溶液，然后用基准物质标定。常用的基准物有镁盐（如 $MgSO_4 \cdot 7H_2O$，$MgCl_2 \cdot 6H_2O$）、钙盐（如 $CaCO_3$）、锌及其盐（如 Zn，ZnO，$ZnSO_4 \cdot 7H_2O$）等。标定过的 EDTA 溶液应贮存于聚乙烯瓶中，可长期保持稳定。

12.7.3　EDTA 的螯合物与稳定常数（形成常数）

一般情况下，EDTA 与二价、三价和四价金属离子形成螯合物时的配位比都是 1：1。因此，这些螯合物具有多个五元环且很稳定。如图 12-18。EDTA 与无色金属离子形成无色螯合物，与有色金属离子形成颜色更深的螯合物。

图 12-17　EDTA 各种存在形式分布图

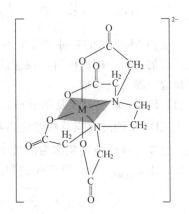

图 12-18　EDTA-M 螯合物
的立体结构

EDTA 与金属离子 M^{n+} 形成螯合物的配位形成反应为：

$$M^{n+} + Y^{4-} \rightleftharpoons MY^{(4-n)-} \qquad (n=2,3,4)$$

上述配位形成反应达平衡时的平衡常数称为稳定常数 $K_{MY}^{\ominus}$。为方便起见，略去离子的电荷，稳定常数 $K_{MY}^{\ominus}$ 表达式为：

$$K_{MY}^{\ominus} = \frac{[MY]c^{\ominus}}{[M][Y]} \tag{12-16}$$

常见金属离子与 EDTA 生成 MY 的稳定常数见附录表 17。$K_{MY}^{\ominus}$ 越大，表示生成的配位化合物越稳定。

12.8　副反应系数及条件稳定常数

（Side Reaction Coefficient & Conditional Stability Constant）

12.8.1　副反应及副反应系数

在配位滴定法中，Y^{4-} 和 M^{n+} 的反应是滴定中主要考察的化学反应，称为主反应。当存在其他配位体或共存金属离子 N 以及溶液的酸度不同时，还可能同时发生如下的副反应（为书写简便，略去电荷）：

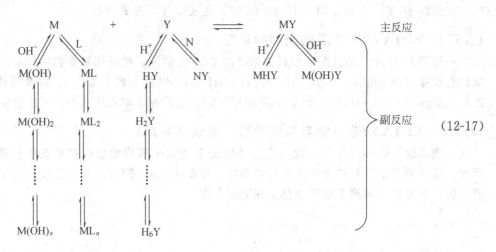

$$(12-17)$$

反应物 M 及 Y 的各种副反应不利于主反应的进行，而生成物 MY 的各种副反应则有利于主反应的进行。副反应对主反应的影响，可用副反应系数来说明。下面分别讨论几种重要的副反应和副反应系数。

（1）EDTA 的副反应及副反应系数

① EDTA 的酸效应及酸效应系数 $\alpha_{Y(H)}$　由于 H^+ 存在而使 Y 的平衡浓度降低导致参加主反应能力降低的现象称为酸效应。描述酸效应对主反应影响程度的副反应系数称为酸效应系数，用 $\alpha_{Y(H)}$ 表示 EDTA 的酸效应系数。$\alpha_{Y(H)}$ 的定义式为：

$$\alpha_{Y(H)}=\frac{[Y']}{[Y]}=\frac{[Y]+[HY]+[H_2Y]+\cdots+[H_6Y]}{[Y]} \tag{12-18}$$

它表示在一定酸度下，未参加配位反应的 EDTA 的总浓度 $[Y']$ 与 Y 的平衡浓度 $[Y]$ 之比。根据 EDTA 的六级解离平衡，可由定义式推出酸效应系数 $\alpha_{Y(H)}$ 的计算公式为：

$$\alpha_{Y(H)}=1+\frac{[H^+]}{K_{a_6}^\ominus}+\frac{[H^+]^2}{K_{a_6}^\ominus\cdot K_{a_5}^\ominus}+\cdots+\frac{[H^+]^6}{K_{a_6}^\ominus\cdot K_{a_5}^\ominus\cdots K_{a_1}^\ominus} \tag{12-19}$$

可见，酸度越大，酸效应系数越大。在实际应用中，取其对数值较方便。由于酸效应系数只与 pH 值有关，故 EDTA 在不同 pH 值下的 $\lg\alpha_{Y(H)}$ 值已列于附录表 18 中，供直接查用。$\lg\alpha_{Y(H)}$ 与 pH 值的关系曲线称为酸效应曲线，如图 12-19 所示。

② EDTA 与共存离子的副反应及副反应系数　当溶液中存在除 M 之外的其他金属离子 N，并且 N 也能与 EDTA 发生配位反应，而使 EDTA 参加主反应的能力降低的现象，称为共存离子效应。共存离子效应的副反应系数称为共存离子效应系数，用 $\alpha_{Y(N)}$ 表示。$\alpha_{Y(N)}$ 的计算式可由定义式推出：

$$\alpha_{Y(N)}=\frac{[Y']}{[Y]}=\frac{[Y]+[NY]}{[Y]}=1+K_{NY}^\ominus\cdot[N] \tag{12-20}$$

式中，$K_{NY}^\ominus$ 是共存离子 N 与 EDTA 形成的配位化合物 NY 的稳定常数；$[N]$ 是共存离子 N 在平衡时的游离浓度。

③ EDTA 的总副反应系数 α_Y 的计算　若在配位滴定中，EDTA 既有酸效应又有共存离子效应，则 Y 参加主反应的平衡浓度降低。这两种副反应的影响可用总副反应系数 α_Y 来表示并进行计算。

定义式　　$\alpha_Y=\dfrac{[Y']}{[Y]}=\dfrac{[Y]+[HY]+[H_2Y]+\cdots+[H_6Y]+[NY]}{[Y]}$

图 12-19　EDTA 的酸效应曲线

可变化为　$\alpha_Y = \dfrac{[Y]+[HY]+[H_2Y]+\cdots+[H_6Y]}{[Y]} + \dfrac{[Y]+[NY]}{[Y]} - \dfrac{[Y]}{[Y]}$

得计算式　　　　　　　　　$\alpha_Y = \alpha_{Y(H)} + \alpha_{Y(N)} - 1$ 　　　　　　　　(12-21)

根据定义式可得平衡浓度　$[Y] = \dfrac{[Y']}{\alpha_Y}$。

【例 12-3】　在 pH＝6.0 的含有浓度均为 $0.010\,mol\cdot L^{-1}$ 的 Zn^{2+} 及 Ca^{2+} 和 EDTA 的溶液中，将 Ca^{2+} 看作共存离子，计算 $\alpha_{Y(Ca)}$ 和 α_Y。

　　解： 已知 $K_{CaY}^{\ominus} = 10^{10.69}$，pH＝6.0 时，$\alpha_{Y(H)} = 10^{4.65}$

$$\alpha_{Y(Ca)} = 1 + K_{CaY}^{\ominus}[Ca] = 1 + 10^{10.69} \times 0.010 = 10^{8.69}$$

$$\alpha_Y = \alpha_{Y(H)} + \alpha_{Y(Ca)} - 1 = 10^{4.65} + 10^{8.69} - 1 \approx 10^{8.69}$$

【例 12-4】　在 pH＝1.5 的溶液中，含有浓度均为 $0.010\,mol\cdot L^{-1}$ 的 EDTA，Fe^{3+} 及 Ca^{2+}，把 Ca^{2+} 看作共存离子，计算 $\alpha_{Y(Ca)}$，α_Y。

　　解： 已知 $K_{CaY}^{\ominus} = 10^{10.69}$，pH＝1.5 时，$\alpha_{Y(H)} = 10^{15.55}$

$$\alpha_{Y(Ca)} = 1 + K_{CaY}^{\ominus}[Ca] = 1 + 10^{10.69} \times 0.010 = 10^{8.69}$$

$$\alpha_Y = \alpha_{Y(H)} + \alpha_{Y(Ca)} - 1 = 10^{15.55} + 10^{8.69} - 1 \approx 10^{15.55}$$

(2) 金属离子 M 的副反应及副反应系数

　　① 配位效应与配位效应系数　在配位滴定中，如有除 EDTA 之外的其他配位体 L 存在，并且 L 能与 M 发生配位反应，形成逐级配位化合物，如 ML、$ML_2 \cdots ML_n$，而使 M 参加主反应的平衡浓度降低。这种由于其它配位体存在而使金属离子 M 参加主反应能力减小的现象称为配位效应。计算配位效应影响程度的副反应系数称为配位效应系数，用 $\alpha_{M(L)}$ 表示。$\alpha_{M(L)}$ 的计算公式可由定义式和配位平衡关系式导出：

定义式　　　　　$\alpha_{M(L)} = \dfrac{[M']}{[M]} = \dfrac{[M]+[ML]+[ML_2]+\cdots+[ML_n]}{[M]}$ 　　　　(12-22)

可变化为　　　　$\alpha_{M(L)} = 1 + \dfrac{[ML]}{[M]} + \dfrac{[ML_2]}{[M]} + \cdots + \dfrac{[ML_n]}{[M]}$

$$=1+K_1^{\ominus}[L]+K_1^{\ominus}K_2^{\ominus}[L]^2+\cdots+K_1^{\ominus}K_2^{\ominus}K_3^{\ominus}\cdots K_n^{\ominus}[L]^n$$

得计算式
$$\alpha_{M(L)}=1+\beta_1[L]+\beta_2[L]^2+\cdots+\beta_n[L]^n=1+\sum_{i=1}^{n}\beta_i[L]^i \qquad (12\text{-}23)$$

式中，$K_1^{\ominus}$、$K_2^{\ominus}\cdots K_n^{\ominus}$ 为各级络合物的稳定常数；β_1、$\beta_2\cdots$、β_n 为逐级累积稳定常数。

② 水解效应及水解效应系数　当溶液的酸度较低时，金属离子 M 因水解而形成各种氢氧基或多核氢氧基配合物。这种由水解而引起的副反应称为金属离子 M 的水解效应。相应的副反应系数称为水解效应系数，用 $\alpha_{M(OH)}$ 表示。由于氢氧基与 M 发生的是配位反应，氢氧基也是一种配位体。因此，$\alpha_{M(OH)}$ 的计算公式与 $\alpha_{M(L)}$ 相同：

$$\alpha_{M(OH)}=1+\sum_{i=1}^{n}\beta_i[OH^-]^i \qquad (12\text{-}24)$$

式中 β_i 为金属离子 M 与 OH^- 形成的各级氢氧基配合物的逐级累积稳定常数，可在附录表 18 中查到。一些金属离子在不同 pH 值时的 $\lg\alpha_{M(OH)}$ 值也已计算出，列在附录表 21 中。

③ 金属离子的总副反应系数　若金属离子 M 既有配位效应又有水解效应时，其影响可用 M 的总副反应系数 α_M 来进行计算。α_M 的定义及推导过程为：

定义式
$$\alpha_M=\frac{[M']}{[M]}=\frac{[M]+[ML]+[ML_2]+\cdots+[ML_n]+[M(OH)]+\cdots+[M(OH)_m]}{[M]}$$

可变化为
$$\alpha_M=\frac{[M]+[ML]+[ML_2]+\cdots+[ML_n]}{[M]}+\frac{[M]+[M(OH)]+\cdots+[M(OH)_m]}{[M]}-\frac{[M]}{[M]}$$

得计算式
$$\alpha_M=\alpha_{M(L)}+\alpha_{M(OH)}-1 \qquad (12\text{-}25)$$

由 α_M 的定义式可得金属离子 M 的平衡浓度 $[M]=\dfrac{[M']}{\alpha_M}$

【例 12-5】　在 $0.010\text{mol}\cdot L^{-1}$ 锌氨配合物溶液中，当游离 NH_3 的浓度为 $0.10\text{mol}\cdot L^{-1}$，pH=12.0 时，计算锌离子的总副反应系数 α_{Zn} 和游离的 Zn^{2+} 浓度。

解：已知 $[Zn(NH_3)_4]^{2+}$ 的 $\lg\beta_1\sim\lg\beta_4$ 分别为 2.37，4.81，7.31，9.46

$$\begin{aligned}\alpha_{Zn(NH_3)}&=1+\beta_1[NH_3]+\beta_2[NH_3]^2+\beta_3[NH_3]^3+\beta_4[NH_3]^4\\&=1+10^{2.37}\times0.10+10^{4.81}\times(0.10)^2+10^{7.31}\times(0.10)^3+10^{9.46}\times(0.10)^4\\&=10^{5.49}\end{aligned}$$

已知 $[Zn(OH)_4]^{2-}$ 的 $\lg\beta_1\sim\lg\beta_4$ 分别为 4.4，10.1，14.2，15.5

$$[OH^-]=1\times10^{-2.0}\text{mol}\cdot L^{-1} \qquad (pH=12.0)$$

$$\begin{aligned}\alpha_{Zn(OH)}&=1+\beta_1[OH^-]+\beta_2[OH^-]^2+\beta_3[OH^-]^3+\beta_4[OH^-]^4\\&=1+10^{4.4}\times10^{-2.0}+10^{10.1}\times(10^{-2.0})^2+10^{14.2}\times(10^{-2.0})^3+10^{15.5}\times(10^{-2.0})^4\\&=10^{8.3}\end{aligned}$$

$$\alpha_{Zn}=\alpha_{Zn(NH_3)}+\alpha_{Zn(OH)}-1=10^{5.49}+10^{8.3}-1\approx10^{8.3}$$

$$\alpha_{Zn}=\frac{[Zn^{2+'}]}{[Zn^{2+}]}$$

$$[Zn^{2+}]=\frac{[Zn^{2+'}]}{\alpha_{Zn}}=\frac{0.010}{10^{8.3}}=10^{-10.3}=5.0\times10^{-11}\text{mol}\cdot L^{-1}$$

(3) 配位化合物 MY 的副反应及副反应系数 α_{MY}

在配位滴定中，如溶液酸度较高，则易形成酸式配合物 MHY；如溶液酸度较低，则易形成碱式配合物 M(OH)Y。MHY 或 M(OH)Y 的形成都有利于主反应的进行。但由于酸式、碱式配合物一般不太稳定，故在多数计算中忽略不计。

12.8.2　条件稳定常数

(1) 条件稳定常数的表示

在配位滴定中，EDTA 与金属离子 M 生成 MY 的反应是主反应。如有副反应发生，这些副反应将影响主反应的进行，影响形成的配位化合物的稳定性。当没有副反应时，形成配位化合物 MY 的配位反应进行的程度用稳定常数 $K_{MY}^{\ominus}$ 来描述。因此，在有副反应的条件下，EDTA 与 M 的配位反应达平衡时，用条件稳定常数 $K_{MY}^{\ominus\prime}$ 来描述（忽略配位化合物 MY 的副反应）：

$$K_{MY}^{\ominus\prime}=\frac{[MY]c^{\ominus}}{[M'][Y']} \tag{12-26}$$

式中，$[M']$ 和 $[Y']$ 表示 M 和 Y 都有副反应时，未参加主反应的总浓度，也称为表观浓度。

(2) 条件稳定常数 $K_{MY}^{\ominus\prime}$ 与稳定常数 $K_{MY}^{\ominus}$ 的关系及计算

根据副反应系数的定义式可知，$[M']=\alpha_M[M]$，$[Y']=\alpha_Y[Y]$；稳定常数 $K_{MY}^{\ominus}=\frac{[MY]c^{\ominus}}{[M][Y]}$；于是

$$K_{MY}^{\ominus\prime}=\frac{[MY]c^{\ominus}}{\alpha_M[M]\cdot\alpha_Y[Y]}=\frac{[MY]c^{\ominus}}{[M][Y]\cdot\alpha_M\alpha_Y}=\frac{K_{MY}^{\ominus}}{\alpha_M\alpha_Y} \tag{12-27}$$

两边取对数得计算式：

$$\lg K_{MY}^{\ominus\prime}=\lg K_{MY}^{\ominus}-\lg\alpha_M-\lg\alpha_Y \tag{12-28}$$

在一定条件下，α_M 和 α_Y 为定值，此时 $K_{MY}^{\ominus\prime}$ 为常数，故称为条件稳定常数。此式表明了 $K_{MY}^{\ominus}$ 与 $K_{MY}^{\ominus\prime}$ 的关系，也是 $K_{MY}^{\ominus\prime}$ 在一定条件下的计算式。若在滴定条件下，只有 EDTA 的酸效应，金属离子无副反应，则式(12-28) 可简化为

$$\lg K_{MY}^{\ominus\prime}=\lg K_{MY}^{\ominus}-\lg\alpha_{Y(H)} \tag{12-29}$$

【例 12-6】　计算在 pH＝5.00 的 0.10mol·L⁻¹ AlY 配合物溶液中，游离 F^- 浓度为 0.010mol·L⁻¹ 时 AlY 的条件稳定常数。

解： pH＝5.00 时，$\lg\alpha_{Y(H)}=6.45$，$\lg K_{AlY}^{\ominus}=16.3$。

已知 $[AlF_6]^{3-}$ 的 $\lg\beta_1\sim\lg\beta_6$ 分别为 6.15，11.15，15.00，17.75，19.36，19.84

$$\begin{aligned}\alpha_{Al(F)}&=1+10^{6.15}\times0.010+10^{11.15}\times(0.010)^2+10^{15.00}\times(0.010)^3+10^{17.75}\times(0.010)^4+\\&\quad 10^{19.36}\times(0.010)^5+10^{19.84}\times(0.010)^6\\&=1+10^{4.15}+10^{7.15}+10^{9.00}+10^{9.75}+10^{9.36}+10^{7.84}\\&=8.9\times10^9\end{aligned}$$

$$\lg\alpha_{Al(F)}=9.95$$

因为只有 EDTA 的酸效应和 Al^{3+} 与 F^- 的配位效应，故条件稳定常数

$$\begin{aligned}\lg K_{AlY}^{\ominus\prime}&=\lg K_{AlY}^{\ominus}-\lg\alpha_{Al(F)}-\lg\alpha_{Y(H)}\\&=16.3-9.95-6.45=-0.1\end{aligned}$$

条件稳定常数如此之小，说明此时 AlY 配合物已被氟化物破坏。

EDTA 能与许多金属离子生成稳定的配合物，它们的 $K_{MY}^{\ominus}$ 一般都很大，有的高达 10^{30} 以上。但在实际的化学反应中，不可避免地有各种副反应，故条件稳定常数 $K_{MY}^{\ominus\prime} < K_{MY}^{\ominus}$。

12.9　金属离子指示剂
（Metallochromic Indicator）

12.9.1　金属离子指示剂的变色原理

在配位滴定中，用以指示滴定终点的指示剂称为金属离子指示剂，简称金属指示剂，用 In 表示。

金属指示剂 In 本身具有一定的颜色。在一定条件的溶液中，它能与金属离子 M 发生配合反应，生成具有另一种颜色的配位化合物 MIn；当 MIn 中的 M 与 EDTA 形成稳定的配合物 MY 时，指示剂 In 被置换出来，从而引起溶液颜色的变化，指示滴定终点到达。变色过程如下所示：

$$M + In \rightleftharpoons MIn$$
$$\text{甲色} \qquad \text{乙色}$$

当滴定接近化学计量点时，则

$$MIn + Y \rightleftharpoons MY + In$$
$$\text{乙色} \qquad\qquad \text{甲色}$$

金属离子指示剂应具备以下条件：

① 指示剂本身的颜色应与指示剂和金属离子形成的配合物的颜色有明显的差别。如铬黑 T 指示剂在 pH 7～11 范围内显蓝色，而金属离子与铬黑 T 形成的配合物显红色。因此，配位滴定中，如在适宜酸度范围内使用铬黑 T 作指示剂，终点颜色变化很明显，从而易于判断滴定终点，减小终点误差。

② 指示剂与金属离子形成的配合物 MIn 必须具有足够的稳定性，但应比 MY 的稳定性小，稳定常数值至少要差 100 倍以上，亦即 $K_{MY}^{\ominus}/K_{MIn}^{\ominus} > 10^2$。如 MIn 稳定性太高，则终点拖后或得不到终点。如 MIn 稳定性太低，则终点提前到达，因此一般要求 $K_{MIn}^{\ominus} > 10^4$。

12.9.2　金属离子指示剂的选择

（1）指示剂变色点的 pM

金属离子指示剂一般是有机弱酸，指示剂与金属离子结合形成配位化合物时往往伴有酸效应，如

$$M + In \rightleftharpoons MIn$$
$$\Updownarrow H^+$$
$$H_n In$$

因此，配合物 MIn 的条件稳定常数 $K_{MIn}^{\ominus\prime}$ 为

$$K_{MIn}^{\ominus\prime} = \frac{[MIn]c^{\ominus}}{[M][In]}$$

$$\lg K_{MIn}^{\ominus\prime} = pM + \lg\frac{[MIn]}{[In']}$$

当 [MIn]＝[In′] 时，达到指示剂的理论变色点，此时：

$$pM=\lg K_{MIn}^{\ominus\prime} \tag{12-30}$$

可见指示剂变色点的 pM 值等于指示剂的条件稳定常数的对数值。

（2）指示剂的选择

选择指示剂时，应尽可能使指示剂变色时的 pM_{ep} 与化学计量点时的 pM_{sp} 接近，这样才能得到准确的分析结果。因为指示剂变色而停止滴定时的 pM_{ep} 与 $\lg K_{MIn}^{\ominus\prime}$ 有关，而 $K_{MIn}^{\ominus\prime}$ 与溶液的酸度有关。如酸效应越大，即 $K_{MIn}^{\ominus\prime}$ 越小。因此，pM_{ep} 将随 pH 值的变化而变化，选择金属指示剂时，应考虑体系的酸度。如果金属离子也有副反应，则应使 pM_{ep}' 与 pM_{sp}' 尽量一致。配位滴定中，应用较多的两种指示剂，铬黑 T（Eriochrome Black T，EBT）和二甲酚橙（Xylenol Orange，XO）的酸效应系数 $\lg\alpha_{In(H)}$ 及有关常数可在附录表 20 中查到。

在实际工作中选择指示剂时，采用实验方法先试验其终点时颜色变化的敏锐程度，然后检查滴定结果是否准确，以此来确定符合要求的指示剂。

应当指出，在配位滴定中有时会发现在化学计量点附近颜色不变或变化非常缓慢的现象。颜色不变称为指示剂的封闭，可能是溶液中的干扰离子与指示剂形成很稳定的有色配合物所致；颜色变化缓慢称作指示剂的僵化，可能是被测金属离子与指示剂形成难溶于水的有色配合物 MIn，而使 EDTA 置换 In 的置换反应速度缓慢。应想办法消除指示剂的封闭和僵化现象。

12.10 配位滴定法基本原理
（Principle of Coordination Titrations）

12.10.1 配位滴定曲线

在配位滴定中，随着滴定剂 EDTA 的加入，溶液中的金属离子 M 和 EDTA 不断地形成配位化合物 MY。因此，游离的金属离子 M 的平衡浓度在不断地减少。描述金属离子 M 的平衡浓度随滴定剂的加入而变化的曲线称配位滴定曲线。通过绘制滴定曲线，可以了解影响配位滴定的因素及准确滴定金属离子 M 的条件。

配位滴定过程中游离金属离子的浓度 [M] 可用配位滴定曲线方程式计算得到。

（1）配位滴定曲线方程式的推导

设金属离子 M 的初始浓度为 $c_M(mol\cdot L^{-1})$，体积为 $V_M(mL)$，用等浓度 $c_Y(mol\cdot L^{-1})$ 的 EDTA 滴定，滴入的体积为 $V_Y(mL)$，则滴定分数 $\alpha=\dfrac{V_Y}{V_M}$，生成的配位化合物为 MY。

根据物料平衡，滴定过程中可得：

$$[M]+[MY]=\frac{V_M}{V_M+V_Y}\cdot c_M=\frac{V_M}{V_M+\alpha V_M}\cdot c_M=\frac{1}{1+\alpha}\cdot c_M \tag{12-31}$$

$$[Y]+[MY]=\frac{V_Y}{V_M+V_Y}\cdot c_Y=\frac{\alpha V_M}{V_M+\alpha V_M}\cdot c_M=\frac{\alpha}{1+\alpha}c_M \tag{12-32}$$

由式（12-31）得：
$$[MY]=\frac{1}{1+\alpha}c_M-[M] \tag{12-33}$$

由式（12-32）、式（12-33）得：

$$[Y]=\frac{\alpha}{1+\alpha}c_M-\frac{1}{1+\alpha}c_M+[M]=\frac{\alpha-1}{1+\alpha}c_M+[M] \qquad (12\text{-}34)$$

将式(12-33)，式(12-34)代入配位反应平衡方程式：

$$K_{MY}^{\ominus}=\frac{[MY]c^{\ominus}}{[M][Y]}=\frac{\left(\dfrac{1}{1+\alpha}c_M-[M]\right)\cdot c^{\ominus}}{[M]\left(\dfrac{\alpha-1}{1+\alpha}c_M+[M]\right)}$$

整理得： $\qquad K_{MY}^{\ominus}[M]^2+\left(\dfrac{\alpha-1}{1+\alpha}K_{MY}^{\ominus}c_M+c^{\ominus}\right)[M]-\dfrac{1}{1+\alpha}c_Mc^{\ominus}=0 \qquad (12\text{-}35)$

式(12-35)即为配位滴定曲线方程式。

当滴定到达化学计量点时，$\alpha=1$，代入式(12-35)得到计算化学计量点时 $[M]_{sp}$ 的计算公式：

$$K_{MY}^{\ominus}[M]_{sp}^2+[M]_{sp}c^{\ominus}-c_M^{sp}c^{\ominus}=0 \qquad \left(c_M^{sp}=\frac{c_M}{2}\right) \qquad (12\text{-}36)$$

求解得： $\qquad [M]_{sp}=\dfrac{-c^{\ominus}\pm\sqrt{(c^{\ominus})^2+4K_{MY}^{\ominus}c_M^{sp}c^{\ominus}}}{2K_{MY}^{\ominus}}$

因为配位滴定中，一般 $K_{MY}^{\ominus}$ 很大，所以上式取正根得

$$[M]_{sp}=\sqrt{\frac{c_M^{sp}\cdot c^{\ominus}}{K_{MY}^{\ominus}}} \qquad (12\text{-}37)$$

式(12-30)两边取负对数得：

$$pM_{sp}=\frac{1}{2}(\lg K_{MY}^{\ominus}+pc_M^{sp}) \qquad (12\text{-}38)$$

式(12-37)、式(12-38)两式即为化学计量点时 $[M]_{sp}$ 或 pM_{sp} 的计算式。

(2) 配位滴定曲线的绘制

根据配位滴定曲线方程式，如已知 $K_{MY}^{\ominus}$、c_M 可计算出不同 α 值时金属离子的平衡浓度 $[M]$。然后以滴定分数 α 为横坐标，以 $pM=-\lg[M]$ 为纵坐标即可绘出滴定曲线。若 M 和 Y 有副反应，则配位滴定曲线方程中的 $K_{MY}^{\ominus}$ 用 $K_{MY}^{\ominus\prime}$ 代替，$[M]$ 用 $[M']$ 代替。然后分别以 α 和 pM 为横坐标和纵坐标即可绘制出滴定曲线。如在 pH=10.0 的氨性缓冲溶液中用 $0.01000mol\cdot L^{-1}$ EDTA 滴定等浓度的 Zn^{2+} 溶液的滴定曲线如图 12-20 所示。

(3) 影响滴定突跃范围大小的因素

由滴定曲线图 12-20 可知，在化学计量点附近，滴定曲线上有一明显的 pM 突跃。与酸碱滴定类似，滴定突跃范围愈大，越有利于选择指示剂。因为即使指示剂的变色点恰好与化学计量点一致，仍可能有 $\pm0.2\sim0.5$ pM 单位的不确定性。影响滴定突跃范围大小的因素可由不同条件下进行配位滴定的滴定曲线图得到。

用 $0.010mol\cdot L^{-1}$ EDTA 滴定同浓度的金属离子 M，若条件稳定常数 $\lg K_{MY}^{\ominus\prime}$ 分别为 2、4、6、8、10、12、14，可绘制出相应的滴定曲线如图 12-21。

当金属离子浓度分别为 $10^{-1}mol\cdot L^{-1}$、$10^{-2}mol\cdot L^{-1}$、$10^{-3}mol\cdot L^{-1}$、$10^{-4}mol\cdot L^{-1}$ 时，分别用等浓度的 EDTA 滴定，而条件稳定常数在这四种情况下都相等，如 $\lg K_{MY}^{\ominus\prime}=10$；可绘制出相应的滴定曲线如图 12-22。

由图 12-21 可见，当 c_M 一定时，滴定突跃的大小与 $K_{MY}^{\ominus}$ 有关。$K_{MY}^{\ominus}$ 较大者，滴定突跃较大。

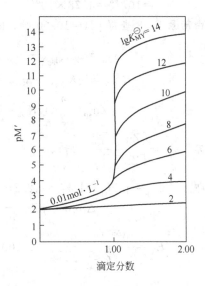

图 12-20 用 20.00mL 0.0100mol·L^{-1} EDTA 滴定
在 0.10mol·L^{-1} NH$_3$-0.1mol·L^{-1} NH$_4$Cl
溶液中 0.01000mol·L^{-1} Zn^{2+} 的滴定曲线

图 12-21 不同 lg$K_{MY}^{\ominus}{}'$ 时的滴定曲线

由图 12-22 可见，当 $K_{MY}^{\ominus}{}'$ 一定时，滴定突跃大小与 c_M 有关。c_M 较大者，滴定突跃较大。

因此，影响滴定突跃大小的因素是 $K_{MY}^{\ominus}{}'$ 和 c_M。并且，由图 12-21 可见，当 $K_{MY}^{\ominus}{}' < 10^8$ 时，已没有明显的滴定突跃，从而不能找到合适的指示剂进行准确滴定。

12.10.2 终点误差的计算及准确滴定 M 的判别

配位滴定终点误差的计算可采用林邦（Ringbom）误差公式

$$E_t = \frac{10^{\Delta pM'} - 10^{-\Delta pM'}}{\sqrt{K_{MY}^{\ominus}{}' \cdot c_M^{sp}}} \times 100\% \quad (12\text{-}39)$$

式中，$\Delta pM' = pM'_{ep} - pM'_{sp}$；$K_{MY}^{\ominus}{}'$ 为条件稳定常数；c_M^{sp} 为化学计量点时金属离子的分析浓度。可见，终点误差的大小与 $\Delta pM'$ 和 $K_{MY}^{\ominus}{}' \cdot c_M^{sp}$ 有关。

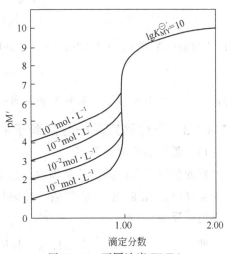

图 12-22 不同浓度 EDTA
与 M 的滴定曲线

【例 12-7】 在 pH=10.00 的氨性溶液中，以铬黑 T 作指示剂，用 0.020mol·L^{-1} EDTA 滴定 0.020mol·L^{-1} Zn^{2+}，终点时游离氨的浓度为 0.20mol·L^{-1}，已知 pZn$_{ep}$=$-$lg[Zn^{2+}]$_{ep}$=12.2，求终点误差。

解：由附录表 19 查得 pH=10.00 时，lg$\alpha_{Zn(OH)}$=2.4

查附录表 16 已知 [Zn(NH$_3$)$_4$]$^{2+}$ 的 lg$\beta_1 \sim \beta_4$ 分别为 2.37，4.61，7.31，9.46

$\alpha_{Zn(NH_3)} = 1 + 10^{2.37} \times 0.20 + 10^{4.61} \times (0.20)^2 + 10^{7.31} \times (0.20)^3 + 10^{9.46} \times (0.20)^4$

$$= 10^{6.68} = 4.78 \times 10^5$$

由附录表 18 查得 pH=10.00 时，$\lg\alpha_{Y(H)} = 0.45$

$$\alpha_{Zn} = \alpha_{Zn(NH_3)} + \alpha_{Zn(OH)} - 1 = 10^{6.68} + 10^{2.4} - 1 \approx 10^{6.68}$$

$$\lg K^{\ominus}_{ZnY} = \lg K^{\ominus}_{ZnY} - \lg\alpha_{Zn} - \lg\alpha_{Y(H)} = 16.5 - 6.68 - 0.45 = 9.37$$

$$pZn'_{sp} = \frac{1}{2}(\lg K^{\ominus}_{ZnY} + pc^{sp}_{Zn}) = \frac{1}{2}(9.37 + 2.00) = 5.69$$

因 $\quad \alpha_{Zn} = \dfrac{[Zn^{2+'}]_{ep}}{[Zn^{2+}]_{ep}} \quad$ 所以 $\quad [Zn^{2+'}]_{ep} = \alpha_{Zn} \cdot [Zn^{2+}]_{ep}$

即 $\quad pZn'_{ep} = pZn_{ep} - \lg\alpha_{Zn} = 12.2 - 6.68 = 5.52$

$$\Delta pZn' = pZn'_{ep} - pZn'_{sp} = 5.52 - 5.69 = -0.17$$

$$E_t = \frac{10^{\Delta pZn'} - 10^{-\Delta pZn'}}{\sqrt{K^{\ominus'}_{ZnY} \cdot c^{sp}_{Zn}}} \times 100\% = \frac{10^{-0.17} - 10^{0.17}}{\sqrt{10^{9.37} \times \dfrac{0.020}{2}}} \times 100\% = -0.02\%$$

当 $\Delta pM' = \pm 0.2$，金属离子 M 的初始浓度为 c_M，用等浓度的 EDTA 滴定，若要求终点误差 $|E_t| \leqslant 0.1\%$，由林邦误差公式可计算得到

$$\lg(K^{\ominus'}_{MY} \cdot c^{sp}_M) = 6 \tag{12-40}$$

式(12-40) 就是能否用 EDTA 准确滴定金属离子 M 的判别式。

若要求终点误差 $|E_t| \leqslant 0.3\%$，则

$$\lg(K^{\ominus'}_{MY} \cdot c^{sp}_M) \geqslant 5 \tag{12-41}$$

若 M 的初始浓度 $c_M = 0.02 \text{mol} \cdot \text{L}^{-1}$，即 $c^{sp}_M = 0.01 \text{mol} \cdot \text{L}^{-1}$，根据式(12-40) 可得：

$$\lg K^{\ominus'}_{MY} \geqslant 8$$

因此，也可用 $\lg K^{\ominus'}_{MY} \geqslant 8$ 来判别金属离子 M 是否能准确滴定。

12.10.3　配位滴定单一金属离子的适宜酸度范围

(1) 最高酸度的计算

在配位滴定允许的误差范围内，当 $\Delta pM'$ 和 c^{sp}_M、E_t 一定时，根据林邦误差公式，可计算出准确滴定 M 时 $K^{\ominus'}_{MY}$ 的数值。设配位反应中，除 EDTA 的酸效应和 M 的水解效应外，无其他副反应。

即 $\qquad \lg K^{\ominus'}_{MY} = \lg K^{\ominus}_{MY} - \lg\alpha_{Y(H)} - \lg\alpha_{M(OH)}$

当酸度较高时，$\alpha_{M(OH)}$ 可忽略不计。

故 $\qquad \lg K^{\ominus'}_{MY} = \lg K^{\ominus}_{MY} - \lg\alpha_{Y(H)} \tag{12-42}$

移项得： $\qquad \lg\alpha_{Y(H)} = \lg K^{\ominus}_{MY} - \lg K^{\ominus'}_{MY} \tag{12-43}$

可见 $K^{\ominus'}_{MY}$ 的大小和 EDTA 的酸效应系数值有关。

用式(12-43) 计算出 EDTA 的酸效应系数的对数值 $\lg\alpha_{Y(H)}$，再查附录表 18，可得到准确滴定 M 的最低 pH 值，即最高酸度。

【例 12-8】 用 $0.020 \text{mol} \cdot \text{L}^{-1}$ EDTA 滴定 $0.020 \text{mol} \cdot \text{L}^{-1}$ 的 Zn^{2+} 溶液，若要 $\Delta pM' =$

0.2，$E_t = 0.10\%$，计算滴定 Zn^{2+} 的最高酸度。

解：已知 $\Delta pM' = 0.2$，$E_t = 0.1\%$

根据式(12-40)

得　$\lg(K_{ZnY}^{\ominus\prime} \cdot c_{Zn}^{sp}) \geqslant 6$，又因　$c_{Zn}^{sp} = \dfrac{0.020}{2} = 0.010 \text{mol} \cdot L^{-1}$

得　$\lg K_{ZnY}^{\ominus\prime} = 8$，因　$\lg K_{ZnY}^{\ominus} = 16.5$

根据式(12-43)

所以　　　　　$\lg\alpha_{Y(H)} = \lg K_{ZnY}^{\ominus} - \lg K_{ZnY}^{\ominus\prime} = 16.5 - 8 = 8.5$

查附录表 18，可得相应的 pH 为 4.0。故滴定 Zn^{2+} 的最高酸度为 pH$=4.0$。

按照上述条件和公式，可以计算出各种金属离子滴定时的最高允许酸度。部分金属离子滴定时的最低允许 pH 值已直接标在 EDTA 的酸效应曲线上（图 12-18）。当配位滴定某种金属离子时，具有一定的参考作用。

(2) 水解酸度及计算

当在低于最高允许酸度的情况下进行配位滴定时，如酸度较低，又没有辅助配位剂存在，则金属离子，特别是高价金属离子易于水解而形成氢氧化物沉淀，不利于滴定的进行。金属离子水解析出沉淀时的酸度称为水解酸度。了解金属离子的水解酸度也是很有必要的。

水解酸度可利用氢氧化物的溶度积粗略计算，忽略氢氧基配合物、离子强度的影响。

【例 12-9】用 $0.020 \text{mol} \cdot L^{-1}$ EDTA 滴定同浓度的 Fe^{3+} 溶液，求 Fe^{3+} 的水解酸度。

解：已知　$K_{sp[Fe(OH)_3]}^{\ominus} = 10^{-37.4}$，即

$$[Fe^{3+}][OH^-]^3 (c^{\ominus})^{-4} = K_{sp[Fe(OH)_3]}^{\ominus}$$

因为在水解酸度时，Fe^{3+} 全部生成 $Fe(OH)_3$ 沉淀，故 $[Fe^{3+}] = c_{Fe^{3+}}$ （初始浓度），得

$$[OH^-] = \sqrt[3]{\frac{K_{sp}^{\ominus}(c^{\ominus})^4}{c_{Fe^{3+}}}} = \sqrt[3]{\frac{10^{-37.4}}{0.020}} = 10^{-11.9}$$

$$pH = 14.0 - 11.9 = 2.1$$

故 Fe^{3+} 的水解酸度为 pH$=2.1$。

如在最高酸度和水解酸度之间的酸度范围内进行配位滴定，只要有合适的指示终点的方法，都能获得较准确的结果。故将此酸度范围称为配位滴定的适宜酸度范围。

【例 12-10】用 $0.020 \text{mol} \cdot L^{-1}$ EDTA 滴定 $0.020 \text{mol} \cdot L^{-1}$ Zn^{2+} 溶液，求 $\Delta pM = 0.2$，$E_t = 0.3\%$ 时滴定 Zn^{2+} 的适宜酸度范围。

解：已知　$\Delta pM = 0.2$，$E_t = 0.3\%$，根据式(12-41) $\lg(K_{ZnY}^{\ominus\prime} \cdot c_{Zn}^{sp}) \geqslant 5$

$$c_{Zn}^{sp} = \frac{0.020}{2} = 0.010 \text{mol} \cdot L^{-1} \qquad 得 \quad \lg K_{ZnY}^{\ominus\prime} \geqslant 7$$

最高酸度：$\lg\alpha_{Y(H)} = \lg K_{ZnY}^{\ominus} - \lg K_{ZnY}^{\ominus\prime} = 16.5 - 7 = 9.5$

查附录表 18　pH$=3.5$

水解酸度：已知 $K_{sp[Zn(OH)_2]}^{\ominus} = 10^{-16.92} = c_{Zn^{2+}}[OH^-]^2 \cdot (c^{\ominus})^{-3}$，故

$$[OH^-] = \sqrt{\frac{K_{sp}^{\ominus}(c^{\ominus})^3}{c_{Zn^{2+}}}} = \sqrt{\frac{10^{-16.92}}{0.020}} = 10^{-7.61} \text{mol} \cdot L^{-1}$$

$$pH = 14.0 - 7.61 = 6.4$$

因此，滴定 Zn^{2+} 的适宜酸度范围为 pH $3.5 \sim 6.4$。

12.11 提高配位滴定选择性的途径

（To Improve the Selectivity of Coordination Titrations）

配位滴定中，当试液中存在除被测离子 M 之外的其他共存离子时，EDTA 能与这些金属离子形成稳定的配合物而干扰 M 的测定。假设溶液中只存在一种共存离子 N，根据式(12-41)，当 $\Delta pM'=0.2$，$E_t=0.3\%$ 时，可推导得出准确地选择性地滴定 M 而 N 不干扰的条件是：

$$\lg(K_{MY}^{\ominus} \cdot c_M^{sp})-\lg(K_{NY}^{\ominus} \cdot c_N^{sp})\geqslant 5 \qquad 或 \qquad \Delta\lg(K_c)\geqslant 5 \qquad (12\text{-}44)$$

若滴定反应中有其他副反应，

则为

$$\Delta\lg(K_c')\geqslant 5 \qquad (12\text{-}45)$$

12.11.1 利用掩蔽法

当溶液中共存离子的 $\Delta\lg(K_c)<5$ 时，滴定 M，则 N 会产生干扰。

加入某种试剂，与干扰离子 N 生成稳定的配合物，或微溶性沉淀（可降低 N 的平衡浓度），或改变干扰离子的价态（可降低 $K_{NY}^{\ominus}$），而使 $\Delta\lg(K_c)\geqslant 5$，从而消除干扰的方法称为掩蔽法，加入的试剂称为掩蔽剂。

常用的掩蔽法有配位掩蔽法、沉淀掩蔽法和氧化还原掩蔽法。

(1) 配位掩蔽法

第一种方法：根据干扰离子的特性加入配位掩蔽剂，再用 EDTA 滴定被测离子。如用 EDTA 滴定 Zn^{2+} 时，由于试液中存在 Al^{3+} 而干扰 Zn^{2+} 的滴定。因此，滴定前，向被测试液中加入 NH_4F，Al^{3+} 与 F^- 生成稳定的 $[AlF_6]^{3-}$ 配合物，而不干扰 EDTA 对 Zn^{2+} 的滴定。

第二种方法：溶液中存在 M、N 两种离子，如要求分别测定 M、N 的含量时，可先掩蔽 N，用 EDTA 滴定 M。然后加入一种试剂将已经被掩蔽的 N 离子再释放出来。这种方法称为解蔽法，加入的试剂称为解蔽剂。

如测定铜合金中的铅、锌时，可在氨性试液中加入 KCN，把 Cu^{2+} 和 Zn^{2+} 掩蔽，用 EDTA 先滴定 Pb^{2+}。然后在滴定 Pb^{2+} 后的溶液中加入甲醛（或三氯乙醛），甲醛可将 $[Zn(CN)_4]^{2-}$ 中的 Zn^{2+} 释放出来，而 $[Cu(CN)_2]^-$ 在掌握得当的实验条件下，不被解蔽。然后用 EDTA 滴定解蔽出来的 Zn^{2+}。解蔽反应为：

$$4HCHO+[Zn(CN)_4]^{2-}+4H_2O \Longrightarrow Zn^{2+}+4H_2C\overset{\text{OH}}{\underset{}{-}}CN+4OH^-$$

配位掩蔽法中常用的掩蔽剂有如下几种。

① 无机掩蔽剂

a. 氟化物（NH_4F 或 NaF）：能配位掩蔽 Al^{3+}、Ti^{4+}、Sn^{4+}、Nb(V)、W(Ⅵ)、Mg^{2+}、Ca^{2+}、Ba^{2+} 及 RE^{3+}（稀土离子）。

b. 氰化物（NaCN 或 KCN）（使用条件 pH>8）：

能被氰化物掩蔽，但不被甲醛解蔽的有 Cu^{2+}、Co^{2+}、Ni^{2+}、Hg^{2+} 等。

能被氰化物掩蔽，但能被甲醛解蔽的有 Zn^{2+}、Cd^{2+}。

不被氰化物掩蔽的有 Ca^{2+}、Mg^{2+}、Pb^{2+} 及稀土离子。

② 有机掩蔽剂

a. 酒石酸：结构式为

$$\begin{matrix} CH(OH)COOH \\ | \\ CH(OH)COOH \end{matrix}$$

常用于在氨性溶液中掩蔽 Fe^{3+}、Al^{3+} 后，用 EDTA 滴定 Mn^{2+}。

b. 乙酰丙酮。pH5～6 时，可以掩蔽 Al^{3+}、Fe^{3+}、Be^{2+}、Pd^{2+}、UO_2^{2+}，然后可用 EDTA 滴定 Pb^{2+}、Zn^{2+}、Mn^{2+}、Co^{2+}、Ni^{2+}、Cd^{2+} 等。

c. 磺基水杨酸。用于在酸性溶液中掩蔽 Al^{3+}、$Th(Ⅳ)$、$Zr(Ⅳ)$ 等。

d. 三乙醇胺。结构式为

$$^+HN\begin{matrix} -CH_2CH_2O^- \\ -CH_2CH_2OH \\ -CH_2CH_2OH \end{matrix}$$

为无色黏稠状液体，通常配成 1∶3 或 1∶4 的水溶液使用。在 pH＝10 时能掩蔽 Fe^{3+}、Al^{3+}、Sn^{4+}、Ti^{4+} 和少量 Mn^{2+} 等，但不能掩蔽 Fe^{3+} 对铬黑 T 的封闭作用。使用三乙醇胺时，应在酸性溶液中加入，再将溶液调节至碱性。因为水解的高价金属离子不易被它掩蔽。

e. 1,10-二氮菲。结构式为

用于在 pH5～6 时掩蔽 Cu^{2+}、Ni^{2+}、Zn^{2+}、Cd^{2+}、Hg^{2+}、Co^{2+}、Mn^{2+} 等离子。它与 Fe^{2+} 能形成深红色的螯合物。

其他有机掩蔽剂如柠檬酸、草酸、乙二胺、硫脲等都能与某些干扰金属离子形成稳定的配合物而加以掩蔽。

(2) 沉淀掩蔽法

根据干扰离子的性质，加入一种沉淀剂，使干扰离子沉淀。在不分离沉淀的情况下直接滴定被测金属离子。这种掩蔽法称为沉淀掩蔽法。如在 pH 10 左右滴定 Sr^{2+} 时，共存 Ba^{2+} 干扰滴定，可加入 K_2CrO_4，Ba^{2+} 与之形成 $BaCrO_4$ 沉淀而不再干扰，然后再用 EDTA 滴定 Sr^{2+}。

由于某些沉淀反应进行不完全，或伴有共沉淀现象等影响滴定的准确度，故沉淀掩蔽法应用受到一定的限制。

常用的沉淀掩蔽剂有 NH_4F、K_2CrO_4、Na_2S、铜试剂、OH^- 等。

(3) 氧化还原掩蔽法

利用氧化还原反应改变干扰离子的价态使其不再干扰的方法称为氧化还原掩蔽法。如用 EDTA 滴定 Bi^{3+} 时，Fe^{3+} 产生干扰，可加入还原剂将 Fe^{3+} 还原为 Fe^{2+}，Fe^{2+} 将不干扰 EDTA 对 Bi^{3+} 的滴定。又如 Cr^{3+} 对配位滴定有干扰，可将其氧化为 CrO_4^{2-} 或 $Cr_2O_7^{2-}$ 高价态而消除其干扰。

12.11.2　利用其他滴定剂

许多配位体能与金属离子生成稳定的配合物，与 EDTA 和金属离子形成的配合物相比，稳定性有较大的差别。从而可利用这种配位体作滴定剂，提高配位滴定的选择性。

如乙二胺四丙酸，简称 EDTP，其结构式为：

$$\begin{matrix} & & ^+H & CH_2CH_2COO^- \\ CH_2 & - & N & \\ & & & CH_2CH_2COOH \\ & & & CH_2CH_2COOH \\ CH_2 & - & N & \\ & & H^+ & CH_2CH_2COO^- \end{matrix}$$

EDTP 和 EDTA 分别与 Cu^{2+}、Zn^{2+}、Cd^{2+}、Mn^{2+}、Mg^{2+} 形成配位化合物的稳定性比较如下：

项 目	Cu^{2+}	Zn^{2+}	Cd^{2+}	Mn^{2+}	Mg^{2+}
$\lg K^{\ominus}_{M\text{-}EDTP}$	15.4	7.8	6.0	4.7	1.8
$\lg K^{\ominus}_{M\text{-}EDTA}$	18.80	16.50	16.46	13.87	8.7

可以看出，EDTA 与这几种金属离子的配合物的稳定性很高，且相差不大。如果要用 ED-TA 滴定这几种共存离子中的 Cu^{2+}、Zn^{2+}、Cd^{2+} 或 Mn^{2+}，则都会产生干扰。而 EDTP 只与 Cu^{2+} 的配合物稳定性很高，而其他几种配合物的稳定性都较差。因此，当这几种离子共存时，用 EDTP 作滴定剂滴定其中的 Cu^{2+} 比用 EDTA 选择性好；共存的 Zn^{2+}、Cd^{2+}、Mn^{2+} 和 Mg^{2+} 都不会产生干扰。

12.12 配位滴定方式及应用
（Methods of Coordination Titrations & Applications）

为了提高配位滴定的选择性和扩大应用范围，可以采用不同的滴定方式。

12.12.1 直接滴定法

将试样处理成溶液后，调节酸度，加入必要的试剂和指示剂，用 EDTA 标准溶液直接滴定被测金属离子的方法称为直接滴定法。

凡是 $\lg(K^{\ominus\prime}_{MY} \cdot c^{sp}_M) \geqslant 6$ 的金属离子，与 EDTA 反应速度很快，并且有合适的指示剂，都可直接滴定。

如用 EDTA 标准溶液可直接滴定强酸性溶液中的 $Zr(\mathrm{IV})$，酸性溶液中的 Bi^{3+}、$Th(\mathrm{IV})$、Fe^{3+}；弱酸性溶液中的 Cu^{2+}、Pb^{2+} 和 Zn^{2+}；以及强碱性溶液中的 Ca^{2+}、Mg^{2+}、Ni^{2+} 和 Zn^{2+}（应加入辅助配位剂，防止 Zn^{2+} 的水解）。

在药物分析中，钙盐药物如氧化钙，葡萄糖酸钙和乳酸钙等的钙含量测定，药典多采用 EDTA 直接滴定。如葡萄糖酸钙（$C_{12}H_{22}O_{14}Ca \cdot H_2O$）含量的测定，用 $NH_3\text{-}NH_4Cl$ 缓冲液调节 pH 值，用少量 MgY^{2-} 加铬黑 T 作指示剂，用 EDTA 标准溶液滴定试液由酒红色转变为纯蓝色为终点，根据消耗的 EDTA 的量计算葡萄糖酸钙的含量。

12.12.2 返滴定法

对于反应速度较慢、或无适宜的指示剂、或被测离子发生水解等情况，不能直接滴定，可采用返滴定法进行测定。

返滴定法是在被测物质溶液中先加入已知量过量的 EDTA 标准溶液，待反应完全后，再用另一种金属离子的标准溶液滴定剩余的 EDTA，根据两种标准溶液的浓度和用量，计算出被测物质的含量。

如铝盐药物氢氧化铝凝胶含量的测定，由于 Al^{3+} 易于水解并且与 EDTA 反应速度较慢，对二甲酚橙指示剂有封闭作用，故用返滴定法测定。先在酸度为 pH≈3.5 的试液中加入已知量过量的 EDTA，煮沸 3～5min，待反应完全后，调节溶液 pH 值至 5～6，以二甲酚橙作指示剂，以 Zn^{2+} 标准溶液滴定剩余的 EDTA 溶液由黄色变为淡紫红色即到达滴定终点，从而可计算其含量。

12.12.3 置换滴定法

对于有些不能直接滴定的物质，可以通过化学反应置换出等物质的量的另一物质，然后进行滴定的方法，称为置换滴定法。主要有两种置换滴定方式。

(1) 置换出金属离子

被测金属离子 M 与 EDTA 反应不完全或形成的配合物 MY 稳定性太差，可加入一种配合物 NL，由于 M 能与 L 形成稳定的配合物，而将 N 置换出来，N 与 EDTA 可进行直接滴定，从而可计算出被测离子 M 的含量。置换反应为：

$$M+NL \Longrightarrow ML+N$$

如 Ag^+ 与 EDTA 的配合物不稳定，不能直接滴定，但 Ag^+ 能与 CN^- 生成稳定的配合物，故可利用下列置换反应置换出 Ni^{2+} 后，在 pH＝10 的溶液中以紫脲酸胺为指示剂，用 EDTA 直接滴定 Ni^{2+}。

$$2Ag^+ + [Ni(CN)_4]^{2-} \Longrightarrow 2[Ag(CN)_2]^- + Ni^{2+}$$

根据反应方程式和 EDTA 消耗量，可计算得 Ag^+ 的含量。

(2) 置换出 EDTA

当试液中有干扰离子时，先加入过量 EDTA，使被测离子和干扰离子全部形成 EDTA 的配合物。然后再加入一种配位剂 L，它能选择性地夺取 MY 中的被测离子形成稳定性更高的 ML 配合物，而将与 M 配位的 Y 等物质的量的置换出来，再用另一种金属离子标准溶液滴定置换出的 Y，即可计算出被测离子 M 的含量。置换反应为：

$$MY+L \Longrightarrow ML+Y$$

如测定锡合金中的 Sn 时，可能存在 Pb^{2+}、Zn^{2+}、Cd^{2+}、Bi^{3+} 等干扰离子。将试样溶解后先加入过量的 EDTA，将 Sn^{4+} 和干扰离子全部生成 EDTA 的配合物。用 Pb^{2+} 标准溶液滴定剩余的 EDTA。然后加入 NH_4F，F^- 选择性地将 SnY 中的 Y 置换出来，F^- 与 Sn(Ⅳ) 形成更稳定的配合物。用 Pb^{2+} 标准溶液滴定置换出的等物质的量的 Y，而求出锡的含量。

利用置换滴定法的原理，可以改善某些指示剂指示滴定终点的敏锐性。如铬黑 T(EBT) 与 Mg^{2+} 显色很灵敏，而与 Ca^{2+} 显色灵敏度较差。当用 EDTA 滴定 pH＝10.0 溶液中的 Ca^{2+} 时，利用置换反应仍可用 EBT 作指示剂。滴定前必须先加入少量 MgY 配合物。发生的置换反应为：

$$Ca^{2+} + MgY \Longrightarrow CaY + Mg^{2+}$$

置换出的 Mg^{2+} 遇溶液中的 EBT，即生成 Mg-EBT 红色配合物。故滴定前，溶液显红色。然后，用 EDTA 滴定 Ca^{2+}，当 Ca^{2+} 被滴定完毕，继续滴入的 EDTA 就会夺取 Mg-EBT 中的 Mg^{2+}，而将 EBT 释放出来：

$$Mg\text{-}EBT + Y \Longrightarrow MgY + EBT$$

游离的 EBT 在此酸度下显蓝色，故滴定终点时溶液颜色从红色变为蓝色。滴定前加入的 MgY 和最后生成的 MgY 的物质的量是相等的，不影响滴定结果。

12.12.4　间接滴定法

不与 EDTA 直接起反应的金属或非金属离子，可用另一化学反应间接测定其含量。这种方法称为间接滴定法。该方法操作较麻烦，误差较大。

如 Na^+ 的测定，可加入醋酸铀酰锌将 Na^+ 沉淀为醋酸铀酰锌钠 $NaAc \cdot Zn(Ac)_2 \cdot 3UO_2(Ac)_2 \cdot 9H_2O$，然后过滤洗净沉淀，再把沉淀溶解，最后用 EDTA 滴定 Zn^{2+}，而间接求得 Na^+ 的含量。

又如 SO_4^{2-} 的测定，先加入过量 Ba^{2+}，生成 $BaSO_4$ 沉淀，过滤除去，然后用 EDTA 滴定剩余的 Ba^{2+}，可间接求出 SO_4^{2-} 的含量。

12.12.5 配位滴定的应用实例

(1) 水硬度的测定

一般含有钙、镁盐类的水称为硬水（Hard Water）。水的硬度通常分为总硬度和钙、镁硬度。总硬度（Total Hardness）指钙盐和镁盐的合量，钙、镁硬度则分别指两者的含量。水的硬度是水质控制的一个重要标准。

各国表示硬度的单位不同。我国通常以 $1mg \cdot L^{-1}$ $CaCO_3$ 或 $10mg \cdot L^{-1}$ CaO 表示水的硬度。前者又称为美国度，后者称为德国度。

测定水的硬度时，通常在两个等份试样中进行。一份测定 Ca^{2+}、Mg^{2+} 合量，另一份测定 Ca^{2+}，由两者之差即可求出 Mg^{2+} 的量。

测定 Ca^{2+}、Mg^{2+} 合量时，在 $pH=10$ 的氨性缓冲溶液中，以铬黑 T 为指示剂，用 EDTA 滴定至酒红色变为纯蓝色。

测定 Ca^{2+} 时，调节 $pH=12$，使 Mg^{2+} 形成 $Mg(OH)_2$ 沉淀，用钙指示剂作指示剂，用 EDTA 滴定至红色变成纯蓝色。

(2) 盐卤水中 SO_4^{2-} 的测定

盐卤水是电解制备烧碱的原料。卤水中 SO_4^{2-} 的测定原理是在微配性溶液中，加入一定量的 $BaCl_2$-$MgCl_2$ 混合溶液，使 SO_4^{2-} 形成 $BaSO_4$ 沉淀。然后调节至 $pH=10$，以铬黑 T 为指示剂，用 EDTA 滴定至纯蓝色，设滴定体积为 V，滴定的是 Mg^{2+} 和剩余的 Ba^{2+}。另取同样体积的 $BaCl_2$-$MgCl_2$ 混合液，用同样步骤作空白测定，设滴定体积为 V_0，显然两者之差 V_0-V 即为与 SO_4^{2-} 反应的 Ba^{2+} 的量。

12.13 配位化合物的应用
(The Applications of Coordination Compounds)

配位化合物具有特殊的结构和性质，近代有关物质结构的理论和测试手段为深入研究配位化合物提供了非常有利的条件。有关配位化合物的研究已发展成一门独立的学科分支即配位化学（Coordination Chemistry）。配位化学无论在基础理论研究或实际应用方面都具有非常重要的意义，并已渗透到其他学科领域，如生物学、药物化学、环境化学、催化、冶金、有机化学、地球化学等，其应用范围极其广泛。

在物质的定性和定量分析中，广泛利用配位反应生成的有色配合物通过各种方法来鉴定金属离子和测定它们的含量，这在前面几节中已有叙述，此处再简略介绍配位反应在其他方面的一些应用。

12.13.1 贵金属的湿法冶金

将含有金、银单质的矿石放在 NaCN（或 KCN）的溶液中，经搅拌，借助于空气中氧的作用，使 Au 和 Ag 分别形成配合物 $[Au(CN)_3]^-$ 和 $[Ag(CN)_2]^-$ 而溶解。以 Au 为例，反应为

$$4Au+8CN^-+2H_2O+O_2 =\!=\!= 4[Au(CN_2)]^-+4OH^-$$

然后在溶液中加 Zn 还原，即可得到 Au。反应为

$$2[Au(CN)_2]^-+Zn =\!=\!= [Zn(CN)_4]^{2-}+2Au$$

我国铜矿的品位一般较低，通常是采用一种配位剂（或螯合剂，如 2-羟基-5-仲辛基二苯甲酮肟等）使铜富集起来。20 世纪 70 年代以来，应用溶剂萃取法回收铜是湿法冶金的一

个较为突出的成就。

12.13.2　分离和提纯

稀土金属元素的离子半径几乎相等，其化学性质也非常相似，难以用一般的化学方法使之分离。可利用它们和某种螯合物如二苯基-18-冠-6[$C_{20}H_{24}O_6$，简称冠醚（crown ethers）]对稀土进行萃取分离。较大、较轻的稀土离子可以和冠醚生成螯合物，易深于有机溶剂，而重稀土离子则不能形成稳定的配合物，经用冠醚萃取后，重稀土留在水相，而轻金属则留在有机相中。

又例如，对含镍矿粉在一定条件下通入 CO 气，可得到剧毒的液态 $Ni(CO)_4$（四羰基镍配合物），然后再加热使之分解为高纯度的金属镍。钴不能与 CO 发生上述反应，故可利用这种方法分离镍和钴。

12.13.3　配位催化

过渡金属化合物 $PdCl_2$ 可以和乙烯分子配位，在形成的配合物中，乙烯分子中的 C＝C 键增长，导致活化，经过这个中间体，乙烯转变为乙醛。反应过程较为复杂，可简单写为：

$$PdCl_2 + C_2H_4 \Longrightarrow 配合物 + Cl^-$$

$$配合物 + H_2O \Longrightarrow CH_3CH_2O + 2HCl + Pd$$

配位催化反应在石油化学工业、合成橡胶等工业常被使用。

12.13.4　电镀与电镀液的处理

为了获得光滑、均匀、附着力强的金属镀层，需要降低电镀液中被镀金属离子的浓度。通常是使金属离子形成配合物，常用的配合剂是 KCN、酒石酸、柠檬酸等。

用过的电镀液中含有的 CN^- 是剧毒物质，可在电镀废液中加入 $FeSO_4$，使与 CN^- 配位，形成无毒的 $[Fe(CN)_6]^{4-}$，而后排出。电镀废液对水源的污染是非常严重的问题。当前电镀大都尽量采用无毒电镀液，只在特殊不得已的情况下才使用氰化物。

12.13.5　生物化学中的配位化合物

金属配合物在生物化学中的应用非常广泛而且极为重要。在人体中存在的许多酶，它所起的作用与其结构中含有金属配位离子有关。生物体中能量的转换、传递或电荷转移、化学键的断裂或生成等，很多是通过金属离子与有机体生成的复杂配合物而起着重要的作用。

例如与生物体的呼吸作用有密切关系的血红蛋白就是铁和球蛋白（一种有机大分子物质）以及水所形成的配合物。该物质中的配位水分子可被氧气所置换。反应可写成：

$$血红蛋白 \cdot H_2O(aq) + O_2 \Longrightarrow 血红蛋白 \cdot O_2(aq) + H_2O(l)$$

血红蛋白在肺里和 O_2 结合，然后随着血液循环再将氧释放给人体的其他需要氧的器官。血红蛋白是生物体在呼吸过程中传送氧的物质，所以又称为氧的载体。当有 CO 气体存在时，血红蛋白中的氧很快被 CO 置换（这可能是 CO 与血红蛋白中的 Fe^{2+} 能生成更稳定的螯合物）：

$$血红蛋白 \cdot O_2(aq) + CO \Longrightarrow 血红蛋白 \cdot CO(aq) + O_2(q)$$

从而失去输送氧的功能。在约 37℃ 时（这是人体的体温），上述置换反应的平衡常数约为 200，这意味着当空气中的 CO 浓度达到 O_2 浓度的 0.5％ 时，血红蛋白中的氧就可能被 CO 取代，生物体就会因为得不到氧而窒息。人们就是根据血红蛋白的配位结构及其作用机理去研究仿制人造血。

又如植物中的叶绿素，是以镁原子为中心的配合物，它能进行光合作用，把太阳能转变成化学能，同时它既是人体的营养物质，又具有某种抗菌作用。

人体中许多生物酶其本身就是金属离子的配合物。它需要少量某种金属离子（如 Fe、Zn、Cu 的离子等）的存在才能起催化作用，这些金属就是人体中不能缺少的有益元素。但也有些元素例如 Pb、Hg、Cd 等，它们有抑制酶的作用，这些元素就是有毒元素。

在医药上许多有毒金属元素的解毒药物也与配合作用有关，如 Pb 中毒，就可在肌肉中直接注射一定量的 EDTA 溶液。EDTA 也是排除人体内 U、Th、Pu 等放射性元素的高效解毒剂。类似的砷、汞中毒也都是通过配位化学反应来解毒。与此同时，人们也用许多配合物作为药物来治疗各种病症，如治疗糖尿病的胰岛素就是 Zn 的一种配合物，具有抗癌作用的顺式二氯二氨合铂也是一种配合物。

卟啉是重要的生物配体之一。哺乳动物体内的铁元素约有 70% 与其形成配合物而存在。天然的卟啉是卟吩（Porphine）的衍生物。卟吩是 4 个吡咯（Pyrrole）环通过 4 个—CH＝基连接而构成的一个多杂环化合物，如图 12-23 所示。

当卟吩分子中吡咯环上编号位置上的氢原子被一些基团取代后，便成了卟啉。当 1、3、5、8 号被甲基（—CH$_3$）取代，2、4 被乙烯基取代，卟啉具有和铁（Ⅱ）、铁（Ⅲ）、锌（Ⅱ）、钴（Ⅱ）、铜（Ⅱ）、镍（Ⅱ）、银（Ⅰ）、镁（Ⅱ）等许多金属离子形成螯合物的能力。最重要的具有生物功能的金属卟啉螯合物，是那些含铁（Ⅱ）、铁（Ⅲ）或镁（Ⅱ）的螯合物。亚铁血红素就是原卟啉与铁（Ⅱ）所形成的螯合物（图 12-24）。

图 12-23　吡咯和卟吩

图 12-24　亚铁血红素

绿色植物进行光合作用所需的叶绿素，则是卟啉衍生物同镁（Ⅱ）形成的螯合物（图 12-25）。

图 12-25　叶绿素

叶绿素 a（在叶绿素 b 中右圆圈的甲基以 CHO 替换），
所有的角上除了标明 N 以外皆为 C

思 考 题

12-1　写出反应式，以解释下列现象：

(1) $Mg(OH)_2$ 和 $Zn(OH)_2$ 混合物如用 NH_3 水处理，$Zn(OH)_2$ 溶解而 $Mg(OH)_2$ 不溶。

(2) NaOH 加入到 $CuSO_4$ 溶液中生成浅蓝色的沉淀；再加入氨水，浅蓝色沉淀溶解成为深蓝色溶液，此溶液用 HNO_3 处理又能得到浅蓝色溶液。

12-2　配离子与弱酸（碱），难溶物在纯水中电离或溶解的情况有何区别：

12-3　$E_{Cu(NH_3)_4^{2+}/Cu}^{\ominus}$ 和 $E_{Fe(CN)_6^{3-}/Fe(CN)_6^{4-}}^{\ominus}$ 分别与 $E_{Cu^{2+}/Cu}^{\ominus}$ 和 $E_{Fe^{3+}/Fe^{2+}}^{\ominus}$ 值比较，是升高还是降低？为什么？

12-4　根据金属离子形成配合物的性质，说明下列配合物中哪些是有色的？哪些是无色的？（Y 是 EDTA 的酸根，Y^{4-}）Cu^{2+}-乙二胺，Zn^{2+}-乙二胺，$TiOY^{2-}$，TiY^-，FeY^{2-}，FeY^-。

12-5　高价金属离子一般较低价金属离子的 EDTA 配合物更为稳定。但对于 Ti(Ⅲ) 和 Ti(Ⅳ) 来说，$K_{Ti(Ⅲ)Y}^{\ominus} > K_{Ti(Ⅳ)Y}^{\ominus}$，试简要说明其理由。

12-6　1×10^{-2} $mol \cdot L^{-1}$ 的 Zn^{2+} 约在 pH≈6.4 开始沉淀，若有以下两种情况：

(1) 在 pH4～5 时，加入等物质的量的 EDTA 后再调至 pH≈10；

(2) 在 pH≈10 的氨性缓冲溶液中，用 EDTA 滴定 Zn^{2+} 至终点。

当两者体积相同时，试问哪种情况的 $\lg K_{ZnY}^{\ominus'}$ 大？为什么？

12-7　Ca^{2+} 与 PAN（吡啶偶氮萘酚）不显色，但在 pH10～12 时，加入适量的 CuY，却可用 PAN 作滴定 Ca^{2+} 的指示剂。简述其原理。

12-8　用 NaOH 标准溶液滴定 $FeCl_3$ 液中的游离 HCl 时，Fe^{3+} 将引起怎样的干扰？加入下列哪一种化合物可消除其干扰？

EDTA，Ca-EDTA，柠檬酸三钠，三乙醇胺。

12-9　在 pH5～6 时，以二甲酚橙作指示剂，用 EDTA 测定黄铜（锌铜合金）中锌的质量分数，现有以下几种方法标定 EDTA 溶液的浓度。

(1) 以氧化锌作基准物质，在 pH=10.0 的氨性缓冲溶液中，以铬黑 T 作指示剂，标定 EDTA 溶液；

(2) 以碳酸钙作基准物质，在 pH=12.0 时，以 KB 指示剂指示终点，标定 EDTA 溶液；

(3) 以氧化锌作基准物质，在 pH=6.0 时，以二甲酚橙作指示剂，标定 EDTA 溶液。

试问，用上述哪一种方法标定 EDTA 溶液的浓度最合适？试简要说明其理由。

12-10　配制试样溶液所用蒸馏水中含有少量的 Ca^{2+}，若在 pH=5.5 测定 Zn^{2+} 和在 pH=10.0 氨性缓冲溶液中测定 Zn^{2+}，所消耗 EDTA 溶液的体积是否相同？在哪种情况下产生的误差大？

习 题

12-1　解释实验事实：$[NiCl_4]^{2-}$ 和 $Ni(CO)_4$ 都为四面体形分子，但前者为顺磁性，后者为抗磁性。

12-2　画出 $V(CO)_6$、$Cr(CO)_6$ 及 $Mn(CO)_6$ 的电子排布式；分析成键情况；分别求出 LFSE；确定几何构型并比较它们稳定性的相对大小。

12-3　分别写出 $Co(CO)_{12}$、$Mn_2(CO)_{10}$ 和 $Fe(C_5H_5)_2$ 的结构式，判断是单核还是多核配合物。

12-4　从不同资料上查得 Cu(Ⅱ) 配合物的常数如下：

Cu-柠檬酸　　　　　　　　　　$K_{不稳}^{\ominus} = 6.3 \times 10^{-15}$；

Cu-乙酰丙酮　　　　　　　　　$\beta_1 = 1.86 \times 10^8$，$\beta_2 = 2.19 \times 10^{16}$；

Cu-乙二胺　逐级稳定常数为：$K_{稳_1}^{\ominus} = 4.7 \times 10^{10}$，$K_{稳_2}^{\ominus} = 2.1 \times 10^9$

Cu-磺基水杨酸　　　　　　　　$\lg \beta_2 = 16.45$

Cu-酒石酸　　$\lg K_{稳_1}^{\ominus} = 3.2$，　$\lg K_{稳_2}^{\ominus} = 1.9$，$\lg K_{稳_3}^{\ominus} = -0.33$，$\lg K_{稳_4}^{\ominus} = 1.73$

Cu-EDTA　　　　　　　　　　$\lg K_{稳}^{\ominus} = 18.80$

Cu-EDTP　　　　　　　　　　$pK_{不稳}^{\ominus} = 15.4$

试按总稳定常数（$K_{稳}^{\ominus}$）从大到小，把它们排列起来。

（乙二胺＞EDTA＞磺基水杨酸＞乙酰丙酮＞EDTP＞柠檬酸＞酒石酸）

12-5 写出并配平方程式，计算反应平衡常数。

(1) 碘化银溶解在 NaCN 中。

(2) 溴化银微溶在氨水中，但当酸化溶液时又析出沉淀（分别写出两个方程式）。

$$[(1)\ 1.1\times10^5;\ (2)\ 5.9\times10^{-6},\ 5.3\times10^{23}]$$

12-6 计算 AgBr 在 $1.00\text{mol}\cdot\text{L}^{-1}$ $Na_2S_2O_3$ 中的溶解度。

500mL 浓度为 $1.00\text{mol}\cdot\text{L}^{-1}$ 的 $Na_2S_2O_3$ 溶液可溶解 AgBr 多少克？

$$(0.44\text{mol}\cdot\text{L}^{-1};\ 41\text{g})$$

12-7 电极反应 $Au^{3+}+3e^-\rightleftharpoons Au$ 的标准电极电势 $E^{\ominus}$ 为 1.50V，若向溶液中加入足够的 Cl^- 以形成 $[AuCl_4]^-$，而且使溶液中平衡 Cl^- 浓度为 $1.00\text{mol}\cdot\text{L}^{-1}$，电极电势降为 1.00V。计算反应 $Au^{3+}+4Cl^-\rightleftharpoons [AuCl_4]^-$ 的配位平衡常数（$K_{稳}^{\ominus}$）。

$$(2\times10^{25})$$

12-8 某溶液中原来 Fe^{3+} 和 Fe^{2+} 的浓度相等，若向溶液中加入 KCN 固体使 CN^- 浓度为 $1.0\text{mol}\cdot\text{L}^{-1}$，计算这时电极反应 $Fe^{3+}+e^-\rightleftharpoons Fe^{2+}$ 的电极电势是多少？

$$(0.36\text{V})$$

12-9 将 $AgNO_3$ 溶液（20mL，$0.025\text{mol}\cdot\text{L}^{-1}$）与 NH_3（2.0mL，$1.0\text{mol}\cdot\text{L}^{-1}$）混合，所得溶液的 $[Ag(NH_3)_2]^+$ 浓度是多少？在此溶液中再加 KCN（2.0mL，$1.0\text{mol}\cdot\text{L}^{-1}$），所得溶液中 $[Ag(NH_3)_2]^+$ 浓度是多少（忽略 CN^- 水解）？配位反应的方向与配合物稳定性关系如何？

$$(0.023\text{mol}\cdot\text{L}^{-1};\ 6.8\times10^{-16}\text{mol}\cdot\text{L}^{-1})$$

12-10 已知 $[M(NH_3)_2]^+$ 的 $\lg\beta_1\sim\lg\beta_4$ 为 2.0，5.0，7.0，10.0；$[M(OH)_4]^{2-}$ 的 $\lg\beta_1\sim\lg\beta_4$ 为 4.0，8.0，14.0，15.0，在浓度为 $0.10\text{mol}\cdot\text{L}^{-1}$ 的 M^{2+} 溶液中，滴加氨水至溶液中的游离 NH_3 浓度为 $0.010\text{mol}\cdot\text{L}^{-1}$，pH=9.0。试问溶液中的主要存在形式是哪一种？浓度为多大？若将 M^{2+} 溶液用 NaOH 和氨水调节至 pH≈13.0 且游离氨浓度为 $0.010\text{mol}\cdot\text{L}^{-1}$，则上述溶液中的主要存在形式是什么？浓度又为多少？

$$([M(NH_3)_4]^{2+},\ 8.2\times10^{-2}\text{mol}\cdot\text{L}^{-1};\ [M(OH)_4]^{2-},\ 5.0\times10^{-2}\text{mol}\cdot\text{L}^{-1})$$

12-11 在 pH=9.26 的氨性缓冲液中，除氨配合物之外的缓冲剂总浓度为 $0.20\text{mol}\cdot\text{L}^{-1}$，游离 $C_2O_4^{2-}$ 浓度为 $0.10\text{mol}\cdot\text{L}^{-1}$，已知 Cu(Ⅱ)-$C_2O_4^{2-}$ 配合物的 $\lg\beta_1=4.5$，$\lg\beta_2=8.9$；Cu(Ⅱ)-OH 配合物的 $\lg\beta_1=6.0$，计算 Cu^{2+} 的总副反应系数 α_{Cu}。

$$(2.3\times10^9)$$

12-12 在 pH=6.0 的溶液中，含有 $0.020\text{mol}\cdot\text{L}^{-1}$ Zn^{2+} 和 $0.020\text{mol}\cdot\text{L}^{-1}$ Cd^{2+}，游离酒石酸根（Tart）浓度为 $0.20\text{mol}\cdot\text{L}^{-1}$，加入等体积的 $0.020\text{mol}\cdot\text{L}^{-1}$ EDTA，计算 $\lg K_{CdY}^{\ominus\prime}$ 和 $\lg K_{ZnY}^{\ominus\prime}$ 值。已知 Cd^{2+}-Tart 的 $\lg\beta_1=2.8$，Zn^{2+}-Tart 的 $\lg\beta_1=2.4$，$\lg\beta_2=8.32$，酒石酸在 pH=6.0 时的酸效应可忽略不计。

$$(6.48;\ -2.48)$$

12-13 浓度均为 $0.0100\text{mol}\cdot\text{L}^{-1}$ 的 Zn^{2+}，Cd^{2+} 混合溶液，加入过量 KI，使终点时游离 I^- 浓度为 $1\text{mol}\cdot\text{L}^{-1}$，在 pH=5.0 时，以二甲酚橙作指示剂，用等浓度的 EDTA 滴定其中的 Zn^{2+}，计算 (1) EDTA 的总副反应系数 α_Y；(2) 条件稳定常数 $K_{ZnY}^{\ominus\prime}$；(3) 化学计量点时金属离子 Zn^{2+} 的平衡浓度 pZn_{sp}；(4) 终点误差 E_t。

$$[(1)\ 10^{8.70};\ (2)\ 10^{7.80};\ (3)\ 5.05;\ (4)\ -0.22\%]$$

12-14 欲要求 $|E_t|\leqslant0.20\%$，实验检测终点时 $\Delta pM=0.38$，用 $2.00\times10^{-2}\text{mol}\cdot\text{L}^{-1}$ EDTA 滴定等浓度的 Bi^{3+}，最低允许的 pH 值为多少？若检测终点时，$\Delta pM=1.0$，则最低允许 pH 值又为多少？

$$(0.64;\ 0.90)$$

12-15　在 pH＝5.0 的缓冲溶液中，用 $0.0020\text{mol} \cdot \text{L}^{-1}$ EDTA 滴定 $0.0020\text{mol} \cdot \text{L}^{-1}$ Pb^{2+}，以二甲酚橙作指示剂，在下述情况下，终点误差各是多少？

(1) 使用六亚甲基四胺缓冲溶液（不与 Pb^{2+} 配位）。

(2) 使用 HAc-NaAc 缓冲溶液，终点时，缓冲剂总浓度为 $0.31\text{mol} \cdot \text{L}^{-1}$；已知：$Pb(Ac)_2$ 的 $\beta_1 = 10^{1.9}$，$\beta_2 = 10^{3.3}$，pH＝5.0 时，$\lg K_{PbIn}^{\ominus\prime} = 7.0$，HAc 的 $K_a^{\ominus} = 10^{-4.74}$。

$$[(1)\ -0.007\%;\ (2)\ -0.96\%]$$

12-16　在 pH＝10.00 的氨性缓冲溶液中含有 $0.020\text{mol} \cdot \text{L}^{-1}$ Cu^{2+}，若以 PAN（吡啶偶氮萘酚）作指示剂，用 $0.020\text{mol} \cdot \text{L}^{-1}$ EDTA 滴至终点，计算终点误差。（终点时，游离氨为 $0.10\text{mol} \cdot \text{L}^{-1}$，$pCu_{ep} = 13.8$）

$$(-0.34\%)$$

12-17　利用掩蔽剂定性设计在 pH5～6 时测定 Zn^{2+}，$Ti(IV)$，Al^{3+} 混合溶液中各组分浓度的方法（以二甲酚橙作指示剂）。

12-18　测定水泥中 Al^{3+} 时，因为含有 Fe^{3+}，所以先在 pH＝3.5 条件下加入过量 EDTA，加热煮沸，再以 PAN 为指示剂，用硫酸铜标准溶液返滴定过量的 EDTA。然后调节 pH＝4.5，加入 NH_4F，继续用硫酸铜标准溶液滴至终点。若终点时，$[F^-]$ 为 $0.10\text{mol} \cdot \text{L}^{-1}$，$[CuY]$ 为 $0.010\text{mol} \cdot \text{L}^{-1}$，计算 FeY 有百分之几转化为 FeF_3？（pH＝4.5 时，$\lg K_{CuIn}^{\ominus\prime} = 8.3$）

$$(0.029\%)$$

12-19　葡萄糖酸钙 $[M(C_{12}H_{22}O_{14}Ca \cdot H_2O) = 448.4]$ 的含量测定如下：试样 0.5500g，滴定用去浓度 $0.04985\text{mol} \cdot \text{L}^{-1}$ 的 EDTA 标准溶液 24.50mL，计算葡萄糖酸钙的含量。

$$(99.56\%)$$

12-20　称取干燥 $Al(OH)_3$ 凝胶 0.3986g 于 250mL 容量瓶中，溶解后吸取 25.00mL，准确加入 25.00mL 浓度为 $0.05000\text{mol} \cdot \text{L}^{-1}$ 的 EDTA 标准溶液，过量的 EDTA 用 $0.05000\text{mol} \cdot \text{L}^{-1}$ 的锌标准溶液滴定。用去 15.02mL，计算样品中 Al_2O_3 的质量分数。

$$(63.81\%)$$

12-21　测定铅锡合金中 Pb、Sn 含量时，称取试样 0.2000g，用 HCl 溶解后，准确加入 50.00mL $0.03000\text{mol} \cdot \text{L}^{-1}$ EDTA，50mL 水，加热煮沸 2min，冷后，用六亚甲基四胺将溶液调至 pH＝5.5，以二甲酚橙作指示剂，用 $0.03000\text{mol} \cdot \text{L}^{-1}$ Pb^{2+} 标准溶液滴定，用去 3.00mL。然后加入足量 NH_4F，加热至 40℃ 左右，再用上述 Pb^{2+} 标准溶液滴定，用去 35.00mL，计算试样中 Pb 和 Sn 的质量分数。

$$(37.30\%;\ 62.32\%)$$

12-22　某退热止痛剂为咖啡因，盐酸喹啉和安替比林的混合物，为测定其中咖啡因的含量，称取试样 0.5000g，移入 50mL 容量瓶中，加入 30mL 水、10mL $0.35\text{mol} \cdot \text{L}^{-1}$ 四碘合汞酸钾溶液和 1mL 浓盐酸，此时喹啉和安替比林与四碘合汞酸根生成沉淀，以水稀至刻度，摇匀。将试液干过滤，移取 20.00mL 滤液于干燥的锥形瓶中，准确加入 5.00mL $0.3000\text{mol} \cdot \text{L}^{-1}$ $KBiI_4$ 溶液，此时质子化的咖啡因与 BiI_4^- 反应：

$$(C_8H_{10}N_4O_2)H^+ + BiI_4^- \rightleftharpoons (C_8H_{10}N_4O_2)HBiI_4 \downarrow$$

干过滤，取 10.00mL 滤液，在 pH 3～4 的 HAc-NaAc 缓冲液中，以 $0.0500\text{mol} \cdot \text{L}^{-1}$ EDTA 滴至 BiI_4^- 的黄色消失为终点，用去 6.00mL EDTA 溶液。计算试样中咖啡因 $(C_8H_{10}N_4O_2)$ 的质量分数。

$$(72.82\%)$$

第 13 章 主族元素

(Main Group Element)

从本章起将系统地讨论周期系中各族元素的单质及其化合物的化学即元素化学。在所有已发现的元素中，氧是地壳中分布最广的元素，其次是 Si，这两种元素的总质量约占地壳的 75%。含量较多的前 12 种元素的总质量占地壳的 99.5%。其余 80 种元素仅占 0.5%，说明元素在地壳中的分布是很不均匀的。在化学上按习惯将元素分为普通元素和稀有元素 (Rare Elements)。所谓稀有元素一般是指在自然界含量少，或被人们发现较晚，或对其研究较少，或比较难以提炼，以致在工业上应用较晚的元素，如 Mo、W、Pt、Ga、Ge 等。事实上，有些元素如 B、Au 的含量虽少，但因硼矿较为集中，Au 早已被人们所认识，把它们归入普通元素，有些元素在地壳中的含量并不少，如 Ti，由于冶炼困难，在相当长时间里影响了人们对它的了解和应用，因而也被列入稀有元素，显然，对于普通元素的和稀有元素的划分是相对的。

在自然界中，只有少数元素（如稀有气体、O_2、N_2、S、C、Au、Pt 等）以单质的形态存在。大多数元素以化合态存在，而且主要以氧化物、硫化物、卤化物和含氧酸盐的形式存在。

13.1 氢和稀有气体

(Hydrogen and Noble Gases)

13.1.1 氢的成键特征

氢原子的电子层构型是 $1s^1$，电负性为 2.2。在化学反应中，氢原子与其他元素的原子化合时，表现出以下的成键特征。

① 离子键 氢原子可获得一个电子形成 H^-，再和其他高正电性的离子形成盐型氢化物，H^- 的半径在 130～150pm 之间。

氢原子丢失一个电子形成 H^+，因其半径极小（约 0.0015pm），除气态离子束外，H^+ 必定和其他分子或离子结合形成 H_3O^+、NH_4^+ 等离子，再和其他异号离子通过离子键结合成化合物。

② 共价单键 氢原子常以共价单键和除稀有气体以外的其他非金属元素形成多种多样的共价型氢化物。氢原子的共价单键半径为 32pm。

③ 金属键 在非常高的压力和很低温度下，例如 250 GPa 和 77 K 条件下，H_2 分子转变成直线形氢原子链 H_n，使固态分子氢转变成金属相，在其中氢原子间通过金属键相互结合在一起，H_2 能被许多种金属和合金大量吸附，以原子状态存在于金属原子之间的空隙之中，以金属键和金属相结合。

④ 氢键 氢键以 X—H⋯Y 表示，其中 X 和 Y 都是电负性较高的原子，如 F、O、N 等，Cl 和 C 在某些条件下也参与形成氢键。在这些体系中，X—H 键的一对成键电子和 Y 原子的一对孤对电子参加成键，所以氢键是三中心四电子（3c-4e）键。

⑤ 氢分子配键　在一些过渡金属配位化合物中，H_2 能和金属原子 M 从侧面配位成键，如下所示：

$$M\underset{H}{\overset{H}{\rule{0pt}{0pt}\mid}}$$

⑥ 缺电子多中心氢桥键　在硼烷等化合物中，H 原子可和硼原子等形成三中心二电子（3c-2e）缺电子多中心键：

⑦ 过渡金属氢化物中的 M—H 键　在过渡金属氢化物中，H 原子能以多种形式和金属原子 M 成键，如

$$M—H \qquad H{\underset{M\quad M}{}} \qquad M\text{---}M$$

⑧ C—H→M 桥键　在一些有机金属化合物中，M 原子能够把和它配位的碳氢基团中 C—H 上的 H 原子抓住靠在它的近旁，形成 C—H→M 桥键，半个箭头的符号是形式上表示从 H 原子提供 2 个电子给 M 的空轨道共用。例如，在 $HFe_4(\eta^2\text{-}CH)(CO)_{12}$ 中就含有 C—H→Fe 桥键（如图 13-1 所示），该结构已用 X 射线衍射和中子衍射实验测定。

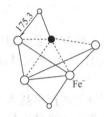

图 13-1　包含 C—H→Fe 键 $HFe_4(\eta^2\text{-}CH)(CO)_{12}$ 的结构（CO 未示出）

13.1.2　氢化物

氢与其他元素形成的二元化合物叫做氢化物。除稀有气体外，大多数元素几乎都能与氢结合形成氢化物。根据元素电负性的大小不同，可以将氢化物分为离子型氢化物、共价型氢化物和金属型氢化物，各类氢化物在周期表中的分布列于表 13-1 中。

表 13-1　各类氢化物在周期中的分布

Li	Be											B	C	N	O	F
Na	Mg											Al	Si	P	S	Cl
K	Ca	Sc	Ti	V	Cr	Mn	Fe	Co	Ni	Cu	Zu	Ga	Ge	As	Se	Br
Rb	Sr	Y	Zr	Nb	Mo	Tc	Ru	Rh	Pd	Ag	Cd	In	Sn	Sb	Te	I
Cs	Ba	La~Lu	Hf	Ta	W	Re	Os	Ir	Pt	Au	Hg	Tl	Pb	Bi	Po	At
离子型氢化物		金属型氢化物										共价型氢化物				

(1) 离子型氢化物

离子型氢化物又称为类盐型氢化物。当氢与电负性很小的碱金属和碱土金属（铍、镁除外）直接化合时，氢原子倾向于获得一个电子，成为 H^-，生成离子型氢化物。对这类氢化物的晶体结构研究表明，碱金属氢化物晶体呈立方系的 NaCl 结构，碱土金属氢化物晶体类似于 $BaCl_2$ 的结构，并同 $PbCl_2$ 和 $CaCl_2$ 的结构极近似。离子型氢化物的熔点、沸点较高，熔融时能够导电。常温下它们都是白色盐状晶体，常因含少量金属而显灰色。这类氢化物不溶于非水溶剂，但能溶解在熔融的碱金属卤化物中。

离子型氢化物可以在常压下利用金属单质与氢在 $300\sim700℃$ 的条件下直接化合而生成。

离子型氢化物可与水发生强烈反应，放出氢气，反应如下：

$$MH + H_2O \longrightarrow MOH + H_2 \uparrow$$
$$MH_2 + 2H_2O \longrightarrow M(OH)_2 + 2H_2 \uparrow$$

反应活性由锂到铯、钙到钡而增大，氢化钙的活泼性远不如氢化锂。CaH_2 与水温和地反应放出氢气，LiH、SrH_2 和 BaH_2 则猛烈地反应，而 NaH 到 CsH 则极为剧烈地反应，NaH 与水反应放出大量热而能使产生的氢气燃烧起来，RbH 和 CsH 甚至可以在干燥空气中燃烧。碱金属氢化物与氧化剂发生极剧烈的反应，遇到强氧化剂时甚至有发生爆炸的危险。

离子型氢化物具有良好的还原性能，在高温下可以还原金属氯化物、氧化物和含氧酸盐。例如：

$$TiCl_4 + 4NaH \xrightarrow{\text{高温}} Ti + 4NaCl + 2H_2 \uparrow$$
$$TiO_2 + 2LiH \xrightarrow{\text{高温}} Ti + 2LiOH \uparrow$$

离子型氢化物在非水极性溶剂中能和一些缺电子化合物结合形成复合氢化物，例如

$$2LiH + B_2H_6 \xrightarrow{\text{乙醚}} 2LiBH_4$$
$$4NaH + AlBr_3 \xrightarrow{\text{二甲醚}} NaAlH_4 + 3NaBr$$

类似的复合氢化物还很多。这类氢化物是强的还原剂，广泛用于无机和有机合成中。例如 $LiAlH_4$ 与四氯化硅在乙醚溶液中的反应如下：

$$LiAlH_4 + SiCl_4 \longrightarrow SiH_4 + LiCl + AlCl_3$$

甲硅烷的产率基本上是定量的。在当前，用 $LiAlH_4$ 还原 $SiCl_4$ 制备甲硅烷的反应用于工业规模生产半导体材料纯硅。它们作为野外生氢剂十分方便，但价格昂贵。

$$LiAlH_4 + 4H_2O \longrightarrow Al(OH)_3 + LiOH + 4H_2 \uparrow$$

(2) 共价型氢化物

共价型氢化物又称为分子型氢化物。由于氢与 p 区元素（稀有气体以及铟、铊除外）的电负性差别不太大，它们彼此化合时，以共价键相结合形成共价型氢化物。这类氢化物属于分子型晶体，且有较低的熔点和沸点，在通常条件下多为气体。共价型氢化物涉及的 p 区元素很多，所形成的共价键的极性差别较大，因此它们的化学性质比较复杂。例如，碳、锗、锡、磷、砷、锑等的氢化物在水中不发生反应，而硅、硼的氢化物同水作用放出氢气。

(3) 金属型氢化物

金属型氢化物又称为过渡金属氢化物。在一定的条件下，氢与 d 区元素和 s 区的铍和镁及 p 区的铟和铊可形成金属型氢化物。从组成上看，这类氢化物大多不固定，通常是非化学计量的，例如 $TaH_{0.76}$、$H_fH_{1.98}$、$VH_{0.71}$ 等。它们既不同于离子型氢化物，也不同于共价型氢化物。目前认为在多数情况下，过渡元素氢化物是它们的单质金属吸收的氢气，以原子态氢进入金属晶格之间形成的一类氢化物，因此过渡型氢化物又叫"间隙（间充）化合物"（Interstitial Compounds）。过渡金属吸氢后，晶格胀大，如钯 Pd 的晶格常数 $a = 388.1pm$，当吸收不同体积氢气后，晶格常数变为 $a = 389.4 \sim 408.0pm$。因此它们的密度比相应金属小，而离子型氢化物的密度比相应金属大，这是过渡型氢化物和离子型氢化物显著的差别。

13.1.3 稀有气体

稀有气体——氦、氖、氩、氪、氙、氡组成周期系中的零族，也称为零族元素。由于它

们的化学性质很不活泼，过去人们曾认为稀有气体与其他元素之间不会发生化学反应，将零族元素称为"惰性气体"。

Bartlett 合成了第一个稀有气体化合物。当他用六氟化铂与氧分子进行反应，合成出新的化合物 $O_2^+[PtF_6]^-$ 时，他考虑到氧分子的第一电离能（1180kJ·mol^{-1}）和氙的第一电离能（1170kJ·mol^{-1}）接近，同时还估算了 $XePtF_6$ 的晶格能跟 O_2PtF_6 的晶格能相差不多，认为氙有可能被六氟化铂氧化而生成 $XePtF_6$。于是他将等体积的 PtF_6 与 Xe 混合，在室温下合成出橙黄色的固体，其化学式为 $XePtF_6$。

$XePtF_6$ 被合成以后，人们已合成了数百种稀有气体化合物。迄今为止，对稀有气体化合物研究得比较多的主要是氙的含氟、含氧的化合物。

在一定条件下，氙可以跟非金属单质 F_2 直接反应，生成三种稳定的氙的氟化物：

$$Xe + nF_2 \longrightarrow XeF_{2n} \quad (n=1、2、3)$$

反应的主要产物取决于 Xe 与 F_2 的混合比例和反应条件。

显然，XeF_2 和 XeF_4 跟过量的 F_2 作用可以分别转化为 XeF_4 和 XeF_6

$$XeF_2 + F_2 = XeF_4$$
$$XeF_4 + F_2 = XeF_6$$

氪和氡的氟化物也被合成，如 KrF_2、KrF_4 及 RnF_4 等。

氙的氟化物既是强氧化剂，又是优良的氟化剂，作为氧化剂时，能将许多物质氧化。例如

$$XeF_2 + 2I^- = Xe + I_2 + 2F^-$$
$$XeF_4 + 4HCl = Xe + 4HF + 2Cl_2$$
$$3XeF_4 + 4BCl_3 = 4BF_3 + 6Cl_2 + 3Xe$$
$$2XeF_6 + SiO_2 = 2XeOF_4 + SiF_4$$

后一反应说明不能用玻璃或石英制品装盛氟化氙，要用镍制容器。

氙的氟化物都能与水反应，但反应性能不同。XeF_2 溶于水，在稀酸中缓慢地水解，而在碱溶液中迅速分解生成氙。

$$XeF_2 + H_2O = Xe + \frac{1}{2}O_2 + 2HF$$

XeF_4 水解时发生歧化反应

$$6XeF_4 + 12H_2O = 2XeO_3 + 4Xe + 24HF + 3O_2$$

XeF_6 遇水猛烈反应，低温下水解较平稳，不完全水解的产物是 $XeOF_4$。

$$XeF_6 + H_2O = XeOF_4 + 2HF$$

完全水解时，可得到 XeO_3

$$XeF_6 + 3H_2O = XeO_3 + 6HF$$

另外，作为 Lewis 酸，氟化氙还能同其他氟化物发生加合反应，形成 $[XeF_7]^-$ 和 $[XeF_8]^{2-}$。

除了 XeO_3、$XeOF_4$ 外，氙的含氧化物还有 XeO_4，氙酸盐和高氙酸盐等。XeO_3 是一种无色透明、易潮解、易爆炸的晶体，具有很强的氧化性，能将盐酸氧化成氯气，把 Br^- 氧化成 BrO_3^-，把 Mn^{2+} 氧化成 MnO_4^-，它还可以把伯醇、仲醇、一元羧酸、二元羧酸氧化成二氧化碳。

实验证明，当 pH>10.5 时，XeO_3 与碱作用生成 $HXeO_4^-$

$$XeO_3 + OH^- \rightleftharpoons HXeO_4^-$$

$HXeO_4^-$ 在碱性溶液中缓慢水解歧化为高氙酸盐和 Xe，碱的浓度越高，歧化反应速度越快，

$$2HXeO_4^- + 2OH^- \longrightarrow 2XeO_6^{4-} + Xe + O_2 + 2H_2O$$

高氙酸也是一种强氧化剂。高氙酸盐跟浓硫酸反应生成四氧化氙。

$$Na_4XeO_6 + 2H_2SO_4(浓) \longrightarrow XeO_4 + 2Na_2SO_4 + 2H_2O$$

值得注意的是，氙的化合物作为氧化剂时，其还原产物在多数情况下只是 Xe，不会给反应体系引入其他杂质，而且产物 Xe 还可以循环使用。

氙的主要化合物及某些性质列于表 13-2 中。

表 13-2 氙的主要化合物及某些性质

氧化态	化合物	形式	熔点/K	分子构型	性质
II	XeF_2	无色晶体	402	直线形	易水解，易溶于 HF 中
IV	XeF_4	无色晶体	390	平面四方形	稳定，强氧化剂，遇水歧化，不太稳定
	$XeOF_2$	无色晶体	304		
VI	XeF_6	无色晶体	323	变形八面体	稳定，水解猛烈，强氧化剂
	$XeOF_4$	无色液体	227	四方锥	稳定
	XeO_3	无色晶体	—	三角锥	易潮解，易爆炸，在溶液中稳定，强氧化剂
VIII	XeO_4	无色气体	—	四面体	易爆炸
	XeO_6^{4-}	无色盐	—	八面体	强氧化性，也以 $HXeO_6^{3-}$、$H_2XeO_6^{3-}$ 等形式存在

13.2 s 区元素
(The s-Block Elements)

13.2.1 s 区元素概述 (Outlines of The s-Block Elements)

s 区元素包括 I A 族的碱金属元素和 II A 族的碱土金属元素，它们是金属活泼性最强的两族元素。

13.2.1.1 碱金属元素

周期系第 I A 族元素称为碱金属 (Alkali Metal)，包括锂 (Lithium，Li)、钠 (Sodium，Na)、钾 (Potassium，K)、铷 (Rubidium，Rb)、铯 (Cesium，Cs)、钫 (Francium，Fr) 六种元素。由于本族元素的氧化物溶于水呈强碱性，因而得名碱金属。碱金属在自然界中均以化合物的形式存在，其中钠和钾的元素丰度较大，分布也十分广泛。而锂、铷、铯在自然界中的丰度较小，属于稀有金属。钫是放射性元素。

碱金属元素价电子层结构可以用通式 ns^1 表示。由于结构上的相似性，所以这些元素在化学性质上也有许多相似性。由原子结构和元素周期系的有关知识可知：在周期表中，每一个碱金属的出现都标志着一个新周期的开始。碱金属的原子半径是同周期元素中最大的，第一电离能是同周期元素中最小的，极易失去最外层惟一的价电子，形成具有稳定的 8 电子构型（锂为 2 电子构型）的氧化态为 +1 的化合物。碱金属元素的第二电离能远远大于其第一电离能，它们通常不显示其他氧化态。从上到下，随着碱金属元素的原子半径递增，其电离能、电子亲和能及电负性递减，元素的金属活泼性依次增强。

碱金属元素的电负性都很小。因此当这些元素同一些电负性较大的元素反应时生成的化

合物大多为离子型的（锂除外，其化合物大多为共价型的），但在某些情况下也可表现出一定的共价性。例如，碱金属气态双原子分子（Na_2、Cs_2）是以共价键结合的。

　　碱金属单质的物理性质取决于它们的原子结构。由于碱金属元素的原子半径大，价电子少（只有 1 个），故金属的内聚力很弱。因此，碱金属单质的密度小，都是典型的轻金属；硬度小，通常可用小刀切割；熔点低，在常温下就能形成液态合金，其中最重要的合金有钠钾合金及钠汞齐。钠钾合金因其比热大、液化范围宽，可用作核反应堆的冷却剂。钠汞齐因还原性缓和，常用作有机合成反应中的还原剂。此外，碱金属单质都具有良好的导电性和延展性，对光也十分敏感，其中铯是制造光电池的良好材料。锂的用途也十分广泛。例如，锂及其合金是理想的高能燃料；锂电池是一种高能电池；$LiBH_4$ 是一种良好的贮氢材料；锂在核动力技术中也有重要的应用等。

13.2.1.2　碱土金属

　　周期系第ⅡA族元素称为碱土金属（Alkaline Earth Metal），包括铍（Beryllium，Be）、镁（Magnesium，Mg）、钙（Calcium，Ca）、锶（Strontium，Sr）、钡（Barium，Ba）、镭（Radium，Ra）六种元素。由于本族元素钙、锶、钡的氧化物的性质介于"碱性的"碱金属氧化物和"土性的"难熔氧化物（Al_2O_3）之间，故称之为碱土金属。现在习惯上把铍和镁也包括在内。碱土金属在自然界中主要以矿石的形式存在。此外，海水中含有大量的镁盐，生物体的硬组织中含有大量的钙盐等。本族元素中的铍属于稀有金属，镭是放射性元素。

　　碱土金属原子的最外层电子结构是 ns^2。碱土金属原子比相邻的碱金属原子多一个核电荷，核电荷的增加使核对外层电子的引力增强，因而碱土金属原子半径较同周期的碱金属为小，电离能和电负性要大些，失电子的倾向减弱。但是在整个元素周期系中，碱土金属仍是相当活泼的金属元素，都能与水反应置换出 H_2。

　　从元素的电离能来看，碱土金属要失去第二个电子似乎很困难（第二电离能约为第一电离能的 2 倍），但实际上生成化合物时所释放出的能量足以使第二个电子也失去。碱土金属的第三电离能太大，要失去第三个电子几乎是不可能的。因此，本族元素的主要氧化态为 +2。除铍外，碱土金属的化合物大多是离子型的，从镁到钡，随离子半径递增，离子的极化作用递减，化合物的离子性增强。从上到下，随着碱土金属元素的原子半径递增，其电离能和电负性依次减小，元素的金属活泼性依次增强。

　　由于碱土金属原子有 2 个价电子，与同周期碱金属相比，它们的原子半径较小，因此它们的密度、硬度都比碱金属的大。由于本族元素形成的金属键比碱金属的强，有较高的内聚力和高得多的熔点和沸点。由于本族金属的晶体结构不同（铍、镁六方晶格，钙、锶立方晶格，钡体心立方晶格），所以熔点变化没有很强的规律。

13.2.2　单质的还原性（Reductive Properties of Simple Substances）

　　碱金属和碱土金属单质最突出的化学性质是强还原性。它们都能直接或间接地与卤素、氧、硫、氮、磷等电负性较大的非金属元素反应，生成相应的化合物。另外，它们的强还原性还体现在以下三个方面。

13.2.2.1　与氧的反应

　　碱金属与氧（或臭氧）作用能生成以下几种氧化物：普通氧化物 M_2O、过氧化物 M_2O_2、超氧化物 MO_2 和臭氧化物 MO_3。

　　(1) 普通氧化物（Oxide）

　　碱金属与氧直接反应时，只有锂能生成 Li_2O，而钠的产物是 Na_2O_2，钾、铷、铯的产物

是 KO_2、RbO_2、CsO_2。其余的碱金属普通氧化物只能用间接的方法制备。例如，可以用碱金属还原过氧化物、硝酸盐或亚硝酸盐来制备钠或钾的普通氧化物。形成氧化物的反应：

$$4Li+O_2 \Longrightarrow 2Li_2O$$
$$2M+O_2 \Longrightarrow 2MO(M=Be、My、Ca、Sr、Ba)$$
$$Na_2O_2+2Na \Longrightarrow 2Na_2O$$
$$2MNO_3+10M \Longrightarrow 6M_2O+N_2\uparrow(M=K、Rb、Cs)$$
$$MCO_3 \Longrightarrow MO+CO_2$$
$$2M(NO_3)_2 \Longrightarrow 2MO+4NO_2\uparrow+O_2\uparrow$$
$$2KNO_3+10K \Longrightarrow 6K_2O+N_2$$

碱金属普通氧化物均为固体，颜色从 Li_2O 到 Cs_2O 依次加深；熔点依次降低；热稳定性依次降低。碱金属氧化物 M_2O 与水作用生成相应的 MOH；其中 Li_2O 与水作用缓慢，Rb_2O 和 Cs_2O 遇水即发生燃烧，甚至爆炸。

碱土金属的氧化物都是白色固体，除 BeO 外，均为 $NaCl$ 型的离子化合物。由于碱土金属离子带有两个单位正电荷，离子半径较小，所以氧化物的熔点高，除 BeO 外，从 MgO 到 BaO 熔点依次下降。经过煅烧的 BeO 和 MgO 难溶于水，而 CaO、SrO、BaO 同水猛烈反应，生成相应的氢氧化物并放出大量热。

(2) 过氧化物（Peroxide）

碱金属均可生成过氧化物 M_2O_2。M_2O_2 中存在着过氧离子 $[-O-O-]^{2-}$，氧的氧化数为 -1。

$$2Na+O_2 \Longrightarrow Na_2O_2$$
$$MO+H_2O_2+7H_2O \Longrightarrow MO_2 \cdot 8H_2O(M=Ca、Sr、Ba)$$

M_2O_2 中最重要的是 Na_2O_2。Na_2O_2 为淡黄色粉末，对热稳定，但易吸潮，与水或稀酸作用时生成过氧化氢 H_2O_2，H_2O_2 易分解放出氧气：

$$2H_2O_2 \Longrightarrow O_2\uparrow+2H_2O$$

基于以上反应 Na_2O_2 常被用作氧气发生剂或漂白剂。在潮湿的空气中 Na_2O_2 与 CO_2 反应也会放出 O_2：

$$2Na_2O_2+2CO_2 \Longrightarrow 2Na_2CO_3+O_2\uparrow$$

因此，Na_2O_2 还可用作防毒面具的填料，高空飞行和潜水作业时的供氧剂和 CO_2 吸收剂。Na_2O_2 具有强氧化性。例如，它能将 Fe^{3+} 和 Cr^{3+} 氧化为 $+6$ 氧化态的化合物；在分析化学中，常利用该反应分解矿物。此外，Na_2O_2 具有强碱性，熔融时不宜使用石英或陶瓷容器，可采用铁或镍制的容器。

碱土金属中除 Be 外，其余元素均可生成过氧化物。

BaO_2 是较重要的碱土金属过氧化物。在 $773\sim793K$ 时将氧气通过 BaO，得到 BaO_2：

$$2BaO+O_2 \Longrightarrow 2BaO_2$$

BaO_2 与稀 H_2SO_4 反应生成 H_2O_2：

$$BaO_2+H_2SO_4(稀) \Longrightarrow BaSO_4\downarrow+H_2O_2$$

(3) 超氧化物（Superoxide）

除锂外碱金属均可形成超氧化物 MO_2。实验表明，在 MO_2 晶体中存在着 O_2^-。

$$M+O_2 \xrightarrow{NH3(1)} MO_2(M=Na、K、Rb、Cs)$$

超氧化物都是强氧化剂，与水剧烈反应生成 H_2O_2 和 O_2；与 CO_2 反应也可放出 O_2：

$$2MO_2 + 2H_2O =\!=\!= H_2O_2 + O_2\uparrow + 2MOH$$
$$4MO_2 + 2CO_2 =\!=\!= 3O_2\uparrow + 2M_2CO_3$$

因此 MO_2 常用于急救器材中，用以除去 CO_2 并再生 O_2。

碱土金属中除 Be、Mg 外，其余元素均可生成超氧化物。它们是在高压下，将氧气通过加热的过氧化物，可得到不纯的超氧化物 MO_4。其热稳定性依 $CaO_4 \to SrO_4 \to BaO_4$ 顺序而下降。

(4) 臭氧化物（Ozonide）

臭氧 O_3 与 K、Rb、Cs 的氢氧化物作用，可得到相应的臭氧化物 MO_3：

$$3KOH(s) + 2O_3(g) =\!=\!= 2KO_3(s) + KOH\cdot H_2O(s) + 1/2O_2(g)$$

MO_3 不稳定，可缓慢地分解为 MO_2 和 O_2；MO_3 与水剧烈地反应，生成氢氧化物和 O_2：

$$2MO_3 =\!=\!= 2MO_2 + O_2$$
$$4MO_3 + 2H_2O =\!=\!= 4MOH + 5O_2\uparrow$$

13.2.2.2　与氢的反应

碱金属以及碱土金属中较活泼的钙、锶、钡在氢气中加热，可以生成离子型氢化物。它们都是白色离子晶体，外表似盐，熔点较高；在熔融态具有导电性，当电解熔融氢化物时，在阴极析出金属，在阳极产生氢气，事实表明这些氢化物是由金属正离子和负氢离子 H^- 组成，所以可用 MH 和 MH_2 表示。

由于负氢离子极易与质子结合成 H_2 分子，所以这些氢化物遇水或醇都能产生氢气：

$$MH + H_2O =\!=\!= MOH + H_2\uparrow$$
$$MH + ROH =\!=\!= MOR + H_2\uparrow$$

原因是 H^- 与水或醇电离出来的 H^+ 结合成为 H_2。

在离子型氢化物中 LiH 最稳定，其他氢化物加热未到熔点时便分解，这可能是 Li 的原子半径特别小的原因。

这些氢化物都具有强还原性，如 LiH 溶于乙醚中，常用于有机合成的还原剂。NaH、CaH_2 也是常用的还原剂。

四氢合铝化锂（氢化锂铝，$LiAlH_4$）已广泛地应用在有机合成上，它是氢化锂和无水三氯化铝在乙醚溶液中的反应产物：

$$4LiH + AlCl_3 =\!=\!= LiAlH_4 + 3LiCl$$

$LiAlH_4$ 在干燥空气中稳定，遇水则激烈作用放出 H_2：

$$LiAlH_4 + 4H_2O =\!=\!= LiOH + Al(OH)_3 + 4H_2\uparrow$$

它具有很强的还原性，能够将许多有机官能团还原，例如将醛、酮、羧酸等还原为醇，将硝基还原成氨基等。

13.2.2.3　与水的反应

碱金属均可与水剧烈反应放出 H_2 生成强碱 MOH：

$$M + H_2O =\!=\!= MOH + \frac{1}{2}H_2\uparrow \qquad M=碱金属$$

其中锂与水反应较缓慢，因为锂生成溶解度较小的 LiOH 覆盖在锂的表面，缓和了锂与水的作用。钠与水反应剧烈，钾、铷、铯遇水即发生燃烧，甚至发生爆炸，因为钠、钾、铷、铯熔点低，剧烈反应时放出的热可使其熔化成液态，并聚成球状浮在水面。从标准电极电势看，锂的还原性应大于铯，但在实际反应中锂的活泼性小于钠。这是因为单质锂的熔点较高，反应时放出的热量不足以使它熔化成小球或液体，分散性较差，因而降低了锂的反应活性。此外，反应产物 LiOH 的溶解度较小，覆盖在金属表面上，也阻碍了反应的进行。

虽然碱金属标准电极电势很负，具有很强的还原性，但由于与水的强烈作用，所以实际上不能从水溶液中置换盐溶液中的金属离子。在干态下，高温时碱金属能夺取氧化物中的氧或氯化物中的氯。

碱土金属中，铍和镁与水作用时，表面生成致密的氧化物保护膜，因而对水稳定。钙、锶、钡容易与水作用：

$$Ca + 2H_2O \Longrightarrow Ca(OH)_2 + H_2 \uparrow$$

在干态或水溶液中同碱金属一样，碱土金属具有很强的还原性。但由于它们与水的作用，所以实际上不能用来还原水溶液中的其他物质。在干态下，它们的还原反应得到广泛的应用。例如在高温下钙和镁常作为还原剂。

13.2.3 氢氧化物的碱性 (Basicity of The Hydroxides)

13.2.3.1 碱金属及碱土金属的氢氧化物

碱金属及碱土金属的氢氧化物都是白色固体，放置在空气中易吸水潮解，固体 NaOH 和 Ca(OH)$_2$ 是很好的干燥剂。除 LiOH 外，碱金属氢氧化物均易溶于水，溶解度从 NaOH 到 CsOH 依次增大，溶解时会放出大量的溶解热；而碱土金属的氢氧化物在水中的溶解度小，从 Be(OH)$_2$ 到 Ba(OH)$_2$ 溶解度递增。

碱金属氢氧化物最突出的化学性质是强碱性，所以又称它们为苛性碱 (Caustic Alkali)。氢氧化钠（又称苛性钠或烧碱）和氢氧化钾（又称苛性钾）是最常用的强碱，也是重要的化工原料和化学试剂。现以 NaOH 为例讨论碱金属氢氧化物的强碱性。

作为强碱，NaOH 有一系列的碱性反应，可与 Al$_2$O$_3$、B、SiO$_2$、CO$_2$ 等反应；当 NaOH 与卤素等非金属单质反应时，非金属发生歧化反应：

$$X_2 + 2NaOH \Longrightarrow NaX + NaXO + H_2O$$
$$3S + 6NaOH \Longrightarrow 2Na_2S + Na_2SO_3 + 3H_2O$$

NaOH 固体必须密封保存，以免吸收空气中的 CO$_2$ 和 H$_2$O。但市售 NaOH 固体总难免会含有 Na$_2$CO$_3$，当需要不含 Na$_2$CO$_3$ 杂质的 NaOH 溶液时，可先制备 NaOH 饱和溶液，密闭静置，使 Na$_2$CO$_3$ 沉淀析出，然后取上层清液，用煮沸后冷却的新鲜蒸馏水稀释到所需浓度。

氢氧化钠能腐蚀玻璃，其固体或浓溶液不能用玻璃容器存放，实验室盛放 NaOH 试液的瓶子要用橡皮塞而不能用玻璃塞，因 NaOH 能与玻璃中的主要成分 SiO$_2$ 反应，生成黏性的 Na$_2$SiO$_3$，将瓶塞和瓶口粘在一起。

碱土金属氢氧化物的碱性小于碱金属氢氧化物，其中 Be(OH)$_2$ 为两性氢氧化物，Mg(OH)$_2$ 为中强碱，其余为强碱。

13.2.3.2 氢氧化物的碱性

关于碱金属、碱土金属氢氧化物的碱性强弱，以及氢氧化物是否显两性或显酸性的问题可作如下讨论：

以 ROH 表示氧化物的水合物（氢氧化物），它在水溶液中有两种离解方式：

$$R\text{—}O\text{—}H \longrightarrow R^+ + OH^- \qquad 碱式离解$$
$$R\text{—}O\text{—}H \longrightarrow RO^- + H^- \qquad 酸式离解$$

ROH 以哪种离解方式为主，还是两种方式兼而有之，主要取决于 R 的电荷（Z）与半径（r）的比值 $\left(\dfrac{Z}{r}\right)$。卡特雷奇（G. H. Cartledge）将 R 的电荷半径比定义为离子势（Ionic Potential），用 Φ 表示：

$$\Phi = \frac{R \text{ 的电荷}}{R \text{ 的半径}} = \frac{Z}{r}$$

Φ 值越大，R 的极化作用越强，吸引—OH 氧原子电子云的能力越强，O—H 键被削弱得越多，越容易发生酸式离解 R—O⋯H。相反，Φ 值越小，R 的极化作用越弱，R—O 键较弱，易发生碱式离解 R⋯O—H。

用 Φ 判断 ROH 酸碱性的经验公式如下：

$$\sqrt{\Phi} < 7 \text{ 时} \qquad \text{ROH 显碱性}$$

$$\sqrt{7} < \sqrt{\Phi} < 10 \text{ 时} \qquad \text{ROH 显两性}$$

$$\sqrt{\Phi} > 10 \text{ 时} \qquad \text{ROH 显酸性}$$

表 13-3 列出了第 ⅡA 族元素和第三周期元素最高氧化态氢氧化物的酸碱性与 $\sqrt{\Phi}$ 的关系。

表 13-3　第 ⅡA 族元素和第三周期元素最高氧化态氢氧化物的酸碱性与 $\sqrt{\Phi}$ 的关系

物质	$Be(OH)_2$	$Mg(OH)_2$	$Ca(OH)_2$	$Sr(OH)_2$	$Ba(OH)_2$	NaOH	$Mg(OH)_2$
$\sqrt{\Phi}$	8.0	5.5	4.5	4.2	3.8	3.2	5.5
酸碱性	两性	中强碱	强碱	强碱	强碱	强碱	中强碱
物质	$Al(OH)_3$	H_2SiO_3	H_3PO_4	H_2SO_4	$HClO_4$		
$\sqrt{\Phi}$	7.7	9.9	12.1	14.4	16.4		
酸碱性	两性	弱酸	中强酸	强酸	极强酸		

由表 13-3 可归纳出以下几点：① 对同一族元素而言，R^{n+} 的电荷数相同，但 R^{n+} 的半径从上到下依次增大，Φ 值递减，$R(OH)_n$ 的碱性增强；②对同一周期的元素而言，从左到右 R^{n+} 的电荷数依次增大，半径依次减小，Φ 值递增，$R(OH)_n$ 的酸性增强；③对同一元素不同氧化态的 $R(OH)_n$ 而言，高氧化态时 Φ 值大酸性强，氧化态时 Φ 值小碱性强。

要指出的是，用 Φ 值判断 $R(OH)_n$ 的离解方式及酸碱性强弱，是从实验导出的经验规则，并不适用于周期系中所有的元素，因为 $R(OH)_n$ 在水中的离解方式及其离解倾向的强弱，除了与 R 的电子层构型、电荷及半径有关外，还与其他因素有关。这一经验公式通常只适用于次外层为 8 电子构型的主族元素氢氧化物。

13.2.4　盐的性质（Properties of The Salts）

碱金属及碱土金属盐类常见的有：卤化物、硫酸盐、硝酸盐、碳酸盐、磷酸盐和硫化物等，此处仅讨论碱金属及碱土金属盐的某些共同的特性。

13.2.4.1　溶解性

碱金属盐类的最大特征之一是易溶性。几乎所有的常见碱金属盐类都易溶于水，如卤化物、碳酸盐、硝酸盐、硫酸盐、磷酸盐等，且在水中完全电离。只有离子半径很小的锂有较多的难溶盐，例如 LiF、Li_2CO_3、Li_3PO_4、$LiKFeIO_6$（高碘酸铁钾锂）等。其余的碱金属离子因半径大，只有少数半径大的阴离子才能与它们形成难溶盐，并且碱金属离子的半径越大，难溶盐的数量越多，如 $Na[Sb(OH)_6]$（锑酸钠）、$KHC_4H_4O_6$（酒石酸氢钾）、$KClO_4$、K_2PtCl_6、$KB(C_6H_5)_4$、$K_2Na[Co(NO_2)_6]$（六硝基合钴酸钠钾）、Rb_2SnCl_6（六氯合锡酸铷）等。

一般认为，金属离子为 8 电子构型的离子型盐类有以下溶解性规律：①离子所带电荷数少，半径大的盐易溶。例如，碱金属盐的溶解度大于同类型的碱土金属盐；②组成盐的正、负离子半径相差较大时，盐的溶解度随阳离子半径增大而减小，相反，当阴离子半径较小时，盐的溶解度随阳离子半径增大而增大。例如，I^- 的半径较大，其碱金属盐的溶解度从 $Li \rightarrow Cs$ 递减，F^- 的半径较小，其碱金属盐的溶解度从 $Li \rightarrow Cs$ 递增；③组成盐的正、负离子半径相近时，溶解度较小。例如，Na^+、K^+ 的半径较大，其难溶盐一般都由大阴离子组成，通常称为"相差相溶"。

碱土金属盐类的重要特性之一是它们的难溶性，这与碱金属盐的易溶性形成了鲜明的对比。在碱土金属盐中，除硝酸盐、氯化物易溶，氯酸盐、高氯酸盐和醋酸盐可溶外，碱土金属的碳酸盐、磷酸盐、草酸盐、氟化物、硫酸盐（$MgSO_4$ 除外）、铬酸盐（$MgCrO_4$ 除外）等均难溶于水。其中硫酸盐和铬酸盐的溶解度按 Ca、Sr、Ba 的顺序依次降低。但是，这些难溶盐的酸式盐通常可溶。例如，难溶性硫酸盐与浓硫酸作用时可生成硫酸氢盐而显著溶解：

$$MSO_4(Ca、Sr、Ba) + H_2SO_4(浓) \Longrightarrow M(HSO_4)_2$$

向碳酸盐悬浮液中通入过量的 CO_2，沉淀将转变成可溶性的碳酸氢盐，加热溶液，CO_2 被驱出，又生成碳酸盐沉淀。例如：

$$CaCO_3 + CO_2 + H_2O \Longrightarrow Ca^{2+} + HCO_3^-$$

磷酸盐、草酸盐、铬酸盐等均可溶解在稀盐酸或稀硝酸中：

$$Ca_3(PO_4)_2 + 4H^+ \Longrightarrow 3Ca^{2+} + 2H_2PO_4^-$$

$$CaC_2O_4 + H^+ \Longrightarrow Ca^{2+} + HC_2O_4^-$$

$$2BaCrO_4 + 2H^+ \Longrightarrow 2Ba^{2+} + Cr_2O_7^{2-} + H_2O$$

因此，这些盐的沉淀反应，需在近中性或弱碱性条件下进行。

13.2.4.2　热稳定性

通常，碱金属盐具有较高的热稳定性。在高温时，卤化物挥发而不发生分解；硫酸盐既不挥发也不分解；碳酸盐除 Li_2CO_3 在 1543K 以上分解为 Li_2O 和 CO_2 外，其余的也难分解；仅硝酸盐的热稳定性较差，加热时发生以下分解反应：

$$4Li_2NO_3 \xrightarrow{773K} 2Li_2O + 2N_2O_4 \uparrow + O_2 \uparrow$$

$$2NaNO_3 \xrightarrow{653K} 2NaNO_2 + O_2 \uparrow$$

碱土金属离子带有两个单位正电荷，其半径较相应的碱金属小，即极化力强，因此碱土金属盐的离子键特征较碱金属的差，但随着碱土金属离子半径的增大，键的离子性增强。例如碱土金属氯化物的熔点由 Be 到 Ba 依次增高。盐分解温度亦依次增高。碱土金属的盐类热稳定性较碱金属相应盐类的差，但在常温下均为热稳定性盐。

13.3　p 区元素
(The p-Block Elements)

周期系第Ⅲ～第Ⅶ主族元素原子的最外层分别有 2 个 s 电子和 1～5 个 p 电子。这些元素构成 p 区元素。

13.3.1　卤族元素 (The Halogen Family Elements)

周期系中第ⅦA 族包括氟（Flourtine，F）、氯（Chlorine，Cl）、溴（Bromine，Br）、

碘（Iodine，I）、砹（Astatine，At）五种元素，称为卤族元素，简称卤素。

13.3.1.1 卤素的成键特征

卤素原子的价层电子组态为 ns^2np^5，与稀有气体的八电子稳定结构相比仅缺少一个电子，因此卤素原子都有获得一个电子成为卤离子（X$^-$）的强烈趋势。卤素中氯的电子亲和能最大，并按 Cl、Br、I 顺序依次减小。卤素的原子半径随原子序数增加而依次增大，但与同周期元素相比较，原子半径较小，故卤素都有较大的电负性。卤素的第一电离能都较大，说明它们失去电子的倾向较小，随原子序数增加卤素电离能依次降低。

氯、溴、碘原子价电子层都有可参与成键的 nd 轨道，当这些元素与电负性更大的元素（如氟、氧）化合时，这些元素原子的 d 轨道参加成键，原来成对的 p 电子拆开进入 nd 轨道，然后与电负性大的元素原子通过共用电子对形成极性共价键，共用电子对偏向电负性大的元素。因此这些元素可以表现更高的氧化态（+1、+3、+5、+7）。p 区第三周期以后的元素原子 nd 轨道参与成键是普遍现象，如硫原子的 d 轨道参加成键后，它的氧化数可达到 +2、+4、+6 等。

在卤素性质中，氟表现出反常的变化规律，例如，虽然氟的电负性很大，但它的电子亲和能却小于氯；氟没有表现出与氯、溴、碘相似的高氧化态等。这主要是因为氟原子的外层电子结构为 $2s^22p^5$，价层没有 d 轨道，又具有最小的半径的缘故。氟原子核周围的电子云密度较大，当它接受一个外来电子时，电子间的斥力增大，部分抵消了氟原子接受一个电子成为氟离子（F$^-$）时放出的能量。氟的原子半径最小，电负性最大，因此氟具有最强的氧化性。氟原子价电子层中没有可被利用的 d 轨道，氟的电负性在所有元素中又居首位，所以通常它不表现出正氧化态，它的化合物中正常氧化数只可能是 -1。

13.3.1.2 卤素的物理化学性质

卤素单质的一些性质列于表 13-4 中。

表 13-4 卤素单质的一些性质

性 质	氟	氯	溴	碘
聚集状态(298K, $p^{\ominus}$)	气	气	液	固
颜色	淡黄	黄绿	红棕	紫黑
单质的熔点/K	53.38	172.02	265.95	386.5
单质的沸点/K	84.86	238.95	331.76	457.35
单质的密度/g·L^{-1}	1.108(1)	1.57(1)	1.12(1)	4.93(s)
分子离解能/kJ·mol^{-1}	154.8	239.7	190.16	148.95
溶解度(293K)/g·100g 水$^{-1}$	分解水放出 O_2	0.732(反应)	3.58	0.029

(1) 物理性质

卤素单质由双原子分子组成。这些分子均为非极性分子，分子间的结合力为色散力，这种力随分子量的增加而增大，因此，卤素单质的熔点、沸点、密度等物理性质都按氟—氯—溴—碘的顺序依次递增。

卤素单质在固态时都是典型的分子晶体，熔点、沸点都比较低，在常温下，将氯加压到约 600kPa 或常压下将氯气冷却到 239K 时，气态氯可转化为液态氯。固态碘具有较高的蒸气压，在加热时固态碘可直接转化为气态碘而升华，可以利用这一性质对碘进行纯制。

卤素单质的分子是非极性分子，在极性溶剂中溶解度不大。氟与水相遇剧烈反应，放出氧气。氯和溴的水溶液称为氯水和溴水，它们在水中不仅有单纯的溶解，而且还有不同程度的反应。碘在水中溶解度极小，但易溶于碘化物溶液（如碘化钾）中，这主要是由于形成溶

解度很大的 I_3^- 的缘故。实验室常用此反应获得浓度较大的碘水溶液。氯、溴、碘在有机溶剂如乙醇、四氯化碳、乙醚、苯、氯仿、二硫化碳等中的溶解度比在水中的溶解度大得多，并呈现一定的颜色。

卤素单质均有刺激性气味，强烈刺激眼、鼻、喉、气管的黏膜。空气中含有 0.01% 氯时，就会引起严重的氯气中毒。此时，可吸入酒精和乙醚的混合气体解毒，吸入少量氨气也有缓解作用，但不能进行人工呼吸急救。

（2）化学性质

卤素单质最突出的化学性质是它们的氧化性，即强烈地夺取一个电子的能力。其氧化性按氟—氯—溴—碘的顺序依次减弱。

卤素单质的化学性质可以概括为以下几个方面。

① 与单质作用

a. 与金属作用　氟能强烈地与所有金属直接作用，生成高价氟化物。氟与铜、镁、镍作用时，由于在金属表面生成一层氟化物膜而阻止了氟与它们的进一步作用，因此氟可以储存在铜、镁、镍或它们的合金制成的容器中。

氯也能和各种金属作用，有的需要加热，反应也较为剧烈。氯在干燥的情况下不与铁作用，因此可将氯储存于铁罐中。

溴和碘在常温下可以和活泼金属作用，与其他金属的反应需要加热。

$$nX_2 + 2M = 2MX_n$$

上式中 M 是指多数金属元素，n 是指金属的氧化态。

b. 与非金属作用　氟几乎与所有的非金属元素（除氧、氮外）都能直接化合，甚至在低温下，氟仍能和溴、碘、硫、磷、砷、硅、碳、硼等非金属剧烈反应，产生火焰或炽热，这是因为生成的氟化物具有挥发性，它们的生成并不妨碍非金属表面与氟的进一步作用。氟和稀有气体直接化合形成多种类型的氟化物，如 XeF_2、XeF_4 和 XeF_6。

氯可以与大多数非金属单质直接化合，反应程度不如氟剧烈。溴、碘的活泼性比氯差。

c. 与氢作用　卤素单质都能与氢直接化合：

$$X_2 + H_2 = 2HX$$

但反应的剧烈程度表现出卤素单质化学活泼性的不同。氟在低温和暗处即可与氢化合，放出大量的热并引起爆炸；氯与氢在暗处室温下反应非常慢，但在加热（523K 以上）或强光照射下，发生爆炸；在紫外线照射时或加热至 648K 时，溴与氢可发生作用，但剧烈程度远不如氯；碘和氢的反应，则需要更高的温度，并且作用不完全。

从上述卤素单质与金属、非金属、氢气作用的反应条件和反应剧烈程度可见，氟、氯、溴、碘的化学活泼性是依次减弱的。

② 卤素间的置换反应

根据 X_2/X^- 的标准电极电势数据可知，卤素的氧化能力和卤离子的还原能力大小顺序为：

氧化能力　$F_2 > Cl_2 > Br_2 > I_2$

还原能力　$I^- > Br^- > Cl^- > F^-$

因此，按 F→Cl→Br→I 的次序，前面的卤素单质（X_2）可以将后面的卤素从它们的卤化物中置换出来。例如：

$$Cl_2 + 2Br^- = 2Cl^- + Br_2$$

$$Cl_2 + 2I^- = 2Cl^- + I_2$$

$$Br_2 + 2I^- = 2Br^- + I_2$$

这类反应在工业上常用来制备单质溴和碘。

③ 与水（酸、碱）作用

卤素单质与水可以发生两种类型的反应。

a. 对水的氧化作用：

$$X_2 + H_2O \Longrightarrow 2H^+ + 2X^- + \frac{1}{2}O_2$$

F_2 无论在酸、水、碱中均剧烈作用放出氧气；Cl_2 只有在光照下，才缓慢使水氧化放出氧气。溴与水作用放出氧气的速率极慢。

b. 卤素在水中的歧化：

$$X_2 + H_2O \Longrightarrow H^+ + X^- + HXO$$

除氟外，氯、溴、碘在水中 298.15K 均可以发生这类反应。但是，常温标准态下氯在水中歧化反应不完全，而溴和碘可认为实际上不发生歧化反应。

歧化反应的平衡移动与氢离子浓度有关，若增加 H^+，平衡向左移动，歧化反应受到阻碍。当 H^+ 浓度为 $1mol \cdot L^{-1}$ 时，氯、溴、碘均不发生歧化反应，换句话说，氯、溴、碘在酸中都能稳定存在。

若向溶液中增加 OH^-，平衡向右移动，歧化反应可以发生，当 OH^- 浓度为 $1mol \cdot L^{-1}$ 时，氯、溴、碘均要发生歧化反应，即氯、溴、碘在碱中不能稳定存在。反应方程式为：

$$Cl_2 + 2OH^- \Longrightarrow Cl^- + ClO^- + H_2O$$
$$Br_2 + 2OH^- \Longrightarrow Br^- + H_2O + BrO^-$$

另外，次卤酸根在碱性溶液中也是不稳定的，还要发生歧化反应：

$$3XO^- \Longrightarrow 2X^- + XO_3^-$$

因此，在室温时将溴或碘溶于碱溶液中，发生的反应实际上是：

$$3Br_2 + 6OH^- \Longrightarrow 5Br^- + BrO_3^- + 3H_2O$$
$$3I_2 + 6OH^- \Longrightarrow 5I^- + IO_3^- + 3H_2O$$

13.3.1.3　卤化氢和氢卤酸

卤素和氢形成的二元化合物叫卤化氢，它们的水溶液称为氢卤酸。

（1）卤化氢和氢卤酸的物理性质

卤化氢是具有强烈刺激臭味的无色气体，它们的性质一般按照 $HF \rightarrow HCl \rightarrow HBr \rightarrow HI$ 的次序呈规律性的变化，其中 HF 又有许多特殊性。

卤化氢的熔点、沸点按 $HCl \rightarrow HBr \rightarrow HI$ 的顺序逐渐升高，这是因为卤化氢分子间范德华力随分子量的增加依次增大的结果。按此规律，HF 的分子量最小，熔、沸点就应更低，而事实上，它的熔点比 HBr 的高，沸点比 HI 的还高，这一反常现象是 HF 分子之间存在着氢键，使分子发生缔合而引起的。实验证明，氟化氢无论是气态、液态或固态，都有不同程度的缔合。在固态时，氟化氢由无限长的锯齿形链组成。如下图所示：

在液态和气态时，还存在较稳定的五分子和六分子的缔合体，也有 H_4F_4、H_3F_3、H_2F_2 等聚合分子存在。随温度的升高，缔合程度下降，当超过 353K 时，氟化氢基本上由单个 HF 分子组成。

卤化氢是极性分子，极易溶于水。如在 273K 时，1 体积水可溶解 500 体积的 HCl。氟化氢在 273K 时能无限地溶于水是和它与水分子形成氢键分不开的。

　　氟化氢、氯化氢、溴化氢、碘化氢溶于水分别生成氢氟酸、氢氯酸（盐酸）、氢溴酸和氢碘酸。除氢氟酸外，其余的氢卤酸都是强酸，在水溶液中全部电离为 H^+ 和 Cl^-。它们又都是易挥发的酸，常压下蒸馏氢卤酸（不论是稀酸或浓酸），溶液的组成和沸点都会不断改变，但最后都会达到溶液组成和沸点恒定不变状态，此时的溶液叫做恒沸溶液。

（2）卤化氢和氢卤酸的化学性质

卤化氢和氢卤酸的化学性质主要表现在以下几个方面：

① 热稳定性

所谓热稳定性是指卤化氢受热分解成单质反应进行的难易：

$$HX \Longrightarrow \frac{1}{2}H_2 + \frac{1}{2}X_2$$

它们的热稳定性按 HF→HCl→HBr→HI 的顺序依次减弱。

② 还原性

卤化氢或氢卤酸的还原性，实际上是指 HX 失去电子的能力。

$$HX - e^- \Longrightarrow \frac{1}{2}X_2 + H^+$$

卤化氢或氢卤酸都有还原性，其还原能力按 HF 至 HI 的顺序依次增强。氢碘酸在常温下可以被空气中的氧所氧化：

$$4H^+ + 4I^- + O_2 \Longrightarrow 2I_2 + 2H_2O$$

氢溴酸和氧的反应很难；而盐酸不能被氧所氧化，但在强氧化剂如 $KMnO_4$、$K_2Cr_2O_7$ 等作用下可表现出还原性；至今尚未能发现氧化氢氟酸的化学试剂。

卤化氢或氢卤酸的还原性强弱顺序可从卤素的电负性加以解释。电负性越大，卤离子吸引已得到的电子就越牢固，就越不易再失去，卤离子的还原性也就越弱。

③ 酸性

除 HF 外，其他氢卤酸都是强酸，并按 HCl→HBr→HI 的顺序依次增强。

$$HF \Longrightarrow H^+ + F^- \qquad K^{\ominus} = 7.2 \times 10^{-4}$$

$$HF + F^- \Longrightarrow HF_2^- \qquad K^{\ominus} = 5.2$$

必须指出，HF 浓溶液（$5 \sim 15 mol \cdot L^{-1}$）是一种强酸，这主要是因为 HF 可结合溶液中的 F^- 形成较稳定的缔合离子 HF_2^-，其结果使 H^+ 浓度增大，以致成为强酸。因此我们说氢氟酸是弱酸，通常是指稀溶液（约 $0.1 mol \cdot L^{-1}$）。

氢氟酸的另一特性是它与二氧化硅或硅酸盐作用生成气态四氟化硅：

$$SiO_2 + 4HF \Longrightarrow 2H_2O + SiF_4 \uparrow$$

$$CaSiO_3 + 6HF \Longrightarrow CaF_2 + SiF_4 \uparrow + 3H_2O$$

因此，氢氟酸不能盛于玻璃容器中，一般贮存于塑料容器中。氢氟酸常用于蚀刻玻璃，分解硅酸盐以测定硅的含量。

HBr、HI 是强酸，因为它们易被氧化，通常要盛放在棕色瓶中，HI 溶液中被氧化生成的 I_2 可加入少量 Cu 屑除去（Cu 和 I_2 作用生成 CuI 沉淀而除去）。

实验室中可利用以下反应制备少量的 HBr 和 HI（过滤除去生成的 S）：

$$X_2(aq) + H_2S(aq) \Longrightarrow 2HX(aq) + S \quad (X = Br, I)$$

13.3.1.4 卤化物

卤化物一般是指卤素和其他元素组成的二元化合物。除氦、氖、氩外，所有其他元素都能形成卤化物。因此卤化物是最重要的无机化合物之一。

（1）卤化物的分类

卤化物可根据组成元素的不同，分为金属卤化物和非金属卤化物，也可根据它们的性质分为离子型（盐型）卤化物和共价型（分子型）卤化物。

① 非金属卤化物

硫、氮、磷、碳、硅、硼等非金属都能和卤素形成卤化物，所有非金属卤化物都是共价型卤化物。它们的分子间作用力是微弱的范德华力，所以，这类卤化物大多数易挥发，熔、沸点较低。

同一非金属和不同卤素的卤化物，其熔沸点按由氟化物至碘化物的顺序递增，这主要是由于分子间的范德华力随分子量增加而增大的缘故。如：

	SiF_4	$SiCl_4$	$SiBr_4$	SiI_4
熔点/K	183	203	278	394
沸点/K	187	331	423	563

② 金属卤化物

金属卤化物的情况则比较复杂。有的属于共价型，有的属于离子型，还有的介于这两者之间，称为过渡型。一种金属与卤素作用究竟形成哪种类型卤化物，主要取决于金属离子的极化力和卤素离子的变形性。一般说来，金属离子半径越小、电荷越高，其极化能力越强，卤化物的共价性越显著；卤素离子半径越小，越不容易变形，其卤化物的离子性越强。因此，碱金属（锂除外）、碱土金属（铍除外）等低价金属离子的卤化物基本上属熔点、沸点较高（一般将沸点高于 673K 的卤化物作为离子型卤化物，低于 673K 的作为共价型卤化物）的离子型卤化物，而 Al^{3+} 的卤化物多为共价型或过渡型卤化物。如：

	NaCl	$MgCl_2$	$BeCl_2$	$AlCl_3$
熔点/K	1074	987	678	466
沸点/K	1738	1670	700	456（升华）
	离子型		过渡型	共价型

对同一金属不同卤素的卤化物来说，因卤离子半径 F^- 至 I^- 依次增大，变形性逐渐增强，键的共价成分依次增大，卤化物将由离子型向共价型过渡，它们的熔点、沸点依次降低。例如：

	NaF	NaCl	NaBr	NaI
熔点/K	1269	1074	1020	933
沸点/K	2060	1738	1720	1577

对于具有多种价态的金属，其高价态的卤化物共价性强，熔点、沸点也较低。例如：

	$SnCl_2$	$SnCl_4$	$PbCl_2$	$PbCl_4$
熔点/K	520	239	774	258
沸点/K	925	388	1226	378

（2）卤化物的水解反应

卤化物与水作用是卤化物最特征的一类反应。离子型卤化物大多数易溶于水，在水中电离成金属离子和卤离子。共价型卤化物绝大多数遇水立即发生水解反应。如：

$$BF_3 + 3H_2O \longrightarrow H_3BO_3 + 3HF$$
$$SiCl_4 + 4H_2O \longrightarrow H_4SiO_4 + 4HCl$$
$$PCl_3 + 3H_2O \longrightarrow H_3PO_3 + 3HCl$$
$$BrF_5 + 4H_2O \longrightarrow H_3BrO_4 + 5HF$$

一般生成含氧酸和氢卤酸。这一过程通常认为是水分子中氧原子上的孤对电子首先进攻中心原子，然后消去卤化氢分子，依次逐步进行而实现的。如 $SiCl_4$ 是极易水解的，这是因为 Si 属第二周期元素，外层具有能量较低、易于参与成键的 3d 空轨道，当 $SiCl_4$ 遇水时，H_2O 分子中 O 原子的一对孤对电子首先填入 Si 原子的一个 3d 空轨道，然后消去一个 HCl 分子，反应继续进行造成的。

通常条件下，CCl_4 不水解，这是因为水分子无进攻之处的缘故。C 是第二周期元素。外层只有 2s、2p 轨道参与成键，并且在 CCl_4 分子中 C 的成键能力已饱和，不能再接受 H_2O 分子中 O 原子的孤对电子，因而无法水解。但若使用过热水蒸气来供给足够的能量时，C 原子第二层中能量较高的空轨道就可被利用，水解反应也能发生：

$$CCl_4 + H_2O(g) = COCl_2 + 2HCl$$

另外，一些共价型（或过渡型）的金属卤化物，常常含有结晶水。如 $MgCl_2 \cdot 6H_2O$、$ZnCl_2 \cdot 6H_2O$、$FeCl_3 \cdot 6H_2O$、$AlCl_3 \cdot 6H_2O$ 等。不能用加热的方法脱去结晶水，因为加热时它们先熔化并溶解在自己的结晶水中，然后发生水解作用。如：

$$MgCl_2 \cdot 6H_2O = Mg(OH)_2 + 2HCl\uparrow + H_2O$$

$$Mg(OH)_2 = MgO + H_2O\uparrow$$

有机合成中常用的无水 $FeCl_3$ 或无水 $AlCl_3$ 等，必须用干燥的氯气直接与金属作用制备，而无法在水溶液中制备。

13.3.1.5 卤素的含氧酸及其盐

氯、溴和碘可生成四种类型的含氧酸，分别为次卤酸（HXO）、亚卤酸（HXO）、卤酸（HXO_3）和高卤酸（HXO_4），其中卤素的氧化态分别为 +1、+3、+5、+7。在它们的含氧酸根离子结构中，卤素原子全都采用 sp^3 杂化态，故次卤酸根为直线形，亚卤酸根为 V 字形，卤酸根为三角锥形，高卤酸根为四面体形（图 13-2）。

次卤酸根离子　　　　亚卤酸根离子　　　　卤酸根离子　　　　高卤酸根离子

图 13-2　卤素含氧酸根结构

① 次卤酸及其盐

次卤酸都是极弱的一元酸，仅存在于溶液中，其酸强度按 HClO→HBrO→HIO 顺序依次减弱。

次卤酸最突出的性质是氧化性。它们都是强氧化剂，有两类反应：

$$2HXO = 2HX + O_2 \tag{1}$$

$$3HXO = 3H^+ + 2X^- + XO_3^- \tag{2}$$

这是两个能同时独立进行的平行反应，究竟以哪个反应为主，主要取决于外界条件。在光照或使用催化剂时，次卤酸几乎完全按式(1)进行。如果加热，则反应主要按式(2)进行，这是次卤酸的歧化反应。从它们的标准电极电势值可以看出，它们的反应趋势是：在酸性介质中，只有 HClO 可以自发发生歧化反应；而在碱性介质中，都能发生歧化反应，且趋势也都较大。

实验证明，XO^- 的歧化反应速率取决于物种和反应温度。对 ClO^- 来说，在室温或低于室温时，歧化反应速率极慢，当加热至 350K 时，反应速率急剧加快，生成 ClO_3^- 和 Cl^-；BrO^- 在室温时歧化速率已相当快，只有在 273K 左右温度下才能得到较稳定的 BrO^-，若在 323K 以上时，歧化反应进行完全，全部得到 BrO_3^- 和 Br^-；而对于 IO^-，其歧化反应速率在任何温度下都很快，进行得相当彻底，也就是说，碱性介质中不存在 IO^-。

次氯酸及次氯酸盐是强氧化剂，具有杀菌、漂白作用。例如将氯气通入 $Ca(OH)_2$ 中，就得到大家熟知的漂白粉。漂白粉是由 $Ca(ClO)_2$、$Ca(OH)_2$、$CaCl_2$ 等组成的混合物，其有效成分是 $Ca(ClO)_2$。

② 亚卤酸及其盐

亚卤酸也是弱酸，但比相应的次卤酸强，很不稳定，仅存于溶液中。已知的亚卤酸仅有亚氯酸 $HClO_2$，它存在于水溶液中，酸性强于次氯酸，为中强酸。

纯的亚氯酸溶液可用硫酸和亚氯酸钡溶液作用制取：

$$H_2SO_4 + Ba(ClO_2)_2 = BaSO_4 + 2HClO_2$$

过滤分离出硫酸钡，可得稀的亚氯酸溶液。亚氯酸的水溶液也不稳定，易发生如下分解反应：

$$8HClO_2 = 6ClO_2 + Cl_2 + 4H_2O$$

亚氯酸盐在溶液中较为稳定，有强氧化性，用作漂白剂。在固态时加热或撞击亚氯酸盐，则迅速分解发生爆炸。在溶液中加热可转化为氯酸盐和氯化物。

$$3NaClO_2 = 2NaClO_3 + NaCl$$

③ 卤酸及其盐

氯酸和溴酸可稳定存在于水溶液中，但浓度不可太高，当稀溶液加热时或浓度太高（氯酸超过 40%，溴酸超过 50%）时分解。卤酸的稳定性按 $HClO_3 \rightarrow HBrO_3 \rightarrow HIO_3$ 的顺序增大。

卤酸都是强酸，并按 $HClO_3$、$HBrO_3$、HIO_3 的顺序酸性依次减弱，其浓溶液都是强氧化剂。

卤酸盐通常用卤素单质在热的浓碱中歧化或氧化卤化物制得，即

$$3X_2 + 6KOH = KXO_3 + 5KX + 3H_2O \qquad (X = Cl, Br, I)$$

碘酸盐也可用碘化物在碱溶液中用氯气氧化得到：

$$KI + 6KOH + 3Cl_2 = KIO_3 + 6KCl + 3H_2O$$

卤酸盐中，氯酸钾最为重要，它在 630K 时熔化，约在 670K 时开始歧化分解：

$$4KClO_3 = 3KClO_4 + KCl$$

当使用 MnO_2 作催化剂时，氯酸钾在较低的温度下按下式分解：

$$2KClO_3 = 2KCl + 3O_2$$

固体氯酸钾是强氧化剂，当它与硫黄或红磷混合均匀，撞击时会发生猛烈爆炸。氯酸钾大量用于制造火柴、炸药的引信、信号弹和礼花等。

④ 高卤酸及其盐

用浓硫酸和高氯酸钾作用可以制取高氯酸：

$$KClO_4 + H_2SO_4(浓) = KHSO_4 + HClO_4$$

经减压蒸馏方法可以获得浓度为 60% 的市售 $HClO_4$。无水高氯酸是无色液体，不稳定，当温度高于 363K 时，发生爆炸分解：

$$4HClO_4 = 4ClO_2 + 3O_2 + 2H_2O$$
$$2ClO_2 = Cl_2 + 2O_2$$

因此使用和贮存无水高氯酸时应特别小心。但 $HClO_4$ 的水溶液是稳定的，浓度低于 60% 的 $HClO_4$ 加热近沸点也不分解。冷和稀的 $HClO_4$ 水溶液氧化能力低于 $HClO_3$，没有明显的氧化能力，但浓热的 $HClO_4$ 是强氧化剂，与有机物质可以发生猛烈作用。高氯酸是已知的

最强无机酸，在水溶液中完全解离为 H^+ 和 ClO_4^-。

过去曾长期认为高溴酸不存在，近年来人们用 F_2 或 XeF_2 将饱和 BrO_3^- 的碱性溶液氧化而获得成功：

$$F_2 + BrO_3^- + 2OH^- =\!=\!= BrO_4^- + 2F^- + H_2O$$

$$XeF_2 + BrO_3^- + H_2O =\!=\!= BrO_4^- + 2HF + Xe$$

将得到的 BrO_4^- 酸化，即可获得 $HBrO_4$。浓度为 55%（$6mol \cdot L^{-1}$）以下的 $HBrO_4$ 溶液能长期稳定存在，甚至在 373K 也不分解。但高于此浓度时高溴酸就不稳定。

高碘酸通常有两种形式，即正高碘酸（H_5IO_6）和偏高碘酸（HIO_4）。在强酸性溶液中主要以 H_5IO_6 形式存在。H_5IO_6 在 373K 时真空蒸馏，可逐步失水转化为 HIO_4。高碘酸的酸性比高氯酸弱得多（$K_1 = 2 \times 10^{-2}$，$K_2 = 4 \times 10^{-9}$，$K_3 = 1 \times 10^{-15}$）。但它的氧化性比高氯酸强，与一些试剂反应平稳而又快速，因此在分析化学上把它当做稳定的强氧化剂使用。如它可以把 Mn^{2+} 氧化为 MnO_4^-。在实验室中，高碘酸是通过硫酸酸化高碘酸钡，然后除去硫酸钡沉淀而制得：

$$Ba_5(IO_6)_2 + 5H_2SO_4 =\!=\!= 5BaSO_4 + 2H_5IO_6$$

浓缩溶液还可以制得晶体。

从上述讨论中可以看出，卤素含氧酸及其盐主要表现的性质是酸性、氧化性和稳定性。

13.3.2 氧族元素（The Oxygen Family Elements）

周期系第 VIA 族包括氧（Oxygen，O）、硫（Sulfur，S）、硒（Selenium，Se）、碲（Tellurium，Te）和钋（Polonium，Po）五种元素，称为氧族元素。除氧外，其他又称为硫族元素。

13.3.2.1 氧分子的结构和性质

氧原子的电子组态为 $2s^2 2p^4$，有两个自旋的平行的成单电子，第一电离能为 $1314kJ \cdot mol^{-1}$，其值比同族其他原子大得多。氧原子的共价单键半径为 $73 \sim 74pm$，O^{2-} 半径为 410pm，所有其他元素的离子半径都是由该离子半径推算而得。

氧分子 O_2 是唯一的具有顺磁性的偶数电子气态双原子分子，这一性质早在 1848 年就已发现，但直到分子轨道理论提出以后才得以圆满解释。

用分子轨道法处理 O_2 分子，不仅可以说明它的键合作用，而且可以解释氧的顺磁性，磁矩 $\mu = 2.83B.M.$，表明 O_2 分子中有两个成单电子。按照分子轨道法 O_2 分子结构简写成：

$$(\sigma_{1s})^2 (\sigma_{1s}^*)^2 (\sigma_{2s})^2 (\sigma_{2s}^*)^2 (\sigma_{2p_x})^2 (\pi_{2p_y})^2 (\pi_{2p_z})^2 (\pi_{2p_y}^*)^2 (\pi_{2p_z}^*)^2$$

这种排布结果是两个 π_{2p} 反键轨道各有一个单电子，自旋方向平行。所以，O_2 是一种双自由基，是顺磁性的。O_2 分子由一个 σ 键和两个三电子 π 键构成，键级为 2（净 σ 键级为 1，π 键级为 1），其中 π 键键能没有正常 π 键键能强，所以 O_2 分子键离解能实际上相当于 O=O 双键键能（$493.4kJ \cdot mol^{-1}$）。

O_2 的主要化学性质是它的氧化性，它能氧化各种无机或有机的物质。在这类反应中，O_2 常常采取 4 电子还原方式变成水：

$$O_2 + 4H^+ + 4e^- \longrightarrow 2H_2O$$

但有的时候，它可以采取单电子还原途径，先得到 1 个电子变成超氧离子（$\cdot O_2^-$）

$$O_2 + e^- \longrightarrow \cdot O_2^-$$

例如钾、铷和铯与 O_2 作用时形成橙色超氧化物。

这些超氧化物都有顺磁性，因为它们含有带单电子的 $\cdot O_2^-$。我们用一个点表示未成对电子。凡原子、分子或原子团带有未成对电子者，都称为自由基（Free Radical）。所以 $\cdot O_2^-$ 叫超氧离子自由基。在 O_2 与单电子还原剂发生氧化还原反应时，就可能这样作用。由单质钾转化成 K^+ 就是单电子氧化，所以 K 与 O_2 生成 KO_2。

超氧离子还可再获得一个电子变成过氧离子 O_2^{2-}，在水溶液中 O_2^{2-} 与 2 个 H^+ 结合形成 H_2O_2。H_2O_2 和过氧化物（如 Na_2O_2）没有不成对电子，不是自由基。由 $\cdot O_2^-$ 变成 H_2O_2 也需要一个单电子还原剂。但 $\cdot O_2^-$ 可以自氧化还原，即发生歧化作用：

$$2\cdot O_2^- \longrightarrow O_2^{2-} + O_2$$

其中，一个 $\cdot O_2^-$ 是氧化剂，一个是还原剂。金属钠在纯氧里燃烧时，生成过氧化钠而不是 NaO_2，与金属钾不同：

$$2Na + O_2 \longrightarrow Na_2O_2$$

过氧化氢中的氧仍然处于中间氧化态。它也能歧化：

$$2H_2O_2 \longrightarrow 2H_2O + O_2$$

这个反应就是通常讲的 H_2O_2 的分解。实质上是一个 H_2O_2 把 2 个电子给了另一个 H_2O_2，前者变回 O_2，后者变成水。

当 O_2 作为氧化剂去氧化某一还原剂时，可能发生 1 电子、2 电子或 4 电子还原，不能简单地认为 O_2 总是变成水。

13.3.2.2　氧化物和过氧化氢

(1) 氧化物

除某些稀有气体（主要是轻稀有气体）外，所有元素都能直接或间接与氧化合生成氧化物，其通式为 R_xO_y。氧化物的分类方法很多，现介绍三种分类方法。

① 氧化物按组成分类

a. 正常氧化物（普通氧化物）　氧以单个氧原子或离子与另一元素结合，氧的氧化数为 -2，另一元素也呈现正常氧化态，这类氧化物最为重要。例如 Na_2O、MgO、Al_2O_3、CO_2 等。

b. 过氧化物　如 H_2O_2、Na_2O_2、BaO_2 等，氧的氧化数为 -1，其中只有一个 σ 键，键级为 1，过氧化物中没有未成对电子，所以过氧化物呈抗磁性。

c. 超氧化物　如 KO_2，其中含有超氧离子 O_2^-。有一个 σ 键，一个三电子 π 键，因有未成对电子，所以超氧化物呈顺磁性并有颜色。

d. 臭氧化物　KO_3、NaO_3 它们是由金属离子和臭氧离子 O_3^- 所组成的，这类氧化物很不稳定，它们缓慢分解为超氧化物和氧气。

e. 复杂氧化物　如 Fe_3O_4、Pb_3O_4，这类氧化物实际上是一种具有一定酸性和另一种具有一定程度碱性的两性氧化物所组成的盐，因此有人称这类氧化物为盐型氧化物或假氧化物。如 Pb_3O_4 是由 $2PbO$ 和 PbO_2 结合起来的盐 Pb_2PbO_4。

② 氧化物按结构分类

氧化物按结构分为离子型氧化物和共价型氧化物。

a. 离子型氧化物　金属元素的氧化物大部分是离子型氧化物，如 Na_2O、BaO、MgO 等。离子型氧化物是典型的离子晶体，具有较高的熔沸点及较大的硬度。但有些金属，主要是过渡金属低氧化态的氧化物是离子型的，而高氧化态的金属离子，由于极化能力较强与 O^{2-} 相互作用的结果形成共价型氧化物。例如 MnO 是离子型的而 Mn_2O_7 则是共价型的（分子晶体），常温下是液体，熔点为 5.9K，而 MnO 的熔点高达 1785K。

b. 共价型氧化物　非金属氧化物、高氧化态金属阳离子的氧化物以及 p 区某些金属氧化物是共价型的。共价型氧化物多数在固态时是分子晶体，具有较低的熔沸点，如 CO_2、NO_2、P_4O_{10}、SO_2 等。少数共价氧化物是原子晶体，还有些则是链状结构和层状结构。

③ 氧化物按酸碱性分类

a. 碱性氧化物　多数金属氧化物呈碱性，如 Na_2O、CaO、FeO 等，它们溶于水显碱性。有些碱性氧化物不溶于水而溶于酸，如 FeO、MnO 等，它们能与酸反应，正是碱性氧化物的特性。

b. 酸性氧化物　非金属氧化物如 CO_2、P_4O_{10}、SO_2 等以及高氧化态的过渡金属氧化物如 Mn_2O_7、CrO_3 等都是酸性氧化物。氧化物呈明显的酸性，他们与水作用生成相应的酸。一些氧化物如 SiO_2，它不溶于水，但可和碱反应生成可溶性盐。

c. 两性氧化物　有些氧化物，如 ZnO、Al_2O_3、CuO、Cr_2O_3、Ga_2O_3、TiO_2 等，既显示碱性又显示酸性，称两性氧化物。

d. 中性氧化物　不显酸碱性的氧化物只有 CO 和 NO，既不和酸反应也不和碱反应，因此称它们为中性或惰性氧化物。综上所述，可以得出如下结论：

在同一周期中，随着原子序数的增加，氧化物的酸性增强，碱性减弱；

同一族元素中，随着原子序数的增加，氧化物的碱性增强，酸性减弱；

同一元素不同氧化态的氧化物，低氧化态的氧化物显碱性，高氧化态的氧化物显酸性，中间氧化态的氧化物显两性；

活泼金属氧化物显碱性，典型非金属氧化物显酸性或中性。

（2）过氧化氢

① 结构和物理性质

过氧化氢的分子式为 H_2O_2，俗称"双氧水"。纯净的过氧化氢是一种无色的液体，沸点为 151.4K，熔点为 $-0.89K$，它与水以任意比例相混合，市售双氧水为 30% 的过氧化氢水溶液。过氧化氢与水相似，都存在氢键，在固态液态时都能缔合，缔合度比水高得多。

经研究表明，过氧化氢分子中有一个过氧链—O—O—，每个氧原子上各连一个氢原子。过氧化氢的偶极矩为 2.13D，在 0℃ 时的介电常数为 89.2。这些物理性质说明 H_2O_2 分子为极性分子，它的分子结构并不是直线形，两个氢原子和两个氧原子并不在一个平面上。过氧化氢的分子结构见图 13-3，两个氢原子像在半展开的书本的两页纸上，两页纸面的夹角为 94°，氧原子处于书的夹缝上，O—H 键和 O—O 键之间的夹角为 97°。

(a)　　　　　　　　　　(b)

图 13-3　过氧化氢的分子结构

② 化学性质

过氧化氢是个极弱的酸，在水溶液中有微弱的电离

$$H_2O_2 + H_2O \Longrightarrow H_3O^+ + HO_2^- \qquad K_1 = 1.5 \times 10^{-12} \quad (25℃)$$

过氧化氢的第二步电离常数 K_2 很小，约 10^{-25}。不过和水相比过氧化氢仍具酸性。

过氧化氢不稳定，在常温下就可分解：

$$H_2O_2(l) =\!=\!= H_2O(l) + \frac{1}{2}O_2(g)$$

分解时放出热量，主要是因为过氧键的键能较低（138kJ·mol^{-1}），容易断裂，这一分解反应又是熵增过程，分解的自发倾向很强。但是过氧化氢分解反应的速率很慢，升高温度及有催化剂（MnO_2）分解反应迅速进行。当加热到153℃甚至更高温度时便会猛烈的分解，甚至发生爆炸。见光及遇见一些重金属离子也会加速 H_2O_2 的分解，因此在实验室里 H_2O_2 总是盛放在棕色瓶中并置于暗处。

过氧化氢具有氧化还原性，它的分子中存在过氧键，过氧键的键能较低、很容易断裂，所以化学性质较活泼；另一方面，过氧化氢中氧的氧化态为 -1，它既可以失去电子，氧化数升高为 0，又可获得电子，氧化数降低为 -2，因此 H_2O_2 既具有氧化性又具有还原性。由标准电极电势可知，过氧化氢在酸性溶液中是较强的氧化剂，它可以将 PbS 氧化为 $PbSO_4$，亦可将 KI 氧化为单质 I_2。用过氧化氢做氧化剂的好处是不引入其他杂质，其还原产物是 H_2O。当过氧化氢遇到强氧化剂时，它可作为还原剂参加反应，由标准电极电势可知过氧化氢在酸性和碱性介质中都可作还原剂，但在碱性介质中的还原能力大于在酸性介质中的还原能力。

13.3.2.3　硫化氢和硫化物

（1）硫化氢

硫化氢是一种无色、具有臭鸡蛋味的气体，比空气略重。硫化氢剧毒，使用这种气体时或反应放出这种气体时，必须在有效的通风条件下进行，空气中 H_2S 允许含量不得超过 $0.01mg·L^{-1}$。实验室中用金属硫化物和稀酸作用来制备硫化氢。如：

$$FeS(s) + H_2SO_4 =\!=\!= FeSO_4 + H_2S\uparrow$$

H_2S 分子结构呈 V 型，是一个极性分子，但极性弱于水分子，并且分子间形成氢键的倾向很小，所以硫化氢的熔点（187K）和沸点（202K）都比水低得多。干燥的硫化氢在室温下不与空气中的氧发生作用，但点燃时能在空气中燃烧，产生蓝色火焰：

$$2H_2S + 3O_2 =\!=\!= 2SO_2 + 2H_2O$$
$$2H_2S + O_2 =\!=\!= 2S + 2H_2O（氧不足时）$$

这说明硫化氢气在高温时有一定的还原性。硫化氢能溶于水，在常温下，每一体积水中能溶解 2.58 体积硫化氢，浓度约为 $0.1mol·L^{-1}$。硫化氢的水溶液称为氢硫酸，它是一个二元弱酸。

氢硫酸的还原性要比硫化氢强，如在常温下容易被空气中的 O_2 氧化而析出单质硫，使溶液变浑：

$$2H_2S + O_2 =\!=\!= 2S\downarrow + 2H_2O$$

在酸性溶液中，Fe^{3+}、Br_2、I_2、MnO_4^-、$Cr_2O_7^{2-}$、HNO_3 等均可氧化氢硫酸，并且一般被氧化为单质硫，但当氧化剂很强、用量又多时，也能被氧化为 SO_4^{2-}。如：

$$H_2S + I_2 =\!=\!= 2HI + S\downarrow$$
$$2FeCl_3 + H_2S =\!=\!= 2FeCl_2 + 2HCl + S\downarrow$$
$$4Cl_2 + H_2S + 4H_2O =\!=\!= H_2SO_4 + 8HCl$$

（2）金属硫化物

金属和硫直接反应或氢硫酸和金属盐溶液反应都能得到金属硫化物。除碱金属硫化物和硫化铵外，其余大多数硫化物都难溶于水并有特征颜色。如表 13-5 所示。

表 13-5　常见金属硫化物的颜色和溶度积（298.15K）

化 合 物	颜 色	K_{sp}	化 合 物	颜 色	K_{sp}
Na_2S	白	—	PbS	黑	1×10^{-29}
ZnS	白	1.2×10^{-23}	CoS	黑	7×10^{-23}
MnS	肉色	1.4×10^{-15}	Cu_2S	黑	2.6×10^{-49}
NiS	黑	3×10^{-21}	CuS	黑	6×10^{-36}
FeS	黑	3.7×10^{-19}	Ag_2S	黑	1.6×10^{-49}
CdS	黄	3.6×10^{-29}	Hg_2S	黑	1.0×10^{-45}
SnS	灰白	1.0×10^{-28}	Bi_2S_3	黑	6.8×10^{-92}

各种硫化物的生成和溶解在定性分析中广泛地用于分离金属离子。溶液中氢离子浓度和硫离子浓度之间的关系是：

$$[H^+]^2[S^{2-}] = 6.8 \times 10^{-24} \qquad ([H_2S] = 0.1\,mol \cdot L^{-1}\ 时)$$

因此，在酸性溶液中通入 H_2S，仅可供给低浓度的 S^{2-}，它只能从溶液中沉淀出那些溶度积小的金属硫化物；而在碱性溶液中通入 H_2S，则能供给较高浓度的 S^{2-}，可将多种金属离子沉淀成硫化物。反之，如适当地控制酸度，也可以达到溶解不同硫化物的目的。如在 ZnS、MnS、PbS、CdS、CuS 的混合沉淀中加入稀盐酸，使 S^{2-} 形成 H_2S 从而减少 S^{2-} 的浓度，这时 ZnS 和 MnS 可以溶解，如加入浓盐酸 PbS 和 CdS 也能溶解；而因 CuS 的 K_{sp} 很小，必须用强氧化剂 HNO_3 将 S^{2-} 氧化成单质 S 才能溶解。而对于 K_{sp} 更小的 HgS，不仅用浓 HNO_3 氧化 S^{2-}，同时还要用大量 Cl^- 使 Hg^{2+} 形成配离子，才能达到降低离子浓度使 HgS 溶解的目的。

$$3HgS + 2HNO_3 + 12HCl = 3[HgCl_4]^{2-} + 6H^+ + 3S\downarrow + 4H_2O + 2NO\uparrow$$

一般来说，K_{sp} 大于 10^{-24} 的硫化物，可溶于稀盐酸；在 $10^{-25} \sim 10^{-30}$ 之间的可溶于浓盐酸；K_{sp} 更小的需用浓硝酸甚至王水溶解。

由于 S^{2-} 是弱酸根，所以硫化物无论是易溶还是难溶，都有不同程度的水解作用：

$$Na_2S + H_2O = NaOH + NaSH（水解程度很大）$$
$$2CaS + 2H_2O = Ca(OH)_2 + Ca(HS)_2（较强水解）$$
$$Al_2S_3 + 6H_2O = 2Al(OH)_3\downarrow + 3H_2S\uparrow（完全水解）$$
$$2PbS + 2H_2O = Pb(OH)_2 + Pb(HS)_2（微弱水解）$$

（3）多硫化物

可溶性的硫化物在溶液中能溶解单质硫生成多硫化物。如：

$$Na_2S + (x-1)S = Na_2S_x$$
$$(NH_4)_2S + (x-1)S = (NH_4)_2S_x$$

在多硫化物中 x 一般为 $2 \sim 6$，并且随 x 的增加，多硫化物的颜色由浅黄变至红棕。多硫离子具有链状结构，在酸性环境中还很不稳定，容易歧化分解成 H_2S 和 S 单质。

$$S_x^{2-} + 2H^+ \longrightarrow H_2S + (x-1)S(s)$$

实验室中长时间放置的硫化钠溶液因为硫单质析出溶解形成多硫化物而呈黄色。

多硫化物是氧化剂。如 $(NH_4)_2S_2$ 能将 SnS 氧化：

$$SnS + (NH_4)_2S_2 = (NH_4)_2SnS_3$$

在这个反应中，Sn(Ⅱ) 转化为 Sn(Ⅳ)，认为是在多硫化铵的活性硫 [S] 作用下实现的。即

$$(NH_4)_2S_2 =\!=\!=(NH_4)_2S+[S]$$

多硫化物在酸性溶液中不稳定，分解出单质硫和硫化氢。如：

$$(NH_4)_2S_2+2HCl =\!=\!=2NH_4Cl+S\downarrow+H_2S\uparrow$$

13.3.2.4　硫的含氧酸及其盐

(1) 亚硫酸及其盐

二氧化硫易溶于水，在 293K 时一体积水能溶解 40 体积 SO_2，相当于 $1.8mol \cdot L^{-1}$。其水溶液称为亚硫酸，它是二元中强酸，在水溶液中存在二级解离平衡。这些平衡在水溶液中同时存在，加热可使 SO_2 逸出，加碱可以得到酸式盐或正盐。所谓"亚硫酸"只存在于水溶液中，目前尚未制得纯 H_2SO_3 分子。

亚硫酸及其盐既可以作还原剂又可作氧化剂。无论是酸还是盐，它们的还原性总强于氧化性，并且亚硫酸盐的还原性比亚硫酸要强得多。亚硫酸的还原性又比二氧化硫强，故它们的氧化还原性顺序为：

还原性　　　　　　$SO_3^{2-}>H_2SO_3>SO_2$

氧化性　　　　　　$SO_2>H_2SO_3>SO_3^{2-}$

亚硫酸盐作为还原剂能与许多氧化剂如过氧化氢、高锰酸钾、重铬酸钾、卤素等发生反应，值得提出的是：

$$2Na_2SO_3+O_2=\!=\!=2Na_2SO_4$$

$$NaHSO_3+Cl_2+H_2O=\!=\!=NaHSO_4+2HCl$$

前一反应表明亚硫酸盐在空气中不稳定，很容易转变为硫酸盐，在使用其溶液时，应临时配制。后一反应广泛用于印染工业中以除去残留的氯。

(2) 硫酸

纯硫酸是无色油状液体，熔点 283.4K，沸点 603K。硫酸的高沸点和黏稠性与其分子间存在氢键有关。浓硫酸受热时放出 SO_3，随浓度逐渐下降沸点不断升高，沸点达 611K 时保持恒定，形成恒沸混合物，含量为 98.3%。

H_2SO_4 分子具有四面体构型，硫与羟基氧键长为 155pm 左右，而与非羟基氧键长只有 142pm 左右，硫酸分子中的成键方式可能是：硫原子采用不等性 sp^3 杂化，含一个电子的杂化轨道与 2 个羟基氧原子中含 1 个电子的 p 轨道重叠形成两条 σ 键；含有孤对电子的 2 个杂化轨道和非羟基氧的 p 空轨道（将 2 个不成对的电子挤进同一轨道，空出一个

图 13-4　H_2SO_4 分子中的 p-d π 配键

轨道）重叠形成两条 σ 配键，这四条 σ 键构成分子的四面体骨架。另外，每个非羟基氧原子中的已被孤电子对占据的 p_y 轨道和 p_z 轨道（p_x 轨道已形成 σ 配键）分别与硫原子的 $3d_{xy}$ 和 $3d_{xz}$ 空轨道重叠形成两条 p-d π 配键（图 13-4）。

浓硫酸与水有强烈结合的倾向，水合能大（$-878.6kJ \cdot mol^{-1}$），与水作用放出大量的热，形成一系列稳定的水合物 $H_2SO_4 \cdot nH_2O(n=1\sim5)$。由于浓硫酸的强吸水性，所以常用作干燥剂。甚至将一些有机物中的氢、氧元素按水的组成比脱去（脱水作用）。如：

$$HCOOH \xrightarrow{\text{浓 } H_2SO_4} H_2O+CO\uparrow$$
（甲酸）

$$C_{12}H_{22}O_{11} \xrightarrow{\text{浓 } H_2SO_4} 11H_2O+12C$$
（蔗糖）

浓硫酸能严重腐蚀动植物组织，损坏衣服、烧坏皮肤。使用时必须格外小心。

浓热硫酸是一种很强的氧化剂，它能氧化许多金属和非金属，而本身一般被还原为 SO_2（与过量的活泼金属作用可以还原成 S 甚至 H_2S），如：

$$C+2H_2SO_4(浓) \xrightarrow{\triangle} CO_2+2SO_2+2H_2O$$

$$Cu+2H_2SO_4(浓) \xrightarrow{\triangle} CuSO_4+SO_2+2H_2O$$

$$4Zn+5H_2SO_4(浓) \xrightarrow{\triangle} 4ZnSO_4+H_2S+4H_2O$$

金属铁、铝和冷浓硫酸接触，生成一层致密的保护膜，使其不再与浓硫酸反应。这种现象称为钝化。这就是可用铁、铝制的器皿盛放浓硫酸的缘故。

（3）硫酸盐

硫酸是二元酸，它形成的盐有酸式盐和正盐两大类。

只有碱金属（Na、K）能形成稳定的固态酸式盐。酸式盐易溶于水，易熔化，受热则脱水生成焦硫酸盐，进一步分解为正盐和 SO_3。如：

$$2KHSO_4 \xrightarrow{\triangle} K_2S_2O_7+H_2O \qquad K_2S_2O_7 \xrightarrow{\triangle} K_2SO_4+SO_3$$

硫酸盐中除 Ag_2SO_4、$CaSO_4$ 微溶，$BaSO_4$、$PbSO_4$ 难溶外，其余都易溶于水。可溶性硫酸盐在水溶液中析出晶体时，常带有结晶水，例如 $CuSO_4 \cdot 5H_2O$、$FeSO_4 \cdot 7H_2O$，这类带结晶水的盐通常也称为矾，如胆矾（$CuSO_4 \cdot 5H_2O$）、绿矾（$FeSO_4 \cdot 7H_2O$）、皓矾（$ZnSO_4 \cdot 7H_2O$）等。但化学上真正属于矾的是符合下列通式的复盐：$M_2^ISO_4M^{II}SO_4 \cdot 6H_2O$ 和 $M_2^ISO_4M_2^{III}(SO_4)_3 \cdot 24H_2O$。常见的有：

摩尔盐$(NH_4)_2SO_4 \cdot FeSO_4 \cdot 6H_2O$ 　　　镁钾矾 $K_2SO_4 \cdot MgSO_4 \cdot 6H_2O$

明矾 $K_2SO_4 \cdot Al_2(SO_4)_3 \cdot 24H_2O$ 　　　铬钾矾 $K_2SO_4 \cdot Cr_2(SO_4)_3 \cdot 24H_2O$

在矾中，两种硫酸盐均为同晶型的化合物，形成矾类是硫酸盐的特征之一。

硫酸盐的热稳定性很高，只有那些电荷高或 18 电子及 18+2 电子构型阳离子的硫酸盐，如 $CuSO_4$、Ag_2SO_4、$Fe_2(SO_4)_3$、$PbSO_4$ 等，才在高温时分解：

$$CuSO_4 \xrightarrow{1273K} CuO+SO_3\uparrow$$

$$Ag_2SO_4 \xrightarrow{\triangle} Ag_2O+SO_3\uparrow$$

$$2Ag_2O \xrightarrow{\triangle} 4Ag+O_2\uparrow$$

（4）硫的其他含氧酸及其盐

硫的其他含氧酸种类较多，但都是以硫酸或亚硫酸为母体的。表 13-6 列出了硫的主要含氧酸的名称、结构及其存在形式。

表 13-6　硫的若干含氧酸的名称、结构及其存在形式

种　类	名　称	化学式	结　构　式	存在形式	主要性质
母体	硫酸	H_2SO_4	$HO-\overset{\overset{O}{\|\|}}{\underset{\underset{O}{\|\|}}{S}}-OH$	酸、盐	酸性 氧化性
	亚硫酸	H_2SO_3	$HO-\overset{\overset{O}{\|\|}}{S}-OH$	盐	还原性

种　　类	名　　称	化学式	结　构　式	存在形式	主要性质
硫代酸 母体中一个非羟基氧原子被硫原子取代	硫代硫酸	$H_2S_2O_3$	$$HO\underset{\underset{S}{\|}}{\overset{\overset{O}{\|\|}}{S}}OH$$	盐	还原性
	硫代亚硫酸	$H_2S_2O_2$	$$HO\underset{\underset{S}{\|}}{S}OH$$		
焦酸 两个母体分子失去一个分子的水后通过氧原子相连	焦硫酸	$H_2S_2O_7$	$$HO\underset{\underset{O}{\|\|}}{\overset{\overset{O}{\|\|}}{S}}O\underset{\underset{O}{\|\|}}{\overset{\overset{O}{\|\|}}{S}}OH$$	酸、盐	酸性还原性
	焦亚硫酸	$H_2S_2O_5$	$$HO\underset{\underset{O}{\|\|}}{S}O\underset{\underset{O}{\|\|}}{S}OH$$	盐	还原性
连酸	连二硫酸	$H_2S_2O_6$	$$HO\underset{\underset{O}{\|\|}}{\overset{\overset{O}{\|\|}}{S}}\underset{\underset{O}{\|\|}}{\overset{\overset{O}{\|\|}}{S}}OH$$	酸、盐	还原性
	连多硫酸	$H_2S_xO_6$ $(x=3\sim6)$	$$HO\underset{\underset{O}{\|\|}}{\overset{\overset{O}{\|\|}}{S}}S_{x-2}\underset{\underset{O}{\|\|}}{\overset{\overset{O}{\|\|}}{S}}OH$$	酸、盐	还原性
	连二亚硫酸	$H_2S_2O_4$	$$HO\underset{\underset{O}{\|\|}}{S}\underset{\underset{O}{\|\|}}{S}OH$$	盐	还原性
过酸 含有过氧键"—O—O—"的硫酸	过一硫酸	H_2SO_5	$$HO\underset{\underset{O}{\|\|}}{\overset{\overset{O}{\|\|}}{S}}O-O-H$$	酸、盐	酸性 氧化性
	过二硫酸	$H_2S_2O_8$	$$HO\underset{\underset{O}{\|\|}}{\overset{\overset{O}{\|\|}}{S}}O-O\underset{\underset{O}{\|\|}}{\overset{\overset{O}{\|\|}}{S}}OH$$		

硫的其他含氧酸及其盐有下列一般规律。

a. 同类酸中，正硫酸系列的酸性比亚硫酸系列的酸性强，同系列酸中，焦酸的酸性比单酸的酸性强；

b. 各类酸及其盐的性质均符合中心硫原子氧化数较低的以还原性为主，较高的以氧化性为主的一般规律；

c. 除硫酸、过硫酸、焦硫酸外，其余的酸均不稳定，只能以盐的形式存在。

此外，在硫的含氧酸及其盐中还有一种次硫酸（H_2SO_2），其结构式为 HO—S—OH，目前不仅未制得游离酸，即使它的盐也知道得很少，如 $CoSO_2$，$ZnSO_2$ 和 Tl_2SO_2 是已知的次硫酸盐。

① 硫代硫酸钠

硫粉和亚硫酸钠共煮可制得硫代硫酸钠：

$$Na_2SO_3+S \Longrightarrow Na_2S_2O_3$$

市售硫代硫酸钠俗称海波或大苏打，化学式为 $Na_2S_2O_3 \cdot 5H_2O$。它是无色透明晶体，易溶于水。

硫代硫酸钠有以下三个性质：

a. 遇酸分解，生成单质硫和二氧化硫气体

$$Na_2S_2O_3 + 2HCl = 2NaCl + S\downarrow + SO_2\uparrow + H_2O\uparrow$$

因此，硫代硫酸钠只能存在于中性介质中。另外，可用此性质来鉴定 $S_2O_3^{2-}$ 的存在。

b. 具有还原性，是一种中强还原剂。如碘可将硫代硫酸钠氧化为连四硫酸钠：

$$2S_2O_3^{2-} + I_2 = S_4O_6^{2-} + 2I^-$$

这个反应是定量进行的，是定量分析中碘量法的一个基本反应。

较强的氧化剂如氯、溴等可将硫代硫酸钠氧化为硫酸钠：

$$Na_2S_2O_3 + 2Cl_2 + 5H_2O = Na_2SO_4 + H_2SO_4 + 8HCl$$

因此在纺织和造纸工业上用硫代硫酸钠作脱氯剂。

c. 具有较强的配位性，是一种常用的配位剂。硫代硫酸钠可与一些金属离子形成稳定的配离子，最重要的是与银（Ag^+）形成的配离子。例如难溶于水的 AgBr 可以溶解在 $Na_2S_2O_3$ 溶液中：

$$AgBr + 2S_2O_3^{2-} = [Ag(S_2O_3)_2]^{3-} + Br^-$$

硫代硫酸钠用作定影液，就是利用这个反应溶去胶片上未起作用（曝光）的溴化银。

② 连二亚硫酸钠

连二亚硫酸钠是一种白色粉状固体，以二水化合物 $Na_2S_2O_4 \cdot 2H_2O$ 形式存在，俗称保险粉。

用锌粉还原亚硫酸氢钠可制得连二亚硫酸钠：

$$2NaHSO_3 + Zn = Na_2S_2O_4 + Zn(OH)_2$$

连二亚硫酸钠水溶液不稳定：

$$2Na_2S_2O_4 + H_2O = Na_2S_2O_3 + 2NaHSO_3$$

加酸则迅速分解，析出单质硫：

$$2Na_2S_2O_4 + 4HCl = 3SO_2 + S + 4NaCl + 2H_2O$$

连二亚硫酸钠是一种很强的还原剂，它能与许多氧化剂如碘、过氧化氢、Ag^+、Ca^{2+} 等反应。其水溶液在空气中可被氧所氧化，实验室中常用它的溶液吸收气体中的氧：

$$Na_2S_2O_4 + O_2 + H_2O = NaHSO_4 + NaHSO_3$$

连二亚硫酸钠是印染工业中重要的还原剂，能保证印染质量，使之色泽鲜艳，不再被空气中的氧所氧化。

③ 焦硫酸及其盐

焦硫酸是由等物质的量的 SO_3 和纯硫酸相结合而成的（$H_2SO_4 \cdot SO_3$）。它是无色晶体，熔点 308K，通过冷却发烟硫酸制得。更高缔合的硫酸至今尚未发现。焦硫酸遇水后生成硫酸：

$$H_2S_2O_7 + H_2O = 2H_2SO_4$$

焦硫酸的氧化性比浓硫酸更强，是很好的磺化剂，应用于制造某些染料、炸药和其他有机磺酸化合物。

把碱金属的酸式硫酸盐加热到熔点以上，可制得焦硫酸盐，如：

$$2NaHSO_4 \xrightarrow{\triangle} Na_2S_2O_7 + H_2O$$

焦硫酸盐加热可以得到三氧化硫和硫酸盐，例如：

$$K_2S_2O_7 \xrightarrow{\triangle} K_2SO_4 + SO_3$$

焦硫酸盐与一些难熔的碱性、两性氧化物共熔时，可生成可熔性硫酸盐：

$$Fe_2O_3 + 3K_2S_2O_7 \Longrightarrow Fe_2(SO_4)_3 + 3K_2SO_4$$

④ 过硫酸及其盐

过一硫酸和过二硫酸统称过硫酸。过一硫酸可看作是 H_2O_2 分子中的一个 H 原子被 HSO_3 基团取代所得的产物；过二硫酸可看作是 H_2O_2 分子中两个 H 原子被两个 HSO_3 基团取代所得的产物。

过二硫酸为无色晶体，在 338K 时熔化并分解，具有极强的氧化性：

$$S_2O_8^{2-} + 2e^- \Longrightarrow 2SO_4^{2-} \qquad E^\ominus = 2.01V$$

如在 $AgNO_3$ 催化作用下，$S_2O_8^{2-}$ 能把 Mn^{2+} 氧化成 MnO_4^-

$$5S_2O_8^{2-} + 2Mn^{2+} + 8H_2O \xrightarrow{Ag^+} 2MnO_4^- + 10SO_4^{2-} + 16H^+$$

过酸及其盐均不稳定，受热时易分解：

$$2K_2S_2O_8 \Longrightarrow 2K_2SO_4 + 2SO_3 + O_2$$

过酸遇水皆有水解作用：

$$H_2S_2O_8 + H_2O \Longrightarrow H_2SO_4 + H_2SO_5$$
$$H_2SO_5 + H_2O \Longrightarrow H_2SO_4 + H_2O_2$$

工业上利用这一水解反应制取 H_2O_2。

⑤ 连硫酸

连硫酸可用 $H_2S_xO_6$ 表示，x 一般在 2~6 之间，当 x 为 2 时，称为连二硫酸；当 x 为 3~6 时，称为连多硫酸。

连二硫酸 $H_2S_2O_6$ 是用粉末状的二氧化锰在低温氧化亚硫酸来制备的。

连二硫酸中硫的氧化数为 +5，不易被氧化，这点与其他连多硫酸（硫的氧化态较低）不同。在室温时，氯气不能氧化连二硫酸而可以氧化其他连多硫酸。这表明连多硫酸的还原性较强。

连二硫酸和连多硫酸不同的另一点是前者不能与硫结合产生较高的连多硫酸而后者可以：

$$H_2S_4O_6 + S \Longrightarrow H_2S_5O_6$$

氧化硫代硫酸盐可制得连硫酸盐：

$$2S_2O_3^{2-} + I_2 \Longrightarrow S_4O_6^{2-} + 2I^-$$

酸化连硫酸盐可以得到相应的酸：

$$Na_2S_4O_6 + 2HCl \Longrightarrow H_2S_5O_6 + 2NaCl$$

13.3.3　氮族元素（The Nitrogen Family Elements）

周期系第 V A 族包括氮（Nitrogen，N）、磷（Phosphorus，P）、砷（Arsenic，As）、锑（Antimony，Sb）和铋（Bismuth，Bi）五种元素，统称为氮族元素。

本族元素的共同特点是基态原子的价层电子组态为 ns^2np^3，有获得 3 个电子形成 M^{3-} 的趋势，但获电子的能力比氧族的元素差，实际上只有半径小、电负性大的氮和磷可以形成极少数氧化数为 −3 的具有离子键特征的固态化合物，如：Li_3N、Mg_3N_2、Na_3P、Ca_3P_2 等；ns^2np^3 的价层电子结构似乎预示它们可以失去 5 个价电子形成 M^{5+} 或失去 3 个 P 电子形成 M^{3+}，实际上不仅没有 M^{5+} 的离子化合物，就是 M^{3+} 的离子化合物也只有在半径大的元素中才能形成，如 BiF_3、SbF_3（接近离子化合物）。

形成共价化合物是本族元素的特征。氮、磷主要形成氧化数为 +5 的化合物，砷、锑氧化数为 +5 和 +3 的化合物都是常见的，而铋氧化数为 +3 的化合物比为 +5 的化合物要稳定得多。可见，本族元素从氮到铋具有高氧化态（+5）稳定过渡到低氧化态（+3）稳定的趋势，这与它们的原子半径、电子层结构及电子云有密切的关系。它们的价电子层结构（按填充顺序）为：

N	P	As	Sb	Bi
$2s^2 2p^3$	$3s^2 3p^3$	$4s^2 3d^{10} 4p^3$	$5s^2 4d^{10} 5p^3$	$6s^2 4f^{14} 5d^{10} 6p^3$

N 和 P 的原子半径小，并且 ns 和 np 轨道能量相差不大，外层的 5 个电子全部参加成键形成五价化合物比仅有 np 的 3 个电子参加成键形成三价化合物时放出的能量要多得多，故 N、P 的五价化合物是常见和稳定的；而对于第六周期的 Bi，因原子半径大，形成的键较弱，即便外层 5 个电子全部参加成键，放出的能量也远不如 N、P。更重要的是由于 Bi 原子出现了充满电子的 4f 和 5d 轨道，而 f、d 电子对原子核的屏蔽作用较小，6s 电子又具有较大的钻穿效应，致使 6s 电子能量显著降低，成为"惰性电子对"。因此，在成键时，6p 轨道上的 3 个电子比 6s 轨道上的 2 个电子更容易参加，故铋的常见而又稳定的化合物是三价化合物。6s 轨道上 2 个电子在成键中的惰性，在化学上称为"惰性电子对效应"。受惰性电子对效应影响的元素除了本族的 Bi 外，还有 ⅢA 族的 Tl（一价化合物比三价化合物稳定）和 ⅣA 族的 Pb（二价化合物比四价化合物稳定）。本族元素与电负性较小的元素化合时可以形成氧化数为 −3 的共价化合物，最常见的是氢化物，但除 NH_3 外，其他氢化物都不稳定。

本族元素除了 N 原子以外，其他原子的最外层都有空的 d 轨道（如 P 为 $3s^2 3p^3 3d$，As 为 $4s^2 4p^3 4d\cdots$），成键时，d 轨道也可能参与成键，所以除 N 原子具有不超过 4 的配位数以外，其他原子的最高配位数为 6，如 PCl_6^{3-} 中杂化轨道为 $sp^3 d^2$。

13.3.3.1 氮分子的结构和性质

(1) 氮分子的结构特征

由两个氮原子通过三键结合成氮分子。

价键理论认为，N 原子进行 sp 杂化形成两条杂化轨道，一个轨道被一个电子占据；另一个被孤电子对占据，每个 N 原子中被 1 个电子占据的轨道以"头碰头"形式形成 σ 键，每个 N 原子上未参加杂化的 p_y 和 p_z 轨道分别以"肩并肩"重叠形成两个 π 键。

分子轨道理论认为，氮分子的轨道排布式是：

$$(\sigma_{1s})^2 (\sigma_{1s^*})^2 (\sigma_{2s})^2 (\sigma_{2s^*})^2 (\pi_{2p_y})^2 (\pi_{2p_z})^2 (\sigma_{2p_x})^2$$

由于 N 原子中的 2s 和 2p 轨道能量相差不多，在成键过程中互相作用后影响轨道能量，使氮分子中的三个键由 $(\pi_{2p_y})^2 (\pi_{2p_z})^2$ 和 $(\sigma_{2p_x})^2$ 构成，即一个 σ 键和两个 π 键，键级为 3。

由于 N_2 分子具有三重键，其键能大（945.41kJ·mol^{-1}），核间距短（109.76pm），加之电子云的分布非常对称，因此 N_2 分子是极为稳定的。

(2) 氮分子的物理化学性质

单质氮 N_2 在常态下是一种无色无臭的气体，在标准状态下，气体密度为 1.25 g·L^{-1}，熔点为 63K，沸点为 75K。氮气微溶于水，在 283K 时，一体积水大约可溶解 0.02 体积氮气。

氮分子的离解能为 941.7kJ·mol^{-1}，是双原子分子（除 CO 外）中最高的。由于氮的稳定性很高，常温下不易参加化学反应，故常用作保护气体以防止某些物质和空气接触而被氧化。

在高温有催化剂存在的条件下，氮表现出一定的活泼性，可以和一些金属、非金属化合生成各种氮化物。

氮气和ⅠA族的锂在常温下就可以直接化合：

$$6Li + N_2 = 2Li_3N$$

ⅡA族的 Mg、Ca、Sr、Ba 在红热的温度下才可与氮气作用：

$$3Mg + N_2 = Mg_3N_2$$

ⅢA族的 B、Al 在白热的温度下才能与氮气反应，生成大分子化合物：

$$2B + N_2 = 2BN(大分子化合物)$$

在放电条件下，氮气可以直接与氧化合生成一氧化氮：

$$N_2 + O_2 = 2NO$$

早已用于工业生产的合成氨反应，不仅要高温、高压，还要催化剂：

$$N_2 + 3H_2 = 2NH_3$$

13.3.3.2　氮和铵盐

(1) 氨（NH_3）

① 氨的物理性质

氨（Ammonia）在常温下是一种具有刺激性气味的气体，极易溶于水，273K 时 1 体积水能溶解 700 体积的氨。氨溶解度如此大的原因主要是氨和水分子之间形成氢键，生成了缔合分子。通常把溶有氨的水溶液叫做氨水，氨水的相对密度小于 1，NH_3 含量越多，相对密度就越小，一般市售氨水的相对密度为 0.91，含 NH_3 约为 28%，浓度约为 $15 mol \cdot L^{-1}$。

液态氨是一种良好的极性溶剂，但稍逊于水。但它作为有机物的溶剂时，却比水优越。像水一样，纯液氨也是电的不良导体，有比水更弱的电离作用：

$$2NH_3 = NH_4^+ + NH_2^- \qquad K = [NH_4^+][NH_2^-] = 1.9 \times 10^{-33}(223K)$$

由于液氨给出质子的能力比水弱，一些活泼金属如碱金属、钙、锶、钡等（遇水立即放出氢气）在液氨中慢慢溶解，生成深蓝色溶液，这种金属液氨溶液的导电能力强于任何电解质溶液，而和金属相近。一般认为在这个溶液中形成了溶剂化电子（氨合电子）和金属正离子：

$$Na + nNH_3 = Na^+ + e(NH_3)_n$$

若反应进一步进行，可得氨基化钠：

$$Na^+ + e(NH_3)_n = NaNH_2 + \frac{1}{2}H_2 + (n-1)NH_3$$

② 氨的化学性质

氨参与的化学反应有以下三种类型。

a. 加合反应

氨是一种路易斯碱，分子中氮原子上的孤对电子容易进入中心离子（路易斯酸）的空轨道形成配位键，得到各种形式的配合物：

$$AgCl + 2NH_3 = [Ag(NH_3)_2]Cl$$
$$Cu(OH)_2 + 4NH_3 = [Cu(NH_3)_4](OH)_2$$

由于氨配离子的形成，使许多难溶化合物转化为易溶。

氨分子中氮原子上的孤对电子同样可以进入具有空轨道的化合物分子形成加合物：

氨与酸作用形成铵盐也是一种加合作用：

$$NH_3(g) + HCl(g) \Longrightarrow NH_4Cl(s) \qquad \Delta_r G^\ominus = -91.22 kJ \cdot mol^{-1}$$

该反应无论是趋势还是速率都很大。

b. 取代反应

氨分子中的三个 H 可依次被其他原子或原子团所取代，分别生成氨基（—NH$_2$）、亚氨基（＝NH）和氮化物（≡N）等衍生物。例如：

$$2Na + 2NH_3 \xrightarrow{623K} 2NaNH_2 + H_2$$
$$\text{（氨基钠）}$$

取代反应的另一种情况是以氨基或亚氨基取代其他化合物中的原子或基团，例如：

$$COCl_2(\text{光气}) + 4NH_3 \Longrightarrow CO(NH_2)_2(\text{尿素}) + 2NH_4Cl$$
$$HgCl_2 + 2NH_3 \Longrightarrow Hg(NH_2)Cl \downarrow (\text{氨基氯化汞}) + NH_4Cl$$

这类反应实际上是 NH$_3$ 参与的复分解反应，因和水解反应相似，所以称为氨解（ammonolysis）。

c. 氧化反应

氨分子中氮原子的氧化数为 -3，在一定条件下，可被氧化形成较高氧化态的物质。如 NH$_3$ 与 O$_2$ 反应生成 N$_2$ 或 NO：

$$4NH_3 + 3O_2 \Longrightarrow 2N_2 + 6H_2O \qquad \Delta_r H^\ominus = -1267.8 kJ \cdot mol^{-1}$$
$$4NH_3 + 5O_2 \xrightarrow[Pt]{773K} 4NO + 6H_2O \qquad \Delta_r H^\ominus = -903.7 kJ \cdot mol^{-1}$$

氯或溴也能在气态或溶液中将氨氧化为单质：

$$2NH_3 + 3Cl_2 \Longrightarrow 6HCl + N_2$$

在高温下，NH$_3$ 能将某些金属氧化物还原为金属或低氧化态的氧化物。如：

$$3CuO + 2NH_3 \Longrightarrow 3Cu + N_2 + 3H_2O$$

(2) 铵盐（NH$_4^+$）

氨与酸作用可得到相应铵盐。铵盐一般为无色晶体，易溶于水，是强电解质。因为 NH$_4^+$（143pm）与 K$^+$（133 pm）的半径相近，铵盐的晶型及溶解度都与钾盐相似，故在化合物分类中常常将铵盐和碱金属盐归为一类。

在铵盐水溶液中加强碱，将发生如下反应：

$$NH_4^+ + OH^- \Longrightarrow NH_3 + H_2O$$

将溶液加热，氨即挥发出来，这是检验铵盐的方法。

铵盐对热不稳定，固态铵盐受热很容易分解，分解产物一般为氨和相应的酸：

$$NH_4HCO_3 \xrightarrow{\triangle} NH_3 \uparrow + CO_2 \uparrow + H_2O$$

如果相应的酸（如 HNO$_3$、HNO$_2$、H$_2$Cr$_2$O$_7$ 等）有氧化性，则铵盐的热分解产物是 N$_2$ 或氮的氧化物，如：

$$NH_4NO_3 \xrightarrow{\triangle} N_2O \uparrow + 2H_2O$$
$$(NH_4)_2Cr_2O_7 \xrightarrow{\triangle} N_2 \uparrow + Cr_2O_3 + 4H_2O$$

铵盐最重要的用途是作肥料，另外硝酸铵也是某些炸药的成分，氯化铵常用于除去金属表面的氧化物，其原理是：

$$2NH_4Cl + MO \Longrightarrow 2NH_3 \uparrow + H_2O + MCl_2$$

13.3.3.3　氮的含氧化合物

（1）氮的氧化物

氮可以形成多种氧化物，在这些氧化物中氮的氧化数可以从 +1 变到 +5。常见的氧化物主要有 N_2O、NO、NO_2、N_2O_3、N_2O_4 和 N_2O_5。此外在污染的大气中经光谱分析可检查到短暂存在的 NO_3。在室温下，N_2O_3 是蓝色液体，NO_2 是红棕色气体，其余都是无色气体。NO 和 NO_2 都是含单电子的分子，显顺磁性。

NO（熔点 109.4K，沸点 121.2K）在固态时，存在少量抗磁性的双聚分子 $(NO)_2$。

NO 分子用分子轨道法描述为：

$$(\sigma_{1s})^2(\sigma_{1s}^*)^2(\sigma_{2s})^2(\sigma_{2s}^*)^2(\sigma_{2p_x})^2(\pi_{2p_y})^2(\pi_{2p_z})^2(\pi_{2p_y}^*)^1$$

分子中存在一个 σ 键，一个 π 键，一个三电子 π 键，键级为 2.5，价电子共计 11 个，不可能完全成对，是奇电子分子，顺磁性。一般奇电子分子都有颜色，容易形成双聚体，但 NO 例外，它是无色气体，在固态或液态时显蓝色，在固态时，有极少量松弛的双聚体存在，双聚体为抗磁性化合物。

NO 分子中含未成对电子和未键合的孤电子对。因此，它可以作为配体和很多金属形成配合物，如 $Co(CO_3)NO$、$[Fe(NO)]SO_4$ 等，这类配合物称为亚硝酰配合物。$[Fe(NO)]SO_4$ 是检验硝酸根的"棕色环实验"显色的原因。

$$N_2O_4(\text{无色}) \rightleftharpoons 2NO_2(\text{红棕色}), \quad \Delta H^\ominus = 58\text{kJ} \cdot \text{mol}^{-1}$$

在 <263K 时，NO_2 几乎全部转化为成 N_2O_4，反之，随着温度升高，平衡右移，在约 423K 时 N_2O_4 100% 解离为 NO_2。

（2）氮的含氧酸及其盐

① 亚硝酸及其盐

亚硝酸（Nitrous Acid）是一种弱酸，比醋酸略强。将 NO_2 和 NO 混合物溶于冰可制得亚硝酸：

$$NO_2 + NO + H_2O = 2HNO_2$$

HNO_2 仅存于冷稀水溶液中，温度稍高或浓度稍大即分解：

$$3HNO_2 = HNO_3 + 2NO + H_2O$$

但其盐却相当稳定。

将碱金属硝酸盐与 Pb 共热，或用碱吸收 NO 和 NO_2 混合气体可得亚硝酸盐：

$$Pb + NaNO_3 = NaNO_2 + PbO$$
$$2NaOH + NO + NO_2 = 2NaNO_2 + H_2O$$

ⅠA 族、ⅡA 族元素（包括铵）的亚硝酸盐都是白色晶体（略带黄色），易溶于水，受热时较稳定。重金属的亚硝酸盐微溶于水，热分解温度低，如 $AgNO_2$ 于 373K 开始分解。亚硝酸盐一般有毒，并且是致癌物质。

NO_2^- 既有氧化性，又有还原性，而以氧化性为主。如在酸性介质中 NO_2^- 能将 I^- 定量氧化为 I_2：

$$2NO_2^- + 2I^- + 4H^+ = 2NO + I_2 + 2H_2O$$

分析化学上用这个反应测定 NO_2^- 的含量。

遇强氧化剂，如 MnO_4^-、$Cr_2O_7^{2-}$、Cl_2 等，NO_2^- 可被氧化为 NO_3^-，如：

$$2MnO_4^- + 5NO_2^- + 6H^+ = 2Mn^{2+} + 5NO_3^- + 3H_2O$$

NO_2^- 作为配位体能和许多金属离子，如 Fe^{2+}、Co^{3+}、Cr^{3+}、Cu^{2+}、Pt^{2+} 等形成配离子。常见的有：$[Co(NH_3)_5NO_2]^{2+}$、$[Co(NO_2)_6]^{3-}$ 等。

② 硝酸及其盐

硝酸（Nitric Acid）是三大强酸之一。纯硝酸是无色液体，相对密度为 1.53，熔点 231.6K，沸点 357K。当加热至沸点或受光照时即逐渐分解：

$$4HNO_3 \stackrel{}{=\!=\!=\!=} 4NO_2 + O_2 + 2H_2O$$

硝酸中常因含有 NO_2 而带有黄色或红色。市售硝酸相对密度为 1.42，含量为 68%～70%，浓度相当于 $15mol \cdot L^{-1}$。

a. 硝酸的结构　HNO_3 分子是平面形结构，其中 N 原子采取 sp^2 杂化，3 个杂化轨道分布在同一平面上呈三角形，分别与 3 个 O 原子的 2p 轨道（各含 1 个电子）重叠组成 3 个 σ 键。被孤对电子占据的 2p 轨道垂直于平面和 2 个非羟基氧的 2p 轨道（各含 1 个电子）组成一个三中心四电子的离域 π 键（π_3^4）。羟基氧原子和氢原子组成一个 σ 键。另外，分子内还存在氢键。如图 13-5(a) 所示。

(a) HNO_3分子　　　　　(b) NO_3^-

图 13-5　HNO_3 和 NO_3^- 的结构

NO_3^- 也是平面三角形结构，N 原子的 3 个 sp^2 杂化轨道分别与 3 个 O 原子的 1 个 2p 轨道（各含 1 个电子）组成 3 个 σ 键外，3 个氢原子上另 1 个 2p 轨道（各含 1 个电子）与 N 原子被孤对电子占据的 2p 轨道，再加上外来的 1 个电子（NO_3^- 所带的一个负电荷）共同组成 1 个四中心六电子的离域 π 键（π_4^6）。如图 13-5(b) 所示。

由此可见，HNO_3 分子整个结构对称性差，而 NO_3^- 是一对称性很好的离子。

b. 硝酸的氧化性　硝酸最突出的性质是它的氧化性。这主要是由于 HNO_3 分子中 N 的氧化数为 +5（最高）及分子结构不对称。硝酸本身的还原产物可能是 NO_2、NO、N_2O、N_2 甚至是 NH_4^+，具体得到何种产物（为主），这不仅取决于硝酸的浓度，还取决于还原剂和反应温度。

硝酸能把许多非金属在加热条件下氧化成相应的含氧酸或酸酐，如：

$$C + 4HNO_3(浓) =\!=\!= CO_2 + 4NO_2 + 2H_2O$$
$$S + 2HNO_3(稀) =\!=\!= H_2SO_4 + 2NO$$
$$P + 5HNO_3(浓) =\!=\!= H_3PO_4 + 5NO_2 + H_2O$$
$$3I_2 + 10HNO_3(稀) =\!=\!= 6HIO_3 + 10NO + 2H_2O$$

硝酸能与几乎所有的金属（除 Au、Pt、Ta、Rh、Ir 外）作用生成相应的硝酸盐（Fe、Cr、Al 在冷、浓 HNO_3 中表面钝化）。如：

$$Ag + 2HNO_3(浓) =\!=\!= AgNO_3 + NO_2 + H_2O$$
$$Cu + 4HNO_3(浓) =\!=\!= Cu(NO_3)_2 + 2NO_2 + 2H_2O$$
$$3Cu + 8HNO(稀) =\!=\!= 3Cu(NO_3)_2 + 2NO + 4H_2O$$

当活泼金属与很稀的硝酸作用，产物可以是 N_2O 或 NH_4^+，如

$$4Mg + 10HNO_3(2mol \cdot L^{-1}) =\!=\!= 4Mg(NO_3)_2 + N_2O + 5H_2O$$
$$4Mg + 10HNO_3(1mol \cdot L^{-1}) =\!=\!= 4Mg(NO_3)_2 + NH_4NO_3 + 3H_2O$$

可见，浓硝酸的主要还原产物为 NO_2，稀硝酸的还原产物主要是 NO。另外，还原剂的

还原能力越强，硝酸的浓度越小，则氮被还原的程度越大，还原产物中氮的氧化数越低。这是因为稀硝酸的反应速度较慢，当与还原剂作用时，尽管首先被还原为 NO_2，但缓慢产生的少量 NO_2 还来不及逸出反应体系就又进一步被还原成 NO 或 N_2O、NH_4^+ 等。

c. 硝酸的混合酸　在实际工作中常用 HNO_3 的混合酸，其中较重要的有：

ⅰ. 一体积浓 HNO_3 和三体积浓 HCl 的混合液叫王水（Aqua Regia）。它具有强氧化性（HNO_3）和较强配位性（Cl^-），所以能溶解金（Au）、铂（Pt）等；

$$Au+HNO_3+4HCl \Longrightarrow H[AuCl_4]+NO+2H_2O$$
$$3Pt+4HNO_3+18HCl \Longrightarrow 3H_2[PtCl_6]+4NO+8H_2O$$

ⅱ. 浓 HNO_3 和 HF 的混合液也兼有氧化性和配位性，它能溶解铌（Nb）、钽（Ta）等连王水都难溶的金属；

$$Nb+5HNO_3+7HF \Longrightarrow H_2[NbF_7]+5NO_2+5H_2O$$
$$Ta+5HNO_3+7HF \Longrightarrow H_2[TaF_7]+5NO_2+5H_2O$$

ⅲ. 浓 HNO_3 和浓 H_2SO_4 的混合液是硝化剂，可使某些有机化合物分子引入硝基，如

$$C_6H_6+HNO_3 \underset{}{\overset{H_2SO_4}{\Longleftrightarrow}} C_6H_5NO_2+H_2O$$

其中浓硫酸起脱水作用，使平衡向右移动。

d. 硝酸盐　硝酸盐一般都易溶于水，它们的水溶液不显氧化性。硝酸盐的一个重要性质是受热时易分解，不含结晶水的硝酸盐晶体受热分解可以分三步进行：

$$MNO_3 \longrightarrow MNO_2+O_2$$
$$MNO_2 \longrightarrow M_2O+NO_2$$
$$M_2O \longrightarrow M+O_2$$

对于碱金属和某些碱土金属的硝酸盐，反应一般进行到第一步就终止了，因为它们的亚硝酸盐比较稳定。如

$$2NaNO_3 \overset{\triangle}{\Longrightarrow} 2NaNO_2+O_2$$

对于金属活动顺序表中位于 Mg～Cu 之间的金属的硝酸盐，因为它们的亚硝酸盐不稳定，受热继续分解，故反应一般进行到第二步。如

$$2Pb(NO_3)_2 \overset{\triangle}{\Longrightarrow} 2PbO+4NO_2+O_2$$

对于金属活动顺序表中 Cu 以后的金属的硝酸盐，反应将进行到第三步，因为它们的氧化物也不稳定。如

$$2AgNO_3 \overset{\triangle}{\Longrightarrow} 2Ag+2NO_2+O_2$$
$$Hg(NO_3)_2 \overset{\triangle}{\Longrightarrow} Hg+2NO_2+O_2$$

另外，含有结晶水的固体硝酸盐受热时，由于 HNO_3 易挥发，而使酸度降低，则部分水解，形成碱式盐。如：

$$Cu(NO_3)_2 \cdot 6H_2O \overset{443K}{\Longrightarrow} Cu(OH)NO_3+HNO_3+5H_2O$$
$$Mg(NO_3)_2 \cdot 6H_2O \overset{443K}{\Longrightarrow} Mg(OH)NO_3+HNO_3+5H_2O$$

13.3.3.4　磷的含氧化合物
磷的含氧化合物包括氧化物、含氧酸及其盐。

(1) 磷的氧化物
磷在空气中燃烧得 P_4O_{10}，若空气不充足，则得 P_4O_6，习惯上分别称为五氧化二磷

(P_2O_5) 和三氧化二磷 (P_2O_3)。

三氧化二磷是白色蜡状固体，熔点297K，沸点447K，毒性很强。在空气中 P_4O_6 缓慢转化为 P_4O_{10}，与冷水反应形成亚磷酸：

$$P_4O_6 + 6H_2O = 4H_3PO_3$$

与热水作用发生歧化反应：

$$P_4O_6 + 6H_2O = 3H_3PO_4 + PH_3$$

五氧化二磷是白色雪花状晶体，在632K时升华，在一定压力下加热至较高温度，晶体转变为无定形玻璃状体。P_4O_{10} 极易与水结合，是很强的干燥剂和脱水剂。另外，它还可以从许多化合物中夺取化合态的水。如：

$$P_4O_{10} + 6H_2SO_4 = 6SO_3 + 4H_3PO_4$$
$$P_4O_{10} + 12HNO_3 = 6N_2O_5 + 4H_3PO_4$$

P_4O_{10} 与水作用时反应很激烈，放出大量的热，生成 P（+5）的各种含氧酸，因此 P_4O_{10} 又称为磷酸酐。但 P_4O_{10} 吸水后并不能立即转变为磷酸，一般只是生成 $(HPO_3)_4$ 的混合物，只有在 HNO_3 存在下煮沸，才可以直接快速完全转化为正磷酸：

$$P_4O_{10} + 6H_2O \xrightarrow{HNO_3} 4H_3PO_4$$

（2）磷的含氧酸及其盐

① 磷酸及其盐

纯磷酸（Phosphoric Acid）是无色晶体，熔点315K。市售磷酸溶液含量83%～98%，是一种黏稠的液体（可能与浓溶液中存在着氢键有关）。

H_3PO_4 的分子结构如图13-6所示。分子中P原子采取 sp^3 杂化轨道成键，其中3个含单电子的杂化轨道与羟基氧原子形成3个 σ 键，另一个被孤对电子占据的杂化轨道与另一个非羟基氧原子形成1个 σ 配键。非羟基氧原子上的二对孤对电子和P原子两个3d轨道形成2条 p-d π 键（反馈键），使

图 13-6　H_3PO_4 的分子结构

原来的 σ 配键键长缩短（152pm），接近双键。因此，H_3PO_4 的结构式也可表示为：

磷酸有三个羟基（OH），它是一个三元酸。磷酸分子中尽管 P 的氧化数为+5（最高），但它和同族的 HNO_3 不同，它无论在酸性或碱性条件下几乎不显氧化性。

磷酸经强热时发生脱水作用，生成多磷酸（或称为多聚磷酸）或偏磷酸。

n 个 H_3PO_4 分子脱去 $(n-1)$ 个 H_2O 分子后所得的酸称为多磷酸，其通式为：

$$H_{n+2}P_nO_{3n+1}(n=2) \qquad n=2 \quad H_4P_2O_7 \text{ 焦磷酸}$$
$$n=3 \quad H_5P_3O_{10} \text{ 三磷酸}$$
$$n=4 \quad H_6P_4O_{13} \text{ 四磷酸}$$

多磷酸为链状分子，其分子结构式可表示如下：

（焦磷酸）　　　　（三磷酸）

n 个 H_3PO_4 分子脱去 n 个 H_2O 分子后所得的酸称为偏磷酸，其通式为：

378

$(HPO_3)_n (n=3)$　　　　$n=3$　　　　　$(HPO_3)_3$ 三偏磷酸

　　　　　　　　　　　　$n=4$　　　　　$(HPO_3)_4$ 四偏磷酸

　　　　　　　　　　　……　　　　　　　……

偏磷酸是具有环状结构的多磷酸，如四偏磷酸的分子结构式如下：

$$\begin{array}{c}
O \qquad\qquad O \\
\parallel \qquad\quad \parallel \\
HO-P-O-P-OH \\
\mid \qquad\quad \mid \\
O \qquad\qquad O \\
\mid \qquad\quad \mid \\
OH-P-O-P-OH \\
\parallel \qquad\quad \parallel \\
O \qquad\qquad O
\end{array}$$

多酸的酸性均比单酸（H_3PO_4）强。

磷酸盐包括简单磷酸盐和多磷酸盐。

简单磷酸盐包括 M_3PO_4、M_2HPO_4 和 MH_2PO_4（M 为一价金属离子）。磷酸二氢盐都易溶于水，而磷酸一氢盐和正磷酸盐中，除钠、钾、铵盐外，一般都难溶于水。例如，$Ca_3(PO_4)_2$ 和 $CaHPO_4$ 是难溶盐，而 $Ca(H_2PO_4)_2$ 在水中易溶。

可溶性磷酸盐在水中都有不同程度的水解，使溶液显不同的 pH 值。磷酸根离子具有强的配位能力，能与许多金属离子形成可溶性配合物，如 Fe^{3+} 生成可溶性无色配合物 $H_3[Fe(PO_4)_2]$，$H[Fe(HPO_4)_2]$，利用这个性质，分析化学上常用 PO_4^{3-} 掩蔽 Fe^{3+}。

酸式磷酸盐加热脱水可以制得多磷酸盐。如将磷酸氢二钾加热至 927K 左右可得到焦磷酸钾：

$$2K_2HPO_4 \Longrightarrow K_4P_2O_7 + H_2O$$

焦磷酸根（$P_2O_7^{4-}$）离子能与 Cu^{2+}、Ag^+、Zn^{2+}、Pb^{2+} 等金属离子形成稳定的配离子。如 $[Cu(P_2O_7)]^{2-}$，被用于无氰电镀。

三磷酸钠（$Na_5P_3O_{10}$）是合成洗涤剂的重要成分，工业上是将磷酸二氢钠和磷酸氢二钠的混合物加热脱水制得：

$$NaH_2PO_4 + 2Na_2HPO_4 \Longrightarrow Na_5P_3O_{10} + 2H_2O$$

格雷姆（Graham）盐（$NaPO_3)_n$）是由 NaH_2PO_4 加热至 900K 左右，然后将熔融物淬冷得到的。它是直链多磷酸钠盐玻璃体，链长约达 20～100 个 PO_3 单位。该盐突出用途是作为锅炉用水的软化剂，阻止锅炉水垢（$CaCO_3$，$MgCO_3$）的沉积。

② 次磷酸、亚磷酸及其盐

白磷在浓碱液中歧化除得 PH_3 外，另一产物为 NaH_2PO_2，经酸化后可得 H_3PO_2 溶液，称为次磷酸（Hypophosphorous Acid）。纯次磷酸是无色晶体，熔点 299.5K，易吸水潮解。次磷酸及其盐都是强还原剂，它们可以将 Ag^+、Hg^{2+}、Cu^{2+} 等离子从其盐溶液中还原成单质。如：

$$4Ag^+ + H_3PO_2 + 2H_2O \Longrightarrow 4Ag\downarrow + H_3PO_4 + 4H^+$$

三氯化磷水解可制得亚磷酸（Phosphorous Acid）：

$$PCl_3 + 3H_2O \Longrightarrow H_3PO_3 + 3HCl$$

纯亚磷酸是白色固体，熔点 346K，在水中有很高的溶解度。纯亚磷酸或浓的水溶液受热时，发生下列反应：

$$4H_3PO_3 \stackrel{\triangle}{=\!=\!=} 3H_3PO_4 + PH_3$$

亚磷酸及其盐也都是强还原剂。次磷酸和亚磷酸的结构式如下：

$$
\begin{array}{ccc}
& O & \\
& \parallel & \\
HO-&P&-H \\
& \mid & \\
& H &
\end{array}
\qquad
\begin{array}{ccc}
& O & \\
& \parallel & \\
HO-&P&-OH \\
& \mid & \\
& H &
\end{array}
$$

（次磷酸）　　　　　（亚磷酸）

可见 H_3PO_2 是一元酸（$K_a=1.0\times10^{-2}$），而 H_3PO_3 为二元酸（$K_{a_1}=1.0\times10^{-2}$，$K_{a_2}=2.6\times10^{-7}$）。

13.3.3.5　砷、锑、铋的重要化合物

（1）氢化物

砷、锑、铋都能生成氢化物 MH_3，这些氢化物均为无色、有恶臭的剧毒性气体，极不稳定，室温下即可在空气中自燃。例如：AsH_3（又称胂）在空气中自燃生成 As_2O_3。

$$2AsH+3O_2 =\!=\!= As_2O_3+3H_2O$$

在缺氧的条件下，胂受热分解为单质砷：

$$2AsH_3 =\!=\!= 2As+3H_2$$

析出的砷聚集在器皿的冷却部位形成亮黑色的"砷镜"。该反应称作马氏（Marsh）试砷法，在毒物分析学上用于鉴定砷（检出限量为 0.007mg）。另一种鉴定砷的方法称古蔡（Gutzei）试砷法，它是利用 AsH_3 的还原性，将 $AgNO_3$ 还原为单质 Ag，以达到检出砷的目的（检出限量为 0.005mg）：

$$2AsH_3+12AgNO_3+3H_2O =\!=\!= AS_2O_3+12Ag\downarrow+12HNO_3$$

胂可由金属砷化物水解或砷的含氧化合物在酸性溶液中与活泼金属作用制得：

$$Na_3As+3H_2O =\!=\!= AsH_3+3NaOH$$

$$As_2O_3+6Zn+12HCl =\!=\!= 2AsH_3+6ZnCl_2+3H_2O$$

中国药典采用古蔡法测定药品中的含砷量，先将药品中所含的砷转化为具有挥发性的砷化氢，AsH_3 遇溴化汞试纸产生黄色至棕色的砷斑，再与同条件下一定量的标准砷溶液所产生的砷斑比较，以判定砷盐的含量。

（2）氧化物及其水合物

砷、锑、铋的氧化物都难溶于水，有关这些氧化物及其水合物的酸碱性和氧化性变化汇于表 13-7。

表 13-7　砷、锑、铋的氧化物及其水合物的酸碱性和氧化还原性变化

氧　化　态	As	Sb	Bi
	碱　　　　性　　　　增　　　　强 →		
	← 还　　　原　　　性　　　增　　　强		
+3	As_2O_3	Sb_2O_3	Bi_2O_3
	H_3AsO_3	$Sb(OH)_3$	$Bi(OH)_3$
	（两性偏酸性）	（两性偏碱性）	（碱性）
+5	As_2O_5	Sb_2O_5	Bi_2O_5
	H_3AsO_4	$H[Sb(OH)_6]$	$NaBiO_5$
	（酸性）	（两性偏酸性）	不稳定
	酸　　　　性　　　　增　　　　强 →		
	氧　　　化　　　性　　　增　　　强 →		

（左侧纵向标注：酸性增强↓）（右侧纵向标注：氧化性增强↓）

由表 13-7 可知，砷、锑、铋的氧化物及其水合物都具有一定的酸碱性，并且这些化合物的酸碱性及氧化还原性变化符合无机物性质递变的基本规律。小结如下：

① 从 As→Bi，随着元素金属性增强，其氧化物和氢氧化物的碱性增强；

② 从低氧化态（+3）→高氧化态（+5），同一元素氧化物及其水合物的酸性增强；

③ 从 As(+3)→Bi(+3)，随着 M(+3) 有效核电荷的增大，ns^2 电子对参加成键的倾向减弱，M(+3) 的氧化物及其水合物的还原性减弱，而 M(+5) 的氧化物及其水合物的氧化性增强；

④ 对同一元素而言，高氧化态（+5）化合物的氧化性增强。

因此，As_2O_3 两性偏酸性，易溶于碱，也可溶于浓盐酸形成相应的盐；Sb_2O_3 两性偏碱性，易溶于酸，也可溶于强碱溶液生成亚锑酸盐；Bi_2O_3 显碱性，只能与酸作用生成相应的盐。例如：

$$As_2O_3 + 6HCl(浓) \Longrightarrow 2AsCl_3 + 3H_2O$$
$$As_2O_3 + 6HaOH \Longrightarrow 2Na_3AsO_3 + 3H_2O$$
$$Sb_2O_3 + 2NaOH \Longrightarrow 2NaSbO_2 + H_2O$$
$$Bi_2O_3 + 6HNO_3 \Longrightarrow 2Bi(NO)_3 + 3H_2O$$

亚砷酸盐的还原性较强，在弱碱性介质中，I_2 就能氧化亚砷酸盐为砷酸盐；而 Bi(+3) 的还原性很弱，在强碱性介质中，只有少数强氧化剂才能将 Bi(+3) 氧化成 Bi(+5) 的化合物：

$$Na_3AsO_3 + I_2 + H_2O \Longrightarrow Na_3AsO_4 + 2HI$$
$$Bi(OH)_3 + Cl_2 + 3NaOH \Longrightarrow NaBiO_3 + 2NaCl + 3H_2O$$

在酸性介质中，H_3AsO_4 是中强氧化剂，能将 I^- 氧化为 I_2；$NaBiO_3$ 是强氧化剂，能将 Cl^- 氧化为 Cl_2：

$$H_3AsO_4 + 2I^- + 2H^+ \Longrightarrow H_3AsO_3 + I_2 + H_2O$$
$$NaBiO_3(s) + 6HCl(浓) \Longrightarrow BiCl_3 + Cl_2 + 3H_2O + NaCl$$

(3) 硫化物

砷、锑、铋的硫化物都难溶于水，并且这些硫化物的酸碱性与其氧化物相似。砷、锑、铋硫化物的一些性质列于表 13-8。

表 13-8　砷、锑、铋硫化物的颜色和溶解性

硫 化 物	As_2S_3	As_2S_5	Sb_2S_3	Sb_2S_5	Bi_2S_3
颜色	黄色	黄色	橙红色	橙红色	棕黑色
浓盐酸中	不溶	不溶	可溶	溶①	溶
NaOH 中	溶	易溶	溶	溶	不溶
Na_2S 或 $(NH_4)_2S$ 中	溶	易溶	溶	易溶	不溶

① $Sb_2S_5 + 6H^+ + 8Cl^- \Longrightarrow 2[SbCl_4]^- + 3H_2S\uparrow + 2S\downarrow$。

砷和锑的硫化物溶于 NaOH 中生成相应的砷（锑）或亚砷（亚锑）酸盐和硫代砷（锑）或亚砷（亚锑）酸盐；溶于 Na_2S 或 $(NH_4)_2S$ 中生成硫代酸盐。例如：

$$As_2S_3 + 6NaOH \Longrightarrow Na_3AsO_3 + Na_3AsS_3 + 3H_2O$$
$$Sb_2S_3 + 6NaOH \Longrightarrow Na_3SbO_3 + Na_3SbS_3 + 3H_2O$$
$$Sb_2S_5 + 3Na_2S \Longrightarrow 2Na_3SbS_4$$

向砷或锑的硫代酸盐溶液中加入适量的酸，又可析出硫化物沉淀。例如：

$$2AsS_3^{3-} + 6H^+ \Longrightarrow As_2S_3 \downarrow + 3H_2S$$

（4）常见的盐

砷、锑、铋的可溶盐主要有：三氯化物、硫酸锑（铋）和硝酸铋。这些盐溶于水时都将发生水解反应，锑（Ⅲ）和铋（Ⅲ）的盐水解生成酰基盐沉淀。例如：

$$SbCl_3 + H_2O \Longrightarrow SbOCl \downarrow （氯化氧锑） + 2HCl$$
$$Bi(NO_3)_3 + H_2O \Longrightarrow BiONO_3 \downarrow （硝酸氧铋） + 2HNO_3$$

因此，在配制 Sb(Ⅲ) 和 Bi(Ⅲ) 的盐溶液时，应先加入适量的酸抑制 Sb^{3+}、Bi^{3+} 的水解。

13.3.4　碳族元素（The Carbon Family Elements）

周期系第ⅣA族包括碳（Carbon，C）、硅（Silicon，Si）、锗（Germanium，Ge）、锡（Tin，Sn）和铅（Lead，Pb）五种元素，统称为碳族元素。

本族元素价层电子组态为 ns^2np^2，全部失去 4 个电子成为 +4 价离子是十分困难的，事实上也不存在游离的 +4 价离子，另外由于它们的电负性不大，吸引电子的能力较弱，-4价离子也不存在。只有半径较大的 Ge、Sn、Pb 可失去 2 个 p 电子成为 +2 价离子，而且仅有 Pb^{2+} 才有稳定的水合离子。所以形成共价化合物是本族元素的特征，碳、硅主要形成氧化数为 +4 的化合物，铅主要以氧化数为 +2 的化合物存在，而氧化数为 +4 和 +2 的锗、锡化合物都常见。本族元素这一从碳至铅由高氧化态（+4）稳定过渡到低氧化态（+2）稳定的趋势，其原因仍是"惰性电子对效应"的影响。

碳和硅虽然都是本族的非金属元素。但在形成化合物时都有各自的特点。碳是第二周期元素，外层有效轨道是 s、p，它可以 sp^3、sp^2、sp 的不同杂化方式形成数目不等的 σ 键，但配位数不能超过 4。又因它的半径较小，除了形成 σ 键外，还可以形成 p-p π 键（双键，叁键）。硅是第三期元素，它的外层除了 s、p 轨道外，还有 d 轨道可以参加成键，因此配位数可以达到 6，但因半径较大，一般不能形成多重键。因此，在成键方式上，碳比硅更多样化，形成种类繁多的化合物。

13.3.4.1　碳的氧化物

现已知道的碳的氧化物有 CO、CO_2、C_3O_2、C_5O_2 和 $C_{12}O_9$，但有实际意义而且重要的是 CO 和 CO_2。

（1）一氧化碳

一氧化碳（Carbon Monoxide）为无色、无臭、无味的气体。熔点 68K，沸点 81K，难溶于水，易溶于有机溶剂。

一氧化碳作为碳、各种有机化合物不完全燃烧的产物以及二氧化碳不完全还原的产物，在地球表面普遍存在。

CO 和 N_2 是等电子体，两个等电子体在某些结构特征上有相似之处。如它们的分子轨道电子排布式相同，分别为：

$$N_2 \quad (\sigma_{1s})^2 (\sigma_{1s}^*)^2 (\sigma_{2s})^2 (\sigma_{2s}^*)^2 (\pi_{2p_y})^2 (\pi_{2p_z})^2 (\sigma_{2p_x})^2$$
$$CO \quad (\sigma_{1s})^2 (\sigma_{1s}^*)^2 (\sigma_{2s})^2 (\sigma_{2s}^*)^2 (\pi_{2p_y})^2 (\pi_{2p_z})^2 (\sigma_{2p_x})^2$$

和 N_2 分子相同，CO 分子内同样有 3 个共价键即一个 σ 键，两个 π 键，所不同的是在 CO 分子中有一个 σ 键为配键，共用电子对由氧原子供给。

这一结构与 CO 的键能大（1077kJ·mol^{-1}），键长短（113pm），偶极矩很小（3.3×10^{-31} C·m）的事实相一致。尽管 CO 是异核双原子分子并且氧原子的电负性比碳原子的高，电子云应偏向氧原子，使 CO 分子应有较大的偶极矩。然而因形成配键的电子对是氧原子提供的，这样使电子云又反馈到碳原子上，在一起程度上补偿了因 C 和 O 间电负性差所造成的极性，所以偶极矩接近于零。

一氧化碳的键能大于氮气的键能，似乎 CO 分子要比 N_2 分子还要稳定，事实上 CO 要比 N_2 活泼得多。原因有二个：①CO 分子中第一个 π 键的键能比 N_2 中的小得多，因此第一个键易断开；②CO 分子中碳原子上的孤对电子（比 N_2）更活泼，更容易进入其他原子的空轨道形成配合物。因此一氧化碳的化学性质活泼。

CO 作为还原剂容易被氧化为 CO_2，它能在空气中燃烧，并放出大量的热：

$$2CO(g)+O_2(g)\xrightarrow{点燃}2CO_2(g)\qquad \Delta_r H^{\ominus}=-566kJ/mol$$

所以 CO 是一种很重要的气体燃料，燃烧时发出蓝色火焰。

在高温下，CO 可以使许多金属氧化物（如 Fe_2O_3、CuO 等）还原为金属。高温下用焦炭作还原剂冶炼金属的主要反应为：

$$2C(s)+O_2(g)\xrightarrow{高温}2CO(g)$$

$$Fe_2O_3(s)+3CO(g)\xrightarrow{高温}2Fe(l)+3CO_2(g)$$

在常温下，微量的 CO 就可以使 $PdCl_2$ 还原，溶液中析出黑色金属钯（Pd）：

$$CO+PdCl_2+H_2O=\!=\!=Pd\downarrow+CO_2+2HCl$$

这是一个非常灵敏的反应，常用来检出 CO。

CO 作为配体容易形成羰基配合物，在 CO 分子中，既有孤对电子，又有空的分子轨道（π_{2p}^*），当遇到过渡金属 M 时，CO 分子中 C 原子的孤对电子就可以进入 M 原子的空轨道形成 σ 配键，而 M 原子中的孤电子对也可以进入 CO 分子的空 π 轨道形成反馈 σ 配键，形成羰基配合物。形成这种配合物一般为低氧化数的，甚至氧化数为零的金属。如：

$$Ni+4CO=\!=\!=Ni(CO)_4$$

$$Fe+5CO=\!=\!=Fe(CO)_5$$

$$[Cu(NH_3)_2]^++CO+NH_3=\!=\!=[Cu(NH_3)_3CO]^+$$

利用最后这个反应可以除去混合气体（如合成氨的原料气）中的少量 CO。

CO 作为原料气可以合成一系列有机产品，是重要的有机合成原料。

(2) 二氧化碳

二氧化碳（Carbon Dioxide）是无色、无臭气体。比空气重 1.5 倍。CO_2 在空气中的平均含量（体积百分比）为 0.03%，近年来大气中 CO_2 含量有所增加，被认为这是世界气温普遍升高的一个影响因素。

二氧化碳分子是直线形的，它的结构曾被认为是：O=C=O。但 CO_2 分子中碳氧键键长仅为 116pm，远小于碳氧双键键长（124pm），大于碳氧叁键键长（113pm），故 CO_2 分子中碳氧键应有一定程度的叁键特征。

现在一般认为 CO_2 分子的中心原子 C 采取 sp 杂化。2 个 sp 杂化轨道分别与 2 个 O 原子的 2p 轨道（含有一个电子）重叠形成两个 σ 键，C 原子上互相垂直的 p 轨道再分别与两个 O 原子中平行的 p 轨道形成两个大 π 键，如图 13-7 所示。

二氧化碳在 293K，加压至 5.655kPa 时，就能液化。使液态二氧化碳减压膨胀，一部分 CO_2 蒸发，吸收大量的热，使另一部分液态 CO_2 冷却成雪状固体。将固体压实，外观像冰，半透明。这种固体二氧化碳称为干冰（Dry Ice）。干冰易升华并吸热，是良好的制冷剂。

图 13-7　CO_2 的分子结构

二氧化碳不能燃烧，也不助燃，用它可制造干冰灭火器，用来扑灭一般火焰。但应注意它不能扑灭燃着的 Mg，因为 Mg 和 CO_2 发生下列反应：

$$CO_2(g)+2Mg(s)\Longrightarrow 2MgO(s)+C(s) \qquad \Delta_r G^\ominus =-744.8kJ\cdot mol^{-1}$$

二氧化碳的热稳定性很高，当加热至 2273K 时才分解 1.8%：

$$2CO_2 \Longrightarrow 2CO+O_2$$

13.3.4.2　碳酸及其盐

(1) 碳酸

二氧化碳溶于水形成碳酸 (Carbonic Acid)：该反应速率较慢，而且达到平衡时也仅约有千分之一的溶解的 CO_2 转化为 H_2CO_3。所以通常说 CO_2 溶于水生成碳酸，事实上只是很小很小的一部分。

H_2CO_3 为二元弱酸，在水中存在二级解离平衡。必须指出，H_2CO_3 的 K_{a1} 和 K_{a2} 是假定溶于水的 CO_2 全部转化为 H_2CO_3 时计算出来的。实际上溶解的 CO_2 只有一小部分转变为 H_2CO_3。H_2CO_3 的实际浓度比假设 CO_2 全部转变为 H_2CO_3 的要小得多，因而 K_{a1} 值应大于 10^{-7}，实测约为 2×10^{-4}，属中强酸。

(2) 碳酸盐

碳酸是二元酸，它可以形成两类盐：正盐和酸式盐。

① 碳酸盐的溶解性　铵和碱金属（除锂外）的碳酸盐都易溶于水，其他金属的碳酸盐难溶于水。对于难溶碳酸盐，其相应的酸式盐溶解度较大。石灰岩溶洞的形成就是石灰岩（$CaCO_3$）被含 CO_2 的水长期侵蚀，使部分石灰岩溶解流失的结果：

$$CaCO_3+CO_2+H_2O\Longrightarrow Ca(HCO_3)_2$$

而自然界的石笋、钟乳石的形成是上述反应的逆过程。即由石灰岩裂缝中滴下来的水含有较多的 $Ca(HCO_3)_2$，在合适条件下便分解放出 CO_2 生成难溶的 $CaCO_3$，如果 $CaCO_3$ 附着在洞顶越积越多，便形成钟乳石；如果滴在洞底，就会积成像竹笋似的石笋。

对于可溶性的碳酸盐，其酸式盐的溶解度小于正盐。如常温下 Na_2CO_3 的溶解度为 11.20g/100g 水，而 $NaHCO_3$ 的溶解度为 8.8g/100g 水。工业生产化肥和纯碱就是基于此特性：

$$2NH_4^+ +CO_3^{2-}+CO_2+H_2O\Longrightarrow 2NH_4HCO_3\downarrow$$

$$Na^+ +CO_2+H_2O\Longrightarrow NaHCO_3\downarrow +H^+$$

酸式盐溶解度小于正盐的反常现象，是由于 HCO_3^- 通过氢键形成双聚离子的缘故，双聚离子结构如下：

$$\left[\begin{array}{c} \quad OH\cdots O \\ O-C \qquad C-O \\ \quad O\cdots HO \end{array}\right]^{2-}$$

② 碳酸盐的水解性　CO_3^{2-} 是弱酸根，溶于水的正盐和酸式盐均发生水解，但水解的

程度不同。正盐主要按下式水解，溶液显碱性：

$$CO_3^{2-} + H_2O \Longrightarrow HCO_3^- + OH^-$$

可见，在可溶性碳酸盐溶液中，同时存在着 CO_3^{2-}、OH^-、HCO_3^- 等离子。若在该溶液中加入重金属离子（M^{2+}），将同时存在如下平衡：

$$
\begin{array}{ccc}
CO_3^{2-} + M^{2+} &\Longrightarrow& MCO_3 \downarrow \\
+ && + \\
2H_2O \Longrightarrow 2H^+ + 2OH^- && \\
\Updownarrow && \\
CO_2 + H_2O && M(OH)_2 \downarrow
\end{array}
$$

根据 MCO_3 和 $M(OH)_2$ 的溶解度不同，最终产物将有三种情况：

a. MCO_3 的溶解度小于 $M(OH)_2$ 的溶解度，则产物为 MCO_3，如：

$$Ba^{2+} + CO_3^{2-} \Longrightarrow BaCO_3$$

同类离子还有 Ca^{2+}、Sr^{2+}、Pb^{2+}、Mn^{2+} 等。

b. MCO_3 和 $M(OH)_2$ 溶解度大体相近时，则产物多为碱式盐沉淀，如：

$$2Cu^{2+} + 2CO_3^{2-} + H_2O \Longrightarrow Cu(OH)_2 \cdot CuCO_3 \downarrow + CO_2$$

同类离子还有 Mg^{2+}、Fe^{2+}、Co^{2+}、Zn^{2+}、Ag^+ 等。

c. $M(OH)_2$ 溶解度很小时，则生成氢氧化物沉淀，如：

$$2Al^{3+} + 3CO_3^{2-} + H_2O \Longrightarrow 2Al(OH)_3 \downarrow + 3CO_2$$

同类离子还有 Fe^{3+}、Cr^{3+} 等。

酸式碳酸盐在水溶液中除按下式水解外，

$$HCO_3^- + H_2O \Longrightarrow H_2CO_3 + OH^-$$

同时还要发生电离：

$$HCO_3^- \Longrightarrow H^+ + CO_3^{2-}$$

酸式盐在溶液中的酸碱性主要取决于这两个平衡中的主要者。如碳酸氢钠（俗称小苏打），因其水解常数（$K_w / K_{a_1} = 2.4 \times 10^{-8}$）大于电离常数（$K_{a_2} = 5.6 \times 10^{-11}$），所以其溶液显碱性，pH 值为 8～9。

③ 碳酸盐的热稳定性　大多数碳酸盐受热可按下式分解：

$$MCO_3 \xrightarrow{\triangle} MO + CO_2$$

但分解的难易程度相差很大，有的稍加热即可，有的加热到熔化也不分解。表 13-9 是常见的一些碳酸盐的分解温度。

表 13-9　常见的一些碳酸盐的分解温度

名　称	分解温度/K	名　称	分解温度/K	名　称	分解温度/K
Li_2CO_3	1543	$CaCO_3$	1170	Ag_2CO_3	491
Na_2CO_3	＞2000	$SrCO_3$	1462	$PbCO_3$	588
K_2CO_3	更高	$BaCO_3$	1639	$MnCO_3$	600
$BeCO_3$	373	$CuCO_3$	473	$NaHCO_3$	540
$MgCO_3$	813	$ZnCO_3$	569		

可见，金属阳离子半径、电荷、构型不同是碳酸盐热稳定性差异的原因，这可以用阳离子对 CO_3^{2-} 的极化及反极化作用加以解释。另外，还应注意酸比盐易分解，酸式盐又比正盐易分解，如：$H_2CO_3 \Longrightarrow CO_2 \uparrow + H_2O$（水溶液中，稍加热）。

$$2NaHCO_3(s) \xrightarrow{\text{约}540K} Na_2CO_3 + CO_2 + H_2O$$

$$Na_2CO_3(s) \xrightarrow{\text{约}1100K} Na_2CO_3(l) \xrightarrow{>2000K} Na_2O + CO_2 \uparrow$$

13.3.4.3 硅的氧化物和硅酸盐

硅在地壳中的含量仅次于氧，分布很广，主要以二氧化硅和硅酸盐形式存在。硅在生物体内也有一定生物功能。

(1) 二氧化硅

二氧化硅（Silica）称为硅石。自然界以无定形（硅藻土）和结晶形（各种石英）存在。纯石英是无色透明晶体，棱柱状的石英称为水晶。紫水晶、玛瑙和碧玉都是含杂质的有色石英晶体，河沙是混有杂质的石英细粒。

○ 氧原子　● 硅原子

图 13-8　方石英晶体的结构

二氧化硅的晶体结构是以 SiO_4 四面体为基础组成的巨大分子。在晶体中，每个 Si 原子采取 sp^3 杂化与周围四个氧原子共价结合，每个 SiO_4 又通过共用氧原子相互连接。从整体上看，每个 Si 原子周围有四个 O 原子，而每个 O 原子又被 2 个 Si 原子共用。图 13-8 所示为方石英的晶体结构。

可见，二氧化硅为原子晶体，SiO_2 是其最简式，Si-O 键键能很高（$452kJ \cdot mol^{-1}$）。故石英的硬度大（莫氏 7 度），耐高温。

二氧化硅化学性质很不活泼，在各类酸中仅与 HF 发生如下反应：

$$SiO_2 + 4HF = SiF_4 + 2H_2O$$

实验室有些常用的刻度仪器（量筒、滴定管）中的刻度、毛玻璃和灯泡的"磨砂"就是用氢氟酸腐蚀的。

二氧化硅是酸性氧化物，它可以与碱及碱性含氧酸盐反应生成硅酸盐，如：

$$SiO_2 + 2NaOH = Na_2SiO_3 + H_2O$$

$$SiO_2 + Na_2CO_3 = Na_2SiO_3 + CO_2$$

实验室中长时间盛放 NaOH 的玻璃瓶会"发毛"及用试剂瓶盛碱液日久会打不开玻璃瓶塞，就是发生了上述反应的缘故。

(2) 硅酸

硅酸（Silicic Acid）的形式很多，随着形成条件的不同，常以通式 $xSiO_2 \cdot yH_2O$ 来表示。现已确证，具有一定稳定性，在一定条件下能独立存在的硅酸有：

正硅酸	H_4SiO_4	$x=1$，$y=2$
焦硅酸	$H_6Si_2O_7$	$x=2$，$y=3$
偏硅酸	H_2SiO_3	$x=1$，$y=1$
二偏硅酸	$H_2Si_2O_5$	$x=2$，$y=1$
三偏硅酸	$H_2Si_3O_8$	$x=3$，$y=2$

因为各种硅酸中以偏硅酸的组成最简单，所以常用 H_2SiO_3 代表硅酸。

硅酸（H_2SiO_3）为二元弱酸，它不能用酸酐（SiO_2）溶于水制取，而是用可溶性硅酸盐与酸作用制得：

$$Na_2SiO_3 + 2HCl = H_2SiO_3 + 2NaCl$$

硅酸在水中的溶解度不大，但它并不立即沉淀，因为开始生成的是可溶于水的单分子

H_4SiO_4，然后逐步缩合脱水生成多硅酸的胶体溶液（硅酸溶胶）或生成含水量大、软而透明、有弹性的硅酸凝胶。将硅酸凝胶老化，然后用热水去盐分，在 340K 烘干，573K 活化，得到一种多孔性硅胶。这种硅胶表面积极大（$800 \sim 900 m^2 \cdot g^{-1}$），具有高度吸附能力，是很好的吸附剂。工业上大量用来回收气体，还可作为某些有机反应的催化剂或许多催化剂的载体，在实验中常用作干燥剂来干燥精密仪器（如分析天平）。为了指示干燥效果，常制得一种变色硅胶，这是将硅胶用 $CoCl_2$ 溶液浸泡，然后再烘干活化制得。由于无水 $CoCl_2$ 为蓝色，吸水后成为粉红色的 $CoCl_2 \cdot 6H_2O$。于是根据硅胶的颜色变化来判断硅胶吸水的程度。

(3) 硅酸盐

① 可溶性硅酸盐　碱金属的硅酸盐均可溶。最常见、用途最广的是硅酸钠（Na_2SiO_3）。通常用石英砂与烧碱（NaOH）或纯碱（Na_2CO_3）作用制取。

纯硅酸钠为无色固体，在水溶液中以 $H_2SiO_4^{2-}$ 存在（水溶液中不存在 SiO_3^{2-}），并发生强烈水解：

$$H_2SiO_4^{2-} + H_2O \Longrightarrow H_3SiO_4^- + OH^-$$

硅酸钠溶液可与 NH_4^+ 作用，放出氨气并析出凝胶或沉淀：

$$Na_2SiO_3 + 2NH_4Cl \Longrightarrow H_2SiO_3 + 2NH_3 \uparrow + 2NaCl$$

工业上将石英砂、纯碱和煤粉的混合物放在反应炉中高温（$1373 \sim 1623K$）加热 1h，然后冷却，得到玻璃状的多硅酸钠（$Na_2O \cdot nSiO_2$）固体，经在加压锅中用水处理（或用水蒸气处理）、得到黏稠状液体，此产品称为"水玻璃"或"泡花碱"。

② 不溶性的硅酸盐　除碱金属硅酸盐外，其他硅酸盐均不溶于水。当在硅酸钠溶液中加入重金属盐时，立即有难溶重金属硅酸盐生成，这些重金属硅酸盐大多数有美丽的颜色，如蓝色的琉璃瓦主要成分为硅酸钴（$CoSiO_3$），金黄色的含有硅酸铅（$PbSiO_3$）。它们的组成由硅酸在水中的复杂变化而同样显得复杂。反应式示意如下：

$$M^{2+} + H_2SiO_4^{2-} \longrightarrow MH_2SiO_4 \downarrow$$

③ 玻璃　玻璃是无定形硅酸盐混合物，是重要的人造不溶性硅酸盐。玻璃的种类很多，但其基本结构单位是 SiO_4 四面体，在它形成的骨架内填充有钠、钙等离子。但这些四面体的空间排列是不规则的，金属离子的位置也是无规律的。因此它在加热时，不像晶体那样有固定的熔点，而是随温度升高逐渐软化。

普通玻璃是钠玻璃。它是以石英砂、碳酸钠和石灰石（$CaCO_3$）共熔制得的：

$$Na_2CO_3 + CaCO_3 + 6SiO_2 \Longrightarrow Na_2CaSi_6O_{14} + 2CO_2 \uparrow$$

上列反应的产物虽然以化学式 $Na_2CaSi_6O_{14}$ 或 $Na_2O \cdot CaO \cdot 6SiO_2$ 表示，实际玻璃的成分不是十分准确的。钠玻璃用于门窗及制瓶等日常用品。如以 K_2CO_3 代替 Na_2CO_3，则得到熔点较高并较耐化学作用的钾玻璃，用于制造化学仪器，如燃烧管等。如钾玻璃中的 Ca^{2+} 以 Pb^{2+} 代替，则成为折射性强、相对密度较高的钾-铅玻璃或燧石玻璃，可用作雕刻玻璃及光学玻璃。较好的化学玻璃除含较高的 SiO_2（80%）外，还含有一些 B_2O_3（12%）及少量 Na_2O 和 Al_2O_3。它的热膨胀系数小，也耐腐蚀。在制作玻璃时，如加入不同的金属氧化物，则可得到各种有色玻璃。

一般认为玻璃不溶于水，实际有少量钠盐能被溶解。玻璃与一般的酸不作用，但 HF 能与其中的 SiO_2 作用，生成 SiF_4 而将玻璃腐蚀：

$$Na_2O \cdot CaO \cdot 6SiO_2 + 28HF \Longrightarrow 6SiF_4 + 2NaF + CaF_2 + 14H_2O$$

强碱能溶解玻璃，生成可溶性硅酸盐。因此盛放强碱溶液的玻璃瓶不能用玻璃塞，以免塞子与瓶口粘接。

④ 分子筛 分子筛是具有孔隙的硅铝酸钠，有天然的和人工合成的两种。天然的就是泡沸石（$Na_2O \cdot Al_2O_3 \cdot 2SiO_2 \cdot nH_2O$），是一种含有结晶水的硅铝酸盐。经过脱水处理后，其晶体中形成许多一定大小的和外部相通的微细孔道，有良好的吸附性能。它能吸附比这些孔径小的分子，而孔径大的分子不能进入孔道。因此各种泡沸石可将混合在一起的大小不同的分子分离，所以称为分子筛。

合成的分子筛是模拟天然分子筛的工业产品。它的原料是水玻璃（Na_2SiO_3）、偏铝酸钠（$NaAlO_2$）和烧碱（$NaOH$）。将这些原料的溶液按一定比例在室温下混合均匀，得到一种白色悬浊的胶体，然后在 373K 保温，使之逐渐转变成晶体。将此晶体经适当的洗涤、干燥、成型和脱水处理即得成品。

合成分子筛的种类很多。调节原料中 Si 和 Al 的比例，以及将 Na^+ 用 K^+ 或 Ca^{2+} 代替，可以制得各种型号和规格的分子筛。每种分子筛都具有一定大小和均一的孔径，因此各有其选择吸附的范围。例如，钙 A 型分子筛的孔径约为 550pm，它能选择吸附石油中的正庚烷（分子式 C_7H_{16}，分子直径 490pm），但不能吸附苯（C_6H_6，分子直径 560pm），所以可将这两种经常混在一起的石油产品加以分离。

13.3.4.4 锡和铅的化合物

（1）锡和铅的氧化物

锡的氧化物有 SnO（随制备方法不同而呈黑色和绿色）和 SnO_2（冷时白色，加热变黄色）。用二价锡盐的热溶液与碳酸钠作用可得 SnO，锡在空气中燃烧可得 SnO_2：

$$Sn^{2+} + CO_3^{2-} \longrightarrow SnO + CO_2 \uparrow$$
$$Sn + O_2 \longrightarrow SnO_2$$

铅的氧化物有 PbO（黄色，亦名密陀僧），Pb_3O_4（红色，亦称红铅，铅丹），Pb_2O_3（橙色）和 PbO_2（棕色）。它们的转变温度如下：

$$PbO_2 \xrightarrow{约600K} Pb_2O_3 \xrightarrow{约700K} Pb_3O_4 \xrightarrow{约800K} PbO$$

铅在空气中加热即得 PbO，在碱性溶液中用强氧化剂（如 NaClO）氧化 Pb（+2）的化合物则得 PbO_2：

$$2Pb + O_2 \longrightarrow 2PbO$$
$$Pb(OH)_3^- + ClO^- \longrightarrow PbO_2 + Cl^- + OH^- + H_2O$$

锡、铅的这些氧化物都不溶于水，也不与水作用。PbO 易溶于硝酸，但难溶于碱，而 PbO_2 则稍溶于碱而难溶于硝酸，这说明 PbO 偏碱性，而 PbO_2 偏酸性。SnO_2 与 NaOH 共熔生成锡酸钠 Na_2SnO_3，可见 SnO_2 之酸性较为显著。在氧化还原性方面，SnO 的还原性强于 PbO，而 PbO_2 的氧化性强于 SnO_2，PbO_2 是一种常用的氧化剂，如：

$$PbO_2 + 4HCl == PbCl_2 + Cl_2 \uparrow + 2H_2O$$
$$5PbO_2 + 2Mn^{2+} + 4H^+ \xrightarrow{Ag^+} 5Pb^{2+} + 2MnO_4^- + 2H_2O$$

（2）锡、铅的氢氧化物及含氧酸盐

在含 Sn^{2+} 的溶液中加入强碱溶液，就立即析出白色胶状的 $Sn(OH)_2$ 沉淀，它能溶解于过量的碱溶液中生成亚锡酸盐；Pb^{2+} 发生同样的变化：

$$Sn^{2+} + 2OH^- == Sn(OH)_2 \downarrow$$
$$Sn(OH)_2 + OH^- == Sn(OH)_3$$
$$Pb^{2+} + 2OH^- == Pb(OH)_2 \downarrow$$
$$Pb(OH)_2 + OH^- == Pb(OH)_3$$

四价锡的氢氧化物是未知的。从四价锡盐水解可得白色无定形的含水 SnO_2 胶状沉淀，该新鲜沉淀被称为 α-锡酸。把它在溶液中静置或加热时就逐渐晶化，变成 β-锡酸，其结构为 SnO_2 的结构。从浓 HNO_3 与金属锡反应就可直接制得 β-锡酸。

将 PbO_2 同过量的碱一起熔融可制得 $M_2PbO_3 \cdot 3H_2O$，该化合物实质上就是 $M_2[Pb(OH)_6]$，其酸 $H_2[Pb(OH)_6]$ 是未知的。从 Pb(Ⅱ) 的苛性钠溶液电解也可制得 $Na_2Pb(OH)_6$，它在 383K 以下失水变成 Na_2PbO_3。

(3) 锡、铅的卤化物

在卤化物中最常见的是氯化物。由于 Pb(Ⅳ) 的氧化性，所以不存在四碘化铅和四溴化铅这两种卤化铅。二氯化锡可由锡或氧化亚锡与盐酸反应制得。$SnCl_2 \cdot 2H_2O$ 呈无色透明玻璃体，它在水中易水解而生成碱式盐沉淀：

$$SnCl_2 + H_2O \Longrightarrow Sn(OH)Cl\downarrow + H^+ + Cl^-$$

所以配制 $SnCl_2$ 溶液时必须先加入适量盐酸抑制水解。氯化亚锡是实验室中常用的还原剂，它可被空气中的氧氧化，在溶液中须加入金属锡防止氧化。其反应如下：

$$2Sn^{2+} + O_2 + 4H^+ \longrightarrow 2Sn^{4+} + 2H_2O$$
$$Sn + Sn^{4+} \Longrightarrow 2Sn^{2+}$$

四氯化锡是由金属锡与过量氯气反应生成的，它是无色液体，不导电，是典型的共价化合物，沸点为 387K，可溶于有机溶剂如 CCl_4 中。遇水亦强烈水解，故在潮湿空气中发烟。在盐酸中则生成六氯合锡酸：

$$SnCl_4 + 2HCl \Longrightarrow H_2SnCl_6$$

蒸发 NH_4Cl 和 $SnCl_4$ 的混合溶液可得到 $(NH_4)_2SnCl_6$ 结晶。

二氯化铅 $PbCl_2$ 可用多种方法制得，如铅与氯气反应，氧化物与盐酸反应等。$PbCl_2$ 在冷水中溶解度较小，但易溶于热水中。在 HCl 溶液中因 $PbCl_2$ 与 Cl^- 形成配离子而增大 $PbCl_2$ 的溶解度：

$$PbCl_2 + 2Cl^- \Longrightarrow PbCl_4^{2-}$$

四氯化铅只在低温时稳定，常温即分解为二氯化铅和氯：

$$PbCl_4 \Longrightarrow PbCl_2 + Cl_2\uparrow$$

(4) 锡、铅的硫化物

将 H_2S 通入 Sn(Ⅱ)、Sn(Ⅳ) 盐溶液中，立即分别析出暗棕色 SnS 沉淀和黄色 SnS_2 沉淀。SnS 不溶于 Na_2S 和 $(NH_4)_2S$ 溶液中，但可溶于中等浓度的盐酸和碱金属的多硫化物溶液中：

$$SnS + 4Cl^- + 2H^+ \longrightarrow [SnCl_4]^{2-} + H_2S\uparrow$$
$$SnS + S_2^{2-} \longrightarrow [SnS_3]^{2-} （硫代锡酸根）$$

SnS_2 沉淀不溶于强酸性溶液，但溶于碱金属硫化物溶液及浓酸溶液中：

$$SnS_2 + S^{2-} \longrightarrow [SnS_3]^{2-} （硫代锡酸根）$$
$$SnS_2 + 4H^+ + 6Cl_6^- \longrightarrow [SnCl_6]^{2-} + 2H_2S\uparrow$$

铅只有 PbS，没有 Pb(Ⅳ) 的硫化物。在 Pb^{2+} 盐溶液中通入 H_2S，即析出黑色的 PbS 沉淀，它不溶于稀酸和 Na_2S 溶液中，但可溶于浓盐酸或硝酸中：

$$3PbS + 8H^+ + 2NO_3^- \longrightarrow 3Pb^{2+} + 3S\downarrow + 2NO\uparrow + 4H_2O$$

13.3.5　硼族元素 (The Boron Family Elements)

周期系第 ⅢA 族包括硼 (Boron, B)、铝 (Aluminum, Al)、镓 (Gallium, Ga)、铟 (Indium, In)、铊 (Thallium, Tl) 五种元素，统称硼族元素。除硼为非金属外，其余均为金属。

13.3.5.1 硼及其化合物

硼在自然界中的丰度不大，不能形成单独矿物，而是与其他元素化合伴生在一起的，例如硼镁矿 $Mg_2B_2O_5 \cdot H_2O$（或写为 $2MgO \cdot B_2O_3 \cdot H_2O$）和硼砂 $Na_2B_4O_7 \cdot 10H_2O$（或写为 $Na_2O \cdot 2B_2O_3 \cdot 10H_2O$）等。

(1) 单质硼的结构和性质

无定形硼为棕色粉末，结晶硼呈黑灰色。单质硼的硬度近乎金刚石。单质硼有多种复杂的晶体结构，其中 α-菱形硼的基本结构单元为正二十面体的对称几何构型，每个面近似为一个等边三角形，20 个面相交成 12 个角顶，每个角顶为一个硼原子所占据，然后由 B_{12} 的这种二十面体组成六方晶系的 α-菱形硼。如图 13-9 所示。

结晶状单质硼较惰性，无定形硼则比较活泼，在高温下硼能同 N_2、O_2、S、X_2 等单质反应，也能在高温下同金属反应生成金属硼化物：

图 13-9 硼二十面体结构单元

$$4B + 3O_2 \Longrightarrow 2B_2O_3$$
$$2B + 3Cl_2 \Longrightarrow 2BCl_3$$
$$2B + N_2 \Longrightarrow 2BN$$

在赤热下，水蒸气与无定形硼作用生成硼酸和氢气：

$$2B + 6H_2O(g) \Longrightarrow 2B(OH)_3 + 3H_2\uparrow$$

无氧化剂存在时，无定形硼不溶于酸中，但热浓 H_2SO_4、热浓 HNO_3 能逐渐把硼氧化成硼酸：

$$B + 3HNO_3(浓) \Longrightarrow B(OH)_3 + 3NO_2\uparrow$$
$$2B + 3H_2SO_4(浓) \Longrightarrow 2B(OH)_3 + 3SO_2\uparrow$$

有氧化剂存在时，硼和强碱共熔而得到偏硼酸盐：

$$2B + 2NaOH + 3KNO_3 \overset{\triangle}{\Longrightarrow} 2NaBO_2 + 3KNO_2 + H_2O$$

(2) 硼的氢化物（硼烷）

硼可以形成一系列的共价氢化物，这类氢化物的物理性质相似于烷烃，故称之为硼烷，目前已知道 20 多种硼烷，最简单的一种是 B_2H_6（乙硼烷）而不是 BH_3。这 20 多种硼烷按组成分类，主要分属于：

B_nH_{n+4} 类：B_2H_6、B_5H_9、B_6H_{10}、B_8H_{12}、$B_{10}H_{14}$、$B_{16}H_{20}$、$B_{18}H_{22}$ 等。

B_nH_{n+6} 类：B_3H_9、B_4H_{10}、B_5H_{11}、B_6H_{12}、B_8H_{14}、B_9H_{15} 和 $B_{10}H_{16}$ 等。

乙硼烷在硼烷中具有特殊的地位，它是制备其他一系列硼烷的原料，并应用于合成化学中。

在 B_2H_6 分子中，共有 14 个价轨道（硼原子的电子层由 $1s^2 2s^2 2p^1$ 激发为 $1s^2 2s^1 2p^2$ 之后，进行 sp^3 杂化，两个硼原子共有 8 个价轨道，六个氢原子有 6 个价轨道），但只有 12 个价电子（硼的 4 个 sp^3 杂化轨道中只有 3 个轨道上有电子，另一个轨道是空着的），所以它是个缺电子分子。在这个分子中，有 8 个价电子用于 2 个硼原子各与 2 个氢原子形成 2 个 B—H σ 键，这 4 个 σ 键在同一个平面。剩下的 4 个价电子在 2 个硼原子和 2 个氢原子之间形成了垂直于上述平面的两个三中心两电子键，一个在平面之上，另一个在平面之下（见图 13-10）每个三中心两电子键是由一个氢原子和两个硼原子共用 2 个电子构成的。结构实验指明这个氢原子具有桥状结构，称为"桥氢原子"，它把两个硼原子连接起来了。这种三中心两电子键是由三个原子轨道重叠形成的，三个轨道中只有两个轨道各有一个电子。

在其他高硼烷的分子中，除了有 B_2H_6 分子中那样的 B—H σ 键和 B—H—B 三中心两

图 13-10　B_2H_6 的分子结构

电子键以外，还有 B—B σ 键及 B—B—B、$\begin{matrix}B\\ \diagup\diagdown\end{matrix}$ B 等三中心两电子键。分子构型为正二十面体，或不完整的二十面体碎片（去掉一个或几个顶角）所具有的巢状或蛛网状结构。

碳原子与 B⁻ 为等电子体，若硼烷中的部分 B⁻ 被碳原子取代，则得到硼烷的重要衍生物——碳硼烷，它们也是一些笼状化合物。碳硼烷的阴离子又可以与一些过渡金属离子或有机基团形成碳硼烷的衍生物，硼烷还有含硫或磷等杂原子的衍生物。

(3) 硼的含氧化合物

常见的硼的含氧化合物有三氧化二硼 B_2O_3、硼酸 H_3BO_3 及硼砂 $Na_2B_4O_7 \cdot 10H_2O$。

① 三氧化二硼

三氧化二硼由硼酸 H_3BO_3 脱水得到：

$$2H_3BO_3 \xrightarrow{\triangle} B_2O_3 + 3H_2O$$

在高温下脱水得到的 B_2O_3 为玻璃状固体；在低温减压条件下则得到吸水性很强的白色粉末，可用作干燥剂。

B_2O_3 的熔点为 723K（450℃），沸点为 2523K（2250℃）。高于 1273K（1000℃）时，其蒸气为 B_2O_3 单分子。

B_2O_3 能被金属镁或铝所还原。但不能用碳还原，因为在高温下会形成碳化物。

B_2O_3 溶于水放出少量的热。在热的水蒸气中，形成可挥发的偏硼酸；在水中形成硼酸：

$$B_2O_3(s) + H_2O(g) = 2HBO_2(g)$$
$$B_2O_3(s) + 3H_2O(l) = 2H_3BO_3(aq)$$

熔融状态的 B_2O_3 可溶解许多金属氧化物从而得到有特征颜色的片硼酸盐玻璃体。这个反应可用于定性分析中，用来鉴定金属离子，称之为硼砂珠试验。例如：

$$B_2O_3 + CuO \longrightarrow Cu(BO_2)_2 \text{ 蓝色}$$
$$B_2O_3 + NiO \longrightarrow Ni(BO_2)_2 \text{ 绿色}$$

在 873K 时，B_2O_3 与氮反应可制得与石墨具有相同结构的氮化硼 $(BN)_x$

② 硼酸

硼酸 H_3BO_3 [或写为 $B(OH)_3$] 为白色片状晶体，微溶于水，加热灼烧时起下列变化：

$$H_3BO_3 \xrightarrow[-H_2O]{442K(169℃)} HBO_2 \xrightarrow[-H_2O]{573K(300℃)} B_2O_2$$

（偏硼酸）

三氧化二硼、硼酸和多硼酸的基本结构单元是平面三角形的 BO_3，在 H_3BO_3 的晶体中，每个硼原子用 3 个 sp^2 杂化轨道与 3 个氢氧根中的氧原子以共价键相结合，每个氧原子除以共价键与一个硼原子和一个氢原子相结合外，还通过氢键同另一 H_3BO_3 单元中的氢原子结合而连成片层结构，如图 13-11。层与层之间则以微弱的范德华力相吸引。所以硼酸晶体是片状的，有解离性❶，可作润滑剂。硼酸的这种缔合结构使它在冷水中的溶解度很小（273K 时为 6.35）；加热时，由于晶体中的部分氢键断裂，溶解度增大（373K 时为 27.6）。

H_3BO_3 在加热过程中首先转变为 HBO_2（偏硼酸），继而其中的 BO_3 结构单元开始通过氧原子连接起来，出现 B—O—B 键，形成链状或环状的多硼酸根，其组成可用实验式 $(BO_2)_n^{n-}$ 表示。

O O $\quad d_{B-O}= 136pm$
o H $\quad d_{O-H}= 88pm$
● B

$d_{H-O}= 184pm$
$d_{层-层}= 318pm$

图 13-11　硼酸晶体的片层结构

在工业上，H_3BO_3 是用 H_2SO_4 分解硼的矿物得到的，如：

$$Mg_2B_2O_5 \cdot H_2O + 2H_2SO_4 === 2H_3BO_3 + 2MgSO_4$$

$$Na_2B_4O_7 \cdot 10H_2O + H_2SO_4 === 4H_3BO_3 + Na_2SO_4 + 5H_2O$$

H_3BO_3 是一元弱酸，酸性弱于碳酸，$K_a = 6 \times 10^{-10}$。其酸性并不是因为它本身给出质子，而是由于硼的缺电子性，它加合了来自 H_2O 分子的 OH^-（其中氧原子有孤电子对）而释出 H^+：

$$B(OH)_3 + H_2O \rightleftharpoons [HO-HB \leftarrow OH^-] + H^+$$

利用 H_3BO_3 的这种缺电子性质，加入多羟基化合物（如二醇或甘油），则生成的稳定配合物表现出一元强酸的性质，可以用强碱来滴定。

常利用硼酸和甲醇或乙醇在浓 H_2SO_4 存在的条件下，生成挥发性硼酸酯燃烧所特有的绿色火焰以鉴别硼酸根。

$$H_3BO_3 + 3CH_3OH \xrightarrow{H_2SO_4} B(OCH_3)_3 + 3H_2O$$

H_3BO_3 与强碱 NaOH 中和，得到偏硼酸钠 $NaBO_2$；在碱性较弱的条件下则得到四硼酸盐，如硼砂 $Na_2B_4O_7 \cdot 10H_2O$，而得不到单个 BO_3^{3-} 的盐。但反过来，在任何一种硼酸

---

❶ 解离性为某些矿物或晶体受外力作用时，沿着一定方向规则地裂开成光滑面的性质。

盐的溶液中加酸时，总是得到硼酸，因为硼酸的溶解度小，它容易从溶液中析出。

H_3BO_3 被大量地用于玻璃和搪瓷工业。因为它是弱酸，对人体的受伤组织有缓和的防腐消毒作用，为医药上常用的消毒剂（硼酸软膏或硼酸粉）之一。硼酸也是减少排汗的收敛剂，为痱子粉的成分之一。此外，它还用于食物防腐。

③ 硼砂

四硼酸的钠盐 $Na_2B_4O_5(OH)_4 \cdot 8H_2O$，俗称硼砂，习惯上把它的化学式写为 $Na_2B_4O_7 \cdot 10H_2O$。

硼砂是无色半透明的晶体或白色结晶粉末。在它的晶体中，$[B_4O_5(OH)_4]^{2-}$ 通过氢键连接成链状结构，链与链之间通过 Na^+ 以离子键结合，水分子存在于链之间。所以硼砂的分子式按结构应写为 $Na_2B_4O_5(OH)_4 \cdot 8H_2O$。

自然界有硼砂矿。在工业上用浓碱溶液分解硼镁矿得到偏硼酸钠，然后在较浓的偏硼酸钠溶液中通入 CO_2，以降低溶液的 pH 值，通过结晶分离，即得到硼砂。

$$Mg_2B_2O_5 \cdot H_2O + 2NaOH === 2NaBO_2 + 2Mg(OH)_2 \downarrow$$
$$4NaBO_2 + CO_2 + 10H_2O === Na_2B_4O_5(OH)_4 \cdot 8H_2O + Na_2CO_3$$

硼砂在干燥空气中容易风化。加热到 632～673K（350～400℃）时，成为无水盐，继续升温至 1151K（878℃）则熔为玻璃状物，它风化时首先失去链之间的结晶水。温度升高，则链与链之间的氢键因失水而被破坏，形成牢固的偏硼酸骨架。

(4) 硼的卤化物

卤化硼是共价化合物，熔点、沸点都很低，并随分子量的增加而升高，在这些卤化物中以 BF_3 和 BCl_3 为最重要，它们是氧化剂，强烈地水解，产物为 H_3BO_3 和 HX。如：

$$BCl_3 + 3H_2O === H_3BO_3 + 3HCl$$

BF_3 仅部分水解。在它的水溶液中有氟硼酸 $H[BF_4]$ 生成：

$$4BF_3 + 6H_2O === 3H_3O^+ + 3BF_4^- + H_3BO_3$$

氟硼酸是个强酸，实际上仅以离子存在于溶液中。它有许多性质与 $HClO_4$ 相似。

由于硼的缺电子性，卤化硼易与 H_2O、NH_3、醚、醇以及胺类等作用，生成配合物。BF_3 的这一性质使它成为有机合成中常用的催化剂。

卤化硼可以用硼和卤素直接反应，或将氧化硼（硼砂也行）与浓 H_2SO_4 及萤石反应，或将氧化硼在有碳存在的条件下加以氯化而制得。有关反应方程式如下：

$$2B + 3X_2 === 2BX_3$$
$$B_2O_3 + 3CaF_2 + 3H_2SO_4 === 2BF_3 + 3CaSO_4 + 3H_2O$$
$$Na_2B_4O_7 + 6CaF_2 + 8H_2SO_4 === 4BF_3 + 6CaSO_4 + 2NaHSO_4 + 7H_2O$$
$$B_2O_3 + 3C + 3Cl_2 === 2BCl_3 + 3CO$$

硼还能与氮形成一系列含有 B—N 键的化合物，B—N 基团（8 个价电子）与 C—C 基团（也是 8 个价电子）是等电子体，所以 :B≡N: 键和 :C≡C: 键很相似，因此许多硼氮化合物的结构同碳或其化合物的相似。例如硼在 1273K（1000℃）高温下与 N_2 或 NH_3 反应而得到的 BN，是白色固体。它的结构与石墨相似，但物理性质很不同。它不导电，熔点约为 3273K（3000℃），对许多溶剂呈惰性，在空气、氧、氢、氯、碘或二硫化碳中加热，不起变化；在未达到红热条件时也不与水作用。它是超高温物质，用于制火箭喷嘴和燃料室的内衬以及真空高频电炉的绝缘材料。BN 的另一种变体具有金刚石那样的结构、硬度仅次于金刚石。

13.3.5.2 铝及其化合物

(1) 单质铝

铝是银白色有光泽的金属，密度 $2.7g \cdot cm^{-3}$，熔点 930K，沸点 2740K。铝具有良好的导电性、导热性和延展性，其密度小，熔点较高，又能大规模地生产。

铝的价电子构型为 $3s^2 3p^1$，主要氧化态为 +3，铝最主要的化学特性是亲氧性，铝也是典型的两性金属。

单质铝暴露在空气中时，其表面迅速生成致密的 Al_2O_3 保护膜，阻止内层的铝与水和空气进一步作用。因此，铝可被广泛地用于制造日用器皿。铝和氧化合时所释放出的热量比一般金属与氧化合时大得多：

$$2Al + \frac{3}{2}O_2 \longrightarrow Al_3O_3 \qquad \Delta_r H^\ominus = 1669.7kJ \cdot mol^{-1}$$

这与 Al_2O_3 具有很高的晶格能有关。利用铝的亲氧性，冶金工业中常用"铝热还原法"冶炼金属。

铝能从稀酸中置换出氢，也能溶解在强碱溶液中：

$$2Al + 6H^+ \longrightarrow 2Al^{3+} + 3H_2 \uparrow \qquad E_A^\ominus = -1.67V$$

$$2Al + 2OH^- + 6H_2O \longrightarrow 2[Al(OH)_4]^- + 3H_2 \uparrow \qquad E_B^\ominus = -2.35V$$

冷的浓硝酸和浓硫酸可使铝表面钝化，因此可以用铝桶贮运浓硝酸或浓硫酸及某些化学试剂，高纯度的铝一般不与酸作用，但可溶于王水。

在一定温度下，单质铝能与卤素、硫、氮、磷等非金属元素化合，生成氧化态为 Ⅲ 的相应的化合物。由于 Al(Ⅲ) 的 $\frac{Z}{r}$ 比大，极化作用强，故 Al(Ⅲ) 的化合物大多为共价型的。

(2) 氧化铝和氢氧化铝

氧化铝 Al_2O_3 有多种晶型，其中最主要的两种是 α-Al_2O_3 和 γ-Al_2O_3。

自然界中存在的 α-Al_2O_3 称为刚玉。α-Al_2O_3 熔点高，硬度大，化学性质十分稳定，与水、酸或碱均不作用，耐腐蚀性及绝缘性好，常用作高硬度材料，研磨材料和耐火材料等。

γ-Al_2O_3 粒径小，比表面积大（$200 \sim 600m^2 \cdot g^{-1}$），具有很强的吸附能力和催化活性，也能溶于酸或碱，所以又称为活性氧化铝。活性氧化铝广泛地用作吸附剂和催化剂载体等。

氢氧化铝 $Al(OH)_3$ 通常可用铝盐溶液与氨水或适量的碱溶液作用制得，用这种方法制备的氢氧化铝其含水量不定，组成也不均匀，外观为白色凝胶状沉淀，统称无定形水合氧化铝 $Al_2O_3 \cdot nH_2O$。静置后水合氧化铝会逐渐转变为结晶状的偏氢氧化铝 $AlO(OH)$，加热可促进转变。用铝酸盐溶液与 CO_2 作用，可得到正 $Al(OH)_3$ 白色沉淀：

$$2[Al(OH)_4]^- + CO_2 \longrightarrow 2Al(OH)_3 \downarrow + CO_3^{2-} + H_2O$$

氢氧化铝是两性氢氧化物，既可溶于酸生成 Al(Ⅲ) 盐，也可溶于碱生成铝酸盐。加热 $Al(OH)_3$ 可脱水生成氧化铝。例如，$Al(OH)_3$ 在 $723 \sim 773$K 时脱水生成 γ-Al_2O_3。

(3) 常见的铝盐

常见的铝盐主要有三氯化铝 $AlCl_3$、硝酸铝 $Al(NO_3)_3$、硫酸铝 $Al_2(SO_4)_3$ 和硫酸铝钾 $KAl(SO_4) \cdot 12H_2O$。

$AlCl_3$ 为共价型化合物，易溶于水，也可溶于有机溶剂。无水 $AlCl_3$ 常温下为无色晶体，露置在潮湿的空气中因强烈的水解反应而发烟。

在 $AlCl_3$ 分子中，Al 是缺电子原子，因而具有典型的 Lewis 酸的性质，表现出强烈的加合性。$AlCl_3$ 也能与许多 Lewis 碱（如 NH_3、有机胺、醚、醇等）形成加合物，因而是有机合成中常用的催化剂。工业上用熔融态的 Al 和 Cl_2 作用制备无水 $AlCl_3$。也可采用高温下将 Al_2O_3、Cl_2 和炭混合的方法制取：

$$Al_2O_3 + 3Cl_2 + 3C === 2AlCl_3 + 3CO$$

硝酸铝和硫酸铝是离子型的化合物，常含有一定数目的结晶水。硫酸铝钾又称铝钾矾，俗称明矾。这些铝盐都易溶于水，溶解时因 Al^{3+} 水解溶液显酸性：

$$[Al(H_2O)_6]^{3+} === [Al(OH)(H_2O)_5]^{2+} + H^+$$
$$[Al(OH)(H_2O)_5]^{2+} === [Al(OH)_2(H_2O)_4]^+ + H^+$$
$$[Al(OH)_2(H_2O)_4]^+ === [Al(OH)_3(H_2O)_3] + H^+$$

溶液中除以上水解产物外，还可形成靠羟桥连结的二聚物或多聚物。当溶液 pH 值升高时，最终可生成 $Al(OH)_3 \cdot nH_2O$ 沉淀，由 Al^{3+} 的水解性可知，当铝的弱酸盐溶于水时，由于双水解作用，可使水解反应趋于完全。因此，溶液中 Al^{3+} 与 CO_3^{2-}、S^{2-} 等弱酸的酸根离子作用时，生成的都是的 $Al(OH)_3$ 沉淀，例如：

$$2Al^{3+} + 3CO^{2+} + 3H_2O === 2Al(OH)_3 \downarrow + 3CO_2 \uparrow$$
$$2Al^{3+} + 3S^{2-} + 6H_2O === 2Al(OH)_3 \downarrow + 3H_2S \uparrow$$

溶液中 Al^{3+} 的另一特性是能与许多配体形成配位数为 4 或 6 的配合物，这些配合物大多十分稳定。例如，$[AlCl_4]^-$、$[AlF_6]^{3-}$、$[Al(C_2O_4)_3]^{3-}$ 等。

思　考　题

13-1　为什么制备氙的氟化物一般使用镍制容器而不能使用石英容器？

13-2　ⅠA 族元素与ⅠB 族元素原子的最外层都是只有一个 s 电子，但前者单质的活泼性明显强于后者，试从它们的原子结构特征具有说明。

13-3　为什么 LiF 在水中的溶解度比 AgF 小，而 LiI 在水中的溶解度却比 AgI 大？

13-4　$BeCl_2$ 分子在气态和固态的结构是否相同？试画出它们的图形加以说明。

13-5　铍的电极电势相当小，为什么它在酸中溶解缓慢，并不与浓硝酸作用，但在碱溶液中却溶解较快？

13-6　将氯气通入消石灰中可得到漂白粉，而在漂白粉溶液中加入盐酸可产生氯气，试用下列元素电势图解释。

$$E_A^{\ominus} \quad HClO \underline{\quad 1.63V \quad} Cl_2 \underline{\quad 1.36V \quad} Cl^-$$
$$E_B^{\ominus} \quad ClO^- \underline{\quad 0.40V \quad} Cl_2 \underline{\quad 1.36V \quad} Cl^-$$

13-7　为什么不能用浓硫酸与卤化物作用来制备 HBr 和 HI？作出解释并写有关反应式。在实验室可用怎样的实际操作分别制备 HBr 和 HI？写出有关反应式。

13-8　为什么碱金属硫化物是可溶的，而其他多数金属硫化物都是难溶的？

13-9　试讨论 SOF_2，$SOCl_2$，$SOBr_2$ 分子中 S—O 键强度的变化规律，并作出解释。

13-10　在ⅤA 族元素中，它们都可以形成三氯化物，P、As、Sb 还可以形成五氯化物，而 N 和 Bi 却不能形成五氯化物，为什么？

13-11　为什么 PF_3 和 NH_3 能和许多过渡金属形成配合物，而 NF_3 却不能与过渡金属生成稳定的配合物？

13-12　举例说明硝酸盐热分解的规律。

13-13　在实验室中，应怎样配制 $SbCl_3$ 和 $Bi(NO_3)_2$ 溶液？

13-14　为什么 CCl_4 遇水不发生水解，而 $SiCl_4$ 却容易水解？试从原子结构的特点给予解释。

13-15　碳和硅都是ⅣA 族元素，为什么碳的化合物有上千万种，而硅的化合物却远不及碳的化合物那样多？

13-16 为什么 BH_3 不存在，而 BF_3 却能稳定存在？试作出解释。

13-17 什么是缺电子化合物？举例说明缺电子化合物的特性及用途。

13-18 举例说明硼和铝性质上的异同。

习 题

13-1 何为盐型氢化物？什么样的元素能形成盐型氢化物？怎样证明盐型氢化物内存在 H^-？

13-2 氢化钙 CaH_2 能在空气中燃烧，遇水则放出氢气。写出相关的反应方程式。

13-3 根据价层电子对互斥理论推测下列物质的几何构型及中心原子的杂化类型：XeF_2、XeF_4、XeF_6、XeO_3、$XeOF_4$、XeO_6^{4-}。

13-4 简要解答下列问题。

(1) 在以水为溶剂的反应体系中，为什么不能用碱金属作还原剂？

(2) 商品 NaOH 中为何常含有杂质 Na_2CO_3？如何配制不含 Na_2CO_3 杂质的 NaOH 溶液？

(3) 实验室中盛放强碱的试剂瓶为何不能用玻璃塞？

13-5 碱金属（Li、Na、K、Rb、Cs）在过量的氧气中燃烧时，其产物各为什么？它们与水反应的情况如何？（用反应方程式表示之）。

13-6 用反应方程式写出以食盐为原料制备金属 Na、NaOH、NaO_2 及 Na_2CO_3 的过程。

13-7 解释下列事实。

(1) 锂的标准电极电势比钠低，但锂与水作用时却不如钠反应剧烈。

(2) 碱土金属单质比同周期的碱金属单质熔点高、硬度大。

(3) 碱土金属碳酸盐的热分解温度从 Be→Ba 递增。

(4) 铍和锂的化合物在性质上与本族元素同类化合物相比常有许多差异。

13-8 在六个没有标签的试剂瓶中，分别装有白色固体试剂，已知它们是：Na_2CO_3、KOH、$Mg(OH)_2$、$CaCO_3$、$CaCl_2$ 和 $BaCl_2$，如何鉴别它们？

13-9 如何区别或分离下列各组化合物：（1）$Be(OH)_2$ 和 $Mg(OH)_2$；（2）$BeCO_3$ 和 $MgCO_3$；（3）BeF_2 和 MgF_2。

13-10 两种盐的晶体 A，B 溶于水都得到无色溶液。在 A 溶液中加入饱和 H_2S 溶液没有沉淀生成；在 B 溶液中加入饱和 H_2S 溶液产生黑色沉淀 C。若将 A 溶液和 B 溶液相混合，则生成白色沉淀 D 和溶液 E；D 可溶于 $Na_2S_2O_3$ 溶液生成无色溶液 F；F 中加入 KI 溶液则生成黄色沉淀 G；若 F 中加入 Na_2S 溶液则生成沉淀 C，C 与浓硝酸混合后加热，生成含 B 的溶液和淡黄色沉淀 H，并有无色气体 I 生成。溶液 E 中加入 Na_2SO_4 溶液，生成不溶于盐酸的白色沉淀 J。试确定从 A→J 所代表的物种的化学式，写出相关反应方程式。

13-11 解释下列事实。

(1) 氟的电子亲和能不是最大，但氟的氧化能力却是最强。

(2) I_2 溶解在四氯化碳中呈紫色，而在丙酮、乙醇中显红棕色。

(3) 碘难溶于水却易溶于碘化钾溶液。

(4) 溴能从含碘离子的溶液中取代出碘，碘又能从溴酸钾溶液中取代出溴。

(5) 氧族元素的氢化物中，H_2O 的沸点最高。

(6) O_2 是顺磁性的而 N_2 是抗磁性的。

(7) H_2S 水溶液在空气中放置后变浑。

(8) HgS 不溶于盐酸，也不溶于硝酸，而溶于王水。

(9) 可用浓氨水检查氯气管道是否漏气。

(10) 浓 HNO_3 一般被还原为 NO_2，而稀 HNO_3 被还原为 NO。

(11) 金刚石的密度，硬度，绝缘性均高于石墨。

(12) 常温下，CO_2 是气体，而 SiO_2 是固体。

13-12 比较 H_2O、H_2S 和 H_2Se 的热稳定性、还原性和酸性，试从结构上加以说明，试推测 H_2Te 的上述性质。

13-13　现有四种试剂：Na_2SO_4，Na_2SO_3，$Na_2S_2O_3$，$Na_2S_2O_6$，它们的标签均已脱落，试设计一个简便方法鉴别它们。

13-14　写出下列物质的化学式：

(1) 石膏　　　　　(2) 大苏打　　　　(3) 保险粉　　　　(4) 海波

(5) 胆矾　　　　　(6) 连四硫酸钠　　(7) 摩尔盐　　　　(8) 铁铵矾

(9) 过一硫酸　　　(10) 萤石　　　　　(11) 芒硝　　　　(12) 硒代连五硫酸钡

(13) 泡花碱　　　　(14) 金刚砂　　　　(15) 氨基化钾　　(16) 焦磷酸

(17) 干冰　　　　　(18) 小苏打　　　　(19) 硝石　　　　(20) 盐酸羟胺

13-15　将 SO_2 气体通入纯碱溶液中，有无色气体 A 逸出，所得溶液经加入氢氧化钠中和，再加入硫化钠溶液除去杂质，过滤后得溶液 B。将某非金属单质 C 加入溶液 B 中并加热，反应后再经过滤、除杂等过程，得溶液 D。取少量溶液 D，与盐酸反应，其反应产物之一为沉淀 C。另取少量溶液 D，加入少许 Ag-Br 固体，则其溶解，并生成配离子 E。再取少量溶液 D，在其中滴加溴水，溴水颜色消失，再加入 $BaCl_2$ 溶液，产生不溶于稀盐酸的白色沉淀 F。试确定从 A→F 的化学式，写出各步反应方程式。

13-16　试解释下列现象并写出有关反应方程式：

(1) 为什么不能用 HNO_3 同 FeS 作用以制备 H_2S？

(2) 为什么不能用湿法制备 Al_2S_3、Cr_2S_3？

(3) H_2S 气通入 $MnSO_4$ 溶液中不产生 MnS 沉淀，若 $MnSO_4$ 溶液中含有一定量的氨水，通入 H_2S 气时，即有 MnS 沉淀产生。

(4) CuS 不溶于 HCl 而溶于 HNO_3。

13-17　完成下列反应方程式：

(1) $NH_3 + CuO \longrightarrow$

(2) $NH_4Cl + NaNO_2 \longrightarrow$

(3) $NaNH_2 + H_2O \longrightarrow$

(4) $SO_3^{2-} + NO_2^- \longrightarrow$

(5) $Ag + HNO_3(稀) \longrightarrow$

(6) $I_2 + HNO_3(浓) \longrightarrow$

(7) $P_4O_6 + OH^- \longrightarrow$

(8) $P_4O_6 + H_2O \longrightarrow$

(9) $P_4O_{10} + H_2SO_4(浓) \longrightarrow$

(10) $NH_3(l) + Na \longrightarrow$

(11) $H_2SO_4(浓) + H_2S \longrightarrow$

(12) $H_2S + NaOH \longrightarrow$

(13) $S + H_2SO_4(浓) \longrightarrow$

(14) $NaHSO_3 \xrightarrow{\triangle}$

(15) $KIO_3 + SO_3(过量) + H_2O \longrightarrow$

(16) $NaS_2O_3 + HCl \longrightarrow$

(17) $Na_2S_4O_6 + HCl \longrightarrow$

(18) $Se + HNO_3(浓) \longrightarrow$

(19) $H_2SeO_4 + I^- + H^+ \longrightarrow$

(20) $CO + PbCl_2 + H_2O \longrightarrow$

(21) $C + H_2SO_4(浓) \longrightarrow$

(22) $CuSO_4 + NaCO_3 + H_2O \longrightarrow$

(23) $Na_2CO_3 + Al_2(SO_4)_3 + H_2O \longrightarrow$

(24) $(NH_4)_2CO_3 \xrightarrow{\triangle}$

(25) $CaCO_3 \xrightarrow{\triangle}$

13-18 只用一种主要试剂来鉴别下列溶液：NaH_2PO_4，$NaPO_3$，Na_2HPO_3，NaH_2PO_2。写出有关离子方程式。

13-19 试解释下列实验现象：

(1) $NaNO_2$ 能加快铜与硝酸的反应速率；

(2) 将 $CuSO_4$ 在煤气灯上加热时不变色，但掺入一些 $NaNO_3$ 后再在煤气灯上加热时则变黑；

(3) 磷和热的 KOH 溶液反应生成的 PH_3 气体遇空气冒白烟。

13-20 从结构的观点解释下列问题：

(1) 氮在自然界以大量的游离态存在；

(2) 氨极易溶于水，而 NO 难溶于水；

(3) N_2 为抗磁性分子，而 NO 为顺磁性分子；

(4) H_3PO_4 为三元酸，而 H_3PO_3 为二元酸，H_3PO_2 为一元酸。

13-21 用化学方程式来表示下列物质的变化：

(1) 用水滴在磷和碘的混合物上制 HI；

(2) 用 HNO_3 和 Pb_3O_4 作用证明铅的不同氧化态；

(3) 亚硝酸在酸性介质中和 KI 反应；

(4) 用 H_2O_2 使发暗的油画复新；

(5) $Al(OH)_4^-$ 溶液中加 NH_4Cl 溶液，有乳白色胶状沉淀。

13-22 如何除去下列杂质：

(1) 氢气中少量的 SO_2 和 H_2S　　(2) 氢气中的 CO

(3) CO 中的氢气　　(4) CO 中的 CO_2

(5) CO_2 中的 SO_2　　(6) SnS 中的 SnS_2

(7) $BaCrO_4$ 中的 $PbCrO_4$

13-23 为什么 P_4O_{10} 与水反应时，会因水量的不同而生成含有偏磷酸、三磷酸、焦磷酸和正磷酸等不同相对含量的混合酸，而不是单一的含氧酸？

13-24 化合物 A 是白色固体，不溶于水，加热时剧烈分解，产生一固体 B 和气体 C。固体 B 不溶于水和稀 HCl，但溶于热的稀 HNO_3，得一溶液 D 及气体 E。E 无色，但在空气中很快变红。溶液 D 以 HCl 处理时，得一白色沉淀 F。气体 C 与普通试剂不起反应，但与热的金属 Mg 作用生成白色固体 G。G 与水作用得另一种白色固体 H 及一气体 I。气体 I 能使湿润的红色石蕊试纸变蓝，固体 H 可溶于稀 H_2SO_4 得溶液 J。当化合物 A 以 H_2S 溶液处理时，得黑色沉淀 K、无色溶液 L 和气体 C，过滤后固体 K 溶于浓 HNO_3 得气体 E、黄色固体 M 和溶液 D。D 以 HCl 处理得沉淀 F，滤液 L 以 $NaOH$ 溶液处理又得到气体 I。

试指出 A、B、C、D、E、F、G、H、I、J、K、L、M 各是何物？用化学反应方程式表示各步反应过程。

13-25 某氯化物 A 的晶体放入水中产生白色沉淀 B，再加入盐酸，沉淀 B 消失，又得到 A 的澄清溶液。该溶液与过量的稀 $NaOH$ 溶液反应生成白色沉淀 C；C 与 $NaClO+NaOH$ 混合溶液反应生成土黄色沉淀 D，D 与 $MnSO_4$ 和 HNO_3 的混合溶液反应后，溶液呈现紫红色。A 溶液与 H_2S 溶液反应产生黑色沉淀 E。沉淀 C 与亚锡酸钠的碱性溶液混合，生成黑色沉淀 F。试确定从 A→F 所代表物质的化学式，写出各步反应方程式。

13-26 试用四种方法鉴别 $SnCl_4$ 和 $SnCl_2$ 溶液。

13-27 用化学方程式表示下列制备过程，并加必要的文字说明：

(1) CO_2 的实验室和工业制法；

(2) 由 Na_2SiO_3 制备变色硅胶干燥剂；

(3) 由 $Pb(NO_3)_2$ 制备 PbO_2；

(4) 从明矾制备氢氧化铝、硫酸钾和铝酸钾；

(5) 由硼砂制备硼酸。

13-28　解释下列实验条件和现象：

(1) 用气瓶法检出 CO_3^{2-} 时，气瓶的滴管内为什么吸入 $Ba(OH)_2$ 溶液而不吸入澄清的石灰水？

(2) 用 CrO_4^{2-} 溶液检出 Pb^{2+}，为什么只能在弱酸或弱碱性介质中进行？

(3) 某学生做实验时，发现 SnS 被 $(NH_4)_2S$ 溶液溶解，你认为可能的原因是什么？如何证明你的判断是否正确？

13-29　有一白色固体 A，溶于热水得无色溶液 B。在溶液 B 中加入 $AgNO_3$ 溶液，有白色沉淀 C 析出。C 溶于氨水得无色溶液 D，用 HNO_3 酸化此溶液又析出白色沉淀 C。溶液 B 与 H_2S 作用生成黑色沉淀 E。在溶液 B 中加入适量 $2mol \cdot L^{-1}NaOH$ 溶液，有白色沉淀 F 析出，若继续加入 NaOH 溶液，则白色沉淀溶解，得无色溶液 G。在溶液 G 中加入 NaClO 溶液有棕黑色沉淀 H 析出，沉淀 H 与热浓 HCl 作用有黄绿色气体 I 产生。试判断上述 A、B、C、D、E、F、G、H、I 各代表什么物质？

13-30　金属 M 与过量的干燥氯气共热得无色液体 A，A 与金属 M 作用转化为固体 B，将 A 溶于盐酸后通入 H_2S 得黄色沉淀 C，C 溶于 Na_2S 溶液得无色溶液 D。将 B 溶于稀盐酸后加入适量 $HgCl_2$ 有白色沉淀 E 生成。向 B 的盐酸溶液中加入适量 NaOH 溶液有白色沉淀 F 生成。F 溶于过量 NaOH 溶液得无色溶液 G。向 G 中加入 $BiCl_3$ 溶液有黑色沉淀 H 生成。试确定 M，A，B，C，D，E，F，G，H 各为何物质？

13-31　用化学方程式表示下列变化过程，并给出实验现象：

(1) 固体碳酸钠同氧化铝一起熔烧，再将熔块打碎后投入水中；

(2) 铝酸钠溶液和氯化铵混合；

(3) 向 $AlCl_3$ 溶液中加入 Na_2S；

(4) 将 $SnCl_2$ 投入水中；

(5) 将 Pb_2O_3 与过量浓盐酸作用。

13-32　矾土中常含有氧化铁杂质，现将矾土和氢氧化钠共熔，用水浸取熔块，将得到的溶液过滤，在滤液中通入二氧化碳，再次得到沉淀，过滤后将沉淀灼烧，便得到较纯的氧化铝，氧化铝经电解后即可制得金属铝。试写出各步反应方程式，并指出杂质氧化铁是在哪一步除去的。

13-33　写出实现下列物质转变的反应方程式：

$Al_2O_3 \rightarrow Al \rightarrow NaAlO_2 \rightarrow Al(OH)_3 \rightarrow NaAl(OH)_4 \rightarrow Al(OH)_3 \rightarrow Al_2(SO_4)_3 \rightarrow Na_3AlF_6$。

第14章 过渡元素

（Transition Elements）

元素周期表中，ⅢB 族到ⅡB 族 10 个纵行包括 7 个副族和 1 个Ⅷ族，常称为过渡元素。此处"过渡"的含义是指从活泼金属元素到非金属元素的过渡或由周期表 s 区元素过渡到 p 区元素。由于过渡元素的最外层电子数比较少，只有 1 或 2 个，都属于金属，所以过渡元素又称为过渡金属。根据电子填充的轨道，过渡元素又可分为 ds 区、d 区和 f 区元素。

14.1 ds 区元素
（The Ds-Block Elements）

ds 区元素包括周期表中的ⅠB 副族铜（Copper，Cu）、银（Silver，Ag）、金（Gold，Au）和ⅡB 副族的锌（Zinc，Zn）、镉（Cadmium，Cd）、汞（Mercury，Hg）六种元素。通常将前三种元素称为铜副族，后三种元素称为锌副族。

ds 区元素的价电子层结构为 $(n-1)d^{10}ns^{1-2}$，从最外层电子数来看，分别与对应的ⅠA 和ⅡA 主族相同，故能生成相同氧化态 +1 或 +2 的化合物。但是，由于次外层电子构型不同，使它们与主族元素在性质上存在着较大的差异。在同一周期，随着原子序数的增加，电子填入 d 轨道。由于 d 电子的屏蔽作用小，所以有效核电荷大，电离能也大，其金属的活泼性减小。主族元素的阳离子为 8 电子构型，而ⅠB 和ⅡB 副族元素的离子为 18（或 17，16）电子构型。跟主族元素相比，ⅠB 和ⅡB 副族元素的阳离子的极化力和变形性都大，使其离子或化合物表现出较大的差异，如化合物的溶解度、颜色及离子的配位能力等。由于镧系收缩，使副族元素的活泼性从上到下依次减弱，而与主族相反。

铜、银、锌、镉、汞主要以硫化物的形式存在于地壳中，如黄铜矿 $CuFeS_2$、辉铜矿 Cu_2S、闪银矿 Ag_2S、闪锌矿 ZnS、辰砂 HgS 等。金则以单质形式散存于岩石或砂砾（冲积金）中，铜、银、汞也有少量单质矿。

14.1.1 铜副族元素 （Copper Subgroup）

14.1.1.1 铜副族元素单质

铜副族元素属于重金属，它们的导电性和导热性在所有金属中是最好的，银占首位，铜次之。

铜副族元素之间、铜副族元素与其他金属都很容易形成合金，尤其以铜合金居多。如含锌 40% 的铜合金即是黄铜。

铜副族的氧化数呈现变价，铜主要表现为正二价，其次是正一价，银主要表现为正一价，金主要表现为正三价，其次是正一价。这是由于到了 Cu、Ag、Au，$(n-1)d$ 轨道，不稳定，可以失去一个或二个 d 电子，故可呈现变价。相比之下，碱金属如钠的 3s 与次外层 2p 轨道能量相差很大，在一般条件下很难失去稳定的次外层电子，通常只能为 +1 价。

铜副族元素的金属性远比碱金属的弱，这是由于铜副族元素的电离能大，故单质的活泼性远不如对应的主族——碱金属，但在一定条件下，仍可以跟电负性大的非金属作用，表现出还原性。

在室温及干燥空气中，铜副族元素都不会与氧反应，但在加热的情况下，铜能与氧化合生成黑色的氧化铜：

$$2Cu+O_2 \xrightarrow{\triangle} 2CuO$$

在潮湿空气中，铜的表面会逐渐生成一层绿色铜锈（主要成分是碱式碳酸铜）。

$$2Cu+O_2+H_2O+CO_2 \longrightarrow Cu(OH)_2 \cdot CuCO_3$$

铜绿可防止金属进一步腐蚀。银和金的活泼性差，不会发生上述反应。但是空气中若存在 H_2S 气体，银的表面很快会出现一层黑色薄膜，这是由于生成了 Ag_2S。

铜、银、金不能置换出非氧化性稀酸中的氢，但可以与强氧化性酸如硝酸、浓硫酸等反应。例如：

$$3Cu+8HNO_3(稀) \longrightarrow 3Cu(NO_3)_2+2NO\uparrow+4H_2O$$
$$Cu+4HNO_3(浓) \longrightarrow Cu(NO_3)_2+2NO_2\uparrow+2H_2O$$

金的活泼性最差，只能溶于王水中，

$$Au+HNO_3(浓)+4HCl(浓) \longrightarrow H[AuCl_4]+NO\uparrow+2H_2O$$

这是由于金属离子能形成稳定的配离子，将会改变金属电对的电极电势，而使金属氧化。

在空气存在的情况下，Cu、Ag、Au 都能溶于氰化钾或氰化钠的溶液中：

$$4M+O_2+2H_2O+8CN^- \longrightarrow 4[M(CN)_2]^-+4OH^-$$

M 代表 Cu、Ag、Au。上述反应常用于从矿石中提取 Ag 和 Au。

除此之外，铜、银在加热时能与硫直接化合生成硫化物，金则不能，在与卤素的反应中，金的活泼性也最差。总之，铜副族由铜至金金属的活泼性逐渐减弱。

14.1.1.2 铜的化合物

铜的常见氧化数为+1、+2。

(1) 氧化数为+1 的化合物

① 氧化物和氢氧化物

氧化亚铜 Cu_2O 属于共价化合物，不溶于水。由于晶粒大小不同 Cu_2O 呈现出不同的颜色，如黄、橘黄、鲜红或深棕色。

Cu_2O 呈弱碱性，溶于稀酸，并立即歧化为 Cu 和 Cu^{2+}

$$Cu_2O+H_2SO_4(稀) \longrightarrow Cu+CuSO_4+H_2O$$

Cu_2O 非常稳定，在 1235℃ 熔化但不分解。

Cu_2O 溶于氨水，生成无色的配离子，

$$Cu_2O+4NH_3+H_2O \longrightarrow 2[Cu(NH_3)_2]^++2OH^-$$

铜的+1 价氢氧化物很不稳定，易脱水变为相应的氧化物 Cu_2O。用 NaOH 处理 CuCl 的冷盐酸溶液时，生成黄色的 CuOH 沉淀，但沉淀很快变成橙色，最终变为红色的 Cu_2O。

② 卤化物

Cu（I）的卤化物有 CuCl、CuBr、CuI。卤化铜（I）均为白色难溶于水的化合物，且溶解度依次减小。

CuCl、CuBr 和 CuI 都可用适当的还原剂（如 SO_2、Sn^{2+}、Cu 等）在相应的卤离子存在下还原 Cu^{2+} 得到。例如

$$2Cu^{2+}+2Cl^-+SO_2+2H_2O \xrightarrow{\triangle} 2CuCl+SO_4^{2-}+4H^+$$

$$2Cu^{2+}+4I^- \Longrightarrow 2CuI+I_2$$

该反应中，I^- 既是还原剂又是沉淀剂。同理，若 Cu^+ 能生成稳定的配离子，也可使 Cu^{2+} 转化为一价铜。例如：

$$Cu^{2+}+Cu+4HCl(浓) \Longrightarrow 2HCuCl_2+2H^+$$

用水稀释 $CuCl_2$ 溶液，也能得到难溶的 $CuCl$ 白色沉淀。

③ 配合物

Cu^+ 为 d^{10} 型离子，具有空的外层 s、p 轨道，能和 X^-（F^- 除外）、NH_3、$S_2O_3^{2-}$、CN^- 等配体形成稳定程度不同的配离子。由于 Cu^+ 的价电子构型为 d^{10}，配合物不存在 d-d 跃迁，因此配合物为无色。

配合物的特征配位数为 2，直线形构型，也有少数配位数为 3 的配合物，如 $[Cu(CN)_3]^{2-}$，其构型为平面三角形。一价铜的配合物一般都是在配位体存在下，由还原 $Cu(\mathrm{II})$ 而得。例如 $[Cu(NH_3)_4]^{2+}$ 被 $Na_2S_2O_4$（保险粉）定量地还原为无色 $[Cu(NH_3)_2]^+$。

$$2[Cu(NH_3)_4]^{2+}+S_2O_4^{2-}+4OH^- \Longrightarrow 2[Cu(NH_3)_2]^++2SO_3^{2-}+4NH_3+2H_2O$$

$[Cu(NH_3)_2]^+$ 不稳定，遇到空气易于氧化成深蓝色 $[Cu(NH_3)_4]^{2+}$，利用这个性质可除去气体中的痕量 O_2，$[Cu(NH_3)_2]^+$ 可吸收 CO 气体，在合成氨工业中常用 $[Cu(NH_3)_2]Ac$ 溶液吸收能使催化剂中毒的 CO 气体。

$$[Cu(NH_3)_2]Ac+CO+NH_3 \underset{减压、加热}{\overset{低温、加压}{\rightleftharpoons}} [Cu(NH_3)_3]Ac \cdot CO$$

这是个放热反应，降低温度有利于 $[Cu(NH_3)_2]Ac$ 吸收 CO；它又是体积缩小的反应，提高压力有利于 $[Cu(NH_3)_2]Ac$ 吸收 CO，所以铜洗的条件是低温、加压。在加热、减压的条件下又能使吸收的 CO 放出，故此溶液可以反复使用。

(2) 氧化数为 +2 的化合物

氧化数为 +2 的化合物是铜的特征。主要的铜的化合物有 CuO、$CuCl_2 \cdot H_2O$、$CuSO_4 \cdot 5H_2O$、CuS 以及 $Cu(\mathrm{II})$ 形成的许多配合物等。

① 氧化物和氢氧化物

在 Cu^{2+} 溶液中加入强碱，即有蓝色 $Cu(OH)_2$ 絮状沉淀析出，它微显两性，既溶于酸也能溶于浓 NaOH 溶液，形成蓝紫色 $[Cu(OH)_4]^{2-}$。

$$Cu(OH)_2+H_2SO_4 \Longrightarrow CuSO_4+2H_2O$$
$$Cu(OH)_2+2NaOH \Longrightarrow Na_2[Cu(OH)_4]$$

$Cu(OH)_2$ 加热脱水变为黑色 CuO。CuO 属于碱性氧化物，难溶于水，可溶于酸，

$$CuO+2H^+ \Longrightarrow Cu^{2+}+H_2O$$

CuO 的热稳定性较好，在 1273K 的高温下受热分解为 Cu_2O。

$$4CuO \xrightarrow{1273K} 2Cu_2O+O_2\uparrow$$

在碱性介质中，Cu^{2+} 可被含醛基的葡萄糖还原成红色的 Cu_2O，用以检验糖尿病。

CuO 具有一定的氧化性，是有机分析中常用的氧化剂。

② 卤化物

二价铜的卤化物包括无水的白色 CuF_2、黄褐色的 $CuCl_2$ 和黑色的 $CuBr_2$，以及带有结晶水的蓝色 $CuF_2 \cdot 2H_2O$ 和蓝绿色 $CuCl_2 \cdot 2H_2O$。卤化铜的颜色随着阴离子的不同而变化。

$CuCl_2$ 为共价化合物，不但易溶于水，也易溶于乙醇、丙酮。

氯化铜在浓溶液时为绿色，稀溶液时呈蓝色，这是因为 $CuCl_4^{2-}$ 为黄色，$[Cu(H_2O)_4]^{2+}$ 为蓝色，两者共存时为绿色。

③ 配合物

Cu^{2+} 的价电子构型为 d^9 构型，有一个成单电子，所以它的化合物具有顺磁性。由于存在 d-d 跃迁，Cu 化合物都有颜色，比如 $CuSO_4 \cdot 5H_2O$ 和许多水合铜盐都是蓝色的。

绝大多数配离子为四短两长键的细长八面体，有时称为平面正方形结构。如 $[Cu(H_2O)_4]^{2+}$（蓝色）、$[Cu(NH_3)_4]^{2+}$（深蓝色）、$[Cu(en)_2]^{2+}$（深蓝紫）、$(NH_4)_2CuCl_4$（淡黄色）中的 $[CuCl_4]^{2-}$ 等，均为平面正方形。

(3) Cu(Ⅱ) 和 Cu(Ⅰ) 的相互转化

铜主要有＋1 和＋2 两种氧化数。Cu(Ⅰ) 的电子构型为 $3d^{10}$，d 轨道是全充满状态，另外 Cu 的第一电离能为 $746kJ \cdot mol^{-1}$，而第一、第二电离能的总和高达 $2711kJ \cdot mol^{-1}$，所以 Cu(Ⅰ) 在干态稳定。但是在水溶液中，Cu(Ⅱ) 化合物更稳定。这是由于在水溶液中，电荷高、半径小的 Cu^{2+}，其水合热 $2121kJ \cdot mol^{-1}$，比 Cu^+ 的水合热 $582kJ \cdot mol^{-1}$ 大得多，因此水溶液中铜的稳定价态为＋2。Cu^+ 易发生歧化反应生成 Cu^{2+} 和 Cu

$$2Cu^+(aq) = Cu^{2+}(aq) + Cu$$
$$E_{池}^{\ominus} = 0.521 - 0.153 = 0.368(V)$$
$$\lg K^{\ominus} = \frac{nE_{池}^{\ominus}}{0.0591} = \frac{1 \times 0.368}{0.0591} = 6.23$$
$$K^{\ominus} = \frac{[Cu^{2+}]}{[Cu^+]^2} = 1.7 \times 10^6$$

例如 Cu_2O 不溶于水，却能溶于稀硫酸，并发生歧化反应。
$$Cu_2O + H_2SO_4(浓) = Cu + CuSO_4 + H_2O$$

若降低 Cu^+ 的浓度，使其生成难溶的沉淀或稳定的配合物，则电对 Cu^{2+}/Cu^+ 和 Cu^+/Cu 随电极反应而发生变化，其电极电势也发生相应的变化，从而使歧化反应难以进行。例如，若有 I^- 存在，由于 CuI 难溶，故电对 Cu^+/Cu 变成 CuI/Cu，其电极电势由 0.521V 变为 $-0.185V$；同时 Cu^{2+}/Cu^+ 电对也变成 Cu^{2+}/CuI，其电极电势由 0.153V 变为 0.86V。即

$$Cu^{2+} \xrightarrow{0.86} CuI \xrightarrow{-0.185} Cu$$
$$E_{池}^{\ominus} = (-0.185) - 0.86 = -1.05V$$

由于 $E_{池}^{\ominus} < 0$，故 CuI 不能歧化为 Cu^{2+} 和 Cu。I^- 存在时，Cu^{2+} 和 Cu 发生反歧化反应转化为 CuI。
$$Cu^{2+} + Cu + 2I^- = 2CuI$$

若没有 Cu 存在，I^- 能使 Cu^{2+} 还原，生成 CuI 沉淀。
$$2Cu^{2+} + 5I^- = 2CuI + I_3^-$$

其他难溶卤化物（如 CuCl、CuBr）也可用适当的还原剂，并在相应 X^- 的存在下，由还原 Cu^{2+} 而得到。例如：
$$2Cu^{2+} + 2Cl^- + SO_2 + 2H_2O \xrightarrow{\triangle} 2CuCl + SO_4^{2-} + 4H^+$$

同理，若 Cu^+ 能生成稳定的配离子，也可使 Cu^{2+} 转化为一价铜。例如：
$$Cu^{2+} + Cu + 4HCl(浓) = 2HCuCl_2 + 2H^+$$

总之，在水溶液中凡能与 Cu^+ 生成难溶化合物或稳定配离子的，都可使 $Cu(II)$ 的化合物转化为 $Cu(I)$ 的化合物。

14.1.1.3 银的化合物

铜副族元素中，银的常见氧化数为 +1。

(1) 氧化物和氢氧化物

在 $Ag(I)$ 的盐溶液中加入强碱，则生成 $AgOH$。$AgOH$ 极不稳定，立即脱水变为棕黑色的 Ag_2O。$AgOH$ 只有用强碱与可溶性银盐的乙醇溶液，在低于 228K 才能真正得到。

Ag_2O 和 Cu_2O 一样均属共价化合物，不溶于水，这两种物质相比较，主要有下列异同点。

① Cu_2O 呈弱碱性，而 Ag_2O 呈中强碱。

② Ag_2O 在 573K 分解为氧和银，而 Cu_2O 对热稳定。

③ Ag_2O 与 HNO_3 反应生成稳定的 $Ag(I)$ 盐，

$$Ag_2O + 2HNO_3 =\!=\!= 2AgNO_3 + H_2O$$

而 Cu_2O 溶于非氧化性的稀酸，若不能生成 $Cu(I)$ 的沉淀或配离子时，将立即歧化为 Cu 和 Cu^{2+}。

④ Ag_2O 和 Cu_2O 相似，溶于氨水会生成无色的 $[Ag(NH_3)_2]^+$ 配离子，

$$Ag_2O + 4NH_3 + H_2O =\!=\!= 2[Ag(NH_3)_2]^+ + 2OH^-$$

Ag_2O 有相当强的氧化性，它容易为 CO 所还原，反应将剧烈地进行，

$$Ag_2O + CO =\!=\!= 2Ag + CO_2$$

它和 MnO_2、Co_2O_3、CuO 的混合物能在常温下使 CO 转变为 CO_2，故用在防毒面具中。

(2) 卤化物和其他简单银化合物

卤化银中只有 AgF 是离子型化合物，易溶于水，其余均微溶于水，溶解度依 $AgCl$、$AgBr$、AgI 的顺序而降低。而颜色却依此顺序而加深，这可用化合物中的电荷迁移来说明。

硫化银 Ag_2S 是黑色物质，难溶于水。由于 S^{2-} 的离子半径大于 O^{2-}，因此 S^{2-} 与阳离子间的极化作用增强，使硫化物的共价性比氧化物更强，所以硫化物的颜色深于氧化物，硫化物的溶解度小于氧化物。Ag_2S 需要浓、热硝酸才能溶解，

$$Ag_2S + 8HNO_3(浓) =\!=\!= 6AgNO_3 + 3S + 2NO + 4H_2O$$

Ag_2S 可以溶解于氰化钾溶液中，

$$Ag_2S + 4CN^- =\!=\!= 2[Ag(CN)_2]^- + S^{2-}$$

$Cu(I)$ 不存在硝酸盐，而 $AgNO_3$ 却是一个重要的试剂。固体 $AgNO_3$ 及其溶液都是氧化剂，即使室温，许多有机物都能将它还原成黑色银粉。例如皮肤或布与它接触后都会变黑。

$E_A^\ominus(Ag^+/Ag) = 0.799V$，从电极电势来看，$Ag^+$ 是中等强度的氧化剂，可被许多还原剂还原为金属银。

$$NH_2OH + 2Ag^+ =\!=\!= N_2 + 2Ag + 2H^+ + 2H_2O$$
$$H_3PO_3 + 2AgNO_3 + H_2O =\!=\!= H_3PO_4 + 2Ag + 2HNO_3$$

二价锰盐在碱性介质中与 Ag^+ 反应如下：

$$2Ag^+ + Mn^{2+} + 4OH^- =\!=\!= 2Ag + MnO(OH)_2 + H_2O$$

在分析化学上，这个反应一般用点滴法进行，是鉴定银也是鉴定锰的灵敏反应，叫做锰盐法。

（3）配合物

常见的银（Ⅰ）配离子有 $[Ag(NH_3)_2]^+$、$[Ag(S_2O_3)_2]^{3-}$ 及 $[Ag(CN)_2]^-$，它们的稳定性依次增强。$[Ag(NH_3)_2]^+$ 具有氧化性，有机化学上用它鉴定醛基，工业上用它在玻璃或暖瓶胆上化学镀银。

$$2[Ag(NH_3)_2]^+ + C_6H_{12}O_6 + H_2O \Longrightarrow 2Ag + C_6H_{12}O_7 + 2NH_3 + 2NH_4^+$$

$[Ag(NH_3)_2]^+$ 放置过程中逐渐变成具有爆炸性的 Ag_2NH 和 $AgNH_2$，因此切勿将含有 $[Ag(NH_3)_2]^+$ 的溶液长时间放置储存，用毕后必须及时处理。

电镀工业中用 $[Ag(CN)_2]^-$ 配合物镀银，使镀层光洁、致密，但因镀液剧毒，目前用的一种电镀液是 $[Ag(SCN)_2]^-$ 和 KSCN 混合液。

此外，Ag（Ⅰ）及许多其他阳离子都能和 EDTA 形成 1∶1 的螯合物，它们的稳定常数都较大。

14.1.1.4　金的化合物

金在化合态时的氧化数主要为 +3。

金在 473K 下同氯气作用，得到反磁性的红色固体 $AuCl_3$。无论在固态还是气态下，该化合物均为二聚体，具有氯桥结构，如图所示：

若用有机物，如草酸、甲醛或葡萄糖等可以将 $AuCl_3$ 还原为胶态金。在盐酸溶液中，可形成平面 $AuCl_4^-$，与 Br^- 作用得到 $AuBr_4^-$，而同 I^- 作用得到不稳定的 AuI。

在金的化合物中，+3 氧化数是最稳定的。Au（Ⅰ）化合物也是存在的，但不稳定，很容易歧化。

14.1.2　锌副族元素（Zinc Subgroup）

14.1.2.1　锌副族元素单质

锌副族元素的熔点比碱土金属低，也低于铜副族元素，并按锌、镉、汞的顺序降低。汞是所有金属中熔点最低的金属，熔点为 243.13K，是常温下唯一的呈液态的金属。常温下汞蒸气几乎全是单原子分子。除稀有气体外，汞是唯一能以单原子分子稳定存在的元素。汞蒸气对人体有害。因此，在使用汞时，必须使装置密闭，实验室要通风。在取用汞时，不允许撒落在实验桌或地面上，万一撒落，务必尽量收集起来，然后在估计还有汞的地方撒上硫黄粉，以便使汞转化为 HgS。

汞的另一特点是能与一些金属（Zn、Cd、Cu、Ag、Au、Na、K 等）形成合金，这种合金叫做汞齐。汞齐中的其他金属仍保留着这些金属原有的性质，例如钠汞齐仍能从水中置换出氢气，只是反应变得温和些罢了。因此钠汞齐在有机合成中常用来作为还原剂。

锌副族元素与铜副族元素相比有很大的不同，主要表现在：锌副族每种元素的第一、第二电离能都比较小，而第三电离能却明显增大，因此锌副族元素的常见氧化态为 +2。由于锌、镉、汞全充满的 d 亚层比较稳定，这些元素很少表现出过渡金属的特征。

锌、镉、汞的化学活泼性随着原子序数的增大而递减，这与碱土金属恰好相反，但比铜族强。单质的活泼性 Zn＞Cu、Cd＞Ag、Hg＞Au。锌和镉能从稀酸中置换出氢气，汞的活泼性要远比这两种物质差。

锌和镉的标准电极电势 $E_A^\ominus$ 为负值，可以跟没有氧化性的稀盐酸作用，置换出氢气。如：

$$Zn + 2HCl = ZnCl_2 + H_2 \uparrow$$

镉与盐酸反应缓慢。在碱性介质中，锌还能置换出水中的氢。

$$Zn + 2NaOH + 2H_2O = Na_2[Zn(OH)_4] + H_2 \uparrow$$

汞的标准电极电势 $E_A^\ominus$ 为正值、不能置换出非氧化性稀酸中的氢，但可以与强氧化性酸如硝酸、浓硫酸等反应。例如

$$Hg + 2H_2SO_4(浓) = HgSO_4 + SO_2 \uparrow + 2H_2O$$

与镉、汞不同，锌是两性金属，能溶于强碱溶液中，

$$Zn + 2NaOH + 2H_2O = Na_2[Zn(OH)_4] + H_2 \uparrow$$

锌也能溶于氨水中形成配离子，

$$Zn + 4NH_3 + 2H_2O = Zn(NH_3)_4^{2+} + H_2 + 2OH^-$$

而同样是两性金属的铝，却不能溶于氨水中。锌在加热情况下，可以与大部分非金属作用，与卤素在通常条件下反应较慢。

14.1.2.2 锌和镉的化合物

锌副族元素中，锌和镉的常见氧化态为 +2。其化合物有抗磁性，Zn(Ⅱ) 的化合物常是无色的，这是因为不存在 d-d 跃迁。

事实上，锌和镉也存在 +1 氧化态，只不过 Zn_2^{2+}、Cd_2^{2+} 极不稳定，仅在熔融的氯化物中溶解金属时生成，Zn_2^{2+}、Cd_2^{2+} 水中立即歧化。

$$Cd_2^{2+} = Cd^{2+} + Cd$$

(1) 氧化物和氢氧化物

在空气中把 Zn、Cd 加热到足够高的温度时，分别发出蓝色和红色的火焰，生成 ZnO 和 CdO。CdO，ZnO 也可由相应的碳酸盐、硝酸盐热分解得到。ZnO 俗名锌白，纯 ZnO 为白色，加热则变为黄色，ZnO 的结构属硫化锌型。CdO 由于制备方法的不同而显不同的颜色，如镉在空气中加热生成褐色 CdO，250℃时 Cd(OH)$_2$ 热分解则得到绿色 CdO，CdO 具有 NaCl 结构。

氧化物的热稳定性依 ZnO、CdO、HgO 次序逐次递减，ZnO、CdO 较稳定，受热升华但不分解。CdO 属碱性氧化物，而 ZnO 属两性氧化物。

锌盐和镉盐溶液中加入适量强碱，得到 Zn(OH)$_2$ 和 Cd(OH)$_2$。

$$ZnCl_2 + 2NaOH = Zn(OH)_2 + 2NaCl$$
$$CdCl_2 + 2NaOH = Cd(OH)_2 + 2NaCl$$

在室温下稳定存在的 Zn(OH)$_2$ 和 Cd(OH)$_2$ 受热时，都会分解为氧化物和水。

$$Zn(OH)_2 \xrightarrow{398K} ZnO + H_2O$$
$$Cd(OH)_2 \xrightarrow{473K} CdO + H_2O$$

Zn(OH)$_2$ 的热稳定性强于 Cd(OH)$_2$。

Zn(OH)$_2$ 具有明显的两性，与强酸作用生成锌盐，与稀碱液反应就能生成无色 $[Zn(OH)_4]^{2-}$。

$$Zn(OH)_2 + 2H^+ = Zn^{2+} + 2H_2O$$
$$Zn(OH)_2 + 2OH^- = [Zn(OH)_4]^{2-}$$

Cd(OH)$_2$ 为碱性氢氧化物。

Zn(OH)$_2$、Cd(OH)$_2$ 都可以溶于氨水中形成配位化合物，而 Al(OH)$_3$ 却不能，据此

可以将铝盐与锌盐、镉盐。

$$Zn(OH)_2 + 4NH_3 = [Zn(NH_3)_4]^{2+} + 2OH^-$$

$$Cd(OH)_2 + 4NH_3 = [Cd(NH_3)_4]^{2+} + 2OH^-$$

锌、镉的氧化物和氢氧化物都是共价型化合物。

(2) 其他化合物

在含 Zn^{2+}、Cd^{2+} 的溶液中通入 H_2S 气体，得到相应的硫化物。ZnS 是白色的，CdS 是黄色的，ZnS 和 CdS 都难溶于水。

ZnS 本身可作白色颜料，它同硫酸钡共沉淀形成的混合晶体 $ZnS \cdot BaSO_4$，又叫锌钡白（立德粉），是优良的白色颜料。

CdS 被称作镉黄，可用做黄色颜料。

由于锌和镉的二价离子 M^{2+} 为 18 电子构型，极化能力和变形性都很强，所以氯化锌和氯化镉具有相当程度的共价性，主要表现在熔、沸点较低，熔融状态下导电能力差。

$ZnCl_2$ 易溶于水，有部分水解，

$$ZnCl_2 + H_2O = Zn(OH)Cl + HCl$$

$ZnCl_2$ 是固体盐中溶解度最大的（283K，333g/100g H_2O），它在浓溶液中形成配合酸：

$$ZnCl_2 + H_2O = H[ZnCl_2(OH)]$$

这种酸有显著的酸性，能溶解金属氧化物：

$$FeO + 2H[ZnCl_2(OH)_2] = Fe[ZnCl_2(OH)]_2 + H_2O$$

故 $ZnCl_2$ 的浓溶液用作焊药。

14.1.2.3　汞的化合物

Hg 除形成正常的 +2 氧化态外，还可形成 +1 氧化态的化合物。

(1) 氧化数为 +1 的化合物

Hg(Ⅰ) 的重要化合物是氯化亚汞，俗称甘汞，有甜味，少量无毒，常用作泻药。Hg(Ⅰ) 的电子构型为 $5d^{10}6s^1$，亚汞的化合物应具有顺磁性，但磁性测定说明这类化合物是反磁性物质，因此认为氯化亚汞是双聚分子，通常写作 Hg_2Cl_2，为直线形结构

$$Cl—Hg—Ag—Cl$$

由于存在有 Hg—Hg 键，亚汞离子应写作 Hg_2^{2+}。

将固体 $HgCl_2$ 和金属汞共同研磨，可得 Hg_2Cl_2。

$$HgCl_2(s) + Hg = Hg_2Cl_2(s) \qquad \Delta_r G_m^{\ominus} = -24.9kJ/mol$$

说明在通常情况下，固态 Hg_2Cl_2 比固态 $HgCl_2$ 稳定。

(2) 氧化数为 +2 的化合物

① 氧化物和氢氧化物　往 $Hg(NO_3)_2$ 溶液中加入强碱可得到黄色 HgO 沉淀；$Hg(NO_3)_2$ 晶体加热则得到红色 HgO。HgO 的热稳定性远低于 ZnO 和 CdO，在 720K 时发生分解反应：

$$2HgO \xrightarrow{720K} 2Hg + O_2 \uparrow$$

汞盐与强碱反应，得到黄色的 HgO 而得不到 $Hg(OH)_2$，

$$Hg^{2+} + 2OH^- = HgO + H_2O$$

这一结果表明 $Hg(OH)_2$ 不稳定，生成后立即分解。

HgO 的氧化能力也相当强。如

$$HgO + SO_2 = Hg + SO_3 \uparrow$$

$$2P + 3H_2O + 5HgO =\!=\!= 2H_3PO_4 + 5Hg$$

由于 Hg 有毒，一般不用 HgO 作氧化剂。

② 硫化物　在含 Hg^{2+} 的溶液中通入 H_2S 气体，会得到黑色的硫化汞。自然界存在的 HgS 称辰砂，呈红色。由于 S^{2-} 的离子半径大于 O^{2-}，因此 S^{2-} 与阳离子间的极化作用增强，使硫化物的共价性比氧化物更强，所以硫化物的颜色深于氧化物，硫化物的溶解度小于氧化物。

在 ds 区元素的硫化物中，溶解度最小的是 HgS，它不溶于硝酸，只能溶于王水中，发生氧化还原和配位反应

$$3HgS + 2NO_3^- + 12Cl^- + 8H^+ =\!=\!= 3[HgCl_4]^{2-} + 3S + 2NO\uparrow + 4H_2O$$

此外，HgS 还可溶于 HCl 和 KI 的混合物中。

$$HgS + 2H^+ + 4I^- =\!=\!= [HgI_4]^{2-} + H_2S$$

HgS 和其他 ds 区元素硫化物的另一区别是它能溶于 Na_2S 溶液。

$$HgS + S^{2-} =\!=\!= [HgS_2]^{2-}$$

因此可以用加 Na_2S 的方法把 HgS 从 ds 区元素硫化物中分离出来。

③ 氯化物　Hg(Ⅱ) 中重要的是 $HgCl_2$，俗称升汞，因熔点（276℃）低，易升华。$HgCl_2$ 剧毒，极稀溶液在外科手术中用作消毒剂。

$HgCl_2$ 在水中稍有水解：

$$HgCl_2 + H_2O =\!=\!= Hg(OH)Cl + HCl$$

若 $HgCl_2$ 遇到氨水，则立即产生氨基氯化汞白色沉淀：

$$HgCl_2 + 2NH_3 =\!=\!= Hg(NH_2)Cl + NH_4Cl$$

在酸性条件下，$HgCl_2$ 可被 $SnCl_2$ 还原成 Hg_2Cl_2（白色沉淀）：

$$2HgCl_2 + SnCl_2 + 2HCl =\!=\!= Hg_2Cl_2\downarrow + H_2SnCl_6$$

若 $SnCl_2$ 过量，则进一步还原为 Hg：

$$HgCl_2 + SnCl_2 + 2HCl =\!=\!= 2Hg\downarrow（黑色）+ H_2SnCl_6$$

在分析化学上常用此反应来鉴别 Hg(Ⅱ) 和 Sn(Ⅱ)。

④ 配合物　Hg(Ⅱ) 易与 X^-、CN^-、SCN^- 等离子形成比较稳定的配合物，其配位数为 4，四面体构型。Hg(Ⅱ) 不与 $NH_3\cdot H_2O$ 作用形成氨配合物。Hg(Ⅱ) 与 X^- 形成的配合物的稳定性从 Cl^- 到 I^- 依次增强。

向 Hg^{2+} 中滴加 KI 溶液，首先生成红色碘化汞沉淀。HgI_2 可溶于过量 I^- 溶液中，生成无色的 $[HgI_4]^{2-}$ 配离子，

$$Hg^{2+} + 2I^- =\!=\!= HgI_2\downarrow$$

$$HgI_2 + 2I^- =\!=\!= [HgI_4]^{2-}$$

$K_2[HgI_4]$ 和 KOH 的混合溶液称为奈斯勒（Nester）试剂。它是检验 NH_4^+ 的特效试剂。NH_4^+ 与奈斯勒试剂反应，生成红棕色的沉淀。

$$NH_4Cl + 2K_2[HgI_4] + 4KOH =\!=\!= O\underset{Hg}{\overset{Hg}{\diagup\!\!\!\diagdown}}NH_2I + 7KI + KCl + 3H_2O$$

向 $HgCl_2$ 溶液中加入 NH_4SCN 溶液，得到无色的四硫氰合汞（Ⅱ）酸铵 $(NH_4)_2[Hg(SCN)_4]$，它是检验 Co^{2+} 和 Zn^{2+} 的试剂。

$$[Hg(SCN)_4]^{2-} + Co^{2+} =\!=\!= Co[Hg(SCN)_4]\downarrow（蓝色）$$

$$[Hg(SCN_4)]^{2-} + Zn^{2+} =\!=\!= Zn[Hg(SCN)_4]\downarrow（白色）$$

(3) Hg(Ⅱ) 和 Hg(Ⅰ) 的相互转化

从元素电势图来看，在水溶液中 Hg_2^{2+} 比 Hg^{2+} 稳定，即 Hg_2^{2+} 不发生歧化反应。

$$Hg^{2+}(aq) + Hg \Longrightarrow Hg_2^{2+}(aq)$$

$$E_{池}^{\ominus} = 0.920 - 0.789 = 0.131V$$

$$\lg K^{\ominus} = \frac{nE^{\ominus}}{0.0591} = \frac{0.131}{0.0591} = 2.22$$

$$K^{\ominus} = \frac{[Hg_2^{2+}]}{[Hg^{2+}]} = 166$$

在平衡时，只要有 Hg 存在，Hg_2^{2+} 溶液中约含 0.6% Hg^{2+}。这说明在水溶液中 Hg_2^{2+} 更稳定。在水溶液中，将 $Hg(NO_3)_2$ 和 Hg 混合振荡，即可生成 $Hg_2(NO_3)_2$。

$$Hg(NO_3)_2 + Hg \Longrightarrow Hg_2(NO_3)_2$$

与 Cu(Ⅰ) 和 Cu(Ⅱ) 相互转化的原则相同，要使 Hg(Ⅰ) 转化为 Hg(Ⅱ)，办法是使 Hg(Ⅱ) 生成难溶（或更难溶）的化合物或稳定的配合物，以降低 Hg^{2+} 的浓度。

从电极电势来看，Hg^{2+} 浓度降低，其电对 Hg^{2+}/Hg_2^{2+} 的电极电势就减小，从而促使 Hg_2^{2+} 的歧化，Hg(Ⅰ) 转化为 Hg(Ⅱ)。

再从平衡移动原理来分析，若 Hg^{2+} 的浓度降低，平衡则向生成 Hg^{2+} 的方向移动。例如，向 $Hg_2(NO_3)_2$ 溶液中通入 H_2S 气体，开始生成 $Hg_2S(K_{sp}^{\ominus}=1\times10^{-45})$，随即转化成更难溶的 $HgS(K_{sp}^{\ominus}=4\times10^{-53})$。这是因为在 Hg_2^{2+} 溶液中约有 0.6% 的 Hg^{2+}，当通入 H_2S 时有 Hg_2S 和 HgS 生成。反应为 $Hg_2^{2+}+H_2S \Longrightarrow HgS+Hg+2H^+$

$$[Hg_2^{2+}] = \frac{1\times10^{-45}}{[S^{2-}]}$$

$$[Hg^{2+}] = \frac{1\times10^{-53}}{[S^{2-}]}$$

同理，若 Hg(Ⅱ) 生成了稳定的配合物，也能使 Hg(Ⅰ) 转化为 Hg(Ⅱ)。例如：

$$Hg_2^{2+} + 4I^- \Longrightarrow [HgI_4]^{2-} + Hg$$

这个反应中既有配合作用又有歧化反应，配合促进了歧化。

另外，Br^-、SCN^-、CN^- 都能和 Hg^{2+} 生成稳定的四配位配离子，实现 Hg(Ⅰ) 到 Hg(Ⅱ) 的转化。

14.2　d 区元素概述
(Outlines of the d-Block Elements)

d 区元素是指最后一个电子填充在 $(n-1)d$ 轨道上的元素，即周期表中ⅢB 至ⅦB 和Ⅷ族的 25 种金属元素。d 区元素也常被称为过渡元素。过渡元素分为 3 个系列；第 4 周期中的 Sc～Ni 叫第 1 过渡系元素，其中Ⅷ族的 Fe、Co、Ni 又叫铁系元素；第 5 周期的 Y～Pd 叫第 2 过渡系元素；第 6 周期的 La～Pt 叫第 3 过渡系元素，其中Ⅷ族的 Ru、Rh、Pd、Os、Ir、Pt 又称为铂系元素。

根据电子结构的特点又可把过渡元素分为外过渡元素（或 d 区元素）及内过渡元素（或 f 区元素）两大组。外过渡元素不包括镧以外的镧系元素和锕以外的锕系元素，在这些元素的中性原子中，d 轨道没有全部填满电子，f 轨道中为全空（4、5 周期）或全满（第 6 周期）。内过渡元素指镧系或锕系元素。

第ⅢB族的元素钪（Sc）、钇（Y）、镧（La）与镧系元素（从 Ce 到 Lu）的性质较相似，在自然界中它们常与镧系元素共生于同一矿石中，通常把 Sc、Y、La 与镧系元素放在一起讨论。

14.2.1　d 区元素单质的性质

14.2.1.1　d 区元素单质的物理性质

d 区元素原子的外围电子构型是 $(n-1)d^{1\sim10}ns^{1\sim2}$。由于 $(n-1)d$ 电子对 ns 电子的屏蔽作用不如 $(n-1)s$、$(n-1)p$ 电子完全，致使吸引 ns 电子的有效核电荷较大，所以同周期过渡元素的原子半径随族号的增大而略有减小。在同一族中，从上到下，原子半径变化不大。跟其他金属相比，过渡金属的原子半径一般较小，所以金属的密度较大。其中第 6 周期的Ⅷ族元素的密度最大。锇是所有元素中密度最大的金属。

过渡金属的熔点和沸点一般都较高，而且在同一周期，从ⅢB 族到ⅥB 族依次升高。但从ⅥB 族到Ⅷ族又依次降低，故ⅥB 族金属的熔点和沸点最高。金属的熔点和沸点跟金属键的强弱有一定关系。由于 $(n-1)d$ 电子参与成键，使过渡金属中的金属键都比较强，所以熔点和沸点一般都较高。而金属键又随着成单 d 电子数的增加而增强。在同一周期，ⅥB 族有最多的成单电子，所以ⅥB 族金属的金属键最强，其熔点和沸点最高。在同一族中，从上到下熔点和沸点升高。所以，在过渡金属中，熔点和沸点最高的是钨。

14.2.1.2　d 区元素单质的化学性质

（1）单质的还原性

第一过渡系元素都是活泼金属，能置换出酸中 H^+，随着原子序数的增加，从左到右其电极电势依次增大，但变化的趋势不大。第二、第三过渡系元素的电极电势比同族第一过渡系元素的都大。它们都是不活泼金属，一般不能置换出酸中氢。铂系贵金属也极难与无氧化性的酸反应，所以，铂质器皿具有耐酸（特别是 HF）的性能。但ⅢB 族的 Y、La 以及镧系元素都是活泼金属，和第一过渡系元素同酸的作用相似。

总之，第一过渡系的元素为活泼金属，而第二、第三过渡系的元素为不活泼金属（Y、La、Ln 除外）。在第一过渡系的元素中，相邻两种金属的活泼性较为相似。而在同一族中，第一过渡系元素与第二、第三过渡系元素之间的活泼性相差较大。

（2）氧化态

过渡元素都可形成多种氧化态（ⅢB 族例外）的化合物。在某些条件下，这些元素的原子仅用最外层 s 电子参与成键；在另外的条件下，这些元素的部分或全部 d 电子也参与成键。在过渡元素的多种氧化态中，一般说来，它们的高氧化态比其低氧化态的氧化性强。最高氧化态化合物主要以氧化物、含氧酸盐或氟化物的形式存在，如 WO_3、MnO_4^-、FeO_4^{2-} 等。最低氧化态的化合物主要以配合物形式存在，如 $[Cr(CO)_5]^{2-}$。

第一过渡系元素的低氧化态比较稳定，而最高氧化态一般不稳定（Sc、Ti 例外）。第二、第三过渡系的元素正好相反，高氧化态稳定，低氧化态不稳定，不易形成低价化合物。例如在ⅥB 族中，Cr 在氧气中燃烧得 Cr_2O_3，而 Mo、W 在氧气中燃烧得 MoO_3 和 WO_3。

（3）易形成配合物

跟非过渡金属离子相比，过渡金属离子易形成配合物，而且配合物一般都比较稳定。这与过渡金属离子的电子构型有关。从杂化轨道理论来看，由于过渡金属低价离子都有未填满的 d 轨道，它们有可能提供空的 $(n-1)d$ 轨道，形成内轨型配合物，使配合物稳定。从晶体场理论来看，过渡金属低价离子的 d 电子为 $d^{1\sim8}$（ⅢB 族例外），与 d^{10} 和 d^0 相比，在形成配合物时，它们可从 d 轨道分裂过程中获得晶体场稳定化能，从而使配合物稳定。

含 d^1 到 d^9 的过渡金属离子形成的配离子一般都有特征的颜色。配离子的颜色是由于存在 d-d 跃迁。而不同配离子有自己特征的颜色，这取决于中心离子的电荷、半径和配位体的性质。表 14-1 列出了第一过渡系金属离子与水形成配离子的颜色。

表 14-1　第一过渡系金属水合离子的颜色

d 电子构型	d^0	d^1	d^2	d^3	d^4	d^5	d^6	d^7	d^8	d^9	d^{10}
离子	Sc^{3+}	Ti^{3+}	V^{3+}	Cr^{3+}、V^{2+}	Mn^{2+}、Cr^{2+}	Fe^{3+}、Mn^{2+}	Fe^{2+}	Co^{2+}	Ni^{2+}	Cu^{2+}	Zn^{2+}
配离子颜色	无	紫红	绿	蓝紫，紫	紫，蓝	淡紫，淡红	绿	粉红	绿	蓝	无

同一中心离子与不同配位体形成的配合物，因配位体对中心离子形成的晶体场的强度不同，其 d-d 跃迁所需的能量也不同，因此这些配合物吸收和透过的光也不一样，这些配合物就呈现不同的颜色。例如 $[Fe(SCN)_n]^{3-n}$ 血红色、$[FeF_6]^{3-}$ 无色、$[Fe(CN)_6]^{3-}$ 黄褐色。

14.2.2　钛副族（Titanium Subgroup）

14.2.2.1　概述

周期系第ⅣB族的三个元素是钛（Titanium，Ti）、锆（Zirconium，Zr）、铪（Hafnium，Hf），属于稀有元素。钛在地壳中的丰度是 0.63%，但大部分的钛是处于分散状态，主要的矿物有金红石 TiO_2 和钛铁矿 $FeTiO_3$，其次是钒钛铁矿。锆分散地存在于自然界中，主要矿物有锆英石 $ZrSiO_4$。铪常与锆共生，锆英石中平均约含 2% 的铪，最高可达 7%。

钛副族元素原子的价电子构型为 $(n-1)d^2ns^2$，d 轨道在全空（d^0）的情况下，原子的结构比较稳定，因此钛、锆、铪都以失去四个电子为特征。由于镧系收缩的影响，锆和铪的离子半径（Zr^{4+} 80pm、Hf^{4+} 79pm）接近，因此它们的化学性质很相似，造成锆和铪分离上的困难。这些元素的最稳定氧化态是 +4，其次是 +3，+2 氧化态的化合物很少见。由于钛副族元素的原子失去四个电子需要较高的能量，所以它们的 M(Ⅳ) 化合物主要以共价键结合。在水溶液中主要以 MO^{2+} 形式存在，且容易水解。

金属钛、锆、铪在通常温度下具有很好的抗腐蚀性，因为它们的表面容易形成致密的氧化物薄膜。但在加热时，它们能与 O_2、N_2、S 和卤素等非金属作用。例如，钛在加热时和氧反应生成 TiO_2，约 800℃ 和氮生成 Ti_3N_4，300℃ 和氯生成 $TiCl_4$。在室温时，它们与水、稀盐酸、稀硫酸和硝酸不作用，但能被氢氟酸、磷酸、熔融碱侵蚀。钛能溶于热浓盐酸中，得到 $TiCl_3$。

$$2Ti + 6HCl = 2TiCl_3 + 3H_2 \uparrow$$

金属钛更易溶于 HF 和盐酸或 H_2SO_4 中，由于 F^- 与 Ti^{4+} 的配位反应，促进了钛的溶解：

$$Ti + 6HF = TiF_6^{2-} + 2H^+ + 2H_2 \uparrow$$

金属钛的密度（$4.54g \cdot cm^{-3}$）比钢（$7.9g \cdot cm^{-3}$）小，机械强度与钢相似。它还具有耐高温、抗腐蚀等优点，在现代科学技术上有着广泛的用途，因此金属钛是航空、宇航、舰船、军械兵器和电力工业等部门不可缺少的重要材料。

14.2.2.2　钛的化合物

在自然界中 TiO_2 有三种晶型，其中最重要的是金红石型，它属于简单四方晶系，它是典型的 AB_2 型化合物的结构。金红石的晶胞见图 14-1。

在 TiO_2 晶体中，Ti 的配位数为 6，六个 O 配位在 Ti 的周围形成八面体结构，O 的配

图 14-1　金红石的晶胞

位数为 3。由于阳离子和阴离子的半径比 $\dfrac{R^+}{R} = \dfrac{0.68}{1.04} = 0.486$，因此晶体中的 Ti^{4+} 和 O^{2-} 互相接触，而 O^{2-} 之间互不接触（在 AB_2 型离子晶体中若 $\dfrac{R^+}{R} = 0.414 \sim 0.732$，阳离子和阴离子彼此接触，而阴离子间互不接触）。自然界中的金红石是红色或桃红色晶体，有时因含有微量的 Fe、Nb、Ta、Sn、Cr、V 等杂质，而呈黑色。

钛白是经过化学处理制造出来的纯净的二氧化钛，冷时白色，热时呈浅黄色，它的重要用途是用来制备钛的其他化合物。由 TiO_2 直接制取金属钛是比较困难的，因为 TiO_2 的生成热（$\Delta_f H_m^{\ominus} = -944.7 kJ \cdot mol^{-1}$）太大。例如用碳还原钛，反应的标准 Gibbs 函数变化（$\Delta_r G_m^{\ominus}$）为：

$$TiO_2(s) + 2C \longrightarrow Ti(s) + 2CO(g)$$

$$\Delta_f G_m^{\ominus}/kJ \cdot mol^{-1} \quad -889.5 \qquad 0 \qquad 0 \qquad 2 \times (-137.3)$$

$$\Delta_r G_m^{\ominus} = 614.9 kJ \cdot mol^{-1}$$

虽然这一反应是熵值增大的反应，但由于 $\Delta_f H_m^{\ominus}$ 的值过大，甚至在高温下（例如 1800℃）也难以使反应的 $\Delta_r H_m^{\ominus}$ 变为负值，反应难以进行。目前常用 TiO_2 与碳和氯气在 800～900℃时进行反应，先制得 $TiCl_4$：

$$TiO_2(s) + 2C(s) + 2Cl_2(g) \xrightarrow{800 \sim 900℃} TiCl_4(l) + 2CO(g)$$

$$\Delta_r G_m^{\ominus} = -122 kJ \cdot mol^{-1}$$

然后在氩（Ar）气氛中用镁还原 $TiCl_4$：

$$TiCl_4(l) + 2Mg(s) \longrightarrow Ti(s) + 2MgCl_2(s)$$

$$\Delta_r G_m^{\ominus} = -447.3 kJ \cdot mol^{-1}$$

反应后产物中的 $MgCl_2$ 和过量镁用稀 HCl 溶解，这样得到的金属钛状如海绵，称"海绵钛"。

纯净的 TiO_2 具有折射率高、着色力强、遮盖力大，化学性能稳定等优点，常用来作高级白色颜料，在造纸工业中作填充剂，合成纤维中作消光剂。

TiO_2 不溶于水，也不溶于稀酸，但能溶于氢氟酸和热的浓 H_2SO_4 中：

$$TiO_2 + 6HF =\!=\!= H_2[TiF_6] + 2H_2O$$
$$TiO_2 + H_2SO_4 =\!=\!= TiOSO_4 + H_2O$$

实际上从溶液中析出的是 $TiOSO_4 \cdot H_2O$ 的白色粉末。这是因为 Ti^{4+} 的电荷半径比值（即 z/r）大，容易与水反应而得到 TiO^{2+}。钛酰离子常由钛原子和氧原子相间结合而成锯齿形的 $(TiO)_n^{2n+}$ 长链，如图 14-2，固态的 $TiOSO_4 \cdot H_2O$ 中的钛酰离子就是这样。

图 14-2　$(TiO)_n^{2n+}$ 长链示意图

钛的卤化物中最重要的是四氯化钛，$TiCl_4$ 是无色液体（m. p. -24℃，b. p. 136.5℃），有刺鼻气味，在水中或潮湿空气中都极易水解。因此 $TiCl_4$ 暴露在空气中会发烟。

$$TiCl_4 + 3H_2O =\!=\!= H_2TiO_3 + 4HCl$$

利用 $TiCl_4$ 的水解性，可用于制作烟幕弹。

在中等酸度的钛(Ⅳ)盐溶液中加入 H_2O_2，生成较稳定的橘黄色配合物 $[TiO(H_2O_2)]^{2+}$

$$TiO^{2+}+H_2O_2 =\!=\!= [TiO(H_2O_2)]^{2+}$$

这一特征反应常用于比色法来测定钛。

用锌处理钛(Ⅳ)盐的盐酸溶液，可得三氯化钛的水溶液，浓缩后，可析出紫色的六水合三氯化钛晶体。

$$2TiCl_4+Zn =\!=\!= 2TiCl_3+ZnCl_2$$

向含有 Ti^{3+} 的溶液中加入碳酸盐时，会析出 $Ti(OH)_3$：

$$2Ti^{3+}+3CO_3^{2-}+3H_2O =\!=\!= 2Ti(OH)_3(s)+3CO_2\uparrow$$

在酸性溶液中，Ti^{3+} 是一个比 Sn^{2+} 略强的还原剂，它容易被空气中的氧所氧化。通常

$$TiO^{2+}+2H^++e^- =\!=\!= Ti^{3+}+H_2O \qquad E^\ominus=0.1V$$

在酸性溶液中用乙醚或苯将其覆盖，贮于棕色瓶内，防止空气中的氧迅速将其氧化。在有机化学中，还可用 Ti^{3+} 来测定硝基化合物的含量，因为它能把硝基化合物还原为胺。

$$RNO_2+6Ti^{3+}+4H_2O \longrightarrow RNH_2+6TiO^{2+}+6H^+$$

14.2.3　钒副族 (Vanadium Subgroup)

14.2.3.1　概述

周期系第 ⅤB 族包括钒 (Vanadium，V)、铌 (Niobium，Nb)、钽 (Tantalum，Ta) 三种元素。它们在地壳中含量很少，属于稀有元素。钒的主要矿物是钒钛铁矿、矾酸钾铀矿 $K(UO_2)VO_4 \cdot 3/2H_2O$ 和钒铅矿 $Pb_5(VO_4)_3Cl$ 等。铌和钽由于离子半径极为相近，在自然界中总是共生的，它们的主要矿物为共生的铌铁或钽铁矿 $Fe[(Nb \cdot Ta)O_3]_2$。

钒副族元素的价电子构型为 $(n-1)d^3ns^2$，因 5 个电子都可参加成键，所以稳定氧化态为 +5，此外还能形成 +4、+3、+2 低氧化态的化合物。按 V、Nb、Ta 的顺序，高氧化态的稳定性依次增强，低氧化态的稳定性依次减弱。

由于钒副族各金属比同周期的钛副族金属有较强的金属键，因此具有较高的熔点和沸点。其中钽是最难熔的金属之一。

钒副族金属在常温下活泼性较低。块状钒在常温下既不与空气、水、苛性碱作用，也不和非氧化性的酸作用。但能溶于氢氟酸和强氧化性酸中，如硝酸和王水。铌和钽的化学稳定性特别高，它们一般不容易和强酸反应，却能溶于 HNO_3 和 HF 的混合酸中，其反应式为：

$$M+5HNO_3+7HF =\!=\!= H_2MF_7+5NO_2\uparrow+5H_2O \qquad (M 为 Nb,Ta)$$

在高温下，钒、铌、钽可与大多数非金属元素反应，还可与熔融的苛性碱发生反应。

钒的主要用途是用来冶炼特种钢，铌主要用于制造特种合金钢。利用钽耐腐蚀性，它可用于化学工业耐酸设备的制造。

14.2.3.2　钒的化合物

钒的不同氧化态化合物具有不同的特征颜色。若向紫色 V^{2+} 溶液中加氧化剂如 $KMnO_4$，先得到绿色 V^{3+} 溶液，继续被氧化为蓝色 VO^{2+} 溶液，最后 VO^{2+} 被氧化为黄色 VO_2^+ 溶液。不同氧化态钒化合物的颜色和相应离子颜色相近。

从钒的元素电势图来看

$$VO_2^+ \xrightarrow{1.0} VO^{2+} \xrightarrow{0.36} V^{3+} \xrightarrow{-0.26} V^{2+} \xrightarrow{-1.2} V$$

V^{3+} 和 V^{2+} 有较明显的还原性，在酸性介质中 VO_2^+ 是一种较强的氧化剂。VO_2^+ 离子也可以被 Fe^{2+}、草酸等还原剂还原为 VO^{2+}。

$$VO_2^+ + Fe^{2+} + 2H^+ \Longrightarrow VO^{2+} + Fe^{3+} + H_2O$$

$$2VO_2^+ + H_2C_2O_4 + 2H^+ \xrightarrow{\triangle} 2VO^{2+} + 2CO_2 + 2H_2O$$

上述反应可用于氧化还原滴定法测定钒。

五氧化二钒可由加热分解偏钒酸铵得到。

$$2NH_4VO_3 \xrightarrow{600^\circ C} V_2O_5 + 2NH_3 + H_2O$$

五氧化二钒呈橙黄色或砖红色，无臭，无味，有毒，室温下它在水中的溶解度为 $0.07g/100gH_2O$。它还是一种较好的催化剂，主要用于接触法合成三氧化硫、芳香碳氢化合物的磺化反应。

V_2O_5 为两性偏酸的氧化物，溶于强碱生成正钒酸盐。

$$V_2O_5 + 6NaOH \Longrightarrow 2Na_3VO_4 + 3H_2O$$

溶于强酸，生成含钒氧离子的盐。

$$V_2O_5 + H_2SO_4 \Longrightarrow (VO_2)_2SO_4 + H_2O$$

V_2O_5 是一种较强的氧化剂，溶于盐酸发生下列氧化还原反应：

$$V_2O_5 + 6HCl \Longrightarrow 2VOCl_2 + Cl_2 \uparrow + 3H_2O$$

在 $VOCl_2$ 分子中含有一个氧基离子 VO^{2+}。现将一些氧基离子归纳如下：

SbO^+、BiO^+、TiO^{2+}、VO_2^+、VO^{2+}、ZrO^{2+}、HfO^{2+} 等都可以被看成是相应高价阳离子水解的中间产物。命名时称它们是某氧离子，相应的盐是碱式盐。

$$Ti^{4+} + H_2O \longrightarrow TiO^{2+} + 2H^+ \qquad TiO^{2+} \text{ 钛氧离子}$$

$$Zr^{4+} + H_2O \longrightarrow ZrO^{2+} + 2H^+ \qquad ZrO^{2+} \text{ 锆氧离子}$$

$$Hf^{4+} + H_2O \longrightarrow HfO^{2+} + 2H^+ \qquad HfO^{2+} \text{ 铪氧离子}$$

$$V^{5+} + 2H_2O \longrightarrow VO_2^+ + 4H^+ \qquad VO_2^+ \text{ 钒（V）氧离子}$$

$$V^{4+} + H_2O \longrightarrow VO^{2+} + 2H^+ \qquad VO^{2+} \text{ 钒（Ⅳ）氧离子}$$

$$Sb^{3+} + H_2O \longrightarrow SbO^+ + 2H^+ \qquad SbO^+ \text{ 锑氧离子}$$

$$Bi^{3+} + H_2O \longrightarrow BiO^+ + 2H^+ \qquad BiO^+ \text{ 铋氧离子}$$

钒酸根 VO_4^{3-} 和磷酸根 PO_4^{3-} 结构相似，均为四面体，若向钒酸盐溶液中加酸，使 pH 值逐渐下降，则生成不同缩合度的多钒酸盐。随着 pH 值的降低，多钒酸根中含钒原子越多，缩合度越大，其缩合平衡为

$$2VO_4^{3-} + 2H^+ \Longrightarrow V_2O_7^{4-} + H_2O \qquad pH = 12 \sim 10.6$$

$$2V_2O_7^{4-} + 4H^+ \Longrightarrow H_2V_4O_{13}^{4-} + H_2O \qquad pH = 9$$

$$5H_2V_4O_{13}^{4-} + 8H^+ \Longrightarrow 4H_4V_5O_{16}^{3-} + H_2O \qquad pH = 7$$

若往浓度较大的钒酸盐溶液中加酸，继续缩合，经 $[H_4V_5O_{16}]^{3-}$ 得到 V_2O_5 沉淀。

$$2H_4V_5O_{16}^{3-} + 6H^+ \Longrightarrow 5V_2O_5 + 7H_2O \qquad pH \approx 2$$

继续加酸，V_2O_5 溶解得到 VO_2^+ 浅黄色溶液。

$$V_2O_5 + 2H^+ \Longrightarrow 2VO_2^+ + H_2O \qquad pH < 1$$

钒广泛存在于植物、动物和人的脂肪中，与脂类的新陈代谢有关。在海鞘类动物的血细胞中，运载氧的是钒血红素，它使血液成为绿色。

14.2.4 铬副族（Chromium Subgroup）

14.2.4.1 概述

周期系第ⅥB族包括铬（Chromium，Cr）、钼（Molybdenum，Mo）、钨（Tungsten，

W）三种元素。铬的最重要矿物是铬铁矿 $Fe(CrO_2)_2$，常见的钼矿主要有辉钼矿 MoS_2，钨矿主要有黑钨矿 $FeWO_4$、$MnWO_4$ 和白钨矿 $CaWO_4$。我国的钨矿和钼矿储量都很丰富。

铬副族元素的价电子构型为 $(n-1)d^{4\sim5}ns^{1\sim2}$，s 电子和 d 电子都参加成键，最高氧化态为 +6；若部分 d 电子参加成键则呈现低氧化态，如铬有 +3、+2 氧化态。铬、钼、钨的最高氧化态依次趋向于稳定。

铬是银白色有光泽的金属，含有杂质的铬硬而且脆，纯铬有延展性。粉末状的钼与钨是深灰色的，而致密的块状钼和钨才是银白色的，且有金属光泽。金属的熔点和沸点与金属键的强弱有一定关系，而金属键又随着成单 d 电子数的增加而增强。在同一周期，ⅥB 族有最多的成单电子，所以ⅥB 族金属的金属键最强，其熔点和沸点最高。在同一族中，从上到下熔点和沸点升高。所以在过渡金属中，熔点和沸点最高的是钨。

由于在铬的表面易形成氧化物保护膜，常温以至受热时，膜可以保护内层金属不被氧化。在高温，铬和卤素、硫、氮等非金属直接反应生成相应的化合物。铬在冷浓硝酸中钝化，但能溶于稀盐酸、硫酸，起初生成蓝色 Cr^{2+} 溶液，而后为空气中氧所氧化生成绿色 Cr^{3+} 溶液。

$$Cr+2HCl =\!=\!= 2CrCl_2+H_2\uparrow$$
$$4CrCl_2+4HCl+O_2 =\!=\!= 4CrCl_3+2H_2O$$

钼钨的化学性质较稳定，它们的表面也易形成氧化膜而呈钝态。钼与稀酸不反应，与浓盐酸也无反应，只有浓硝酸与王水可以跟钼发生反应。钨不溶于盐酸、硫酸和硝酸，只有王水或 HF 和 HNO_3 的混合酸才能与钨发生反应。由此可见，铬副族元素的金属活泼性是从铬到钨的顺序逐渐降低的。

14.2.4.2　铬的化合物

从铬的元素电势图来看

$$E_A^{\ominus} \qquad Cr_2O_7^{2-} \xrightarrow{1.33} Cr^{3+} \xrightarrow{-0.41} Cr^{2+} \xrightarrow{-0.91} Cr$$

$$E_B^{\ominus} \qquad CrO_4^{2-} \xrightarrow{-0.13} Cr(OH)_3 \xrightarrow{-1.1} Cr(OH)_2 \xrightarrow{-1.4} Cr$$

在酸性溶液中，Cr^{3+} 最稳定，Cr^{2+} 是强还原剂，而 $Cr_2O_7^{2-}$ 则是很强的氧化剂。Cr(Ⅲ) 在碱性溶液中有较强的还原性，较易被氧化。

(1) 铬(Ⅲ)化合物

将 $(NH_4)_2Cr_2O_7$ 加热分解可制得绿色的 Cr_2O_3

$$(NH_4)_2Cr_2O_7 \xrightarrow{\triangle} Cr_2O_3+N_2\uparrow+4H_2O$$

为什么 $(NH_4)_2Cr_2O_7$ 受热容易分解呢？从它的组成来看，NH_4^+ 中的 N（氧化态为 -3）具有还原性，而 $Cr_2O_7^{2-}$ 中 Cr(Ⅵ) 有较强的氧化性，当受热时，分子内部容易发生氧化还原反应。$(NH_4)_2Cr_2O_7$ 分解反应的有关热力学数据如下：

$$(NH_4)_2Cr_2O_7(s) \longrightarrow Cr_2O_3(s)+N_2(g)+4H_2O(g)$$

	$(NH_4)_2Cr_2O_7$	Cr_2O_3	N_2	H_2O
$\Delta_f H_m^{\ominus}/kJ\cdot mol^{-1}$	-1807	-1135	0	$4\times(-242)$
$S_m^{\ominus}/J\cdot K^{-1}\cdot mol^{-1}$	488.7	81.2	191.5	4×188.7

$$\Delta_r H_m^{\ominus}=-296kJ\cdot mol^{-1} \qquad\qquad \Delta_r S_m^{\ominus}=539.7\ J\cdot K^{-1}\cdot mol^{-1}$$

从 $(NH_4)_2Cr_2O_7$ 的生成热来看，室温下还是比较稳定的。$(NH_4)_2Cr_2O_7$ 的分解反应是放热的，反应有向右进行的可能，同时此反应又是熵增大的反应。$\Delta G=\Delta H-T\Delta S$，当温度升高时，对 ΔG 变为负值的贡献更大，所以随着温度的升高，$(NH_4)_2Cr_2O_7$ 变得不稳定了，因此从热力学的角度考虑，加热温度不需太高，分解反应会进行得很完全。

Cr_2O_3 微溶于水，具有两性，不但溶于酸而且能溶于浓的强碱中形成深绿色的亚铬酸盐

$$Cr_2O_3 + 3H_2SO_4 \rightleftharpoons Cr_2(SO_4)_3 + 3H_2O$$

$$Cr_2O_3 + 2NaOH + 3H_2O \rightleftharpoons 2NaCr(OH)_4$$

经过灼烧的 Cr_2O_3 不溶于酸，但可用熔融法使它变为可溶性的盐。如 Cr_2O_3 与焦硫酸钾在高温下反应：

$$Cr_2O_3 + 3K_2S_2O_7 \rightleftharpoons 3K_2SO_4 + Cr_2(SO_4)_3$$

Cr_2O_3 不但是冶炼铬的原料，而且可用作绿色颜料，近年来也有用它作有机合成的催化剂。

向 $Cr(Ⅲ)$ 盐溶液中加入碱，得到灰蓝色的水合三氧化二铬胶状沉淀 $Cr_2O_3 \cdot nH_2O$，通常写成 $Cr(OH)_3$，它具有两性，既溶于酸又溶于浓碱：

$$Cr(OH)_3 + 3H^+ \rightleftharpoons Cr^{3+} + 3H_2O$$

$$Cr(OH)_3 + OH^- \rightleftharpoons Cr(OH)_4^-$$

铬钾钒是常用的 $Cr(Ⅲ)$ 盐，在酸性溶液中它可用 SO_2 还原 $K_2Cr_2O_7$ 而制得。

$$K_2Cr_2O_7 + H_2SO_4 + 3SO_2 \rightleftharpoons K_2SO_4 + Cr_2(SO_4)_3 + H_2O$$

当溶液结晶时，析出紫色的铬钾钒 $KCr(SO_4)_2 \cdot 12H_2O$ 晶体。由于它比 $Cr_2(SO_4)_3$ 在水中的溶解度小，易于结晶提纯。

Cr^{3+} 的电子构型为 $3d^3$，在形成八面体配合物时，3 个 d 电子分别占据 t_{2g} 的三个轨道，可获得 12Dq 的 CFSE，因而能形成稳定的配合物。因 d 电子吸收可见光即可在 t_{2g}-e_g 间跃迁，所以配合物带有颜色。

$Cr(Ⅲ)$ 离子在水溶液中是以六水合铬(Ⅲ)离子 $[Cr(H_2O)_6]^{3+}$ 存在，其中的水分子还可以被其他配体所取代。例如 $CrCl_3 \cdot 6H_2O$，由于制备条件不同，可以得到三种颜色的晶体：紫色的 $[Cr(H_2O)_6]Cl_3$，蓝绿色的 $[Cr(H_2O)_5Cl]Cl_2 \cdot H_2O$ 和绿色的 $[Cr(H_2O)_4Cl_2]Cl \cdot 2H_2O$。这三种配合物的化学成分相同，只是由于 H_2O 在内、外界的分布不同而构成颜色、性质完全不同的三种配合物，它们互称为水合异构体。

(2) 铬（Ⅵ）的化合物

最重要的 $Cr(Ⅵ)$ 化合物是三氧化铬、铬酸盐和重铬酸盐。

将浓 H_2SO_4 小心加到浓的 $K_2Cr_2O_7$ 溶液中可析出橙红色的 CrO_3 晶体。

$$K_2Cr_2O_7 + H_2SO_4 \rightleftharpoons K_2SO_4 + 2CrO_2 + H_2O$$

CrO_3 是铬酸的酸酐，它是很强的氧化剂。用 $K_2Cr_2O_7$ 与浓硫酸配制的铬酸洗液具有强氧化性，可用来洗涤化学玻璃器皿，以除去器壁上沾附的油脂层，经多次使用后变为绿色（Cr^{3+}），表示洗液已失效。

可溶性铬酸盐（CrO_4^{2-}）为黄色，重铬酸盐（$Cr_2O_7^{2-}$）为橙红色。在溶液中，CrO_4^{2-} 和 $Cr_2O_7^{2-}$ 之间的相互转化决定于介质，并存在如下平衡：

$$2CrO_4^{2-} + 2H^+ \rightleftharpoons Cr_2O_7^{2-} + H_2O$$

$$K^\ominus = \frac{[Cr_2O_7^{2-}]}{[CrO_4^{2-}]^2[H^+]^2} = 1.2 \times 16^{14}$$

从平衡关系式来看，溶液中 $[Cr_2O_7^{2-}]$ 和 $[CrO_4^{2-}]$ 的比值受 $[H^+]$ 的影响。在酸性介质中，若 pH=2，则 $[Cr_2O_7^{2-}]/[CrO_4^{2-}]^2 \approx 1 \times 10^{10}$；若溶液的 $[Cr_2O_7^{2-}] = 0.01 \text{mol} \cdot L^{-1}$，则 $[CrO_4^{2-}] = 1 \times 10^{-6} \text{mol} \cdot L^{-1}$。可以认为，在酸性介质中 $Cr(Ⅵ)$ 的主要存在形式为

$Cr_2O_7^{2-}$，此时溶液为橙红色。在碱介质中，若 pH＝10，$[Cr_2O_7^{2-}]/[CrO_4^{2-}]^2 \approx 1 \times 10^{-6}$；若溶液中的 $[CrO_4^{2-}]=0.01 mol \cdot L^{-1}$，则 $[Cr_2O_7^{2-}]=1 \times 10^{-10} mol \cdot L^{-1}$。可以认为，在碱性介质中 Cr(Ⅵ) 的主要存在形式为 CrO_4^{2-}，此时溶液呈现黄色。

除改变 pH 值可移动上述平衡外，生成难溶的铬酸盐沉淀也能移动平衡。例如在 $Cr_2O_7^{2-}$ 溶液中加入 Ag^+、Ba^{2+}、Pb^{2+}，可使 $Cr_2O_7^{2-}$ 向 CrO_4^{2-} 转化，生成难溶的铬酸盐。

$$Cr_2O_7^{2-}+4Ag^++H_2O =\!\!= 2Ag_2CrO_4(砖红色)\downarrow +2H^+$$
$$Cr_2O_7^{2-}+2Ba^{2+}+H_2O =\!\!= 2BaCrO_4(黄色)\downarrow +2H^+$$
$$Cr_2O_7^{2-}+2Pb^{2+}+H_2O =\!\!= 2PbCrO_4(黄色)\downarrow +2H^+$$

在定性分析中常用以上的沉淀反应来检验 CrO_4^{2-} 或 Ag^+、Ba^{2+}、Pb^{2+} 的存在。

重铬酸钠（俗称红矾钠）是一个重要的氧化剂，在印染、鞣革、颜料、电镀、选矿、医药、纺织等工业方面都有广泛的用途。重铬酸钠还用于制备铬酐、重铬酸钾及其他 Cr(Ⅵ) 的化合物。重铬酸钾也是一个重要的氧化剂，在分析化学中被作为基准物质。

(3)铬(Ⅲ)和铬(Ⅵ)的相互转化

Cr(Ⅲ) 和 Cr(Ⅵ) 在酸性溶液中分别以 Cr^{3+} 和 $Cr_2O_7^{2-}$ 形式存在；在碱性溶液中则以 $Cr(OH)_4^-$ 和 CrO_4^{2-} 形式存在。在酸性溶液中 $Cr_2O_7^{2-}$ 为强氧化剂，能与许多还原剂如 $H_2C_2O_4$、Fe^{2+}、Sn^{2+}、I^-、SO_2、H_2S、H_2O_2 等反应，被还原为 Cr^{3+}。例如

$$Cr_2O_7^{2-}+6Fe^{2+}+14H^+ =\!\!= 2Cr^{3+}+6Fe^{3+}+7H_2O$$
$$Cr_2O_7^{2-}+3H_2S+8H^+ =\!\!= 2Cr^{3+}+3S+7H_2O$$
$$Cr_2O_7^{2-}+9I^-+14H^+ =\!\!= 2Cr^{3+}+3I_3^-+7H_2O$$
$$Cr_2O_7^{2-}+4H_2O_2+2H^+ =\!\!= 2CrO_5+5H_2O$$
$$4CrO_5+12H^+ =\!\!= 4Cr^{3+}+7O_2+6H_2O$$

在酸性介质中重铬酸根与 H_2O_2 反应时，先生成过氧化铬。但过氧化铬极不稳定，会分解为 Cr^{3+}，并放出氧气。若先加入乙醚，在乙醚层中过氧化铬可与乙醚形成一种比较稳定的蓝色过氧基配合物 $[CrO(O_2)_2(C_2H_5)_2O]$。在分析化学中常用这一反应来检验铬的存在。

Cr(Ⅲ) 在酸性溶液中还原性很弱，只有很强的氧化剂如 $S_2O_8^{2-}$、$NaBiO_3$、MnO_4^- 等才能使 Cr(Ⅲ) 氧化为 Cr(Ⅵ)。例如：

$$2Cr^{3+}+3S_2O_8^{2-}+7H_2O \xrightarrow[Ag^+催化]{\triangle} Cr_2O_7^{2-}+6SO_4^{2-}+14H^+$$

Cr(Ⅲ) 在碱性溶液中则有一定的还原性，所以要使 Cr(Ⅲ) 转化为 Cr(Ⅵ) 时，一般都在碱性条件下进行。例如：

$$Cr(OH)_4^-+3Br_2+8OH^- =\!\!= 2CrO_4^{2-}+6Br^-+8H_2O$$
$$2Cr(OH)_4^-+3H_2O_2+2OH^- =\!\!= 2CrO_4^{2-}+8H_2O$$

综上所述，在酸性溶液中，$Cr_2O_7^{2-}$ 具有强氧化性，易被还原为 Cr^{3+}；在碱性溶液中 $Cr(OH)_4^-$ 具有还原性，易被氧化为 CrO_4^{2-}。

14.2.4.3 钼和钨的化合物

由于镧系收缩，钼和钨彼此更相似。钼和钨的常见氧化态是＋6、＋5、＋4，其中最稳定的氧化态为Ⅵ，如三氧化物、钼酸和钨酸及其盐都是重要的化合物。

三氧化钼是白色粉末，加热时变黄，熔点为 1068K，即使在低于熔点的情况下，它也有显著的升华现象。三氧化钨是深黄色固体，加热时转变为橙黄色。

跟 CrO_3 不同，MoO_3 和 WO_3 虽然都是酸性氧化物，难溶于水，作为酸酐，仅能溶于氨水或强碱溶液生成相应的含氧酸盐。

$$MoO_3 + 2NH_3 \cdot H_2O =\!=\!= (NH_4)_2MoO_4 + H_2O$$

$$WO_3 + 2NaOH =\!=\!= Na_2WO_4 + H_2O$$

这两种氧化物的氧化性极弱，仅在高温下能被氢、碳或铝还原。

分别在 $(NH_4)_2MoO_4$ 和 Na_2WO_4 的溶液中加入适量的 HCl，则析出难溶于水的钼酸 H_2MoO_4 和钨酸 H_2WO_4：

$$(NH_4)_2MoO_4 + 2HCl =\!=\!= H_2MoO_4(s) + 2NH_4Cl$$

$$Na_2WO_4 + 2HCl =\!=\!= H_2WO_4(s) + 2NaCl$$

H_2MoO_4 和 H_2WO_4 受热脱水分别得到 MoO_3 和 WO_3。

上述铬酸、钼酸和钨酸的酸性和氧化性的强弱可归纳如下：

酸性增强 ←

H_2CrO_4 H_2MoO_4 H_2WO_4

→ 氧化性增强

这也是副族元素含氧酸的酸性和氧化性的一般变化规律。

钼和钨的含氧酸盐中，只有碱金属、铵、铍、镁、铊（Ⅰ）的盐可溶于水，其余的含氧酸盐都难溶于水。在可溶性盐中，最重要的是它们的钠盐和铵盐。

钼和钨不仅能形成简单的含氧酸，而且在一定条件下，还具有形成多酸的特性。由两个或两个以上同种简单含氧酸分子缩水而成的酸，称为同多酸（Isopolgacid）。例如

两个或多个同种含氧酸分子相互结合成大分子，同时脱去水的过程叫缩合。例如三钼酸 $H_2Mo_3O_{10}$ 就是三分子钼酸缩去二分子 H_2O 而形成的，也可以看成由一个 H_2O 分子和三个 MoO_3 分子所组成，其表示式为 $3MoO_3 \cdot H_2O$。同多酸的这种表示式叫解析式。常见的钼、钨同多酸有

七钼酸	$H_6Mo_7O_{24}$	$(7MoO_3 \cdot 3H_2O)$
十二钼酸	$H_{10}Mo_{12}O_{41}$	$(12MoO_3 \cdot 5H_2O)$
八钨酸	$H_4W_8O_{26}$	$(8WO_3 \cdot 2H_2O)$
十二钨酸	$H_{10}W_{12}O_{41}$	$(12WO_3 \cdot 5H_2O)$

除 Mo、W 外，B、Si、P、V、Cr 等也能形成同多酸，$H_2Cr_2O_7$ 就是最简单的同多酸（$2CrO_3 \cdot H_2O$）。同多酸分子中的 H^+ 被金属阳离子 M^{n+} 取代后形成同多酸盐。在钼和钨的同多酸盐中常见的有七钼酸铵 $(NH_4)_6Mo_7O_{24} \cdot 4H_2O$ 和七钨酸铵 $(NH_4)_6W_7O_{24} \cdot 6H_2O$，商品名称叫仲钼酸铵和仲钨酸铵。

同多酸根阴离子的形成和溶液的 pH 值有密切关系，一般是 pH 值越小，缩合度越大。

由两种不同含氧酸分子缩水而形成的酸叫杂多酸（Heteropolgacid）。例如十二钨磷酸可认为是 1 分子 H_3PO_4 和 12 分子 H_2WO_4 经缩水而成的，它的化学式可表示为 $H_3[P(W_3O_{10})_4]$（或 $H_3PO_4 \cdot 12WO_3$），可以看作 H_3PO_4 中的 $O(-2)$ 为三钨酸 W_3O_{10} 所取代。杂多酸是一类特殊的配合物，在上例中，P 是配合物的中心离子，多钨酸银 $W_3O_{10}^{2-}$ 为配位体。可作为杂多酸的中心离子的还有 As(Ⅴ)、Te(Ⅵ)、Si(Ⅳ) 等。作为配位体的酸根

离子，大都是钒（V）、钼（Ⅵ）、钨（Ⅵ）的含氧酸根 （单个或缩合的） 离子。

在分析化学中常用生成磷钼酸铵 $(NH_4)_3PO_4 \cdot 12MoO_3$ 黄色沉淀的反应鉴定溶液中是否存在 PO_4^{3-}，也可用来鉴定溶液中的 MoO_4^{2-}。

$$H_3PO_4 + 12(NH_4)_2MoO_4 + 21HNO_3 =\!=\!= (NH_4)_3PO_4 \cdot 12MoO_3 \downarrow + 21NH_4NO_3 + 12H_2O$$

14.2.5　锰副族 （Manganese Subgroup）

14.2.5.1　概述

周期系第ⅦB族包括锰 （Manganese，Mn）、锝 （Technetium，Tc）、铼 （Rhenium，Re） 三种元素。Tc 是放射性元素，Re 为稀有元素。地壳中锰的主要矿石有软锰矿 $MnO_2 \cdot xH_2O$，黑锰矿 Mn_3O_4 和水锰矿 $Mn_2O_3 \cdot H_2O$，近年在深海海底发现大量的锰矿——锰结核。

锰副族元素的价电子构型为 $(n-1)d^5ns^2$，其中 Tc 的价电子构型为 $4d^65s^1$。s 电子和 d 电子都参加成键，最高氧化态为 +7，此外，锰的氧化态还有 +6、+4、+3、+2，比较重要的是 +7、+4 和 +2 的化合物。

锰是活泼的金属，在空气中金属锰的表面生成一层氧化物膜，对内层金属锰起保护作用。粉末状金属锰易被氧化。锰和稀的非氧化性酸反应生成 Mn(Ⅱ) 盐和氢气，反应方程式如下所示。

$$Mn + 2H^+ =\!=\!= Mn^{2+} + H_2 \uparrow$$

在室温下，锰对于非金属并不很活泼，在高温时，它能与卤素、氧、硫、硼、碳、硅、磷等直接化合。但锰不能直接和氢化合。

14.2.5.2　锰的化合物

从锰的元素电势图来看，锰有多种氧化态。但在酸性溶液中，锰只有 Mn^{2+}、MnO_2 及 MnO_4^- 能稳定存在，而 Mn^{3+} 和 MnO_4^{2-} 则发生歧化反应，不能稳定存在。

$$E_A^{\ominus}/V$$

$$MnO_4^- \xrightarrow{+0.56} MnO_4^{2-} \xrightarrow{+2.26} MnO_2 \xrightarrow{+0.95} Mn^{3+} \xrightarrow{+1.51} Mn^{2+} \xrightarrow{-1.18} Mn$$

$$+1.51$$

$$E_B^{\ominus}/V$$

$$MnO_4^- \xrightarrow{+0.56} MnO_4^{2-} \xrightarrow{+0.60} MnO_2 \xrightarrow{-0.20} Mn(OH)_3 \xrightarrow{-0.10} Mn(OH)_2 \xrightarrow{-1.55} Mn$$

$$-0.05$$

(1) 锰(Ⅱ)化合物

在酸性溶液中，Mn^{2+} 是相当稳定的，它的性质和 Mg^{2+}、Fe^{2+} 相似。在体内 Mn^{2+} 倾向于和—COOH、—PO_4^{3-} 等配体键合，在涉及与磷酸根的反应中 Mn^{2+} 可代替 Mg^{2+}。在高酸度的热溶液中，Mn^{2+} 能与强氧化剂反应，被氧化成 MnO_4^-，例如

$$2Mn^{2+} + 5S_2O_8^{2-} + 8H_2O \xrightarrow[\text{Ag}^+ \text{催化}]{\triangle} 16H^+ + 10SO_4^{2-} + 2MnO_4^-$$

$$2Mn^{2+} + 5PbO_2 + 4H^+ =\!=\!= 2MnO_4^- + 5Pb^{2+} + 2H_2O$$

由于 MnO_4^- 是紫色的，这两个反应可用于定性检出 Mn^{2+}。Mn^{2+} 和已生成的 MnO_4^- 将继续反应得到棕色 MnO_2。

$$2MnO_4^- + 3Mn^{2+} + 2H_2O =\!=\!= 5MnO_2 + 4H^+$$

从锰的元素电势图可明显地看出，在碱性溶液中 Mn(Ⅱ) 的稳定性比在酸性溶液中差。它很容易被氧化为稳定的 Mn(Ⅳ)。例如向 Mn(Ⅱ) 盐溶液中加入强碱，可得到白色的

$Mn(OH)_2$ 沉淀，它与空气一接触，立即被氧气氧化成棕色的 $MnO(OH)_2$ 或 $MnO_2 \cdot H_2O$。

$$Mn^{2+} + 2OH^- \Longrightarrow Mn(OH)_2 \downarrow$$
$$2Mn(OH)_2 + O_2 \Longrightarrow 2MnO(OH)_2$$

在碱性溶液中，$E^\ominus_{MnO_2/Mn(OH)_2} = -0.05V$，$E^\ominus_{O_2/OH^-} = +0.401V$，前者小于后者，所以氧气能迅速将 $Mn(OH)_2$ 氧化。

常见的锰（Ⅱ）化合物中，除硫化物、碳酸盐，草酸盐及磷酸盐外，其余都是易溶盐。在水溶液中，Mn^{2+} 常以淡红色的 $[Mn(H_2O)_6]^{2+}$ 水合离子存在。

(2) 锰（Ⅳ）的化合物

最重要的锰（Ⅳ）化合物是二氧化锰 MnO_2。它是一种很稳定的黑色粉末状物质，不溶于水。二氧化锰具有氧化性，和浓硫酸作用生成氧气，和浓盐酸反应生成氯气。

$$2MnO_2 + 2H_2SO_4 \Longrightarrow 2MnSO_4 + O_2 \uparrow + 2H_2O$$
$$MnO_2 + 4HCl \Longrightarrow MnCl_2 + Cl_2 \uparrow + 2H_2O$$

在碱性介质中，二氧化锰很容易被氧化剂或空气中的氧所氧化，转变成锰（Ⅵ）的化合物。

$$3MnO_2 + 6KOH + KClO_3 \xrightarrow{熔融} 3K_2MnO_4 + KCl + 3H_2O$$
$$2MnO_2 + 4KOH + O_2 \Longrightarrow 2K_2MnO_4 + 2H_2O$$

(3) 锰（Ⅵ）和锰（Ⅶ）的化合物

锰（Ⅵ）的化合物中，比较稳定的是锰酸盐，如锰酸钠和锰酸钾。锰酸盐溶于强碱溶液显绿色，但在酸性、中性及弱碱性介质中，发生歧化反应。

$$3K_2MnO_4 + 2H_2O \Longrightarrow 2KMnO_4 + MnO_2 + 4KOH$$

锰（Ⅶ）的化合物中最重要的是高锰酸钾。将 CO_2 通入碱性 K_2MnO_4 溶液，由于溶液的碱度降低，MnO_4^{2-} 歧化为 $KMnO_4$ 和 MnO_2 沉淀，过滤，浓缩溶液得 $KMnO_4$ 晶体，此法只有三分之二的 K_2MnO_4 转化为 $KMnO_4$，产率较低。最好的方法是用电解氧化法制备 $KMnO_4$。

$$2MnO_4^{2-} + 2H_2O \xrightarrow{电解} 2MnO_4^- + 2OH^- + H_2 \uparrow$$

这种方法所得产品产率高，质量好。

高锰酸钾是深紫色的晶体，其水溶液呈紫红色。在酸性溶液中 MnO_4^- 不很稳定，会慢慢地按下式分解

$$4MnO_4^- + 4H^+ \Longrightarrow 4MnO_2 + 3O_2 + 2H_2O$$

因为光分解产物（MnO_2）对此反应有催化作用，所以 $KMnO_4$ 溶液应保存在棕色瓶中。将 $KMnO_4$ 固体加热到 200℃ 以上，就分解放出氧气。

$$2KMnO_4 \xrightarrow{\triangle} K_2MnO_4 + MnO_2 + O_2 \uparrow$$

高锰酸钾是强氧化剂，和还原剂反应所得产物因溶液酸度不同而异，例如和 Na_2SO_3 的反应：

酸性　　$2MnO_4^- + 5SO_3^{2-} + 6H^+ \Longrightarrow 2Mn^{2+} + 5SO_4^{2-} + 3H_2O$

近中性　$2MnO_4^- + 3SO_3^{2-} + H_2O \Longrightarrow 2MnO_2 + 3SO_4^{2-} + 2OH^-$

碱性　　$2MnO_4^- + SO_3^{2-} + 2OH^- \Longrightarrow 2MnO_4^{2-} + SO_4^{2-} + H_2O$

高锰酸钾在酸性溶液中作氧化剂广泛用于分析化学中，许多还原性物质，如 Fe^{2+}、$C_2O_4^{2-}$、NO_2^-、SO_3^{2-}、H_2O_2 等可通过与 MnO_4^- 反应测定其含量。

$$MnO_4^- + 8H^+ + 5Fe^{2+} \Longrightarrow Mn^{2+} + 5Fe^{3+} + 4H_2O$$
$$2MnO_4^- + 16H^+ + 5C_2O_4^{2-} \Longrightarrow 2Mn^{2+} + 10CO_2 + 8H_2O$$
$$2MnO_4^- + 6H^+ + 5NO_2^- \Longrightarrow 2Mn^{2+} + 5NO_3^- + 3H_2O$$

$$2MnO_4^- + 6H^+ + 5H_2O \Longrightarrow 2Mn^{2+} + 5O_2 + 8H_2O$$

14.2.6　铁、钴、镍、铂系 (Iron，Cobalt，Nickel and Platinum Metals)

14.2.6.1　概述

元素周期表中第Ⅷ族包括铁 (Iron，Fe)、钴 (Cobalt，Co)、镍 (Nickel，Ni)、钌 (Ruthenium，Ru)、铑 (Rhodium，Rh)、钯 (Palladium，Pd)、锇 (Osmium，Os)、铱 (Iridium，Ir)、铂 (Platinum，Pt) 共九种元素。由于铁、钴、镍的性质很相似，通常称为铁系元素，其他 6 个元素称为铂系元素。铂系元素被列为稀有元素，和金、银一起称为贵金属。

铁系元素的价电子层结构为 $3d^{6\sim8}4s^2$。一般条件下，铁表现为 +2 和 +3 氧化态，在强氧化剂存在的条件下，铁可以出现不稳定的 +6 氧化态 (高铁酸盐)。钴在通常条件下表现为 +2，在强氧化剂存在时出现不稳定的 +3 氧化态；镍则经常表现为 +2 氧化态。

下面是铁系元素的元素电势图

$$E_A^\ominus/V \qquad FeO_4^{2-} \xrightarrow{+2.20} Fe^{3+} \xrightarrow{+0.771} Fe^{2+} \xrightarrow{-0.44} Fe$$

$$Co^{3+} \xrightarrow{+1.808} Co^{2+} \xrightarrow{-0.277} Co$$

$$NiO_2 \xrightarrow{+1.678} Ni^{2+} \xrightarrow{-0.25} Ni$$

$$E_B^\ominus/V \qquad FeO_4^{2-} \xrightarrow{+0.72} Fe(OH)_3 \xrightarrow{-0.56} Fe(OH)_2 \xrightarrow{-0.877} Fe$$

$$Co(OH)_3 \xrightarrow{+0.17} Co(OH)_2 \xrightarrow{-0.73} Co$$

$$NiO_2 \xrightarrow{+0.49} Ni(OH)_2 \xrightarrow{-0.72} Ni$$

从元素电势图可以看出，在酸性溶液中，Fe^{2+}、Co^{2+}、Ni^{2+} 分别是铁、钴、镍的最稳定状态。高氧化态的铁(Ⅵ)、钴(Ⅲ)、镍(Ⅳ) 在酸性溶液中都是强的氧化剂。从铁系元素的标准电势看，Fe、Co、Ni 属于中等活泼的金属。在高温下，它们分别和氧、硫、氯等非金属作用生成相应的氧化物、硫化物和氯化物，冷浓的 HNO_3、H_2SO_4 都使 Fe 钝化，但它能与 HCl 和稀 H_2SO_4 反应生成 Fe^{2+} 和 H_2。稀 HNO_3 能溶解 Fe，若 HNO_3 过量，生成 $Fe(NO_3)_3$；若 Fe 过量，则生成 $Fe(NO_3)_2$。Co、Ni 在 HCl 和稀 H_2SO_4 中比 Fe 溶解慢，遇冷浓 HNO_3 使其表面钝化。铁能被浓碱所侵蚀，而钴和镍不与强碱发生作用。故实验室中可以用镍坩埚熔融碱性物质。

单质铁、钴、镍都是具有金属光泽的银白色金属，钴略带灰色。它们都表现出铁磁性，所以它们的合金是很好的磁性材料。

14.2.6.2　铁系元素的化合物

(1) 铁、钴、镍的氧化物和氢氧化物

纯净的铁、钴、镍氧化物常用热分解碳酸盐或草酸盐制得。例如在 350℃ 加热 $CoCO_3$ 可得到 CoO

$$CoCO_3 \xrightarrow{\triangle} CoO + CO_2$$

在 100℃ 或 160℃ 加热 FeC_2O_4，分别可得到 FeO 或 Fe_3O_4。

$$FeC_2O_4 \xrightarrow{\triangle} FeO + CO_2 + CO$$

$$3FeC_2O_4 \xrightarrow{\triangle} Fe_3O_4 + 2CO_2 + 4CO$$

铁、钴、镍氧化物的颜色各异。FeO 黑色、Fe_2O_3 砖红色；CoO 灰绿色、Co_2O_3 黑色；NiO 暗绿色、Ni_2O_3 黑色。它们低氧化态氧化物都能溶于酸性溶液中，但一般不溶于水或

碱性溶液，说明它们是碱性氧化物。

在铁（Ⅱ）、钴（Ⅱ）、镍（Ⅱ）的盐溶液中加入碱，均能得到相应氢氧化物，

$$M^{2+} + 2OH^- \rightleftharpoons M(OH)_2 \downarrow \qquad (M^{2+} = Fe^{2+} \text{、} Co^{2+} \text{、} Ni^{2+})$$

$Fe(OH)_2$ 为白色沉淀，$Co(OH)_2$ 为粉红色沉淀，$Ni(OH)_2$ 为绿色沉淀。生成的 $Fe(OH)_2$ 立即被空气中的氧氧化，往往看不到白色沉淀，而是变成灰绿色的 $Fe(OH)_2$ 和 $Fe(OH)_3$ 混合物，最终成为棕红色的 $Fe(OH)_3$。在 $CoCl_2$ 溶液中滴加 NaOH 不足量时，则生成蓝色的 Co(OH)Cl 沉淀：

当加入适量 NaOH 时才生成粉红色 $Co(OH)_2$ 沉淀。$Co(OH)_2$ 在空气中也能慢慢地被氧化成棕色的 $Co(OH)_3$，若用氧化剂可使反应迅速进行。至于 $Ni(OH)_2$，它不能与空气中的氧作用，它只能被强氧化剂如 NaClO、Br_2 等氧化。

$$4Fe(OH)_2 + O_2 + 2H_2O \rightleftharpoons 4Fe(OH)_3$$
$$2Co(OH)_2 + Br_2 + 2NaOH \rightleftharpoons 2Co(OH)_3 \downarrow (\text{棕色}) + 2NaBr$$
$$2Ni(OH)_2 + Br_2 + 2NaOH \rightleftharpoons 2Ni(OH)_3 \downarrow (\text{黑色}) + 2NaBr$$

在这些氢氧化物中，$Fe(OH)_3$ 略显两性，但以碱性为主，只有新制备的 $Fe(OH)_3$ 才可溶于浓的强碱中形成 $Fe(OH)_6^{3-}$ 配离子。而 $Co(OH)_3$、$Ni(OH)_3$ 不溶于强碱中，表明其氢氧化物只具有碱性。

$Fe(OH)_3$ 溶于盐酸的情况跟 $Co(OH)_3$、$Ni(OH)_3$ 不同。前者仅发生中和反应，而 $Co(OH)_3$ 和 $Ni(OH)_3$ 都是强氧化剂，能将 Cl^- 氧化成 Cl_2。它们与 HCl 的反应如下

$$Fe(OH)_3 + 3HCl \rightleftharpoons FeCl_3 + 3H_2O$$
$$2Co(OH)_3 + 6HCl \rightleftharpoons 2CoCl_2 + Cl_2 \uparrow + 6H_2O$$
$$2Ni(OH)_3 + 6HCl \rightleftharpoons 2NiCl_2 + Cl_2 \uparrow + 6H_2O$$

铁系元素氢氧化物的性质可归纳如下：

还原性增强
←————————————————————————

$Fe(OH)_2$	$Co(OH)_2$	$Ni(OH)_2$
白色	粉红色	绿色
$Fe(OH)_3$	$Co(OH)_3$	$Ni(OH)_3$
棕红色	棕色	黑色

————————————————————————→
氧化性增强

(2) 铁的化合物

在隔绝空气的条件下，把纯铁溶于稀硫酸中，结晶、析出浅绿色的七水合硫酸亚铁 $FeSO_4 \cdot 7H_2O$，俗称绿矾。较常见 Fe（Ⅱ）的复盐是硫酸亚铁铵 $(NH_4)_2SO_4 \cdot FeSO_4 \cdot 6H_2O$，又叫 Mohr 盐。绿矾在空气中可逐渐风化而失去一部分水，并且表面容易氧化为黄褐色碱式硫酸铁（Ⅲ）$Fe(OH)SO_4$。

$$4FeSO_4 + 2H_2O + O_2 \rightleftharpoons 4Fe(OH)SO_4$$

因此亚铁盐在空气中不稳定，易被氧化成铁（Ⅲ）盐。铁（Ⅱ）在酸、碱性介质中的标准电势为

$$Fe^{3+} + e^- \rightleftharpoons Fe^{2+} \qquad E^\ominus = 0.77V$$
$$Fe(OH)_3 + e^- \rightleftharpoons Fe(OH)_2 + OH^- \qquad E^\ominus = -0.56V$$

可见无论在酸性或碱性介质中 Fe（Ⅱ）都不稳定，被空气中 O_2 氧化成 Fe（Ⅲ）化合物。Fe（Ⅱ）化合物中以 $(NH_4)_2SO_4 \cdot FeSO_4 \cdot 6H_2O$ 较稳定，在分析化学中选用它配制 Fe（Ⅱ）溶液。为了防止 Fe^{2+} 水解应在溶液中加入一些酸，必要时应加入几颗铁钉以防止其氧

化。亚铁盐在分析化学中是常用的还原剂。在放有 $FeSO_4$ 和硝酸盐的混合溶液的试管中，小心地加入浓硫酸，在浓硫酸与溶液的界面上出现"棕色环"，这是由于生成了配合物 $[Fe(NO)(H_2O)_5]^{2+}$ 而呈现的颜色：

$$3Fe^{2+}+NO_3^-+4H^+\Longrightarrow 3Fe^{3+}+NO+2H_2O$$

$$[Fe(H_2O)_6]^{2+}+NO\Longrightarrow [Fe(NO)(H_2O)_5]^{2+}+H_2O$$

这一反应可用来鉴定 NO_3^- 和 NO_2^- 的存在，所不同的是 NO_2^- 和 $FeSO_4$ 混合溶液中，加入醋酸，溶液即可呈现棕色，检查 NO_3^- 时用浓硫酸。

Fe^{2+} 的外电子层结构为 $3s^23p^63d^6$，有未充满的 d 轨道，因此它能形成八面体形的配位化合物，无论形成高自旋还是低自旋配合物都可获得 CFSE，用配合物稳定。用亚铁盐与 KCN 溶液反应得 $Fe(CN)_2$ 白色沉淀，KCN 过量时沉淀溶解。

$$FeSO_4+2KCN\Longrightarrow Fe(CN)_2\downarrow +K_2SO_4$$

$$Fe(CN)_2+4KCN\Longrightarrow K_4[Fe(CN)_6]$$

从溶液中析出来的黄色晶体是 $K_4[Fe(CN)_6]\cdot 3H_2O$，叫六氰合铁（Ⅱ）酸钾，俗称黄血盐。它是检验 Fe^{3+} 的灵敏试剂，与 Fe^{3+} 反应形成难溶的普鲁士蓝沉淀。

$$Fe^{3+}+K^++[Fe(CN)_6]^{4-}\Longrightarrow KFe[Fe(CN)_6]\downarrow$$

另外，黄血盐可与 Co^{2+}、Cu^{2+}、Mn^{2+} 等离子生成有色沉淀，可用于检验这些离子的存在，其中 $Co_2[Fe(CN)_6]$ 绿色、$Cu_2[Fe(CN)_6]$ 红棕色、$Mn_2[Fe(CN)_6]$ 白色。

常用的 Fe(Ⅲ) 盐是橘黄色的 $FeCl_3\cdot 6H_2O$，淡紫色的 $Fe(NO_3)_3\cdot 9H_2O$，浅紫色的铁铵矾 $NH_4Fe(SO_4)_2\cdot 12H_2O$。

在一定的条件下，Fe(Ⅲ) 盐是中等强度的氧化剂。例如在酸性溶液中，Fe^{3+} 可将 $SnCl_2$、KI、H_2S 等氧化。

$$Fe_2(SO_4)_3+SnCl_2+2HCl\Longrightarrow 2FeSO_4+SnCl_4+H_2SO_4$$

$$2Fe_2Cl_3+2KI\Longrightarrow 2FeCl_2+I_2+2KCl$$

$$2Fe_2Cl_3+H_2S\Longrightarrow 2FeCl_2+S+2HCl$$

因 Fe^{3+} 的半径小，电荷高，使其具有较高的正电场，在溶液中易发生水解。先发生逐级水解：

$$[Fe(H_2O)_6]^{3+}+H_2O\Longrightarrow [Fe(H_2O)_5(OH)]^{2+}+H_3O^+$$

$$[Fe(H_2O)_5(OH)]^{2+}+H_2O\Longrightarrow [Fe(H_2O)_4(OH)_2]^++H_3O^+$$

在水解过程中同时发生多种缩合反应：

$$[Fe(OH)(H_2O)_5]^{2+}+[Fe(H_2O)_6]^{3+}\Longrightarrow [(H_2O)_5Fe-\overset{H}{\underset{}{O}}-Fe(H_2O)_5]^{5+}+H_2O$$

$$2[Fe(OH)(H_2O)_5]^{2+}\Longrightarrow [(H_2O)_4Fe\overset{\overset{H}{O}}{\underset{\underset{H}{O}}{}}Fe(H_2O)_4]^{4+}+2H_2O$$

从水解平衡式可以看出，当向溶液中加酸，平衡向左移动，水解度减小。当溶液的酸性较强时（pH<0），Fe^{3+} 主要以浅紫色 $[Fe(H_2O)_6]^{3+}$ 存在。如果使 pH 值提高到 2～3 时，水解趋势就很明显，缩合倾向增大，溶液颜色为黄棕色，随着 pH 值继续升高，溶液由黄棕色逐渐变为红棕色，最后析出红棕色的胶状 $Fe(OH)_3$（或 $Fe_2O_3\cdot nH_2O$）沉淀。

铁是各种物质中普遍含有的成分，利用加热水解使 Fe^{3+} 生成 $Fe(OH)_3$ 而除去，是制备各类无机试剂的重要中间步骤。

用氯气氧化六氰合铁（Ⅱ）酸钾溶液，可得六氰合铁（Ⅲ）酸钾 $K_3[Fe(CN)_6]$，

$$2K_4[Fe(CN)_6]+Cl_2 \Longrightarrow 2KCl+2K_3[Fe(CN)_6]$$

它是深红色晶体，俗称赤血盐，溶液为棕黄色。往 Fe^{2+} 溶液中加入赤血盐溶液，生成蓝色难溶化合物，此化合物又叫滕氏蓝。

$$K^+ +Fe^{2+}+[Fe(CN)_6]^{3-} \Longrightarrow KFe[Fe(CN)_6]\downarrow$$

利用这一反应，可用赤血盐检验 Fe^{2+}。过去认为这两种蓝色沉淀不同，后经 X 射线结构分析证明，藤氏蓝和普鲁士蓝在组成和结构方面都是相同的，即它们为同一种物质。

往 Fe^{3+} 的溶液中加入硫氰化钾或硫氰化铵，溶液立即呈血红色，$n=1\sim6$，随 SCN^- 的浓度而异。这是鉴定 Fe^{3+} 的灵敏反应之一。

$$Fe^{3+}+nSCN^- \Longrightarrow [Fe(SCN)_n]^{3-n}$$

由于氟配合物 $[Fe(H_2O)_{6-n}F_n]^{3-n}$（$n=1\sim6$）是无色的，在分析化学中常用生成铁氟配离子来掩蔽 Fe^{3+}，以消除它对测定其他离子的干扰。如用 SCN^- 检验 Co^{2+} 生成天蓝色 $[Co(SCN)_4]^{2-}$。若试样中含有 Fe^{3+}，因它和 SCN^- 生成血红色 $[Fe(SCN)]^{2+}$ 而干扰 Co^{2+} 的检验。加入适量 NH_4F 使 Fe^{3+} 生成稳定的无色 $[FeF_6]^{3-}$，从而消除 Fe^{3+} 对检验 Co^{2+} 的干扰。

(3) 钴和镍的化合物

常见 Co(Ⅱ) 盐是 $CoCl_2 \cdot 6H_2O$，由于化合物结晶水数目不同而呈现不同颜色，它们的相互转变温度和特征颜色如下：

$$CoCl_2 \cdot 6H_2O \underset{}{\overset{325K}{\Longleftrightarrow}} CoCl_2 \cdot 2H_2O \underset{}{\overset{363K}{\Longleftrightarrow}} CoCl_2 \cdot H_2O \underset{}{\overset{393K}{\Longleftrightarrow}} CoCl_2$$

  （粉红）   （紫红）   （蓝紫）   （蓝色）

实验室常用的一种干燥剂是变色硅胶，它是用 $CoCl_2$ 溶液浸泡硅胶后，再烘干制成。未吸水的硅胶为蓝色，当吸潮后逐渐由蓝变蓝紫，紫红，最后变成粉红色，此时的硅胶已失去吸水能力，应在烘箱中受热，失水由粉红变为蓝色，又可重复使用。

往 Co^{2+} 溶液中加入 $(NH_4)_2S$ 溶液，得到黑色的 CoS 沉淀。新生成的 CoS 能溶于稀的强酸，经放置后，它不再溶于非氧化性强酸，仅溶于硝酸。这是因 α-CoS 已转变为 β-CoS，后者的 $K_{sp}^{\ominus}$ 更小。

$$3CoS+2NO_3^-+8H^+ \Longrightarrow 3Co^{2+}+3S\downarrow+2NO\uparrow+4H_2O$$

在酸性介质中 $Co^{3+}+e^- \Longrightarrow Co^{2+}$ $E^{\ominus}=1.80V$

从标准电极电势可知，Co^{2+} 在水溶液中能稳定存在。Co^{3+} 却是强氧化剂，在水溶液中极不稳定，易转化为 Co^{2+}。所以 Co(Ⅲ) 只能存在于固态和配合物中。钴氨配合物的电极电势为

$$[Co(NH_3)_6]^{3+}+e^- \Longrightarrow [Co(NH_3)_6]^{2+} \qquad E^{\ominus}=0.1V$$

说明 $[Co(NH_3)_6]^{2+}$ 不稳定，容易被氧化。事实上，空气中的氧就能把 $[Co(NH_3)_6]^{2+}$ 氧化成 $[Co(NH_3)_6]^{3+}$，反应式为

$$4[Co(NH_3)_6]^{2+}+O_2+2H_2O \Longrightarrow 4[Co(NH_3)_6]^{3+}+4OH^-$$

磁矩的测量证明，$[Co(NH_3)_6]^{2+}$ 仍保持着 3 个不成对的电子，而 $[Co(NH_3)_6]^{3+}$ 已没有未成对的电子。这也说明了为什么 $[Co(NH_3)_6]^{3+}$ 比 $[Co(NH_3)_6]^{2+}$ 稳定。

当配位体变为氰根时，Co(Ⅲ)/Co(Ⅱ) 配合物电对的标准电极电势进一步下降为：

$$[Co(CN)_6]^{3-}+e^- \Longrightarrow [Co(CN)_6]^{4-} \qquad E^{\ominus}=-0.83V$$

$[Co(CN)_6]^{4-}$ 比 $[Co(NH_3)_6]^{2+}$ 有更强的还原性。将含有 $[Co(CN)_6]^{4-}$ 的溶液稍微加热，

$[Co(CN)_6]^{4-}$ 就能使 H^+ 还原产生氢气。

$$2K_4[Co(CN)_6]+2H_2O \xrightarrow{\quad} 2K_3[Co(CN)_6]+2KOH+H_2\uparrow$$

向 Co^{2+} 的溶液中加入过量的 KNO_2，并以少量 HAc 酸化，加热后有黄色的六亚硝酸根合钴（Ⅲ）酸钾 $K_3[Co(NO_2)_6]$ 析出，

$$Co^{2+}+7NO_2^-+3K^++2H^+ \xrightarrow{\quad} K_3[Co(NO_2)_6]+NO+H_2O$$

此反应可用于检验 Co（Ⅱ）的存在。

往 Co^{2+} 溶液中加入 KSCN 或 NH_4SCN 生成蓝色的配合物，$[Co(SCN)_4]^{2-}$ 溶于丙酮或戊醇，在有机溶剂中比较稳定。这一反应可用于定性检验和定量测量 Co^{2+}。

$$Co^{2+}+4SCN^- \xrightarrow{\quad} [Co(SCN)_4]^{2-}$$

钴（Ⅲ）除了能形成单核的钴氨配合物外，还能形成许多多核钴氨配合物。在多核钴氨配合物中，羟基 OH^-、氨基 NH_2^-、过氧离子 O_2^{2-} 等起着桥联的作用，把 Co^{3+} 连接起来。如

$$[(NH_3)_5Co—NH_2—Co(NH_3)_5]Cl_5$$
$$[(NH_3)_3Co(OH)_3Co(NH_3)_3]Cl_3$$

常见的镍（Ⅱ）盐为 $NiSO_4·7H_2O$、$NiCl_2·6H_2O$ 和 $Ni(NO_3)_2·6H_2O$，镍盐的水合物因含有 $[Ni(H_2O)_6]^{2+}$ 而显浅绿色。由于 Fe^{2+}、Co^{2+}、Ni^{2+} 的半径相近，当它们的可溶性盐类从溶液中析出时，常带有相同数目的结晶水，例如它们的硫酸盐都含 7 个结晶水为 $M^{II}SO_4·7H_2O(M=Fe、Co、Ni)$，硝酸盐常含 6 个结晶水为 $M^{II}(NO_3)_2·6H_2O$，铁、钴、镍的硫酸盐都能与碱金属或铵的硫酸盐形成复盐，如 $(NH_4)_2SO_4$、$NiSO_4·6H_2O$。由于它们的 M^{2+} d 轨道没有充满电子，因此这些元素的二价水合离子都显示特征的颜色。

将金属镍与硫酸和硝酸反应，可制得硫酸镍（Ⅱ）。

$$2Ni+2HNO_3+2H_2SO_4 \xrightarrow{\quad} 2NiSO_4+NO_2+NO+3H_2O$$

在制备 $NiSO_4$ 时，为了加快反应速度，常加入一些氧化剂 HNO_3 或 H_2O_2。

Ni^{2+} 具有 d^8 电子构型，无论在弱场配体还是强场配体存在下，与八面体场和四面体场相比，平面正方形场具有较大的 CFSE，尤其在强场配体存在下，正八面体配离子和平面正方形配离子的 CFSE 相差最大，所以 Ni^{2+} 是第一过渡系列元素中最易形成平面正方形配合物的离子，如 $[Ni(CN)_4]^{2-}$ 为平面正方形，而 $[Co(CN)_6]^{4-}$ 和 $[Fe(CN)_6]^{4-}$ 为八面体形。Ni^{2+} 与丁二酮肟（镍试剂）在氨性溶液中能生成螯合物二丁二酮肟合镍（Ⅱ），它是鲜红色的沉淀，在二丁二酮肟合镍（Ⅱ）中，与 Ni^{2+} 配位的 4 个 N 原子仍形成平面正方形。这一反应是检验 Ni^{2+} 的特征反应。

在水溶液中，Ni^{2+} 以八面体水合配离子 $[Ni(H_2O)_6]^{2+}$ 存在。若将过量浓氨水加入 $[Ni(H_2O)_6]O^{2+}$ 溶液中，可形成紫色的 $[Ni(NH_3)_6]^{2+}$ 配离子。H_2O 为弱场配体，NH_3

为中强场配体，相对于强场配体 CN^- 来说 CFSE 较小，但八面体配离子形成六个化学键，而平面四边形配离子只形成四个化学键，总键能还是八面体构型的大，所以 Ni^{2+} 与 H_2O 和 NH_3 形成八面体形的 $[Ni(H_2O)_6]^{2+}$ 和 $[Ni(NH_3)_6]^{2+}$ 配离子。

14.2.6.3 铂系元素

铂系元素包括 Ⅷ 族中的钌、铑、钯和锇、铱、铂六种元素。根据金属单质的密度，钌、铑和钯约为 $12g \cdot cm^{-3}$，称为轻铂系金属；锇、铱和铂的密度约为 $22g \cdot cm^{-3}$，称为重铂系金属，铂系元素都是稀有金属。

铂系元素原子由于 4d 和 5s 轨道、5d 和 6s 轨道之间的能量差比 3d 和 4s 轨道的能量差小，所以其原子的电子充填不如铁系元素规则。铂系元素除 Ru 和 Os 以外，它们的最高氧化态均低于族号。

铂系金属除锇为蓝灰色外，其余都是银白色。它们都是难熔金属，在每一个三元素组中、金属的熔点从左到右逐渐降低，其中锇的熔点最高，钯的熔点最低。

化学惰性是铂系元素显著特点之一，常温下，与氧、硫、氯等非金属单质都不起反应，但在高温下可作用。钯和铂都可溶于王水，钯还可溶于浓硝酸和热硫酸中，而钌、铑、锇和铱连王水也不能使其溶解。在有氧化剂存在时，铂系金属与碱一起熔融，都可转变为可溶性化合物。

$$Pd + 4HNO_3 = Pd(NO_3)_2 + 2NO\uparrow + 2H_2O$$
$$3Pt + 4HNO_3 + 18HCl = 3H_2PtCl_6 + 4NO\uparrow + 8H_2O$$

由于铂的化学稳定性很高，又能耐高温，常用它制成化学上的各种反应器皿、蒸发皿、坩埚以及电极等。但是熔融的氢氧化钠和过氧化钠对铂的腐蚀很严重，在高温下，铂也能被碳、硫、磷等还原性物质所侵蚀。因此使用铂器皿时，应防止被这些物质腐蚀，遵守一定的操作规则。

铂系金属和铁系金属一样，都容易形成配合物，其中常见且重要的铂系元素的配合物是卤配离子和氨配离子。四氯化铂溶于盐酸生成氯铂酸，将溶液蒸发浓缩，可得橙红色晶体 $H_2[PtCl_6] \cdot 6H_2O$。

$$PtCl_4 + 2HCl = H_2[PtCl_6]$$

在铂(Ⅳ)的化合物中加碱可得到两性的氢氧化铂 $Pt(OH)_4$，它溶于碱得铂酸盐，溶于盐酸得氯铂酸

$$Pt(OH)_4 + 2NaOH = Na_2[Pt(OH)_6]$$
$$Pt(OH)_4 + 6HCl = H_2[PtCl_6] + 4H_2O$$

将氯化钾加入四氯化铂中，可制得氯铂(Ⅳ)酸钾 $K_2[PtCl_6]$。

$$PtCl_4 + 2KCl = K_2[PtCl_6]$$

氯铂(Ⅳ)酸和碱金属氯化物反应，也可生成相应的氯铂(Ⅳ)酸盐，如

$$H_2[PtCl_6] + 2NH_4Cl = (NH_4)_2[PtCl_6] + 2HCl$$

但 $(NH_4)_2[PtCl_6]$、$K_2[PtCl_6]$、$Rb_2[PtCl_6]$、$Cs_2[PtCl_6]$ 等都是难溶于水的黄色晶体。

用 SO_2、$H_2C_2O_4$ 等还原剂和 $H_2[PtCl_6]$ 或 $H_2[PdCl_6]$ 作用，可生成黄色的氯亚铂(Ⅱ)酸或氯亚钯(Ⅱ)酸。

$$H_2[PtCl_6] + SO_2 + 2H_2O = H_2[PtCl_4] + H_2SO_4 + 2HCl$$

将氯铂(Ⅳ)酸铵加热分解，结果得海绵状铂，这种方法可用于金属铂的精制。

$$(NH_4)_2[PtCl_6] = Pt + 2NH_4Cl + 2Cl_2\uparrow$$

或

$$3(NH_4)_2[PtCl_6] =\!=\!=\!= 3Pt + 2NH_4Cl + 16HCl + 2N_2 \uparrow$$

$PdCl_2$、$PtCl_2$ 溶液和 NH_3 作用可得到黄色的 $PdCl_2(NH_3)_4$、$PtCl_2(NH_3)_4$，它们都是反磁性物质。由于氧化态为 +2 的铂和钯离子都是 d^8 结构，因此 $[Pd(NH_3)_4]^{2+}$ 和 $[Pt(NH_3)_4]^{2+}$ 配离子均为平面正方形结构。

实验发现用不同方法可制得颜色不同、偶极矩也不同的 $PtCl_2(NH_3)_2$。例如 H_2PtCl_4 和热、过量 $NH_3\cdot H_2O$ 反应，得到硫磺色产物；而冷 H_2PtCl_4 溶液和 $NH_3\cdot H_2O$ 反应得到绿黄色产物。硫磺色化合物的偶极矩 $\mu=0$，绿黄色化合物的 $\mu\neq0$；前者的溶解度小，后者的溶解度大。它们互为顺-反异构体。

顺 式　　　　　　反 式

人们还发现"顺铂"$CiS\text{-}PtCl_2(NH_3)_2$ 有抗癌性能，可用作治癌药物。

14.3　f 区元素
(The f-Block Elements)

周期表中，ⅢB 族有 32 种元素，包括钪（Scandium，Sc）、钇（Yttrium，Y）、镧（Lanthanum，La）和锕（Actinium，Ac），其中 $58\sim71$ 号元素叫做 4f 内过渡元素，$90\sim103$ 号元素叫做 5f 内过渡元素，它们都属于 f 区元素。虽然镧在基态时不存在 f 电子，但镧与它后面的 14 种元素在性质等许多方面都有相似性，通常把 $57\sim71$ 号元素叫做镧系元素，以 Ln 表示之。镧系元素的天然丰度较小，它们和 Sc、Y 诸元素以氧化物（含氧酸盐）物种伴生，所以人们把 Sc、Y 与 Ln 合并，共 17 种元素，统称为稀土元素（Rare Earth Elements，缩写符号 RE）。其中，又把 Sc 和第 $57\sim63$ 号的镧系元素称为轻稀土（又称为铈组），把 Y 和第 $64\sim71$ 号的镧系元素称为重稀土（又称为钇组）。$89\sim103$ 号元素是锕系元素，它们属于放射性元素。

14.3.1　稀土元素

(1) ⅢB 族

钪、钇、镧和锕原子的价层电子构型为 $(n-1)d^1 ns^2$，可失去 3 个电子形成正三价离子，得到 d^0 构型，因而这些离子和它们的化合物都是无色的和反磁性的。Sc、Y 和 La 金属都是银白色的，都能溶于酸中。它们在氧气中燃烧生成氧化物 M_2O_3。Y 在空气中可生成一层氧化物保护层，从而使 Y 表现不活泼。它们在加热时能与水反应，并放出氢气。

Sc、Y 和 La 的氧化物是难溶于水的白色粉末。它们和 CaO 相似，都能与水化合生成难溶的白色氢氧化物 $Sc(OH)_3$、$Y(OH)_3$ 和 $La(OH)_3$。在同一副族中自上而下氧化物和氢氧化物的碱性递增。$Sc(OH)_3$ 是两性的，可溶解在 NaOH 中，而 $La(OH)_3$ 则是一种强碱。它们的氧化物和氢氧化物都能同酸反应生成盐。Sc、Y、La 的氯化物和硝酸盐都易溶于水；氟化物、碳酸盐、磷酸盐和草酸盐都是不溶的。

(2) 镧系元素概述

① 镧系元素的价层电子构型　组成第一内过渡系的 15 种镧系元素位于第ⅢB 族第六周期的同一格内。镧系元素的某些性质列在表 14-2 中。

表 14-2　镧系元素的某些性质

元　素	外围电子构型	常见氧化态	金属原子半径 /pm	M^{3+}半径 /pm	电极电势 $E^{\ominus}_{M^{3+}/M}$/V
57 镧 La	$5d^16s^2$	+3	187.7	106.1	−2.52
58 铈 Ce	$4f^15d^16s^2$	+3, +4	182.4	103.4	−2.48
59 镨 Pr	$4f^36s^2$	+3, +4	182.8	101.3	−2.46
60 钕 Nd	$4f^46s^2$	+3	182.1	99.5	−2.43
61 钷 Pm	$4f^56s^2$	+3	181.0	97.9	−2.42
62 钐 Sm	$4f^66s^2$	+2, +3	180.2	96.4	−2.41
63 铕 Eu	$4f^76s^2$	+2, +3	204.2	95.0	−2.41
64 钆 Gd	$4f^75d^16s^2$	+3	180.2	93.8	−2.40
65 铽 Tb	$4f^96s^2$	+3, +4	178.2	92.3	−2.39
66 镝 Dy	$4f^{10}6s^2$	+3	177.3	90.8	−2.35
67 钬 Ho	$4f^{11}6s^2$	+3	176.6	89.4	−2.32
68 铒 Er	$4f^{12}6s^2$	+3	175.7	88.1	−2.30
69 铥 Tm	$4f^{13}6s^2$	+3	174.6	86.9	−2.28
70 镱 Yb	$4f^{14}6s^2$	+2, +3	194.0	85.8	−2.27
71 镥 Lu	$4f^{14}5d^16s^2$	+3	173.4	84.8	−2.26

由表 14-2 可知，第一个 f 电子在铈原子出现，但是随着原子序数增加，4f 轨道中电子的填充出现两种类型即 $[Xe]4f^{n-1}5d^16s^2$ 和 $[Xe]4f^n6s^2$。那么某一镧系元素的原子电子构型究竟按哪一类型排列呢？根据电子填充的一般规律，第 57～70 号元素的外围电子构型似乎应该是从 $4f^16s^2$ 到 $4f^{14}6s^2$，因为 4f 的能量介于 6s 和 5d 之间，电子应先填满 6s 和 4f 后再加到 5d 上去。但是作为洪特规则的特例，第 57 号元素 La 不是 $4f^16s^2$ 而是 $4f^05d^16s^2$；第 64 号元素 Gd 不是 $4f^86s^2$ 而是 $4f^75d^16s^2$；第 58 号元素 Ce 的外围电子构型不是 $4f^26s^2$ 而是 $4f^15d^16s^2$；第 71 号元素 Lu 为 $4f^{14}5d^16s^2$，因 4f 轨道已填满，余下一个电子填充在 5d 轨道上。

由于镧系元素原子最外面两层电子结构相似，而不同的在 4f 内层，因此它们的化学性质非常相似。

② 氧化态　+3 氧化态是所有镧系元素在固体化合物中、在水溶液或其他溶剂中的特征氧化态。由于镧系金属在气态时，失去两个 s 电子和一个 d 电子或两个 s 电子和一个 f 电子所需的电离势比较低；所以一般能形成稳定的 +3 氧化态。La^{3+}、Gd^{3+} 和 Lu^{3+} 的电子构型分别为 $4f^0$、$4f^7$ 和 $4f^{14}$，它们是比较稳定的。少数几个镧系元素表现出 +2 和 +4 氧化态，其中 Ce^{4+}，Tb^{4+} 能稳定存在，这和它们的电子结构为 $4f^0$、$4f^7$ 有关。显然 Pr^{4+}、Dy^{4+} 没有 Ce^{4+}、Tb^{4+} 稳定；同理，电子排布为 $4f^7$、$4f^{14}$ 的 Eu^{2+}、Yb^{2+} 比 Sm^{2+}、Tm^{2+} 稳定。但是氧化态的问题不能只从电子的构型来考虑，比如有些现象就解释不通，为什么 Sm 有 +2 氧化态（f^6）而没有 +1 氧化态（f^7）？为什么 Pr 有 +4 氧化态（f^1）而没有 +5 氧化态（f^0）？这些事实说明在判断某种氧化态是否存在时，虽然 f^0、f^7、f^{14} 电子构型的特别稳定性是一个因素，但也不能不考虑其他因素对稳定性的影响，如热力学和动力学因素（如电离能、升华能、水合能等），在某些情况下，后者甚至是更重要的影响因素。

③ 原子半径和离子半径　由表 14-2 可知，镧系元素金属原子半径随着原子序数的增加总的趋势是减小。这与它们原子核外的电子填充在外数第三层有关。随着原子序数的增加，电子逐个填充在 4f 轨道上，而 4f 对 6s 的屏蔽作用较完全，因此随 f 电子充填的增加，原子的有效核电荷略有增大，核对外层电子的吸引力也略有增强，所以原子半径逐渐减小，这个现象称为镧系收缩。Ln 原子和 Ln^{3+} 的半径收缩的情况有所不同（图 14-3）。

图 14-3　原子半径（a）、离子半径（b）与原子序数的关系

原子半径的收缩在 Eu 和 Yb 处出现峰值、这与它们的构型为 $4f^7$ 和 $4f^{14}$ 有关。在 Ln^{3+} 离子中，电子构型为 $1s^2 2s^2 2p^6 3s^2 3p^6 3d^{10} 4s^2 4p^6 4d^{10} 4f^n 5s^2 5p^6$。4f 电子对外层 $5s^2 5p^6$ 电子的屏蔽系数为 0.85，即每增加一个 4f 电子使有效核电荷增加 0.15。Ln^{3+} 的半径收缩趋势是随有效核电荷数的增加，半径逐渐减小。在金属原子中，原子的价层电子构型比离子多 6s 亚层，f 电子是增加在外数第三层上，对外层电子的屏蔽系数接近于 1（约为 0.98），随着原子序数的增加，有效核电荷数几乎没有增加，这就使原子半径的收缩不及离子半径那样明显。

镧系收缩是无机化学中的一个特殊的现象，并导致两个重要的结果：其一是使过渡元素中第 5～6 周期的同族元素的原子半径相近，化学性质相似，造成锆和铪、铌和钽、钼和钨这三对元素在分离上的困难，使Ⅷ族铂系元素性质相似；其二是使钇 Y^{3+}（88pm）的离子半径与铒 Er^{3+}（88.1pm）的离子半径相近。这也就是钇与镧系元素在自然界共生的原因。

④ 离子的颜色　表 14-3 列出了 Ln^{3+} 水合离子的颜色。从结构的角度来看，f 区元素的离子产生颜色的原因是由于 f—f 电子跃迁而引起的。除 La^{3+} 和 Lu^{3+} 的构型为 $4f^0$ 和 $4f^{14}$ 外（它们没有未成对的电子），其余都有未成对的电子，似乎应该有颜色，实际上 Ce^{3+}（f^1）、Gd^{3+}（f^7）的吸收峰在紫外区而不显示颜色。Eu^{3+}（f^6）、Tb^{3+}（f^8）的吸收峰也只有一部分在可见光区，故微显淡粉红色。Yb^{3+}（f^{13}）的吸收峰则在红外区也不显示颜色。由表中可看出，Ln^{3+} 水合离子的颜色变化很有规律，即以 Gd^{3+}（$4f^7$）为中点，分为两组，在这两组中，4f 上的单电子数相同的离子具有相近的颜色。

表 14-3　Ln^{3+} 水合离子的颜色

原子序数	Ln^{3+}	$4f^n$	颜色	未成对电子数	颜色	$4f^n$	Ln^{3+}	原子序数
57	La^{3+}	$n=0$	无	0	无	$n=14$	Lu^{3+}	71
58	Ce^{3+}	1	无	1	无	13	Yb^{3+}	70
59	Pr^{3+}	2	黄绿	2	浅绿	12	Tm^{3+}	69
60	Nd^{3+}	3	红紫	3	淡红	11	Er^{3+}	68
61	Pm^{3+}	4	粉红	4	淡黄	10	Ho^{3+}	67
62	Sm^{3+}	5	淡黄	5	浅黄绿	9	Dy^{3+}	66
63	Eu^{3+}	6	浅粉红	6	微淡粉红	8	Tb^{3+}	65
64	Gd^{3+}	7	无	7	无	7	Gd^{3+}	64

⑤ 金属的活泼性 从表 14-2 中电极电势数据可以看出，镧系金属是一种较强的还原剂，其还原能力仅次于碱金属 Li、Na、K 和碱土金属 Mg、Ca、Sr、Ba，并且随着原子序数增加，其还原能力是逐渐减弱的。镧系元素单质都是活泼金属，它们的金属活泼性比铝强。

Ln 能发生以下一些反应

$$4Ln + 3O_2 \Longrightarrow 2Ln_2O_3$$
$$2Ln + 6H_2O \xrightarrow{\triangle} 2Ln(OH)_3 + 3H_2 \uparrow$$
$$2Ln + 3X_2 \Longrightarrow 2LnX_3$$
$$2Ln + N_2 \Longrightarrow 2LnN$$

为了避免与潮湿空气接触时被氧化，镧系金属需要保存在煤油中。

(3) 镧系元素的化合物

① Ln(Ⅲ) 的化合物

氧化物和氢氧化物 在 Ln(Ⅲ) 盐溶液中，加入 NaOH 溶液，可以得到 Ln(OH)$_3$ 的沉淀。从表 14-4 可知，其溶度积值从 La(OH)$_3$（1.0×10^{-19}）到 Lu(OH)$_3$（2.5×10^{-24}）降低了 10^{-5} 倍，它们氢氧化物的碱性也逐渐减弱，这是由于 Ln^{3+} 半径逐渐减小的缘故。Ln(OH)$_3$ 的碱性接近于碱土金属氢氧化物，而溶解度却比碱土金属氢氧化物小得多，Ln(OH)$_3$ 的溶解度是随着温度升高而降低的。胶状的 Ln(OH)$_3$ 能在空气中吸收二氧化碳生成碳酸盐，Ce(OH)$_3$ 在空气中不稳定，易被逐渐氧化变成黄色的 Ce(OH)$_4$。

表 14-4　Ln(OH)$_3$ 的 $K_{sp}^{\ominus}$ 和开始沉淀 Ln(OH)$_3$ 的 pH 值

Ln(OH)$_3$	298K，$K_{sp}^{\ominus}$	开始沉淀的 pH 值	Ln(OH)$_3$	298K，$K_{sp}^{\ominus}$	开始沉淀的 pH 值
La(OH)$_3$	1.0×10^{-19}	7.82	Tb(OH)$_3$	2.0×10^{-22}	—
Ce(OH)$_3$	1.5×10^{-20}	7.60	Dy(OH)$_3$	1.4×10^{-22}	—
Pr(OH)$_3$	2.7×10^{-22}	7.35	Ho(OH)$_3$	5×10^{-23}	—
Nd(OH)$_3$	1.9×10^{-21}	7.31	Er(OH)$_3$	1.3×10^{-23}	6.76
Sm(OH)$_3$	6.8×10^{-22}	6.92	Tm(OH)$_3$	3.3×10^{-24}	6.40
Eu(OH)$_3$	3.4×10^{-22}	6.91	Yb(OH)$_3$	2.9×10^{-24}	6.30
Gd(OH)$_3$	2.1×10^{-22}	6.84	Lu(OH)$_3$	2.6×10^{-24}	6.30

镧系元素的氢氧化物、草酸盐或硝酸盐等经加热分解可生成相应的 Ln$_2$O$_3$，但 Ce、Pr、Tb 则只能得到 CeO$_2$、Pr$_6$O$_{11}$ 和 Tb$_4$O$_7$，这三种氧化物经过还原后才能得到氧化态为 +3 的氧化物。Ln$_2$O$_3$ 的生成焓 $\Delta_f H_m^{\ominus}$ 一般都小于 -18000 kJ·mol^{-1}，比 Al$_2$O$_3$ 的生成焓 -1676 kJ·mol^{-1} 更小，所以稀土元素单质与氧反应生成氧化物时将放出大量的热。

盐类 镧系元素的盐类多数都含有结晶水。在水溶液中，La-Nd 常结晶出七水合氯化物，而 Nd-Lu（包括 Y）常结晶出六水合氯化物。无水 LnCl$_3$ 是电解制备 Ln 的原料。通常加热 Ln$_2$O$_3$ 和 NH$_4$Cl 的混合物，以制备无水 LnCl$_3$。

$$Ln_2O_3 + 6NH_4Cl \xrightarrow{\text{约573K}} 2LnCl_3 + 3H_2O + 6NH_3$$

水合氯化物受热脱水时，因发生水解反应生成氯氧化物 LnOCl，所以不能用加热水合氯化物的方法制备无水氯化物。

LaOCl、LaOBr 是 X 射线荧光的增感剂。用 La$_2$O$_3$ 和 NH$_4$Br 作用生成 LaOBr，然后和一定量 KBr 混合灼烧，得到有发光性能的晶体。

430

镧系元素的氟化物 LnF_3 不溶于水，溴化物和碘化物与氯化物相似。

镧系元素硫酸盐和硫酸铝相似，易溶于水及含结晶水 $Ln_2(SO_4)_3 \cdot xH_2O$，一般 $x=8$。其中硫酸铈为九水合物。镧系元素的硫酸盐的溶解度随温度的升高而减小，它们易与碱金属硫酸盐形成复盐 $Ln_2(SO_4)_3 \cdot M_2SO_4 \cdot nH_2O$。铈组的硫酸盐复盐溶解度小于钇组的，这种性质也常用来分离铈和钇两组盐类。

草酸盐 $[Ln_2(C_2O_4)_3]$ 是最重要的镧系盐类之一。因为草酸盐在酸性溶液中也难溶，可以使镧系元素离子以草酸盐的形式析出而同其他许多金属离子分离开来。所以在重量法测定镧系元素和用其他方法使镧系元素分离时，总是使之先转化为草酸盐。

灼烧草酸盐时，经过脱水，分解为碳酸盐或碱式碳酸盐，最后生成氧化物。

除草酸盐和氟化物外，镧系元素的碳酸盐、磷酸盐、铬酸盐都是难溶于水的。

② Ln(Ⅱ) 和 Ln(Ⅳ) 的化合物　Ce、Pr 和 Tb 都可以形成氧化态为 +4 的化合物。四价铈的化合物在水溶液中或在固相中都可存在。在空气中加热一些铈的含氧酸盐或氢氧化物都可得到 CeO_2，它是一种较强的氧化剂。

$$CeO_2(s)+4H^+ +e^- =\!=\!= Ce^{3+} +2H_2O \qquad E^\ominus =1.26V$$

CeO_2 可将浓 HCl 氧化成 Cl_2。在铈（Ⅳ）盐溶液中加入氢氧化钠，便析出胶状黄色的 $CeO_2 \cdot nH_2O$ 沉淀，它可重新溶于酸中。

在通常条件下，铈（Ⅳ）盐不如铈（Ⅲ）盐稳定，在水溶液中易水解。以致铈（Ⅳ）盐在稀释时往往析出碱式盐。硫酸铈 $Ce(SO_4)_2 \cdot 2H_2O$ 是常用的氧化剂，其标准电极电势为：

$$Ce^{4+} +e^- =\!=\!= Ce^{3+} \qquad E^\ominus =1.61V$$

在酸性溶液中，Ce^{4+} 直接还原为 Ce^{3+} 不形成中间产物。因此它是定量分析上铈量法的试剂。

Sm、Eu、Yb 在水溶液和固体化合物中均可形成二价离子，其中以 Eu^{2+} 最稳定。已知 $E^\ominus(Eu^{3+}/Eu^{2+}) = -0.35V$，而 $E^\ominus(Sm^{3+}/Sm^{2+}) = -1.55V$，$E^\ominus(Y^{3+}/Y^{2+}) = -1.15V$，可见 Y^{2+} 和 Sm^{2+} 的还原能力较强，在水溶液中易被氧化。若溶液中存在 Eu^{3+}、Yb^{3+} 和 Sm^{3+} 三种离子，可用 Zn 作还原剂使 Eu^{3+} 被还原，而要把 Yb^{3+} 和 Sm^{3+} 还原为低氧化态的离子，只能用钠汞齐那样的强还原剂。

Ln^{2+} 同碱土金属相似，特别与 Ba^{2+} 类似。例如都能形成溶解度较小的硫酸盐。另外 Eu^{2+} 的 EDTA 配合物的稳定常数是介于 Ca^{2+} 和 Sr^{2+} 的 EDTA 配合物的稳定常数之间，这也说明其相似性。

③ 配合物　除水合离子外，镧系元素三价离子的配合物在数量上是比较少的。只有与强螯合剂形成的螯合物才比较稳定。事实上镧系元素在配位化学方面跟钙和钡相似，而与 d 区过渡元素差别较大。这可从下面的两个方面来说明：一是从价层电子构型来看，Ln^{3+} 的价层电子构型是 $4f^n 5s^2 5p^6$，4f 电子被外层电子有效地屏蔽起来，成为一种稀有气体型结构的离子，而与外部配体轨道之间的作用很弱，因此晶体场稳定化能很小。Ln^{3+} 与配体之间的作用以静电作用为主，所形成配离子的稳定性差。Ln^{3+} 配离子的稳定性还与配位原子的电负性大小有关，在相同条件下，配体的配位能力按下列顺序减弱。

$$F^- >OH^- >H_2O >NO_3^- >Cl^-$$

二是从离子半径的大小来看，Ln^{3+} 的离子半径（106～85pm）比一些过渡元素的离子半径大得多（例如 Cr^{3+} 为 64pm，Fe^{3+} 为 60pm），而且又是稀有气体型结构的离子，使 Ln^{3+} 像 Ca^{2+}、Ba^{2+} 那样只有与强的配体如乙二胺四乙酸（EDTA）和其他螯合剂才能形成稳定的配离子。由于离子半径较大，从空间构型考虑 Ln^{3+} 所形成的配离子会有较大的配位数。由于 Ln^{3+} 属于硬酸，因此在形成配合物时，它们优先同硬碱氟和氧配位原子成键，形成较稳定的配离子，而与 Cl、S、P 等配位能力较弱的配位原子只能形成稳定性较差的配离子，它们的配合物必须在非水溶剂中合成。

14.3.2　锕系元素

(1) 锕系元素概述

① 锕系元素的价电子构型　锕系元素又称第二内过渡系，这 15 种元素（89～103 号）在周期表中位于第ⅢB族，第七周期的同一格内，常以 An 表示，它们都具有放射性，其中镅以后的 9 种元素（95～103 号）都是人工核反应合成的，通常把铀以后（93～103 号）的 11 种元素称为超铀元素。表 14-5 列出了锕系元素的某些性质。

表 14-5　锕系元素的某些性质

元　　素	外围电子构型	氧化态	M^{3+} 半径/pm	M^{4+} 半径/pm
89 锕 Ac	$6d^1 7s^2$	$\underline{3}$	111	—
90 钍 Th	$6d^2 7s^2$	(3)、$\underline{4}$	108	99
91 镤 Pa	$5f^2 6d^1 7s^2$	3、4、$\underline{5}$	105	96
92 铀 U	$5f^3 6d^1 7s^2$	3、4、5、$\underline{6}$	103	93
93 镎 Np	$5f^4 6d^1 7s^2$	3、4、$\underline{5}$、6(7)	101	92
94 钚 Pu	$5f^6 7s^2$	3、$\underline{4}$、5、6(7)	100	90
95 镅 Am	$5f^7 7s^2$	(2)$\underline{3}$、4、5、6	99	89
96 锔 Cm	$5f^7 6d^1 7s^2$	$\underline{3}$、4	98.5	88
97 锫 Bk	$5f^9 7s^2$	$\underline{3}$、4	98	
98 锎 Cf	$5f^{10} 7s^2$	2、$\underline{3}$、4	97.7	
99 锿 Es	$5f^{11} 7s^2$	2、$\underline{3}$		
100 镄 Em	$5f^{12} 7s^2$	2、$\underline{3}$		
101 钔 Md	$5f^{13} 7s^2$	2、$\underline{3}$		
102 锘 No	$5f^{14} 7s^2$	2、$\underline{3}$		
103 铹 Lr	$5f^{14} 6d^1 7s^2$	$\underline{3}$		

注：（ ）只存在于固体中。画有线者为最稳定的氧化态。

锕系元素的价电子构型与镧系元素相似，出现$[Rn]5f^n 7s^2$ 和$[Rn]5f^{n-1}6d^1 7s^2$（锕和钍无 5f 电子）两种价电子构型。各元素原子采取何种构型与系统具有最低能量有关。图 14-4 表示镧系和锕系原子中，$f^n s^2$ 和 $f^{n-1}d^1 s^2$ 的近似相对能量。对镧系来说，La、Ce、Gd 在 $4f^n 6s^2$ 线下，所以采取 $4f^{n-1}5d^1 6s^2$ 构型，其他元素都是在零线以上，采取 $4f^n 6s^2$ 构型。这样的构型都符合系统能量最低的要求，其中 Tb 接近 $4f^n 6s^2$ 线，所以它基态原子的价电子构型可取$[Xe]4f^9 6s^2$ 或$[Xe]4f^8 5d^1 6s^2$。对锕系元素，前一半元素中，在 $5f^n 7s^2$ 零线以上的元素 Pu、Am，其价电子构型为 $5f^n 7s^2$，在此线以下的各元素具有 $5f^{n-1}6d^1 7s^2$。锕系元素中的后一半与镧系元素非常相似，其电子构型为$[Rn]5f^n 6s^2$。从图中还可以看到，当与镧系元素的构型相对比时，同样把一个外数第三层的 f 电子激发到次外层的 d 轨道上去，所需的能量（即从横线到上半曲线的距离），在前半部分（$n=7$ 以前）锕系元素比相应的镧系元素要少，表明这些锕系元素的 f 电子较容易被激发，成键的可能性更大一些，更容易表现为高氧化态；在 $n=7$ 以后的锕系元素则相反，因此它们的低价化合物更稳定些。

② 氧化态　对镧系元素来说，+3 是特征氧化态，而锕系元素则有明显的不同，从表 14-3 中可以看出，由 Ac 到 Am 的前半部分各元素具有多种氧化态，其中最稳定的氧化态由 Ac 为 +3 升到 U 为 +6，随后又依次下降到 Am 为 +3，且 Am 以后元素的氧化态也是 +3，

图 14-4　镧系和锕系原子的 $f^n s^2$ 和 $f^{n-1} d^1 s^2$
电子构型的近似相对能量

这与上述由图 14-4 的相对能量所作的解释是一致的。

③ 离子半径　由表 14-5 可看出，跟镧系元素相似，锕系元素＋3 离子的半径随着原子序数的增加而逐渐减小，但减小得不显著，从 90 号的 Th 到 98 号的 Cf 共减小了约 10pm，这种现象就是锕系收缩。由 Ac 到 Np 半径的收缩还比较明显，从 Pu 开始各元素离子半径的收缩就很小。

④ 离子的颜色　锕系元素离子在水溶液中的颜色列于表 14-6 中，其中氧化态为＋3 和＋4 的离子显示的是 M^{3+} 和 M^{4+} 的颜色，氧化态为＋5、＋6 或＋7 时，表现出的是 MO_2^+、MO_2^{2+} 的颜色。在碱性溶液中，Np(Ⅶ)、Pu(Ⅶ) 以 $[MO_5]^{3-}$ 形式存在，呈绿色。由于 f 电子对光吸收的影响，对镧系和锕系元素表现得十分相似。例如 La^{3+}（$4f^0$）和 Ac^{3+}（$5f^0$），Ce^{3+}（$4f^1$）和 Pa^{4+}（$5f^1$），Gd^{3+}（$4f^7$）和 Cm^{3+}（$5f^7$）都是无色的。Nd^{3+}（$4f^3$）和 U^{3+}（$5f^3$）显浅红色。

表 14-6　锕系元素离子在水溶液中的颜色

离　子	Ac	Th	Pa	U	Np	Pu	Am	Cm
M^{3+}	无色	—	—	浅红	紫	蓝	粉红	无色
M^{4+}	—	无色	无色	绿	黄绿	黄褐	粉红	—
MO_2^+	—	—	无色	—	绿	红紫	黄	
MO_2^{2+}	—	—	—	黄	粉红	黄橙	浅棕	

（2）钍和铀及其化合物

在锕系元素中，最常见的是钍和铀及其化合物。对其他元素研究较少，其主要原因是这两种元素可用作核燃料，安全操作也比较容易，钍和铀的年使用量以吨计；Pa、Np、Pu、Am 的使用量以克计，价格昂贵。

① 钍及其化合物　钍的唯一稳定氧化态是＋4，Th^{4+} 既能存在于固体中，又能存在于溶液中。它以磷酸盐形式出现在独居石中，与镧系元素的磷酸盐混合在一起。从独居石提取稀土元素时，将磷酸盐溶解，并转化为 Th(Ⅳ)、U(Ⅳ) 和 Ce(Ⅳ) 的氢氧化物沉淀，再把这些氢氧化物溶解在酸中用磷酸三丁酯（TBP）萃取，进一步提纯。

金属钍可由 Ca 在 1200K 时于氩气氛中还原 ThO_2 制得

$$ThO_2 + 2Ca \longrightarrow 2CaO + Th$$

钍主要用于原子能工业，因为钍-232 被中子照射后可脱变为裂变原料铀-233。由于钍有良好的发射性能，故用于放电管和光电管中。

在钍盐溶液中加碱或氨，生成二氧化钍水合物；为白色凝胶状沉淀，它在空气中强烈吸收二氧化碳。它易溶于酸，不溶于碱，但溶于碱金属的碳酸盐中而生成配合物。

灼烧氢氧化钍或钍的含氧酸盐（硝酸钍或草酸钍）或在空气中灼烧金属钍都生成二氧化钍（ThO_2），二氧化钍为白色粉末，它具有高熔点（3493K），除了能溶解在 HNO_3 和 HF 的混合酸中以外，呈化学惰性。二氧化钍有广泛的应用。在人造石油工业中，即由水煤气合成汽油时，通常使用含 8% ThO_2 的氧化钴作催化剂。它又是制造钨丝时的添加剂，约 1% ThO_2 就能使钨成为稳定的小晶粒，并增加抗震强度。

硝酸钍 $Th(NO_3)_4 \cdot 5H_2O$ 是最重要的钍盐，它易溶于水、醇、酮和酯中，也是制备其他钍化合物的原料。将二氧化钍的水合物溶于硝酸，得硝酸钍晶体，由于条件不同，所含结晶水也不一样。

无水卤化物 ThX_4 是通过干法反应来制备的。例如

$$ThO_2 + 4HF(g) \xrightarrow{600℃} ThF_4 + 2H_2O$$

ThX_4 在潮湿空气中水解生成卤氧化物 $ThOX_2$。Th^{4+} 在 pH 值大于 3 时发生剧烈水解，形成的产物是配离子，配离子的组成取决于 pH 值、浓度和阴离子的性质。在高氯酸溶液中，主要离子为 $[Th(OH)]^{3+}$、$[Th(OH)_2]^{2+}$、$[Th_2(OH)_2]^{6+}$、$[Th_4(OH)_8]^{8+}$，最后的水解产物为六聚物 $[Th_6(OH)_{15}]^{9+}$。

Th^{4+} 的电荷高，半径较大，有利于形成配位数高的配合物。如 $(NH_4)_4[ThF_8]$、$K_4[Th(C_2O_4)_4] \cdot 4H_2O$ 和 $Ca[Th(NO_3)_6]$。在 $Ca[Th(NO_3)_6]$ 中，NO_3^- 是双齿（基）配位体，Th^{4+} 的配位数是 12。

② 铀及其化合物　在 1939 年铀裂变的发现激起了人们对铀化学非常深入的研究，并导致了较重元素的发现。铀用做核燃料在工业上具有很大的重要性。铀在自然界中主要存在于沥青铀矿，其主要成分为 U_3O_8。铀的提取过程是复杂的，但最后步骤通常用萃取法将硝酸铀酰从水溶液中萃取到有机相，而得到较纯的铀化合物，再经还原可得 UO_2，UO_2 在 HF 中加热得 UF_4，随后用 Ca 和 Mg 还原 UF_4 可得 U 和 CaF_2 或 MgF_2。

天然存在的铀含有三种同位素：99.3% ^{238}U、0.7% ^{235}U 和痕量的 ^{234}U，^{235}U 是可裂变的，常作为反应堆的核燃料。

铀是一种活泼的金属，能同氧、卤素、氢以及许多元素反应。粉末状铀在空气中可以自燃，铀易溶于盐酸和硝酸，但在硫酸、磷酸和氢氟酸中溶解较慢，它不与碱作用。

铀的主要氧化物为黑色的 UO_2，墨绿色的 U_3O_8 和橙黄色的 UO_3。

将硝酸铀酰在 623K 分解可得 UO_3：

$$2UO(NO_3)_2 \longrightarrow 2UO_3 + 4NO_2 \uparrow$$

UO_3 具有两性，溶于酸生成铀酰基离子 UO_2^{2+}，溶于碱生成重铀酸根离子 $U_2O_7^{2-}$。UO_2、UO_3、U_3O_8 这三种氧化物都能溶于硝酸中，生成硝酸铀酰，如：

$$UO_3 + 2HNO_3 \longrightarrow UO_2(NO_3)_2 + H_2O$$

从溶液中析出的六水合硝酸铀酰 $UO_2(NO_3)_2 \cdot 6H_2O$ 晶体带黄绿色荧光，在潮湿空气中易变潮。它易溶于水，醇和醚中。UO_2^{2+} 离子在溶液中要水解，在 25℃ 时，其水解产物为 $[UO_2OH]^+$、$[(UO_2)_2(OH)_2]^{2+}$ 和 $[(UO_2)_3(OH)_5]^+$。UO_2^{2+} 的水解介于 U^{3+} 和 U^{4+} 之

间，其中 U^{4+} 水解得最厉害。硝酸铀酰与碱金属硝酸盐生成 $M^INO_3 \cdot UO_2(NO_3)_2$ 复盐。

往硝酸铀酰溶液中加碱，即析出黄色的重铀酸钠 $Na_2U_2O_7 \cdot 6H_2O$，将此盐加热脱水得无水盐，叫做"铀黄"，用在玻璃及陶瓷釉中作为黄色颜色。

在氟化物 UF_3、UF_4、UF_5 和 UF_6 中，以 UF_6 为最重要。UF_6 可以由低氧化态的氟化物经氟化而制得。它是无色晶体，在干燥空气中稳定，但遇水或水蒸气即水解：

$$UF_6 + 2H_2O === UO_2F_2 + 4HF$$

UF_6 是具有挥发性的铀化合物，利用 $^{238}UF_6$ 和 $^{235}UF_6$ 蒸气扩散速度的差别，可使铀-238 和铀-235 分离，达到富集核燃料 ^{235}U 的目的，因此六氟化铀是最重要的化合物。

思　考　题

14-1　关于过渡元素的划分目前有哪些方式？过渡元素具有哪些共同特征？

14-2　对于主族元素常常表现出"从上往下氧化态越低越稳定"的规律，而对于过渡元素的情况正好相反，为什么？

14-3　比较铜副族元素和碱金属元素，锌副族元素和碱土金属元素在化学性质上的差异，并从结构的观点加以说明。

14-4　氯化亚铜、氯化亚汞都是反磁性物质。问该用 $CuCl$ 或 Cu_2Cl_2 和 $HgCl$ 或 Hg_2Cl_2 表示其组成更合适？为什么？

14-5　铁能使 Cu^{2+} 还原，铜能使 Fe^{3+} 还原，这两件事实有无矛盾？并说明理由。

14-6　铜可以从银盐水溶液中置换出银，但在氰化物的水溶液中情况刚好相反，这是为什么？

14-7　为什么在高温环境中干态 Cu^+ 化合物更为稳定？而在水溶液中 Cu^{2+} 化合物更为稳定。倘若在水溶液中形成难溶物或配离子时是 Cu(Ⅰ) 化合物还是 Cu(Ⅱ) 化合物更为稳定？在什么情况下可使 Cu^{2+} 转化为 Cu^+？试举例说明，并解释之。

14-8　具有平面正方形结构的 Cu^{2+} 配合物 $[CuCl_2]^{2-}$（黄色）、$[Cu(NH_3)_4]^{2+}$（蓝色）、$[Cu(en)_2]^{2+}$（蓝紫色）的颜色变化是什么原因引起的？

14-9　讨论 d 区元素下列性质的规律和关系：

(1) 原子价电子层结构的特点。

(2) 金属活泼性的变迁。

(3) 氧化态的表现。

14-10　为什么 $TiCl_4$ 在空气中会冒烟？

14-11　为什么不直接用焦炭还原 TiO_2 以制取金属钛？

14-12　试比较 Cr^{3+} 和 Al^{3+} 在化学性质上的相同点与不同点 。

14-13　以 MnO_2 为原料，通常经过碱熔法先制得 K_2MnO_4，然后经歧化或氯化或电解最终制得 $KMnO_4$。试说明为什么不能用碱熔法由 MnO_2 直接制得 $KMnO_4$？

14-14　为什么有 VF_5 而没有 VCl_5？但是对于 Nb、Ta 来说，既有五氟化物，又有五氯化物？

14-15　举例说明什么是同多酸和杂多酸？有何应用？

14-16　举例说明 Fe、Co、Ni 高低氧化态稳定性的变化规律。

14-17　为什么 Co(Ⅲ) 的氨配合物比 Co(Ⅱ) 的氨配合物稳定？

14-18　如何用铁和硝酸制备硝酸铁和硝酸亚铁？应该控制什么条件？

14-19　f 区包括哪些元素？稀土是指哪些元素？

14-20　何谓"镧系收缩"，讨论出现这种现象的原因和它对第五、六周期中副族元素性质所产生的影响。

习　题

14-1　解释下列现象：

(1) 铜器在潮湿空气中会慢慢生成一层铜绿。

(2) 金溶于王水。

(3) 当 SO_2 通入 $CuSO_4$ 与 $NaCl$ 的浓溶液中时，会析出白色沉淀。

(4) 热分解 $CuCl_2 \cdot 2H_2O$ 时有 HCl 气体产生。

(5) $CuCl_2$ 浓溶液逐渐加水稀释时，溶液颜色由黄棕色经绿色而变成蓝色。

(6) 往 $AgNO_3$ 溶液中滴加 KCN 溶液时，先生成白色沉淀而后溶解，再加入 $NaCl$ 溶液时并无沉淀生成，但加入少许 Na_2S 溶液时，就析出黑色沉淀。

14-2 用化学方程式表示：

(1) 由金属铜制备硫酸铜、氯化铜、碘化亚铜。

(2) 由硝酸汞制备氧化汞，升汞和甘汞。

14-3 完成并配平下列反应的化学方程式：

(1) 金属铜在有空气存在的条件下与稀硫酸作用；

(2) 金属铜溶于氰化钠的水溶液；

(3) 金溶于王水；

(4) 向 $ZnCl_2$ 的稀溶液中不断滴加氢氧化钠溶液；

(5) 向 $CdCl_2$ 的稀溶液中不断滴加氢氧化钠溶液；

(6) 向 $HgCl_2$ 中滴加氨水；

(7) $HgCl_2$ 与亚锡离子反应。

14-4 选择合适的配合剂，将下列沉淀溶解，并写出相应的反应方程式。

AgBr　　　$Zn(OH)_2$　　　HgI_2　　　CuCl

14-5 分别在 $Cu(NO_3)_2$、$AgNO_3$ 和 $Hg(NO_3)_2$ 溶液中加入过量的 KI 溶液，各会发生什么反应？并写出反应方程式。

14-6 在什么条件下可使 Hg(Ⅱ) 转化为 Hg(Ⅰ)；Hg(Ⅰ) 转化为 Hg(Ⅱ)，试举三个反应式说明 Hg(Ⅰ) 转化为 Hg(Ⅱ)。

14-7 设计实验方案，分离下列各组离子。

Zn^{2+} 和 Cd^{2+}　　　Cu^{2+} 和 Zn^{2+}　　　Zn^{2+}、Cd^{2+} 和 Hg^{2+}

14-8 $Hg_2(NO_3)_2$ 和过量 KI 反应生成何物？写出反应方程式。

14-9 当含有 Cu^{2+} 的溶液与含有 CN^- 的溶液相混合时，将发生什么变化？若 CN^- 过量时，又出现什么现象？为什么？写出有关反应方程式。

14-10 化合物 A 是能溶于水的白色固体。将 A 加热生成固体 B 和刺激性气体 C，C 能使 KI_3 棕色溶液褪色，生成溶液 D。用 $BaCl_2$ 处理 D 时，生成白色不溶于盐酸的沉淀 E。固体 B 溶于热盐酸溶液中，生成溶液 F。F 与过量的 NaOH 和氨水作用不生成沉淀，但与 NH_4HS 作用生成白色沉淀 G。将 G 在空气中灼烧，则可得 B 和 C。用盐酸酸化 A 时，生成 F 和 C。试判断 A、B、C、D、E、F、G 各是什么物质，并写出每一步的反应方程式。

14-11 根据下列电对和有关电对的 $E^\ominus$ 值，计算 $[AuCl_2]^-$ 和 $[AuCl_4]^-$ 的稳定常数。

$[AuCl_2]^- + e^- \rightleftharpoons Au + 2Cl^-$ 　　　　　$E^\ominus = 1.11V$

$[AuCl_4]^- + 2e^- \rightleftharpoons [AuCl_2]^- + 2Cl^-$ 　　　　　$E^\ominus = 0.93V$

$(4.58 \times 10^9; 8.55 \times 10^{25})$

14-12 一无色化合物 A 的溶液具有下列性质：

(1) 加入 $AgNO_3$ 时有白色沉淀 B 生成，B 不溶于 HNO_3，但可溶于氨水中；

(2) 加入 NaOH 溶液有黄色沉淀 C 生成；

(3) 加入氨水有白色沉淀 D 生成；

(4) 加入 KI 溶液有鲜红色沉淀 E 生成，继续加入 KI 溶液，沉淀消失，生成无色溶液 F；

(5) 加入 $SnCl_2$ 溶液有白色沉淀 G 生成，继续加入 $SnCl_2$ 溶液，白色沉淀消失，生成黑色沉淀 H；

(6) 在光亮的铜片上滴一滴 A 溶液，铜片上有银白色的斑点出现。

试判断 A、B、C、D、E、F、G、H 各为何物质？并写出每一步的反应方程式。

14-13　完成并配平下列反应方程式

(1) $TiO^{2+} + Zn + H^+ \longrightarrow$

(2) $Ti^{3+} + CO_3^{2-} + H_2O \longrightarrow$

(3) $NH_4VO_3 \xrightarrow{\Delta}$

(4) $V_2O_5 + H^+ + Cl^- \longrightarrow$

(5) $VO_2^+ + H^+ + SO_3^{2-} \longrightarrow$

(6) $VO^{2+} + H_2O + MnO_4^- \longrightarrow$

(7) $V_2O_5 + NaOH \longrightarrow$

14-14　根据下列实验写出有关反应方程式；将一瓶 $TiCl_4$ 打开瓶塞时立即冒白烟，向瓶中加入浓 HCl 溶液和金属锌时生成紫色溶液，缓慢地加入 NaOH 溶液直至溶液呈碱性，于是出现紫色沉淀。沉淀过滤后，先用 HNO_3 处理，然后用稀碱溶液处理，生成白色沉淀。

14-15　利用标准电极电势数据判断 H_2S，SO_2，$SnCl_2$ 和金属铝能否把 TiO^{2+} 离子还原成 Ti^{3+}？

14-16　根据下列实验现象写出相应的化学反应方程式：

(1) 往 $Cr_2(SO_4)_3$ 溶液中滴加 NaOH 溶液，先析出灰蓝色沉淀，后又溶解，再向所得的溶液中加入溴水，溶液由绿色变为黄色，用 H_2O_2 代替溴水也得到同样的结果。

(2) 向黄色的 $BaCrO_4$ 沉淀中加入浓 HCl 得到一种绿色溶液。

(3) 在酸性介质中，用锌还原 $Cr_2O_7^{2-}$ 时，溶液颜色由橙色经绿色而变成蓝色，放置时又变成绿色。

(4) 把 H_2S 通入用 H_2SO_4 酸化的 $K_2Cr_2O_7$ 溶液中，溶液颜色由橙变绿，同时析出白色沉淀。

14-17　解释下列现象：

(1) 在 Mn^{2+} 溶液中加入碱生成白色沉淀，在空气中慢慢变成棕色沉淀。

(2) 在 Fe^{3+} 溶液中加入 KSCN 生成血红色溶液，加入 NaF 后红色消失。

(3) 于 Co^{2+} 溶液中加入 KSCN 后生成蓝色溶液，加入戊醇摇动后戊醇层中的蓝色加深。

(4) $BaSO_4$ 和 $BaCrO_4$ 的溶解度相近，为什么 $BaCrO_4$ 溶于强酸而 $BaSO_4$ 不溶？

(5) 用 $K_3[Fe(CN)_6]$ 鉴定 Fe^{2+} 时，为什么要在 HA_C 弱酸性溶液中进行？

(6) 用 $Na_3[Co(NO_2)_6]$ 鉴定 K^+ 时，为什么要在中性或弱酸性条件下进行？

(7) 为什么不能在水溶液中由 Fe^{3+} 盐和 KI 制 FeI_3？

(8) 在配制的 $FeSO_4$ 溶液中为什么需加一些金属铁？

(9) 当 Na_2CO_3 溶液作用于 $FeCl_3$ 溶液时为什么得到的是氢氧化铁，而不是 $Fe_2(CO_3)_3$？

(10) 变色硅胶含有什么成分？为什么干燥时呈蓝色，吸水后变粉红色？

(11) 为什么 $[CoF_6]^{3-}$ 为顺磁性，而 $[Co(CN)_6]^{3-}$ 为反磁性？

(12) $[Fe(CN)_6]^{3-}$ 为低自旋，而 $[FeF_6]^{3-}$ 为高自旋。

(13) $[Co(H_2O)_6]^{3+}$ 的稳定性比 $[Co(NH_3)_6]^{3-}$ 低得多（用晶体场理论解释）。

(14) 将 FeO 溶解在酸化了的 H_2O_2 溶液中，与此同时会从溶液中放出氧气。

14-18　一淡黄色溶液有下列性质：

(1) 与碱作用生成棕褐色胶状沉淀，溶于酸；

(2) 与 NH_4SCN 作用生成血红色溶液，加入草酸铵后红色消失；

(3) 与 KI 溶液作用，加入淀粉后溶液变蓝；

(4) 与 $K_4[Fe(CN)_6]$ 作用生成蓝色沉淀；

(5) 向此溶液中加入 $BaCl_2$，有白色沉淀生成。

试写出各步反应方程式，确定此溶液为何种物质。

14-19　有一肉红色溶液 A，与 NaOH 作用生成白色沉淀 B，B 不溶于水和碱，但在空气中慢慢变成棕褐色沉淀 C；C 与浓盐酸加热生成黄绿色气体 D，D 遇 KI 淀粉湿试纸变蓝，将 C 与 $KClO_3$ 和碱共熔得深绿色化合物 E；用 D 氧化 E 可得紫红色物质 F；F 在酸性 Na_2SO_3 溶液中变成 A 溶液。问 A、B、C、D、E、F 各是什么物质，并写出各步反应的化学方程式。

14-20　在下列各溶液中加入 H_2O_2，各生成什么物质？各有何特征？

(1) 在 Fe^{2+} 溶液中　　　(2) 在碱性亚铬酸溶液中

(3) 在碱性 $Mn(OH)_2$ 中　　(4) 在酸性 $K_2Cr_2O_7$ 溶液中

(5) 在酸性 $KMnO_4$ 溶液中　　(6) 在钒酸液溶中

14-21　橙红色晶体 A 易溶于水，A 用浓盐酸处理得黄绿色气体 B，并生成蓝绿色溶液 C；在 C 中加入 KOH 得灰蓝色胶状沉淀 D，但继续加入过量的 KOH，D 消失，变成绿色溶液 E；在 E 中加入 H_2O_2，加热生成黄色溶液 F；F 中加入 H_2SO_4，又得 A 溶液。问 A、B、C、D、E、F 各是什么物质？写出各步变化的反应式。

14-22　完成并配平下列各反应式

(1) $Cr(OH)_3 + OH^- + ClO^- \longrightarrow$

(2) $K_2Cr_2O_7 + H_2S + H^+ \longrightarrow$

(3) $K_2Cr_2O_7 + FeSO_4 + H_2SO_4 \longrightarrow$

(4) $Cr^{3+} + MnO_4^- + H_2O \longrightarrow$

(5) $Mn^{2+} + NaBiO_3(s) + H^+ \longrightarrow$

(6) $MnO_4^- + Cl^- + H^+ \longrightarrow$

(7) $MnO_4^- + Mn^{2+} + H_2O \longrightarrow$

(8) $Mn^{3+} + H_2O \longrightarrow$

14-23　完成并配平下列反应方程式

(1) $Fe^{3+} + H_2S \longrightarrow$

(2) $Fe(CrO_2)_2 + O_2 + Na_2CO_3 \xrightarrow{\triangle}$

(3) $Ni^{2+} + HCO_3^- \longrightarrow$

(4) $Co^{2+} + NH_3 + O_2 + H_2O \longrightarrow [Co(NH_3)_6]^{3+} +$

(5) $Co(OH)_3 + HCl \longrightarrow CoCl_2 +$

(6) $Ni + CO \longrightarrow$

14-24　分离并鉴定以下两组离子

(1) Fe^{3+}、Cr^{3+}、Al^{3+}　(2) Fe^{3+}、Mn^{2+}、Mg^{2+}

14-25　金属 M 溶于稀盐酸时生成 MCl_2，其磁性为 5.0B.M，在无氧操作条件下，MCl_2 溶液遇 NaOH 溶液，生成一白色沉淀 A，A 接触空气就逐渐变绿，最后变成棕色沉淀 B，灼烧时生成了棕红色粉末 C，C 经不彻底还原而生成了铁磁性的黑色物 D。B 溶于稀盐酸生成溶液 E，使 KI 溶液氧化成 I_2，但在加入 KI 前先加入 NaF，则 KI 将不被 E 所氧化。若向 B 的浓 NaOH 悬浮液中通入 Cl_2 气时可得到一紫红色溶液 F，加入 $BaCl_2$ 时就会沉淀出红棕色固体 G，G 是一种强氧化剂。试确认各字母符号所代表的化合物，并写出反应方程式。

14-26　实验测得 $K_4[Fe(CN)_6]$ 和 $[Co(NH_3)_6]Cl_3$ 具有反磁性，请推断这两个配合物中心离子以何种杂化轨道与配位体成键？

14-27　某第一过渡系金属的黑色氧化物 A 溶于浓盐酸后得到绿色溶液 B 和气体 C。C 能使湿润的 KI-淀粉试纸变蓝。B 与 NaOH 溶液反应生成苹果绿色沉淀 D。D 溶于氨水则得到蓝色溶液 E，若再加入丁二肟（DMG）的乙醇溶液则生成鲜红色沉淀。试推断上述字母所代表物质的化学式，写出有关反应方程式。

14-28　某粉红色氯化物的水合物晶体 A 加热至 393K 左右时，变为蓝色固体 B，B 溶于水后又得一粉红色溶液。将此溶液分为三份：第一份加入足量 NaOH，有粉红色沉淀 C 产生，C 久置于空气中，转变为棕色 D；第二份加入少量 KSCN 固体和丙酮，振荡后，丙酮层呈蓝色 E；第三份加入过量 KNO_2，并以少量 HAc 酸化，有黄色晶体 F 析出。试判断 A，B，C，D，E，F 各为何物？写出各步反应方程式。

14-29　计算说明：为什么在碱性介质中 H_2O_2 能将 CrO_2^- 氧化为 CrO_4^{2-}；在酸性介质中 H_2O_2 能将 CrO_7^{2-} 还原为 Cr^{3+}？

14-30　某固体混合物中可能含有 KI、$SnCl_2$、$CuSO_4$、$ZnSO_4$、$FeCl_3$、$CoCl_2$ 和 $NiSO_4$。通过下列实验判断哪些物质肯定存在，哪些物质肯定不存在，哪些物质是否存在尚难以确定，并简要说明原因。

(1) 取少量固体溶入稀硫酸中，没有沉淀生成。

（2）将盐的水溶液与过量氨水作用，有灰绿色沉淀生成，溶液为蓝色。

（3）将盐的水溶液与 KSCN 作用，无明显变化。再加入丙酮，也无明显变化。

（4）向盐的水溶液中加入过量 NaOH 溶液有沉淀生成，溶液无明显颜色。过滤后，向溶液缓慢滴加盐酸时，有白色沉淀生成。

（5）向盐的水溶液中滴加 $AgNO_3$ 溶液时，得到不溶于硝酸的白色沉淀，该沉淀溶于氨水。

14-31　绿色固体混合物中可能含有 K_2MnO_4，MnO_2，$NiSO_4$，Cr_2O_3，$K_2S_2O_8$。根据下列实验现象判断哪些物质肯定存在？哪些物质肯定不存在？

（1）向混合物中加入浓 NaOH 溶液得绿色溶液。

（2）向混合物中加水得紫色溶液和棕色沉淀。过滤后滤液用稀硝酸酸化，再加入过量 $Ba(NO_3)_2$ 溶液，则紫色褪去同时有不溶于酸的白色沉淀析出。向棕色沉淀中加入浓盐酸并微热，有黄绿色气体放出。

（3）混合物溶于硝酸得紫色透明溶液。

第 15 章　仪器分析方法

(Instrumental Analysis Methods)

测定物质的组成、含量及其化学结构的一门科学，称为分析化学。按其测定原理划分，分析化学包括化学分析和仪器分析。化学分析是以物质的化学反应为基础的分析方法，它包括重量分析法和滴定（酸碱滴定，沉淀滴定，氧化还原滴定和配位滴定）分析方法。有关化学分析方法已在前述几章中作过简介，本章主要简介几种仪器分析方法。

仪器分析法以物质的物理和物理化学性质为基础，因此也称为物理和物理化学分析法。因为需要较特殊的仪器，故通常称为仪器分析法。仪器分析法主要有光学分析法，电化学分析法、热分析法和色谱法等。

近年发展起来的质谱法、核磁共振、X 射线、电子显微镜分析以及毛细管电泳等大型仪器分离分析方法使得仪器分析这门科学更富活力。

15.1　吸光光度法
(Absorptiometry)

根据物质能对光进行选择性吸收而建立起来的分析方法称为吸光光度法，又称分光光度法（Spectrophotometry），包括比色法、可见及紫外吸光光度法和红外光谱法。

吸光光度法因其灵敏度和准确度高，所用仪器结构简单，操作简便、快捷等优势在生产和科研部门得以广泛应用。其中，比色法和可见吸光光度法主要用于测定试样中含量为 $10^{-3}\%\sim1\%$ 的微量成分和含量在 $10^{-6}\%\sim10^{-4}\%$ 范围内的痕量成分，相对误差为 $2\%\sim5\%$。随着高灵敏度和高选择性的显色剂和掩蔽剂的出现，试样中的被测组分可不加分离而直接进行测定，从而进一步提高了操作效率，因此比色法和可见吸光光度法在分析测试中得到更为广泛的应用，本节重点讨论可见吸光光度法。

15.1.1　物质的颜色与吸收光的关系

光是一种电磁波，具有波粒二象性。波长在 $200\sim400nm$ 范围的光称为紫外光。人眼能感觉到的光称为可见光，可见光的波长范围为 $400\sim750nm$，它是由红、橙、黄、绿、青、蓝、紫等各种色光按一定比例混合而成的。如两种色光按照某适当强度比例混合可得到白光，则这两种光就称为互补色光。物质的颜色是因为物质对不同波长的光具有选择性吸收而产生的，如果物质选择性地吸收了某一颜色的光，则透过该物质的光就是互补色光，物质呈现的颜色也就是这种互补光的颜色。物质的颜色和吸收光之间的互补关系见表 15-1。

表 15-1　物质的颜色和吸收光之间的互补关系

物质颜色	吸 收 光	
	颜　色	波长范围/nm
黄　绿	紫	$400\sim450$
黄	蓝	$450\sim480$
橙	绿 蓝	$480\sim490$
红	蓝 绿	$490\sim500$

续表

物质颜色	吸收光	
	颜色	波长范围/nm
紫红	绿	500～560
紫	黄绿	560～580
蓝	黄	580～600
绿蓝	橙	600～650
蓝绿	红	650～750

15.1.2　光吸收曲线

物质对光的选择性吸收产生的光谱是分子吸收光谱。分子吸收光谱较复杂。因为复杂的分子结构中，同一电子能级中包括几个振动能级，而在同一振动能级中又有几个转动能级。电子能级间的能量差一般为 1～20 电子伏特（eV），由电子能级跃迁而产生的吸收光谱位于紫外及可见光范围，因此紫外可见吸收光谱是分子中电子在各种能级间跃迁而产生的分子光谱，也称为电子光谱。

图 15-1　KMnO₄ 溶液的
光吸收曲线

为了定量描述物质对光的吸收情况，可绘制光吸收曲线或吸收光谱曲线。通过测量某种物质溶液对不同波长单色光的吸收程度（吸光度 A），以波长为横坐标，吸光度为纵坐标，即可得到该物质的光吸收曲线。图 15-1 是 KMnO₄ 溶液的光吸收曲线。从图中曲线了解到 KMnO₄ 溶液对波长 525nm 附近绿色光的吸收最强，故 KMnO₄ 溶液呈现与绿色光互补的紫红色。对光吸收程度最大处的波长称最大吸收波长，用 λ_{max} 表示，KMnO₄ 溶液的 $\lambda_{max}=525nm$。图中 KMnO₄ 溶液浓度不同时，对光的吸收程度不同，浓度较大时，吸光度较大，但最大吸收波长的位置和吸收光谱的形状不变。

15.1.3　光吸收基本定律

（1）透光度 T 与吸光度 A

当一束平行单色光照射溶液时，一部分被器皿的表面反射，一部分被吸收，一部分透过溶液。设入射光强度为 I_0，反射光强度为 I_r，吸收光强度为 I_a，透过光强度为 I_t。因反射光强度不变，在测定中其影响可以相互抵消，故入射光强度可简化为：

$$I_0=I_a+I_t$$

透过光强度 I_t 与入射光强度 I_0 之比称为透光度或透射比，用 T 表示：

$$T=\frac{I_t}{I_0} \tag{15-1}$$

光通过溶液后光强度减弱的原因是溶液中吸光质点（分子或离子）吸收光后所造成，如吸收光强度越大，测透过光强度越小。因此，可用吸光度（Absorbance）来描述溶液对光的吸收程度，用 A 表示吸光度：

$$A=\lg\frac{I_0}{I_t} \tag{15-2}$$

故吸光度 A 与透光度 T 的关系为：

$$A = \lg \frac{1}{T}$$

在含有多种物质的混合物溶液中，如各物质对某一波长的单色光均有吸收且相互之间不发生化学反应，则溶液的总吸光度等于各吸光物质的吸光度之和，即吸光度具有加和性。

$$A = A_1 + A_2 + A_3 + A_4 + \cdots + A_n$$

(2) 朗伯-比尔（Lambert-Beer）定律

科学家 J. H. Lamber 和 A. Beer 分别于 1760 年和 1852 年研究了光的吸收与溶液层的厚度及溶液浓度间的定量关系。他们的研究证明，当入射光的波长不变时，溶液的吸光度与吸光物质的浓度和溶液层的厚度成正比。这就是光的吸收定律，也称为朗伯-比尔定律。其数学表达式为：

$$A = Kbc \tag{15-3}$$

式中，A 为吸光度；K 为比例常数，它与吸光物质的性质、入射光波长及温度等因素有关；b 为溶液层厚度；c 为溶液中吸光物质的浓度。朗伯-比尔定律是进行定量分析的理论基础。

(3) 摩尔吸收系数和桑德尔灵敏度

式(15-3) 中 K 值随 c、b 单位的不同而不同，当 b 用 cm 为单位，c 用 mol·L^{-1} 表示浓度时，K 用符号 ε 表示，ε 称为摩尔吸收系数（Molar Absorption Coefficient），其单位为 L·mol^{-1}·cm^{-1}，它表示物质的量浓度为 1mol·L^{-1}，液层厚度为 1cm 时溶液的吸光度。朗伯-比尔定律的数学表达式可变化为：

$$A = \varepsilon bc \tag{15-4}$$

ε 值与入射光波长有关，当波长一定时，ε 值为一常数。溶液中吸光物质的浓度常因离解等化学反应而改变，计算时忽略这种情况，以吸光物质的总浓度代替平衡浓度进行计算，故计算得到的实为条件摩尔吸收系数 ε'。

ε 值的大小表示吸光物质对光的吸收能力。故分光光度测定中用 ε 表示测定该吸光物质的灵敏度，ε 值越大，表示测定的灵敏度越高。

吸光光度分析的灵敏度还用桑德尔（Sandell）灵敏度 S 来表示。S 是当仪器的检测极限为 $A = 0.001$ 时，单位截面积光程内所能检测出来的吸光物质的最低含量，单位 $\mu g·cm^{-2}$，S 可由吸光物质的摩尔吸收系数 ε 和摩尔质量 M 用下式求得：

$$S = \frac{M}{\varepsilon} (\mu g·cm^{-2}) \tag{15-5}$$

15.1.4 定量分析方法

(1) 显色反应

用可见分光光度法测定待测物质的含量时，首先应制备待测物质的有色化合物溶液。如待测物质本身有较深的颜色，可直接进行分光光度测定；如待测物质离子为无色或浅色，则需选择适当的试剂使其与待测离子发生化学反应生成有色化合物溶液。此种反应称为显色反应，选择的试剂称为显色剂。

显色反应主要有氧化还原反应和络合反应两大类，而络合反应又是最主要的。显色反应的反应条件，如溶液酸度、显色剂用量、显色时间、试剂加入顺序、显色温度及共存离子是否干扰等都需通过实验得到。显色反应只有在合适的条件下，才能使待测物质离子与显色剂形成符合可见吸光光度法要求的有色化合物溶液。

显色剂分为无机显色剂和有机显色剂两类。无机显色剂应用不多，如用 KSCN 作显色

剂可测铁、钼、钨和铌；用钼酸铵作显色剂可测硅、磷和钒等。有机显色剂应用广泛，种类
繁多。如可用磺基水杨酸作显色剂，与 Fe^{3+} 在 pH 1.8～2.5 时生成紫红色的 $FeSsal^+$ 络合
物用于测定 Fe^{3+}；用丁二酮肟在 NaOH 碱性溶液中，在氧化剂（过硫酸铵）存在下，可与
Ni^{2+} 生成可溶性红色络合物而测定 Ni^{2+}。

图 15-2　标准曲线图

（2）吸光光度法

吸光光度法使用分光光度计进行定量分析。主要的定
量分析方法称为工作曲线法或标准曲线法。其测定原理是
比较吸光物质溶液对某一波长光的吸收情况。

标准曲线法需通过显色反应用标准溶液配制一系列浓
度逐渐增大的有色化合物标准溶液，用相同方法配制待测
物质的有色溶液。然后用分光光度计分别测定某一波长下
该系列有色标准溶液和有色试液的吸光度；用有色标准溶
液的吸光度作纵坐标，对应浓度为横坐标，绘制标准曲线，如图 15-2 所示，根据待测物有
色溶液的吸光度，从标准曲线上可求得被测物质的浓度。

由于吸光光度法用仪器测定吸光度，测定的入射光是纯度较高的单色光，故分析结果的
准确度较高。

15.1.5　分光光度计

吸光光度分析中用于测定吸光物质溶液吸光度的仪器称为分光光度计。可见分光光度计
的工作波长范围为 360～700nm。紫外和可见分光光度计的工作波长范围为 200～1000nm，
可应用于无机物和有机物含量的测定，其基本结构如图 15-3 所示。

图 15-3　紫外-可见分光光度计的基本结构

① 光源　常用的光源有热辐射光源和气体放电光源。利用固体灯丝材料高温放热产生
的辐射作为光源的是热辐射光源，如钨灯、卤钨灯。气体放电光源是指在低压直流电条件
下，氢气或氙气放电所产生的连续辐射。一般为氢灯或氙灯，在紫外区使用。

② 单色器　单色器的作用是将光源发出的连续光谱分解为单色光的装置，分为棱镜和
光栅。玻璃棱镜用于可见光范围，石英棱镜在紫外和可见光范围均可使用。光栅的分辨率比
棱镜大，可用的波长范围也较宽。

③ 样品室　用于放置装有待测溶液的吸收池（比色皿）。比色皿由玻璃或石英制成，按
其厚度分为 0.5cm、1cm、2cm、3cm 和 5cm。在可见光区测量吸光度时使用玻璃比色皿，
紫外区则使用石英比色皿。

④ 检测器　为光电管或光电倍增管。作用是把透过比色皿的光转变成电信号进行测量。

光电管是一个真空或充有少量惰性气体的二极管。光电倍增管是由光电管改进而成，它的灵敏度比光电管高 200 多倍而被广泛采用。适用波长范围为 160～700nm。

⑤ 显示器　常用的是检流计、微安表及数字显示记录仪，能把放大的电信号以吸光度 A 或透光度 T 的方式显示出来。

根据紫外-可见分光光度计的光学系统，又可分为单光束与双光束分光光度计，图 15-4、图 15-5 分别为其原理图。

图 15-4　单光束分光光度计的原理图　　　　图 15-5　双光束分光光度计的原理图

在单光束分光光度计中，分光后的单色光直接透过吸收池，交互测定样品池和参比池的吸收。这种仪器结构简单，适用于测定特定波长的吸收。双光束分光光度计中，从光源发出的光经分光后分成两束，交替通过参比池和样品池，所测的是两个光信号的强度比。双光束仪器克服了单光束仪器由于光源不稳定引起的误差，并可以方便地对全波段进行扫描。

15.1.6　测量条件的选择

为使分光光度计测量时有较高的灵敏度和准确度，必须选择最适宜的测量条件。

(1) 测量波长的选择

测定某种物质的吸光度时，如不存在干扰物质，应选择被测物质的最大吸收波长作为测量波长，即最大吸收原则。如在最大吸收波长处有其他吸光物质干扰时，则应根据"吸收最大，干扰最小"的原则来选择测量波长。如用丁二酮肟作显色剂测定钢中镍。丁二酮肟与镍生成的有色络合物的最大吸收波长为 470nm。但试样中的铁用酒石酸钠掩蔽后，酒石酸铁络合物在 470nm 处也有一定吸收，干扰镍的测定。但从它们的吸收曲线可知，在波长 520nm 处，虽然丁二酮肟镍的吸光度有所降低，但酒石酸铁的吸光度很小，可忽略不计，如选择 520nm 作为测量波长，则铁不干扰镍的测定。

(2) 吸光度范围的选择

由分光光度计仪器测量误差可知，当试液测量的吸光度在 0.2～0.8 范围时，测量的相对误差较小；当吸光度为 0.434 时，测量的相对误差最小。因此，应控制试液测量的吸光度在 0.2～0.8 范围内，根据 $A = \varepsilon bc$，可通过调节溶液的浓度和吸收池厚度来实现。

(3) 参比溶液的选择

光度测量时，需用一种溶液来调节仪器的零点，以消除由于吸收池壁及溶剂对入射光的反射和吸收产生的误差，这种溶液称为参比溶液。

参比溶液可根据下列情况选择：

① 如试液及显色剂均无色，可用蒸馏水作参比溶液；

② 如显色剂有颜色，试液无色，可选择不加试液的试剂空白作参比溶液；

③ 如显色剂和试液均有颜色，可将一份试液加入掩蔽剂掩蔽被测组分，使被测组分不再与显色剂作用，然后加入显色剂及其他试剂，以此作参比溶液。

15.1.7　吸光光度法在生命科学中的应用

吸光光度法在生命科学中应用广泛，在临床医学的血样品检验中，铁、无机磷、肌酸肝、非蛋白氮、总蛋白、葡萄糖等都可用吸光光度法进行测定。

如人的血清或尿中的无机磷测定，先将血清或尿液制备成无蛋白质的试液，然后加入钼酸铵$[(NH_4)_6Mo_7O_{24}]$，无机磷与钼酸铵反应生成磷钼酸铵$[(NH_4)_2PO_4 \cdot 12MoO_3]$。用氨基萘酚磺酸试剂（由1,2,4-氨基萘酚磺酸、亚硫酸钠和亚硫酸氢钠配制而成）作还原剂将磷钼酸铵还原成蓝色的钼$[Mo(V)]$杂多酸，这种蓝色的化合物通常称为"钼蓝"。用分光光度计在波长690nm处测定钼蓝溶液的吸光度，同时制作标准溶液吸光度对浓度的标准曲线，从而可计算得到人血清或尿中无机磷的含量。

此外，吸光光度法在药物分析中的应用也极为广泛。特别是随着现代分析仪器的发展和电子计算机的应用，用吸光光度法可不经分离直接测定混合物的组分，既可用于杂质检查，又可用于复方制剂的含量测定。为了避免分离操作的麻烦并消除药物中共存组分或杂质的干扰，近年来分析工作者发展了许多紫外可见分光光度法的新方法和新技术：如用一阶导数分光光度法测定感冒药中扑尔敏的含量；用二阶导数紫外可见光度法测定硫酸阿托品注射液；用三波长吸光度比值法，不经分离直接测定氢氯噻嗪和赖洛普利的含量；采用误差反向传递的人工神经网络法同时测定安钠咖注射液中苯甲酸钠和咖啡因含量等等。这些新技术的应用，拓宽了吸光光度法在药物分析上的应用范围，是吸光光度法发展的一种新趋势。

吸光光度法还能有效用于核酸含量的测定：核酸、核苷酸及核苷的组成成分中均含有嘌呤、嘧啶碱基，这些碱基都具有共轭双键，能吸收250～290nm波段的紫外光。利用紫外分光定量测定核酸时，规定在260nm的最大吸收波长下，每毫升含1μg DNA溶液的吸光度为0.020，而每毫升含1μg RNA溶液的吸光度为0.022。此外，利用吸光光度法还可以定性鉴定核酸的纯度。利用紫外可见吸收光谱法是研究小分子与核酸相互结合作用机理最常用、最方便的方法。许多DNA靶向分子或本身具有光学活性，或与在260nm附近有吸收的DNA分子结合后产生光学活性，因此可利用光谱法考察DNA结合其靶向分子后结构上的变化来研究二者间的结合机理。其中，增色、减色效应是DNA特有的与其双螺旋结构密切相关的光谱性质。

目前以分子荧光、磷光和化学发光为代表的分子发光分析法已成为光谱分析法的前沿性研究课题。与传统吸收光谱法相比，该方法具有灵敏度高（检测限比吸收光谱法低1～3个数量级）、发光参数多、信息量大，分析线性范围宽以及选择性好等优点。分子发光分析法的主要应用包括：

① 痕量分析　通过使用激光光源，荧光定量分析的灵敏度甚至可达10^{-14} mol·L^{-1}。

② 发光探针　荧光（或磷光）探针除了用于常见的荧光衍生外，还可以用作微环境（如细胞内微环境）探针，利用微环境的不同引起发光探针的发光强度、发射波长等参数的改变，从而对微环境进行评价。此外，发光探针还能作为分子运动的探针，如通过对过特殊参数的测定，来探测生物膜中的分子运动特性。

③ 分子取向测定　通过荧光偏振的测定，可以获取分子取向等结构信息。当小荧光分子被连接到大分子蛋白质或抗体后，分子转动速度变慢，偏振度增大，从而可用于免疫检测。

15.2 电位分析法
（Potentiometry）

以物质的电学及电化学性质为基础的分析方法称为电分析化学法（Electroanalytical Methods），主要有电位分析法、伏安分析法和库仑分析法。

电位分析法是电分析化学方法中一种重要的分析方法。通过在零电流条件下测定两个电极所构成原电池的电动势来进行分析测定。包括电位测定法和电位滴定法。

15.2.1 指示电极和参比电极

在电位分析法中，对于构成原电池的两个电极，要求其中一个电极的电位能指示被测离子活度（或浓度）的变化，称为指示电极；而另一个电极的电位，应不受试液组成变化的影响，具有较恒定的数值，称为参比电极。当一指示电极和一参比电极共同浸入试液中构成一个原电池时，通过测定原电池的电动势，即可求得被测离子的活度（或浓度）。

(1) 指示电极 （Indicator Electrode）

指示电极对被测物质的指示是有选择性的，一种指示电极往往只能指示一种物质的浓度。下面介绍常用的指示电极。

① 金属电极

当金属电极浸在含有该种金属离子的溶液中时，金属和金属离子之间形成下述的半电池反应：

$$M^{n+} + ne^- \longrightarrow M \quad E^{\ominus}_{M^{n+}/M}$$

该半电池的电极电位符合 Nernst 方程式，即电极电位决定于金属离子的活度 $a_{M^{n+}}$。

这些金属包括银、铜、锌、镉、汞、铅等。

② 金属-金属难溶盐电极

是将金属难溶盐涂在对应的金属上所组成的电极系统，把它浸在与该盐有相同阴离子的溶液中时，它能间接反映这种阴离子的活度。例如，银-氯化银电极在以 AgCl 饱和的，含有氯离子的溶液中时，形成如下的半电池反应：

$$AgCl + e^- \Longrightarrow Ag + Cl^-$$

因此，其电极电位与氯离子的活度 a_{Cl^-} 有关。

某些能与金属离子生成稳定络离子的阴离子，如 CN^-，也可以用这类指示电极来反映其浓度。

③ 惰性导体电极（均相氧化还原电极）

把惰性导体插入含有某电对的氧化态和还原态离子的溶液中时，该惰性导体的电极电位能反映同时存在于溶液中的这两种离子的活度的比值。惰性导体电极有铂、金或石墨等。

④ 玻璃电极

玻璃电极（Glass Electrode）是对氢离子活度有选择性响应的电极。玻璃电极的主要部分是一个玻璃泡，泡的下半部为特殊的玻璃薄膜，其组成约为 $x_{Na_2O} = 0.22$，$x_{CaO} = 0.06$，$x_{SiO_2} = 0.72$。膜厚 $30 \sim 100\mu m$。玻璃泡中装有内参比溶液，或称内部溶液，通常为 $0.1 mol \cdot L^{-1}$ HCl 溶液，pH 值一定。内参比溶液中插入一根银-氯化银电极作为内参比电极。内参比电极的电位恒定，图 15-6、图 15-7 分别为 pH 玻璃电极及玻璃电极的构造示意图。

图 15-6　pH 玻璃电极

⑤ 离子选择性电极

离子选择性电极（Ion Selective Electrode）是电位法测量溶液中某些特定离子活度的指示电极。随着科学技术的发展，目前已有几十种离子选择性电极。

各种离子选择性电极的构造一般都由薄膜及其支持体，内参比溶液（含有与待测离子相同的离子），内参比电极（Ag/AgCl 电极）等组成。图 15-7 所示的玻璃电极实际上也是一种离子选择性电极。其玻璃膜是一种非晶体膜，玻璃电极属于刚性基质电极。

具有代表性的氟离子选择性电极的构造示意图如图 15-8。氟离子选择性电极的电极膜是在氟化镧单晶中掺入微量氟化铕（Ⅲ）以增加导电性而制成。图中 LaF_3 单晶膜封在塑料管的一端，管内装 $0.1mol \cdot L^{-1}NaF$-$0.1mol \cdot L^{-1}NaCl$ 溶液（内部溶液），以 Ag-AgCl 电极作为内参比电极。

图 15-7　玻璃电极构造示意图
1—玻璃管；2—内参比电极（Ag/AgCl）；
3—内参比溶液（0.1mol·L HCl）；
4—玻璃薄膜；5—接线

图 15-8　氟离子选择性电极的构造示意图
1—塑料管或玻璃管；2—内参比电极；
3—内参比溶液（NaF+NaCl）；4—掺
EuF_2 的 LaF_2 单晶膜；5—接线

(2) 参比电极（Reference Electrode）

一个理想的参比电极应具备下述条件：①能迅速建立热力学平衡电位，即电极反应应是可逆的；②电极电位是稳定的，能允许仪器进行测量。最常用的参比电极有饱和甘汞电极和银-氯化银电极。图 15-9 是一种常见的商品饱和甘汞电极（Saturated Calomel Electrode, SCE）。图 15-10 为饱和甘汞电极的结构示意图。图中电极由两个玻璃套管组成。内套管盛有汞和氯化亚汞混合的糊状物，用浸有饱和氯化钾溶液的脱脂棉塞紧。其上封入一段铂丝，作为连接导线之用。外套管的下端在吹制时用一根石棉丝封住，内盛含固体氯化钾的饱和氯化钾溶液。外套管下端在制作时也可用微孔玻璃隔片与外套管熔接，不论采用什么方式，都要构成使溶液互相连接的通路。

饱和甘汞电极的电位为

$$E = E^{\ominus}_{Hg_2Cl_2/Hg} - 0.0591 \lg a_{Cl^-}$$

在不同温度（T）下测得其数值为

图 15-9 商品饱和甘汞电极　　　　图 15-10 饱和甘汞电极结构示意图

汞接头
Hg/Hg$_2$Cl$_2$糊
棉花
饱和KCl溶液
石棉丝

$$E = 0.2445 - 7.6 \times 10^{-4}(T - 25)\text{V}$$

上述银-氯化银电极，在固定的氯离子浓度下其电极电位稳定，也常用作参比电极。银-氯化银电极具有体积小，灵活，可在高于 60℃ 的体系中使用等优点。

15.2.2　电位分析法

电位分析法通常可分为直接电位法和电位滴定法两类。

15.2.2.1　直接电位法

(1) 溶液 pH 值的测定

① pH 测定依据

用玻璃电极作指示电剂，饱和甘汞电极（SCE）为参比电极时，组成下列原电池：

$$(-)\text{Ag} \mid \text{AgCl}, 0.1\text{mol} \cdot \text{L}^{-1}\text{HCl} \mid \text{玻璃膜} \mid \text{试液} \parallel \text{KCl(饱和)}, \text{Hg}_2\text{Cl}_2 \mid \text{Hg}(+)$$

玻璃电极 ←—————————————→ ←——————— SCE ———————→

当玻璃电极插入被测溶液中，玻璃膜处于内部溶液（氢离子活度为 $a_{\text{H}^+,\text{内}}$）和待测溶液（氢离子活度为 $a_{\text{H}^+,\text{外}}$）之间，跨越玻璃膜产生电位差 ΔE_M，ΔE_M 称为膜电位。它与氢离子活度的关系符合 Nernst 方程：

$$\Delta E_\text{M} = \frac{2.303RT}{F} \lg \frac{a_{\text{H}^+,\text{外}}}{a_{\text{H}^+,\text{内}}}$$

因 $a_{\text{H}^+,\text{内}}$ 为常数，

$$\Delta E_\text{M} = K + \frac{2.303RT}{F} \lg a_{\text{H}^+,\text{外}} = K - \frac{2.303RT}{F}\text{pH}_\text{外} \tag{15-6}$$

可知，当 $a_{\text{H}^+,\text{外}} = a_{\text{H}^+,\text{内}}$ 时，$\Delta E_\text{M} = 0$，实际上，跨越玻璃膜仍存在一个不等于零的电位差，即存在玻璃电极的不对称电位 $\Delta E_\text{不对称}$。$\Delta E_\text{不对称}$ 与玻璃膜的组成和厚度、吹制条件和温度有关。此外，在浓度或组成不同的两种电解质溶液接触时，由于相界面上正负离子扩散速度不同而产生液接电位 ΔE_L（也称为扩散电位）。通常用盐桥连接两种电解质溶液而使 ΔE_L 减至最小。在电位测定法中不能忽略这种电位差，因此上述原电池的电动势应为：

$$E = E_\text{SCE} - E_\text{玻璃} + \Delta E_\text{不对称} + \Delta E_\text{L} = E_\text{SCE} - (E_{\text{AgCl/Ag}} + \Delta E_\text{M}) + \Delta E_\text{不对称} + \Delta E_\text{L}$$

根据式(15-6)得　　　　　　　$$E = K' + \frac{2.303RT}{F}\text{pH}_\text{试} \tag{15-7}$$

式中 $K' = E_\text{SCE} - E_{\text{AgCl/Ag}} + \Delta E_\text{不对称} + \Delta E_\text{L} - K$，

K' 在一定条件下为常数，可见原电池的电动势与溶液的 pH 值具线性关系，该直线的斜率为 $\dfrac{2.303RT}{F}$。该电动势与温度有关。式(15-7) 即电位法测定溶液 pH 值的依据。

② 溶液 pH 值的测定方法

实际测定时，需用已知 pH 的标准缓冲溶液。设标准缓冲溶液的 pH 为 pH$_\text{标}$，在相同条件下，以该缓冲溶液组成原电池的电动势为 $E_\text{标}$，故由式(15-7) 得

$$E_\text{标} = K' + \frac{2.303RT}{F}\text{pH}_\text{标} \tag{15-8}$$

由式(15-7) 和式(15-8) 可得

$$\text{pH}_\text{试} = \text{pH}_\text{标} + \frac{E - E_\text{标}}{2.303RT/F} \tag{15-9}$$

式(15-9) 称为 pH 标度。因此，用 pH 计测定溶液 pH 值时，必须先用标准缓冲溶液定位，同时考虑温度的影响，然后可直接在 pH 计上测出试液的 pH 值。pH 值测定的准确度决定于标准缓冲溶液的准确度以及标准溶液与待测溶液组成接近的程度。另外，玻璃电极一般适用于 pH 1~9 的情况，pH>9 时会产生碱误差，读数偏高；pH<1 时会产生酸误差，读数偏低。

(2) 溶液离子活度的测定

用离子选择性电极测定离子活度时，是将它与参比电极浸入待测溶液中组成电池，通过测量电池电动势来测定离子的活度。例如测定溶液中 F$^-$ 离子活度时，以氟离子选择电极为指示电极，饱和甘汞电极为参比电极，组成如下的电池：

（-）Hg｜Hg$_2$Cl$_2$,KCl(饱和)‖试液｜LaF$_3$ 膜｜NaF,NaCl,AgCl｜Ag（+）
　　　├──SCE──┤　　├──────氟电极──────┤

此电池的电动势 E 与试液中 F$^-$ 活度的关系为：

$$E = K' - \frac{2.303RT}{F}\lg a_{\text{F}^-} \tag{15-10}$$

K' 在一定条件下为定值。

由式(15-10)，可得各种离子选择性电极测定离子活度的通式：

$$E = K' - \frac{2.303RT}{nF}\lg a_\text{阴离子} \tag{15-11}$$

$$E = K' + \frac{2.303RT}{nF}\lg a_\text{阳离子} \tag{15-12}$$

值得注意的是，离子选择性电极不是只对溶液中特定的离子产生电位响应。它们在不同程度上，对溶液中的共存离子也会有电位响应，从而对测定产生干扰。此时，可引入选择性系数 $K_{i,j}$ (Selectivity Coefficient) 对电极电位进行校正。$K_{i,j}$ 是判断一种离子选择性电极在已知杂质存在时的干扰程度的有用指标，通常由实验方法求得。

除了上述使用离子计直接测量试液的待测离子浓度以外，利用电极电位和 pM 的线性关系，也可以采用标准曲线法和标准加入法测定离子活度。

① 标准曲线法　首先用离子选择性电极与参比电极测定一系列活（浓）度已知的标准溶液的电动势 E，然后以 E 值对应 $\lg a_i$($\lg c_i$) 值绘制标准曲线（又称校正曲线）图。然后在相同条件下测定试液的 E_x 值，根据标准曲线和 E_x 值即可从图中查出欲测离子的活（浓）度。

当试样中含有一种含量高而基本恒定的非待测离子时，可以试样为基础，用相似的组成制备标准溶液。

当试样中含有浓度不能确定或变动较大的非待测离子时，可加入离子强度调节剂。离子强度调节剂由浓度很大的电解质溶液组成，对待测离子应无干扰。当把它加到标准溶液及试样溶液中时，使这两种溶液的离子强度很高且近乎一致。这样绘制出标准溶液的 E-$\lg c_i$ 标准曲线，即可从曲线上直接查出欲测 i 离子的浓度。

② 标准加入法 该方法是将一定体积和一定浓度的标准溶液加入到待测试液中，根据加入前后点位的变化计算待测离子的含量。设一未知溶液待测离子浓度为 c_x，其体积为 V_0，测得电动势为 E_1；然后加入待测离子的标准溶液（浓度为 c_s，c_s 约为 c_x 的 100 倍），加入体积为 V_s（约为试样体积的 1/100），测定其电动势 E_2。

设 c_Δ 为加入标准溶液后试样浓度的增加值：

$$c_\Delta = \frac{V_s c_s}{V_0 + V_s}$$

因为 $V_s \ll V_0$，所以

$$c_\Delta = \frac{V_s c_s}{V_0} \tag{15-13}$$

两次测得电动势的差值为

$$\Delta E = \frac{S}{n} \lg \left(1 + \frac{c_\Delta}{c_x} \right) \tag{15-14}$$

式中

$$S = \frac{2.303 RT}{F}$$

由式(15-14) 得

$$c_x = c_\Delta (10^{n\Delta E/S} - 1)^{-1} \tag{15-15}$$

故根据测得的 ΔE 值，即可算出 c_x。

标准加入法仅需要一种标准溶液，操作简单快速。在有大量过量络合剂存在的体系中，此法是利用离子选择性电极测定待测离子总浓度的有效方法。它在一定程度上可减免由于标准溶液与待测试液在离子强度上的差别而引起的误差。

(3) 影响测定的因素

对离子选择性电极测量有影响而导致误差的因素较多，下面是一些较重要的因素。

① 温度 根据 Nernst 方程可知，电动势 E 与温度有关。测定过程中应保持温度恒定，以提高测定的准确度。

② 电动势测量 测量电动势的仪器称为酸度计或离子计。电动势测量的准确度直接影响测定结果的准确度。因此，要求测量仪器必须具有高的灵敏度和相当的准确度。电动势的测量要求使用电子毫伏计，其输入阻抗不应低于 $10^{10}\,\Omega$，测定的电极电位应精确到 $0.2\,\text{mV}$ 数量级。此外，仪器还应具有稳定性。因此，应根据测定要求选择适当的精密酸度计或离子计。

③ 干扰离子 当试液中有共存离子时，可能会和电极膜反应生成可溶性络合物。如试液中存在的大量柠檬酸根（Ct^{3-}）会和氟离子电极的 LaF_3 电极膜发生络合反应：

$$LaF_3(固) + Ct^{3-}(水) \Longleftrightarrow LaCt(水) + 3F^-(水)$$

从而使试液中 F^- 增加，导致测定结果偏高而造成干扰。此外，有的共存离子还可能和电极膜作用生成一种新的不溶性化合物。如用 Br^- 电极测定试液中 Br^- 时，共存离子 SCN^- 将和 Br^- 电极的电极膜 $AgBr$ 反应：

$$SCN^- + AgBr(固) \Longleftrightarrow AgSCN(固) + Br^-$$

如 SCN^- 浓度达一定限度，产生的 $AgSCN$ 将覆盖溴化银膜的表面，使其失去测定 Br^- 的能力而产生干扰。

共存离子还可能与待测离子发生化学反应，改变待测离子的形态。如用氟电极测定 F^-

时，如溶液中加入 Al^{3+}，则 F^- 会和 Al^{3+} 生成 $[AlF_6]^{3-}$ 络离子。氟电极对 $[AlF_6]^{3-}$ 无响应，导致测定结果偏低而产生干扰。

此外，共存离子还会影响溶液的离子强度，影响待测离子的活度等。总之，干扰离子将给测定带来误差。因此，在测定时，应消除共存离子的干扰。一般可加入掩蔽剂，必要时采取预先分离的办法。

④ 溶液的 pH 值　H^+ 或 OH^- 能影响某些测定，因此，应通过试验找出合适的 pH 测定范围，然后使用缓冲溶液使试液维持一定的 pH 范围。

⑤ 待测离子的活度　使用离子选择性电极测定待测离子的活度线性范围一般为 $10^{-6} \sim 10^{-1} \text{mol} \cdot \text{L}^{-1}$，这是由组成电极的电极膜的活性物质的性质所决定。因此，测定时，试液的浓度不能太稀或太浓。

⑥ 响应时间　是电极浸入试液后达到稳定的电位所需的时间，一般用达到稳定电位的 95% 所需时间表示。响应时间与待测离子到达电极表面的速率有关；与待测离子的活度有关；与介质的离子强度有关，与某些共存离子有关。因此，需考虑响应时间这一重要因数。

⑦ 迟滞效应　对同一活度值的离子试液，测定数值与电极在测定前接触的试液浓度有关，此现象称为迟滞效应，亦称为电极存储效应。它是直接电位分析法的误差来源之一。因此，测定前，需对固定电极进行预处理以消除由于迟滞效应而产生的误差。

15.2.2.2　电位滴定法（Potentiometric Titration）

电位滴定法是通过测量滴定过程中电位的变化，根据化学计量点前后电位的突跃来确定滴定终点的一种滴定分析方法。

(1) 电位滴定的基本装置和过程

图 15-11　电位滴定基本仪器装置

电位滴定时，在待测溶液中插入一个指示电极，与一个参比电极组成工作电池。基本仪器装置如图 15-11 所示。

滴定过程中，每滴加一次滴定剂，测量一次电动势。一般只需准确测量和记录化学计量点前后 1～2mL 的电动势变化即可。在化学计量点附近应该每加入 0.1～0.2mL 滴定剂（每次加入量应相等，如 0.10mL）就测量一次电动势。将所有数据列表，然后作图确定滴定终点。表 15-2 是用 $0.1 \text{mol} \cdot \text{L}^{-1}$ 硝酸银标准溶液滴定氯离子所得数据。

(2) 滴定终点的确定方法

① 绘 E-V 曲线法　用加入滴定剂的体积 V 作横坐标，电动势 E 作纵坐标，可绘制 E-V 曲线，曲线上的突跃范围的中点即为化学计量点。如图 15-12(a) 所示。

表 15-2　以 $0.1 \text{mol} \cdot \text{L}^{-1}$ $AgNO_3$ 溶液滴定 NaCl 溶液

加入 $AgNO_3$ 的体积 V/mL	E/V	$\Delta E/\Delta V$/$V \cdot mL^{-1}$
5.0	0.062	
15.0	0.085	0.002
20.0	0.107	0.004
22.0	0.123	0.008
23.0	0.138	0.015
23.50	0.146	0.016
23.80	0.161	0.050
24.00	0.174	0.065

加入 AgNO₃ 的体积 V/mL	E/V	ΔE/ΔV/V·mL⁻¹
24.10	0.183	0.09
24.20	0.194	0.11
24.30	0.233	0.39
24.40	0.316	0.83
24.50	0.340	0.24
24.60	0.351	0.11
24.70	0.358	0.07
25.00	0.373	0.050
25.5	0.385	0.024
26.0	0.396	0.022
28.0	0.426	0.015

(a) E-V曲线   (b) (ΔE/ΔV)-V曲线

图 15-12　电位滴定曲线

② 绘 (ΔE/ΔV)-V 曲线法　此法又称一级微商法。首先求出 ΔE/ΔV 值，即 E 的变化值 ΔE 与相对应的加入滴定剂体积的增量 ΔV 之比。如根据表 15-2 中数据可计算滴定剂体积在 24.00mL 和 24.10mL 之间变化时的 ΔE/ΔV：

$$\frac{\Delta E}{\Delta V}=\frac{0.183-0.174}{24.10-24.00}=0.09$$

用表 15-2 中 ΔE/ΔV 值对 V 作图，如图（15-12）中（b）所示，峰尖所对应的 V 值即为滴定终点。

(3) 自动电位滴定法

自动电位滴定需用仪器来进行，电位滴定仪有半自动，全自动两种。

进行自动电位滴定之前，首先根据实验，如上例所示的方法测得终点电位。然后在自动电位滴定仪上将此终点电位作为预设终点电位，就可开始用仪器进行滴定。滴定过程中，仪器的电极测量系统不断地测量滴定溶液的电位，当测得电位与预设终点电位相等时，仪器就自动停止滴定，记下所用滴定剂的体积，计算结果或用仪器的计算机系统计算打印出结果。

(4) 电位滴定法的应用和指示剂的选择

电位滴定法可应用于酸碱滴定、氧化还原滴定、沉淀滴定和配位滴定等。

① 酸碱滴定　由于用电位滴定法确定滴定终点的不确定性比用指示剂判断滴定终点时要小得多，因此很多弱酸、弱碱以及多元酸（碱）或混合酸（碱）可用电位滴定法测定而提高准确度。

在非水溶液的酸碱滴定中，有时没有适当的指示剂或指示剂变色不明显时，可采用电位滴定法。

使用电位滴定法进行酸碱滴定时，常用 pH 玻璃电极作指示电极，甘汞电极作参比电极。非水溶液中滴定时，为避免由甘汞电极漏出的水溶液以及在甘汞电极口上析出的不溶盐（KCl）影响液接电位，可以使用饱和氯化钾无水乙醇溶液代替电极中的饱和氯化钾水溶液。

② 氧化还原滴定　氧化还原滴定都可应用电位滴定法进行，一般都以铂电极作指示电极，以饱和甘汞电极为参比电极。

③ 沉淀滴定　不同的沉淀反应采用不同的指示电极。

如以硝酸银标准溶液滴定卤素离子时，可以用银电极作指示电极。饱和甘汞电极作参比电极。因甘汞电极漏出的氯离子对测定有干扰。因此需要用硝酸钾盐桥将试液与甘汞电极隔开（双盐桥甘汞电极）。

如用 $K_4Fe(CN)_6$ 标准溶液滴定 Pb^{2+}、Cd^{2+}、Zn^{2+}、Ba^{2+} 等离子时，可使用铂电极作指示电极，饱和甘汞电极作参比电极。

④ 配位滴定　以 EDTA 为滴定剂的配位滴定剂中，共存杂质离子对所用指示剂有封闭、僵化作用而使滴定难以进行，或需要进行自动滴定时，都可采用电位滴定法。一般用铂电极作指示电极，饱和甘汞电极作参比电极。

有的配位滴定也可用离子选择性电极作指示电极。如以氟离子选择性电极为指示电极用镧滴定氟化物，用氟化物滴定铝离子；以钙离子选择性电极作指示电极用 EDTA 滴定钙等。

综上所述，电位滴定法的优点是：首先它判断终点的方法比用指示剂指示终点的方法更客观，更准确，其次可在非水溶液中滴定某些有机物；此外，可在有色的或混浊的溶液中进行滴定。因此电位滴定法有着较为广阔的应用前景。

自 20 世纪 50 年代以来，电化学测试技术不断涌现，对电位、电流、电容、电阻等参数的测试水平有了长足的进步。同时，在电极/电解质界面的构造、理论模型以及电解过程等方面也有了新的研究进展。包括电化学交流阻抗技术、超微电极技术、纳米阵列电极技术等在内的新型电化学技术也得到了进一步发展。这些技术背景和成熟的电化学原理为电化学分析的发展提供了坚实的基础。如今，电化学分析在环境监测、生物分析以及在线监控等方面都有着广泛的应用。决定电化学分析性能的关键元素为电极材料，电极材料的优劣决定着电化学检测的选择性、灵敏性和重现性等参数。因此，研制和开发各种高灵敏度、高选择性的新型功能化的电极材料已成为当今电化学分析的研究热点之一。其中，以贵金属纳米材料和碳纳米材料为代表的新型纳米材料在电化学分析应用领域有着强大的应用前景。纳米材料所具有的较大的表面积、良好的导电能力及量子效应等特性，增大了待测物与电极界面的接触概率，提高了二者间的电子转移效率，降低了电极界面上电化学反应所需要的能量势垒，从而有效地改善了电化学分析手段的灵敏度、选择性及检测限等性质，在环境有害物质及生物分子的检测上得到了广泛应用。

15.3　气相色谱法
（Gas Chromatography，GC）

色谱法是指样品组分在两相（固定相和流动相）之间进行分配而达到分离的一种技术。这种分离技术应用于分析化学中，就是色谱分析。

色谱法的主要类型及分类依据：

① 按流动相的物态　色谱法可分为气相色谱法（流动相为气体）和液相色谱法（流动相为液体）；按固定相的物态又可分为气固色谱法（固定相为固体吸附剂）、气液色谱法（固定相为涂在固体担体上或毛细管壁上的液体）、液固色谱法和液液色谱法。

② 按固定相的形式　可分为柱色谱法（固定相装在色谱柱中）、纸色谱法（滤纸为固定相）和薄层色谱法（将吸附剂粉末制成薄层作固定相）等。

气相色谱法是采用气体（亦称载气）作为流动相的一种色谱法。由于固定相的不同，气相色谱法又可分为气-固色谱法和气-液色谱法。

15.3.1　气相色谱分析流程及色谱仪的组成

气相色谱分析流程示意如图 15-13。高压钢瓶供给的载气（用来载送试样的惰性气体，如氢、氮等）经减压阀减压后，进入载气净化干燥管除去其中的水分后，经过进样器（包括汽化室）。针形阀控制载气的压力和流量。流量计和压力表用以指示载气的柱前流量和压力。试样在进样器注入，不断流动的载气携带试样进入色谱柱，分离各组分后，依次进入检测器后放空。检测器信号由记录仪记录。

图 15-13　气相色谱分析流程示意图

1—高压钢瓶；2—减压阀；3—干燥管；4—针形阀；5—流量计；6—压力表；
7—进样器；8—色谱柱；9—检测器；10—记录仪

气相色谱仪的组成为五个部分，如图 15-13。

Ⅰ. 气路系统　包括气源、气体净化、气体流速控制和测量。

Ⅱ. 进样系统　包括进样器（气体样品用旋转式六通阀进样，液体样品用微量注射器进样）、汽化室（用电加热的金属块制成）。

Ⅲ. 色谱柱　色谱柱有两种，一种称为填充柱。填充柱通常用不锈钢、铜、铝、玻璃或聚四氟乙烯制成，内径 $2 \sim 6mm$，长 $0.5 \sim 10m$，是 U 形或螺旋形的管子，管内填充固定相。另一种色谱柱称为毛细管柱，在毛细管的内壁上均匀地涂敷固定液，中心是空的，故称开管柱，习惯称毛细管柱。毛细管柱可由不锈钢、玻璃或熔融石英制作，毛细管柱的内径为 $0.1 \sim 0.5mm$，长度为 $20 \sim 300m$。用毛细管柱作色谱柱的气相色谱法是 1957 年由戈雷（M. J. E. Golay）首先提出的，又称毛细管柱气相色谱法。是一种高效、快速、高灵敏的分离分析方法。气相色谱法中的色谱柱都装在恒温箱内，使色谱柱保持恒定温度或按程序变化的温度。

Ⅳ. 检测系统　包括检测器、检测器电源及控温装置。检测器的作用是将经分离后的各组分按其特性及含量转换为相应的电信号。检测器可分为浓度型检测器（Concentration Sensitive Detector）和质量型检测器（Mass Flow Rate Sensitive Detector）两种。

浓度型检测器测量的是载气中某组分浓度瞬间的变化，即检测器的响应值和组分的浓度成正比。如热导池检测器（Thermal Conductivity Detector，TCD）和电子捕俘检测器（Electron Capture Detector，ECD）等。

质量型检测器测量的是载气中某组分进入检测器的速度变化，即检测器的响应值和单位时间内进入检测器某组分的质量成正比。如氢火焰离子化检测器和火焰光度检测器等。

Ⅴ. 记录系统：包括放大器、记录仪等。

15.3.2　气相色谱的固定相

如气相色谱仪的色谱柱是填充柱，则填充柱填充的固定相有两类，即气-固色谱分析中的固定相和气-液色谱分析中的固定相。

(1) 气-固色谱固定相

气-固色谱的固定相是一种具有多孔性及较大表面积的吸附剂颗粒。常用的吸附剂有非极性的活性炭、弱极性的氧化铝、强极性的硅胶等。还有对吸附剂表面进行物理化学改性而研制出的表面结构均匀的石墨化炭黑，碳分子筛等，可以分离一些顺、反式空间异构体。目前应用日益广泛的高分子多孔微球 GDX，特别适于分析试样中的痕量水含量，也可测定多元醇、脂肪酸、腈类等强极性物质的含量，还可分析 HCl、NH_3、Cl_2、SO_2 等。

(2) 气-液色谱固定相

气-液色谱中的固定相是在固体微粒（此固体微粒是用来支持固定液的，称为担体）表面涂上一层高沸点有机化合物的液膜。这种高沸点有机化合物称为固定液。

① 担体　又称载体，它可提供大的惰性表面来承担固定液，使固定液以薄膜状态分布其表面上。因此，担体表面应是化学惰性的，多孔，即表面积较大，热稳定性好，无吸附性，不易破碎，粒度均匀，细小。一般为 40～60 目、60～80 目或 80～100 目。

担体可分为硅藻土型和非硅藻土型两类。硅藻土型又可分为红色担体和白色担体两种，它们是天然硅藻土经煅烧而成，不同的是白色担体在煅烧前于硅藻土原料中加入少量助熔剂，如碳酸钠。红色担体适用于分析非极性或弱极性物质，白色担体用于分析极性物质。硅藻土型担体表面含有相当数量的硅醇基团等。故当分析极性试样和化学性活泼试样时，担体需加以钝化处理。处理方法有酸洗、碱洗、硅烷化等。

非硅藻土型担体有氟担体、玻璃微球担体和高分子多孔微球等。

② 固定液　固定液应满足下列条件。

a. 在操作温度下蒸气压要低，热稳定性好。

b. 在操作温度下呈液体状态，不发生分解。

c. 对试样组分有适当的溶解能力。对沸点相同或相近的不同物质有尽可能高的分离能力。

d. 化学稳定性好，不与被测物质起不可逆的化学反应。

(3) 固定液的选择

一般根据"相似相溶"原理，即固定液的性质（极性）和被测组分有某些相似性时，其溶解度就大。一般选择规律如下：

① 分离非极性物质，一般选用非极性固定液，组分与固定液的分子间主要为色散力。这时试液中各组分按沸点由低到高的次序先后出峰。

② 分离强极性物质，选用强极性固定液。固定液与组分的分子间主要为静电力。试样

中极性小的先流出色谱柱，极性大的后流出色谱柱。

③ 分离非极性和极性混合物时，一般选用极性固定液，固定液与组分的分子间的诱导力起主要作用。这时非极性组分先出峰，极性组分后出峰。

④ 选择极性或氢键型的固定液，可分离能形成氢键的试样，如多元醇、酚、胺和水等。这时，不易形成氢键的先出峰，最易形成氢键的后出峰。

常用固定液有角鲨烷、阿皮松、己二酸二辛酯、聚苯醚 OS-124、新戊二醇丁二酸聚酯、己二酸二乙二醇酯、双甘油、三（2-氰乙氧基）丙烷等。

15.3.3　气相色谱分析的基本理论

(1) 气相色谱常用术语

① 色谱图　多组分试样经色谱柱分离后，依次经过检测器，由记录仪记录下来的各组分浓度随时间变化的关系曲线，称为色谱图。如图 15-14 所示，色谱图以组分的浓度变化作纵坐标，流出时间为横坐标。

② 基线（Baseline）　色谱柱中只有载气通过时，检测器系统噪声随时间变化的曲线称为基线。稳定的基线是一条水平直线。当基线随时间定向缓慢变化时，称为基线漂移（Baseline Drift）。当由于各种因素而使基线起伏时，称为基线噪声（Baseline Noise）。

③ 保留值（Retention Value）

a. 死时间（Dead Time）t_M　不被固定相吸附或溶解的气体（如空气、甲烷）从进样开始到出现色谱峰最高点所用的时间，如图 15-14 中的 $O'A'$ 所示。

b. 保留时间（Retention Time）t_R　指被测组分从进样开始到出现色谱峰最高点时所用的时间，如图 15-14 中的 $O'B$。

c. 调整保留时间（Adjusted Retention Time）t_R'　指扣除死时间后某一组分的保留时间，如图 15-14 中的 $A'B$，即

$$t_R' = t_R - t_M \tag{15-16}$$

d. 死体积（Dead Volume）V_M　在死时间内所通过的载气体积。死体积可由死时间与色谱柱出口的载气体积流速 $F_0(\text{mL} \cdot \text{min}^{-1})$ 计算：

$$V_M = t_M \cdot F_0 \tag{15-17}$$

e. 保留体积（Retention Volume）V_R　指被测组分从进样开始到出现色谱峰最高点时所通过的载气体积，即

$$V_R = t_R \times F_0 \tag{15-18}$$

f. 调整保留体积（Adjusted Retention Volume）V_R'　指扣除死体积后某组分的保留体积，即

$$V_R' = t_R' \cdot F_0 \quad \text{或} \quad V_R' = V_R - V_M \tag{15-19}$$

g. 相对保留值（Relative Retention Value）r_{21}　指某组分 2 的调整保留值与另一组分 1 的调整保留值之比：

$$r_{21} = \frac{t_{R(2)}'}{t_{R(1)}'} = \frac{V_{R(2)}'}{V_{R(1)}'} \tag{15-20}$$

r_{21} 可表示固定相（色谱柱）的选择性，r_{21} 越大，相邻两组分的 t_R' 相差越大，分离效果越好。

图 15-14　色谱流出曲线图

④ 色谱峰区域宽度（Peak Width）

a. 标准偏差（Standard Deviation）σ 0.607 倍色谱峰高处色谱峰宽度的一半，如图 15-14 中 EF 的一半。

b. 半峰宽度（Peak Width at Half-Height）$Y_{1/2}$ 峰高一半处的宽度。如图 15-14 中的 GH，它与标准偏差的关系为

$$Y_{1/2} = 2\sigma\sqrt{2\ln 2} = 2.35\sigma \tag{15-21}$$

c. 峰底宽度（Peak Width at Peak Base）Y 色谱峰两侧拐点的切线在基线上的截距，如图 15-14 中的 IJ 所示。它与标准偏差的关系为

$$Y = 4\sigma \tag{15-22}$$

（2）分配平衡

当试样由载气携带进入气-固色谱柱时，立即被吸附剂所吸附。载气不断流过吸附剂时，吸附的被测组分又被洗脱下来，这种洗脱现象称为脱附。

当载气携带被测物质进入气-液色谱柱，和固定液接触时，气相中的被测组分就溶解到固定液中。载气连续流经色谱柱，溶解在固定液中的被测组分会从固定液中挥发到气相中。

这种物质在固定相和流动相（气相）之间发生的吸附、脱附和溶解、挥发的过程，称为分配过程。在一定温度下组分在两相之间分配达到平衡时的浓度比称为分配系数 K。

$$K = \frac{c_S}{c_M} \tag{15-23}$$

式中，c_M 为组分在流动相中的浓度，$g \cdot mL^{-1}$；c_S 为组分在固定相中的浓度，$g \cdot mL^{-1}$。

一定温度下，各物质在两相之间的分配系数是不同的。分配系数差别越大，则各组分的色谱峰距离越远。因此，分配系数是色谱分离的依据。

在一定温度、压力下，两相间达到分配平衡时，组分在两相中的质量比，称为分配比，以 k 表示：

$$k = \frac{m_S}{m_M} \tag{15-24}$$

式中，m_S 为组分分配在固定相中的质量；m_M 为组分分配在流动相中的质量。它与分配系数 K 的关系为：

$$K = \frac{c_S}{c_M} = \frac{m_S/V_S}{m_M/V_M} = k \cdot \frac{V_M}{V_S} \tag{15-25}$$

式中，V_M 为色谱柱中流动相体积；V_S 为色谱柱中固定相体积。

分配比 k 可由实验测得。它等于该组分的调整保留时间与死时间的比值，

即

$$k = \frac{t_R - t_M}{t_M} = \frac{t'_R}{t_M}$$

（3）塔板理论（Plate Theory）

早期人们把色谱柱假想为一个分馏塔，认为色谱柱由许多假想的塔板组成。塔板理论假定：

① 组分在柱内每达成一次分配平衡所需柱长称为理论塔板高度（Height Equivalent to Theoretical Plate）H；

② 载气进入色谱柱的每次脉动式进气为一个板体积，试样开始分配时都加在第 0 号塔板上，试样的纵向扩散可略而不计；

③ 各塔板上的分配系数是常数。

计算塔板数 n 的经验式为：

$$n = 5.54\left(\frac{t_R}{Y_{1/2}}\right)^2 = 16\left(\frac{t_R}{Y}\right)^2 \tag{15-26}$$

理论塔板高度

$$H = \frac{L}{n} \tag{15-27}$$

式中，L 为色谱柱的长度；t_R 及 $Y_{1/2}$ 或 Y 用同一物理量（时间或距离）的单位。

为真实反映色谱柱分离的能力，可扣除死时间 t_M 的影响、有效塔板数 $n_{有效}$ 和有效塔板高度 $H_{有效}$ 的计算式为：

$$n_{有效} = 5.54\left(\frac{t'_R}{Y_{1/2}}\right)^2 = 16\left(\frac{t'_R}{Y}\right)^2 \tag{15-28}$$

$$H_{有效} = \frac{L}{n_{有效}} \tag{15-29}$$

$n_{有效}$ 和 $H_{有效}$ 可以直观地表明柱效能发挥的程度。

(4) 速率理论（Rate Theory）

1956 年荷兰学者范第姆特（Van Deemter）根据塔板理论的概念，把影响塔板高度的载气流速、传质、扩散等动力学因素结合起来，导出了塔板高度 H 与载气线速度 u 的关系式（即范弟姆特方程式的简化式）：

$$H = A + \frac{B}{u} + Cu \tag{15-30}$$

式中，A、B、C 均为常数，A 称为涡流扩散项，B 为分子扩散系数，C 为传质阻力系数。当 u 一定时，如 A、B、C 较小，H 才能比较小，柱效才能得以提高。

范弟姆特方程式可说明，柱填充均匀程度、担体粒度、载气种类、载气流速、柱温、固定相液膜厚度等对柱效、峰扩张的影响，对于分离条件的选择具有指导意义。

15.3.4 气相色谱的分析方法

(1) 定性分析方法

当固定相、操作条件恒定时，各种物质均有确定不变的保留值。因此，可采用保留值作定性分析。

① 用保留时间、保留体积或相对保留值作定性鉴定　仅限于当未知物通过其他方法已被确定可能为某几个化合物或属于某种类型时。此时，可将未知物与每一种可能化合物的标准试样在相同的色谱条件下进行测定，对照比较两者的保留值是否相同即可。

② 用保留指数（Retention Index，又称 Kovats 指数）进行定性鉴定　保留指数 I 是把物质的保留行为用两个紧靠近它（或有间隔）的标准物（一般是两个正构烷烃）来标定，并以均一标度（即不用对数）来表示。计算式为：

$$I = 100\left(\frac{\lg X_i - \lg X_Z}{\lg X_{Z+n} - \lg X_Z} \cdot n + Z\right) \tag{15-31}$$

式中，X 为保留值，可以用调整保留时间 t'_R、调整保留体积 V'_R 或相应的记录纸的距离表示。i 为被测物质，Z、$Z+n$ 代表具有 Z 个和 $Z+n$ 个碳原子数的正构烷烃。被测物质的 X 值应恰在这两个正构烷烃的 X 值之间，即 $X_Z < X_i < X_{Z+n}$。如欲求某物质的保留指数，只要与相邻的正构烷烃混合在一起（或分别的），在给定条件下进行色谱实验，然后根据保留值计算其保留指数。保留指数的有效数字为三位，其准确度和重现性都很好，相对误差小于 1%。因此，根据所用固定相和柱温，将计算值与文献上发表的保留指数直接对照而

设各组分含量的总和 m 为 100%。

设试样中有 n 个组分，其质量分别为 m_1，m_2，$\cdots$，m_n，其中组分 i 的质量分数 w_i 为：

$$w_i = \frac{m_i}{m} \times 100\% = \frac{m_i}{m_1 + m_2 + \cdots + m_i + \cdots + m_n} \times 100\%$$

$$= \frac{A_i \cdot f_i}{A_1 f_1 + A_2 f_2 + \cdots + A_i f_i + \cdots + A_n f_n} \times 100\% \tag{15-38}$$

如各组分的 f 值相近或相同，则上式可简化为：

$$w_i = \frac{A_i}{A_1 + A_2 + \cdots + A_i + \cdots + A_n} \times 100\% \tag{15-39}$$

b. 内标法（Internal Standard Method）　当试样中所有组分不能全部出峰或只需测定试样中某几个组分时，可采用内标法。

内标法是准确称取试样后，加入一定量的纯物质作为内标物。根据被测组分和内标物的质量及两者在色谱图上相应的峰面积之比，即可求出某组分的含量。如测定试样中质量为 m_i 的组分的质量分数 w_i，将质量为 m_s 的内标物加入试样中，试样质量为 m，因为

$$m_i = f_i \cdot A_i$$

$$m_s = f_s \cdot A_s$$

$$\frac{m_i}{m_s} = \frac{A_i f_i}{A_s f_s}$$

$$m_i = \frac{A_i f_i}{A_s \cdot f_s} \cdot m_s$$

所以

$$w_i = \frac{m_i}{m} \times 100\% = \frac{A_i f_i}{A_s f_s} \frac{m_s}{m} \times 100\% \tag{15-40}$$

一般常以内标物为标准物质，则 $f_s = 1$，上式可简化为

$$w_i = \frac{A_i}{A_s} \cdot \frac{m_s}{m} \cdot f_i \times 100\% \tag{15-41}$$

c. 外标法（External Standard Method）　所谓外标法是用欲测组分的纯物质配制成不同浓度的标准溶液，在一定的操作条件下，定量进样，测定峰面积后，绘出含量对峰面积（或峰高）的标准曲线。分析试样时，取等于制作标准曲线时同样量的试样，在相同条件下定量进样，测得该试样的响应信号，由标准曲线即可查出其质量分数。

15.3.5　气相色谱分析的特点及应用范围

气相色谱分析是一种高效能、选择性好、灵敏度高、操作简单，应用广泛的分析、分离方法。

在痕量分析中，可以检出超纯气体、高分子单体和高纯试剂中质量分数为 $10^{-6} \sim 10^{-10}$ 数量级的杂质；在环境监测上可用来直接检测大气中质量分数为 $10^{-6} \sim 10^{-9}$ 数量级的污染物；农药残留量的分析中可测出农副产品、食品、水中质量分数为 $10^{-6} \sim 10^{-9}$ 数量级的卤素、硫、磷化物等。

气相色谱分析十分快速，可在几分钟到几十分钟内完成一个试样的分析。某些快速分析，一秒钟可分析好几个组分。色谱仪上带的微处理机，可使操作及数据处理自动化，从而实现了色谱分析的高速度。

气相色谱法可分析气体试样，也可分析易挥发或可转化为易挥发的液体和固体试样，不仅可分析有机物，也可分析部分无机物。气相色谱法所能分析的有机物，约占全部有机物的

15%～20%。因此，气相色谱分析在化工、环保、食品、土壤、农业、医学、临床药物等领域得到广泛应用。例如在药学领域中可测定各种有机溶剂的含水量、某些药物中的含醇量、药品的含量及中草药成分分析等。

庞国芳（1943. 10. 10—），中国工程院院士，中国检验检疫科学研究院首席科学家，食品科学检测技术学科专家，北京工商大学双聘院士。2014 年 3 月 7 日，国际分析化学家协会（AOAC International）将 2014 年度 AOAC 的最高科学荣誉奖——哈维·W·威利奖授予了庞国芳院士，以表彰他"对各种农产品中 1000 多种农药和兽药残留微量元素，研发色谱和质谱检测方法的卓越贡献"。庞国芳院士是设立此奖以来第 58 位获奖科学家，也是第一位获此殊荣的中国学者。庞国芳院士作为质检系统自身培养的科研楷模，在国际农药兽药残留分析技术领域具有重要影响，他已是该协会 20 多年的资深会员和 AOAC 方法研究的资深专家，先后担任 AOAC 副仲裁专家、项目研究导师，3 次领导组织了由 17 个国家 63 个实验室参加的国际协同研究，建立了农产品中拟除虫菊酯类农药残留气相色谱检测方法和家禽组织中氯羟吡啶兽药残留液相色谱检测方法，茶叶中 653 种农药残留气相色谱-质谱和液相色谱-串联质谱高通量检测方法，已进入国际 AOAC 最后评审阶段。他在积极参加并推动 AOAC 官方方法建立和发展的同时，也积极鼓励中国科学家主持或参与 AOAC"金标准"的研制工作。此次获奖，不仅体现了国际 AOAC 对他所取得的突出学术成就的高度认可，同时也是对中国研究与应用 AOAC 方法所作贡献的高度认可。

中美科学家合作解决反相液相色谱世界难题：色谱学在科学发展中占有重要地位，多数色谱学是用经典的液相色谱（LC）完成。历史上曾经先后有两位化学家因为在色谱领域的突出贡献而获得诺贝尔化学奖，此外色谱分析方法还在 12 项获得诺贝尔化学奖的研究工作中起到关键作用。然而 20 世纪 60 年代后期发展起来的高效液相色谱（HPLC）较 LC 优点更多，其中以反相高效液相色谱（RPLC）发表论文最多、用途最广。在 RPLC 中理论上的四大难题长期以来未能得到解决，影响其发展。1993 年国际著名的色谱杂志《前言》就将四大难题（样品在被固定相吸附的同时，是否会从固定相表面置换出有机溶剂？用分配机理或吸附机理能够对样品的保留解释到什么程度？或者就是二者混合机理？样品分子是进入键合相表面的吸附层内还是仅仅是在两相界面上吸附？能否由此得到一个应用于解决 RPLC 中大部分样品的普遍理论？）公布于世，由于四大难题的核心与获诺贝尔奖的 LC 观点有关，从而成为世界范围内未解决的四大难题。1995 年，西北大学耿信笃教授与美国普渡大学弗莱德·依瑞格涅尔（FredERegnier）教授合作，经过 8 年的努力，不仅解决了四大难题，还得出了较难题本身只求定性回答，难度更大更为准确的定量回答。他们通过一个难度极大的实验，得到了大量数据，并以首创的计量置换理论（SDT），对实验数据进行了处理并解释了实验现象。

思 考 题

15-1　解释下列名词

（1）光吸收曲线及标准曲线

（2）吸光度及透光度

（3）互补色光及单色光

15-2　符合朗伯－比尔定律的某一吸光物质溶液，其最大吸收波长和吸光度随吸光物质浓度增加其变化情况如何？

15-3　在吸光光度法中，选择入射光波长的原则是什么？

15-4　分光光度计是由哪些部件组成的？各部件的作用如何？

15-5　测量吸光度时，应如何选择参比溶液？

15-6　何谓指示电极及参比电极？试各举例说明其作用。

15-7　简述离子选择性电极的类型及一般作用原理。

15-8　列表说明各类反应的电位滴定中所用的指示电极及参比电极。

15-9　气相色谱仪的基本设备包括哪几部分？各有什么作用？

15-10　对担体和固定液的要求分别是什么？

15-11　试述"相似相溶"原理应用于固定液选择的合理性及其存在问题。

15-12　色谱定性的依据是什么？主要有哪些定性方法？

15-13　何谓保留指数？应用保留指数作定性指标有什么优点？

15-14　色谱定量分析中，为什么要用定量校正因子？在什么情况下可以不用校正因子？

15-15　有哪些常用的色谱定量方法？试比较它们的优缺点及适用情况。

习　题

15-1　根据 $A = k'c$，设 $k' = 2.5 \times 10^4$，今有五个标准溶液，浓度 c 分别为 4.0×10^{-6}，8.0×10^{-6}，1.2×10^{-5}，1.6×10^{-5}，2.0×10^{-5} mol·L^{-1}，绘制以 c 为横坐标，A 为纵坐标的 c-A 关系曲线图。这样的曲线图能否作定量分析标准曲线用，为什么？

15-2　某试液用 2cm 比色皿测量时，透光度 $T = 60\%$，若改用 1cm 或 3cm 比色皿，T 及吸光度 A 等于多少？

（77%，0.11；46%，0.33）

15-3　浓度为 25.5μg/50mL 的 Cu^{2+} 溶液，用双环己酮草酰二腙光度法进行测定，于波长 600nm 处用 2cm 比色皿进行测量，测得透光度 $T = 50.5\%$，求摩尔吸收系数 ε，桑德尔灵敏度 S 各是多少？

（1.9×10^4 L·mol^{-1}·cm^{-1}；3.3×10^3 μg·cm^{-2}）

15-4　测定纯金属钴中微量锰时，在酸性溶液中用 KIO_4 将锰氧化为 MnO_4^- 后进行光度测定。若用标准锰溶液配制标准系列，在绘制标准曲线及测定试样时，应分别用什么参比溶液？

（蒸馏水；不加 KIO_4 的试液）

15-5　NO_2^- 在波长 355nm 处 $\varepsilon_{355} = 23.3$ L·mol^{-1}·cm^{-1}，$\varepsilon_{355}/\varepsilon_{302} = 2.50$；$NO_3^-$ 在波长 355nm 处的吸收可忽略，在波长 302nm 处 $\varepsilon_{302} = 7.24$ L·mol^{-1}·cm^{-1}。今有一含 NO_2^- 和 NO_3^- 的试液，用 1cm 吸收池测得 $A_{302} = 1.010$，$A_{355} = 0.730$。计算试液中 NO_2^- 和 NO_3^- 的浓度。

（0.0313 mol·L^{-1}；0.0992 mol·L^{-1}）

15-6　Ti 和 V 都能与 H_2O_2 作用生成有色络合物，今以 50mL 1.06×10^{-3} mol·L^{-1} 的钛溶液发色定容为 100mL；25mL 6.28×10^{-3} mol·L^{-1} 的钒溶液发色后定容为 100mL。另取 20.0mL 含 Ti 和 V 的未知混合液经以上相同方法发色。这三份溶液各用厚度为 1cm 的吸收池在 415nm 及 455nm 处测得吸光度值如下：

溶液	A(415nm)	A(455nm)
Ti	0.435	0.246
V	0.251	0.377
未知混合液	0.645	0.555

求未知混合液中 Ti 和 V 的含量各为多少？

（2.71×10^{-3} mol·L^{-1}，6.30×10^{-3} mol·L^{-1}）

15-7　某有色络合物的 0.0010% 的水溶液在 510nm 处，用 2cm 比色皿测得透光度为 42.0%，已知 $\varepsilon = 2.5 \times 10^3 \text{L} \cdot \text{mol}^{-1} \cdot \text{cm}^{-1}$。求此有色络合物的摩尔质量。

$(131.5 \text{g} \cdot \text{mol}^{-1})$

15-8　为测定有机胺的摩尔质量，常将其转变为 1∶1 的苦味酸胺的加合物，现称取 0.0500g 某加合物，溶于乙醇中制成 1L 溶液，以 1cm 比色皿，在最大吸收波长 380nm 处测得吸光度为 0.750，求有机胺的摩尔质量。

（已知 $M_{苦味酸} = 229$，$\varepsilon = 1.0 \times 10^4 \text{L} \cdot \text{mol}^{-1} \cdot \text{cm}^{-1}$）。

$(438 \text{g} \cdot \text{mol}^{-1})$

15-9　利用二苯胺基脲比色法测定铬酸钡的溶解度时，加过量的 $BaCrO_4$ 与水在 30℃ 的恒温水浴中，让其充分平衡，吸取上层清液 10.00mL 于 25mL 比色管中，在酸性介质中以二苯胺基脲显色并定容，用 1.00cm 比色皿于 540nm 波长下，测得吸光度为 0.200。已知 $2.00 \text{mg} \cdot \text{L}^{-1}$ 的铬（Ⅵ）标准液 10.0mL 同样发色后，测得 A = 0.440。试计算 30℃ 时铬酸钡的溶度积 K_{sp}。[已知 $M(Cr) = 51.996$，$M(BaCrO_4) = 253.32$]。

(3.06×10^{-10})

15-10　当下述电池中的溶液是 pH 等于 4.00 的缓冲溶液时，在 25℃ 时用毫伏计测得下列电池的电动势为 0.209V：

玻璃电极｜$H^+ (a = x)$‖饱和甘汞电极

当缓冲溶液由三种未知溶液代替时，毫伏计读数如下：(1) 0.312V；(2) 0.088V；(3) −0.017V，试计算每种未知溶液的 pH。

$(5.74, 1.95, 0.17)$

15-11　用标准加入法测定离子浓度时，于 100mL 铜盐溶液中加入 1mL 0.1mol·L^{-1} Cu$(NO_3)_2$ 后，电动势增加 4mV，求铜的原来总浓度。

$(2.7 \times 10^{-3} \text{mol} \cdot \text{L}^{-1})$

15-12　下面是用 0.1000mol·L^{-1} NaOH 溶液电位滴定 50.00mL 某一元弱酸的数据：

V/mL	pH	V/mL	pH	V/mL	pH	V/mL	pH
0.00	2.90	10.00	5.85	15.60	8.24	18.00	11.60
1.00	4.00	12.00	6.11	15.70	9.43	20.00	11.96
2.00	4.50	14.00	6.60	15.80	10.03	24.00	12.39
4.00	5.05	15.00	7.04	16.00	10.61	28.00	12.57
7.00	5.47	15.50	7.70	17.00	11.30		

(1) 绘制滴定曲线；(2) 绘制 $\Delta pH / \Delta V \sim V$ 曲线；
(3) 计算试样中弱酸的浓度；(4) 化学计量点的 pH 应为多少？
(5) 计算此弱酸的电离常数（提示：根据滴定曲线上的半中和点的 pH）。

[(3) 0.0313mol·L^{-1}；(4) 8.84；(5) 2.6×10^{-6}]

15-13　在一根 2m 长的硅油柱上，分析一个混合物，得下列数据：苯、甲苯及乙苯的保留时间分别为 1′20″，2′2″ 及 3′1″，半峰宽为 0.211cm，0.291cm 及 0.409cm，已知记录纸速为 1200mm·h^{-1}，求色谱柱对每种组分的理论塔板数及塔板高度。

(苯：n = 885，H = 0.226cm，甲苯：n = 1082，H = 0.185cm，乙苯：n = 1206，H = 0.166cm)

15-14　在一色谱图上，测得各峰的保留时间如下：

组分	空气	辛烷	壬烷	未知峰
t_R/min	0.6	13.9	17.9	15.4

求未知峰的保留指数。

(840)

15-15　有一试样含甲酸、乙酸、丙酸及不少水，苯等物质，称取此试样 1.055g。以环己酮作内标，称取 0.1907g 环己酮，加到试样中，混合均匀后，吸取此试液 3μL 进样，得到色谱图。从色谱图上测得的各组分峰面积及已知的 f_i 值如下表所示：

组分	甲酸	乙酸	环己酮	丙酸
峰面积	14.8	72.6	133	42.4
校正因子 f_i	0.261	0.562	1.00	0.938

求甲酸、乙酸、丙酸的质量分数。

(甲酸：0.52％；乙酸：5.55％；丙酸：5.41％)

15-16 已知在混合酚试样中仅含有苯酚、邻甲酚、间甲酚和对甲酚四种组分，经乙酰化处理后，用液晶柱测得色谱图，图上各组分色谱峰的峰高、半峰宽，以及已测得各组分的校正因子分别如下。求各组分的质量分数。

组分	苯酚	邻甲酚	间甲酚	对甲酚
峰高/mm	64.0	104.1	89.2	70.0
半峰宽/mm	1.94	2.40	2.85	3.22
校正因子 f	0.85	0.95	1.03	1.00

(苯酚：12.71％；邻甲酚：28.59％；间甲酚：31.54％；对甲酚：27.15％)

附　录

表 1　SI 基本单位

量的名称	单位名称	单位符号	量的名称	单位名称	单位符号
长度	米	m	热力学温度	开[尔文]	K
质量	千克(公斤)	kg	物质的量	摩[尔]	mol
时间	秒	s	发光强度	坎[德拉]	cd
电流	安[培]	A			

注：1. 圆括号中的名称，是它前面的名称的同义词，下同。

2. 无方括号的量的名称与单位名称均为全称。方括号中的字，在不引起混淆、误解的情况下，可以省略。去掉方括号中的字即为其名称的简称，下同。

3. 本标准所列的符号，除特殊指明外，均指我国法定计量单位中所规定的符号以及国际符号，下同。

4. 人民生活和贸易中，质量习惯上称为重量。

表 2　包括 SI 辅助单位在内的具有专门名称的 SI 导出单位

量 的 名 称	SI 导出单位		
	名　称	符　号	用 SI 基本单位和 SI 导出单位表示
[平面]角	弧度	rad	$1rad=1m/m=1$
立体角	球面度	Sr	$1Sr=1m^2/m^2=1$
频率	赫[兹]	Hz	$1Hz=1s^{-1}$
力,重力	牛[顿]	N	$1N=1kg \cdot m/s^2$
压力,压强,应力	帕[斯卡]	Pa	$1Pa=1N/m^2$
能[量],功,热量	焦[耳]	J	$1J=1N \cdot m$
功率,辐[射能]通量	瓦[特]	W	$1W=1J/s$
电荷[量]	库[仑]	C	$1C=1A \cdot s$
电压,电动势,电位	伏[特]	V	$1V=1W/A$
电容	法[拉]	F	$1F=1C/V$
电阻	欧[姆]	Ω	$1Ω=1V/A$
电导	西[门子]	S	$1S=1Ω^{-1}$
磁通[量]	韦[伯]	Wb	$1Wb=1V \cdot s$
磁通[量]密度	特[斯拉]	T	$1T=1Wb/m^2$
电感	亨[利]	H	$1H=1Wb/A$
摄氏温度	摄氏度	℃	$1℃=1K$
光通量	流[明]	lm	$1lm=1cd \cdot sr$
[光]照度	勒[克斯]	lx	$1lx=1lm/m^2$
[放射性]活度	贝可[勒尔]	Bq	$1Bq=1s^{-1}$
吸收剂量			
比授[予]能	戈[瑞]	Gy	$1Gy=1J/kg$
比释功能			
剂量当量	希[沃特]	Sv	$1Sv=1J/kg$

表3　SI 词头

因　　数	词头名称		符　号
	英　文	中　文	
10^{24}	yotta	尧[它]	Y
10^{21}	zetta	泽[它]	Z
10^{18}	exa	艾[克萨]	E
10^{15}	peta	拍[它]	P
10^{12}	tera	太[拉]	T
10^{9}	giga	吉[咖]	G
10^{6}	mega	兆	M
10^{3}	kilo	千	k
10^{2}	hecto	百	h
10^{1}	deca	十	da
10^{-1}	deci	分	d
10^{-2}	centi	厘	c
10^{-3}	milli	毫	m
10^{-6}	micro	微	μ
10^{-9}	nano	纳[诺]	n
10^{-12}	pico	皮[可]	p
10^{-15}	femto	飞[姆托]	f
10^{-18}	atto	阿[托]	a
10^{-21}	zepto	仄[普托]	z
10^{-24}	yocto	[科托]	y

表4　可与国际单位制单位并用的我国法定计量单位

量的名称	单位名称	单位符号	与 SI 单位的关系
时间	分	min	$1\min=60s$
	[小]时	h	$1h=60\min=3\,600s$
	日,(天)	d	$1d=24h=86\,400s$
[平面]角	度	°	$1°=(\pi/180)\mathrm{rad}$
	[角]分	′	$1'=(1/60)°=(\pi/10\,800)\mathrm{rad}$
	[角]秒	″	$1''=(1/60)'=(\pi/648\,000)\mathrm{rad}$
体积	升	l,L	$1L=1\mathrm{dm}^3$
质量	吨	t	$1t=10^3\mathrm{kg}$
	原子质量单位	u	$1u\approx1.660\,540\times10^{-27}\mathrm{kg}$
旋转速度	转每分	$r\cdot\min^{-1}$	$1r\cdot\min^{-1}=(1/60)s$
长度	海里	n mile	$1\mathrm{n\ mile}=1852m$(只用于航程)
速度	节	kn	$1\mathrm{kn}=1\mathrm{n\ mile}\cdot h^{-1}=(1852/3600)m\cdot s^{-1}$(只用于航程)
能	电子伏	eV	$1\mathrm{eV}\approx1.602\,177\times10^{-19}\mathrm{J}$
级差	分贝	dB	
线密度	特[克斯]	tex	$1\mathrm{tex}=10^{-6}\mathrm{kg}\cdot m^{-1}$
面积	公顷	$hm^2\cdot$	$1\mathrm{hm}^2=10^4 m^2$

注：1. 平面角单位度、分、秒的符号在组合单位中采用 (°)、(′)、(″) 的形式。例如，不用°/s 而用 (°)/s。

2. 升的两个符号属同等地位，可任意选用。

3. 公顷的国际通用符号为 ha。

表 5　一些物理和化学的基本常数

量的名称	符号	数　值	单　位	备　注
电磁波在真空中的速度	c,c_0	299792458	$\text{m} \cdot \text{s}^{-1}$	准确值
真空磁导率	μ_0	$4\pi \times 10^{-7}$ 1.256637×10^{-6}	$\text{H} \cdot \text{m}^{-1}$	准确值
真空介电常数 $\varepsilon_0 = 1/\mu_0 c_0^2$	ε_0	$10^7/(4\pi \times 299792458^2)$ 8.854188×10^{-12}	$\text{F} \cdot \text{m}^{-1}$	准确值
引力常量 $F = Gm_1 m_2/r^2$	G	$(6.672 \pm 0.00085) \times 10^{-11}$	$\text{N} \cdot \text{m}^2 \cdot \text{kg}^{-2}$	
普朗克常量 $\hbar = h/2\pi$	h $\hbar$	$(6.6260755 \pm 0.0000040) \times 10^{-34}$ $(1.05457266 \pm 0.00000063) \times 10^{-34}$	$\text{J} \cdot \text{s}$ $\text{J} \cdot \text{s}$	
元电荷	e	$(1.60217733 \pm 0.00000049) \times 10^{-19}$	C	
电子[静]质量	m_e	$(9.1093897 \pm 0.0000054) \times 10^{-31}$ $(5.48579903 \pm 0.00000013) \times 10^{-4}$	kg u	
质子[静]质量	m_p	$(1.6726231 \pm 0.0000010) \times 10^{-27}$ $(1.007276470 \pm 0.000000012)$	kg u	
精细结构常数 $\alpha = \dfrac{e^2}{4\pi\varepsilon_0 hc}$	α	$(7.29735308 \pm 0.00000033) \times 10^{-3}$	1	
里德伯常量 $R_\infty = \dfrac{e^2}{8\pi\varepsilon_0 a_0 hc}$	R_∞	$(1.0973731534 \pm 0.0000000013) \times 10^7$	m^{-1}	
阿伏伽德罗常数 $L = N/n$	L,N_A	$(6.0221367 \pm 0.0000036) \times 10^{23}$	mol^{-1}	
法拉第常数 $F = Le$	F	$(6.6485309 \pm 0.0000029) \times 10^4$	$\text{C} \cdot \text{mol}^{-1}$	
摩尔气体常数 $pV_m = RT$	R	(8.314510 ± 0.000070)	$\text{J} \cdot \text{mol}^{-1} \cdot \text{K}^{-1}$	
玻尔兹曼常数 $k = R/T$	k	$(1.380658 \pm 0.000012) \times 10^{-23}$	$\text{J} \cdot \text{K}^{-1}$	
质子质量常量	m_u	$(1.6605402 \pm 0.0000010) \times 10^{-27}$	kg	原子质量单位 $1u=$ $(1.6605402 \pm$ $0.0000010) \times$ 10^{-27}kg

表6 一些物质的基本热力学数据

物 质	$\Delta_f H_m^{\ominus}(298.15K)$ /kJ·mol^{-1}	$\Delta_f G_m^{\ominus}(298.15K)$ /kJ·mol^{-1}	$S_m^{\ominus}(298.15K)$ /J·mol^{-1}·K^{-1}
Ag(s)	0	0	42.55
Ag$^+$(aq)	105.58	77.11	72.68
Ag$_2$O(s)	−31.05	−11.20	121.3
AgCl(s)	−127.07	−109.79	96.2
AgBr(s)	−100.37	−96.9	107.1
AgI(s)	−61.84	−66.19	115.5
Ag$_2$S(α,s)	−32.59	−40.67	144.01
Ag$_2$S(β,s)	−29.41	−39.46	150.6
AgNO$_3$(s)	−124.39	−33.41	140.92
[Ag(NH$_3$)$_2$]$^+$(aq)	−111.29	−17.12	245.2
Ag$_2$CO$_3$(s)	−505.8	−436.8	167.4
Ag$_2$C$_2$O$_4$(s)	−673.2	−584.0	209
Al(s)	0	0	28.83
Al^{3+}(aq)	−531	−485	−321.7
Al$_2$O$_3$(刚玉,s)	−1675.7	−1582.3	50.92
Al$_2$O$_3$·3H$_2$O(拜耳石,s)	−2586.67	−2310.21	136.90
[Al(OH)$_4$]$^-$(aq)	−1502.5	−1305.3	102.9
AlF$_3$(s)	−1504.1	−1425.0	66.44
AlCl$_3$(s)	−704.2	−628.8	110.67
AlCl$_3$·6H$_2$O(s)	−2691.6	−2261.1	318.0
Al$_2$Cl$_6$(s)	−1290.8	−1220.4	490
Al$_2$(SO$_4$)$_3$(s)	−3440.84	−3099.94	239.3
AlN(s)	−318.0	−287.0	20.17
As(α,s)	0	0	35.1
AsO$_4^{3-}$(aq)	−888.14	−648.41	−162.8
As$_2$O$_5$(s)	−924.87	782.3	105.4
AsH$_3$(g)	66.44	68.93	222.78
HAsO$_4^{2-}$(aq)	−906.34	−714.60	−1.7
H$_2$AsO$_3^-$(aq)	−714.79	−587.13	110.5
H$_2$AsO$_4^-$(aq)	−909.56	−753.17	177
H$_3$AsO$_3$(aq)	−742.2	−639.80	195.0
H$_3$AsO$_4$(aq)	−902.5	−766.0	184
AsCl$_3$(l)	−305.0	−259.4	216.3
As$_2$S$_3$(s)	−169.0	−168.6	−163.6
Au(s)	0	0	47.40
[AuCl$_4$]$^-$(aq)	−322.2	−235.14	266.9
B(g)	562.7	518.8	153.45
B(s)	0	0	5.86
B$_2$O$_3$(s)	−1272.77	−1193.65	53.97
BH$_4^-$(aq)	48.16	114.35	110.5
B$_2$H$_6$(g)	35.6	86.7	232.11
H$_3$BO$_3$(s)	−1094.33	−968.92	88.83

物　　质	$\Delta_f H_m^{\ominus}$(298.15K) /kJ $\cdot$ mol^{-1}	$\Delta_f G_m^{\ominus}$(298.15K) /kJ $\cdot$ mol^{-1}	$S_m^{\ominus}$(298.15K) /J $\cdot$ mol^{-1} $\cdot$ K^{-1}
H_3BO_3(aq)	−1072.32	−968.75	162.3
$B(OH)_4^-$	−1344.03	−1153.17	102.5
BF_3(g)	−1137.00	−1120.33	254.12
BF_4^-(aq)	−1547.9	−1486.9	180
BCl_3(l)	−427.2	−387.4	206.3
BCl_3(g)	−403.76	−388.72	290.10
BBr_3(l)	−239.7	−238.5	229.7
BBr_3(g)	−205.64	−232.50	324.24
BI_3(g)	71.13	20.72	349.18
BN(s)	−254.4	−228.4	14.81
BN(g)	647.47	614.49	212.28
B_4C(s)	−71	−71	27.11
Ba(s)	0	0	62.8
Ba(g)	180	146	170.23
Ba^{2+}(aq)	−537.64	−560.77	9.6
BaO(s)	−553.5	−525.1	70.42
$Ba(OH)_2 \cdot 8H_2O$(s)	−3342.2	−2792.8	427
$BaCl_2$(s)	−858.6	−810.4	123.68
$BaCl_2 \cdot 2H_2O$(s)	−1460.13	−1296.32	202.9
$BaSO_4$(s)	−1473.2	−1362.2	132.2
$Ba(NO_3)_2$(s)	−992.07	−796.59	213.8
$BaCO_3$(s)	−1216.3	−1137.6	112.1
$BaCrO_4$(s)	−1446.0	−1345.22	158.6
Be(s)	0	0	9.50
Be(g)	324.3	286.6	136.27
Be^{2+}(aq)	−382.8	−379.73	−129.7
BeO(s)	−609.6	−580.3	14.14
BeO_2^{2-}(aq)	−790.8	−640.1	−159
Bi(s)	0	0	56.74
Bi_2O_3(s)	−573.88	−493.7	151.5
$BiCl_3$(s)	−379.1	−315.0	177.0
$BiOCl$(s)	−366.9	−322.1	120.5
Br(g)	111.88	82.40	175.02
Br^-(aq)	−121.55	−103.96	82.4
Br_2(l)	0	0	152.23
Br_2(g)	30.91	3.11	245.46
BrO^-(aq)	−94.1	−33.4	42
BrO_3^-(aq)	−67.07	18.60	161.71
BrO_4^-(aq)	13.0	118.1	199.6
HBr(g)	−36.40	−53.45	198.70
$HBrO$(aq)	−113.0	−82.4	142
C(金刚石,s)	1.90	2.90	2.38
C(石墨,s)	0	0	5.74
CO(g)	−110.52	−137.17	197.67
CO_2(g)	−393.51	−394.36	213.74
CO_2(aq)	−413.80	−385.98	117.6
CO_3^{2-}(aq)	−677.14	−527.81	−56.9
CH_4(g)	−74.81	−50.72	186.26
$HCOO^-$(aq)	−425.55	−351.0	92

物　质	$\Delta_f H_m^{\ominus}$(298.15K) /kJ $\cdot$ mol^{-1}	$\Delta_f G_m^{\ominus}$(298.15K) /kJ $\cdot$ mol^{-1}	$S_m^{\ominus}$(298.15K) /J $\cdot$ mol^{-1} $\cdot$ K^{-1}
HCO_3^-(aq)	-691.99	-586.77	91.2
HCOOH(aq)	-425.43	-372.3	163
CH_3OH(l)	-238.66	-166.27	126.8
CH_3OH(g)	-200.66	-161.96	239.81
CN^-(aq)	150.6	172.4	94.1
HCN(aq)	107.1	119.7	124.7
SCN^-(aq)	76.44	92.71	144.3
$C_2O_4^{2-}$(aq)	-825.1	-673.9	45.6
C_2H_2(g)	226.73	209.20	200.94
C_2H_4(g)	52.26	68.15	219.56
C_2H_6(g)	-84.68	-32.82	229.60
$HC_2O_4^-$(aq)	-818.4	-698.34	149.4
CH_3COO^-(aq)	-486.01	-369.31	86.6
CH_3CHO(g)	-166.19	-128.86	250.3
CH_3COOH(aq)	-485.76	-396.46	178.7
CH_3CH_2OH(g)	-235.10	-168.49	282.70
CH_3CH_2OH(aq)	-288.3	-181.64	148.5
CH_3OCH_3(g)	-184.05	-112.59	266.38
CCl_4(l)	-135.4	-65.20	216.4
Ca(s)	0	0	41.42
Ca(g)	178.2	144.3	154.88
Ca^{2+}(aq)	-542.83	-553.58	-53.1
CaO(s)	-635.09	-604.03	39.75
CaH_2(s)	-186.2	-147.2	42
$Ca(OH)_2$(s)	-986.09	-898.49	83.39
CaF_2(s)	-1219.6	-1167.3	68.87
$CaCl_2$(s)	-795.8	-748.1	104.6
$CaSO_4 \cdot 2H_2O$(s)	-2022.63	-1797.28	194.1
$Ca_3(PO_4)_2$(s)	-4120.8	-3884.7	236.0
$CaHPO_4$(s)	-1814.39	-1681.18	111.38
$CaHPO_4 \cdot 2H_2O$(s)	-2403.58	-2154.58	189.45
$Ca(H_2PO_4)_2 \cdot H_2O$(s)	-3409.67	-3058.18	259.8
$Ca_{10}(PO_4)_6(OH)_2$(s)	-13477	-12677	780.7
$Ca_{10}(PO_4)_6F_2$(s)	-13744	-12983	775.7
CaC_2(s)	-59.8	-64.9	69.96
$CaCO_3$(方解石,s)	-1206.92	-1128.79	92.9
$CaC_2O_4 \cdot H_2O$(s)	-1674.86	-1513.87	156.5
Cd(γ,s)	0	0	51.76
Cd^{2+}(aq)	-75.9	-77.61	-73.2
CdO(s)	-258.2	-228.4	54.8
$Cd(OH)_2$(s)	-560.7	-473.6	96
CdS(s)	-161.9	-156.5	64.9
$[Cd(NH_3)_4]^{2+}$	-450.2	-226.1	336.4
$CdCO_3$(s)	-750.6	-669.4	92.5
Ce(s)	0	0	72.0
Ce^{3+}(aq)	-696.2	-672.0	-205
Ce^{4+}(aq)	-537.2	-503.8	-301
CeO_2(s)	-1088.7	-1024.6	62.30
$CeCl_3$(s)	-1053.5	-977.8	151

物　　质	$\Delta_f H_m^{\ominus}$(298.15K) /kJ $\cdot$ mol^{-1}	$\Delta_f G_m^{\ominus}$(298.15K) /kJ $\cdot$ mol^{-1}	$S_m^{\ominus}$(298.15K) /J $\cdot$ mol^{-1} $\cdot$ K^{-1}
Cl^-(aq)	-167.16	-131.23	56.5
Cl_2(g)	0	0	223.07
Cl(g)	121.68	105.68	165.20
ClO^-(aq)	-107.1	-36.8	42
ClO_2^-(aq)	-66.5	17.2	101.3
ClO_3^-(aq)	-103.97	-7.95	162.3
ClO_4^-(aq)	-129.33	-8.52	182.0
HCl(g)	-92.31	-95.30	186.91
$HClO$(aq)	-120.9	-79.9	142
$HClO_2$(aq)	-51.9	5.9	188.3
$Co(\alpha,s)$	0	0	30.04
Co^{2+}(aq)	-58.2	-54.4	-113
Co^{3+}(aq)	92	134	-305
$Co(OH)_2$(s)	-539.7	-454.3	79
$CoCl_2$(s)	-312.5	-269.8	109.16
$CoCl_2 \cdot 6H_2O$(s)	-2115.4	-1725.2	343
$[Co(NH_3)_6]^{2+}$(aq)	-584.9	-157.0	146
Cr(s)	0	0	23.77
CrO_4^{2-}(aq)	-881.15	-727.75	50.21
Cr_2O_3(s)	-1139.7	-1058.1	81.2
$Cr_2O_7^{2-}$(aq)	-1490.3	-1301.1	261.9
$HCrO_4^-$(aq)	-878.2	-764.7	184.1
Ag_2CrO_4(s)	-731.74	-641.76	217.6
Cs(s)	0	0	85.23
Cs(g)	76.06	49.12	175.60
Cs^+(aq)	-258.28	-292.02	133.05
$CsCl$(s)	-443.04	-414.53	101.17
Cu(s)	0	0	33.15
Cu^+(aq)	71.67	49.98	40.6
Cu^{2+}(aq)	64.77	65.49	-99.6
CuO(s)	-157.3	-129.7	42.63
Cu_2O(s)	-168.6	-146.0	93.14
$CuCl$(s)	-137.2	-119.86	86.2
$CuCl_2$(s)	-220.1	-175.7	108.07
$CuBr$(s)	-104.6	-100.8	96.11
CuI(s)	-67.8	-69.5	96.7
CuS(s)	-53.1	-53.6	66.5
$Cu_2S(\alpha,s)$	-79.5	-86.2	120.9
$CuSO_4$(s)	-771.36	-661.8	109
$CuSO_4 \cdot 5H_2O$(s)	-2279.65	-1879.74	300.4
$[Cu(NH_3)_4]^{2+}$(aq)	-348.5	-111.07	273.6
$CuCO_3 \cdot Cu(OH)_2$(孔雀石,s)	-1051.4	-893.6	186.2
$CuCN$(s)	96.2	111.3	84.5
F(g)	78.99	61.91	158.75
F^-(aq)	-332.63	-278.79	-13.8
F_2(g)	0	0	202.78
HF(g)	-271.1	-273.1	173.78
HF(aq)	-320.08	-296.82	88.7
HF_2^-(aq)	-649.94	-578.08	92.5

物　　质	$\Delta_f H_m^{\ominus}$(298.15K) /kJ·mol^{-1}	$\Delta_f G_m^{\ominus}$(298.15K) /kJ·mol^{-1}	$S_m^{\ominus}$(298.15K) /J·mol^{-1}·K^{-1}
Fe(s)	0	0	27.28
Fe^{2+}(aq)	−89.1	−78.90	−137.7
Fe^{3+}(aq)	−48.5	−4.7	−315.9
Fe$_2$O$_3$(赤铁矿,s)	−824.2	−742.2	87.4
Fe$_3$O$_4$(磁铁矿,s)	−1118.4	−1015.4	146.4
Fe(OH)$_2$(s)	−569.0	−486.5	88
Fe(OH)$_3$(s)	−823.0	−696.5	106.7
FeCl$_3$(s)	−399.49	−334.00	142.3
FeS$_2$(黄铁矿,s)	−178.2	−166.9	52.93
FeSO$_4$·7H$_2$O(s)	−3014.57	−2509.87	409.2
FeCO$_5$(菱铁矿,s)	−740.57	−666.67	92.9
Fe(CO)$_5$(l)	−774.0	−705.3	338.1
[Fe(CN)$_6$]$^{3-}$(aq)	561.9	729.4	270.3
[Fe(CN)$_6$]$^{4-}$(aq)	455.6	695.08	95.0
H(g)	217.97	203.25	114.71
H$^+$(aq)	0	0	0
H$_2$(g)	0	0	130.68
OH$^-$(aq)	−229.99	−157.24	−10.75
H$_2$O(l)	−285.83	−237.13	69.91
H$_2$O(g)	−241.82	−228.57	188.82
H$_2$O$_2$(l)	−187.78	−120.35	109.6
H$_2$O$_2$(aq)	−191.17	−134.03	143.9
Hg(l)	0	0	76.02
Hg(g)	61.32	31.82	174.96
Hg^{2+}(aq)	171.1	164.40	−32.2
Hg$_2^{2+}$(aq)	172.4	153.52	84.5
HgO(红色,s)	−90.83	−58.54	70.29
HgO(黄色,s)	−90.46	−58.41	71.1
HgCl$_2$(s)	−224.3	−178.6	146.0
HgCl$_2$(aq)	−216.3	−173.2	155
Hg$_2$Cl$_2$(s)	−265.22	−210.74	192.5
[HgCl$_4$]$^{2-}$(aq)	−554.0	−446.8	293
[HgBr$_4$]$^{2-}$(aq)	−431.0	−371.1	310
HgI$_2$(红色,s)	−105.4	−101.7	180
[HgI$_4$]$^{2-}$(aq)	−235.1	−211.7	360
Hg$_2$I$_2$(s)	−121.34	−111.00	233.5
HgS(红色,s)	−58.2	−50.6	82.4
HgS(黑色,s)	−53.6	−47.7	88.3
[Hg(NH$_3$)$_4$]$^{2+}$(aq)	−282.8	−51.7	335
I(g)	106.84	73.25	180.79
I$^-$(aq)	−55.19	−51.57	111.3
I$_2$(s)	0	0	116.14
I$_2$(g)	62.44	19.33	260.69
I$_2$(aq)	22.6	16.40	137.2
I$_3^-$(aq)	−51.5	−51.4	239.3
IO$^-$(aq)	−107.5	−38.5	−5.4
IO$_3^-$(aq)	−221.3	−128.0	118.4
IO$_4^-$(aq)	−151.5	−58.5	222
HI(g)	26.48	1.70	206.59

物　质	$\Delta_f H_m^{\ominus}$(298.15K) /kJ·mol^{-1}	$\Delta_f G_m^{\ominus}$(298.15K) /kJ·mol^{-1}	$S_m^{\ominus}$(298.15K) /J·mol^{-1}·K^{-1}
HIO(aq)	−138.1	−99.1	95.4
HIO$_3$(aq)	−211.3	−132.6	166.9
K(s)	0	0	64.18
K(g)	89.34	60.59	160.34
K$^+$(aq)	−252.38	−283.27	102.5
KO$_2$(s)	−284.93	−239.4	116.7
K$_2$O$_2$(s)	−494.1	−425.1	102.1
KOH(s)	−424.76	−379.08	78.9
KF(s)	−567.27	−537.75	66.57
KCl(s)	−436.75	−409.14	82.59
KClO$_3$(s)	−397.73	−296.25	143.1
KClO$_4$(s)	−432.75	−303.09	151.0
KBr(s)	−393.80	−380.66	95.90
KI(s)	−327.90	−324.89	106.32
K$_2$SO$_4$(s)	−1437.79	−1321.37	175.56
K$_2$S$_2$O$_8$(s)	−1916.1	−1697.3	278.7
KNO$_2$(s)	−369.82	−306.55	152.09
KNO$_3$(s)	−494.63	−394.86	133.05
K$_2$CO$_3$(s)	−1151.02	−1063.5	155.52
KHCO$_3$(s)	−963.2	−863.5	115.5
KCN(s)	−113.0	−101.86	128.49
KAl(SO$_4$)$_2$·12H$_2$O(s)	−6061.8	−5141.0	687.4
KMnO$_4$(s)	−837.2	−737.6	171.71
K$_2$CrO$_4$(s)	−1403.7	−1295.7	200.12
K$_2$Cr$_2$O$_7$(s)	−2061.5	−1881.8	291.2
Li(s)	0	0	29.12
Li(g)	159.37	126.66	138.77
Li$^+$(aq)	−278.49	−293.31	13.4
Li$_2$O(s)	−597.94	−561.18	37.57
LiH(s)	−90.54	−68.35	20.01
LiOH(s)	−484.93	−438.95	42.80
LiF(s)	−615.97	−587.71	35.65
LiCl(s)	−408.61	−384.37	59.33
Li$_2$CO$_3$	−1215.9	−1132.06	90.37
Mg(s)	0	0	32.68
Mg(g)	147.70	113.10 ·	148.65
Mg^{2+}(aq)	−466.85	−454.8	−138.1
MgO(粗晶,s)	−601.70	−569.43	26.94
MgO(细晶,s)	−597.98	−565.95	27.91
MgH$_2$(s)	−75.3	−35.09	31.09
Mg(OH)$_2$(s)	−924.54	−833.51	63.18
MgF$_2$(s)	−1123.4	−1070.2	57.24
MgCl$_2$(s)	−641.32	−591.79	89.62
MgSO$_4$·7H$_2$O(s)	−3388.71	−2871.5	372
MgCO$_3$(菱镁矿,s)	−1095.8	−1012.1	65.7
Mn(α,s)	0	0	32.01
Mn^{2+}(aq)	−220.75	−228.1	−73.6
MnO$_2$(s)	−520.03	−465.14	53.05
MnO$_4^-$(aq)	−541.4	−447.2	191.2

物　　质	$\Delta_f H_m^{\ominus}$(298.15K) /kJ·mol^{-1}	$\Delta_f G_m^{\ominus}$(298.15K) /kJ·mol^{-1}	$S_m^{\ominus}$(298.15K) /J·mol^{-1}·K^{-1}
MnO_4^{2-}(aq)	-653	-500.7	59
$Mn(OH)_2$(s)	-695.4	-615.0	99.2
$MnCl_2$(s)	-481.29	-440.50	118.24
$MnCl_2 \cdot 4H_2O$(s)	-1687.4	-1423.6	303.3
$MnSO_4$(s)	-1065.25	-957.36	112.1
Mo(s)	0	0	28.66
MoO_3(s)	-745.09	-667.97	77.74
MoO_4^{2-}(aq)	-997.9	-836.3	27.2
$PbMoO_4$(s)	-1051.9	-951.4	166.1
Ag_2MoO_4(s)	-840.6	-748.0	213
N(g)	472.70	455.56	153.30
N_2(g)	0	0	191.61
N_3^-(aq)	275.14	348.2	107.9
NO(g)	90.25	86.55	210.76
NO_2(g)	33.18	51.31	240.06
NO_2^-(aq)	-104.6	-32.2	123.0
NO_3^-(aq)	-205.0	108.74	146.4
N_2O(g)	82.05	104.20	219.85
N_2O_3(g)	83.72	139.46	312.28
N_2O_4(l)	-19.50	97.54	209.2
N_2O_4(g)	9.16	97.89	304.29
N_2O_5(g)	11.3	115.1	355.7
NH_3(g)	-46.11	-16.45	192.45
NH_3(aq)	-80.29	-26.50	111.3
NH_4^+(aq)	-132.51	-79.31	113.4
N_2H_4(l)	50.63	149.34	121.21
N_2H_4(aq)	34.31	128.1	138
HN_3(aq)	260.08	321.8	146.0
HNO_2(aq)	-119.2	50.6	135.6
NH_4NO_3(s)	-365.56	-183.87	151.08
NH_4F(s)	-463.96	-348.68	71.96
NOCl(g)	51.71	66.08	261.69
NH_4Cl(s)	-314.43	-202.87	94.6
NH_4ClO_4(s)	-295.31	-88.75	186.2
BOBr(g)	82.17	82.42	273.66
$(NH_4)_2SO_4$(s)	-1180.85	-901.67	220.1
Na(s)	0	0	51.21
Na(g)	107.32	76.76	135.71
Na^+(aq)	-240.12	-261.90	59.0
NaO_2(s)	-260.2	-218.4	115.9
Na_2O(s)	-414.22	-375.46	75.06
Na_2O_2(s)	-510.87	-447.7	95.0
NaH(s)	-56.28	-33.46	40.02
NaOH(s)	-425.61	-379.49	64.46
NaF(s)	-573.65	-543.49	51.46
NaCl(s)	-411.15	-384.14	72.13
NaBr(s)	-361.06	-348.98	86.82
NaI(s)	-287.78	-286.06	98.53
$Na_2SO_4 \cdot 10H_2O$(s)	-4327.26	-3646.85	592.0

物　质	$\Delta_f H_m^{\ominus}(298.15K)$ /kJ $\cdot$ mol^{-1}	$\Delta_f G_m^{\ominus}(298.15K)$ /kJ $\cdot$ mol^{-1}	$S_m^{\ominus}(298.15K)$ /J $\cdot$ mol^{-1} $\cdot$ K^{-1}
$Na_2S_2O_3 \cdot 5H_2O(s)$	-2607.93	-2229.8	372
$NaHSO_4 \cdot H_2O(s)$	-1421.7	-231.6	155
$NaNO_2(s)$	-358.65	-284.55	103.8
$NaNO_3(s)$	-467.85	-367.00	116.52
$Na_3PO_4(s)$	-1917.40	-1788.80	173.80
$Na_4P_2O_7(s)$	-3188	-2969.3	270.29
$Na_5P_3O_{10} \cdot 6H_2O(s)$	-6194.8	-5540.8	611.3
$Na_2HPO_4(s)$	-1748.1	-1608.2	150.50
$Na_2HPO_4 \cdot 12H_2O(s)$	-5297.8	-4467.8	633.83
$Na_2CO_3(s)$	-1130.68	-1044.44	134.98
$Na_2CO_3 \cdot 10H_2O(s)$	-4081.32	-3427.66	562.7
$HCOONa(s)$	-666.5	-599.9	103.76
$NaHCO_3(s)$	-950.81	-851.0	101.7
$CH_3COONa \cdot 3H_2O(s)$	-1603.3	-1328.6	243
$Na_2B_4O_7 \cdot 10H_2O(s)$	-6288.6	-5516.0	586
$Ni(s)$	0	0	29.87
$Ni^{2+}(aq)$	-54.0	-45.6	-128.9
$Ni(OH)_2(s)$	-529.7	-447.2	88
$NiCl_2 \cdot 6H_2O(s)$	-2103.17	-1713.19	344.3
$NiS(s)$	-82.0	-79.5	52.97
$NiSO_4 \cdot 7H_2O(s)$	-2976.33	-2461.83	378.94
$[Ni(NH_3)_6]^{2+}(aq)$	-630.1	-255.7	394.6
$Ni(CO)_4(l)$	-633.0	-588.2	313.4
$Ni(CO)_4(g)$	-602.91	-587.23	410.6
$[Ni(CN)_4]^{2-}(aq)$	367.8	472.1	218
$O(g)$	249.17	231.73	161.06
$O_2(g)$	0	0	205.14
$O_3(g)$	142.7	163.2	238.93
$P(白磷,s)$	0	0	41.09
$P(红磷,s)$	-17.6	-12.1	22.80
$PO_4^{3-}(aq)$	-1277.4	-1018.7	-222
$P_4O_7^{4-}(aq)$	-2271.1	-1919.0	-117
$P_4O_{10}(s)$	-2984.0	-2697.7	228.86
$PH_3(g)$	5.4	13.4	210.23
$HPO_4^{2-}(aq)$	-1292.14	-1089.15	-33.5
$H_2PO_4^-(aq)$	-1296.29	-1130.28	90.4
$H_3PO_4(s)$	-1279.0	-1119.1	110.50
$H_3PO_4(aq)$	-1288.34	-1142.54	158.2
$HP_2O_7^{3-}(aq)$	-2274.8	-1972.2	46
$H_2P_2O_7^{2-}(aq)$	-2278.6	-2010.2	163
$H_3P_2O_7^-(aq)$	-2276.5	-2023.2	213
$H_4P_2O_7(aq)$	-2268.6	-2032.0	268
$PF_3(g)$	-918.8	-897.5	273.24
$PCl_3(l)$	-319.7	-272.3	217.1
$PCl_3(g)$	-287.0	-267.8	311.78
$PCl_5(g)$	-374.9	-305.0	364.58
$Pb(s)$	0	0	64.81
$Pb^{2+}(aq)$	-1.7	-24.43	10.5
$PbO(黄色,s)$	-217.32	-187.89	68.70

物　　质	$\Delta_f H_m^{\ominus}(298.15K)$ /kJ $\cdot$ mol^{-1}	$\Delta_f G_m^{\ominus}(298.15K)$ /kJ $\cdot$ mol^{-1}	$S_m^{\ominus}(298.15K)$ /J $\cdot$ mol$^{-1} \cdot$ K^{-1}
PbO(红色,s)	-218.9	188.93	66.5
PbO$_2$(s)	-277.4	-217.33	68.6
Pb$_3$O$_4$(s)	-718.4	-601.2	211.3
PbCl$_2$(s)	-359.41	-314.10	136.0
PbBr$_2$(s)	-278.7	-261.92	161.5
PbI$_2$(s)	-175.48	-173.64	174.85
PbS(s)	-100.4	-98.7	91.2
PbSO$_4$(s)	-919.94	-813.14	148.57
PbCO$_3$(s)	-699.1	-625.5	131.0
Rb(s)	0	0	76.78
Rb(g)	80.85	53.06	170.09
Rb$^+$(aq)	-251.17	-283.98	121.50
RbCl(s)	-435.35	-407.8	95.90
S(正交,s)	0	0	31.80
S(g)	278.80	238.25	167.82
S$_8$(g)	102.3	49.63	430.98
SO$_2$(g)	-296.83	-300.19	248.22
SO$_2$(aq)	-322.98	-300.68	161.9
SO$_3$(g)	-395.72	-371.06	256.76
SO$_3^{2-}$(aq)	-635.5	-486.5	-79
SO$_4^{2-}$(aq)	-909.27	-744.53	20.1
S$_2$O$_3^{2-}$(aq)	-648.5	-522.5	67
S$_4$O$_6^{2-}$(aq)	-1224.2	-1040.4	257.3
H$_2$S(g)	-20.63	-33.56	205.79
H$_2$S(aq)	-39.7	-27.83	121
HSO$_3^-$(aq)	-626.22	-527.73	139.7
HSO$_4^-$(aq)	-887.34	-755.91	131.8
SF$_4$(g)	-774.9	-731.3	292.03
SF$_6$(g)	-1209	-1105.3	291.82
SbCl$_3$(s)	-382.17	-323.67	184.1
Sc(s)	0	0	34.64
Sc^{3+}(aq)	-614.2	-586.6	-255
Sc$_2$O$_3$(s)	-1908.82	-1819.36	77.0
Sc(OH)$_3$(s)	-1363.6	-1233.3	100
Se(黑色,s)	0	0	42.44
HSe$^-$(aq)	15.9	44.0	79
H$_2$Se(aq)	19.2	22.2	163.6
HSeO$_3^-$(aq)	-514.55	-411.46	135.1
H$_2$SeO$_3$(aq)	-507.48	-426.14	207.9
Si(s)	0	0	18.83
SiO$_2$(石英,s)	-910.94	-856.64	41.84
SiO$_2$(无定形,s)	-903.49	-850.70	46.9
SiH$_4$(g)	34.3	56.9	204.62
H$_2$SiO$_3$(aq)	-1182.8	-1079.4	109
H$_4$SiO$_4$(s)	-1481.1	-1332.9	192
SiF$_4$(g)	-1614.94	-1572.65	282.49

物　　质	$\Delta_f H_m^{\ominus}$(298.15K) /kJ・mol^{-1}	$\Delta_f G_m^{\ominus}$(298.15K) /kJ・mol^{-1}	$S_m^{\ominus}$(298.15K) /J・mol^{-1}・K^{-1}
$SiCl_4$(l)	−687.0	−619.84	239.7
$SiCl_4$(g)	−657.01	−616.98	330.73
$SiBr_4$(l)	−457.3	−443.9	277.8
Si_3N_4(s)	−743.5	−642.6	101.3
SiC(β,s)	−65.3	−62.8	16.61
SiC(α,s)	−62.8	−60.2	16.48
Sn(白色,s)	0	0	51.55
Sn(灰色,s)	−2.09	0.13	41.14
SnO(s)	−285.8	−256.9	56.5
SnO_2(s)	−580.7	−519.6	52.3
$Sn(OH)_2$(s)	−561.1	−491.6	155
$SnCl_4$(l)	−511.3	−440.1	258.6
$SnBr_4$(s)	−377.4	−350.2	264.4
SnS(s)	−100	−98.3	77.0
Sr(α,s)	0	0	52.3
Sr(g)	164.4	130.9	164.62
Sr^{2+}(aq)	−545.80	−559.84	−32.6
SrO(s)	−592.0	−561.9	54.4
$SrCl_2$(α,s)	−828.9	−781.1	114.85
$SrCO_3$(s)	−1220.1	−1140.1	97.1
Ti(s)	0	0	30.63
TiO_2(锐钛矿,s)	−939.7	−884.5	49.92
TiO_2(金红石,s)	−944.7	−889.5	50.33
$TiCl_3$(s)	−720.9	−653.5	139.7
$TiCl_4$(l)	−804.2	−737.2	252.34
$TiCl_4$(g)	−763.2	−726.7	354.9
V(s)	0	0	28.91
VO(s)	−431.8	−404.2	38.9
VO^{2+}(aq)	−486.6	−446.4	−133.9
VO_2^+(aq)	−649.8	−587.0	−42.3
V_2O_5(s)	−1550.6	−1419.5	131.0
W(s)	0	0	32.64
WO_3(s)	−842.87	−764.03	75.90
Zn(s)	0	0	41.63
Zn^{2+}(aq)	−153.89	−147.06	−112.1
ZnO(s)	−348.28	−318.30	43.64
$ZnCl_2$(s)	−415.05	−369.40	111.46
ZnS(闪锌矿,s)	−205.98	−201.29	57.7
$ZnSO_4・7H_2O$(s)	−3077.75	−2562.67	388.7
$[Zn(NH_3)_4]^{2+}$(aq)	−533.5	−301.9	301
$ZnCO_3$(s)	−812.78	−731.52	82.4

注：本表数据取自 Wagman D. D et al.，《NBS 化学热力学性质表》．刘天和、赵梦月译．中国标准出版社，1998 年 6 月。

表7　一些有机化合物的标准摩尔燃烧热

表中 $\Delta_c H_m^{\ominus}$ 是有机化合物在 298.15K 时完全氧化的标准摩尔焓变。化合物中各种元素完全氧化的最终产物为 CO_2(g)，H_2O(l)，N_2(g)，SO_2(g) 等。

物　　质		$\Delta_c H_m^{\ominus}$(298.15K) /kJ·mol^{-1}	物　　质		$\Delta_c H_m^{\ominus}$(298.15K) /kJ·mol^{-1}
烃　类			醛、酮、酯类		
甲　烷(g)	CH_4	−890.7	甲　醛(g)	CH_2O	−570.8
乙　烷(g)	C_2H_6	−1559.8	乙　醛(l)	C_2H_4O	−1166.4
丙　烷(g)	C_3H_8	−2219.1	丙　酮(l)	C_3H_6O	−1790.4
丁　烷(g)	C_4H_{10}	−2878.3	丁　酮(l)	C_4H_8O	−2444.2
异丁烷(g)	C_4H_{10}	−2871.5	乙酸乙酯(l)	$C_4H_8O_2$	−2254.2
戊　烷(g)	C_5H_{12}	−3536.2	酸　类		
异戊烷(g)	C_5H_{12}	−3527.9	甲　酸(l)	CH_2O_2	−254.6
正庚烷(g)	C_7H_{16}	−4811.2	乙　酸(l)	$C_2H_4O_2$	−874.5
辛　烷(l)	C_8H_{18}	−5507.4	草　酸(s)	$C_2H_2O_4$	−245.6
环己烷(l)	C_6H_{12}	−3919.9	丙二酸(s)	$C_3H_4O_4$	−861.2
乙　炔(g)	C_2H_2	−1299.6	D,L-乳酸(l)	$C_3H_6O_3$	−1367.3
乙　烯(g)	C_2H_4	−1410.9	顺丁烯二酸(s)	$C_4H_4O_4$	−1355.2
丁　烯(g)	C_4H_8	−2718.6	反丁烯二酸(s)	$C_4H_4O_4$	−1334.7
苯(l)	C_6H_6	−3267.5	琥珀酸(s)	$C_4H_5O_4$	−1491.0
甲　苯(l)	C_7H_8	−3925.4	L-苹果酸(s)	$C_4H_6O_5$	−1327.9
对二甲苯(l)	C_8H_{10}	−4552.8	L-酒石酸(s)	$C_4H_6O_6$	−1147.3
萘(s)	$C_{10}H_8$	−5153.9	苯甲酸(s)	$C_7H_6O_2$	−3228.7
蒽(s)	$C_{14}H_{10}$	−7163.9	水杨酸(s)	$C_7H_6O_3$	−3022.5
菲(s)	$C_{14}H_{10}$	−7052.9	油　酸(l)	$C_{18}H_{34}O_2$	−11118.6
醇、酚、醚类			硬脂酸(s)	$C_{18}H_{36}O_2$	−11280.6
			碳水化合物类		
甲　醇(l)	CH_4O	−726.6	阿拉伯糖(s)	$C_5H_{10}O_5$	−2342.6
乙　醇(l)	C_2H_6O	−1366.8	木　糖(s)	$C_5H_{10}O_5$	−2338.9
乙二醇(l)	$C_2H_6O_2$	−1180.7	葡萄糖(s)	$C_6H_{12}O_6$	−2820.9
甘　油(l)	$C_3H_8O_3$	−1662.7	果　糖(s)	$C_6H_{12}O_6$	−2829.6
苯　酚(l)	C_6H_6O	−3053.5	蔗　糖(s)	$C_{12}H_{22}O_{11}$	−5640.9
乙　醚(l)	$C_4H_{10}O$	−2723.6	乳　糖(s)	$C_{12}H_{22}O_{11}$	−5648.4
			麦芽糖(s)	$C_{12}H_{22}O_{11}$	−5645.5

表8　水的离子积常数

温度/℃	pK_w	温度/℃	pK_w	温度/℃	pK_w
0	14.944	35	13.680	70	12.800
5	14.734	40	13.535	75	12.699
10	14.535	45	13.396	80	12.598
15	14.346	50	13.262	85	12.510
20	14.167	55	13.137	90	12.422
24	14.000	60	13.017	95	12.341
25	13.997	65	12.908	100	12.259
30	13.833				

注：本表数据自 Lange's Handbook of Chemistry. 13th ed. 1985. 5~7。

表 9　弱酸、弱碱在水中的解离常数（298K）

弱酸(碱)	分　子　式	$K_a^{\ominus}(K_b^{\ominus})$	$pK_a^{\ominus}(pK_b^{\ominus})$
砷酸	H_3AsO_4	$6.3\times10^{-3}(K_{a_1}^{\ominus})$	2.20
		$1.0\times10^{-7}(K_{a_2}^{\ominus})$	7.00
		$3.2\times10^{-12}(K_{a_3}^{\ominus})$	11.50
亚砷酸	$HAsO_2$	6.0×10^{-10}	9.22
硼酸	H_3BO_3	5.8×10^{-10}	9.24
碳酸	$H_2CO_3(CO_2+H_2O)$	$4.2\times10^{-7}(K_{a_1}^{\ominus})$	6.38
		$5.6\times10^{-11}(K_{a_2}^{\ominus})$	10.25
氢氰酸	HCN	6.2×10^{-10}	9.21
铬酸	H_2CrO_4	$1.8\times10^{-1}(K_{a_1}^{\ominus})$	0.74
		$3.2\times10^{-7}(K_{a_2}^{\ominus})$	6.50
氢氟酸	HF	6.6×10^{-4}	3.18
亚硝酸	HNO_2	5.1×10^{-4}	3.29
磷酸	H_3PO_4	$7.6\times10^{-3}(K_{a_1}^{\ominus})$	2.12
		$6.3\times10^{-8}(K_{a_2}^{\ominus})$	7.20
		$4.4\times10^{-13}(K_{a_3}^{\ominus})$	12.36
焦磷酸	$H_4P_2O_7$	$3.0\times10^{-2}(K_{a_1}^{\ominus})$	1.52
		$4.4\times10^{-3}(K_{a_2}^{\ominus})$	2.36
		$2.5\times10^{-7}(K_{a_3}^{\ominus})$	6.60
		$5.6\times10^{-10}(K_{a_4}^{\ominus})$	9.25
亚磷酸	H_3PO_3	$5.0\times10^{-2}(K_{a_1}^{\ominus})$	1.30
		$2.5\times10^{-7}(K_{a_2}^{\ominus})$	6.60
氢硫酸	H_2S	$1.3\times10^{-7}(K_{a_1}^{\ominus})$	1.90
		$7.1\times10^{-15}(K_{a_2}^{\ominus})$	14.15
硫酸	HSO_4^-	$1.0\times10^{-2}(K_{a_2}^{\ominus})$	1.99
亚硫酸	$H_2SO_3(SO_2+H_2O)$	$1.3\times10^{-2}(K_{a_1}^{\ominus})$	1.90
		$6.3\times10^{-8}(K_{a_2}^{\ominus})$	7.20
偏硅酸	H_2SiO_3	$1.7\times10^{-10}(K_{a_1}^{\ominus})$	9.77
		$1.6\times10^{-12}(K_{a_2}^{\ominus})$	11.8
甲酸	$HCOOH$	1.8×10^{-4}	3.74
乙酸	CH_3COOH	1.8×10^{-5}	4.74
一氯乙酸	$CH_2ClCOOH$	1.4×10^{-3}	2.86
二氯乙酸	$CHCl_2COOH$	5.0×10^{-2}	1.30
三氯乙酸	CCl_3COOH	0.23	0.64
氨基乙酸盐	$^+NH_3CH_2COOH$	$4.5\times10^{-3}(K_{a_1}^{\ominus})$	2.35
	$^+NH_3CH_2COO^-$	$2.5\times10^{-10}(K_{a_2}^{\ominus})$	9.60
抗坏血酸	$\overset{\text{O}\quad\quad\text{H}}{O=C-C=C-C-C-CH_2OH}$ 下方 $OH\ OH\ H\ H\ OH$	$5.0\times10^{-5}(K_{a_1}^{\ominus})$	4.30

弱酸(碱)	分 子 式	$K_a^{\ominus}(K_b^{\ominus})$	$pK_a^{\ominus}(pK_b^{\ominus})$
		$1.5 \times 10^{-10}(K_{a_2}^{\ominus})$	9.82
乳酸	$CH_3CHOHCOOH$	1.4×10^{-4}	3.86
苯甲酸	C_5H_5COOH	6.2×10^{-5}	4.21
草酸	$H_2C_2O_4$	$5.9 \times 10^{-2}(K_{a_1}^{\ominus})$	1.22
		$6.4 \times 10^{-5}(K_{a_2}^{\ominus})$	4.19
d-酒石酸	$\begin{array}{c}CH(OH)COOH\\\|\\CH(OH)COOH\end{array}$	$9.1 \times 10^{-4}(K_{a_1}^{\ominus})$	3.04
		$4.3 \times 10^{-5}(K_{a_2}^{\ominus})$	4.37
邻苯二甲酸	COOH COOH	$1.1 \times 10^{-3}(K_{a_1}^{\ominus})$	2.95
		$3.9 \times 10^{-6}(K_{a_2}^{\ominus})$	5.41
柠檬酸	$\begin{array}{c}CH_2COOH\\\|\\C(OH)COOH\\\|\\CH_2COOH\end{array}$	$7.4 \times 10^{-4}(K_{a_1}^{\ominus})$	3.13
		$1.7 \times 10^{-5}(K_{a_2}^{\ominus})$	4.76
		$4.0 \times 10^{-7}(K_{a_3}^{\ominus})$	6.40
苯酚	C_6H_6OH	1.1×10^{-10}	9.95
乙二胺四乙酸	H_6-EDTA^{2+}	$0.13(K_{a_1}^{\ominus})$	0.9
	H_5-EDTA^{+}	$3 \times 10^{-2}(K_{a_2}^{\ominus})$	1.6
	H_4-EDTA	$1 \times 10^{-2}(K_{a_3}^{\ominus})$	2.0
	H_3-EDTA^{-}	$2.1 \times 10^{-3}(K_{a_4}^{\ominus})$	2.67
	H_2-EDTA^{2-}	$6.96 \times 10^{-7}(K_{a_5}^{\ominus})$	6.16
	H-EDTA^{3-}	$5.5 \times 10^{-11}(K_{a_6}^{\ominus})$	10.26
弱碱		$K_b^{\ominus}$	$pK_b^{\ominus}$
氨水	NH_3	1.8×10^{-5}	4.74
联氨	H_2NNH_2	$3.0 \times 10^{-6}(K_{b_1}^{\ominus})$	5.52
		$7.6 \times 10^{-15}(K_{b_2}^{\ominus})$	14.12
羟氨	NH_2OH	9.1×10^{-9}	8.04
甲胺	CH_3NH_2	4.2×10^{-4}	3.38
乙胺	$C_2H_5NH_2$	5.6×10^{-4}	3.25
二甲胺	$(CH_3)_2NH$	1.2×10^{-4}	3.93
二乙胺	$(C_2H_5)_2NH$	1.3×10^{-3}	2.89
乙醇胺	$HOCH_2CH_2NH_2$	3.2×10^{-5}	4.50
三乙醇胺	$(HOCH_2CH_2)_3N$	5.8×10^{-7}	6.24
六亚甲基四胺	$(CH_2)_6N_4$	1.4×10^{-9}	8.85
乙二胺	$H_2NCH_2CH_2NH_2$	$8.5 \times 10^{-5}(K_{b_1}^{\ominus})$	4.07
		$7.1 \times 10^{-8}(K_{b_2}^{\ominus})$	7.15
吡啶	N	1.7×10^{-9}	8.77

表 10 常用缓冲溶液

缓冲溶液	酸	共轭碱	$pK_a^{\ominus}$
氨基乙酸-HCl	$^+NH_3CH_2COOH$	$^+NH_3CH_2COO^-$	$2.35(pK_{a_1}^{\ominus})$
一氯乙酸-NaOH	$CH_2ClCOOH$	CH_2ClCOO^-	2.86
邻苯二甲酸氢钾-HCl	⬡-COOH / -COOH	⬡-COO⁻ / -COOH	$2.95(pK_{a_1}^{\ominus})$
甲酸-NaOH	$HCOOH$	$HCOO^-$	3.76
HAc-NaAc	HAc	Ac^-	4.74
六亚甲基四胺-HCl	$(CH_2)_6N_4H^+$	$(CH_2)_6N_4$	5.15
NaH_2PO_4-Na_2HPO_4	$H_2PO_4^-$	HPO_4^{2-}	$7.20(pK_{a_2}^{\ominus})$
三乙醇胺-HCl	$^+HN(CH_2CH_2OH)_3$	$N(CH_2CH_2OH)_3$	7.76
Tris①-HCl	$^+NH_3C(CH_2OH)_3$	$NH_2C(CH_2OH)_3$	8.21
$Na_2B_4O_7$-HCl	H_3BO_3	$H_2BO_3^-$	$9.24(pK_{a_1}^{\ominus})$
NH_3-NH_4Cl	NH_4^+	NH_3	9.26
乙醇胺-HCl	$^+NH_3CH_2CH_2OH$	$NH_2CH_2CH_2OH$	9.50
氨基乙酸-NaOH	$^+NH_3CH_2COO^-$	$NH_2CH_2COO^-$	$9.60(pK_{a_2}^{\ominus})$
$NaHCO_3$-Na_2CO_3	HCO_3^-	CO_3^{2-}	$10.25(pK_{a_2}^{\ominus})$

① 三(羟甲基)氨基甲烷。

表 11 酸碱指示剂

指示剂	变色范围 pH 值	颜色 酸色	颜色 碱色	$pK_{HIn}^{\ominus}$	浓 度
百里酚蓝(第一次变色)	1.2~2.8	红	黄	1.6	0.1%(20%乙醇溶液)
甲基黄	2.9~4.0	红	黄	3.3	0.1%(90%乙醇溶液)
甲基橙	3.1~4.4	红	黄	3.4	0.05%水溶液
溴酚蓝	3.1~4.6	黄	紫	4.1	0.1%(20%乙醇溶液),或指示剂钠盐的水溶液
溴甲酚绿	3.8~5.4	黄	蓝	4.9	0.1%水溶液,每 100mg 指示剂加 0.05mol·L⁻¹ NaOH 2.9mL
甲基红	4.4~6.2	红	黄	5.2	0.1%(60%乙醇溶液),或指示剂钠盐的水溶液
溴百里酚蓝	6.0~7.6	黄	蓝	7.3	0.1%(20%乙醇溶液),或指示剂钠盐的水溶液
中性红	6.8~8.0	红	黄橙	7.4	0.1%(60%乙醇溶液)
酚红	6.7~8.4	黄	红	8.0	0.1%(60%乙醇溶液),或指示剂钠盐的水溶液
酚酞	8.0~9.6	无	红	9.1	0.1%(90%乙醇溶液)
百里酚蓝(第二次变色)	8.0~9.6	黄	蓝	8.9	0.1%(20%乙醇溶液)
百里酚酞	9.4~10.6	无	蓝	10.0	0.1%(90%乙醇溶液)

表 12　混合酸碱指示剂

指示剂溶液的组成	变色点 pH 值	颜色		备　注
		酸色	碱色	
一份 0.1%甲基黄乙醇溶液 一份 0.1%亚甲基蓝乙醇溶液	3.25	蓝紫	绿	pH3.4 绿色 pH3.2 蓝紫色
一份 0.1%甲基橙水溶液 一份 0.25%靛蓝二磺酸钠水溶液	4.1	紫	黄绿	
三份 0.1%溴甲酚绿乙醇溶液 一份 0.2%甲基红乙醇溶液	5.1	酒红	绿	
一份 0.1%溴甲酚绿钠盐水溶液 一份 0.1%氯酚红钠盐水溶液	6.1	黄绿	蓝紫	pH5.4 蓝紫色,5.8 蓝色,6.0 蓝带紫, 6.2 蓝紫
一份 0.1%中性红乙醇溶液 一份 0.1%亚甲基蓝乙醇溶液	7.0	蓝紫	绿	pH7.0 紫蓝
一份 0.1%甲酚红钠盐溶液 三份 0.1%百里酚蓝钠盐水溶液	8.3	黄	紫	pH8.2 玫瑰色 8.4 清晰的紫色
一份 0.1%百里酚蓝 50%乙醇溶液 三份 0.1%酚酞 50%乙醇溶液	9.0	黄	紫	从黄到绿再到紫
二份 0.1%百里酚酞乙醇溶液 一份 0.1%茜素黄乙醇溶液	10.2	黄	紫	

表 13　一些难溶化合物的溶度积（25℃）

化　合　物	溶度积 $K_{sp}^{\ominus}$	化　合　物	溶度积 $K_{sp}^{\ominus}$
$Ag_2[Co(NO_2)_6]$	8.5×10^{-21}	$Al(OH)_3[Al^{3+},3OH^-]$	1.3×10^{-33}
$Ag_2C_2O_4$	5.40×10^{-12}	$Al(OH)_3[H^+,AlO_2^-]$	1.6×10^{-13}
$Ag_2(CN)_2$	8.1×10^{-11}	$AlPO_4$	9.83×10^{-21}
Ag_2CO_3	8.45×10^{-12}	$As_2S_3[2HAsO_2,3H_2S]$	2.1×10^{-22}
$Ag_2Cr_2O_7$	2.0×10^{-7}	$Ba(IO_3)_2$	4.01×10^{-9}
Ag_2CrO_4	1.12×10^{-12}	$Ba(IO_3)_2\cdot2H_2O$	1.5×10^{-9}
Ag_2S	6.3×10^{-50}	$Ba(IO_3)_2\cdot H_2O$	1.67×10^{-9}
Ag_2SO_3	1.49×10^{-14}	$Ba(MnO_4)_2$	2.5×10^{-10}
Ag_2SO_4	1.20×10^{-5}	$Ba(OH)_2$	5×10^{-3}
Ag_3AsO_3	1×10^{-17}	$Ba(OH)_2\cdot8H_2O$	2.55×10^{-4}
Ag_3AsO_4	1.03×10^{-22}	$Ba_2P_2O_7$	3.2×10^{-11}
Ag_3PO_4	8.88×10^{-17}	$Ba_3(AsO_4)_2$	8.0×10^{-51}
$Ag_4[Fe(CN)_6]$	1.6×10^{-41}	BaC_2O_4	1.6×10^{-7}
$AgBr$	5.35×10^{-13}	$BaCO_3$	2.58×10^{-9}
$AgBrO_3$	5.34×10^{-5}	$BaCrO_4$	1.17×10^{-10}
$AgC_2H_3O_2$	1.94×10^{-3}	BaF_2	1.84×10^{-7}
$AgCl$	1.77×10^{-10}	$BaHPO_4$	3.2×10^{-7}
$AgCN$	5.97×10^{-17}	$BaSO_3$	8×10^{-7}
AgI	8.51×10^{-17}	$BaSO_4$	1.07×10^{-10}
$AgIO_3$	3.17×10^{-8}	$Bi(OH)_3$	4×10^{-31}
AgN_3	2.8×10^{-9}	Bi_2S_3	2×10^{-78}
$AgNO_2$	3.22×10^{-4}	$BiAsO_4$	4.43×10^{-10}
$AgOH$	2.0×10^{-8}	$BiO(NO_2)$	4.9×10^{-7}
$AgSCN$	1.03×10^{-12}	$BiO(NO_3)$	2.82×10^{-3}
$AgSeCN$	4.0×10^{-16}	$BiOBr$	3.0×10^{-7}

化　合　物	溶度积 $K_{sp}^{\ominus}$	化　合　物	溶度积 $K_{sp}^{\ominus}$
$BiOCl[Bi^{3+},Cl^-,2OH^-]$	1.8×10^{-31}	$Cu_3(AsO_4)_2$	7.93×10^{-36}
$BiOOH$	4×10^{-10}	$Cu_3(PO_4)_2$	1.93×10^{-37}
$BiOSCN$	1.6×10^{-7}	$CuBr$	6.27×10^{-9}
$BiPO_4$	1.3×10^{-23}	CuC_2O_4	4.43×10^{-10}
$Ca(IO_3)_2$	6.47×10^{-6}	$CuCl$	1.72×10^{-7}
$Ca(IO_3)_2\cdot6H_2O$	7.54×10^{-7}	$CuCN$	3.2×10^{-20}
$Ca(OH)_2$	4.68×10^{-6}	$CuCO_3$	1.4×10^{-10}
$Ca_3(PO_4)_2$	2.07×10^{-33}	$CuCrO_4$	3.6×10^{-6}
CaC_2O_4	1.46×10^{-10}	CuI	1.27×10^{-12}
$CaC_2O_4\cdot H_2O$	2.34×10^{-9}	$CuOH$	1×10^{-14}
$CaC_4H_4O_6\cdot2H_2O$	7.7×10^{-7}	CuS	1.27×10^{-36}
$CaCO_3$	4.96×10^{-9}	$CuSCN$	1.77×10^{-13}
$CaCrO_4$	7.1×10^{-4}	$Fe(OH)_2$	4.87×10^{-17}
CaF_2	1.46×10^{-10}	$Fe(OH)_3$	2.64×10^{-39}
$CaHPO_4$	1.0×10^{-7}	$Fe(P_2O_7)_3$	3×10^{-23}
$CaSiO_3$	2.5×10^{-8}	Fe_2S_3	1×10^{-88}
$CaSO_3$	6.8×10^{-8}	$FeAsO_4$	5.7×10^{-21}
$CaSO_4$	7.10×10^{-5}	$FeCO_3$	3.07×10^{-11}
$CaSO_4\cdot2H_2O$	1.3×10^{-4}	FeF_2	2.36×10^{-6}
$Cd(CN)_2$	1.0×10^{-8}	$FePO_4$	1.3×10^{-22}
$Cd(IO_3)_2$	2.49×10^{-8}	$FePO_4\cdot2H_2O$	9.92×10^{-29}
$Cd(OH)_2$	5.27×10^{-15}	FeS	6.3×10^{-18}
$Cd_2[Fe(CN)_6]$	3.2×10^{-17}	$Hg(OH)_2$	3.13×10^{-26}
$Cd_3(AsO_4)_2$	2.17×10^{-33}	$Hg_2(CN)_2$	5×10^{-40}
$Cd_3(PO_4)_2$	2.53×10^{-33}	$Hg_2(IO_3)_2$	2.0×10^{-14}
$CdC_2O_4\cdot3H_2O$	1.42×10^{-8}	$Hg_2(OH)_2$	2.0×10^{-24}
$CdCO_3$	6.18×10^{-12}	$Hg_2(SCN)_2$	3.12×10^{-20}
CdF_2	6.44×10^{-3}	Hg_2Br_2	6.41×10^{-23}
CdS	1.40×10^{-29}	$Hg_2C_2O_4$	1.75×10^{-13}
$Co(IO_3)_2\cdot2H_2O$	1.21×10^{-2}	Hg_2Cl_2	1.45×10^{-18}
$Co(OH)_2$(粉红色)	1.09×10^{-15}	Hg_2CO_3	3.67×10^{-17}
$Co(OH)_2$(蓝色)	5.92×10^{-15}	Hg_2CrO_4	2.0×10^{-9}
$Co(OH)_3$	1.6×10^{-44}	Hg_2F_2	3.10×10^{-6}
$Co_2[Fe(CN)_6]$	1.8×10^{-15}	Hg_2HPO_4	4.0×10^{-13}
$Co_3(AsO_4)_2$	6.79×10^{-29}	Hg_2I_2	5.33×10^{-29}
$Co_3(PO_4)_2$	2.05×10^{-35}	Hg_2S	1.0×10^{-47}
CoC_2O_4	6.3×10^{-8}	Hg_2SO_3	1.0×10^{-27}
$CoCO_3$	1.4×10^{-13}	Hg_2SO_4	7.99×10^{-7}
α-CoS	4.0×10^{-21}	HgC_2O_4	1.0×10^{-7}
β-CoS	2.0×10^{-25}	HgI_2	2.82×10^{-29}
γ-CoS	3.0×10^{-26}	HgS	6.44×10^{-53}
$Cr(OH)_3$	6.3×10^{-31}	$K_2[PdCl_6]$	6.0×10^{-6}
$CrAsO_4$	7.7×10^{-21}	$K_2[PtBr_6]$	6.3×10^{-5}
CrF_3	6.6×10^{-11}	$K_2[PtCl_6]$	7.48×10^{-6}
$Cu(IO_3)_2$	7.4×10^{-8}	$K_2Na[Co(NO_2)_6]\cdot H_2O$	2.2×10^{-11}
$Cu(IO_3)_2\cdot H_2O$	6.94×10^{-8}	$KClO_4$	1.05×10^{-2}
$Cu_2[Fe(CN)_6]$	1.3×10^{-16}	$KHC_4H_4O_6$[酒石酸氢钾]	3×10^{-4}
$Cu_2P_2O_7$	8.3×10^{-16}	KIO_4	8.3×10^{-4}
Cu_2S	2×10^{-27}	Li_2CO_3	8.15×10^{-4}

化 合 物	溶度积 $K_{sp}^{\ominus}$	化 合 物	溶度积 $K_{sp}^{\ominus}$
$Mg(IO_3)_2 \cdot 4H_2O$	3.2×10^{-3}	PbS	9.04×10^{-29}
$Mg(OH)_2$	5.16×10^{-12}	PbS_2O_3	4.0×10^{-7}
$Mg_3(PO_4)_2$	$10^{-23} \sim 10^{-27}$	$PbSO_4$	1.82×10^{-8}
$MgCO_3$	6.82×10^{-6}	$Pd(SCN)_2$	4.38×10^{-23}
$MgCO_3 \cdot 3H_2O$	2.38×10^{-6}	PdS	2×10^{-37}
$MgCO_3 \cdot 5H_2O$	3.79×10^{-6}	PtS	1×10^{-52}
MgF_2	7.42×10^{-11}	$Sb(OH)_3$	4.0×10^{-42}
$MgHPO_4 \cdot 3H_2O$	1.5×10^{-6}	Sb_2S_3	1.5×10^{-93}
$Mn(IO_3)_2$	4.37×10^{-7}	$Sn(OH)_4$	1×10^{-56}
$Mn(OH)_2$	2.06×10^{-13}	$Sn(OH)_2$	1.4×10^{-28}
$Mn_2[Fe(CN)_6]$	8.0×10^{-13}	SnS	1.0×10^{-25}
$Mn_3(AsO_4)_2$	1.9×10^{-29}	SnS_2	2.5×10^{-27}
$MnC_2O_4 \cdot 2H_2O$	1.70×10^{-7}	$Sr(IO_3)_2$	1.14×10^{-7}
$MnCO_3$	2.24×10^{-11}	$Sr(IO_3)_2 \cdot 6H_2O$	4.65×10^{-7}
MnS	4.65×10^{-14}	$Sr(IO_3)_2 \cdot H_2O$	3.58×10^{-7}
$(NH_4)_2PtCl_6$	9.0×10^{-6}	$Sr(OH)_2$	3.2×10^{-4}
$Ni(IO_3)_2$	4.71×10^{-5}	$Sr_3(AsO_4)_2$	4.29×10^{-19}
$Ni(OH)_2$	5.47×10^{-16}	$Sr_3(PO_4)_2$	4.0×10^{-28}
$Ni_2[Fe(CN)_6]$	1.3×10^{-15}	SrC_2O_4	5.16×10^{-7}
$Ni_3(AsO_4)_2$	3.1×10^{-26}	$SrC_2O_4 \cdot H_2O$	1.6×10^{-7}
$Ni_3(PO_4)_2$	4.73×10^{-32}	$SrCO_3$	5.60×10^{-10}
NiC_2O_4	4×10^{-10}	SrF_2	4.33×10^{-9}
$NiCO_3$	1.42×10^{-7}	$SrSO_3$	4×10^{-8}
$\alpha\text{-NiS}$	3×10^{-19}	$SrSO_4$	3.44×10^{-7}
$\beta\text{-NiS}$	1×10^{-24}	$Zn(BO_2)_2 \cdot H_2O$	6.6×10^{-11}
$\gamma\text{-NiS}$	2×10^{-26}	$Zn(IO_3)_2$	4.29×10^{-6}
$Pb(Ac)_2$	1.8×10^{-3}	$Zn(OH)_2(\gamma)$	6.86×10^{-17}
$Pb(BO_2)_2$	1.6×10^{-36}	$Zn(OH)_2(\beta)$	7.71×10^{-17}
$Pb(BrO_3)_2$	2.0×10^{-2}	$Zn(OH)_2(\epsilon)$	4.12×10^{-17}
$Pb(IO_3)_2$	3.68×10^{-13}	$Zn[Hg(SCN)_4]$	2.2×10^{-7}
$Pb(OH)_2$	1.42×10^{-20}	$Zn_2[Fe(CN)_6]$	4.0×10^{-16}
$Pb(SCN)_2$	2.11×10^{-5}	$Zn_3(AsO_4)_2$	3.12×10^{-28}
$Pb_3(PO_4)_2$	8.0×10^{-43}	$Zn_3(PO_4)_2$	9.0×10^{-33}
$PbBr_2$	6.60×10^{-6}	ZnC_2O_4	2.7×10^{8}
PbC_2O_4	8.51×10^{-10}	$ZnC_2O_4 \cdot 2H_2O$	1.37×10^{-9}
$PbCl_2$	1.17×10^{-5}	$ZnCO_3$	1.19×10^{-10}
$PbCO_3$	1.46×10^{-13}	$ZnCO_3 \cdot H_2O$	5.41×10^{-11}
$PbCrO_4$	2.8×10^{-13}	ZnF_2	3.04×10^{-2}
PbF_2	7.12×10^{-7}	ZnS	2.93×10^{-25}
$PbHPO_4$	1.3×10^{-10}	$\alpha\text{-ZnS}$	1.6×10^{-24}
PbI_2	8.49×10^{-9}	$\beta\text{-ZnS}$	2.5×10^{-22}
$PbOHCl$	2×10^{-14}	$ZnSeO_3$	2.6×10^{-7}

注:本表数据摘自:

(1) CRC Handbook of Chemistry and Physics. 75th edition. (1995~1996). 8~58;

(2) 梁英教、车荫昌主编. 无机化学热力学数据手册. 1993.614~633;

(3) 分析化学手册:第一分册. 第2版. 北京:化学工业出版社,1997。

表 14 一些标准电极电势 (298.15K)

（一）在酸性溶液中

电　对	电　极　反　应	$E_A^{\ominus}/V$
Ag^+/Ag	$Ag^+(aq) + e^- \Longrightarrow Ag(s)$	0.7991
Ag^{2+}/Ag^+	$Ag^{2+}(aq) + e^- \Longrightarrow Ag^+(aq)$	1.989
$AgBr/Ag$	$AgBr(s) + e^- \Longrightarrow Ag(s) + Br^-(aq)$	0.07317
$AgBrO_3/Ag$	$AgBrO_3(s) + e^- \Longrightarrow Ag(s) + BrO_3^-(aq)$	0.546
$AgCl/Ag$	$AgCl(s) + e^- \Longrightarrow Ag(s) + Cl^-(aq)$	0.2222
$AgCN/Ag$	$AgCN(s) + e^- \Longrightarrow Ag(s) + CN^-(aq)$	-0.1606
$Ag(CN)_2^-/Ag$	$Ag(CN)_2^-(aq) + e^- \Longrightarrow Ag(s) + 2CN^-(aq)$	-0.4073
Ag_2CrO_4/Ag	$Ag_2CrO_4(s) + 2e^- \Longrightarrow 2Ag(s) + CrO_4^{2-}(aq)$	0.4456
AgI/Ag	$AgI(s) + e^- \Longrightarrow Ag(s) + I^-(aq)$	-0.1515
Ag_2S/Ag	$Ag_2S(s) + 2e^- \Longrightarrow 2Ag(s) + S^{2-}(aq)$	-0.691
Ag_2S/Ag	$Ag_2S(s) + 2H^+(l) + 2e^- \Longrightarrow 2Ag(s) + H_2S(g)$	-0.0366
$AgSCN/Ag$	$AgSCN(s) + e^- \Longrightarrow Ag(s) + SCN^-(aq)$	0.08951
Al^{3+}/Al	$Al^{3+}(aq) + 3e^- \Longrightarrow Al(s)$	-1.662
As/AsH_3	$As(s) + 3H^+(aq) + 3e^- \Longrightarrow AsH_3(g)$	-0.2381
Au^+/Au	$Au^+(aq) + e^- \Longrightarrow Au(s)$	1.68
Au^{3+}/Au	$Au^{3+}(aq) + 3e^- \Longrightarrow Au(s)$	1.50
$AuBr_4^-/Au$	$AuBr_4^-(aq) + 3e^- \Longrightarrow Au(s) + 4Br^-(aq)$	0.854
$AuCl_4^-/Au$	$AuCl_4^-(aq) + 3e^- \Longrightarrow Au(s) + 4Cl^-(aq)$	1.002
Ba^{2+}/Ba	$Ba^{2+}(aq) + 2e^- \Longrightarrow Ba(s)$	-2.906
Be^{2+}/Be	$Be^{2+}(aq) + 2e^- \Longrightarrow Be(s)$	-1.968
Bi^+/Bi	$Bi^+(aq) + e^- \Longrightarrow Bi(s)$	0.5
Bi^{3+}/Bi	$Bi^{3+}(aq) + 3e^- \Longrightarrow Bi(s)$	0.308
BiO^+/Bi	$BiO^+(aq) + 2H^+(aq) + 3e^- \Longrightarrow Bi(s) + H_2O(l)$	0.3134
$BiOCl/Bi$	$BiOCl(s) + 2H^+(aq) + 3e^- \Longrightarrow Bi(s) + Cl^-(aq) + H_2O(l)$	0.1583
$B(OH)_3/BH_4^-$	$B(OH)_3(s) + 7H^+(aq) + 8e^- \Longrightarrow BH_4^-(aq) + 3H_2O(l)$	-0.481
Br_2/Br^-	$Br_2(aq) + 2e^- \Longrightarrow 2Br^-(aq)$	1.0873
Br_2/Br^-	$Br_2(l) + 2e^- \Longrightarrow 2Br^-(aq)$	1.0774
BrO_3^-/Br^-	$BrO_3^-(aq) + 6H^+(aq) + 6e^- \Longrightarrow Br^-(aq) + 3H_2O(l)$	1.842
BrO_3^-/Br_2	$BrO_3^-(aq) + 12H^+(aq) + 11e^- \Longrightarrow Br_2(l) + 6H_2O(l)$	1.513
Ca^+/Ca	$Ca^+(aq) + e^- \Longrightarrow Ca(s)$	-3.80
Ca^{2+}/Ca	$Ca^{2+}(aq) + 2e^- \Longrightarrow Ca(s)$	-2.869
Cd^{2+}/Cd	$Cd^{2+}(aq) + 2e^- \Longrightarrow Cd(s)$	-0.4022
Ce^{3+}/Ce	$Ce^{3+}(aq) + 3e^- \Longrightarrow Ce(s)$	-2.336
Ce^{4+}/Ce^{3+}	$Ce^{4+}(aq) + e^- \Longrightarrow Ce^{3+}(aq)$	1.72
Cl_2/Cl^-	$Cl_2(g) + 2e^- \Longrightarrow 2Cl^-(aq)$	1.360
$ClO_2/HClO_2$	$ClO_2(aq) + H^+(aq) + e^- \Longrightarrow HClO_2(aq)$	1.184
ClO_2/ClO_2^-	$ClO_2(aq) + e^- \Longrightarrow ClO_2^-(aq)$	1.066

电　对	电　极　反　应	$E_A^{\ominus}/V$
ClO_4^-/ClO_3^-	$ClO_4^-(aq) + 2H^+(aq) + 2e^- \rightleftharpoons ClO_3^-(aq) + H_2O(l)$	1.226
$ClO_3^-/HClO_2$	$ClO_3^-(aq) + 3H^+(aq) + 2e^- \rightleftharpoons HClO_2(aq) + H_2O(l)$	1.157
ClO_3^-/ClO_2	$ClO_3^-(aq) + 2H^+(aq) + e^- \rightleftharpoons ClO_2(aq) + H_2O(l)$	1.152
ClO_3^-/Cl_2	$ClO_3^-(aq) + 6H^+(aq) + 5e^- \rightleftharpoons 1/2Cl_2(g) + 3H_2O(l)$	1.47
ClO_3^-/Cl^-	$ClO_3^-(aq) + 6H^+(aq) + 6e^- \rightleftharpoons Cl^-(aq) + 3H_2O(l)$	1.451
ClO_4^-/Cl_2	$ClO_4^-(aq) + 8H^+(aq) + 7e^- \rightleftharpoons 1/2Cl_2(g) + 4H_2O(l)$	1.39
ClO_4^-/Cl^-	$ClO_4^-(aq) + 8H^+(aq) + 8e^- \rightleftharpoons Cl^-(aq) + 4H_2O(l)$	1.389
$(CN)_2/HCN$	$(CN)_2(g) + 2H^+(aq) + 2e^- \rightleftharpoons 2HCN(aq)$	0.37
$CO_2/HCOOH$	$CO_2(g) + 2H^+(aq) + 2e^- \rightleftharpoons HCOOH(aq)$	-0.199
$CO_2/H_2C_2O_4$	$2CO_2(g) + 2H^+(aq) + 2e^- \rightleftharpoons H_2C_2O_4(aq)$	-0.5950
Co^{2+}/Co	$Co^{2+}(aq) + 2e^- \rightleftharpoons Co(s)$	-0.282
Co^{3+}/Co^{2+}	$Co^{3+}(aq) + e^- \rightleftharpoons Co^{2+}(aq)$	1.95
Cr^{3+}/Cr	$Cr^{3+}(aq) + 3e^- \rightleftharpoons Cr(s)$	-0.74
Cr^{3+}/Cr^{2+}	$Cr^{3+}(aq) + e^- \rightleftharpoons Cr^{2+}(aq)$	-0.41
Cr^{2+}/Cr	$Cr^{2+}(aq) + 2e^- \rightleftharpoons Cr(s)$	-0.913
$Cr_2O_7^{2-}/Cr^{3+}$	$Cr_2O_7^{2-}(aq) + 14H^+(aq) + 6e^- \rightleftharpoons 2Cr^{3+}(aq) + 7H_2O(l)$	1.33
Cs^+/Cs	$Cs^+(aq) + e^- \rightleftharpoons Cs(s)$	-3.027
Cu^{2+}/Cu^+	$Cu^{2+}(aq) + e^- \rightleftharpoons Cu^+(aq)$	0.1607
Cu^{2+}/Cu	$Cu^{2+}(aq) + 2e^- \rightleftharpoons Cu(s)$	0.3394
Cu^+/Cu	$Cu^+(aq) + e^- \rightleftharpoons Cu(s)$	0.5180
$Cu^{2+}/Cu(CN)_2^-$	$Cu^{2+}(aq) + 2CN^-(aq) + e^- \rightleftharpoons Cu(CN)_2^-(aq)$	1.580
CuI/Cu	$CuI(s) + e^- \rightleftharpoons Cu(s) + I^-(aq)$	-0.1858
F_2/F^-	$F_2(g) + 2e^- \rightleftharpoons 2F^-(aq)$	2.889
F_2/HF	$F_2(g) + 2H^+(aq) + 2e^- \rightleftharpoons 2HF(aq)$	3.076
Fe^{3+}/Fe^{2+}	$Fe^{3+}(aq) + e^- \rightleftharpoons Fe^{2+}(aq)$	0.769
Fe^{3+}/Fe	$Fe^{3+}(aq) + 3e^- \rightleftharpoons Fe(s)$	-0.037
Fe^{2+}/Fe	$Fe^{3+}(aq) + 2e^- \rightleftharpoons Fe(s)$	-0.4089
$FeCO_3/Fe$	$FeCO_3(s) + 2e^- \rightleftharpoons Fe(s) + CO_3^{2-}(aq)$	-0.7169
$Fe(CN)_6^{3-}/Fe(CN)_6^{4-}$	$Fe(CN)_6^{3-}(aq) + e^- \rightleftharpoons Fe(CN)_6^{4-}(aq)$	0.3557
Ga^{3+}/Ga	$Ga^{3+}(aq) + 3e^- \rightleftharpoons Ga(s)$	-0.5493
Ge^{2+}/Ge	$Ge^{2+}(aq) + 2e^- \rightleftharpoons Ge(s)$	0.24
Ge^{4+}/Ge	$Ge^{4+}(aq) + 4e^- \rightleftharpoons Ge(s)$	0.124
H^+/H_2	$2H^+(aq) + 2e^- \rightleftharpoons H_2(g)$	0.0000
H_3AsO_4/H_3AsO_3	$H_3AsO_4(aq) + 2H^+(aq) + 2e^- \rightleftharpoons HAsO_2(aq) + 2H_2O(l)$	0.5748
$HAsO_2/As$	$HAsO_2(aq) + 3H^+(aq) + 3e^- \rightleftharpoons As(s) + 2H_2O(l)$	0.2473
H_3BO_3/B	$H_3BO_3(aq) + 3H^+(aq) + 3e^- \rightleftharpoons B(s) + 3H_2O(l)$	-0.8894
$HBrO/Br_2$	$2HBrO(aq) + 2H^+(aq) + 2e^- \rightleftharpoons Br_2(l) + 2H_2O(l)$	1.604
$HBrO/Br_2$	$2HBrO(aq) + 2H^+(aq) + 2e^- \rightleftharpoons Br_2(aq) + 2H_2O(l)$	1.574
$HClO/Cl^-$	$HClO(aq) + H^+(aq) + 2e^- \rightleftharpoons Cl^-(aq) + H_2O(l)$	1.482
$HClO_2/Cl_2$	$HClO_2(aq) + 3H^+(aq) + 3e^- \rightleftharpoons 1/2Cl_2(g) + 2H_2O(l)$	1.628
$HClO/Cl_2$	$2HClO(aq) + 2H^+(aq) + 2e^- \rightleftharpoons Cl_2(g) + 2H_2O(l)$	1.630
$HClO_2/HClO$	$HClO_2(aq) + 2H^+(aq) + 2e^- \rightleftharpoons HClO(aq) + H_2O(l)$	1.673
$HCrO_4^-/Cr^{3+}$	$HCrO_4^-(aq) + 7H^+(aq) + 3e^- \rightleftharpoons Cr^{3+}(aq) + 4H_2O(l)$	1.350
$HFeO_4^-/Fe_2O_3$	$2HFeO_4^-(aq) + 8H^+(aq) + 6e^- \rightleftharpoons Fe_2O_3(s) + 5H_2O(l)$	2.09
Hg^{2+}/Hg_2^{2+}	$2Hg^{2+}(aq) + 2e^- \rightleftharpoons Hg_2^{2+}(aq)$	0.9083
Hg^{2+}/Hg	$Hg^{2+}(aq) + 2e^- \rightleftharpoons Hg(l)$	0.8519
Hg_2^{2+}/Hg	$Hg_2^{2+}(aq) + 2e^- \rightleftharpoons 2Hg(l)$	0.7956
$HgCl_2/Hg_2Cl_2$	$2HgCl_2(aq) + 2e^- \rightleftharpoons Hg_2Cl_2(s) + 2Cl^-(aq)$	0.6571
Hg_2Cl_2/Hg	$Hg_2Cl_2(s) + 2e^- \rightleftharpoons 2Hg(l) + 2Cl^-(aq)$	0.2680
$HgBr_4^{2-}/Hg$	$HgBr_4^{2-}(aq) + 2e^- \rightleftharpoons Hg(l) + 4Br^-(aq)$	0.2318

电 对	电 极 反 应	$E_A^{\ominus}/V$
HgI_4^{2-}/Hg	$HgI_4^{2-}(aq) + 2e^- \Longrightarrow Hg(l) + 4I^-(aq)$	-0.02809
HIO/I_2	$2HIO(aq) + 2H^+(aq) + 2e^- \Longrightarrow I_2(s) + 2H_2O(l)$	1.431
H_5IO_6/IO_3^-	$H_5IO_6(aq) + H^+(aq) + 2e^- \Longrightarrow IO_3^-(aq) + 3H_2O(l)$	1.60
HNO_2/N_2O	$2HNO_2(aq) + 4H^+(aq) + 4e^- \Longrightarrow N_2O(g) + 3H_2O(l)$	1.311
HNO_2/NO	$HNO_2(aq) + H^+(aq) + e^- \Longrightarrow NO(g) + H_2O(l)$	1.04
H_2O_2/H_2O	$H_2O_2(aq) + 2H^+(aq) + 2e^- \Longrightarrow 2H_2O(l)$	1.763
H_3PO_2/P	$H_3PO_2(aq) + H^+(aq) + e^- \Longrightarrow P(s) + 2H_2O(l)$	-0.508
H_3PO_3/H_3PO_2	$H_3PO_3(aq) + 2H^+(aq) + 2e^- \Longrightarrow H_3PO_2(aq) + H_2O(l)$	-0.499
H_3PO_3/P	$H_3PO_3(aq) + 3H^+(aq) + 3e^- \Longrightarrow P(s) + 3H_2O(l)$	-0.454
H_3PO_4/H_3PO_3	$H_3PO_4(aq) + 2H^+(aq) + 2e^- \Longrightarrow H_3PO_3(aq) + H_2O(l)$	-0.276
H_2SO_3/S	$H_2SO_3(aq) + 4H^+(aq) + 4e^- \Longrightarrow S(s) + 3H_2O(l)$	0.4497
H_2SeO_3/Se	$H_2SeO_3(aq) + 4H^+(aq) + 4e^- \Longrightarrow Se(s) + 3H_2O(l)$	0.74
$H_2SO_3/S_2O_3^{2-}$	$2H_2SO_3(aq) + 2H^+(aq) + 4e^- \Longrightarrow S_2O_3^{2-}(aq) + 3H_2O(l)$	0.4104
I_2/I^-	$I_2(s) + 2e^- \Longrightarrow 2I^-(aq)$	0.5345
I_3^-/I^-	$I_3^-(aq) + 2e^- \Longrightarrow 3I^-(aq)$	0.536
In^{3+}/In^+	$In^{3+}(aq) + 2e^- \Longrightarrow In^+(aq)$	-0.445
In^{3+}/In	$In^{3+}(aq) + 3e^- \Longrightarrow In(s)$	-0.338
In^+/In	$In^+(aq) + e^- \Longrightarrow In(s)$	-0.125
IO_3^-/I_2	$2IO_3^-(aq) + 12H^+(aq) + 10e^- \Longrightarrow I_2(s) + 6H_2O(l)$	1.209
Ir^{3+}/Ir	$Ir^{3+}(aq) + 3e^- \Longrightarrow Ir(s)$	1.156
K^+/K	$K^+(aq) + e^- \Longrightarrow K(s)$	-2.936
La^{3+}/La	$La^{3+}(aq) + 3e^- \Longrightarrow La(s)$	-2.362
Li^+/Li	$Li^+(aq) + e^- \Longrightarrow Li(s)$	-3.040
Lu^{3+}/Lu	$Lu^{3+}(aq) + 3e^- \Longrightarrow Lu(s)$	-2.28
Md^{3+}/Md	$Md^{3+}(aq) + 3e^- \Longrightarrow Md(s)$	-1.65
Mg^+/Mg	$Mg^+(aq) + e^- \Longrightarrow Mg(s)$	-2.70
Mg^{2+}/Mg	$Mg^{2+}(aq) + 2e^- \Longrightarrow Mg(s)$	-2.357
Mn^{2+}/Mn	$Mn^{2+}(aq) + 2e^- \Longrightarrow Mn(s)$	-1.182
MnO_4^-/MnO_4^{2-}	$MnO_4^-(aq) + e^- \Longrightarrow MnO_4^{2-}(aq)$	0.5545
MnO_2/Mn^{2+}	$MnO_2(s) + 4H^+(aq) + 2e^- \Longrightarrow Mn^{2+}(aq) + 2H_2O(l)$	1.2293
Mn^{3+}/Mn^{2+}	$Mn^{3+}(aq) + e^- \Longrightarrow Mn^{2+}(aq)$	1.51
MnO_4^-/Mn^{2+}	$MnO_4^-(aq) + 8H^+(aq) + 5e^- \Longrightarrow Mn^{2+}(aq) + 4H_2O(l)$	1.512
MnO_4^-/MnO_2	$MnO_4^-(aq) + 4H^+(aq) + 3e^- \Longrightarrow MnO_2(s) + 2H_2O(l)$	1.700
Mo^{3+}/Mo	$Mo^{3+}(aq) + 3e^- \Longrightarrow Mo(s)$	-0.200
$N_2/N_2H_5^+$	$N_2(g) + 5H^+(aq) + 4e^- \Longrightarrow N_2H_5^+(aq)$	-0.2138
N_2/NH_2OH	$N_2(g) + 6H^+(aq) + 2H_2O(l) + 6e^- \Longrightarrow 2NH_2OH(aq)$	0.092
Na^+/Na	$Na^+(aq) + e^- \Longrightarrow Na(s)$	-2.714
Nb^{3+}/Nb	$Nb^{3+}(aq) + 3e^- \Longrightarrow Nb(s)$	-1.099
Nd^{3+}/Nd	$Nd^{3+}(aq) + 3e^- \Longrightarrow Nd(s)$	-2.323
$NH_3OH^+/N_2H_5^+$	$2NH_3OH^+(aq) + H^+(aq) + 2e^- \Longrightarrow N_2H_5^+(aq) + 2H_2O(l)$	1.42
Ni^{2+}/Ni	$Ni^{2+}(aq) + 2e^- \Longrightarrow Ni(s)$	-0.2363
No^{2+}/No	$No^{2+}(aq) + 2e^- \Longrightarrow No(s)$	-2.50
No^{3+}/No^{2+}	$No^{3+}(aq) + e^- \Longrightarrow No^{2+}(aq)$	1.4
NO_2/HNO_2	$NO_2(g) + H^+(aq) + e^- \Longrightarrow HNO_2(aq)$	1.056
NO_3^-/NO_2	$NO_3^-(aq) + 2H^+(aq) + e^- \Longrightarrow NO_2(g) + H_2O(l)$	0.7989
NO_3^-/HNO_2	$NO_3^-(aq) + 3H^+(aq) + 2e^- \Longrightarrow HNO_2(aq) + H_2O(l)$	0.9275
NO_3^-/NO	$NO_3^-(aq) + 4H^+(aq) + 3e^- \Longrightarrow NO(g) + 2H_2O(l)$	0.9637
N_2O/N_2	$N_2O(g) + 2H^+(aq) + 2e^- \Longrightarrow N_2(g) + H_2O(l)$	1.766
N_2O_4/HNO_2	$N_2O_4(g) + 2H^+(aq) + 2e^- \Longrightarrow 2HNO_2(aq)$	1.065
Np^{3+}/Np	$Np^{3+}(aq) + 3e^- \Longrightarrow Np(s)$	-1.856

电　对	电　极　反　应	$E_A^{\ominus}/V$
O/H_2O	$O(g) + 2H^+(aq) + 2e^- \Longrightarrow H_2O(l)$	2.421
O_2/H_2O	$O_2(g) + 4H^+(aq) + 4e^- \Longrightarrow 2H_2O(l)$	1.229
O_2/H_2O_2	$O_2(g) + 2H^+(aq) + 2e^- \Longrightarrow H_2O_2(aq)$	0.6945
O_3/O_2	$O_3(g) + 2H^+(aq) + 2e^- \Longrightarrow O_2(g) + H_2O(l)$	2.075
P/PH_3	$P(s,red) + 3H^+(aq) + 3e^- \Longrightarrow PH_3(g)$	-0.111
P/PH_3	$P(s,white) + 3H^+(aq) + 3e^- \Longrightarrow PH_3(g)$	-0.063
Pa^{3+}/Pa	$Pa^{3+}(aq) + 3e^- \Longrightarrow Pa(s)$	-1.34
Pb^{2+}/Pb	$Pb^{3+}(aq) + 2e^- \Longrightarrow Pb(s)$	-0.1266
$PbBr_2/Pb$	$PbBr_2(s) + 2e^- \Longrightarrow Pb(s) + 2Br^-(aq)$	-0.2798
$PbCl_2/Pb$	$PbCl_2(s) + 2e^- \Longrightarrow Pb(s) + 2Cl^-(aq)$	-0.2676
PbI_2/Pb	$PbI_2(s) + 2e^- \Longrightarrow Pb(s) + 2I^-(aq)$	-0.3653
PbO_2/Pb^{2+}	$PbO_2(s) + 4H^+(aq) + 2e^- \Longrightarrow Pb^{2+}(aq) + 2H_2O(l)$	1.458
PbO_2/Pb^{2+}	$PbO_2(s) + SO_4^{2-}(aq) + 4H^+(aq) + 2e^- \Longrightarrow PbSO_4(s) + 2H_2O(l)$	1.6913
$PbSO_4/Pb$	$PbSO_4(s) + 2e^- \Longrightarrow Pb(s) + SO_4^{2-}(aq)$	-0.3555
Pd^{2+}/Pd	$Pd^{2+}(aq) + 2e^- \Longrightarrow Pd(s)$	0.951
Pm^{2+}/Pm	$Pm^{2+}(aq) + 2e^- \Longrightarrow Pm(s)$	-2.2
Pt^{2+}/Pt	$Pt^{2+}(aq) + 2e^- \Longrightarrow Pt(s)$	1.18
$PtCl_6^{2-}/PtCl_4^{2-}$	$PtCl_6^{2-}(aq) + 2e^- \Longrightarrow PtCl_4^{2-}(aq) + 2Cl^-(aq)$	0.68
Ra^{2+}/Ra	$Ra^{2+}(aq) + 2e^- \Longrightarrow Ra(s)$	-2.910
Rb^+/Rb	$Rb^+(aq) + e^- \Longrightarrow Rb(s)$	-2.943
Re^{3+}/Re	$Re^{3+}(aq) + 3e^- \Longrightarrow Re(s)$	0.300
Rh^{3+}/Rh	$Rh^{3+}(aq) + 3e^- \Longrightarrow Rh(s)$	0.758
S/S^{2-}	$S(s) + 2e^- \Longrightarrow S^{2-}(aq)$	-0.445
S/H_2S	$S(s) + 2H^+(aq) + 2e^- \Longrightarrow H_2S(aq)$	0.1442
Sb/SbH_3	$Sb(s) + 3H^+(aq) + 3e^- \Longrightarrow SbH_3(g)$	-0.5104
Sb_2O_5/SbO^+	$Sb_2O_5(s) + 6H^+(aq) + 4e^- \Longrightarrow 2SbO^+(aq) + 3H_2O(l)$	0.581
Sc^{3+}/Sc	$Sc^{3+}(aq) + 3e^- \Longrightarrow Sc(s)$	-2.027
Se^{2+}/Se	$Se^{2+}(aq) + 2e^- \Longrightarrow Se(s)$	-0.924
Se/H_2Se	$Se(s) + 2H^+(aq) + 2e^- \Longrightarrow H_2Se(aq)$	-0.1150
SiF_6^{2-}/Si	$SiF_6^{2-}(aq) + 4e^- \Longrightarrow Si(s) + 6F^-(aq)$	-1.365
SiO_2/Si	$SiO_2(s) + 4H^+(aq) + 4e^- \Longrightarrow Si(s) + 2H_2O(l)$	-0.9754
Sn^{2+}/Sn	$Sn^{2+}(aq) + 2e^- \Longrightarrow Sn(s)$	-0.1410
Sn^{4+}/Sn^{2+}	$Sn^{4+}(aq) + 2e^- \Longrightarrow Sn^{2+}(aq)$	0.1539
SO_4^{2-}/H_2SO_3	$SO_4^{2-}(aq) + 4H^+(aq) + 2e^- \Longrightarrow H_2SO_3(aq) + H_2O(l)$	0.1576
$S_4O_6^{2-}/S_2O_3^{2-}$	$S_4O_6^{2-}(aq) + 2e^- \Longrightarrow 2S_2O_3^{2-}(aq)$	0.02384
$S_2O_8^{2-}/HSO_4^-$	$S_2O_8^{2-}(aq) + 2H^+(aq) + 2e^- \Longrightarrow 2HSO_4^-(aq)$	2.123
$S_2O_8^{2-}/SO_4^{2-}$	$S_2O_8^{2-}(aq) + 2e^- \Longrightarrow 2SO_4^{2-}(aq)$	1.939
Sr^{2+}/Sr	$Sr^{2+}(aq) + 2e^- \Longrightarrow Sr(s)$	-2.899
TcO_4^-/Tc	$TcO_4^-(aq) + 8H^+(aq) + 7e^- \Longrightarrow Tc(s) + 4H_2O(l)$	0.472
TcO_4^-/TcO_2	$TcO_4^-(aq) + 4H^+(aq) + 3e^- \Longrightarrow TcO_2(s) + 2H_2O(l)$	0.782
TeO_2/Te	$TeO_2(s) + 4H^+(aq) + 4e^- \Longrightarrow Te(s) + 2H_2O(l)$	0.5285
TiO_2/Ti^{2+}	$TiO_2(s) + 4H^+(aq) + 2e^- \Longrightarrow Ti^{2+}(aq) + 2H_2O(l)$	-0.502
Tl^+/Tl	$Tl^+(aq) + e^- \Longrightarrow Tl(s)$	-0.3358
Tl^{3+}/Tl^+	$Tl^{3+}(aq) + 2e^- \Longrightarrow Tl^+(aq)$	1.280
UO_2^{2+}/U	$UO_2^{2+}(aq) + 4H^+(aq) + 6e^- \Longrightarrow U(s) + 2H_2O(l)$	-1.444
UO_2^{2+}/U^{4+}	$UO_2^{2+}(aq) + 4H^+(aq) + 2e^- \Longrightarrow U^{4+}(aq) + 2H_2O(l)$	0.327
VO_2^+/V	$VO_2^+(aq) + 4H^+(aq) + 5e^- \Longrightarrow V(s) + 2H_2O(l)$	-0.2337
V_2O_5/VO^{2+}	$V_2O_5(s) + 6H^+(aq) + 2e^- \Longrightarrow 2VO^{2+}(aq) + 3H_2O(l)$	0.957
W^{3+}/W	$W^{3+}(aq) + 3e^- \Longrightarrow W(s)$	0.1
WO_3/W	$WO_3(s) + 6H^+(aq) + 6e^- \Longrightarrow W(s) + 3H_2O(l)$	-0.0909
XeO_3/Xe	$XeO_3(s) + 6H^+(aq) + 6e^- \Longrightarrow Xe(s) + 3H_2O(l)$	2.10
Zn^{2+}/Zn	$Zn^{2+}(aq) + 2e^- \Longrightarrow Zn(s)$	-0.7621
Zr^{4+}/Zr	$Zr^{4+}(aq) + 4e^- \Longrightarrow Zr(s)$	-1.45

（二）在碱性溶液中

电 对	电 极 反 应	$E_B^{\ominus}/V$
Ag_2CO_3/Ag	$Ag_2CO_3(s) + 2e^- \rightleftharpoons 2Ag(s) + CO_3^{2-}(aq)$	0.47
$Ag(NH_3)_2^+/Ag$	$Ag(NH_3)_2^+(aq) + e^- \rightleftharpoons Ag(s) + 2NH_3(aq)$	0.3719
Ag_2O/Ag	$Ag_2O(s) + H_2O(l) + 2e^- \rightleftharpoons 2Ag(s) + 2OH^-(aq)$	0.3428
$Al(OH)_3/Al$	$Al(OH)_3(s) + 3e^- \rightleftharpoons Al(s) + 3OH^-(aq)$	-2.31
$Al(OH)_4^-/Al$	$Al(OH)_4^-(aq) + 3e^- \rightleftharpoons Al(s) + 4OH^-(aq)$	-2.328
AsO_2^-/As	$AsO_2^-(aq) + 2H_2O(l) + 3e^- \rightleftharpoons As(s) + 4OH^-(aq)$	-0.68
$Ba(OH)_2/Ba$	$Ba(OH)_2(s) + 2e^- \rightleftharpoons Ba(s) + 2OH^-(aq)$	-2.99
Bi_2O_3/Bi	$Bi_2O_3(s) + 3H_2O(l) + 6e^- \rightleftharpoons 2Bi(s) + 6OH^-(aq)$	-0.46
BrO^-/Br^-	$BrO^-(aq) + H_2O(l) + 2e^- \rightleftharpoons Br^-(aq) + 2OH^-(aq)$	0.761
BrO_3^-/Br^-	$BrO_3^-(aq) + 3H_2O(l) + 6e^- \rightleftharpoons Br^-(aq) + 6OH^-(aq)$	0.6126
BrO^-/Br_2	$BrO^-(aq) + 2H_2O(l) + 2e^- \rightleftharpoons Br_2(l) + 4OH^-(aq)$	0.4556
$Ca(OH)_2/Ca$	$Ca(OH)_2(s) + 2e^- \rightleftharpoons Ca(s) + 2OH^-(aq)$	-3.02
$Cd(OH)_2/Cd(Hg)$	$Cd(OH)_2(s) + 2e^- \rightleftharpoons Cd(Hg) + 2OH^-(aq)$	-0.809
ClO^-/Cl^-	$ClO^-(aq) + H_2O(l) + 2e^- \rightleftharpoons Cl^-(aq) + 2OH^-(aq)$	0.8902
ClO_2^-/ClO^-	$ClO_2^-(aq) + H_2O(l) + 2e^- \rightleftharpoons ClO^-(aq) + 2OH^-(aq)$	0.6807
ClO_4^-/ClO_3^-	$ClO_4^-(aq) + H_2O(l) + 2e^- \rightleftharpoons ClO_3^-(aq) + 2OH^-(aq)$	0.3979
ClO_2^-/Cl^-	$ClO_2^-(aq) + 2H_2O(l) + 4e^- \rightleftharpoons Cl^-(aq) + 4OH^-(aq)$	0.76
ClO_3^-/ClO_2^-	$ClO_3^-(aq) + H_2O(l) + 2e^- \rightleftharpoons ClO_2^-(aq) + 2OH^-(aq)$	0.33
$Co(OH)_2/Co$	$Co(OH)_2(s) + 2e^- \rightleftharpoons Co(s) + 2OH^-(aq)$	-0.73
$Co(OH)_3/Co(OH)_2$	$Co(OH)_3(s) + e^- \rightleftharpoons Co(OH)_2(s) + OH^-(aq)$	0.17
$Co(NH_3)_6^{3+}/Co(NH_3)_6^{2+}$	$Co(NH_3)_6^{3+}(aq) + e^- \rightleftharpoons Co(NH_3)_6^{2+}(aq)$	0.108
CrO_2^-/Cr	$CrO_2^-(aq) + 2H_2O(l) + 3e^- \rightleftharpoons Cr(s) + 4OH^-(aq)$	-1.2
$CrO_4^{2-}/Cr(OH)_3$	$CrO_4^{2-}(aq) + 4H_2O(l) + 3e^- \rightleftharpoons Cr(OH)_3(s) + 5OH^-(aq)$	-0.13
Cu_2O/Cu	$Cu_2O(s) + H_2O(l) + 2e^- \rightleftharpoons 2Cu(s) + 2OH^-(aq)$	-0.3557
$Cu(OH)_2/Cu_2O$	$2Cu(OH)_2(s) + 2e^- \rightleftharpoons Cu_2O(s) + 2OH^-(aq) + H_2O(l)$	-0.08
$Fe(OH)_2/Fe$	$Fe(OH)_2(s) + 2e^- \rightleftharpoons Fe(s) + 2OH^-(aq)$	-0.8914
$Fe(OH)_3/Fe(OH)_2$	$Fe(OH)_3(s) + e^- \rightleftharpoons Fe(OH)_2(s) + OH^-(aq)$	-0.5468
$H_2AlO_3^-/Al$	$H_2AlO_3^-(aq) + H_2O(l) + 3e^- \rightleftharpoons Al(s) + 4OH^-(aq)$	-2.33
$H_2BO_3^-/BH_4^-$	$H_2BO_3^-(aq) + 5H_2O(l) + 8e^- \rightleftharpoons BH_4^-(aq) + 8OH^-(aq)$	-1.24
Hg_2O/Hg	$Hg_2O(s) + H_2O(l) + 2e^- \rightleftharpoons 2Hg(l) + 2OH^-(aq)$	0.123
H_3IO_6/IO_3	$H_3IO_6(aq) + 3e^- \rightleftharpoons IO_3(s) + 3OH^-(aq)$	0.7
H_2O/H_2	$2H_2O(l) + 2e^- \rightleftharpoons H_2(g) + 2OH^-(aq)$	1.776
HO_2^-/OH^-	$HO_2^-(aq) + H_2O(l) + 2e^- \rightleftharpoons 3OH^-(aq)$	0.8670
$HPO_3^{2-}/H_2PO_2^-$	$HPO_3^{2-}(aq) + 2H_2O(l) + 2e^- \rightleftharpoons H_2PO_2^-(aq) + 3OH^-(aq)$	-1.65
$Mg(OH)_2/Mg$	$Mg(OH)_2(s) + 2e^- \rightleftharpoons Mg(s) + 2OH^-(aq)$	-2.690
MnO_4^-/MnO_2	$MnO_4^-(aq) + 2H_2O(l) + 3e^- \rightleftharpoons MnO_2(s) + 4OH^-(aq)$	0.5965
MnO_4^{2-}/MnO_2	$MnO_4^{2-}(aq) + 2H_2O(l) + 2e^- \rightleftharpoons MnO_2(s) + 4OH^-(aq)$	0.6175
$Mn(OH)_2/Mn$	$Mn(OH)_2(s) + 2e^- \rightleftharpoons Mn(s) + 2OH^-(aq)$	-1.56
$MnO_2/Mn(OH)_2$	$MnO_2(s) + 2H_2O(l) + 2e^- \rightleftharpoons Mn(OH)_2(s) + 2OH^-(aq)$	-0.0514
$Ni(OH)_2/Ni$	$Ni(OH)_2(s) + 2e^- \rightleftharpoons Ni(s) + 2OH^-(aq)$	-0.72
NO_3^-/N_2O_4	$2NO_3^-(aq) + 2H_2O(l) + 2e^- \rightleftharpoons N_2O_4(g) + 4OH^-(aq)$	-0.85
NO_2^-/NO	$NO_2^-(aq) + H_2O(l) + e^- \rightleftharpoons NO(g) + 2OH^-(aq)$	-0.46
NO_3^-/NO_2^-	$NO_3^-(aq) + H_2O(l) + 2e^- \rightleftharpoons NO_2^-(aq) + 2OH^-(aq)$	0.00849
O_3/O_2	$O_3(g) + H_2O(l) + 2e^- \rightleftharpoons O_2(g) + 2OH^-(aq)$	1.247
O_2/OH^-	$O_2(g) + 2H_2O(l) + 4e^- \rightleftharpoons 4OH^-(aq)$	0.4009
O_2/H_2O_2	$O_2(g) + 2H_2O(l) + 2e^- \rightleftharpoons H_2O_2(aq) + 2OH^-(aq)$	-0.146

续表

电　　对	电　极　反　应	$E_B^{\ominus}/V$
P/PH_3	$P(s) + 3H_2O(l) + 3e^- \rightleftharpoons PH_3(g) + 3OH^-(aq)$	-0.87
PbO_2/PbO	$PbO_2(s) + H_2O(l) + 2e^- \rightleftharpoons PbO(s,黄色) + 2OH^-(aq)$	0.2483
PO_4^{3-}/HPO_3^{2-}	$PO_4^{3-}(aq) + 2H_2O(l) + 2e^- \rightleftharpoons HPO_3^{2-}(aq) + 3OH^-(aq)$	-1.05
S/SH^-	$S(s) + H_2O(l) + 2e^- \rightleftharpoons SH^-(aq) + OH^-(aq)$	-0.478
SbO_3^-/SbO_2^-	$SbO_3^-(aq) + H_2O(l) + 2e^- \rightleftharpoons SbO_2^-(aq) + 2OH^-(aq)$	-0.59
SeO_4^{2-}/SeO_3^{2-}	$SeO_4^{2-}(aq) + H_2O(l) + 2e^- \rightleftharpoons SeO_3^{2-}(aq) + 2OH^-(aq)$	0.05
SiO_3^{2-}/Si	$SiO_3^{2-}(aq) + 3H_2O(l) + 4e^- \rightleftharpoons Si(s) + 6OH^-(aq)$	-1.697
SO_4^{2-}/SO_3^{2-}	$SO_4^{2-}(aq) + H_2O(l) + 2e^- \rightleftharpoons SO_3^{2-}(aq) + 2OH^-(aq)$	-0.9362
$SO_3^{2-}/S_2O_3^{2-}$	$2SO_3^{2-}(aq) + 3H_2O(l) + 4e^- \rightleftharpoons S_2O_3^{2-}(aq) + 6OH^-(aq)$	-0.5659
ZnO/Zn	$ZnO(s) + H_2O(l) + 2e^- \rightleftharpoons Zn(s) + 2OH^-(aq)$	-1.260
ZnO_2^{2-}/Zn	$ZnO_2^{2-}(aq) + 2H_2O(l) + 2e^- \rightleftharpoons Zn(s) + 4OH^-(aq)$	-1.215
$Zn(OH)_2/Zn$	$Zn(OH)_2(s) + 2e^- \rightleftharpoons Zn(s) + 2OH^-(aq)$	-1.249

表 15　某些氧化还原电对的条件电势（$E^{\ominus\prime}$）

半　反　应	$E^{\ominus\prime}/V$	介　　质
$Ag(II) + e^- \rightleftharpoons Ag^+$	1.927	$4mol \cdot L^{-1}\ HNO_3$
$Ce(IV) + e^- \rightleftharpoons Ce(III)$	1.74	$1mol \cdot L^{-1}\ HClO_4$
	1.44	$0.5mol \cdot L^{-1}\ H_2SO_4$
	1.28	$1mol \cdot L^{-1}\ HCl$
$Co^{3+} + e^- \rightleftharpoons Co^{2+}$	1.84	$3mol \cdot L^{-1}\ HNO_3$
$Co(乙二胺)_3^{3+} + e^- \rightleftharpoons Co(乙二胺)_3^{2+}$	-0.2	$0.1mol \cdot L^{-1}\ KNO_3 + 0.1mol \cdot L^{-1}\ 乙二胺$
$Cr(III) + e^- \rightleftharpoons Cr(II)$	-0.40	$5mol \cdot L^{-1}\ HCl$
$Cr_2O_7^{2+} + 14H^+ + 6e^- \rightleftharpoons 2Cr^{3+} + 7H_2O$	1.08	$3mol \cdot L^{-1}\ HCl$
	1.15	$4mol \cdot L^{-1}\ H_2SO_4$
	1.025	$1mol \cdot L^{-1}\ HClO_4$
$CrO_4^{2+} + 2H_2O + 3e^- \rightleftharpoons CrO_2^- + 4OH^-$	-0.12	$1mol \cdot L^{-1}\ NaOH$
$Fe(III) + e^- \rightleftharpoons Fe^{2+}$	0.767	$1mol \cdot L^{-1}\ HClO_4$
	0.71	$0.5mol \cdot L^{-1}\ HCl$
	0.68	$1mol \cdot L^{-1}\ H_2SO_4$
	0.68	$1mol \cdot L^{-1}\ HCl$
	0.46	$2mol \cdot L^{-1}\ H_3PO_4$
	0.51	$1mol \cdot L^{-1}\ HCl + 0.25mol \cdot L^{-1}\ H_3PO_4$
$Fe(EDTA)^- + e^- \rightleftharpoons Fe(EDTA)^{2-}$	0.12	$0.1mol \cdot L^{-1}\ EDTA\ pH=4\sim6$
$Fe(CN)_6^{3-} + e^- \rightleftharpoons Fe(CN)_6^{4-}$	0.56	$0.1mol \cdot L^{-1}\ HCl$
$FeO_4^{2-} + 2H_2O + 3e^- \rightleftharpoons FeO_2^- + 4OH^-$	0.55	$10mol \cdot L^{-1}\ NaOH$
$I_3^- + 2e^- \rightleftharpoons 3I^-$	0.5446	$0.5mol \cdot L^{-1}\ H_2SO_4$
$I_2(水) + 2e^- \rightleftharpoons 2I^-$	0.6276	$0.5mol \cdot L^{-1}\ H_2SO_4$
$MnO_4^- + 8H^+ + 5e^- \rightleftharpoons Mn^{2+} + 4H_2O$	1.45	$1mol \cdot L^{-1}\ HClO_4$
$SnCl_6^{2-} + 2e^- \rightleftharpoons SnCl_4^{2-} + 2Cl^-$	0.14	$1mol \cdot L^{-1}\ HCl$
$Sb(V) + 2e^- \rightleftharpoons Sb(III)$	0.75	$3.5mol \cdot L^{-1}\ HCl$
$Sb(OH)_6^- + 2e^- \rightleftharpoons SbO_2^- + 2OH^- + 2H_2O$	-0.428	$3mol \cdot L^{-1}\ NaOH$
$SbO_2^- + 2H_2O + 3e^- \rightleftharpoons Sb + 4OH^-$	-0.675	$10mol \cdot L^{-1}\ KOH$
$Ti(IV) + e^- \rightleftharpoons Ti(III)$	-0.01	$0.2mol \cdot L^{-1}\ H_2SO_4$
	0.12	$2mol \cdot L^{-1}\ H_2SO_4$
	-0.04	$1mol \cdot L^{-1}\ HCl$
	-0.05	$1mol \cdot L^{-1}\ H_3PO_4$
$Pb(II) + 2e^- \rightleftharpoons Pb$	-0.32	$1mol \cdot L^{-1}\ NaAc$

表 16　配合物的稳定常数（18～25℃）

金属离子	$I/\text{mol} \cdot \text{L}^{-1}$	n	$\lg\beta_n$
氨配合物			
Ag^+	0.5	1,2	3.24,7.05
Cd^{2+}	2	1,…,6	2.65,4.75,6.19,7.12,6.80,5.14
Co^{2+}	2	1,…,6	2.11,3.74,4.79,5.55,5.73,5.11
Co^{3+}	2	1,…,6	6.7,14.0,20.1;25.7,30.8,35.2
Cu^+	2	1,2	5.93,10.86
Cu^{2+}	2	1,…,5	4.31,7.98,11.02,13.32,12.86
Ni^{2+}	2	1,…,6	2.80,5.04,6.77,7.96,8.71,8.74
Zn^{2+}	2	1,…,4	2.37,4.81,7.31,9.46
溴配合物			
Ag^+	0	1,…,4	4.38,7.33,8.00,8.73
Bi^{3+}	2.3	1,…,6	4.30,5.55,5.89,7.82,—,9.70
Cd^{2+}	3	1,…,4	1.75,2.34,3.32,3.70
Cu^+	0	2	5.89
Hg^{2+}	0.5	1,…,4	9.05,17.32,19.74,21.00
氯配合物			
Ag^+	0	1,…,4	3.04,5.04,5.04,5.30
Hg^{2+}	0.5	1,…,4	6.74,13.22,14.07,15.07
Sn^{2+}	0	1,…,4	1.51,2.24,2.03,1.48
Sb^{3+}	4	1,…,6	2.26,3.49,4.18,4.72,4.72,4.11
氰配合物			
Ag^+	0	1,…,4	—,21.1,21.7,20.6
Cd^{2+}	3	1,…,4	5.48,10.60,15.23,18.78
Co^{2+}		6	19.09
Cu^+	0	1,…,4	—,24.0,28.59,30.3
Fe^{2+}	0	6	35
Fe^{3+}	0	6	42
Hg^{2+}	0	4	41.4
Ni^{2+}	0.1	4	31.3
Zn^{2+}	0.1	4	16.7
氟配合物			
Al^{3+}	0.5	1,…,6	6.13,11.15,15.00,17.75,19.37,19.84
Fe^{3+}	0.5	1,…,6	5.28,9.30,12.06,—,15.77,—
Th^{4+}	0.5	1,…,3	7.65,13.46,17.97
TiO_2^{2+}	3	1,…,4	5.4,9.8,13.7,18.0
ZrO_2^{2+}	2	1,…,3	8.80,16.12,21.94
碘配合物			
Ag^+	0	1,…,3	6.58,11.74,13.68
Bi^{3+}	2	1,…,6	3.63,—,—,14.95,16.80,18.80
Cd^{2+}	0	1,…,4	2.10,3.43,4.49,5.41
Pb^{2+}	0	1,…,4	2.00,3.15,3.92,4.47
Hg^{2+}	0.5	1,…,4	12.87,23.82,27.60,29.83
磷酸配合物			
Ca^{2+}	0.2	CaHL	1.7
Mg^{2+}	0.2	MgHL	1.9
Mn^{2+}	0.2	MnHL	2.6

金属离子	$I/\text{mol} \cdot \text{L}^{-1}$	n	$\lg\beta_n$
Fe^{3+}	0.66	FeL	9.35
硫氰酸配合物			
Ag^+	2.2	1,…,4	—,7.57,9.08,10.08
Au^+	0	1,…,4	—,23,—,42
Co^{2+}	1	1	1.0
Cu^+	5	1,…,4	—,11.00,10.90,10.48
Fe^{3+}	0.5	1,2	2.95,3.36
Hg^{2+}	1	1,…,4	—,17.47,—,21.23
硫代硫酸配合物			
Ag^+	0	1,…,3	8.82,13.46,14.15
Cu^+	0.8	1,2,3	10.35,12.27,13.71
Hg^{2+}	0	1,…,4	—,29.86,32.26,33.61
Pb^{2+}	0	1,3	5.1,6.4
乙酰丙酮配合物			
Al^{3+}	0	1,2,3	8.60,15.5,21.30
Cu^{2+}	0	1,2	8.27,16.34
Fe^{2+}	0	1,2	5.07,8.67
Fe^{3+}	0	1,2,3	11.4,22.1,26.7
Ni^{2+}	0	1,2,3	6.06,10.77,13.09
Zn^{2+}	0	1,2	4.98,8.81
柠檬酸配合物			
Ag^+	0	Ag_2HL	7.1
Al^{3+}	0.5	AlHL	7.0
		AlL	20.0
		AlOHL	30.6
Ca^{2+}	0.5	CaH_3L	10.9
		CaH_2L	8.4
		CaHL	3.5
Cd^{2+}	0.5	CdH_2L	7.9
Cd^{2+}	0.5	CdHL	4.0
		CdL	11.3
Co^{2+}	0.5	CoH_2L	8.9
		CoHL	4.4
		CoL	12.5
Cu^{2+}	0.5	CuH_3L	12.0
	0	CuHL	6.1
	0.5	CuL	18.0
Fe^{2+}	0.5	FeH_3L	7.3
Fe^{2+}	0.5	FeHL	3.1
		FeL	15.5
Fe^{3+}	0.5	FeH_2L	12.2
		FeHL	10.9
		FeL	25.0
Ni^{2+}	0.5	NiH_2L	9.0
		NiHL	4.8
		NiL	14.3

金属离子	$I/\text{mol} \cdot L^{-1}$	n	$\lg\beta_n$
Pb^{2+}	0.5	PbH_2L	11.2
		$PbHL$	5.2
		PbL	12.3
Zn^{2+}	0.5	ZnH_2L	8.7
		$ZnHL$	4.5
		ZnL	11.4
草酸配合物			
Al^{3+}	0	1,2,3	7.26,13.0,16.3
Cd^{2+}	0.5	1,2	2.9,4.7
Co^{2+}	0.5	$CoHL$	5.5
		CoH_2L	10.6
		1,2,3	4.79,6.7,9.7
Co^{3+}	0	3	~20
Cu^{2+}	0.5	$CuHL$	6.25
		1,2	4.5,8.9
Fe^{2+}	0.5~1	1,2,3	2.9,4.52,5.22
Fe^{3+}	0	1,2,3	9.4,16.2,20.2
Mg^{2+}	0.1	1,2	2.76,4.38
Mn(Ⅲ)	2	1,2,3	9.98,16.57,19.42
Ni^{2+}	0.1	1,2,3	5.3,7.64,8.5
Th(Ⅳ)	0.1	4	24.5
TiO^{2+}	2	1,2	6.6,9.9
Zn^{2+}	0.5	ZnH_2L	5.6
		1,2,3	4.89,7.60,8.15
磺基水杨酸配合物			
Al^{3+}	0.1	1,2,3	13,20,22.83,28.89
Cd^{2+}	0.25	1,2	16.68,29.08
Co^{2+}	0.1	1,2	6.13,9.82
Cr^{3+}	0.1	1	9.56
Cu^{2+}	0.1	1,2	9.52,16.45
Fe^{2+}	0.1~0.5	1,2	5.90,9.90
Fe^{3+}	0.25	1,2,3	14.64,25.18,32.12
Mn^{2+}	0.1	1,2	5.24,8.24
Ni^{2+}	0.1	1,2	6.42,10.24
Zn^{2+}	0.1	1,2	6.05,10.65
酒石酸配合物			
Bi^{3+}	0	3	8.30
Ca^{2+}	0.5	$CaHL$	4.85
	0	1,2	2.98,9.01
Cd^{2+}	0.5	1	2.8
Cu^{2+}	1	1,…,4	3.2,5.11,4.78,6.51
Fe^{3+}	0	3	7.49
Mg^{2+}	0.5	$MgHL$	4.65
		1	1.2
Pb^{2+}	0	1,2,3	3,78,—,4.7
Zn^{2+}	0.5	$ZnHL$	4.5

金属离子	$I/\text{mol} \cdot \text{L}^{-1}$	n	$\lg\beta_n$
		1,2	2.4,8.32
乙二胺配合物			
Ag^+	0.1	1,2	4.70,7.70
Cd^{2+}	0.5	1,2,3	5.47,10.09,12.09
Co^{2+}	1	1,2,3	5.91,10.64,13.94
Co^{3+}	1	1,2,3	18.70,34.90,48.69
Cu^+		2	10.8
Cu^{2+}	1	1,2,3	10.67,20.00,21.0
Fe^{2+}	1.4	1,2,3	4.34,7.65,9.70
Hg^{2+}	0.1	1,2	14.30,23.3
Mn^{2+}	1	1,2,3	2.73,4.79,5.67
Ni^{2+}	1	1,2,3	7.52,13.80,18.06
Zn^{2+}	1	1,2,3	5.77,10.83,14.11
硫脲配合物			
Ag^+	0.03	1,2	7.4,13.1
Bi^{3+}		6	11.9
Cu^+	0.1	3,4	13,15.4
Hg^{2+}		2,3,4	22.1,24.7,26.8
氢氧基配合物			
Al^{3+}	2	4	33.3
		$Al_6(OH)_{15}^{3+}$	163
Bi^{3+}	3	1	12.4
		$Bi_6(OH)_{12}^{6+}$	168.3
Cd^{2+}	3	1,$\cdots$,4	4.3,7.7,10.3,12.0
Co^{2+}	0.1	1,3	5.1,—,10.2
Cr^{3+}	0.1	1,2	10.2,18.3
Fe^{2+}		1	4.5
Fe^{3+}	3	1,2	11.0,21.7
		$Fe_2(OH)_2^{4+}$	25.1
Hg^{2+}	0.5	2	21.7
Mg^{2+}	0	1	2.6
Mn^{2+}	0.1	1	3.4
Ni^{2+}	0.1	1	4.6
Pb^{2+}	0.3	1,2,3	6.2,10.3,13.3
		$Pb_2(OH)^{3+}$	7.6
Sn^{2+}	3	1	10.1
Th^{4+}	1	1	9.7
Ti^{3+}	0.5	1	11.8
TiO^{2+}	1	1	13.7
VO^{2+}	3	1	8.0
Zn^{2+}	0	1,$\cdots$,4	4.4,10.1,14.2,15.5

注:1. β_n 为配合物的累积稳定常数,即

$$\beta_n = K_1^{\ominus} \times K_2^{\ominus} \times K_3^{\ominus} \times \cdots \times K_n^{\ominus}$$

$$\lg\beta_n = \lg K_1^{\ominus} + \lg K_2^{\ominus} + \lg K_3^{\ominus} + \cdots + \lg K_n^{\ominus}$$

例如 Ag^+ 与 NH_3 的配合物:　　　　$\lg\beta_1 = 3.24$　即 $\lg K_1^{\ominus} = 3.24$

　　　　　　　　　　　　$\lg\beta_2 = 7.05$　即 $\lg K_1^{\ominus} = 3.24$　$\lg K_2^{\ominus} = 3.81$

2. 酸式、碱式配合物及多核氢氧基配合物的化学式标明于 n 栏中。

表 17　氨羧配合剂类配合物的稳定常数（18～25℃，$I=0.1\text{mol} \cdot \text{L}^{-1}$）

金属离子	$\lg K^{\ominus}$					NTA	
	EDTA	DCyTA	DTPA	EGTA	HEDTA	$\lg \beta_1$	$\lg \beta_2$
Ag^+	7.32			6.88	6.71	5.16	
Al^{3+}	16.3	19.5	18.6	13.9	14.3	11.4	
Ba^{2+}	7.86	8.69	8.87	8.41	6.3	4.82	
Be^{2+}	9.2	11.51				7.11	
Bi^{3+}	27.94	32.3	35.6		22.3	17.5	
Ca^{2+}	10.69	13.20	10.83	10.97	8.3	6.41	
Cd^{2+}	16.46	19.93	19.2	16.7	13.3	9.83	14.61
Co^{2+}	16.31	19.62	19.27	12.39	14.6	10.38	14.39
Co^{3+}	36				37.4	6.84	
Cr^{3+}	23.4					6.23	
Cu^{2+}	18.80	22.00	21.55	17.71	17.6	12.96	
Fe^{2+}	14.32	19.0	16.5	11.87	12.3	8.33	
Fe^{3+}	25.1	30.1	28.0	20.5	19.8	15.9	
Ga^{3+}	20.3	23.2	25.54		16.9	13.6	
Hg^{2+}	21.7	25.00	26.70	23.2	20.30	14.6	
Ln^{3+}	25.0	28.8	29.0		20.2	16.9	
Li^+	2.79					2.51	
Mg^{2+}	8.7	11.02	9.30	5.21	7.0	5.41	
Mn^{2+}	13.87	17.48	15.60	12.28	10.9	7.44	
$Mo(V)$	～28						
Na^+	1.66						1.22
Ni^{2+}	18.62	20.3	20.32	13.55	17.3	11.53	16.42
Pb^{2+}	18.04	20.38	18.80	14.71	15.7	11.39	
Pd^{2+}	18.5						
Sc^{3+}	23.1	26.1	24.5	18.2			24.1
Sn^{2+}	22.11						
Sr^{2+}	8.73	10.59	9.77	8.50	6.9	4.98	
Th^{4+}	23.2	25.6	28.78				
TiO^{2+}	17.3						
Tl^{3+}	37.8	38.3				20.9	32.5
U^{4+}	25.8	27.6	7.69				
VO^{2+}	18.8	20.1					
Y^{3+}	18.09	19.85	22.13	17.16	14.78	11.41	20.43
Zn^{2+}	16.50	19.37	18.40	12.7	14.7	10.67	14.29
Zr^{4+}	29.5		35.8			20.8	
稀土元素	16～20	17～22	19		13～16	10～12	

注：EDTA—乙二胺四乙酸；DCyTA（或 DCTA，CyDTA）—1,2-二胺基环己烷四乙酸；DTPA—二乙基三胺五乙酸；EGTA—乙二醇二乙醚二胺四乙酸；HEDTA—N-β-羟基乙基乙二胺三乙酸；NTA—氨三乙酸。

表 18　EDTA 的 lgα$_{Y(H)}$ 值

pH 值	lgα$_{Y(H)}$	pH 值	lgα$_{Y(H)}$	pH 值	lgα$_{Y(H)}$	pH 值	lgα$_{Y(H)}$	pH 值	lgα$_{Y(H)}$
0.0	23.64	2.5	11.90	5.0	6.45	7.5	2.78	10.0	0.45
0.1	23.06	2.6	11.62	5.1	6.26	7.6	2.68	10.1	0.39
0.2	22.47	2.7	11.35	5.2	6.07	7.7	2.57	10.2	0.33
0.3	21.89	2.8	11.09	5.3	5.88	7.8	2.47	10.3	0.28
0.4	21.32	2.9	10.84	5.4	5.69	7.9	2.37	10.4	0.24
0.5	20.75	3.0	10.60	5.5	5.51	8.0	2.27	10.5	0.20
0.6	20.18	3.1	10.37	5.6	5.33	8.1	2.17	10.6	0.16
0.7	19.62	3.2	10.14	5.7	5.15	8.2	2.07	10.7	0.13
0.8	19.08	3.3	9.92	5.8	4.98	8.3	1.97	10.8	0.11
0.9	18.54	3.4	9.70	5.9	4.81	8.4	1.87	10.9	0.09
1.0	18.01	3.5	9.48	6.0	4.65	8.5	1.77	11.0	0.07
1.1	17.49	3.6	9.27	6.1	4.49	8.6	1.67	11.1	0.06
1.2	16.98	3.7	9.06	6.2	4.34	8.7	1.57	11.2	0.05
1.3	16.49	3.8	8.85	6.3	4.20	8.8	1.48	11.3	0.04
1.4	16.02	3.9	8.65	6.4	4.06	8.9	1.38	11.4	0.03
1.5	15.55	4.0	8.44	6.5	3.92	9.0	1.28	11.5	0.02
1.6	15.11	4.1	8.24	6.6	3.79	9.1	1.19	11.6	0.02
1.7	14.68	4.2	8.04	6.7	3.67	9.2	1.10	11.7	0.02
1.8	14.27	4.3	7.84	6.8	3.55	9.3	1.01	11.8	0.01
1.9	13.88	4.4	7.64	6.9	3.43	9.4	0.92	11.9	0.01
2.0	13.51	4.5	7.44	7.0	3.32	9.5	0.83	12.0	0.01
2.1	13.16	4.6	7.24	7.1	3.21	9.6	0.75	12.1	0.01
2.2	12.82	4.7	7.04	7.2	3.10	9.7	0.67	12.2	0.005
2.3	12.50	4.8	6.84	7.3	2.99	9.8	0.59	12.3	0.0008
2.4	12.19	4.9	6.65	7.4	2.88	9.9	0.52	12.4	0.0001

表 19　金属离子的 lgα$_{M(OH)}$ 值

金属离子	I /mol·L^{-1}	pH 值 1	2	3	4	5	6	7	8	9	10	11	12	13	14
Ag(Ⅰ)	0.1											0.1	0.5	2.3	5.1
Al(Ⅲ)	2					0.4	1.3	5.3	9.3	13.3	17.3	21.3	25.3	29.3	33.3
Ba(Ⅱ)	0.1													0.1	0.5
Bi(Ⅱ)	3	0.1	0.5	1.4	2.4	3.4	4.4	5.4							
Ca(Ⅱ)	0.1													0.3	1.0
Cd(Ⅱ)	3									0.1	0.5	2.0	4.5	8.1	12.0
Ce(Ⅳ)	1～2	1.2	3.1	5.1	7.1	9.1	11.1	13.1							
Cu(Ⅱ)	0.1								0.2	0.8	1.7	2.7	3.7	4.7	5.7
Fe(Ⅱ)	1									0.1	0.6	1.5	2.5	3.5	4.5
Fe(Ⅲ)	3			0.4	1.8	3.7	5.7	7.7	9.7	11.7	13.7	15.7	17.7	19.7	21.7
Hg(Ⅱ)	0.1			0.5	1.9	3.9	5.9	7.9	9.9	11.9	13.9	15.9	17.9	19.9	21.9
La(Ⅲ)	3										0.3	1.0	1.9	2.9	3.9
Mg(Ⅱ)	0.1											0.1	0.5	1.3	2.3
Ni(Ⅱ)	0.1									0.1	0.7	1.6			
Pb(Ⅱ)	0.1							0.1	0.5	1.4	2.7	4.7	7.4	10.4	13.4
Th(Ⅳ)	1				0.2	0.8	1.7	2.7	3.7	4.7	5.7	6.7	7.7	8.7	9.7
Zn(Ⅱ)	0.1									0.2	2.4	5.4	8.5	11.8	15.5

表 20　铬黑 T 和二甲酚橙的 $\lg\alpha_{In(H)}$ 及有关常数

（一）铬黑 T

pH 值	红	$pK_{a_2}^{\ominus}=6.3$	蓝	$pK_{a_3}^{\ominus}=11.6$	橙	
	6.0	7.0	8.0	9.0	10.0	11.0
$\lg\alpha_{In(H)}$	6.0	4.6	3.6	2.6	1.6	0.7
pCa_{ep}（至红）			1.8	2.8	3.8	4.7
pMg_{ep}（至红）	1.0	2.4	3.4	4.4	5.4	6.3
pMn_{ep}（至红）	3.6	5.0	6.2	7.8	9.7	11.5
pZn_{ep}（至红）	6.9	8.3	9.3	10.5	12.2	13.9

对数常数：$\lg K_{CaIn}^{\ominus}=5.4$；$\lg K_{MgIn}^{\ominus}=7.0$；$\lg K_{MnIn}^{\ominus}=9.6$；$\lg K_{ZnIn}^{\ominus}=12.9$；$c_{In}=10^{-5}\ mol \cdot L^{-1}$

（二）二甲酚橙

pH 值	黄		$pK_{a_4}^{\ominus}=6.3$			红			
	0	1.0	2.0	3.0	4.0	4.5	5.0	5.5	6.0
$\lg\alpha_{In(H)}$	35.0	30.0	25.1	20.7	17.3	15.7	14.2	12.8	11.3
pBi_{ep}（至红）		4.0	5.4	6.8					
pCd_{ep}（至红）						4.0	4.5	5.0	5.5
pHg_{ep}（至红）						7.4	8.2	9.0	
pLa_{ep}（至红）						4.0	4.5	5.0	5.6
pPb_{ep}（至红）				4.2	4.8	6.2	7.0	7.6	8.2
pTh_{ep}（至红）		3.6	4.9	6.3					
pZn_{ep}（至红）						4.1	4.8	5.7	6.5
pZr_{ep}（至红）	7.5								

表 21　希腊字母表

大写	小写	名　称	读　音	大写	小写	名　称	读　音
A	α	alpha	[ˈælfə]	N	ν	nu	[njuː]
B	β	beta	[ˈbiːtə；ˈeitə]	Ξ	ξ	xi	[ksai；zai；gzai]
Γ	γ	gamma	[ˈgæmə]	O	o	omicron	[ouˈmaikrən]
Δ	δ	delta	[ˈdeltə]	Π	π	pi	[pai]
E	ε	epsilon	[epˈsailnən；ˈepsilnən]	P	ρ	rho	[rou]
Z	ζ	zeta	[ˈziːtə]	Σ	σ	sigma	[ˈsigmə]
H	η	eta	[ˈiːtə；ˈeitə]	T	τ	tau	[toː]
Θ	θ	theta	[ˈθiːtə]	Υ	υ	upsilon	[juːpsˈailən；ˈjuːpsilən]
I	ι	iota	[aiˈoutə]	Φ	φ	phi	[fai]
K	κ	kappa	[ˈkæpə]	X	χ	chi	[kai]
Λ	λ	lambda	[ˈlæmdə]	Ψ	ψ	psi	[psai]
M	μ	mu	[mjuː]	Ω	ω	omega	[ˈoumigə]

主要参考文献

[1] 慕慧主编. 基础化学. 北京：科学出版社, 2001.

[2] 曲保中, 朱炳林, 周伟红编. 新大学化学. 北京：科学出版社, 2002.

[3] [美] L. 罗森堡, M. 爱波·斯坦著. 大学化学习题精解. 孙家跃, 杜海燕译. 北京：科学出版社, 2002.

[4] 华彤文, 杨骏英等. 普通化学原理. 第 2 版. 北京：北京大学出版社, 1999.

[5] 武汉大学主编. 分析化学. 第 5 版. 北京：高等教育出版社, 2010.

[6] 朱明华, 仪器分析. 第 3 版. 北京：高等教育出版社, 2000.

[7] 陈荣三等. 无机及分析化学. 第 2 版. 北京：高等教育出版社, 1985.

[8] 南京药学院主编. 分析化学. 北京：人民卫生出版社, 1983.

[9] 陈种菊, 无机化学. 成都：四川大学出版社, 1995.

[10] 奚治文, 向立人等. 仪器分析. 成都：四川大学出版社, 1992.

[11] 孙淑声, 赵钰琳. 无机化学（生物类）. 北京：北京大学出版社, 1993.

[12] B. M. Mahan, R. J. Myers, University Chemistry. 4th edition, Berkeley：Cummings Publishing Company, 1987.

[13] 谢有畅, 邵美成. 结构化学（下册）. 北京：人民教育出版社, 1980.

[14] 周公度. 结构与物性——化学原理的应用. 北京：高等教育出版社, 2000.

[15] 张瑞林, 崔相旭, 郑伟涛, 丁涛, 胡安广. 晶体状态. 长春：吉林大学出版社, 2002.

[16] 李炳瑞. 结构化学. 北京：高等教育出版社, 2004.

[17] 潘道皑, 赵成大, 郑载兴. 物质结构. 北京：人民教育出版社, 1983.

[18] M. Duncan, M. Christine, Essentials of Crystallography, London：Blackwell scientific, 1986.

[19] Ulrich Müller, Inorganic Structural Chemistry, England：John Wiley & Son, 1993.

[20] 陈复生. 精密分析仪器及应用（上册）. 成都：四川科学技术出版社, 1988.

[21] E. E. 弗林特. 结晶学原理. 北京：高等教育出版社, 1956.

[22] 傅献彩. 大学化学. 北京：高等教育出版社, 1999.

[23] 武汉大学等编. 无机化学. 北京：高等教育出版社, 1994.

[24] 宋天佑, 程鹏, 王杏乔. 无机化学. 第 2 版, 北京：高等教育出版社, 2010.

[25] 胡常伟, 周歌. 大学化学. 第 2 版. 北京：化学工业出版社, 2013.

[26] 李瑞祥, 曾红梅, 周向葛. 无机化学. 北京：化学工业出版社, 2013.

[27] 魏祖期, 刘德育. 基础化学. 第 8 版, 北京：人民卫生出版社, 2014.

[28] 高松. 普通化学. 北京：北京大学出版社, 2013.

[29] 杨晓达. 大学基础化学. 北京：北京大学出版社, 2012.

[30] 鲁厚芳, 高峻, 何菁萍. 近代化学基础学习指导. 第 2 版, 北京：化学工业出版社, 2014.

[31] 马家举, 黄仁和, 王斌. 普通化学学习指导. 北京：化学工业出版社, 2012.

[32] 游文玮, 何炜. 医用化学. 第 2 版. 北京：化学工业出版社, 2014.

[33] L. Theodre, H. Brown, Eugene LeMay Jr. and Bruce E. Bursren, Chemistry-The Central Science, China Machine Press, 2003, 3.

[34] 计亮年, 黄锦汪, 莫庭焕等. 生物无机化学导论. 第 2 版. 广州：中山大学出版社, 2001.

[35] 王戀珺. 生物无机化学. 北京：清华大学出版社, 1988.

[36] 杨频, 高飞. 生物无机化学原理. 北京：科学出版社, 2002.

[37] 郭子建, 孙为银主编. 生物无机化学. 北京：科学出版社, 2006.

[38] 冯辉霞主编. 无机及分析化学. 武汉：华中科技大学出版社, 2008.

[39] Bertini I, Gray H B, Lippard S J, Valentine J S. Bioinorganic Chemistry, Mill Valley：University Science Books. 1994.

[40] Frausto da Silva J J R and Williams R J. The Biological Chemistry of the Elements：The Inorganic Chemistry of Life. Oxford：Oxford University Press. 1991.

[41] Hay R W, Bio—Inorganic Chemistry. Chichester：Ellis Horwood. 1984.

[42] Kaim W, Schwederski B, Bioinorganic Chemistry：Inorganic Elements in the Chemistry of Life, An introduction and Guide, Chichester：John Wiley & Sons. 1994.

[43] Lippard S J, Berg J M, Principles of Bioinorganic Chemistry. 席振峰, 姚光庆, 项斯芬, 任宏伟译. 北京：北京大

学出版社，1994.

[44] Nicolini M，Sindellari L. Lectures in Bioinorganic Chemistry. Verona：Cortina International. 1991.

[45] Roat—Malone R M. Bioinorganic Chemistry：A Short Course. Chichester：John Wiley & Sons. 2002.

[46] Taylor D，Williams D. Trace Element Medicine and Chelation Therapy. London：Royal Society of Chemistry. 2001.

[47] 刘密新，罗国安，张新荣，童爱军. 仪器分析. 第2版. 北京：清华大学出版社，2001.

[48] 胡育筑，孙毓庆. 分析化学. 第3版. 北京：科学出版社，2011.

[49] 李发美. 分析化学. 第7版. 北京：人民卫生出版社，2011.

[50] 孙凤霞. 仪器分析. 第2版. 北京：化学工业出版社，2011.

[51] 杨守祥，李燕婷，王宜伦. 现代仪器分析教程. 北京：北京工业出版社，2009.

[52] 徐秉玖. 仪器分析. 北京：北京大学医学出版社，2005.

[53] 杨根元. 实用仪器分析. 第4版. 北京：北京大学出版社，2010.

[54] 叶宪曾，张新祥. 仪器分析教程. 北京：北京大学出版社，2007.

[55] 方惠群，于俊生，史坚. 仪器分析. 北京：科学出版社，2003.

[56] Kenneth A. Rubinson.，现代仪器分析. 影印版. 北京：科学出版社，2003.

元素周期表

IUPAC 2013

图例说明：

氧化态(单质的氧化态为0，未列入；常见的为红色)

以 ¹²C=12 为基准的原子量
(注+的是半衰期最长同位素的原子量)

示例框：
95 — 原子序数(红色的为放射性元素)
Am — 元素符号(红色的为人造元素)
镅 — 元素名称(注+的为人造元素)
+2 +3 +4 +5 +6
5f⁷7s² — 价层电子构型
243.06138(2)⁺

分区图例：
- s区元素　p区元素
- d区元素　ds区元素
- f区元素　稀有气体

电子层： K L M N O P O

主表

周期	IA(1)	IIA(2)	IIIB(3)	IVB(4)	VB(5)	VIB(6)	VIIB(7)	VIII(8)	VIII(9)	VIII(10)	IB(11)	IIB(12)	IIIA(13)	IVA(14)	VA(15)	VIA(16)	VIIA(17)	VIIIA(18)
1	**1 H** 氢 1s¹ 1.008 (-1,+1)																	**2 He** 氦 1s² 4.002602(2)
2	**3 Li** 锂 2s¹ 6.94 (+1)	**4 Be** 铍 2s² 9.0121831(5) (+2)											**5 B** 硼 2s²2p¹ 10.81 (+3)	**6 C** 碳 2s²2p² 12.011 (-4,+2,+4)	**7 N** 氮 2s²2p³ 14.007 (-3..+5)	**8 O** 氧 2s²2p⁴ 15.999 (-2,-1,+2)	**9 F** 氟 2s²2p⁵ 18.998403163(6) (-1)	**10 Ne** 氖 2s²2p⁶ 20.1797(6)
3	**11 Na** 钠 3s¹ 22.98976928(2) (+1)	**12 Mg** 镁 3s² 24.305 (+2)											**13 Al** 铝 3s²3p¹ 26.9815385(7) (+3)	**14 Si** 硅 3s²3p² 28.085 (-4,+2,+4)	**15 P** 磷 3s²3p³ 30.973761998(5) (-3,+1,+3,+5)	**16 S** 硫 3s²3p⁴ 32.06 (-2,+2,+4,+6)	**17 Cl** 氯 3s²3p⁵ 35.45 (-1,+1,+3,+5,+7)	**18 Ar** 氩 3s²3p⁶ 39.948(1)
4	**19 K** 钾 4s¹ 39.0983(1) (+1)	**20 Ca** 钙 4s² 40.078(4) (+2)	**21 Sc** 钪 3d¹4s² 44.955908(5) (+3)	**22 Ti** 钛 3d²4s² 47.867(1) (+2,+3,+4)	**23 V** 钒 3d³4s² 50.9415(1) (+2..+5)	**24 Cr** 铬 3d⁵4s¹ 51.9961(6) (+2,+3,+6)	**25 Mn** 锰 3d⁵4s² 54.938044(3) (+2..+7)	**26 Fe** 铁 3d⁶4s² 55.845(2) (+2,+3,+6)	**27 Co** 钴 3d⁷4s² 58.933194(4) (+2,+3)	**28 Ni** 镍 3d⁸4s² 58.6934(4) (+2,+3)	**29 Cu** 铜 3d¹⁰4s¹ 63.546(3) (+1,+2)	**30 Zn** 锌 3d¹⁰4s² 65.38(2) (+2)	**31 Ga** 镓 4s²4p¹ 69.723(1) (+3)	**32 Ge** 锗 4s²4p² 72.630(8) (+2,+4)	**33 As** 砷 4s²4p³ 74.921595(6) (-3,+3,+5)	**34 Se** 硒 4s²4p⁴ 78.971(8) (-2,+4,+6)	**35 Br** 溴 4s²4p⁵ 79.904 (-1,+1,+5)	**36 Kr** 氪 4s²4p⁶ 83.798(2)
5	**37 Rb** 铷 5s¹ 85.4678(3) (+1)	**38 Sr** 锶 5s² 87.62(1) (+2)	**39 Y** 钇 4d¹5s² 88.90584(2) (+3)	**40 Zr** 锆 4d²5s² 91.224(2) (+4)	**41 Nb** 铌 4d⁴5s¹ 92.90637(2) (+3,+5)	**42 Mo** 钼 4d⁵5s¹ 95.95(1) (+2..+6)	**43 Tc** 锝 4d⁵5s² 97.90721(3)⁺ (-2..+7)	**44 Ru** 钌 4d⁷5s¹ 101.07(2) (-2..+8)	**45 Rh** 铑 4d⁸5s¹ 102.90550(2) (+1..+4)	**46 Pd** 钯 4d¹⁰ 106.42(1) (0,+2,+4)	**47 Ag** 银 4d¹⁰5s¹ 107.8682(2) (+1,+2)	**48 Cd** 镉 4d¹⁰5s² 112.414(4) (+2)	**49 In** 铟 5s²5p¹ 114.818(1) (+1,+3)	**50 Sn** 锡 5s²5p² 118.710(7) (+2,+4)	**51 Sb** 锑 5s²5p³ 121.760(1) (-3,+3,+5)	**52 Te** 碲 5s²5p⁴ 127.60(3) (-2,+4,+6)	**53 I** 碘 5s²5p⁵ 126.90447(3) (-1,+1,+5,+7)	**54 Xe** 氙 5s²5p⁶ 131.293(6)
6	**55 Cs** 铯 6s¹ 132.90545196(6) (+1)	**56 Ba** 钡 6s² 137.327(7) (+2)	**57~71 La~Lu** 镧系	**72 Hf** 铪 5d²6s² 178.49(2) (+4)	**73 Ta** 钽 5d³6s² 180.94788(2) (+3,+5)	**74 W** 钨 5d⁴6s² 183.84(1) (+2..+6)	**75 Re** 铼 5d⁵6s² 186.207(1) (-1..+7)	**76 Os** 锇 5d⁶6s² 190.23(3) (-2..+8)	**77 Ir** 铱 5d⁷6s² 192.217(3) (-1..+6)	**78 Pt** 铂 5d⁹6s¹ 195.084(9) (0..+6)	**79 Au** 金 5d¹⁰6s¹ 196.966569(5) (+1,+3)	**80 Hg** 汞 5d¹⁰6s² 200.592(3) (+1,+2)	**81 Tl** 铊 6s²6p¹ 204.38 (+1,+3)	**82 Pb** 铅 6s²6p² 207.2(1) (+2,+4)	**83 Bi** 铋 6s²6p³ 208.98040(1) (+3,+5)	**84 Po** 钋 6s²6p⁴ 208.98243(2)⁺ (+2,+4,+6)	**85 At** 砹 6s²6p⁵ 209.98715(5)⁺ (-1..+7)	**86 Rn** 氡 6s²6p⁶ 222.01758(2)⁺ (+2)
7	**87 Fr** 钫 7s¹ 223.01974(2)⁺ (+1)	**88 Ra** 镭 7s² 226.02541(2)⁺ (+2)	**89~103 Ac~Lr** 锕系	**104 Rf** 𬬻 6d²7s² 267.122(4)⁺	**105 Db** 𬭊 6d³7s² 270.131(4)⁺	**106 Sg** 𬭳 6d⁴7s² 269.129(3)⁺	**107 Bh** 𬭛 6d⁵7s² 270.133(2)⁺	**108 Hs** 𬭶 6d⁶7s² 270.134(2)⁺	**109 Mt** 鿏 6d⁷7s² 278.156(5)⁺	**110 Ds** 𫟼 281.165(4)⁺	**111 Rg** 𫓧 281.166(6)⁺	**112 Cn** 鿔 285.177(4)⁺	**113 Nh** 鿭 286.182(5)⁺	**114 Fl** 𫓧 289.190(4)⁺	**115 Mc** 镆 289.194(6)⁺	**116 Lv** 𫟷 293.204(4)⁺	**117 Ts** 鿬 293.208(6)⁺	**118 Og** 鿫 294.214(5)⁺

★ 镧系

| 57 La 镧 5d¹6s² 138.90547(7) (+3) | 58 Ce 铈 4f¹5d¹6s² 140.116(1) (+3,+4) | 59 Pr 镨 4f³6s² 140.90766(2) (+3) | 60 Nd 钕 4f⁴6s² 144.242(3) (+3) | 61 Pm 钷 4f⁵6s² 144.91276(2)⁺ (+3) | 62 Sm 钐 4f⁶6s² 150.36(2) (+2,+3) | 63 Eu 铕 4f⁷6s² 151.964(1) (+2,+3) | 64 Gd 钆 4f⁷5d¹6s² 157.25(3) (+3) | 65 Tb 铽 4f⁹6s² 158.92535(2) (+3) | 66 Dy 镝 4f¹⁰6s² 162.500(1) (+3) | 67 Ho 钬 4f¹¹6s² 164.93033(2) (+3) | 68 Er 铒 4f¹²6s² 167.259(3) (+3) | 69 Tm 铥 4f¹³6s² 168.93422(2) (+3) | 70 Yb 镱 4f¹⁴6s² 173.045(10) (+2,+3) | 71 Lu 镥 4f¹⁴5d¹6s² 174.9668(1) (+3) |

★ 锕系

| 89 Ac 锕 6d¹7s² 227.02775(2)⁺ (+3) | 90 Th 钍 6d²7s² 232.0377(4) (+4) | 91 Pa 镤 5f²6d¹7s² 231.03588(2) (+4,+5) | 92 U 铀 5f³6d¹7s² 238.02891(3) (+3..+6) | 93 Np 镎 5f⁴6d¹7s² 237.04817(2)⁺ (+3..+7) | 94 Pu 钚 5f⁶7s² 244.06421(4)⁺ (+3..+7) | 95 Am 镅 5f⁷7s² 243.06138(2)⁺ (+2..+6) | 96 Cm 锔 5f⁷6d¹7s² 247.07035(3)⁺ (+3,+4) | 97 Bk 锫 5f⁹7s² 247.07031(4)⁺ (+3,+4) | 98 Cf 锎 5f¹⁰7s² 251.07959(3)⁺ (+2,+3,+4) | 99 Es 锿 5f¹¹7s² 252.0830(3)⁺ (+2,+3) | 100 Fm 镄 5f¹²7s² 257.09511(5)⁺ (+2,+3) | 101 Md 钔 5f¹³7s² 258.09843(3)⁺ (+2,+3) | 102 No 锘 5f¹⁴7s² 259.1010(7)⁺ (+2,+3) | 103 Lr 铹 5f¹⁴6d¹7s² 262.110(2)⁺ (+3) |